D1654803

Seifart · Analoge Schaltungen

Analoge Schaltungen

Prof. Dr.-Ing. habil. Manfred Seifart

5., durchgesehene Auflage

Verlag Technik Berlin

Warennamen werden in diesem Buch ohne Gewährleistung der freien Verwendbarkeit benutzt.
Texte, Abbildungen und technische Angaben wurden sorgfältig erarbeitet. Trotzdem sind Fehler nicht völlig auszuschließen. Verlag und Autor können für fehlerhafte Angaben und deren Folgen weder eine juristische Verantwortung noch irgendeine Haftung übernehmen.

Die Deutsche Bibliothek – CIP-Einheitsaufnahme

Seifart, Manfred:
Analoge Schaltungen / Manfred Seifart. – 5., durchges. Aufl. –
Berlin : Verl. Technik, 1996
ISBN 3-341-01175-7

ISBN 3-341-01175-7

5., durchgesehene Auflage

VT 3/5856-5
Printed in Germany
Gesamtherstellung: Druckhaus „Thomas Müntzer“ Bad Langensalza
Einbandgestaltung: Kurt Beckert

Vorwort

Das vorliegende Buch gibt einen Überblick über das umfangreiche Gebiet der analogen Schaltungen und Schaltkreise. Es werden sowohl Probleme der „inneren“ Schaltungstechnik als auch die Bauelemente- und Schaltkreisanwendungen behandelt. Die Gesichtspunkte des Anwenders von Bauelementen und Schaltkreisen stehen dabei deutlich im Vordergrund.

Dem Leser werden Kenntnisse über Wirkungsweise, Eigenschaften, Dimensionierungsrichtlinien und Einsatzmöglichkeiten analoger Schaltungen und Schaltkreise vermittelt. Besondere Aufmerksamkeit gilt den neuesten Entwicklungen der Mikroelektronik. Das Buch wendet sich sowohl an Studenten als auch an Ingenieure und Naturwissenschaftler, die in der Praxis tätig sind.

Der Stoff geht bewußt über das an Hoch- und Fachschulen gelehrte Stoffgebiet hinaus. Damit soll dem Studenten vertiefte Wissensaneignung im Selbststudium ermöglicht und den in der Praxis tätigen Fachkollegen eine Hilfe bei der Auffrischung und Erweiterung ihrer Kenntnisse gegeben werden.

Das vorliegende Buch verfolgt das Ziel,

- Grundkenntnisse der wichtigsten analogen Schaltungen und Schaltkreise, ihrer Wirkprinzipien sowie ihrer Zusammenschaltung zu komplexen Funktionseinheiten zu vermitteln,
- die Funktionsprinzipien, die Leistungsfähigkeit und den zweckmäßigen Einsatz analoger Schaltkreise kennen und einschätzen zu lernen,
- theoretische und praktische Kenntnisse zur Analyse und zum Entwurf moderner Schaltungen und Funktionsgruppen zu vermitteln.

Ein wesentliches Anliegen des Buches besteht darin, das methodische und ingenieurmäßige Denken zu fördern. Besondere Sorgfalt wurde auf die methodische, möglichst unkomplizierte Stoffdarstellung sowie auf eine zweckmäßige und übersichtliche Systematik und Gliederung verwendet. Die physikalisch anschauliche Darstellungsweise wird bevorzugt. Sie ermöglicht einen schnellen Überblick über die Wirkungsweise und das Verhalten der Schaltungen sowie eine „Einsicht“ in ihr Wirkungsprinzip. Die Beispiele wurden so gewählt, daß sie die in der Praxis üblichen Arbeitsmethoden erkennen lassen und mit typischen Zahlenwerten vertraut machen.

Bei der Schaltungsanalyse wurde versucht, langwierige und umfangreiche Rechnungen zu vermeiden, und statt dessen der ingenieurmäßigen Arbeit angepaßte einfache und rationelle Berechnungs- und Analysemethoden zu verwenden. Auf diese Weise wird Raum für tieferes Eindringen in den Stoff gewonnen und wenigstens zum Teil der objektive Widerspruch zwischen dem durch die stürmische Entwicklung des Fachgebietes bedingten ständig steigenden Umfang der Schaltungstechnik und einer angemessenen Tiefe der Stoffbehandlung gelöst.

Regelungstechnische Methoden stehen im Vordergrund. Dadurch wird versucht, die elektronische Schaltungstechnik noch besser als bisher üblich in das Gesamtgebiet der

Systemtheorie einzuordnen und die Zusammenhänge zwischen den verschiedenen Lehrgebieten deutlich zu machen.

Das Buch ist in 22 Abschnitte aufgeteilt. Im ersten Abschnitt sind einige Transistormodelle und vereinfachte Berechnungsmethoden zusammengestellt, die zur Schaltungsanalyse in diesem Buch Verwendung finden.

Die Abschnitte 2 bis 7 bilden den ersten Teil des Buches und enthalten die Transistorgrundschaltungen bei niedrigen und hohen Frequenzen.

Im zweiten Teil (Abschnitte 8 bis 12) werden mehrstufige Verstärker, das Verstärkerrauschen und die Gegenkopplung behandelt. Durch konsequente Einteilung in vier Verstärkergrundtypen wird der Überblick über das umfangreiche Gebiet der Verstärkertechnik wesentlich erleichtert und systematisiert.

Der dritte Teil des Buches (Abschnitte 13 bis 22) befaßt sich ausführlich mit Verstärkeranwendungen und weiteren Schaltungen der analogen Signalverarbeitung. Im Mittelpunkt steht die lineare sowie die nichtlineare Gegenkopplung von Operationsverstärkern. Aber auch andere weit verbreitete Schaltungen wie Multiplexer, Komparatoren, Referenzspannungsquellen, Breitbandverstärker, Filter, Signalgeneratoren, Schaltungen zur Frequenzumsetzung einschließlich PLL-Schaltungen, Schaltungen mit Optokopplern und Stromversorgungseinrichtungen gehören zum Inhalt des Buches. Besonders ausführlich sind die Abschnitte zur AD- und DA-Umsetzung. Alle wesentlichen Umsetzverfahren und Schaltungslösungen sowie die zugehörigen Schaltungen zur Vorverarbeitung und Konditionierung analoger Signale (u. a. Analogmultiplexer, Abtast/Halteschaltungen) werden behandelt.

Um den Umfang des Buches zu begrenzen, werden Schaltungen für sehr hohe Frequenzen (oberhalb einiger 100 MHz) nicht behandelt und das Gebiet der Filter relativ knapp dargestellt.

Das Gebiet der analogen Schaltungstechnik befindet sich schon seit Jahren in überaus schneller Weiterentwicklung.

Daher wurde insbesondere die 4. Auflage stark bearbeitet und erheblich erweitert. Durch die relativ rasche Folge der 5. Auflage konnte ich mich hier guten Gewissens auf einen geringeren Bearbeitungsgrad beschränken.

Dem Verlag Technik, insbesondere der Lektorin, Frau Dipl.-Ing. *S. Wendav,* danke ich für die sehr gute und effektive Zusammenarbeit.

Manfred Seifart

Inhaltsverzeichnis

Schreibweise und Formelzeichen der wichtigsten Größen

1. Schreibweise

Größen im Bildbereich: unterstrichen (z.B. $\underline{U}(p)$, $\underline{I}(p)$)
Spannungen, Ströme und Leistungen tragen im allgemeinen Indizes. Nach folgendem Schema sind Momentan-, Gleich- und Wechselanteile voneinander zu unterscheiden:

Kleinbuchstaben für Momentanwerte zeitlich veränderlicher Größen (z.B. u, i)
Index: *Kleinbuchstaben* bei periodisch veränderlichen Größen (reine Wechselkomponente, z.B. u_{gs}, i_c)
Großbuchstaben bei periodisch nicht veränderlichen Größen (Impulsgrößen, z.B. u_{GS}, i_C)

Großbuchstaben für zeitlich konstante Größen (z.B. U, I)
Index: *Kleinbuchstaben* für Mittelwerte periodisch veränderlicher Größen und für Größen im Bildbereich (z.B. U_{gs}, I_c, $\underline{U}_{gs}$, $\underline{I}_c$)
Großbuchstaben für Gleichgrößen (U_{GS}, I_C)

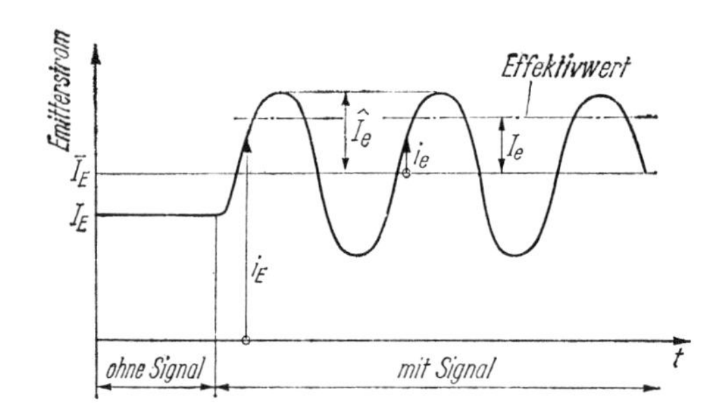

Bild 0.1

2. Formelzeichen

A	Fläche
A_N	Gleichstromverstärkungsfaktor in Basisschaltung
A_R	Amplitudenrand
B	Bandbreite
B_N	Gleichstromverstärkungsfaktor in Emitterschaltung
C	Kapazität
C_{th}	Wärmekapazität
CMRR	Gleichtaktunterdrückungsfaktor
D	Dämpfungsfaktor
d_{0x}	Dicke des Gate-Isolators
DIP (DIL)	Dual-in-Line-Gehäuse
F	Rauschzahl
F^*	Rauschmaß
f	Frequenz
$f_\alpha(f_\beta)$	α-(β-) Grenzfrequenz des Transistors
f_1	Grenzfrequenz, bei der $\lvert h_{21e}\rvert$ oder $\lvert V\rvert$ auf 1 abgefallen ist
f_{max}	maximale Schwingfrequenz
f_p	Grenzfrequenz für volle Aussteuerung
f_S	Schnittfrequenz ($\equiv f_1$-Frequenz)
f_T	Transitfrequenz
FSR	full scale range
G	reeller Leitwert
$G(p)$	Übertragungsfunktion
g	innerer Transistorleitwert; Gegenkopplungsgrad ($g = 1 + G_v G_r$)
$H(p)$	Übertragungsfunktion
h_{ik}	h-Parameter des Transistors, grundschaltungsbezogen mit Index e, b, c (z.B. h_{11e})
I	Strom (zeitlich konstant)
$\underline{I}(p)$	Strom im Bildbereich
I_B	Basisstrom; Eingangsruhestrom
I_{CS}	Kollektorsättigungsstrom
I_{CBO}	Kollektorreststrom bei $I_E = 0$
I_{CEO}	Kollektorreststrom bei $I_B = 0$
I_{DSS}	Drainsättigungsstrom bei $U_{GS} = 0$
I_{ES}	Emittersättigungsstrom
I_F	Eingangsoffsetstrom
I_r	Rauschstrom (Effektivwert) in einem bestimmten Frequenzbereich
I_S	Sättigungsstrom (Diode)
i	Strom (zeitlich veränderlich)
i_r	spektraler Rauschstrom
k	Gegenkopplungsfaktor, Rückkopplungsfaktor; Klirrfaktor; Konstante, Boltzmann-Konstante ($1{,}38\ 10^{-23}$ Ws/K)
l	Kanallänge beim FET
m	Übersteuerungsfaktor; Modulationsgrad
N_D	Donatordichte
P	Leistung; Dachabfall
p	Laplace-Operator
Q	Ladung; Güte
R	reeller Widerstand
R_m	Übertragungswiderstand ($R_m = \underline{U}_a/\underline{I}_g$)
r	innerer Transistorwiderstand; Radius
$r_{bb'}$	Basisbahnwiderstand
r_{c0}	Ausgangswiderstand der Emitter-

	schaltung mit Stromgegenkopplung (entsprechend r_{d0} bei Sourceschaltung)
r_d	Emitterdiffusionswiderstand ($r_d = U_T/I_E$)
S	Steilheit; Stabilisierungsfaktor; Leistungsspektrum
S_{i0}	innere Steilheit bei niedrigen Frequenzen ($S_{i0} = \alpha_0/r_d$)
S_r	Slew Rate
S/N	Signal-Rausch-Verhältnis
$s(t)$	Einheitssprungfunktion
SIP	Single-in-Line-Gehäuse
T	absolute Temperatur; Zeitkonstante; Krümmung
T_0	273,15 K (≙ 0 °C)
T_{per}	Periodendauer
TK	Temperaturkoeffizient
t	Zeit
t_i	Impulsbreite
U	Spannung (zeitlich konstant)
$\underline{U}(p)$	Spannung im Bildbereich
U_{BRCBO}	Kollektor-Basis-Durchbruchspannung bei offenem Emitter
U_{BRCEO}	Kollektor-Emitter-Durchbruchspannung bei offener Basis
U_{CE0}	Kollektor-Emitter-Spannung bei offener Basis ($I_B = 0$)
U_D	Diffusionsspannung
U_{DSP}	Abschnürspannung
U_F	Offsetspannung
ΔU_F	Offsetspannungsdrift
$\underline{U}_{g0}$	Spannung zwischen Gate und Masse (Bildbereich)
U_{FD}	Diodenflußspannung, Diodendurchlaßspannung
U_P	Pinch-off-Spannung, Schwellspannung
U_T	Temperaturspannung ($\approx$30 mV)
U_{T0}	Schwellspannung
U_r	Rauschspannung (Effektivwert) in einem bestimmten Frequenzbereich
u	Spannung (zeitlich veränderlich)
$ü$	Übersetzungsverhältnis
u_r	spektrale Rauschspannung
V	Verstärkung
V'	Verstärkung mit Gegenkopplung
V_i	Stromverstärkung
V_S	Schleifenverstärkung ($V_S \equiv G_v G_r$)
V_u	Spannungsverstärkung
V_{ug}	auf die Leerlaufspannung der Signalquelle bezogene Spannungsverstärkung
w	Kanalbreite beim FET
X	allgemein: Signalgröße
Y	komplexer Leitwert; allgemein: Signalgröße
y_{ik}	y-Parameter des Transistors, grundschaltungsbezogen mit Index e, b, c (z. B. y_{11e}) bzw. s, g, d
Z	komplexer Widerstand
Z_{aE}	am Emitter gemessener Ausgangswiderstand
α	Kurzschlußstromverstärkungsfaktor in Basisschaltung
α_{th}	Wärmeaustauschkonstante
β	Kurzschlußstromverstärkungsfaktor in Emitterschaltung
δ	Brückenverstimmung
η	Wirkungsgrad
ϑ	Temperatur (Celsius)
τ	Zeitkonstante (auch: T)
ϕ	Phasenwinkel
φ	Phasenwinkel
φ_R	Phasenrand
φ_S	Phasenwinkel der Schleifenverstärkung
Ω	normierte Frequenz
ω	Kreisfrequenz

3. Indizes

A	Arbeitspunkt; Ausgangs-
a	Ausgangs-, äußere; Umgebungs- (z. B. Umgebungstemperatur T_a)
B	Basis
B'	innerer Basisanschluß
b	Basis; Bahn-
b'	innerer Basisanschluß
C	Kollektor
C'	innerer Kollektoranschluß
CC	Betriebsspannung
C0	zwischen Kollektor und Masse (z. B. U_{C0})

c	Kollektor; Gehäuse (z.B. Gehäusetemperatur T_c); Träger
D	Drain; Diode; Differenz
DD	Betriebsspannung
Dr	Drift
d	Drain; Differenz
E	Emitter; Eingangs-
E'	innerer Emitteranschluß
EE	Betriebsspannung
e	Emitter; Eingangs-
e'	innerer Emitteranschluß
eq	äquivalent
eff	effektiv
ent	Entladungs-
ers	Ersatz-
F	Gegenkopplungs-; Fehler- (Offset-); Fang-
f	Abfall-; Fehler-; Durchlaß-
G	Gate; Generator
Gl	Gleichtakt-
g	Gate; Signalgenerator (Signalquelle)
gl	Gleichtakt
g0	zwischen Gate und Masse
ges	gesamt
H	Hoch (High)
I	Integrations-
i	innere, Innen-; Strom-
is	Isolations-
j	Sperrschicht-
K	Koppel-
k	Kühlkörper; Kurzschluß
L	Last; Tief (Low); Halte-
l	Leerlauf (z.B. $\underline{U}_{al}$ Ausgangsleerlaufspannung im Bildbereich)
M	Miller-;
m	mittlere Frequenzen; Misch-
max	Maximalwert
min	Minimalwert
N	Nutz-; Nenn-; negativ (invertierend); Nullstelle
n	Nachhalt
o	obere
off	aus
on	ein
opt	optimal
osz	Oszillator-
P	Pol; positiv (nichtinvertierend); proportional
Ph	Foto-
p	Parallel-; Leistungs-
R	Rest-; Rand; Referenz-
Reg	Regel-
r	rückwärts; Anstiegs-; Reihen-; Rausch-
ref	Referenz-
rt	thermisch rauschend
res	Resonanz
S	Source; Schleifen- (z.B. V_S); Schnitt-; Sättigungs-; Speicher-; Schalt-; Schwell- (z.B. $U_S \equiv U_{Schw}$)
s	Source; symmetrisch; Signal-
st	Stör-
th	thermisch, Wärme-
tot	gesamt
u	untere; Spannungs-, unsymmetrisch
V	Verlust-
v	vorwärts; vor-; Vorhalt
W	Wärme-
X	eingeschalteter Transistor
Y	gesperrter Transistor
z	Zusatz-
0	niedrige Frequenzen; Nullpunkt; Arbeitspunkt

4. IS-Typenbezeichnungen ausgewählter Schaltkreishersteller

LM...	National Semiconductor
µA...	Fairchild
NE...	Signetics
TL...	Texas Instruments
CMP...	Precision Monolithics Inc.
Am...	Advanced Micro Devices
MC...	Motorola
LT...	Linear Technology Corporation
MAX...	Maxim
DP...	National
AD...	Analog Devices

1. Einführung und allgemeine Hilfsmittel

1.1. Aufgaben, Anwendungen und Funktionsprinzipien analoger Schaltungen

Ein Signal ist eine technisch meßbare Größe (z.B. Spannungs- oder Stromsignal), die sich zeitlich ändert und als Ergebnis dieser Änderung nützliche Information enthält. Man unterscheidet zwischen analogen und digitalen Signalen. Charakteristisch für analoge Signale ist ihre Stetigkeit (kontinuierliches Signal). Sie können theoretisch unendlich viele Amplitudenstufen annehmen. Bei digitalen Systemen dagegen wird die Amplitude in endlich viele Stufen quantisiert und der Zahlenwert einer zeitlich veränderlichen Größe zu diskretenei aufnanderfolgenden Zeitpunkten durch eine (meist binär codierte) Anordnung von Impulsen ausgedrückt.

Der Elektroniker wird mit einer Vielzahl von Signalverarbeitungsoperationen konfrontiert. Signale können verstärkt, gedämpft, moduliert, gleichgerichtet, gespeichert, übertragen, gemessen, gesteuert, verformt, rechnerisch verarbeitet und erzeugt werden.

Die Informationsverarbeitung eines Systems wird durch die Signalverarbeitungseigenschaften seiner Grundschaltungen und durch seine Schaltungsstruktur (Zusammenschaltung der Grundschaltungen) bestimmt.

Obwohl seit einigen Jahren ein deutlicher Trend zur Digitaltechnik zu verzeichnen ist (bedingt durch die Fortschritte der digitalen integrierten Schaltkreise), behalten analoge Schaltungen und Schaltkreise auch in Zukunft große Bedeutung. Viele Verarbeitungsoperationen lassen sich digital nicht oder nicht wirtschaftlich lösen, z.B. die Verstärkung kleiner Signale, die Frequenzumsetzung, die Analog-Digital-Umsetzung. Die meisten Meßfühler wandeln die zu messende Größe in ein elektrisches Analogsignal um. Auch in digitalen Systemen (z.B. Mikrorechnern) werden zahlreiche analoge Funktionseinheiten benötigt, wenn Analogsignale verarbeitet werden sollen.

Als *Informationsparameter* wird in analogen Schaltungen meist die Amplitude einer Spannung oder eines Stroms verwendet. Spannungssignale lassen sich im Inneren der Geräte leichter verarbeiten, weil sie einfach erzeugt werden können und sich mehrere Stufen eingangsseitig problemlos parallelschalten lassen (gemeinsames Bezugspotential). Stromsignale werden in der Automatisierungstechnik häufig zur äußeren Signalübertragung zwischen verschiedenen Geräten verwendet. Für spezielle Anwendungen sind auch andere elektrische Signalgrößen üblich, z.B. das Frequenzanalogsignal.

Die Größe der *Signalamplitude* ist für die Auswirkung systemfremder oder systemeigener elektrischer Störsignale und für die Genauigkeit der Signalverarbeitung (Drifteinflüsse, Rauscheinflüsse) von großer Bedeutung. Bei Signalpegeln im oder unterhalb des mV- bzw. μA-Bereiches können Störsignale häufig das Nutzsignal voll überdecken, so daß sorgfältige Abschirmmaßnahmen, Einbau von Siebgliedern, Driftkompensation u. dgl. erforderlich werden. Bei der Konzipierung elektronischer Systeme ist es deshalb günstig, den Signalpegel möglichst weit am Anfang der Informationskette (z.B. unmittelbar am Meßfühler) auf einen hohen Pegel anzuheben. Oft sprechen jedoch ökonomische Gründe dagegen.

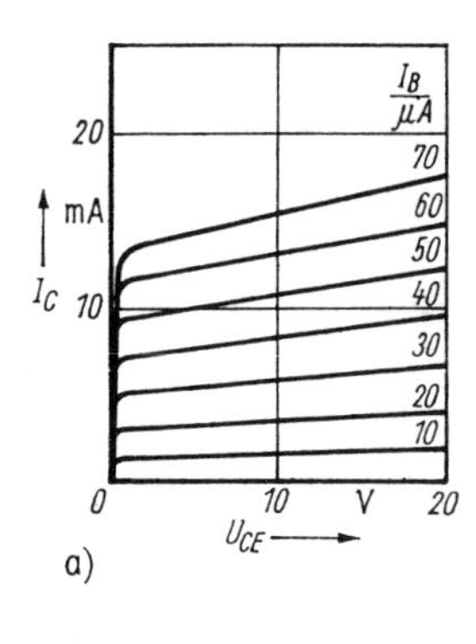

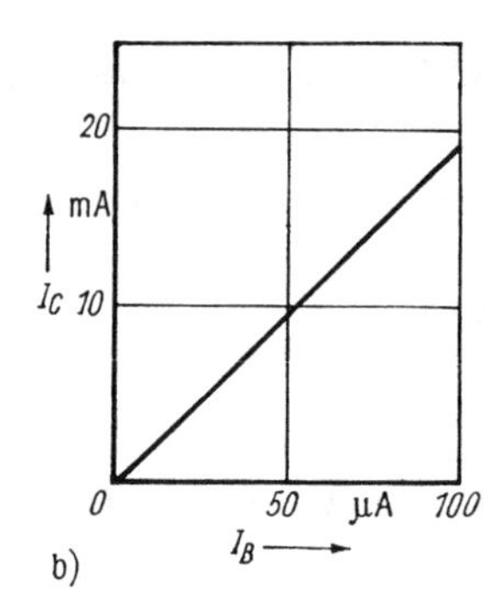

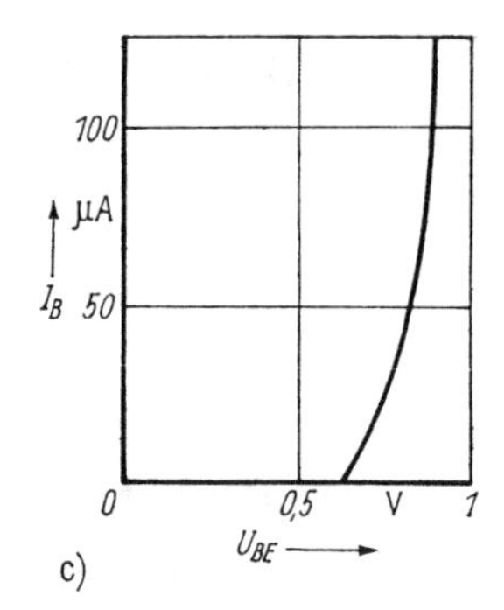

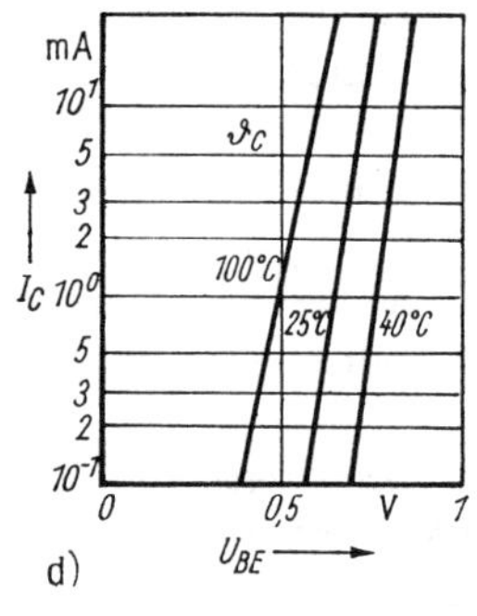

Bild 1.1
Kennlinien in Emitterschaltung (SF 136)

a) U_{CE} = 0 ... 20 V; b) bis d) U_{CE} = 5 V; e) Polaritäten und Kennlinien von Bipolartransistoren im aktiv normalen Betriebsbereich

Typ	*Symbol*	*Vorzeichen* U_{CE}	I_C	I_B	U_{BE}	*Übertragungs-Kennlinienfeld*	*Ausgangs-Kennlinienfeld*
npn	I_C, I_B, I_E, U_{CE}, U_{BE}	> 0	> 0	> 0	> 0	I_C / U_{BE}	I_C / U_{CE}, I_B
pnp	I_C, I_B, I_E, U_{CE}, U_{BE}	< 0	< 0	< 0	< 0	$-I_C$ / $-U_{BE}$	$-I_C$ / $-U_{CE}$, $-I_B$

e)

Tafel 1.1. Betriebsbereiche des Bipolartransistors

	Emitterdiode	Kollektordiode	Betriebsbereich	Typische Anwendung
1	gesperrt	gesperrt	Sperrbereich	Schalter
2	Durchlaßrichtung	gesperrt	aktiv normaler Bereich	Verstärker
3	gesperrt	Durchlaßrichtung	aktiv inverser Bereich	–
4	Durchlaßrichtung	Durchlaßrichtung	Übersteuerungsbereich (Sättigungsbereich)	Schalter

In der Vergangenheit wurden für häufig wiederkehrende Grundfunktionen oft universell einsetzbare und konstruktiv abgeschlossene Baugruppen verwendet. Der stark zunehmende Integrationsgrad führt dazu, daß immer mehr Funktionseinheiten mit wenigen oder mit nur einer integrierten Schaltung realisierbar sind. Dadurch können auf einer Steckkarte viele Grundfunktionen untergebracht werden (Übergang zu problemorientierten Baugruppen).

Die *Signalverstärkung* ist die wichtigste Operation analoger Schaltungen. Sie spielt bei den meisten analogen Funktionseinheiten direkt oder indirekt eine Rolle. Oft ist in analogen Systemen eine Trennung zwischen Stufen zur Signalverarbeitung und zur Erzeugung der notwendigen Ausgangsleistung erkennbar.

Seit zwei Jahrzehnten haben integrierte Analogschaltkreise – ausgehend vom Operationsverstärker – einen dominierenden Platz in der analogen Schaltungstechnik erobert. Integrierte OV erfüllen sowohl hinsichtlich der technischen Daten als auch bezüglich Robustheit, Wartungsfreiheit und niedrigem Preis viele Forderungen der analogen Signalverarbeitung; sie sind allerdings in der Regel nicht für hohe Frequenzen geeignet.

Die Entwicklung integrierter Operationsverstärker und weiterer IS bewirkte, daß die fast unübersehbar große Schaltungsvielfalt analoger Schaltungen stark verringert werden konnte, denn viele Funktionen der Signalverarbeitung lassen sich mit geeignet beschalteten Operationsverstärkern lösen.

Infolge des durch die Massenproduktion bedingten sehr niedrigen Preises von Operationsverstärkern und anderen Analogschaltkreisen ist ein wesentlich großzügigerer Umgang mit diesen Elementen möglich als bei der Realisierung mit Einzelbauelementen. Viele analoge Funktionen lassen sich deshalb wesentlich besser und genauer realisieren.

Die Entwicklung der analogen Schaltungstechnik ist durch das weitere Vordringen integrierter Schaltkreise gekennzeichnet. Der ständig steigende Integrationsgrad wird dazu führen, daß immer komplexere Systeme auf einem Chip integriert werden. Dabei sind natürlich die Besonderheiten der integrierten Technik zu beachten, z. B. die nicht vorhandene Möglichkeit der Realisierung großer Kondensatoren und Induktivitäten sowie die Forderung nach Entwicklung weniger Typen sehr universell einsetzbarer Schaltkreise.

Mit der Weiterentwicklung der integrierten Schaltungstechnik entstanden zwei Richtungen: die „mikroskopische" Schaltungstechnik des Bauelementeinneren und die „makroskopische" Schaltungstechnik der Bauelemente- und Schaltkreisapplikation. Der erstgenannte Zweig ist die Domäne des Bauelemente- und Schaltkreisherstellers, der zweite die des Geräteherstellers und Schaltkreisanwenders. Beide Gebiete greifen eng ineinander. Aus diesem Grund werden im vorliegenden Buch beide Zweige behandelt, wobei jedoch der Schwerpunkt bei der Bauelemente- und Schaltkreisapplikation liegt.

1.2. Transistormodelle

In Form eines kurzen Überblicks sind nachfolgend häufig benötigte Gleichungen und Ersatzschaltbilder zum statischen und dynamischen Verhalten von Bipolar- und Feldeffekttransistoren zusammengestellt. Hinsichtlich weiterer Einzelheiten zum Verhalten von Dioden und Transistoren sei auf die Literatur verwiesen.

1.2.1. Bipolartransistoren

1.2.1.1. Statisches Verhalten

Betriebsbereiche und Kennlinien von Bipolartransistoren sind aus Tafel 1.1 und Bild 1.1 ersichtlich. Die im folgenden angeführten Ersatzschaltbilder und Kennliniengleichungen sind für alle vier Betriebsbereiche gültig.

Bild 1.2 zeigt die statischen Ersatzschaltbilder von npn- und pnp-Transistoren.

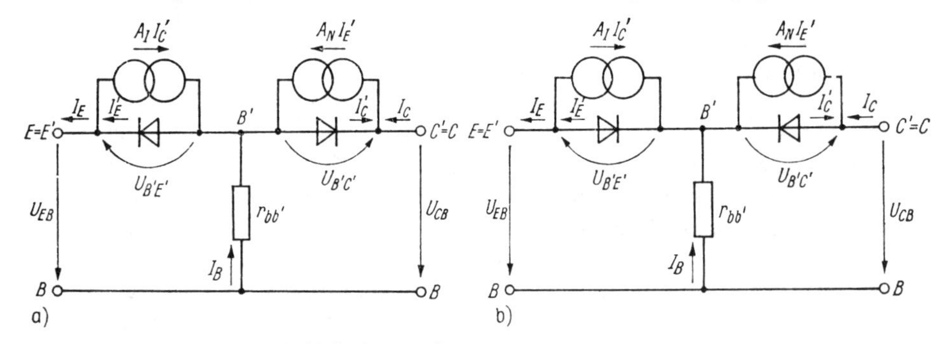

Bild 1.2. Statisches Ersatzschaltbild des Bipolartransistors
a) npn-Transistor; b) pnp-Transistor

Kennliniengleichungen des inneren Transistors (Ebers-Moll-Gleichungen)

Für npn- und pnp-Typen gilt:

$$I_C = -I'_C + A_N I'_E \qquad (1.1\,a)$$

$$I_E = I'_E - A_I I'_C \qquad (1.1\,b)$$

$$I_E = I_C + I_B. \qquad (1.1\,c)$$

Für npn-Typen gilt:

$$I'_C = I_{CS}\,(e^{U_{B'C'}/U_T} - 1) \qquad (1.2\,a)$$

$$I'_E = I_{ES}\,(e^{U_{B'E'}/U_T} - 1) \qquad (1.2\,b)$$

Für pnp-Typen gilt:

$$I'_C = -I_{CS}\,(e^{-U_{B'C'}/U_T} - 1) \qquad (1.3\,a)$$

$$I'_E = -I_{ES}\,(e^{-U_{B'E'}/U_T} - 1) \qquad (1.3\,b)$$

$I_{CS} > 0$ Kollektorsättigungsstrom; $I_{ES} > 0$ Emittersättigungsstrom

Vereinfachte Beziehungen für gesperrte Kollektordiode ($|U_{B'C'}| \gg U_T$)

In analogen Schaltungen werden Bipolartransistoren meist mit gesperrter Kollektordiode betrieben. Es ist deshalb zweckmäßig, das statische Ersatzschaltbild und die Kennliniengleichungen für diesen Fall zu vereinfachen.

Tafel 1.2. Transistorrestströme. Bei Kleinleistungstransistoren: $|I_{CBO}| \approx$ nA-Bereich (Si) bzw. µA-Bereich (Ge), Verdopplung je 8 bis 10 K Temperaturerhöhung

Transistorrestströme	Bedingungen	Vorzeichen	
		npn	pnp
I_{CBO} Kollektorreststrom	$I_E = 0$, Kollektordiode gesperrt	>0	<0
I_{CEO} Kollektoremitterreststrom	$I_B = 0$, Kollektordiode gesperrt	>0	<0
I_{EBO} Emitterreststrom	$I_C = 0$, Emitterdiode gesperrt	<0	>0

Ersatzschaltbild. Aus (1.1) bis (1.3) folgen für gesperrte Kollektordiode nach Einführen der Restströme (Tafel 1.2) die Ersatzschaltungen nach Bild 1.3. Alle vier Varianten haben gleiches äußeres Klemmenverhalten.

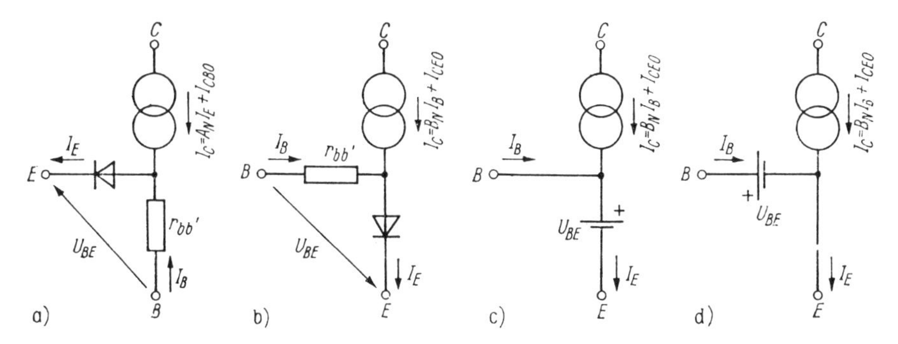

***Bild 1.3.** Statische Ersatzschaltbilder des npn-Transistors für gesperrte Kollektordiode*
$|U_{BE}| \approx$ 0,7 V (Si) bzw. 0,3 V (Ge); $|I_B r_{bb'}| \approx$ 0,1 ... 5 mV (vernachlässigbar)
Bei pnp-Transistoren muß die Diode (Bilder a und b) bzw. die Spannungsquelle (Bilder c und d) umgepolt werden.

Restströme. Es gelten folgende Zusammenhänge

$$I_{CEO} = \frac{I_{CBO}}{1 - A_N} = I_{CBO}\,(1 + B_N)$$

$$B_N = \frac{A_N}{1 - A_N} \qquad A_N = \frac{B_N}{1 + B_N} \qquad 1 - A_N = \frac{1}{1 + B_N}.$$

Transistorgleichströme. Die Transistorgleichströme lassen sich bei gesperrter Kollektordiode entsprechend Tafel 1.3 ineinander umrechnen (Ableitung aus den Ersatzschaltungen des Bildes 1.3).

Tafel 1.3
Zusammenhang zwischen den drei Bipolar-Transistorgleichströmen bei gesperrter Kollektordiode

	Bezugsgröße		
	I_B	I_E	I_C
$I_B =$	I_B	$(1 - A_N)(I_E - I_{CEO})$	$\frac{I_C - I_{CEO}}{B_N}$
$I_E =$	$\frac{I_B + I_{CBO}}{1 - A_N}$	I_E	$\frac{I_C - I_{CBO}}{A_N}$
$I_C =$	$B_N I_B + I_{CEO}$	$A_N I_E + I_{CBO}$	I_C

Eingangskennlinien. Bei gesperrter Kollektordiode folgt aus (1.1b) mit der praktisch erfüllten Bedingung $A_I I_{CS} \ll |I_E|$

$$I_E \approx I_{ES}\,(e^{U_{B'E}/U_T} - 1) \qquad \text{(npn-Typen)} \tag{1.4a}$$

$$I_E \approx -I_{ES}\,(e^{-U_{B'E}/U_T} - 1) \qquad \text{(pnp-Typen)} \tag{1.4b}$$

$$I_B \approx (1 - A_N)\,I_E = I_E/(B_N + 1) \quad \text{für} \quad |I_E| \gg |I_{CEO}|. \tag{1.4c}$$

Bemerkung: Zur näherungsweisen Beschreibung des statischen Verhaltens des Bipolartransistors im aktiven Betriebsbereich genügen die drei Kenngrößen U_{BE}, B_N und I_{CB0}. Bei Siliziumtransistoren beträgt $|U_{BE}| \approx 0{,}6 \ldots 0{,}7$ V. Der Reststrom ist für Ruheströme $|I_C| > 0{,}1$ mA in der Regel vernachlässigbar.

1.2.1.2. Lineares Kleinsignalverhalten

π-Ersatzschaltbild. Das bekannte π-Ersatzschaltbild von *Giacoletto* gilt in der Variante nach Bild 1.4a bzw. b mit guter Genauigkeit im Frequenzbereich $0 \leqq f \leqq 0{,}1 f_T$ (Transitfrequenz). Für Überschlagsrechnungen ist es meist bis $\approx f_T/2$ brauchbar.

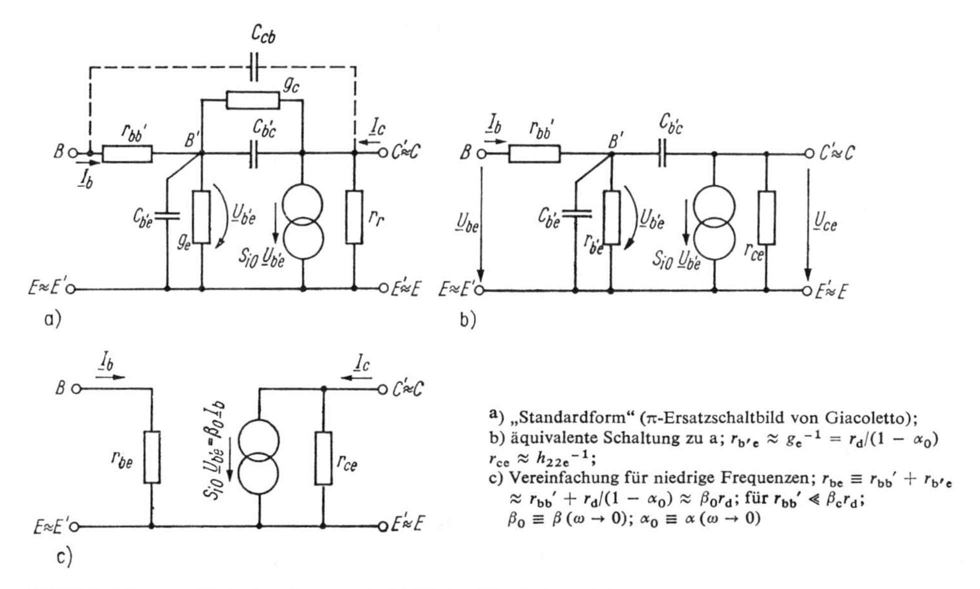

a) „Standardform" (π-Ersatzschaltbild von Giacoletto);
b) äquivalente Schaltung zu a; $r_{b'e} \approx g_e^{-1} = r_d/(1 - \alpha_0)$
$r_{ce} \approx h_{22e}^{-1}$;
c) Vereinfachung für niedrige Frequenzen; $r_{be} \equiv r_{bb'} + r_{b'e} \approx r_{bb'} + r_d/(1 - \alpha_0) \approx \beta_0 r_d$; für $r_{bb'} \ll \beta_c r_d$;
$\beta_0 \equiv \beta(\omega \to 0)$; $\alpha_0 \equiv \alpha(\omega \to 0)$

Bild 1.4. Lineares Kleinsignalersatzschaltbild des Bipolartransistors

Die Elemente g_c und r_r berücksichtigen die Transistorrückwirkung bei niedrigen Frequenzen *(Early-Effekt)*. Bei den meisten Transistoren wird der Überbrückungsleitwert $Y_{cb'} = g_c + j\omega C_{b'c}$ oberhalb von 100 bis 1000 Hz durch den kapazitiven Anteil $\omega C_{b'e}$ bestimmt, und g_c kann vernachlässigt werden.

Aber auch bei niedrigen Frequenzen hat g_c in den meisten praktischen Schaltungen nur vernachlässigbaren Einfluß (Ausnahmen: sehr großer Lastwiderstand, Berechnung des Innenwiderstandes von Stromquellen). Es ist deshalb zweckmäßig, g_c mit Hilfe der Vierpoltheorie durch Umwandeln der Ersatzschaltung des Bildes 1.4a in die von Bild 1.4b zu eliminieren und für Schaltungsberechnungen das Ersatzschaltbild nach Bild 1.4b zu verwenden. Der im Bild 1.4a durch g_c erfaßte Anteil der Transistorrückwirkung wird in den Elementen $r_{b'e}$ und r_{ce} berücksichtigt.

Für niedrige Frequenzen gilt

bei ausgangsseitigem Kurzschluß: $r_{be} = r_{bb'} + r_{b'e} = h_{11e}$
bei eingangsseitigem Leerlauf: $r_{ce} = h_{22e}^{-1}$ [1])
bei eingangsseitigem Kurzschluß: $r_{ce} = y_{22e}^{-1}$.

Strenggenommen hängen r_{be} vom Lastwiderstand zwischen Kollektor und Emitter und r_{ce} vom Innenwiderstand der zwischen Basis und Emitter angeschlossenen Signalquelle ab. Die exakten Werte können mit Hilfe von Tafel 3.2 (S. 62) berechnet werden. Mit

[1]) Wie im Abschnitt 3.1.2.1. erläutert wurde, ist r_{be} vom Lastwiderstand zwischen Kollektor und Emitter und r_{ce} vom Generatorwiderstand zwischen Basis und Emitter abhängig. Die Beziehungen $h_{11e} = r_{be}$ und $h_{22e} = 1/r_{ce}$ gelten exakt nur bei ausgangsseitigem Kurzschluß bzw. eingangsseitigem Leerlauf.

Ausnahme sehr hoher Lastwiderstände R_L ($R_L \gg h_{22e}^{-1}$) genügen aber in der Praxis die Näherungsbeziehungen

$$r_{be} = r_{bb'} + r_{b'e} \approx h_{11e}$$

$$r_{b'e} \approx \beta_0 r_d$$

$$r_{ce} \approx h_{22e}^{-1}$$

($\beta_0 \gg 1$, h_{11e} und h_{22e} bei niedrigen Frequenzen).

In Tafel 1.4 sind die Elemente des Ersatzschaltbildes zusammengestellt.

Tafel 1.4. Elemente des π-Ersatzschaltbildes

Alle Elemente können im Frequenzbereich $f < (0{,}1 \ldots 0{,}5) f_T$ als frequenzunabhängig betrachtet werden. $C_{b'e}$ läßt sich näherungsweise aus f_α berechnen, s. (1.6).

Bezeichnung	Berechnung	Arbeitspunktabhängigkeit
Emitterdiffusionswiderstand	$r_d = U_T/I_E$	$\sim 1/I_E$
Innere Steilheit	$S_{i0} = \alpha_0/r_d \approx I_C/U_T$	$\sim I_C$
Basisbahnwiderstand	$r_{bb'} \approx 10 \ldots 100\ \Omega$	vernachlässigbar
Temperaturspannung	$U_T \approx 30$ mV bei $\vartheta_j \approx 25\,°C$	unabhängig
Early-Faktor	μ_e ($\approx 10^{-3} \ldots 10^{-4}$)	unabhängig von I_E für mittlere Ströme
Ausgangswiderstand bei niedrigen Frequenzen	r_{ce} (Richtwert 600 kΩ bei $I_C = 0{,}1$ mA)	$\sim 1/I_C$
Kapazität der Emitterdiode	$C_{b'e} = C_{de} + C_{se}$	
Emitterdiffusionskapazität	$C_{de} = \tau_b S_{i0}$	$\sim I_E$
Basislaufzeit	$\tau_b < 1/2\pi f_T$	
Emittersperrschichtkapazität	C_{se}	
Kapazität der Kollektordiode	$C_{b'c} = C_{dc} + C_{sc}$	
Kollektordiffusionskapazität	$C_{dc} \approx \mu_e C_{de}$ (vernachlässigbar)	
Kollektorsperrschichtkapazität	C_{sc}	$\sim 1/\sqrt{\lvert U_{CB} \rvert}$

Zwischen den Kleinsignalstromverstärkungsfaktoren $\alpha \equiv -h_{21b}$ und $\beta \equiv h_{21e}$ gelten unabhängig von der Frequenz die Umrechnungen

$$\beta = \frac{\alpha}{1-\alpha} \approx \frac{1}{1-\alpha}; \qquad \alpha = \frac{\beta}{1+\beta} \approx 1 - \frac{1}{\beta}.$$

Niedrige Frequenzen (Kapazitäten vernachlässigt). Wenn wir die Kapazitäten $C_{b'e}$ und $C_{b'c}$ vernachlässigen, folgt aus Bild 1.4b die Ersatzschaltung Bild 1.4c, aus der folgende Schlußfolgerungen gezogen werden können:

Das lineare Kleinsignalverhalten von Bipolartransistoren bei niedrigen Frequenzen wird mit ausreichender Genauigkeit durch eine einzige Kenngröße, den Stromverstärkungsfaktor $\beta_0 \equiv h_{21e0}$, beschrieben, solange der Ausgangswiderstand r_{ce} vernachlässigbar ist (bei nicht zu großen Lastwiderständen). Der Eingangswiderstand wird durch den Arbeitspunkt bestimmt:

$$r_{be} \approx \beta_0 r_d = \beta_0 U_T/I_E.$$

Bei niedrigen Frequenzen ($C_{b'e}$ und $C_{b'c}$ vernachlässigt) folgt aus Bild 1.4b der wichtige Zusammenhang

$$S_{i0} \underline{U}_{b'e} = \beta_0 \underline{I}_b. \tag{1.5}$$

Mit dieser Beziehung läßt sich die spannungsgesteuerte Stromquelle im Bild 1.4 in eine stromgesteuerte Quelle umwandeln.

Vierpolparameter und Ersatzschaltbilder. Die beiden am meisten verwendeten Vierpolersatzschaltungen sind das *h*- und das *y*-Ersatzschaltbild (Bild 1.5). Durch Vergleich der Bilder 1.5a und 1.4b (Kapazitäten vernachlässigt) und mit (1.5) erhalten wir folgende für niedrige Frequenzen geltende Umrechnungsbeziehungen zwischen den Elementen des π- und des *h*-Ersatzschaltbildes:

$$h_{11e} = r_{be} = r_{bb'} + \frac{r_d}{1 - \alpha_0} \approx \beta_0 r_d \approx \beta_0 \frac{U_T}{I_E} \approx \frac{U_T}{I_B}$$

$$h_{12e} \approx 0 \quad \text{(infolge Vernachlässigung; praktisch beträgt } h_{12e} \approx 10^{-5} \dots 10^{-3}\text{)}$$

$$h_{21e} \equiv \beta_0$$

$$h_{22e} = 1/r_{ce}{}^{1)}.$$

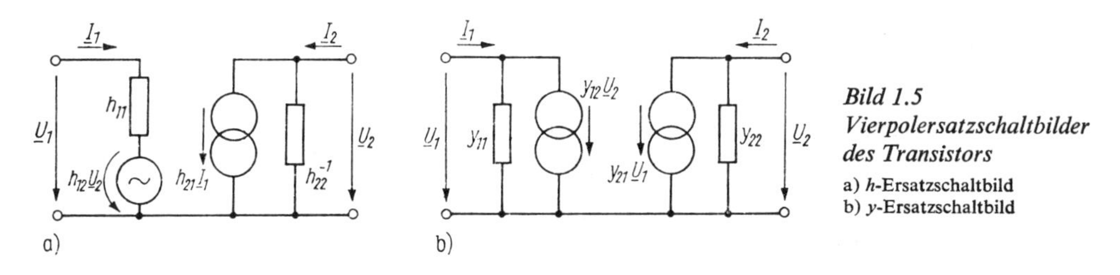

Bild 1.5
Vierpolersatzschaltbilder des Transistors
a) *h*-Ersatzschaltbild
b) *y*-Ersatzschaltbild

Vierpolparameter sind grundschaltungs-, arbeitspunkt- und frequenzabhängig. Umrechnungen sind den Tafeln 3.4 (S. 63) und 3.5 (S. 63) zu entnehmen. Die *h*-Parameter für niedrige Frequenzen können mit Hilfe der Tangenten im Arbeitspunkt aus den Kennlinienfeldern des Transistors bestimmt werden. Grobe Hinweise zur Arbeitspunktabhängigkeit enthalten Tafel 1.5 und Bild 1.6.

Grenzfrequenzen. Aus Bild 1.4b lassen sich die Frequenzgänge $|h_{21e}|$ und $|h_{21b}|$ berechnen. Ihren Amplitudengang zeigt Bild 1.7.

Die zugehörigen Grenzfrequenzen betragen:

$$f_\alpha \approx \frac{1}{2\pi} \frac{1}{r_d C_{b'e}} \quad \text{(3-dB-Abfall von } |\alpha|\text{)} \tag{1.6}$$

$$f_\beta = \frac{1}{2\pi} \frac{1 - \alpha_0}{r_d (C_{b'e} + C_{b'c})} \approx f_\alpha/\beta_0 \quad \text{für} \quad C_{b'c} \ll C_{b'e} \quad \text{(3-dB-Abfall von } |\beta|\text{)}$$

$$f_1 = f(|\beta| = 1).$$

Die Ersatzschaltung nach Bild 1.4b beschreibt das Kleinsignalverhalten des Bipolartransistors für Frequenzen $f \ll f_T$ mit ausreichender Genauigkeit. In der Umgebung der Grenzfrequenzen $f_1 \approx f_T$ bzw. f_α ist mit erheblichen Abweichungen im Verlauf von $|\beta|$ und $|\alpha|$ zu rechnen.

Im Frequenzbereich $f \gg f_\beta$ fällt $|h_{21e}|$ mit 20 dB/Dekade ab. Daher ist das Produkt

$$f_T = |h_{21e}| f = \beta_0 f_\beta$$

frequenzunabhängig. f_T ist die *Transitfrequenz* des Bipolartransistors; sie läßt sich leichter messen als f_α und f_1.

[1]) s. Fußnote auf S. 24

Tafel 1.5. Arbeitspunktabhängigkeit der h-Parameter bei niedrigen Frequenzen

	Stromabhängigkeit	Spannungsabhängigkeit
h_{11e}	$\sim 1/I_E$	unabhängig von U_{CB}
h_{12e}	unabhängig von I_E für mittlere Ströme	$\sim 1/\sqrt{U_{CB}}$
h_{21e}	Maximum bei mittleren Strömen	wenig abhängig von U_{CB}
h_{22e}	$\sim I_C$	$\sim 1/\sqrt{U_{CB}}$

[1]) s. Fußnote auf S. 24

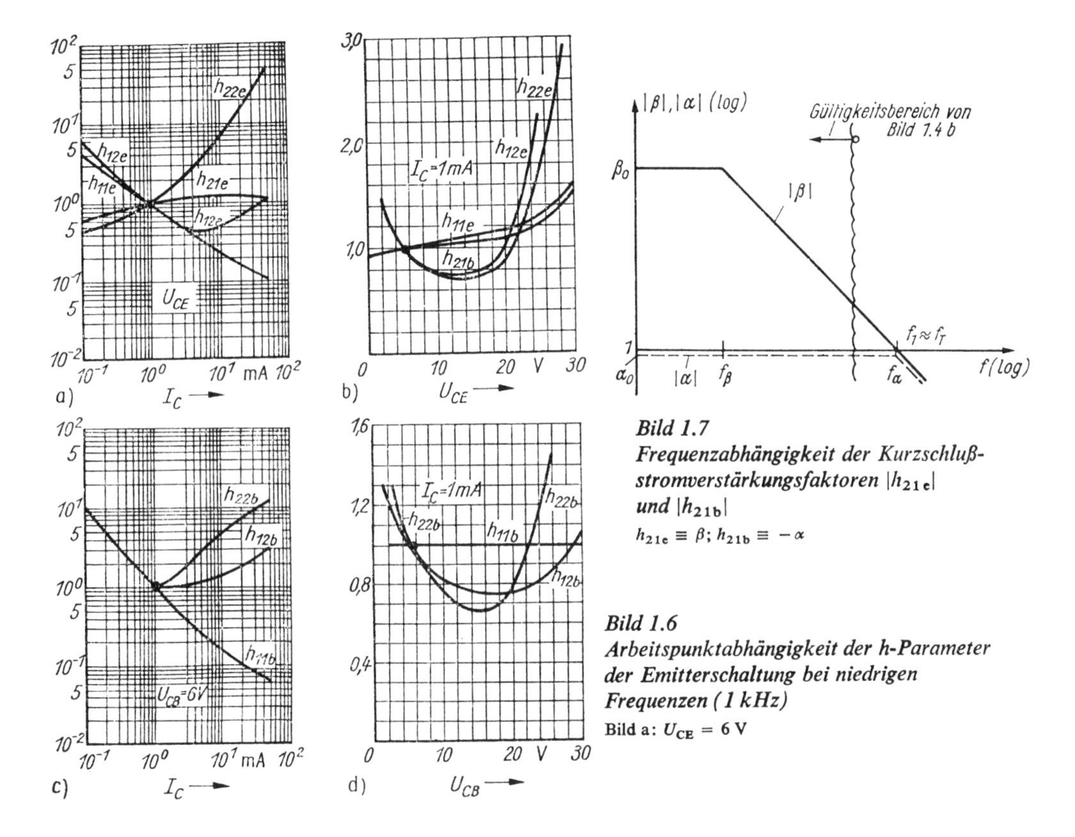

Bild 1.7
Frequenzabhängigkeit der Kurzschlußstromverstärkungsfaktoren $|h_{21e}|$ und $|h_{21b}|$

$h_{21e} \equiv \beta$; $h_{21b} \equiv -\alpha$

Bild 1.6
Arbeitspunktabhängigkeit der h-Parameter der Emitterschaltung bei niedrigen Frequenzen (1 kHz)

Bild a: $U_{CE} = 6$ V

Die *Steilheitsgrenzfrequenz* ($|y_{21}|$ um 3 dB abgefallen) beschreibt die Grenzfrequenz des Transistors bei Spannungssteuerung. Sie ist oft erheblich größer als f_T und wächst mit abnehmendem Produkt $r_{bb'}C_{b'c}$.

Bei der *maximalen Schwingfrequenz*

$$f_{max} = \sqrt{\frac{f_\alpha}{8\pi r_{bb'}C_{b'c}}} \quad (> f_1)$$

ist die Leistungsverstärkung des Transistors bei Anpassung gleich Eins. Oberhalb dieser Frequenz arbeitet der Transistor nicht mehr als aktives Bauelement.

Tafel 1.6. Polaritäten und Kennlinienfelder von FET

Kanal	Typ	Symbol	Vorzeichen[1] U_{DS}	I_D	U_{GS}	U_{T0}	Übertragungskennlinie	Ausgangskennlinienfeld
n	Verarmung (selbstleitend, depletion)	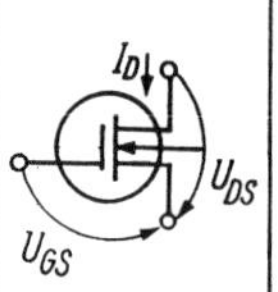	>0	>0	≶0	<0	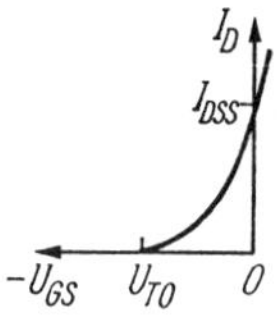	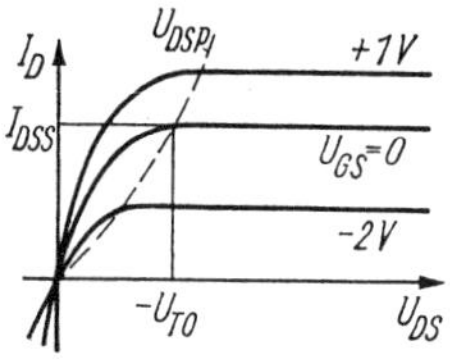
n	Anreicherung (selbstsperrend, enhancement)	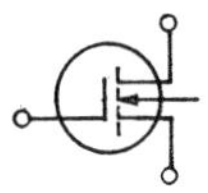	>0	>0	>0	>0	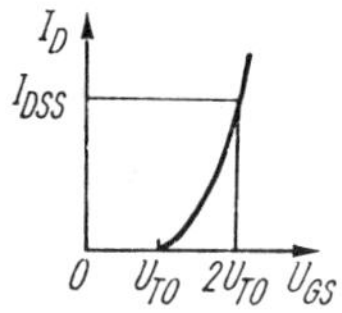	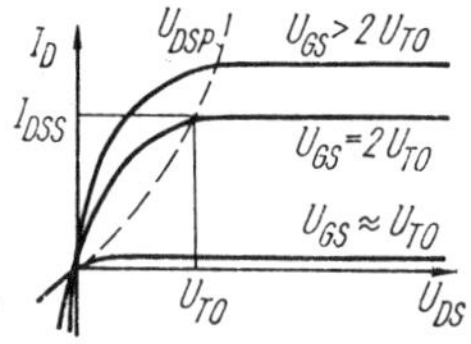
p	Verarmung (selbstleitend, depletion)	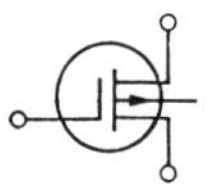	<0	<0	≷0	>0	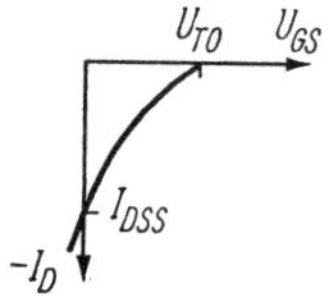	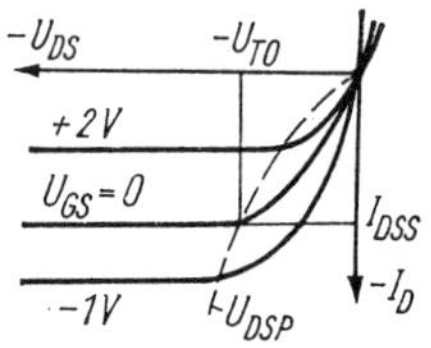
p	Anreicherung (selbstsperrend, enhancement)	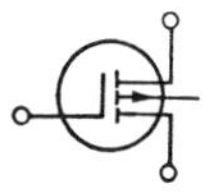	<0	<0	<0	<0	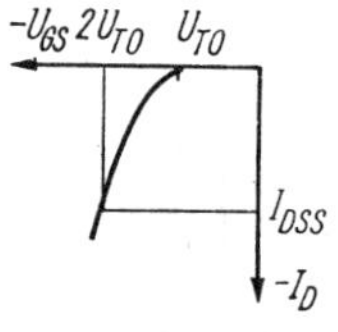	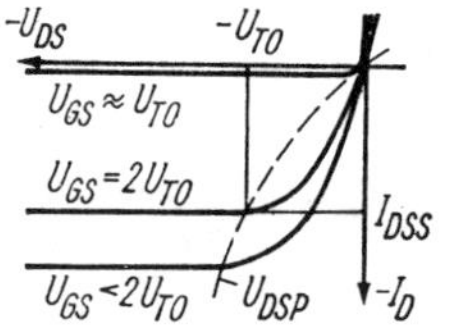
n	Verarmung (selbstleitend, depletion)	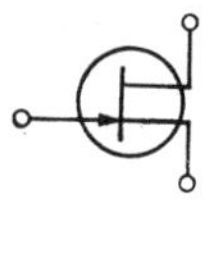 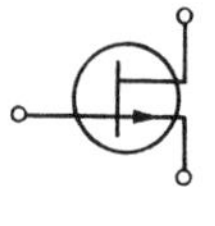	>0	>0	<0	<0 (U_p)	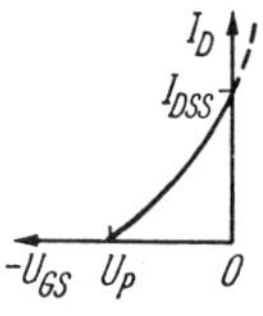	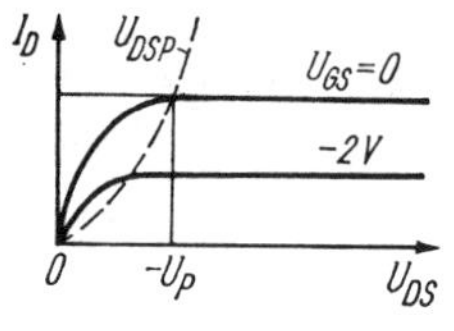
p		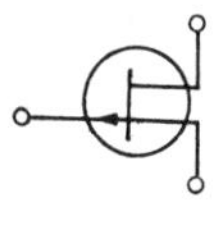 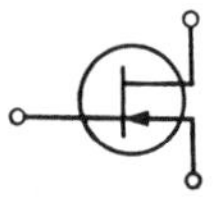	<0	<0	>0	>0 (U_p)	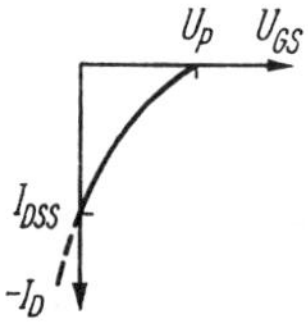	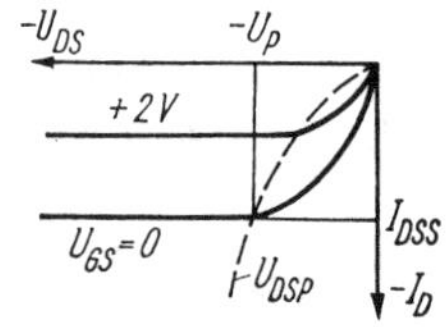

[1]) bei Verstärkerbetrieb

1.2.2. Feldeffekttransistoren

Hinsichtlich ihrer geometrischen Struktur sind FET in der Regel *Lateral*transistoren. Leistungs-MOSFETs haben dagegen eine *Vertikal*struktur (s. Abschn. 7.3.). Die elektrischen Eigenschaften eines FET lassen sich durch seine Geometrie verändern (Variation der Kanalbreite w bzw. der Kanallänge l). Vereinfacht gilt der Zusammenhang: $I_D \sim w/l$; $r_{\mathrm{ds\,on}} \sim l/w$; $S \sim w/l$; $U_{\mathrm{DS\,max}} \sim l, d_{\mathrm{ox}}, N_{\mathrm{D\,drain}}$.

Wir stellen in den folgenden drei Unterabschnitten einige wichtige Beziehungen für Feldeffekttransistoren in knapper Form zusammen, die für die meisten überschlägigen Schaltungsberechnungen ausreichen. Im Abschnitt 6.3.1. folgen wesentlich detailliertere Betrachtungen zum Ersatzschaltbild und zu den SPICE-2-Modellparametern von MOSFETs. Dort wird auch erläutert, mit welchen Ersatzschaltbildern die rechnergestützte Schaltungsanalyse und -simulation vorgenommen werden, die für den Entwurf monolithisch integrierter Schaltungen unerläßlich sind.

1.2.2.1. Statisches Verhalten

Bemerkungen (s. hierzu Tafeln 1.6 und 1.7)

1. Abschnürung erfolgt bei $U_{\mathrm{DSP}} = U_{\mathrm{GS}} - U_{\mathrm{TO}}$ bzw. $U_{\mathrm{DSP}} = U_{\mathrm{GS}} - U_{\mathrm{P}}$ (Abschnürspannung).
2. $I_{\mathrm{DSS}} = I_{\mathrm{D}}\,(U_{\mathrm{GS}} = 2U_{\mathrm{TO}})$ bei selbstsperrenden FET.
3. $U_{\mathrm{TO}} = f(U_{\mathrm{DS}}, U_{\mathrm{BS}})$; U_{BS}: Source-Substrat-Spannung.
4. $I_{\mathrm{DSS}}/U_{\mathrm{TO}}^2 = wK'/l$ bei MOSFET; w Kanalbreite, l Kanallänge, K' Leitwertparameter (abhängig vom Herstellungsprozeß, unabhängig von FET-Topologie)
5. U_{D} Diffusionsspannung, meist vernachlässigbar gegenüber U_{P} bzw. U_{GS}.

Tafel 1.7. Kennliniengleichungen von FET

Gültig für $U_{\mathrm{GS}} \geqq U_{\mathrm{TO}}$ bzw. U_{P} bei n-Kanal-FET und für $U_{\mathrm{GS}} \leqq U_{\mathrm{TO}}$ bzw. U_{P} bei p-Kanal-FET

	Aktiver Bereich	Abschnürbereich (Sättigungsbereich)
MOSFET	$I_{\mathrm{D}} = \frac{2I_{\mathrm{DSS}}}{U_{\mathrm{TO}}^2}\left[(U_{\mathrm{GS}} - U_{\mathrm{TO}})\,U_{\mathrm{DS}} - \frac{U_{\mathrm{DS}}^2}{2}\right]$	$I_{\mathrm{D}} = I_{\mathrm{DSS}}\left(\frac{U_{\mathrm{GS}}}{U_{\mathrm{TO}}} - 1\right)^2 = I_{\mathrm{DSS}}\left(\frac{U_{\mathrm{DSP}}}{U_{\mathrm{TO}}}\right)^2$
SFET	$I_{\mathrm{D}} = I_0\left[\frac{U_{\mathrm{DS}}}{U_{\mathrm{D}} - U_{\mathrm{P}}} - \frac{2}{3}\left\{\left(\frac{U_{\mathrm{DS}} - U_{\mathrm{GS}} + U_{\mathrm{D}}}{U_{\mathrm{D}} - U_{\mathrm{P}}}\right)^{3/2} - \left(\frac{U_{\mathrm{D}} - U_{\mathrm{GS}}}{U_{\mathrm{D}} - U_{\mathrm{P}}}\right)^{3/2}\right\}\right]$	$I_{\mathrm{D}} = I_{\mathrm{DSS}}\left(1 - \frac{U_{\mathrm{GS}}}{U_{\mathrm{P}}}\right)^2$

Der Arbeitspunkt des FET bei Verstärkeranwendungen liegt meist im Abschnürbereich.

1.2.2.2. Lineares Kleinsignalverhalten

Im Frequenzbereich $0 \leqq f \leqq 10 \ldots 100$ MHz gilt das π-Ersatzschaltbild in der einfachen Form des Bildes 1.8. Praktisch genügt meist die Vereinfachung *b*. Bei höheren Frequenzen ist eine Erweiterung des Ersatzschaltbildes durch Zusatzwiderstände notwendig.

Bei MOSFETs, die in monolithisch integrierten Schaltungen eingesetzt sind, muß zusätzlich der Substrateinfluß berücksichtigt werden, falls der Source-Anschluß nicht mit dem Substrat verbunden ist oder potentialmäßig nachgeführt wird. Daher wird in diesem Falle Bild 1.8b durch die beiden Kapazitäten C_{db} und C_{sb} sowie durch die gesteuerte Stromquelle $S_{\mathrm{b}}\underline{U}_{\mathrm{bs}}$ erweitert (Bild 1.8c). Dabei ist $S_{\mathrm{b}} = \mathrm{d}I_{\mathrm{D}}/\mathrm{d}U_{\mathrm{BS}} = \lambda S$ die Steilheit der Substratsteuerung mit $\lambda = K_2/2\sqrt{-U_{\mathrm{BS}}}$ (K_2: Body-Konstante) [1.1].

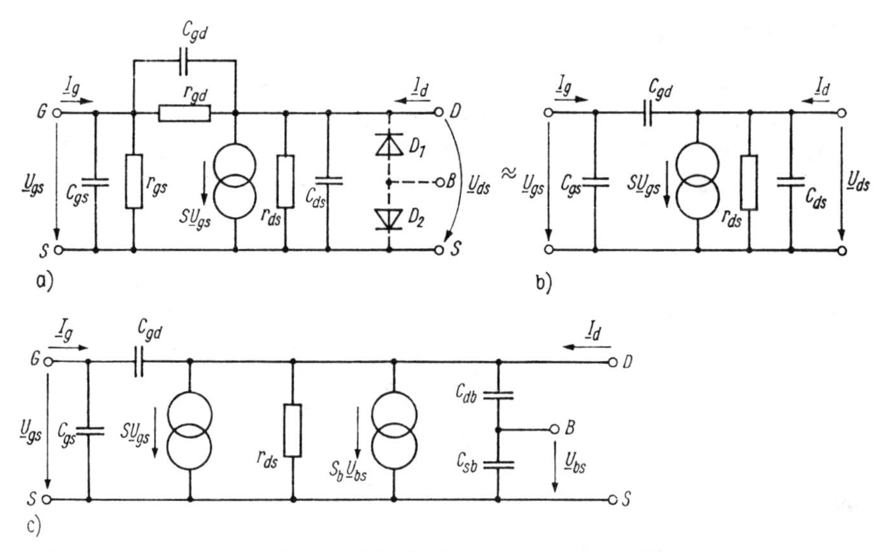

Bild 1.8. Lineares Kleinsignalersatzschaltbild des SFET und MOSFET

a) Ausführliches Ersatzschaltbild; D_1, D_2 Substratdioden (nur bei MOSFET); B Substratanschluß; b) Näherung zu a für diskrete Transistoren; c) Kleinsignal-ESB des MOSFET in integrierten Analogschaltungen für den linearen Verstärkerbetrieb; B (Body) Substratanschluß

Hinweis: Alle Elemente der Ersatzschaltbilder sind frequenzunabhängig im Frequenzbereich f = 10 ... 100 MHz

Tafel 1.8. Knotenspannungsanalyse (allgemeiner Rechenweg) eines beliebigen Netzwerkes mit z Zweigen und k Knoten

Knotenspannungsanalyse
$k - 1$ Gleichungen

Die Berechnung der z unbekannten Zweigströme wird auf die Berechnung von $k - 1$ Knotenspannungen reduziert. Aus ihnen lassen sich die z Zweigströme (-spannungen) bestimmen.

Allgemeiner Rechenweg:

1. Ermittlung von z (eine Einströmung (Stromquelle) gilt nicht als getrennter Zweig)
2. Feststellen und Numerieren der k *Knoten* des Netzwerkes
3. Festlegung eines *Bezugsknotens* für alle Knotenspannungen. Er kann innerhalb oder außerhalb des Netzwerkes liegen. Ist nur *ein* Zweigstrom im Netzwerk gesucht, so wählt man einen zu diesem Zweig gehörenden Knoten als Bezugsknoten.
4. Kennzeichnen aller *Knotenspannungen* $U_{\nu 0}$

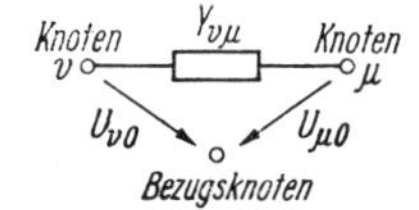

Die Pfeile zeigen zum Bezugsknoten. Es gilt $U_{\nu 0} = -U_{0\nu}$.

5. Alle *unabhängigen und gesteuerten Spannungsquellen* (EMKs) im Netzwerk wandelt man mit Hilfe der Zweipoltheorie so in ihre äquivalenten Stromquellen um, daß die Stromquellen jeweils zwischen zwei Knoten liegen. Gesteuerte Quellen sind so umzuwandeln, daß als Steuergröße Knotenspannungen auftreten.
6. Für jeden der $k - 1$ Knoten mit unbekannter Knotenspannung wird eine Knotenpunktgleichung aufgestellt: Summe der zum Knoten hinfließenden Einströmungen = Summe der vom Knoten wegfließenden Ströme (ohne Einströmungen).
7. Man ordnet das aus $k - 1$ Gleichungen bestehende *Gleichungssystem* so, daß auf der linken Seite die Stromquellen stehen. Die Vorzeichen in diesen Gleichungen sind so festzulegen, daß die zum Knoten hinfließenden Einströmungen (≡ Ströme der Stromquellen) positive Vorzeichen erhalten.
8. Man *löst* das *Gleichungssystem* nach den $k - 1$ unbekannten Knotenspannungen auf.

1.2.2.3. Der Feldeffekttransistor als steuerbarer Widerstand

In der Umgebung des Nullpunktes ($|U_{DS}|$ < einige Zehntel Volt) verhält sich der FET wie ein durch U_{GS} gesteuerter linearer Widerstand $r_{ds} = dU_{DS}/dI_D$. Aus den Kennliniengleichungen für den aktiven Bereich (Tafel 1.7) folgt bei Vernachlässigung von U_D (Bild 1.9)

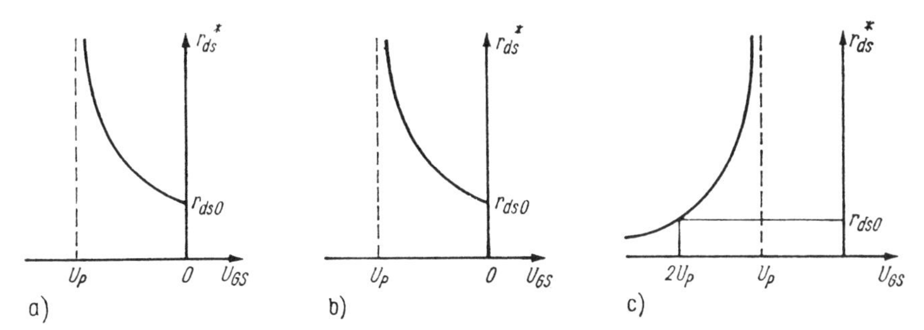

Bild 1.9. Drain-Source-Widerstand für $U_{DS} \approx 0$ als Funktion der Steuerspannung ($r^*_{ds} = r_{ds|U_{dS}=0}$)
a) n-Kanal-SFET; b) Selbstleitender n-Kanal-MOSFET; c) selbstsperrender p-Kanal-MOSFET; $U_P \triangleq U_{T0}$

Selbstleitender MOSFET

(für $U_{T0} \leqq U_{GS}$ bei n-Kanal-FET und für $U_{GS} \leqq U_{T0}$ bei p-Kanal-FET)

$$r_{ds}|_{U_{DS}=0} = \frac{U_{T0}^2}{2I_{DSS}(U_{GS} - U_{T0})} = \frac{r_{ds0}}{1 - (U_{GS}/U_{T0})}$$

mit

$$r_{ds0} = -\frac{U_{T0}}{2I_{DSS}} = r_{ds}|_{U_{GS}=0}$$

Selbstsperrender MOSFET

$$r_{ds}|_{U_{DS}=0} = \frac{r_{ds0}}{(U_{GS}/U_{T0}) - 1}$$

mit

$$r_{ds0} = \frac{U_{T0}}{2I_{DSS}} = r_{ds}|_{U_{GS}=2U_{T0}}$$

SFET (für $U_P \leqq U_{GS} \leqq 0$ bei n-Kanal-FET und für $0 \leqq U_{GS} \leqq U_P$ bei p-Kanal-FET)

$$r_{ds}|_{U_{DS}=0} = -\frac{U_P}{I_0}\,\frac{1}{1 - \sqrt{U_{GS}/U_P}} = \frac{r_{ds0}}{1 - \sqrt{U_{GS}/U_P}}$$

mit

$$r_{ds0} = -\frac{U_P}{I_0} = r_{ds}|_{U_{GS}=0}\,.$$

1.3. Vereinfachte Berechnung linearer Netzwerke [11]

Häufig besteht die Aufgabe, einige Zweigströme oder -spannungen in einem Netzwerk zu berechnen. Dazu eignen sich systematische Berechnungsverfahren, z.B. die *Knotenspannungsanalyse* (Tafeln 1.8 und 1.9), die wir als bekannt voraussetzen.

Sind nur wenige Zweigspannungen (oder -ströme) gesucht, ist es meist zweckmäßiger, vereinfachte Berechnungsverfahren zu benutzen (Tafel 1.10).

Mit einiger Übung lassen sich damit oft erhebliche Vereinfachungen erzielen. Auch die kombinierte Anwendung mehrerer vereinfachter Berechnungsmethoden kann vorteilhaft sein.

Tafel 1.9. Quellen in elektronischen Netzwerken

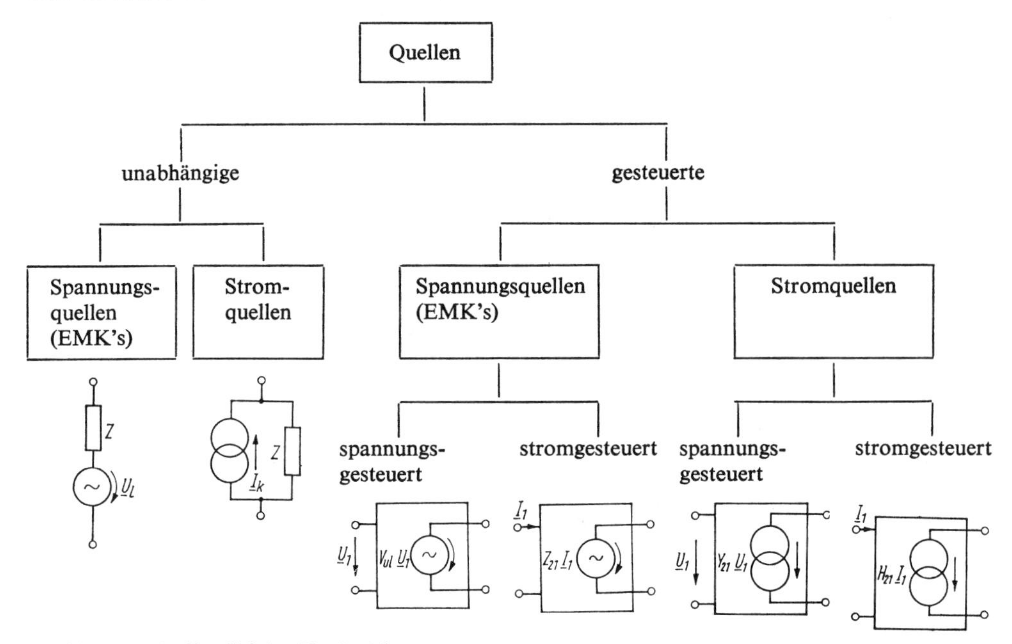

Unabhängige Quellen (Aktive Zweipole):

Quellen, die unabhängig von den Strömen und Spannungen innerhalb des Netzwerkes sind

Gesteuerte Quellen (Aktive Vierpole):

Quellen, deren Größe von den Strömen und/oder Spannungen innerhalb des Netzwerkes abhängen

Tafel 1.10. Vereinfachte Berechnungsmethoden für lineare zeitinvariante stabile elektronische Stromkreise (zweckmäßig, wenn nur ein Teilstrom und/oder eine Teilspannung im Netzwerk berechnet werden sollen)

Überlagerungsverfahren

Ziel:

Vereinfachte Berechnung eines Zweigstroms in einem Netzwerk mit mehreren unabhängigen Quellen.

Rechenweg:

1. Alle unabhängigen Quellen außer einer nullsetzen (d.h. EMK's kurzschließen, Einströmungen aus dem Netzwerk entfernen). Den Strom bzw. die Spannung im Zweig z, herrührend von dieser einen unabhängigen Quelle, berechnen.
2. Ebenso verfahren mit allen anderen unabhängigen Quellen. Man erhält wieder Teilströme bzw. Teilspannungen im gleichen Zweig z.
3. Überlagerung aller in den Schritten 1 und 2 erhaltenen Teilströme bzw. Teilspannungen, wobei die Vorzeichen zu beachten sind.

Teilungssatz für symmetrische Netzwerke

Ziel:

Vereinfachung der Berechnung von linearen symmetrischen Schaltungen, z.B. Differenzverstärker, Gegentaktstufen. Gleichzeitig wird das Verständnis für solche Schaltungen verbessert.

Rechenweg:

1. Man zeichnet das Netzwerk so um, daß zwei spiegelbildliche Teile entstehen. Alle unabhängigen Quellen müssen aus dem Netzwerk herausgezeichnet werden.

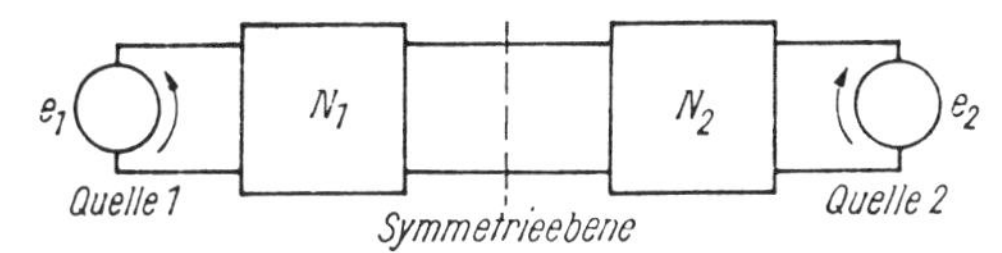

2. Man zerlegt die Eingangsgröße (EMK oder Einströmung) in einen Gleichtaktanteil und einen Gegentaktanteil. Zum Beispiel bei EMK als Eingangsgröße:

   $e_1 = e_{Gl} + e_{Geg}$; $\quad e_2 = e_{Gl} - e_{Geg}$.

   Dann ist

   $$e_{Gl} = \frac{e_1 + e_2}{2}; \quad e_{Geg} = \frac{e_1 - e_2}{2}$$

   (entsprechend bei Einströmungen).
3. Die Rechnung wird für Gleich- und Gegentaktaussteuerung der beiden Quellen 1 und 2 getrennt vorgenommen. Beide Ergebnisse werden dann summiert.
4. Bei Gleichtaktaussteuerung fließt in den Verbindungsleitungen zwischen beiden Netzwerken N_1 und N_2 kein Strom.
   N_1 und N_2 können dann in der Symmetriebene völlig getrennt werden, so daß man nur eine Hälfte, z. B. N_1, zu berechnen braucht (Bild 4.2b).
5. Bei Gegentaktaussteuerung liegt zwischen den Verbindungsleitungen beider Netzwerke N_1 und N_2 (bei der Symmetrieebene) keine Spannung. Man kann dann alle Verbindungsleitungen, die durch die Symmetrieebene führen, kurzschließen und braucht nur ein Netzwerk, z. B. N_1 (bei kurzgeschlossenen Ausgangsleitungen) zu berechnen.

Teilungssatz für Stromquellen

Ziel:

Vereinfachung der Berechnung linearer elektronischer Schaltungen, die unabhängige oder gesteuerte Stromquellen enthalten, durch Teilung von Stromquellen.

Rechenweg:

Eine zwischen zwei beliebigen Knoten eines Netzwerkes liegende Stromquelle kann wie nachfolgend gezeigt in zwei Stromquellen mit dem gleichen Strom geteilt werden.
Der Verbindungspunkt beider Stromquellen darf mit jedem beliebigen Knotenpunkt ν des Netzwerkes verbunden werden.

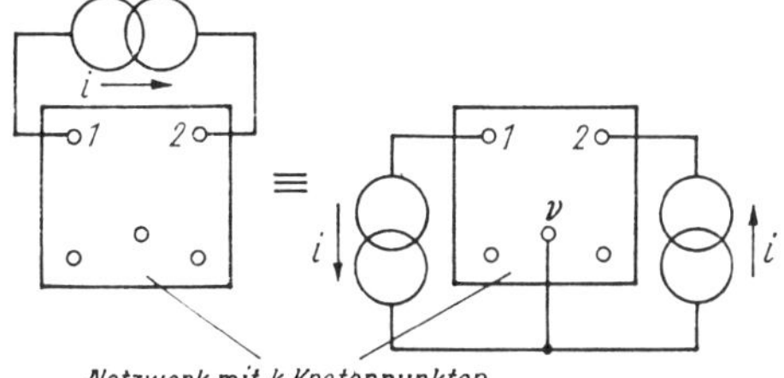

Bemerkung:

Wählt man als Knoten ν den Bezugspunkt (Masse), so gelingt es, im Netzwerk potentialmäßig „schwimmende" Stromquellen einseitig mit Masse zu verbinden.

Millersches Theorem[1]

Ziel:

Vereinfachung der Berechnung linearer elektronischer Schaltungen, die Überbrückungswiderstände zwischen bestimmten Knotenpunkten enthalten, durch Eliminieren dieser Widerstände. Hierbei muß jedoch das Verhältnis der beiden zugehörigen Knotenspannungen bekannt sein.

[1]) s. Abschnitt 1.4.

Rechenweg:

Ein zwischen zwei beliebigen Knoten eines Netzwerkes liegender Widerstand (Zweigimpedanzfunktion) kann wie folgt eliminiert werden:

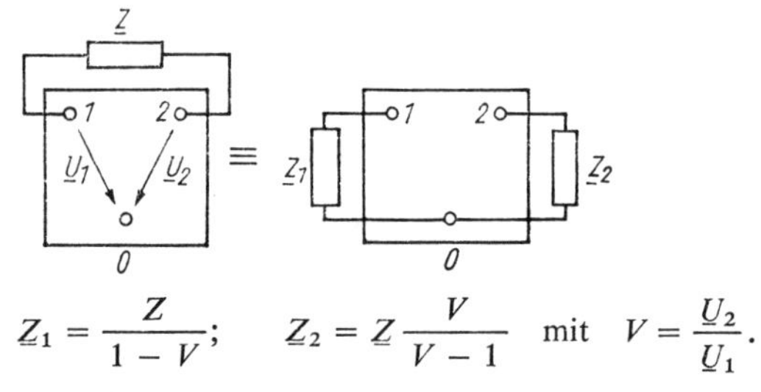

$$\underline{Z}_1 = \frac{\underline{Z}}{1 - V}; \qquad \underline{Z}_2 = \underline{Z}\frac{V}{V-1} \quad \text{mit} \quad V = \frac{\underline{U}_2}{\underline{U}_1}.$$

Bemerkungen:

1. Diese Umwandlung gilt für beliebige Zeitabhängigkeit von Strömen und Spannungen sowohl im Zeit- als auch im Bildbereich.
2. Für V reell und >1 wirkt ein reeller Widerstand Z zwischen 1 und 2 wie ein negativer Widerstand zwischen 1 und 0 und wie ein positiver Widerstand zwischen 2 und 0.
3. Für V reell und <1 wirkt ein reeller Widerstand Z zwischen 1 und 2 wie ein positiver Widerstand zwischen 1 und 0 und wie ein negativer Widerstand zwischen 2 und 0.

Umwandlung gesteuerter Quellen

Ziel:

Vereinfachung der Berechnung linearer elektronischer Schaltungen, die gesteuerte Quellen enthalten, durch Verringerung der Anzahl gesteuerter Quellen bzw. durch deren Ersatz durch Widerstände (Impedanzfunktionen).

Substitutionssatz

Anwendbar bei:
Netzwerken mit stromgesteuerten EMK's und spannungsgesteuerten Stromquellen

Rechenweg:

1. Folgende stromgesteuerte EMK kann durch eine Impedanz Z ersetzt werden.

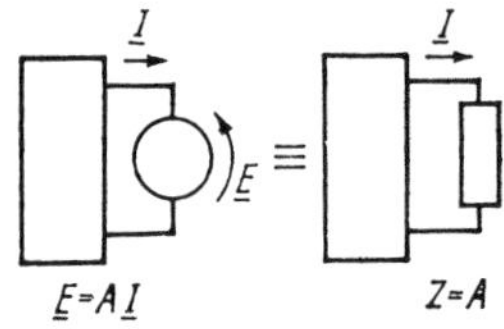

2. Folgende spannungsgesteuerte Stromquelle kann durch eine Admittanz Y ersetzt werden.

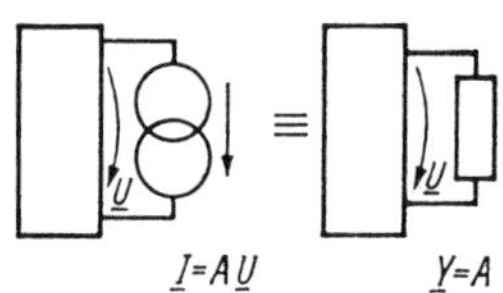

Reduktionssatz

Anwendbar bei:
Netzwerken mit stromgesteuerten Stromquellen und spannungsgesteuerten EMK's

Rechenweg:

1. Bei einer Schaltung wie nachfolgend gezeigt, darf man die Stromquelle $Ai_1(t)$ weglassen, wenn man dafür entweder
   a) alle G, C, $1/L$ und Stromquellen in N_1 mit $(1 + A)$ multipliziert oder
   b) alle G, C, $1/L$ und Stromquellen in N_2 durch $(1 + A)$ dividiert.

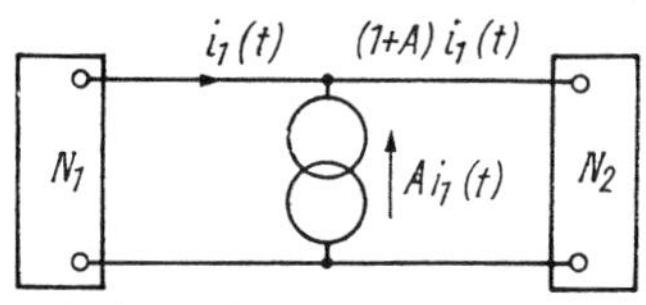

2. Bei einer Schaltung wie nachfolgend gezeigt, darf man die EMK $Au_1(t)$ kurzschließen, wenn man dafür entweder
   a) alle R, L, $1/C$ sowie alle EMK's in N_1 mit $(1 + a)$ multipliziert oder
   b) alle R, L, $1/C$ sowie alle EMK's in N_2 durch $(1 + A)$ dividiert

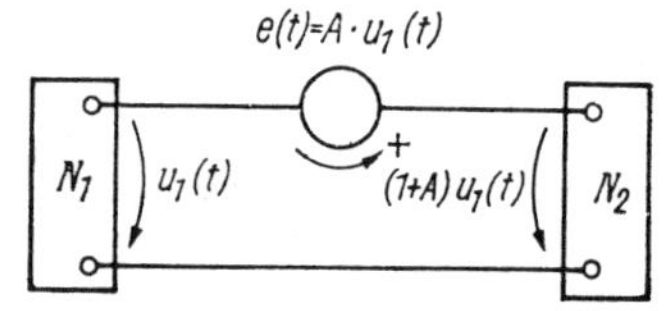

(Der Pfeil bei $e(t)$ ist als EMK aufzufassen, alle anderen Pfeile sind Spannungsabfälle.)

Tafel 1.10. (Fortsetzung)

Weitere Umwandlungsmöglichkeiten

Ziel:

Vereinfachung der Berechnung linearer elektronischer Schaltungen durch Anwendung des Austauschprinzips, des Satzes von der Kompensation und der Netzumwandlung

1. *Austauschprinzip (Reziprozitätstheorem)*
   Wirkt in einem beliebigen linearen Netz nur in einem Zweig eine EMK, die in einem anderen Zweig den Strom i verursacht, so würde in dem ersten Zweig derselbe Strom fließen, wenn man die EMK in dem zweiten Zweig wirken läßt.
2. *Satz von der Kompensation*
   In einem beliebigen (linearen oder nichtlinearen) Netzwerk kann man ein Widerstandselement durch eine EMK ersetzen, die der Größe nach gleich dem Spannungsabfall an dem Widerstand und der Stromrichtung nach entgegengesetzt ist.
3. *Netzumwandlung*
   Manchmal ist es zweckmäßig, eine EMK durch zwei gleiche parallelgeschaltete EMK's zu ersetzen und anschließend die Verbindungsleitungen zwischen den parallelgeschalteten EMK's zu trennen. Durch Anwendung des Überlagerungssatzes lassen sich damit viele Probleme vereinfachen.

1.4. Dynamische Widerstandsveränderung (Miller- und Bootstrap-Effekt)

In der analogen Schaltungstechnik wird häufig vom Prinzip der dynamischen Widerstandserhöhung bzw. -erniedrigung Gebrauch gemacht. Diese auch mit Miller- bzw. Bootstrap-Effekt bezeichnete Erscheinung wird zur Erzielung bestimmter Schaltungseigenschaften ausgenutzt. Beispiele sind der Miller-Integrator (s. Abschn. 13.4.1.), der Emitterfolger (s. Abschn. 3.5.) und die Realisierung hochohmiger Widerstände und kleinflächiger Kapazitäten in integrierten Schaltungen (s. Abschn. 6.4.1.). Sie tritt aber auch störend in Erscheinung (Verstärkungsabfall bei der Emitter- und Sourceschaltung bei hohen Frequenzen; dynamische Instabilität). Wir erläutern die Wirkungsweise nachfolgend an Hand des Millerschen Theorems, durch dessen Anwendung sich viele Schaltungsberechnungen vereinfachen lassen.

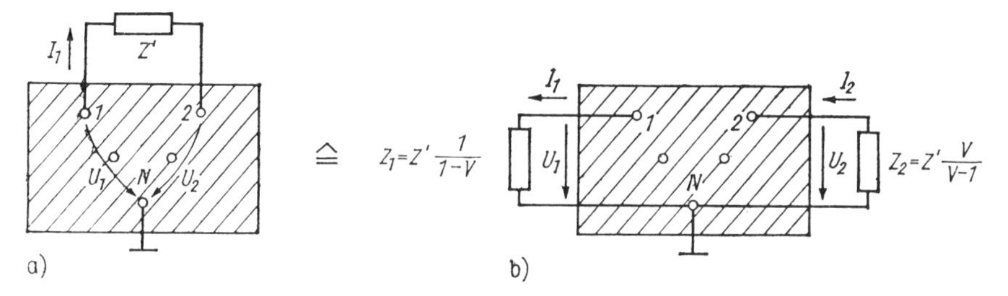

Bild 1.10. Millersches Theorem

Die Netzwerke a und b sind hinsichtlich ihres Klemmenverhaltens äquivalent; $V = U_2/U_1$

Millersches Theorem. Wir betrachten ein beliebiges Netzwerk mit den Knoten 1, 2 ... N (Bild 1.10). Alle Knotenspannungen U_1, U_2, ... sind auf den Bezugsknoten N bezogen. Zwischen zwei beliebigen Knoten 1 und 2 liegt die Impedanz Z' (reell oder komplex). Wir setzen voraus, daß das Verhältnis $V = U_2/U_1$ bekannt ist.

Der vom Knoten 1 wegfließende Strom beträgt

$$I_1 = \frac{U_1 - U_2}{Z'} = \frac{U_1}{Z'}\left(1 - \frac{U_2}{U_1}\right) = \frac{U_1}{Z'}(1 - V) = \frac{U_1}{Z_1}.$$

Dieser Strom ändert sich nicht, wenn wir Z' entfernen und statt dessen einen Widerstand

$$Z_1 = \frac{Z'}{1 - V}$$

zwischen Knoten 1 und den Bezugsknoten N schalten.

Der vom Knoten 2 wegfließende Strom beträgt

$$-I_1 = \frac{U_2 - U_1}{Z'} = \frac{U_2}{Z'}\left(1 - \frac{U_1}{U_2}\right) = \frac{U_2}{Z'}\left(1 - \frac{1}{V}\right) = \frac{U_2}{Z_2}.$$

Dieser Strom ändert sich nicht, wenn wir Z' entfernen und dafür einen Widerstand

$$Z_2 = Z' \frac{V}{V - 1}$$

zwischen Knoten 2 und den Bezugsknoten N schalten.

Wir stellen fest: Die Netzwerke Bild 1.10a und b sind hinsichtlich ihres Klemmenverhaltens äquivalent. Das gilt sowohl für Ströme und Spannungen im Zeitbereich als auch im Bildbereich.

Bemerkung: Die Anwendung dieses Theorems ist nur dann zweckmäßig, wenn sich die Spannungsverstärkung $V = U_2/U_1$ – zumindest näherungsweise – ohne größere Mühe berechnen läßt. Besonders vorteilhaft ist die Anwendung des Millerschen Theorems zur Berechnung von Eingangswiderständen und -kapazitäten von Transistor- und Verstärkerschaltungen, die Überbrückungswiderstände bzw. -kapazitäten zwischen Eingangs- und Ausgangsklemme enthalten. Die Berechnung des Ausgangswiderstandes sollte dagegen auf andere Weise, z.B. durch Berechnung des Quotienten aus Ausgangsleerlaufspannung und Ausgangskurzschlußstrom erfolgen, weil die Anwendung des Millerschen Theorems zu Fehlschlüssen führen kann.

Miller-Effekt. Miller-Kapazität. Ein typischer Anwendungsfall des Millerschen Theorems ist die Berechnung der Eingangskapazität einer Verstärkerstufe mit einer Überbrückungskapazität zwischen Eingang und Ausgang (Bild 1.11). Die Anwendung des Millerschen Theorems liefert die äquivalente Schaltung Bild 1.11b mit den Kapazitäten

$$C_1 = C_{bc}(1 - V_u) \quad \text{und} \quad C_2 = C_{bc}\frac{1 - V_u}{V_u} \approx C_{bc}. \tag{1.7}$$

Bei 100facher Spannungsverstärkung $V_u = \underline{U}_2/\underline{U}_{be} = -100$ beträgt $C_1 \approx 100C_{bc}$ und $C_2 \approx C_{bc}$. Als Folge der im Vergleich zu $\underline{U}_{be}$ 100fach größeren gegenphasigen Ausgangsspannung $\underline{U}_2$ ist der Wechselstrom durch C_{bc} um den Faktor $(1 - V_u) \approx 100$ größer als bei konstantem Kollektorpotential ($\underline{U}_2 = 0$). Das wirkt vom Eingang her gesehen genauso, als läge eine Kapazität der Größe $C_1 \approx 100\, C_{bc}$ parallel zum Transistoreingang („Miller-Kapazität"). Die Ausgangskapazität C_2 hat etwa gleiche Größe wie C_{bc}, weil die Basiswechselspannung gegenüber der Kollektorwechselspannung vernachlässigbar ist.

Vom Kollektor her gesehen ist es nahezu gleichgültig, ob Punkt 1 im Bild 1.11a mit der Basis oder mit Masse verbunden ist.

Bootstrap-Effekt. Der Miller-Effekt tritt in Erscheinung (häufig störend), wenn die Ausgangsspannung wesentlich größer und gegenphasig zur Eingangsspannung ist. Ein zweiter typischer Fall tritt auf, wenn Ausgangs- und Eingangsspannung die gleiche Phasenlage und nahezu gleiche Beträge aufweisen ($V_u \approx 1$). Ein ohmscher Überbrückungswiderstand zwischen Ausgang und Eingang wirkt dann vom Eingangskreis her gesehen wie ein wesentlich vergrößerter Widerstand zwischen Eingang und Masse. Entsprechend wirkt eine Überbrückungskapazität als wesentlich verkleinerte Eingangskapazität. Diese Widerstandsvergrößerung nennt man „Bootstrap-Effekt" (Hochziehen an der eigenen Stiefelstrippe). Sie ist eine Form der positiven Rückkopplung. Die Spannungsverstärkung V_u darf nie größer als 1 werden, sonst erfolgt Selbsterregung (Dynamische Instabilität, Abschnitt 10.).

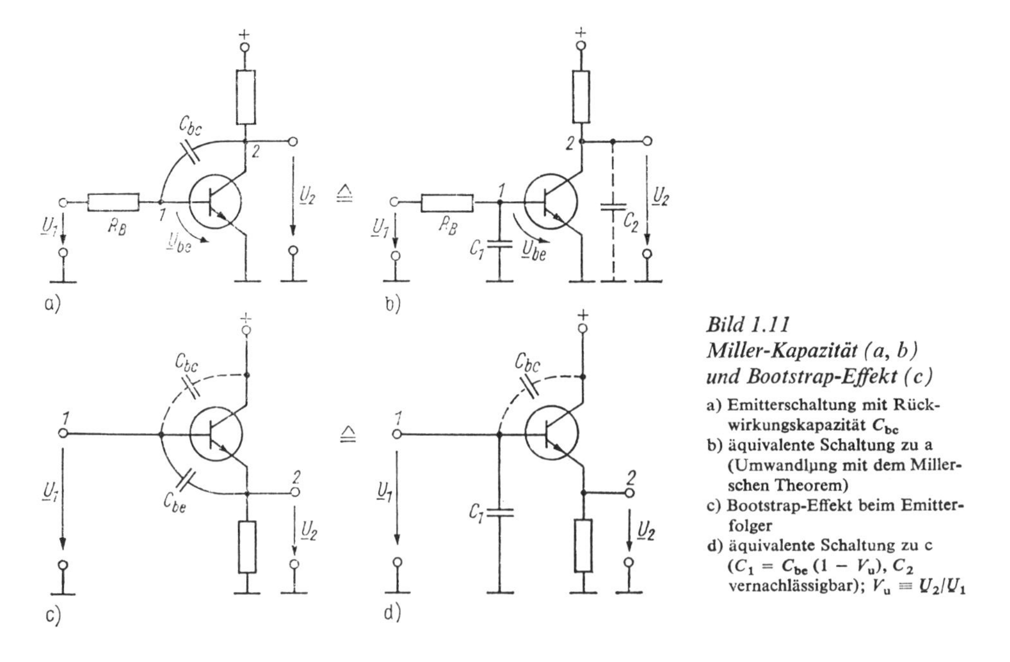

Bild 1.11
Miller-Kapazität (a, b) und Bootstrap-Effekt (c)

a) Emitterschaltung mit Rückwirkungskapazität C_{bc}
b) äquivalente Schaltung zu a (Umwandlung mit dem Millerschen Theorem)
c) Bootstrap-Effekt beim Emitterfolger
d) äquivalente Schaltung zu c ($C_1 = C_{be}(1 - V_u)$, C_2 vernachlässigbar); $V_u \equiv \underline{U}_2/\underline{U}_1$

Beispiel: Die Basis-Emitter- (Basis-Kollektor-) Kapazität des Emitterfolgers nach Bild 1.11c beträgt $C_{be} = 200$ pF ($C_{bc} = 2$ pF). Seine Spannungsverstärkung ist $V_u = \underline{U}_2/\underline{U}_1 = 0{,}98$.

Die wirksame Eingangskapazität der Schaltung ist

$$C_e = C_{be}(1 - V_u) + C_{bc} \approx 4\,\text{pF} + 2\,\text{pF} = 6\,\text{pF}.$$

Der „Bootstrap-Effekt" bewirkt also, daß sich die Kapazität C_{be} nur zu einem kleinen Bruchteil auf den Eingangskreis auswirkt (bei $V_u = 1$ verschwindet ihr Einfluß). Die Folge ist eine hohe obere Grenzfrequenz des Eingangskreises.

Dynamische Widerstandsvergrößerung. Der vorstehend beschriebene Bootstrap-Effekt bewirkt eine dynamische Widerstandsvergrößerung, wie an Hand des Bildes 1.12 nochmals erläutert wird. Bei geerdeter Klemme 2 wirkt zwischen Klemme 1 und Masse der Widerstand R. Wird dagegen das Potential der Klemme 2 dem der Klemme 1 gleichphasig nachgeführt und beträgt $V_u = 0{,}995$, so wirkt zwischen Klemme 1 und Masse der wesentlich größere Widerstand $R_1 = 200\,R$. Für $V_u \to 1$ geht dieser Widerstand R_1 gegen Unendlich. Die Widerstandsvergrößerung ist physikalisch anschaulich zu erklären:

Folgt das Potential der Klemme 2 dem der Klemme 1 gleichphasig mit $V_u \lessapprox 1$, so entsteht über R ein kleinerer Wechselspannungsabfall ($\underline{U}_1 - \underline{U}_2$) als bei geerdeter Klemme 2.

Das hat zur Folge, daß durch die Klemme 1 ein kleinerer Wechselstrom $(\underline{U}_1 - \underline{U}_2)/R = \underline{U}_1 (1 - V_u)/R$ fließt, genauso als wäre R um den Faktor $1/(1 - V_u)$ größer.

Vor allem in integrierten Schaltungen wird das Prinzip der dynamischen Widerstandserhöhung häufig zur Erzeugung hochohmiger (dynamischer) Widerstände angewendet.

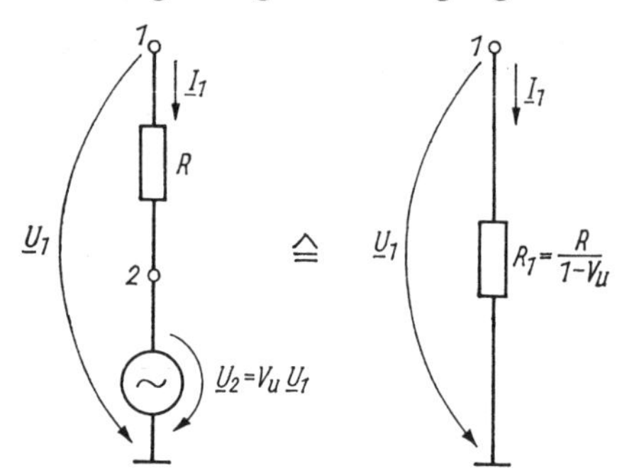

Bild 1.12
Dynamische Widerstandsvergrößerung

1.5. Analyse nichtlinearer Systeme [10]

Bei der Aussteuerung gekrümmter Kennlinien $I = f(U)$ tritt ein nichtlinearer Strom-Spannungs-Zusammenhang auf. Zur Berechnung der entstehenden nichtlinearen Verzerrungen eignen sich vor allem zwei Methoden:

1. *Taylorreihenentwicklung* für kleine Aussteuerung und stetig gekrümmte Kennlinien (Kleinsignaltheorie)
2. *Fourierreihenentwicklung* für große Aussteuerung und stark gekrümmte (geknickte) Kennlinien (Großsignaltheorie); Approximation der gekrümmten Kennlinie durch Geradenstücke.

Ein bekanntes Beispiel für die bewußte Ausnutzung nichtlinearer Kennlinien sind Gleichrichterschaltungen. Je nachdem, ob der Gleichrichter mit kleinen oder großen Signalen ausgesteuert wird, beschreibt man den U-I-Zusammenhang der Schaltung mit der Taylorreihe bzw. mit Hilfe der Fourierreihenentwicklung.

1.5.1. Taylorreihenentwicklung

Die Diode D in der Schaltung nach Bild 1.13a wird im Durchlaßbereich mit einem Ruhestrom I_A betrieben. Der ohne Signal auftretenden Diodengleichspannung U_A wird eine kleine sinusförmige Wechselspannung u überlagert. Die Kennlinie sei nichtlinear. In der Umgebung des Arbeitspunktes läßt sie sich durch folgende Taylorreihe annähern:

$$i = I_A + Su + \frac{T}{2} u^2 + \frac{W}{6} u^3 + \frac{X}{24} u^4 + \dots \tag{1.8}$$

Die Koeffizienten $S \equiv (\mathrm{d}I/\mathrm{d}U)_{U_A}$ Steilheit,
$T \equiv (\mathrm{d}^2I/\mathrm{d}U^2)_{U_A}$ Krümmung,
$\mathrm{M} \equiv (\mathrm{d}^3I/\mathrm{d}U^3)_{U_A}$ Krümmungsänderung

sind die Ableitungen der Strom-Spannungs-Kennlinie im Arbeitspunkt A. Nach Einsetzen der Wechselspannung $u = \hat{U} \sin \omega t$ in (1.8) und nach einigen Umrechnungen unter Zuhilfenahme geeigneter Additionstheoreme ergibt sich

$$i = I_A + \Delta I + i^*$$

mit

$$\Delta I = \frac{T}{4}\,\hat{U}^2 + \frac{X}{64}\,\hat{U}^4 + \ldots \approx \frac{T}{4}\,\hat{U}^2$$

und

$$i^* = \hat{I}_1^* \sin \omega t + \hat{I}_2^* \sin 2\omega t + \hat{I}_3^* \sin 3\omega t + \ldots$$

Ergebnis: Die überlagerte reine Wechselspannung u ruft den „Richtstrom" ΔI und den reinen Wechselstrom i^* hervor. i^* setzt sich neben der Grundwelle aus der Summe vieler Oberwellen zusammen. Der Richtstrom entsteht durch die Gleichrichterwirkung der nichtlinearen Diodenkennlinie. Er ist um so größer, je größer die Krümmung T der Kennlinie im Arbeitspunkt ist. Alle gekrümmten Kennlinien ($T \neq 0$) zeigen Gleichrichterwirkung.

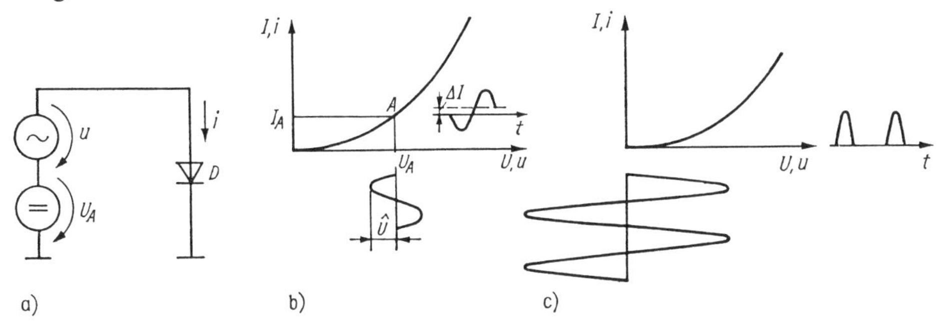

Bild 1.13. Einfache Gleichrichterschaltung

a) Schaltung; b) A-Betrieb (Kleinsignalgleichrichtung, quadratische Gleichrichtung); c) B-Betrieb, $U_A = 0$ (Großsignalgleichrichtung, lineare Gleichrichtung)

Der Richtstrom ist proportional zum Quadrat der Wechselspannungsamplitude („quadratische" Gleichrichtung, Effektivwertgleichrichtung). Wenn die Kennlinie mit der Summe mehrerer Sinusspannungen unterschiedlicher Frequenz ausgesteuert wird, so entstehen zusätzlich zu den Oberwellen (Mehrfache der Eingangsfrequenzen) noch Kombinationsfrequenzen (Summen- und Differenzfrequenzen des Eingangsfrequenzspektrums). Dieser Zusammenhang kann zur Frequenzvervielfachung und zur Mischung ausgenutzt werden (Abschn. 19).

1.5.2. Fourierreihenentwicklung

Zur Berechnung bei Großsignalaussteuerung einer stark gekrümmten Kennlinie wird in der Regel die Kennlinie durch Geradenstücke angenähert (Knickkennlinie). Man bestimmt die Ausgangszeitfunktion durch physikalische Überlegungen oder durch Rechnung und entwickelt sie in eine Summe von Elementarfunktionen (Fourieranalyse).

1.5.3. Klirrfaktor

Als Verzerrungskenngröße wird der Klirrfaktor verwendet. Er ist wie folgt definiert:

$$k = \sqrt{\frac{\hat{I}_{2\omega}^2 + \hat{I}_{3\omega}^2 + \ldots}{\hat{I}_{\omega}^2 + \hat{I}_{2\omega}^2 + \hat{I}_{3\omega}^2 + \ldots}}\;100\,\% \approx \frac{\sqrt{\sum\limits_{i=2}^{n} \hat{I}_{i\omega}^2}}{\hat{I}_{\omega}}\;100\,\%.$$

$\hat{I}_{\omega}$ Amplitude der gewünschten Grundschwingung;
$\hat{I}_{2\omega}$, $\hat{I}_{3\omega}$ ... Amplituden der Oberwellen.

2. Arbeitspunktprobleme bei einfachen Transistorstufen

Wir behandeln in diesem Abschnitt grundlegende Probleme der Arbeitspunkteinstellung und -stabilisierung. Weitere Einzelheiten zum statischen Verhalten von Transistorschaltungen, z. B. Fragen des Aussteuerbereiches, sind bei den jeweiligen Grundschaltungen zu finden.

Notwendigkeit der Arbeitspunkteinstellung und -stabilisierung. Bei der stetigen Signalverstärkung wird der Transistor durch das steuernde Signal um den Arbeitspunkt herum ausgesteuert. Der Arbeitspunkt liegt in der Regel im aktiv normalen Betriebsbereich des Bipolartransistors bzw. im Abschnürbereich des FET (Ausnahme: B- und C-Verstärker, s. Abschn. 7.).

Die Transistorschaltung muß so dimensioniert werden, daß ohne Signalaussteuerung die Ruhegleichströme $I_C(I_D)$ und I_B ($I_G \approx 0$) fließen und die Gleichspannungen $U_{CE}(U_{DS})$ und $U_{BE}(U_{GS})$ anliegen. Das diesen Gleichgrößen überlagerte Signal (Wechselgröße) bewirkt eine (meist kleine) *Strom-* und *Spannungsänderung*.

Ein einmal eingestellter Arbeitspunkt soll möglichst konstant bleiben. Insbesondere soll er unabhängig sein gegenüber

1. Temperaturänderungen
2. Exemplarstreuungen } der Transistorparameter
3. Langzeitänderungen
4. Speisespannungsänderungen

Schaltungstechnisch ist deshalb eine Arbeitspunktstabilisierung notwendig (Konstanthalten des Kollektor- bzw. Draingleichstroms, s. Abschn. 2.1.1. und 2.2.).

2.1. Bipolartransistor

2.1.1. Arbeitspunkteinstellung und -stabilisierung

Damit der Arbeitspunkt innerhalb des aktiv normalen Betriebsbereiches liegt, müssen folgende Bedingungen eingehalten werden:

1. Das Kollektorpotential muß in der Regel mindestens ein bis einige Volt positiver (npn-Transistoren) bzw. negativer (pnp-Transistoren) als das Basispotential sein.
2. Der Kollektorstrom muß groß gegenüber dem Kollektor-Emitter-Reststrom sein ($|I_C| \gg |I_{CE0}|$).
3. Der Emitter-pn-Übergang muß in Durchlaßrichtung gepolt sein ($|U_{BE}| \approx 0{,}7$ V bei Si, $\approx 0{,}3$ V bei Ge).
4. Die maximal zulässigen Transistorströme, -spannungen und -leistungen sowie die maximal zulässige Sperrschichttemperatur dürfen nicht überschritten werden.

Statische Arbeitsgerade. Der Bipolartransistor ist ein Vierpol, dessen Klemmenverhalten in Emitterschaltung durch die beiden Ströme I_C und I_B sowie durch die beiden Spannungen U_{CE} und U_{BE} beschrieben wird. Der Arbeitspunkt ist durch diese vier Größen festgelegt. Nur eine Größe, z. B. I_C, ist frei wählbar. Die übrigen drei sind durch das Eingangs- und Ausgangskennlinienfeld des Transistors sowie durch die Arbeitsgerade miteinander verknüpft, denn es gelten die Beziehungen

$$U_{BE} = f_1(I_B, U_{CE}) \quad \text{Eingangskennlinienfeld} \tag{2.1a}$$

$$I_C = f_2(I_B, U_{CE}) \quad \text{Ausgangskennlinienfeld} \tag{2.1b}$$

$$I_C = f_3(U_{CE}) \quad I\text{-}U\text{-Zusammenhang der Last (Arbeitsgerade bei reellem Lastwiderstand).} \tag{2.1c}$$

Zur Erläuterung betrachten wir die Emitterschaltung mit Stromgegenkopplungswiderstand R_E und reellem Lastwiderstand R_C, Bild 2.1 a. Mit $I_E \approx I_C$ erhalten wir das Strom-Spannungs-Verhalten des Ausgangskreises zu

$$I_C \approx \frac{U_{CC} + U_{EE}}{R_C + R_E} - \frac{U_{CE}}{R_C + R_E}. \tag{2.2}$$

Die Abhängigkeit $I_C = f_3(U_{CE})$ ist eine Geradengleichung. Sie entspricht der Gleichung (2.1 c). Ihre Darstellung im Ausgangskennlinienfeld nennt man *statische Arbeitsgerade* (Widerstandsgerade) der Schaltung (Bild 2.2). Sie hat die Steigung $\mathrm{d}I_C/\mathrm{d}U_{CE} = -1/(R_C + R_E)$. Bei Verändern von $R_C + R_E$ dreht sie sich um den Punkt P. Der Arbeitspunkt kann nur auf dieser Arbeitsgeraden liegen. Er ergibt sich als Schnittpunkt der Arbeitsgeraden mit der Ausgangskennlinie für den jeweiligen Basisgleichstrom I_{BA} (Bild 2.2), denn der Kollektorstrom I_{CA} muß sowohl (2.1 b) als auch (2.1 c) genügen.

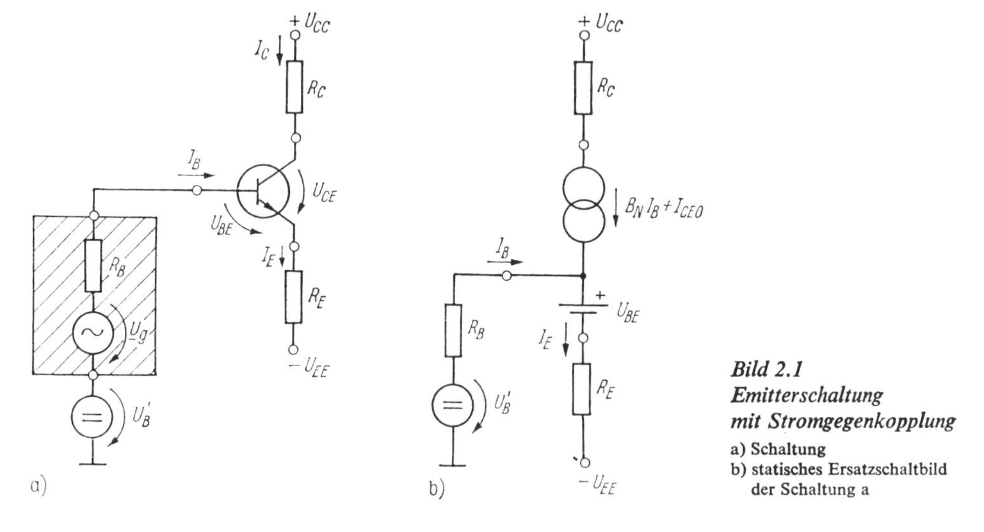

Bild 2.1
Emitterschaltung mit Stromgegenkopplung
a) Schaltung
b) statisches Ersatzschaltbild der Schaltung a

Kollektorstromstabilisierung. Anhand des Bildes 2.2 läßt sich die Frage beantworten, welche der Größen I_{BA}, I_{CA} und U_{CEA} bei der Arbeitspunktstabilisierung konstant gehalten werden muß. Im Vergleich zum Bild 2.2a zeigt das Kennlinienfeld im Bild 2.2b ein Transistorexemplar mit höherer Stromverstärkung B_N bzw. das gleiche Exemplar mit höherer Sperrschichttemperatur T_j. Falls I_{BA} konstant gehalten wird, ändert sich der Arbeitspunkt bei B_N- bzw. T_j-Erhöhung erheblich. Unter Umständen rutscht er bis in den Übersteuerungsbereich. Bei großen Signalamplituden treten im Fall des Bildes 2.2b starke nichtlineare Signalverzerrungen auf. Wesentlich günstiger ist das Konstanthalten des Kollektorstromes I_{CA}. Der Arbeitspunkt bleibt in diesem Fall auch bei großen Änderungen der Größen B_N und T_j weitgehend konstant. Lediglich der Basisgleichstrom ändert sich. Wir stellen fest:

Alle Maßnahmen zur Arbeitspunktstabilisierung müssen darauf gerichtet sein, den Kollektorstrom konstant zu halten.

Das Konstanthalten von I_{CA} hat den zusätzlichen Vorteil, daß der Transistor in der Regel thermisch nicht überlastet wird, falls R_C gegen Null geht.

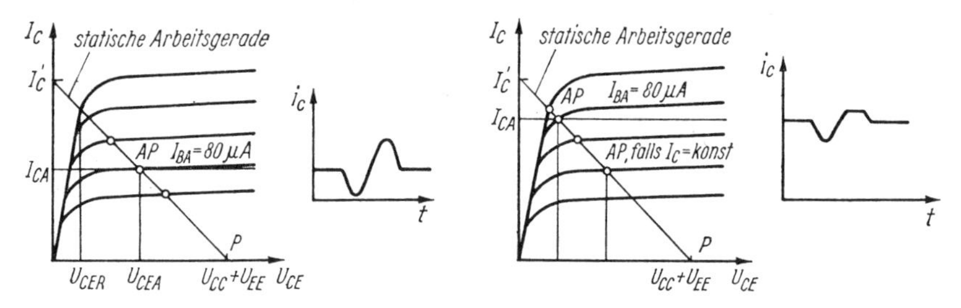

Bild 2.2. Ausgangskennlinienfeld und Arbeitsgerade zur Schaltung nach Bild 2.1; Kollektorstrom bei sinusförmiger Basisstromaussteuerung

a) Transistor mit mittlerer Stromverstärkung B_N; b) Transistor mit wesentlich höherer Stromverstärkung B_N bzw. höherer Sperrschichttemperatur; $I_C' = (U_{CC} + U_{EE})/(R_E + R_C)$

Wahl des Arbeitspunktes. In der Regel sind nicht alle das Verhalten einer Schaltung beeinflussenden Größen (Speisespannungen, Transistorströme und -spannungen, R_C, R_E, ...) frei wählbar. Speisespannungen sind oft vorgegeben. Die Wahl des Arbeitspunktes und der Widerstände in der Schaltung richtet sich nach der benötigten Signalverstärkung, Bandbreite, der zulässigen Verlustleistung und weiteren Anforderungen.

Wesentliche Einflußfaktoren für die Wahl des Arbeitspunktes sind

- erforderliche maximale Ausgangssignalgröße (Strom, Spannung, Leistung), Lastwiderstand
- Signalfrequenzbereich, Bandbreite
- verfügbare Speisespannungen
- Leistungsverbrauch der Schaltung (Verlustleistung)
- Kleinsignalkennwerte (Vierpolparameter, Elemente des physikalischen Ersatzschaltbildes, Kapazitäten usw.) (Bild 2.3)

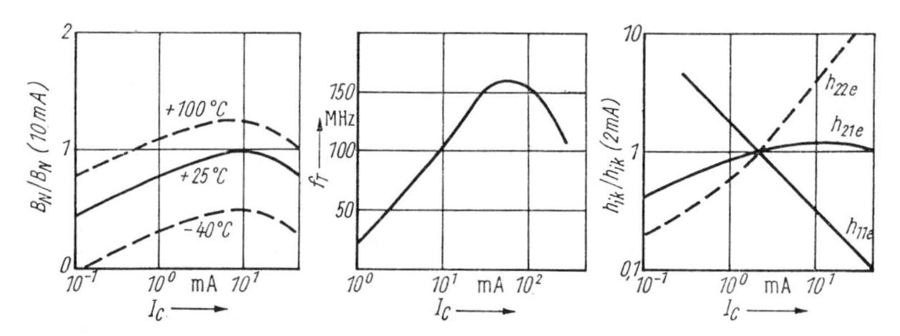

Bild 2.3. Arbeitspunktabhängigkeit einiger Transistorkenngrößen (SF 136, SF 129 (f_T))

- Rauschen (beim Bipolartransistor ergeben Ruheströme $I_{CA} \lessapprox 0{,}1 \ldots 1$ mA oft minimales NF-Rauschen)
- zulässige nichtlineare Verzerrungen, Eingangs- und Ausgangswiderstand der Schaltung

- Transistorgrenzwerte (I, U, P_V)
- Änderung der Transistoreigenschaften und Kennlinien (Drift, Temperaturabhängigkeit usw.)

Je nach vorliegendem Problem können viele der genannten Einflußfaktoren unkritisch sein.

Nahezu symmetrische Aussteuerung im Ausgangskennlinienfeld ergibt sich, wenn der Arbeitspunkt in der Mitte der Arbeitsgeraden liegt ($U_{CEA} \approx (U_{CC} + U_{EE} + U_{CER})/2$ im Bild 2.2a). Transistoren können mit gutem Erfolg auch weit außerhalb der vom Bauelementehersteller angegebenen Arbeitspunkte betrieben werden.

Arbeitspunkteinstellung bei Emitterschaltung. Eine sehr einfache Möglichkeit zur Einstellung und Stabilisierung des Kollektorruhestromes besteht darin, in den Emitteranschluß einen konstanten Gleichstrom einzuspeisen ($I_C \approx I_E$). Im Bild 2.1 könnte das dadurch erfolgen, daß R_E durch eine Konstantstromquelle ersetzt wird. Diese Lösung wird in integrierten Analogschaltungen mit der Stromspiegelschaltung realisiert (Abschn. 6.4.2.). Bei diskretem Aufbau ist es einfacher und billiger, einen (nahezu) konstanten Emitterstrom mit Hilfe des Gegenkopplungswiderstandes R_E zu erzeugen. Unter Verwendung des statischen Ersatzschaltbildes nach Bild 1.3 und mit Tafel 1.3 berechnen wir den Emittergleichstrom in der Schaltung nach Bild 2.1 zu

$$I_{EA} = \frac{U_{EE} + U'_B - U_{BEA} + R_B I_{CB0}}{R_E + (R_B/(1 + B_N))} \quad \text{für} \quad I_{EA} \geqq 0. \tag{2.3}$$

Wenn der Reststrom vernachlässigbar und der Emitterwiderstand genügend groß ist ($R_E \gg R_B/(1 + B_N)$), ist der Emitterstrom nahezu unabhängig von den Transistordaten. Nur U_{BE}-*Änderungen* (typisch $\Delta U_{BE} < 0{,}1 \ldots 0{,}2$ V) beeinflussen I_{EA}. Wenn $U_{EE} + U'_B$ sehr viel größer ist als ΔU_{BE}, bleibt dieser Einfluß sehr gering. Oft gilt auch $U_{EE} + U'_B \gg U_{BEA}$. Dann ist $U_{EE} + U'_B$ näherungsweise gleich dem Spannungsabfall über R_E, und aus (2.3) folgt die Näherung $I_C \approx B_N I_B \approx (U_{EE} + U'_B)/R_E$.

Diese Betrachtungen liefern uns einige wesentliche Erkenntnisse:

1. I_{CA} ist nahezu unabhängig von U_{CC}, R_C und den Transistordaten. Die Emitterschaltung mit Stromgegenkopplungswiderstand R_E wirkt wie eine „Konstantstromquelle“. Auch bei Kurzschluß ($R_C = 0$) ändert sich I_{CA} praktisch nicht.
2. I_{CA} wird im wesentlichen durch U_{EE}, U'_B und R_E bestimmt.
3. I_{BA} hängt stark von B_N ab.
4. Eine gute Arbeitspunktstabilisierung erfolgt, falls $|U_{BE}|$ und $R_C I_{CB0}$ vernachlässigbar gegenüber $U_{EE} + U'_B$ sind und $R_B \ll (1 + B_N)\, R_E$ gilt. In diesem Fall beträgt der Spannungsabfall über dem Gegenkopplungswiderstand $I_E R_E \approx U_{EE} + U'_B$; als Faustregel wählt man bei der Emitterschaltung $I_E R_E \approx 1 \ldots 2$ V.

2.1.2. Drift

Wie auf S. 24 erläutert, wird das statische Verhalten des Bipolartransistors bei gesperrter Kollektordiode durch die drei Kenngrößen U_{BE}, B_N und I_{CB0} hinreichend beschrieben. Änderungen dieser drei Größen sind die Ursache von Arbeitspunktverschiebungen. Ist für eine Schaltung die Abhängigkeit $I_C\,(U_{BE}, I_{CB0}, B_N)$ bekannt, so läßt sich eine kleine Änderung $\Delta I_C \approx \mathrm{d}I_C$ des Kollektorruhestroms berechnen zu

$$\Delta I_C \approx \frac{\partial I_C}{\partial U_{BE}}\,\Delta U_{BE} + \frac{\partial I_C}{\partial I_{CB0}}\,\Delta I_{CB0} + \frac{\partial I_C}{\partial B_N}\,\Delta B_N. \tag{2.5}$$

Die drei partiellen Ableitungen werden *Stabilitätsfaktoren* genannt. Sie sind ein Maß für die Unempfindlichkeit einer Stabilisierungsschaltung gegenüber der jeweiligen Einflußgröße. Die (langsamen) Änderungen ΔU_{BE}, ΔI_{CBO} und ΔB_N nennt man *Driftgrößen.* ΔU_{BE} ist die zwischen den Eingangsklemmen wirksame Driftspannung. Die Temperaturabhängigkeit des Arbeitspunktes wird bei Germaniumtransistoren wesentlich durch den Reststrom I_{CBO} bestimmt. Bei den heute verwendeten Siliziumtransistoren ist I_{CBO} in der Regel vernachlässigbar, und es dominiert der U_{BE}-Einfluß. Typische Werte für die Temperaturabhängigkeit von U_{BE}, B_N und I_{CBO} zeigt die Tafel 2.1.

Tafel 2.1
Temperaturabhängigkeit der Transistorgrößen I_{CBO}, U_{BE} und B_N (Orientierungswerte)

		Si	Ge	Si	Ge	Si	Ge
ϑ_J	°C	−65	−65	+25	+25	+150	+70
I_{CBO}	nA	<0,01	2	0,03	10^3	30	$30 \cdot 10^3$
U_{BE}	V	0,78	0,38	0,6	0,2	0,3	0,1
B_N	-	25	20	55	55	100	90

Zur Berechnung des Einflusses einer U_{BE}-Änderung, d.h. einer Driftspannung ΔU_{BE}, auf die Gleichströme und -spannungen einer Transistorschaltung verwenden wir zweckmäßigerweise die Ersatzschaltung nach Bild 2.4. Wir erhalten sie aus Bild 1.3, indem wir die Spannung U_{BE} in zwei Summanden zerlegen: $U_{BE} = U_{BE0} + \Delta U_{BE}$. Die Spannungsänderung ΔU_{BE} ruft Abweichungen vom Ruhearbeitspunkt U_{BE0} hervor. Sie wirkt wie eine Signalspannungsquelle.

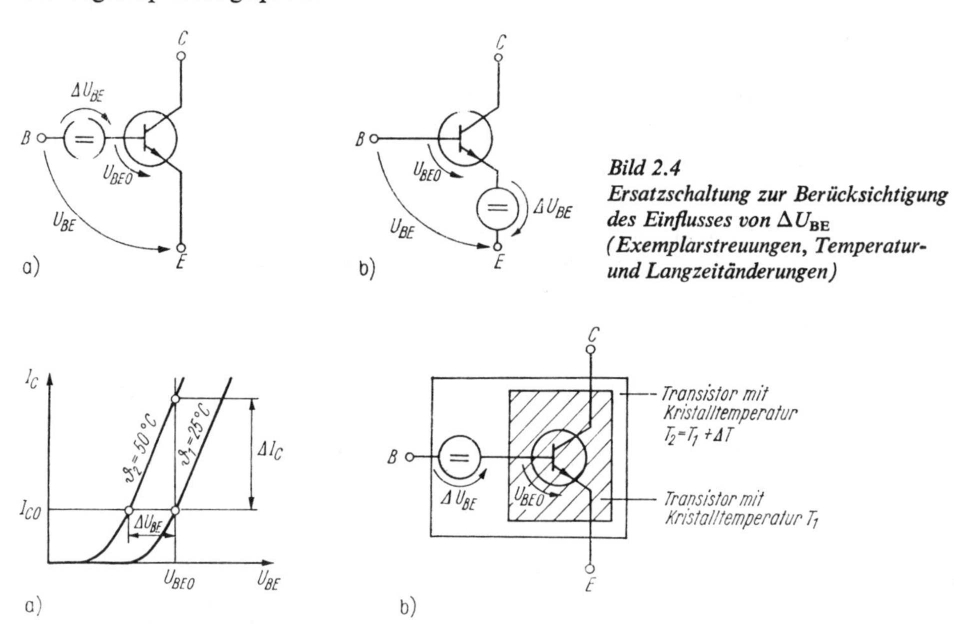

Bild 2.4
Ersatzschaltung zur Berücksichtigung des Einflusses von ΔU_{BE} (Exemplarstreuungen, Temperatur- und Langzeitänderungen)

Bild 2.5. Temperatureinfluß beim npn-Transistor

a) Parallelverschiebung der $I_C(U_{BE})$-Kennlinie; b) Ersatzschaltung

Bei konstantem Emitterstrom bewirkt eine Änderung der Sperrschichttemperatur des Bipolartransistors um ΔT in guter Näherung eine Parallelverschiebung der $I_C(U_{BE})$-Kennlinie, die sowohl bei Silizium- als auch bei Germaniumtransistoren etwa 2,5 mV/K beträgt (Bild 2.5a). Diese Parallelverschiebung ist gleichbedeutend mit einer Basis-

Emitter-Spannungsänderung von

$$\Delta U_{BE} \approx -2{,}5 \frac{mV}{K} \Delta T \text{ (npn-Transistoren)}$$

bzw.

$$\Delta U_{BE} \approx +2{,}5 \frac{mV}{K} \Delta T \text{ (pnp-Transistoren)}$$

(Pfeilrichtungen nach den Bildern 2.4 und 2.5b; $\Delta T > 0$ bedeutet *Temperaturerhöhung*).

Diese Spannungsänderung bezeichnet man als *Temperaturdrift* der Basis-Emitter-Spannung.

Wenn sich die Sperrschichttemperatur eines npn-Transistors um ΔT erhöht, bleibt $I_C \approx I_E$ nur konstant, falls $U_{BE} = U_{BE0} + \Delta U_{BE}$ um $\Delta U_{BE} \approx 2{,}5\,(mV/K)\,\Delta T$ verkleinert wird! Falls aber U_{BE} konstant gehalten wird, bewirkt eine Temperaturerhöhung ΔT eine Aussteuerung des Transistors um ΔU_{BE} und damit eine Kollektorstromerhöhung um

$$\Delta I_C \approx \Delta I_E = I_{E0}\,(e^{\Delta U_{BE}/U_T} - 1),$$

wie sich aus (1.4) leicht ableiten läßt; I_{E0} ist der Emitterstrom für $\Delta U_{BE} = 0$.

Der Transistor wird durch die Temperaturänderung ausgesteuert.

Driftverstärkung. Die Auswirkung einer Driftspannung[1]) ΔU_{BE} auf die Ausgangsspannung des Transistors läßt sich quantitativ durch den Begriff der Driftverstärkung[1]) V_{Dr} beschreiben [3]. Wir definieren nach Bild 2.1a bei einer Einzelstufe

$$V_{Dr} = \Delta U_{C0}/\Delta U_{BE} \tag{2.6}$$

U_{C0} Gleichspannung zwischen Kollektor und Masse.

Diese Definition läßt sich auf mehrstufige Verstärker ausdehnen. ΔU_{C0} ist hierbei die Änderung der Gleichspannung zwischen Verstärkerausgang und Masse; ΔU_{BE} ist die auf den Verstärkereingang bezogene Driftspannung des Verstärkers.

Der Unterschied zwischen der Berechnung mit (2.6) und der Berechnung mit Hilfe des Stabilitätsfaktors $\partial I_C/\partial U_{BE}$ (2.5) besteht vor allem darin, daß im vorliegenden Fall nicht die Änderung des Kollektor*stroms*, sondern die der Kollektor*spannung* berechnet wird. Dadurch läßt sich die Driftverstärkung leicht mit der Signalverstärkung V_u vergleichen. Erstere soll so klein wie möglich sein. Typische Werte bei der Emitterschaltung sind $V_{Dr} < 10$, $V_u > 10 \ldots 100$. Durch Vergleich der Bilder 2.4a und 2.1a erkennen wir, daß bei der Emitterschaltung nach Bild 2.1a die Signalspannungsquelle ($\underline{U}_g$) mit der Driftspannungsquelle (ΔU_{BE}) in Reihe liegt. Da die Schaltung sowohl für Gleichspannungen als auch für niedrige und mittlere Signalfrequenzen gleiche Verstärkung aufweist, gilt $V_{Dr} = V_u$. Die gewünschte Bedingung $V_{Dr} \ll V_u$ läßt sich nur einhalten, wenn der Signalfrequenzbereich außerhalb des Frequenzbereiches der Driftspannung liegt (Überbrücken von R_E durch eine große Kapazität).

2.1.3. Lineare Schaltungen zur Arbeitspunktstabilisierung

Wir stellten fest, daß das Ziel jeder Arbeitspunktstabilisierung darin besteht, die Driftverstärkung einer Einzelstufe bzw. eines mehrstufigen Verstärkers möglichst klein zu halten. Bei einer Einzelstufe folgt hieraus die Forderung nach Konstanthalten des Kol-

[1]) Die Ausdrücke „Driftspannung“ bzw. „Driftverstärkung“ beinhalten im engeren Sinn nur die langsame – z.B. durch Temperatur- oder Langzeitänderungen hervorgerufene – zeitliche Änderung der Basis-Emitter-Spannung des Transistors (Drift = langsame zeitliche Änderung). Es lassen sich jedoch auch die durch Betriebsspannungsänderungen oder durch Exemplarstreuungen (z.B. Austausch eines Transistorexemplars) bewirkten Basis-Emitter-Spannungsänderungen als Driftspannung ΔU_{BE} auffassen.

lektorruhestroms I_C. Schaltungstechnisch haben sich folgende Hauptmethoden zur Arbeitspunktstabilisierung bewährt:

- Einspeisen eines konstanten Emitterstroms mit einer Konstantstromquelle,
- Gegenkopplung innerhalb einer oder/und über mehrere Stufen,
- Das Differenzverstärkungsprinzip (s. Abschn. 4.),
- Nichtlineare Temperaturkompensationsschaltungen mit Dioden, Transistoren, temperaturabhängigen Widerständen u. ä.

Ein großer Unterschied besteht zwischen gleichspannungs- und wechselspannungsgekoppelten Schaltungen. Bei den letztgenannten kann die Driftverstärkung meist wesentlich kleiner als die Signalverstärkung gehalten werden, weil die zeitlich sehr langsamen Driftänderungen über die Koppelkondensatoren nicht übertragen werden (Abschn. 12.3.).

Arbeitspunkteinstellung durch konstanten Basisstrom. Die Schaltung im Bild 2.6a bewirkt die Einspeisung eines vom Transistor nahezu unabhängigen Basisgleichstroms $I_B \approx U_{CC}/R_B$ (Konstantstromeinspeisung für $U_{CC} \gg U_{BE}$). Wegen $I_C \approx B_N I_B$ hängt der Kollektorstrom jedoch stark von B_N ab, so daß die Arbeitspunktstabilisierung nur gegenüber U_{BE}-Änderungen, nicht jedoch gegenüber B_N-Änderungen wirkt. Sie wird deshalb nur selten verwendet, z. B. in einfachen NF-Kleinsignalverstärkern. Vorteile sind ihre Einfachheit und der relativ hochohmige Eingangswiderstand. Die Koppelkondensatoren C_1 und C_2 trennen die Signalspannung von den Gleichspannungen der Schaltung.

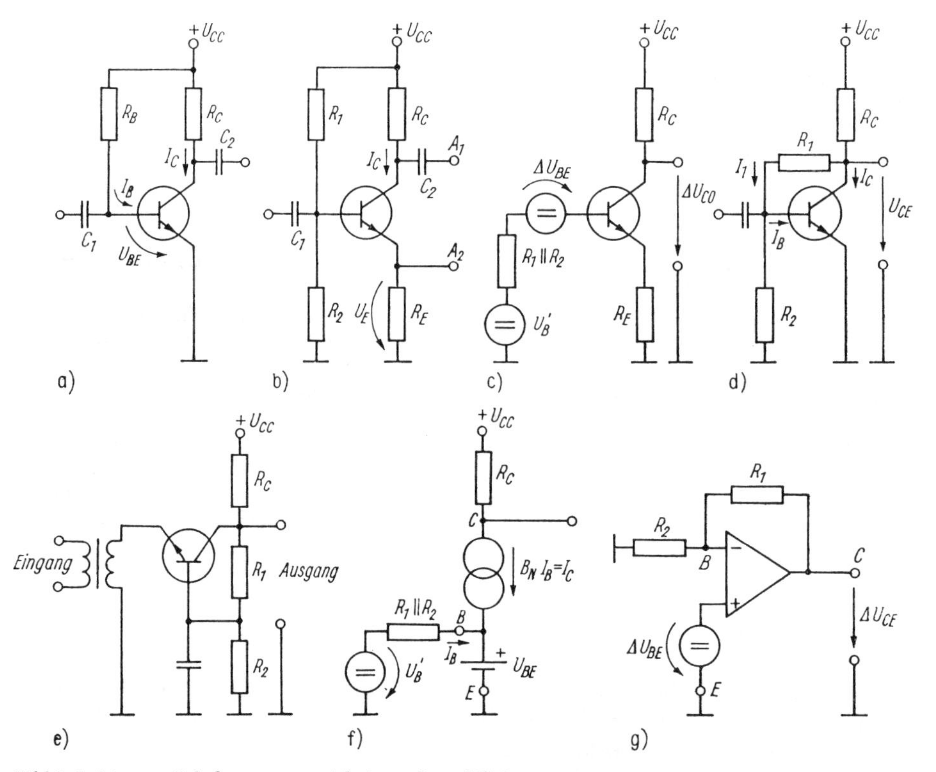

Bild 2.6. Lineare Schaltungen zur Arbeitspunktstabilisierung

a) Konstantstromeinspeisung an der Basis; b) Stabilisierung durch Gleichstromgegenkopplung (Emitterschaltung: Ausgang A_1; Emitterfolger: Ausgang A_2 und $R_C = 0$); c) Zur Berechnung der Driftverstärkung von Schaltung b, $U_B' = U_{CC}\,(R_2/(R_1 + R_2))$; d) Gleichspannungsgegenkopplung (Emitterschaltung); e) Gleichspannungsgegenkopplung (Basisschaltung); f) statisches Ersatzschaltbild zu d und e (Belastung des Ausgangs durch R_1 und R_2 vernachlässigt); $U_B' = U_{CE} R_1/(R_1 + R_2)$; g) äquivalente Operationsverstärkerschaltung zu d und e zur Berechnung der Driftverstärkung

Gleichstromgegenkopplung. Die Schaltung im Bild 2.6b wird in Vor- und Zwischenstufen häufig verwendet (s. Bild 2.1). Die Arbeitspunktstabilisierung wirkt wie folgt: Wenn I_C ansteigt (infolge Erhöhung der Sperrschichttemperatur, Exemplarstreuungen o.ä.), vergrößert sich $U_E = I_E R_E$. Da das Basispotential durch den Spannungsteiler R_1, R_2 nahezu konstant gehalten wird, verringert sich I_B und wirkt der I_C-Erhöhung entgegen (Prinzip der Stromgegenkopplung).

Bedingungen für eine gute Stabilisierung des Kollektorstroms (Unabhängigkeit von Transistordaten) sind:

- $|U_E| \gg |\Delta U_{BE}|$, damit sich U_{BE}-Änderungen nur wenig auf I_E auswirken; Faustregel: $|U_E| \approx 1 \dots 2$ V;
- Spannungsteilerquerstrom groß gegenüber Basisstrom ($U_{CC}/(R_1 + R_2) \approx (3 \dots 10)\, I_B$), damit das Basispotential unabhängig von Änderungen der Transistorparameter (z.B. B_N-Änderungen) konstant bleibt;
- $|I_C| \gg |I_{CEO}|$, damit Reststromeinfluß vernachlässigbar ist.

Weitere Einzelheiten wurden im Abschnitt 2.1.1. besprochen. Mit (2.3) läßt sich die Abhängigkeit des Kollektorstroms $I_C \approx I_E$ von den Transistorkennwerten U_{BE}, B_N und I_{CBO} berechnen. Der Kollektorstrom bleibt auch für $R_C = 0$ unverändert (Emitterfolger). Die Driftverstärkung $V_{Dr} = \Delta U_{CO}/\Delta U_{BE}$ läßt sich am einfachsten aus dem Ersatzschaltbild 2.6c berechnen. Diese Ersatzschaltung folgt aus Bild 2.4a. Mit (2.3) erhalten wir näherungsweise $V_{Dr} \approx -R_C/R_E$, d.h. den gleichen Wert wie für die Signalverstärkung der Emitterschaltung. Nachteilig sind bei dieser Schaltung die zusätzliche Verlustleistung $U_E I_E$ im Emitterwiderstand und der verringerte Ausgangsaussteuerbereich. In Ausgangsstufen für große Leistungen wird sie daher selten angewendet. Ein weiterer Nachteil ist die erhebliche Verkleinerung der Signalverstärkung durch R_E. Bei reinen Wechselspannungsverstärkern läßt sich dieser Nachteil durch kapazitives Überbrücken des Emitterwiderstandes beseitigen.

Beispiel. Die Schaltung im Bild 2.6b sei wie folgt dimensioniert: $U_{CC} = 9$ V, $R_1 = 20$ kΩ, $R_2 = 50$ kΩ, $R_E = 2$ kΩ, $R_C = 5$ kΩ. Die Daten des Transistors betragen $B_N = 50$, $U_{BE} = 0{,}7$ V, $I_{CBO} = 10$ nA.

a) Welcher Arbeitspunkt stellt sich ein?
b) Wie groß ist die Driftverstärkung?
c) Wie groß ist die Kollektorstromänderung, wenn ein Transistor mit den Daten $B_N = 100$, $U_{BE} = 0{,}6$ V, $I_{CBO} = 100$ nA eingesetzt wird? Diskutieren Sie die Wirkung dieser drei Einflußgrößen!

Lösung:

a) Aus (2.3) folgt

$$I_{CA} \approx I_{EA} = \frac{2{,}6\ \text{V} - 0{,}7\ \text{V} + 0{,}143\ \text{mV}}{286\ \Omega + 2\ \text{k}\Omega} \approx 0{,}83\ \text{mA}$$

$$I_{BA} \approx I_{CA}/B_N = 16{,}6\ \mu\text{A}$$

$$U_E = I_E R_E = 1{,}66\ \text{V}.$$

$$U_{CEA} = U_C - U_E = U_{CC} - I_C R_C - U_E = 4{,}85\ \text{V} - 1{,}66\ \text{V} = 3{,}19\ \text{V}$$

b) Es gilt

$$V_{Dr} = \Delta U_{CO}/\Delta U_{BE} = -\Delta I_C R_C/\Delta U_{BE}.$$

Aus (2.3) folgt

$$\Delta I_C \approx \Delta I_E \approx \frac{\partial I_E}{\partial U_{BE}} \Delta U_{BE} = -\frac{\Delta U_{BE}}{R_E + R_B/(1 + B_N)} \approx -\frac{\Delta U_{BE}}{R_E}.$$

Damit erhalten wir

$$V_{Dr} \approx -R_C/R_E \qquad (\text{für } R_B \ll B_N R_E).$$

c) Mit den Zahlenwerten unter c beträgt der Kollektorstrom

$$I_{CA} \approx I_{EA} = \frac{2{,}6\,\text{V} - 0{,}6\,\text{V} + 1{,}43\,\text{mV}}{2\,\text{k}\Omega + 143\,\Omega} \approx 0{,}94\,\text{mA}.$$

Den größten Einfluß hat die U_{BE}-Änderung. Danach folgt die Änderung der Stromverstärkung B_N. Der Reststromeinfluß ist vernachlässigbar.

Gleichspannungsgegenkopplung. Die Gleichspannungsgegenkopplung nach Bild 2.6d und e stabilisiert die Ausgangsgleichspannung und damit auch I_C. Falls sich I_C vergrößert, sinkt das Kollektorpotential und infolge der Gegenkopplung über R_1 auch der Basisstrom. Das hat zur Folge, daß der ursprüngliche Ruhestrom weitgehend erhalten bleibt. Rechnerisch ergibt sich bei Vernachlässigung des Reststromes und unter der Voraussetzung $I_C \gg I_1$ aus Bild 2.6f mit $U_{CE} \approx U_{CC} - I_C R_C$ und $I_C = B_N I_B$

$$I_C \approx \frac{B_N\,[U_{CC} - U_{BE}\,(1 + (R_1/R_2))]}{B_N R_C + 1} \approx \frac{U_{CC} - U_{BE}\,(1 + (R_1/R_2))}{R_C}. \qquad (2.7)$$

Für eine gute Stabilisierung muß $B_N R_C \gg R_1$, $U_{CC} \gg \Delta U_{BE}\,(1 + (R_1/R_2))$ und R_2 möglichst groß sein. Als Faustregel gilt, daß der Gleichspannungsabfall über R_C mindestens $0{,}2 U_{CC}$ betragen sollte. Damit kein merklicher Signalstrom über R_1 abfließt, wählt man $R_1 \gg R_C$. Die Driftverstärkung $V_{Dr} = \Delta U_{CE}/\Delta U_{BE}$ entnehmen wir (2.7). Näherungsweise gilt (für $I_B \ll I_1$)

$$U_{CE} \approx U_{BE}\,(1 + (R_1/R_2)).$$

Ersetzen wir U_{CE} und U_{BE} durch die kleinen Änderungen ΔU_{CE} bzw. ΔU_{BE}, so ergibt sich $V_{Dr} \approx 1 + (R_1/R_2)$. Diese Formel läßt sich auch aus der äquivalenten Operationsverstärkerschaltung (Bild 2.6g) ableiten (s. Abschn. 11.2.). Ein Vorteil dieser Stabilisierungsschaltung ist die relativ niedrige zusätzliche Verlustleistung (R_1 und R_2 hochohmig).

Gleichspannungsgegenkopplung über mehrere Stufen. In mehrstufigen Verstärkern wird meist eine sehr wirksame „Über-alles-Gegenkopplung" angewendet, die den Arbeitspunkt der Verstärkerstufen stabilisiert (Abschn. 9.4.1.). Zusätzlich ist häufig noch eine Arbeitspunktstabilisierung der einzelnen Stufen zweckmäßig, damit keine unzulässig großen Arbeitspunktverschiebungen auftreten.

2.1.4. Nichtlineare Kompensationsschaltungen

Diese Schaltungen kompensieren den Temperatureinfluß auf den Arbeitspunkt mit Hilfe temperaturabhängiger Bauelemente (Transistoren, Dioden, temperaturabhängige Widerstände). Sie eignen sich besonders für integrierte Schaltungen und für Leistungsstufen. Vorteilhaft ist, daß der Ausgangsaussteuerbereich kaum verkleinert wird und nur eine geringe zusätzliche Verlustleistung auftritt.

Der Spannungsabfall der Diode im Bild 2.7a hat nahezu gleiche Temperaturabhängigkeit wie die Basis-Emitter-Spannung des Transistors, wenn beide Halbleiter aus gleichem Material sind und gleiche Sperrschichttemperatur aufweisen. Da U_{BE} und U_D gegeneinander geschaltet sind, wird der Temperatureinfluß weitgehend kompensiert. Zur Verringerung von Exemplarstreuungen und Langzeitänderungen erfolgt zusätzlich noch eine geringe Stromgegenkopplung durch R_E. Auf dem gleichen Prinzip beruht die Schaltung nach Bild 2.7b. Durch eine oder mehrere in Reihe zu R_2 geschaltete Dioden in Durchlaßrichtung wird zusätzlich zur Temperaturkompensation der Einfluß von Speisespannungsschwankungen ΔU_{CC} auf den Kollektorstrom dadurch verringert, daß das Basispotential durch diese aus R_1, R_2 und den Dioden aufgebaute „Stabilisierungsschaltung" nahezu unabhängig von U_{CC} gehalten wird ($R_2 \ll R_1$).

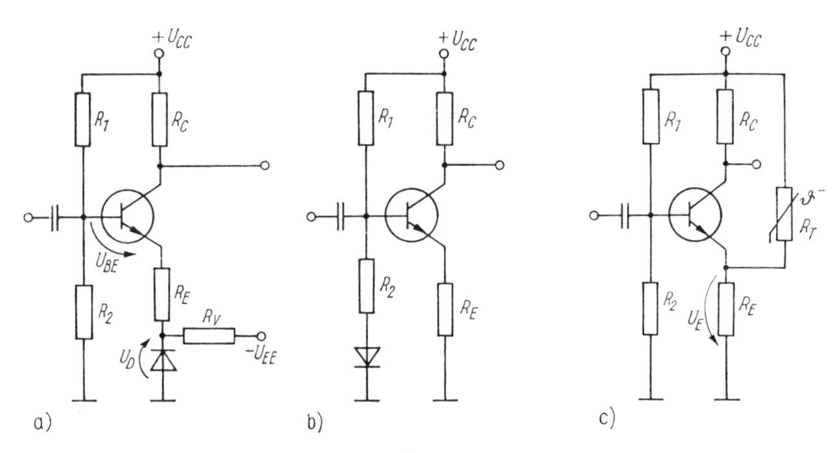

Bild 2.7. Nichtlineare Kompensationsschaltungen

a) Kompensation von ΔU_{BE}; b) Kompensation von Speisespannungsschwankungen und von ΔU_{BE}; c) Kompensation mit Heißleiter

Im Bild 2.7c verringert sich R_T mit wachsender Temperatur. Dadurch steigt U_E. Auf diese Weise wird der ohne R_T mit steigender Temperatur auftretende Kollektorstromanstieg in einem begrenzten Temperaturbereich nahezu kompensiert. R_T kann auch parallel zu R_2 liegen. Eine weitere Möglichkeit besteht darin, parallel zu R_1 einen Kaltleiter zu schalten.

2.1.5. Arbeitspunktstabilisierung bei analogen integrierten Schaltungen

Das Einstellen eines konstanten Kollektorstroms (s. Abschn. 6.4.2.) wird in integrierten Schaltungen häufig mit Konstantstromquellen realisiert, weil solche Schaltungen relativ wenig Kristallfläche benötigen und in integrierter Technik gut herstellbar sind. Konstantstromquellen werden auch als Ersatz von hochohmigen differentiellen Widerständen verwendet. Hochohmige Widerstände beanspruchen eine beträchtliche Kristallfläche. Im Bild 2.8 sind zwei Stromquellen gezeigt. Wir nehmen an, daß beide Transistoren völlig gleich sind und sich auf gleicher Temperatur befinden. Dann gilt $I_{C2} = I_{C1}$, wenn I_C als unabhängig von U_{CE} vorausgesetzt wird.

Weiterhin gilt $I_{B1} = I_{B2} \approx I_{C2}/B_N$ (für $I_{CE0} \ll I_C$) und $I_1 = I_{C1} + 2I_{B2} \approx I_{C2} + 2I_{C2}/B_N$. Hieraus folgt

$$I_{C2} \approx I_1/(1 + (2/B_N)) \approx I_1 \quad \text{für} \quad B_N \gg 2. \tag{2.8}$$

I_{C2} läßt sich also durch I_1 steuern. (2.8) gilt auch für die entsprechenden Signalströme. Ein konstanter Gleichstrom I_1 läßt sich im einfachsten Fall dadurch erzeugen, daß Punkt P über einen Widerstand R mit einer konstanten Gleichspannung U verbunden wird (Bild 2.8a).

Da man hochohmige Widerstände in integrierten Schaltungen vermeidet (Kristallfläche!), ist es schwierig, sehr kleine Konstantströme I_1 in der Schaltung nach Bild 2.8a zu erzeugen ($I_1 \approx U/R$ für $U \gg U_{BE1}$). Zur Erzeugung sehr kleiner konstanter Ströme I_{C2} ist daher die Schaltung nach Bild 2.8b besser geeignet. Der Gegenkopplungswiderstand R_{E2} bewirkt, daß $I_{C2} \ll I_1$ wird, wie nachfolgende Rechnung zeigt.

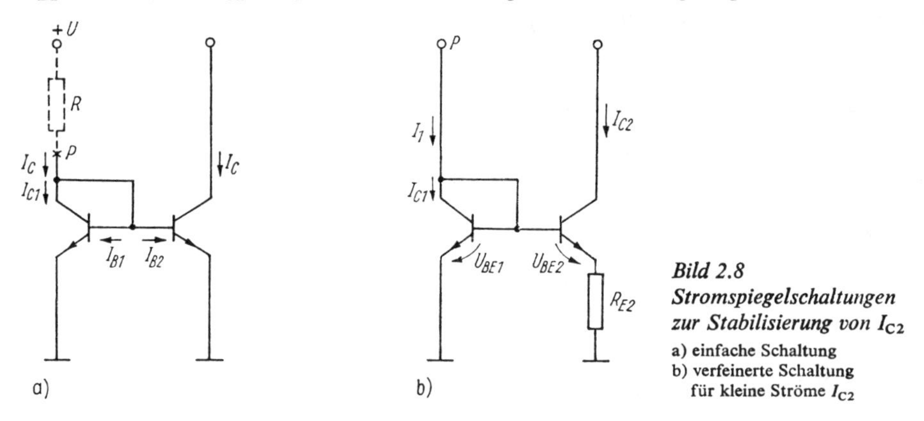

Bild 2.8
Stromspiegelschaltungen zur Stabilisierung von I_{C2}
a) einfache Schaltung
b) verfeinerte Schaltung für kleine Ströme I_{C2}

Setzen wir vereinfachend gleiche Transistoren, $I_C = I_E$ und $B_N \gg 1$ voraus, so folgt aus (1.4a) für $\exp(U_{BE}/U_T) \gg 1$

$$I_1 \approx I_{C1} \approx I_{ES}\, e^{U_{BE1}/U_T} \tag{2.9}$$

$$I_{C2} \approx I_{ES}\, e^{U_{BE2}/U_T} = I_{ES}\, e^{(U_{BE1} - R_{E2}I_{C2})/U_T}. \tag{2.10}$$

Wir erhalten damit

$$I_1/I_{C2} = e^{(R_{E2}I_{C2})/U_T}. \tag{2.11}$$

Eingehendere Betrachtungen hierzu findet man im Abschnitt 6.4.

2.1.6. Thermische Probleme

Die maximale Verlustleistung $P_{V\max}$, mit der ein Transistor belastet werden darf, hängt von seinem konstruktiven Aufbau, der Umgebungstemperatur T_a und der maximal zulässigen Kristalltemperatur $T_{j\max}$ ab (Si: 125 ... 200 °C; Ge: 60 ... 100 °C).

Die Sperrschicht erwärmt sich infolge eines Anstiegs der Umgebungstemperatur T_a und durch Eigenaufheizung.

Bei Bipolartransistoren besteht die Gefahr des thermischen Durchbruchs, weil I_C ohne besondere Stabilisierungsmaßnahmen bei konstanter Spannung U_{BE} mit der Kristalltemperatur zunimmt und als Folge eine Temperaturerhöhung auftritt. Bei Verlustleistungen $P_V > 0{,}5$ W sind daher in der Regel Maßnahmen zur Wärmeabfuhr erforderlich (Kühlblech). Unabhängig von der Grundschaltung wird dem Bipolartransistor ohne Signalaussteuerung die elektrische Leistung

$$P_V = P_{CE} + P_{BE} = I_C U_{CE} + I_B U_{BE} \approx P_{CE} \tag{2.12}$$

zugeführt. Diese elektrische Leistung wird in Wärmeleistung umgewandelt: $P_V = P_W$.

Wärmewiderstand. Experimentell läßt sich nachweisen, daß die statische Temperaturdifferenz zwischen dem Inneren des Bauelements (Kristalltemperatur T_j) und der Umgebung (T_a) proportional ist zur im Bauelement auftretenden Wärmeleistung P_W:

$$T_j - T_a = R_{th} P_W \approx R_{th} P_{CE}. \tag{2.13}$$

Die Proportionalitätskonstante R_{th} nennt man Wärmewiderstand (thermischer Widerstand). Sie hängt von der Transistorgröße, seiner Konstruktion und den Wärmeabfuhrbedingungen zwischen Kristall und Umgebung ab. Typische Werte sind $R_{th} = 0{,}2$ K/W (Leistungstransistor mit Kühlkörper) bis 10^3 K/W (Kleinleistungstransistor ohne Kühlkörper).

Thermische Ersatzschaltung. Zwischen Wärmegrößen und elektrischen Größen besteht folgende Analogie: Wärmestrom $\triangleq I$, Temperaturdifferenz $\triangleq U$, Wärmewiderstand $\triangleq$ elektrischem Widerstand. Der Wärmeübergang zwischen der Sperrschicht und der Umgebung läßt sich daher im stationären Fall ($\partial T_j/\partial t = 0$) durch das Modell nach Bild 2.9 beschreiben. Der Wärmestrom muß auf seinem Wege von der Kollektorsperrschicht bis zur Umgebung mehrere thermische Widerstände überwinden:

$$R_{thi} \equiv R_{thjc} = \frac{T_j - T_c}{P_W} \quad \text{innerer Wärmewiderstand (Wärmewiderstand zwischen Sperrschicht und Gehäuse)} \tag{2.14a}$$

$$R_{tha} = R_{tht} + R_{this} + R_{thk} + R_{thüa} = \frac{T_c - T_a}{P_W} \quad \text{äußerer Wärmewiderstand} \tag{2.14b}$$

R_{tht} Wärmeübergangswiderstand zwischen Gehäuse und Kühleinrichtung
R_{this} Wärmewiderstand einer Isolierzwischenlage
R_{thk} Wärmewiderstand des Kühlblechs
$R_{thüa}$ Wärmeabführungswiderstand zwischen Kühleinrichtung und Umgebungsmedium

$$R_{th} = R_{thi} + R_{tha} = \frac{T_j - T_a}{P_W} \quad \text{gesamter Wärmewiderstand zwischen Sperrschicht und Umgebung} \tag{2.14c}$$

In der Praxis strebt man den sogenannten „thermischen Kurzschluß" an ($R_{tha} \ll R_{thi}$). Wenn diese Bedingung erfüllt ist, lohnt sich ein weiterer Aufwand zur Verbesserung der Wärmeabfuhr nicht.

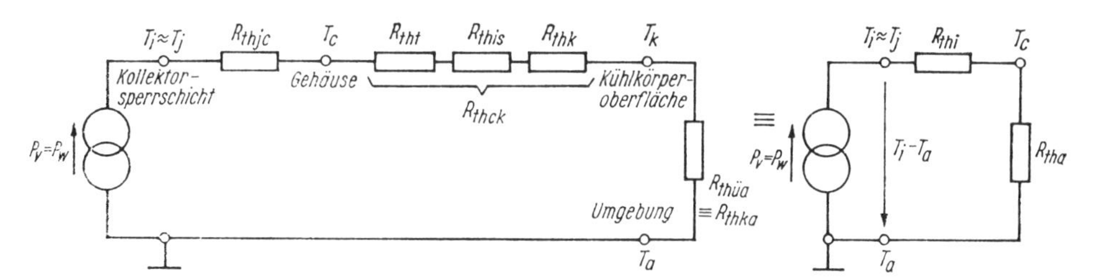

Bild 2.9. Ersatzschaltung für den Wärmeaustausch zwischen dem Transistorinneren und der Umgebung

T_i Innentemperatur des Transistors; T_j Kristalltemperatur (Temperatur der Kollektorsperrschicht); T_c Temperatur des Transistorgehäuses; T_K Temperatur des Kühlkörpers; T_a Umgebungstemperatur (Luft an der Oberfläche des Kühlkörpers)

Der innere Wärmewiderstand ist durch die Transistorkonstruktion vorgegeben. Typische Werte sind [2.1]

$R_{thi} \approx 0{,}5 \ldots 6$ K/W bei Leistungstransistoren im Metallgehäuse

$\approx 5 \ldots 10$ K/W bei Transistoren im Plastgehäuse ähnlich SOT 23

$\approx 20 \ldots 60$ K/W bei Transistoren der Bauform B (T05, T039).

Der äußere Wärmewiderstand läßt sich durch geeignete Maßnahmen zur Wärmeabfuhr kleinhalten. Der Wärmeübergangswiderstand R_{tht} sinkt mit wachsender Berührungsfläche. Unebenheiten der Auflagefläche des Kühlkörpers können durch vorheriges Bestreichen der Montageflächen mit Wärmeleitpaste oder Silikonfett ausgeglichen werden (Verringerung von R_{tht}). Eine elektrische Isolation zwischen Transistor und Kühlfläche kann durch Zwischenlegen von 50 ... 100 µm dicken Glimmerscheiben oder durch Hartpapier- bzw. Kunststoffolienscheiben erfolgen ($R_{\text{this}} \approx 0{,}6 \ldots 1{,}4$ K/W) [2.1].

Als Kühlkörpermaterial wird meist Aluminium verwendet. Der Wärmewiderstand eines Kühlbleches mit der Fläche A beträgt

$$R_{\text{thk}} + R_{\text{thüa}} = \frac{1}{\alpha_{\text{th}} A} \tag{2.15}$$

α_{th} Wärmeaustauschkonstante $\approx 1 \ldots 2$ (mW/cm²K) bei ruhender Luft.

Maximal zulässige Verlustleistung. Ein Transistor darf in der Regel nur bis zur Umgebungstemperatur $\vartheta_a = 25\,°\text{C}$ mit der in den Unterlagen angegebenen Nennverlustleistung P_N ($\equiv P_{\text{tot}}$) belastet werden. Bei höheren Umgebungstemperaturen muß die Verlustleistung reduziert werden, damit die maximal zulässige Innentemperatur des Bauelementes nicht überschritten wird. Aus (2.14c) folgt mit $P_W = P_V$ der Zusammenhang

$$\frac{T_{\text{j max}} - T_a}{P_{\text{V max}}} = (R_{\text{thi}} + R_{\text{tha}})_{\text{max}} = R_{\text{th max}}. \tag{2.16}$$

Aus dieser Beziehung läßt sich der maximale Wärmewiderstand $(R_{\text{thi}} + R_{\text{tha}})_{\text{max}}$ berechnen, der nicht überschritten werden darf, damit sich der Transistor nicht unzulässig erwärmt. Die Formel stellt gleichzeitig den Zusammenhang zwischen der maximal zulässigen Transistorverlustleistung $P_{\text{V max}}$ und der jeweiligen Umgebungstemperatur T_a dar. Da die Nennverlustleistung P_N definitionsgemäß die bei einer Umgebungstemperatur $\vartheta_a = 25\,°\text{C}$ maximal zulässige Verlustleistung ist, folgt aus (2.14c)

$$T_{\text{j max}} - T_{25} = R_{\text{th}} P_N; \qquad T_{25} \equiv 298\ \text{K}$$

und schließlich durch Division mit (2.16)

$$\frac{P_{\text{V max}}}{P_N} = \frac{T_{\text{j max}} - T_a}{T_{\text{j max}} - T_{25}} = \frac{\vartheta_{\text{j max}} - \vartheta_a}{\vartheta_{\text{j max}} - 25\,°\text{C}} \quad \text{für} \quad T \geqq T_{25}. \tag{2.17}$$

Die graphische Darstellung dieses Zusammenhangs heißt *Lastminderungskurve* (Derating-Kurve, Bild 2.10). Aus ihrer Steigung läßt sich der Wärmewiderstand R_{th} bestimmen: $1/R_{\text{th}} = -(\text{d}P_{\text{V max}}/\text{d}T_a)$.

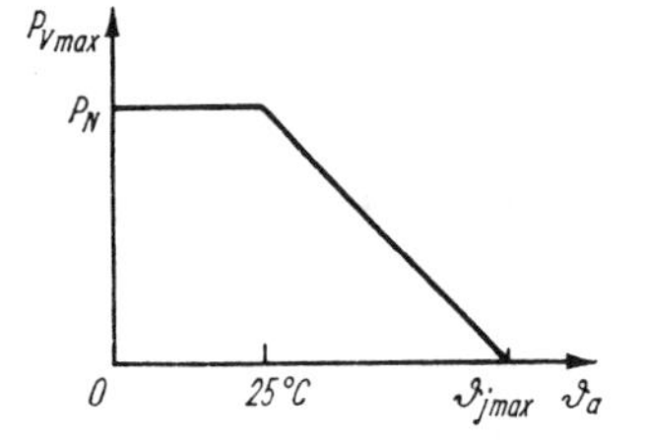

Bild 2.10
Lastminderungskurve (Derating-Kurve)

Berechnung des Kühlkörpers. Zur Berechnung der erforderlichen Kühlfläche müssen folgende Werte vorher bekannt sein:
1. Die maximale im Bauelement entstehende Verlustleistung $P_{\text{V max}}$ (oft lastabhängig!), 2. die maximale Umgebungstemperatur $T_{\text{a max}}$ und 3. die maximal zulässige Kristalltemperatur $T_{\text{j max}}$ des Bauelementes. Falls besonders hohe Zuverlässigkeit gefordert wird, ist für Si-Halbleiter $T_{\text{j max}} \approx 120\,°\text{C}$ zu empfehlen.

Bei der Berechnung des Kühlkörpers geht man zweckmäßigerweise wie folgt vor:
1. Aus (2.16) wird der maximal zulässige Gesamtwärmewiderstand $R_{\text{th max}}$ berechnet;

2. Aus (2.14b) und (2.14c) folgt dann der maximal zulässige Wärmewiderstand des Kühlkörpers einschließlich des Wärmeabführungswiderstandes zu

$$(R_{\text{thk}} + R_{\text{thüa}})_{\max} = R_{\text{th}\max} - R_{\text{thi}} - R_{\text{tht}} - R_{\text{this}}.$$

3. Zum Schluß erfolgt die Auswahl eines geeigneten Kühlkörpers, dessen Wärmewiderstand nicht größer ist als $(R_{\text{thk}} + R_{\text{thüa}})_{\max}$. Zu beachten ist, daß der Wärmeabführungswiderstand $R_{\text{thüa}}$ durch Zwangsbelüftung kleiner wird, durch einen Wärmestau jedoch größer werden kann.

Berechnungsbeispiel. Ein Transistor soll eine maximale Verlustleistung $P_{\text{V}\max} = 6$ W bei $\vartheta_{\text{a}} \leqq 30\,°\text{C}$ aufnehmen können, ohne daß er sich unzulässig erwärmt. Die zulässige Sperrschichttemperatur beträgt $\vartheta_{\text{j}\max} = 150\,°\text{C}$, sein innerer Wärmewiderstand $R_{\text{thi}} = 12$ K/W.

Welche minimale Kühlfläche ist erforderlich?

Hinweis: Wir vernachlässigen R_{this} und R_{tht}; es sei $\alpha_{\text{th}} = 1\ \text{mW/cm}^2\ \text{K}$.

Lösung: Aus (2.16) folgt

$$R_{\text{th}} \leqq \frac{150\,°\text{C} - 30\,°\text{C}}{6\ \text{W}} = 20\ \text{K/W}.$$

Der zulässige maximale äußere Wärmewiderstand beträgt deshalb

$$R_{\text{tha}} = R_{\text{th}} - R_{\text{thi}} \approx R_{\text{thk}} + R_{\text{thüa}} = (20 - 12)\ \text{K/W} = 8\ \text{K/W}.$$

Die Fläche des Kühlblechs muß mindestens $A = 1/\alpha_{\text{th}}\,(R_{\text{thk}} + R_{\text{thüa}}) = 125\ \text{cm}^2$ betragen.

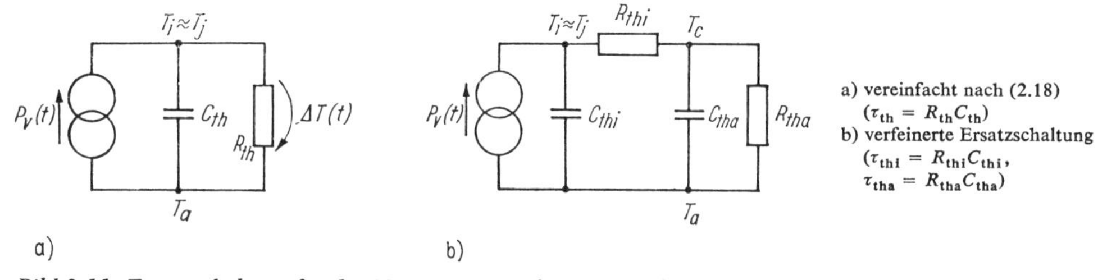

Bild 2.11. Ersatzschaltung für den Wärmeaustausch zwischen dem Transistorinneren und der Umgebung für zeitlich veränderliche Wärmeleistung $p_{\text{V}}(t)$

Dynamisches Verhalten der Wärmeleitung. Bei zeitveränderlicher Verlustleistung $p_{\text{V}}(t)$ im Transistor folgt die Innentemperatur des Bauelements verzögert entsprechend der thermischen Zeitkonstanten. Vereinfacht gelten die Wärmeleitungsgleichung

$$p_{\text{V}}(t) = \frac{\Delta T}{R_{\text{th}}} + C_{\text{th}}\,\frac{\partial T}{\partial t}\,; \qquad \Delta T \equiv T_{\text{j}} - T_{\text{a}} \tag{2.18}$$

und das zugehörige Ersatzschaltbild Bild 2.11. Anstelle der Wärmekapazität C_{th} rechnen wir zweckmäßigerweise mit der thermischen Zeitkonstanten

$$\tau_{\text{th}} = R_{\text{th}} C_{\text{th}}.$$

Genauer ist zwischen innerer und äußerer thermischer Zeitkonstante zu unterscheiden (Bild 2.11b). Es gilt

$\tau_{\text{thi}} = R_{\text{thi}} C_{\text{thi}}$ (für Kleinleistungsbauelemente mit $P_{\text{V}} < 0{,}1$ W: $\tau_{\text{thi}} \approx 30 \ldots 100$ ms)

$\tau_{\text{tha}} = R_{\text{tha}} C_{\text{tha}} \gg \tau_{\text{thi}}$ (für Leistungsbauelemente mit $P_{\text{V}} = 0{,}1 \ldots 10$ W: $\tau_{\text{tha}} \approx 10 \ldots 1000$ ms (durch Kühlfläche bestimmt)).

Die Wärmeträgheit des Bauelements wirkt sich im allgemeinen günstig aus. Sie bewirkt, daß dem Bauelement bei Impulsbetrieb kurzzeitig eine wesentlich höhere Verlustleistung zugeführt werden darf als im stationären Fall (man beachte aber die Grenzwerte der Transistorströme und -spannungen!). Maßgebend für die zulässige Transistorverlustleistung ist die Temperaturdifferenz ΔT (entspricht dem Spannungsabfall über R_{th} im Bild 2.11 a), die aus Bild 2.11 a in gleicher Weise wie ein Spannungsabfall über R_{th} berechnet werden kann. Solange $T_i = T_a + \Delta T < T_{i\,max} \approx T_{j\,max}$ bleibt, wird der Transistor thermisch nicht überlastet.

Gelegentlich wird ein *transienter* Wärmewiderstand eingeführt. Er ist kleiner als der statische Wärmewiderstand R_{th}. Üblich für bestimmte Bauelementetypen sind Kurven über die Abhängigkeit des transienten Wärmewiderstandes vom Tastverhältnis und von der Einschaltdauer [7.18].

Bedingung für thermische Stabilität. Damit ein Bauelement in der Schaltung thermisch stabil bleibt, muß die in der Zeiteinheit zugeführte elektrische Verlustleistung P_V kleiner sein als die in der gleichen Zeiteinheit unter stationären Bedingungen an die Umgebung abgeführte Wärmeleistung $P_W = (T_i - T_a)/R_{th}$:

$$\frac{dP_V}{dT_i} < \frac{dP_W}{dT_i} = \frac{1}{R_{th}}. \tag{2.19}$$

Beim Bipolartransistor gelten $T_i \approx T_j$ und $P_V \approx P_{CE} = I_C U_{CE}$.

Die Bedingung (2.19) ist notwendig und hinreichend für thermische Stabilität.

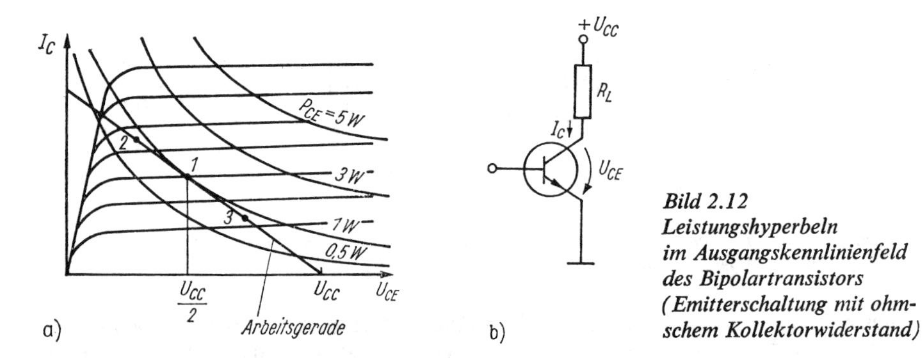

Bild 2.12
Leistungshyperbeln im Ausgangskennlinienfeld des Bipolartransistors (Emitterschaltung mit ohmschem Kollektorwiderstand)

Regel der halben Speisespannung. Wenn wir den Zusammenhang $I_C(U_{CE})$ für konstante Transistorverlustleistung P_{CE} im Ausgangskennlinienfeld darstellen, erhalten wir sogenannte „Verlustleistungshyperbeln" (Bild 2.12). Die Arbeitsgerade einer Transistorschaltung nach Bild 2.12b berührt genau in der Mitte (bei der Spannung $U_{CE} = U_{CC}/2$) eine solche Verlustleistungshyperbel (Punkt 1 im Bild 2.12a). Hinsichtlich der Lage des Arbeitspunktes auf dieser Widerstandsgeraden läßt sich aus Bild 2.12a folgende Schlußfolgerung ziehen: Liegt der Arbeitspunkt auf der Arbeitsgeraden links vom Punkt 1, d.h. bei $U_{CE} < U_{CC}/2$, so sinkt die Kollektorverlustleistung P_{CE} bei I_C-Erhöhung, liegt er hingegen rechts vom Punkt 1, so steigt P_{CE} bei I_C-Erhöhung. Hieraus folgt die „Regel der halben Speisespannung":

Eine Transistorschaltung mit $dI/dT_i > 0$ ist stets thermisch stabil, wenn der Arbeitspunkt so gewählt wird, daß $U_{CEA} < U_{CC}/2$ ist.

Eine analoge Überlegung ergibt, daß bei einem Bauelement mit negativem dI/dT_i die Schaltung stets thermisch stabil ist, wenn $U_{CE} > U_{CC}/2$ ist.

2.2. Feldeffekttransistoren

2.2.1. Arbeitspunkt

Grundsätzlich gelten für die Wahl, die Einstellung und die Stabilisierung des Arbeitspunktes von FET ähnliche Gesichtspunkte wie für Bipolartransistoren. Arbeitspunkteinstellung bedeutet: Festlegung der Gleichgrößen I_D, U_{GS} und U_{DS}. Am zweckmäßigsten ist die Arbeitspunktstabilisierung durch Einstellen eines konstanten Drainstroms. Das Einstellen einer konstanten Spannung U_{GS} würde unter anderem infolge erheblicher Exemplarstreuungen der FET sehr starke Streuungen von I_D und damit nichtlineare Verzerrungen beziehungsweise ungünstige Verstärkereigenschaften zur Folge haben (Arbeitspunkt wandert auf der Arbeitsgeraden in den Sperrbereich oder Triodenbereich).

Die Wahl des Arbeitspunktes hängt von zahlreichen Einflußgrößen ab: Vom Aussteuerbereich, den nichtlinearen Verzerrungen, der Betriebsspannung, der benötigten Spannungsverstärkung, dem Frequenzgang, der zulässigen Verlustleistung, den zulässigen Transistorspannungen und -strömen, dem Rauschfaktor und der Drift des Drainstroms.

Bei Verstärkeranwendungen betreibt man den FET im Abschnürbereich $|U_{DS}| > |U_{DSP}|$ (S groß, r_{ds} groß). Es muß gelten:

1. Drainstrom $|I_D| > 0$ (bei Sperrschicht-FET zusätzlich $|I_D| < |I_{DSS}|$);
2. Gate-Source-Spannungen $U_{GS} > U_P$ (n-Kanal-FET)
   $U_{GS} < U_P$ (p-Kanal-FET);
   bei Sperrschicht-FET muß sich die Gate-Diode in Sperrichtung befinden;
3. Drain-Source-Spannung $|U_{DSP}| < |U_{DS}| < |U_{(BR)DS}|$;
4. Verlustleistung $P_V \leqq P_{V\,max}$; die zulässigen Transistorströme und -spannungen dürfen nicht überschritten werden.

2.2.2. Arbeitspunkteinstellung und -stabilisierung

Wahl des Arbeitspunktes. Wenn keine hohe obere Grenzfrequenz gefordert wird (NF-Verstärker), erzielt man mit einem Ruhestrom I_D von wenigen μA bei relativ großen Drainwiderständen (0,1 ... 1 MΩ) ausreichende Verstärkung.

Zur Verstärkung hoher Frequenzen wählt man oft $I_D \approx (0{,}3 \ldots 0{,}5)\,I_{DSS}$, um genügend große Steilheit zu erhalten (vgl. Abschn. 3.4.). Bei symmetrischer Großsignalaussteuerung

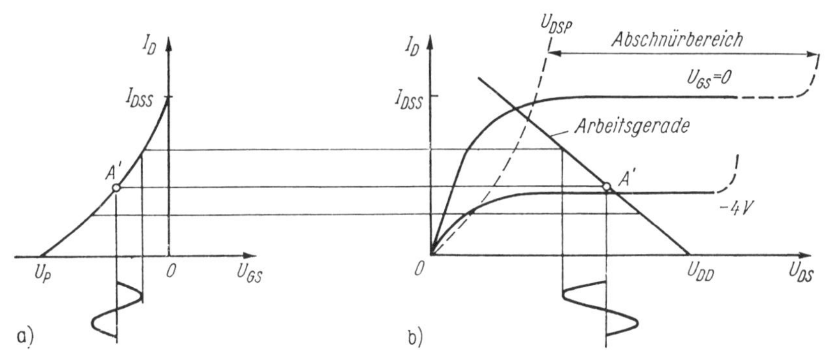

Bild 2.13. Kennlinienfelder einer FET-Stufe in Sourceschaltung (Schaltung 2 im Bild 2.14; n-Kanal-SFET)

a) Eingangskennlinie; b) Ausgangskennlinienfeld mit Arbeitsgerade (Steigung der Arbeitsgeraden: $dI_D/dU_{DS} = -1/(R_D + R_S)$)

wird der Arbeitspunkt zweckmäßigerweise etwa in die Mitte der Arbeitsgeraden gelegt (Bild 2.13, Arbeitspunkt A').

Arbeitspunktstabilisierung. Der Arbeitspunkt soll weitgehend unabhängig von Exemplar-, Temperatur-, Langzeit- und Speisespannungsschwankungen bleiben. Bei seiner Wahl ist zu beachten, daß U_P bzw. U_{T0} und I_{DSS} stark streuen (bis zu einem Faktor 3 ... 5). Bei der Dimensionierung sind Extremwerte (meist Minimalwerte) zugrunde zu legen.

Die Stabilisierungsschaltungen verwenden wie bei Bipolartransistoren das Prinzip der Strom- und Spannungsgegenkopplung.

Stromgegenkopplung durch Sourcewiderstand R_S

Das Schaltungsprinzip ist das gleiche wie beim Bipolartransistor (Bild 2.14). Jedoch ist zwischen selbstleitenden und selbstsperrenden FETs zu unterscheiden. Bei selbstsperrenden Typen muß das Gatepotential mit einem Spannungsteiler R_1, R_2 in der Regel um einige Volt angehoben werden (gleiche Polarität wie die Betriebsspannung), damit der gewünschte Drainstrom fließt (analog zum Bipolartransistor, der auch selbstsperrend ist). Bei selbstleitenden Typen kann R_2 entfallen und die „automatische Gate-Vorspannungserzeugung" nach Schaltung 1 Verwendung finden. Über R_S stellt sich der Spannungsabfall $I_D R_S = -U_{GS}$ ein. Damit der Vorteil des hohen Eingangswiderstandes der FET erhalten bleibt, wird R_G möglichst groß gewählt (MΩ-Bereich). Der maximale Wert von R_G wird durch den zulässigen Spannungsabfall bestimmt, den der Gatestrom hervorruft (Beispiel: Sperrschicht-FET: $I_G = 5$ nA, $R_G = 10$ MΩ → $I_G R_G = 50$ mV).

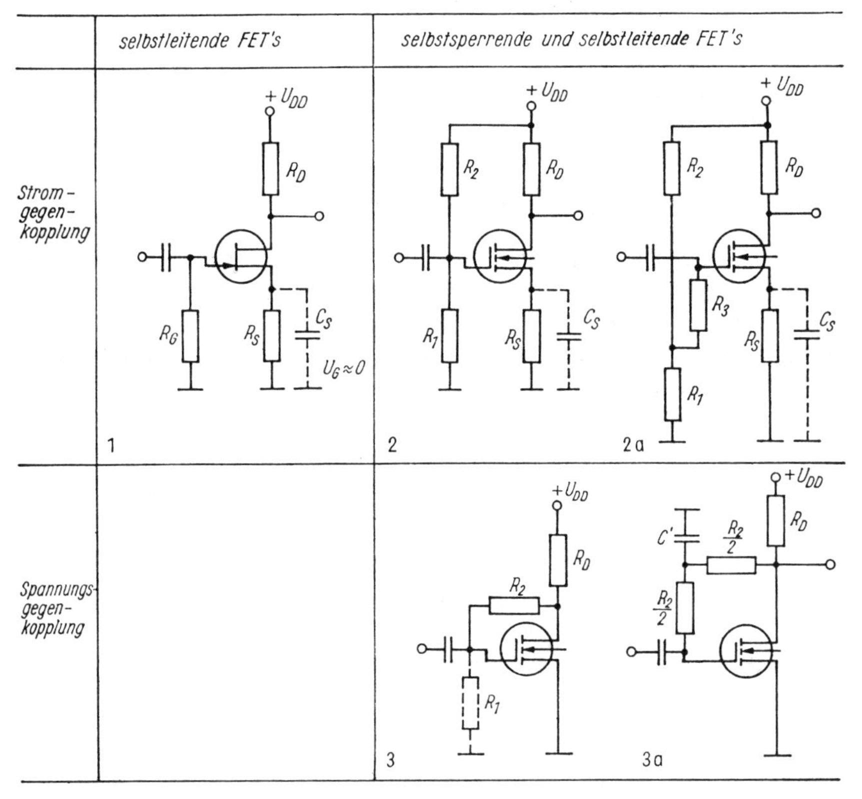

Bild 2.14. Schaltungen zur Arbeitspunkteinstellung und -stabilisierung bei FET
Hinweis: Zur Arbeitspunkteinstellung des CMOS-Inverters s. Abschnitt 6.3.2.2.

Alle Schaltungen im Bild 2.14 lassen sich auf die Ersatzschaltung im Bild 2.15 zurückführen. Bei Vernachlässigung des Gatestroms gilt

$$U'_G \approx U_G = I_D R_S + U_{GS}. \tag{2.20}$$

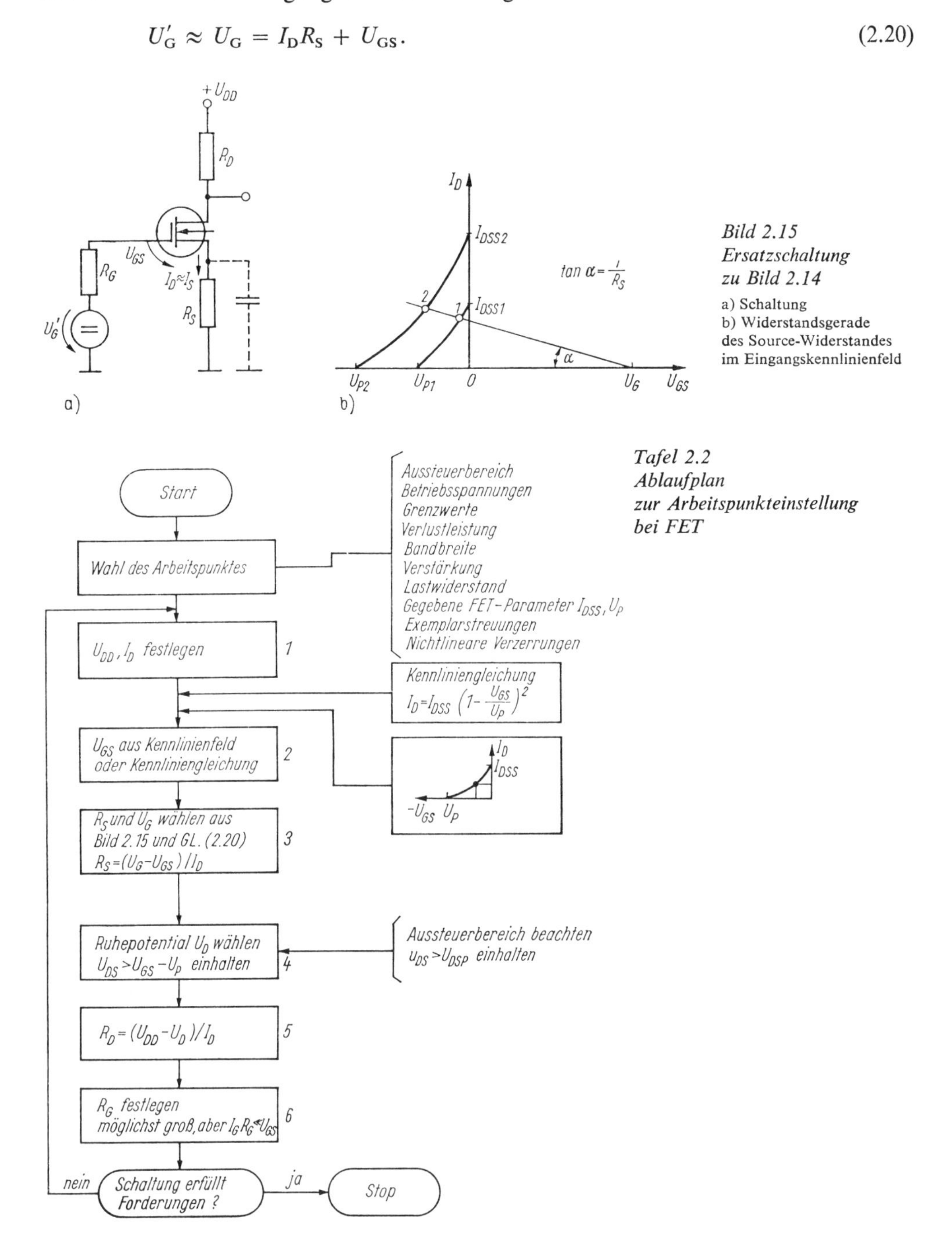

Bild 2.15
Ersatzschaltung zu Bild 2.14
a) Schaltung
b) Widerstandsgerade des Source-Widerstandes im Eingangskennlinienfeld

Tafel 2.2
Ablaufplan zur Arbeitspunkteinstellung bei FET

Diese Gleichung ist die Widerstandsgerade des Sourcewiderstandes R_S im Eingangskennlinienfeld (Bild 2.15b). Ihre Steigung beträgt $\tan\alpha = -(\mathrm{d}I_D/\mathrm{d}U_{GS}) = R_S^{-1}$. U_G und R_S können so gewählt werden, daß die Änderung des Drainstroms beim Ersetzen von FET 1 durch FET 2 gering ist, so daß der Arbeitspunkt im linearen Teil der Eingangskennlinie verbleibt (U_G möglichst groß, R_S so, daß sich der gewünschte Arbeitspunkt einstellt).

Es ist auch möglich, den Arbeitspunkt so zu stabilisieren, daß die Steilheit nahezu konstant bleibt („schwimmende Arbeitspunkteinstellung“ [2.2]).

Tafel 2.2 zeigt als Beispiel die einzelnen Schritte bei der Arbeitspunkteinstellung einer FET-Stufe.

Spannungsgegenkopplung. Bei selbstsperrendem FET ist häufig ein Arbeitspunkt $U_{DS} \approx U_{GS}$ günstig (Bild 2.14, Schaltung 3). Zufügen von R_1 bewirkt $U_{DS} > U_{GS}$. Nachteilig bei dieser Arbeitspunkteinstellung ist der durch die Spannungsgegenkopplung bedingte niedrige Wechselstromeingangswiderstand $R_e \approx R_2/V_u$ (vgl. Abschn. 9.4.2.). Durch Zuschalten von C' läßt sich dieser Nachteil beseitigen. Die Gegenkopplung wird für die Signalfrequenzen unwirksam, und der Eingangswiderstand für die Signalfrequenzen beträgt $R_e \approx R_2/2$.

Beispiel. Wir berechnen die maximal zulässige sinusförmige Signalausgangsspannung der Schaltung 3 im Bild 2.14.

Lösung: Der Arbeitspunkt liegt bei $U_{DS} = U_{GS}$. Mit $U_{DSP} = U_{GS} - U_P$ folgt $U_{DS} = U_{DSP} + U_P$. Solange die sinusförmige Ausgangssignalspannung einen Spitzenwert $|\hat{U}_{ds}| \leqq |U_P|$ aufweist, bleibt der Arbeitspunkt im Abschnürbereich, und die nichtlinearen Verzerrungen bleiben in Grenzen (vgl. Bild 2.13).

Ausführungen zu CMOS-Verstärkerstufen sind im Abschnitt 6.3.2.2. enthalten.

3. Einfache Transistorstufen (Grundschaltungen)

In diesem Abschnitt wollen wir die wichtigsten Transistorgrundschaltungen kennenlernen. Bevor wir die Schaltungen im einzelnen behandeln, erläutern wir die wichtigsten Analyseverfahren für Transistorschaltungen und vergleichen anschließend die Funktion und die wichtigsten Eigenschaften der drei Bipolartransistor- und FET-Grundschaltungen. Die Behandlung der Grundschaltungen erfolgt in zwei Schritten. Zunächst erläutern und berechnen wir die Schaltungen bei niedrigen Frequenzen, anschließend werden die Besonderheiten und das Verhalten bei hohen Frequenzen besprochen.

3.1. Analyseverfahren

Ein zentrales Problem bei der Analyse von Transistorschaltungen ist die Wahl eines zweckmäßigen Modells für das elektrische (oder andere) Verhalten der aktiven Bauelemente. Hierfür bestehen folgende Möglichkeiten: Die Beschreibung durch

1. Kennlinienfelder (z.B. Eingangs-, Ausgangskennlinienfeld) (graphische Analyse);
2. Ersatzschaltbilder (z.B. π-Ersatzschaltbild, Vierpolersatzschaltbild, Ladungssteuerungsmodell);
3. Mathematische Gleichungen (z.B. Ebers-Moll-Gleichungen, Vierpolgleichungen);
4. Kennwerte (z.B. β, I_{CBO}, Vierpolparameter, Schaltzeiten).

Kennlinienfelder beschreiben den U-I-Zusammenhang für Gleichgrößen und langsam veränderliche Wechselgrößen (quasistatisches Verhalten, d.h. Trägheitseffekte im Bauelement vernachlässigbar).

Ersatzschaltbilder und *mathematische Gleichungen* gibt es in zahlreichen Varianten zur Modellierung aller wesentlichen Bauelementeeigenschaften, z.B. für das statische Verhalten, das lineare Kleinsignalverhalten, Schaltverhalten, Rauschverhalten, thermische Verhalten.

Kennwerte beschreiben meist nur Teileigenschaften. Sie dienen vorzugsweise zum Vergleich und zur schnellen Abschätzung der Leistungsfähigkeit von Bauelementen und Schaltungen.

Für die Funktion elektronischer Schaltungen interessieren vor allem das *statische Verhalten*, das *lineare Kleinsignal-* und das *Schaltverhalten* des Bauelements. Schaltungen lassen sich wesentlich einfacher beschreiben und berechnen, wenn man zusätzlich zwischen dem linearen Kleinsignalverhalten bei *niedrigen* und bei *hohen Frequenzen* sowie zwischen dem *quasistatischen* und *dynamischen Schaltverhalten* unterscheidet.

Im nächsten Abschnitt erläutern wir anhand weniger Beispiele die Vorgehensweise bei der grafischen und bei der linearen Kleinsignalanalyse einfacher Transistorschaltungen.

3.1.1. Grafische Analyse (statische und dynamische Arbeitsgerade)

Im Abschnitt 2. untersuchten wir das *statische* Verhalten von Transistorschaltungen mit Hilfe der grafischen Analyse. Jetzt wenden wir uns dem *Signalverhalten* zu. Wir betrachten eine einfache Emitterschaltung mit ohmschem Lastwiderstand (Bild 3.1) und untersuchen, auf welcher Kurve sich der Arbeitspunkt unter den Voraussetzungen a) quasistatisches Verhalten des Transistors, d. h. Trägheitseffekte vernachlässigt, b) sinusförmige Kleinsignalaussteuerung, und c) C_K und C_E als Wechselstromkurzschluß aufzufassen, bewegt.

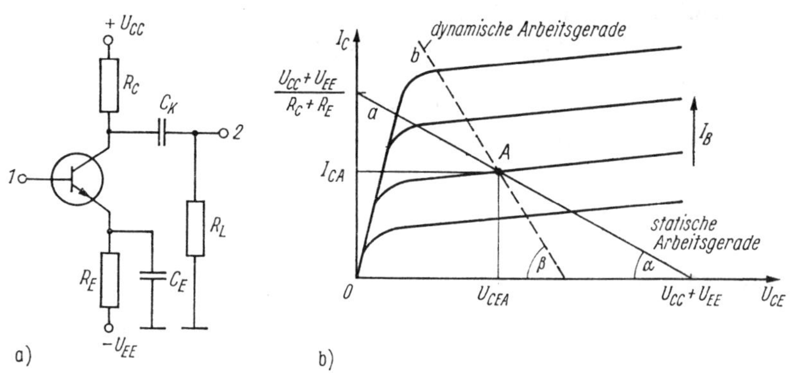

Bild 3.1. Emitterschaltung mit statischer und dynamischer Arbeitsgerade
a) Schaltung; b) Ausgangskennlinienfeld

Der für die Signalaussteuerung wirksame Arbeitswiderstand im Kollektorkreis ist dann reell (linearer Zusammenhang zwischen ΔI_C und ΔU_{CE}) und hat die Größe $R_C \parallel R_L$. Das Emitterpotential ist konstant: $U_E = -U_{EE} + I_E R_E$.

Infolge der linearen Abhängigkeit $\Delta I_C\,(\Delta U_{CE})$ bewegt sich der Arbeitspunkt bei Aussteuerung auf einer Geraden, der *dynamischen Arbeitsgeraden* (b) mit der Steigung

$$\tan\beta = -\frac{\Delta I_C}{\Delta U_{CE}} = -\frac{\Delta I_C}{(R_C \parallel R_L)\,\Delta I_C} = -\frac{1}{R_C \parallel R_L}.$$

Die *statische Arbeitsgerade* (a) beschreibt dagegen den Zusammenhang zwischen den ohne Signal auftretenden Gleichgrößen I_C und U_{CE}. Beide Arbeitsgeraden schneiden sich im Punkt A, weil sich ohne Signalaussteuerung der Ruhearbeitspunkt einstellt.

3.1.2. Lineare Kleinsignalanalyse

Bei der linearen Kleinsignalanalyse haben sich zwei Gruppen von Ersatzschaltbildern mit den zugehörigen Gleichungssystemen besonders bewährt: Die Analyse mit

1. *physikalischem* (praktischem) Ersatzschaltbild und zugehörigen Gleichungen (π-Ersatzschaltbild)
2. *Vierpolersatzschaltbildern* und Vierpolgleichungen (h-, y-Ersatzschaltbild)

Infolge der größeren Übersichtlichkeit und des besseren Einblicks in die physikalischen Vorgänge im Bauelement verwenden wir nachfolgend meist das π-Ersatzschaltbild. Neben seiner Einfachheit hat es den großen Vorteil, daß alle Elemente des Ersatzschaltbildes bis zu relativ hohen Frequenzen ($f \lessapprox 0{,}1 \ldots 0{,}5 f_T$ bei Bipolartransistoren, $f \lessapprox 10$ bis

Tafel 3.1. Auswahl von Ersatzschaltbildern für das lineare Kleinsignalverhalten

	Niedrige Frequenzen	Mittlere und hohe Frequenzen	Sehr hohe Frequenzen
Bipolar-transistoren	π-ESB ohne Kapazitäten h-ESB	$f < (0{,}1 \ldots 0{,}5) f_T$ π-ESB mit Kapazitäten	$f > (0{,}1 \ldots 0{,}5) f_T$ y-ESB erweitertes π-ESB,
FET	π-ESB ohne Kapazitäten	$f < (10 \ldots 100)$ MHz π-ESB mit Kapazitäten	$f > (10 \ldots 100)$ MHz: y-ESB erweitertes π-ESB

100 MHz bei FET) als *frequenzunabhängig* betrachtet werden dürfen. Lediglich bei sehr hohen Signalfrequenzen ist das nicht mehr der Fall, und das y-Ersatzschaltbild ist hier vorteilhafter (Tafel 3.1).

Um das Verhalten einer Schaltung schnell erkennen und beurteilen zu können, ist es dringend zu empfehlen, Ersatzschaltbilder so weit wie irgend möglich zu vereinfachen (z.B. Beschränkung auf niedrige Frequenzen, Vernachlässigung von h_{12e} und h_{22e}).

3.1.2.1. Vierpolanalyse

Wir setzen hier Grundkenntnisse der Vierpoltheorie voraus. Bezüglich der Vierpolbeschreibung des Bipolartransistors oder FET in seinen drei Grundschaltungen gilt folgender Sachverhalt:

Ein Vierpol wird eindeutig gekennzeichnet durch

1. die Vierpolparameter eines Gleichungssystems (einer Grundschaltung) oder
2. vier unabhängige Parameter verschiedener Gleichungssysteme (einer Grundschaltung) oder
3. vier unabhängige Parameter verschiedener Grundschaltungen.

Die Signalübertragung von Verstärkerstufen beschreiben wir mit den Betriebsgrößen Spannungsverstärkung V_u bzw. V_{ug}, Stromverstärkung V_i bzw. V_{ig} sowie durch den (differentiellen) Eingangswiderstand Z_e und den (differentiellen) Ausgangswiderstand Z_a (Tafel 3.2).

Die Spannungs- bzw. Stromverstärkung kann wahlweise auf die Vierpoleingangsklemmen (V_u, V_i) oder auf die Leerlaufspannung bzw. den Kurzschlußstrom der Signalquelle (V_{ug}, V_{ig}) bezogen werden (Tafel 3.3). Die letztgenannte Variante hat den Vorteil, daß der Innenwiderstand der Signalquelle mit erfaßt wird. Die Formeln in Tafel 3.2 lassen sich aus den zugehörigen Vierpolgleichungen ableiten, wenn zusätzlich der $\underline{U}$-$\underline{I}$-Zusammenhang des Lastwiderstandes berücksichtigt wird ($\underline{U}_2 = -\underline{I}_2 Z_L$). Die Umrechnung zwischen h- und y-Parametern sowie zwischen den Parametern der drei Bipolartransistorgrundschaltungen ist den Tafeln 3.4 und 3.5 zu entnehmen.

Vierpolausgang. Bezogen auf die Ausgangsklemmen 2 ... 2′ verhält sich der Vierpol wie ein aktiver Zweipol mit dem Innenwiderstand Z_a (aus Tafel 3.2) und mit dem Kurzschlußstrom $\underline{I}_k$ bzw. der Leerlaufspannung $\underline{U}_1$ (Bild 3.2). Der Kurzschlußstrom ergibt sich aus Tafel 3.2 zu

$$\underline{I}_k = \frac{h_{21}}{h_{11} + Z_G} \underline{U}_g = \frac{h_{21}}{1 + (h_{11}/Z_G)} \underline{I}_g = \frac{y_{21}}{1 + y_{11} Z_G} \underline{U}_g = \frac{y_{21} Z_G}{1 + y_{11} Z_G} \underline{I}_g .$$

Die Leerlaufspannung erhalten wir aus $\underline{U}_1 = -\underline{I}_k Z_a$.

Tafel 3.2. Berechnung der Betriebsgrößen von Verstärkerstufen mit Vierpolparametern

Es müssen die Vierpolparameter der jeweiligen Transistorgrundschaltung eingesetzt werden.

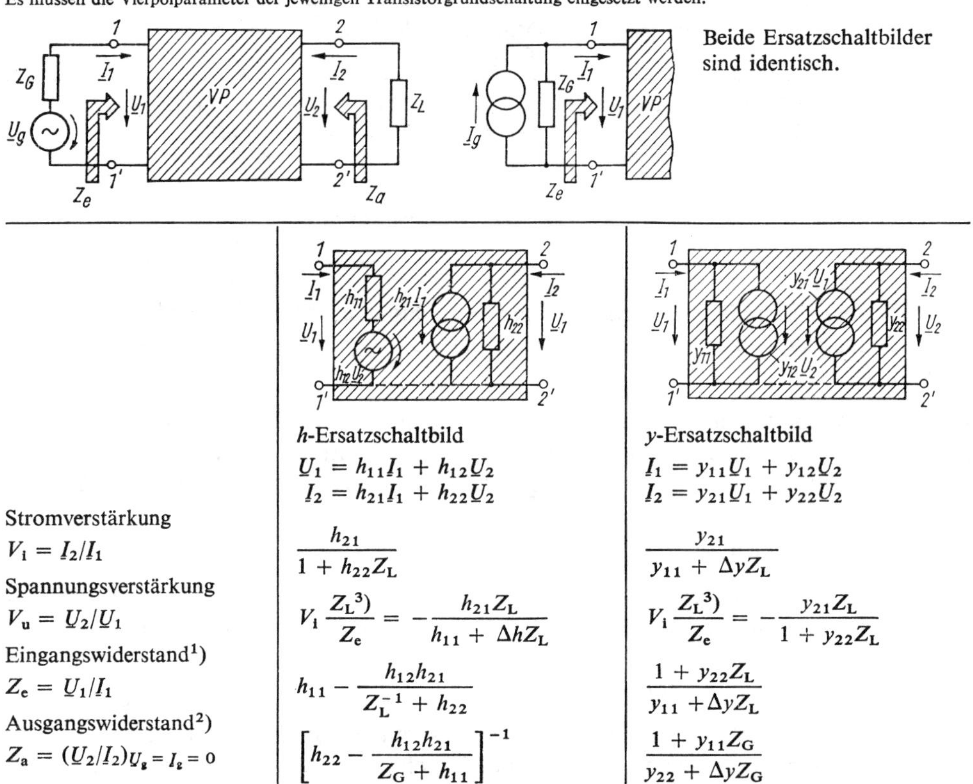

	h-Ersatzschaltbild	y-Ersatzschaltbild
	$\underline{U}_1 = h_{11}\underline{I}_1 + h_{12}\underline{U}_2$ $\underline{I}_2 = h_{21}\underline{I}_1 + h_{22}\underline{U}_2$	$\underline{I}_1 = y_{11}\underline{U}_1 + y_{12}\underline{U}_2$ $\underline{I}_2 = y_{21}\underline{U}_1 + y_{22}\underline{U}_2$
Stromverstärkung $V_i = \underline{I}_2/\underline{I}_1$	$\dfrac{h_{21}}{1 + h_{22}Z_L}$	$\dfrac{y_{21}}{y_{11} + \Delta y Z_L}$
Spannungsverstärkung $V_u = \underline{U}_2/\underline{U}_1$	$V_i \dfrac{Z_L}{Z_e}$[3] $= -\dfrac{h_{21}Z_L}{h_{11} + \Delta h Z_L}$	$V_i \dfrac{Z_L}{Z_e}$[3] $= -\dfrac{y_{21}Z_L}{1 + y_{22}Z_L}$
Eingangswiderstand[1] $Z_e = \underline{U}_1/\underline{I}_1$	$h_{11} - \dfrac{h_{12}h_{21}}{Z_L^{-1} + h_{22}}$	$\dfrac{1 + y_{22}Z_L}{y_{11} + \Delta y Z_L}$
Ausgangswiderstand[2] $Z_a = (\underline{U}_2/\underline{I}_2)_{\underline{U}_g = \underline{I}_g = 0}$	$\left[h_{22} - \dfrac{h_{12}h_{21}}{Z_G + h_{11}}\right]^{-1}$	$\dfrac{1 + y_{11}Z_G}{y_{22} + \Delta y Z_G}$

$\Delta h = h_{11}h_{22} - h_{12}h_{21}$; $\Delta y = y_{11}y_{22} - y_{12}y_{21}$

[1]) Zwischen 1 und 1′ auftretender differentieller Widerstand bei abgetrennter Signalquelle.

[2]) Für $\underline{U}_g = \underline{I}_g = 0$ auftretender differentieller Widerstand zwischen 2 und 2′ bei abgetrenntem Lastwiderstand.

[3]) Gilt unabhängig vom zugrunde liegenden Vierpolersatzschaltbild.

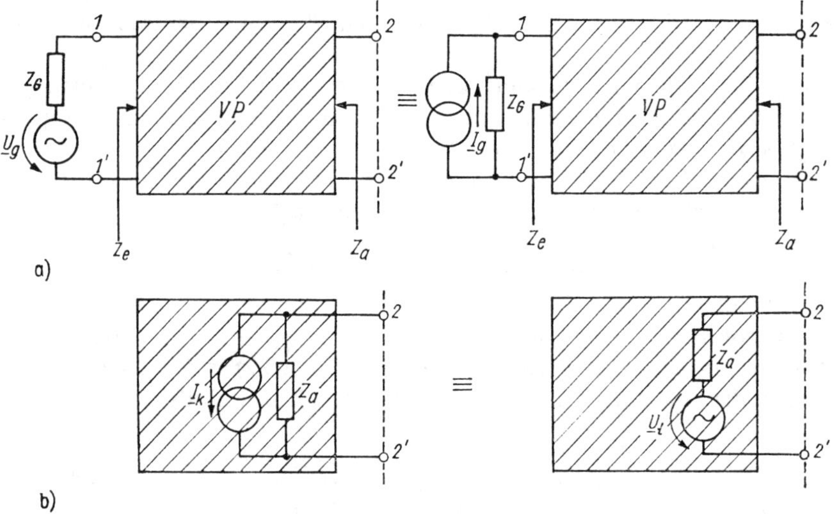

Bild 3.2. *Zum Ersetzen des Vierpolausgangskreises durch eine Zweipolersatzschaltung*

a) Vierpol; b) Zweipolersatzschaltung für den Ausgangskreis (Z_a aus Tafel 3.2)

Tafel 3.3. Zusammenhang zwischen den Verstärkungsgrößen

Diese Formeln sind unabhängig vom gewählten Transistorersatzschaltbild.

Auf die Signalquelle bezogene Spannungsverstärkung	Auf die Signalquelle bezogene Stromverstärkung
$V_{ug} = \underline{U}_2/\underline{U}_g = (\underline{U}_2/\underline{U}_1)(\underline{U}_1/\underline{U}_g)$	$V_{ig} = \underline{I}_2/\underline{I}_g = (\underline{I}_2/\underline{I}_1)(\underline{I}_1/\underline{I}_g)$
$V_{ug} = V_u \dfrac{Z_e}{Z_e + Z_G} = V_i \dfrac{Z_L}{Z_e + Z_G}$	$V_{ig} = V_i \dfrac{Z_G}{Z_e + Z_G}$
$V_{ug} = V_{ig} \dfrac{Z_L}{Z_G}$	

Tafel 3.4. Zusammenhang zwischen h- und y-Parametern

(gilt unabhängig von der Grundschaltung für beide Vorzeichenfestlegungen)

$\Delta y = y_{11}y_{22} - y_{12}y_{21}$; $\Delta h = h_{11}h_{22} - h_{12}h_{21}$

$$(h) \equiv \begin{pmatrix} h_{11} & h_{12} \\ h_{21} & h_{22} \end{pmatrix} = \frac{1}{y_{11}} \begin{pmatrix} 1 & -y_{12} \\ y_{21} & \Delta y \end{pmatrix};$$

$$(y) \equiv \begin{pmatrix} y_{11} & y_{12} \\ y_{21} & y_{22} \end{pmatrix} = \frac{1}{h_{11}} \begin{pmatrix} 1 & -h_{12} \\ h_{21} & \Delta h \end{pmatrix}$$

Tafel 3.5. Zusammenhang zwischen den y-Parametern der drei Bipolartransistorgrundschaltungen[1])

Schaltung	B	E	C
B	$\begin{matrix} y_{11b} & y_{12b} \\ y_{21b} & y_{22b} \end{matrix}$	$\begin{matrix} \Sigma y_e & -y_{22e} - y_{12e} \\ y_{21e} + y_{22e} & -y_{22e} \end{matrix}$	$\begin{matrix} y_{22c} & -y_{21c} - y_{22c} \\ y_{12c} + y_{22c} & -\Sigma y_c \end{matrix}$
E	$\begin{matrix} \Sigma y_b & -y_{22b} - y_{12b} \\ y_{21b} + y_{22b} & -y_{22b} \end{matrix}$	$\begin{matrix} y_{11e} & y_{12e} \\ y_{21e} & y_{22e} \end{matrix}$	$\begin{matrix} y_{11c} & -(y_{11c} + y_{12c}) \\ y_{11c} + y_{21c} & -\Sigma y_c \end{matrix}$
C	$\begin{matrix} \Sigma y_b & -y_{21b} - y_{11b} \\ y_{11b} + y_{12b} & -y_{11b} \end{matrix}$	$\begin{matrix} y_{11e} & -(y_{11e} + y_{12e}) \\ y_{11e} + y_{21e} & -\Sigma y_e \end{matrix}$	$\begin{matrix} y_{11c} & y_{12c} \\ y_{21c} & y_{22c} \end{matrix}$

$\Sigma y_m = y_{11m} + y_{12m} + y_{21m} + y_{22m}$; m = b, e, c

Umrechnung zwischen h-Parametern:

$h_{11b} = h_{11e}/(1 + \beta)$; $h_{21b} = -\beta/(1 + \beta)$; $h_{22b} = h_{22e}/(1 + \beta)$

$h_{11c} = h_{11e}$; $h_{21c} = -(1 + \beta)$; $\beta \equiv h_{21e}$

[1]) Falls nebenstehende Stromrichtungen zugrunde gelegt werden, muß in allen Gleichungen h_{21} durch $-h_{21}$, h_{22} durch $-h_{22}$ sowie y_{21} durch $-y_{21}$, y_{22} durch $-y_{22}$ ersetzt werden.

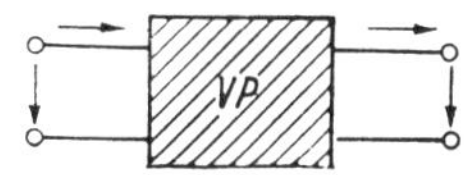

3.1.2.2. Analyse mit π-Ersatzschaltbild (physikalisches Ersatzschaltbild)

Sehr zweckmäßig ist die Schaltungsanalyse mit dem π-Ersatzschaltbild (Bilder 3.3 bzw. 1.4). In vielen Fällen können die Kapazitäten des Ersatzschaltbildes vernachlässigt werden (Beschränkung auf niedrige Frequenzen). Man erhält dann einfache Ersatzschaltungen, die das lineare Kleinsignalverhalten sehr gut modellieren (Bild 3.3).

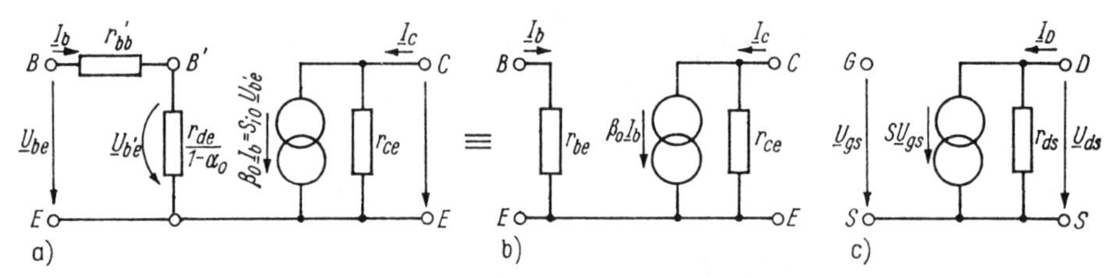

Bild 3.3. Vereinfachte π-Ersatzschaltbilder für niedrige Frequenzen (Kapazitäten vernachlässigt)

a) Bipolartransistor ($r_d = U_T/I_E$; $S_{i0} = \alpha_0/r_d$; $\beta_0 = \alpha_0/(1 - \alpha_0)$; $\beta_0 \equiv h_{21e} (\omega \to 0)$, $U_T \approx 30$ mV, $r_{bb}' \approx 10 \ldots 100\ \Omega$, $r_{ce} \approx 10 \ldots 100$ kΩ); b) äquivalentes Ersatzschaltbild zu a ($r_{be} = r_{bb}' + r_d/(1 - \alpha_0)$); c) FET ($S \approx 1 \ldots 10$ mA/V; $r_{ds} \approx 10 \ldots 50$ kΩ)
($r_{de} \equiv r_d$)

Da der FET ein *spannungs*gesteuertes Bauelement mit nahezu unendlich großem Eingangswiderstand ist, ist die Angabe eines Stromverstärkungsfaktors analog zum Bipolartransistor nicht sinnvoll. Sein aktives Verhalten wird daher durch die *Steilheit* (Quotient aus Ausgangskurzschlußsignalstrom und Eingangssignalspannung) beschrieben. Das aktive Verhalten des Bipolartransistors läßt sich dagegen wahlweise mit Hilfe des Stromverstärkungsfaktors β oder auch mit Hilfe der Steilheit beschreiben ($\beta_0 \underline{I}_b = S_{i0} \underline{U}_{b'e}$) (vgl. Tafel 3.6).

Tafel 3.6. Zuordnung von gesteuerten Quellen zu aktiven Bauelementen bei niedrigen Frequenzen

	Eingangs-widerstand	Ausgangs-widerstand	Typ der gesteuerten Quelle	Schaltbild (ideale gesteuerte Quelle)
FET	groß	groß	spannungsgesteuerte Stromquelle	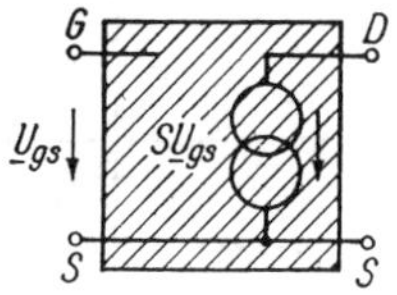 G, D, $\underline{U}_{gs}$, $S\underline{U}_{gs}$, S, S
Bipolartransistor	klein	groß	stromgesteuerte Stromquelle	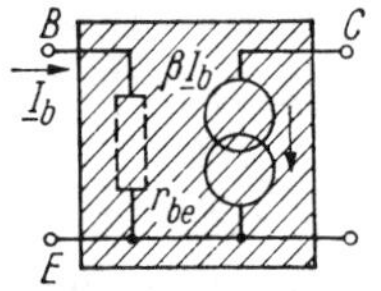 B, C, $\underline{I}_b$, $\beta\underline{I}_b$, r_{be}, E
Operations-verstärker	groß	klein	spannungsgesteuerte Spannungsquelle	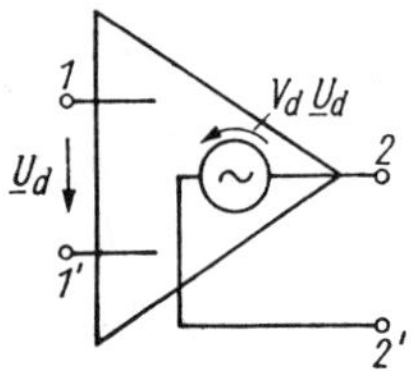 1, $V_d \underline{U}_d$, 2, $\underline{U}_d$, 1', 2'

3.2. Überblick über die drei Bipolar- und FET-Grundschaltungen. Gesteuerte Quellen in den drei Grundschaltungen

Bevor wir in den nächsten Abschnitten auf die detaillierte Behandlung eingehen, wollen wir die Unterschiede zwischen den drei Bipolar- und FET-Grundschaltungen anhand des Verhaltens gesteuerter Quellen anschaulich erläutern. Wir beschränken uns auf das lineare Kleinsignalverhalten bei niedrigen Frequenzen.

3.2.1. Aktive Bauelemente und gesteuerte Quellen

Das lineare Kleinsignalverhalten aktiver Bauelemente wird durch Ersatzschaltbilder beschrieben, die gesteuerte Quellen enthalten. Wir unterscheiden vier Arten von gesteuerten Quellen: Spannungs- bzw. stromgesteuerte Spannungsquellen und spannungs- bzw. stromgesteuerte Stromquellen. Welche von diesen vier Quellen im Kleinsignalersatzschaltbild eines aktiven Bauelements verwendet werden, hängt davon ab, welchen „Verstärkergrundtyp" das Bauelement repräsentiert, d.h., ob sein Eingangs- bzw. Ausgangswiderstand groß oder klein im Verhältnis zu den üblichen Signalquellen- bzw. Lastwiderständen ist.

Beschränken wir uns auf niedrige Frequenzen (Kapazitäten im Bauelement vernachlässigt), so ist der Eingangswiderstand von FET stets viel größer als der Innenwiderstand der Signalquelle (Spannungssteuerung am Eingang). Der Ausgangswiderstand ist in der Regel groß gegenüber dem Lastwiderstand (Stromsteuerung am Ausgang). Das aktive Verhalten des FET wird deshalb optimal durch eine spannungsgesteuerte Stromquelle wiedergegeben (vgl. π-Ersatzschaltbild). Bipolartransistoren haben einen relativ kleinen Eingangswiderstand. Sie werden oft „stromgesteuert". Ausgangsseitig verhalten sie sich ähnlich wie FET. Die diesem Verhalten angepaßte gesteuerte Quelle ist eine stromgesteuerte Stromquelle (*h*-Ersatzschaltbild).[1])

Operationsverstärker werden sowohl am Eingang als auch am Ausgang spannungsgesteuert betrieben. Ihr Kleinsignalverhalten läßt sich daher optimal mit einer spannungsgesteuerten Spannungsquelle beschreiben. Bei tiefen Frequenzen gilt also die Zuordnung nach Tafel 3.6.

3.2.2. Ideale gesteuerte Quellen in den drei Grundschaltungen mit Stromgegenkopplung

Feldeffekttransistoren. Je nachdem welcher der drei Transistoranschlüsse gemeinsames Bezugspotential für den Eingangs- und Ausgangskreis ist, unterscheiden wir die Source-, Drain- und Gate-Schaltung.

Wenn wir das lineare Kleinsignalverhalten des FET durch eine ideale spannungsgesteuerte Stromquelle nach Tafel 3.6 beschreiben, erhalten wir durch einfache Rechnung die in Tafel 3.7 zusammengestellten Betriebsgrößen der jeweiligen Grundschaltung. Der Ausgangswiderstand $Z_a = 1/S$ des Sourcefolgers ergibt sich aus dem Quotienten aus Ausgangsleerlaufspannung $\underline{U}_{al} = \underline{U}_1$ und Ausgangskurzschlußstrom $\underline{I}_{ak} = S\underline{U}_{gs} = S\underline{U}_1$. Sehr hohe Eingangs- bzw. Ausgangswiderstände treten bei Gate-Ansteuerung und bei der Drain-Auskopplung auf. Relativ niederohmig ist der Ausgangs- bzw. Eingangswiderstand an der Source-Elektrode (Sourcefolger, Gateschaltung).

[1]) Der Grund für die ebenfalls häufige Anwendung des π-Ersatzschaltbildes mit spannungsgesteuerter Stromquelle ist darin zu suchen, daß – vor allem bei hohen Frequenzen – Schaltungsberechnungen vereinfacht werden.

Tafel 3.7. Ideale spannungsgesteuerte Stromquelle in den drei Grundschaltungen

(berechnet mit der FET-Ersatzschaltung von Tafel 3.6)

$V_u = U_2/U_1$, $V_i = I_2/I_1$, $Z_e = U_1/I_1$, $Z_a = (U_2/I_2)|U_1 = 0$, $U_g = 0$, $Z_2 = \infty$

(Z_2 ist nicht in Z_a enthalten!)

	Sourceschaltung	Sourcefolger (Drainschaltung)	Gateschaltung
	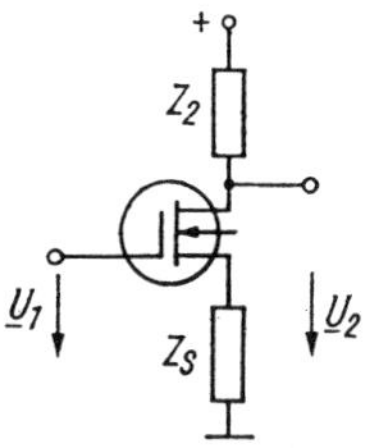	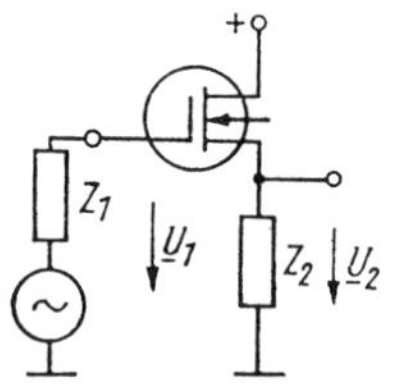	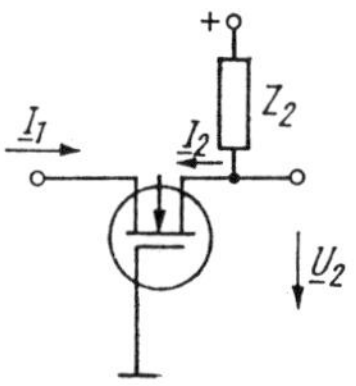
V_u	$-\frac{SZ_2}{1 + SZ_S} \approx -\frac{Z_2}{Z_S}$	$\frac{SZ_2}{1 + SZ_2} \approx 1$	SZ_2
V_i	∞	$-\infty$	-1
Z_e	∞	∞	$\frac{1}{S}$
Z_a	∞	$\frac{1}{S}$	∞

Bipolartransistoren. Auf gleiche Weise wie bei FET wurden unter Verwendung der idealen stromgesteuerten Stromquelle die Betriebsgrößen in Tafel 3.8 berechnet. Beim Emitterfolger beträgt die Spannungsverstärkung ≈ 1. Bei der Basisschaltung ist der Betrag der Stromverstärkung ungefähr Eins. Deshalb ist die Leistungsverstärkung dieser Grundschaltungen kleiner als die der Emitterschaltung, bei der sowohl die Spannungsverstärkung als auch die Stromverstärkung groß sind. Bei der Emitterschaltung und beim Emitterfolger wird der im Emitterkreis liegende Widerstand Z_E bzw. Z_2 mit dem Faktor $(1 + \beta)$ zum Eingangskreis hochtransformiert, weil durch Z_E bzw. Z_2 der $(1 + \beta)$fache Eingangsstrom fließt. Durch r_{be} fließt bei der Basisschaltung jedoch nur der $1/(1 + \beta)$-fache Eingangsstrom. Deshalb erscheint r_{be} vom Eingang her gesehen um den Faktor $(1 + \beta)$ verkleinert. Der gleiche Zusammenhang ist für den niedrigen Ausgangswiderstand des Emitterfolgers verantwortlich. Der in die Ausgangsklemme bei entferntem Lastwiderstand Z_2 hineingemessene Widerstand beträgt $\approx Z_1/(1 + \beta)$, weil durch Z_1 nur der $1/(1 + \beta)$-fache Emitterstrom fließt. Den gleichen relativ niedrigen Ausgangswiderstand mißt man übrigens auch am Emitter der Emitterschaltung, denn ein Widerstand im Kollektorkreis beeinflußt weder die Ströme im Transistor noch den Strom-Spannungs-Zusammenhang am Emitter, solange h_{22e} und h_{12e} vernachlässigt werden.

3.2.3. Vergleich zwischen den Grundschaltungen

Zum Vergleich sind typische Zahlenwerte für die vier Betriebsgrößen V_u, V_i, Z_e und Z_a in Tafel 3.9 zusammengestellt. Grundsätzlich zeigen FET-Schaltungen infolge der wesentlich kleineren Steilheit von FET kleinere Spannungsverstärkung. Der Ausgangswiderstand des Sourcefolgers ist – ebenfalls wegen der kleineren Steilheit – merklich größer als der des Emitterfolgers. Der größte Vorteil von FET-Schaltungen ist ihr sehr hoher Eingangswiderstand (Sourceschaltung und Sourcefolger). Die größte Leistungsverstärkung

Tafel 3.8. Ideale stromgesteuerte Stromquelle in den drei Grundschaltungen

(Definitionen von V_u, V_i, Z_e, Z_a s. Tafel 3.7)

	Emitterschaltung[1])	Emitterfolger[1]) Kollektorschaltung	Basisschaltung[2])
	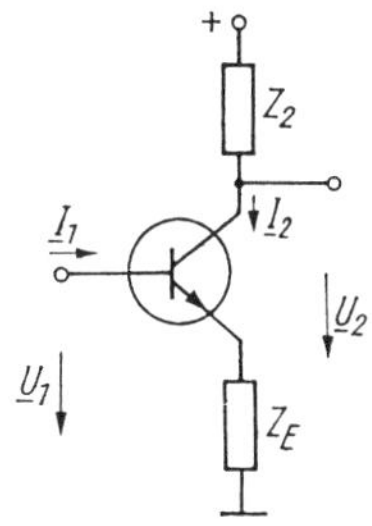	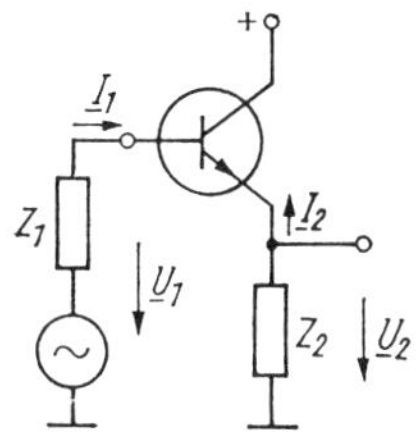	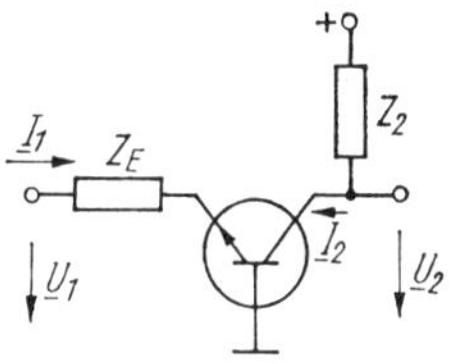
	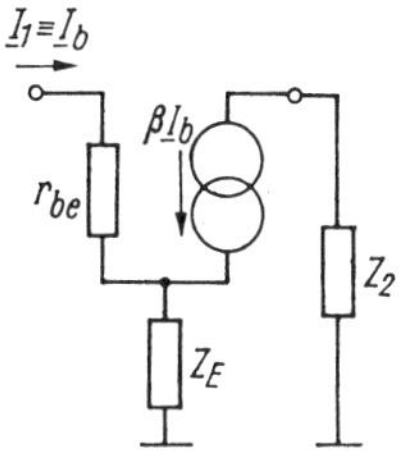	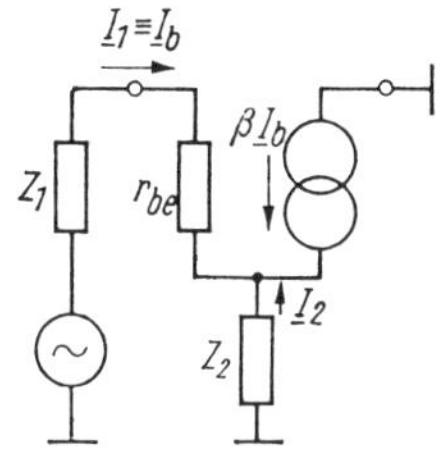	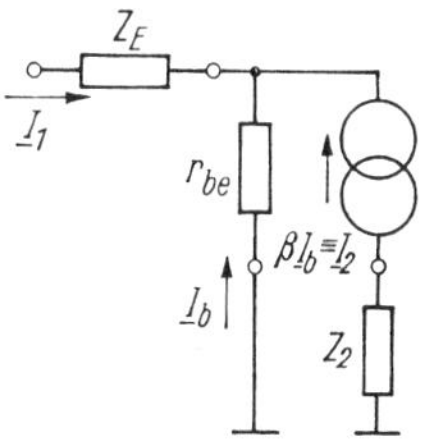
$V_u = \frac{\underline{U}_2}{\underline{U}_1}$	$-\frac{\beta Z_2}{r_{be} + (1+\beta) Z_E} \approx -\frac{Z_2}{Z_E}$	$\frac{1}{1 + \frac{r_{be}}{(1+\beta) Z_2}} \approx 1$	$\frac{\beta Z_2}{(1+\beta) Z_E + r_{be}} \approx \frac{Z_2}{Z_E}$
$V_i = \frac{\underline{I}_2}{\underline{I}_1}$	β	$-(1+\beta)$	$-\frac{\beta}{1+\beta} = -\alpha$
Z_e	$r_{be} + (1+\beta) Z_E$	$r_{be} + (1+\beta) Z_2$	$Z_E + \frac{r_{be}}{1+\beta}$
Z_a	∞	$\frac{Z_1 + r_{be}}{1+\beta}$	∞

[1]) r_{ce}, h_{12e} vernachlässigt
[2]) r_{ce}, h_{12e} vernachlässigt, r_{be} berücksichtigt

Tafel 3.9. Einige Eigenschaften der drei Bipolar- und FET-Grundschaltungen bei niedrigen Frequenzen

a) qualitativ; b) aus Tafel 3.8 bzw. 3.7 berechnete Zahlenwerte (teilweise gerundet) für $Z_E = Z_S = 0$, $Z_2 = 5$ kΩ, $Z_1 = 8{,}5$ kΩ, $r_{be} = 2{,}5$ kΩ, $\beta = 90$, $S = 2$ mA/V (FET); r_{ce} und r_{ds} vernachlässigt

a)

	E	C	B	S	D	G
V_u	g	k	g	m	k	m
V_i	g	g	k	sg	sg	k
R_e	m	g	k	sg	sg	k
R_a	m...g	k	g	m...g	k	g
φ	π	0	0	π	0	0

b)

	E	C	B	S	D	G
V_u	−180	0,995	180	−10	0,91	10
V_i	90	−91	−1	∞	−∞	−1
R_e	2,5 kΩ	460 kΩ	25 Ω	∞	∞	500 Ω
R_a	∞	120 Ω	∞	∞	500 Ω	∞

der Bipolargrundschaltungen hat die Emitterschaltung, weil sie sowohl große Spannungsverstärkung als auch große Stromverstärkung aufweist. Sie wird daher (abgesehen vom Differenzverstärker und von FET-Schaltungen) am meisten verwendet. Die Werte für den Eingangs- und Ausgangswiderstand liegen zwischen den beiden übrigen Bipolargrundschaltungen. Das ist günstig für die Kopplung zwischen den Stufen. Typische Lastwiderstände bei der Emitterschaltung liegen im kΩ-Bereich bis zu einigen 10 kΩ. Um genügend hohe Spannungsverstärkung mit FET-Stufen zu erzielen, müssen wesentlich größere Lastwiderstände verwendet werden. Allerdings sinkt dadurch die obere Grenzfrequenz der Stufe.

Emitter- und Sourcefolger werden hauptsächlich zur Anpassung niederohmiger Lasten an hochohmige Signalquellen verwendet (Impedanztransformation, Pufferstufe).

Die Basisschaltung und die Emitterschaltung mit Stromgegenkopplung (Z_E) werden auch als Konstantstromquellen, der Emitterfolger als Konstantspannungsquelle eingesetzt (Abschn. 13.2.).

Bezüglich des Verhaltens bei hohen Frequenzen werden wir in den nachfolgenden Abschnitten folgende Unterschiede feststellen:

1. Häufig ist die obere Grenzfrequenz bei Strom- und Spannungssteuerung stark unterschiedlich. Spannungssteuerung ergibt eine höhere obere Grenzfrequenz.
2. Bei der Emitter- und Sourceschaltung erniedrigt die Millerkapazität die Grenzfrequenz des Eingangskreises und bewirkt dadurch, daß diese beiden wichtigen Grundschaltungen eine relativ niedrige obere Grenzfrequenz haben. Durch Spannungsgegenkopplung läßt sich unter Einbuße von Verstärkung nahezu die Grenzfrequenz der Basisschaltung (Gate-Schaltung) erreichen.
3. Die Basisschaltung hat bei hohen Frequenzen die besten Eigenschaften der drei Grundschaltungen.

3.3. Emitterschaltung

Vorbemerkung: Wir legen in der Regel in diesem und in den folgenden Abschnitten Si-npn-Transistoren zugrunde, vernachlässigen die Restströme und setzen $U_{BE} \approx 0{,}7$ V im Arbeitspunkt.

Alle Betrachtungen gelten natürlich auch für pnp-Transistoren. Die Vorzeichen der Ströme und Spannungen einschließlich der Betriebsspannungen kehren sich jedoch um. Beim Einsatz von Germaniumtransistoren ist zu berücksichtigen, daß $|U_{BE}| \approx 0{,}2 \ldots 0{,}3$ V beträgt und bei hohen Kristalltemperaturen unter Umständen die Restströme berücksichtigt werden müssen.

Zur Gewährleistung rationeller Arbeitsweise bei Schaltungsanalysen und -dimensionierungen ist es notwendig, möglichst einfache Näherungsgleichungen abzuleiten. Dabei ist es von größter Wichtigkeit, klare Aussagen zu treffen, unter welchen Voraussetzungen diese Näherungsbeziehungen gelten. Wir werden auf diese Problematik besonders achten.

Die Emitterschaltung ist die wichtigste der drei Bipolargrundschaltungen, weil sie die höchste Leistungsverstärkung ermöglicht (sowohl große Spannungs- als auch große Stromverstärkung) und relativ günstige Eingangs- und Ausgangswiderstände aufweist, so daß ein direktes Hintereinanderschalten mehrerer Stufen zur Erzielung hoher Verstärkungsfaktoren möglich ist.

3.3.1. Statisches Verhalten

Die Arbeitspunkteinstellung bei der Emitterschaltung wird im Abschnitt 2.1.3. behandelt. Unter Verwendung dieser Ergebnisse wollen wir nachfolgend an einem Beispiel zeigen, wie man bei der Dimensionierung einer Emitterschaltung vorgehen kann.

Dimensionierungsbeispiel. Mit der Schaltung nach Bild 3.4 soll eine Sinusspannung linear verstärkt werden. Die maximale Ausgangsspannung soll $\hat{U} = 2$ V (Spitzenwert) betragen. Weitere Forderungen, z.B. hinsichtlich Bandbreite, Eingangswiderstand usw. stellen wir nicht. Die einzelnen Dimensionierungsschritte sind aus dem Ablaufplan Tafel 3.10 zu entnehmen. Dazu dienen folgende Erläuterungen (Transistordaten: $B_N = 100$, $U_{CER} = 0{,}5$ V).

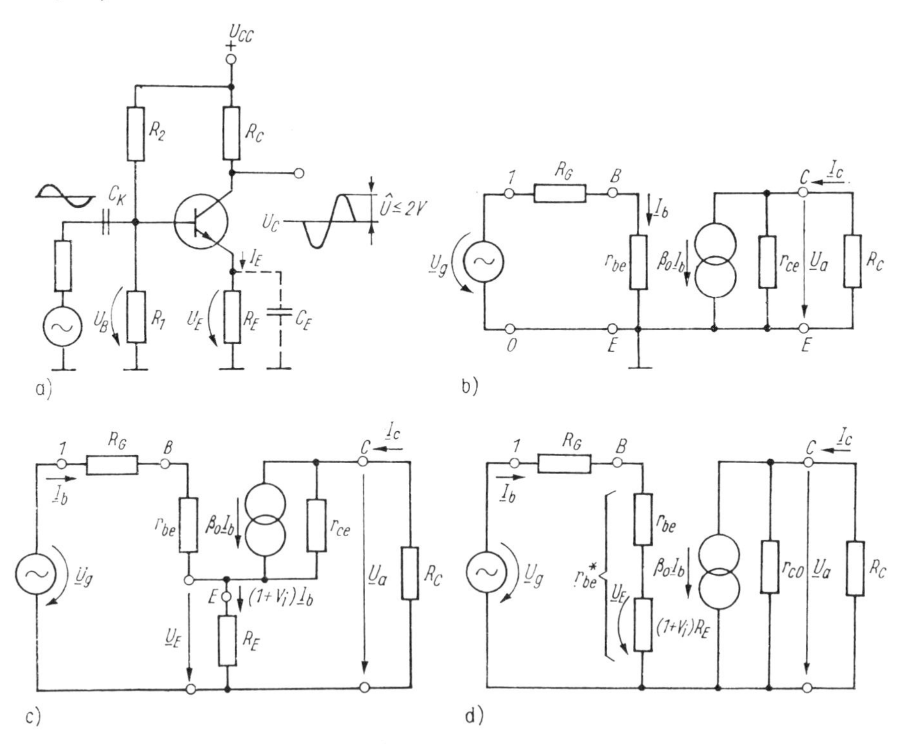

Bild 3.4. Verstärkerstufe in Emitterschaltung

a) Schaltung; b) lineares Kleinsignalersatzschaltbild für niedrige Frequenzen (für $C_E \to \infty$; $r_{be} \approx r_{bb'} + \beta_0 r_d \approx \beta_0 r_d = \beta_0 U_T/I_E$); c) lineares Kleinsignalersatzschaltbild für niedrige Frequenzen (für $C_E = 0$); d) Ersatzschaltung zu c) für $r_{ce} \gg R_C$; $V_i = I_c/I_b$

Schritt 1: Am Kollektor tritt eine maximale Spannungsänderung von $2\hat{U}_2 = 4$ V auf. Das Kollektorpotential kann nicht negativer als $U_{C\,min} = U_E + U_{CER} \approx 2{,}5$ V (grob abgeschätzt) werden. Folglich muß $U_{CC} \geqq 6{,}5$ V betragen. Wir wählen mit etwas Reserve $U_{CC} = 8$ V.
Schritt 2: Im Interesse guter Arbeitspunktstabilisierung wählen wir $U_E = 2$ V.
Schritt 3: Da keine speziellen Forderungen hinsichtlich Bandbreite, Eingangswiderstand, Leistungsverbrauch, Rauschen usw. gestellt sind, können wir I_C in einem weiten Bereich beliebig wählen. Wir wählen $I_C = 1$ mA.
Schritt 4: $R_E = 2\text{ V}/1\text{ mA} = 2\text{ k}\Omega$.
Schritt 5: Wir wählen $I_{quer} = 10 I_B \approx 10 I_C/B_N = 100\,\mu$A.
Schritt 6: $R_1 + R_2 = 8\text{ V}/100\,\mu\text{A} = 80\text{ k}\Omega$.
Schritt 7: $R_1 = (2 + 0{,}7)\text{ V}/100\,\mu\text{A} = 27\text{ k}\Omega$ (zufällig Normwert).
Schritt 8: $R_2 = 80\text{ k}\Omega - 27\text{ k}\Omega = 53\text{ k}\Omega$; gewählt 56 kΩ (Normwert).
Zu 9: Da im vorliegenden sehr einfachen Beispiel keine Forderungen hinsichtlich oberer Grenzfrequenz, Ausgangswiderstand usw. gestellt sind, gibt es auch keine spezielle For-

Tafel 3.10. Ablaufplan zur Dimensionierung einer Emitterschaltung

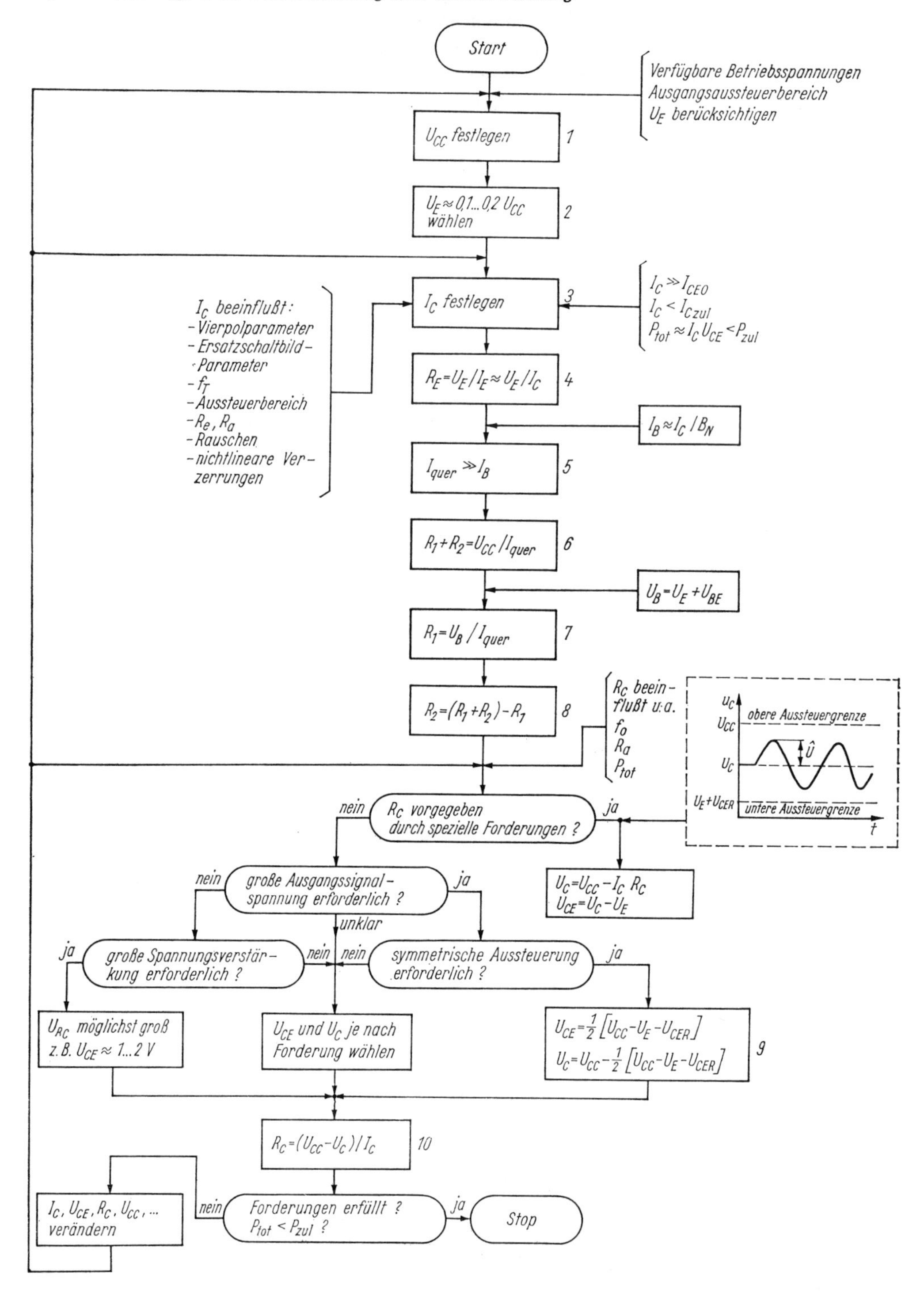

derung an den Wert von R_C. U_C wählen wir so, daß sie in der Mitte des Aussteuerbereiches liegt: $U_C = 8\text{ V} - 0{,}5\,(8 - 2 - 0{,}5)\text{ V} = 5{,}25\text{ V}$.
Zu 10: $R_C = (8 - 5{,}25)\text{ V}/1\text{ mA} = 2{,}75\text{ k}\Omega$; gewählt 2,7 kΩ (Normwert).

Die im Transistor entstehende Verlustleistung beträgt $P_V = I_C U_{CE} = 1\text{ mA} \cdot 3{,}25\text{ V} = 3{,}25\text{ mW}$.

Die Schaltung ist mit Sicherheit thermisch stabil, weil $U_{CE} < (U_{CC}/2)$ gilt (Regel der halben Speisespannung).

Bemerkung: Falls an R_C bestimmte Forderungen gestellt werden (etwa $R_C \approx 1 \ldots 2\text{ k}\Omega$ im Interesse einer hohen oberen Grenzfrequenz) ist es eventuell zweckmäßiger, den Ablaufplan dahingehend zu ändern, daß R_C im 3. Schritt und erst anschließend daran I_C festgelegt wird.

3.3.2. Signalverstärkung bei niedrigen Frequenzen

3.3.2.1. Konstantes Emitterpotential

Wir betrachten die Schaltung nach Bild 3.4a. C_E soll so groß sein, daß es für alle Signalfrequenzen einen Kurzschluß darstellt. Dann ist das Emitterpotential $U_E = I_E R_E$ konstant, und es gilt die Ersatzschaltung nach Bild 3.4b.

Spannungsverstärkung. Die Signalquelle bewirkt einen Basisstrom

$$\underline{I}_b = \frac{\underline{U}_g}{r_{be} + R_G}. \tag{3.1}$$

Die Transistorausgangsspannung beträgt

$$\underline{U}_a = -\underline{I}_c R_C = -\beta_0 \underline{I}_b (R_C \parallel r_{ce}). \tag{3.2}$$

Aus diesen Gleichungen folgt die auf die Signalquelle bezogene Spannungsverstärkung zu

$$V_{ug} = \frac{\underline{U}_a}{\underline{U}_g} = -\frac{\beta_0}{r_{be}} \frac{R_C \parallel r_{ce}}{1 + (R_G/r_{be})} \approx -S \frac{R_C \parallel r_{ce}}{1 + (R_G/r_{be})} \tag{3.3}$$

$$(\beta_0 \equiv h_{21e0};\ r_{be} \approx h_{11e0};\ r_{ce} \approx h_{22e0}^{-1};\ S \equiv y_{21e} = h_{21e}/h_{11e}).$$

Oft ist eine hohe Spannungsverstärkung erwünscht. Für $R_G \ll r_{be}$ und $R_C \ll r_{ce}$ folgt aus (3.3) mit $r_{be} \approx \beta_0 r_d = (U_T/I_E)\,\beta_0 \approx \beta_0\,(U_T/I_C)$

$$V_{ug} \approx -\frac{I_C R_C}{U_T}. \tag{3.4}$$

Die maximale Spannungsverstärkung wird also interessanterweise vom Gleichspannungsabfall $I_C R_C$ über dem Kollektorwiderstand bestimmt. Sie ist unabhängig vom gewählten Arbeitspunkt.

Um eine hohe Spannungsverstärkung zu erzielen, muß $I_C R_C$ möglichst groß sein! Bei NF-Kleinsignalverstärkern wird man in der Regel mehr als die halbe Betriebsspannung über R_C abfallen lassen. Zur Verstärkung sehr kleiner Signale genügt oft eine Kollektoremitterspannung von $U_{CE} \gtrapprox 1 \ldots 2\text{ V}$.

Falls die Bedingung $R_G \ll r_{be}$ nicht mehr gilt, tritt ein Signalspannungsabfall an R_G auf, der V_{ug} verkleinert. Dieser Spannungsabfall ist um so geringer, je größer r_{be} ist, d.h. je größer β_0 und je kleiner I_E wird. Bei hohen Innenwiderständen der Signalquelle wählt man daher den Ruhestrom im Arbeitspunkt möglichst klein, falls keine anderen Gesichtspunkte (z.B. hohe Bandbreite!) dagegen sprechen. Transistoren mit hoher Stromverstärkung sind günstig.

Stromverstärkung. Aus (3.2) folgt $\underline{I}_c/\beta_0\underline{I}_b = r_{ce}/(r_{ce} + R_C)$. Daraus erhalten wir die Stromverstärkung zu

$$V_i = \frac{\underline{I}_c}{\underline{I}_b} = \frac{\beta_0}{1 + (R_C/r_{ce})}. \tag{3.5}$$

Eingangs- und Ausgangswiderstand. Den Eingangswiderstand zwischen 1 und 0 und den Ausgangswiderstand Z_a zwischen C und 0 ($R_c \to \infty$) lesen wir aus Bild 3.4b ab:

$$Z_e = R_G + r_{be} \tag{3.6}$$

$$Z_a = r_{ce}. \tag{3.7}$$

Nichtlineare Verzerrungen. Zur Berechnung der nichtlinearen Verzerrungen der Ausgangssignalform dürfen die Transistorkennlinien nicht mehr durch das lineare Glied der Taylorreihe angenähert werden.

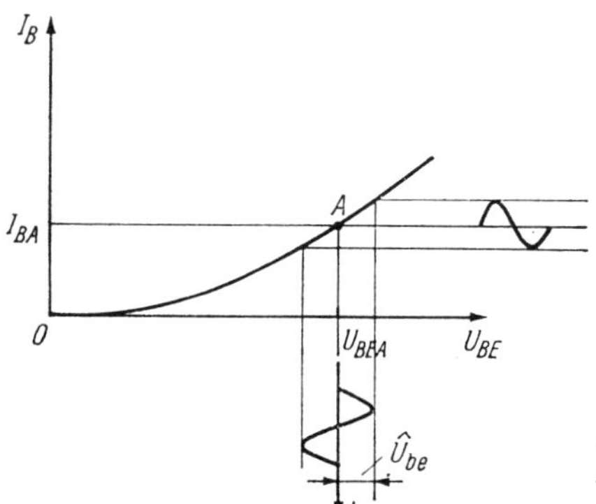

Bild 3.5
Eingangskennlinie

Mindestens das quadratische Glied muß noch berücksichtigt werden. Die wesentliche Ursache nichtlinearer Verzerrungen ist die stark nichtlineare Eingangskennlinie des Bipolartransistors ($I_B \approx I_{B0} \exp U_{BE}/U_T$). Demgegenüber können wir den Zusammenhang $i_C \sim i_B$ in guter Näherung als linear betrachten. Solange wir uns auf niedrige Frequenzen (quasistatisches Verhalten) beschränken, beschreibt die statische Eingangskennlinie auch den Zusammenhang zwischen den Signalgrößen i_b und u_{be}. Unter Voraussetzung sinusförmiger Spannungsaussteuerung $u_{BE} = U_{BEA} + \hat{U}_{be} \sin \omega t$ nach Bild 3.5 ergibt sich mit $i_B \approx I_{B0} \exp u_{BE}/U_T$ der Basisstrom zu

$$i_B \approx \underbrace{I_{B0} \exp (U_{BEA}/U_T)}_{I_{BA}} \exp (\hat{U}_{be}/U_T) \sin \omega t. \tag{3.9}$$

Die quadratische Näherung dieser Kennlinie in der Umgebung des Arbeitspunktes A liefert mit $e^x \approx 1 + x + (x^2/2)$

$$i_B \approx I_{BA} \left[1 + \underbrace{\frac{\hat{U}_{be}}{U_T} \sin \omega t}_{\text{Grundwelle}} - \underbrace{\frac{\hat{U}_{be}^2}{4U_T^2} (1 - \cos 2\omega t)}_{\text{erste Oberwelle}} + \dots\right]. \tag{3.10}$$

Als Maß für die Größe der nichtlinearen Verzerrungen verwendet man den Klirrfaktor k (Abschn. 1.5.3.). Er ist näherungsweise das Verhältnis des Effektivwertes aller Oberwellen, dividiert durch den Effektivwert der Grundwelle $\hat{U}_0/\sqrt{2}$, angegeben in Prozent.

Bei nicht zu großer Aussteuerung ist die Amplitude der ersten Oberwelle ($\hat{U}_1$) wesentlich größer als die aller übrigen Oberwellen, und es gilt die Näherung

$$k \approx \frac{\sqrt{\hat{U}_1^2 + \hat{U}_2^2 + \ldots + \hat{U}_n^2}}{\hat{U}_0} \cdot 100\,\% \approx \frac{\hat{U}_1}{\hat{U}_0} \cdot 100\,\%. \tag{3.11}$$

Aus (3.10) ergibt sich mit der Näherung (3.11)

$$k \approx \frac{\hat{U}_{be}}{4U_T} \cdot 100\,\%. \tag{3.12}$$

Der Klirrfaktor hängt interessanterweise nicht vom Arbeitspunkt ab. Er wächst natürlich mit der Signalamplitude. Soll er unterhalb von 1 % bleiben, so darf die Eingangssignalspannung nicht größer als $\hat{U}_{be} \leqq 0{,}04\ U_T \approx 1{,}2$ mV sein. Schon bei relativ kleinen Eingangssignalspannungen treten also im hier betrachteten Fall der Spannungssteuerung merkliche nichtlineare Verzerrungen auf. Durch Gegenkopplung (z. B. R_E nicht durch C_E überbrückt) lassen sie sich weitgehend verringern.

Bei Stromsteuerung (z. B. Einprägen eines rein sinusförmigen Basisstromes) sind die Verzerrungen wesentlich geringer, weil die Abhängigkeit $i_C = f(i_B)$ weitgehend linear ist. Merklich geringere nichtlineare Verzerrungen (auch bei Spannungssteuerung) weisen Differenzverstärker auf (Abschn. 4.).

3.3.2.2. Stromgegenkopplung

Entfernen wir im Bild 3.4a den Emitterkondensator C_E, so tritt auch für die Signalfrequenzen eine Stromgegenkopplung durch R_E auf. Eine gewisse Gegenkopplung ist oft erwünscht, da sie die Verstärkung stabilisiert, nichtlineare Verzerrungen verringert und a. m. Zur Berechnung der Größen V_{ug}, V_i, Z_e und Z_a wandeln wir das zugehörige lineare Kleinsignalersatzschaltbild (3.4c) durch Anwenden des Teilungssatzes für Stromquellen und des Reduktionssatzes (s. Tafel 1.10) in die Form des Bildes 3.4d um. Wir überzeugen uns leicht, daß die Strom-Spannungs-Verhältnisse im Eingangskreis der Bilder 3.4c und d übereinstimmen, d. h., daß zwischen Basis und Masse in beiden Fällen der gleiche Spannungsabfall $\underline{I}_b\,[r_{be} + (1 + V_i)\,R_E]$ auftritt. Im Bild 3.4c entsteht der Wechselspannungsabfall $\underline{U}_E$ dadurch, daß der Strom $(1 + V_i)\,\underline{I}_b$ durch den Widerstand R_E fließt. Im Bild 3.4d fließt der wesentlich kleinere Strom $\underline{I}_b$ durch den größeren Widerstand $(1 + V_i)$ R_E. Das Strom-Spannungs-Verhalten im Ausgangskreis läßt sich durch ein aktives Zweipolersatzschaltbild (Strom- oder Spannungsersatzschaltbild) beschreiben (lineares Netzwerk). Um eine analoge Struktur zu Bild 3.4b zu erhalten, wählen wir das Stromquellenersatzschaltbild. Zur Vereinfachung setzen wir die praktisch gut zutreffende Näherung $r_{ce} \gg R_E$ voraus. Dann gilt bei ausgangsseitigem Kurzschluß $V_i \approx \beta_0$, und der Ausgangskurzschlußstrom bzw. die Ausgangsleerlaufspannung ergibt sich aus Bild 3.4c unter Verwendung von r_{be}^* aus Bild 3.4d zu

$$\underline{I}_{ck} \approx \beta_0 \underline{I}_b = \beta_0 \frac{\underline{U}_g}{R_G + r_{be}^*} \approx \beta_0 \frac{\underline{U}_g}{R_G + r_{be} + (1 + \beta_0)\,R_E} \tag{3.13}$$

$$\underline{U}_{al} = \underline{I}_b R_E - \beta_0 \underline{I}_b r_{ce} \approx -\beta_0 r_{ce} \underline{I}_b = -\beta_0 r_{ce} \frac{\underline{U}_g}{R_G + r_{be} + R_E}. \tag{3.14}$$

Aus Leerlaufspannung und Kurzschlußstrom läßt sich der Ausgangswiderstand r_{c0} berechnen. Für $r_{ce} \gg R_E$ folgt

$$r_{c0} = \frac{-\underline{U}_{a1}}{\underline{I}_{ck}} \approx r_{ce} \frac{R_G + r_{be} + (1 + \beta_0) R_E}{R_G + r_{be} + R_E} \approx r_{ce} \left[1 + \frac{\beta_0 R_E}{R_G + R_E + r_{be}}\right]. \tag{3.15}$$

Wie auf S. 24 erläutert, liegt r_{ce} zwischen den Werten h_{22e}^{-1} (bei Leerlauf zwischen B und E und/oder verschwindender Rückwirkung h_{12}) und y_{22e}^{-1} (bei Kurzschluß zwischen B und E). Eine exakte Berechnung von r_{c0}, ohne die der Gleichung (3.15) zugrunde liegende Näherung $r_{ce} \gg R_E$, läßt sich z.B. mit Hilfe des h-Ersatzschaltbildes ($h_{12} \neq 0$!) durchführen. Das Ergebnis lautet unter den in der Praxis fast immer erfüllten Voraussetzungen $R_E \ll \beta h_{22e}^{-1}$ und $h_{12e} \ll 1$ (Beweis!)

$$r_{c0} \approx \frac{h_{22e}^{-1}}{1 - \beta h_{12e} (h_{22e}^{-1}/(R_G + R_E + h_{11e}))} \qquad (\beta \equiv h_{21e}).$$

Ein Vergleich der Ersatzschaltbilder 3.4b und d zeigt, daß das Kleinsignalverhalten der Emitterschaltung mit nicht überbrücktem Emitterwiderstand R_E durch (3.3), (3.5) und (3.7) beschrieben wird, wenn wir r_{be} durch r_{be}^* sowie r_{ce} durch r_{c0} ersetzen und beachten, daß $S \equiv y_{21e} = \beta_0/r_{be}^*$ gilt.

Aus Bild 3.4d lassen sich die Betriebsgrößen der Schaltung analog zum vorigen Abschnitt berechnen. Wir erhalten für $r_{ce} \gg R_E + R_C$

$$V_{ug} \approx -\frac{\beta_0 (R_C \parallel r_{c0})}{R_G + r_{be} + (1 + \beta_0) R_E} \tag{3.4a}$$

$$V_i = \frac{\beta_0}{1 + (R_C/r_{c0})}. \tag{3.5a}$$

Die *Spannungsverstärkung* wird durch den Gegenkopplungswiderstand stark verkleinert. Die *Stromverstärkung* bleibt dagegen nahezu unbeeinflußt. Bei starker Gegenkopplung hängt die Spannungsverstärkung nicht mehr vom Transistor ab. Für $(1 + \beta_0) R_E \gg r_{be} + R_G$ folgt aus (3.4a) mit $\beta_0 \gg 1$

$$V_{ug} \approx -\frac{R_C \parallel r_{c0}}{R_E} \approx -\frac{R_C}{R_E}.$$

Hohe Spannungsverstärkung tritt nur für $R_C \gg R_E$ auf.

Neben der Beeinflussung der Spannungsverstärkung ist die Erhöhung des *Eingangswiderstandes* durch R_E von entscheidender Bedeutung. Der Eingangswiderstand mit Gegenkopplung beträgt für $R_C \ll r_{c0}$

$$Z_e \approx R_G + r_{be} + (1 + \beta_0) R_E, \tag{3.6a}$$

wie aus Bild 3.4d unter Berücksichtigung von (3.5a) abzulesen ist. Der Gegenkopplungswiderstand transformiert sich näherungsweise mit dem Faktor $(1 + \beta_0)$ in den Eingangskreis! Durch R_E läßt sich also der Eingangswiderstand der Emitterschaltung erheblich vergrößern! Beispiel: $\beta_0 = 100$, $R_E = 1\,\mathrm{k\Omega} \rightarrow Z_e \approx 100\,\mathrm{k\Omega}$.

Der *Ausgangswiderstand* vergrößert sich durch die Stromgegenkopplung: $Z_a = r_{c0} > r_{ce}$.

Zusammenfassend stellen wir fest:

Das Einschalten eines Emitterwiderstandes R_E (Stromgegenkopplung)

- verringert die Spannungsverstärkung und stabilisiert sie, falls $\beta_0 R_E \gg r_{be} + R_G$ ist,
- beeinflußt die Stromverstärkung nicht,
- erhöht den Eingangswiderstand beträchtlich; R_E wirkt wie ein Widerstand $\approx (1 + \beta_0) \times R_E$ in Reihe zum Basisanschluß,
- erhöht den Ausgangswiderstand, falls R_G nicht sehr große Werte annimmt,
- dient der Arbeitspunktstabilisierung,
- verringert die nichtlinearen Verzerrungen (s. Abschn. 9.4.4.).

Ausgangswiderstand am Emitter. Gelegentlich interessiert der am Emitteranschluß wirksame (dynamische) Ausgangswiderstand Z_{aE}. Wir berechnen ihn wie üblich als Quotient aus Ausgangsleerlaufspannung und Ausgangskurzschlußstrom. Die Leerlaufspannung zwischen Emitter und Masse (für $R_E \to \infty$) ergibt sich aus der Ersatzschaltung im Bild 3.4c unter Vernachlässigung von r_{ce} (d.h. $r_{ce} \gg (R_G + r_{be})$) zu $\underline{U}_{E1} \approx \underline{U}_g$.

Für den Kurzschlußstrom erhalten wir, ebenfalls unter Vernachlässigung von r_{ce} (d.h. $r_{ce} \gg R_C$), $\underline{I}_{Ek} = (1 + \beta_0)\underline{I}_b = (1 + \beta_0)\,\underline{U}_g/(R_G + r_{be})$. Damit beträgt der Ausgangswiderstand zwischen Emitter und Masse unter der Voraussetzung $r_{ce} \gg (R_G + r_{be})$ und $r_{ce} \gg R_C$

$$Z_{aE} = \frac{\underline{U}_{E1}}{\underline{I}_{Ek}} \approx \frac{R_G + r_{be}}{1 + \beta_0}.$$

Das ist der gleiche Wert wie beim Emitterfolger (3.25).

Wenn wir den Emitteranschluß als Ausgangsklemme betrachten, so stellt die Schaltung im Bild 3.6 unter der Voraussetzung $R_C \ll r_{ce}$ einen Emitterfolger mit der Spannungsverstärkung ungefähr Eins und einem sehr kleinen Ausgangswiderstand dar.

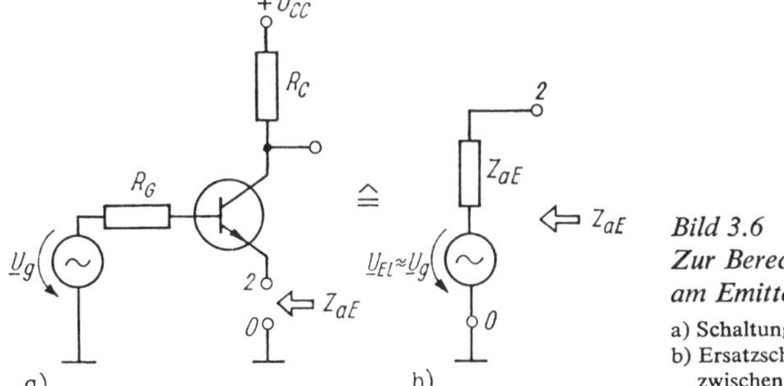

Bild 3.6
Zur Berechnung des Ausgangswiderstandes am Emitter
a) Schaltung
b) Ersatzschaltung für das Klemmenverhalten zwischen Emitter und Masse

Verstärkungsabfall bei kapazitiv überbrücktem Emitterwiderstand. Gelegentlich wird der Emitterwiderstand R_E für den Signalfrequenzbereich kapazitiv überbrückt, damit man möglichst hohe Verstärkung erzielt (Bild 3.4). C_E muß hierbei mindestens so groß sein, daß für die Signalfrequenzen noch keine merkliche Gegenkopplung auftritt. Bei sehr niedrigen Frequenzen wird der kapazitive Nebenschluß unwirksam, und die Verstärkung fällt bis auf den durch (3.4) gegebenen Wert ab. Die untere Grenzfrequenz (3-dB-Abfall von $|V_{ug}|$) der Schaltung nach Bild 3.4a ist der Wert, bei dem der kapazitive Widerstand $1/\omega C_E$ den gleichen Wert hat wie der Widerstand zwischen Emitter und Masse. Unter Verwendung von Z_{aE} erhalten wir durch Gleichsetzen von $1/\omega_u C_E$ und $((R_G + r_{be})/(1 + \beta_0)) \parallel R_E$

$$\omega_u \approx \frac{1}{C_E}\left(\frac{1 + \beta_0}{(R_G + r_{be})} + \frac{1}{R_E}\right).$$

Diese Beziehung läßt sich auch aus (3.4a) ableiten, indem R_E durch $R_E \parallel (1/j\omega C_E)$ ersetzt und diejenige Frequenz berechnet wird, bei der $|V_{ug}|$ auf $1/\sqrt{2}$ abgefallen ist.

Phasenumkehrstufe. Schalten wir zwischen Emitter und Masse sowie zwischen Kollektor und Betriebsspannung gleichgroße Widerstände, so erhalten wir die Möglichkeit, zwei gleichgroße gegenphasige Signalspannungen am Kollektor bzw. Emitter auszukoppeln. Die Ausgangswiderstände sind zwar unterschiedlich, aber im Leerlauf sind beide Signalspannungen nahezu gleich, weil $\underline{I}_c \approx \underline{I}_e$ gilt. Eine solche Stufe eignet sich z.B. zur gegenphasigen Ansteuerung von Gegentaktendstufen (Abschn. 7.1.3.).

3.3.2.3. Spannungsgegenkopplung

Im Abschnitt 2.1.3. hatten wir die Anwendung der Parallelspannungsgegenkopplung zur Arbeitspunktstabilisierung kennengelernt. Im Regelfall (z.B. Bild 3.7) wirkt die Gegenkopplung auch für die Signalfrequenzen. Sie verkleinert die Stromverstärkung, den Eingangswiderstand zwischen Basis und Masse sowie den Ausgangswiderstand. Die Spannungsverstärkung zwischen Basisanschluß und Ausgang bleibt nahezu unverändert. Aus Bild 3.7c folgt

$$V_u = \frac{\underline{U}_a}{\underline{U}_{be}} = -\frac{\beta \underline{I}_b (R'' \| r_{ce} \| R_C)}{\underline{I}_b r_{be}} \approx -\frac{\beta}{r_{be}} (R_C \| R_F \| r_{ce}) \qquad (\text{für } |V_u| \gg 1)$$

und

$$Z_e = R_1 + Z_{be} = R_1 + \left(r_{be} \middle\| \frac{R_F}{1 - V_u} \right) \approx R_1 . \tag{3.6b}$$

Z_e Eingangswiderstand zwischen 1 und 0;
Z_{be} Eingangswiderstand zwischen Basis und Masse.

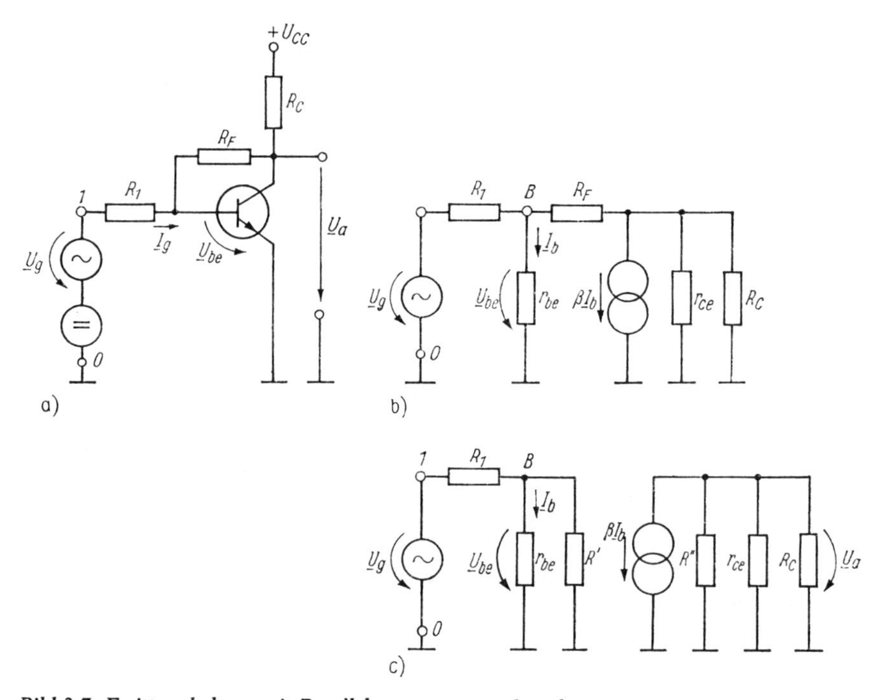

Bild 3.7. Emitterschaltung mit Parallelspannungsgegenkopplung

a) Schaltung; b) lineares Kleinsignalersatzschaltbild; c) äquivalente Schaltung zu b nach Anwendung des Millerschen Theorems (es gilt $R' = R_F/(1 - V_u)$; $R'' = R_F/(1 - [1/V_u]) \approx R_F$; $V_u = \underline{U}_a/\underline{U}_{be}$)

Wichtiger als V_u ist die auf die Signalquelle bezogene Spannungsverstärkung

$$V_{ug} = \frac{\underline{U}_a}{\underline{U}_g} = V_u \frac{\underline{U}_{be}}{\underline{U}_g} = V_u \frac{Z_{be}}{R_1 + Z_{be}}. \tag{3.4b}$$

Bei praktischen Dimensionierungen gilt meist $r_{be} \gg R_F/(1 - V_u)$. Damit erhalten wir aus (3.4b) mit (3.6b) für $|V_u| \gg 1$

$$\frac{1}{V_{ug}} \approx \frac{1}{V_u} - \frac{R_1}{R_F}.$$

Die Spannungsverstärkung wird also wesentlich durch das Verhältnis R_1/R_F bestimmt. Bei genügend großer Stromverstärkung des Transistors und damit großen Werten von $|V_u|$ hängt die Verstärkung V_{ug} nicht mehr von den Transistordaten ab (starke Gegenkopplung). Diese Schaltung ist eine Analogie zur invertierenden Operationsverstärkergrundschaltung (Abschn. 11.2.).

3.3.3. Signalverstärkung bei hohen Frequenzen

Im vorigen Abschnitt haben wir die Kapazitäten des Transistorersatzschaltbildes vernachlässigt. Bei hohen Frequenzen ist das nicht mehr zulässig. Die Kapazitäten bewirken, daß die Verstärkung mit zunehmender Frequenz absinkt.

Miller-Effekt. Einen wesentlichen Einfluß auf den Verstärkungsabfall der Emitter- und Sourceschaltung bei mittleren und hohen Frequenzen hat der Miller-Effekt. Die Kapazität zwischen Transistoreingang und -ausgang ($C_{b'c}$ bzw. C_{gd}) wirkt wie eine vielfach größere Parallelka,azität zwischen der Steuerelektrode (Basis bzw. Gate) und Masse und bildet mit dem Innenwiderstand der Signalquelle (exakter: mit dem parallel liegenden ohmschen Widerstand) einen Tiefpaß.

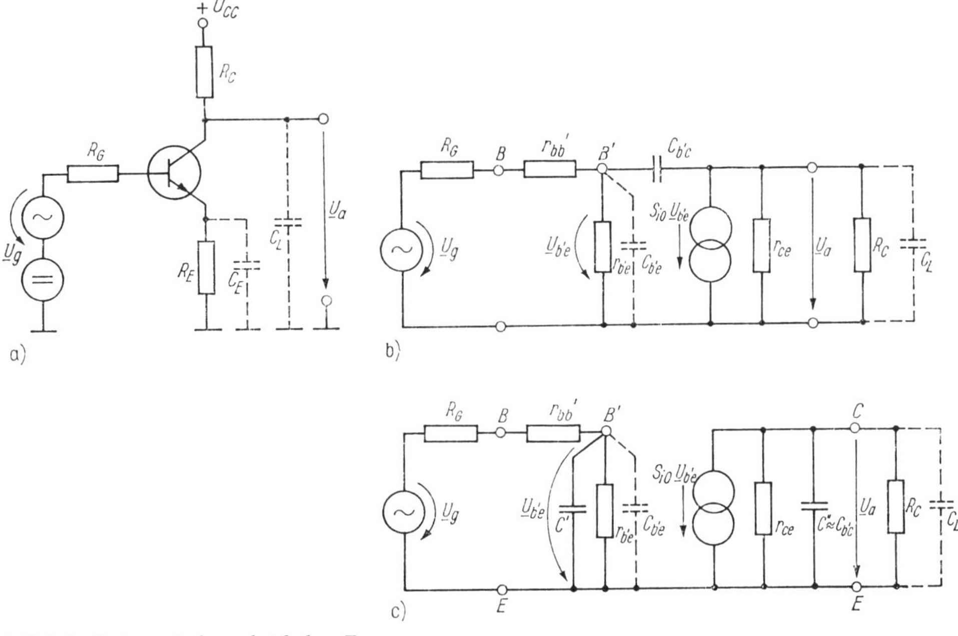

Bild 3.8. Emitterschaltung bei hohen Frequenzen
a) Schaltung; b) lineares Kleinsignalersatzschaltbild; c) äquivalente Schaltung zu b (Umwandlung mit Millerschem Theorem)

Bild 3.8 b zeigt das π-Ersatzschaltbild der Emitterschaltung mit konstantem Emitterpotential. Nach Anwenden des Millerschen Theorems ergibt sich Bild 3.8 c. Die Miller-Kapazität C' hat die Größe (s. (1.7))

$$C' = C_{b'c}(1 - V_u^*)$$

$$V_u^* = \frac{\underline{U}_a}{\underline{U}_{b'e}} \approx -\frac{S_{i0}(R_C \parallel r_{ce})}{1 + pC_p(R_C \parallel r_{ce})}. \tag{3.4c}$$

$C_p = C'' + C_L \approx C_{b'c} + C_L$ ist die gesamte Parallelkapazität zwischen Ausgang und Masse. Einsetzen von (3.4c) in C' liefert

$$C' = C_{b'c}(1 - V_0^*)\frac{1 + pT_p/(1 - V_0^*)}{1 + pT_p}$$

$$V_0^* = V_u^*(\omega \to 0) = -S_{i0}(R_C \parallel r_{ce});\ T_p = C_p(R_C \parallel r_{ce}).$$

Die Miller-Kapazität ist frequenzabhängig (Bild 3.9). Bei tiefen Frequenzen hat sie ihren maximalen Wert $C'_H = C_{b'c}(1 - V_0^*)$, weil die Verstärkung $V_u^* = V_0^*$ hier am größten ist. Für Frequenzen in der Nähe und oberhalb der durch den Ausgangskreis verursachten Eckfrequenz $1/2\pi T_p$ wird die Verstärkung komplex, und ihr Betrag sinkt mit wachsender Frequenz. Entsprechend wird auch C' komplex, und $|C'|$ sinkt. Bei sehr hohen Frequenzen ist $|V_u^*|$ so klein ($\ll 1$), daß $\underline{U}_a \approx 0$ und $C' = C'_L \approx C_{b'c}$ wird.

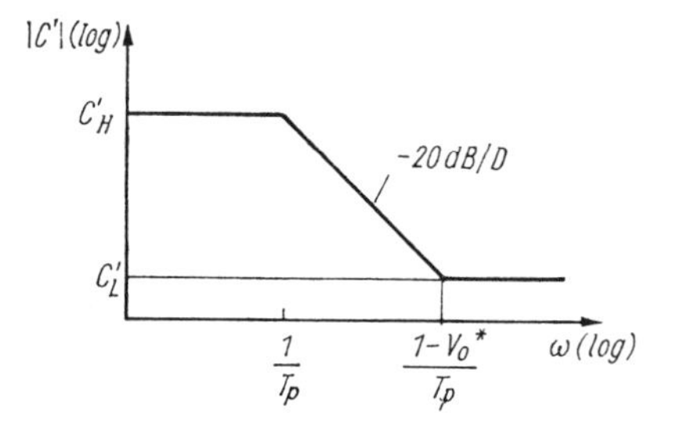

Bild 3.9
Frequenzabhängigkeit der Miller-Kapazität

Im Bereich des 20-dB-Abfalls ist der kapazitive Widerstand $1/j\omega C'$ und damit auch der Eingangswiderstand der Emitterschaltung reell!

Solange $|V_u^*| \gg 1$ ist, gilt die Näherung

$$C' \approx -V_u^* C_{b'c} = C_{b'c}\frac{S_{i0}(R_C \parallel r_{ce})}{1 + pT_p}.$$

Die auf die Signalquelle bezogene Spannungsverstärkung ergibt sich unter der Voraussetzung $C_{b'e} \ll C'$ und $|V_u^*| \gg 1$ aus (3.4c) zu

$$V_{ug} = \frac{\underline{U}_a}{\underline{U}_g} = V_u^* \frac{\underline{U}_{b'e}}{\underline{U}_g} \approx \frac{V_0}{1 + pT_0}. \tag{3.4d}$$

$$V_0 = -\frac{S_{i0}(R_C \parallel r_{ce})}{1 + (R_G + r_{bb'})/r_{b'e}} \tag{3.4e}$$

$$T_0 = (R_C \parallel r_{ce})(C_p + C_{b'c}S_{i0}R_p); \qquad R_p = (R_G + r_{bb'}) \parallel r_{b'e}.$$

$V \cdot B$-Produkt. Zur Charakterisierung der HF-Eigenschaften einer Verstärkerstufe eignet sich das sog. $V \cdot B$-Produkt (s. Abschn. 8.4.). B ist die Bandbreite des Verstärkers, die bei

Breitbandverstärkern in guter Näherung gleich der oberen Grenzfrequenz $f_o = 1/2\pi T_0$ ist. Aus (3.4d) und (3.4e) folgt für $(R_G + r_{bb'}) \ll r_{b'e}$, d.h. für Spannungssteuerung der nicht gegengekoppelten Emitterschaltung

$$V \cdot B = -\frac{V_0}{2\pi T_0} \approx \frac{1}{2\pi} \frac{S_{i0}}{C_p + C_{b'c} S_{i0} R_p}. \tag{3.16}$$

Wir stellen fest:

1. Das $V \cdot B$-Produkt ist unabhängig vom Lastwiderstand.
2. Falls C_p dominiert, d.h. für $C_p \gg C_{b'c} S_{i0} R_p$, ist das $V \cdot B$-Produkt proportional zur inneren Steilheit $S_{i0} \approx I_C/U_T$ und damit zum Kollektorstrom im Arbeitspunkt. Der Innenwiderstand der Signalquelle hat keinen Einfluß, weil die Bandbreite vom Ausgangskreis bestimmt wird.
3. Falls $C_{b'c}$ dominiert (Miller-Effekt!), d.h. für $C_p \ll C_{b'c} S_{i0} R_p$, ist das $V \cdot B$-Produkt umgekehrt proportional zu $R_G + r_{bb'}$, jedoch unabhängig von der Steilheit S_{i0} und damit vom Ruhestrom im Arbeitspunkt. Eine geringe Arbeitspunktabhängigkeit wird durch $C_{b'c}$ (sinkt mit wachsender Spannung U_{CE}) und durch $r_{b'e}$ (umgekehrt proportional zu I_C) hervorgerufen. Für $R_G = 0$ und $r_{bb'} \ll r_{b'e}$ beträgt das $V \cdot B$-Produkt näherungsweise $1/2\pi r_{bb'} C_{b'c}$. Das ist der theoretisch erreichbare Höchstwert.
4. Eine hohe obere Grenzfrequenz erzielt man nur mit *Spannungssteuerung*, d.h. mit kleinem Innenwiderstand der Signalquelle. Anzustreben ist $C_{b'c} S_{i0} R_p \ll C_p$; ($R_p \approx R_G + r_{bb'}$).

Ganz allgemein gilt, daß das $V \cdot B$-Produkt einer Verstärkerstufe proportional zum S/C-Verhältnis ist. Forderungen an eine Verstärkerstufe mit großer Bandbreite und möglichst hoher Verstärkung sind kleine Parallelkapazitäten des Bauelements und der Schaltung sowie eine große Steilheit des Bauelements. Die Bandbreite ist um so größer, je kleiner der Lastwiderstand R_C und der Generatorinnenwiderstand R_G sind.

Spannungsverstärkung mit Gegenkopplung (R_E nicht überbrückt). Um langwierige Rechnungen zu umgehen, vereinfachen wir das zur Schaltung Bild 3.8a gehörige Ersatzschaltbild 3.10a mit Hilfe des Millerschen Theorems (Bild 3.10b). Anschließend bringen wir es auf die Form des Bildes 3.10c, analog zu Bild 3.4.

Es ist zweckmäßig, anstelle von $U_{b'e}$ die Steuergröße $U_{b'0}$ im Bild 3.10c zu verwenden. Aus Bild 3.10c ist abzulesen

$$\frac{\underline{U}_{b'e}}{\underline{U}_{b'0}} = \frac{r_{b'e}}{r_{b'e} + (1 + \beta_0) R_E} = \frac{r_d}{r_d + R_E}$$

$$S_{i0} \underline{U}_{b'e} = \frac{\alpha_0}{r_d + R_E} \underline{U}_{b'0}.$$

Die Struktur der Ersatzschaltbilder 3.10c und 3.8c ist völlig gleich. Folglich gelten die Gleichungen (3.4c, d, e) und (3.16) auch für die Emitterschaltung mit Stromgegenkopplung durch R_E. Es müssen lediglich die Größen

$r_{b'e}$ durch $r_{b'e} + (1 + \beta_0) R_E$

r_{ce} durch r_{c0} (aus (3.15))

S_{i0} durch $\alpha_0/(r_d + R_E)$

ersetzt werden. Wir überzeugen uns leicht, daß für $R_E = 0$ wieder die ursprünglichen Formeln gelten.

Für das $V \cdot B$-Produkt ergibt sich unter Berücksichtigung des Gegenkopplungswiderstandes R_E und des Innenwiderstandes R_G der Signalquelle

$$V \cdot B \approx \frac{1}{2\pi} \frac{\alpha_0}{r_d + R_E + \dfrac{R_G + r_{bb'}}{1 + \beta_0}} \frac{1}{C_0 + C_{b'c} \dfrac{\alpha_0 R_p}{r_d + R_E}}.$$

Für $R_G \to 0$, $R_E \to 0$ und $r_{bb'} \ll (1 + \beta_0)\, r_d$ ergibt sich wieder (3.16).

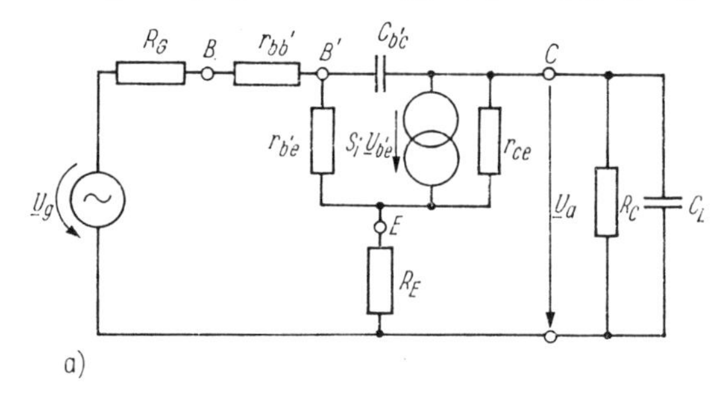

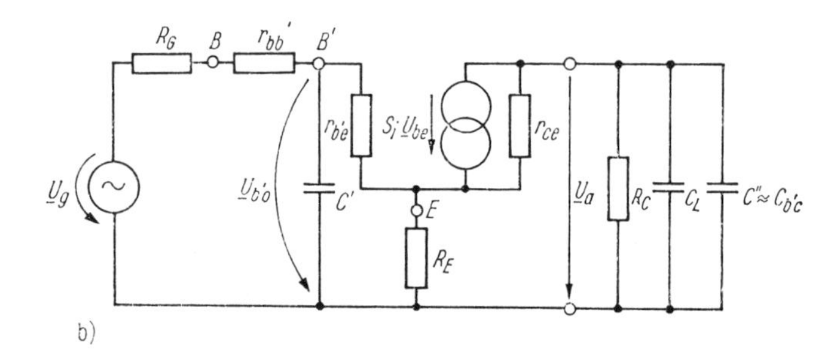

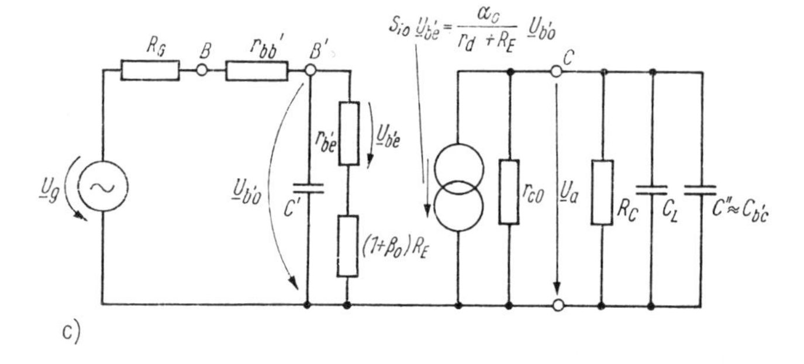

Bild 3.10
Emitterschaltung mit Stromgegenkopplung durch R_E

a) Lineares Kleinsignalersatzschaltbild
b) Umwandlung mit dem Millerschen Theorem
c) Umwandlung entsprechend Bild 3.4 (gilt für $r_{ce} \gg (R_C + R_E)$); r_{c0} aus (3.15)

Das $V \cdot B$-Produkt bleibt bei Spannungssteuerung unabhängig von R_E nahezu konstant, solange der Einfluß von $C_{b'c}$ auf die obere Grenzfrequenz überwiegt. Falls C_p dominiert, verringert sich das $V \cdot B$-Produkt durch die Gegenkopplung, weil die effektive Steilheit der Stufe kleiner wird. Weiterhin sinkt es bei großem Innenwiderstand der Signalquelle.

3.4. Sourceschaltung

Die drei FET-Grundschaltungen haben ähnliches Verhalten wie die entsprechenden Grundschaltungen mit Bipolartransistoren. Die erzielbare Spannungsverstärkung ist jedoch infolge der kleinen Steilheit von FET merklich geringer als bei Schaltungen mit Bipolartransistoren. Vorteilhaft ist der sehr hohe Eingangswiderstand der Source- und Drainschaltung. Für sehr hohe Frequenzen eignen sich n-Kanal-FET wegen ihrer größeren Ladungsträgerbeweglichkeit besser als p-Kanal-FET.

3.4.1. Statisches Verhalten

Wir verweisen hier auf Abschnitt 2.2.

3.4.2. Signalverstärkung bei niedrigen Frequenzen

Die Verstärkerwirkung beruht darauf, daß die zwischen Gate und Source auftretende Signalspannung $\underline{U}_{gs}$ den Drainstrom steuert, der seinerseits einen wesentlich größeren Signalspannungsabfall am Arbeitswiderstand R_D bewirkt.

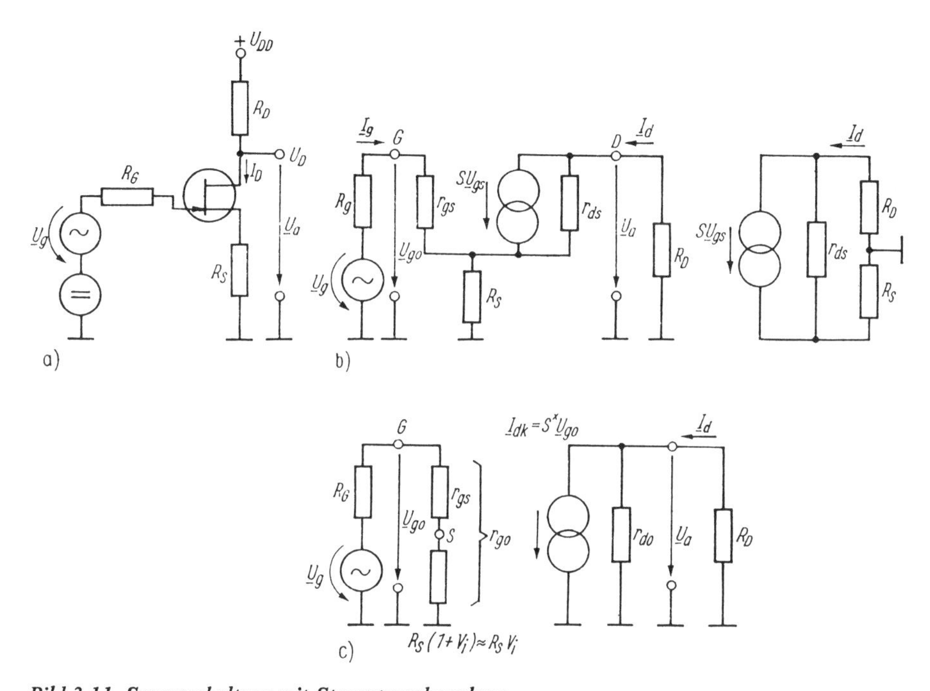

Bild 3.11. Sourceschaltung mit Stromgegenkopplung

a) Schaltung; b) Kleinsignalersatzschaltbild; c) äquivalente Schaltung zu b

Wir betrachten die Schaltung im Bild 3.11 a. Ihr Kleinsignalersatzschaltbild (b) vereinfachen wir durch Anwenden des Millerschen Theorems (c) analog zur Umwandlung im Bild 3.4. Den Ausgangswiderstand r_{d0} berechnen wir als Quotient von Ausgangsleerlaufspannung $\underline{U}_{al}$ und Ausgangskurzschlußstrom $\underline{I}_{dk}$. Aus Bild 3.11 b folgt mit der praktisch erfüllten Näherung $Sr_{gs} \gg R_S/r_{ds}$

$$\underline{U}_{al} \approx -Sr_{ds}\underline{U}_{gs}$$

$$\underline{I}_{dk} = S^*\underline{U}_{g0} = \frac{Sr_{ds}}{R_S + r_{ds}} \underline{U}_{gs}. \tag{3.17}$$

Dabei ist

$$S^* = \frac{S r_{ds}}{(R_S + r_{ds})\,[1 + S\,(R_S \parallel r_{ds})]} \approx \frac{S}{1 + SR_S} \qquad (\text{für } R_S \ll r_{ds}). \qquad (3.18)$$

Der Ausgangswiderstand beträgt

$$r_{d0} = \frac{\underline{U}_{a1}}{-\underline{I}_{dk}} = (r_{ds} + R_S)\,[1 + S\,(R_S \parallel r_{ds})]. \qquad (3.19)$$

Zur Berechnung von r_{g0} im Bild 3.11 c benötigen wir die Stromverstärkung $V_i = \underline{I}_d/\underline{I}_g$. Aus Bild 3.11 b folgt für $r_{gs} \gg R_S$

$$\underline{I}_d = S\underline{U}_{gs}\,\frac{r_{ds}}{r_{ds} + R_D + R_S}.$$

Damit ergibt sich die Stromverstärkung

$$V_i = \frac{\underline{I}_d}{\underline{I}_g} = S r_{gs}\,\frac{r_{ds}}{r_{ds} + R_D + R_S} \quad (\gg 1)$$

und schließlich

$$r_{g0} = r_{gs} + (1 + V_i)\,R_S \approx r_{gs}\left(1 + SR_S\,\frac{r_{ds}}{r_{ds} + R_D + R_S}\right) + R_S. \qquad (3.20)$$

Die Näherung gilt für $r_{gs} \gg R_S$ und $V_i \gg 1$.

Spannungsverstärkung. Bild 3.11 c entnehmen wir

$$V_{ug} = \frac{\underline{U}_a}{\underline{U}_g} \approx \frac{\underline{U}_a}{\underline{U}_{g0}} = -\frac{\underline{I}_{dk}\,(R_D \parallel r_{d0})}{\underline{U}_{g0}} = -S^*\,(R_D \parallel r_{d0}).$$

Mit (3.18) ergibt sich die für $r_{ds} \gg R_S$ und für $R_G \ll r_{gs}$ gültige Näherung

$$V_{ug} \approx -\frac{S\,(R_D \parallel r_{d0})}{1 + SR_S}. \qquad (3.21)$$

Zur Berechnung des Arbeitspunkteinflusses auf die Größe der Spannungsverstärkung setzen wir $R_S = 0$ und vernachlässigen r_{d0}. Dann enthält (3.21) als einzige arbeitspunktabhängige Größe die Steilheit S. Ihre Arbeitspunktabhängigkeit folgt aus Tafel 1.7 zu

$$S = \frac{2}{|U_P|}\sqrt{I_D I_{DSS}}.$$

Einsetzen in (3.21) liefert

$$V_{ug} = -\frac{2 I_D R_D}{|U_P|}\sqrt{\frac{I_{DSS}}{I_D}}.$$

Für eine hohe Spannungsverstärkung sind also ein großer Gleichspannungsabfall $I_D R_D$ über dem Drainwiderstand, eine „steile“ Eingangskennlinie ($|U_P|$ klein, $|I_{DSS}|$ groß) und ein großes Verhältnis I_{DSS}/I_D, d.h. kleiner Ruhestrom, günstig.

Nichtlineare Verzerrungen. Die nichtlinearen Verzerrungen des Drainstroms bei rein sinusförmiger Aussteuerung zwischen Gate und Source sind beim FET wesentlich geringer als beim Bipolartransistor. Eine zur Emitterschaltung (Abschn. 3.3.2.1.) analoge

Rechnung liefert für den Klirrfaktor den Ausdruck [3]

$$k = \frac{\hat{U}}{4\,|U_{GS} - U_P|} \cdot 100\,\%.$$

$\hat{U}$ Amplitude der Sinusspannung,
U_{GS} Gleichspannung zwischen Gate und Source im Arbeitspunkt,
U_P Schwellspannung des FET.

Der Klirrfaktor ist arbeitspunktabhängig und wie beim Bipolartransistor proportional der Eingangsamplitude. Mit den Zahlenwerten $U_P = -4$ V, $U_{GS} = -2$ V und $\hat{U} = 80$ mV ergibt sich $k \approx 1\,\%$. Beim spannungsgesteuerten Bipolartransistor führt dagegen bereits eine Aussteuerung mit $\hat{U} \approx 1{,}2$ mV zu einem Klirrfaktor $k \approx 1\,\%$ (Abschn. 3.3.2.1.)! Mit FET bestückte HF-Eingangsstufen, z.B. in Fernseh- oder UKW-Tunern, haben aus diesem Grunde bessere „Großsignaleigenschaften", u.a. geringere Kreuzmodulation (s. Abschnitt 19.).

Ausgangswiderstand am Sourceanschluß. Phasenumkehrstufe. Analog zur Emitterschaltung hat der zwischen Source und Masse wirksame (dynamische) Ausgangswiderstand Z_{as} den gleichen Wert wie beim Sourcefolger ($Z_{as} \approx 1/S$ für $Sr_{ds} \gg 1$, $R_D \ll r_{ds}$, $R_D \ll (r_{gs} + R_G)$). Am Source- und am Drainanschluß treten zwei gleichgroße gegenphasige Signalspannungen auf, falls $R_D = R_S$ gewählt wird.

3.4.3. Signalverstärkung bei hohen Frequenzen

Miller-Effekt. Bei hohen Frequenzen sinkt die Spannungsverstärkung vor allem infolge der Transistorkapazitäten. Wie bei der Emitterschaltung ist die Kapazität zwischen Steuerelektrode und Ausgang C_{gd} bei großen Innenwiderständen der Signalquelle Hauptursache für die relativ niedrige obere Grenzfrequenz der Sourceschaltung. Die übrigen Kapazitäten im Ersatzschaltbild können in erster Näherung außer acht gelassen werden. Analog zum Bild 3.10 wandeln wir das Kleinsignalersatzschaltbild mit Hilfe des Millerschen Theorems um (Bild 3.12).

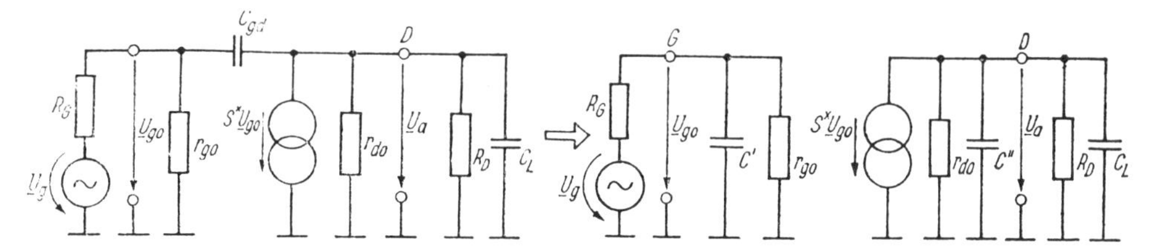

Bild 3.12. Sourceschaltung bei hohen Frequenzen (Umwandlung mit dem Millerschen Theorem)
C' siehe (3.22); $C'' \approx C_{cd}$ für $|\underline{U}_a/\underline{U}_{g0}| \gg 1$; S^* aus (3.18); r_{d0} aus (3.19); r_{g0} aus (3.20); $C_L + C'' = C_p$

Die Miller-Kapazität hat für $|\underline{U}_a/\underline{U}_{g0}| \gg 1$ die Größe

$$C' = C_{gd}\left(1 - \frac{\underline{U}_a}{\underline{U}_{g0}}\right) \approx C_{gd}\left(-\frac{\underline{U}_a}{\underline{U}_{g0}}\right) = C_{gd}S^*\,\frac{R_D \parallel r_{d0}}{1 + pT_p}, \tag{3.22}$$

$$T_p = C_p\,(R_D \parallel r_{d0}); \qquad C_p = C_L + C'' \approx C_L + C_{gd}.$$

Die Verstärkung beträgt (im Gegensatz zu niedrigen Frequenzen gilt hier nicht mehr $\underline{U}_g \approx \underline{U}_{g0}$!)

$$V_{ug} = \frac{\underline{U}_a}{\underline{U}_{g0}}\,\frac{\underline{U}_{g0}}{\underline{U}_g} = -S^*\,\frac{R_D \parallel r_{d0}}{1 + pT_p}\,\frac{1}{1 + R_G/Z_{g0}}. \tag{3.23}$$

Dabei ist

$$Z_{g0} = \frac{r_{g0}}{1 + pC'r_{g0}}; \qquad r_{g0} \text{ aus (3.20).}$$

Mit der Näherung (3.22) folgt für Z_{g0} der Wert

$$Z_{g0} \approx r_{g0} \frac{1 + pT_p}{1 + p(T_p + T')} \tag{3.24}$$

$$T' = r_{g0} C_{gd} S^* (R_D \parallel r_{d0}).$$

Die Frequenzabhängigkeit $|Z_{g0}|$ zeigt Bild 3.13. Bei sehr niedrigen Frequenzen ist der Eingangswiderstand reell. Auch bei sehr hohen Frequenzen wird er wieder reell, allerdings wesentlich kleiner als r_{g0}. Die Ursache für dieses zunächst nicht erwartete Verhalten ist die Frequenzabhängigkeit der Verstärkung $|\underline{U}_a/\underline{U}_{g0}|$. Zu beachten ist, daß (3.24) nur bis zu Frequenzen gilt, für die $|\underline{U}_a/\underline{U}_{g0}| \gg 1$ erfüllt ist.

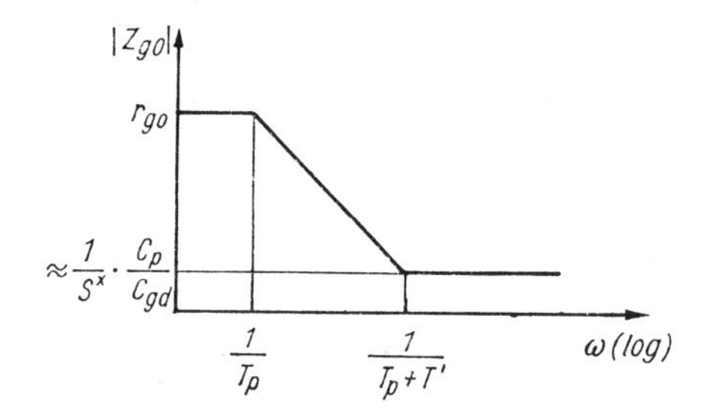

Bild 3.13. Frequenzabhängigkeit des Eingangswiderstandes $|Z_{g0}|$
$Z_{g0}|_{\omega\to\infty} \approx C_p/S^*C_{gd}$ gilt für $S^*r_{g0} \gg (C_p/C_{gd})$

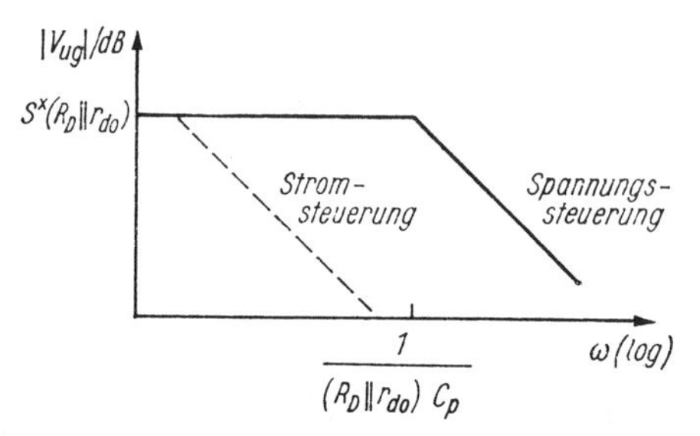

Bild 3.14. Frequenzabhängigkeit der Spannungsverstärkung V_{ug} bei der Sourceschaltung

Spannungsverstärkung. Die auf die Signalquelle bezogene Spannungsverstärkung erhalten wir aus (3.23) mit (3.24) unter der Voraussetzung $r_{g0} \gg R_G$ zu (Bild 3.14)

$$V_{ug} \approx -\frac{S^* (R_D \parallel r_{d0})}{1 + pT_0}$$

$$T_0 \approx (R_D \parallel r_{d0})(C_p + C_{gd} S^* R_G); \qquad S^* \approx \frac{S}{1 + SR_S}, \qquad r_{d0} \text{ aus (3.19).}$$

***V · B*-Produkt.** Zur Charakterisierung der HF-Eigenschaften verwenden wir wie bei der Emitterschaltung das $V \cdot B$-Produkt. Es ergibt sich eine zur Emitterschaltung analoge Beziehung ($V_0 = V_{ug}(\omega \to 0)$):

$$V \cdot B = -\frac{V_0}{2\pi T_0} \approx \frac{1}{2\pi} \frac{S^*}{C_p + C_{gd} S^* R_G}.$$

Wir stellen fest:

1. Das $V \cdot B$-Produkt ist unabhängig vom Lastwiderstand.
2. Falls $C_p \approx C_L + C_{gd}$ dominiert, d.h. für $C_p \gg C_{gd} S^* R_G$, ist das $V \cdot B$-Produkt proportional zur Steilheit und damit abhängig vom Ruhestrom im Arbeitspunkt. Der Innenwiderstand der Signalquelle hat keinen Einfluß, weil die Bandbreite vom Ausgangskreis bestimmt wird.

3. Falls C_{gd} dominiert (Miller-Effekt!) d.h. für $C_p \ll C_{gd}S^*R_G$, ist das $V \cdot B$-Produkt umgekehrt proportional zu R_G, jedoch unabhängig von der Steilheit und damit vom Ruhestrom im Arbeitspunkt. Eine geringe Arbeitspunktabhängigkeit wird durch C_{gd} hervorgerufen (C_{gd} sinkt mit wachsender Spannung U_{DS}).
4. Eine hohe obere Grenzfrequenz erzielt man nur mit Spannungssteuerung, d.h. mit kleinem Innenwiderstand R_G der Signalquelle. Anzustreben ist $C_{gd}S^*R_G \ll C_p$.

Wie bei der Emitterschaltung ist auch bei der Sourceschaltung das $V \cdot B$-Produkt proportional zum S/C-Verhältnis. Große Bandbreite erzielt man nur mit kleinen Widerständen R_D und R_G. Wenn die Bandbreite vom Ausgangskreis, d.h. von C_p bestimmt wird, erzielt man mit der Emitterschaltung ein wesentlich größeres $V \cdot B$-Produkt als mit der Sourceschaltung, weil die Steilheit des Bipolartransistors erheblich größere Werte annehmen kann.

3.5. Emitterfolger (Kollektorschaltung)

Der Emitterfolger (Bild 3.15) ist eine sehr häufig verwendete Grundschaltung mit der Spannungsverstärkung $V_u \approx 1$. Er eignet sich hervorragend als Impedanzwandler, z.B. als „Kabeltreiber“ oder als Zwischenstufe zum Anschalten einer niederohmigen Last an eine hochohmige Signalquelle, denn er hat einen hohen Eingangswiderstand (typisch $>0{,}1 \ldots$ einige MΩ) und einen niedrigen Ausgangswiderstand ($<10 \ldots$ einige 100 Ω). Infolge dieser Eigenschaft bewirkt er eine „Signalisolation“ zwischen Signalquelle und Last. Einer seiner größten Vorteile gegenüber anderen Grundschaltungen ist der große Aussteuerbereich. Der Emitterfolger ist infolge dieser Eigenschaften auch gut für Endstufen geeignet. Eingangsspannungen von mehreren Volt werden sehr linear zum Ausgang übertragen. Der Klirrfaktor liegt dabei unterhalb des Prozent- oder Promillebereiches.

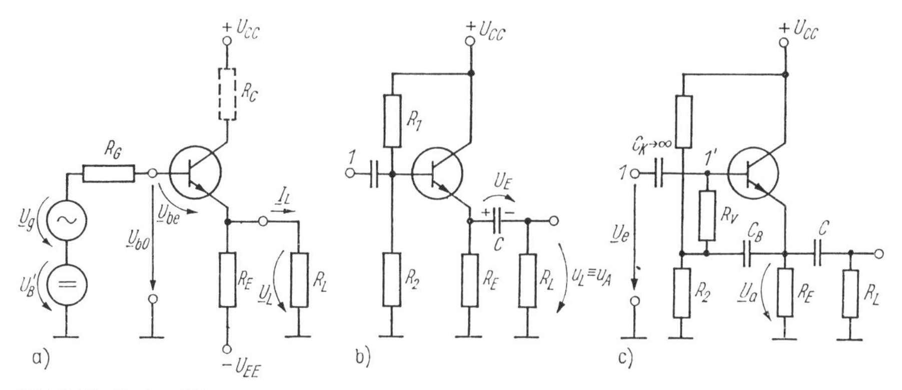

Bild 3.15. Emitterfolger

a) gleichspannungsgekoppelt; b) wechselspannungsgekoppelt; c) mit Bootstrapschaltung

Das Emitterpotential „folgt“ mit einer Pegelverschiebung von $U_{BEA} \approx 0{,}7$ V (Si) dem Basispotential. Die Ausgangssignalspannung ist deshalb nahezu gleich der Eingangssignalspannung ($V_u \approx 1$). Auch bei großen Eingangssignalspannungen $\underline{U}_g$ von beispielsweise einigen Volt beträgt die Transistor-Basis-Emitterspannung $\underline{U}_{be}$ (Signalspannung) nur einige Millivolt!

Ein weiterer Vorteil des Emitterfolgers ist seine hohe obere Grenzfrequenz.

Der Emitterfolger kann als voll stromgegengekoppelte Emitterschaltung aufgefaßt werden. Die Gegenkopplung bewirkt, daß die Basis-Emitter-Spannung $\underline{U}_{be}$ des Transistors viel kleiner ist als die Eingangsspannung der Schaltung zwischen Basis und Masse $\underline{U}_{bo}$. Auch auf diese Weise läßt sich der große Aussteuerbereich erklären. Der wesentliche Unterschied des Emitterfolgers gegenüber der Emitterschaltung besteht darin, daß die Eingangsspannung nicht direkt zwischen Basis und Emitter angelegt wird, sondern zwischen Basis und Masse. Dadurch entsteht die Basis-Emitter-Spannung des Transistors als (kleine) Differenz zwischen der Eingangsspannung $\underline{U}_g$ und der Ausgangsspannung $\underline{U}_L$. Der Kollektorstrom stellt sich stets so ein, daß für $R_G \to 0$ mit guter Genauigkeit $\underline{U}_L \approx \underline{U}_g$ gilt. Deshalb wird auch bei großer Eingangsspannung ($\underline{U}_g$ einige Volt) der Transistor nur mit wenigen Millivolt ausgesteuert! Die Schaltungen a und b im Bild 3.16 sind beide Emitterschaltungen.

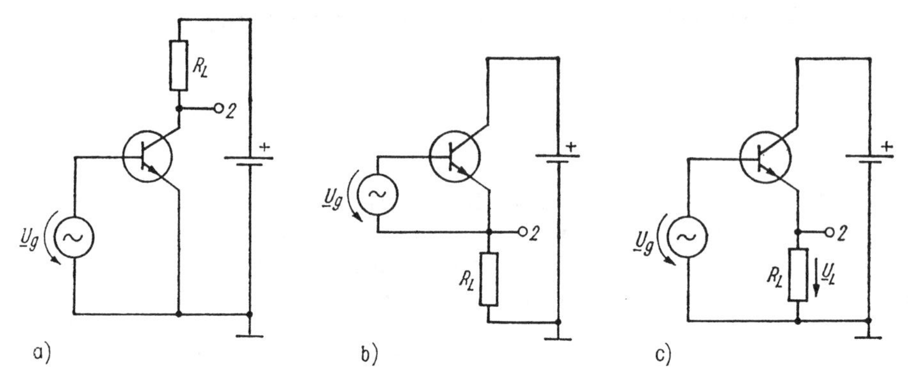

Bild 3.16. Vergleich zwischen Emitterschaltung und Emitterfolger
a) und b) Emitterschaltung; c) Emitterfolger

3.5.1. Statisches Verhalten. Aussteuerbereich

Arbeitspunkt. Die Lage des Arbeitspunktes hängt von der Größe und Polarität der Eingangsspannung ab. Wenn Signale mit nur einer Polarität, z.B. Impulse, übertragen werden sollen, kommt man mit *einer* Betriebsspannung aus. Der Ruhestrom kann sehr klein sein, z.B. $I_C \approx 10 \dots 100\,\mu A$. Falls symmetrische Aussteuerbarkeit für große Signale gewünscht wird, muß das Ruhepotential des Emitters U_E zweckmäßigerweise so gewählt werden, daß es in der Mitte zwischen den beiden im Bild 3.17 gestrichelt eingezeichneten Aussteuergrenzen liegt. Häufig sind in diesem Fall zwei Betriebsspannungen unterschiedlicher Polarität (U_{CC} und U_{EE}) zweckmäßig (Bild 3.15a).

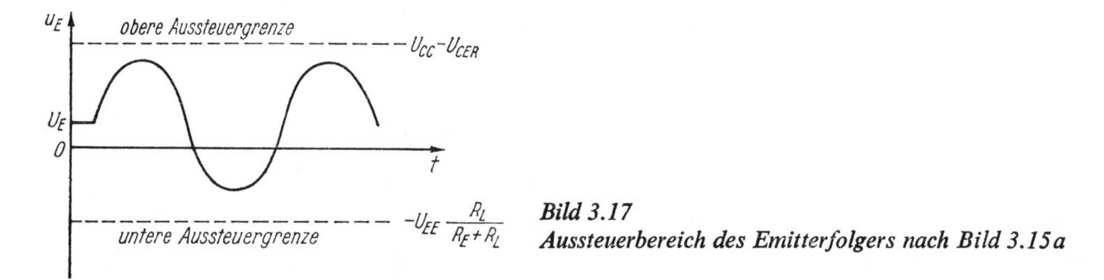

Bild 3.17
Aussteuerbereich des Emitterfolgers nach Bild 3.15a

Aussteuerbereich. Während der Aussteuerung muß der Transistor im aktiven Bereich bleiben, falls starke nichtlineare Verzerrungen vermieden werden sollen. Die Grenzen des Aussteuerbereiches sind erreicht, wenn der Transistor während der Aussteuerung in den Übersteuerungs- bzw. Sperrbereich gelangt (Bild 3.17).

Ein Vorwiderstand zwischen Kollektor und Betriebsspannung hat auf das Kleinsignalverhalten praktisch keine Auswirkung, wie aus Bild 3.18a berechnet werden kann (für $r_{ce} \to \infty$ verschwindet der Einfluß von R_C). Er verringert jedoch den Aussteuerbereich, weil das Kollektorpotential während der positiven Signalamplitude abfällt. Die positive Aussteuergrenze des Emitterfolgers sinkt von $U_{CC} - U_{CER}$ auf $U_{CC} - U_{CER} - i_{C\,max}R_C$. Auf die untere Aussteuergrenze wirkt sich R_C nicht aus.

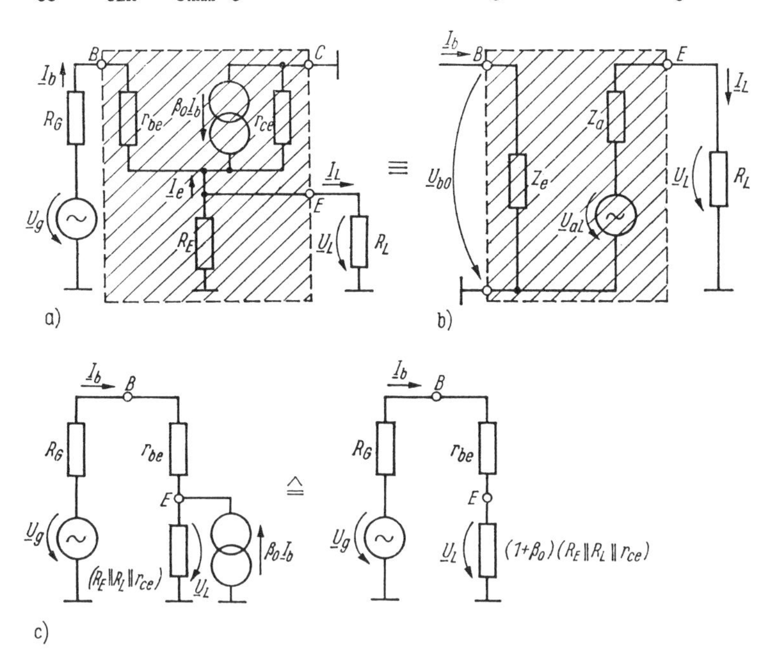

Bild 3.18. *Lineares Kleinsignalersatzschaltbild des Emitterfolgers*

a) Ersatzschaltbild; b) äquivalente Schaltung zu a; c) Ersatzschaltung des Eingangskreises

Einige zusätzliche Überlegungen sind beim wechselspannungsgekoppelten Emitterfolger nach Bild 3.15b erforderlich: Ohne Eingangssignal entsteht über R_E der Gleichspannungsabfall $U_E = I_E R_E$. Die Kapazität C lädt sich auf diese Spannung auf, weil über R_L die Spannung Null liegt. Die Speicherkapazität C wird so groß dimensioniert, daß sich ihre Spannung während der Aussteuerung nicht ändert ($1/\omega C \ll R_L$). Sie wirkt wie eine Batterie mit der Gleichspannung U_E. Die obere Aussteuergrenze ist die gleiche wie bei Schaltung 3.15a. Die untere Aussteuergrenze ist erreicht, wenn der Transistor sperrt. In diesem Fall fließt durch R_E der vom Kondensator C angetriebene Strom $U_E/(R_E + R_L)$. Er erzeugt am Emitterwiderstand den Spannungsabfall

$$U_E \frac{R_E}{R_E + R_L}.$$

Subtrahieren wir von dieser Spannung die Kondensatorspannung U_E, so erhalten wir die minimale Ausgangsspannung der Schaltung zu

$$u_{L\,min} = -U_E \frac{R_L}{R_E + R_L} = -I_E \left(R_E \parallel R_L\right).$$

Infolge der auf C gespeicherten Spannung U_E kann am Ausgang eine negative Signalspannung auftreten, obwohl die Schaltung nur eine positive Betriebsspannung benötigt.

Je nach gewünschtem Aussteuerbereich in negativer Richtung wählt man die Größe von I_E. Wenn die Schaltung ausgangsseitig für beide Polaritäten die gleiche Aussteuerbarkeit $\hat{U} = |I_E (R_E \| R_L)|$ aufweisen soll, lautet die Dimensionierungsbedingung $I_E (R_E \| R_L) \approx U_{CC} - I_E R_E$. Hieraus läßt sich I_E berechnen. Beispielsweise ergibt sich aus dieser Dimensionierungsbedingung für $R_E = R_L$ das Emitterpotential $U_E = I_E R_E \approx (\frac{2}{3}) U_{CC}$ und die maximale unverzerrte Ausgangsspannung zu $\hat{U} \approx U_{CC}/3$.

3.5.2. Signalverstärkung bei niedrigen Frequenzen

Betriebsgrößen. Bild 3.18a zeigt das lineare Kleinsignalersatzschaltbild des Emitterfolgers nach Bild 3.15a. Wie in den vorangegangenen Abschnitten wandeln wir dieses Ersatzschaltbild wieder in das einfachere „Standardersatzschaltbild" nach Bild 3.18b um. Die Ermittlung des Eingangswiderstandes erläutert Bild 3.18c. Er beträgt

$$Z_e = r_{be} + (1 + \beta_0)(R_E \| R_L \| r_{ce}) \approx \beta_0 (r_d + R'_E).$$

Der zwischen Emitter und Masse wirksame Widerstand $R'_E = R_E \| R_L \| r_{ce}$ transformiert sich mit dem Faktor $(1 + \beta_0)$ in den Eingangskreis, denn durch ihn fließt der $(1 + \beta_0)$-fache Basissignalstrom. Der Eingangswiderstand des Emitterfolgers wächst mit dem Stromverstärkungsfaktor β_0. Deshalb erzielt man mit dem Darlington-Emitterfolger einen besonders hohen Eingangswiderstand. Zu beachten ist, daß häufig an der Basis noch ein Spannungsteiler zur Arbeitspunkteinstellung angeschlossen ist (Bild 3.15b), der den Eingangswiderstand u. U. erheblich erniedrigt (vgl. Bootstrap-Schaltung, Bild 3.15c).

Aus Bild 3.18c lesen wir die Spannungsverstärkung ab ($\underline{U}_a \equiv \underline{U}_L$):

$$V_{ug} = \frac{\underline{U}_a}{\underline{U}_g} = \frac{1}{1 + \dfrac{R_G + r_{be}}{(1 + \beta_0)(R_E \| R_L \| r_{ce})}} \approx 1.$$

Die Ausgangsleerlaufspannung und der Ausgangskurzschlußstrom betragen

$$\underline{U}_{al} = \underline{U}_g V_{ug}|_{R_L \to \infty} = \frac{\underline{U}_g}{1 + \dfrac{R_G + r_{be}}{(1 + \beta_0)(R_E \| r_{ce})}}; \qquad \underline{I}_k = \frac{(1 + \beta_0)\, \underline{U}_g}{R_G + r_{be}}.^{1)}$$

Der Ausgangswiderstand Z_a ist der Quotient aus Ausgangsleerlaufspannung und Ausgangskurzschlußstrom

$$Z_a{}^{2)} = \frac{R_G + r_{be}}{(1 + \beta_0)} \| R_E \| r_{ce}. \tag{3.25}$$

Der Generatorwiderstand R_G transformiert sich mit dem Faktor $1/(1 + \beta_0)$ in den Ausgangskreis! Je größer der Stromverstärkungsfaktor β_0 des Transistors und je kleiner der Innenwiderstand der Signalquelle ist, desto kleiner ist der Ausgangswiderstand des Emitterfolgers.

[1] I_k wird aus der linken Hälfte des Bildes 3.18c berechnet.

[2] Man beachte, daß hier im Gegensatz zu den Berechnungen auf den Seiten 75, 92 und 95 der Emitterwiderstand R_E mit in Z_a einbezogen wird. Wir hätten R_E (und r_{ce}) auch in den äußeren Lastwiderstand einbeziehen können.

Zur Berechnung der Stromverstärkung aus Bild 3.18a verwenden wir den Knotensatz $\underline{I}_b + \underline{I}_e + \beta_0 \underline{I}_b - (\underline{U}_L/r_{ce}) = 0$. Mit $\underline{U}_L = \underline{I}_L R_L$ und $-\underline{I}_e = \underline{I}_L + (\underline{U}_L/R_E) = \underline{I}_L \times (1 + R_L/R_E)$ erhalten wir

$$V_i = \frac{\underline{I}_L}{\underline{I}_b} = \frac{1 + \beta_0}{1 + \dfrac{R_L}{R_E} + \dfrac{R_L}{r_{ce}}} \approx 1 + \beta_0 \quad \text{für} \quad R_L \ll (R_E \parallel r_{ce}).$$

Der Eingangssignalstrom des Emitterfolgers ist ungefähr $\beta_0$mal kleiner als der Ausgangssignalstrom.

Bootstrap. Häufig begrenzt der Spannungsteiler zur Einstellung des Basispotentials den Eingangswiderstand der Schaltung. Im Bild 3.15b hat der Eingangswiderstand zwischen 1 und Masse den Wert $R_1 \parallel R_2 \parallel Z_e$. Da der Spannungsteilerquerstrom groß gegenüber dem Basisgleichstrom sein muß (vgl. Abschn. 2.1.3.), lassen sich die Spannungsteilerwiderstände meist nicht so hochohmig dimensionieren, daß $(R_1 \parallel R_2) \gg Z_e$ ist. Man kann den Spannungsteilerwiderstand jedoch mit Hilfe des Bootstrap-Prinzips nach Bild 3.15c dynamisch vergrößern. Die Ausgangssignalspannung $\underline{U}_a \equiv \underline{U}_L$ wird über einen großen Koppelkondensator C_B auf den Fußpunkt des Widerstandes R_v eingekoppelt. Dadurch wird erreicht, daß über R_v nicht der Signalspannungsabfall $\underline{U}_e$, sondern der wesentlich kleinere Wert $\underline{U}_e - \underline{U}_a = \underline{U}_e (1 - V_u)$ auftritt! Die Folge ist, daß der Signalstrom durch R_v gegenüber dem Fall mit wechselspannungsmäßig geerdetem Fußpunkt ebenfalls nur den $(1 - V_u)$-fachen Wert annimmt.

Das ist gleichbedeutend mit der Tatsache, daß R_v bezogen auf die Eingangsklemme 1 der Schaltung mit dem Faktor $1/(1 - V_u)$ dynamisch vergrößert erscheint! Falls die Signalspannung am Fußpunkt des Widerstandes R_v mit der Signalspannung am Punkt 1′ völlig übereinstimmt, fließt kein Signalstrom durch R_v, und R_v stellt vom Eingang her gesehen einen unendlich hohen dynamischen Widerstand dar, d. h., er belastet die Signalquelle nicht.

Der Eingangswiderstand zwischen 1 und Masse der Schaltung im Bild 3.15c beträgt

$$Z_{1\ldots0} = \frac{R_v}{1 - V_u} \parallel Z_e.$$

Auf diese Weise sind Eingangswiderstände von einigen Megaohm erreichbar [3].

Großsignalaussteuerung bei kapazitiver Last. Häufig wird der Emitterfolger als Pufferstufe zur Ankopplung einer niederohmigen Last an eine hochohmige Signalquelle verwendet (Kabelanpaßstufe, Leitungstreiber). Bei rechteckförmigen Eingangsimpulsen mit einer Amplitude oberhalb einiger Zehntel Volt beobachtet man bei größerer kapazitiver Last stark unterschiedliche Anstiegs- bzw. Abfallzeiten der Ausgangsimpulse. Sie werden dadurch verursacht, daß der Transistor bei der in Sperrichtung wirkenden Impulsflanke des Eingangsimpulses kurzzeitig gesperrt wird (Großsignalaussteuerung!). Durch die positive Flanke des Eingangsimpulses (t_1) wird die Lastkapazität C_L mit der relativ kleinen Zeitkonstanten

$$\tau_1 = C_L (R_L \parallel R_E \parallel R_a); \qquad R_a \approx R_G/\beta_0$$

aufgeladen (Bild 3.19). Der Transistor bleibt im aktiven Betriebsbereich. Im Gegensatz dazu sperrt die negative Flanke (t_2, t_3) den Transistor, weil bei großer Lastkapazität das Basispotential schneller sinkt als das Emitterpotential nachfolgen kann. Die Entladung der Lastkapazität C_L erfolgt deshalb mit der wesentlich größeren Zeitkonstanten

$$\tau_2 = C_L (R_L \parallel R_E).$$

Der beschriebene Effekt läßt sich durch einen komplementären Gegentaktemitterfolger vermeiden (Bild 3.19c). Bei dieser Schaltung werden sowohl die Anstiegs- als auch die Abfallflanke durch die kleine Zeitkonstante τ_1 bestimmt.

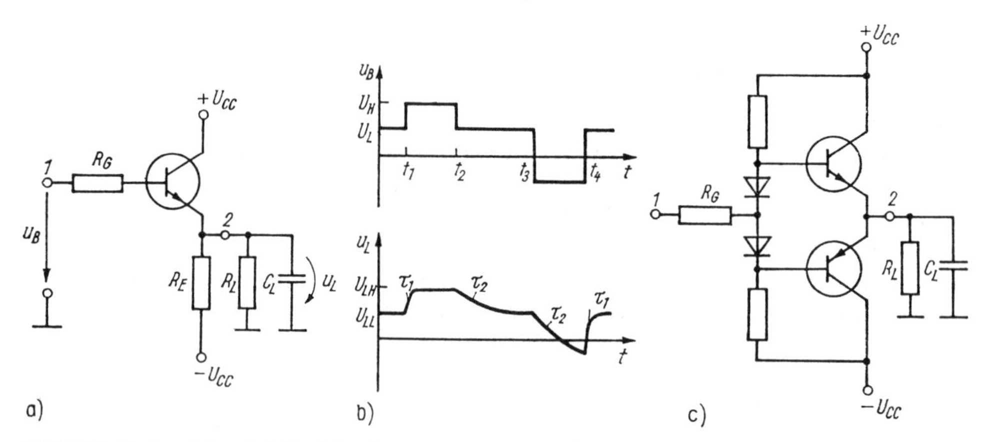

Bild 3.19. *Emitterfolger bei Großsignalaussteuerung mit Rechteckimpulsen*

a) Schaltung; b) Eingangs- und Ausgangsspannungsverlauf $U_{LH} = U_H - I_{BH}R_G - U_{BE}$; $U_{LL} = U_L - I_{BL}R_G - U_{BE}$; $U_{BE} \approx 0{,}7$ V (I_{BL}, I_{BH} Basisgleichstrom bei $u_B = U_L$ bzw. $u_B = U_H$); c) komplementärer Gegentaktemitterfolger

Bei genauer Analyse müßten wir bei dieser Rechnung die Arbeitspunktabhängigkeit der Transistorparameter β_0 und r_d berücksichtigen, denn bei einer Aussteuerung mit Eingangsspannungen im Voltbereich ändert sich der Emitterstrom während der Aussteuerung u. U. um mehr als eine Zehnerpotenz. In der Praxis genügt es jedoch meist, mit einer aussteuerungsunabhängigen mittleren Stromverstärkung β_0 zu rechnen und r_d zu vernachlässigen, weil oft $R_G \gg \beta_0 r_d$ gilt. Bei der Berechnung der Ausgangsspannung im eingeschwungenen Zustand (U_{LH}, U_{LL}) ist der Spannungsabfall des Basisgleichstroms am Vorwiderstand R_G zu berücksichtigen. Er hat bei den Eingangsspannungen U_H und U_L unterschiedliche Werte. Strenggenommen ist auch U_{BE} unterschiedlich (< einige Millivolt). Dieser Unterschied ist aber fast immer vernachlässigbar.

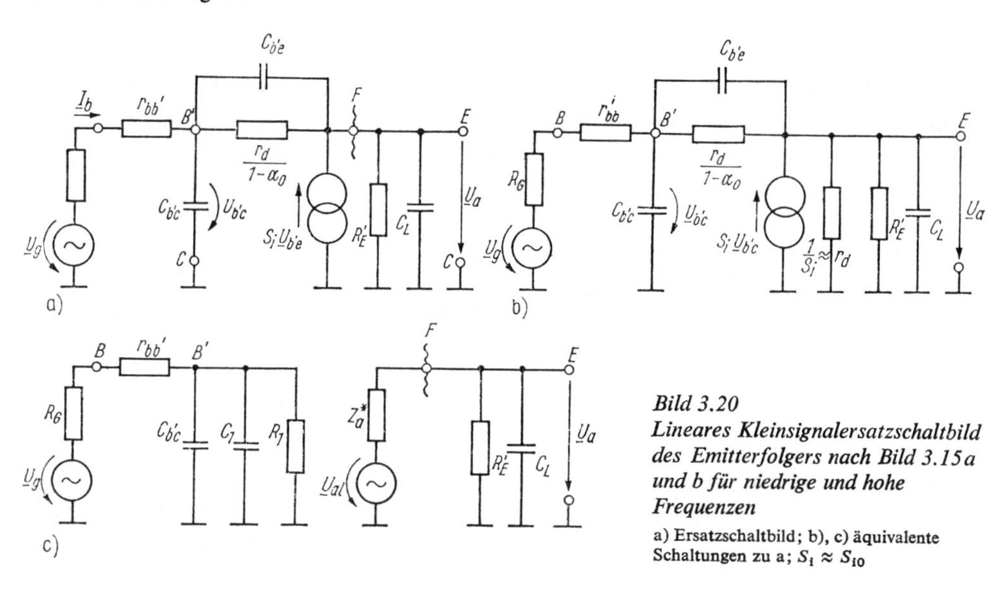

Bild 3.20
Lineares Kleinsignalersatzschaltbild des Emitterfolgers nach Bild 3.15a und b für niedrige und hohe Frequenzen

a) Ersatzschaltbild; b), c) äquivalente Schaltungen zu a; $S_1 \approx S_{10}$

3.5.3. Signalverstärkung bei hohen Frequenzen

Die obere Grenzfrequenz wird bei der Emitter- und Sourceschaltung meist durch die große „Miller-Kapazität" begrenzt (Abschn. 3.3.3.), die ihre Ursache darin hat, daß die Ausgangsspannung gegenphasig und wesentlich größer ist als die Eingangsspannung. Beim Emitter- und Sourcefolger liegt dagegen über der Kapazität zwischen Eingang und Ausgang eine wesentlich kleinere Signalspannung. Eine Kapazität zwischen Eingang und Ausgang wirkt sich erheblich verkleinert am Eingang aus (Bootstrap-Effekt). Das hat zur Folge, daß die obere Grenzfrequenz dieser Schaltungen nur bei sehr hochohmigen Signalquellen durch die Grenzfrequenz des Eingangskreises bestimmt wird.

Ersatzschaltbild. Das Wechselstromverhalten wird vom Kleinsignalersatzschaltbild im Bild 3.20a beschrieben. Zur bequemeren Handhabung wandeln wir es in das Bild 3.20b und anschließend in das Bild 3.20c um.

Für die Spannungsverstärkung folgt aus Bild 3.20b mit $\underline{U}_{b'e} = \underline{U}_{b'c} - \underline{U}_a$ und $R'_E = R_E \| R_L \| r_{ce}$

$$V^* \equiv \frac{\underline{U}_a}{\underline{U}_{b'c}} = V_0^* \frac{1 + pT_1}{1 + pT_2} \tag{3.26}$$

$$V_0^* = \frac{R'_E}{R'_E + r_d} \approx 1; \qquad T_1 = C_{b'e} r_d; \qquad T_2 = (R'_E \| r_d)(C_L + C_{b'e}).$$

Die Berechnung der Verstärkung und des Eingangswiderstandes vereinfachen sich erheblich, wenn wir uns auf Frequenzen $\omega T_2 \ll 1$ beschränken. Mit dieser Vereinfachung folgt aus (3.26)

$$1 - V^* = (1 - V_0^*) \frac{1 + pT^*}{1 + pT_2} \approx (1 - V_0^*)(1 + pT^*) \tag{3.27}$$

$$1 - V_0^* = \frac{r_d}{R'_E + r_d} \approx \frac{r_d}{R'_E}; \qquad T^* = \frac{T_2 - V_0^* T_1}{1 - V_0^*}.$$

Mit dem Ersatzschaltbild 3.20 lassen sich alle interessierenden Signalgrößen bis zu hohen Frequenzen berechnen.

Berechnungsbeispiel. Wir berechnen den Eingangs- und Ausgangswiderstand sowie die auf die Signalquelle bezogene Spannungsverstärkung des Emitterfolgers nach Bild 3.15a.

Eingangswiderstand. Der in den Transistor hineingemessene komplexe Leitwert $Y_{b'c}$ zwischen innerem Basisanschluß und Masse läßt sich mit Hilfe des Millerschen Theorems aus Bild 3.20a einfach berechnen. Er beträgt ($V^* = \underline{U}_a/\underline{U}_{b'c}$)

$$Y_{b'c} = pC_{b'c} + (1 - V_0^*)\left(pC_{b'e} + \frac{1 - \alpha_0}{r_d}\right).$$

Unter Verwendung der Näherung (3.27) schreiben wir mit $j\omega = p$

$$Y_{b'c} \approx \underbrace{(1 - V_0^*)\left(\frac{1 - \alpha_0}{r_d} - \omega^2 T^* C_{b'e}\right)}_{1/R_1} + j\omega\left[C_{b'c} + \underbrace{(1 - V_0^*)\left(C_{b'e} + T^* \frac{1 - \alpha_0}{r_d}\right)}_{C_1}\right]$$

$$Y_{b'c} \approx \frac{1}{R_1} + j\omega C_{b'c} + j\omega C_1.$$

Wenn wir uns auf den Fall $R'_E \gg r_d$, $C_L \gg C_{b'e}$ beschränken, können wir den Eingangswiderstand R_1 bzw. die Eingangskapazität C_1 im Bild 3.20c wie folgt vereinfachen:

$$C_1 \approx C_{b'e} \frac{r_d}{R'_E} + \frac{C_L}{\beta_0}; \qquad R_1 \approx \beta_0 R'_E \left\| \left(-\frac{1}{\omega^2 r_d C_{b'e} C_L}\right)\right..$$

Diese Gleichungen gelten im Frequenzbereich $\omega T_2 \ll 1$, d.h. für $\omega r_d C_L \ll 1$. Bedingt durch den Bootstrap-Effekt wird die zwischen innerem Basisanschluß und dem Emitter liegende Impedanz zum Eingangskreis hochtransformiert. Dadurch wird die Eingangskapazität zwischen B' und Masse bei kleiner Lastkapazität häufig durch $C_{b'c}$ bestimmt. Besonders bemerkenswert ist, daß R_1 bei höheren Frequenzen und bei großer Lastkapazität C_L negativ werden kann. Dadurch entsteht die Gefahr der Selbsterregung des Emitterfolgers.

Spannungsverstärkung. Die auf die Signalquelle bezogene Spannungsverstärkung beträgt $V_{ug} = \underline{U}_a/\underline{U}_g = V^*\underline{U}_{b'c}/\underline{U}_g$. Das Spannungsteilerverhältnis lautet

$$\frac{\underline{U}_{b'c}}{\underline{U}_g} = \frac{R_1}{R_G + r_{bb'} + R_1}\,\frac{1}{1 + pT_3} \tag{3.28}$$

mit $T_3 = [(R_G + r_{bb'}) \,||\, R_1](C_1 + C_{b'c})$.

Mit (3.28) und (3.26) folgt aus Bild 3.20b

$$V_{ug} = \frac{\underline{U}_a}{\underline{U}_g} = V^*\frac{\underline{U}_{b'c}}{\underline{U}_g} = V_0\,\frac{1 + pT_1}{(1 + pT_2)(1 + pT_3)}$$

$$V_0 = V_0^*\,\frac{R_1}{R_1 + R_G + r_{bb'}} = \frac{R_E'}{R_E' + r_d}\,\frac{R_1}{R_1 + R_G + r_{bb'}}.$$

Wir unterscheiden zwei Fälle und beschränken uns auf $T_1 \ll T_2, T_3$, d.h., wir vernachlässigen den Einfluß von T_1:

1. $T_2 > T_3$ (große Lastkapazität):
   Der Ausgangskreis bestimmt die obere Grenzfrequenz der Schaltung. Üblicherweise ist $S_{i0}R_E \gg 1$ und $C_L \gg C_2$.
   Dann gilt mit (3.26) für $C_L \gg C_{b'e}$ die einfache Beziehung

$$f_0 \approx \frac{1}{2\pi T_2} \approx \frac{1}{2\pi}\,\frac{1}{r_d C_L}. \tag{3.29}$$

2. $T_2 < T_3$ (kleine Lastkapazität, hoher Innenwiderstand der Signalquelle):
   Der Eingangskreis bestimmt die obere Grenzfrequenz der Schaltung. Bei Spannungssteuerung des Emitterfolgers ($R_G + r_{bb'} \ll R_1$) gilt unter der Voraussetzung $C_1 \ll C_{b'c}$

$$f_0 \approx \frac{1}{2\pi T_3} \approx \frac{1}{2\pi\,(R_G + r_{bb'})\,C_{b'c}}.$$

   Wie zu erwarten ist, ergibt Spannungssteuerung die höchste obere Grenzfrequenz. Der maximale Wert beträgt $f_0 \lessapprox 1/2\pi r_{bb}\,C_{b'c}$. Er ist gleich dem (theoretischen) Maximalwert. Das Produkt $r_{bb'}C_{b'c}$ ist eine wichtige Kenngröße des Transistors für sein Verhalten bei hohen Frequenzen.

Ausgangswiderstand. Analog zum Bild 3.18b stellen wir den Ausgangskreis durch das Spannungsersatzschaltbild dar. Zweckmäßigerweise betrachten wir den Punkt F als „Ausgangsklemme" des Emitterfolgers, d.h., wir beziehen r_{ce} und R_E mit in den äußeren Lastwiderstand ein. Die Leerlaufspannung $\underline{U}_{al}$ ergibt sich unter diesen Voraussetzungen aus Bild 3.20a zu

$$\underline{U}_{al} = \frac{\underline{U}_g}{1 + pC_{b'c}(R_G + r_{bb'})}.$$

Den Ausgangswiderstand Z_a^* des Emitterfolgers berechnen wir wieder als Quotient aus Leerlaufspannung und Kurzschlußstrom. Die Berechnung des Kurzschlußstroms vereinfachen wir dadurch, daß wir den über die zwischen B' und E liegenden Elemente direkt zum Ausgang fließenden Strom gegenüber $S_{i0}\underline{U}_{b'e}$ vernachlässigen. Das ist erlaubt für $S_{i0} \gg |(1/\beta_0 r_d) + j\omega C_{b'e}|$. Es ergibt sich

$$\underline{I}_{ak}\,\frac{\underline{U}_g}{r_d + \dfrac{R_G + r_{bb'}}{\beta_0}}\,\frac{1}{1 + pT'}$$

$$T' = [(R_G + r_{bb'}) \,||\, \beta_0 r_d](C_{b'c} + C_{b'e}).$$

Schließlich erhalten wir den Ausgangswiderstand zu

$$Z_a = \frac{\underline{U}_{al}}{\underline{I}_a} \approx \frac{1 + pT'}{1 + pC_{b'c}(R_G + r_{bb'})}\left(r_d + \frac{R_G + r_{bb'}}{\beta_0}\right).$$

3.6. Sourcefolger (Drainschaltung)

Der Sourcefolger hat ähnliche Eigenschaften wie der Emitterfolger. Sein Eingangswiderstand ist wesentlich größer ($> 10^7 \dots 10^{12}\,\Omega$), jedoch auch – bedingt durch die relativ kleine Steilheit der FET – sein Ausgangswiderstand (einige $100\,\Omega$). Gegenüber der Sourceschaltung hat er eine wesentlich kleinere Eingangskapazität (Wegfall des Miller-Effekts) und dadurch höhere obere Grenzfrequenz.

Die Ausgangsspannung folgt mit einer Pegelverschiebung von U_{GS} (wenige Volt) der Eingangsspannung.

Anwendungsgebiete sind Impedanzwandler für sehr hochohmige Signalquellen und Tastköpfe für Oszillografen und andere Meßgeräte. Eine verbesserte Sourcefolgerschaltung läßt sich durch die Kombination eines FET mit einem Bipolartransistor realisieren (vgl. Abschn. 3.9.2.).

3.6.1. Statisches Verhalten. Bootstrap-Prinzip

Für die Arbeitspunkteinstellung gelten die Betrachtungen im Abschnitt 2.2. Damit das Gatepotential möglichst unabhängig von Änderungen des Gatestroms bleibt, muß der Spannungsteilerquerstrom im Bild 3.21 a wesentlich größer sein als der Eingangsstrom des FET. Sehr hochohmige Widerstände rauschen stark und haben nur geringe Langzeitstabilität. Deshalb dimensioniert man die Widerstände R_1, R_2 in der Regel nicht größer als $1 \dots 50\,M\Omega$. Die Folge ist ein relativ niedriger Eingangswiderstand des Sourcefolgers. Durch Anwendung des Bootstrap-Prinzips analog zum Bild 3.15 c kann der differentielle Eingangswiderstand um etwa zwei Größenordnungen vergrößert werden.

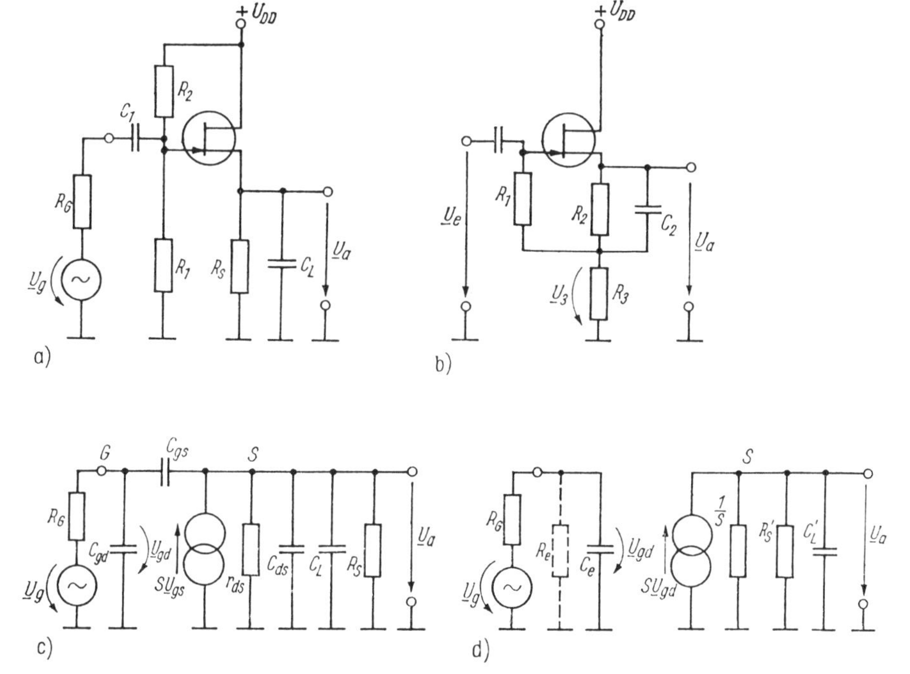

Bild 3.21. Sourcefolger

a) übliche Schaltung; b) Schaltung mit Bootstrap; c) Kleinsignalersatzschaltbild zu a; $(R_1 \| R_2) \gg R_G$ vorausgesetzt; C_1 als Wechselstromkurzschluß angenommen; d) äquivalente Schaltung zu c) für $\omega C_{gs} \ll S$, $R_S' = R_S \| r_{ds}$, $C_L' = C_L + C_{ds}$

Bei Sourcefolgern mit selbstleitenden FET ist die Schaltung nach Bild 3.21 b möglich. Die Gate-Source-Spannung beträgt $U_{GS} \approx I_S R_2$. Bei der Dimensionierung der Schaltung wählt man zunächst $I_S \approx I_D$ (I_D beeinflußt die Steilheit S und damit V_u und Z_a!), entnimmt dann aus dem Eingangskennlinienfeld die zugehörige Spannung U_{GS} und berechnet anschließend R_2. Wenn die Schaltung mit möglichst großen Signalen symmetrisch aussteuerbar sein soll, wird der Arbeitspunkt so gewählt, daß das Sourcepotential ohne Aussteuerung $\approx U_{DD}/2$ beträgt. Über R_3 tritt dann der Spannungsabfall $I_S R_3 = (U_{DD}/2) + U_{GS}$ auf. Hieraus läßt sich R_3 berechnen. Damit die volle Ausgangssignalspannung $\underline{U}_a$ auf den Fußpunkt von R_1 gekoppelt wird (im Interesse möglichst hoher dynamischer Vergrößerung von R_1), ist R_2 kapazitiv überbrückt. Der Widerstand R_1 erscheint, bezogen auf die Eingangsklemme, um den Faktor $1/(1 - V_u^*)$ vergrößert ($V_u^* = \underline{U}_3/\underline{U}_e \approx V_u = \underline{U}_a/\underline{U}_e$).

3.6.2. Signalverstärkung bei niedrigen und hohen Frequenzen

Ersatzschaltbild. Zweckmäßigerweise wandeln wir das Kleinsignalersatzschaltbild (Bild 3.21 c) der Schaltung von Bild 3.21 a durch Anwenden des Millerschen Theorems auf die Kapazität C_{gs} sowie durch Umrechnen der Steuergröße der gesteuerten Quelle mit Hilfe des Teilungssatzes für Stromquellen und des Substitutionssatzes in die übersichtlichere Ersatzschaltung nach Bild 3.21 d um. Ihr entnehmen wir

$$V_{ug} = \frac{\underline{U}_a}{\underline{U}_g} = \frac{\underline{U}_a}{\underline{U}_{gd}} \frac{\underline{U}_{gd}}{\underline{U}_a} = V^* \frac{\underline{U}_{gd}}{\underline{U}_g}. \tag{3.30}$$

Die Verstärkung V^* läßt sich aus Bild 3.21 c berechnen. Unter Vernachlässigung der direkten Signalübertragung vom Eingang zum Ausgang über C_{gs}, d. h. für $\omega C_{gs} \ll S$ mit den Abkürzungen $R'_S = R_S \parallel r_{ds}$ und $C''_L = C_L + C_{ds} + C_{gs}$ erhält man

$$V^* = \frac{V_0^*}{1 + pT^*} \qquad V_0^* = \frac{SR'_S}{1 + SR'_S}; \qquad T^* = \frac{C''_L R'_S}{1 + SR'_S}. \tag{3.31}$$

Eingangswiderstand. Zur Berechnung des Spannungsteilerverhältnisses $\underline{U}_{gd}/\underline{U}_g$ müssen wir den (komplexen) Eingangsleitwert des FET kennen. Bekanntlich wirkt sich nach dem Millerschen Theorem die Kapazität C_{gs} wie ein parallel zum Eingang wirksamer Leitwert $Y_{gd} = j\omega C_{gs}(1 - V^*)$ aus. Aus (3.30) folgt für $\omega T^* \ll 1$ die Näherung

$$1 - V^* \approx 1 - V_0^* + pT^*.$$

Mit dieser Näherung ergibt sich

$$Y_{gd} \approx j\omega C_{gd} + j\omega C_{gs}(1 - V_0^*) - \omega^2 T^* C_{gs} = j\omega C_e + (1/R_e).$$

Die Eingangskapazität beträgt

$$C_e \approx C_{gd} + C_{gs}(1 - V_0^*) = \frac{C_{gs}}{1 + SR'_S} + C_{gd}.$$

Da C_{gs} und C_{gd} in gleicher Größenordnung liegen und $SR'_S \gg 1$ ist, beträgt die Eingangskapazität eines Sourcefolgers in guter Näherung $C_e \approx C_{gd}$. Sie ist also wesentlich kleiner als die der Sourceschaltung. Das bedingt eine höhere obere Grenzfrequenz des Sourcefolgers, falls nicht der Ausgangskreis die obere Grenzfrequenz bestimmt.

Bei hohen Frequenzen macht sich zusätzlich ein negativer (!) reeller Widerstand R_e bemerkbar, der parallel zu C_e liegt:

$$\frac{1}{R_e} \approx -\omega^2 T^* C_{gs} \approx -\omega^2 \frac{C''_L C_{gs}}{S} \quad \text{für} \quad SR'_S \gg 1. \tag{3.32}$$

Spannungsverstärkung. Unter Berücksichtigung von C_e und R_e ergibt sich aus Bild 3.21 d für das Spannungsteilerverhältnis

$$\frac{\underline{U}_{gd}}{\underline{U}_g} = \frac{1}{1 + (R_G/R_e)} \frac{1}{1 + pT_1}; \quad T_1 = C_e (R_G \| R_e) \tag{3.33}$$

und schließlich unter Verwendung von (3.30) und (3.31) die Spannungsverstärkung

$$V_{ug} = \frac{V_0}{(1 + pT^*)(1 + pT_1)}; \quad V_0 = \frac{V_0^*}{1 + (R_G/R_e)}.$$

Wir stellen fest:

1. $T^* > T_1$ (große Lastkapazität):
   Der Ausgangskreis bestimmt die obere Grenzfrequenz der Schaltung. Für $C_L \gg C_{ds} + C_{gs}$ und für $SR'_S \gg 1$ gilt die einfache Beziehung

   $$f_0 \approx \frac{1}{2\pi T^*} \approx \frac{1}{2\pi} \frac{S}{C_L}.$$

   Sie ist identisch mit der oberen Grenzfrequenz des Emitterfolgers (vgl. (3.29); $r_d \approx 1/S_{i0}$). Da die Steilheit von FET wesentlich kleiner ist als die von Bipolartransistoren, ist auch die obere Grenzfrequenz des Sourcefolgers bei vergleichbarer Lastkapazität wesentlich kleiner, falls der Ausgangskreis die Grenzfrequenz bestimmt.
2. $T^* < T_1$ (kleine Lastkapazität, hoher Innenwiderstand der Signalquelle):
   Der Eingangskreis bestimmt die obere Grenzfrequenz der Schaltung. In der Regel gelten $|R_e| \gg R_G$ und $C_e \approx C_{gd}$. Dann können wir schreiben

   $$f_0 \approx \frac{1}{2\pi T_1} \approx \frac{1}{2\pi} \frac{1}{R_G C_{gd}}.$$

   Wie auch bei allen anderen bisher behandelten Schaltungen tritt bei Spannungssteuerung die höchste obere Grenzfrequenz auf.

Hinweis. Bei der Ableitung von (3.32) erkannten wir, daß bei hohen Frequenzen ein negativer reeller Widerstand zwischen Gate und Masse auftritt. Wie aus (3.33) erkennbar ist, besteht die Gefahr der Instabilität. Es tritt Selbsterregung auf, falls $|R_e|$ kleiner ist als R_G. Beim Anschalten großer Lastkapazitäten an den Sourcefolger schaltet man zweckmäßigerweise einen ohmschen Widerstand in Reihe zum Ausgang der Schaltung. Das wirkt wie eine Verkleinerung von C''_L und erhöht gemäß (3.32) $|R_e|$. Dadurch verringert sich die Gefahr der Selbsterregung.

Ausgangswiderstand. Wir beschränken uns auf niedrige Frequenzen und berechnen den Ausgangswiderstand Z_a (R'_S und C'_L abgetrennt) als Quotient aus Ausgangsleerlaufspannung und Ausgangskurzschlußstrom. Die Ausgangsleerlaufspannung beträgt $\underline{U}_{al} = \underline{U}_{gd}$, der Kurzschlußstrom beträgt $\underline{I}_{ak} = S\underline{U}_{gd}$. Der Ausgangswiderstand beträgt deshalb

$$Z_a = \underline{U}_{al}/\underline{I}_{ak} = 1/S.$$

Diese Beziehung gilt für $R_G \ll 1/\omega C_e$, weil wir sowohl für $\underline{U}_{a1}$ als auch für $\underline{I}_{ak}$ die gleiche Spannung $\underline{U}_{gd}$ zugrunde legten. Der Ausgangswiderstand ist wesentlich größer als beim Emitterfolger. Zahlenbeispiel: $R_a = 500\ \Omega$ bei $S = 2$ mA/V.

3.7. Basisschaltung

Infolge ihres niedrigen Eingangswiderstandes wird die Basisschaltung bei niedrigen Frequenzen relativ selten angewendet. Ihre Vorteile liegen vor allem bei der Verarbeitung hoher Frequenzen (Wegfall der Miller-Kapazität, niedriger Eingangswiderstand ergibt hohe Grenzfrequenz des Eingangskreises). Der Zusammenhang zwischen I_C und I_E ist im Gegensatz zur Abhängigkeit $I_C(U_{BE})$ weitgehend linear. Deshalb treten bei der für die Basisschaltung typischen Stromsteuerung (Innenwiderstand der Signalquelle sehr groß gegenüber Eingangswiderstand der Basisschaltung) sehr geringe nichtlineare Verzerrungen auf, und der Stromaussteuerbereich ist sehr groß. Die Amplitude des Emittersignalstroms kann nahezu so groß gewählt werden wie der Emitterruhestrom im Arbeitspunkt.

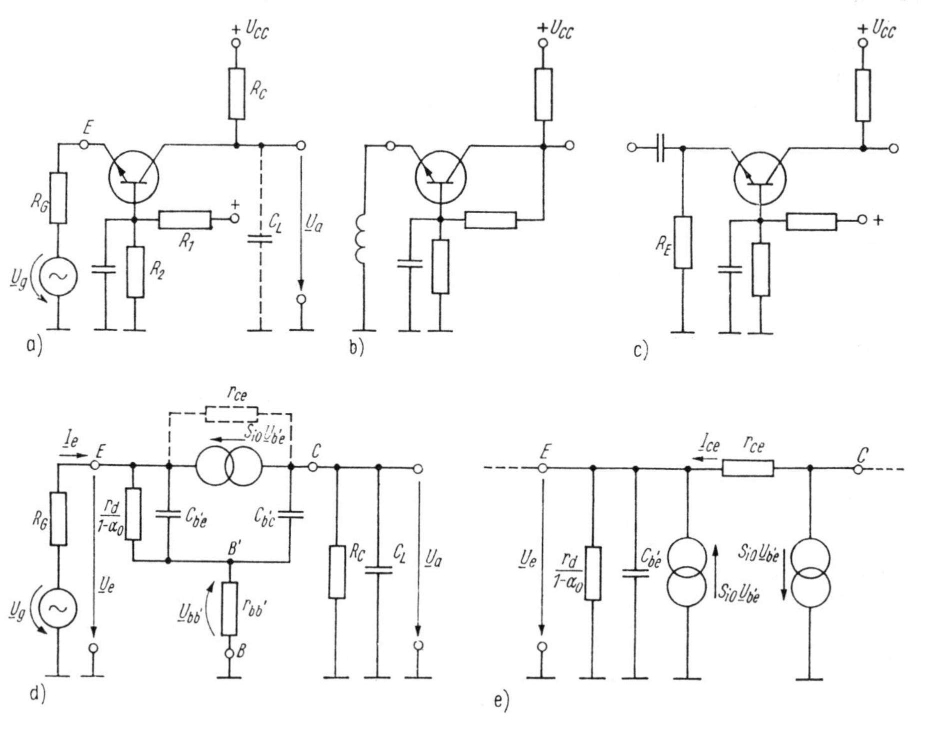

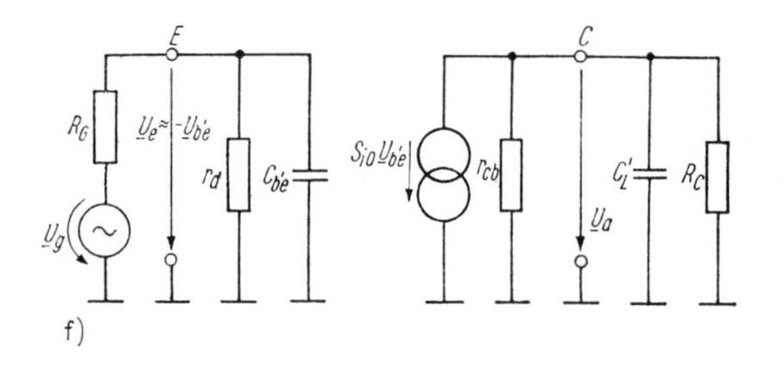

Bild 3.22
Basisschaltung

a) typische Schaltung; b) Arbeitspunktstabilisierung durch Gleichspannungsgegenkopplung; c) Arbeitspunktstabilisierung durch Gleichstromgegenkopplung; d) Kleinsignalersatzschaltbild zu a); e) äquivalente Schaltung zu d) bei Vernachlässigung von $r_{bb'}$ (Anwenden des Teilungssatzes für Stromquellen); f) näherungsweise äquivalente Schaltung zu e)

3.7.1. Statisches Verhalten. Aussteuerbereich

Das statische Verhalten und die Arbeitspunkteinstellung entsprechen weitgehend der Emitterschaltung. Der Arbeitspunkt läßt sich am einfachsten dadurch einstellen, daß ein definierter Emittergleichstrom eingespeist wird, z. B. mittels einer „Konstantstromquelle". Eine weitere Möglichkeit ist die Gleichspannungsgegenkopplung nach Bild 3.22b. Ein Widerstand in Reihe zum Emitter verursacht eine Stromgegenkopplung (Bild 3.22a und c).

3.7.2. Kleinsignalverhalten bei niedrigen und hohen Frequenzen

Da die Eingangssignalspannung wie bei der Emitterschaltung zwischen Basis und Emitter anliegt (jedoch mit entgegengesetzter Polarität) und das Ausgangssignal am Kollektor abgenommen wird, ergibt bereits eine einfache Überlegung, daß sich der Betrag der auf die Transistorklemmen bezogenen Spannungsverstärkung $V_u = \underline{U}_a/\underline{U}_e$ gegenüber der Emitterschaltung nicht unterscheidet. Lediglich das Vorzeichen von V_u ist entgegengesetzt.
Ersatzschaltbild. Mit Ausnahme sehr hoher Frequenzen ist der Spannungsabfall $\underline{U}_{bb'}$ gegenüber $\underline{U}_a$ und $\underline{U}_g$ vernachlässigbar. Wir beschränken uns auf diesen Fall und vernachlässigen den Einfluß von $r_{bb'}$ (die Transistorrückwirkung bei niedrigen Frequenzen wird durch r_{ce} erfaßt). Aus Bild 3.22d folgt dann nach Anwenden des Teilungssatzes für Stromquellen Bild 3.22e. Den Überbrückungswiderstand r_{ce} beseitigen wir, indem wir seinen Einfluß auf den Eingangswiderstand außer acht lassen (unter der Voraussetzung $|\underline{U}_a| \gg |\underline{U}_e|$ ist das für $\underline{I}_{ce} \approx \underline{U}_a/r_{ce} \ll \underline{U}_e(r_d^{-1} + pC_{b'e})$ gut erfüllt) und den Ausgangskreis in das Stromersatzschaltbild des aktiven Zweipols umwandeln (Bild 3.22f); die gesteuerte Stromquelle $S_{i0}\underline{U}_{b'e}$ im Eingangskreis von Bild 3.22e läßt sich nach Abschnitt 1.3. durch den Leitwert $S_{i0} = \alpha_0/r_d$ ersetzen, so daß der gesamte Eingangsleitwert $(1 - \alpha_0)/r_d + \alpha_0/r_d = 1/r_d$ beträgt.
Spannungsverstärkung. Für die auf die Signalquelle bezogene Spannungsverstärkung erhalten wir aus Bild 3.22f mit $R'_C = R_C \| r_{cb}$

$$V_{ug} = \frac{\underline{U}_a}{\underline{U}_g} = \frac{\underline{U}_a}{\underline{U}_{b'e}} \frac{\underline{U}_{b'e}}{\underline{U}_g} = \frac{V_0}{(1 + pT_1)(1 + pT_2)}$$

mit

$$V_0 = \frac{\alpha_0 R'_C}{R_G + r_d}; \qquad T_1 = R'_C C'_L; \qquad T_2 = (R_G \| r_d)\, C_{b'e}.$$

Wie zu erwarten war, bestimmt bei größerer kapazitiver Last der Ausgangskreis, bei kleiner kapazitiver Last der Eingangskreis die obere Grenzfrequenz. Die Basisschaltung hat nicht nur bei Spannungssteuerung, sondern auch bei Stromsteuerung eine hohe obere Grenzfrequenz ($f_0 = 1/2\pi T_2 = 1/2\pi r_d C_{b'e} \approx \omega_\alpha/2\pi$ bei Stromsteuerung). Solange sie nicht durch den Ausgangskreis verringert wird, ist sie mit der Grenzfrequenz f_α des verwendeten Transistors identisch.

Der entscheidende Vorteil der Basisschaltung gegenüber der Emitterschaltung ist, daß sich die Kapazität $C_{b'c}$ nicht nachteilig auf die Grenzfrequenz des Eingangskreises (Miller-Effekt) und auf die dynamische Stabilität der Schaltung auswirkt. Deshalb eignet sich diese Schaltung besonders gut in Selektivverstärkern für hohe Frequenzen.

Infolge des niedrigen Eingangswiderstandes der Basisschaltung sinkt die auf die Signalquelle bezogene Spannungsverstärkung V_{ug} stark ab, falls nicht $R_G \ll r_d$ gilt. Bei üblichen

Arbeitspunkten ist der Eingangswiderstand der Basisschaltung so klein, daß die Schaltung häufig stromgesteuert betrieben wird (Beispiel: $I_C = 1\,\text{mA} \rightarrow r_d = U_T/I_E \approx 30\,\Omega$).

Die Verstärkung V_0 hat hierbei den gleichen Wert wie bei der Emitterschaltung mit Stromgegenkopplung.

Stromverstärkung. Bei nicht zu hochohmigem Lastwiderstand (mit Sicherheit für $R_C \ll r_{ce}$) arbeitet der Ausgangskreis der Basisschaltung im Kurzschluß, und es gilt der vom Transistor bekannte Zusammenhang $\underline{I}_c \approx \alpha \underline{I}_e \approx \underline{I}_e$. Im gesamten Frequenzbereich $f \ll f_\alpha$ können wir $\alpha \approx \alpha_0$ als frequenzunabhängig betrachten.

Eingangswiderstand. In guter Näherung wird der Eingangswiderstand durch die Parallelkombination r_d, $C_{b'e}$ bestimmt. Bei niedrigen Frequenzen beträgt er $Z_e \approx r_d$; er ist damit sehr klein ($r_d = U_T/I_E$) und arbeitspunktabhängig.

Ausgangswiderstand bei niedrigen Frequenzen. Der zwischen Kollektor und Masse auftretende Ausgangswiderstand der Basisschaltung unterscheidet sich nicht gegenüber dem Ausgangswiderstand der Emitterschaltung mit Stromgegenkopplungswiderstand, wie sich durch Vergleich der Bilder 3.22a und 3.4a leicht nachweisen läßt (Signalquelle im Eingangskreis Null setzen!). Wir können daher das Ergebnis von (3.15) übernehmen. Für $\beta_0 \gg 1$ und $r_{ce} \gg R_G$ gilt

$$r_{cb} \approx r_{ce}\left[1 + \frac{\beta_0 R_G}{R_G + r_{be}}\right].$$

3.8. Darlington-Schaltung

Der Eingangswiderstand von Verstärkerstufen soll möglichst groß sein, damit eine geringe Steuerleistung erforderlich ist und eine hohe Leistungsverstärkung auftritt. Das ist vor allem bei Endstufen mit großem Ausgangsstrom wichtig. Der Eingangswiderstand von Bipolarschaltungen, die an der Basis angesteuert werden (Emitterschaltung, Emitterfolger, Differenzverstärker), ist näherungsweise proportional zum Stromverstärkungsfaktor β. Deshalb sind Transistoren mit großem Stromverstärkungsfaktor günstig.

Durch Kombination mehrerer Transistoren in Form einer Darlington-Schaltung (Bild 3.23) erhält man einen „Ersatztransistor", dessen Stromverstärkungsfaktor näherungsweise das Produkt der Einzelstromverstärkungen ist. Im Bild 3.23a wirkt T_1 als

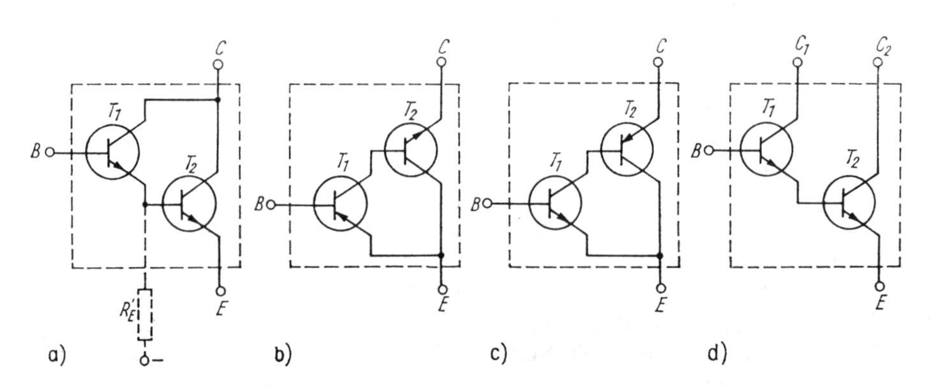

Bild 3.23. Darlington-Schaltungen

a) Standardschaltung; b), c) Komplementär-Darlington-Stufen; d) Schaltung ähnlich a)
Hinweis: Auch bei Schaltung b kann der Kollektor – wie bei d – getrennt herausgeführt werden

Emitterfolger. Der Eingangswiderstand von T_2 (sowie der evtl. parallelliegende Widerstand R'_E) wirken als Lastwiderstand.

Die Darlington-Schaltung wird überall dort eingesetzt, wo sich ihr sehr großer Stromverstärkungsfaktor besonders vorteilhaft auswirkt und die größere Basis-Emitter-Spannung ($\approx 2 \cdot 0{,}7$ V) sowie die dadurch bedingte größere Drift nicht stört. Beispiele sind Darlington-Emitterfolger, Differenzverstärker mit Darlington-Stufen, Endstufen mit großem Ausgangsstrom (NF-Verstärker, geregelte Stromversorgungen).

Es gibt mehrere Möglichkeiten, um zwei oder mehr Transistoren zu Darlington-Schaltungen zu kombinieren. Wir beschränken uns auf die verbreitetsten Schaltungen nach Bild 3.23. Darüber hinaus sind Kombinationen aus FET und Bipolartransistoren möglich und z.T. recht vorteilhaft.

Statisches Verhalten. Wir berechnen den Zusammenhang zwischen dem Ausgangsstrom I_C und dem Eingangsstrom $I_B = I_{B1}$ für die Schaltung im Bild 3.23a. Für $R'_E \to \infty$ gilt

$$I_{C1} = B_{N1}I_{B1} + I_{CE01} \quad \text{und} \quad I_{C2} = B_{N2}I_{E1} + I_{CE02}$$

$$I_C = I_{C1} + I_{C2} = B_{N1}I_{B1} + I_{CE01} + B_{N2}I_{E1} + I_{CE02}. \tag{3.34}$$

Der Tafel 1.3 entnehmen wir den Zusammenhang $I_{E1} = (I_{B1} + I_{CB01})/(1 - A_N)$, den wir in (3.34) einsetzen. Mit $B_{N1}, B_{N2} \gg 1$ erhalten wir

$$I_C \approx B_{N1}B_{N2}(I_{B1} + I_{CB01}) + I_{CE02}.$$

Die Darlington-Schaltung hat einen wesentlich höheren Reststrom I_{CE0} als ein einzelner Transistor, weil der Reststrom des Transistors T_1 vom zweiten Transistor verstärkt wird. Bei einer dreistufigen Darlington-Schaltung wird der Reststrom vom dritten Transistor nochmals verstärkt. Aus diesem Grunde sind Darlington-Schaltungen mit mehr als drei Transistoren selten.

Da die Emitterdioden der beiden Transistoren im Bild 3.23a in Reihe liegen, sind die Basis-Emitter-Gleichspannungen und deren Drift etwa doppelt so groß als bei einem Einzeltransistor.

Oft ist es zweckmäßig, den Ruhestrom des ersten Transistors größer zu wählen als I_{B2}, besonders bei der Verstärkung höherer Frequenzen (damit die Steilheit größer wird). Das läßt sich durch zusätzliches Einspeisen eines Gleichstroms in den Emitter von T_1 mittels einer zusätzlichen Stromquelle oder mit einem Widerstand R'_E erreichen. Natürlich muß R'_E groß gegenüber r_{be2} sein, damit möglichst der gesamte Signalstrom $\underline{I}_{e1}$ in die Basis von T_2 fließt (Konstantstromquelle).

Lineares Kleinsignalverhalten bei niedrigen Frequenzen. Wir betrachten die Schaltung nach Bild 3.23a und beschränken uns auf niedrige Frequenzen. Aus Bild 3.24a können wir die wesentlichen Kenngrößen ableiten (r_{ce1} vernachlässigt). Der Ausgangskurzschlußstrom beträgt $\underline{I}_{ck} = \beta_1\underline{I}_b - \beta_2\underline{I}_{e1}$. Der Emitterstrom des ersten Transistors hat die Größe $-\underline{I}_{e1} = (1 + \beta_1)\underline{I}_b$. Folglich gilt für den Ausgangskurzschlußstrom des „Ersatztransistors“

$$\underline{I}_{ck} = \beta_1\underline{I}_b + \beta_2(1 + \beta_1)\underline{I}_b \approx \beta_1\beta_2\underline{I}_b = \beta_{ges}\underline{I}_b.$$

Der Stromverstärkungsfaktor des Ersatztransistors ist also das Produkt beider Stromverstärkungsfaktoren β_1 und β_2. Das ist die vorteilhafteste Eigenschaft der Darlington-Schaltung. Aus Bild 3.24a folgt weiter, daß r_{be2} mit dem Faktor $(1 + \beta_1)$ zum Eingang hochtransformiert wird. Die Vierpolparameter des Transistors lauten

$$h_{11e} = r_{be1} + (1 + \beta_1)\, r_{be2}$$

$$h_{12e} = 0 \quad \text{(infolge Vernachlässigung)}$$

$$h_{21e} \approx \beta_1 \beta_2$$

$$h_{22e}^{-1} \approx r_{ce2}.$$

Bei Vernachlässigung des Basisbahnwiderstandes gilt

$$r_{be1} \approx \beta_1\, (U_T/I_{E1}) \quad \text{und} \quad r_{be2} \approx \beta_2\, (U_T/I_{E2}) \approx (\beta_2/\beta_1)\, (U_T/I_{E1}).$$

Wenn die Stromverstärkungsfaktoren β_1 und β_2 gleich sind, ergibt sich für den Eingangswiderstand des Ersatztransistors die einfache Beziehung $h_{11e} \approx 2r_{be1}$, denn zwischen r_{be1} und r_{be2} gilt der Zusammenhang $r_{be2} \approx r_{be1}/\beta_1$.

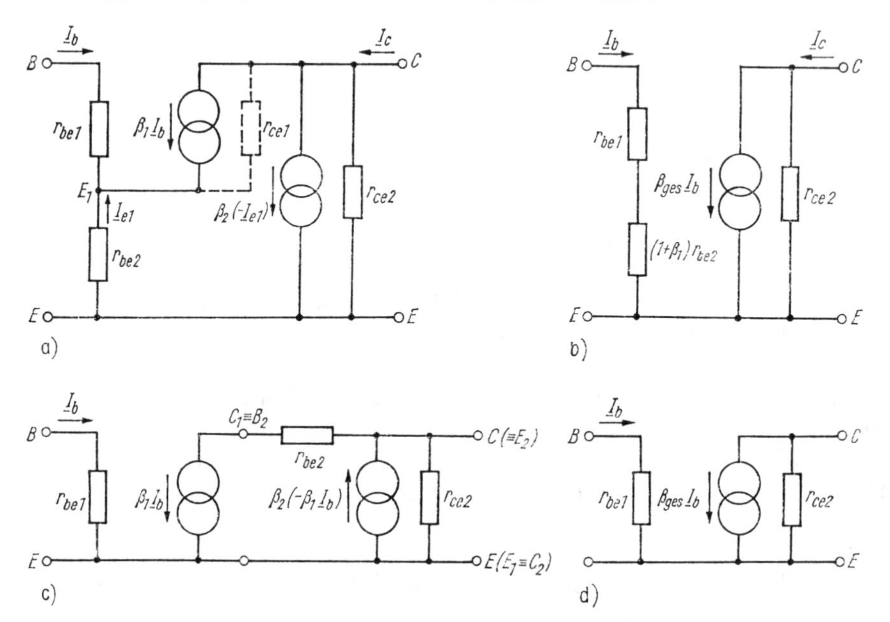

Bild 3.24. Kleinsignalersatzschaltbilder der Darlington-Schaltungen

a) Ersatzschaltbild zu Bild 3.23a; b) äquivalente Schaltung zu a); c) Ersatzschaltbild zu Bild 3.23b und c); d) äquivalente Schaltung zu c) ($\beta_{ges} = \beta_1 (1 + \beta_2) \approx \beta_1 \beta_2$)

Interessanterweise ist die Steilheit der Darlington-Schaltung nicht größer als die eines Einzeltransistors. Aus der Vierpolumwandlung zwischen h- und y-Parametern folgt $S \equiv y_{21e} = (h_{21e}/h_{11e})$. Für den Spezialfall $\beta_1 \approx \beta_2$ ist die Steilheit des Ersatztransistors nur halb so groß wie die des Transistors T_2

$$S \approx \frac{\beta_1 \beta_2}{2r_{be1}} \approx \frac{\beta_1 \beta_2}{2\beta_1 r_{be2}} \approx \frac{1}{2r_{d2}} \approx \frac{S_2}{2}.$$

Beim Einsatz der Darlington-Schaltung nach Bild 3.23a in einer Emitterschaltung würde man bei Spannungssteuerung am Eingang eine kleinere Spannungsverstärkung erhalten als mit einem einzigen Transistor bei gleichem Arbeitspunkt, weil nach (3.3) die Spannungsverstärkung proportional zur Steilheit ist.

Aus Bild 3.24c lesen wir ab, daß der Kollektorstrom von T_1 gegenüber dem des Transistors T_2 vernachlässigbar ist. Aus dieser Tatsache folgt die Erkenntnis, daß es nicht zwingend notwendig ist, beide Kollektoranschlüsse miteinander zu verbinden. C_1 und C_2 können auch an unterschiedliche Potentiale angeschlossen werden. Auch die Schaltung im Bild 3.23d ist eine Darlington-Schaltung mit praktisch gleichen Eigenschaften wie die Schaltung im Bild 3.23a.

Komplementär-Darlington-Schaltungen. In Gegentaktendstufen benötigt man häufig zwei komplementäre Leistungstransistoren. Nicht immer stehen geeignete Typen zur Verfügung. Beispielsweise lassen sich Si-npn-Leistungstransistoren billiger herstellen und leichter integrieren als entsprechende pnp-Typen. Der pnp-Leistungstransistor läßt sich durch eine Komplementär-Darlington-Schaltung ersetzen, die sich wie ein „pnp-Ersatztransistor" verhält (Bild 3.23b). In dieser Schaltung ist der Leistungstransistor ein npn-Typ. Lediglich der Treibertransistor, der jedoch nur für etwa die $1/\beta_2$-fache Verlustleistung ausgelegt werden muß, ist ein pnp-Transistor.

Ein Vergleich zwischen dem Kleinsignalersatzschaltbild der Komplementär-Darlington-Schaltung (Bild 3.24c) mit Bild 3.24a, b zeigt, daß die Komplementär-Darlington-Schaltungen praktisch gleiches Signalverhalten zeigen wie die Schaltung nach Bild 3.23a. Ein geringer Unterschied betrifft den Eingangskreis: Zwischen dem Basis- und Emitteranschluß des Ersatztransistors liegt nur *ein* pn-Übergang. Folglich werden die Basis-Emitter-Spannung, deren Drift und der differentielle Eingangswiderstand von T_1 bestimmt. Bemerkenswert ist, daß der Emitteranschluß des Transistors T_2 als Kollektor des Ersatztransistors wirkt, wie sich eindeutig aus Bild 3.24c ergibt.

3.9. Spezielle Schaltungen

3.9.1. Kaskodeschaltung

Prinzip. Bei der Kaskodeschaltung sitzen zwei Transistoren „übereinander" (in Kaskade). Sie kann mit Bipolartransistoren, FET oder gemischt realisiert werden. In der Kaskodeschaltung mit Bipolartransistoren (Bild 3.25) werden der Eingangstransistor in Emitterschaltung und der Ausgangstransistor in Basisschaltung betrieben. Der Arbeitspunkt beider Transistoren wird mittels des Spannungsteilers R_1, R_2 eingestellt. Das Basispotential des Ausgangstransistors T_2 muß mindestens so groß sein, daß T_1 im aktiven Bereich arbeitet ($U_{CE1} \gtrapprox 1$ V), denn das Kollektorpotential von T_1 ist etwa 0,7 V negativer als das Basispotential von T_2.

Der Ausgangstransistor T_2 wird durch den Ausgangsstrom (Kollektorstrom) von T_1 angesteuert. Das Basispotential von T_2 muß auch während der Aussteuerung konstant bleiben (Basisschaltung!). Dazu dient im Bild 3.25a der Abblockkondensator C_B.

Der Vorteil der Kaskodeschaltung liegt bei der Verstärkung hoher Frequenzen. T_2 verhindert Rückwirkungen des Ausgangskreises auf den Eingang der Schaltung.

Die Spannungsverstärkung der Kaskodeschaltung hat etwa den gleichen Wert wie die der Emitterschaltung bei gleichem Lastwiderstand R_C. Im Gegensatz zur Emitterschaltung tritt aber keine große Miller-Kapazität im Eingangskreis auf, weil die Spannungsverstärkung des Eingangstransistors sehr klein ist ($V_{u1} \approx 1$). Dadurch erreicht die obere Grenzfrequenz bei Spannungssteuerung nahezu die Größenordnung der Basisschaltung, jedoch bei wesentlich höherem Eingangswiderstand.

Verstärkung. Das Kleinsignalverhalten der Kaskodeschaltung läßt sich durch die entsprechenden Ersatzschaltbilder der Emitter- und der Basisschaltung beschreiben

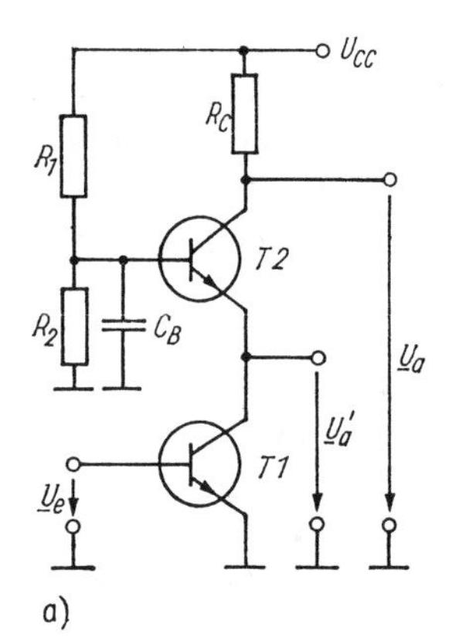

Bild 3.25
Kaskodeschaltung mit Bipolartransistoren

a) Schaltung; b) Kleinsignalersatzschaltbild $r_{c0} \approx r_{ce2} \left(1 + \frac{\beta_{02} r_{ce1}}{r_{ce1} + r_{be2}}\right) \approx \beta_{02} r_{ce2}$ (aus (3.15) c)); Vereinfachung von b) für niedrige Frequenzen und $r_{bb'} \ll \beta_0 r_d$; $r_{ce1} \gg r_d$ und $S_i \approx I_C/U_T \approx S_{i1} \approx S_{i2}$

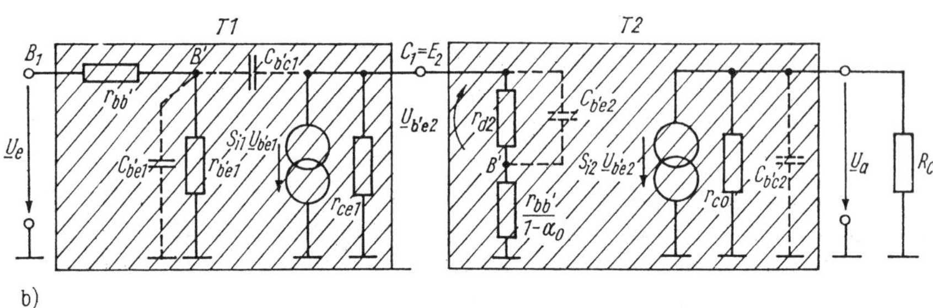

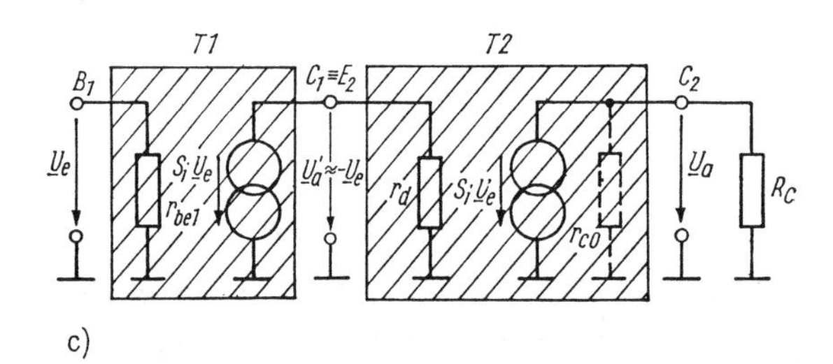

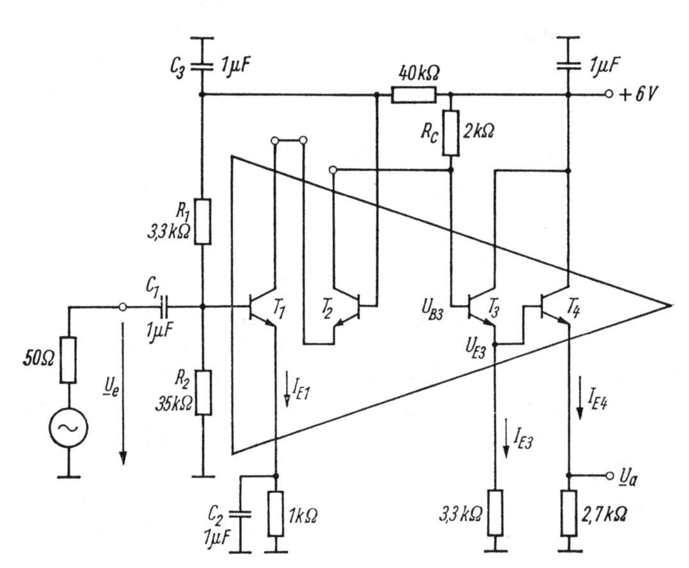

Bild 3.26
Anwendung der Kaskodeschaltung im Videoverstärker

(Bild 3.25b). Durch beide Transistoren fließt annähernd der gleiche Ruhestrom I_C. Deshalb sind die Emitterdiffusionswiderstände $r_{d1} \approx r_{d2}$ ($r_d = U_T/I_E$) und die inneren Steilheiten $S_{i1} \approx S_{i2}$ ($S_i \approx S_{i0} = \alpha_0/r_d \approx I_C/U_T$) nahezu gleich. Aus dem vereinfachten Kleinsignalersatzschaltbild (Bild 3.25c) entnehmen wir

$$V_{u1} = \frac{\underline{U}_a'}{\underline{U}_e} \approx -1; \qquad V_{u2} = \frac{\underline{U}_a}{\underline{U}_a'} \approx -S_{i0}(R_c \parallel r_{c0}) \approx -S_{i0}R_c$$

$$V_u = \frac{\underline{U}_a}{\underline{U}_e} = V_{u1}V_{u2} \approx -S_{i0}R_c.$$

Frequenzgang. Der Frequenzgang der Kaskodeschaltung läßt sich aus Bild 3.25b abschätzen. Durch Umwandeln der Rückwirkungskapazität $C_{b'c1}$ mit Hilfe des Millerschen Theorems erkennt man, daß die Eingangskapazität der Schaltung $C_e \approx C_{b'e1} + 2C_{b'c1}$ beträgt. Bei Ansteuerung der Schaltung mit einer Signalquelle, deren Innenwiderstand R_G beträgt, hat die Zeitkonstante des Eingangskreises die Größe $T_1 \approx C_e [(R_G + r_{bb'}) \parallel r_{b'e1}]$. Weitere Ursachen des Verstärkungsabfalls bei hohen Frequenzen sind die Zeitkonstante $T_2 \approx C_{b'e2}r_{d2} \approx 1/2\pi f_{\alpha 2}$ und die Zeitkonstante des Ausgangskreises $T_3 = C_pR_L$ (C_p gesamte Parallelkapazität am Ausgang, $R_L = R_C \parallel r_{c0}$). Die jeweils größte dieser drei Zeitkonstanten bestimmt die obere Grenzfrequenz der Kaskodeschaltung.

Die Kaskodeschaltung läßt sich auch mit komplementären Transistoren aufbauen.

Beispiel: Kaskodeschaltung mit Transistor-Array (Video-Verstärker).

Unter Verwendung eines aus vier npn-Transistoren bestehenden Transistorarrays (s. Abschn. 6.3.) läßt sich mit geringem Aufwand der Videoverstärker im Bild 3.26 realisieren. T_1 und T_2 bilden die Kaskodestufe. Ihre untere Grenzfrequenz ist durch C_1 und C_2 bestimmt (s. Abschn. 8.4. und 3.3.2.2.). Mit den Zahlenwerten $\beta_1 = 100$, $I_{E1} = 1{,}34$ mA (gemessen) und $U_T = 26$ mV ergeben sich nachfolgende Kennwerte: Eingangswiderstand bei mittleren Frequenzen $R_e = R_1 \parallel R_2 \parallel r_{be1} \approx R_1 \parallel R_2 \parallel \beta_1 (U_T/I_{E1}) \approx 1{,}18$ kΩ; die Verstärkung der Kaskodestufe beträgt $V_{uK} \approx -S_{i0}R_C \approx -(I_{E1}R_C/U_T) \approx -103$; $U_{B3} \approx 3{,}32$ V; $U_{E3} \approx 2{,}62$ V; $I_{E3} = U_{E3}/3{,}3$ kΩ $= 0{,}79$ mA; $S_3 \approx 30{,}5$ mA/V; $V_3 \approx 0{,}99$; $I_{E4} \approx (U_{E3} - 0{,}7\text{ V})/2{,}7$ kΩ $\approx 0{,}71$ mA; $S_4 \approx 27{,}3$ mA/V; $V_4 \approx 0{,}987$. Die gesamte Spannungsverstärkung beträgt $V_{ges} = \underline{U}_a/\underline{U}_e = V_{uK}V_3V_4 = -101$. Der Ausgangswiderstand hat den Wert $R_a \approx 1/S_4 \approx 36{,}6\ \Omega$.

Mit dem Array CA 3018 ($f_T = 300 \ldots 500$ MHz) wird bei dieser Dimensionierung eine obere Grenzfrequenz von 120 MHz erzielt [6.8].

3.9.2. Kombination FET – Bipolartransistor

Durch Kombinieren von FET mit Bipolartransistoren lassen sich Schaltungen realisieren, in denen die Vorteile beider Bauelementearten gleichzeitig ausgenutzt werden. Typische Beispiele sind hochohmige Eingangsstufen, die im Eingangskreis einen FET in Source- oder Drainschaltung (sehr hoher Eingangswiderstand) und im Ausgangskreis einen Bipolartransistor (große Steilheit und dadurch hohe Spannungsverstärkung bzw. kleinen Ausgangswiderstand) enthalten.

Eine FET-Bipolartransistor-Kombinationsschaltung mit sehr guten Eigenschaften zeigt Bild 3.27. Der FET arbeitet in Sourceschaltung, der Bipolartransistor in Emitterschaltung. Die Anordnung ist stark gegengekoppelt. Strukturell läßt sie sich als nichtinvertierende Operationsverstärkergrundschaltung mit der Verstärkung $V' = \underline{U}_a/\underline{U}_e \approx 1 + (R_C/R_S)$ auffassen und berechnen (vgl. Abschn. 11.2.).

Kleinsignalverhalten. Wir wollen die Eigenschaften der Schaltung im Bild 3.27 unter Zuhilfenahme der vereinfachten Kleinsignalersatzschaltbilder bei tiefen Frequenzen berechnen.

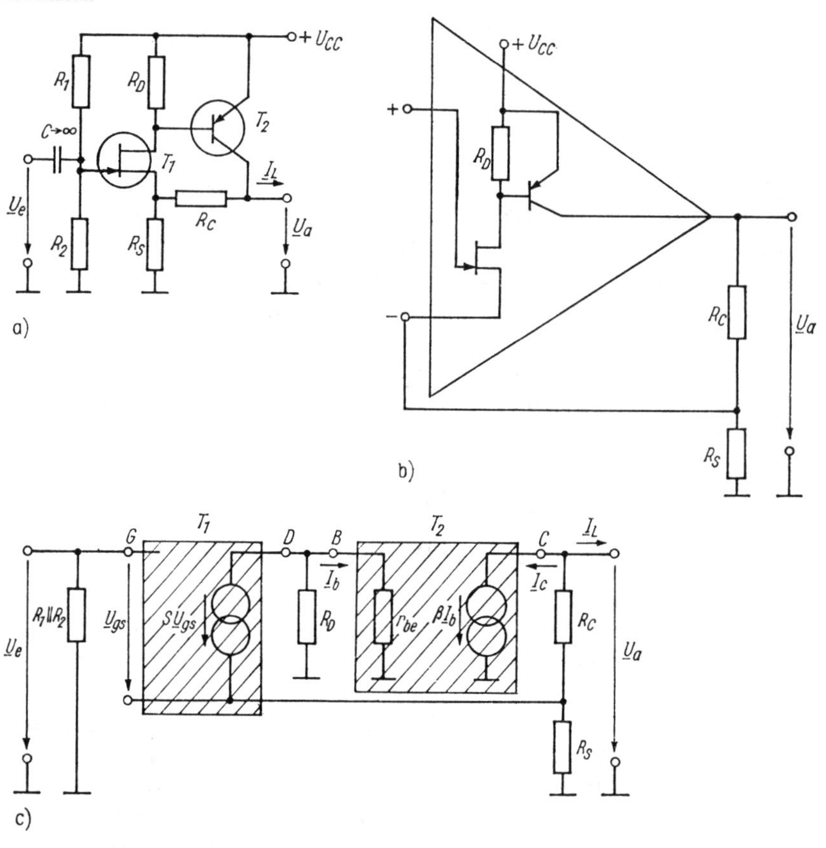

Bild 3.27. Kombination von Source- und Emitterschaltung

a) Schaltung (typische Widerstandswerte: R_D, R_S: 1 ... 10 kΩ; R_1, R_2: einige MΩ; R_C je nach gewünschter Verstärkung V_u zwischen Null und einigen kΩ; b) nach Umzeichnen in die Struktur einer OV-Schaltung; c) lineares Kleinsignalersatzschaltbild für niedrige Frequenzen (r_{ds}, r_{ce} vernachlässigt)

Aus Bild 3.27c folgt für $\underline{I}_L = 0$

$$\underline{I}_c = \beta \underline{I}_b \tag{3.35}$$

$$\underline{I}_b = -S\underline{U}_{gs} \frac{R_D}{R_D + r_{be}} \tag{3.36}$$

$$\underline{U}_e = \underline{U}_{gs} [1 + S(R_S \parallel R_C)] + \underline{U}_a \frac{R_S}{R_C + R_S} \tag{3.37}$$

$$\underline{U}_a = -\beta \underline{I}_b (R_C + R_S) + S\underline{U}_{gs} R_S$$

$$= S\underline{U}_{gs} [R_S + \beta^* (R_C + R_S)] \tag{3.38}$$

mit

$$\beta^* = \beta \frac{R_D}{R_D + r_{be}}.$$

Einsetzen von (3.27) in (3.38) liefert nach Umrechnung

$$\underline{U}_a = V_u \underline{U}_e = \frac{\beta^* R_C + (1 + \beta^*) R_S}{1/S + (1 + \beta^*) R_S} \underline{U}_e [1]). \tag{3.39}$$

Die Schaltung wird zweckmäßigerweise so dimensioniert, daß $(1 + \beta^*) R_S \gg (1/S)$ und $\beta^* \gg 1$ ist. Dann vereinfacht sich (3.39) zu

$$\underline{U}_a = V_u \underline{U}_e \approx \left(1 + \frac{R_C}{R_S}\right) \underline{U}_e .$$

Das ist die Verstärkung der nichtinvertierenden Operationsverstärkergrundschaltung nach Bild 3.27 b, vgl. (11.1).

Der *Eingangswiderstand* der Schaltung beträgt $Z_e \approx R_1 \| R_2$ (>1 ... 10 MΩ). Den *Ausgangswiderstand* berechnen wir als Quotient aus Ausgangsleerlaufspannung und Ausgangskurzschlußstrom. Der *Ausgangskurzschlußstrom* beträgt

$$\underline{I}_{ak} = -\underline{I}_c + S\underline{U}_{gs} \frac{R_S}{R_S + R_C}$$

und mit (3.35) und (3.36)

$$\underline{I}_{ak} = S\underline{U}_{gs} \left(\beta^* + \frac{R_S}{R_S + R_C}\right).$$

Ersetzen wir $\underline{U}_{gs}$ mit Hilfe von (3.37) durch $\underline{U}_e$ und beachten, daß $\underline{U}_a = 0$ ist, erhalten wir

$$\underline{I}_{ak} = \frac{S}{1 + S(R_S \| R_C)} \left(\beta^* + \frac{R_S}{R_S + R_C}\right) \underline{U}_e .$$

Mit der *Leerlaufspannung* $\underline{U}_{al} = V_u \underline{U}_e$ aus (3.39) und den Näherungen $\beta^* \gg R_S/(R_S + R_C)$ und $\beta^* \gg 1$ ergibt sich

$$Z_a = \frac{\underline{U}_{al}}{\underline{I}_{ak}} \approx \frac{V_u}{S\beta^*} [1 + S(R_S \| R_C)] \approx \frac{R_C + R_S}{1 + SR_S(1 + \beta^*)} [1 + S(R_C \| R_S)].$$

Verbesserter Sourcefolger ($R_C = 0$). Für den Spezialfall $R_C = 0$ stellt die Schaltung nach Bild 3.27 einen verbesserten Sourcefolger mit den Betriebsgrößen

$$V_u = \frac{\underline{U}_a}{\underline{U}_e} = 1 - \frac{1}{1 + (1 + \beta^*) SR_S} \quad [1])$$

und

$$Z_a \approx \frac{1}{\beta^* S}$$

dar. Im Vergleich zum einfachen Sourcefolger ist die Spannungsverstärkung viel näher an Eins, und der Ausgangswiderstand ist in grober Näherung um den Faktor β^* kleiner. Das zeigt folgendes Zahlenbeispiel:

Mit $S = 1$ mA/V, $\beta^* = 100$ und $R_S = 1$ kΩ erhalten wir

$$V_u = 1 - \frac{1}{1 + 101} \approx 0{,}99; \qquad Z_a \approx 1/100 \cdot 1 \text{ mA/V} = 10\,\Omega .$$

[1]) Wegen der Voraussetzung $I_L = 0$ gilt diese Beziehung exakt nur bei leerlaufendem Ausgang. Sie ist aber für die praktische Anwendung ausreichend, da die Schaltung infolge ihres sehr kleinen Ausgangswiderstandes stets bei ausgangsseitigem Leerlauf betrieben wird.

Beim üblichen Sourcefolger (Abschn. 3.6.) ergeben sich dagegen die Werte $V_u = SR_S/(1 + SR_S) = 0{,}5$ (!) und $Z_a = (1/S) \| R_S = 500\,\Omega$. Damit die Spannungsverstärkung V_u beim einfachen Sourcefolger nahezu Eins beträgt, muß entweder ein FET mit größerer Steilheit eingesetzt oder R_S auf Werte $> 10\,\mathrm{k}\Omega$ erhöht werden.

Wie aus (3.39) erkennbar ist, gelingt es durch einen kleinen Widerstand R_C, der die Bedingung $\beta^* R_C = 1/S$ erfüllt, die Spannungsverstärkung exakt auf Eins einzustellen.

Die *Eingangskapazität* hat ungefähr die gleiche Größe wie beim Sourcefolger, denn der Miller-Effekt kann sich nicht auswirken, weil die Spannungsverstärkung zwischen Drain und Gate des Eingangstransistors klein gegen Eins ist.

Spannungsverstärker. Wenn R_S wechselstrommäßig überbrückt wird (konstantes Sourcepotential), stellt die Schaltung im Bild 3.27 einen zweistufigen Spannungsverstärker mit der Verstärkung $V_u = \underline{U}_a/\underline{U}_e = S\beta^* R_C$ und dem Ausgangswiderstand $\approx R_C$ dar. Die Phasendrehung bei niedrigen Frequenzen beträgt Null.

4. Differenzverstärker

Wegen der fundamentalen Bedeutung, die der Differenzverstärker in der modernen Schaltungstechnik, vor allem bei der Gleichspannungsverstärkung einnimmt, widmen wir dieser Grundschaltung einen gesonderten Abschnitt. Wir untersuchen die Verarbeitung von Differenz- und Gleichtaktsignalen, berechnen die Übertragungskennlinie, den Aussteuerbereich, die Slew Rate und erläutern, wie die hervorragende Driftunterdrükkung dieser Grundschaltung zustande kommt. Zum Abschluß stellen wir mehrere Schaltungsvarianten mit Bipolar- und Feldeffekttransistoren vor.

4.1. Unterschied zwischen Gleich- und Wechselspannungsverstärkern

Bei reinen Wechselspannungsverstärkern wird das Ausgangssignal Null, wenn das Eingangssignal verschwindet. Driftspannungen (z.B. Arbeitspunktänderungen) werden infolge der Wechselspannungskopplung nicht zum Ausgang übertragen, da sie sehr langsam veränderliche Signale darstellen. Änderungen der Transistorkennwerte bewirken lediglich eine Änderung des Verstärkungsfaktors, d.h. eine Drehung der Übertragungskennlinie um den Nullpunkt (*multiplikative, verstärkungsäquivalente Störungen*, Ausschlagfehler, Bild 4.1a). Dieser Einfluß kann durch Gegenkopplung weitgehend unwirksam gemacht werden.

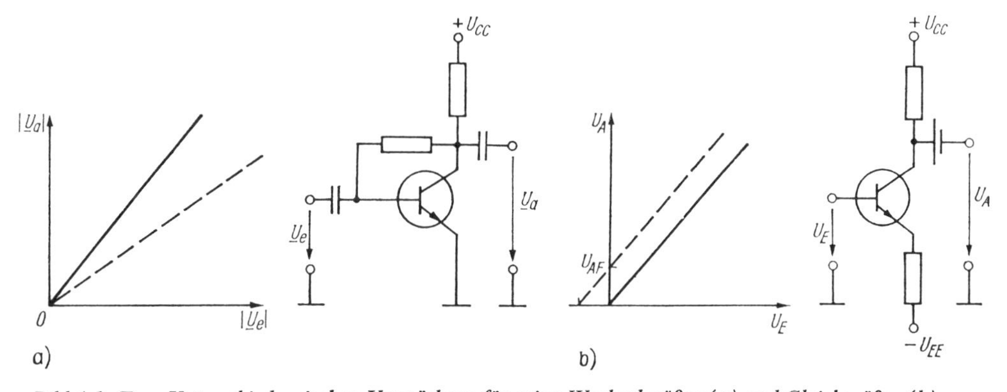

Bild 4.1. Zum Unterschied zwischen Verstärkern für reine Wechselgrößen (a) und Gleichgrößen (b)

In Gleichspannungsverstärkern entsteht bei Arbeitspunktänderungen eine Verschiebung der Übertragungskennlinie (*additive, signaläquivalente Störungen*, Nullpunktfehler, Bild 4.1b). Sie bewirkt, daß auch bei verschwindendem Eingangssignal ($\underline{U}_e = 0$) eine Ausgangsspannung auftritt: die Ausgangsoffsetspannung U_{AF}. Die hochgenaue Verstärkung kleiner Gleichspannungen ist daher schwieriger realisierbar als die reine Wechselspannungsverstärkung. Entsprechendes gilt für Ströme.

4.2. Signalverarbeitung in Differenzverstärkern

Der Differenzverstärker gehört zu den wichtigsten Grundschaltungen in analogen integrierten Schaltungen. Die Ausgangsspannung ist proportional zur Differenzspannung zwischen beiden Eingangsklemmen. Gleichtaktspannungen, die an beiden Eingängen in gleicher Amplitude und Phasenlage wirken, werden vom idealen Differenzverstärker nicht verstärkt. Das wird sehr vorteilhaft bei der Gleichspannungskopplung von Verstärkerstufen und in Meßverstärkern ausgenutzt (Unterdrückung von Gleichtaktstörspannungen, s. Abschn. 12.2.).

Da nur die Spannungs*differenz* zwischen beiden Eingängen verstärkt wird, hat der Differenzverstärker eine sehr gute Driftunterdrückung bis zur Frequenz Null.

Die vorteilhaften Eigenschaften erhält der Differenzverstärker durch seinen weitgehend symmetrischen Aufbau. Seine große Bedeutung ist vor allem durch folgende Eigenschaften bedingt:

- Er ist eine symmetrische Verstärkerstufe, die Gleichtaktstörsignale gegenüber Differenzsignalen unterdrückt.
- Infolge der sehr guten Driftunterdrückung ist er besonders zur Verstärkung von Gleichgrößen geeignet; Gleichspannungskopplung ist vor allem in integrierten Schaltungen erforderlich, da große Koppelkondensatoren nicht integrierbar sind.
- Wegen des symmetrischen Eingangs sind sehr einfache Schaltungsstrukturen bei gegengekoppelten Verstärkerschaltungen realisierbar (Realisierung der Vergleichsstelle im Regelkreis mit anschließender Verstärkung).
- Die Schaltung eignet sich besonders gut für die Herstellungstechnologie integrierter Schaltungen (Eingangsstufe in Operationsverstärkern, weitgehende Gleichheit der beiden Schaltungshälften erreichbar, nahezu gleiche Temperatur usw.).

Wichtige Kenngrößen des Differenzverstärkers sind die Differenz- und Gleichtakteingangsspannung, Differenzverstärkung, Gleichtaktunterdrückung, Offsetspannung und Offsetstrom sowie deren Drift. Bei hohen Frequenzen interessieren zusätzlich die obere Grenzfrequenz (Anstiegszeit) und die Slew Rate.

Differenz- und Gleichtakteingangsspannung. Die Eingangsspannungen $\underline{U}_{e1}$ und $\underline{U}_{e2}$ lassen sich in die beiden Komponenten

Differenzeingangsspannung $\underline{U}_d = \underline{U}_{e1} - \underline{U}_{e2}$

und

Gleichtakteingangsspannung $\underline{U}_{gl} = (\underline{U}_{e1} + \underline{U}_{e2})/2$

zerlegen.

Es ist sehr zweckmäßig, im folgenden als Eingangsgrößen des Differenzverstärkers die Spannungen $\underline{U}_d$ und $\underline{U}_{gl}$ zu verwenden und zu untersuchen, wie die Schaltung diese beiden Eingangsgrößen verarbeitet.

Für die folgenden Betrachtungen setzen wir symmetrische Differenzverstärker voraus, falls nicht anders vermerkt ist.

Symmetrischer und unsymmetrischer Ausgang. Die Ausgangsspannung kann symmetrisch zwischen beiden Ausgangsklemmen (Differenzausgangsspannung $\underline{U}_{ad} = \underline{U}_{a2} - \underline{U}_{a1}$) oder unsymmetrisch zwischen einem Ausgang und Masse abgenommen werden. Bei Differenzansteuerung eines symmetrischen Verstärkers gilt $\underline{U}_{a2} = -\underline{U}_{a1}$. Der Differenzverstärker läßt sich als Phasenumkehrstufe verwenden. Zwischen beiden Ausgängen und Masse liegen Signalspannungen unterschiedlicher Polarität.

Reine Differenzverstärkung. Bei reiner Differenzansteuerung ist $\underline{U}_d = \underline{U}_{e1} = -\underline{U}_{e2}$ und $\underline{U}_{gl} = 0$. Da wir eine symmetrische Schaltung voraussetzen, bleibt das Emitterpotential (Punkt P im Bild 4.2) während der Aussteuerung konstant. Jeder der beiden Transistoren arbeitet in Emitter- bzw. Sourceschaltung mit konstantem Emitter- (Source-) potential und wird mit der Signalamplitude $\underline{U}_d/2$ angesteuert. Zur Berechnung von V_u, V_i, Z_e und Z_a lassen sich die Ergebnisse von der Emitter- bzw. Sourceschaltung übernehmen. Die *symmetrische Differenzverstärkung*

$$V_{ds} = \frac{\underline{U}_{a2} - \underline{U}_{a1}}{\underline{U}_d} = \frac{\underline{U}_{ad}}{\underline{U}_d}$$

hat sowohl bei niedrigen als auch bei hohen Frequenzen die gleiche Größe wie die Spannungsverstärkung der Emitter- bzw. Sourceschaltung, jedoch mit (−1) multipliziert (Tafel 4.1).

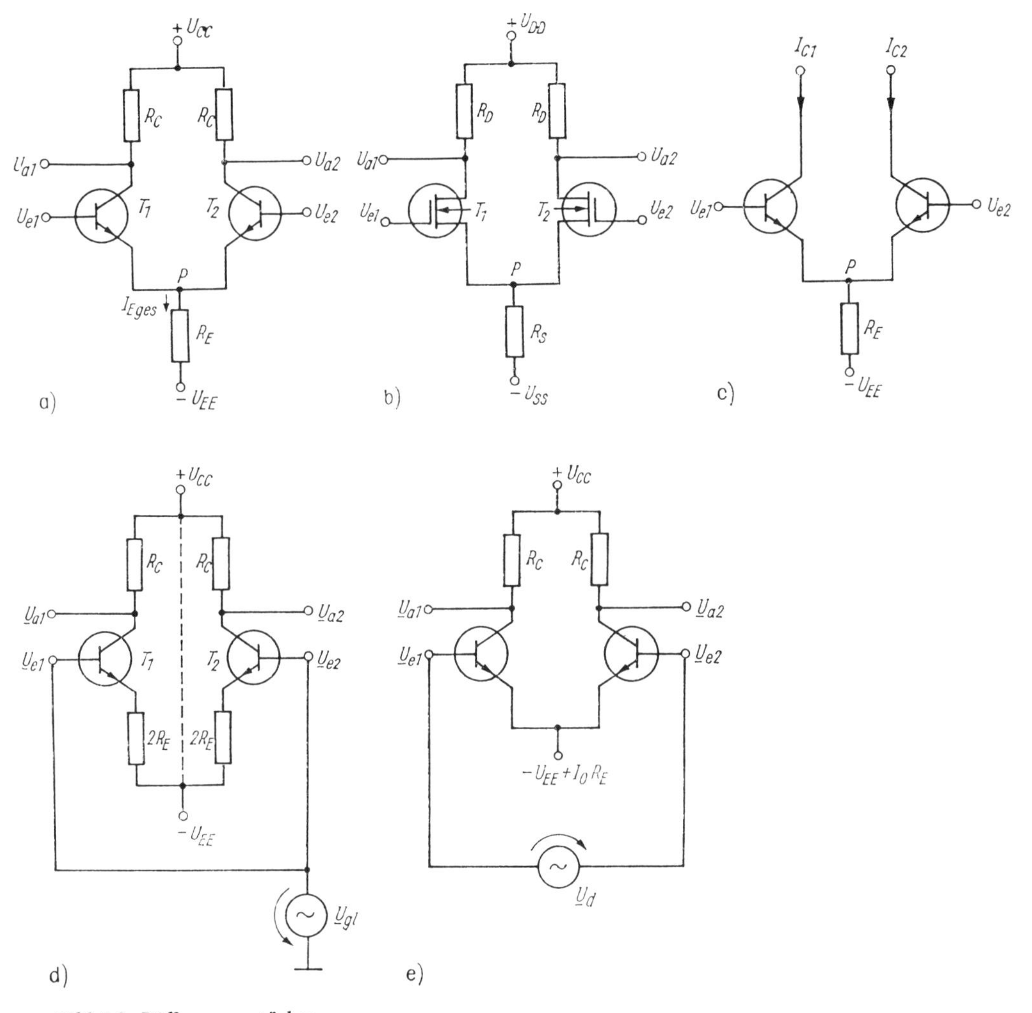

Bild 4.2. Differenzverstärker

a) mit Bipolartransistoren; b) mit FET; c) „Transconductance"-Differenzverstärker; d) Ersatzschaltung zu a) für Gleichtaktansteuerung; e) Ersatzschaltung zu a) für Differenzansteuerung

Hinweis: In monolithisch integrierten Schaltungen werden R_C, R_D, R_E und R_S fast immer durch eine „aktive Last" (Stromquelle, z. B. Stromspiegel) gebildet (s. Abschn. 6.2.2.)

Tafel 4.1. Betriebskenngrößen von Bipolar- und FET-Differenzverstärkern

r_{ad} = Differenzausgangswiderstand; $S_{i0} \approx I_C/U_T$

	Bipolartransistoren	FET	BPT	FET
	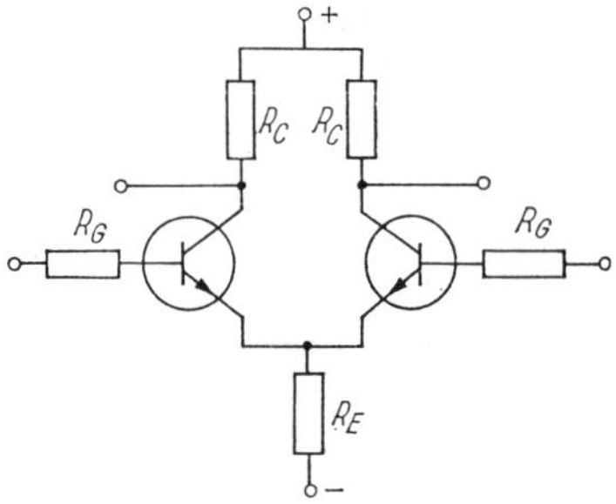 + , R_C, R_C, R_G, R_G, R_E, −	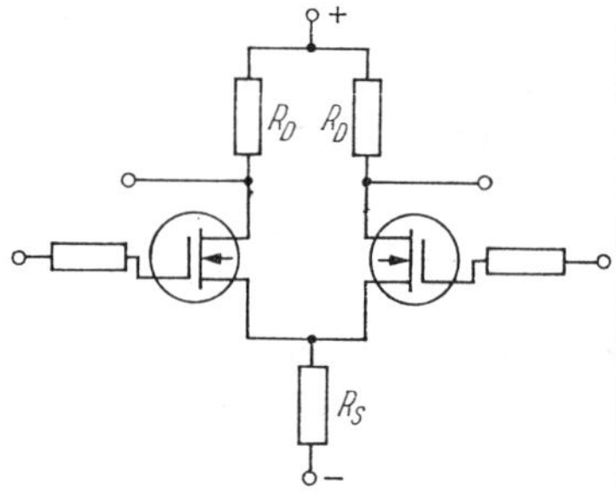 + , R_D, R_D, R_S, −	*Zahlenbeispiel:* $R_C = R_D = 5\ \mathrm{k\Omega}$ $R_E = R_S = 10\ \mathrm{k\Omega}$ $R_G = 0$ $r_{ce} = r_{ds} = 50\ \mathrm{k\Omega}$ $\beta_0 = 100$ $r_{be} = 2{,}5\ \mathrm{k\Omega}$; $r_{gs} = \infty$ $S_i = 40\ \mathrm{mA/V}$ (BPT) $S = 2\ \mathrm{mA/V}$ (FET)	
V_{ds}	$\frac{\beta_0 (R_C \parallel r_{ce})^{1)}}{R_G + r_{be}}$	$S(R_D \parallel r_{ds})$	180	9
V_{gl}	$-\frac{\beta_0 R_C}{R_G + r_{be} + 2(1+\beta_0) R_E}$	$-\frac{S R_D}{1 + 2 S R_S}$	$-\frac{1}{4}$	$-\frac{1}{4}$
CMRR	$\frac{1}{2}\left[1 + 2\beta_0 \frac{R_E}{R_G + r_{be}}\right]^{2)}$	$\frac{1}{2}[1 + 2 S R_S]^{3)} \approx S R_S$	400	20
r_d	$2 r_{be}$	$2 r_{gs}$	$5\ \mathrm{k\Omega}$	∞
r_{gl}	$\frac{1}{2}[r_{be} + 2(1+\beta_0) R_E]$	$\frac{1}{2}\left[r_{gs}\left(1 + \frac{2 S R_S r_{ds}}{r_{ds} + R_D + 2 R_S}\right) + 2 R_S\right]$	$1\ \mathrm{M\Omega}$	∞
C_e [4]	$\approx \frac{C_{b'c}}{2} S_i (R_C \parallel r_{ce})$	$\approx \frac{C_{gd}}{2} S(R_D \parallel r_{ds})$	450 pF	22,5 pF
r_{ad}	$2 r_{ce}$	$2 r_{ds}$	$100\ \mathrm{k\Omega}$	$100\ \mathrm{k\Omega}$

[1] Für $\beta_0 \gg 1$, $R_C \ll r_{ce}$, $R_G \ll r_{be}$ und $r_{be} = r_{bb'} + \beta_0 r_d \approx \beta_0 r_d = \beta_0 U_T/I_E$ gilt die Näherung $V_{ds} \approx R_C I_E/U_T \approx S_{i0} R_C$; $S_{i0} = S_{i01} = S_{i02}$.

[2] Für $r_{ce} \to \infty$ und $\beta_0 \gg 1$.

[3] Für $r_{ds} \to \infty$.

[4] C_{de} bzw. C_{gs} vernachlässigt.

Für den Differenzverstärker mit Bipolartransistoren folgt aus (3.3) bei Beschränkung auf niedrige Frequenzen und für $R_G \ll r_{be}$ sowie $R_C \ll r_{ce}$

$$V_{ds} \approx S_{i0} R_C \quad \text{mit} \quad S_{i0} = S_{i01} = S_{i02}.$$

Wie bei der Emitterschaltung ist die Verstärkung proportional zum Gleichspannungsabfall über dem Kollektorwiderstand, denn aus Tafel 4.1 folgt für $R_G \ll r_{be}$ und $R_C \ll r_{ce}$, $V_{ds} \approx I_E R_C/U_T$. Die Differenzverstärkung läßt sich also durch den Emittergleichstrom steuern. Das wird zur Verstärkungsregelung, in Multiplizierern und in Mischstufen ausgenutzt. Entsprechendes gilt auch bei FET-Differenzverstärkern.

Zwischen jedem Ausgang und Masse tritt die halbe Differenzausgangsspannung ($\underline{U}_{ad}/2$ bzw. $-\underline{U}_{ad}/2$) auf. Die *unsymmetrische Differenzverstärkung*

$$V_{du} = \frac{\underline{U}_{a2}}{\underline{U}_d} = \frac{\underline{U}_{ad}}{2\underline{U}_d} = \frac{V_{ds}}{2}$$

ist deshalb halb so groß wie die symmetrische Verstärkung.

Die Differenzverstärker nach Bild 4.2a und b haben bei Differenzansteuerung die gleiche obere Grenzfrequenz wie die Emitter- bzw. Sourceschaltung ohne Stromgegenkopplung ($R_E = R_S = 0$).

Laststromquelle. Hohe Verstärkungsfaktoren erzielt man mit hohen Lastwiderständen ($V \sim SR_C$ bzw. $V \sim SR_D$). Eine praktische Grenze für den Lastwiderstand stellt der an ihm auftretende Gleichspannungsabfall $I_C R_C$ bzw. $I_D R_D$ dar, der in der Regel einige Volt nicht überschreiten sollte (verfügbare Betriebsspannung, zusätzliche Verlustleistung in R_C bzw. R_D). Deshalb wird häufig (in integrierten Schaltungen fast immer) eine Stromquelle mit hohem differentiellem Innenwiderstand und geringem Gleichspannungsabfall (nichtlinearer Widerstand!) anstelle eines Lastwiderstandes verwendet, z.B. ein Transistor in Emitter- bzw. Sourceschaltung oder ein Stromspiegel (s. Bild 4.7).

Reine Gleichtaktverstärkung. Hierbei gilt $\underline{U}_d = 0$ und $\underline{U}_{gl} = \underline{U}_{e1} = \underline{U}_{e2}$. Beide Transistoren werden gleichsinnig und mit gleicher Amplitude ausgesteuert. Infolge der vorausgesetzten Schaltungssymmetrie stimmen die Kollektor-, Emitter- und Basisströme beider Transistoren auch während der Aussteuerung überein. Wir können daher das Schaltbild so umzeichnen, daß zwei symmetrische Hälften entstehen (Bild 4.2d). Da das Emitterpotential beider Transistoren gleich ist, fließt in der Verbindungsleitung zwischen beiden Emitteranschlüssen kein Strom. Sie kann daher weggelassen werden.

Jeder Transistor wird in Emitter- (Source-) schaltung mit einem Stromgegenkopplungswiderstand $2R_E$ bzw. $2R_S$ betrieben. Zur Berechnung der (unsymmetrischen)[1]) Gleichtaktverstärkung $V_{gl} = \underline{U}_{a2}/\underline{U}_{gl}$ können wir wieder auf die Ergebnisse der Emitter- (Source-) schaltung mit Stromgegenkopplung zurückgreifen. Die Gleichtaktverstärkung wird um so kleiner, je größer der Gegenkopplungswiderstand $2R_E$ bzw. $2R_S$ ist. Bei großen Widerständen und dadurch bedingter großer negativer Betriebsspannung $-U_{EE}$ bleibt der Emitterstrom der beiden Transistoren auch während der Gleichtaktaussteuerung nahezu konstant, d.h., an der Ausgangsklemme entsteht nahezu keine Spannungsänderung ($V_{gl} \to 0$).

Wir erkennen: Der wesentliche Unterschied zwischen der Differenzverstärkung und der Gleichtaktverstärkung ist dadurch bedingt, daß bei Differenzansteuerung der Punkt P auf konstantem Potential liegt, d.h. R_E bzw. R_S nicht als Stromgegenkopplung wirkt, wogegen bei Gleichtaktansteuerung die starke Gegenkopplung voll wirksam wird und die Spannungsverstärkung stark verringert.

Gleichtaktunterdrückung. Den Quotienten beider Verstärkungsfaktoren nennt man Gleichtaktunterdrückung (common mode rejection ratio). Bezogen auf unsymmetrischen Ausgang lautet seine Definition

$$\mathrm{CMRR} = \left|\frac{V_{du}}{V_{gl}}\right| \quad \text{(in dB)}.$$

Eine hohe Gleichtaktunterdrückung ist immer erwünscht. Man erzielt sie durch große Werte R_E bzw. R_S (Tafel 4.1). Eine praktische Grenze stellt jedoch der Gleichspannungsabfall $I_E R_E$ bzw. $I_S R_S$ dar, der in der Regel 10 ... 15 V nicht überschreiten sollte (verfügbare Betriebsspannung, zusätzliche Verlustleistung in R_E bzw. R_S). Deshalb wird häufig eine Stromquelle mit hohem differentiellem Innenwiderstand und kleinem Gleichspannungsabfall (z.B. ein Transistor nach Bild 4.3 oder eine Stromspiegelschaltung) anstelle des Widerstandes R_E bzw. R_S eingesetzt. Der Emitterstrom $I_E \approx I_C$ wird in der Schaltung nach Bild 4.3 durch U_B, $-U_{CC}$ und R'_E eingestellt. Gleichtaktunterdrückungen von CMRR $\lessapprox$ 60 ... 80 dB sind auf diese Weise erreichbar. Durch Kettenschaltung mehrerer Differenzverstärker läßt sie sich weiter erhöhen.

[1]) Wir können auch eine symmetrische Gleichtaktverstärkung $V_{gls} = \underline{U}_{ad}/\underline{U}_{gl}$ definieren. Beim völlig symmetrischen Differenzverstärker ist diese gleich Null.

Bei sehr hohen Frequenzen verringert sich die Gleichtaktunterdrückung, weil der Innenwiderstand der Stromquelle sinkt (Parallelkapazität), die Schaltungssymmetrie durch Transistor- und Schaltkapazitäten gestört und u. U. ein Teil des Eingangssignals kapazitiv zum Ausgang übertragen wird.

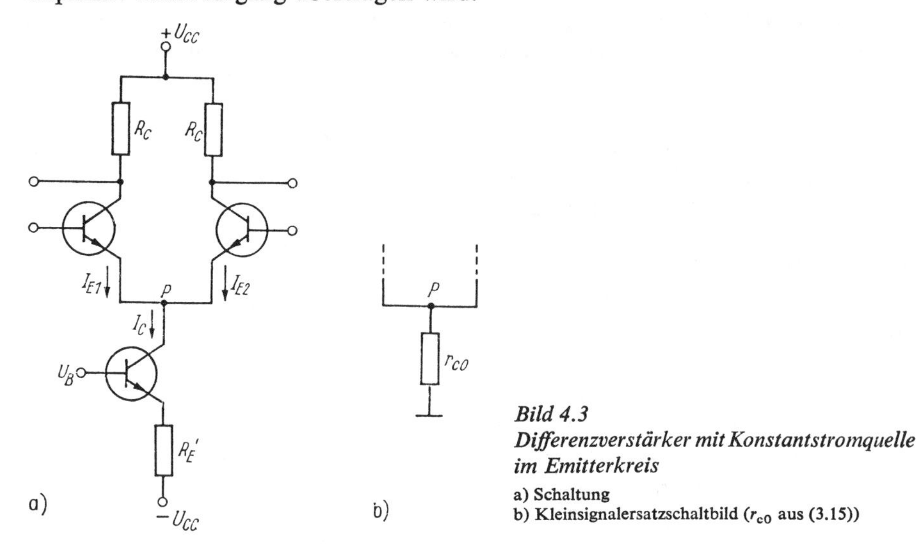

Bild 4.3
Differenzverstärker mit Konstantstromquelle im Emitterkreis
a) Schaltung
b) Kleinsignalersatzschaltbild (r_{c0} aus (3.15))

Gemischte Ansteuerung. Häufig ist sowohl $\underline{U}_d$ als auch $\underline{U}_{gl}$ von Null verschieden. Für diesen allgemeinen Fall berechnen wir die Ausgangsspannung mit Hilfe des Überlagerungssatzes. Der Differenzverstärker verhält sich bei Kleinsignalaussteuerung als lineares System mit zwei Eingangsgrößen $\underline{U}_d$ und $\underline{U}_{gl}$ und einer Ausgangsgröße $\underline{U}_{a2}$. Es gilt

$$\underline{U}_{a2} = V_{du}\underline{U}_d + V_{gl}\underline{U}_{gl}.$$

Der Gleichtaktanteil $V_{gl}\underline{U}_{gl}$ ist meist vernachlässigbar.

Eingangswiderstand. Der Eingangskreis des Differenzverstärkers verhält sich bei Differenz- und Gleichtaktansteuerung unterschiedlich. Wir müssen daher zwischen dem

Differenzeingangswiderstand $Z_d = \underline{U}_d/\underline{I}_e$

und dem

Gleichtakteingangswiderstand $Z_{gl} = \underline{U}_{gl}/\underline{I}_{gl}$

unterscheiden. Wie aus Bild 4.2e erkenntlich ist, liegen bei Differenzansteuerung beide Transistoreingänge mit der Signalquelle in Reihe. Folglich ist der Differenzeingangswiderstand (-kapazität) doppelt (halb) so groß wie der Eingangswiderstand (-kapazität) der Emitter- bzw. Sourceschaltung für konstantes Potential *P*. Der Gleichtakteingangswiderstand (-kapazität) ist dagegen halb (doppelt) so groß wie der Eingangswiderstand (-kapazität) einer Emitter- bzw. Sourceschaltung mit Gegenkopplungswiderstand $2R_E$ bzw. $2R_S$.

Hinweis: Beim Differenzverstärker mit „Konstantstromquelle" nach Bild 4.3a gilt die für das Bild 3.4d zutreffende Voraussetzung $r_{ce} \gg (R_C + R_E)$ und damit die Näherung $V_i \approx \beta_0$ meist nicht mehr. Zur Berechnung des Gleichtakteingangswiderstandes benutzen wir daher zweckmäßigerweise Bild 3.4c.

Nach Umwandeln der gesteuerten Stromquelle $\beta_0 I_b$ in eine äquivalente Spannungsquelle mit der Leerlaufspannung $\beta_0 I_b r_{ce}$ und dem Innenwiderstand r_{ce} läßt sich aus Bild 3.4c der Eingangswiderstand R_e einer Emitterstufe mit Stromgegenkopplungswiderstand R_E berechnen. Wir erhalten

$$R_e = \frac{\underline{U}_g}{\underline{I}_b} - R_G = r_{be} + ((1 + \beta_0) r_{ce} + R_C) \frac{R_E}{r_{ce} + R_E + R_C}.$$

Bei Differenzansteuerung wirkt sich infolge der hohen Spannungsverstärkung der Miller-Effekt stark aus. Die Differenzeingangskapazität ist daher relativ groß (z.B. 10 bis $100C_{b'c}$ bzw. C_{gd}). Bei Gleichtaktansteuerung spielt der Miller-Effekt dagegen praktisch keine Rolle, und es wirkt eine wesentlich kleinere Eingangskapazität ($\approx 2C_{b'c}$ bzw. $2C_{gd}$).

Beim Differenzverstärker mit Bipolartransistoren gilt für niedrige Frequenzen: $Z_d \equiv r_d \equiv 2r_{be}$; $Z_{gl} \equiv r_{gl} \approx \beta_0 R_E$. Üblicherweise ist $r_{gl} > 100r_d$.

Ausgangswiderstand. Der zwischen dem Kollektor (Drain) von T_2 und Masse wirksame Ausgangswiderstand r_{c0} hat den gleichen Wert wie bei der Emitter- (Source-) schaltung mit einem Stromgegenkopplungswiderstand $R_E \parallel r_{a1}$ bzw. $R_S \parallel r_{a1}$. Dabei ist r_{a1} der am Emitter (Source) von T_1 wirksame Ausgangswiderstand des Transistors T_1. Näherungsweise gilt $r_{a1} \approx r_{d1} = U_T/I_{E1}$ (Bipolartransistoren) bzw. $r_{a1} \approx 1/S$ (FET).

Übertragungskennlinie. Wir wollen die statische Übertragungskennlinie $I_C = f(U_{e1} - U_{e2})$ des Differenzverstärkers nach Bild 4.2a bzw. c für Differenzansteuerung berechnen, um abzuschätzen, wie groß der lineare Aussteuerbereich ist.

Die Strom-Spannungs-Kennlinie von T_1 lautet im aktiven Betriebsbereich für $\exp(U_{BE}/U_T) \gg 1$

$$I_{C1} \approx I_{E1} = I_{ES1}\, e^{U_{BE1}/U_T}. \tag{4.1}$$

Aus Bild 4.2a folgt $U_D = U_{e1} - U_{e2} = U_{BE1} - U_{BE2}$. Wenn beide Transistoren gleiche Kennlinien haben und sich auf gleicher Temperatur befinden, gilt (4.1) auch für T_2:

$$I_{C2} \approx I_{E2} = I_{ES}\, e^{U_{BE2}/U_T}, \qquad I_{ES1} = I_{ES2} = I_{ES}. \tag{4.2}$$

Bei Differenzansteuerung bleibt der Strom durch R_E konstant: $I_{E\,ges} = I_{E1} + I_{E2}$. Einsetzen in (4.2) liefert

$$I_{E\,ges} - I_{E1} = I_{ES}\, e^{U_{BE2}/U_T}.$$

Durch Einsetzen von (4.1) in diese Beziehung ergibt sich schließlich

$$I_{C1} \approx I_{E1} = \frac{I_{E\,ges}}{1 + e^{-(U_{BE1} - U_{BE2})/U_T}}. \tag{4.3}$$

Analog dazu erhalten wir $I_{E2} \approx I_{C2}$, indem in (4.3) U_{BE1} und U_{BE2} vertauscht werden (Bild 4.4).

Die maximale Steilheit der Übertragungskennlinie beträgt bei $U_D = 0$

$$\left.\frac{dI_{C1}}{d(U_{e1} - U_{e2})}\right|_{U_{e1} = U_{e2}} = \frac{I_{E\,ges}}{4U_T} = \frac{S_{i01}}{2} = \frac{S_{i02}}{2}.$$

Der maximale Differenzausgangsstrom $(I_{C1} - I_{C2})$ hat den Wert $I_{E\,ges}$. Je größer $I_{E\,ges}$ ist, um so größer sind die Differenzverstärkung, die Gleichtaktunterdrückung und die Slew Rate (Abschn. 4.3.). Nachteilig ist die mit $I_{E\,ges}$ wachsende Verlustleistung der Schaltung.

Aus Bild 4.4 erkennen wir:

1. Der lineare Aussteuerbereich umfaßt etwa den Differenzeingangsspannungsbereich $-U_T < U_D < U_T$ ($U_T \approx 30$ mV).
2. Der Differenzverstärker wirkt als Begrenzer für Eingangsspannungen $|U_D| > 4U_T$.

Der Aussteuerbereich läßt sich durch Einschalten je eines zusätzlichen Widerstandes in jeden Emitterkreis vergrößern (Serienstromgegenkopplung).

Bemerkenswert ist, daß beim Differenzverstärker die durch die stark nichtlineare Eingangskennlinie der Transistoren bedingten nichtlinearen Verzerrungen im Vergleich zur Emitterschaltung wesentlich kleiner sind. Die Ursache ist eine teilweise Kompensation der Nichtlinearität beider Eingangskennlinien. Es entstehen praktisch nur Verzerrungsanteile ungerader Ordnung, die zusätzlich merklich kleiner sind als bei der Emitterschaltung [4.2]. Entsprechendes gilt auch bei FET-Differenzverstärkern.

Eine vorteilhafte Eigenschaft des Differenzverstärkers ist die Möglichkeit, durch Verändern des Emittergleichstroms die Differenzverstärkung $V_{ds} \approx S_{i0}R_C = (I_C/U_T)\, R_C$ in einem weiten Bereich zu verändern (programmierbare Verstärkung).

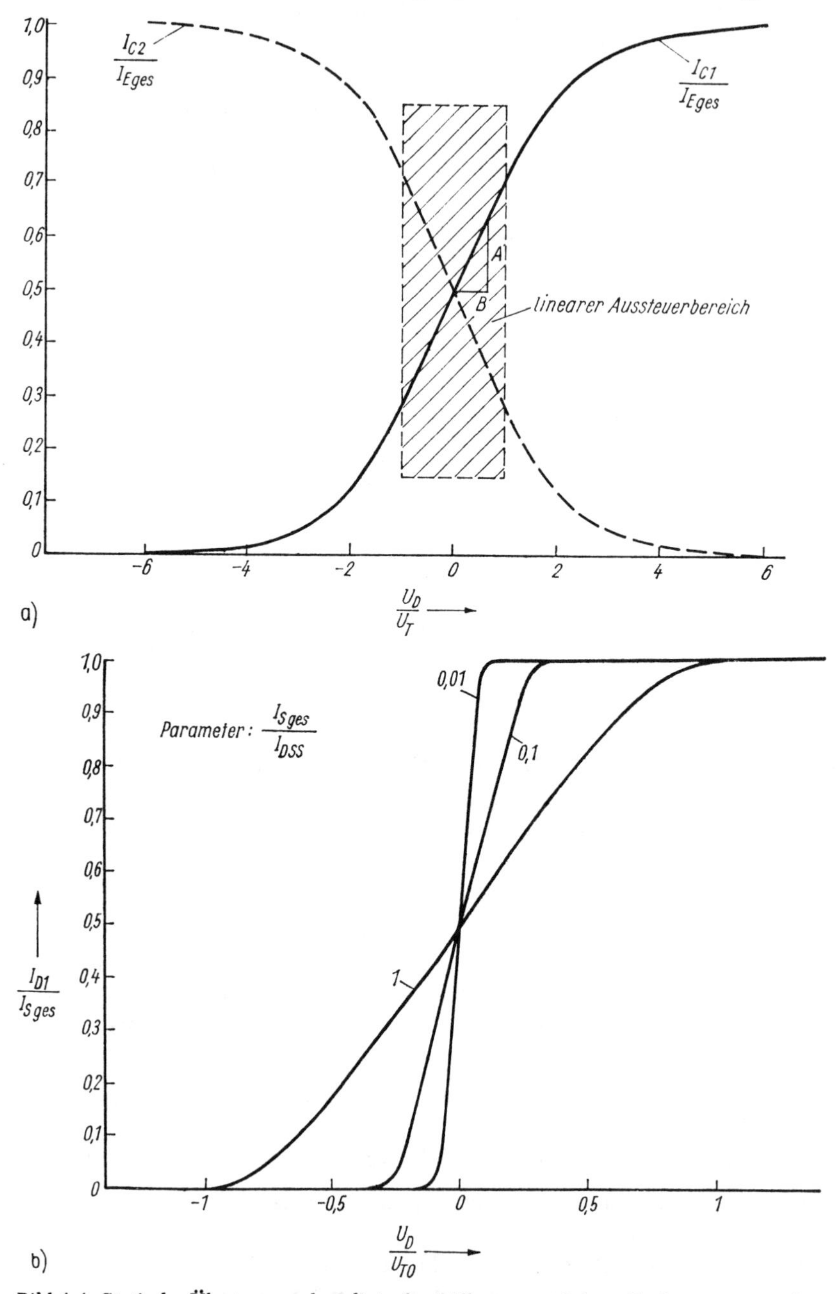

Bild 4.4. Statische Übertragungskennlinie des Differenzverstärkers für $I_{E\,ges}$ = const. bzw. $I_{D\,ges}$ = const.
a) mit BPT, b) mit FET $A/B \sim$ Differenzverstärkung $\Delta I_C/\Delta U_D$

Eine analoge Berechnung der statischen Übertragungskennlinie $I_D = f(U_D)$ läßt sich für den *FET-Differenzverstärker* durchführen. Aus der Strom-Spannungs-Kennlinie (Tafel 1.7) folgt bei Voraussetzung gleicher Transistoren T_1 und T_2 (Bild 4.2b) und mit $I_{S\,ges} = I_{D1} + I_{D2}$, $U_D = U_{GS1} - U_{GS2}$

$$\frac{U_{GS1} - U_{GS2}}{U_{T0}} = \sqrt{\frac{I_{D1}}{I_{DSS}}} - \sqrt{\frac{I_{D2}}{I_{DSS}}}$$

$$\frac{U_D}{U_{T0}} = \sqrt{\frac{I_{S\,ges}}{I_{DSS}}}\left(\sqrt{\frac{I_{D1}}{I_{S\,ges}}} - \sqrt{1 - \frac{I_{D1}}{I_{S\,ges}}}\right). \tag{4.3b}$$

Im Gegensatz zum Differenzverstärker mit Bipolartransistoren hängt die Übertragungskennlinie vom Strom $I_{S\,ges}$ ab, der in die miteinander verbundenen Source-Anschlüsse der Schaltung eingespeist wird. Wie aus Bild 4.4b zu erkennen ist, sind wesentlich größere Differenzspannungen erforderlich (z.B. $U_D = U_{T0}$ im Falle $I_{S\,ges} = I_{DSS}$), um den Differenzverstärker voll auszusteuern. Bei kleinen Werten $I_{S\,ges}$ genügen kleinere U_D-Werte zur vollen Aussteuerung.

4.3. Gleichtaktaussteuerbereich und Arbeitspunkteinstellung

Von Differenzverstärkern wird in der Regel ein möglichst großer Aussteuerbereich für Gleichtakteingangsspannungen gefordert, damit Differenzeingangsspannungen, die der Gleichtaktspannung überlagert sind, möglichst unabhängig von der Gleichtaktaussteuerung linear verstärkt werden. Ist die Gleichtakteingangsspannung größer als der Gleichtaktaussteuerbereich, so verstärkt der Differenzverstärker eine überlagerte Differenzspannung nicht mehr in der gewünschten Weise. Der Gleichtaktaussteuerbereich wird dadurch begrenzt, daß bei Aussteuerung die Transistoren in den Sättigungsbereich bzw. in den Sperrbereich gelangen.

Der Gleichtaktaussteuerbereich läßt sich aus den Forderungen berechnen, die gestellt werden müssen, damit die Transistoren im aktiven Betriebsbereich (Verstärkerbetrieb) arbeiten. Das bedeutet bei Bipolartransistoren gesperrte Kollektordiode und $|I_E| > 0$ und bei FET $|U_{DS}| > |U_{DSP}|$, $|I_S| > 0$ (Beispiele 2 und 3.)

Für die Wahl des Arbeitspunktes gelten die gleichen grundsätzlichen Überlegungen wie bei der Emitter- bzw. Sourceschaltung. In Bipolareingangsstufen wird I_C häufig relativ klein gewählt (z.B. $|I_C| \approx 10 \ldots 100\,\mu A$), damit der Eingangswiderstand groß wird, die Drift und das Rauschen dagegen klein sind. Die Betriebsspannungen U_{CC} und U_{EE} müssen entsprechend der benötigten Ausgangsspannung sowie nach dem benötigten Gleichtaktaussteuerbereich gewählt werden.

Beispiel 1 (Statische Berechnung). Berechnen Sie die Transistorgleichspannungen und -ströme des Differenzverstärkers im Bild 4.2a für $U_{e1} = U_{e2}$ (symmetrische Schaltung). Leiten Sie für den Fall $U_{CC} = U_{EE} \gg U_{BE}$ eine Näherungsbeziehung für U_{a2} ab!

Lösung:

$$I_{E1} = I_{E2} = \frac{U_{e1} + U_{EE} - U_{BE}}{2R_E} \tag{4.4}$$

$$I_{B1} = I_{B2} = \frac{I_{E1}}{B_N + 1} \tag{4.5}$$

$$U_{a1} = U_{a2} = U_{CC} - I_{E1}R_C. \tag{4.6}$$

Für $U_{CC} = U_{EE}$ und bei Vernachlässigung von U_{BE} folgt aus (4.6) mit (4.4)

$$U_{a2} \approx U_{CC}\left[1 - \frac{R_C}{2R_E}\left(1 + \frac{U_{e1}}{U_{CC}}\right)\right]. \tag{4.7}$$

Beispiel 2 (Gleichtaktaussteuerbereich bei Bipolardifferenzverstärkern). Berechnen Sie den Gleichtaktaussteuerbereich der Schaltung im Bild 4.2a für $U_{e1} = U_{e2}$ und $U_{CC} = U_{EE} \gg U_{BE}$ (symmetrische Schaltung).
Lösung: Die obere Grenze des Aussteuerbereiches erhalten wir durch Gleichsetzen von $U_{e1} = U_{a1}$ (Kollektorpotential positiver als Basispotential!). Aus (4.7) folgt mit $U_{gl\,max} = U_{e1}$

$$U_{gl\,max} = U_{CC}\,\frac{2R_E - R_C}{2R_E + R_C}.$$

Die untere Grenze liegt bei der Eingangsspannung, für die I_{E1} und I_{E2} gerade noch positiv sind, d.h. bei $U_{gl\,min} = -U_{EE} + U_{BE} \approx -U_{EE}$.
Beispiel 3 (Gleichtaktaussteuerbereich für FET-Differenzverstärker). Berechnen Sie den Gleichtaktaussteuerbereich der Schaltung im Bild 4.2b allgemein und für den Spezialfall $U_{DD} = U_{SS}$, $R_D = R_S$, $U_{DS\,min} = 0$ ($I_D \approx I_S$, symmetrische Schaltung). Die obere Grenze des Gleichtaktaussteuerbereiches soll durch die Bedingung $U_{DS} \geqq U_{DS\,min}$ festgelegt sein.
Lösung: Der Sourcegleichstrom beträgt

$$I_{S1} = I_{S2} = \frac{U_{e1} - U_{GS} + U_{SS}}{2R_S}.$$

Die Ausgangsspannung hat die Größe $U_{a2} = U_{DD} - I_{S2}R_D = U_{DS\,min} + 2R_S I_{S1} - U_{SS}$. Einsetzen von $I_{S1} = I_{S2}$, $U_{DS} = U_{DS\,min}$ und $U_{e1} = U_{gl\,max}$ sowie Umstellen nach $U_{gl\,max}$ ergibt

$$I_{S2} = \frac{U_{DD} + U_{SS} - U_{DS\,min}}{2R_S + R_D}$$

und schließlich

$$U_{gl\,max} = \frac{2R_S}{2R_S + R_D}\,[U_{DD} + U_{SS} - U_{DS\,min}] + U_{GS} - U_{SS}.$$

Für den Spezialfall $U_{DD} = U_{SS}$, $R_D = R_S$ und $U_{DS\,min} = 0$ erhält man $U_{gl\,max} = (U_{DD}/3) + U_{GS}$. Die untere Grenze des Gleichtaktaussteuerbereiches lautet $U_{gl\,min} = -U_{SS} + U_{GS}$.
Slew Rate (maximale Spannungsanstiegsgeschwindigkeit). Zwischen der maximalen Anstiegsgeschwindigkeit (bzw. Anstiegszeit) der Ausgangsspannung eines Differenzverstärkers bei linearer Kleinsignal- und bei Großsignalaussteuerung besteht ein erheblicher Unterschied. Bei Kleinsignalaussteuerung existiert ein definierter Zusammenhang zwischen der Anstiegszeit und der oberen Grenzfrequenz (Abschn. 8.5.). Die maximale Anstiegsgeschwindigkeit der Ausgangsspannung des Differenzverstärkers bei Großsignalaussteuerung, d.h. bei eingangsseitiger Ansteuerung mit großen Rechteckspannungssprüngen (genannt: Slew Rate) ist meist wesentlich kleiner als die Spannungsanstiegsgeschwindigkeit bei Kleinsignalaussteuerung. Sie ist unabhängig von der Amplitude des Eingangssignals.

Die Ursache für dieses Verhalten ist der Einfluß von Parallelkapazitäten am Differenzverstärkerausgang (Frequenzgangkompensation, Eingangskapazität der nachfolgenden Stufe). Ohne Eingangssignal fließt durch T_2 der Ruhestrom $I_{C2} \approx I_E/2$ (Bild 4.5). Bei

Großsignalansteuerung ($u_D >$ etwa 100 mV) wird T_1 plötzlich gesperrt, I_{C2} verdoppelt sich ($I_{C2} \approx I_E$), und die Differenz $I_E/2$ fließt im ersten Moment in voller Höhe in den Kondensator C_L. Die maximale Anstiegsgeschwindigkeit der Ausgangsspannung beträgt deshalb

$$\frac{du_{A2}}{dt} = -\frac{I_{C2}}{2C_L} \approx -\frac{I_E}{2C_L}.$$

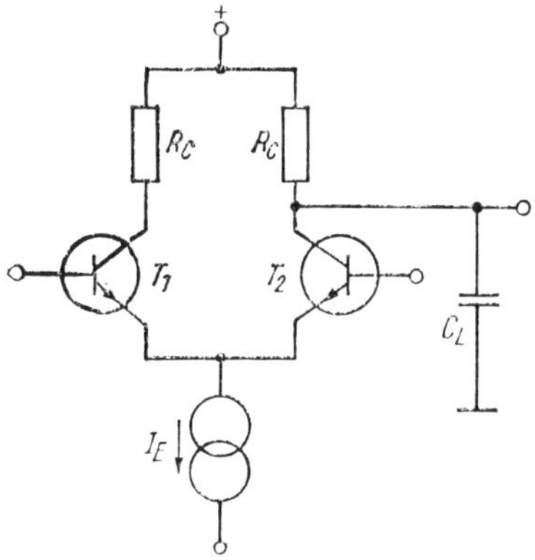

Bild 4.5
Zur Berechnung der Slew Rate

4.4. Drift

Driftunterdrückung. Der Differenzverstärker weist eine sehr hohe Driftunterdrückung auf, die durch die Gleichtaktunterdrückung der Schaltung zustande kommt. Alle gleichsinnig und in gleicher Größe gleichzeitig auf beide Transistoren einwirkenden Drift- und Störgrößen (Temperaturdrift, Betriebsspannungsschwankungen, Transistoränderungen, in beiden Hälften gleichsinnig auftretende Bauelementeänderungen) wirken wie eine Gleichtaktaussteuerung und rufen folglich nur ein sehr kleines Ausgangssignal hervor. Im Gegensatz dazu wird das zwischen beiden Eingängen liegende Eingangssignal (U_d) um den Faktor CMRR höher verstärkt.

Wir betrachten diese Eigenschaft noch etwas näher. Temperaturänderungen wirken sich bei Bipolar-Differenzverstärkern mit Siliziumtransistoren in erster Linie als Basis-Emitter-Spannungsänderung von $\Delta U_{BE} \approx -2 \dots 3$ mV/K aus, denn der Emittergleichstrom bleibt näherungsweise konstant. Dieser Temperatureinfluß läßt sich durch eine Driftspannung ΔU_{BE} in Reihe zur Basis erfassen (Bild 2.4). Wie aus Bild 4.6 abgeleitet werden kann, bewirkt ΔU_{BE} eine reine Gleichtaktaussteuerung, falls ΔU_{BE} bei beiden Transistoren gleich ist (gleicher TK und gleiche Temperatur für T_1 und T_2; in integrierten Schaltungen besonders gut realisierbar). Völlige Symmetrie ist nicht erreichbar. Daher entsteht bei Temperaturänderungen eine kleine Differenzspannung $\Delta U_F = \Delta U_{BE1} - \Delta U_{BE2}$ *(Eingangsoffsetspannungsdrift)*, die wie ein Differenzsignal verstärkt wird. Bereits ein Temperaturunterschied von $\Delta T = 1$ K zwischen T_1 und T_2 bewirkt bei Bipolartransistoren eine Offsetspannungsdrift von $|\Delta U_F| \approx 2 \dots 3$ mV. Ändert sich darüber hinaus der Kollektorruhestrom des Transistors um 10%, so entsteht eine zusätzliche Offsetspannung von $|\Delta U_F| \approx 2{,}5 \dots 3$ mV, wie sich aus folgender Überlegung ableiten läßt:

Beweis: Aus (1.4a) folgt für gesperrte Kollektordiode und für $A_I I_{CS} \ll |I_E|$ der Kollektorstrom der beiden (gleichen und auf gleicher Temperatur angenommenen, d.h. $I_{ES1} = I_{ES2} = I_{ES}$) Transistoren T_1 und T_2 bei vernachlässigtem Bahnwiderstand ($U_{B'E} \approx U_{BE}$)

$$I_{C1} \approx I_{E1} \approx I_{ES}\,(e^{U_{BE1}/U_T} - 1);$$

$$I_{C2} \approx I_{E2} \approx I_{ES}\,(e^{U_{BE2}/U_T} - 1).$$

Auflösen nach U_{BE1} bzw. U_{BE2} liefert

$$U_{BE1} \approx U_T \ln\left(\frac{I_{C1}}{I_{ES}} + 1\right); \qquad U_{BE2} \approx U_T \ln\left(\frac{I_{C2}}{I_{ES}} + 1\right).$$

Die Differenz der Basisemitterspannungen („Eingangsoffsetspannung“ des Differenzverstärkers als Folge unterschiedlicher Kollektorströme) beträgt damit

$$\Delta U_{BE} = U_{BE1} - U_{BE2} \approx U_T \ln \frac{I_{C1} + I_{ES}}{I_{C2} + I_{ES}} \approx U_T \ln \frac{I_{C1}}{I_{C2}}. \tag{4.8}$$

Zahlenbeispiel: Für $I_{C1} = 1{,}1 I_{C2}$ folgt aus (4.8)

$$\Delta U_{BE} \approx U_T \ln 1{,}1 \approx U_T \ln(1 + 0{,}1) \approx 0{,}1 U_T \approx 2{,}5 \ldots 3\ \mathrm{mV}.$$

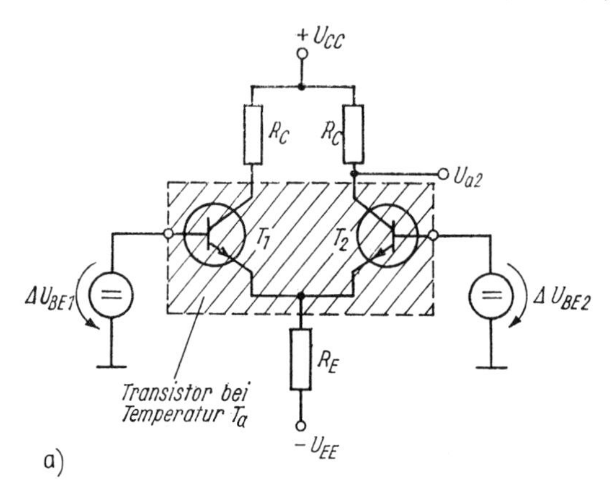

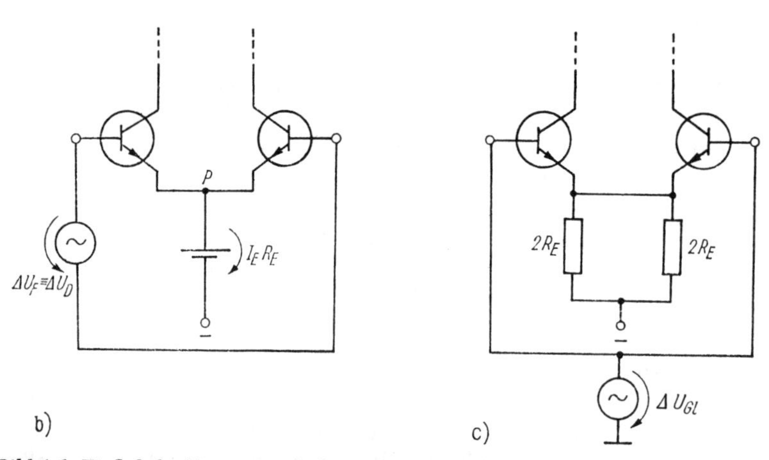

***Bild 4.6.** Einfluß der Temperaturdrift auf den Differenzverstärker*
a) Schaltung; b) Differenzansteuerung; c) Gleichtaktansteuerung

Offsetspannung. Völlig symmetrische Differenzverstärker lassen sich nicht realisieren. Deshalb tritt auch bei miteinander verbundenen Eingängen eine Ausgangsspannung auf (Ausgangsoffsetspannung U_{AF}). Auch sie hat eine Drift: $U_{AF} = U_{AF0} + \Delta U_{AF}$ (ΔU_{AF} ist die Ausgangsoffsetspannungsdrift). Die Offsetspannung U_{AF0} läßt sich zum Verschwinden bringen, indem zwischen die Eingangsklemmen eine kleine Differenzspannung gelegt wird. Diese Spannung ist die Eingangsoffsetspannung. Ihre Drift ist auch nach dem Offsetabgleich wirksam.

Die niedrigsten Driftwerte weisen integrierte Differenzverstärker auf, weil sich die Bauelemente auf nahezu gleicher Temperatur befinden, und weil sie in einem einheitlichen Fertigungsprozeß entstanden sind. Die Hauptursachen der Drift sind Temperatur- und Langzeitänderungen. Betriebsspannungsschwankungen lassen sich durch stabilisierte Spannungsversorgung gering halten.

Die Temperaturabhängigkeit der Eingangsoffsetspannung integrierter Differenzverstärker (Eingangsstufen in Operationsverstärkern) beträgt bei

Bipolartransistoren		Sperrschicht-FET	MOSFET
$\Delta U_F/\Delta T$	0,6 ... 10 μV/K	10 μV/K	5 ... 100 μV/K
$\Delta I_F/\Delta T$	1 nA/K	1 ... 10 pA/K	<1 pA/K

Zur Ergänzung sei bemerkt, daß der TK der Basis-Emitter-Spannung vom Emittergleichstrom abhängt [7]. Der TK der Eingangsoffsetspannung eines Differenzverstärkers läßt sich deshalb ggfs. durch geringfügig unterschiedliche Kollektorruheströme minimieren.

Eingangsruhe- und -offsetstrom. Ohne Signal fließt in jeden Eingang des Differenzverstärkers ein kleiner Gleichstrom (Basis- bzw. Gategleichstrom). Bei Differenzverstärkern mit Bipolartransistoren gilt $I_B \approx I_C/B_N$, Größenordnung 0,1 μA. Die Differenz der beiden nahezu gleichen Eingangsströme ist der *Eingangsoffsetstrom* $I_F = I_{B1} - I_{B2}$. Ihr arithmetischer Mittelwert ist der *Eingangsruhestrom* $I_B = (I_{B1} + I_{B2})/2$.

In der Regel fließt der Eingangsstrom durch den Innenwiderstand der Signalquelle bzw. durch weitere Widerstände des Eingangskreises und ruft dort einen Spannungsabfall hervor, der als zusätzliche Eingangsoffsetspannung wirkt und bei großen Innenwiderständen der Signalquelle ($\gtrsim$ kΩ-Bereich) berücksichtigt werden muß (vgl. Abschn. 11.4.).

Auch die Langzeitdrift darf nicht außer acht gelassen werden. Sie beträgt bei Bipolartransistoren und SFET bis zu einigen μV/Tag. Bei MOSFET ist sie in der Regel eine bis zwei Zehnerpotenzen größer.

4.5. Schaltungsvarianten

In den vergangenen Jahren wurden zahlreiche Schaltungsvarianten von Differenzverstärkern entwickelt. Wir können hier nur einige typische Beispiele vorstellen. Bezüglich weiterer Einzelheiten sei auf die Literatur verwiesen [3] [12] [13].

Darlington-Differenzverstärker (Bild 4.7a). Für Eingangsstufen von Operationsverstärkern werden Differenzverstärker mit sehr kleinem Ruhestrom und hohem Eingangswiderstand benötigt. Bei Differenzverstärkern mit Bipolartransistoren nach Bild 4.2a läßt sich diese Forderung nur durch sehr kleinen Ruhestrom I_C erfüllen. Dadurch sinkt jedoch die Differenzverstärkung erheblich. Außerdem sind hochohmige Widerstände erforderlich, die in integrierten Schaltungen eine relativ große Chipfläche benötigen (Kosten!): Günstiger ist es in dieser Hinsicht, wenn die beiden Transistoren des Differenzverstärkers durch je eine Darlington-Schaltung ersetzt werden. Dadurch erreicht man Eingangsruheströme $I_B \approx 5 \ldots 10$ nA und Differenzeingangswiderstände $r_d \approx 10$ bis 20 MΩ. Nachteilig ist jedoch die größere Eingangsoffsetspannung und deren Temperaturdrift (typisch ± 3 mV und ± 15 μV/K).

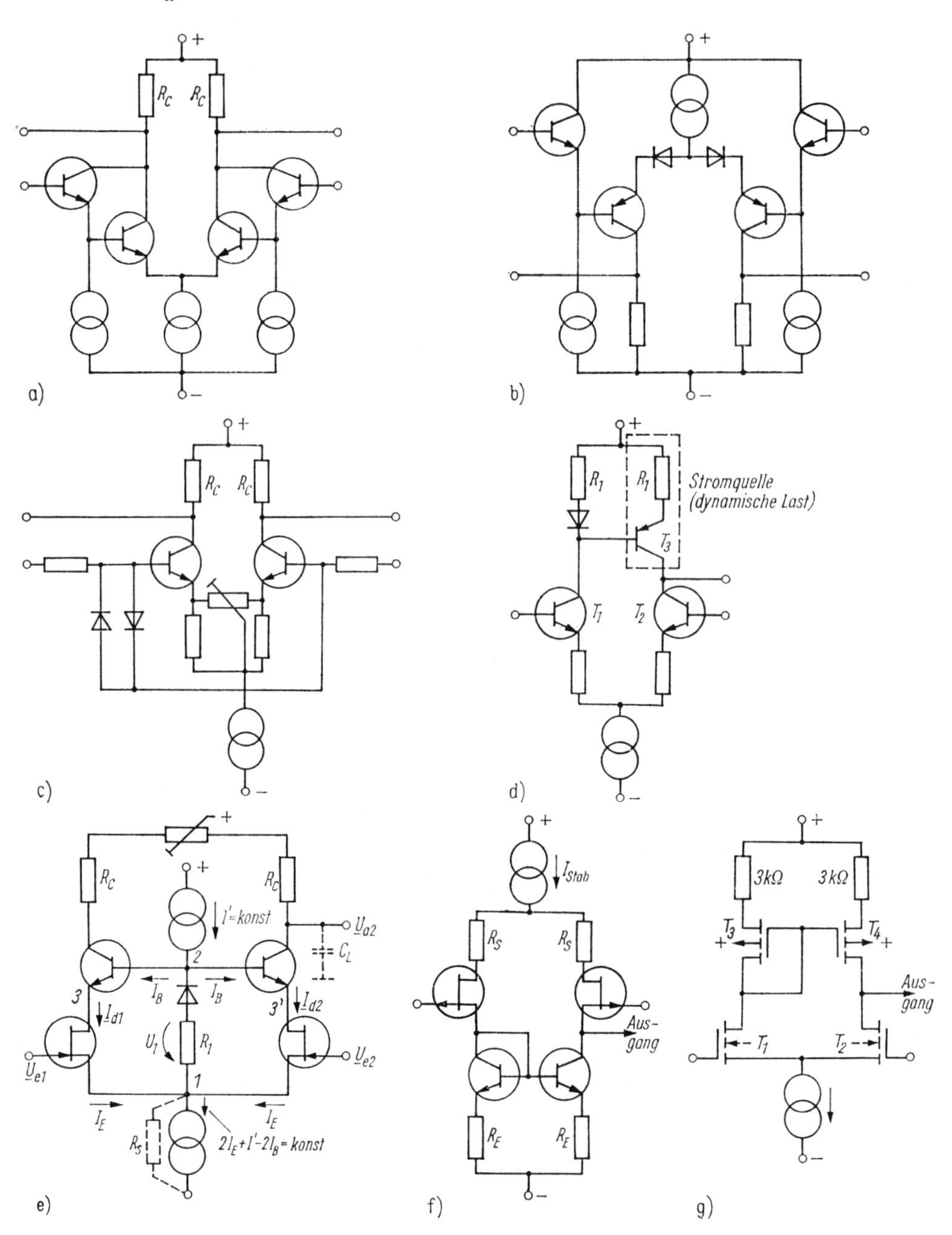

Bild 4.7. Varianten von Differenzverstärkerschaltungen

a) Darlington-Differenzverstärker; b) Komplementär-Darlington-Differenzverstärker; c) Differenzverstärker mit Stromgegenkopplung (zusätzlich Offsetspannungsabgleich und Eingangsspannungsbegrenzung); d) Differenzverstärker mit dynamischer Last; e) Kaskodedifferenzverstärker mit FET-Eingang; f) BiFET-Differenzverstärker; g) CMOS-Differenzverstärker; $T_{1,2}$ Eingangsdifferenzverstärker, $T_{3,4}$ Stromspiegel

Komplementär-Darlington-Differenzverstärker (Bild 4.7b). Diese Schaltung hat ähnliche Eigenschaften wie der Darlington-Differenzverstärker. Durch die pnp-Transistoren erfolgt gleichzeitig eine Pegelverschiebung in Richtung zu negativen Spannungen.

Differenzverstärker mit Stromgegenkopplung (Bild 4.7c). Durch Einschalten eines kleinen Widerstandes (z. B. 50 ... 100 Ω) in jeden Emitterkreis der Schaltung im Bild 4.2a werden ein höherer Eingangswiderstand, ein größerer Aussteuerbereich für Differenzeingangsspannungen und größere Linearität erzielt. Die Spannungsverstärkung sinkt jedoch durch diese Gegenkopplung (vgl. Abschn. 9.4.1.).

Unsymmetrischer Differenzverstärker. Der Kollektorwiderstand des Transistors T_1 im Bild 4.2a kann kurzgeschlossen und die Schaltung an der Basis von T_1 angesteuert werden. Diese Schaltung weist geringere Gleichtaktunterdrückung auf als die „Standardschaltung" im Bild 4.2a. Sie hat jedoch Vorteile bei hohen Frequenzen, weil die Eingangskapazität zwischen Basis von T_1 und Masse infolge des Wegfalls der Miller-Kapazität klein ist. Der Transistor T_1 wirkt als Emitterfolger, T_2 arbeitet in Basisschaltung, falls die Basis von T_2 an Masse liegt.

Differenzverstärker mit dynamischer Last (Bild 4.7d). Besonders hohe Differenzverstärkung ergibt sich, wenn der Kollektorwiderstand R_C durch eine Stromquelle mit hohem differentiellem Innenwiderstand (z. B. Stromspiegel, vgl. Bild 6.11) ersetzt wird. Das Prinzip ist das gleiche wie beim Ersatz des Emitterwiderstandes R_E im Differenzverstärker durch eine Konstantstromquelle. Die Stromquelle hat einen differentiellen Innenwiderstand von 1 ... 10 MΩ. Der Gleichspannungsabfall über der Stromquelle braucht nur wenige Volt zu betragen (T_3 muß im aktiven Betriebsbereich betrieben werden). Die Differenzverstärkung der Schaltung wird zusätzlich erhöht, indem die Basis des Stromquellentransistors durch den Spannungsabfall über R_1 bzw. über der linken Hälfte des Stromspiegels (vgl. Bild 6.11) angesteuert wird [6]. Die Differenzverstärkung kann bis zu 10000 betragen.

Unterschied zwischen Bipolar- und FET-Differenzverstärkern. Üblicherweise werden folgende Forderungen an Differenzverstärker gestellt:

- V_d, CMRR, r_d, r_{gl}, Slew Rate und Gleichtaktaussteuerbereich möglichst groß
- Fehlersignale (U_F, I_F sowie deren Driften, Rauschen) möglichst klein.

Nicht alle Forderungen sind mit einer Schaltung gleich gut erfüllbar. Deshalb sind Kompromisse und unterschiedliche Schaltungsdimensionierungen je nach Anwendungsfall notwendig.

Vorteile von Bipolar-Differenzverstärkern sind kleine Eingangsoffsetspannung und deren Drift, große Spannungsverstärkung und großer Gleichtaktaussteuerbereich. Bei hohen Innenwiderständen der Signalquelle ($\gg 50$ kΩ) und dann, wenn es auf möglichst kleinen Eingangsruhestrom, -offsetstrom und dessen Drift ankommt, sind FET-Differenzverstärker vorteilhafter (Eingangsruhestrom $\lesssim$nA ... pA-Bereich). Sperrschicht-FET haben zwar größeren Eingangsstrom und größere Stromdrift als MOSFET, man erzielt aber niedrigere Eingangsoffsetspannungsdrift, größere Langzeitstabilität und geringeres Rauschen. Bei Differenzverstärkern mit selbstsperrenden FET kann der Arbeitspunkt so gewählt werden, daß das Drain- und Sourcepotential den gleichen Wert hat, falls kein großer Gleichtaktaussteuerbereich benötigt wird. Das kann bei der Kopplung mehrerer Verstärkerstufen vorteilhaft sein.

Kaskode-Differenzverstärker [4.2]. Sehr vorteilhafte Eigenschaften hat der aus zwei Kaskodeschaltungen aufgebaute Differenzverstärker. Er läßt sich mit Bipolartransistoren, FET oder gemischt realisieren (Bild 4.7e). Seine wesentlichen Vorteile sind

- sehr niedriger Eingangsruhestrom, hoher Eingangswiderstand
- verbesserte Gleichtaktunterdrückung
- kleinere Eingangskapazität, dadurch größere Bandbreite (Wegfall der Miller-Kapazität).

Durch die Stromquelle I' und durch R_1 wird erreicht, daß der Spannungsabfall U_1 und damit die Drain-Source-Spannung der FET nahezu unabhängig vom Eingangssignal der Schaltung wird. Bei Gleichtaktaussteuerung „schwimmen" die Potentiale der Punkte 1, 2 und 3 bzw. 3'. Dadurch wird die Gleichtaktunterdrückung der Stufe wesentlich erhöht.

Wir berechnen die Spannungsverstärkung $\underline{U}_{a2}/\underline{U}_{e2}$ der rechten Schaltungshälfte: Aus (3.17) folgt mit (3.18) für die dort vorausgesetzten Näherungen $Sr_{gs} \gg (R_S/r_{ds})$ und $R_S \ll r_{ds}$ der Drainstrom $\underline{I}_{d2} \approx S^*\underline{U}_{e2}$ mit $S^* \approx S/(1 + SR_S)$. Dieser Strom fließt in guter Näherung ($\alpha \approx 1$) auch durch R_C und erzeugt den Spannungsabfall $\underline{U}_{a2} = -\underline{I}_{d2}R_C$. Bedenken wir, daß die Stufe bei reiner Differenzansteuerung symmetrisch ist (d.h. $\underline{I}_{d2} = -\underline{I}_{d1}$), so erhalten wir die symmetrische Differenzverstärkung bei niedrigen Frequenzen zu

$$V_{ds} = \frac{\underline{U}_{ad}}{\underline{U}_{d}} = \frac{\underline{U}_{a2}}{\underline{U}_{e2}} \approx -\frac{SR_C}{1 + SR_S} = V_0 . \tag{4.9}$$

Der Verstärkungsabfall bei hohen Frequenzen wird vor allem durch die Eingangskapazität jedes FET und durch die Sperrschichtkapazität (zuzüglich der Lastkapazität) der Bipolartransistoren hervorgerufen.

Falls C_{gs} nicht wesentlich größer ist als C_{gd}, läßt sich der Einfluß von C_{gs} auf die Eingangskapazität infolge der Stromgegenkopplung durch R_S (analog zum Sourcefolger) vernachlässigen. Jeder FET hat dann zwischen Gate und Masse in grober Näherung die Eingangskapazität C_{gd}. Die gesamte von der Signalquelle mit dem Innenwiderstand R_G gesehene Differenzeingangskapazität beträgt dann $\approx C_{gd}/2$.

Aus diesen Überlegungen folgt, daß die Übertragungsfunktion $V_{ds}(j\omega)$ der Schaltung zwei dominierende Eckfrequenzen

$$f_{P1} \approx \frac{1}{2\pi R_G (C_{gd}/2)}$$

und

$$f_{P2} = \frac{1}{2\pi R_C C_p}$$

mit $C_p = C_{bc} + C_L$ besitzt. Der Frequenzgang lautet mit V_0 aus (4.9)

$$V(j\omega) \approx \frac{V_0}{\left(1 + j\dfrac{f}{f_{P1}}\right)\left(1 + j\dfrac{f}{f_{P2}}\right)}.$$

Natürlich wurde hier stillschweigend vorausgesetzt, daß die f_T-Frequenz der Bipolartransistoren wesentlich größer ist als die beiden Polfrequenzen f_{P1} und f_{P2}.

5. Kopplung zwischen den Stufen

Koppelschaltungen haben die Aufgabe, das Ausgangssignal einer Stufe möglichst wenig gedämpft dem Eingang der nachfolgenden Stufe zuzuführen. Dabei ist meist eine *Pegelverschiebung* notwendig, weil das Ausgangspotential der vorhergehenden Stufe in der Regel vom Eingangspotential der nachfolgenden Stufe abweicht, oder weil es innerhalb eines bestimmten Pegelbereiches liegen muß. Für geringe Pegelverschiebungen eignen sich eine bzw. mehrere in Reihe geschaltete und in Durchlaßrichtung betriebene Dioden. Größere Pegelverschiebung erzielt man u. a. mit der Basisschaltung.

Im folgenden Abschnitt geben wir einen Überblick über die wichtigsten Kopplungsarten.

5.1. Direkte Kopplung

Die direkte Kopplung (Bild 5.1 a) ist die einfachste Kopplungsart. Sie hat u. a. den Vorteil, daß auch sehr niederfrequente Signale und Gleichgrößen übertragen werden. Sie ist sehr gut für integrierte Schaltungen geeignet, besonders für MOS-Schaltungen. Bei mehrstufigen Verstärkern in Bipolartechnik ist die Arbeitspunkteinstellung problematisch, weil das Basispotential der nachfolgenden Stufe nicht unabhängig vom Kollektorpotential der vorhergehenden Stufe gewählt werden kann.

5.2. Widerstandskopplung

Gegenüber der direkten Kopplung erfolgt hier eine Pegelverschiebung mit Hilfe des Spannungsteilers R_1, R_2 (Bild 5.1 b). Allerdings tritt hierdurch eine Signaldämpfung auf. Bildet man den Spannungsteiler frequenzabhängig aus, so kann die Signaldämpfung zur Erzielung eines gewünschten Frequenzgangs ausgenutzt werden. Auch ohne äußere Kapazitäten ist der Spannungsteiler als Folge der Eingangskapazität C_e der nachfolgenden Stufe frequenzabhängig. Deshalb ist es u. U. zweckmäßig, R_1 kapazitiv zu überbrükken, wenn sehr hohe Frequenzen übertragen werden sollen („kompensierter Spannungsteiler"). Der Spannungsteilerquerstrom durch R_1 und R_2 soll groß gegenüber I_{B2} sein, damit Änderungen des Basisstroms I_{B2} das Potential am Punkt b möglichst wenig ändern.

Widerstandskopplung wird in integrierten Analogschaltungen selten verwendet, weil hochohmige Widerstände relativ große Chipflächen benötigen. Eine Variante ist die „Konstantstromkopplung". Dabei wird der untere Spannungsteilerwiderstand R_2 durch eine Konstantstromquelle mit hohem differentiellem Innenwiderstand R_i ersetzt. Dadurch tritt bei niedrigen Frequenzen praktisch so lange keine Signaldämpfung auf, wie $R_1 \ll (R_e \parallel R_i)$ ist.

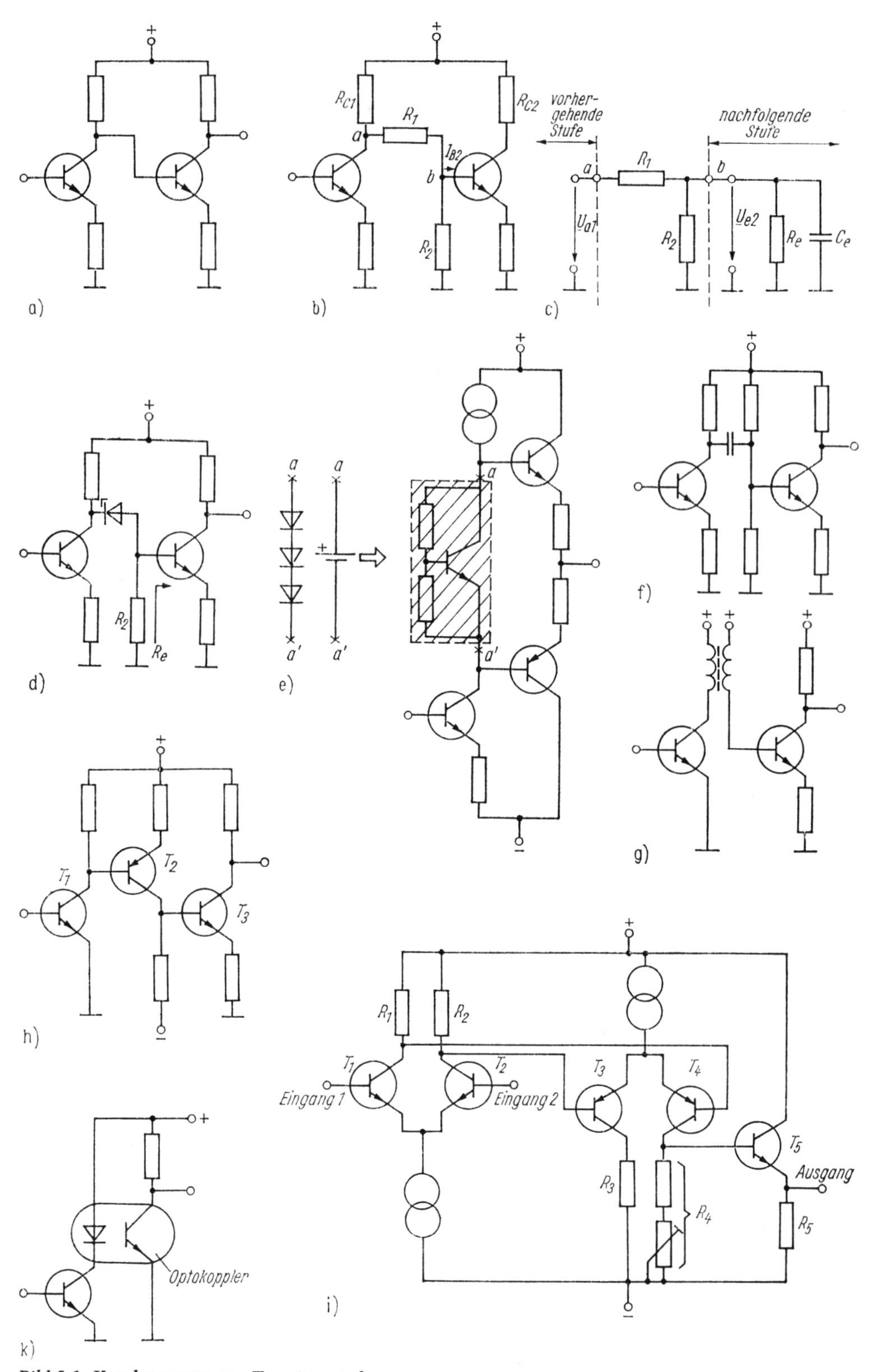

Bild 5.1. Kopplungsarten von Transistorstufen

a) direkte Kopplung; b) RC-Kopplung; c) Kleinsignalersatzschaltbild zu b; d) Z-Diodenkopplung; **e)** Pegelverschiebung durch Transistorschaltung (Z-Diodennachbildung); f) *RC*-Kopplung; g) Transformatorkopplung; h) Komplementärtransistorkopplung; **i)** Komplementärtransistorkopplung mit Differenzverstärker (npn- und pnp-Differenzverstärker-Kaskade); k) optoelektronische Kopplung

5.3. Z-Dioden-Kopplung

Ersetzt man den oberen Spannungsteilerwiderstand der Widerstandskopplung durch eine Z-Diode, tritt eine Pegelverschiebung ohne merkliche Signaldämpfung auf, weil der differentielle Innenwiderstand der Z-Diode wesentlich kleiner ist als die Parallelschaltung $R_2 \parallel R_e$ (Bild 5.1 d). Damit die Z-Diode stets im Zenerbereich bleibt, muß ein bestimmter Mindeststrom (Zenerstrom) durch sie fließen, z. B. 1 mA.

Die Z-Dioden-Kopplung ist teurer als die meisten Kopplungsarten und wird daher nur selten verwendet. Verbreiteter ist der Ersatz der Z-Diode durch in Reihe geschaltete Dioden in Durchlaßrichtung oder durch eine einfache Transistorschaltung (Bild 5.1 e).

Der Transistor arbeitet mit Spannungsgegenkopplung und hält die Ausgangsspannung konstant (vgl. Abschn. 9.4.). Diese Schaltung wird gelegentlich zur Pegelverschiebung in Gegentaktendstufen eingesetzt (Abschn. 7.1.3.).

5.4. RC-Kopplung

Diese Kopplungsart (Bild 5.1 f) war in der Vergangenheit bei der diskreten Schaltungstechnik weit verbreitet. Der Koppelkondensator stellt für das zu übertragende Signal praktisch einen Kurzschluß dar. Die Potentiale am Ausgang der vorhergehenden und am Eingang der nachfolgenden Stufe können nahezu beliebig unterschiedlich gewählt werden, weil kein Gleichstrom durch den Koppelkondensator fließt. Der Hauptnachteil ist die endliche untere Grenzfrequenz und die damit verbundene Phasendrehung, die Schwierigkeiten hinsichtlich der dynamischen Stabilität bei gegengekoppelten Verstärkern bereiten können. Diese Kopplungsart eignet sich nicht zur Verstärkung von Gleichgrößen. Auch für integrierte Schaltungen ist sie ungeeignet, weil größere Kapazitäten nicht integrierbar sind.

5.5. Transformatorkopplung

Sie ist eine der ältesten Kopplungsarten (Bild 5.1 g). Vorteilhaft ist die völlige galvanische Trennung zwischen Eingangs- und Ausgangskreis und die Möglichkeit der Widerstandstransformation (Leistungsanpassung des Eingangs der nachfolgenden Stufe an den Ausgang der vorhergehenden Stufe realisierbar).

Weitere Anwendungen sind die Schwingkreis- und Bandfilterkopplung sowie die Ankopplung mit Impulsübertragern. Die Transformatorkopplung wird heute nur noch selten angewendet. Ihre Nachteile sind durch den Transformator bedingt: Stark begrenzter Übertragungsfrequenzbereich, keine Gleichspannungskopplung realisierbar, großes Volumen und Gewicht, Gefahr magnetischer Einstreuungen (Abschirmmaßnahmen erforderlich), nicht integrierbar. In modernen elektronischen Schaltungen werden Transformatoren zur Informationsverarbeitung weitgehend vermieden.

5.6. Komplementärtransistorkopplung

Mit komplementären Transistoren sind sehr wirksame Koppelstufen realisierbar (Bild 5.1 h), die neben einer Pegelverschiebung in weitem Bereich und mit gewünschter Polarität zusätzlich erhebliche Signalverstärkung aufweisen. Der Potentialunterschied zwischen dem Kollektor von T_1 und der Basis von T_3 wird durch den Komplementärtransistor T_2 überwunden. Besonders häufig wird diese Kopplungsart mit Differenzverstärkern realisiert. Bei vielen analogen integrierten Schaltungen wird die npn- und pnp-Differenzverstärker-Kaskade verwendet (Bild 5.1i). Die durch den ersten Differenzverstärker (T_1, T_2) bewirkte Pegelverschiebung in positiver Richtung wird durch den komplementären Differenzverstärker (T_3, T_4) in Verbindung mit dem Basis-Emitter-Spannungsabfall des Emitterfolgers T_5 kompensiert. Die Kollektorwiderstände R_3, R_4 werden in integrierten Schaltungen aus technologischen Gründen und infolge des größeren differentiellen Widerstandes oft durch Stromquellen (z.B. Stromspiegel) ersetzt. Die Schaltung im Bild 5.1i stellt einen einfachen Operationsverstärker dar, bei dem das Ausgangspotential Null ist, wenn keine Eingangsdifferenzspannung anliegt.

5.7. Optoelektronische Kopplung

Diese Kopplungsart (Bild 5.1k) ist die elektronische Variante der Transformatorkopplung mit wesentlich günstigeren Frequenzeigenschaften als die der Transformatorkopplung. Der Übertragungsbereich reicht von Gleichspannungen bis zum GHz-Bereich. Von sehr großem Vorteil ist die völlige galvanische Trennung bis zu mehreren kV (durch Optokoppler bedingt). Hauptanwendung ist die Übertragung digitaler Signale. Die Genauigkeit der amplitudenanalogen Signalübertragung wird durch die Linearitäts- und Langzeitfehler des Optokopplers begrenzt (‰- bis %-Bereich). Mit Gegentaktanordnungen wird eine gewisse Kompensation der Linearitätsfehler erreicht [5.1].

6. Bauelemente und Grundschaltungen in integrierten Analogschaltungen

In diesem Abschnitt behandeln wir Besonderheiten und Modifikationen von Grundschaltungen, die durch die Technologie der monolithisch integrierten Analogschaltkreise bedingt sind.

Da die Elemente einer integrierten Schaltung in engem Wärmekontakt stehen und in einem einheitlichen Fertigungsprozeß hergestellt werden, sind vorteilhafte Schaltungslösungen möglich, die in der Schaltungstechnik mit Einzelbauelementen technisch oder ökonomisch nicht befriedigen.

Nach einem Vergleich zwischen Bipolar- und MOS-Technik behandeln wir typische Bauelemente und Grundschaltungen der Bipolartechnik und der CMOS-Technik.

6.1. Vergleich zwischen Bipolar- und MOS-Technik

In den drei Jahrzehnten seit der erstmaligen Realisierung eines integrierten Schaltkreises entwickelte sich der Integrationsgrad digitaler Schaltkreise von zehn bis zu mehreren Millionen Transistoren/Chip. Der Integrationsgrad monolithischer Analogschaltkreise wuchs demgegenüber viel langsamer, weil 1. zur Realisierung analoger Funktionen wesentlich weniger Bauelemente erforderlich sind und 2. digitale Schaltungen sehr viel besser für die VLSI-Herstellung geeignet sind.

Traditionell war die Bipolartechnik die dominierende Technologie für Analogschaltungen, weil für die meisten Grundschaltungen bessere Leistungsparameter erreichbar sind.

In den 80er Jahren entstand durch die Fortschritte der digitalen CMOS-VLSI-Technik zunehmend die Notwendigkeit, kombiniert digital/analoge Systeme auf einem Chip zu integrieren. Das führte zur verstärkten Hinwendung zu CMOS-Analogschaltungen, wobei sich zeigte, daß neben einer Reihe von Nachteilen auch zahlreiche vorteilhafte Eigenschaften der CMOS-Schaltungen ausnutzbar sind: leistungsfähige Analogschalter, Offsetkompensationsmethoden, Verlustleistungsreduzierung, SC-Schaltungen usw.

Vor allem zwei neuartige Schaltungslösungen spielten bzw. spielen für den Einsatz der CMOS-Technik in der analogen Signalverarbeitung eine grundsätzliche Rolle: 1. Die Anordnung hochgenauer Kapazitätsverhältnisse auf dem Chip und 2. selbstkorrigierende und selbstkalibrierende Systeme, die die traditionellen Fehler der Analogschaltungen (Offset, begrenzte Genauigkeit von R oder C) stark verringern und bewirken, daß aufwendige Abgleichmethoden (z.B. Laser-Abgleich) entfallen können. Zukünftig werden selbstkorrigierende, selbstkontrollierende und selbstkalibrierende Schaltungen einen wesentlichen Fortschritt bei kombiniert digital/analogen CMOS-Schaltungen bewirken.

BiCMOS. Die vorteilhaften Eigenschaften von Bipolar- und CMOS-Schaltungen werden neuerdings bei der BiCMOS-Technologie kombiniert. Sie ist eine Kombinationstechnologie und hat vor allem für die Realisierung gemischt digital/analoger Schaltungen hoher Leistungsfähigkeit optimale Eigenschaften.

Grundsätzlich werden bei monolithischen Schaltungsrealisierungen von Analogschaltungen folgende Sachverhalte ausgenutzt:

1. Sehr niedriger Preis einer Transistorfunktion auf dem Chip.
2. Als Bauelementspektrum stehen nur Transistoren, Widerstände und kleine Kapazitäten zur Verfügung.
3. Die relative Abweichung eng benachbarter Bauelemente beträgt <100 ppm.

Vorteile der Bipolartechnik:

- höhere Steilheit und Spannungsverstärkung je Stufe
- höhere Grenzfrequenz (HF-Verhalten)
- höhere Ausgangstreiberfähigkeit
- niedrigere Eingangsoffsetspannung und niedrigeres Eingangsrauschen
- gute Parameterstabilität und eng tolerierte Parameter
- großer Betriebsspannungsbereich (typ. 1,5 ... 30 V).

Vorteile der MOS-Technik:

- höhere Integrationsdichte (Selbstisolation der MOSFETs), dadurch niedrigere Fertigungskosten/Funktion
- sehr kleiner Leistungsverbrauch (vor allem bei CMOS)
- sehr hohe Eingangsimpedanz
- Ladungen über mehrere Millisekunden auf MOS-Kapazitäten speicherbar
- besondere Eignung für verlust- und offsetarme Analogschalter.

Grundsätzlich lassen sich mit der Bipolartechnik präzisere und schnellere Schaltungen realisieren. Der Vorteil der CMOS-Technik liegt dagegen bei hochintegrierten Digitalschaltungen und bei gemischt digital/analogen Schaltungen, wobei hier allerdings der Trend zur BiCMOS-Technologie verläuft.

Die unterschiedlichen Eigenschaften von Bipolar- und MOS-Schaltungen haben zur Folge, daß Bipolarschaltungskonzepte nicht ohne weiteres auf MOS-Schaltungen übertragen werden können.

Analoge Grundschaltungen. Typische und häufig eingesetzte analoge Grundschaltungen bzw. Teilschaltungen sind: angepaßte passive Bauelemente (R, C); Stromspiegel; Schalter; Operationsverstärker; Komparatoren; Spannungsreferenzen; Analogmultiplizierer; ADU; DAU; Modulatoren; Demodulatoren; VCO; PLL; Filter; Verstärkerstufen. Aussagekräftige Kennwerte von Analogschaltungen sind hohe Geschwindigkeit, niedrige Verlustleistung, niedriges Rauschen, niedrige Offsetspannung, hoher Dynamikbereich, hohe Gleichtaktunterdrückung, hohe Betriebsspannungsunterdrückung.

Der Entwurfsaufwand und das dabei auftretende Entwurfsrisiko sind bei analogen Schaltungen wesentlich größer als bei digitalen Schaltungen. Daher erfolgt der rechnergestützte Entwurf von Analogschaltungen zunehmend unter Zuhilfenahme von „Bibliothekszellen".

„Smart" Analogschaltungen. Die Genauigkeit, Konstanz und Auflösung von Analogschaltungen läßt sich durch zusätzliche Integration digitaler Schaltungsgruppen auf dem Chip beträchtlich erhöhen. Ein typisches Beispiel hierfür sind selbstkalibrierende ADU (s. Abschn. 21.2.4.). In den kommenden Jahren werden diese Methoden stark zunehmen und die bisher für die „klassische" Analogschaltungstechnik typischen Abgleich-, Kalibrier- und Nachabgleicharbeiten stark reduzieren.

6.2. Bipolartechnik

Hauptanwendungen der Bipolartechnik sind neben Analogschaltungen sehr schnelle digitale Speicher- und Logikschaltungen für höchste Geschwindigkeiten [2] [16].

6.2.1. Aktive Bauelemente

Die Herstellungstechnologie integrierter Transistoren ähnelt der Herstellungstechnologie diskreter Transistoren. Der Hauptunterschied besteht darin, daß die auf dem gleichen Chip befindlichen Transistoren voneinander isoliert werden müssen. Mit den grundlegenden Herstellungsschritten in monolithischen integrierten Schaltungen (Oxydation, Fotoresist-Verfahren, Diffusion, Epitaxie, Aufdampfen) werden isolierte Inseln auf dem Silizium-Substrat erzeugt, in denen integrierte Transistoren, Widerstände und kleine Kapazitäten (bis etwa 50 pF) verschiedener Typen erzeugt werden. Darüber hinaus können durch Modifikation des Herstellungsprozesses Bauelemente mit besonders hochgezüchteten Eigenschaften realisiert werden (Super-β-Transistoren, HF-Transistoren).

In integrierten Analogschaltungen werden überwiegend npn-Transistoren, darüber hinaus aber auch pnp-Transistoren und für hochohmige Zwecke auch Sperrschicht- oder MOSFET verwendet.

Integrierte Bipolarschaltungen werden nach Standardprozessen hergestellt, die so ausgelegt sind, daß npn-Transistoren mit guten Eigenschaften ($B_N \approx 100, f_T \approx 300$ MHz) entstehen, pnp-Transistoren lassen sich ohne zusätzliche Prozeßschritte nur in Form der Lateraltransistoren mit wesentlich schlechteren Daten realisieren.

npn-Transistoren (Kleinleistungstypen) (Bild 6.1). Sie haben bis zu mittleren Frequenzen ähnliche Eigenschaften wie diskrete npn-Transistoren. Bei hohen Frequenzen wirkt die Kapazität zwischen Kollektorinsel und dem auf dem negativsten Potential der Schaltung liegenden Substrat als zusätzliche Parallelkapazität zwischen Kollektor und Masse (1 ... 3 pF). Die Chipfläche beträgt (typisch) 25 μm^2. Die Hauptunterschiede gegenüber diskreten Transistoren sind:

1. Größerer Kollektorbahnwiderstand $r_{cc'}$ (einige 10 Ω) und damit größere Kollektorsättigungsspannungen infolge der in einer Ebene angeordneten Anschlußkontakte.
2. Die Belastung des Transistorausgangs durch die zusätzliche Kollektor-Substrat-Kapazität.

Bei den meisten praktischen Anwendungen ist der Einfluß von $r_{cc'}$ sowie der des Emitterbahnwiderstandes $r_{ee'}$ (Größenordnung 2 ... 3 Ω) vernachlässigbar. Die Kollektor-Substrat-Kapazität kann in einfacher Weise im π-Ersatzschaltbild zur Parallelkapazität am Ausgang addiert werden. Die Emitterstromdichte J_{ES} ist eine charakteristische Größe des Herstellungsprozesses. Sie ist unabhängig von der Transistortopologie und deshalb für alle npn-Transistoren auf einem Chip fast gleich (gleiche Diffusion für alle Transistoren). Diese Eigenschaft hat weitreichende Konsequenzen für die Struktur der Grundschaltungen in analogen integrierten Schaltungen. J_{ES} verdoppelt sich je 10 K Temperaturerhöhung. Ein weiterer Vorteil der integrierten Technik ist die weitgehende Gleichheit der technischen Daten von zwei oder mehreren benachbarten Transistoren. Auch dies ist Grundlage vieler Schaltungen, die sich besonders vorteilhaft oder ausschließlich in integrierter Technik realisieren lassen.

Die Eingangsoffsetspannung (Basis-Emitter-Spannungsdifferenz bei gleichem Emitterstrom) zwischen zwei angepaßten dicht benachbarten npn-Transistoren in integrierten Schaltungen beträgt etwa $\Delta U_{BE} \approx 0{,}5$ mV.

Transistoren für hohe Frequenzen benötigen zusätzliche Prozeßschritte.

Lateral-pnp-Transistoren. Gleichzeitig mit der Basisdiffusion von npn-Transistoren lassen sich laterale pnp-Transistoren herstellen, ohne zusätzliche Prozeßschritte und damit zusätzliche Kosten zu verursachen. Der Strom fließt bei diesen Typen parallel zur Oberfläche des Substrats (lateral, Bild 6.1). Eine isolierte n-Insel bildet die Basis, in die zwei kleine p-Gebiete gleichzeitig mit dem Basisdiffusionsprozeß der npn-Transistoren ein-

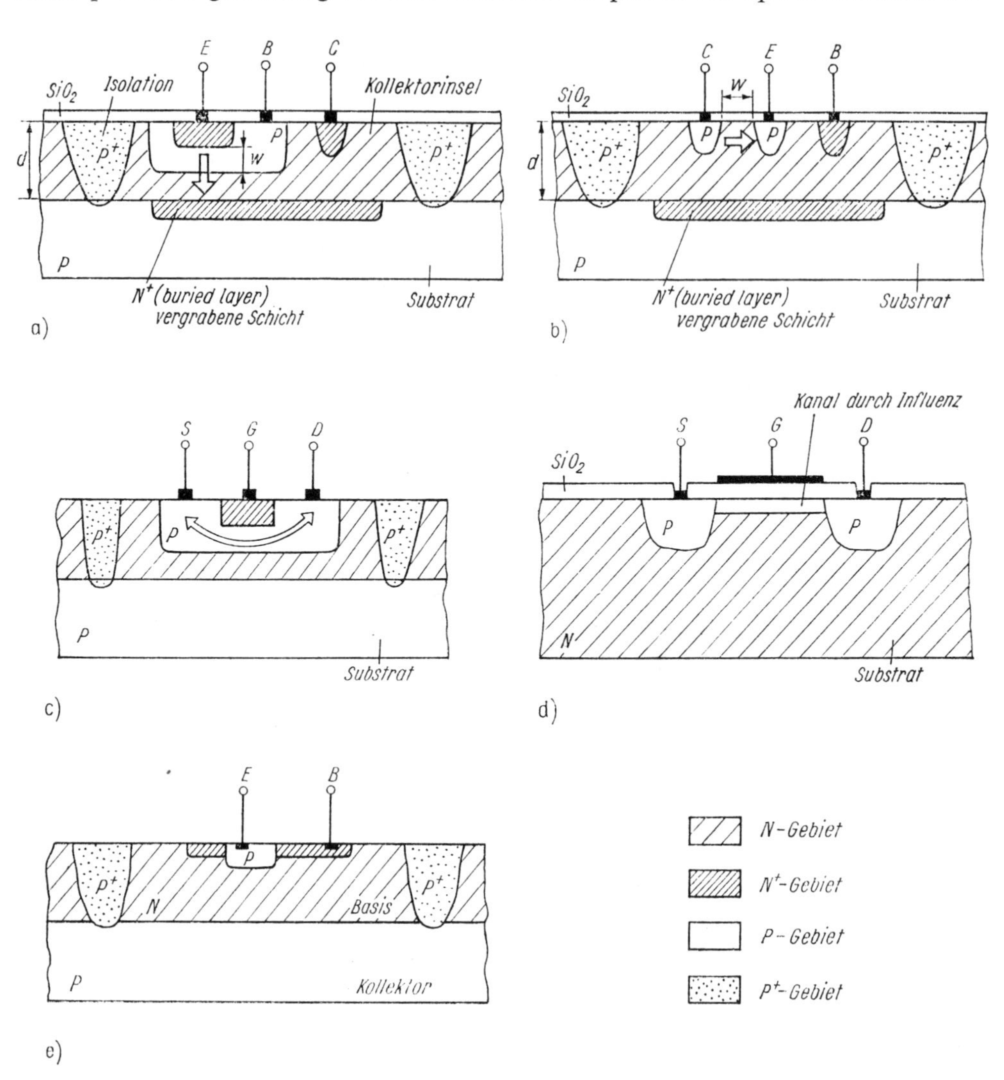

Bild 6.1. Integrierte Transistoren [12] [6.4]

a) npn-Typ (vertikaler npn-Transistor); b) lateraler pnp-Transistor (Kollektor oft ringförmig); c) p-Kanal-SFET; d) p-Kanal-MOSFET; e) Substrat-pnp-Transistor

diffundiert werden. Die elektrischen Daten von Lateraltransistoren sind, u.a. infolge von Fertigungstoleranzen (Basisweite w größer als bei Vertikaltransistoren), nicht sehr gut ($\beta_0 \approx 5 \dots 50$, f_T wenige MHz, $I_E \lessapprox 1$ mA, $h_{22b} \approx 0{,}1$ µA/V, $h_{12b} \approx 5 \cdot 10^{-3}$). Vor allem die geringe Stromverstärkung ist oft nachteilig. Trotzdem sind sie weit verbreitet, weil die integrierten Schaltungen nicht teurer werden, wenn zusätzlich zu npn-Typen noch laterale pnp-Transistoren hergestellt werden. Vorteilhaft ist die geringe Temperaturabhängigkeit des Stromverstärkungsfaktors. Er ändert sich nur um etwa 10% bei $\Delta T = 100$ K gegenüber etwa 90% bei üblichen npn-Transistoren in integrierten Schaltungen. Höhere Stromverstärkung ($\beta \approx 50 \ldots 120$) haben Substrat-pnp-Transistoren (Vertikaltransistoren), die aber seltener verwendet werden [12]. Hierbei dient das Substrat als Kollektor. Das hat jedoch zur Folge, daß solche Transistoren nur bedingt einsetzbar sind, weil der Kollektor auf Masse oder auf einem festen Potential liegen muß, damit die einzelnen Kollektorinseln einer integrierten Schaltung voneinander isoliert sind.

Super-β-Transistoren. Die Eingangsstufen sollen oft einen sehr kleinen Eingangsstrom, d.h. hohen Eingangswiderstand, aufweisen (Basisstrom typisch <10 nA). Auf Kosten anderer Transistoreigenschaften lassen sich Super-β-Transistoren mit Stromverstärkungsfaktoren von typisch $\beta_0 \approx 2500$ realisieren, mit denen solche kleinen Eingangsströme erreichbar sind. Nachteilig sind die kleinen Durchbruchsspannungen von $U_{BRCBO} \approx 10$ bis 20 V und $U_{BRCEO} \approx 5 \ldots 10$ V. Die Offsetspannung zweier angepaßter Super-β-Transistoren ($U_F \approx 5$ mV) ist etwa eine Größenordnung größer als die von zwei angepaßten „Standard"-npn-Typen. Werden noch kleinere Eingangsströme benötigt, müssen Feldeffekttransistoren eingesetzt werden.

Feldeffekttransistoren. Feldeffekttransistoren wurden bisher wegen ihrer im Vergleich zu Bipolartransistoren wesentlich geringeren Steilheit in Analogschaltungen nicht so häufig eingesetzt wie Bipolartransistoren. In hochohmigen Eingangsstufen haben sie jedoch meist Vorteile gegenüber Bipolartransistoren, weil sie extrem niedrigen Eingangsstrom benötigen. Sowohl Sperrschicht-FET als auch MOSFET sind üblich. Sperrschicht-FET und Super-β-Transistoren sind mit den gleichen Prozeßschritten herstellbar. Mit den üblichen Herstellungsprozessen für p-Kanal-MOSFET entstehen nur Anreicherungs- (Enhancement-) Typen. Bei n-Kanal-MOSFET können entweder Anreicherungs- oder Verarmungstypen realisiert werden. Verarmungstypen sind gut als Analogverstärker geeignet, besonders in Schaltungen für hohe Frequenzen.

Die Differenz der Eingangs-Offsetspannungen von weitgehend gleichen dichtbenachbarten Feldeffekttransistoren in integrierten Schaltungen beträgt typisch $\Delta U_{GS} \approx 10$ mV für Ruheströme $I_S \approx 10\,\mu$A ... 1 mA.

Bei der Optimierung der Topologie von FET ist man zu einem Kompromiß gezwungen. Die Gatekapazität ist proportional zur Gatefläche $l \cdot w$ (Länge mal Breite). Die Steilheit des FET ist hingegen proportional zum Verhältnis w/l (Kanalbreite/Länge). Die Verstärkereigenschaften sind um so besser, je größer das S/C-Verhältnis des FET ist. ($V \cdot B \sim S/C$, vgl. Abschn. 3.4.3.) Das Verhältnis $S/C \sim 1/l^2$ soll daher möglichst groß, d.h. die Kanallänge muß klein sein. Das hat aber zur Folge, daß die Toleranzen zwischen den Feldeffekttransistoren größer werden.

Durch die in den letzten Jahren erzielten Fortschritte der MOS-Technik werden in stark zunehmendem Maße auch Analogschaltungen in MOS-Technik entwickelt, wobei die CMOS-Technologie die größte Bedeutung hat. Vor allem, wenn Analogschaltungen zusammen mit Digitalschaltungen auf einem Chip integriert werden müssen, ist die CMOS-Technik häufig eine sehr günstige Lösung.

Dioden [6.1]. In monolithischen integrierten Schaltungen werden Dioden meist durch Transistoren realisiert, deren Kollektor und Basis miteinander verbunden sind (Bild 6.2). Der Hauptvorteil gegenüber einer einfachen integrierten Diode ist der niedrigere Bahnwiderstand. Man erkennt das leicht durch Vergleich der beiden Anordnungen im Bild 6.2. Wir betrachten dazu die Durchlaßspannung U_D und setzen voraus, daß die Anordnungen a) und b) im gleichen Herstellungsprozeß entstanden sind, gleiche Flächen des in Durchlaßrichtung betriebenen pn-Übergangs aufweisen und mit gleichem Strom $I = I_E$

= 1 mA betrieben werden. Dann gilt $U_{PN} = U_{B'E} \approx 0{,}6$ V. Weiterhin sollen die Bahnwiderstände gleich sein: $r_b = r_{bb'} = 100\ \Omega$ und $B_N = 100$ betragen.

Bei der Schaltung im Bild 6.2a gilt

$$U_D = Ir_b + U_{PN} = 0{,}1\ \text{V} + 0{,}6\ \text{V} = 0{,}7\ \text{V}.$$

Bei der Schaltung im Bild 6.2b gilt dagegen

$$U_D = I_B r_{bb'} + U_{B'E} = I_E \frac{r_{bb'}}{1 + B_N} + U_{B'E} \approx 1\ \text{mV} + 0{,}6\ \text{V} \approx 0{,}6\ \text{V}.$$

Bei der heutigen Technologie schwanken die Kennlinien der pn-Übergänge nur sehr wenig, die Bahnwiderstände dagegen beträchtlich (Größenordnung ±50%). Deshalb ergibt Variante b wesentlich kleinere Fertigungsstreuungen der Diodenkennlinien, weil eine 50%ige Streuung des Bahnwiderstandes eine Durchlaßspannungsänderung von lediglich 0,5 mV zur Folge hat, bei Variante a dagegen 50 mV! Bei genauer Betrachtung müssen wir den Kollektorbahnwiderstand zusätzlich berücksichtigen. Das wollen wir hier außer acht lassen.

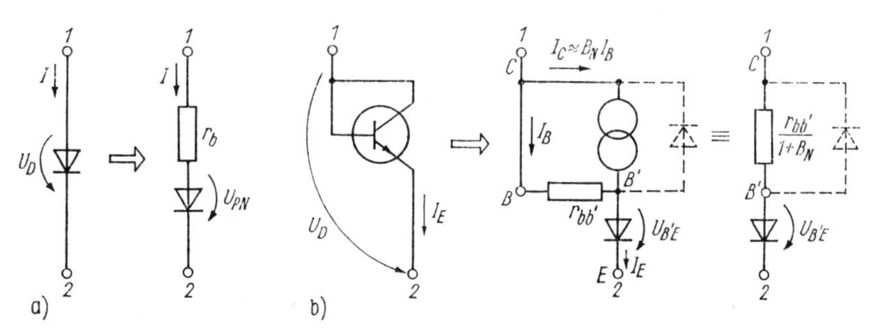

Bild 6.2. Dioden in integrierten Schaltungen
a) einfache Diode; b) als Diode geschalteter Transistor

Wir bemerken weiterhin, daß die Durchlaßspannung einer Diode nach Schaltung b infolge des wesentlich niedrigeren effektiven Bahnwiderstandes $r_{bb'}/(1 + B_N)$ etwas kleiner ist. Die Schaltung b ist strenggenommen keine Diode, sondern ein Transistor, der im aktiven Betriebsbereich arbeitet, solange $|I_E| > 0$ ist. Die maximal zulässige Sperrspannung beider Varianten beträgt etwa 7 V.

Die Spannung $U_{B'E}$ (und auch U_{PN}) ändert sich bei npn-Transistoren bei jeder Stromänderung um den Faktor 2 um 18 mV, bei einer Stromänderung um den Faktor 10 um 60 mV ($U_T \approx 26$ mV bei $\vartheta = 25\,^\circ$C). Bei integrierten pnp-Transistoren betragen die entsprechenden Werte 24 mV bzw. 80 mV ($U_T = 34{,}6$ mV bei $\vartheta = 25\,^\circ$C) [6.1].

Transistor-Arrays. Transistor-Arrays enthalten auf einem Chip mehrere gleichartige Transistoren, die hohen Ansprüchen in bezug auf Gleichheit der elektrischen Kenngrößen genügen.

Der Einsatz von Transistor-Arrays ist überall dort sinnvoll, wo mehrere Transistoren mit ähnlicher Funktion benötigt werden (z.B. als Ersatz der Einzeltransistoren SF 126 bis 129, SF 137 u.a.) Wegen der guten Übereinstimmung ihrer Kenndaten eignen sie sich besonders für solche Schaltungen wie Stromspiegel, Differenzverstärker u.ä.

Ein industrielles Beispiel von Transistor-Arrays sind die Typen B 315, 325, 360 und 380 (HFO), die in einem 14- bzw. 16poligen DIL-Gehäuse vier npn-Transistoren auf einem Chip enthalten und Kollektorströme bis zu 500 mA und Kollektor-Emitter-Spannungen von 15/25/60/80 V zulassen. Besonders gering sind die Unterschiede der Stromverstärkungsfaktoren (0,8 ... 1,25 B_{Nenn}) und der Basis-Emitter-Spannungen (ΔU_{BE} < typ. 0,55 mV). Die Grenzfrequenz beträgt f_T = 124 ... 267 MHz (B 315, 325). Das Kollektorpotential aller im Array enthaltenen Transistoren muß stets positiver sein als das Substratpotential.

Vergleichstypen für die hier genannten Transistor-Arrays: Q2T 2222 (für B 315 und B 325), TPQ 3724 (für B 360) und TPQ 2221/3725 (für B 380).

6.2.2. **Grundschaltungen** [6.1] [6.4] [4] [12]

Die Schaltungsstrukturen in integrierten Analogschaltungen unterscheiden sich z.T. erheblich von den Strukturen diskreter Schaltungen. Sie haben Besonderheiten, die durch die Technologie der integrierten Schaltungen bedingt sind. Neben einigen Besonderheiten wie begrenzte Wärmeabfuhr (häufig typ. < 1 W, begrenzte Spannungsfestigkeit usw.) sind dies vor allem folgende Vor- bzw. Nachteile:

1. Die Herstellungskosten für integrierte Schaltungen sind näherungsweise proportional zur Größe der benötigten Halbleiterkristallfläche (Chipfläche). Transistoren sind am leichtesten und sehr ökonomisch herstellbar. Deshalb ersetzt man hochohmige Widerstände durch Transistoren (Stromquellen) und verwendet häufig zusammengesetzte Transistoranordnungen wie z.B. Darlington-Stufen und Komplementär-Darlington-Stufen, Transistorstromquellen usw. Auch spezielle Elemente, die in diskreter Technik nicht üblich sind, können hergestellt werden, z.B. Transistoren mit mehreren Kollektoren, Basen und Emittern.
2. Kondensatoren >50 pF und hohe Widerstände sind unökonomisch.
3. Die Emitter-Sättigungs-Stromdichte ist unabhängig von der Transistortopologie. Sie ist für alle npn-Transistoren auf einem Chip gleich groß.
4. Die technischen Daten einschließlich ihrer Temperaturabhängigkeit von zwei oder mehreren benachbarten Transistoren sind weitgehend gleich.
5. Die Basis-Emitter- (bzw. Gate-Source-) Spannungen aller gleichartigen Transistoren auf einem Chip sind bei gleichen Emitterströmen (Sourceströmen) weitgehend gleich. Typische Abweichungen sind $\Delta U_{BE} \approx 0{,}5$ mV und $\Delta U_{GS} \approx 10$ mV bei einem Strombereich I_E (bzw. I_S) von 10 µA ... 1 mA.
6. Der Stromverstärkungsfaktor aller gleichartigen Bipolartransistoren weicht über einem Kristalltemperaturbereich von −55 °C ... +125 °C nur um typisch 15% ab.

Diese Vorteile sind Ausgangspunkt zahlreicher Schaltungsmodifikationen in integrierten Schaltungen.

In analogen integrierten Schaltungen wird eine Vielzahl verschiedener Grundschaltungen verwendet. Trotz dieser Vielfalt sind es im Prinzip nur wenige Grundschaltungen, die in zahlreichen Varianten immer wiederkehren: Spannungs- und Stromquellen (Stromspiegel), Koppelschaltungen, Differenzverstärker, Impedanzwandler (Emitterfolger), Darlington-Schaltungen (auf einer gemeinsamen Kollektorinsel realisierbar!) und Ausgangsstufen.

Da wir die meisten dieser Grundschaltungen und Schaltungsprinzipien bereits in den vorangegangenen Abschnitten ausführlich kennenlernten, wollen wir nachfolgend nur anhand einiger besonders häufig verwendeter Grundschaltungen auf die speziellen Probleme der integrierten Technik eingehen.

6.2.2.1. Widerstands- und Kapazitätstransformation

Hochohmige Widerstände (>0,1 MΩ) benötigen mehr Chipfläche und sind damit teurer als Transistoren. Daher erfolgt in integrierten Schaltungen häufig eine Widerstandstransformation mittels eines Emitterfolgers, dessen Eingangswiderstand gemäß Abschnitt 3.5. um den Faktor $(1 + \beta)$mal größer ist als der Emitterwiderstand des Emitterfolgers: $R_e \approx (1 + \beta)\, R_E$.

Mit einem Emitterfolger läßt sich nicht nur eine Widerstandsvergrößerung, sondern auch eine Kapazitätsvergrößerung um den Faktor $(1 + \beta)$ erzielen, denn eine zwischen der Basis und Masse liegende Kapazität C erscheint zwischen der Ausgangsklemme und Masse als eine Kapazität $(1 + \beta)\, C$. Eine zweite Möglichkeit der Kapazitätserhöhung bietet der Miller-Effekt. Gemäß Abschnitt 1.4. wirkt eine zwischen dem Eingang und dem Ausgang eines Verstärkers (V) liegende Kapazität C wie eine zwischen dem Verstärkereingang und Masse liegende wesentlich größere Kapazität $(1 + V)\, C$.

6.2.2.2. Konstantstromquellen. Stromspiegel [4] [12] [6.4]

Wir stellten im Abschnitt 2. fest, daß jede Arbeitspunkteinstellung und -stabilisierung das Ziel hat, den Kollektor- bzw. Drainstrom der Transistoren konstant zu halten. Die nächstliegende Möglichkeit zur Arbeitspunkteinstellung und Stabilisierung ist das Einspeisen eines konstanten Stroms in den Emitter- bzw. Sourceanschluß. Hierzu benötigt man Konstantstromquellen. Durch die weitgehend gleichen Daten der Transistoren in integrierten Schaltungen lassen sich Stromquellen sehr gut und einfach realisieren, so daß sie auch für zahlreiche weitere Schaltungsfunktionen, z. B. als Ersatz hochohmiger Widerstände, sehr vorteilhaft einsetzbar sind (Einsparung von Kristallfläche!).

Genau betrachtet unterscheiden wir zwei grundsätzliche Typen von Stromquellen:

1. Strom*quellen* (Strom wird in die Last geliefert)
   Beispiel: Kollektorstrom von pnp- und Drainstrom von p-Kanal-Transistoren.
2. Strom*senken* (Strom wird aus der Last entnommen)
   Beispiel: Kollektorstrom von npn- und Drainstrom von n-Kanal-Transistoren.

npn-Transistoren lassen sich in integrierten Schaltungen günstiger als pnp-Transistoren und mit besseren Daten realisieren. Deshalb werden in Bipolarschaltungen meist „Stromsenken" verwendet, die jedoch in der Regel ebenfalls mit „Stromquellen" bezeichnet werden.

6.2.2.2.1. Konstantstromquellen und Stromspiegelschaltungen mit Bipolartransistoren

Eine einfache Stromquelle ist der Transistor mit Stromgegenkopplung nach Bild 3.10. Die größte Bedeutung in integrierten Schaltungen haben jedoch genauere stromgesteuerte Stromquellen, speziell die *Stromspiegelschaltungen*, in der zwei oder mehrere eng aneinander angepaßte Transistoren verwendet werden (Bild 6.3).

Einfache Stromspiegelschaltung (Widlar-Stromquelle). In der Schaltung nach Bild 6.3a fließt der durch U_B und R_1 bestimmte Strom zum Teil in die „Diode" (T_1) und in die Basis von T_2. Er erscheint nahezu exakt „gespiegelt" als Kollektorstrom von T_2, und zwar in der Weise, daß sich I_C/I_1 genauso verhält wie das Verhältnis der Flächen A_{E2}/A_{E1} des Basis-Emitter-Übergangs der Transistoren T_2 und T_1:

$$\frac{I_C}{I_1} \approx \frac{I_{E2}}{I_{E1}} = \frac{A_{E2}}{A_{E1}} = \text{const.}$$

Flächenverhältnisse bis etwa 10:1 werden praktisch realisiert. Wir wollen diesen Zusammenhang kurz ableiten: Wir setzen voraus, daß sich T_1 und T_2 auf gleicher Temperatur befinden und daß ihre Daten, bezogen auf gleiche Flächen des Emitter-pn-Übergangs, gleich sind. Außerdem soll I_C unabhängig von U_{CE} sein. Dann gilt:

$$I_{E2} = \frac{A_{E2}}{A_{E1}} I_{E1}$$

$$I_{B1} = I_{B2} = I_C/B_N$$

$$I_1 = I_{C1} + 2I_{B2} \approx I_C \frac{A_{E1}}{A_{E2}} + 2\frac{I_C}{B_N}.$$

Daraus folgt

$$I_C = \frac{I_1}{A_{E1}/A_{E2} + 2/B_N} \approx \frac{A_{E2}}{A_{E1}} I_1.$$

Diese Beziehung gilt auch für Signalströme, wenn wir B_N durch β ersetzen und sehr hohe Frequenzen außer acht lassen. Der Einfluß der Stromverstärkung ist also vernachlässigbar, solange $B_N \gg 2\,(A_{E2}/A_{E1})$ ist.

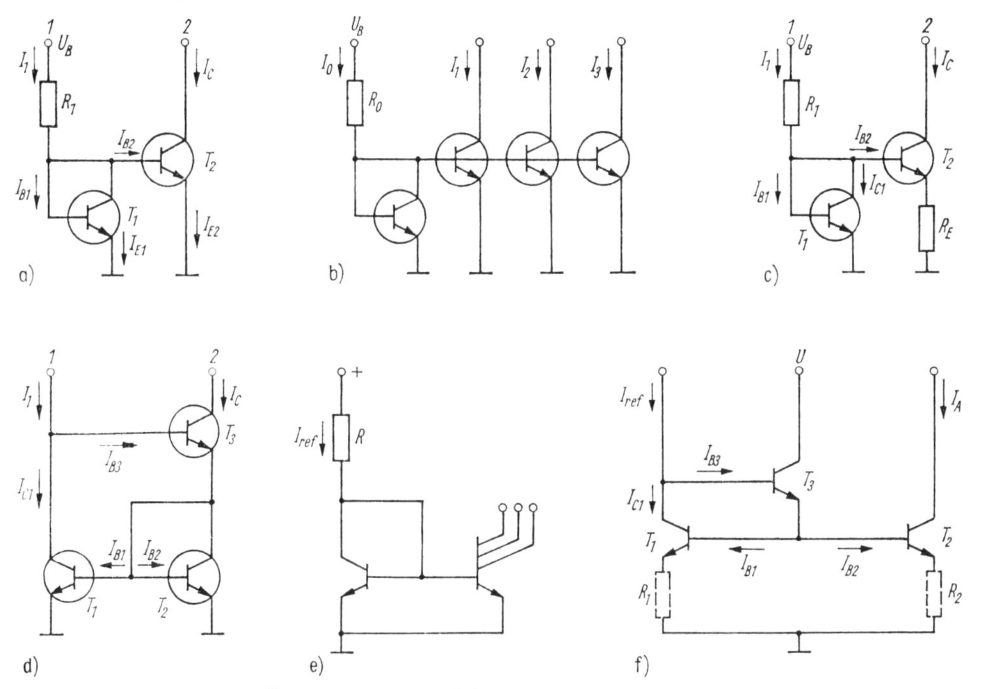

Bild 6.3. Konstantstromquelle in integrierten Schaltungen

a) einfache Stromspiegelschaltung; b) Mehrfachstromquelle; c) und d) Stromspiegelschaltung für sehr kleine Ströme; e) Multikollektor-Mehrfachstromquelle; f) Stromquelle mit Gleichspannungsverstärkung

Hält man I_1 konstant, so bleibt auch I_C fast unabhängig vom Kollektorpotential von T_2 konstant. Zum Erzeugen eines konstanten Stroms I_1 benötigen wir eine konstante Referenzspannung U_B, die möglichst groß gegenüber Änderungen von U_{BE} sein soll (Temperatureinfluß). Bei genügend großem Stromverstärkungsfaktor ($B_N \approx \beta > 50$) sind die Basisströme gegenüber den Kollektorströmen vernachlässigbar, und es gilt

$$I_C = \frac{U_B - U_{BE1}}{R_1} \frac{A_{E2}}{A_{E1}} \approx \frac{U_B}{R_1} \frac{A_{E2}}{A_{E1}}.$$

Ein Anwendungsbeispiel dieses Prinzips ist die Mehrfachstromquelle nach Bild 6.3b. Die Ausgangsströme I_1, I_2 und I_3 stehen entsprechend den Flächenverhältnissen der Basis-Emitter-Übergänge in einem festen Verhältnis zueinander und zum Strom I_0.
Zahlenbeispiel: Für die Schaltung im Bild 6.3c gelten folgende Zahlenwerte: $U_B = 15$ V, $U_{BE1} = 0{,}6$ V, $U_T = 26$ mV, $I_1 = 100\,I_c$. Gesucht sind R_1 und R_E.
Lösung: $R_1 = 28{,}8$ kΩ, $R_E = 23{,}95$ kΩ.

Eine Mehrfachstromquelle läßt sich auch mit einem Multikollektortransistor realisieren (Bild 6.3e). Die Ausgangsteilströme sind dem Referenzstrom I_{ref} und der Fläche des jeweiligen Kollektors proportional. Eine einfache Stromspiegelschaltung kann auf diese Weise mit nur einem Zweifachkollektortransistor aufgebaut werden.

Hoher Innenwiderstand (Ausgangswiderstand). Der differentielle Innenwiderstand zwischen Klemme 2 und Masse ($\approx r_{ce2}$) der Stromquelle nach Bild 6.3a bei einem Ruhestrom $I_C \approx 0{,}1$ mA liegt in der Größenordnung 1 MΩ. Oft wünscht man Stromquellen mit noch höherem Innenwiderstand. Eine Möglichkeit ist das zusätzliche Einschalten je eines Widerstandes in die Emitterleitungen von T_1 und T_2 (Stromgegenkopplung, vgl. Abschnitt 9.4.2.). Diese Maßnahme benötigt aber bei größeren Widerständen zusätzliche Chipfläche (Kosten!). Außerdem tritt ein zusätzlicher Spannungsabfall über dem Emitterwiderstand auf. Deshalb sind auch andere Schaltungsvarianten üblich [6.1] [6.2] [6.3]. Bild 6.3d zeigt ein Beispiel. Bei Vernachlässigung der Restströme, bei gleichen Abmessungen und gleicher Sperrschichttemperatur von T_1 und T_2 gilt mit $U_{BE1} = U_{BE2}$ und folglich mit $I_{E1} = I_{E2}$ [4]:

$$\frac{I_C}{I_1} = 1 - \frac{2}{\beta^2 + 2\beta + 2} \approx 1 \qquad (\beta \approx \beta_N).$$

$r_{c0} \approx r_{ce}(1 + \beta)$ Innenwiderstand zwischen Klemme 2 und Masse.

Der Einfluß eines zu niedrigen Stromverstärkungsfaktors läßt sich auch dadurch vermindern, daß anstelle der Transistoren T_1 und T_2 im Bild 6.3a je eine Darlington-Schaltung eingesetzt wird.

Sehr kleine Ströme. Stromspiegelschaltungen zum Erzeugen sehr kleiner Ströme in der Größenordnung $I_C \approx$ einige µA werden häufig nach Bild 6.3c gestaltet. Zusätzlich zum unterschiedlichen Flächenverhältnis $A_{E2}/A_{E1} \lessapprox 10$ wird der Ausgangsstrom I_C durch den Emitterwiderstand R_E reduziert. Dieser relativ kleine Widerstand (kleine Chipfläche) bewirkt, daß die Basis-Emitter-Spannung von T_2 kleiner ist als U_{BE1}, nämlich

$$U_{BE2} = U_{BE1} - I_{E2}R_E.$$

Ein Vorteil dieser Schaltung besteht darin, daß R_1 zur Erzeugung eines bestimmten (kleinen) Wertes von I_C wesentlich kleiner sein kann als bei Schaltung a.

Unter der Voraussetzung, daß sich beide Transistoren auf gleicher Temperatur befinden, ihre Daten, bezogen auf gleiche Flächen der Emittersperrschicht, gleich sind und mit $B_N \gg 1$ und $e^{U_{BE}/U_T} \gg 1$ gelten unter Verwendung von (1.1) die Beziehungen:

$$I_1 \approx I_{E1} \approx I_{ES1}\, e^{U_{BE1}/U_T}$$

$$I_C \approx I_{E2} \approx I_{ES2}\, e^{U_{BE2}/U_T} = I_{ES2}\, e^{(U_{BE1} - I_C R_E)/U_T}$$

$$\frac{I_1}{I_C} \approx \frac{I_{ES1}}{I_{ES2}}\, e^{I_C R_E/U_T} = \frac{A_{E1}}{A_{E2}}\, e^{I_C R_E/U_T}.$$

Beispiel: Wenn wir einen Strom $I_C = 10$ µA erzeugen wollen und $A_{E1} = 10 A_{E2}$ wählen (sinnvolle technologische Grenze), ergibt sich mit einem Widerstand $R_E = 5$ kΩ

$I_1/I_C \approx 10\,e^2 \approx 74$, also ein Strom $I_1 \approx 0{,}74$ mA. Dieser Strom läßt sich aus einer konstanten Spannung von z.B. $U_B = 5$ V mit einem relativ niederohmigen Widerstand (kleine Chipfläche) von $R_1 \approx U_B/I_1 = 5\,\mathrm{k\Omega}$ erzeugen.

Stromquelle mit Gleichspannungsverstärkung. Wie oben abgeleitet, muß für die einfache Stromspiegelschaltung nach Bild 6.3a die Stromverstärkung $B_N \gg 2\ (A_{E2}/A_{E1})$ sein. Werden die Transistoren bei sehr kleinen Kollektorströmen betrieben (µA-Bereich), gilt diese Bedingung u. U. nicht mehr. In diesem Fall läßt sich durch Einfügen des Transistors T_3 Abhilfe schaffen (Bild 6.3f). Für diese Schaltung gilt $I_{REF} = I_{C1} + I_{B3}$ und $I_{B3} \approx 2I_B/B_{N3}$. Weiterhin ist $I_B \approx I_{C1}/B_{N1}$ und folglich $I_{B3} \approx 2I_{C1}/B_{N1}B_{N2}$. Falls die Bedingung $B_{N1}B_{N2} \gg 2$ erfüllt ist, gilt in guter Näherung $I_{REF} \approx I_{C1}$.

Zusätzlich läßt sich in jeden Emitterkreis noch ein zusätzlicher Widerstand einfügen, um das Spiegelverhältnis im Bereich von 0,1 ... 10 bequem variieren zu können. In diesem Fall gilt dann $R_1I_{E1} + U_{BE1} = R_2I_{E2} + U_{BE2}$ und mit $U_{BE1} = U_{BE2}$

$$\frac{I_{E2}}{I_{E1}} = \frac{I_{C2}}{I_{C1}} = \frac{R_1}{R_2}.$$

Daraus ergibt sich mit $I_{REF} = I_{C1}$ das Spiegelverhältnis $S_0 = I_A/I_{REF} = R_1/R_2$. I_{REF} wählt man meist im mA-Bereich. Für $R_1 = 0$ gilt $S_0 = \exp(-R_2I_A/U_T)$.

6.2.2.2.2. Konstantstromquellen und Stromspiegelschaltungen mit Feldeffekttransistoren

FET haben gegenüber Bipolartransistoren beim Einsatz in Stromquellen sowohl Vorteile als auch Nachteile.

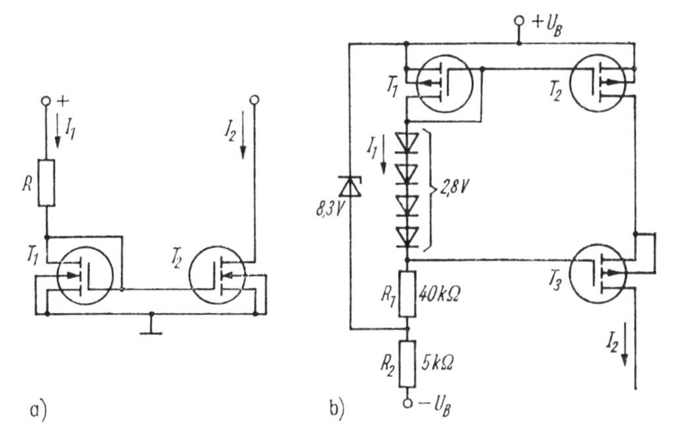

Bild 6.4
MOS-Stromspiegelschaltungen
a) einfacher Stromspiegel
b) verbesserte Schaltung mit hohem Innenwiderstand durch Kaskodeschaltung

Zur Realisierung von Stromspiegelschaltungen eignen sich selbstsperrende MOSFETs am besten. Falls im Bild 6.4a T_1 und T_2 gleiche Kenndaten haben, gilt $I_1 = I_2$. Für viele Anwendungen ist der Ausgangswiderstand nicht groß genug. Daher werden zur Ausgangswiderstandserhöhung Kaskodeschaltungen eingesetzt wie z.B. im Bild 6.4b. Bei dieser Schaltung erzeugt die Diodenkette die Vorspannung des Transistors T_3. T_1 arbeitet wegen $U_{DS} = U_{GS}$ oberhalb des Abschnürbereiches, und aus der Kennliniengleichung (Tafel 1.7) folgt der Zusammenhang

$$I_D = \frac{I_{DSS}}{U_{T0}^2}(U_{DS} - U_{T0})^2.$$

Der Drainstrom I_D läßt sich am einfachsten grafisch entsprechend Bild 6.5 ermitteln.

Bild 6.6 erläutert die CMOS-Variante der bekannten Stromspiegelschaltung. Zur Erhöhung des Ausgangswiderstandes sind zwei Stromspiegel in Kaskode geschaltet. Das Gate-Potential von T_1 liegt wegen des sehr kleinen Drainstromes in der Nähe der Schwellspannung U_{T1}. Mit dem Widerstand R wird der Ausgangsstrom auf U_{T1}/R eingestellt. Die Ausgangsstufe T_{103}, T_{104} „schirmt" den Ausgangstransistor T_{102} gegenüber Änderungen der Ausgangsspannung ab. Die Änderung des Ausgangsstromes bei Änderungen der Ausgangsspannung beträgt 2 %/V bei einem einfachen Ausgangstransistor und lediglich 0,05 %/V bei der im Bild 6.6 verwendeten Kaskodestufe. Ihr Nachteil ist der reduzierte Ausgangsspannungsbereich. Beide Transistoren T_{103} und T_{104} müssen im Sättigungsbereich bleiben, damit eine effektive „Schirmung" auftritt [6.6] (vgl. auch Abschn. 6.3.2.1.5.).

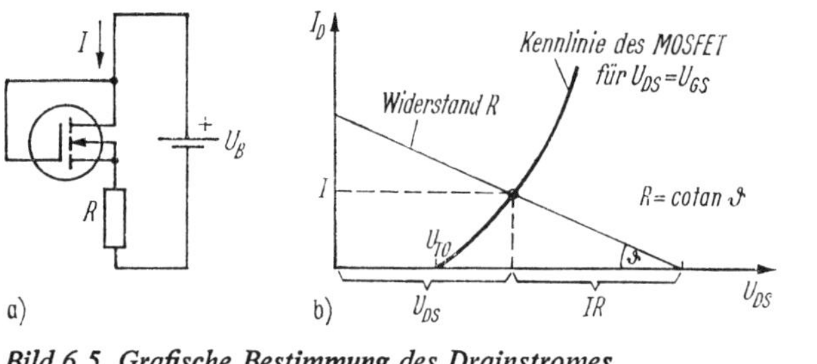

Bild 6.5. Grafische Bestimmung des Drainstromes
a) Schaltung; b) Kennlinie

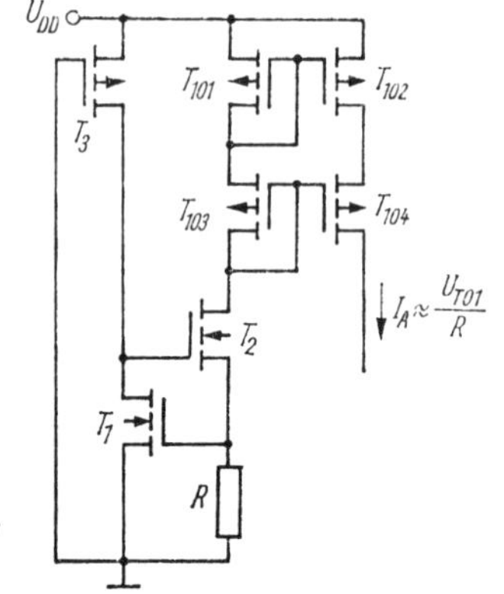

Bild 6.6
CMOS-Stromspiegel in Kaskodeschaltung
T_3 ist ein hochohmiger FET

SFET sind selbstleitend und daher für einfache Stromspiegelschaltungen nicht geeignet. In der stromgegengekoppelten Source-Schaltung wirken sie wie Bipolartransistoren als Stromquelle. Ohne Gegenkopplung beträgt der Ausgangswiderstand $R_a = r_{ds}(1 + SR_S)$. Es ist zweckmäßig, ihn durch Seriengegenkopplung zu erhöhen. Für die Schaltung im Bild 6.7 gilt beispielsweise

$$I_D \approx I_3 \approx \frac{U_{BB} - U_{ref}}{R_S}.$$

Sie wirkt, als wäre im Sourcekreis ein Gegenkopplungswiderstand $|V| R_S$ mit $V = -R_L/2 r_{de}$ enthalten [6.8].

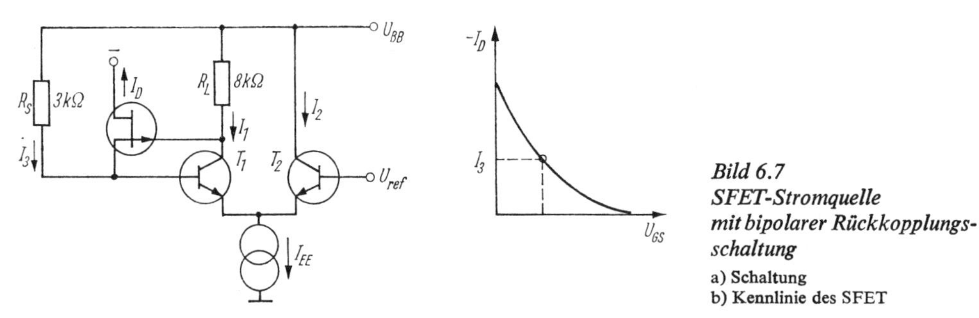

Bild 6.7
SFET-Stromquelle mit bipolarer Rückkopplungsschaltung
a) Schaltung
b) Kennlinie des SFET

Anwendung als aktiver Lastwiderstand. Stromquellen werden in integrierten Schaltungen häufig als Ersatz für hochohmige Widerstände verwendet. Sie benötigen weniger Kristallfläche, und die parasitären Lastkapazitäten sind kleiner als bei hochohmigen integrierten

Widerständen, die mit der Basisdiffusion erzeugt werden. Als Kollektorwiderstand eines npn-Transistors in Emitterschaltung eignet sich die Konstantstromquelle mit Lateraltransistoren (Bild 6.8a). Eine Stromquelle als Lastwiderstand beim Emitterfolger ist im Bild 6.8b gezeigt. Beide Stromquellen stellen Stromspiegelschaltungen nach Bild 6.3a dar. Der dynamische Lastwiderstand hat in beiden Schaltungen die Größe r_{ce} des Transistors T_2 und liegt damit in der Größenordnung $> 0{,}1 \dots 1\ \mathrm{M\Omega}$. Mit der Emitterschaltung (Bild 6.8a) können Leerlaufspannungsverstärkungen von 60 ... 70 dB erzielt werden. Ihr Aussteuerbereich ist etwa 1,2 ... 1,6 V kleiner als die Differenz beider Betriebsspannungen, denn beide Transistoren dürfen bis zum Übersteuerungsbereich, d.h. bis zu $U_{CE} \approx 0{,}6 \dots 0{,}8$ V ausgesteuert werden. Wegen der hochohmigen Lastwiderstände ist die obere Grenzfrequenz sehr niedrig (1 ... 10 kHz).

Zahlenbeispiel zur Berechnung der Verstärkung. Für die Schaltung im Bild 6.8a sollen folgende Zahlenwerte gelten: $U_{CC} = 15$ V, $U_{EE} = 0$, $-I_{C2} = I_{C3} = 1$ mA, $U_{BE} = 0{,}6$ V, $U_T = 26$ mV, $r_{ce2} = 40\ \mathrm{k\Omega}$, $r_{ce3} = 60\ \mathrm{k\Omega}$, $T_1 = T_2$. Gesucht sind R_1 und $V_{u\,ges}$.
Lösung: $R_1 = (15\ \mathrm{V} - 0{,}6\ \mathrm{V})/1\ \mathrm{mA} = 14{,}4\ \mathrm{k\Omega}$; $S_i \approx I_C/U_T = \frac{1}{26}$ A/V; $V_{u\,ges} \approx -S_i \times (r_{ce2} \parallel r_{ce3}) = -S_i/(g_{ce2} + g_{ce3}) \approx -922$.

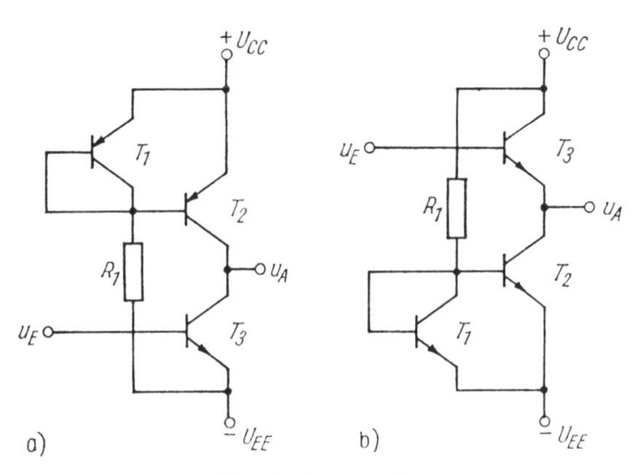

Bild 6.8. Stromquellen als dynamische Lastwiderstände
a) in Emitterschaltung; b) im Emitterfolger

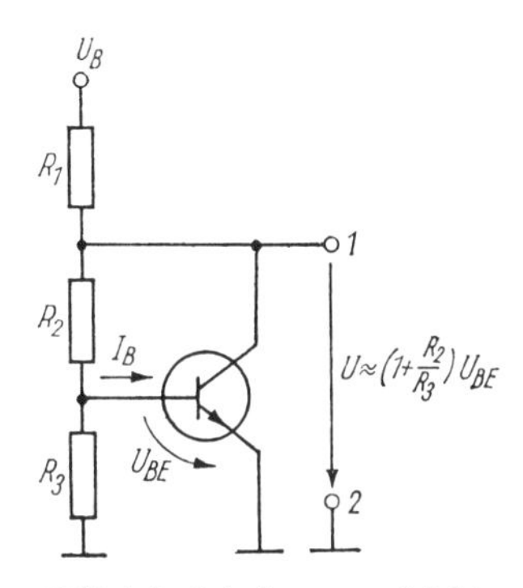

Bild 6.9. Schaltung zur Multiplikation der Spannung U_{BE}

6.2.2.3. Referenzspannungsquellen. Bandgap-Referenz

In monolithischen Schaltkreisen werden in der Regel zwei unterschiedliche Gruppen von Präzisionsreferenzspannungsquellen verwendet:

1. Die *„Buried-Zenerdiode“* (Subsurface-Zenerdiode), d.h. eine in Sperrichtung betriebene Basis-Emitter-Strecke eines npn-Transistors in einem monolithischen Schaltkreis, die je nach Diffusions- oder Implantationstechnik eine Z-Spannung $U_Z \approx 7$ V oder $U_Z \approx 5{,}6$ V mit einem $TK \approx +3$ mV/K aufweist,
2. *Bandgap-Referenzquelle* (Bandabstandsreferenz), die als Spannungsnormal die Durchlaßspannung eines pn-Übergangs bzw. der Basis-Emitter-Strecke eines Bipolartransistors ($U_{BE} \approx 0{,}7$ V, $TK \approx -2$ mV/K) benutzt.

Die *„Buried-Zenerdiode“* ist eine Z-Diode, die unter der Oberfläche des Chips gebildet und anschließend mit einer schützenden Diffusion bedeckt wird. Damit befindet sich die Durchbruchsstelle unterhalb der Oberfläche, und diese Z-Diode wird gegenüber diskreten Z-Dioden stabiler und rauschärmer.

Sie ist das bevorzugte Spannungsnormal für hochgenaue Schaltungen. Ihre Durchbruchsspannung beträgt $\geqq 5$ V.
Industrielles Beispiel: Hochpräzise Spannungsreferenz AD 588 mit den Daten: pinprogrammierbare Ausgangsspannungen +10 V, +5 V, ±5 V nachlaufend, −5 V, −10 V; $I_A = \pm 10$ mA max.; $TK \lessapprox 1{,}5$ ppm/K, sehr geringer Anfangswertfehler von 1 mV ermöglicht Einsatz als Systemreferenz in Meßeinrichtungen mit 12 bit Absolutgenauigkeit; Ausgangsrauschspannung typ. 6 μV_{ss}. Ähnliche Werte hat der Typ AD 688.

Die Vorteile von *Bandgap-Referenzen* sind die geringere Verlustleistung P_v (typ. 60 µW, Querstrom 50 µA), die bessere Eignung für kleine Spannungen ($\gtrapprox 1{,}2$ V) und die gute monolithische Integrierbarkeit. Nachteilig sind die etwas geringere Genauigkeit und Stabilität gegenüber den besten „Buried-Zenerdioden". Ein $TK \approx 3$ ppm/K ist erreichbar.
Industrielles Beispiel: AD 680 mit den Daten: $U_{ref} = 2{,}5$ V bei $U_E = 4{,}5 \ldots 36$ V; $I_A = 0 \ldots 10$ mA; Ruhestrom 250 µA; laserabgeglichen auf 2,5 V ± 5 mV und $TK \leqq 20$ ppm/K; Ausgangsrauschspannung 8 μV_{ss} (0,1 ... 10 Hz).

Durch *Reihenschaltung von Dioden* lassen sich größere Referenzspannungen in einem gestuften Verhältnis erzeugen. Eine kontinuierlich einstellbare Referenzspannung, die allerdings etwas mehr Chipfläche benötigt, erhält man mit der Schaltung im Bild 6.9. Die Diodenspannung wird durch ein Widerstandsverhältnis vergrößert. Wenn der Basisstrom I_B gegenüber dem Querstrom durch den Spannungsteiler R_2, R_3 vernachlässigbar klein ist, gilt

$$\frac{U}{U_{BE}} \approx \frac{R_2 + R_3}{R_3}.$$

Durch Verändern von R_2 oder R_3 lassen sich Referenzspannungen im Bereich zwischen U_{BE} ($\approx 0{,}7$ V) und mehreren Volt elegant einstellen. Natürlich geht der *TK* der Spannung U_{BE} (≈ -2 mV/K) voll ein.

Eine wesentlich geringere Temperaturabhängigkeit erhält man mit Z-Dioden (gesperrter pn-Übergang eines npn-Transistors) und mit Kombinationen aus Z-Dioden und in Durchlaßrichtung betriebenen pn-Übergängen. Mit der zuletzt genannten Variante läßt sich sogar $TK \approx 0$ realisieren. Zu beachten ist aber, daß Z-Dioden stark rauschen.

Bandabstandsreferenz (Bandgap-Referenz). Der Vorteil von Bandabstandsreferenzquellen besteht darin, daß sie bis herab zu relativ niedrigen Spannungen von $\approx 1{,}2$ V betreibbar sind und sich schaltungstechnisch gut integrieren lassen (Transistorschaltung).

Das Prinzip beruht darauf, daß zur Durchlaßspannung einer Diode ($TK \approx -2$ mV/K) eine Spannung mit positivem *TK* so addiert wird, daß am Ausgang eine nahezu temperaturunabhängige Referenzspannung auftritt.

Die Schaltung im Bild 6.10 verwendet dieses Prinzip. Die unterschiedlichen Temperaturkoeffizienten werden dadurch realisiert, daß die Differenz der Basis-Emitter-Spannungen von zwei bei unterschiedlichen Kollektorströmen betriebenen Transistoren gebildet wird. Diese Differenz berechnet sich aus (1.4a) näherungsweise zu ($I_C \approx I_E$; $\exp[U_{BE}/U_T] \gg 1$)

$$\Delta U_{BE} = U_{BE2} - U_{BE1} \approx U_T \left[\ln \frac{I_{C2}}{I_{C1}} + \ln \frac{I_{ES1}}{I_{ES2}} \right]. \tag{6.1}$$

Mit einer Bandgap-Referenzquelle werden sehr niedrige *TK*-Werte über einen großen Temperaturbereich dann erzielt, wenn die Kollektorströme I_{C1} und I_{C2} der beiden Transistoren gemäß der Beziehung

$$I_C = I_r \left(\frac{T}{T_r} \right)^{\alpha} \tag{6.2}$$

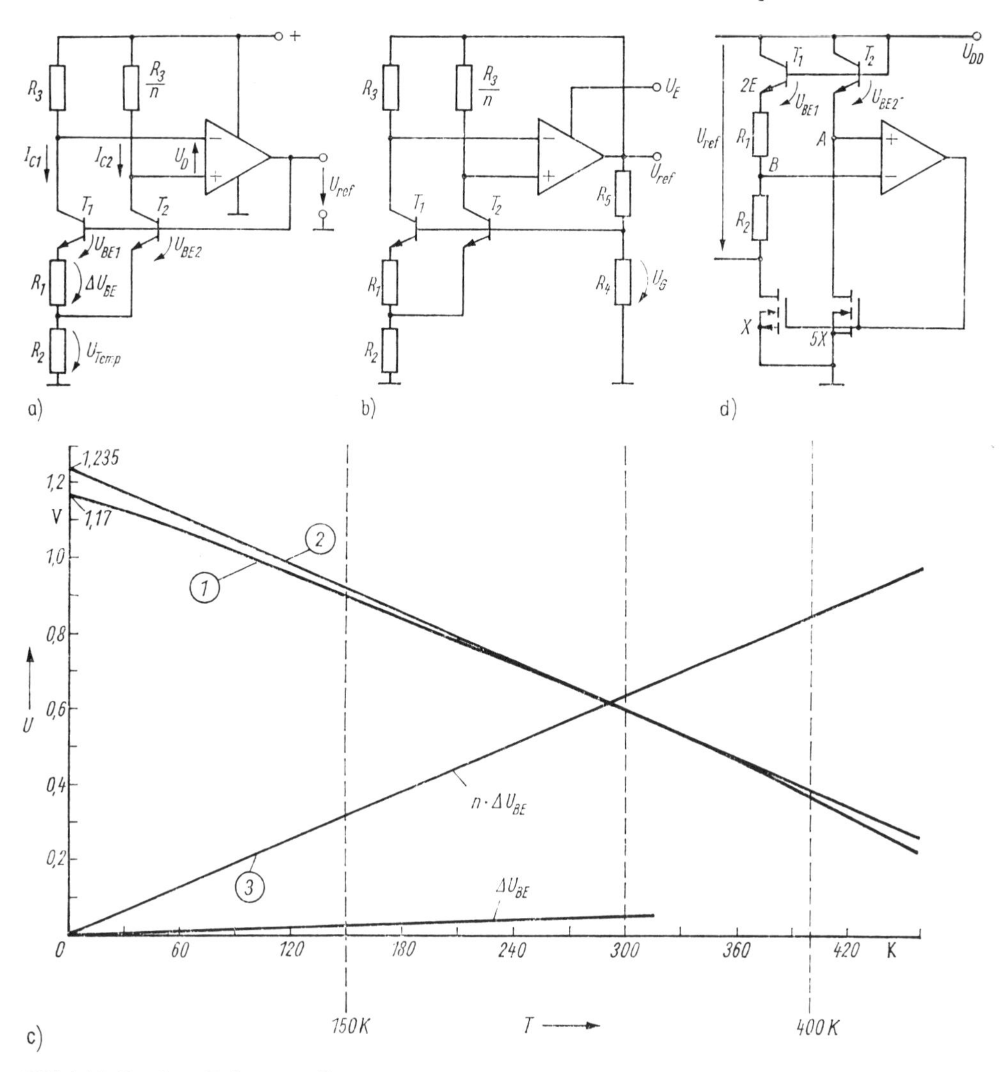

Bild 6.10. Bandgap-Referenzquellen

a) Einfache Schaltung mit $U_{ref} \approx 1{,}235$ V; b) Schaltung mit größerer Ausgangsspannung $U_{ref} \approx (1 + R_5/R_4)\,1{,}235$ V und Speisung der Referenztransistoren aus der geregelten Ausgangsspannung; c) tatsächliche und linear genäherte Abhängigkeit $U_{BE}(T)$ für $\alpha = 1$ und $\eta = 3{,}5$, Kurve 1: Gl. (6.2), Kurve 2: Gl. (6.4), Kurve 3: Gl. (6.7); d) CMOS-Schaltung

temperaturabhängig gesteuert werden (α ist häufig gleich Eins, u.a. auch im Bild 6.10, I_r = Kollektorstrom bei der willkürlich wählbaren Bezugstemperatur T_r).

Im üblichen Arbeitstemperaturbereich von Halbleiterbauelementen und bei Kollektorströmen von der Größenordnung 10 ... 100 µA läßt sich unter Zugrundelegung der o.g. Temperaturabhängigkeit des Kollektorstromes die Basis-Emitter-Spannung eines npn-Transistors berechnen zu [6.7]

$$U_{BE}(T, \alpha) = U_{G0} - (U_{G0} - U_{BEr}) \frac{T}{T_r} - (\eta - \alpha)\, U_T \ln \frac{T}{T_r}, \tag{6.3}$$

dabei bedeuten

$U_{G0} = 1{,}17$ V Gitterspannung (Bandabstandsspannung) von Silizium bei 0 K
α Exponent der $I_C(T)$-Abhängigkeit; in üblichen Applikationen gilt $\alpha = 1$

η bauelementeabhängiger Faktor; es gilt $\eta = 3 \ldots 3{,}5 \ldots 4$
T_r Bezugstemperatur (z.B. 300 K).

(6.3) läßt sich durch eine Gerade approximieren. Wählt man diese Gerade so, daß sie bei der Bezugstemperatur den gleichen Anstieg aufweist wie der reale Verlauf, so lautet die Approximationsgerade (Bild 6.10c)

$$U_{BE}(T, \alpha)_{approx} = U_{G0} + (\eta - \alpha) U_{Tr} - [U_{G0} + (\eta - \alpha) U_{Tr} - U_{BEr}] \frac{T}{T_r} \quad (6.4)$$

mit

$$U_{G0} + (\eta - \alpha) U_{Tr} = 1{,}17 \text{ V} + 2{,}5 \cdot 0{,}026 \text{ V} = 1{,}235 \text{ V};$$

$$U_{Tr} \equiv U_T(T_r), \qquad U_{BEr} \equiv U_{BE}(T_r).$$

Die Ausgangsspannung der Referenzquelle im Bild 6.10 beträgt

$$U_{ref} = U_{BE2} + U_{Temp}. \quad (6.5)$$

Da der Operationsverstärker seine Ausgangsspannung so einstellt, daß die Differenzspannung U_D gegen Null geht, gilt

$$I_{C1} R_3 = I_{C2} \frac{R_3}{n}$$

und folglich

$$I_{C2} = n I_{C1}. \quad (6.6)$$

Weiterhin gilt im Bild 6.10 $\Delta U_{BE} = I_{C1} R_1$. Die Spannung über R_2 hat die Größe

$$U_{Temp} = R_2 (I_{C1} + I_{C2}) = R_2 I_{C1} (1 + n) = U_{BE} \frac{R_2}{R_1} (1 + n).$$

Einsetzen von (6.1) und (6.6) ergibt

$$U_{Temp} \approx U_T \frac{R_2}{R_1} (1 + n) \ln n = A U_T. \quad (6.7)$$

Der theoretische Wert für die Temperaturabhängigkeit der Basis-Emitter-Spannung eines Bipolartransistors läßt sich aus (6.3) berechnen zu

$$\frac{dU_{BE}}{dT} = \frac{U_{BEr} - U_{G0}}{T_r} - (\eta - \alpha) \frac{U_T}{T} \approx -2 \text{ mV/K}. \quad (6.8)$$

Für die Temperaturabhängigkeit von U_{Temp} erhalten wir aus (6.7)

$$\frac{dU_{Temp}}{dT} = A \frac{dU_T}{dT}.$$

Mit $U_T = kT/e$ und $dU_T/dT = k/e$ folgt

$$\frac{dU_{Temp}}{dT} = A \frac{U_T}{T} = \frac{U_{Temp}}{T}. \quad (6.9)$$

Wir wollen die Schaltung so dimensionieren, daß der TK der Ausgangsspannung U_{ref}

bei $T = T_r$ gegen Null geht. Aus (6.5) folgt mit (6.7) und (6.8) für $T = T_r$

$$\frac{dU_{ref}}{dT} = \frac{dU_{BE2}}{dT} + \frac{dU_{Temp}}{dT} = U_{BE2r} - U_{G0} - (\eta - \alpha)\, U_{Tr} + U_{Temp} = 0$$

$$U_{Temp} = U_{G0} - U_{BE2r} + (\eta - \alpha)\, U_{Tr}. \qquad (6.10)$$

Unter Verwendung von (6.5) folgt schließlich hieraus

$$U_{ref} = U_{BE2r} + U_{Temp}$$

$$U_{ref} = U_{G0} + (\eta - \alpha)\, U_{Tr}. \qquad (6.11)$$

Aus (6.4) ergibt sich der Zahlenwert $U_{ref} = 1{,}235$ V.

Dimensioniert man also die Schaltung so, daß U_{ref} geringfügig größer als die Bandabstandsspannung des Siliziums ist, so ergibt sich theoretisch ein TK ≈ 0. Aus (6.7) und (6.10) folgt die Dimensionierung der Größen n und (R_2/R_1).

Die unterschiedlichen Kollektorströme werden in monolithischen Schaltungen oft dadurch realisiert, daß z. B. für T_1 mehrere Transistoren parallelgeschaltet werden.

Mit Bandgap-Referenzquellen lassen sich auch größere Referenzspannungen als 1,2 V erzeugen, indem nur ein Teil der Ausgangsspannung auf die Basisanschlüsse zurückgekoppelt wird (Bild 6.10b). Das hat den weiteren Vorteil, daß die Transistoren T_1 und T_2 aus der stabilisierten Ausgangsspannung gespeist werden können. Bei einigen Typen ist der Betriebsspannungsanschluß mit dem Ausgang verbunden. Die Schaltung ist dann ein Zweipol und läßt sich wie eine Z-Diode einsetzen.

Geringe Toleranzen und geringe Temperaturkoeffizienten werden mittels Laserabgleich erzielt.

CMOS-Bandgap-Referenzquelle. Bild 6.10d zeigt eine Referenzspannungsquelle, die analog zu den Schaltungen im Bild 6.10a und b wirkt. Der Referenzverstärker sorgt dafür, daß die Spannungsdifferenz zwischen den Punkten A und B gegen Null geht, indem er den Emitterstrom von T_2 so steuert, daß er 10mal größer ist als der Emitterstrom von T_1. Die Differenz der Basis-Emitter-Spannungen ΔU_{BE} beträgt daher $U_T \ln 10 \approx 60$ mV und hat einen positiven TK. Die Ausgangsreferenzspannung (relativ zu U_{DD}) beträgt

$$U_{ref} = U_{BE1} + \left(1 + \frac{R_2}{R_1}\right)(\Delta U_{BE} - U_F)$$

U_F Offsetspannung des Verstärkers

Der gesamte TK wird Null, wenn $U_F = 0$ ist und R_1, R_2 so gewählt werden, daß $U_{ref} = 1{,}235$ V beträgt. Zur Kompensation von U_F läßt sich eine automatische Offsetkompensation anwenden [6.6].

6.2.2.4. Differenzverstärker

Der Differenzverstärker zählt zu den wichtigsten Grundschaltungen in der Mikroelektronik. Er ist besonders gut für integrierte Herstellung geeignet, weil hierbei die aktiven und passiven Elemente paarweise gut übereinstimmen. Als Koppel- und Verstärkerstufe hat er eine große Bedeutung, weil die Signalkopplung infolge der hohen Gleichtaktunterdrückung des Differenzverstärkers ohne Koppelkondensatoren erfolgen kann. Darüber hinaus läßt er sich auch als *Modulator* und *Begrenzer* einsetzen.

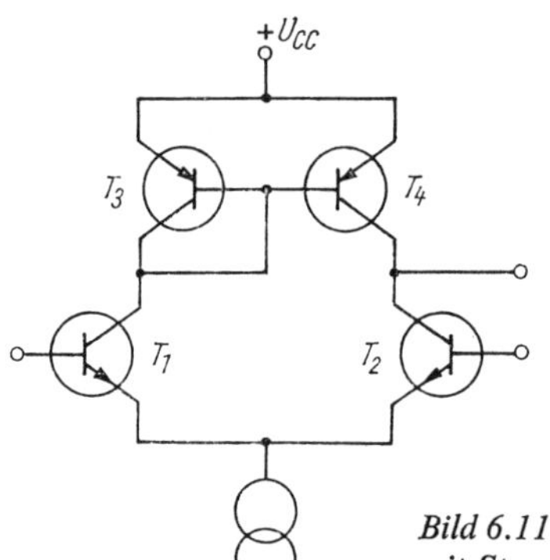

Variieren läßt sich der Differenzverstärker in integrierten Schaltungen u. a. dadurch, daß der Querschnitt der Emittersperrschichten unterschiedlich gewählt wird. Wenn beispielsweise bei der Grundschaltung des Differenzverstärkers nach Bild 6.11 die Fläche der Emittersperrschicht von T_1 doppelt so groß gewählt wird wie die des Transistors T_2, so gilt $I_{E1} = 2I_{E2}$, weil die Emitterstromdichte in allen npn-Transistoren eines Chips gleich ist.

Bild 6.11. Differenzverstärker mit Stromspiegelschaltung im Kollektorkreis

Damit Differenzverstärker eine hohe Gleichtaktunterdrückung aufweisen, muß die Schaltung möglichst exakt symmetrisch sein. Die Ursachen für Unsymmetrie liegen in den Bauelementen der Differenzverstärkerstufe, in ungleicher Erwärmung der Bauelemente (bei mehrstufigen Verstärkern Aufheizung durch die Bauelemente der zweiten und weiterer Stufen) sowie durch unterschiedliche Ruheströme in beiden Schaltungshälften. Bereits eine Temperaturdifferenz von 1 K zwischen den beiden „Haupttransistoren" eines Differenzverstärkers bewirkt eine zusätzliche Eingangs-Offsetspannung von $\approx$2,5mV! Eine 10%ige Ruhestromdifferenz, die sich z. B. dadurch ergeben kann, daß an einen Differenzverstärkerausgang eine Last angeschlossen wird, ergibt wegen der Proportionalität zwischen I_C und I_B einen zusätzlichen Eingangsoffsetstrom von etwa 10% des Eingangsruhestroms und eine Eingangsoffsetspannung von ungefähr 2,5 mV (aus Abschn. 4.4.) [6.1]. Die genannten Einflüsse müssen durch sorgfältigen Schaltungsentwurf der integrierten Schaltung klein gehalten werden (kritische Transistoren auf Isothermen anordnen, Ausgänge gleich belasten).

Bild 6.11 zeigt als Beispiel für die Anwendung von Konstantstromquellen als Ersatz von Widerständen eine Stromspiegelschaltung im Ausgangskreis eines Differenzverstärkers. Der Kollektorstrom der Transistoren T_2 und T_4 ist nahezu exakt gleich dem Kollektorstrom von T_1, weil der Strom I_{C1} als Kollektorstrom von T_4 „gespiegelt" erscheint. Bemerkenswert ist hier, daß das Ausgangspotential des Differenzverstärkers durch die äußere Schaltung festgelegt wird.

6.2.2.5. Koppelschaltungen

In integrierten Schaltungen muß Gleichspannungskopplung angewendet werden, weil große Koppelkondensatoren ökonomisch nicht realisierbar sind. Die zunächst als Nachteil erscheinende Gleichspannungskopplung zeigt sich jedoch als erheblicher Vorteil, weil

1. Gleichspannungskopplung in integrierten Schaltungen wesentlich besser realisierbar ist als bei diskreten Schaltungen und
2. die Gleichspannungskopplung zahlreiche Vorteile aufweist (Übertragung beliebig niedriger Frequenzen, keine dynamische Instabilität bei niedrigen Frequenzen in mehrstufigen Verstärkern usw.).

Eine wichtige Aufgabe der Koppelschaltungen ist die Pegelverschiebung. Bild 6.12 zeigt einige Beispiele. Das Grundprinzip dieser Koppelschaltungen ist bereits im Bild 5.1 enthalten.

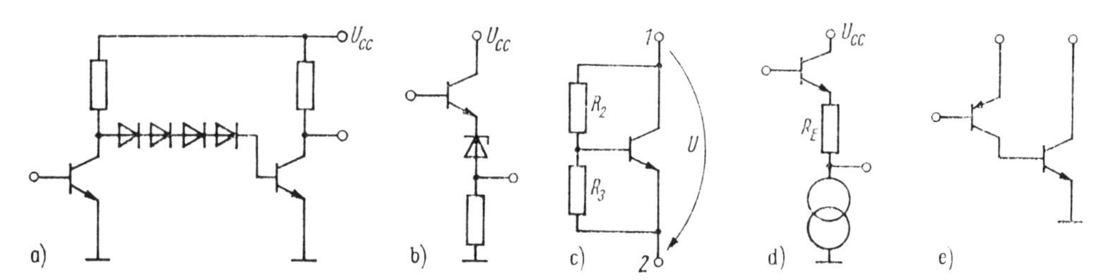

Bild 6.12. Schaltungen zur Pegelverschiebung in monolithisch integrierten Schaltkreisen

a) mittels Dioden; b) mittels Z-Dioden; c) mittels gegengekoppelter Emitterschaltung; d) mittels Gleichspannungsabfall über R_E; e) mittels Komplementär-Darlingtonschaltung

Die einfachste Möglichkeit zur Potentialverschiebung ist die durch in Durchlaßrichtung betriebene einfache Dioden (a). Auch Z-Dioden (b) oder als Dioden geschaltete Transistoren bzw. deren Basis-Emitter-Übergänge eignen sich. Die gegengekoppelte Emitterschaltung im Bild 6.12c wird häufig in Leistungsendstufen eingesetzt (vgl. Bild 6.9). Sie wirkt als Referenzspannungsquelle, deren Spannung U durch das Widerstandsverhältnis R_1/R_2 in weiten Grenzen einstellbar ist. Eine weitere Möglichkeit besteht darin, die Pegelverschiebung durch einen Gleichspannungsabfall in einem Widerstand R_E zu erzeugen (d). Natürlich muß in diesem Fall der am Ausgang angeschlossene Lastwiderstand wesentlich größer sein als R_E. Auch eine Komplementär-Darlingtonschaltung läßt sich sehr gut zur Pegelverschiebung einsetzen (e). Sie entspricht der Schaltung im Bild 3.23c und ermöglicht problemlos nahezu beliebig große Pegelverschiebungen. Ein Anwendungsbeispiel ist die Komplementärtransistorkopplung im Bild 5.1h.

Eine weitere häufig verwendete Koppelschaltung ist nachfolgend beschrieben.

Phasenaddierende Schaltung. Zur unsymmetrischen Auskopplung der Ausgangsspannung eines Differenzverstärkers kann im einfachsten Fall die Ausgangsspannung nur eines der beiden Differenzverstärkerausgänge weiterverarbeitet werden. In integrierten Schaltkreisen wird für diesen Zweck häufig die sog. „phaseninvertierende Schaltung“ verwendet. Sie hat u.a. den Vorteil, daß beide (entgegengesetzt gepolten) Ausgangssignale des Differenzverstärkers zum Ausgangssignal beitragen. Dadurch tritt die doppelte Ausgangssignalamplitude auf. Von einer solchen Koppelschaltung fordert man, daß sie lediglich das Differenzsignal weiterverarbeitet, Gleichtaktsignale unterdrückt und keine zusätzliche Drift bewirkt.

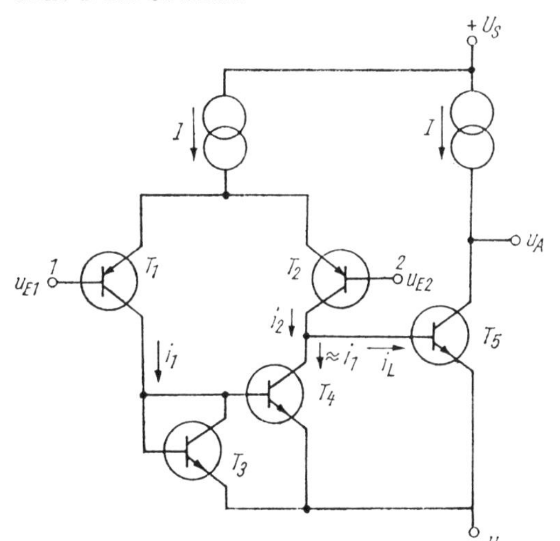

Bild 6.13
Differenzverstärker mit Stromspiegel- und Koppelschaltung (T_5)

In integrierten Differenzverstärkern mit aktivem Lastwiderstand wird die phaseninvertierende Schaltung in der Regel mit einer Stromspiegelschaltung nach Bild 6.3 realisiert. Bild 6.13 zeigt ein Beispiel. Als Kollektorwiderstand der Transistoren T_1 und T_2 des Differenzverstärkers wirkt eine einfache Stromspiegelschaltung nach Bild 6.4a (T_3, T_4). T_5 wirkt als Gleichspannungskoppelstufe (Emitterschaltung). Nehmen wir an, daß T_1 und T_2 mit gleichem Ruhestrom I_{CA} betrieben werden und daß am Eingang 1 eine kleine negative und am Eingang 2 eine gleichgroße positive Spannungsänderung auftritt, die den Kollektorstrom jedes Transistors um $|\Delta I_C|$ ändert, so ergibt sich

$$i_1 = |I_{CA}| + \Delta I \quad \text{und} \quad i_2 = |I_{CA}| - \Delta I.$$

Wenn die Stromspiegelschaltung das Spiegelverhältnis Eins hat, ist der Ausgangsstrom i_L der Schaltung die Summe der beiden Kollektorstromänderungen des Differenzverstärkers, denn es gilt

$$i_L = i_2 - i_1 = |I_{CA}| - \Delta I - (|I_{CA}| + \Delta I) = -2\Delta I.$$

6.3. CMOS-Technik

Da in der Regel mit der CMOS-Technik im Vergleich zur Einkanal-MOS-Technik leistungsfähigere und wesentlich verlustleistungsärmere Analogschaltungen realisierbar sind, beschränken wir uns wegen der erheblich größeren praktischen Bedeutung auf diese Technik.

Moderne CMOS-Herstellungsprozesse sind so durchentwickelt, daß die Herstellungskosten von CMOS-Chips kaum höher sind als bei Einkanal-MOS-Schaltungen (die mit zunehmender Strukturverkleinerung komplexer und damit teurer in der Herstellung werden). Allerdings benötigen die CMOS-Strukturen mehr Chipfläche als Einkanalschaltungen. Daher ist auf CMOS-Schaltkreisen häufig ein größerer Anteil von nMOS-Transistoren integriert. Die früher vorhandenen Geschwindigkeitsnachteile gegenüber nMOS-Schaltungen sind durch die Strukturverkleinerung der Schaltkreise heute nahezu unbedeutend geworden.

Statische und dynamische Schaltungen. Mit MOS-Schaltungen lassen sich im Gegensatz zu Bipolarschaltungen statische und dynamische Schaltungskonzepte realisieren. Bei dynamischen MOS-Schaltungen wird die kurze Zwischenspeicherung von Ladung in MOS-Kapazitäten ausgenutzt. Dynamische CMOS-Schaltungen sind mit zunehmendem Integrationsgrad hinsichtlich der benötigten Chipfläche und der technischen Daten (Geschwindigkeit) gegenüber statischen CMOS-Schaltungen überlegen. Von den verschiedenen dynamischen Schaltungskonzepten wurden vor allem die *Domino-CMOS-*, die *NORA pipelined*-Struktur und die *Zipper-CMOS*-Technik bekannt [6.2] [6.3].

Skalierung. Die in den nächsten Jahren zu erwartende weitere Strukturverkleinerung integrierter MOS-Schaltkreise bewirkt bei digitalen Schaltungen eine Leistungssteigerung (höherer Integrationsgrad, höhere Geschwindigkeit, niedrigere Verlustleistung/Transistor usw.). Das gilt nicht in gleicher Weise für Analogschaltungen. Bei Strukturen unterhalb von etwa 2 µm treten Kurzkanaleffekte auf, die die Leistungsparameter der Grundschaltungen verschlechtern (sinkende Verstärkung, zunehmendes Rauschen, schlechtere Übereinstimmung benachbarter MOSFETs). Wenn auch durch zu erwartende technologische Fortschritte bei der Schaltkreisherstellung diese ungünstigen Auswirkungen teilweise kompensierbar sind, wird doch die Überlegenheit digitaler Strukturen mit weiterer Strukturverkleinerung noch deutlicher werden.

6.3.1. Aktive Bauelemente: MOSFET

In reinen MOS-Schaltungen werden nahezu ausnahmslos nur MOSFETs und kleine Kapazitäten verwendet. Diese Beschränkung ist eine wesentliche Ursache dafür, daß in CMOS-Analogschaltungen Schaltungsprinzipien Verwendung finden, die z. T. in der diskreten Schaltungstechnik unbekannt sind. Aus diesem Grund und bedingt durch die Tatsache, daß CMOS-Analogschaltungen an Bedeutung gewinnen, weil immer häufiger analoge Schaltungsstrukturen zusammen mit hochintegrierten digitalen Schaltungen auf einem einzigen Chip integriert werden, behandeln wir das Ersatzschaltbild des MOSFET, seine Darstellung in Form von SPICE-Parametern und die CMOS-Grundschaltungen ausführlicher als Schaltungen mit Bipolartransistoren.

6.3.1.1. Einfaches Großsignalmodell

Wenn bei der Ableitung der Kennliniengleichungen des MOSFET der oft vernachlässigte Effekt der Kanallängenmodulation durch einen Faktor λ zusätzlich Berücksichtigung findet, erhält man in Erweiterung der in Tafel 1.7 zusammengestellten Gleichungen folgenden Zusammenhang zwischen dem Drainstrom I_D und den Spannungen U_{GS} und U_{DS} [22]:

a) für den *Sättigungsbereich (Abschnürbereich),* d. h. für

$$0 \leqq |U_{GS} - U_T| \leqq |U_{DS}|:$$

$$I_D = \frac{\mu_0 C_{ox}}{2} \frac{W}{L} (U_{GS} - U_T)^2 (1 + \lambda |U_{DS}|), \tag{6.12}$$

b) für den *ungesättigten Bereich (aktiver Bereich, linearer Bereich),* d. h. für

$$0 < |U_{DS}| \leqq |U_{GS} - U_T| \quad \text{und} \quad |U_{GS}| \geqq |U_T|:$$

$$I_D = \mu_0 C_{ox} \frac{W}{L} \left[(U_{GS} - U_T) - \frac{U_{DS}}{2} \right] U_{DS} (1 + \lambda |U_{DS}|). \tag{6.13}$$

Hierin bedeuten:

μ_0 Oberflächenbeweglichkeit der Ladungsträger im Kanal für den nMOS- bzw. pMOS-Transistor
C_{ox} Gatekapazität pro Fläche
W effektive Kanalbreite
L effektive Kanallänge
λ Kanallängenmodulationsparameter (erfaßt den Anstieg der Ausgangskennlinien im Sättigungsbereich)
$U_{GS} - U_T$ Pinch-off-Spannung.

Weiterhin gelten die Beziehungen

$$C_{0x} = \frac{\varepsilon_{ox}}{t_{ox}} = \frac{3{,}9\,\varepsilon_0}{t_{ox}} = 34{,}5\,\frac{\text{nF}}{\text{cm}^2} \tag{6.13a}$$

für $t_{0x} = 0{,}1\ \mu\text{m}$

$\varepsilon_{s_i} = 1{,}0359 \cdot 10^{-12}$ F/cm

$\varepsilon_{ox} = 3{,}45 \cdot 10^{-13}$ F/cm (S_iO_2)

$\varepsilon_0 = 8{,}854 \cdot 10^{-12}$ F/m

$K_p \equiv \mu_o C_{0x}$ Steilheitsparameter; er hat unterschiedliche Werte im Sättigungs- und im nicht gesättigten Bereich

$$U_T = U_{TO} + \gamma [\sqrt{2|\phi_F| + U_{SB}} - \sqrt{2|\phi_F|}] \quad (6.13b)$$

$$U_{TO} = U_{FB} + 2|\phi_F| + \frac{\sqrt{2q\varepsilon_{Si} N_{SUB} B 2|\phi_F|}}{C_{ox}} \quad (6.13c)$$

$\gamma = \frac{\sqrt{2q\varepsilon_{Si} N_A}}{C_{ox}}$ Body-Faktor (Substratschwellenparameter) $\gamma > 0$ für nMOS, $\gamma < 0$ für pMOS

U_{SB} Spannung zwischen Source und Substrat (bulk)
U_{FB} Flachbandspannung
N_{SUB} Substratdotierung/cm^3
N_A Akzeptorendichte
$2|\phi_F| = \phi$ = Oberflächenpotential bei starker Inversion.

Besonders bemerkenswert und für die Schaltungsentwicklung wichtig ist die sowohl im Sättigungsbereich als auch im ungesättigten Bereich geltende Proportionalität zwischen dem Drainstrom I_D und dem W/L-Verhältnis! Sie bietet die nahezu in jeder MOS-Schaltung genutzte Möglichkeit, durch optimale Festlegung von W/L gewünschte Eigenschaften des MOSFET zu erhalten (s. Abschn. 6.3.2.1.).

Das hier angegebene einfache Modell des MOSFET läßt sich durch die fünf Großsignalparameter (elektrische bzw. Prozeßparameter) K_p, U_{TO}, γ, λ und ϕ komplett beschreiben. Es ist identisch mit dem *„Level-1-Modell“* von *SPICE 2*. Einige typische Zahlenwerte für diese Parameter sind in Tafel 6.1. zusammengestellt. Das SPICE-

Tafel 6.1. MOSFET-Modellparameter des „Level-1-Modells“ von SPICE 2 und typische Zahlenwerte für einen 5-µm-Silicon-Gate-Bulk-CMOS-p-Well-Prozeß [22]

Parameter Symbol	Parameter Beschreibung	typ. Parameterwerte nMOS	pMOS	Einheit	Ersatzwert Defaultwert
U_{TO}	Schwellspannung für $U_{BS} = 2$ (Nullschwell-spannung	$1 \pm 0{,}2$	$-1 \pm 0{,}2$	V	0
KP_{sat}	Steilheitsparameter (Übertragungsleit-wertparameter) im Sättigungsbereich	$17{,}0 \pm 10\,\%$	$8{,}0 \pm 10\,\%$	$\frac{\mu A}{V^2}$	$2 \cdot 10^{-5} \frac{A}{V^2}$
$KP_{ungesät}$	Steilheitsparameter (Übertragungsleit-wertparameter) im ungesättigten Bereich	$25{,}0 \pm 10\,\%$	$10{,}0 \pm 10\,\%$	$\frac{\mu A}{V^2}$	$2 \cdot 10^{-5} \frac{A}{V^2}$
GAMMA γ	Substrat-Schwellspan-nungsparameter	1,3	0,6	$\sqrt{V}$	0
LAMBDA λ	Kanallängen-Modula-tionsparameter	0,01 ($L = 10\,\mu m$) 0,004 ($L = 20\,\mu m$)	0,02 ($L = 10\,\mu m$) 0,008 ($L = 20\,\mu m$)	$\frac{1}{V}$	0
$2\lvert\Phi_F\rvert$	Oberflächenpotential bei starker Inversion	0,7	0,6	V	0,6

Programm ist in der Lage, vorstehende Parameter mit Ausnahme von LAMBDA aus entsprechenden Prozeßparametern (NSS, UO, TOX und NSUB) zu berechnen.

6.3.1.2. Komplettes Großsignalmodell für MOSFET

Für eine möglichst genau mit der Praxis übereinstimmende rechnerische Schaltungssimulation müssen weitere bisher vernachlässigte Einflußgrößen Berücksichtigung finden. Es sind dies vor allem

- die Bahnwiderstände R_S und R_D (typ. 50 ... 100 Ω, meist vernachlässigbarer Einfluß)
- die Kapazitäten zwischen den Elektroden und parasitäre Kapazitäten
- die praktisch immer gesperrten pn-Übergänge zwischen Source und Substrat und zwischen Drain und Substrat
- sowie das Rauschen.

Berücksichtigt man mit Ausnahme des Rauschens diese genannten zusätzlichen Parameter, ergibt sich das Ersatzschaltbild nach Bild 6.14.

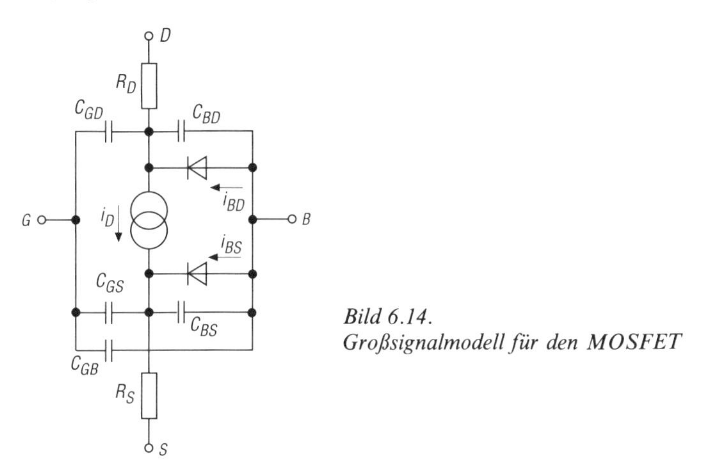

Bild 6.14.
Großsignalmodell für den MOSFET

Weil die meisten Kapazitäten spannungsabhängig sind, werden sie zur Modellierung in mehrere Teilkapazitäten unterteilt. Unter anderem werden Überlappungskapazitäten getrennt erfaßt. Wir wollen auf diese Einzelheiten hier nicht weiter eingehen. Eine grobe Vorstellung erhält man durch Betrachten des vollen Satzes der SPICE-Parameter, speziell der Parameter CGSO, CGDO, CGBO, CJ, CJSW, MJ und MJSW (s. Abschn. 6.3.1.6.).

Hinsichtlich der Abhängigkeit dieser Kapazitäten von den Arbeitsbedingungen des MOSFET lassen sich drei Gruppen unterscheiden:

a) Sperrschichtkapazitäten der gesperrten pn-Übergänge zwischen Drain (Source) und Substrat sind von der Sperrspannung des jeweiligen pn-Übergangs abhängig,
b) die Gatekapazitäten C_{GD}, C_{GS}, C_{GB} sind von den Arbeitsbedingungen des MOSFET abhängig,
c) parasitäre Kapazitäten sind unabhängig von den Arbeitsbedingungen des MOSFET;

Um deutlich zu machen, mit welcher Mühe versucht wird, das mathematische Modell des MOSFET möglichst gut an das reale Bauelementeverhalten anzupassen, zeigt Tafel 6.2 eine Zusammenstellung von MOSFET-Modellparametern, die im SPICE-2-Simulator Verwendung finden.

Tafel 6.2. Übersicht über die MOSFET-Modellparameter, die im HSPICE-Simulator der CAD-Entwurfssoftware Cadence-Design-Framework II (und in vielen weiteren SPICE-Varianten) Verwendung finden

A/V** ≡ A/V^2; 2.OE − 5 ≡ $2{,}0\ 10^{-5}$; $1U \equiv 1\ \mu m$

Hinweis: VTO ist > 0 für nMOS-Enhancement und pMOS-Depletion; VTO ist < 0 für nMOS-Depletion und pMOS-Enhancement

	Name	Parameter		Einheit	Default	Beispiel
1	LEVEL	model index	Art des Simulationsmodels	–	1	
2	VTO	zero-bias threshold voltage	Null-Schwellenspannung	V	0,0	0,0
3	KP	transcounductance parameter	Steilheitsparameter	A/V**2	2.0E-5	3.1E-5
4	GAMMA	bulk threshold-parameter	Substrat-Schwellenspannungsparameter	V**0,5	0.0	0.37
5	PHI	surface potential	Oberflächenpotential	V	0.6	0.65
6	LAMBDA	channel-length modulation (MOS1 and MOS2 only)	Kanallängenmodulationsparameter (Level 1 und Level 2)	1/V	0.0	0.02
7	RD	drain ohmic resistance	Drainbahnwiderstand	Ohm	0.0	1.0
8	RS	source ohmic resistance	Sourcebahnwiderstand	Ohm	0.0	1.0
9	CBD	zero-bias B-D junction capacitance	Null-BD-Sperrschichtkapazität	F	0.0	20FF
10	CBS	zero-bias B-S junction capacitance	Null-BS-Sperrschichtkapazität	F	0.0	20FF
11	IS	bulk junction saturation current	Substrat-Sperrsättigungsstrom	A	1.0E-14	1.0E-15
12	PB	bulk-junction potential	Substrat-Sperrschicht-Diffusionsspannung	V	0.8	0.87
13	CGSO	gate-source overlap capacitance per meter channel width	GS-Überlappungskapazität/Kanalbreite	F/m	0.0	4.0E-11
14	CGDO	gate-drain overlap capacitance per meter channel width	GD-Überlappungskapazität/Kanalbreite	F/m	0.0	4.0E-11
15	CGBO	gate-bulk overlap capaticance per meter channel length	GB(Substrat)-Überlappungskapazität/Kanalbreite	F/m	0.0	2.0E-10
16	RSH	drain and source diffusion sheet resistance	Diffusionsflächenwiderstand von D u. S	Ohm/sq	0.0	10.0
17	CJ	zero-bias bulk junction bottom cap. per sq-meter of junction area	Null-Substratbodenkapazität/Sperrschichtfläche	F/m**2	0.0	2.0E-4
18	MJ	bulk junction bottom grading coef.	Substratboden-Sperrschicht-Gradationsexponent	–	0.5	0.5
19	CJSW	zero-bias bulk junction sidewall cap. per meter of junction perimeter	Null-Substrat-Seitenwandkapazität/Sperrschicht-umfang	F/m	0.0	1.0E-9
20	MJSW	bulk junction sidewall grading coef.	Substratseitenwand-Sperrschicht-Gradationsexponent	–	0.33	
21	JS	bulk junction saturation current per sq-meter of junction are	Substrat-Sperrsättigungsstromdichte	A/m**2		1.0E-8
22	TOX	oxide thickness	Oxiddicke	meter	1.0E-7	1.0E-7
23	NSUB	substrate doping	Substrat-Dotierungsdichte	1/cm**3	0.0	4.0E15

	Name	Parameter		Einheit	Default	Beispiel
24	NSS	surface state density	Oberflächenladungsdichte-Koeffizient	1/cm**2	0.0	1.0E10
25	NFS	fast surface state density	schnelle Oberflächendichte (Parameter für schwache Inversionsmodellierung)	1/cm**1	0.0	1.0E10
26	TPG	type of gate material: + 1 opp. to substrate − 1 same as substrate 0 Al gate	Typ des Gatematerials (1, − 1 oder 0)	–	1.0	
27	XJ	metallurgical junction depth	metallurgische Sperrschichttiefe	meter	0.0	1U
28	LD	lateral duffusion	Gate-Diffusionsüberlappung	meter	0.0	0.8U
29	UO	surface mobility	Oberflächenbeweglichkeit	cm**2/V-s	600	700
30	UCRIT	critical field for mobility degradation (MOS2 only)	kritische Feldstärke für Beweglichkeitsverminderung (LEVEL = 2)	V/cm	1.0E4	1.0E4
31	UEXP	critical field exponent in mobility degradation (MOS 2 only)	Exponent von UCRIT (LEVEL = 2)	–	0.0	0.1
32	UTRA	transverse field coef (mobility) (deleted for MOS2)	Koeffizient für Beweglichkeit im Transversalfeld (Level = 2)	–	0.0	0.3
33	VMAX	maximum drift velocity of carriers	maximale Träger-Driftgeschwindigkeit	m/s	0.0	5.0E4
34	NEF	total channel charge (fixed and mobile) coefficient (MOS2 only)	Koeffizient der gesamten Kanalladung (Level = 2)	–	1.0	5.0
35	XQC	thin-oxide capacitance model flag and coefficient of channel charge share attributed to drain (0–0.5)	Drain-Kanalladungskoeffizient	–	1.0	0.4
36	KF	flicker noise coefficient	Funkelrauschkoeffizient	–	0.0	1.0E-26
37	AF	flicker noise exponent	Funkelrauschexponent	–	1.0	1.2
38	FC	coefficient for forward-bias depletion capacitance formula	Koeffizient für Durchlaßbereich der Sperrschicht-kapazität	–	0.5	
39	DELTA	width effect on threshold voltage (MOS2 and MOS3)	Breitenkoeffizient für Schwellenspannung (Level = 2 und 3)	–	0.0	1.0
40	THETA	mobility modulation (MOS3 only)	Beweglichkeitsmodulations-Parameter (Level = 3)	1/V	0.0	0.1
41	ETA	static feedback (MSO3 only)	statische Rückkopplung (Level = 3)	–	0.0	1.0
42	KAPPA	saturation field factor (MOS3 only)	Sättigungsfeldfaktor (Level = 3)	–	0.2	0.5

6.3.1.3. Lineares Kleinsignalmodell des MOSFET

Alle Parameter des Kleinsignalmodells (Bild 6.15) lassen sich aus den Parametern der Großsignalmodelle ableiten und berechnen (aus kleinen Änderungen der Spannungen und Ströme in der Umgebung des Arbeitspunktes). Infolge des Einflusses der Drain-Substrat- und Source-Substrat-Spannung auf das Kennlinienfeld des MOSFET hat auch eine gegebenenfalls auftretende Signalspannung über diesen beiden pn-Übergängen eine Steuerwirkung, die u. U. Berücksichtigung finden muß (durch S_{bs} g_{bd} und g_{bs}). Weil die beiden pn-Übergänge gesperrt sind, sind die Leitwerte g_{bd} und g_{bs} sehr klein und meist vernachlässigbar.

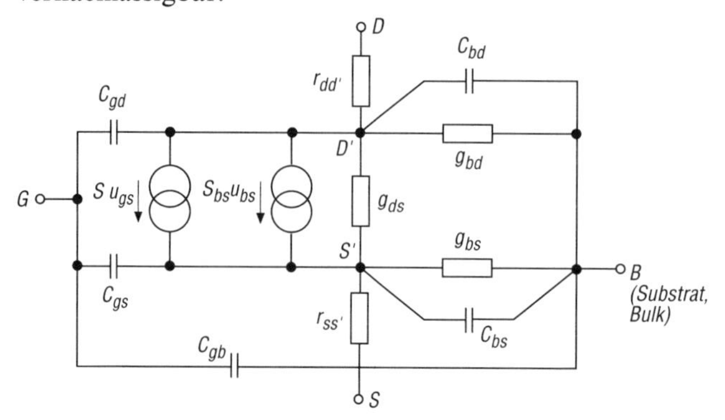

Bild 6.15. Kleinsignalmodell für den MOSFET

Es bedeuten: $S = \left.\dfrac{\partial I_D}{\partial U_{GS}}\right|_{AP}$; $S_{bs} = \left.\dfrac{\partial I_D}{\partial U_{BS}}\right|_{AP}$; $g_{ds} = \left.\dfrac{\partial I_D}{\partial U_{DS}}\right|_{AP}$ $g_{bd} = \left.\dfrac{\partial I_{BD}}{\partial U_{BD}}\right|_{AP} \approx 0$ (differentieller Leitwert des gesperrten BD-pn-Übergangs); $g_{bs} = \left.\dfrac{\partial I_{BS}}{\partial U_{BS}}\right|_{AP} \approx 0$ differentieller Leitwert des gesperrten BS-pn-Übergangs); I_{BD}, I_{BS} = Sperrstrom des BD- bzw. BS-pn-Übergangs; $r_{dd'}$, $r_{ss'}$ = Drain- bzw. Sourcebahnwiderstand.

Das Transistorrauschen kann durch drei zusätzliche Rauschstromquellen berücksichtigt werden, die zwischen den Knoten D und D' und S' bzw. S und S' wirksam sind [22].

Der wichtigste Verstärkungsparameter ist die Steilheit, die gemäß $S = dI_D/dU_{GS}$ für U_{DS} = konstant aus den Gleichungen (6.12) und (6.13) berechnet werden kann. Wir betrachten wieder beide Bereiche getrennt:

a) *Sättigungsbereich*

$$S = \sqrt{2K_p \frac{W}{L} |I_D| (1 + \lambda |U_{DS}|)} \approx \sqrt{2K_p \frac{W}{L} |I_D|}\,. \tag{6.14}$$

Die Steuerung des Drainstromes durch die Substrat-Source-Spannung wird durch die *Steilheit*

$$S_{bs} = \eta S \quad \text{mit} \quad \eta = \frac{\gamma}{2\sqrt{2|\phi| + |U_{SB}|}} \tag{6.15}$$

beschrieben.

Der *Ausgangsleitwert* $g_{ds} = dI_D/dU_{DS}$ für U_{GS} = konst. ergibt sich zu

$$g_{ds} = \frac{\lambda |I_D|}{1 + \lambda |U_{DS}|} \approx \lambda |I_D|; \qquad \lambda \sim 1|L\,. \tag{6.16}$$

b) *Ungesättigter Bereich*

$$S = K_p \frac{W}{L} U_{DS} (1 + \lambda U_{DS}) \approx K_p \frac{W}{L} U_{DS}, \tag{6.17}$$

$$S_{bs} = \frac{K_p \frac{W}{L} \gamma U_{DS}}{2\sqrt{|\phi| + |U_{SB}|}}. \tag{6.18}$$

Für den *Ausgangsleitwert* gilt

$$g_{ds} \approx K_p \frac{W}{L} (U_{GS} - U_T - U_{DS}). \tag{6.19}$$

Große Bedeutung für die Schaltungsdimensionierung hat die Proportionalität zwischen der Steilheit und dem W/L-Verhältnis

$$S \sim \frac{W}{L},$$

die sowohl im Sättigungsbereich als auch im ungesättigten Bereich gilt (man beachte, daß auch $I_D \sim W/L$ im Sättigungsbereich gilt!). Wegen dieses Zusammenhangs können die Steilheit und daraus abgeleitete Parameter beim Entwurf einer monolithischen Schaltung je nach Erfordernis der Schaltung durch die Geometrie des Layouts „dimensioniert" werden.

Das Transistorrauschen kann im Kleinsignalersatzschaltbild durch drei zusätzliche Stromquellen berücksichtigt werden.

6.3.1.4. Berücksichtigung von Effekten zweiter Ordnung

Eine weitere Verbesserung der Modelle läßt sich erzielen, wenn Kurzkanaleffekte (<20 μm) und der Temperatureinfluß Berücksichtigung finden. In der Kennliniengleichung des MOSFET wird dies dadurch erfaßt, daß der bei hohen Feldstärken auftretende Abfall der Ladungsträgerbeweglichkeit μ_O berechnet wird. Die entsprechenden Parameter sind UCRIT, UTRA und UEXP. Zusätzliche Parameter sind weiterhin $\Theta = 1 + (\pi\varepsilon_{s_i}/4C_{0x}W)$ und $\gamma_S = \gamma(1 - \alpha_S - \alpha_D)$ mit $\alpha_S = \frac{XJ}{2L}\left[\sqrt{1 + \frac{2W_S}{XJ}} - 1\right]$; $\alpha_D = \frac{XJ}{2L}\left[\sqrt{1 + \frac{2W_D}{XJ}} - 1\right]$. Letzterer ist der für kleine Geometrien korrigierte Substrat-Schwellenspannungsparameter (W_S, W_D Sperrschichtbreite des S- bzw. D-Gebietes; XJ metallurgische Sperrschichttiefe).

Im nicht gesättigten Bereich gilt die effektive Kanallänge $L_{eff} = L - 2LD$ (LD laterale Diffusionslänge).

6.3.1.5. Subthreshold-Modell

Bei genauer Betrachtung läßt sich nachweisen, daß die quadratische $I_D(U_{GS})$-Kennlinie in eine exponentielle Abhängigkeit übergeht, wenn U_{GS} in unmittelbare Nähe der Schwellspannung U_T kommt.

Der Drainstrom beträgt bei Gatespannungen $U_{GS} < U_T$ (nMOS) nicht Null, sondern hat einen endlichen Wert, der erst bei weiterer Aussteuerung des MOSFET in den Sperrbereich allmählich gegen Null geht. Im Kennlinienverlauf in der Umgebung der Schwellspannung lassen sich drei Gebiete unterscheiden:

$U_{GS} > U_T$: starkes Inversionsgebiet

$U_{GS} < U_T$: schwaches Inversionsgebiet (Subthreshold-Inversionsgebiet)

$U_{GS} \approx U_T$: moderates Inversionsgebiet; der Übergang zwischen dem starken und dem schwachen Inversionsgebiet erfolgt bei der Spannung U_{ON}:

$U_{ON} = U_T + \frac{nkT}{q}$, wobei für den Subthreshold-Steigungsfaktor n gilt: $n = f(NFS)$. NFS kann durch Messungen bestimmt werden (SPICE-Parameter).

6.3.1.6. SPICE-Parameter

Das meist verwendete Simulationspaket für den Entwurf analoger Schaltungen ist SPICE (Simulation Program with Integrated Circuit Emphasis) bzw. davon abgeleitete Weiterentwicklungen, z. B. HSPICE. Wir beschränken uns nachfolgend ausschließlich auf MOSFETs. Moderne HSPICE-Simulatoren verwenden drei bzw. vier unterschiedliche MOSFET-Modelle, zwischen denen der Anwender wählen kann.

Die Modelle unterscheiden sich hinsichtlich Genauigkeit und Aufwand sowie bezüglich der Beschreibung der I-U-Kennlinie des MOSFET. Die Auswahl des Modells erfolgt mit dem „LEVEL"-Parameter. Die Unterschiede zwischen den vier Modellen sind in Tafel 6.3 kurz charakterisiert.

LEVEL 1 wird für große MOSFETs (diskrete Transistoren, Leistungs-MOSFETs) und für einen ersten Durchlauf im Simulator zur Groborientierung über das Verhalten der zu analysierenden Schaltung eingesetzt.

LEVEL 2 ist ein „analytisches Modell". Es verwendet Prozeßparameter und Geometrieparameter. Seine Grenzen liegen bei sehr kleinen Abmessungen der MOSFETs.

LEVEL 3 verwendet gemessene Eigenschaften „semi-empirischer Modelle". Vorteil: Effektiv bei der Berücksichtigung von Effekten der kleinen Geometrie.

LEVEL 4 „BSIM" ist eine Weiterentwicklung von LEVEL 3 und verwendet über 60 Parameter zur Beschreibung der elektrischen Eigenschaften und der Geometrieeffekte beim MOSFET.

Unterschiedliche Modelle lassen sich in einer Simulation auch gemischt verwenden.

Tafel 6.3. Vergleich einiger Eigenschaften von MOSFET-Modellen des HSPICE-Simulators [23]

Eigenschaften	Level 1 ≧ 1968	Level 2 ≧ 1980	Level 3 ≧ 1980	Level 4 ≧ 1985
Anwendbare Technologie	4 µm	2 µm	2 µm	1 µm
Anzahl von Parametern für I_D	8	23	21	67
Kleingeometrieeffekte	nein	Kurzkanal-verhalten	Kurzkanal-verhalten	ja
Subschwelleneffekte	nein	ja	ja	ja
Ladungsbasierte Kapazität	nein	ja	nein	ja
Temperaturabhängigkeit	begrenzt	ja	ja	nein
Rauschmodellierung	nein	ja	ja	nein

SPICE-Modellparameter für die gängigsten Bauelemente findet man in zahlreichen Büchern, u. a. in [23] [24] [28] [29] [6.13].

SPICE berechnet die Schaltung mittels Knotenanalyse. In einem SPICE-Programm lassen sich im wesentlichen drei verschiedene Arten von Anweisungen unterscheiden:

1. Elementanweisungen: Jedes Schaltelement erhält eine eigene Elementanweisung, auf der folgendes angegeben ist

Namensfeld = Elementname (device name)
Die *Lage des Elementes* in der Schaltung (Knotennummern, an die das Schaltelement angeschlossen ist)
bei Halbleiterbauelementen der *Name des Halbleitermodells,* zu dem das Element gehört (den .MODEL-Namen); bei anderen Schaltelementen auch seine elektrischen Parameter oder Hinweise darauf
Zusätzlich können noch optionale *Geometriefaktoren* und *Anfangsbedingungen* programmiert werden.

Mit Hilfe der *Geometriefaktoren* lassen sich MOSFETs mit unterschiedlichen geometrischen Abmessungen, die im gleichen Prozeß hergestellt werden, mit unterschiedlichen Elementanweisungen, aber nur einer Modellanweisung charakterisieren.

Tafel 6.4. Allgemeine Form der Elementanweisung des MOSFETs [24], *dargestellt sind zwei geringfügig unterschiedliche Varianten: Variante 1 aus* [24], *Variante 2 aus CDF II* [6.13]

Die Abkürzungen in *Variante 1* bedeuten: L, W effektive Kanallänge (breite) in Metern; AD (AS) Flächen der Drain-(Source-)Diffusionsgebiete; PD (PS) Drain-(Source-)Diffusionsumfang in Metern (Default-Wert: 0); NRD/NRS/NRG/NRB äquivalente Anzahl der Flächenquadrate des D/S/G/B-Diffusionsgebietes; die entsprechenden (parasitären) Serienwiderstände ergeben sich entweder a) aus RSH (Flächendiffusionswiderstand von D und S in Ω/Quadrat) · NRD/NRS/NRG/NRB oder b) direkt aus den absoluten Werten RD/RS/RG/RB; Default-Werte: NRD = NRS = 1, NRG = NRB = 0.
Default-Werte für L, W, AD, AS müssen in der „OPTIONS"-Anweisung gesetzt werden; falls dies nicht erfolgt, werden folgende Werte von der Software gesetzt: AD = AS = 0, L = W = 100 µm.
M Schaltelementmultiplizierer (Default-Wert = 1) simuliert die Wirkung mehrerer parallelgeschalteter MOSFETs; Mname Modellname;
Abkürzungen in *Variante 2*:
OFF gibt eine optionale Anfangsbedingung für Gleichstromanalyse an; ⟦ ⟧ optionale Parameter; IC Anfangsbedingungen; die restlichen Abkürzungen sind aus den Erläuterungen zur Variante 1 verständlich

Variante 1:
Mname drainnode gatenode sourcenode bulk/substratenode modelname
+ ⟦L = *value*⟧ ⟦W = *value*⟧ ⟦AD = *value*⟧ ⟦AS = *value*⟧ ⟦PD = *value*⟧ ⟦PS = *value*⟧
+ ⟦NRD = *value*⟧ ⟦NRS = *value*⟧ ⟧NRG = *value*⟧ ⟦NRB = *value*⟧ ⟦M = *value*⟧

Beispiele:
M1 14 2 13 0 PNOM L = 25u W = 12u
M13 15 3 0 0 PSTRONG
M16 17 3 0 0 PSTRONG M = 2
M28 0 2 100 100 NWEAK L = 33u W = 12u
+ AD = 288p AS = 288p PD = 60u NRD = 14 NRS = 24 NRG = 10

Variante 2:
Allgemeine Form:
MXXXXXXX ND NG NS NB MNAME ⟨L = VAL⟩ ⟨W = VAL⟩ ⟨AD = VAL⟩
⟨AS = VAL⟩ ⟨PD = VAL⟩ ⟨PS = VAL⟩ ⟨NRD = VAL⟩ ⟨NRS = VAL⟩ ⟨OFF⟩
+ ⟨IC = VDS, VGS, VBS⟩

Beispiele:
M1 24 2 0 20 TYPE1
M31 2 17 6 10 MODM L = 5U W = 2U
M31 2 16 6 10 MODM 5U 2U
M1 2 9 3 0 MOD1 L = 10U W = 5U AD = 100P AS = 100P PD = 40U PS = 40U
M1 2 9 3 0 MOD1 10U 5U 2P 2P

Bei der Spezifizierung der *Anfangsbedingungen* gibt es zwei unterschiedliche Formen: a) das Schaltelement wird mit „OFF" spezifiziert. Dann wird der Arbeitspunkt bei nullgesetzten Klemmenspannungen dieses Bauelements bestimmt (wichtig bei Schaltungen mit mehr als einem stabilen Zustand); b) die wahren Anfangsbedingungen für das Übergangsverhalten werden angegeben.

Als Beispiel zeigt Tafel 6.4 die *Elementanweisung* des MOSFET für LEVEL 1 bis 3

2. Modellanweisungen: In dieser Anweisung werden die *Parameterwerte des Halbleitermodells* spezifiziert. Die Modellanweisungen beginnen mit dem Kennwort .MODEL gefolgt vom Modellnamen und der Modellart (nMOS oder pMOS) sowie optional einem Satz von Modellparametern.

Die Gleichstromeigenschaften von MOSFETs werden durch den Satz folgender Modellparameter (device parameter) definiert: VTO, KP, LAMBDA, PHI, GAMMA. Diese Parameter werden durch SPICE aus Prozeßparametern berechnet, wenn diese gegeben sind (NSUB, TOX, ...). Die Modellparameter können auch durch anwenderspezifische Werte überschrieben werden. Modellparameter, denen kein Wert zugewiesen wird, werden mit den in der Software vorgegebenen Ersatzwerten (Default-Werten) berechnet.

Die Modellanweisungen sind auf einer .MODEL CARD enthalten. Der Vorteil dieser Methode besteht darin, daß nicht für jedes Schaltelement (hier: MOSFET) einer Schaltung die Modellparameter getrennt angegeben werden müssen.

Als Beispiel zeigt Tafel 6.2 die *Modellparameter* (device parameter) des MOSFET.

3. Steueranweisungen: Mit ihnen werden Art und Umfang der Schaltungsanalyse und der Ergebnisausgabe spezifiziert.

6.3.2. Grundschaltungen

Ein Vorteil der CMOS-Analogschaltungen gegenüber Einkanal-MOS-Schaltungen besteht neben ihrem sehr geringen Leistungsverbrauch darin, daß in den meisten Fällen die Source-Gebiete mit dem Substrat mitgeführt werden bzw. kontaktiert werden können. Dadurch entfällt die unerwünschte Substratsteuerung (Back-Gate-Ansteuerung, vgl. Bild 1.8c).

Offsetkorrektur. Im Vergleich zu Bipolaranalogschaltungen tritt bei analogen MOS-Schaltungen ein hoher Offset auf. Daher sind häufig Offsetkompensationstechniken zur Eliminierung dieser Störgröße erforderlich (s. Abschn. 11.6.3.).

6.3.2.1. Teilschaltungen

Es gibt einige Teilschaltungen, die in nahezu jeder analogen CMOS-Schaltung z. T. mehrfach vorkommen. Wir wollen die wichtigsten kennenlernen [22] [25].

6.3.2.1.1. MOS-Schalter

Analogschalter haben in MOS-Schaltungen eine fundamentale Bedeutung. Wir behandeln nachfolgend kurz den Einkanal-MOS-Schalter und verweisen auf Abschnitt 17.1.3., in dem der CMOS-Analogschalter behandelt wird.

Die wichtigsten Kenngrößen eines Schalters sind sein Widerstand im ein- und ausgeschalteten Zustand sowie das Schaltverhalten beim schnellen Ein- und Ausschalten.

EIN-Widerstand. Zur Berechnung des Schalterwiderstandes im eingeschalteten Zustand müssen wir beachten, daß U_{DS} sehr klein ist. Daher wird der MOSFET im ungesättigten Bereich betrieben, und der Drainstrom beträgt näherungsweise aus Gl. (6.13) $I_D \approx K_p\,(W/L)\,(U_{GS} - U_T)\,U_{DS}$. Den Widerstand im EIN-Zustand berechnen wir hieraus zu $r_{on} = \partial U_{DS}/\partial I_D$ für U_{GS} = konst. zu

$$r_{on} = \frac{L}{W}\,\frac{1}{K_p(U_{GS} - U_T)}. \tag{6.20}$$

Eine sehr wichtige Erkenntnis ist die Tatsache, daß zur Realisierung niederohmiger Schalter ein großes W/L-Verhältnis erforderlich ist. Analog zur Steilheit S läßt sich auch der Widerstand r_{on} durch die Geometrie des Layoutes beim Schaltungsentwurf „dimensionieren".

Das *Substratpotential* muß stets mit dem negativsten Potential der Schaltung verbunden werden (nMOS), damit der Drain- und der Source-Substrat-pn-Übergang stets gesperrt bleiben. Wie im Abschnitt 17.1.3. erläutert wird, wirkt die Eingangsspannung u_E zusätzlich zu u_G als Steuergröße, da $u_{GS} = u_G - u_E$ gilt. Das muß bei Eingangsspannungen $u_E \gtrsim 1$ V unbedingt beachtet werden.

Gesperrter Schalter. Im Idealfall ist der Sperrwiderstand unendlich groß. Beim realen gesperrten MOSFET fließt ein Sperrstrom im 10-pA-Bereich bei Zimmertemperatur, der sich bei jeweils 8 °C Temperaturerhöhung verdoppelt.

Schaltgeschwindigkeit. Der größte dynamische Fehlereinfluß entsteht beim Ein- und Ausschalten durch kapazitive Kopplung der Steuerspannung u_{GS} über die Kapazitäten C_{GS} und C_{GD} in den Ein- und Ausgangskreis (Spannungsspitzen, s. Abschn. 17.1.4.). Falls zwischen dem Schaltereingang und dem Schalterausgang relativ niederohmige Verbindung zur Masse besteht und/oder C_{GS} und C_{GD} sehr klein sind, ist die wirksame Zeitkonstante sehr klein, und Schaltfrequenzen bis zur Größenordnung 20 MHz sind erreichbar.

Der genannte Fehlereinfluß läßt sich durch einen zusätzlichen mit entgegengesetzter Polarität angesteuerten Dummy-MOSFET bis auf etwa 10 % Restfehler kompensieren (Bild 6.16).

6.3.2.1.2. Aktive Widerstände, aktive Lasten

Polysiliziumwiderstände oder diffundierte Widerstände benötigen in monolithisch integrierten Schaltungen wesentlich mehr Fläche als MOSFETs. Das hat dazu geführt, daß in

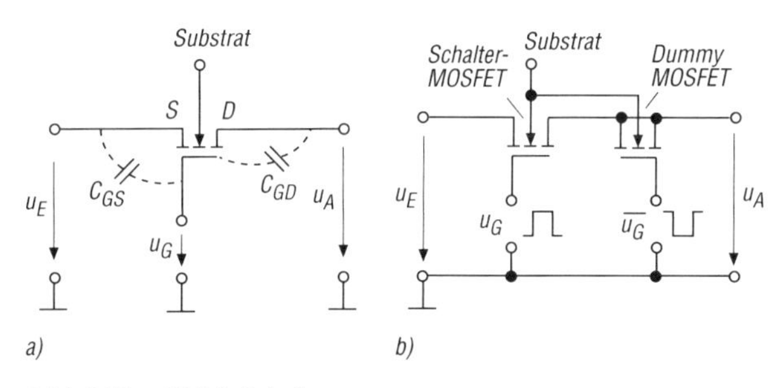

Bild 6.16. nMOS-Schalter

a) Prinzip; b) mit zusätzlichem Dummy-Transistor zur Kompensation der Spannungsspitzen

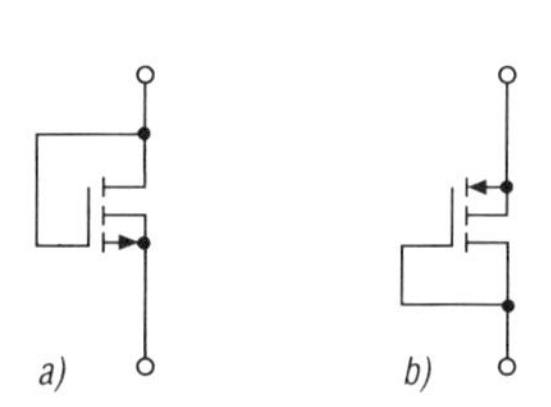

Bild 6.17. Aktiver Widerstand mit MOSFET

a) n-Kanal; b) p-Kanal

der Regel MOSFETs und MOSFET-Kombinationen auch an den Stellen der Schaltung verwendet werden, an denen in der diskreten Schaltungstechnik Widerstände benutzt werden. Da der MOSFET kein lineares Bauelement ist wie der ohmsche Widerstand, unterscheiden sich der Gleichstromwiderstand und der differentielle Widerstand z. T. erheblich. Wegen der nichtlinearen Kennlinie hängt der differentielle Widerstand u. U. stark vom jeweils eingestellten Arbeitspunkt (I_D, U_{DS}) ab.

Bild 6.17 zeigt einen als aktiven Widerstand beschalteten MOSFET. Wegen $U_{GS} = U_{DS}$ gilt für den differentiellen Widerstand zwischen Source und Drain näherungsweise (die Näherung bezieht sich darauf, daß strenggenommen U_{GS} bei der Bildung des Differentialquotienten $\partial U_{DS}/\partial I_D$ konstant bleiben muß, was hier nicht exakt realisierbar ist)

$$r_{ds} = \frac{\partial U_{DS}}{\partial I_D} = \frac{\partial U_{GS}}{\partial I_D} \approx \frac{1}{S} \approx \sqrt{\frac{L}{W} \frac{1}{2K_p|I_D|}} = \frac{L}{W} \frac{1}{K_p} \frac{1}{U_{GS} - U_T}. \tag{6.21}$$

Eine genauere Betrachtung ergibt den Wert $r_{ds}^{-1} = S + S_{bs} + g_{ds} \approx S$ [22].

6.3.2.1.3. Spannungsteiler

Bild 6.18 erläutert am Beispiel eines aus zwei selbstsperrenden MOSFETs realisierten Spannungsteilers, wie die Betriebsspannung U_{DD} durch die beiden MOSFETs aufgeteilt wird. Falls das W/L-Verhältnis von *M1* verkleinert und das von *M2* vergrößert wird, erhöht sich bei gleichbleibender Betriebsspannung U_{DD} das Spannungsteilerverhältnis U_{DS1}/U_{DS1} erheblich. Rechnerisch können wir das Spannungsteilerverhältnis aus der Kennlinienformel (6.12) berechnen:

$$I_{D1} = \frac{K_p}{2} \frac{W_1}{L_1} (U_{DS1} - U_{T1})^2; \quad I_{D2} = \frac{K_p}{2} \frac{W_2}{L_2} (U_{DS2} - U_{T2})^2 \tag{6.22}$$

Gleichsetzen liefert

$$\frac{W_1}{L_1} (U_{DS1} - U_{T1})^2 = \frac{W_2}{L_2} (U_{DS2} - U_{T2})^2$$

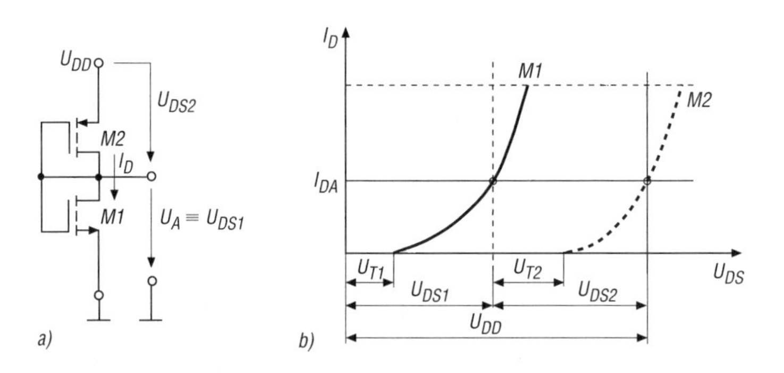

Bild 6.18. Aktiver Spannungsteiler mit zwei MOSFETs

a) Schaltung;
b) Erläuterung im Ausgangskennlinienfeld

und schließlich

$$U_{DS1} = (|U_{DS2}| - |U_{T2}|) \sqrt{\frac{W_2/L_2}{W_1/L_1}} + U_{T1} \quad (6.23)$$

Wir erkennen: Bei Reihenschaltung mehrerer vom gleichen Drainstrom durchflossener MOSFETs mit unterschiedlichen W/L-Verhältnissen sind die Teilspannungen unterschiedlich groß. Durch geeignete Dimensionierung des W/L-Verhältnisses lassen sich praktisch beliebige Teilerverhältnisse einstellen.

Für den typischen Fall, daß U_{DD}, $U_A = U_{DS1}$ und I_D vorgegeben sind und die Verhältnisse W_1/L_1 und W_2/L_2 bestimmt werden sollen, wird ein W/L-Verhältnis aus (6.22) und das andere aus (6.23) berechnet.

Reduzierter Chipflächenbedarf. Ersetzt man jeden der beiden MOSFETs im Bild 6.18 durch jeweils zwei gleiche in Reihe geschaltete MOSFETs, ergibt sich bei entsprechender Dimensionierung der W/L-Verhältnisse das gleiche Spannungsteilerverhältnis wie im Bild 6.18, jedoch bei erheblich reduziertem Chipflächenbedarf [22]. Die physikalische Ursache für dieses Verhalten liegt in der quadratischen $I_D(U_{DS} = U_{GS})$-Abhängigkeit des MOSFETs.

Schwimmender aktiver Widerstand mit MOSFET. Eine alternative Form zur Schaltung des aktiven Widerstandes im Bild 6.18 ist der MOS-Schalter im Bild 6.16a. Je nach wirksamer Spannung U_{GS} läßt sich ein sehr großer differentieller Widerstandsbereich überstreichen. Wenn der Widerstand im linearen Bereich arbeitet, gilt $r_{ds} \approx L/[K_p W(U_{GS} - U_T)]$.

Im Sättigungsbereich gilt $r_{ds} = (1 + \lambda U_{DS})/I_D$.

Der aktive Widerstand im ungesättigten Bereich ist stark nichtlinear, wenn die Signalspannung zwischen D und S etwa $\pm$ 0,5 V überschreitet.

6.3.2.1.4. Stromquellen und Stromsenken

Bei diesen Zweipolen ist im Idealfall der durch den Zweipol fließende Strom in jedem Zeitpunkt unabhängig von der zwischen den Zweipolklemmen liegenden Spannung. Damit diese Forderung annähernd erfüllt wird, muß der MOSFET im Sättigungsbereich betrieben werden. Im Bild 6.19 bedeutet dies, daß $|U_{DS}|$ mindestens so groß sein muß, daß der Arbeitspunkt auf der Ausgangskennlinie außerhalb des schraffierten Bereiches liegt.

Wenn Source und Substrat verbunden sind, beträgt der differentielle Ausgangswider-

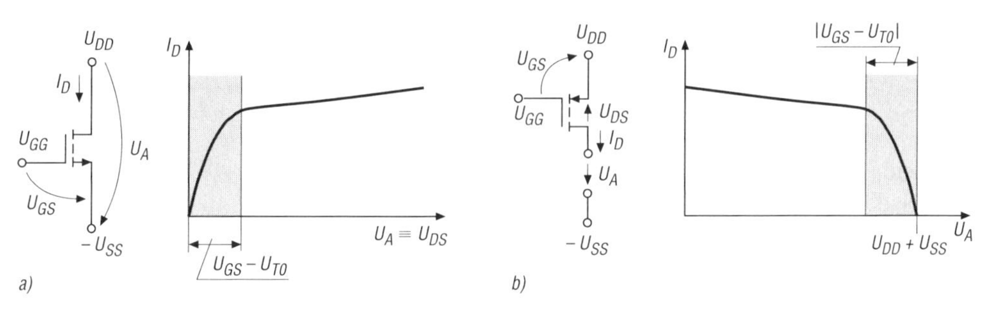

Bild 6.19. Stromquelle und Stromsenke mit MOSFET

a) Stromsenke mit nMOSFET und zugehörige Ausgangskennlinie; b) Stromquelle mit pMOSFET und zugehörige Ausgangskennlinie

stand beider Schaltungen im Bild 6.19

$$r_{\mathrm{a}} = \frac{1 + \lambda |U_{\mathrm{DS}}|}{\lambda |I_{\mathrm{D}}|} \approx \frac{1}{\lambda |I_{\mathrm{D}}|}.$$

Der Ausgangswiderstand der Stromsenke im Bild 6.19a kann durch Einfügen eines Sourcewiderstandes R_{S} auf näherungsweise den Wert $r_{\mathrm{a}} \approx S r_{\mathrm{ds}} R_{\mathrm{S}}$ erhöht werden (gilt für $S r_{\mathrm{ds}} \gg 1$ und $S \gg S_{\mathrm{bs}}$ [22]). Durch Reihenschaltung von zwei MOSFETs läßt sich der Ausgangswiderstand beträchtlich erhöhen. Die Schaltung im Bild 6.20 hat einen Ausgangswiderstand $r_{\mathrm{a}} \approx (S_2 r_{\mathrm{ds2}}) r_{\mathrm{ds1}}$. Der Widerstand der Stromquelle *M1* wird also um den Verstärkungsfaktor $S_2 r_{\mathrm{ds2}}$ der darüberliegenden Stufe erhöht. Weitere Schaltungen findet man z. B. in [22].

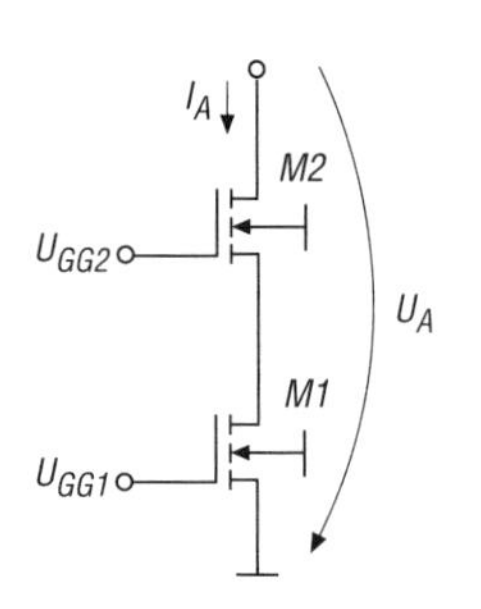

Bild 6.20.
Stromquelle mit erhöhtem Ausgangswiderstand

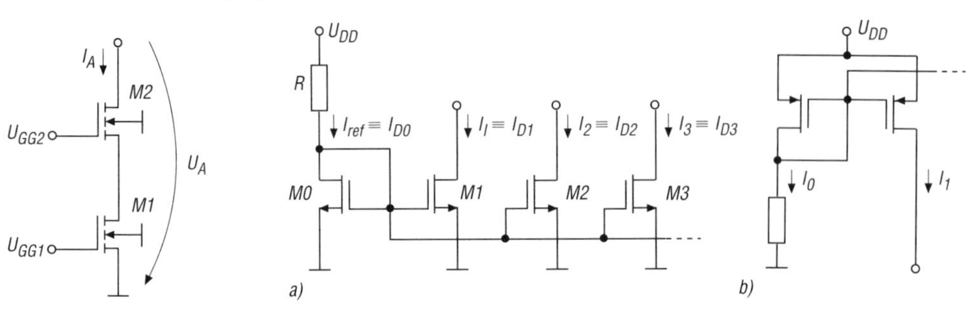

Bild 6.21. Einfache Stromspiegelschaltung
a) mit nMOSFET (Stromsenke mit mehreren Ausgängen);
b) mit pMOSFET (Stromquelle)

6.3.2.1.5. Stromspiegel

Stromspiegel werden in integrierten Schaltungen u. a. zur Arbeitspunkteinstellung und zum Ersatz hochohmiger Widerstände verwendet. Die Schaltung nutzt das Prinzip, daß der Drainstrom zweier identischer MOSFETs gleich ist, wenn sie mit gleicher Spannung U_{GS} angesteuert werden. Im Normalbetrieb des Stromspiegels befinden sich beide MOSFETs in der Sättigung. Für die Schaltung im Bild 6.21 gilt dann bei Vernachlässigung der Kanallängenmodulation:

$$I_{\mathrm{ref}} = I_{\mathrm{DO}} = \frac{K_{\mathrm{p}}}{2} \frac{W_0}{L_0} (U_{\mathrm{GS}} - U_{\mathrm{T}})^2 \tag{6.24a}$$

$$I_{\mathrm{D1}} = I_1 = \frac{K_{\mathrm{p}}}{2} \frac{W_1}{L_1} (U_{\mathrm{GS}} - U_{\mathrm{T}})^2 . \tag{6.24b}$$

Da beide Transistoren die gleichen Werte U_{T}, μ_0, C_{ox} und U_{GS} haben, gilt für das Verhältnis der beiden Ströme

$$\frac{I_1}{I_{\mathrm{ref}}} = \frac{W_1/L_1}{W_0/L_0}. \tag{6.25}$$

Die gleiche Beziehung gilt entsprechend für die übrigen Ströme des Stromspiegels I_2/I_{ref}, I_3/I_{ref} usw.

Gl. (6.25) zeigt ein sehr bedeutsames Ergebnis: durch geeignete Wahl des W/L-Verhältnisses der Transistoren des Stromspiegels lassen sich nahezu beliebige Stromverhältnisse durch „geometrische Dimensionierung“ des Layouts auf dem Chip erzeugen.

Der Referenzstrom I_{ref} wird aus der Betriebsspannung U_{DD} über den Vorwiderstand R (meist ebenfalls ein MOSFET) erzeugt.

Es gibt weitere Varianten von Stromspiegelschaltungen, auch mit abweichenden Schaltungsstrukturen gegenüber der „klassischen“ Stromspiegelschaltung, z. B. die nachfolgend gezeigten Versionen Kaskodenstromspiegel und Wilson-Stromspiegel.

Kaskodenstromspiegel. Diese Schaltung (Bild 6.22) hat einen stark vergrößerten Ausgangswiderstand $r_a = r_{ds2} + r_{ds4} + S_4 r_{ds2} r_{ds4}(1 + \eta_4)$ mit $\eta_4 = S_{bs4}/S_4$. Physikalisch läßt sich die Widerstandserhöhung wie folgt erklären: Falls alle Transistoren identisch sind, sind die Drainspannungen an *M1* und *M2* gleich. Wird die Drainspannung von *M4* erhöht, versucht der Drainstrom von *M4* ebenfalls größer zu werden, was den Drainstrom und die Drainspannung von *M2* erhöht und u_{GS4} verkleinert. Die Verringerung von u_{GS4} wirkt der Drainstromerhöhung von *M4* entgegen, so daß insgesamt nur eine sehr kleine Erhöhung von u_{DS2} auftritt. Die u_{DS2}-Änderung ist viel kleiner als die Änderung der Drainspannung von *M4*. Der Ausgangsstrom (Drainstrom von *M4*) ändert sich nur minimal, was einen sehr hohen Ausgangswiderstand bedeutet.

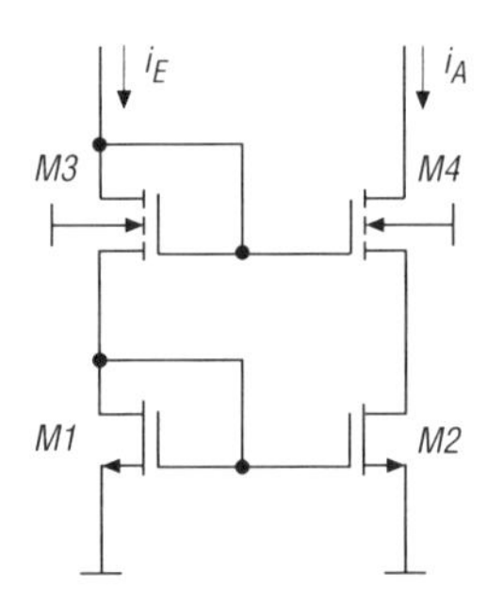

Bild 6.22.
Kaskodenstromspiegelschaltung

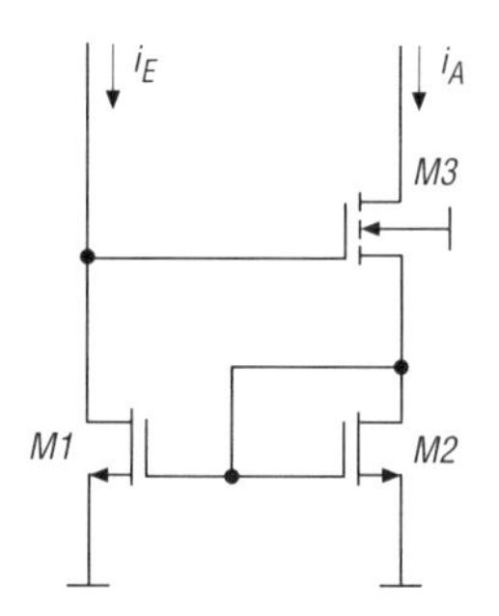

Bild 6.23.
n-Kanal-Version der Wilson-Stromspiegelschaltung

n-Kanal-Implementierung der Wilson-Stromspiegelschaltung. Der Ausgangswiderstand dieser Schaltung wird durch Stromgegenkopplung erhöht. Wenn die Ausgangsspannung (Drainpotential von *M3*) ansteigt, vergrößern sich der Ausgangsstrom und der Strom durch *M2* (Bild 6.23). Infolge der Stromspiegelung zwischen *M1* und *M2* erhöht sich der Strom durch *M1* ebenfalls. Das führt bei konstantem Strom i_E zu einer Erniedrigung des Gatepotentials von *M3*, wodurch die i_A-Erhöhung weitgehend kompensiert wird, was gleichbedeutend ist mit einem sehr hohen Ausgangswiderstand r_a der Stromspiegelschaltung. Rechnerisch ergibt sich für den Ausgangswiderstand [22]

$$r_a = r_{ds3} + r_{ds2}\left[\frac{1 + r_{ds3}S_3(1 + \eta_3) + S_1 r_{ds1} S_3 r_{ds3}}{1 + S_2 r_{ds2}}\right].$$

Tafel 6.5. Häufig verwendete Verstärkergrundschaltungen in monolithischen CMOS-Analogschaltungen

Inverterschaltungen

	Schaltung	Signalersatzschaltbild für niedrige Frequenzen	$V = \frac{u_a}{u_e}$ bei niedrigen Frequenzen r_a	Bemerkungen
1	Aktiver Widerstand als Lastelement U_{DD} M2 i_D u_a u_e M1 U_{SS}	G1 D1 ≡ D2 ≡ G2 u_e S_1u_e r_{ds1} S_2u_a $r_{ds2} \parallel \frac{1}{S_2}$ u_a S1 ≡ S2	$V \approx -\frac{S_1}{S_2}$ $r_a = r_{ds1} \parallel r_{ds2} \parallel \frac{1}{S_2} \approx \frac{1}{S_2}$	– relativ geringe Spannungsverstärkung – große Bandbreite wegen des niedrigen Ausgangswiderstandes r_a – Ausgangsspannungshub deutlich kleiner als $U_{DD} - U_{SS}$
2	Stromquelle (a) bzw. Stromsenke (b) als Lastelement a) U_{GG} U_{DD} u_a u_e U_{SS} b) u_e U_{DD} M1 u_a i_D U_{GG} M2 U_{SS}	G1 D1 ≡ D2 u_e S_1u_e r_{ds1} r_{ds2} u_a S1 ≡ G2	$V = -S_1(r_{ds1} \parallel r_{ds2})$ $r_a = r_{ds1} \parallel r_{ds2}$	– wesentlich höhere Verstärkung als Schaltung 1 – $\lvert V_{max}\rvert \approx 600$ für $I_D = 0{,}1\,\mu A$ und $W_1/L_1 = W_2/L_2 = 10\,\mu m/10\,\mu m$ – $r_a \approx 670\,k\Omega$ für $I_D = 50\,\mu A$
3	Gegentakt-CMOS-Inverter U_{DD} u_e u_a U_{SS}	G1 ≡ G2 u_e S_1u_e r_{ds1} S_2u_e r_{ds2} u_a S1 ≡ S2	$V = -(S_1 + S_2)(r_{ds1} \parallel r_{ds2})$ $r_a = r_{ds1} \parallel r_{ds2}$	– sehr hohe Spannungsverstärkung – Ausgangsaussteuerbereich $U_{DD} - U_{SS}$
4	Enhancement-Lastelement U_{DD} M2 u_a u_e M1 U_{SS}	G1 D1 ≡ S2 u_e S_1u_e r_{ds1} S_2u_a $r_{ds2} \parallel \frac{1}{S_2}$ u_a S1 ≡ G2	$V \approx -\frac{S_1}{S_2} = -\sqrt{\frac{W_1/L_1}{W_2/L_2}}$ $r_a = r_{ds1} \parallel r_{ds2} \parallel \frac{1}{S_2} \approx \frac{1}{S_2}$	– $\lvert V\rvert > 10$ in der Praxis schwer realisierbar – ESB, V, r_a : gleiche Werte wie bei Schaltung 1

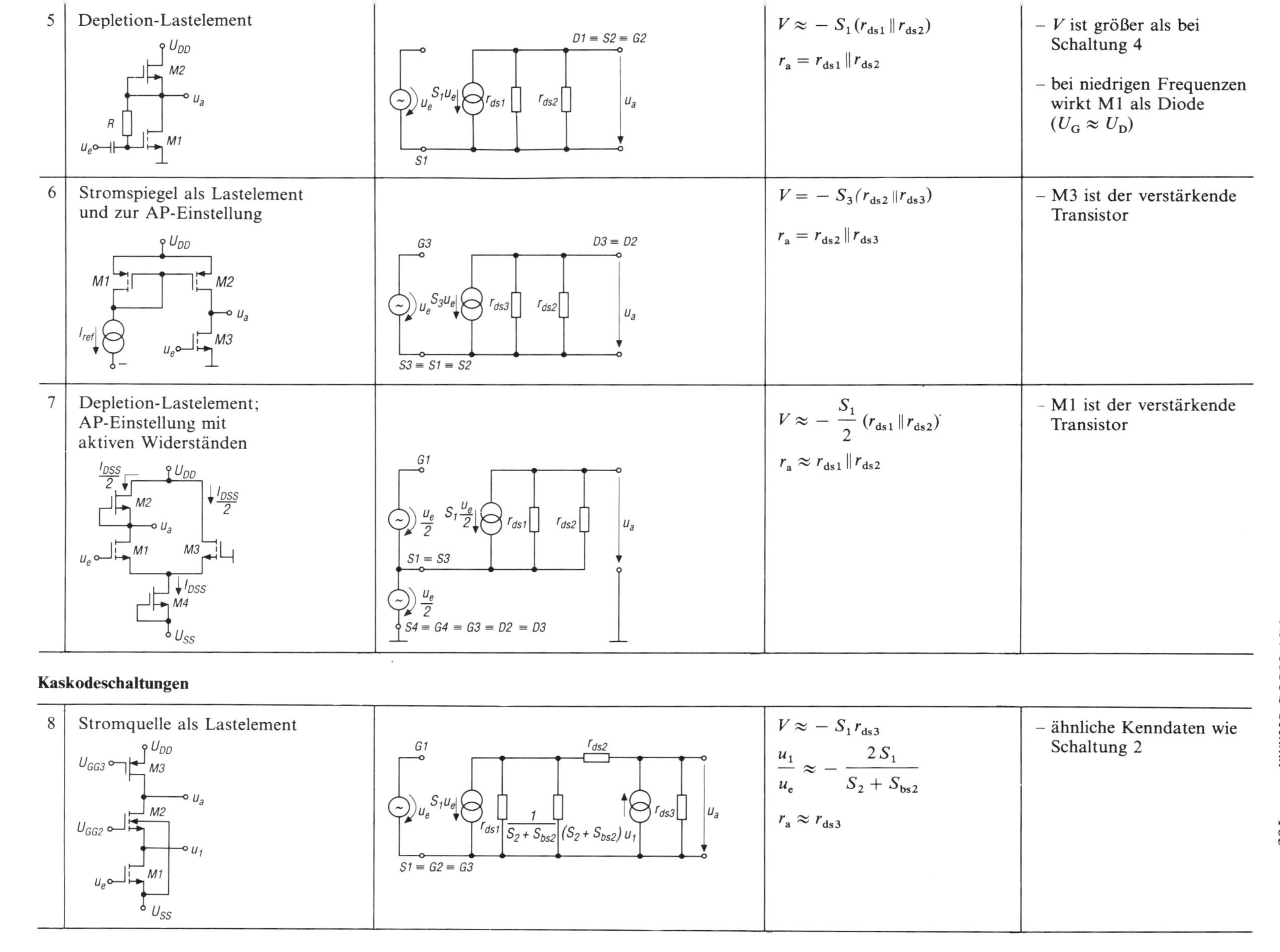

Nr.	Schaltung	Ersatzschaltung	Kenndaten	Bemerkungen
5	Depletion-Lastelement		$V \approx -S_1(r_{ds1} \parallel r_{ds2})$ $r_a = r_{ds1} \parallel r_{ds2}$	– V ist größer als bei Schaltung 4 – bei niedrigen Frequenzen wirkt M1 als Diode ($U_G \approx U_D$)
6	Stromspiegel als Lastelement und zur AP-Einstellung		$V = -S_3(r_{ds2} \parallel r_{ds3})$ $r_a = r_{ds2} \parallel r_{ds3}$	– M3 ist der verstärkende Transistor
7	Depletion-Lastelement; AP-Einstellung mit aktiven Widerständen		$V \approx -\frac{S_1}{2}(r_{ds1} \parallel r_{ds2})$ $r_a \approx r_{ds1} \parallel r_{ds2}$	– M1 ist der verstärkende Transistor

Kaskodeschaltungen

Nr.	Schaltung	Ersatzschaltung	Kenndaten	Bemerkungen
8	Stromquelle als Lastelement		$V \approx -S_1 r_{ds3}$ $\frac{u_1}{u_e} \approx -\frac{2S_1}{S_2 + S_{bs2}}$ $r_a \approx r_{ds3}$	– ähnliche Kenndaten wie Schaltung 2

Tafel 6.5 (Fortsetzung)

	Schaltung	Signalersatzschaltbild für niedrige Frequenzen	$V = \frac{u_a}{u_e}$ bei niedrigen Frequenzen r_a	Bemerkungen
9	Enhancement-Lastelement 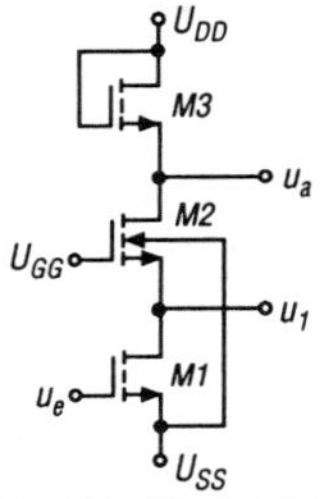	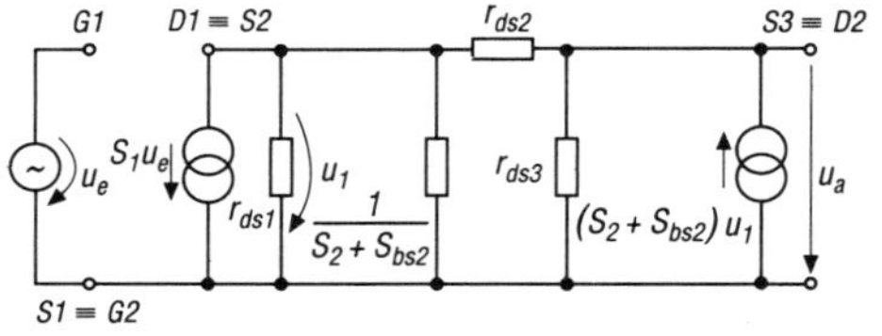	$V \approx -\frac{S_1}{S_3} = -\sqrt{\frac{W_1/L_1}{W_3/L_3}}$ $r_a \approx r_{ds3} \parallel \frac{1}{S_3} \approx \frac{1}{S_3}$	gleiches Lastelement und ähnliche Kenndaten wie Schaltung 4
10	Depletion-Lastelement 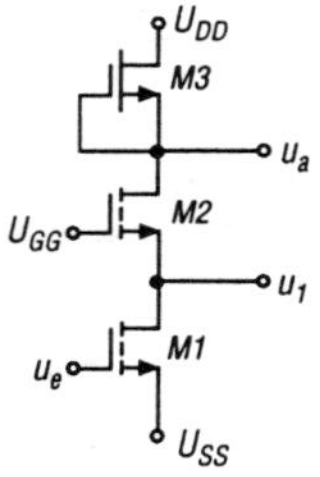	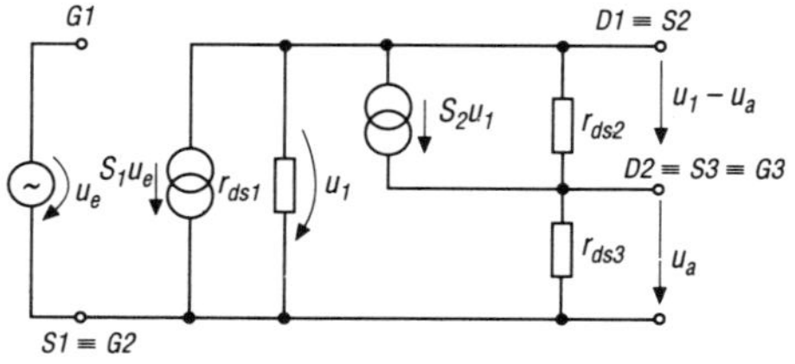	$V \approx -S_1 r_{ds3}$ $r_a \approx r_{ds3}$	– gleiches Lastelement wie Schaltung 5 – größere Spannungsverstärkung als Schaltung 9

Sourcefolger

	Schaltung	Signalersatzschaltbild für niedrige Frequenzen	V, r_a	Bemerkungen
11	Aktiver Widerstand als Lastelement 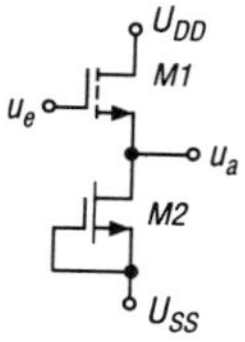	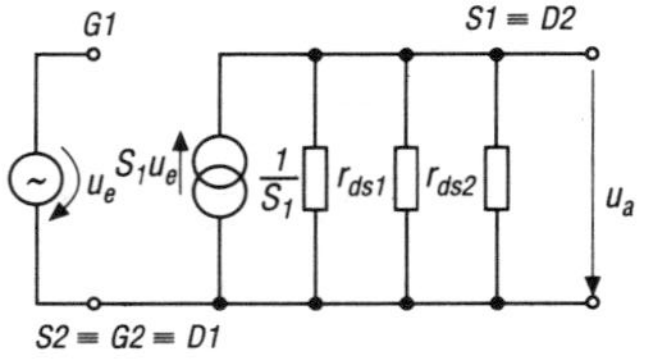	$V \approx \frac{S_1 r_{ds2}}{1 + S_1 r_{ds2}} \approx 1$ für $r_{ds1} \gg \frac{1}{S_1}$ $r_a = \frac{1}{S_1} \parallel r_{ds1} \parallel r_{ds2} \approx \frac{1}{S_1}$	– ähnliche Eigenschaften wie die klassische Sourcefolgerschaltung

Differenzverstärker

Nr.	Schaltung	Ersatzschaltung	Kenngrößen	Bemerkungen
12	Stromdifferenzverstärker 2 i_{e2}; 1 i_{e1}; i_3; i_2; i_a; M1 M3 M2 M4; U_{SS} 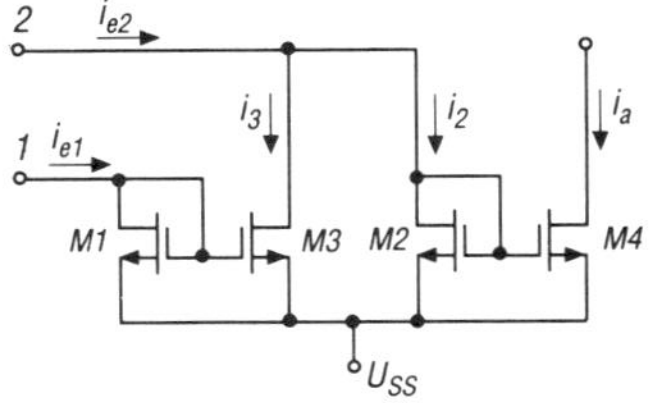	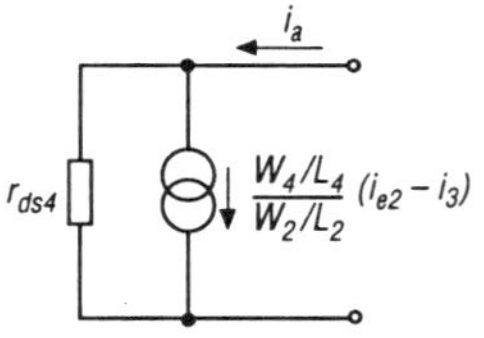 i_a; r_{ds4}; $\frac{W_4/L_4}{W_2/L_2}(i_{e2} - i_3)$ $i_3 \approx i_{e1}$ für $W1/L1 = W3/L3$	$\frac{i_a}{i_{e2} - i_{e1}} \approx \frac{W_4/L_4}{W_2/L_2}$ für $W_3/L_3 = W_1/L_1$ $r_a \approx r_{ds4}$	– besteht aus 2 Stromspiegelschaltungen – keine sehr große Stromverstärkung realisierbar – Eingangswiderstand des Eingangs 1: $r_{ds3} \parallel r_{ds2} \parallel \frac{1}{S_2}$ d. Eing. 2: $r_{ds1} \parallel \frac{1}{S_1}$
13	Stromspiegel-Lastelement nMOS-Eingangsschaltung 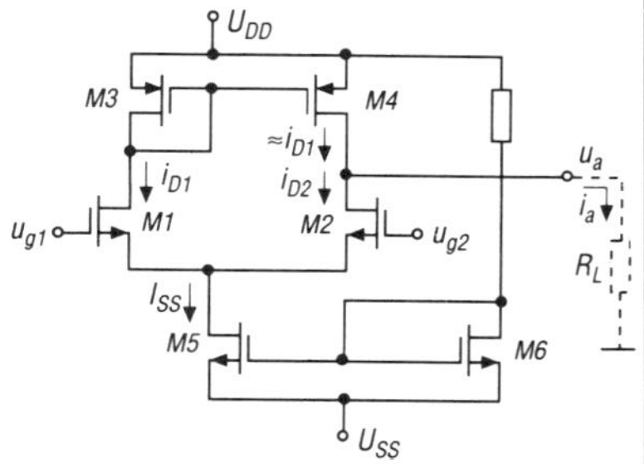 U_{DD}; M3; M4; $\approx i_{D1}$; i_{D1}; i_{D2}; u_a; i_a; u_{g1}; M1; M2; u_{g2}; R_L; I_{SS}; M5; M6; U_{SS}	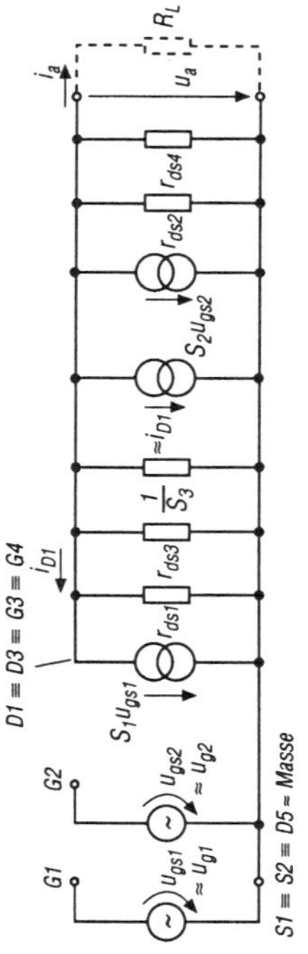 R_L; i_a; u_a; r_{ds4}; r_{ds2}; S_2u_{gs2}; $\approx i_{D1}$; $\frac{1}{S_3}$; r_{ds3}; r_{ds1}; S_1u_{gs1}; i_{D1}; D1 ≡ D3 ≡ G3 ≡ G4; G2; G1; $u_{gs2} \approx u_{g2}$; $u_{gs1} \approx u_{g1}$; S1 ≡ S2 ≡ D5 ≈ Masse Gleichtaktverstärkung vernachlässigt	$V \approx S_{diff}(r_{ds2} \parallel r_{ds4})$ $i_a \Big\vert_{R_{L \to 0}} = S_{diff}(u_{gs1} - u_{gs2})$ $S_{diff} = \sqrt{K_{p1} I_{SS} \frac{W_1}{L_1}}$ $r_a \approx r_{ds2} \parallel r_{ds4}$ für $S_1 = S_2$ gilt $S_{diff} = S_1 = S_2$	– unempfindlich gegen Substratsteuereffekte – Slew Rate $S_r = I_{SS}/C_p$ C_p = ges. Parallelkapazität zwischen Ausgang und Masse $\omega_1 \approx \frac{1}{C_p(r_{ds2} \parallel r_{ds4})}$
14	Stromspiegel-Lastelement pMOS-Eingangsschaltung 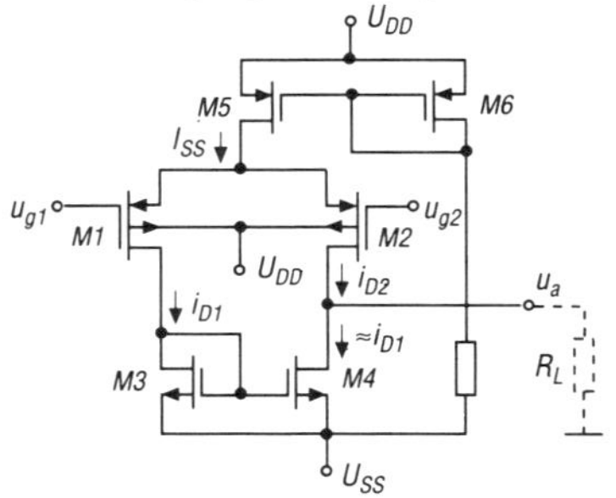 U_{DD}; M5; M6; I_{SS}; u_{g1}; M1; M2; u_{g2}; U_{DD}; i_{D1}; i_{D2}; $\approx i_{D1}$; u_a; R_L; M3; M4; U_{SS}		siehe Schaltung 13	– empfindlich gegenüber Substratsteuereffekten – M1 und M2 sind in der Sättigung – S_r und ω_1 wie bei Schaltung 13

6.3.2.2. Zeitkontinuierliche Grundschaltungen

Zu den in monolithischen CMOS-Analogschaltkreisen meist verwendeten einfachen Verstärkerstufen gehören der Inverter (Source-Schaltung), der Source-Folger, die Kaskodeschaltung, Differenzverstärkerstufen und Ausgangsstufen. Die gängigsten Varianten dieser Schaltungen sind in Tafel 6.5 mit den Signalersatzschaltbildern und den grundlegenden Verstärkungsgleichungen bei niedrigen Frequenzen zusammengestellt. Nachfolgend werden einige Erläuterungen zu den in Tafel 6.5 zusammengestellten Varianten gegeben:

Inverter. Die einfachste und häufig angewendete Verstärkerstufe ist der Inverter, der fast immer in Sourceschaltung betrieben wird. Obwohl die Schaltung sehr einfach ist, lassen sich zahlreiche Varianten realisieren, die sich in der Art der verwendeten MOSFETs und vor allem durch das aktive Lastelement unterscheiden.

Var. 1: *Aktiver Widerstand als Lastelement.* Die Spannungsverstärkung ist gering, weil der differentielle Lastwiderstand $r_a \approx 1/S_2$ keine sehr hohen Werte annimmt. Der Ausgangsspannungshub ist deutlich kleiner als die Betriebsspannung $U_{DD} - U_{SS}$ der Schaltung.

Var. 2: *Stromquelle bzw. Stromsenke als Lastelement.* Wegen des sehr hohen dynamischen Widerstandes des Lastelementes tritt eine wesentlich höhere Verstärkung als bei Variante 1 auf. Die Ausgangsspannung ist in positiver Richtung bis $\approx U_{DD}$ aussteuerbar. Nachteilig ist, daß eine gesonderte positive Vorspannung U_{GG} zur Arbeitspunkteinstellung erforderlich ist. Die Verstärkung V steigt mit fallendem Drainstrom I_D, bis der Subthreshold-Bereich erreicht ist. Bei weiterer Verkleinerung von I_D (z. B. für $I_D < 0{,}1\ \mu A$) bleibt V unabhängig von I_D. Wegen der hohen Verstärkung muß der Arbeitspunkt mittels Gleichstrom/spannungsgegenkopplung stabilisiert werden.

Var. 3: *Gegentakt-CMOS-Inverter.* Bei dieser Schaltung werden beide MOSFETs angesteuert. In der Verstärkerformel addieren sich die Steilheiten beider MOSFETs. Dadurch tritt noch höhere Spannungsverstärkung als bei Variante 2 auf. Diese Schaltung hat den größten Ausgangsaussteuerbereich: $U_{SS} \lessapprox \mu_A \lessapprox U_{DD}$. Wegen der hohen Verstärkung muß der Arbeitspunkt mittels Gleichstrom/spannungsgegenkopplung stabilisiert werden (s. Bild 6.24).

Praktisch realisierte Variante:
Eine Leerlaufverstärkung von 32 dB läßt sich mit der Schaltung im Bild 6.24 erzielen (Zahlenwert mit dem CMOS-Array CA 3600 E). Unter Voraussetzung dem Betrag nach gleicher Kennlinien für den p- und n-Kanal-MOSFET stellt sich an den beiden Gate-Anschlüssen die halbe Betriebsspannung ein ($U_{GSn} = U_{DD}/2$; $U_{GSp} = - U_{DD}/2$). Die Stufe weist eine starke Gleichspannungsgegenkopplung zur Arbeitspunkteinstellung und -stabilisierung auf. Für den Signalfrequenzbereich wird die Gegenkopplung mittels C_2 unwirksam gemacht.

Falls $U_{DD}/2$ größer ist als die Schwellspannung der beiden Transistoren, sind beide FETs leitend. Bei positiven Eingangssignalspannungen verringert sich $|I_{D1}|$ und vergrößert sich $|I_{D2}|$. Dadurch sinkt die Ausgangsspannung ab. Im Bild 6.24b bedeutet dies den Übergang von Kurve *1* auf Kurve *2* und von Kurve *4* auf Kurve *6*. Der Arbeitspunkt, der stets im Schnittpunkt der jeweiligen Kennlinie der beiden MOSFETs liegt, wandert hierbei von A nach A'. Die Drainspannung von T_2 und damit die Ausgangsspannung verringert sich um ΔU_A.

Aus dem Ausgangskennlinienfeld (Bild 6.24b) läßt sich die zugehörige Übertragungs-

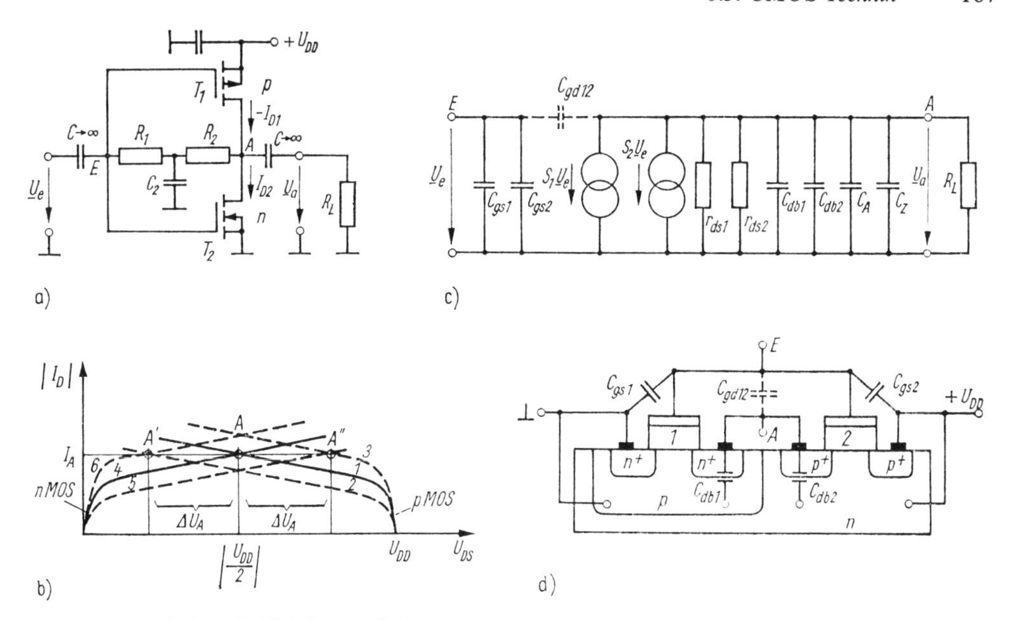

Bild 6.24. Einfacher CMOS-Gegentaktinverter
a) Schaltung; b) Ausgangskennlinienfeld; c) Kleinsignal-Ersatzschaltbild; d) Layout-Anordnung

kennlinie $\Delta U_A = f(\Delta U_E)$ ermitteln. T_1 und T_2 liegen eingangs- und ausgangsseitig parallel. Daher tragen beide zur Verstärkung bei. Der Kleinsignalverstärkungsfaktor läßt sich aus dem linearen Wechselstromersatzschaltbild (Bild 6.24c) ableiten. Bei gleicher Steilheit der beiden Transistoren erhält man

$$V_u = \frac{\underline{U}_a}{\underline{U}_e} = -\frac{2S}{\dfrac{1}{r_{ds1}} + \dfrac{1}{r_{ds2}}}$$

und bei kleinem Lastwiderstand ($r_{rs1,2} \gg R_L$): $V_u \approx -2SR_L$.

Die Verstärkung bei hohen Frequenzen wird durch die wirksamen Parallelkapazitäten bestimmt. Aus dem Ersatzschaltbild Bild 6.24c folgt

$$V(p) = \frac{V_0}{1 + (p/\omega_{P1})}$$

mit $V_0 = -(S_1 + S_2)(r_{ds1} \| r_{ds2} \| R_L)$ und $\omega_{P1} = 1/C_L(r_{ds1} \| r_{ds2} \| R_L)$; dabei ist $C_L = C_{db1} + C_{db2} + C_Z + C_A$ [6.9].

Var. 4: *Enhancement-Lastelement.* Nur kleine Verstärkungsfaktoren sind realisierbar (praktisch $|V_u| \lesssim 10$), weil der differentielle Widerstand des Lastelements relativ klein ist.

Var. 5: *Depletion-Lastelement.* Die erzielbaren Verstärkungsfaktoren sind wegen des größeren Ausgangswiderstandes r_a deutlich größer als bei Variante 4.

Var. 6: *Stromspiegel als Lastelement und zur Arbeitspunkteinstellung.* Der verstärkende Transistor ist *M3*. Die Verstärkung und der Ausgangswiderstand sind hoch und haben den gleichen Wert wie Variante 2.

Var. 7: *Depletion-Lastelement und Arbeitspunkteinstellung mit aktiven Widerständen.* Der verstärkende Transistor ist *M1*. *M3* und *M4* dienen lediglich der Arbeitspunkteinstellung. Vorteilhaft ist, daß das Gate von *M1* gleichspannungsmäßig auf Massepotential liegt. Daher kann eine auf Masse bezogene Signalquelle direkt angeschlossen werden (keine Pegelverschiebung erforderlich). Der Verstärkungsfaktor ist halb so groß wie bei Variante 6.

Kaskodeschaltungen. Hierbei wird *M1* in Sourceschaltung und *M2* in Gateschaltung betrieben. *M3* stellt das Lastelement dar, das unterschiedlich gestaltet sein kann. Die Kaskodeschaltung hat mehrere Vorteile:

- besseres Verhalten bei hohen Frequenzen, weil der Effekt der Millerkapazität am Eingang stark verringert wird (wegen sehr geringer Spannungsverstärkung von *M1*)
- höherer Ausgangswiderstand (bedingt durch sehr hohen Ausgangswiderstand von *M2* infolge der Gateschaltung) als die Sourceschaltung
- extrem hohe Spannungsverstärkung durch den sehr hohen Ausgangswiderstand
- gut definierter Pol bestimmt obere Grenzfrequenz
- diese Schaltung wird in komplexen Schaltungen häufig verwendet.

Var. 8: *Stromquelle als Lastelement.* Diese Schaltung ist weitgehend identisch mit Variante 2a.

Var. 9: *Enhancement-Lastelement.* Weil der differentielle Widerstand des Lastelements vernachlässigbar klein ist, sind nur kleine Verstärkungsfaktoren zu erzielen, ähnlich wie bei Variante 4.

Var. 10: *Depletion-Lastelement.* Ähnlich zur Variante 5 ist der Verstärkungsfaktor wegen des größeren Ausgangswiderstandes r_a deutlich größer als bei Variante 9.

Sourcefolger.

Var. 11: *Sourcefolger mit aktivem Widerstand als Lastelement.* Das Verhalten ist ähnlich zur Sourcefolgerschaltung im Abschnitt 3.6. mit ohmschem Lastwiderstand.

Differenzverstärkerstufen

Var. 12: *Stromdifferenzverstärker.* Mit zwei Stromspiegelschaltungen läßt sich ein Stromdifferenzverstärker realisieren. Er hat einen niedrigen Eingangswiderstand (jeder Eingang hat $r_e \approx 1/S$). Verstärkt wird die Differenz beider Eingangsströme $I_D = I_1 - I_2$. Die Stromverstärkung ist gering.
Wirkungsweise: Der Ausgangsstrom des ersten Stromspiegels wird vom Eingangsstrom des zweiten subtrahiert. Die Folge ist bei idealen Stromspiegelschaltungen, daß der Ausgangsstrom I_A streng proportional zur Differenz $I_1 - I_2$ ist. Am Ausgang kann ein Widerstand zur Umwandlung von I_A in eine Ausgangsspannung oder eine weitere Verstärkerschaltung, z. B. eine Kaskodeschaltung (falls hoher Ausgangswiderstand gewünscht wird), angeschaltet werden.

Var. 13: *CMOS-n-Kanal-Eingangs-Differenzverstärker mit Stromspiegel als Lastelement und zur Arbeitspunkteinstellung.* Die p-Kanal-Stromspiegelschaltung *M3, M4* wandelt das von der Differenzstufe kommende Differenzausgangssignal $(i_{D1} - i_{D2})$ der Differenzverstärkerstufe *M1, M2* in ein unsymmetrisches Ausgangssignal u_A um.
Falls die verwendete CMOS-Technologie ein n-Substrat verwendet, muß das

Substrat aller pMOS-Transistoren mit dem positivsten Potential ($+ U_{DD}$) verbunden werden. Die n-Kanal-Substrate müssen aber nicht notwendigerweise mit dem negativsten Potential U_{SS} verbunden werden. In der Schaltung von Tafel 6.5 kann das Substrat von *M1* und *M2* jeweils mit Source verbunden werden. Daher ist diese Schaltungslösung unempfindlich gegenüber Substratsteuereffekten. Die vorstehend erläuterten Verhältnisse kehren sich um, wenn die CMOS-Technologie ein p-Substrat verwendet. Durch Einsatz verbesserter Stromspiegelschaltungen (z. B. Kaskoden- oder Wilson-Stromspiegel, s. Abschn. 6.3.2.1.5.) lassen sich die Differenzverstärkung und der Ausgangswiderstand weiter erhöhen.

Var. 14: *CMOS-p-Kanal-Eingangs-Differenzverstärker mit Stromspiegel als Lastelement und zur Arbeitspunkteinstellung.* Diese Schaltung ist im Vergleich zur Variante 13 empfindlicher gegenüber Substratsteuereffekten.

6.3.2.3. SC-Schaltungen

Die absoluten Werte der mit MOS-Prozessen herstellbaren passiven Bauelemente (*R*, *C*) streuen um 10 ... 50%. Beim Entwurf von Präzisionsschaltungen müssen daher Schaltungskonzepte gewählt werden, bei denen Widerstands- und vor allem Kapazitäts*verhältnisse* die Genauigkeit und Langzeitkonstanz bestimmen, da diese Verhältnisse wesentlich enger toleriert sind (Abweichungen eng benachbarter ionenimplantierter Widerstände: $< \pm 0{,}12\%$; Kapazitätsverhältnisse $< \pm 0{,}06\%$ bei einem Spannungskoeffizienten von 10 ppm/V [16]). Zur Verbesserung der Übereinstimmung mehrerer Kapazitäten wird jede Kapazität aus mehreren geometrisch angeordneten Elementarkapazitäten zusammengesetzt.

Da Widerstände nur mit geringerer Genauigkeit herstellbar sind, werden sie häufig durch *geschaltete Kapazitäten* ersetzt. Die grundlegenden Zusammenhänge dieser SC-Technik (Schalter-Kondensator-Technik) sind im Abschnitt 14.5. erläutert. Weitere Beispiele findet man in [17] [6.10].

7. Endstufen (Leistungsstufen)

Endstufen haben die Aufgabe, eine bestimmte Ausgangssignalleistung (bzw. Spannung oder Strom) an eine meist ohmsche oder ohmisch-kapazitive Last zu liefern. Typische Ausgangsleistungen von Transistorendstufen liegen im Bereich zwischen einigen Zehntel Watt bis >100 W. Die Spannungsverstärkung der Endstufe spielt meist eine untergeordnete Rolle. Bei mehrstufigen Verstärkern wird sie in den Zwischenstufen realisiert. Große Stromverstärkung ist wesentlich wichtiger. Typische Forderungen an Endstufen sind

1. niedriger Ausgangswiderstand und hoher Eingangswiderstand,
2. hohe Ausgangsspannung und/oder hoher Ausgangsstrom,
3. niedriger Leistungsverbrauch (hoher Wirkungsgrad),
4. Kurzschlußfestigkeit.

Die Forderung nach hohem Eingangswiderstand ist gleichbedeutend mit der Forderung nach niedrigem Eingangssignalstrom, d. h. nach hoher Stromverstärkung V_i. Bei Erfüllung dieser Forderung realisiert die Endstufe eine gute „Impedanzisolation" zwischen Signalquelle und Last. Der hohe Wirkungsgrad (abgegebene Signalleistung/zugeführte Gleichstromleistung) ist vor allem im Interesse geringer Wärmeentwicklung der Leistungstransistoren in der Endstufe wichtig. In der Regel haben Endstufen unsymmetrischen Ausgang, d. h., das Ausgangssignal wird zwischen der Ausgangsklemme und Masse abgenommen. Wir beschränken uns auf diese Gruppe.

Hinsichtlich des Wirkungsprinzips lassen sich stetig und unstetig wirkende Endstufen (Schaltverstärker) unterscheiden. In der Analogtechnik sind stetige Verstärkerstufen typisch. Schaltverstärker zur Verstärkung von Analogsignalen (D-Verstärker, s. Abschnitt 7.2.2.) erlangten bisher nur geringe Bedeutung.

Bild 7.1 erläutert die Energie- und Informationsflüsse bei einer Endstufe.

In den folgenden Abschnitten lernen wir die wichtigsten Schaltungen für Leistungsstufen kennen.

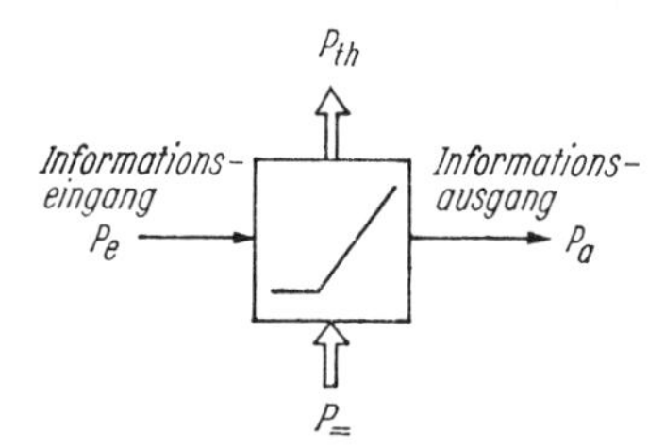

Bild 7.1. Energie- und Informationsflüsse bei einer Endstufe

P_e Eingangssignalleistung; P_a Ausgangssignalleistung; $P_=$ zugeführte Gleichstromleistung; P_{th} entstehende Wärmeleistung

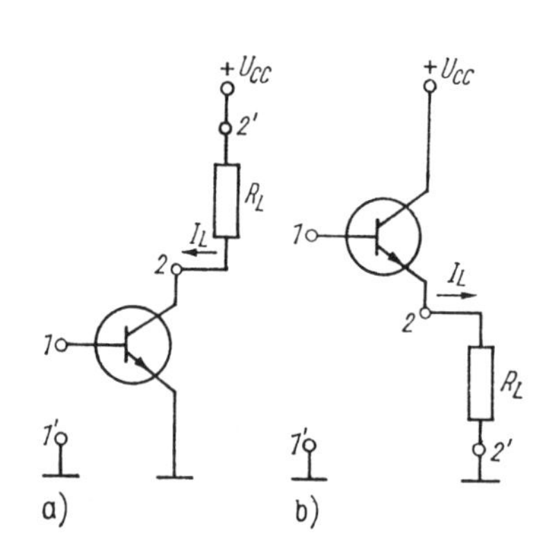

Bild 7.2
Stromsenke (a) und Stromquelle (b)

7.1. Quasilineare Leistungsstufen

Die einfachsten Ausgangsstufen sind Einzeltransistoren in Emitterschaltung oder als Emitterfolger. Emitterfolger eignen sich wegen ihres niedrigen Ausgangs- und hohen Eingangswiderstandes, ihrer hohen Stromverstärkung und ihres großen linearen Aussteuerbereiches besonders gut für Endstufen. Bei großen Ausgangsleistungen werden häufig auch Darlington-Emitterfolger eingesetzt.

Schaltungen mit nur einem Transistor im Ausgangskreis können Strom entweder nur in die Last hineinliefern (Emitterfolger; Stromquelle) oder aus der Last aufnehmen (Emitterschaltung; Stromsenke), vgl. Bild 7.2. Das hat zur Folge, daß ein großer Ruhestrom fließen muß, wenn Signale beider Polaritäten am Ausgang benötigt werden. Günstiger sind in dieser Hinsicht Gegentaktschaltungen, bei denen für jede Polarität ein getrennter Transistor wirksam ist.

7.1.1. Betriebsarten. Arbeitspunkteinstellung. Schaltungsstruktur

Betriebsarten. Je nach Lage des Arbeitspunktes unterscheidet man zwischen A-, AB-, B- und C-Verstärkern, s. Tafel 7.1 (zum D-Verstärker s. Abschn. 7.2.2.).

Der *A-Verstärker* ist dadurch charakterisiert, daß beide Polaritäten eines Eingangssignals in *einem* Transistor nahezu linear verstärkt werden. Der Kollektorruhestrom darf bei Sinusaussteuerung nicht kleiner sein als die maximale Amplitude des Ausgangssignalstroms. Bedingt durch den großen Ruhestrom haben A-Verstärker einen niedrigen Wirkungsgrad ($\eta < 25 \ldots 50\,\%$). Deshalb werden sie nur bei kleinen Ausgangsleistungen $P_a < 1$ W angewendet.

Tafel 7.1. Lage des Arbeitspunktes bei A-, AB-, C- und D-Verstärkern

Betriebsart	Arbeitspunkt	verstärkt werden (wird)
A	innerhalb (oft in der Mitte) des aktiven Bereiches	beide Polaritäten
AB	innerhalb des aktiven Bereiches nahe der Grenze zum Sperrbereich	nur eine Polarität
B	bei $U_{BE} = 0$ (Sperrbereich)	nur eine Polarität
C	weit im Sperrbereich	nur die Spitze eines Impulses bzw. einer Halbwelle einer Polarität
D	weit im Sperrbereich	beide Polaritäten (durch Modulationsverfahren)

Der Wirkungsgrad von *AB-* und *B-Verstärkern* ist wesentlich größer als beim A-Verstärker ($\eta \lesssim 78\,\%$), weil der Ruhestrom erheblich kleiner ist als die maximale Amplitude des Ausgangssignalstroms. Im B-Betrieb liegt der Arbeitspunkt bei $U_{BE} = 0$, im AB-Betrieb liegt er im aktiven Bereich in unmittelbarer Nähe des Sperrbereiches. Wie aus Bild 7.3a hervorgeht, kann die Stromaussteuerung nur in einer Richtung erfolgen, d.h. mit einem einzelnen Transistor läßt sich nur *eine* Polarität (abhängig vom Leitungstyp des Transistors) der Eingangsspannung bzw. des Eingangsstroms verstärken. Falls beide Polaritäten quasilinear verstärkt werden müssen, wird die Endstufe als Gegentaktstufe aufgebaut. Hierbei ist für jede Polarität ein getrennter Leistungstransistor enthalten.

C-Verstärker werden in der Analogtechnik nur in Ausnahmefällen angewendet, weil der Ausgangsstrom durch den stark nichtlinearen Betrieb extrem verzerrt wird. Ein Anwendungsbeispiel sind Senderendstufen (Rundfunk- und Fernsehsender). In diesen Selektivverstärkern wird die nichtlineare Verzerrung des Ausgangsstroms dadurch unwirksam gemacht, daß die gewünschte Frequenz des Ausgangsstromspektrums mit Hilfe von Schwingkreisen herausgesiebt wird. Hauptanwendung von C-Verstärkern sind Schaltverstärker und Logikschaltungen.

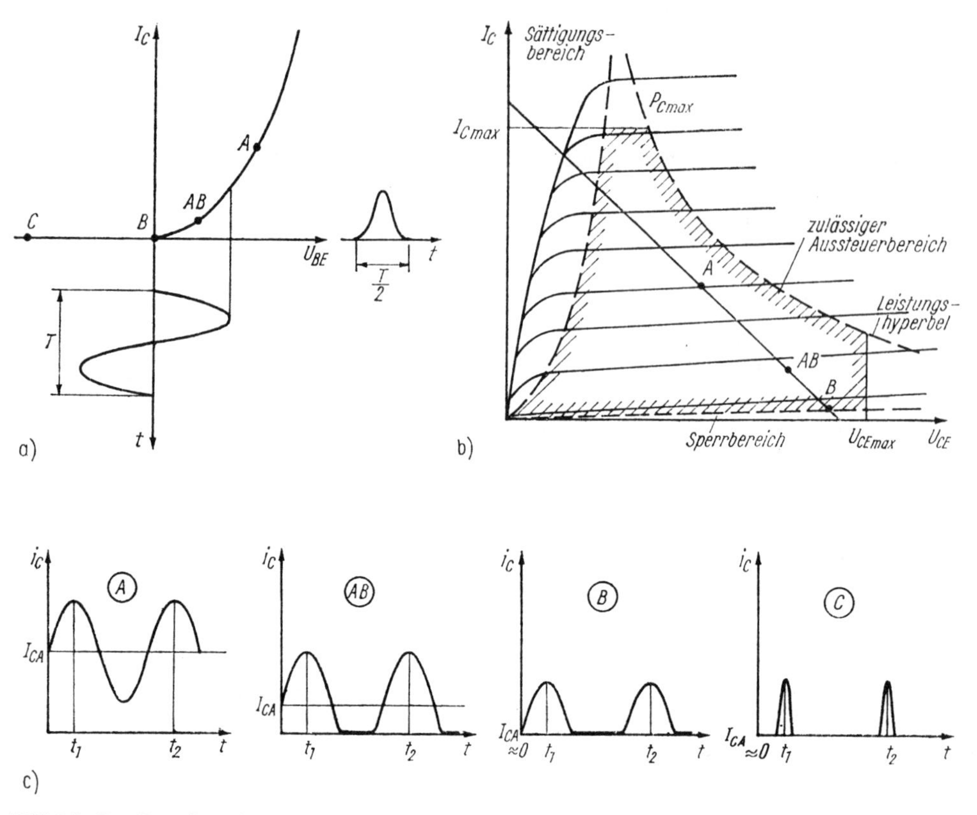

Bild 7.3. Zur Einteilung der Endstufen nach der Lage des Arbeitspunktes

a) Eingangskennlinie; b) Ausgangskennlinienfeld mit Grenzen des zulässigen Aussteuerbereiches; c) Zeitverlauf des Kollektorstroms bei sinusförmigem Eingangssignal

I_{CA} Kollektorstrom im Arbeitspunkt

Arbeitspunkteinstellung. Je nach gewünschter Betriebsart muß der Arbeitspunkt nach den im Abschnitt 2. beschriebenen Methoden eingestellt und stabilisiert werden. Zur Stabilisierung werden häufig temperaturabhängige Bauelemente verwendet (Dioden, Transistoren). Die Stabilisierung durch einen Emitterwiderstand wird wegen der relativ großen zusätzlichen Verlustleistung bei Endstufen nur selten bzw. nur in Verbindung mit anderen Stabilisierungsmaßnahmen angewendet. Oft legt man den Arbeitspunkt in die Nähe der Verlustleistungshyperbel (Sicherheitsabstand im Interesse hoher Zuverlässigkeit beachten!), um einen möglichst großen Aussteuerbereich zu erhalten. Besondere Aufmerksamkeit ist den thermischen Problemen zu schenken (ausreichende Kühlfläche!). Damit die zulässigen Transistorgrenzwerte $P_{V\,max}$, $I_{C\,max}$, $U_{CE\,max}$ nicht überschritten werden und der Transistor nicht im Sättigungsbereich arbeitet, muß der Arbeitspunkt innerhalb des schraffiert umrandeten Bereiches im Bild 7.3 b liegen. Dieser Bereich darf auch bei Signalaussteuerung nicht überschritten werden mit Ausnahme der Leistungshyperbel. Diese darf während der Aussteuerung kurzzeitig überschritten werden, falls die mittlere Verlustleistung des Transistors kleiner bleibt als P_{tot}.

Schaltungen. Hinsichtlich der Schaltungsstruktur unterscheiden wir *Eintaktstufen* und *Gegentaktstufen* (Tafel 7.2).

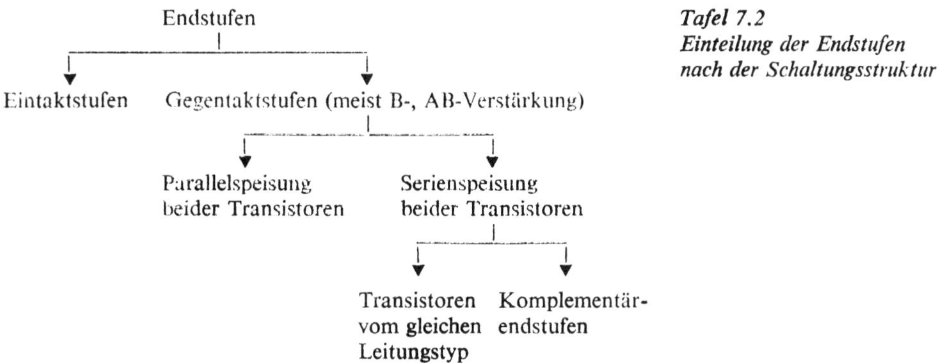

Tafel 7.2
Einteilung der Endstufen nach der Schaltungsstruktur

7.1.2. Eintaktstufen (A-Verstärker)

Im Gegensatz zu den Gegentaktendstufen werden in Eintaktstufen beide Polaritäten des zu verstärkenden Signals mit einem einzigen Leistungstransistor verstärkt. Eintaktstufen für analoge Signale werden in der Regel als A-Verstärker betrieben.

Oft ist der Lastzweipol direkt in den Kollektor- oder Emitterkreis des Leistungstransistors geschaltet. Bei Wechselspannungsverstärkern kann er jedoch auch mit einem Transformator an die Endstufe angekoppelt werden. Das hat neben dem Vorteil der galvanischen Trennung den zusätzlichen Vorteil eines nahezu doppelten Wirkungsgrades.

7.1.2.1. Emitterschaltung mit ohmscher Last

Ausgangsleistung. Beim A-Verstärker erfolgt nahezu symmetrische Aussteuerung um den Arbeitspunkt. Die Schaltungen unterscheiden sich im wesentlichen nur hinsichtlich der Signalamplitude von den entsprechenden Kleinsignalverstärkerschaltungen. Typische

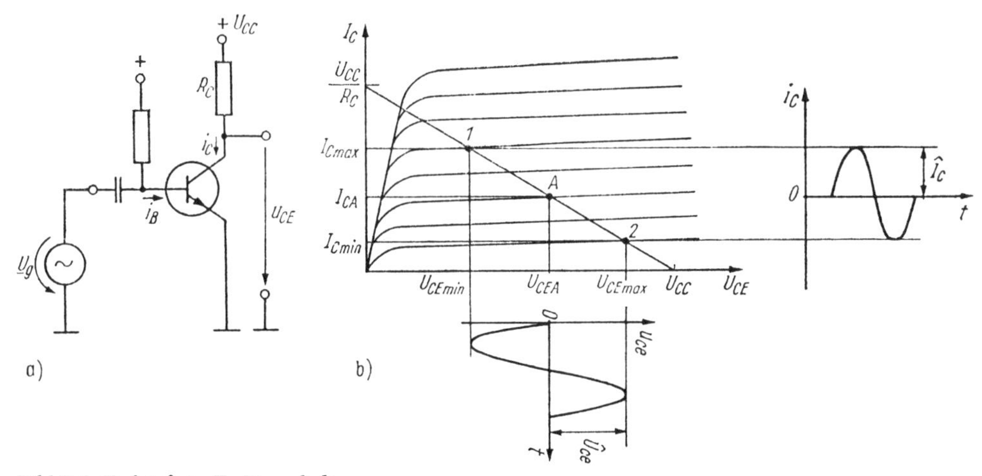

Bild 7.4. Endstufe in Emitterschaltung
a) Schaltung; b) Aussteuerung im Ausgangskennlinienfeld

Grundschaltungen für Eintaktstufen sind infolge ihrer hohen Stromverstärkung der Emitterfolger (zusätzlich sehr hohe Linearität!) und die Emitterschaltung.

Emitterschaltung. Wir betrachten die einfache Endstufe nach Bild 7.4a. Bei sinusförmigem Ausgangssignal beträgt die Ausgangssignalleistung

$$P_a = U_{ce}I_c = \frac{\hat{U}_{ce}\hat{I}_c}{2} = \frac{\hat{I}_C^2 R_C}{2} = \frac{\hat{U}_{ce}^2}{2R_C} \tag{7.1}$$

$$I_c = \hat{I}_c/\sqrt{2}; \qquad U_{ce} = \hat{U}_{ce}/\sqrt{2}; \qquad \hat{I}_c = \hat{U}_c/R_C.$$

Für die Ausgangssignalamplituden lesen wir aus Bild 7.4b folgende Beziehungen ab:

$$\hat{I}_c = (I_{C\,max} - I_{C\,min})/2 \quad \text{und} \quad \hat{U}_{ce} = (U_{CE\,max} - U_{CE\,min})/2.$$

Einsetzen in (7.1) ergibt

$$P_a = \frac{(U_{CE\,max} - U_{CE\,min})\,(I_{C\,max} - I_{C\,min})}{8}. \tag{7.2}$$

Die Ausgangssignalleistung läßt sich also aus dem Ausgangskennlinienfeld mit Hilfe der Widerstandsgeraden ermitteln. Die maximal mögliche Strom- und Spannungsaussteuerung tritt auf, wenn der Arbeitspunkt in der Mitte des Aussteuerbereiches liegt. Es gilt dann

$$U_{CE\,max} - U_{CE\,min} \approx U_{CC}, \qquad \hat{U}_{ce\,max} \approx U_{CC}/2,$$

$$I_{C\,max} - I_{C\,min} \approx 2I_{CA}, \qquad R_{C\,opt} = U_{CC}/2I_{CA},$$

und wir erhalten als maximale Ausgangssignalleistung den Wert

$$P_{a\,max} \approx \frac{U_{CC}^2}{8R_C} \approx \frac{U_{CC}I_{CA}}{4} \quad \text{bei} \quad R_{C\,opt} = \frac{U_{CC}}{2I_{CA}}. \tag{7.3}$$

Falls an den Ausgang ein weiterer Lastwiderstand kapazitiv angekoppelt wird, muß zwischen statischem und dynamischem Lastwiderstand unterschieden werden, und es gilt

$$(R_C \parallel R_L)_{opt} = U_{CC}/2I_{CA}.$$

Wirkungsgrad. Die arithmetischen Mittelwerte des Kollektorstromes und der Kollektoremitterspannung ändern sich bei sinusförmiger Aussteuerung nicht, weil der Mittelwert eines Sinussignals Null ist. Die von der Schaltung aufgenommene Gleichstromleistung hat deshalb unabhängig von der Größe der Aussteuerung immer den gleichen Wert

$$P = \frac{1}{T}\int_0^T U_{CC}\,(I_{CA} + \hat{I}_c \sin \omega t)\,\mathrm{d}t = U_{CC}I_{CA}; \tag{7.4}$$

sie wird zum Teil im Transistor und zum Teil im Lastwiderstand in Wärme umgesetzt: $P_= = P_C + P_R$. Der Wirkungsgrad beträgt $\eta = (P_a/P_=) \cdot 100\,\%$. Er wächst mit der Aussteuerung. Seinen maximalen Wert erhalten wir mit (7.3) zu

$$\eta_{max} = \frac{P_{a\,max}}{P_=} \cdot 100\,\% \approx 25\,\%.$$

Durch Transformatorkopplung erzielt man den doppelten maximalen Wirkungsgrad.

Ein Transistor, dem maximal die Verlustleistung P_{tot} zugeführt werden darf, kann in der Schaltung nach Bild 7.4a eine maximale Ausgangssignalleistung $P_{a\,max} \approx 0{,}5P_{tot}$

liefern. Die gesamte Stufe (Transistor und Lastwiderstand) nimmt die Verlustleistung $P_= \approx 2P_{tot}$ auf, wenn der Transistor mit P_{tot} voll belastet wird.

Nichtlineare Verzerrungen. Der Zusammenhang zwischen dem Kollektorstrom und dem Basisstrom bzw. der Basis-Emitter-Spannung ist nichtlinear. Es treten nichtlineare Verzerrungen auf, die sich bei sinusförmigem Basiswechselstrom wie folgt auswirken:

1. Der arithmetische Mittelwert des Kollektorstroms ändert sich geringfügig infolge quadratischer Gleichrichtung (s. Abschn. 1.5.1.).
2. Der Ausgangsstrom enthält Oberwellen.
3. Wenn der Eingangs- (Basis-) strom aus der Überlagerung zweier Sinusströme mit unterschiedlicher Frequenz ω_1, ω_2 besteht, treten im Spektrum zusätzlich zu den Oberwellen Summen- und Differenzfrequenzen (Intermodulations- oder Kombinationsfrequenzen) des Ausgangsstromes auf (bei quadratischer Abhängigkeit $I_C \sim I_B^2$: ω_1, ω_2, $2\omega_1$, $2\omega_2$, $\omega_1 + \omega_2$, $\omega_1 - \omega_2$).

Durch Gegenkopplung lassen sich diese nichtlinearen Verzerrungen stark verringern. Da der Emitterfolger die beste Linearität der drei Bipolartransistor-Grundschaltungen hat, sind bei ihm die linearen Verzerrungen meist vernachlässigbar.

7.1.2.2. Emitterfolger mit ohmschem Lastwiderstand

Wie bereits erwähnt, eignet sich der Emitterfolger sehr gut für Endstufen. Wenn beide Polaritäten der Eingangsspannung verstärkt werden sollen, muß im A-Betrieb wie bei der Emitterschaltung ein relativ großer Ruhestrom I_C ($> \hat{I}_e$ bei Sinusaussteuerung) fließen. Wenn dagegen nur eine Polarität zu verstärken ist, kann der Ruhestrom sehr klein sein (AB- oder B-Betrieb). Es ist lediglich zu beachten, daß die Polarität der Aussteuerung so gewählt wird, daß sich der Transistorstrom durch die Aussteuerung vergrößert (bei positiven Eingangssignalen npn-Transistoren verwenden, bei negativen Eingangssignalen pnp-Transistoren).

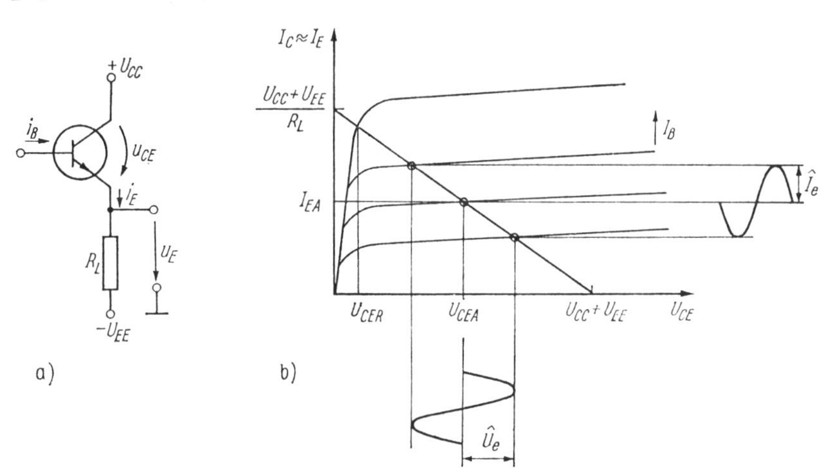

Bild 7.5. Emitterfolger-Endstufe

a) Schaltung; b) Ausgangskennlinienfeld mit Arbeitsgerade

Ausgangsleistung. Wir betrachten die Schaltung im Bild 7.5 mit dem zugehörigen Ausgangskennlinienfeld des Transistors, in das die Widerstandsgerade eingezeichnet ist (b). Wird ein möglichst großes sinusförmiges Ausgangssignal gewünscht, so legen wir den

Arbeitspunkt zweckmäßigerweise wieder in die Mitte der Widerstandsgeraden. Dann gilt

$$U_{\mathrm{CEA}} = U_{\mathrm{CER}} + \frac{U_{\mathrm{CC}} + U_{\mathrm{EE}} - U_{\mathrm{CER}}}{2} = \frac{U_{\mathrm{CC}} + U_{\mathrm{EE}} + U_{\mathrm{CER}}}{2}$$

und

$$I_{\mathrm{EA}} \approx \frac{U_{\mathrm{CC}} + U_{\mathrm{EE}}}{2R_{\mathrm{L}}}.$$

Die maximale Ausgangssignalamplitude beträgt

$$\hat{U}_{\mathrm{e}} = \frac{U_{\mathrm{CC}} + U_{\mathrm{EE}} - U_{\mathrm{CER}}}{2} \quad \text{bzw.} \quad \hat{I}_{\mathrm{e}} \approx I_{\mathrm{EA}}.$$

Beim optimalen Lastwiderstand

$$R_{\mathrm{L\,opt}} = \frac{\hat{U}_{\mathrm{e}}}{\hat{I}_{\mathrm{e}}} \approx \frac{U_{\mathrm{CC}} + U_{\mathrm{EE}} - U_{\mathrm{CER}}}{2I_{\mathrm{EA}}} \tag{7.5}$$

tritt die maximale Ausgangssignalleistung

$$P_{\mathrm{a\,max}} = \frac{\hat{U}_{\mathrm{e}}\hat{I}_{\mathrm{e}}}{2} = \frac{\hat{U}_{\mathrm{e}}^2}{2R_{\mathrm{L\,opt}}} = \frac{(U_{\mathrm{CC}} + U_{\mathrm{EE}} - U_{\mathrm{CER}})^2}{8R_{\mathrm{L\,opt}}} \tag{7.6}$$

auf.

Wirkungsgrad. Verlustleistung. Die Schaltung (Transistor und Widerstand R_{L}) verbraucht die Verlustleistung (vgl. (7.4), $I_{\mathrm{C}} \approx I_{\mathrm{E}}$)

$$P_{=} = (U_{\mathrm{CC}} + U_{\mathrm{EE}})\, I_{\mathrm{EA}}. \tag{7.7}$$

Mit der maximalen Ausgangssignalleistung $P_{\mathrm{a\,max}}$ aus (7.6) und mit (7.7) erhalten wir den maximalen Wirkungsgrad zu

$$\eta_{\mathrm{max}} = \frac{P_{\mathrm{a\,max}}}{P_{=}} \cdot 100\,\% = \frac{(U_{\mathrm{CC}} + U_{\mathrm{EE}} - U_{\mathrm{CER}})^2}{8R_{\mathrm{L\,opt}}(U_{\mathrm{CC}} + U_{\mathrm{EE}})\, I_{\mathrm{EA}}}\, 100\,\%$$

$$= \frac{1}{4}\, \frac{U_{\mathrm{CC}} + U_{\mathrm{EE}} - U_{\mathrm{CER}}}{U_{\mathrm{CC}} + U_{\mathrm{EE}}} \cdot 100\,\% \approx 25\,\%.$$

Die Verlustleistung im Transistor ist die Differenz zwischen der gesamten Verlustleistung $P_{=}$ und der im Widerstand R_{L} auftretenden Verlustleistung

$$P_{\mathrm{C}} = P_{=} - P_{\mathrm{R}} = P_{=} - \frac{1}{T} \int_0^T R_{\mathrm{L}}\, [I_{\mathrm{EA}} + \hat{I}_{\mathrm{e}} \sin \omega t]^2\, \mathrm{d}t \approx P_{=} - R_{\mathrm{L}} \left(I_{\mathrm{EA}}^2 + \frac{\hat{I}_{\mathrm{e}}^2}{2} \right).$$

Sie sinkt mit wachsender Aussteuerung.

Beispiel. Wir berechnen die bei Sinusaussteuerung maximal erreichbare Ausgangssignalleistung im Lastwiderstand R'_{L} der Schaltung nach Bild 7.6, wenn im Ruhezustand (ohne Signal) das Emitterpotential Null beträgt. Wir setzen voraus, daß $U_{\mathrm{CC}} \geqq U'_{\mathrm{EE}}$ ist. Die bei Vollaussteuerung in R'_{L} auftretende Signalleistung beträgt

$$P_{\mathrm{a\,max}} = \frac{\hat{U}_{\mathrm{L\,max}}^2}{2R'_{\mathrm{L}}}. \tag{7.8}$$

Die maximale negative Ausgangsamplitude wird durch den negativen Aussteuerbereich der Schaltung begrenzt. Es gilt

$$\hat{U}_{\mathrm{L\,max}} = U'_{\mathrm{EE}} \frac{R'_{\mathrm{L}}}{R_{\mathrm{E}} + R'_{\mathrm{L}}}. \tag{7.9}$$

Einsetzen von (7.9) in (7.8) liefert

$$P_{\mathrm{a\,max}} = \frac{\hat{U}'^2_{\mathrm{EE}}}{2} \frac{R'_{\mathrm{L}}}{(R_{\mathrm{E}} + R'_{\mathrm{L}})^2}. \tag{7.10}$$

Diskussion:

1. Meist wird R'_{L} vorgegeben sein. Dann können wir R_{E} in bestimmten Grenzen frei wählen. Wir erkennen sofort, daß kleine Werte von R_{E} günstig sind, weil sich der Aussteuerbereich in negativer Richtung vergrößert. Allerdings wächst dabei der Ruhestrom I_{EA} auf große Werte!
2. Falls R'_{L} frei wählbar ist, können wir es so wählen, daß die maximale Ausgangssignalleistung auftritt. $P_{\mathrm{a\,max}}$ weist in Abhängigkeit von R'_{L} ein Maximum auf. Wir erhalten aus $\mathrm{d}P_{\mathrm{a\,max}}/\mathrm{d}R'_{\mathrm{L}} = 0$ hierfür die Bedingung $R'_{\mathrm{L}} = R_{\mathrm{E}}$. Einsetzen dieses optimalen Lastwiderstandes in (7.10) ergibt schließlich die maximale Ausgangsleistung bei optimalem Lastwiderstand $R'_{\mathrm{L\,opt}}$ zu

$$P_{\mathrm{a\,max}}|_{R_{\mathrm{L}'} = R_{\mathrm{L}'\,\mathrm{opt}}} = \frac{U'^2_{\mathrm{EE}}}{8R_{\mathrm{E}}}.$$

Der Wirkungsgrad beträgt hierbei mit $P_{=} = U'^2_{\mathrm{EE}}/R_{\mathrm{E}}$

$$\eta_{\max} = \frac{P_{\mathrm{a\,max}}}{P_{=}} 100\% = \frac{U'^2_{\mathrm{EE}}}{8R_{\mathrm{E}}} \frac{R_{\mathrm{E}}}{U'^2_{\mathrm{EE}}} \cdot 100\% = 12{,}5\%.$$

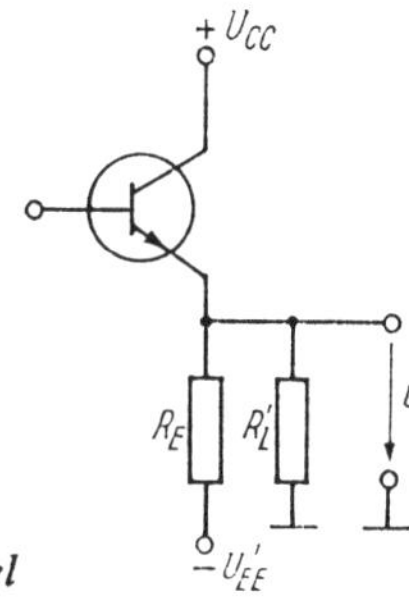

Bild 7.6
Schaltung zum Beispiel

η läßt sich verbessern, indem man R_{E} durch eine Konstantstromquelle (z.B. Stromspiegelschaltung) [4] ersetzt.

7.1.3. Gegentakt-B- und AB-Verstärker

Die entscheidenden Vorteile von Gegentakt-B- und AB-Endstufen sind vor allem

1. sehr große Ausgangssignalleistung
2. guter Wirkungsgrad
3. nahezu keine Ruheverlustleistung.

Vor allem wegen des erheblich höheren Wirkungsgrades (bei A-Endstufen fließt ein beträchtlicher Ruhestrom!) sind solche Endstufen in nahezu allen Anwendungen den A-Verstärkern überlegen.

Wenn die Endstufe Signale beider Polaritäten verstärken soll, müssen Gegentaktschaltungen verwendet werden, bei denen für jede Polarität ein getrennter Leistungstransistor enthalten ist. Besonders gut geeignet für solche Endstufen sind Emitterfolger und Darlington-Emitterfolger.

7.1.3.1. Transformatorkopplung

Diese Schaltung (Bild 7.7) war früher weit verbreitet. Die Gegentaktansteuerung der beiden Leistungstransistoren (180° Phasenverschiebung) erfolgt durch den Eingangsübertrager Tr_1. Beide Leistungstransistoren der Endstufe sind gleichstrommäßig parallel an die Betriebsspannung U_{CC} geschaltet. Heute wird die Schaltung im wesentlichen nur noch in den Fällen verwendet, in denen die Vorteile der völligen galvanischen Trennung der Last oder des großen Wirkungsgrades bei kleinen Betriebsspannungen die Nachteile der Transformatorkopplung (u. a. begrenzte Bandbreite, Phasendrehungen an den Grenzen des Übertragungsbereiches mit Gefahr der dynamischen Instabilität) überwiegen. Bei sinusförmiger Eingangsspannung u_1 verstärkt jeder Transistor eine Halbwelle. Beide Transistoren werden abwechselnd leitend, weil die Sinusspannungen an den beiden Enden

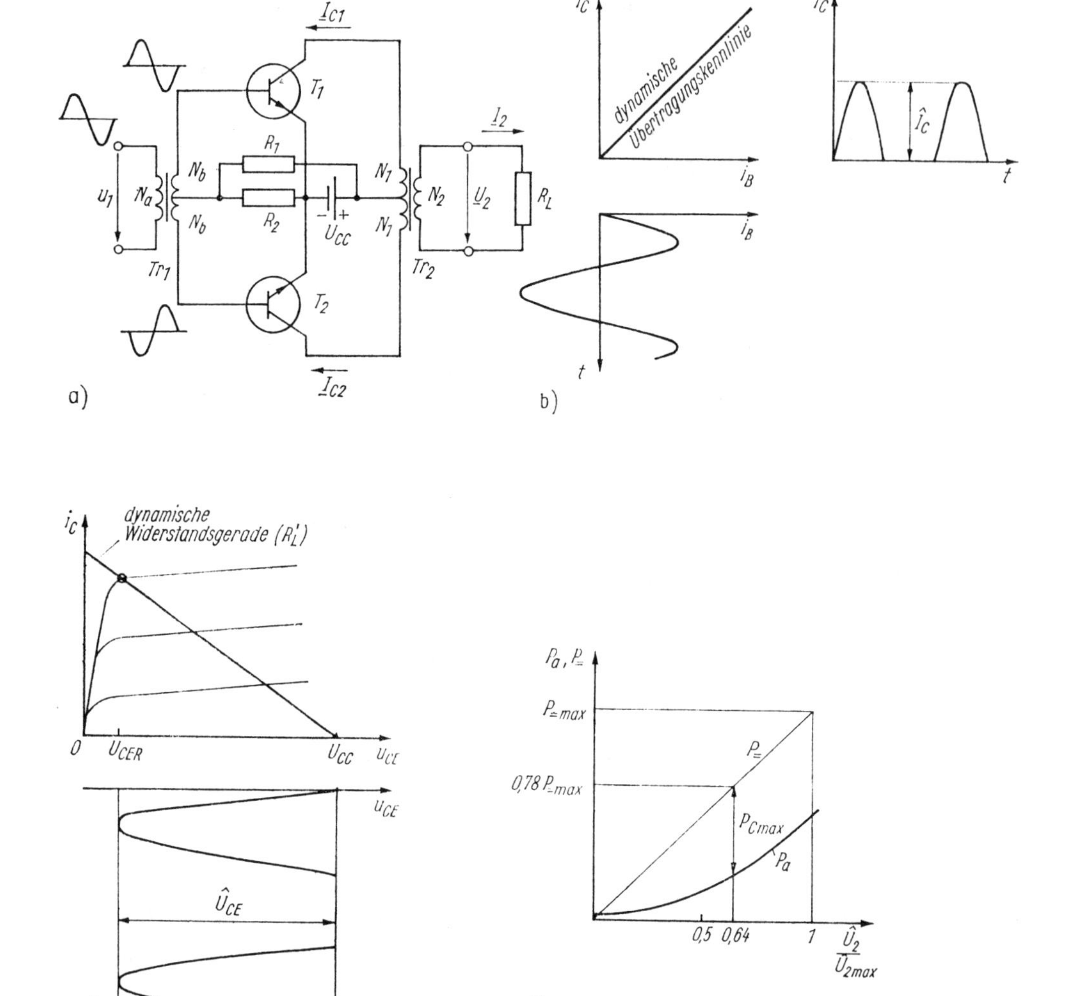

Bild 7.7. Gegentakt-B- (AB-) Verstärker (Parallelspeisung der Transistoren)

a) Schaltung; b) Übertragungsverhalten; c) Ausgangskennlinienfeld; d) Abhängigkeit der Leistungen $P_=$, P_{Cmax} und P_a von der Aussteuerung

der Sekundärwicklung gegenphasig sind. Der Spannungsteiler R_1, R_2 wird meist so dimensioniert, daß ein kleiner Ruhestrom fließt (AB-Betrieb). Damit lassen sich Übernahmeverzerrungen verringern (Abschn. 7.1.4.). Im Ausgangsübertrager Tr_2 werden beide Halbwellen wieder zusammengesetzt.

Der wirksame Lastwiderstand für jeden Transistor beträgt $R'_L = \ddot{u}^2 R_L$ mit $\ddot{u} = N_1/N_2$. Es gilt deshalb bei Sinusaussteuerung der Zusammenhang (Bild 7.7c)

$$\hat{I}_c = \frac{\hat{U}_{ce}}{R'_L} \quad \text{und} \quad \hat{U}_{ce} = \ddot{u}\hat{U}_2 .$$

N_1 ist die halbe Windungszahl der aus zwei gleichen Hälften bestehenden Primärwicklung. Der Wechselstrom $\underline{I}_c$ fließt abwechselnd durch die obere und durch die untere Wicklungshälfte. Am Aufbau des elektromagnetischen Feldes im Transformator ist also stets nur die halbe Primärwicklung mit der Windungszahl N_1 beteiligt.

Die Ausgangssignalleistung beträgt

$$P_a = \frac{\hat{U}_2^2}{2R_L} = \frac{\hat{U}_{ce}^2}{2\ddot{u}^2 R_L}.$$

Die maximale Amplitude einer Halbwelle der Kollektoremitterspannung entnehmen wir aus dem Kennlinienfeld zu

$$\hat{U}_{ce\,max} = U_{CC} - U_{CER}$$

U_{CER}: Kollektoremitterrestspannung.

Damit ergibt sich die maximale Ausgangsleistung

$$P_{a\,max} \approx \frac{(U_{CC} - U_{CER})^2}{2\ddot{u}^2 R_L}.$$

Wirkungsgrad. Wir betrachten einen B-Verstärker (Ruhestrom ≈ 0). In guter Näherung gelten die Ergebnisse auch für den AB-Verstärker. Durch jeden Transistor fließt der mittlere Kollektorstrom

$$\overline{i_C} = \frac{1}{T}\int_0^T i_C(t)\,dt = \frac{\hat{I}_c}{\pi}.$$

Die Gegentakt-B-Schaltung nimmt daher die gesamte Gleichstromleistung

$$P_= = \frac{2}{\pi}\hat{I}_c U_{CC} = \frac{2}{\pi}\frac{\hat{U}_{ce} U_{CC}}{\ddot{u}^2 R_L}$$

auf. Die Leistungsaufnahme ist also aussteuerungsabhängig (Bild 7.7d); die Betriebsdauer der Batterien in Transistorradios mit B-(AB-)Verstärkern ist größer, wenn das Gerät mit geringer Lautstärke betrieben wird. Bei Vollaussteuerung gilt $P_{=\,max} \approx 2U_{CC}^2/\pi\ddot{u}^2 R_L$. Der maximale Wirkungsgrad beträgt mit $\hat{U}_{ce\,max} \approx U_{CC}$ (U_{CER} vernachlässigt)

$$\eta_{max} = \frac{P_{a\,max}}{P_{=\,max}} \cdot 100\,\% \approx \frac{\pi}{4} \cdot 100\,\% \approx 78{,}5\,\% \qquad (7.11)$$

und ist damit erheblich größer als bei A-Verstärkern. Besonders vorteilhaft gegenüber dem A-Verstärker ist, daß die Leistungsaufnahme bei kleiner Aussteuerung sinkt, weil hierdurch der Leistungsverbrauch ohne Signal minimal ist. Die Aussteuerungsabhängigkeit der Leistungsaufnahme hat aber auch einen Nachteil: die Betriebsspannung muß möglichst unabhängig von Lastschwankungen bleiben (Stabilisierung, Netzteil mit niedrigem Innenwiderstand erforderlich).

Die im Transistor entstehende Verlustleistung P_C ist die Differenz zwischen der gesamten Gleichstromleistung $P_=$ und der im Lastwiderstand auftretenden Ausgangssignalleistung P_a. Einsetzen der Ausdrücke für $P_=$ und P_a ergibt

$$P_C = \frac{2}{\pi} \frac{\hat{U}_{ce} U_{CC}}{\ddot{u}^2 R_L} - \frac{\hat{U}_{ce}^2}{2\ddot{u}^2 R_L}.$$

Die Verlustleistung P_C hat in Abhängigkeit von der Aussteuerung ($\hat{U}_{ce}$) ein Maximum. Differenzieren nach $\hat{U}_{ce}$ und Nullsetzen zeigt, daß dieses Maximum bei der Aussteuerung $\hat{U}_{ce} = (2/\pi)\ U_{CC}$ auftritt und die beim B-Betrieb im Transistor maximal auftretende Verlustleistung

$$P_{C\,max} = \frac{4}{\pi^2} P_{a\,max} \approx 0{,}4 P_{a\,max}$$

beträgt (U_{CER} vernachlässigt). Hieraus folgt, daß mit zwei 2-W-Transistoren in Gegentaktschaltung eine Ausgangssignalleistung von $2 \cdot 2$ W/0,4 $\approx$ 10 W erreichbar ist, d.h. die fünffache Verlustleistung eines Transistors!

Arbeitspunkt. Die Gegentaktschaltung nach Bild 7.7a stellt für $R_2 = 0$ eine B-Endstufe dar ($U_E = 0$). Mit dem Spannungsteiler R_1, R_2 läßt sich ohne weitere Änderung AB-Betrieb einstellen, d.h. ein Kollektorruhestrom von einigen 10 ... 100 µA.

7.1.3.2. Serienspeisung der Endtransistoren (Komplementärendstufen)

Diese Schaltungen ermöglichen den Wegfall der Transformatoren. Sie haben deshalb wesentlich größere Bedeutung. Besonders die Komplementärendstufen haben sich zur „Standardausführung" entwickelt.

Komplementärendstufen

Die eleganteste Lösung zur schaltungstechnischen Realisierung von Gegentaktendstufen stellen Komplementärendstufen dar. In ihnen werden Kombinationen aus npn- und pnp-Leistungstransistoren eingesetzt. Übertrager und spezielle Phasenumkehrstufen können entfallen, da die Phasendrehung durch die komplementären Transistoren realisiert wird. Im Bild 7.7a wirken beide Transistoren T_1 und T_2 als Emitterfolger. Wenn sie komplementärsymmetrisch gleiche Kennlinien aufweisen, werden nichtlineare Verzerrungen stark unterdrückt, aber selbst bei unterschiedlichen Kennlinien beider Transistoren sind die nichtlinearen Verzerrungen gering, weil der Emitterfolger eine hohe Linearität aufweist.

Die Emitterströme der Transistoren T_1 und T_2 fließen in entgegengesetzter Richtung durch R_L. Die in Durchlaßrichtung betriebenen Dioden D_1 und D_2 bewirken eine Pegelverschiebung um $U_D \approx 1{,}2 \dots 1{,}4$ V. Dadurch arbeitet die Endstufe im AB-Betrieb. Hierdurch werden „Übernahmeverzerrungen" vermieden, die beim B-Verstärker dadurch entstehen, daß der Transistor erst Strom führt, wenn der Betrag der Basisemitterspannung größer als 0,5 ... 0,6 V geworden ist (es entsteht ein „toter" Amplitudenbereich des Eingangssignals). Schließt man beide Dioden kurz, so entsteht eine B-Komplementärendstufe. Die benötigte Pegelverschiebung von $U_D \approx 1{,}2 \dots 1{,}4$ V kann auch durch zwei komplementäre Emitterfolger vorgenommen werden (Bild 7.8c). Man hat dann den zusätzlichen Vorteil eines hohen Eingangswiderstandes.

Der Aussteuerbereich der Schaltung nach Bild 7.8a beträgt näherungsweise $-U_{CC}/2 < u_L < +U_{CC}/2$. R_L darf nicht zu klein sein, sonst besteht die Gefahr, daß die Transistoren T_1 und T_2 überlastet werden. Deshalb ist meist eine zusätzliche Schaltungsmaßnahme

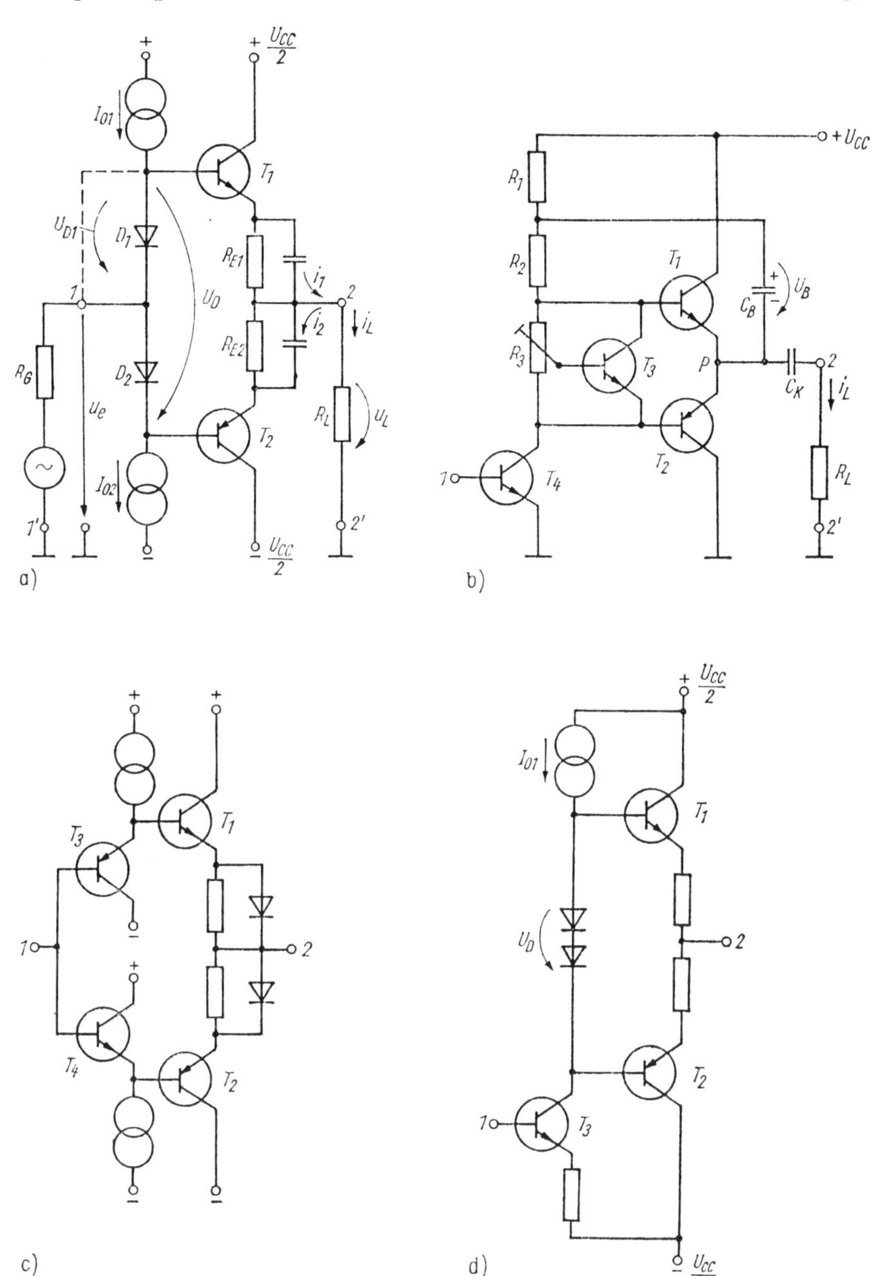

Bild 7.8. Komplementärendstufe

a) Schaltung; b) ähnliche Schaltung zu a mit nur einer Betriebsspannung; c) Variante zur Pegelverschiebung (Emitterfolger); d) Variante zur Schaltung a

erforderlich, die die Schaltung „kurzschlußsicher“ macht. Schaltung a) benötigt zwei Betriebsspannungen unterschiedlicher Polarität. Durch Zufügen eines Energiespeichers C_K läßt sie sich so variieren, daß man mit einer Betriebsspannung auskommt (Schaltung 7.8b).

Die Ansteuerung kann auch an der Basis von T_2 oder T_1 erfolgen. Zum Unterschied gegenüber Schaltung a) liegt bei Schaltung b) der Punkt P gleichstrommäßig nicht auf Massepotential, sondern etwa auf dem Potential $U_{CC}/2$.

Die beiden Stromquellen im Bild 7.8a haben die Aufgabe, während der Aussteuerung den erforderlichen Basisstrom durch die Transistoren T_1 und T_2 zu liefern. Dieser wächst natürlich mit der Aussteuerung. Sein Maximalwert beträgt

$$\hat{I}_b \approx \frac{\hat{I}_e}{\beta_0 + 1} = \frac{\hat{U}_L}{(\beta_0 + 1) R_L}. \tag{7.12}$$

Jede Stromquelle muß mindestens diesen Strom liefern. Wenn T_1 und T_2 gleiche Stromverstärkung haben, gilt also $I_{01} = I_{02} > \hat{I}_b$. Ohne Aussteuerung fließt dieser Strom nahezu völlig durch D_1 bzw. D_2 und erzeugt den zur Pegelverschiebung benötigten Spannungsabfall von $\approx 0{,}6 \ldots 0{,}7$ V an jeder Diode. Der Emitterruhestrom der Transistoren T_1 und T_2 ist meist wesentlich kleiner als I_{01} und I_{02}. Das hat zur Folge, daß die Basisemitterspannung beider Endtransistoren kleiner ist als der Spannungsabfall über jeder Diode. Man schaltet deshalb kleine Emitterwiderstände zur Stromgegenkopplung und zusätzlichen Arbeitspunktstabilisierung ein, an denen ohne Aussteuerung ein Spannungsabfall von der Größenordnung 0,1 V auftritt. Sie werden mit je einer Diode überbrückt, damit bei großer Aussteuerung der Spannungsabfall nicht unerwünscht groß wird. Obwohl der Spannungsabfall von etwa 0,1 V über dem Emitterwiderstand sehr klein ist, wird eine gute Arbeitspunktstabilisierung erzielt. Nehmen wir beispielsweise an, daß sich infolge von Exemplarstreuungen oder Temperaturdifferenzen zwischen D_1 und T_1 U_{D1} um 0,1 V erhöht, so steigt der Spannungsabfall über dem Emitterwiderstand R_{E1} von 0,1 V auf nahezu 0,2 V (U_{BE1} ändert sich nur um einige mV), d.h., der Emitterstrom verdoppelt sich. Ohne Emitterwiderstand würde sich die Änderung von U_{D1} voll als U_{BE}-Änderung des Transistors T_1 auswirken. Aus der Eingangskennlinie läßt sich abschätzen, daß in diesem Fall eine Emitterstromerhöhung um den Faktor 10 ... 100 zu erwarten wäre.

Bei größeren benötigten Leistungen der Endstufe werden Darlington-Stufen verwendet.

Verstärkung. Ausgangsleistung. Wir setzen nachfolgend voraus, daß die beiden Transistoren T_1 und T_2 im Bild 7.8 gleiche Kleinsignalkennwerte und gleiche Kennlinien aufweisen (unter Beachtung ihres unterschiedlichen Leitungstyps). Zur Berechnung der Betriebsgrößen V_u, V_i, Z_e und Z_a der Komplementärendstufe nach Bild 7.8a, b können wir in guter Näherung die bei der Behandlung des Emitterfolgers im Abschnitt 3.5. abgeleiteten Beziehungen verwenden. Das gilt auch für die obere Grenzfrequenz. Die gesamte Schaltung verhält sich nahezu wie ein Emitterfolger, der mit beiden Polaritäten aussteuerbar ist und für beide Polaritäten gleiche Eigenschaften aufweist. Die Spannungsverstärkung zwischen den Klemmen 1 und 2 beträgt $V_u \approx 1$, die Stromverstärkung $V_i \approx \beta$ (Signalstrom durch R_B vernachlässigt). Der Eingangswiderstand zwischen 1 und 1′ hat näherungsweise die Größe βR_L, der Ausgangswiderstand zwischen 2 und 2′ den Wert $\approx R_G/\beta$.

Die Ausgangssignalleistung im Lastwiderstand R_L beträgt

$$P_a = \frac{\hat{U}_L \hat{I}_L}{2} = \frac{\hat{U}_L^2}{2R_L} = \frac{\hat{I}_L^2 R_L}{2}. \tag{7.13}$$

Die maximale Ausgangssignalspannung ist

$$\hat{U}_{L\,max} = \frac{U_{CC}}{2} - U_{CER}.$$

Damit ergibt sich die maximale Ausgangssignalleistung der Schaltung nach Bild 7.8a, b zu

$$P_{a\,max} = \frac{\hat{U}^2_{L\,max}}{2R_L} = \frac{(U_{CC} - 2U_{CER})^2}{8R_L} = \frac{U_{CC} - 2U_{CER}}{4}\hat{I}_c. \tag{7.14}$$

Unter Verwendung von (7.14) können wir (7.13) umschreiben zu

$$P_a = \left(\frac{\hat{U}_L}{\hat{U}_{L\,max}}\right)^2 P_{a\,max}. \tag{7.15}$$

P_a wird durch den maximal zulässigen Kollektorstrom und die maximal zulässige Emitterspannung sowie die zulässige Verlustleistung der Transistoren T_1 und T_2 begrenzt.

Soll an den Lastwiderstand R_L eine bestimmte Signalleistung P_a abgegeben werden, so ist der Spitzenstrom in T_1 und T_2 um so größer, je kleiner R_L ist. Die notwendige Kollektoremitterspannung von beiden Transistoren wächst dagegen mit zunehmendem Lastwiderstand, weil

$$(U_{CC}/2) \gtrapprox \hat{U}_{L\,max} = \sqrt{2P_{a\,max}R_L}$$

ist.

Aus (7.15) bzw. (7.14) folgt, daß bei gegebenem Lastwiderstand R_L die maximale Ausgangssignalleistung quadratisch und bei vorgegebenem maximalem Kollektorstrom $I_{C\,max} \geqq \hat{I}_{L\,max}$ die Ausgangssignalleistung linear mit der Betriebsspannung U_{CC} ansteigt. Für jeden der beiden hier betrachteten Fälle läßt sich die zum Erzeugen einer bestimmten Ausgangssignalleistung erforderliche Mindestbetriebsspannung berechnen.

Wirkungsgrad. Wenn wir uns zur Vereinfachung auf sinusförmige Aussteuerung und B-Betrieb beschränken, gelten für die Berechnung der Gleichstromleistung $P_=$ die gleichen Voraussetzungen wie für die Schaltung nach Bild 7.7a. $P_=$ berechnet sich also analog zu (7.11) zu

$$P_= = \frac{2}{\pi}\frac{\hat{I}_L U_{CC}}{2}. \tag{7.16}$$

Wir erhalten damit unter Verwendung von (7.13) den Wirkungsgrad

$$\eta = \frac{P_a}{P_=}\cdot 100\,\% = \frac{\pi}{2}\frac{\hat{U}_L}{U_{CC}}\cdot 100\,\%.$$

Es ist also zweckmäßig, die Betriebsspannung nicht wesentlich höher als erforderlich zu wählen, weil sonst der Wirkungsgrad unnötig sinkt.

Da die maximale Ausgangsspannungsamplitude bei vernachlässigter Restspannung ($U_{CER} \ll U_{CC}/2$) den Wert $\hat{U}_{L\,max} \approx U_{CC}/2$ hat, gilt für die maximale Gleichstromleistung bzw. für den maximalen Wirkungsgrad

$$P_{=\,max} \approx \frac{2}{\pi}\left(\frac{U_{CC}}{2}\right)^2 \frac{1}{R_L} = \frac{U^2_{CC}}{2\pi R_L}$$

$$\eta_{max} \approx \frac{\pi}{4}\cdot 100\,\% \approx 78{,}5\,\%.$$

Der in praktischen Schaltungen erzielbare Wirkungsgrad ist kleiner ($\eta \approx 60 \dots 65\,\%$). Bei Aussteuerung von NF-Verstärkern (Musik) beträgt der Wirkungsgrad im Mittel lediglich $\eta \approx 15 \dots 20\,\%$, weil nur selten Vollaussteuerung auftritt.

Die Abhängigkeit der Leistungen $P_=$ und P_a von der Aussteuerung verläuft in gleicher Weise wie beim Gegentakt-B-Verstärker mit Transformatorkopplung (Bild 7.7d).

Transistorverlustleistung. Die in den beiden Leistungstransistoren auftretende Verlustleistung $P_{V\,ges} = 2P_C$ (P_C: Verlustleistung in *einem* Transistor) ist die Differenz zwischen der aufgenommenen Leistung $P_=$ und der an den Lastwiderstand abgegebenen Signalleistung P_a:

$$P_{V\,ges} = 2P_C = P_= - P_a.$$

Für Komplementärendstufen nach Bild 7.8 ergibt sich hieraus mit $\hat{I}_L = \sqrt{2P_a/R_L}$

$$P_{V\,ges} = 2P_C = \frac{U_{CC}}{\pi}\sqrt{\frac{2P_a}{R_L}} - P_a$$

und nach Normieren auf die Leistung $P_{a\,max}$

$$\frac{P_{V\,ges}}{P_{a\,max}} = 2\,\frac{P_C}{P_{a\,max}} = \frac{4}{\pi}\,\frac{U_{CC}}{U_{CC} - 2U_{CER}}\sqrt{\frac{P_a}{P_{a\,max}}} - \frac{P_a}{P_{a\,max}}. \qquad (7.17)$$

Für $U_{CC} \gg 2U_{CER}$ ist diese Abhängigkeit im Bild 7.9 dargestellt. Die Verlustleistung im Transistor hat ein Maximum

$$P_{V\,ges} = 2P_C = \frac{4}{\pi^2}\,P_{a\,max}.$$

In jedem der beiden Leistungstransistoren tritt also eine maximale Verlustleistung $P_{C\,max} \approx 0{,}21 P_{a\,max}$ auf. Mit zwei 2-W-Transistoren kann in einer Gegentakt-B-Schaltung also bei Sinusaussteuerung eine maximale Ausgangssignalleistung von 10 W erzeugt werden.

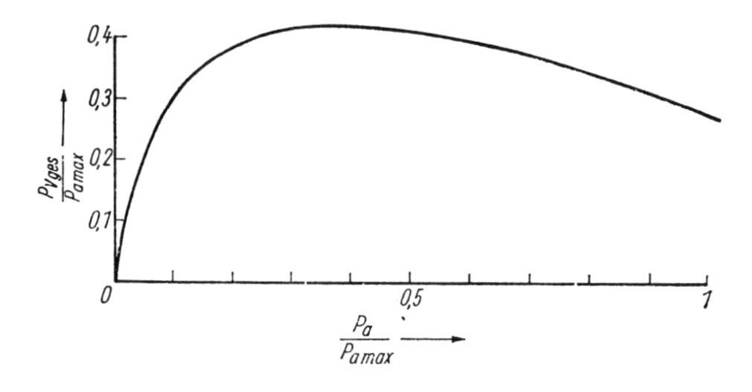

Bild 7.9
Verhältnis der Transistorverlustleistung zur maximalen Ausgangssignalleistung beim Gegentakt-B-Verstärker

Varianten. Die Stromquellen in den Bildern 7.8a, c, d können schaltungstechnisch auf verschiedene Weise realisiert werden.

Vorwiderstand. Der einfachste Weg ist ihr Ersatz durch die Vorwiderstände R_{B1} und eventuell R_{B2} (Bild 7.10a). Diese Vorwiderstände stellen aber keine Konstantstromquelle dar. Bei großer positiver Eingangsspannung, d.h. stark positivem Basispotential von T_1 ist I_{01} relativ klein. Gemäß (7.12) muß der Strom durch R_{B1} mindestens die Größe

$$I_{01} \geqq \hat{I}_{b1} \approx \frac{\hat{U}_L}{(\beta_0 + 1)\,R_L}$$

haben, d.h., der minimale Spannungsabfall $I_{01}R_{B1} \approx \hat{U}_L R_{B1}/(\beta_0 + 1) R_L$ darf nicht unterschritten werden. Der durch die Betriebsspannung $U_{CC}/2$ gegebene positive Aussteuerbereich wird also um den Spannungsabfall $\hat{I}_{b1}R_{B1}$ verkleinert, wenn R_{B1} mit dem Kollektor von T_1 verbunden ist. Der volle Aussteuerbereich von T_1 läßt sich nur dann ausnutzen, wenn $U_1 > (U_{CC}/2) + \hat{I}_{b1}R_{B1}$ ist. Bei Ansteuerung am Punkt 3 gelten diese Zusammenhänge in entsprechender Weise auch für die untere Schaltungshälfte. Steuert man dagegen an der Basis von T_2 an, so kann R_{B2} entfallen, falls gewährleistet ist, daß der Basisstrom von T_2 von der Signalquelle geliefert wird (s. Bild 7.10c).

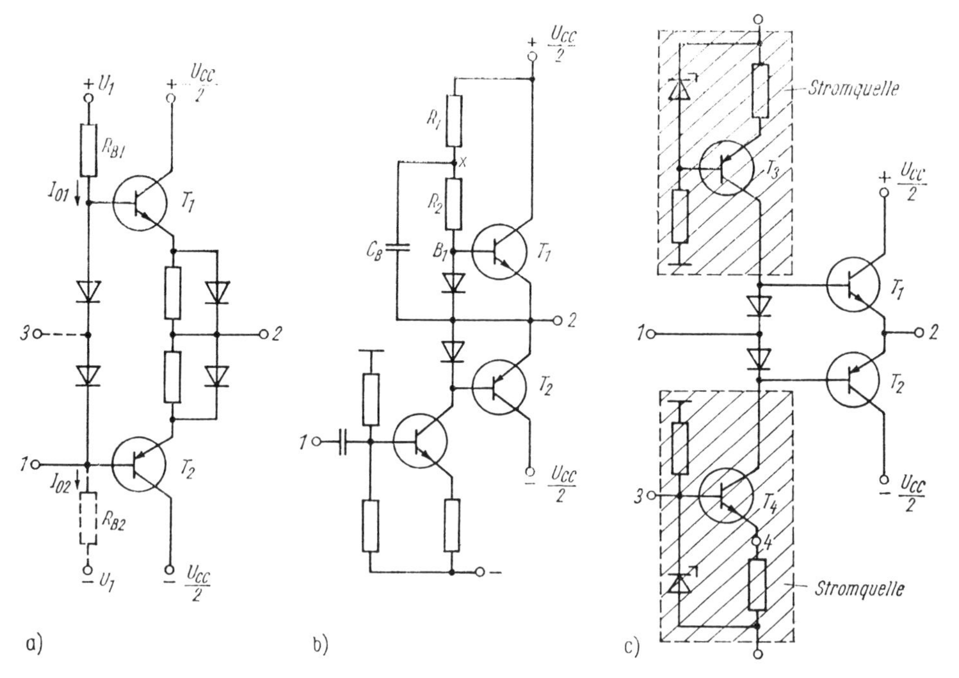

Bild 7.10. Varianten von Komplementärendstufen hinsichtlich der Einspeisung des Basisstroms für die Leistungstransistoren

a) mit Vorwiderstand; b) mit Bootstrapschaltung; c) mit Stromquellen

Bootstrap. Bei reinen Wechselspannungsverstärkern kann die hohe positive Spannung U_1 durch Anwenden des Bootstrap-Prinzips eingespart werden (Bild 7.10b). Ohne Signal lädt sich der Bootstrapkondensator C_B nahezu auf die Spannung $U_{CC}/2$ auf, falls $R_1 \ll R_2$ ist. C_B muß so groß sein, daß er sich während der positiven Signalaussteuerung nicht nennenswert entlädt. Dann wirkt er wie eine Batterie mit der Gleichspannung $\approx U_{CC}/2$. Bei positiver Eingangsspannung wird auf diese Weise das Potential am Punkt x so angehoben, daß der Strom durch R_2 nahezu unabhängig von der Aussteuerung bleibt. Der Widerstand R_2 wird dynamisch vergrößert und erscheint vom Eingang her gesehen wie ein Widerstand $R_2/(1 - V_u)$ (V_u Spannungsverstärkung zwischen den Klemmen B_1 und 2). Die Spannung am Punkt x kann bei maximaler positiver Eingangsspannung nahezu den Wert $+U_{CC}$ annehmen, obwohl die Schaltung nur eine positive Betriebsspannung von der Größe $U_{CC}/2$ benötigt.

Bipolarstromquellen. Ein besserer Weg als das Einspeisen des Basisstroms mittels eines Vorwiderstandes ist das Einspeisen eines konstanten Stroms. Eine Variante, bei der die beiden Stromquellen mit Bipolartransistoren realisiert sind, zeigt Bild 7.10c. Die Stufe braucht nicht unbedingt am Punkt *1* angesteuert zu werden. Die Ansteuerung kann auch am Emitter (*4*) oder an der Basis (*3*) von T_4 (oder T_3) eines der beiden Stromquellentransistoren T_3 oder T_4 erfolgen. Bei Ansteuerung an der Basis entfällt die Z-Diode.

Anstelle der Z-Diode kann auch eine Reihenschaltung mehrerer Siliziumdioden zur Erzeugung der Referenzspannung dienen.

Darlington-Endstufe. Wenn große Ausgangsströme (> einige A) erforderlich sind, werden in die Endstufen häufig Darlington-Schaltungen anstelle der Einzelleistungstransistoren eingesetzt. Man kommt dann mit sehr geringem Steuerstrom aus, denn dem Eingang der Darlington-Schaltung braucht nur der $1/\beta^2$-fache Laststrom zugeführt zu werden, falls beide Transistoren den gleichen Stromverstärkungsfaktor β haben.

Operationsverstärker mit getrennter Endstufe. Durch Anschalten einer Gegentaktendstufe an einen Operationsverstärker erhält man einen „Ersatzoperationsverstärker" mit wesentlich größerer Ausgangsleistung (bzw. Spannung, Strom). Die Schaltung im Bild 7.11 ist wie eine invertierende Operationsverstärkergrundschaltung gegengekoppelt. Ihre Spannungsverstärkung beträgt deshalb $V' = \underline{U}_L/\underline{U}_e \approx -R_2/R_1$. Die Ausgangsleistung wird durch die beiden Leistungstransistoren und durch die Betriebsspannungen der Endstufe bestimmt, falls der Operationsverstärkerausgang den benötigten Basisstrom der Endstufe liefern kann. Wenn die Schleifenverstärkung $V_S \approx V_1R_1/(R_1 + R_2)$ sehr groß ist, können die beiden Dioden überbrückt werden (B-Endstufe), ohne daß größere nichtlineare Verzerrungen auftreten, denn die nichtlinearen Verzerrungen werden um den Faktor der Schleifenverstärkung verringert (Abschn. 9.4.4.).

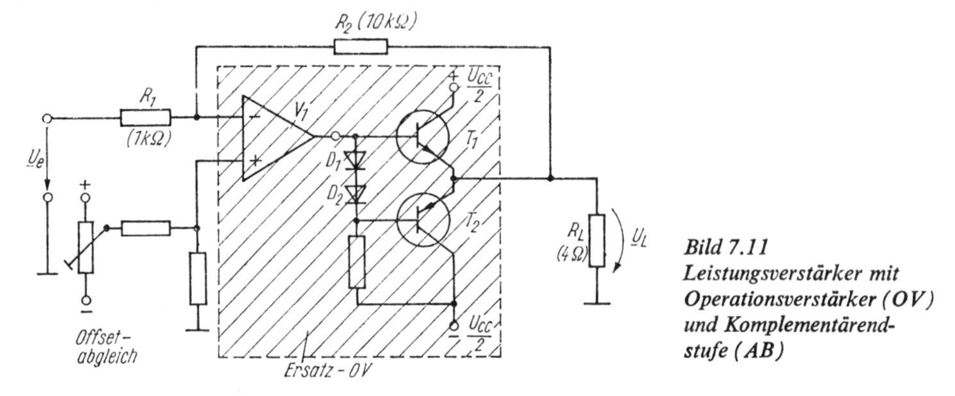

Bild 7.11
Leistungsverstärker mit Operationsverstärker (OV) und Komplementärendstufe (AB)

Wenn am Eingang eine Sinusspannung mit einem Effektivwert von $U_e = 1$ V anliegt, tritt im Lastwiderstand R_L eine Ausgangsleistung von

$$P_a = \frac{U_L^2}{R_L} = \frac{(10\,\text{V})^2}{4\,\Omega} = 25\,\text{W}$$

auf.

Der Effektivwert des Ausgangsstroms beträgt $I_L = U_L/R_L = 10\,\text{V}/4\,\Omega = 2{,}5$ A. Die von der Endstufe bei dieser Aussteuerung aufgenommene Gleichstromleistung beträgt nach (7.16) für $U_{CC}/2 = 15$ V

$$P_= = \frac{2}{\pi} \cdot 2{,}5 \cdot \sqrt{2} \cdot 15\,\text{VA} = 33{,}6\,\text{W}.$$

Von dieser Gleichstromleistung werden $P_a = 25$ W in Ausgangssignalleistung umgewandelt. Der Rest tritt als Verlustleistung in den beiden Leistungstransistoren auf. In jedem Leistungstransistor entsteht also eine Verlustleistung von 4,3 W. Das ist relativ wenig, bezogen auf die große Ausgangsleistung!

Quasikomplementärendstufen

Bei großen Ausgangsleistungen stehen nicht immer geeignete Komplementärtransistoren zur Verfügung. In integrierten Schaltungen sind komplementäre npn- und pnp-Transistoren mit gleichen Daten nicht immer ökonomisch herstellbar. Deshalb werden häufig Endstufen in integrierten Schaltungen mit gleichen Transistoren aufgebaut. In diesen Fällen läßt sich die Komplementärendstufe nach Bild 7.10a so abwandeln, daß zwei Leistungstransistoren vom gleichen Leitungstyp eingesetzt werden können. Wenn npn-Leistungstransistoren zur Verfügung stehen, ersetzt man den oberen Transistor durch eine als „npn-Ersatztransistor" wirkende Darlington-Schaltung und den unteren durch eine als „pnp-Ersatztransistor" wirkende Darlington-Schaltung (Bild 7.12). Im Abschnitt 3.8. haben wir anhand des Kleinsignalersatzschaltbildes nachgewiesen, daß der Kollektor des Leistungstransistors T_2 tatsächlich wie ein Emitter des Ersatztransistors wirkt. Wenn beide Leistungstransistoren die Stromverstärkung β haben, tritt in den Treibertransistoren nur etwa die $1/\beta$-fache Verlustleistung gegenüber den Transistoren T_1 und T_2 auf, weil alle Transistoren T_1 bis T_4 näherungsweise an der gleichen Kollektoremitterspannung liegen, der Strom durch die Endstufentransistoren T_1 und T_2 bei mittlerer und großer Aussteuerung jedoch etwa βmal größer ist als in den Treibertransistoren T_3 und T_4.

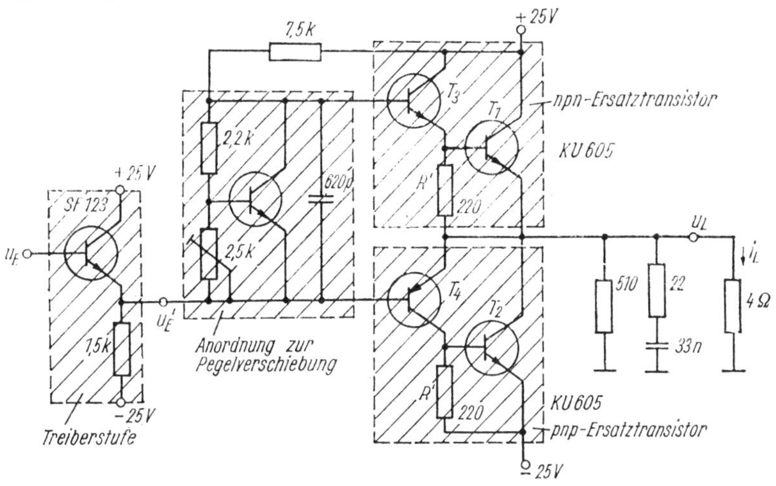

Bild 7.12. Quasikomplementärendstufe [7.14]

Bemerkenswert ist, daß die Basis-Emitter-Spannung des oberen Ersatztransistors ungefähr 1,0 ... 1,4 V beträgt, die des unteren dagegen nur etwa 0,5 ... 0,7 V. Insgesamt werden deshalb drei Dioden zur Pegelverschiebung des Basispotentials benötigt. Die Widerstände R' erhöhen den Ruhestrom der Treibertransistoren. Dadurch verbessert sich deren Kleinsignalverhalten.

7.1.4. AB-Verstärker

Schon auf S. 157 haben wir darauf hingewiesen, daß mit AB-Verstärkern „Übernahmeverzerrungen" vermieden werden, die beim B-Verstärker dadurch auftreten, daß ein merklicher Emitterstrom erst bei einer Basis-Emitter-Spannung oberhalb von 0,5 V fließt (Silizium-npn-Transistor). Wie aus Bild 7.13 ersichtlich ist, werden kleine Basis-Emitter-Spannungen wesentlich geringer bzw. überhaupt nicht verstärkt. Die Übernahmeverzerrungen wachsen mit kleiner werdender Eingangssignalspannung. Im Bild 7.13a gilt bei der Eingangsspannung $U_e = 0$ auch $U_{BE1} \approx U_{BE2} \approx 0$. Im Bild 7.13b ist dagegen unter den gleichen Bedingungen $U_{BE1} \approx 0{,}5$ V und $U_{BE2} \approx -0{,}5$ V. Durch den AB-Betrieb werden die Eingangskennlinien beider Transistoren, bezogen auf die Eingangsspannung

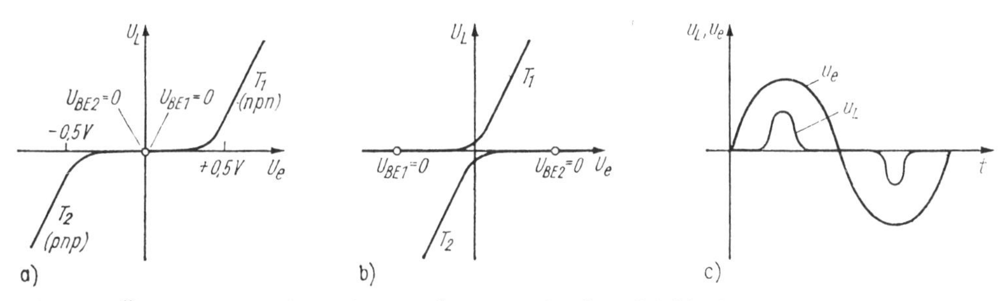

Bild 7.13. Übertragungskennlinien der Komplementärendstufe nach Bild 7.8a

a) B-Betrieb (D_1 und D_2 kurzgeschlossen); b) AB-Betrieb; c) Eingangs- und Ausgangsspannung bei B-Betrieb

U_e, parallel so weit verschoben (etwa 0,5 ... 0,7 V), daß die resultierende Übertragungskennlinie möglichst genau eine Gerade wird. Diese Kennlinienverschiebung wird durch eine Pegelverschiebung der beiden Basispotentiale erreicht.

Hierzu sind mehrere schaltungstechnische Realisierungsmöglichkeiten üblich:

1. Diode in Durchlaßrichtung (z. B. Bild 7.8 a)
2. Emitterfolger (Bild 7.8 c)
3. Gegengekoppelte Transistorstufe (Bild 7.8 b).

Bei allen drei Varianten bestimmen ein oder mehrere pn-Übergänge die Größe der Pegelverschiebung.

Bei gutem Wärmekontakt zwischen diesen pn-Übergängen und den Leistungstransistoren erfolgt zusätzlich eine Temperaturstabilisierung nach dem im Abschnitt 2.1.4. beschriebenen Prinzip. Emitterwiderstände bewirken zusätzliche Arbeitspunktstabilisierung (Bild 7.8 a).

7.1.5. Arbeitspunkteinstellung bei integrierten Schaltungen

Endstufen für größere Ausgangsleistungen werden in integrierten Schaltungen häufig mit zwei gleichen Endtransistoren realisiert, weil zwei gleiche Komplementärtransistoren nicht so ökonomisch realisierbar sind. Die Ruhestromeinstellung einer Gegentakt-AB-Endstufe wird dabei oft nach dem Prinzip von Bild 7.14 vorgenommen. Die Schaltung ist keine Komplementärendstufe, sondern sie enthält zwei gleiche Endtransistoren. Die Schaltung ist daher in integrierter Technik einfacher herstellbar. Die Phasendrehung im Eingangskreis wird durch T_1 in Verbindung mit R_1 und R_2 bewirkt.

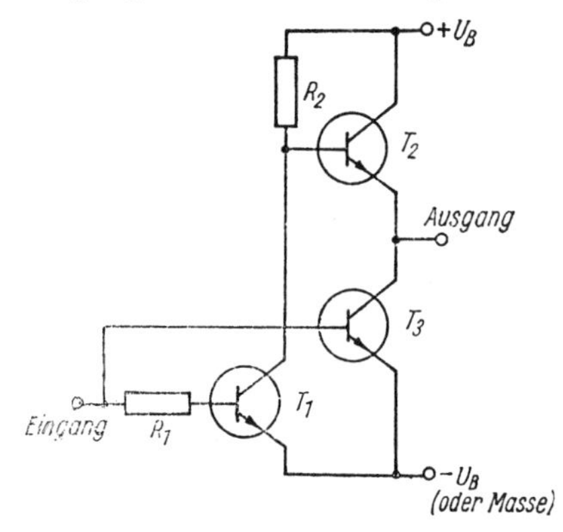

Bild 7.14
AB-Endstufe für integrierte Schaltungen [6.1]

Der Vorwiderstand R_1 wird so dimensioniert, daß ohne Signalaussteuerung kein merklicher Spannungsabfall an ihm auftritt. Dann sind die Basis-Emitter-Spannungen der Transistoren T_1 und T_3 praktisch gleich, und beide Transistoren wirken als Stromspiegel, d.h., es gilt für $B_N \gg 1$ (vgl. Abschn.6.2.2.2.)

$$I_{C3} \approx I_{C1} \frac{A_{E3}}{A_{E1}}.$$

Die Fläche des Basis-Emitter-pn-Übergangs A_{E3} von T_3 wird wesentlich größer dimensioniert als A_{E1}. Deshalb ist I_{C3} beispielsweise zehnmal größer als I_{C1}. I_{C1} wird in Verbindung mit R_2 so eingestellt, daß das Ausgangspotential im Ruhezustand in der Mitte von beiden Betriebsspannungen liegt.

Bei positiver Eingangsspannung wird T_3 stark ausgesteuert und führt großen Kollektorstrom. Bei negativer Eingangsspannung werden T_1 und T_3 in Sperrichtung ausgesteuert und T_2 wird über R_2 stromführend.

Es gibt auch andere Möglichkeiten zur Ruhestromeinstellung, bei denen das Prinzip des Stromspiegels Anwendung findet [6.1].

7.1.6. Ausgangsstrombegrenzung

In Endstufen mit Emitterfolgern besteht die Gefahr, daß die Leistungstransistoren bei zu kleinen Lastwiderständen (z.B. Kurzschluß) strom- oder leistungsmäßig überlastet werden; u.a. besteht die Gefahr des „thermischen Durchbruchs". Daher wird die Endstufe häufig mit einer Strombegrenzung versehen. Eine typische Schaltung hierfür zeigt Bild 7.15 („elektronische Sicherung").

Wenn der Ausgangsstrom zu groß wird, werden die normalerweise gesperrten Transistoren T_3 und T_4 durch den Spannungsabfall über R_E leitend und verringern den Betrag der Basis-Emitter-Spannung von T_1 bzw. T_2. Dadurch sinkt der Ausgangsstrom. Die Widerstände R_E werden so dimensioniert, daß der Ausgangsstrom erst dann begrenzt wird, wenn er oberhalb des üblichen Arbeitsbereiches liegt. Hierdurch wird erreicht, daß die Strombegrenzungsschaltung die Arbeitsweise der Endstufe im normalen Betriebsbereich kaum beeinflußt. Ähnliche Schaltungen gibt es auch zur Spannungsbegrenzung, z.B. in integrierten Schaltungen [6.1].

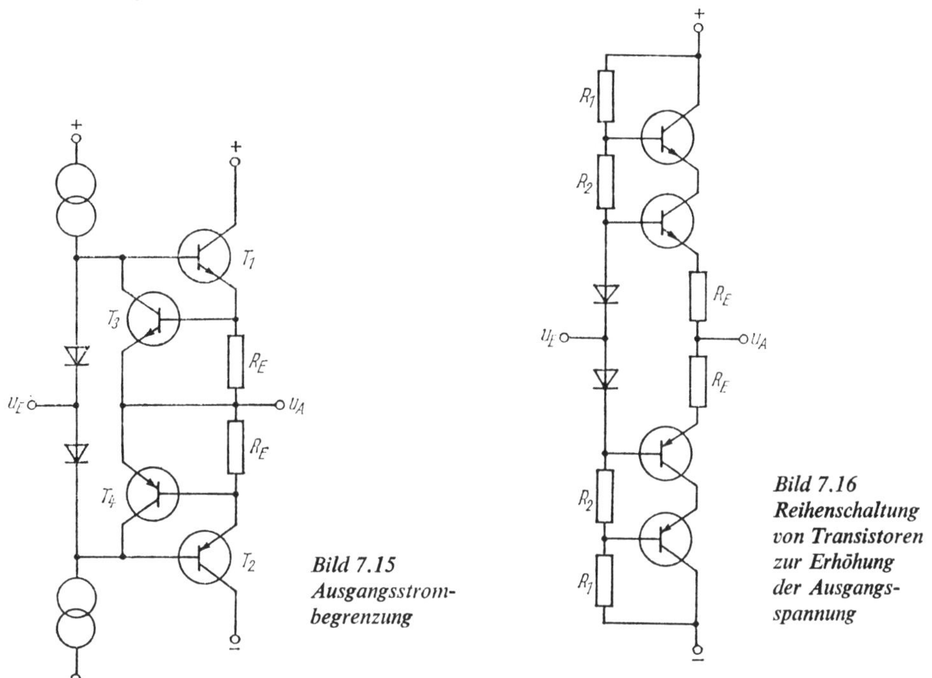

Bild 7.15 Ausgangsstrombegrenzung

Bild 7.16 Reihenschaltung von Transistoren zur Erhöhung der Ausgangsspannung

7.1.7. Höhere Spannungen, Ströme und Frequenzen

Wenn sehr hohe Ausgangsspannungen benötigt werden, kann es ökonomischer sein, anstelle eines Leistungstransistors mit hoher Spannungsbelastbarkeit mehrere Transistoren mit niedrigerer zulässiger Spannung in Reihe zu schalten (Bild 7.16). Die Basisströme der einzelnen Transistoren sind in der Regel unterschiedlich, deshalb muß der Querstrom

Tafel 7.3. Auswahl einiger bipolarer Leistungstransistoren

Typische Kennwerte bei $I_C = 10$ A : $\beta \approx 40$, $U_{BE} \approx 1{,}3$ V, $U_{CEsat} \approx 0{,}7$ V, $f_T < 1$ MHz; bei gesperrtem Transistor: $I_{CE0} \approx 0{,}5$ mA; $C_{b'c} \approx 500$ pF

Typ	Leitungs-typ	Typische Anwendungen	Grenzwerte U_{CE0}/V[1])	I_C/A	$P_{tot\ 25\,°C}$[2])/W
BD 135 ... 140	npn, pnp	NF-Anwendung, Komplementärpaare	45/60/80	1,5	12,5
(BD 233 ... 238)	npn, pnp	NF-Anwendung, Komplementärpaare	45/60/80	3	20
BDT 91 ... 96	npn, pnp		45/60/80 100	10	90
BD 250A	npn		60	25	125
BDT 63/62	npn, pnp	Darlingtontransistoren		10	90
Leistungsschalttransistoren					
BU 921	npn	Darlingtontransistor für elektronische Zündsysteme	400	10	120
BU 208	npn	Horizontalablenkstufen (Farb-FS)	700 (1500)	5	12,5 (≦ 95 °C)
BU 205	npn	Horizontalablenkstufen (SW-FS)	700 (1500)	2,5	10 (≦ 90 °C)
BU 126	npn	Transverter, SNT, allg. Anwendung	350 (900)	2,5	10
B 526/626 A	npn	SNT, Motorsteuerung	325/400 (800/1000)	10	100
BUX 82/83	npn	SNT, allg. Anwendung	400/450	6	60 (≦ 50 °C)
BUX 85	npn	Vorschaltgeräte für Gasentladungslampen	400	4	50 (≦ 50 °C)
–/BUX 41/ BUX 42	npn	SNT, allg. Anwendung	125/200/250	15/15/20	150
BUX 48/48 A	npn	SNT, Motorsteuerung	400/450	15	175
BUT 11	npn	SNT, allg. Anwendung	400	6	85

[1]) Klammerwert: $U_{CE}(R_{BE} \leqq 100\ \Omega)$
[2]) Für Gehäusetemperatur $\vartheta_C \leqq 25$ °C

durch den zur Spannungsaufteilung benötigten Spannungsteiler wesentlich größer sein als die maximale Basisstromänderung der Transistoren. Zur Vergrößerung des Ausgangs*stroms* können Leistungstransistoren parallelgeschaltet werden. Streuungen der Eingangskennlinien müssen durch kleine Emitterwiderstände in Reihe zu jedem Emitter reduziert werden, sonst würden die Transistorströme sehr unterschiedlich sein.

Sehr hohe Ausgangsleistungen lassen sich mit dem Brückenverstärker realisieren. Es tritt die 2 ... 4fache Ausgangsleistung gegenüber einer Einzelendstufe auf. In [7.2] ist die Schaltung eines 200-W-Brückenverstärkers unter Verwendung von zwei integrierten Leistungsverstärkern TDA 2030 (s. Abschn. 7.1.9.) und je zwei komplementären Endstufentransistoren BD 907/908 angegeben.

Bei hohen *Frequenzen* und bei Ansteuerung mit steilen Impulsen kann es vorkommen, daß beide Leistungstransistoren einer Gegentaktendstufe gleichzeitig kurzzeitig Strom führen (Kurzschluß), weil der gesperrte Transistor schneller eingeschaltet wird als der stromführende Transistor gesperrt wird (z. B. TTL-Endstufen). Zum Schutz der Leistungstransistoren dienen oft kleine Widerstände im Kollektor- oder Emitterkreis.

Eine Übersicht über ausgewählte Bipolarleistungstransistoren zeigt Tafel 7.3. Es gibt auch integrierte Darlingtonanordnungen mit antiparallel geschalteten schnellen Erholdioden (Schutz gegen Überspannungen, die beim Abschalten induktiver Last auftreten), z. B. BU 930 Z (SGS-Ates).

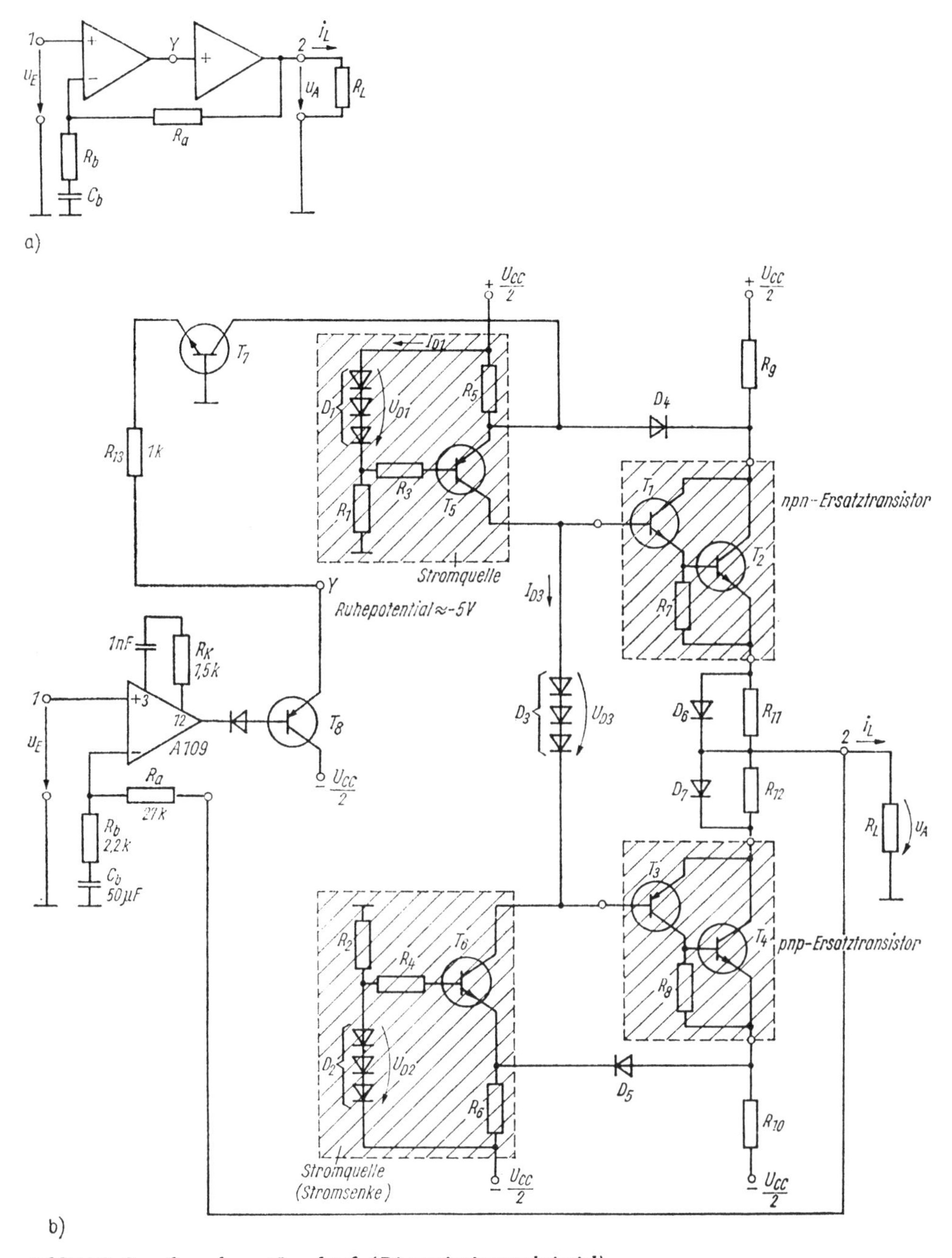

Bild 7.17. Quasikomplementärendstufe (Dimensionierungsbeispiel)

a) Prinzip; b) Schaltung

7.1.8. Dimensionierungsbeispiel

Am Beispiel einer Quasikomplementärendstufe (Bild 7.17) wollen wir zeigen, wie man bei der Dimensionierung einer Endstufe vorgehen kann.

Tafel 7.4. Ablaufplan zur Dimensionierung der Schaltung im Bild 7.17

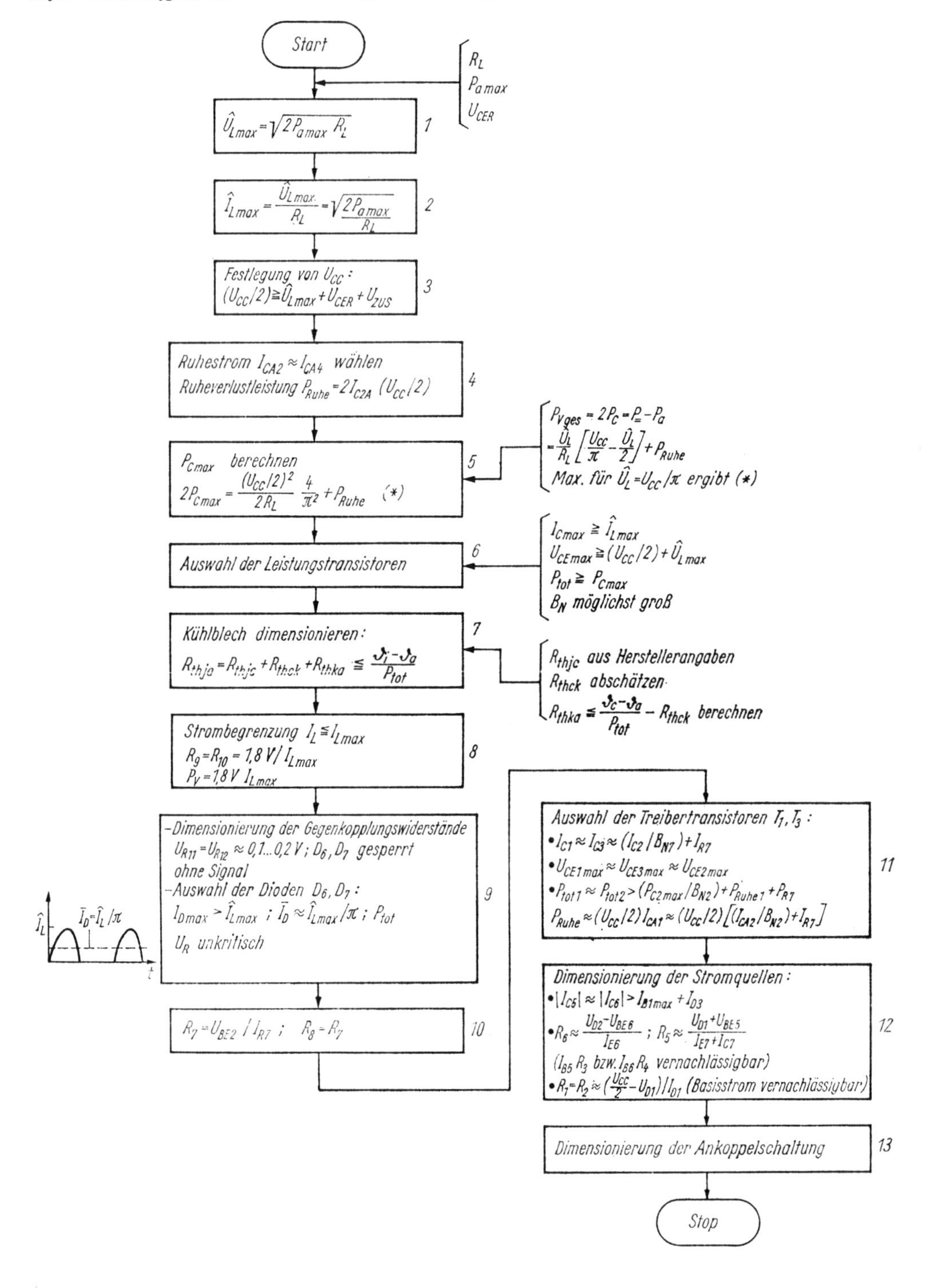

Die eigentliche Endstufe besteht aus einer Darlington- und einer Komplementär-Darlington-Stufe sowie aus je einer Stromquelle zur Ansteuerung der Treibertransistoren T_1 und T_3. Die Ansteuerung dieser Endstufe kann auf verschiedene Weise vorgenommen werden. Im Bild 7.17b erfolgt sie durch einen Operationsverstärker mit nachgeschaltetem Emitterfolger (T_8) dadurch, daß die eine Stromquelle (T_5) am Emitter stromgesteuert wird. Der Widerstand R_{13} wandelt die Ausgangsspannung des Emitterfolgers in einen proportionalen Strom um. Die durch den Operationsverstärker bewirkte hohe offene Verstärkung der Schaltung ermöglicht eine „Überallesgegenkopplung" mit dem Gegenkopplungsfaktor $k = R_a/(R_a + R_b)$, die der Schaltung ausgezeichnete Eigenschaften verleiht (hohe Linearität, niedrigen Ausgangswiderstand, guten Frequenzgang, kleinen Klirrfaktor usw.). Die Spannungsverstärkung zwischen den Klemmen 1 und 2 beträgt $V_u \approx 1 + (R_a/R_b)$, solange $1/\omega C_b \ll R_b$ ist. Die Schaltung verstärkt bei der angegebenen Dimensionierung Signale im Frequenzbereich von 5 Hz ... 45 kHz [7.5].

Dimensionierung der Endstufe (Tafel 7.4):

Gegeben: $R_L = 4\,\Omega$; $P_{a\,max} = 25$ W (sinus); $U_{CER2} \approx U_{CER4} \approx 2$ V (sowohl T_2 als auch T_1 (bzw. T_3 und T_4) sollen im aktiven Bereich arbeiten); $B_{N2} = B_{N4} = 30$, $B_{N1} = B_{N3} = 100$ (worst-case-Werte bei $I_{C\,max}$ und U_{CER}); $\vartheta_{a\,max} = 45\,°C$, $\vartheta_{j\,max} = 155\,°C$.

Schritt 1: $\hat{U}_{L\,max} = 14{,}15$ V

Schritt 2: $\hat{I}_{L\,max} = 3{,}54$ A

Schritt 3: $(U_{CC}/2) \geqq 14{,}15\text{ V} - 2\text{ V} + 8\text{ V}$; gewählt $U_{CC}/2 = 25$ V.

Die Zusatzspannung von 8 V setzt sich zusammen aus $U_{CE5} = U_{CE6} \approx 1$ V und $U_{R5} = U_{R6} \approx 1$ V (beide Werte sind notwendig, damit die Stromquellen einwandfrei arbeiten) sowie einem belastungsbedingten Spannungsabfall der Stromversorgung von etwa 6 V (zwischen Leerlauf und Vollast).

Schritt 4: Wir wählen $I_{CA2} = I_{CA4} = 30$ nA (AB-Betrieb); $P_{Ruhe} = 2 \cdot 30\text{ mA} \cdot 25\text{ V} = 1{,}5$ W.

Schritt 5: Wir nehmen an, daß bei der $P_{C\,max}$ bewirkenden Aussteuerung die Betriebsspannung der Endstufe auf $U_{CC}/2 = 21$ V abgesunken ist. Dann beträgt

$$2P_{C\,max} = \frac{(21\text{ V})^2}{8\,\Omega} \cdot \frac{4}{\pi^2} + 1{,}5\text{ W} \approx 24\text{ W}.$$

Schritt 6: Die Leistungstransistoren T_2 und T_4 müssen nach folgenden Kriterien ausgewählt werden:

$I_{C2\,max} > 3{,}54$ A, $U_{CE2\,max} > 25\text{ V} + 14\text{ V}$ (gewählt 50 V), $P_{tot2} > 12$ W, B_{N2} möglichst groß.

Im Interesse hoher Zuverlässigkeit sollte bei diesen Grenzwerten ein genügender Sicherheitsfaktor 1,5 bis 2 vorgesehen werden. Geeignet sind im vorliegenden Fall beispielsweise die Typen KD 607 oder KU 607 (Tesla).

Schritt 7: Nach Herstellerangaben darf für den Leistungstransistor KU 607 (T_2, T_4) die Gehäusetemperatur bei $U_{CE} = 50$ V und $P_{tot} = 13$ W 120 °C nicht überschreiten. Weiter wird angegeben $R_{thjc} \leqq 1{,}5$ K/W. Bei isolierter Montage der Transistoren mit einer Glimmerscheibe bei Verwendung von Silikonfett wird $R_{thck} \leqq 0{,}8$ K/W. Es gilt (Bild 2.9):

$$R_{thka} \leqq \frac{\vartheta_c - \vartheta_a}{P_{tot}} - R_{thck} = \frac{120\,°C - 45\,°C}{13\text{ W}} - 0{,}8\text{ K/W} \leqq 4{,}9\text{ K/W}.$$

Diesen Wärmewiderstand hat beispielsweise ein Chassisblech mit einer Fläche von $A = 460\text{ cm}^2$.

Schritt 8: Wenn der Laststrom so groß ist, daß der Spannungsabfall über R_9 bzw. R_{10} etwa 1,8 V übersteigt, wird D_4 bzw. D_5 leitend und verringert den Kollektorstrom der Stromquellen T_5 bzw. T_6. Auf diese Weise wird der Strom durch die Leistungstransistoren begrenzt (Kurzschlußstrombegrenzung). Wählt man als Begrenzungsstrom $I_{L\,max} = 3{,}6$ A, so wird $R_9 = R_{10} \approx 0{,}5\,\Omega$ (6,5 W).

Schritt 9: Zum Einstellen des AB-Arbeitspunktes dienen die drei Dioden D_3. Sie kompensieren die Basis-Emitter-Spannungen der Transistoren T_1, T_2 und T_3. Die Stromgegenkopplungswiderstände R_{11} und R_{12} wählen wir so, daß bei den maximal auftretenden Änderungen von ΔU_{BE1}, ΔU_{BE2} und ΔU_3 die Diode D_6 noch sperrt. (Entsprechendes für D_7.) Wir wählen $U_{R11} = U_{R12} = 0{,}15$ V, dann wird $R_{11} = R_{12} = 0{,}15\text{ V}/30\text{ mA} = 5\,\Omega$ (gewählt 4,7 Ω). Bei dieser Dimensionierung steigt der Spannungsabfall U_{R11} von 0,15 V auf ≈0,55 V, wenn sich T_1 und T_2 um 100 K erwärmen und die Temperatur von D_3 konstant bleibt. Trotz dieser extremen Temperaturänderung der Transistoren ändert sich der Ruhestrom infolge der Gegenkopplung nur von 30 mA auf $30 \cdot 55/15 \approx 110$ mA. Ohne Gegenkopplung würde sich der Ruhestrom bereits bei einer Temperaturerhöhung von 20 K vervierfachen (Verdopplung von I_C von Bipolartransistoren je 10 K Temperaturerhöhung).

Die Dioden D_6 und D_7 werden von je einer Halbwelle des Wechselstroms durchflossen ($\hat{I}_{L\,max} = 3{,}54$ A). Bei $P_a = 25$ W beträgt der arithmetische Mittelwert des Diodenstromes $I_{D\,mittel} \approx 1{,}1$ A. Geeignet sind z.B. Dioden des Typs SY 400 (auf Hartpapier von 1 ... 1,5 mm Dicke montiert). Zu beachten ist, daß der Kurzschlußstrom u.U. größer sein kann.

Schritt 10: Damit bei kleiner Aussteuerung der Arbeitspunkt der Treibertransistoren T_1 und T_3 nicht zu weit in die Nähe des Sperrbereiches rutscht, erhöhen wir den Ruhestrom I_{CA1} bzw. I_{CA3} mittels R_7 und R_8 um etwa 2 mA (ohne Signal).

Mit $U_{BE2} \approx U_{BE4} \approx 0{,}6$ V (wegen kleinem Ruhestrom nicht 0,7 V) wird $R_7 = R_8 = 0{,}6\text{ V}/2\text{ mA} = 300\,\Omega$ (gewählt 330 Ω). Der gesamte Ruhestrom beträgt dann

$$I_{CA1} \approx I_{BA2} + I_{R7} \approx (30\text{ mA}/30) + 2\text{ mA} = 3\text{ mA}.$$

Schritt 11:

$$I_{C1\,max} \approx I_{C3\,max} \approx (3{,}54\text{ A}/30) + 2\text{ mA} \approx 120\text{ mA}$$

$$U_{CE1\,max} \approx U_{CE3\,max} \approx U_{CE2\,max} \approx 40 \ldots 50\text{ V}$$

$$P_{tot\,1} > \frac{12\text{ W}}{30} + 3\text{ mA} \cdot 21\text{ V} \approx 400\text{ mW} + 63\text{ mW} = 463\text{ mW}.$$

Schritt 12:

$$I_{B1\,max} \approx \hat{I}_{L\,max}/B_{N2}B_{N1} \approx 3{,}54\text{ A}/30 \cdot 100 \approx 1{,}2\text{ mA};$$

wir wählen $|I_{C5}| = I_{C6} = 5$ mA. Dann ist

$$R_6 \approx \frac{1{,}8\text{ V} - 0{,}6\text{ V}}{5\text{ mA}} = 240\,\Omega.$$

R_5 muß kleiner sein als R_6, weil zusätzlich der Kollektorstrom I_{C7} der Basisstufe durch R_5 fließt. Wählen wir den Arbeitspunkt von T_7 zu $I_C = 5$ mA, so folgt

$$R_5 \approx \frac{1{,}8\text{ V} - 0{,}6\text{ V}}{(5 + 5)\text{ mA}} = 120\,\Omega.$$

Wir wählen $I_{D1} = I_{D2} = 6$ mA. Dann beträgt

$$R_1 = R_2 = \frac{(25 - 1{,}8)\ \text{V}}{6\ \text{mA}} = 3{,}9\ \text{k}\Omega .$$

Die Widerstände $R_3 = R_4$ wählen wir zu 1,5 kΩ. Sie begrenzen den Basisstrom bei Kurzschluß am Ausgang und unterdrücken Schwingneigungen.

Schritt 13: Damit durch T_7 der Ruhestrom $I_{C7} = 1$ mA fließt, muß bei der Dimensionierung $R_{13} = 1$ kΩ das Emitterpotential von T_8 auf etwa -5 V liegen. Dieses Potential stellt sich infolge der Gegenkopplung über R_a automatisch ein. Am Ausgang (2) liegt ohne Signal nahezu die Eingangsoffsetspannung des Operationsverstärkers.

Wenn im Lastwiderstand R_L eine Sinusleistung von $P_{a\,max} = 25$ W erzeugt werden soll, fließt der maximale Basisstrom

$$|\hat{I}_{B1}| \approx \hat{I}_{L\,max}/B_{N2}B_{N1} \approx 1{,}2\ \text{mA} .$$

Diese Stromänderung wird durch eine Kollektorstromänderung von $|\Delta I_{C7}| \approx 1{,}2$ mA erzeugt. Der Transistor T_7 wird stromgesteuert, sein (differentieller) Eingangswiderstand beträgt nur

$$r_d = U_T/I_{E7} \approx 30\ \text{mV}/5\ \text{mA} = 6\ \Omega .$$

Es ist daher eine Emitterspannungsänderung (und damit Ausgangsspannungsänderung des Operationsverstärkers) von ungefähr

$$\Delta U_{ES} \approx \Delta I_{C7} R_{13} = 1{,}2\ \text{mA} \cdot 1\ \text{k}\Omega = 1{,}2\ \text{V}$$

erforderlich, um die volle Ausgangsleistung zu erzeugen.

7.1.9. Monolithisch integrierte Leistungsverstärker

Die technologischen Fortschritte der monolithischen Schaltkreisintegration führten in den letzten zehn Jahren dazu, daß Leistungsbauelemente gemeinsam mit Kleinleistungselementen auf einem gemeinsamen Chip integriert wurden. Häufig sind in diesen Anordnungen die notwendigen Schutzschaltungen (Temperatur, Überstrom, SOAR-Schutz) mit integriert. Die äußere Beschaltung erfolgt ähnlich wie bei Operationsverstärkern. Nachfolgend betrachten wir zwei typische Beispiele. Ein weiteres ist der Leistungs-OV im Abschnitt 11.6.1.

Integrierter NF-Leistungsverstärker TBA 810 S. Er ist in einem speziellen 16poligen DIL-Gehäuse mit seitlich abstehenden Kühlfahnen bzw. mit aufgepreßtem Kühlkörper für maximale Ausgangsleistung enthalten. Die Innenschaltung (Bild 7.18) umfaßt die vier wesentlichen Funktionsgruppen Vorverstärker, Wärmeschutzschaltung, Endverstärker (AB-Stufe) und Netzwerk zur Arbeitspunkteinstellung und automatischen Mittenspannungseinstellung. Der Vorverstärker besteht aus der Darlingtonstufe (T_1, T_2) und dem als Stromquelle geschalteten Transistor T_3, der als Kollektorarbeitswiderstand für die Darlingtonschaltung wirkt.

Über die Elemente D_1, D_7, R_4, R_5 und die Basis-Emitter-Strecken von T_4 und T_5 wird ein von der Betriebsspannung abhängiger Strom $I = (U_S - 4U_{BE})/(R_4 + R_5)$ erzeugt, der in T_3 gespiegelt wird. Da die Transistoren T_3 und T_4 praktisch gleich sind, fließt durch sie der gleiche Kollektorstrom. Es gilt daher $I = I_6$. Unter der Voraussetzung $R_4 = R_5 = R_6$ erhalten wir $U_{12} = 2U_{BE} - IR_6 = U_S/2$. Diese Mittelspannung läßt sich durch einen externen zwischen Anschluß *7* und Masse bzw. U_S geschalteten Widerstand etwas verschieben.

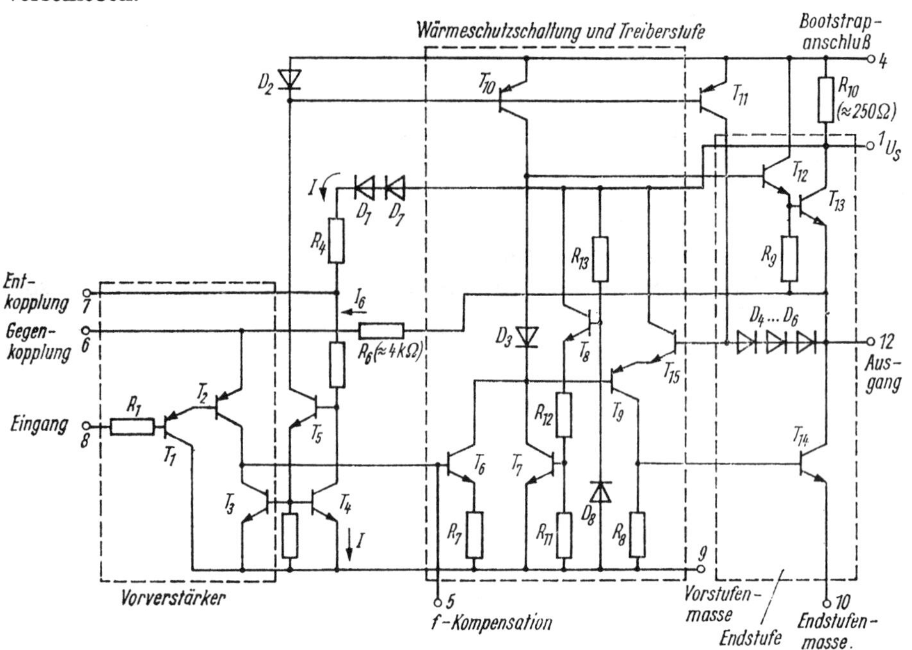

Bild 7.18. *Vollständige Innenschaltung des Leistungsverstärkerschaltkreises TBA 810 S*

Die Wärmeschutzschaltung ist im Bild 7.18 gesondert gekennzeichnet. Die Referenzspannung wird durch einen als Z-Diode D_8 geschalteten Transistor erzeugt. Der negative TK der U_{BE}-Spannung von T_8 kompensiert den positiven TK von D_8. Am Emitter von T_8 liegt folglich eine temperaturunabhängige Spannung. Mit R_{11} und R_{12} wird eine konstante Spannung von 0,4 V an der Basis von T_7 eingestellt. Mit steigenden Chiptemperaturen verringert sich U_{BE} von T_7 und bewirkt, daß die Basis von T_9 in Richtung zum Massepotential ausgesteuert wird. Dadurch erfolgt ein (unsymmetrisches) Abschalten der Endstufentransistoren. Zur Erreichung der vollen Aussteuerbarkeit der Endstufe wird das Potential der Treiberstufe mit Hilfe einer Bootstrapschaltung am Anschluß *4* um $U_S/2$ auf die Betriebsspannung aufgestockt (vgl. Abschn. 7.1.3.2.).

Beim Entwurf monolithischer Leistungsverstärker muß einer günstigen thermischen Anordnung der Elemente auf dem Chip besondere Aufmerksamkeit geschenkt werden. Die Leistungstransistoren nehmen u. U. die Hälfte der Chipfläche ein. Die empfindlichen Verstärkerstufen und besonders die Referenzquelle müssen in möglichst großer Entfernung von den Leistungstransistoren angeordnet werden. Die thermische Schutzschaltung dagegen soll in engem Wärmekontakt mit den Leistungstransistoren stehen. Da es an den Emittergrenzen zu Stromverdrängungseffekten kommen kann, wird das Verhältnis Emitterumfang/belegte Chipfläche groß gewählt, meist in Form einer Kammstruktur (Interdigitalstruktur).

Einige Daten: Betriebsspannungsbereich $U_S = 4 \dots 20$ V, max. Ausgangsspitzenstrom 2,5 A (einmaliger Stoßstrom 3,5 A), Verlustleistung 1,3 W (D) bzw. 5 W (K) bei $\vartheta_a = +25\,°C$; Klirrfaktor typ. $\leqq 0{,}5\%$ bei $U_S = 15$ V und $R_L = 4\,\Omega$ im Bereich $P_a = 50$ mW ... 3 W; obere Grenzfrequenz f_o: 19 kHz für $C_3 = 820$ pF und 41 kHz für

$C_3 = 470$ pF; max. typ. Ausgangssignalleistung für A 210 K: 6/4/2,2/0,85 W bei $U_S = 15/12/9/6$ V und $R_L = 4\ \Omega$, $k = 10\%$, $f = 1$ kHz; offene Spannungsverstärkung typ. 77 dB; Eingangswiderstand ohne Gegenkopplung typ. 630 kΩ; Rauschen s. Beispiel im Abschnitt 12.6.5.

Die typische Beschaltung dieses Verstärkerschaltkreises zeigt Bild 7.19 (Standardmeßschaltung). Zwischen den Klemmen *6* und *12* ist im Schaltkreis ein Gegenkopplungswiderstand $R_6 \approx 4$ kΩ enthalten. Durch externe Beschaltung mit R_f und C_8 läßt sich der gewünschte Verstärkungsfaktor der gegengekoppelten Anordnung einstellen zu $V' = 20 \lg (1 + R_G/R_f)$. Die Eingangsspannung soll 220 mV nicht übersteigen (Übersteuerung des Vorverstärkers). Aus diesem Grund darf der Gegenkopplungswiderstand nicht zu groß werden ($R_f \leqq 220\ \Omega$ für $U_S = 12$ V, 50 Ω für 16 V).

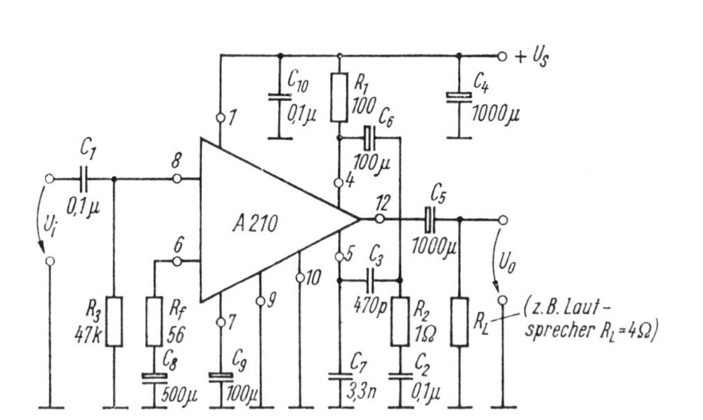

Bild 7.19. Standardmeßschaltung des Schaltkreises A 210 (≙ TBA 810 S)

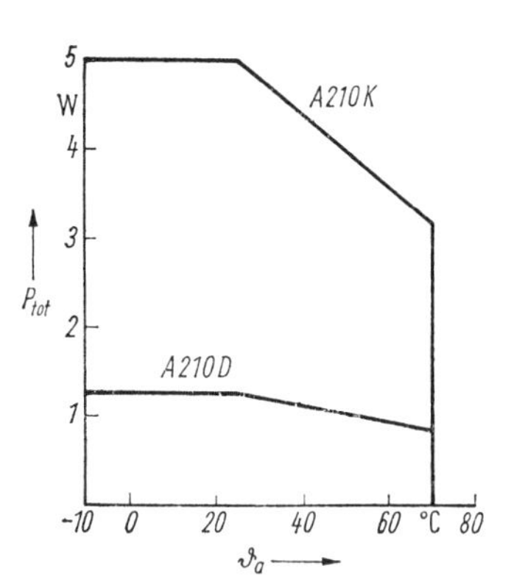

Bild 7.20. Reduktionsdiagramm des Leistungsverstärkers A 210 (≙ TBA 810 S)

Die Grenzfrequenzen der Schaltung hängen von der eingestellten Verstärkung und der Außenbeschaltung ab. Die *untere* Grenzfrequenz ist durch folgende Zeitkonstanten bestimmt: 1. Ankopplungszeitkonstante C_1R_3, 2. Gegenkopplung R_fC_8, 3. Bootstrapschaltung R_1C_6 und 4. Auskopplungszeitkonstante C_5R_L. Die *obere* Grenzfrequenz hängt von C_3 ab (Frequenzgangkompensation). Vom Hersteller wird $C_7 = 5C_3$ empfohlen.

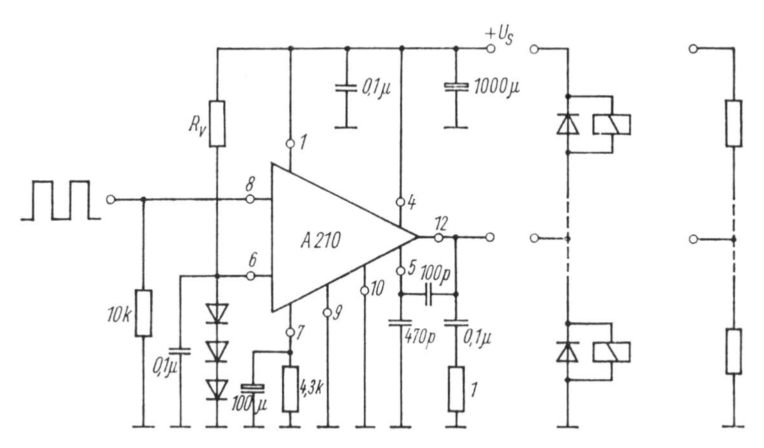

Bild 7.21. Anwendung des Leistungsverstärkers TBA 810 S als Schaltverstärker

Der zulässige Arbeitsbereich des Typs A 210 wird durch folgende fünf Kenngrößen begrenzt: 1. U_S-Bereich, 2. max. Ausgangsspitzenstrom, 3. einmaliger Ausgangsstoßstrom, 4. max. zulässige Verlustleistung P_{tot} und 5. Streubereich der Thermoschutzschaltung. Mit steigender Umgebungstemperatur wird P_{tot} kleiner (Bild 7.20, vgl. Abschnitt 2.1.6.).

Monolithisch integrierte Leistungsverstärker sind für zahlreiche Anwendungen einsetzbar: NF-Verstärker, Leistungsoperationsverstärker, Spannungs- und Stromquellen, Signalgeneratoren großer Leistung. Aber auch als Schaltverstärker sind sie einsetzbar, z. B. zum Schalten von Glühlampen und Motoren.

Bild 7.21 zeigt die Anwendung des Schaltkreises A 210 in einem Schaltverstärker. Die Schaltschwelle läßt sich durch Einstellen des Potentials am Eingang *6* festlegen (Anzahl der in Reihe liegenden Dioden). Die am Ausgang *12* angeschaltete Last darf wahlweise mit Masse oder mit der Betriebsspannung verbunden werden. Bei induktiver Last müssen Überspannungen durch Begrenzerdioden verhindert werden. Außerdem darf der max. zulässige Ausgangsstrom nicht überschritten werden.

Ein ähnlicher monolithischer Typ ist der 1-W-NF-Verstärker TAA 611B, SN 76001.

Integrierter NF-Leistungsverstärker TDA 2030. Dieser monolithische 16-W-NF-Verstärker mit Gegentakt-B-Endstufe (Bild 7.22) ist vor allem für Rundfunk-, Fernseh- und Fonogeräte vorgesehen. Durch weitgehend symmetrischen Aufbau wird eine sehr stabile Arbeitsweise erreicht, die für die große umgesetzte Leistung sehr wichtig ist. Der Chip enthält einige Überwachungsschaltungen. Die *Temperaturüberwachungsschaltung* vermindert bzw. sperrt die Ansteuerung der Endstufe bei einer Grenztemperatur von etwa 150 °C. *Überstromschutzschaltungen* leiten ein ausgangsstromabhängiges Signal vom Spannungsabfall an den Bonddrähten ab und schützen jeden Endstufenzweig. Zusätzlich ist ein wirksamer *SOAR-Schutz* (s. Abschn. 22.4.) gewährleistet.

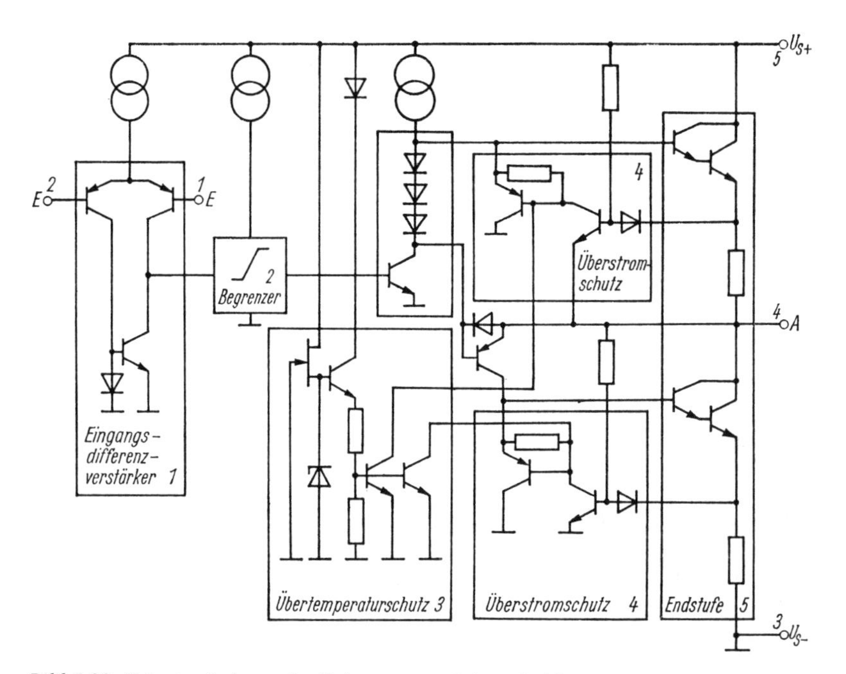

Bild 7.22. Prinzipschaltung des Leistungsverstärkerschaltkreises TDA 2030

Der Betrieb mit einer einzigen Betriebsspannung $+U_S$ läßt sich realisieren, indem Eingang *1* auf $U_S/2$ gelegt wird und die Last (Lautsprecher) über eine große Kapazität angekoppelt wird, über der sich ungefähr die halbe Betriebsspannung als Gleichspannung ausbildet. Empfohlene Spannungsverstärkungen im gegengekoppelten Zustand betragen 30 ... 40 dB.

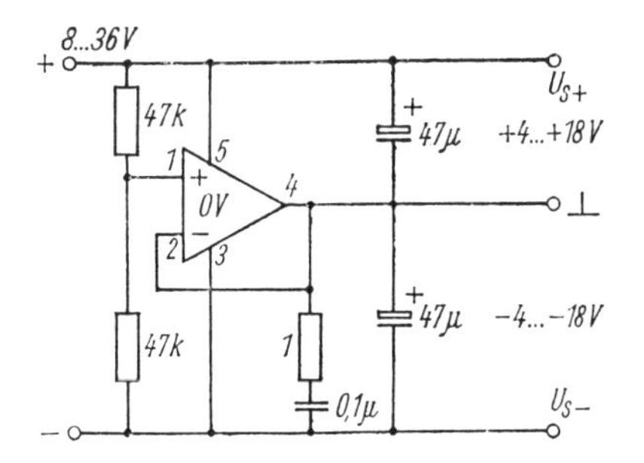

Bild 7.23
Speisespannungssymmetrierung mit Leistungsoperationsverstärker

Neben vielen Anwendungen lassen sich solche Verstärker auch zur Speisespannungssymmetrierung verwenden (Bild 7.23), wie sie beispielsweise zum Betrieb von Operationsverstärkern oft benötigt wird (vgl. Abschn. 22.2.2.2.). Die im Verstärkerschaltkreis enthaltenen thermischen und Strom/Spannungsbegrenzungsschutzschaltungen sind bei dieser Anwendung sehr vorteilhaft. Sie vermeiden zusätzliche externe Beschaltungen. *Einige Daten:* max. $U_S = \pm 18$ V, Ausgangsspitzenstrom 3,5 A, $P_{tot} \leqq 20$ W, Leerlaufspannungsverstärkung > 76 dB (mit Gegenkopplung ≈ 30 dB empfohlen), max. Ausgangsleistung P_a an $R_L = 4\,\Omega$: 14 (> 16) W bei $U_S = \pm 14$ V und $k = 0{,}5\,\%$ (10 %) [7.7].
Weitere Typen: Doppel-NF-Leistungsverstärker *A 2000 V* (2 × 5 W an 4 Ω bei 14,4 V) und *A 2005 V* (2 × 10 W bei 14,4 V) für Betriebsspannungsbereich 3,5 ... 18 V, 11poliges Multiwattgehäuse ($R_{thj_c} \leqq 3$ K/W) von HFO; *LM 1875:* 20-W-Leistungsverstärker;
SG 1173/2173/3173 (Silicon General Inc., USA); Leistungs-OV bis 3,5 A Ausgangsstrom, Betriebsspannungsbereich ± 24 V, enthält thermischen Überlastschutz und Strombegrenzung;
OPA 501 (Burr Brown) im TO-3-Gehäuse: 260 W (26 V · 10 A) maximale Ausgangssignalleistung, Betriebsspannung $U_S \leqq \pm 40$ V, $I_a \leqq \pm 10$ A, $B = 1$ MHz (16 kHz bei Vollaussteuerung), Ausgangssignalspannung $U_a = 40\ V_{ss}$ an $R_L = 8\,\Omega$; *OPA 541:* Ähnlich zu OPA 501, aber Bipolartechnik mit FET-Eingang;
Pufferverstärker LT 1080: Dieser Verstärker treibt kapazitive Lasten bis zu 1 µF und bleibt dabei dynamisch stabil. An einem 75-Ω-Widerstand erzeugt er einen Spannungsabfall von ± 10 V. Weitere Daten: $B = 15$ MHz, $S_r > 1000$ V/µs, $U_S = 4{,}5 \ldots 40$ V, Ruhebetriebsstrom $I_S = 5$ mA.

7.2. Unstetige Leistungsverstärker für analoge Signale. D-Verstärker

7.2.1. Grundlagen

Schalterbetrieb. Ein aktives Halbleiterbauelement (Transistor, Thyristor) mit einer bestimmten zulässigen Verlustleistung P_{tot} kann im Schalterbetrieb (unstetige Arbeitsweise) eine wesentlich größere Leistung verarbeiten als im Verstärkerbetrieb (stetige Arbeitsweise), weil sowohl im gesperrten als auch im eingeschalteten Zustand die im Bauelement entstehende Verlustleistung sehr klein ist (Sperrbereich: sehr kleiner Reststrom; Durchlaßbereich: sehr kleiner Spannungsabfall).

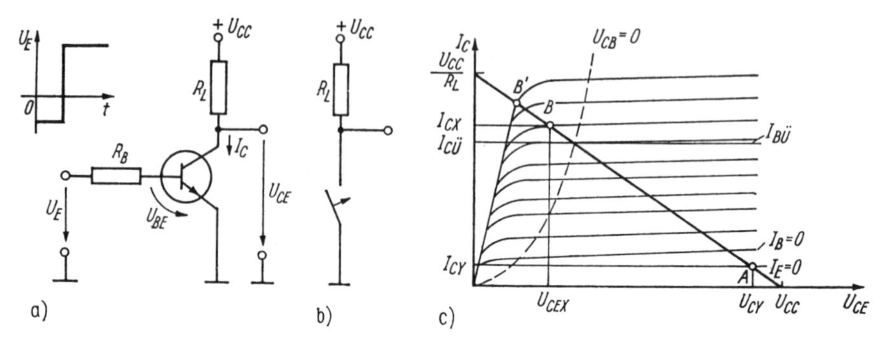

Bild 7.24. Schaltverstärker mit Bipolartransistor
a) Schaltung; b) Prinzip; c) Ausgangskennlinienfeld

Der Transistor (auch Thyristor) wirkt beim *Schaltverstärker* wie ein Relaiskontakt in Reihe zur Last (Bild 7.24). Die Last wird für eine bestimmte Zeitdauer an die positive oder negative Betriebsspannung angeschaltet. In der Wirkungsweise unterscheidet sich eine Leistungsstufe im Schalterbetrieb nicht von einer Negatorschaltung [2].

Tafel 7.5. Leistungsbilanz beim Schaltverstärker

Transistorverlustleistung P_C		Ausgangssignalleistung
Transistor gesperrt (Arbeitspunkt A)	Transistor eingeschaltet (Arbeitspunkt B)	
$P_{C1} \approx U_{CEY} I_{CY} \approx U_{CC} I_{CY}$	$P_{C2} \approx U_{CEX} I_{CX} \approx U_{CEX}(U_{CC}/R_L)$	$P_a = \frac{(U_{CC} - U_{CEX})^2}{R_L} \approx \frac{U_{CC}^2}{R_L}$

$U_{CEX}(U_{CEY})$ Kollektoremitterspannung des eingeschalteten (gesperrten) Transistors; entsprechend I_{CX} und I_{CY}

Für die Leistungsbilanz des Schaltverstärkers nach Bild 7.24 gilt der Zusammenhang nach Tafel 7.5. Hierbei wurde vorausgesetzt, daß bei gesperrtem Transistor kein merklicher Spannungsabfall über R_L auftritt ($U_{CEY} \approx U_{CC}$). In der Regel ist die Verlustleistung bei gesperrtem Transistor vernachlässigbar $P_{C1} \ll P_{C2}$. Die Transistorverlustleistung $P_C \approx P_{C2}$ ist proportional zur Betriebsspannung U_{CC}. Durch Vergleich der geschalteten Leistung P_a mit der Transistorverlustleistung $P_C \approx P_{C2}$ stellen wir fest, daß der Transistor ein Vielfaches seiner maximal zulässigen Verlustleistung $P_{tot} \approx P_{C2\,max}$ schalten kann, denn es gilt

$$\frac{P_a}{P_{tot}} \approx \frac{P_a}{P_{C2}} \approx \frac{U_{CC}}{U_{CEX}} > 10 \dots 100. \qquad (7.18)$$

Günstig sind eine hohe Betriebsspannung U_{CC} und eine kleine Sättigungsspannung $U_{CEsat} = U_{CER}$ des Transistors (Arbeitspunkt bis zum Punkt B' aussteuern!). Geschaltete Leistungen von $P_a < 1$ kW sind realisierbar. Mit einem 1-W-Transistor lassen sich bei gängigen Betriebsspannungen Ausgangsleistungen von $P_a \approx 10 \dots 100$ W schalten! Im stetigen Betrieb kann ein 1-W-Transistor als A-Verstärker maximal 0,5 W und im Gegentakt-B-Betrieb günstigstenfalls 5 W Ausgangsleistung liefern. Mit Thyristoren (größere Spannungen, größere Ströme) können bei vergleichbarer Thyristorverlustleistung Leistungen bis zum kW-Bereich geschaltet werden.

Wirkungsgrad. Bei eingeschalteter Last beträgt der Wirkungsgrad der Schaltung nach Bild 7.24 unter der Voraussetzung $P_a \gg P_{C2}$

$$\eta = \frac{P_a}{P_=} 100\,\% \approx \frac{P_a}{P_{C2} + P_a} 100\,\% \approx 1 - \frac{U_{CEX}}{U_{CC}}.$$

Aus den in (7.18) angegebenen Zahlenwerten folgt, daß der Wirkungsgrad eines Schaltverstärkers in der Regel merklich über 90% liegt.

Schaltzeiten. Bisher setzten wir voraus, daß beim Umschalten im Schalter (Transistor) keine Verlustleistung entsteht. Das ist aber nicht der Fall. Während des Umschaltvorgangs entsteht nämlich im Bauelement eine wesentlich größere Verlustleistung als im gesperrten oder eingeschalteten Zustand. Zusätzlich zu den „statischen" Verlustleistungen P_{C1} und P_{C2} addiert sich eine „dynamische" Verlustleistung, die mit zunehmender Schaltzeit des Bauelements zunimmt. Die Folge ist ein Absinken des Wirkungsgrades bei hohen Schaltfolgefrequenzen, wenn die Transistorschaltzeiten nicht vernachlässigbar klein sind.

Zur quantitativen Abschätzung der zusätzlichen Verlustleistung nehmen wir an, daß der Kollektorstrom beim Einschalten des Transistors während der Zeit $0 \dots t_1$ linear von Null bis zu seinem Höchstwert I_{CX} ansteigt. Dann fällt während der gleichen Zeit die Kollektoremitterspannung von U_{CC} auf $U_{CEX} \approx 0$ linear ab. Die während dieser Einschaltzeit im Transistor auftretende mittlere Verlustleistung beträgt mit $i_C = I_{CX}(t/t_1)$ und $u_{CE} = U_{CC} - I_{CX}R_L(t/t_1)$

$$P_{Con} = \frac{1}{t_1}\int_0^{t_1} u_{CE} i_C \,\mathrm{d}t = I_{CX}\left(\frac{U_{CC}}{2} - \frac{I_{CX}R_L}{3}\right) \approx \frac{I_{CX}U_{CC}}{6}.$$

Wenn wir in einem zweiten betrachteten Fall annehmen, daß der Transistorkollektorstrom in unendlich kurzer Zeit von 0 auf den Wert I_{CX} springt, die Kollektoremitterspannung jedoch (z.B. infolge großer Parallelkapazität) während $0 \dots t_1$ linear von U_{CC} auf Null abfällt, erhalten wir durch analoge Rechnung

$$P_{Con} = I_{CX}\left(U_{CC} - \frac{I_{CX}R_L}{2}\right) \approx \frac{I_{CX}U_{CC}}{2}.$$

Während der Einschaltzeit entsteht im Transistor also die mehrfache Verlustleistung bezogen auf den statischen Fall. Bei Gegentaktschaltungen entsteht diese Verlustleistung P_{Con} sowohl an der Vorder- als auch an der Rückflanke des Ansteuerimpulses. Häufig wird der Transistor übersteuert betrieben. Dann beträgt der Kollektorstrom während des

Umschaltvorgangs $I_C = mI_{CX}$ (m Übersteuerungsfaktor, z.B. 2 ... 10), und die Verlustleistung während des Umschaltens ist u. U. bis 100fach größer als im statischen Fall. Um den Einfluß dieser dynamischen Verlustleistung gering zu halten, muß die Umschaltzeit t_1 wesentlich kleiner sein als die Zeitspanne zwischen zwei Umschaltungen.

Eine Auswahl von Leistungsschalttransistoren zeigt Tafel 7.3, S. 170. Für sehr große geschaltete Leistungen eignen sich Thyristoren, die Spannungen bis zu 2,5 ... 4 kV und Ströme bis zu 2000 A schalten können.

7.2.2. D-Verstärker [7.8] bis [7.13]

Prinzip. Amplitudenanaloge Signale lassen sich nicht direkt mit Schaltverstärkern verstärken, weil dessen Ausgangsamplitude von der Amplitude des Steuersignals unabhängig ist. Wandelt man jedoch das amplitudenanaloge Signal in eine andere Signalform um, z.B. in eine pulsbreitenmodulierte Rechteckimpulsfolge, so eignet sich der Schaltverstärker auch zur Verstärkung von Analogsignalen, vorzugsweise im NF-Bereich. Nach der Verstärkung werden die Rechteckimpulse wieder in ein amplitudenanaloges Signal umgewandelt. Auf diesem Prinzip beruht der D-Verstärker.

Er ist ein Verstärker, in dem die aktiven Elemente im Schalterbetrieb arbeiten und eine aus dem Nutzsignal gewonnene Impulsfolge verstärken. Durch Filterschaltungen im Ausgangskreis wird der ursprüngliche Signalverlauf wiederhergestellt.

Grundsätzlich lassen sich Breitbandlinearverstärker (z.B. NF-Verstärker) und Schmalbandverstärker (z.B. HF-Verstärker mit Schwingkreis im Ausgang) unterscheiden (Bild 7.25). Wir beschränken uns nachfolgend auf die erste Gruppe.

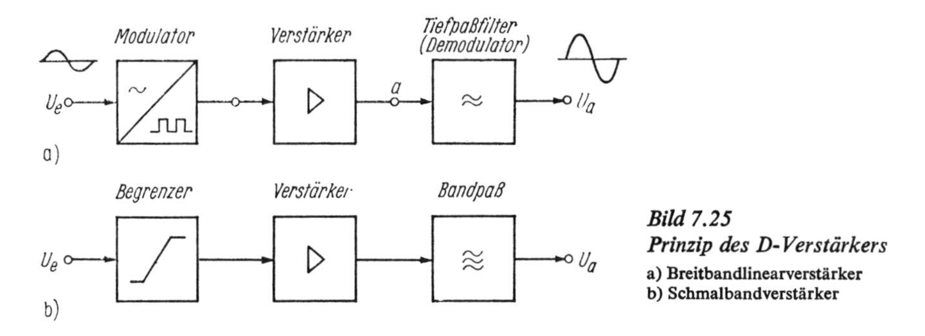

Bild 7.25
Prinzip des D-Verstärkers
a) Breitbandlinearverstärker
b) Schmalbandverstärker

Ein D-Verstärker nach Bild 7.25a enthält folgende Baugruppen:

1. Impulsbreitenmodulator (Pulslängen-, Pulsdauermodulator)
2. Verstärker mit Endstufe im Schalterbetrieb
3. Filter.

Das zu verstärkende amplitudenanaloge Eingangssignal wird zunächst in eine (vorzugsweise) pulsbreitenmodulierte Rechteckimpulsfolge umgewandelt (moduliert). Die Impulsbreiten der Rechteckfolge sind dem Augenblickswert des Eingangssignals streng proportional. Die Rechteckimpulse werden mit einem Schaltverstärker mit sehr hohem Wirkungsgrad verstärkt. Anschließend wird mit einem Tiefpaßfilter (Mittelwertbildung) der ursprüngliche amplitudenanaloge Signalverlauf wieder zurückgewonnen. Voraussetzung für die einwandfreie Funktion ist, daß die Folgefrequenz der Rechteckfolge wesentlich größer ist als die höchste Eingangssignalfrequenz.

Wie aus Bild 7.26a ersichtlich ist, beträgt der arithmetische Mittelwert einer Impulsfolge mit einem Tastverhältnis 1 : 1 Null. Moduliert man die Impulsbreite mit einem Sinussignal, so entsteht nach der Integration als arithmetischer Mittelwert der gestrichelte Signalverlauf im Bild 7.26b.

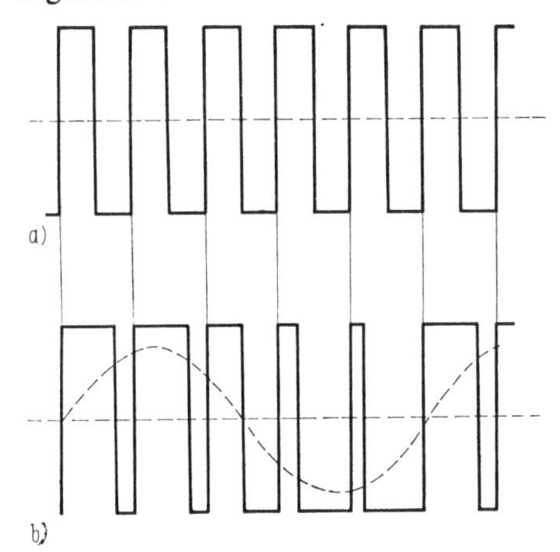

Bild 7.26
Signalverlauf am Punkt a im Bild 7.25a
a) ohne Eingangssignal ($U_e = 0$)
b) mit sinusförmigem Eingangssignal

Bild 7.27 zeigt die Endstufe eines D-Verstärkers. Die Induktivität L wirkt in Verbindung mit dem Lastwiderstand R_L als Tiefpaß zur Bildung des arithmetischen Mittelwertes der Impulsfolge.

Das Verfahren der Impulsbreitenmodulation zur Verarbeitung analoger Signale wird auch auf anderen Gebieten angewendet, z. B. in Lichtreglern mit Thyristoren oder zur genauen Informationsübertragung mittels Optokoppler [5.1].

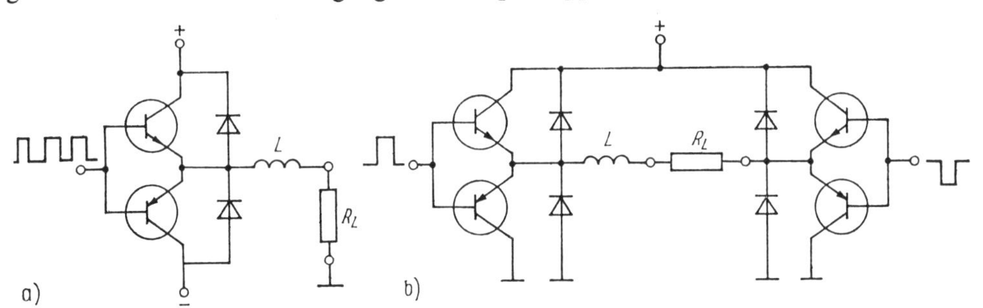

Bild 7.27. Endstufe eines D-Verstärkers

Vor- und Nachteile. Das Prinzip des D-Verstärkers ist bereits drei Jahrzehnte bekannt. Wegen des relativ hohen Aufwandes und der hohen Anforderungen an kurze Schaltzeiten der Leistungstransistoren konnte es sich bisher nicht durchsetzen. Durch die Möglichkeiten der integrierten Technik und durch verbesserte Leistungstransistoren mit kurzen Schaltzeiten (V-FET) ist in Zukunft eine zunehmende Verbreitung zu erwarten.

Bedingt durch die Eigenschaften des Schaltverstärkers haben D-Verstärker folgende Vorteile:

1. Sehr hoher und aussteuerungsunabhängiger Wirkungsgrad ($\eta \approx 90 \ldots 95\%$), d.h. bessere Ausnutzung der aktiven Bauelemente (Schalter).
2. Geringere Wärmeabgabe der Endstufe, dadurch kleinere Abmessungen möglich.
3. Kleines Netzteil für die Endstufe.
4. Realisierbarkeit von integrierten Schaltungen mit großer Ausgangsleistung.

Der Vorteil des höheren und aussteuerungsunabhängigen Wirkungsgrades von D-Verstärkern kommt deutlich zum Ausdruck, wenn man berücksichtigt, daß z.B. Gegentakt-B-Verstärker oft nur zwischen 10 und 30% der Vollaussteuerung betrieben werden (z.B. NF-Verstärker). Bezogen auf diesen Aussteuerbereich ist der Wirkungsgrad von D-Verstärkern 3- bis 5mal größer als der eines Gegentakt-B-Verstärkers.

Nachteile sind vor allem:

1. Höherer Aufwand und höhere Anforderungen an die Leistungstransistoren
2. Gefahr der Abstrahlung hochfrequenter Schwingungen.

Probleme. Damit nach erfolgter Verstärkung der Rechteckimpulse die ursprüngliche Signalform mit erträglichem Filteraufwand wiederhergestellt werden kann, muß die Folgefrequenz der Rechteckschwingung mindestens 5- bis 7mal größer sein als die maximale Signalfrequenz [7.7]. Hieraus folgt, daß an die Leistungstransistoren im Schaltverstärker hohe Anforderungen hinsichtlich der oberen Grenzfrequenz und sehr kurzer Schaltzeiten gestellt werden müssen.

Problematisch ist die Gefahr des zeitweiligen Kurzschlusses der Endstufe, der dann erfolgt, wenn der gesperrte Transistor schneller einschaltet als der eingeschaltete gesperrt wird. Dieses Problem ist durch zwei Maßnahmen beherrschbar:

1. Einsatz von Leistungstransistoren mit sehr kurzen Schaltzeiten, z.B. von Leistungs-FETs
2. Zeitliche Verschiebung des Ein- und Ausschaltens der Leistungstransistoren [7.9] und/oder Vermeiden der Übersteuerung der Leistungstransistoren.

Es ist zu erwarten, daß komplementäre Vertikal-FET (V-FET) in Zukunft Anwendung finden, u.a. deshalb, weil sie keine Speicherzeit aufweisen.

7.3. Leistungs-MOSFET [7.18]

Vor allem bei Schalteranwendungen haben Leistungs-MOSFETs, bei deren Herstellungstechnologie in den letzten Jahren wesentliche Fortschritte erzielt wurden, beachtliche Vorteile gegenüber Bipolartransistoren. Sie beruhen auf einer Vertikalstruktur (VMOS-, DMOS(doppelt diffundierte)-Transistoren (Bild 7.28). Auf dem Chip eines modernen Leistungs-MOSFET sind viele (bis zu 10^4) Einzeltransistoren (Source-Zellen) parallelgeschaltet. Häufig wird heute die vertikale DMOS-Struktur verwendet, die mit einem doppelt diffundierten MOS-Prozeß hergestellt wird. Die Ladungsträger fließen hierbei lateral von der Source-Elektrode zum Drain-Bereich unter dem Gate und dann vertikal zum Drain.

International bekannte Typenreihen sind SIPMOS (Siemens)-Vertikal-DMOS-Leistungs-MOSFETs mit $U \leqq 1000$ V, $I \leqq 45$ A und $r_{on} = 0{,}03\ \Omega$ und HEXFET (International Rectifier)-n-Kanal-Leistungstransistoren mit $U = 60 \dots 500$ V, $I = 25\,(8)$ A für 100 (500) V. Die TMOS-Leistungstransistoren von Motorola verarbeiten Ausgangsströme von 120 ... 200 A (Dauerstrom) bzw. 800 A (Spitzenstrom). Überwiegend handelt es sich um n-Kanal-Typen. Es gibt Typen (MRF 153, MRTF 154) mit 300 bzw. 600 W Ausgangsleistung.

Hochleistungsfähige MOSFETs der Firma APT (Advanced Power Technology, USA) gibt es für Spannungen von 200 V ($I = 77$ A, $r_{dson} = 0{,}04\ \Omega$) bis 1000 V ($I = 20{,}5$ A, $r_{dson} = 0{,}5\ \Omega$). Besondere Eigenschaften: Sehr niedrige Eingangskapazität (geringe Umschaltverluste), sehr hohe Schaltgeschwindigkeit ($t_{d\ on} = 10$ ns, $t_{d\ off} = 35$ ns).

Typische Daten eines 100-V-/10-A-Leistungsmosfets (IRF 530) sind: $U_{DSmax} = 100$ V, $I_{Dmax} = 10$ A, $U_{GSmax} = \pm 20$ V, $P_{tot} = 75$ W; $U_{TO} = 1{,}5 \ldots 3{,}5$ V, $I_{DS} = 5$ A, $S \leqq 5$ A/V, $r_{dson} < 0{,}14\ \Omega$, Sperrströme $I_{Gmax} = 0{,}5$ nA, $I_{Dmax} = 1$ mA; $C_{GS} = 750$ pF, $C_{DS} = 300$ pF, $C_{GD} = 50$ pF, $t_{d\ on} = 30$ ns, $t_{d\ off} = 50$ ns.

Vorteile von Leistungs-MOSFETs sind:

- Keine Speicherzeit, daher etwa 10fach kürzere Schaltzeiten (Bipolarleistungstransistoren 0,1 ... 1 μs, Leistungs-MOSFET 10 ... 100 ns); bei Schaltfrequenzen > 50 ... 100 kHz gegenüber Bipolartransistoren eindeutig überlegen.
- Sie weisen keinen zweiten Durchbruch auf. Daher können die bei BPT erforderlichen Schutzschaltungen entfallen.
- Wegen des sehr hohen Eingangswiderstands (Eingangsstrom: nA bis pA; der Eingang ist näherungsweise rein kapazitiv) sind sie aus relativ hochohmigen Signalquellen ansteuerbar (aber: Schaltzeit ist kürzer bei niederohmiger Ansteuerung!); die Ansteuerleistung ist 10fach kleiner als bei BPT.
- MOSFETs lassen sich im Schalterbetrieb problemlos parallelschalten, weil sich der Drain-Source-Widerstand des eingeschalteten Transistors mit steigender Temperatur um etwa 0,7 %/K erhöht. Dieser Effekt bewirkt ohne weitere Maßnahmen eine gleichmäßige Lastverteilung.
- Besonders enge Toleranzen ergeben sich, wenn mehrere Leistungs-MOSFETs parallelgeschaltet werden, die sich auf *einem* Halbleiter-Wafer befinden (sehr enge elektrische Toleranzen sichern eine symmetrische Stromaufteilung). Beispielsweise sind in den SIMOPAC-Modulen der Firma Siemens 6 Leistungs-MOSFETs in dieser Weise parallelgeschaltet ($U_{DS} = 500$ V, $I_D = 56$ A, $r_{ds\ on} = 0{,}11 \ldots 0{,}22\ \Omega$, $P_{tot} = 700$ W, $R_{th} = 0{,}23$ K/W zwischen Chip und Kühlkörper). SIMOPAC-Module können selbst wieder parallelgeschaltet werden.
  Problem: Schwinggefahr, daher induktivitätsarm und möglichst symmetrisch aufbauen; evtl. Ansteuerung durch CMOS-Treiber mit Mehrfachausgängen.
- Viele Leistungs-MOSFETs sind im Schalterbetrieb direkt mit TTL-, CMOS- und LSI-Schaltkreisen ansteuerbar (solange die Schwellspannung der MOSFETs nicht größer ist als der H-Pegel der o.g. Schaltkreise).

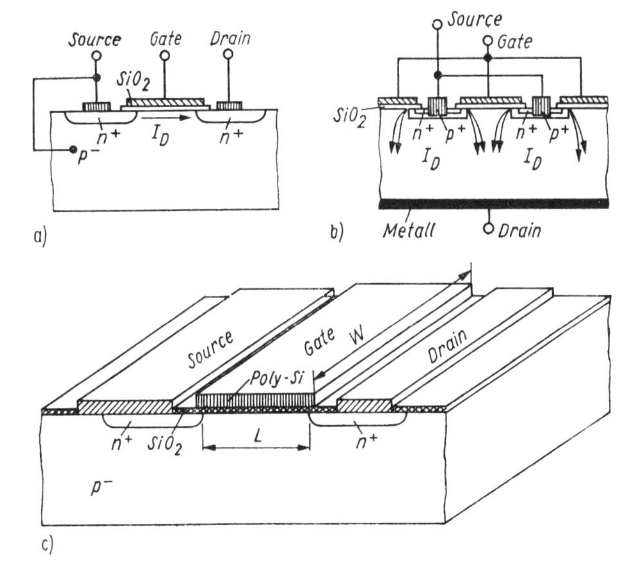

Bild 7.28
MOSFET
a) Lateraler MOS-Transistor
b) vertikaler MOS-Transistor
c) Aufbau eines n-Kanaltransistors
w Kanalbreite, l Kanallänge

- Zum Ansteuern im Schalterbetrieb wird im Gegensatz zu BPT keine negative Hilfsspannung benötigt (npn-Typen).
- Der Spannungsabfall U_{DS} im eingeschalteten Zustand ist bei Leistungs-MOSFET mit $U_{DS\,max} \approx 200$ V kleiner als bei Bipolartransistoren.

Nachteilig ist der gegenwärtig noch 2- bis 3fach höhere Preis gegenüber Bipolartransistoren. Auch Bipolartransistoren werden in ihrer Leistungsfähigkeit erhöht. Beispiel: SIRET (Siemens-Ring-Emitter-Transistor), ein sehr schneller 1000-V-Bipolartransistor, in modernster Technologie in Zellenstruktur gefertigt. Einsatz vor allem in Umrichtern bei Pulsfrequenzen über der Hörgrenze [7.20].

7.3.1. Eigenschaften

Da die wesentlichen Kenngrößen eines Leistungs-MOSFETs proportional zum Verhältnis w/l des MOSFETs sind (I_D, S, $1/r_{on} \sim w/l$; s. Abschn. 1.2.2.), andererseits l aus herstellungstechnologischen Gründen und aus Gründen der maximalen Spannung U_{DS} nicht beliebig klein gehalten werden kann, müssen große Kanalbreiten angestrebt werden. Man erhält sie durch streifenförmige Kammstrukturen oder durch mäanderförmige Strukturen. Durch Parallelschalten vieler tausend kleiner MOSFET-Zellen erhält man Zellendichten >130000 Zellen/cm² und damit Kanalbreiten von 10 m je cm² Chipfläche [7.18].

Die Schwellspannung von n-Kanal-MOSFETs beträgt typ. 1,5 ... 3,5 V. Wenn das Source-Potential positiver ist als das Drain-Potential, wirkt der Kanal wie eine Diode.

Schaltverhalten. Die Ein- und Ausschaltzeit wird wesentlich durch die Umladezeit der wirksamen Kapazitäten C_{GS}, C_{GD} und C_{DS} bestimmt (Bild 7.29). Man kann davon ausgehen, daß der Drainstrom ohne Zeitverzögerung von u_{GS} gesteuert wird. VMOS-Transistoren haben typische Grenzfrequenzen $f_T > 400$ MHz. Die Schaltzeiten liegen im Bereich von $t_{on} = 20 \ldots 200$ ns, $t_{off} = 100 \ldots 500$ ns bei $I_{DS} = 20 \ldots 30$ A. Beim Ein- und Ausschalten treten kurze Verzögerungszeiten auf. Wie aus Bild 7.29 ablesbar ist, ist t_{don} diejenige Zeit, die zur Umladung der Eingangskapazität C_I (beinhaltet C_{GS} und C_{GD}) von 0 Volt bis zur Schwellspannung des MOSFET benötigt wird. t_{doff} ist das Zeitintervall zwischen der Rückflanke von u_G und dem Zeitpunkt, zu dem u_{GS} so weit abgefallen ist, daß der Abfall von i_D beginnt. Diese Verzögerungszeit wird mit zunehmender Gatespannungsamplitude größer, t_r dagegen kleiner und t_f ist nahezu unabhängig von ihr. Alle Zeiten vergrößern sich mit steigendem Innenwiderstand der Signalquelle.

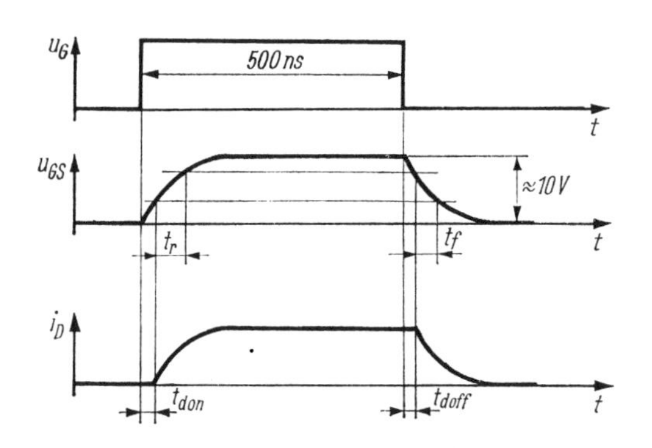

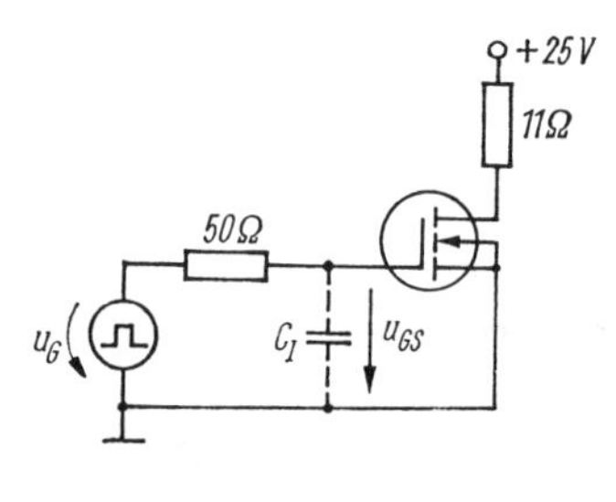

Bild 7.29
Schaltung zur Bestimmung der Schaltzeiten von Leistungs-MOSFETs

Hinweise für die Schaltungsentwicklung. Beim Einsatz von Leistungs-MOSFETs sind wie allgemein bei MOSFETs [2] besondere Hinweise zu einigen typischen Eigenschaften zu beachten, damit keine Zerstörung des Bauelements auftritt:

- Leistungs-MOSFETs haben relativ große Kapazitäten C_{GD} und C_{GS} (einige 100 pF). Daher sind niederohmige Treiberstufen erforderlich, damit die Kapazitäten schnell umgeladen werden können. Die Sourcefolgerschaltung ist besonders günstig, weil sich bei ihr der Miller-Effekt nicht negativ auswirkt (vgl. Abschn. 3.6.).
  Faustregel: Die Schaltzeit für einen Leistungs-MOSFET ist umgekehrt proportional zum Treiberwiderstand (Ausgangswiderstand der treibenden Stufe). Praktisches Beispiel: Ansteuerung des Typs BUZ 71 mit 50 Ω Treiberwiderstand ergibt Schaltzeiten von wenigen Zehntel Mikrosekunden. Hinweis: Eine niederohmige Ansteuerung vermeidet zusätzlich die Einkopplung von Störspannungen auf das Gate über die Kapazität C_{GD}.
- Bei stetig wirkenden Endstufen benötigt die Ansteuerschaltung in der Regel eine um 10 V höhere Betriebsspannung als die Endstufe, damit die Ausgangssignalspannung den maximal möglichen Wert annehmen kann (Ausnahme: komplementärer ABC-Verstärker [7.15]).
- Die für MOS-Bauelemente üblichen Schutzmaßnahmen müssen eingehalten werden (Transport und Lagerung mit verbundenen GS-Anschlüssen; möglichst am Gehäuse anfassen; geerdeten Lötkolben verwenden; evtl. 100-Ω-Widerstand unmittelbar an den Gate-Anschluß zur Unterdrückung von Schwingungen schalten).
- Leistungs-MOSFETs haben üblicherweise keine integrierten Gate-Schutzdioden. Bei großen Gatespannungen müssen u. U. Schutzmaßnahmen (Begrenzer) vorgesehen werden, um die Spannung auf typ. $|U_{GS}| \lessapprox 20$ V zu begrenzen. Die Gate-Source-Strecke ist der empfindlichste Punkt des Bauelements (statische Aufladung).
- Beim Aufbau und bei der Verdrahtung müssen die Prinzipien der HF- und UKW-Technik beachtet werden; Leitungsinduktivitäten können zusammen mit den Bauelemente- und Schaltungskapazitäten Schwingkreise bilden (evtl. 100-Ω-Widerstand direkt an den Gate-Anschluß zur Dämpfung auftretender Schwingungen anlöten).
- Beim schnellen Zuschalten der Betriebsspannung kann es vorkommen, daß der MOSFET über die Kapazität C_{GD} ungewollt eingeschaltet und dadurch überlastet wird; vermeiden läßt sich dieser Effekt durch niederohmige Gate-Ansteuerung oder durch das Einfügen eines RC-Gliedes in die Betriebsspannungsleitung (Verlangsamung des Betriebsspannungsanstiegs). Beim Schalterbetrieb kann es vorkommen, daß ein MOSFET bei zu niedriger Betriebsspannung in den aktiven Bereich gelangt und dadurch überlastet wird.
- Vor allem bei induktiven Lasten muß durch Begrenzerdioden dafür gesorgt werden, daß der MOSFET spannungsmäßig nicht überlastet wird. Weil MOSFETs sehr schnell reagieren, muß das Begrenzerelement eine sehr kurze Schaltzeit aufweisen und sehr dicht an den Drain-Source-Anschlüssen des MOSFET angeschlossen werden. Geeignet sind Z-Dioden.

7.3.2. Schalteranwendungen

Da die Schaltzeiten von den Umladezeiten der parasitären Kapazitäten abhängen, ist eine niederohmige Ansteuerung des Leistungs-MOSFET sehr wichtig. Gut geeignet sind Gegentaktendstufen mit komplementären Emitterfolgern (Bild 7.30). Beim Einschalten des MOSFET im Bild 7.30 springt die Drainspannung von 300 V auf Null und u_{GS} von Null auf +12 V. Die Ladungsänderung in den eingangsseitigen Kapazitäten beträgt daher

$$\Delta Q = 500\,\text{pF} \cdot 12\,\text{V} + 50\,\text{pF} \cdot 312\,\text{V} = 21{,}6\,\text{nAs}.$$

Bei Annahme eines linearen Gatespannungsanstiegs (I = const) läßt sich die Flankendauer der Spannung u_{GS} berechnen zu

$$\Delta t = \frac{\Delta Q}{I}.$$

Mit $I = 100$ mA ergibt sich eine Flankendauer $\Delta t \approx 216$ ns. Hieran erkennt man, daß die Treiberstufe in der Lage sein muß, kurzzeitig einen möglichst hohen Strom zu liefern. Bei induktiven Lasten ist häufig ein Überspannungsschutz im Ausgangskreis erforderlich, um U_{DS} zu begrenzen. Eine sehr wirksame Schaltung zeigt Bild 7.31.

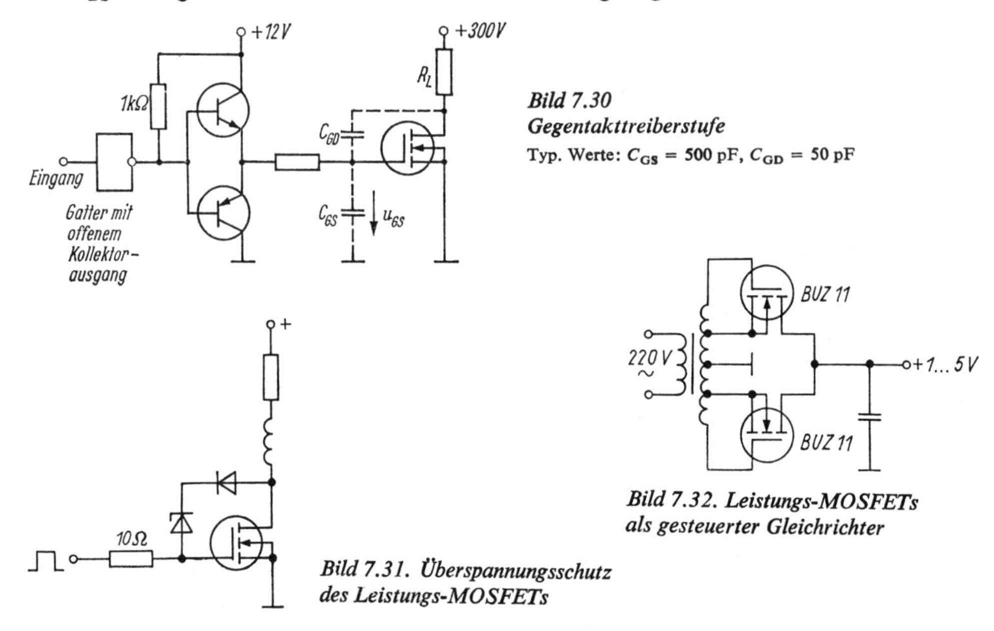

Bild 7.30
Gegentakttreiberstufe
Typ. Werte: C_{GS} = 500 pF, C_{GD} = 50 pF

Bild 7.31. Überspannungsschutz des Leistungs-MOSFETs

Bild 7.32. Leistungs-MOSFETs als gesteuerter Gleichrichter

Die integrierte Reverse-Diode. Technologisch bedingt liegt zwischen Drain und Source eine Diode, die im Normalbetrieb stets gesperrt ist. In diesem pn-Übergang kann sich eine Speicherladung aufbauen (z.B. falls sie als Begrenzerdiode in induktiven Stromkreisen fungiert), die eine Freiwerdezeit und eine Speicherladung bewirkt. Der Durchlaßspannungsabfall dieser Diode beträgt bei SIPMOS-Transistoren typisch 1 V. Diese Diode kann auch als Freilaufdiode in Motorsteuerungen Verwendung finden, falls sie schnell genug schaltet. Wenn im Reversebetrieb der parallel zur Reverse-Diode liegende Leistungs-MOSFET noch zusätzlich eingeschaltet wird, verringert sich der Spannungsabfall gegenüber der reinen Diodenfunktion. Das bietet die Möglichkeit, Leistungs-MOSFETs als gesteuerte Gleichrichter für Stromversorgungsgeräte einzusetzen (Bild 7.32).

7.3.3. Lineare Anwendungen

Die Ansteuerschaltungen für den linearen Betrieb unterscheiden sich nur wenig gegenüber dem Schalterbetrieb. Die Treiberstufe muß ebenfalls kurzzeitig einen großen Strom liefern, wenn hohe Slew Raten und eine große Großsignalbandbreite (s. Abschn. 11.5.) gewünscht werden. Auch der verwendete Operationsverstärkertyp im Bild 7.33 richtet sich nach diesen Forderungen.

Günstige Eigenschaften hat der komplementäre Sourcefolger (Bild 7.34). Bei ihm wirkt sich der Millereffekt nicht aus (vgl. Abschn. 3.6.), und die Kapazität C_{GS} wird durch den Bootstrapeffekt verkleinert.

Die Gate-Source-Vorspannung der MOSFETs wird zweckmäßigerweise so eingestellt (Ruhearbeitspunkt), daß ein geringer Drainstrom durch den Leistungs-MOSFET fließt (analog AB-Betrieb Abschn. 7.1.4.), der durch die Stromgegenkopplung über R_1 und R_2 stabilisiert wird. Unter Verwendung der Kennliniengleichung des MOSFET (Abschnitt 1.2.2.1.) ergibt sich die sich einstellende Gate-Source-Spannung zu

$$U_1 = I_D R_1 + U_{T0}\left(1 + \sqrt{\frac{I_D}{I_{DSS}}}\right). \tag{7.19}$$

Diese Vorspannung läßt sich mit dem als Sourcefolger geschalteten MOSFET T_3 bzw. T_4 erzeugen. Für T_3 gilt analog zu (7.19)

$$U_{GS3} = U_{T03}\left(1 + \sqrt{\frac{I_3}{I_{DSS3}}}\right).$$

Wenn die Kleinleistungs-MOSFETs T_3 und T_4 in demselben Prozeß hergestellt werden wie die Leistungs-MOSFETs T_1 und T_2, ergibt sich für $R_1 = R_2 = 0$ der maximale Ruhestrom zu

$$I_1 = \frac{I_{DSS1}}{I_{DSS3}} I_3.$$

I_3 und I_4 müssen mindestens so groß sein, daß die Eingangskapazität von T_1 bzw. T_2 in der geforderten Zeit umgeladen wird (Grenzfrequenz).

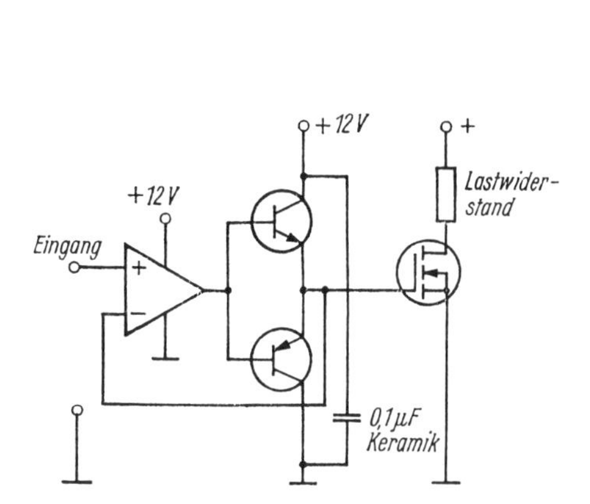

Bild 7.33. Ansteuerschaltung für linearen Betrieb

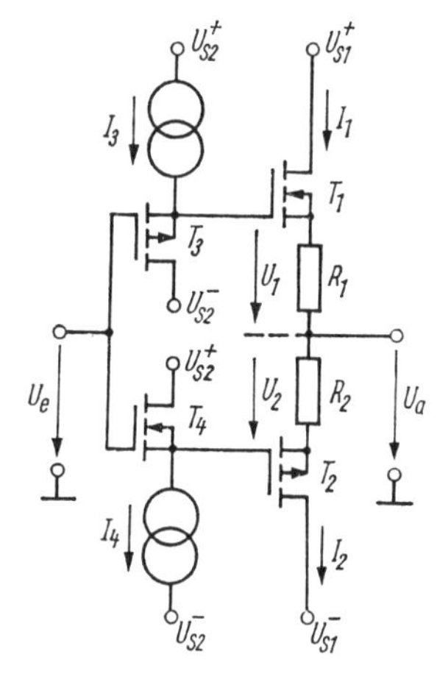

Bild 7.34. Vorspannungserzeugung für komplementäre Source-Folger
Es gilt $|U_{S2}| > |U_{S1}|$ [3]

Bei der hier betrachteten Schaltung wird für die Treiberstufe eine um etwa 10 V höhere Betriebsspannung benötigt als für die Endstufe, wenn die maximale Aussteuerbarkeit der Endstufe ausgenutzt werden soll (Wirkungsgrad!). Es gibt jedoch auch eine Schaltungslösung, bei der diese Aufstockung nicht erforderlich ist [7.16].

7.3.4. „Smart Power“ Elemente

In den kommenden Jahren sind zahlreiche „Smart-MOS“-Bauelemente zu erwarten. Es handelt sich um integrierte Schaltungen, die Leistungen schalten und die zusätzlich über „Intelligenz“ verfügen, um a) vor bedrohlichen Betriebsbedingungen zu schützen oder b) direkt mit Rechnern kommunizieren zu können. Grundlage ist immer ein Leistungs-MOSFET. Industrielle Beispiele: Siemens Tempfet (schützt sich gegen Übertemperatur, Überlast und mit zusätzlichen Bauelementen gegen Kurzschluß); Profet (Schutz gegen Kurzschluß und Übertemperatur; er erkennt Lastunterbrechungen und kann bei Unterspannung abschalten); Adfet (adressierbare Profet-Module). Einsatzbeispiele: Kraftfahrzeuge.

Weiteres Beispiel: MPC 1510 (Motorola), besteht aus einem Leistungs-MOSFET und einer BiMOS-Logik im gemeinsamen Gehäuse. Anwendungsbeispiel: Lampensteuerung (Strombegrenzung bei Kurzschluß; Abschalten bei $\vartheta_j > 150\,°C$; Meldung einer Lastunterbrechung).

7.4. Praktische Hinweise

Bedingt durch die relativ großen zu verarbeitenden Ströme, die zum Teil erhebliche Spannungsabfälle auf Leitungen oder Leiterzügen hervorrufen und die elektromagnetisch oder auch kapazitiv auf andere Schaltungseinheiten einkoppeln können, ist es oft notwendig, die Stromkreise der Leistungsstufen weitgehend von denen der informationsverarbeitenden Stufen zu entkoppeln (getrenntes Netzteil, getrennte Erdleitungen, Abschirmmaßnahmen, konstruktive Trennung usw.) und genügend große Leiterquerschnitte vorzusehen.

Bei sehr hohen Frequenzen, wenn die Periodendauer der höchsten Signalfrequenz nicht mehr sehr viel größer ist als die Schaltzeiten der Endstufentransistoren, können kurzzeitig beide Endtransistoren leitend sein. Dadurch entsteht ein sehr hoher Stromstoß, der die Endtransistoren zerstören kann. Strombegrenzungswiderstände in Reihe zum Kollektor oder zum Emitter der Endtransistoren sind daher zweckmäßig.

7.5. Trendbetrachtung

Stetige Leistungsverstärker werden vor allem für Anwendungen im NF-Bereich (Konsumelektronik) als integrierte Schaltung hergestellt. Wegen der begrenzten Wärmeabfuhr in integrierten Schaltungen lassen sich aber z. Z. nur Verstärker für kleine und mittlere Ausgangsleistungen integrieren ($P_a < 20 \ldots 100$ W, 20 W in monolithischer Technik, 50 W in Hybridtechnik).

Für größere Leistungen oder spezielle Anforderungen werden aus Einzelbauelementen aufgebaute Endstufen eingesetzt. Besonders gut eignen sich hierfür Darlington-Stufen wegen ihrer hohen Stromverstärkung ($B_N > 10^3$) und der dadurch bedingten geringen Steuerleistung. Sie werden für diese Anwendung auch in integrierter Technik unter der Bezeichnung „Darlington-Leistungstransistor“ für Ausgangsleistungen bis zu 150 W und Spannungen bis zu 100 V hergestellt, wobei komplementäre Typen erhältlich sind [7.1] bis [7.3].

Neuerdings werden Leistungsstufen für kleine Ausgangsleistungen (typisch 1 W) auch als CMOS-Gegentaktstufe realisiert.

Bei der weiteren Entwicklung integrierter Endstufen sind das Erreichen eines höheren Wirkungsgrades und eines kleineren Wärmewiderstandes von großer Bedeutung. $R_{tha} = 10$ K/W ist schon realisiert [7.2] worden.

8. Allgemeines zu mehrstufigen Verstärkern

In diesem Abschnitt behandeln wir allgemeine Eigenschaften mehrstufiger Verstärker, ihre Probleme und Grenzen bei der Signalverstärkung. Besondere Aufmerksamkeit widmen wir einer zweckmäßigen Systematik der zahlreichen Verstärkerschaltungen. So unterscheiden wir hinsichtlich der Eingangs- und Ausgangsgröße zwischen vier Verstärkergrundtypen, deren Signalverhalten durch angepaßte lineare Verstärkermodelle beschrieben wird.

Abschließend leiten wir Beziehungen ab, mit denen die Bandbreite, die Anstiegszeit und die Drift des gesamten Verstärkers aus den entsprechenden Werten der Einzelstufen leicht berechnet werden können. Wir werden feststellen, daß das Produkt aus Bandbreite und Anstiegszeit eines Breitbandverstärkers näherungsweise konstant ist.

8.1. Einteilung der Verstärker. Forderungen

Verstärker lassen sich nach zahlreichen Gesichtspunkten einteilen (Tafel 8.1). Die Forderungen hinsichtlich der technischen Daten sind je nach Anwendungsfall sehr unterschiedlich. Da mehrstufige Verstärker ihre typischen Eigenschaften in der Regel durch Gegenkopplungsbeschaltung erhalten, sind die Forderungen an beschaltete und unbeschaltete Verstärker oft unterschiedlich. Nicht alle Forderungen müssen von einem Verstärker erfüllt werden. Beispielsweise sind das Rauschen und die Drift von untergeordneter Bedeutung, solange die Eingangssignale des Verstärkers nicht sehr klein sind.

Mit der Verbreitung integrierter Schaltungen erlangen Verstärker mit Differenzeingang (Vierpolverstärker) große Bedeutung.

Verstärkung. Die Gesamtverstärkung eines mehrstufigen Verstärkers ist das Produkt der einzelnen Stufenverstärkungen. Wenn wir das Verhältnis Ausgangsgröße/Eingangsgröße einer Verstärkerstufe durch die Übertragungsfunktion $G_1(p) = X_{a1}/X_{e1}$, $G_2(p) = X_{a2}/X_{e2}, \ldots$ beschreiben, so gilt für die gesamte Übertragungsfunktion des Verstärkers

$$G_{ges} = |G_{ges}|\,e^{j\varphi_{ges}} = G_1 G_2 G_3 \ldots = |G_1|\,|G_2|\,|G_3| \ldots e^{j(\varphi_1+\varphi_2+\varphi_3\ldots)}. \qquad (8.1)$$

Mehrstufige Verstärker werden fast immer gegengekoppelt. Dabei besteht die Gefahr der dynamischen Instabilität des Verstärkers (s. Abschn. 10.).

8.2. Grenzen

Aussteuerbereich. Unter dem Aussteuerbereich versteht man die größte Eingangs- bzw. Ausgangssignalgröße, die der Verstärker noch verarbeiten kann. Der Aussteuerbereich des Ausgangssignals ist meist betriebsspannungsabhängig. Der Eingangsaussteuerbereich läßt sich durch Gegenkoppeln des Verstärkers auf Kosten der Verstärkung wesentlich vergrößern (Abschn. 9.4.4.).

Tafel 8.1. Einteilung elektronischer Verstärker

Gliederungsgesichtspunkt	Hauptgruppen von Verstärkern
Signalform	1. Stetige Verstärker 2. Unstetige (Schalt-) Verstärker
Signalleistung	1. Kleinsignalverstärker (Meß-, Operationsverstärker) 2. Leistungsverstärker, Endstufen
Eingangs-/Ausgangssignal	1. Spannungsverstärker 2. Stromverstärker 3. Spannungsstromwandler 4. Stromspannungswandler
Übertragungsfrequenzbereich	1. Verstärker für Gleichgrößen 2. Verstärker für Wechselgrößen – NF-Verstärker (10 Hz ... 20 kHz) – HF-Verstärker (Rundfunk, Fernsehen usw.) – Höchstfrequenzverstärker (GHz-Bereich) – Breitbandverstärker (NF- oder HF- (Video-) Breitbandverstärker, Impulsverstärker) – Selektivverstärker (NF oder HF)
Struktur des Eingangskreises	1. Unsymmetrische (Dreipol-) Verstärker 2. Symmetrische (Vierpol-) Verstärker
Struktur des Ausgangskreises	1. Verstärker mit unsymmetrischem Ausgang (meist verwendet) 2. Verstärker mit symmetrischem Ausgang (Differenzausgang)
Betriebsart	A-, AB-, B-, C-Verstärker; D-Verstärker
Kopplungsart	RC-gekoppelter, direktgekoppelter, transformatorgekoppelter Verstärker
Anwendung	Spannungs-, Strom-, Leistungs-, Ladungsverstärker usw.

Störungen. Rauschen. Die Größe des Eingangssignals ist für die Auswirkung systemfremder und systemeigener elektrischer Störsignale und für die Genauigkeit der Signalverarbeitung von großer Bedeutung (Drift, Rauscheinflüsse). Bei größeren Eingangssignalen sind die Störeinflüsse fast immer vernachlässigbar. Bei sehr kleinen Signalpegeln (mV- bzw. μA-Bereich und darunter) können Störsignale das Nutzsignal zum Teil überdecken, so daß sorgfältige Abschirmmaßnahmen, Einbau von Siebgliedern, Driftkompensation u. dgl. erforderlich werden, um die Signalverarbeitung mit der erforderlichen Genauigkeit zu realisieren.

Verzerrungen. Bei der Signalverarbeitung in Verstärkern treten lineare und nichtlineare Verzerrungen auf. Die wichtigsten sind

- *nichtlineare Verzerrungen* (Amplitudenverzerrungen)
  Sie treten infolge der nichtlinearen Kennlinien der aktiven Bauelemente auf; bei Sinusansteuerung enthält das Ausgangssignal zusätzlich Oberwellen.
- *Frequenzverzerrungen* (lineare Verzerrungen). Sie entstehen infolge der frequenzabhängigen Verstärkung, die durch Koppelkondensatoren, Schalt- und Bauelementekapazitäten, Laufzeiteffekte usw. hervorgerufen werden.
- *Phasenverzerrungen* (lineare Verzerrungen). Eingangssignale verschiedener Frequenz werden infolge der frequenzabhängigen Verstärkung mit unterschiedlicher Phasenverschiebung übertragen (Betrag und Phase der Übertragungsfunktion sind frequenzabhängig).

Verstärkergrundtyp	Stromspannungswandler	Spannungsstromwandler	Stromstromwandler	Spannungsspannungswandler
Ein-/Ausgangsgröße	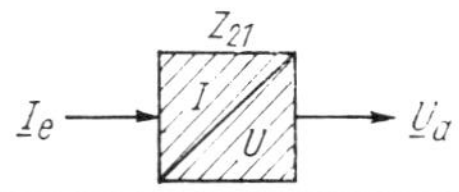 $\underline{I}_e$ → [I / U] Z_{21} → $\underline{U}_a$	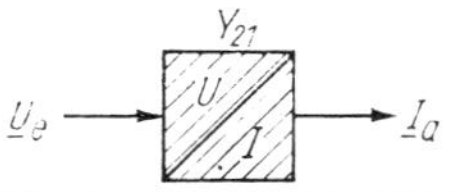 $\underline{U}_e$ → [U / I] Y_{21} → $\underline{I}_a$	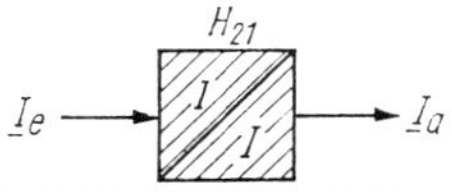 $\underline{I}_e$ → [I / I] H_{21} → $\underline{I}_a$	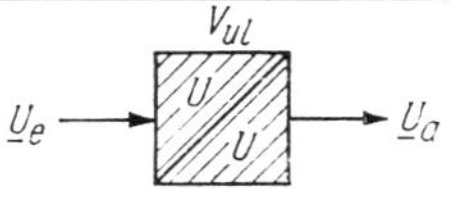 $\underline{U}_e$ → [U / U] V_{uL} → $\underline{U}_a$
Typische Impedanzverhältnisse	Stromeingang Spannungsausgang	Spannungseingang Stromausgang	Stromeingang Stromausgang	Spannungseingang Spannungsausgang
Charakteristische Verstärkungsgröße	$Z_{21} = \frac{\underline{U}_a}{\underline{I}_e} \Big\vert_{Z_L \to \infty}$ Leerlauf-übertragungswiderstand	$Y_{21} = \frac{\underline{I}_a}{\underline{U}_e} \Big\vert_{Z_L \to 0}$ Kurzschluß-übertragungsleitwert (≡ Steilheit)	$H_{21} = \frac{\underline{I}_a}{\underline{I}_e} \Big\vert_{Z_L \to 0}$ Kurzschluß-stromverstärkung	$V_{uL} = \frac{\underline{U}_a}{\underline{U}_e} \Big\vert_{Z_L \to \infty}$ Leerlauf-spannungsverstärkung
Zweckmäßiges Ersatzschaltbild	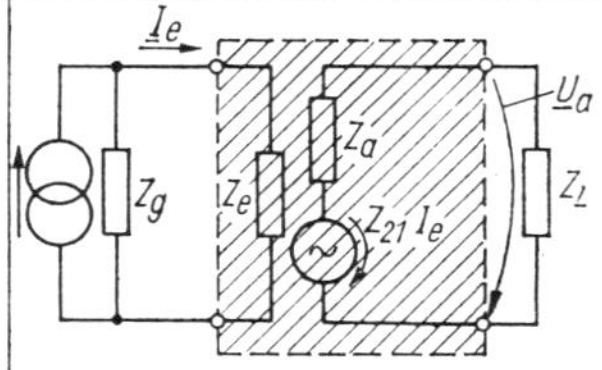 $\underline{I}_e$, Z_g, Z_e, Z_a, $Z_{21} I_e$, Z_L, $\underline{U}_a$	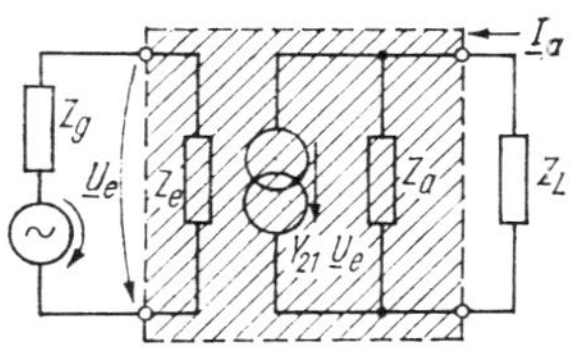 Z_g, $\underline{U}_e$, Z_e, $Y_{21} \underline{U}_e$, Z_a, Z_L, $\underline{I}_a$	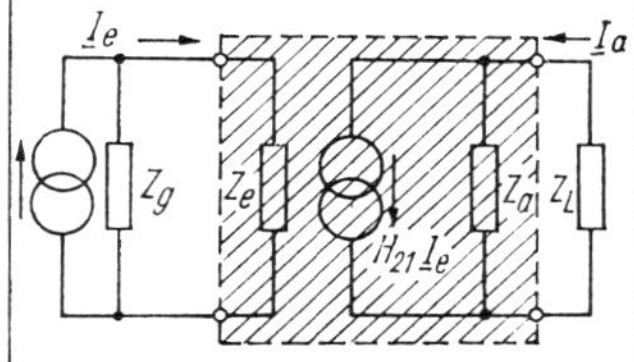 $\underline{I}_e$, Z_g, Z_e, $H_{21} \underline{I}_e$, Z_a, Z_L, $\underline{I}_a$	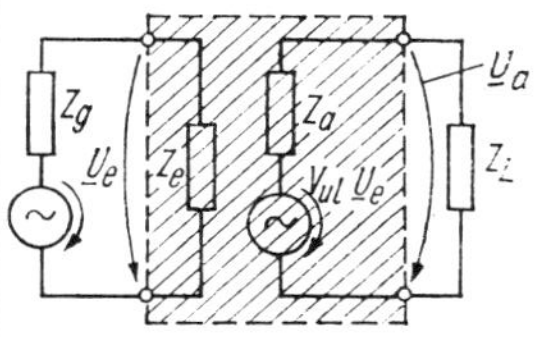 Z_g, $\underline{U}_e$, Z_e, Z_a, $V_{uL} \underline{U}_e$, Z_L, $\underline{U}_a$
Gegenkopplungs-Grundschaltung	Parallel-Spannungs-Gegenkopplung	Serien-Strom-Gegenkopplung	Parallel-Strom-Gegenkopplung	Serien-Spannungs-Gegenkopplung
Eingangswiderstand [1]	0	∞	0	∞
Ausgangswiderstand [1]	0	∞	∞	0
Ausgangsgröße [1]	$\underline{U}_a = Z_{21} \underline{I}_e$	$\underline{I}_a = Y_{21} \underline{U}_e$	$\underline{I}_a = H_{21} \underline{I}_e$	$\underline{U}_a = V_{uL} \underline{U}_e$

[1]) Grenzwerte für reine Spannungs- bzw. Stromsteuerung (ideale Verstärkergrundtypen)

Bild 8.1. Die vier Verstärkergrundtypen

Frequenzbereich. Häufig ist es mit vertretbarem Aufwand nicht möglich, das gesamte im Verstärkereingangssignal enthaltene Frequenzspektrum zu verstärken. Signalverformungen sind daher unvermeidbar. Sie werden durch die Kenngrößen Anstiegszeit t_r, Dachabfall und die Grenzfrequenzen (Bandbreite) beschrieben.

8.3. Verstärkergrundtypen

Unterschied hinsichtlich der Eingangs- und Ausgangsgröße. Je nachdem, ob der Verstärkereingangswiderstand (Ausgangswiderstand) im Verhältnis zum Innenwiderstand der Signalquelle (Lastwiderstand) sehr klein oder sehr groß ist, lassen sich *vier Verstärkergrundtypen* unterscheiden (Bild 8.1).

Fast immer dimensioniert man in der Praxis die Verstärker so, daß einer dieser vier Grundtypen vorliegt (Leerlauf bzw. Kurzschluß am Ein- bzw. Ausgang). Das hat den praktischen Vorteil, daß Änderungen des Innenwiderstandes der Signalquelle bzw. des Lastwiderstandes die Genauigkeit der Signalverarbeitung nicht merklich beeinflussen. Beispielsweise benötigt man zum Erzeugen eines *eingeprägten Ausgangsstroms (Spannung)* einen Verstärker, dessen Ausgangswiderstand viel größer (kleiner) ist als der Lastwiderstand.

Die erforderlichen Ausgangs-/Eingangswiderstände des Verstärkers lassen sich durch Anwenden der geeigneten Gegenkopplungsart erzeugen (Abschn. 9.4.).

Spannungs- und Stromsteuerung. Zur Charakterisierung der Impedanzverhältnisse im Eingangs- und im Ausgangskreis werden häufig die Begriffe Spannungs- und Stromsteuerung (auch: Spannungs- bzw. Stromeingang bzw. -ausgang) verwendet:

Spannungssteuerung Leerlauf) } im Eingangskreis: $|Z_e| \gg |Z_g| \rightarrow \underline{U}_e \approx \underline{U}_g$
im Ausgangskreis: $|Z_a| \ll |Z_L| \rightarrow \underline{U}_a \approx \underline{U}_{al}$

Stromsteuerung Kurzschluß) } im Eingangskreis: $|Z_e| \ll |Z_g| \rightarrow \underline{I}_e \approx \underline{U}_g/Z_g$
im Ausgangskreis: $|Z_a| \gg |Z_L| \rightarrow \underline{I}_a \approx \underline{I}_{ak}$

$\underline{U}_{al}$ Ausgangsleerlaufspannung; $\underline{I}_{ak}$ Ausgangskurzschlußstrom

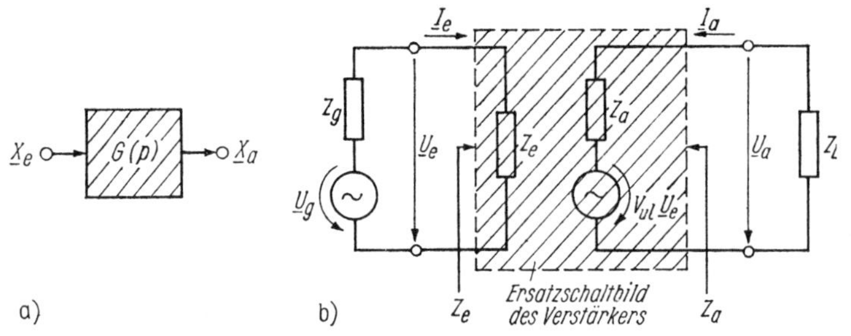

a) Blockschaltbild
b) Ersatzschaltbild mit Signalquelle und Lastwiderstand

Bild 8.2. Block- und Ersatzschaltbild eines Verstärkers

Verstärkermodelle. Ein Verstärker läßt sich in guter Näherung durch einen rückwirkungsfreien Vierpol darstellen (Bild 8.2). Daraus folgt:

> Das Signalverhalten eines Verstärkers wird durch seinen *Eingangswiderstand* $Z_e = 1/Y_e$, den *Ausgangswiderstand* $Z_a = 1/Y_a$ und durch eine *gesteuerte Quelle* im Ausgangskreis hinreichend beschrieben.

Hinsichtlich seines Klemmenverhaltens am Ausgang läßt sich ein Verstärker (allgemein: jeder Vierpol) als aktiver (gesteuerter) Zweipol auffassen, der je nach Zweckmäßigkeit durch sein Spannungs- oder durch das Stromersatzschaltbild des aktiven Zweipols beschrieben wird. Bild 8.1 zeigt die für jede der vier Verstärkergrundschaltungen zweckmäßigste Darstellungsart des Ersatzschaltbildes. Als Steuergröße kann wahlweise die Eingangs*spannung* oder der Eingangs*strom* des Vierpols verwendet werden. Die Umrechnung ist einfach (siehe folgendes Beispiel). In Tafel 8.2 sind die Umrechnungsbeziehungen zusammengestellt.

Tafel 8.2. Zusammenhang zwischen den (schaltungsunabhängigen) Vierpolparametern H_{21}, Y_{21}, V_{ul} und Z_{21} (Kurzschluß- bzw. Leerlaufgrößen)

Die Beziehungen gelten für rückwirkungsfreie Vierpole; Erläuterung der Vierpolparameter s. Bild 8.1.

	H_{21}	Y_{21}	V_{ul}	Z_{21}
$H_{21} =$	H_{21}	$Y_{21}Z_e$	$-V_{ul}\dfrac{Z_e}{Z_a}$	$-\dfrac{Z_{21}}{Z_a}$
$Y_{21} =$	$\dfrac{H_{21}}{Z_e}$	Y_{21}	$-\dfrac{V_{ul}}{Z_a}$	$-\dfrac{Z_{21}}{Z_eZ_a}$
$V_{ul} =$	$-H_{21}\dfrac{Z_a}{Z_e}$	$-Y_{21}Z_a$	V_{ul}	$\dfrac{Z_{21}}{Z_e}$
$Z_{21} =$	$-Z_aH_{21}$	$-Z_eZ_aY_{21}$	$V_{ul}Z_e$	Z_{21}

Beispiel. Wir wollen die Umrechnung der gesteuerten Quellen an einem Beispiel demonstrieren. Zur Darstellung eines Spannungsstromwandlers verwenden wir zweckmäßigerweise das Ersatzschaltbild 8.3, weil ein U/I-Wandler typisch mit eingangsseitiger Spannungssteuerung und ausgangsseitiger Stromsteuerung betrieben wird.

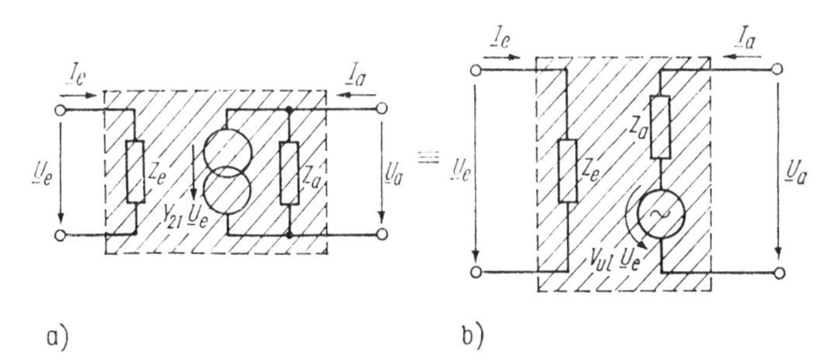

Bild 8.3. Ersatzschaltbild des Spannungsstromwandlers

a) mit spannungsgesteuerter Stromquelle; b) mit spannungsgesteuerter Spannungsquelle

Mit dem Zusammenhang $\underline{U}_e = \underline{I}_e Z_e$ läßt sich die spannungsgesteuerte Stromquelle in eine äquivalente stromgesteuerte Stromquelle umwandeln:

$$Y_{21}\underline{U}_e = Y_{21}Z_e\underline{I}_e = H_{21}\underline{I}_e.$$

Der Zusammenhang $H_{21} = Y_{21}Z_e$ gilt ohne Einschränkung exakt für jeden rückwirkungsfreien Vierpol und ist auch aus der Vierpoltheorie bekannt (beispielsweise gilt beim Bipolartransistor der Zusammenhang $h_{21} = y_{21}h_{11}$).

Wir können die gesteuerte Stromquelle durch Umwandeln in ihr äquivalentes Spannungsersatzschaltbild leicht in eine gesteuerte Spannungsquelle überführen. Die Ausgangsleerlaufspannung $\underline{U}_{al}$ beträgt $\underline{U}_{al} = -Y_{21}Z_a\underline{U}_e = V_{ul}\underline{U}_e$. Hieraus folgt also die Umrechnung $V_{ul} = -Y_{21}Z_a$, die ebenfalls allgemein gilt.

Unterschied hinsichtlich des Eingangskreises. Man unterscheidet (Bild 8.4)

1. Verstärker mit *unsymmetrischem Eingang* (Dreipolverstärker), z.B. die Emitterschaltung, Basis-, Kollektorschaltung usw.
2. Verstärker mit *symmetrischem Eingang* (Vierpolverstärker), typischer Vertreter ist der Differenzverstärker.

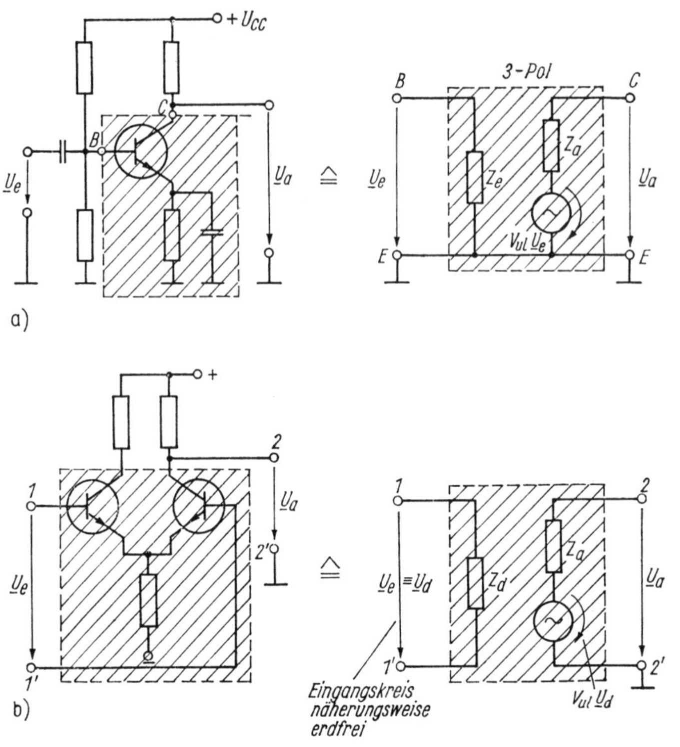

Bild 8.4. Verstärkerstufe mit unsymmetrischem (a) und symmetrischem (b) Eingang

Zu b: $\underline{U}_e \equiv \underline{U}_d$ (Differenzeingangsspannung), Gleichtakteingangswiderstand vernachlässigt

Verstärker mit symmetrischem Eingang haben wesentliche Anwendungsvorteile, weil Gleichtaktspannungen zwischen beiden Eingängen und Masse im Idealfall keinen Einfluß auf die Verstärkerausgangsspannung haben. Lediglich die Spannungs*differenz* zwischen beiden Eingängen wird verstärkt. Die Eingangsklemmen 1, 1′ können näherungsweise als „isoliert" von den Ausgangsklemmen 2, 2′ betrachtet werden. Die zwischen ihnen liegende Eingangsspannung $\underline{U}_e \equiv \underline{U}_d$ darf innerhalb des Gleichtaktaussteuerbereiches potentialmäßig „schwimmen". Das hat große Vorteile bei der Gegenkopplungsbeschaltung. Operationsverstärker sind fast immer Vierpolverstärker.

Ausgangskreis. Auch bezüglich des Ausgangskreises lassen sich Verstärker mit unsymmetrischem und mit symmetrischem Ausgang (Differenzverstärker, bei denen die Ausgangsspannung zwischen beiden Kollektoranschlüssen abgenommen wird) unterscheiden. Bei der Kopplung von mehreren Differenzverstärkerstufen werden zweckmäßigerweise die symmetrischen Ausgänge einer Stufe mit den symmetrischen Eingängen der nachfolgenden Stufen verbunden.

8.4. Frequenzgang

Zur Analyse von Verstärkerschaltungen (allgemein: linearer Systeme) sind bekanntlich zwei Hauptmethoden üblich:

1. Untersuchung des *Frequenzgangs* (Bildbereich, Übertragungsfunktion)
2. Untersuchung des Zeitverhaltens, meist in Form der *Übergangsfunktion* (Zeitbereich).

Drei Bereiche des Frequenzgangs. Bei vielen Verstärkern lassen sich zwei oder drei Bereiche unterscheiden:

1. *Mittlere Frequenzen*
   Frequenzunabhängige Verstärkung, Signallaufzeit durch den Verstärker konstant
2. *Hohe Frequenzen*
   Der Verstärker zeigt Tiefpaßverhalten (meist Verstärkungsabfall infolge von Belastungs- und Schaltkapazitäten)
3. *Tiefe Frequenzen*
   Wechselspannungsverstärker zeigen Hochpaßverhalten (z. B. Verstärkungsabfall durch Koppelkapazitäten).

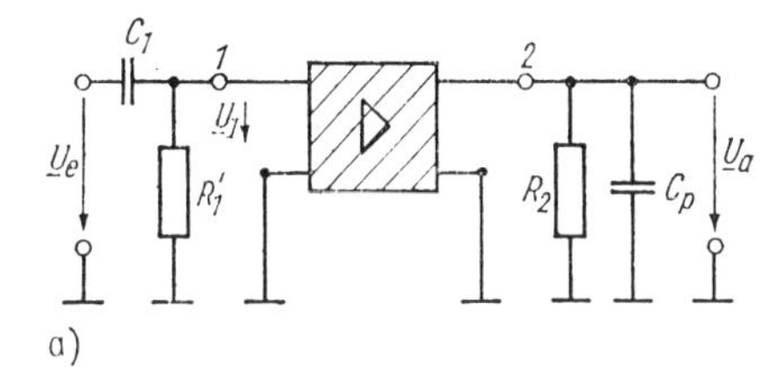

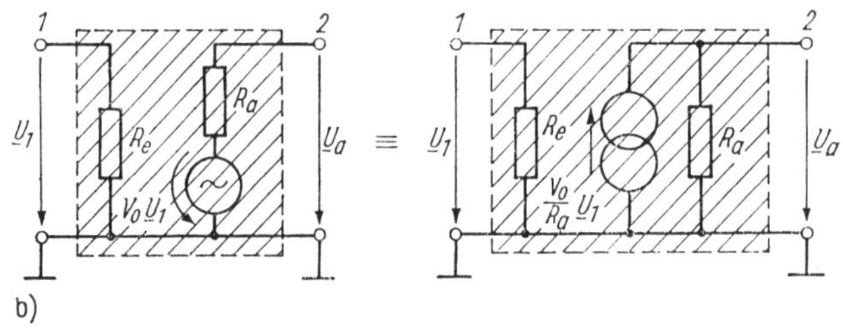

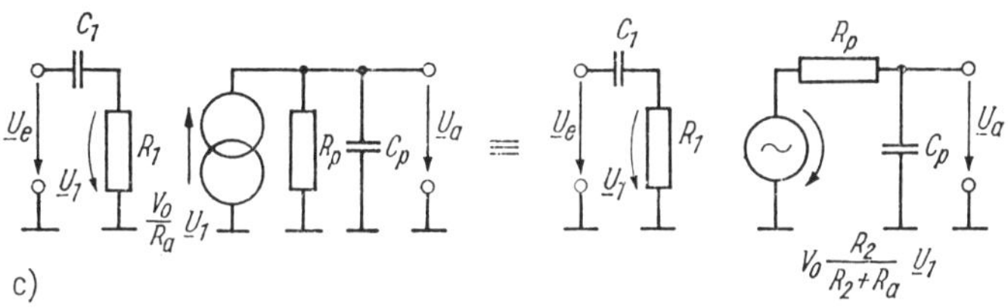

Bild 8.5
Wechselspannungsgekoppelter Breitbandverstärker

a) Blockschaltbild
b) Ersatzschaltbild des Verstärkers zwischen den Klemmen 1 und 2 (Ausgangskreis wahlweise durch Spannungs- oder Stromersatzschaltbild des aktiven Zweipols darstellbar)
c) äquivalente Schaltung zu a) (Verwendung der Ersatzschaltung b)
$R_1 = R_1' \| R_e$; $R_p = R_2 \| R_a$

Wechselspannungsgekoppelte Breitbandverstärkerstufe. Wir berechnen die Übertragungsfunktion der Verstärkerschaltung nach Bild 8.5a unter der Annahme, daß die Leerlaufverstärkung $V_{ul} \equiv V_0 = \underline{U}_a/\underline{U}_1\big|_{R_2=\infty,\, C_p=0}$ frequenzunabhängig ist und daß es sich um einen Breitbandverstärker handelt. Mit der Verstärkerersatzschaltung im Bild 8.5b folgt Bild 8.5c und schließlich durch einfache Rechnung die Übertragungsfunktion

$$G(p) \equiv V_u \equiv \frac{\underline{U}_a}{\underline{U}_e} = \frac{\underline{U}_a}{\underline{U}_1}\,\frac{\underline{U}_1}{\underline{U}_e} = \frac{V_0}{1 + pT_o}\,\frac{pT_u}{1 + pT_u} \tag{8.2}$$

$$T_u = 1/\omega_u = R_1 C_1\,; \qquad T_o = 1/\omega_o = R_p C_p\,.$$

Das Bodediagramm des Amplitudengangs

$$|V_u| = \frac{V_0}{\sqrt{1 + (\omega T_o)^2}} \frac{\omega T_u}{\sqrt{1 + (\omega T_u)^2}}$$

zeigt Bild 8.6. Die dynamischen Eigenschaften des Verstärkers werden durch die 3-dB-Frequenzen

obere Grenzfrequenz $f_o = \frac{1}{2\pi} \frac{1}{R_p C_p}$

untere Grenzfrequenz $f_u = \frac{1}{2\pi} \frac{1}{R_1 C_1}$

beschrieben. Die untere Grenzfrequenz wird vom Koppelkondensator C_1, die obere von der Parallelkapazität C_p bestimmt. Auch die Widerstände im Eingangs- und Ausgangskreis haben Einfluß.

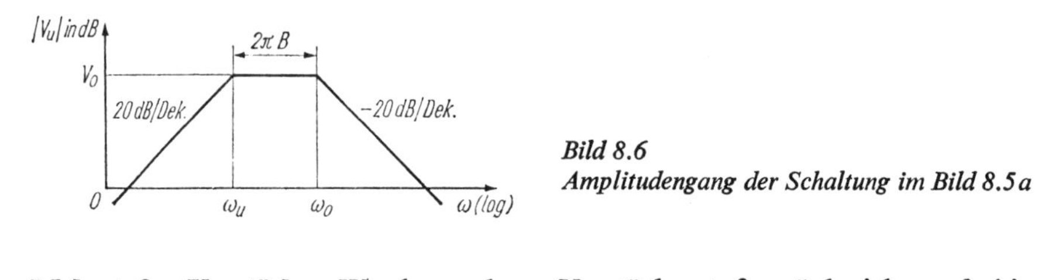

Bild 8.6
Amplitudengang der Schaltung im Bild 8.5a

Mehrstufige Verstärker. Werden mehrere Verstärkerstufen rückwirkungsfrei in Kette geschaltet, so multiplizieren sich gemäß (8.1) ihre Übertragungsfunktionen. Aus Bild 8.7 folgt für zwei unterschiedliche Stufen

$$G_{ges} = \frac{\underline{U}_a}{\underline{U}_e} = \frac{\underline{U}_a}{\underline{U}_e^*} \frac{\underline{U}_e^*}{\underline{U}_e} = \frac{V_{01} V_{02}}{(1 + pT_{01})(1 + pT_{02})} \frac{pT_{u1}}{1 + pT_{u1}} \frac{pT_{u2}}{1 + pT_{u2}}. \tag{8.3}$$

Im Bodediagramm erhält man $|G_{ges}|$ und φ_{ges} durch Addition der Einzelanteile (Bild 8.7c). Für den Spezialfall, daß n gleiche Verstärkerstufen rückwirkungsfrei in Kette geschaltet werden, beträgt die obere bzw. untere Grenzfrequenz des gesamten Verstärkers

$$f_{o\,ges} = f_o \sqrt{2^{1/n} - 1}, \qquad f_{u\,ges} = f_u / \sqrt{2^{1/n} - 1}. \tag{8.4}$$

Diese Beziehungen lassen sich aus (8.3) ableiten.

Für mittlere und für hohe Frequenzen ($f \gg f_u$) ergibt sich

$$|G_{ges}| = \frac{V_0^n}{\sqrt{[1 + (\omega T_o)^2]^n}} = \frac{V_0^n}{\left[1 + \left(\frac{f}{f_o}\right)^2\right]^{n/2}}.$$

Bei der oberen Grenzfrequenz $f_{o\,ges}$ ist $|G_{ges}|$ um 3 dB, d.h. auf $V_0^n/\sqrt{2}$ abgefallen. Es muß deshalb gelten

$$[1 + (f_{o\,ges}/f_o)^2]^{n/2} = 2^{1/n}.$$

Daraus folgt

$$f_{\mathrm{oges}}/f_{\mathrm{o}} = \sqrt{2^{1/n} - 1}\,. \tag{8.5}$$

In analoger Weise ergibt sich die Beziehung für f_{uges}.

Zahlenbeispiel. Zwei (drei) gleiche Breitbandverstärkerstufen mit einer Bandbreite $B = f_{\mathrm{o}} - f_{\mathrm{u}} = 10$ kHz ergeben nach (8.4, 8.5) einen Verstärker mit einer Bandbreite von nur 6,4 (5,1) kHz!

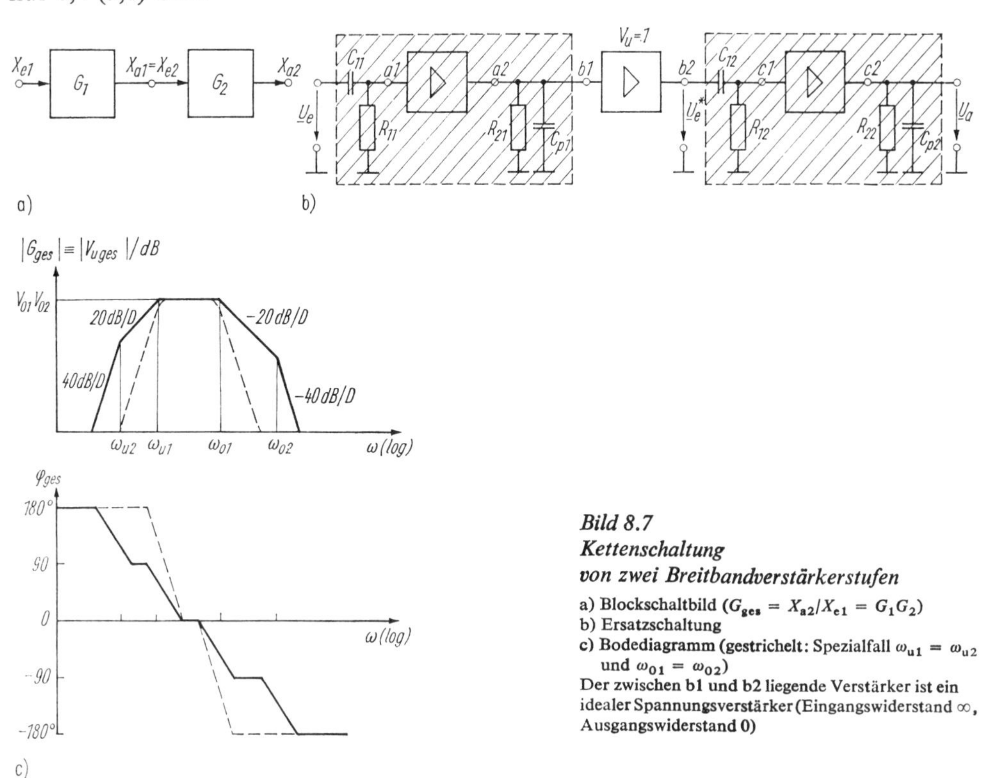

Bild 8.7
Kettenschaltung von zwei Breitbandverstärkerstufen
a) Blockschaltbild ($G_{\mathrm{ges}} = X_{\mathrm{a2}}/X_{\mathrm{e1}} = G_1 G_2$)
b) Ersatzschaltung
c) Bodediagramm (gestrichelt: Spezialfall $\omega_{\mathrm{u1}} = \omega_{\mathrm{u2}}$ und $\omega_{\mathrm{o1}} = \omega_{\mathrm{o2}}$)
Der zwischen b1 und b2 liegende Verstärker ist ein idealer Spannungsverstärker (Eingangswiderstand ∞, Ausgangswiderstand 0)

Dominierender Pol. Verstärker werden fast immer so dimensioniert, daß ein dominierender Pol auftritt und die übrigen Pole nur vernachlässigbaren Einfluß auf das dynamische Verhalten besitzen. Aus diesem Grund lassen sich Schaltungsberechnungen häufig stark vereinfachen. Aus der Regelungstheorie folgt folgender Satz:

Falls eine Übertragungsfunktion $G(p)$ mehrere Pole besitzt, die das Hochfrequenzverhalten bestimmen, und falls einer dieser Pole ($f_{\mathrm{p\,dom}}$) eine um mindestens zwei Oktaven (d.h. um den Faktor 4) niedrigere Frequenz hat als alle anderen das HF-Verhalten bestimmenden Pole, bestimmt dieser „dominierende Pol" das HF-Verhalten und die obere Grenzfrequenz in guter Näherung, d.h., die obere Grenzfrequenz beträgt $f_{\mathrm{o}} \approx f_{\mathrm{p\,dom}}$.

Zahlenbeispiel. Falls eine Übertragungsfunktion zweiter Ordnung die beiden Pole f_{p1} und $f_{\mathrm{p2}} = 4 f_{\mathrm{p1}}$ aufweist, dann ist die obere Grenzfrequenz (3-dB-Abfall des Betrags der Übertragungsfunktion) des Systems nur 6% kleiner als die des dominierenden Pols f_{p1}.

Wenn die Pole nicht sehr weit auseinander liegen, läßt sich folgender Satz anwenden [8.1] [8.2]:

Falls die n Pole ($f_{p1}, f_{p2} \dots f_{pn}$) des Verstärkers nicht weit auseinanderliegen, z.B. weniger als eine Zehnerpotenz, berechnet sich die obere Grenzfrequenz f_o des Verstärkers aus

$$\frac{1}{f_o} = 1{,}1 \sqrt{\frac{1}{f_{p1}^2} + \frac{1}{f_{p2}^2} + \dots + \frac{1}{f_{pn}^2}}. \tag{8.6}$$

Zahlenbeispiel. Bei einem Verstärker mit drei gleichen Polen folgt aus (8.6) $f_o = 0{,}53 f_{p1}$. Der exakte Wert beträgt $f_o = 0{,}51 f_{p1}$.

8.5. Impulsverhalten

Qualitative Betrachtung. Das dynamische Verhalten eines Verstärkers wird durch seinen Übertragungsfrequenzbereich bestimmt. Führt man dem Eingang eines wechselspannungsgekoppelten Breitbandverstärkers mit den Grenzfrequenzen f_o bzw. f_u einen idealen Rechteckimpuls zu, so entsteht ein Ausgangssignal entsprechend Bild 8.8. Die Abweichung der Form des Ausgangssignals wird vor allem durch die vier Kenngrößen

1. *Anstiegszeit* t_r (von f_o abhängig)
2. *Dachabfall* ($\sim f_u$, verschwindet für $f_u \to 0$)
3. *Überschwingen* (durch mehrere wirksame Zeitkonstanten oder LC-Kreis bedingt)
4. *Zeitverzögerung* t_d (meist vernachlässigbar)

beschrieben. Die wichtigsten Kenngrößen sind die Anstiegszeit und der Dachabfall.

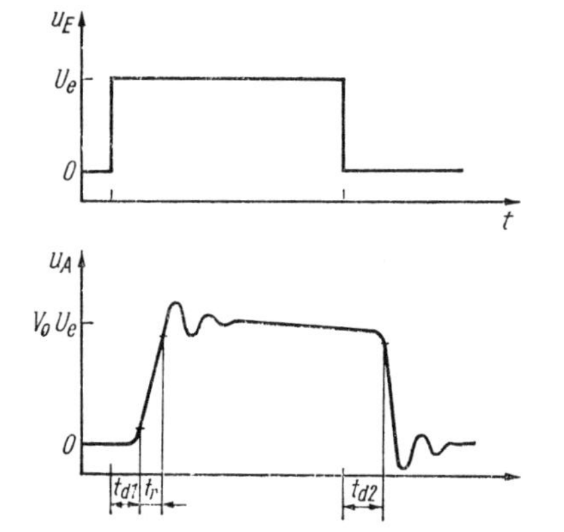

Bild 8.8
Impulsverformung bei einem wechselspannungsgekoppelten Breitbandverstärker

Zusammenhang zwischen Anstiegszeit und Bandbreite. Beim Anlegen eines Rechtecksprunges der Höhe U_e an den Eingang der Schaltung im Bild 8.5a entsteht das Ausgangssignal

$$u_a = V_0 U_e \,[e^{-t/T_u} - e^{-t/T_o}], \tag{8.7}$$

wie man durch Rücktransformieren von (8.2) in den Zeitbereich leicht nachweisen kann. Für kleine Zeiten $t \ll T_o$ folgt beim Breitbandverstärker ($T_u \gg T_o$) die Näherung

$$u_a \approx V_0 U_e \,(1 - e^{-t/T_o}). \tag{8.8}$$

Die Anstiegszeit der e-Funktion im Bild 8.9 beträgt (Beweis?)

$$t_r = 2{,}2 T_o = \frac{2{,}2}{2\pi f_o} = \frac{0{,}35}{f_o}.$$

Da wir bei unseren Betrachtungen einen Breitbandverstärker voraussetzen, gilt mit $B \approx f_o$ der Zusammenhang

$$Bt_r \approx 0{,}35. \tag{8.9}$$

Die Anstiegszeit der Übergangsfunktion eines Breitbandverstärkers ist umgekehrt proportional zur oberen Grenzfrequenz. Das ist auch anschaulich klar: Um steile Ausgangsimpulse zu erzeugen, muß der Verstärker sehr viele Oberwellen des Eingangssignals genügend hoch verstärken.

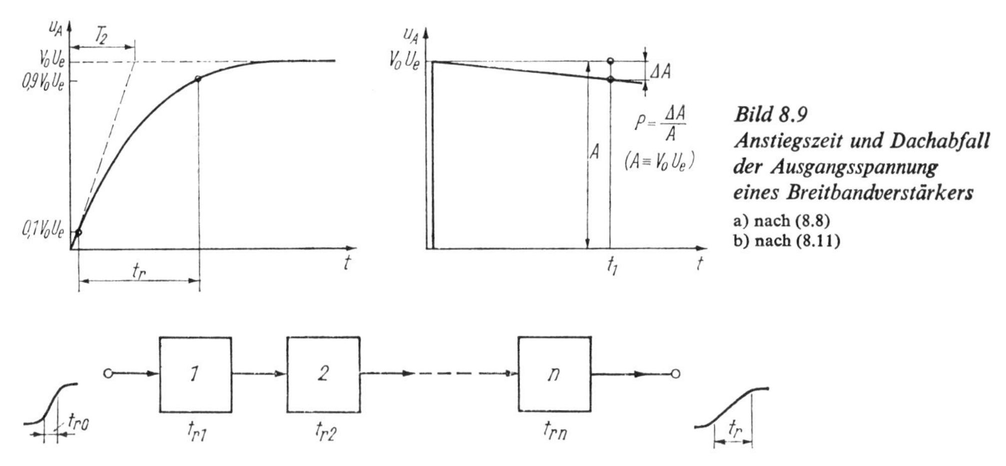

Bild 8.9
Anstiegszeit und Dachabfall der Ausgangsspannung eines Breitbandverstärkers
a) nach (8.8)
b) nach (8.11)

Bild 8.10. Mehrstufiger Verstärker aus n Einzelstufen mit den Anstiegszeiten $t_{r1}, t_{r2}, \ldots, t_{rn}$

Anstiegszeit eines mehrstufigen Verstärkers [8.1] [8.2]. Für einen Verstärker aus n Stufen, von denen jede die Anstiegszeit $t_{r1}, t_{r2} \ldots t_{rn}$ besitzt und der durch ein Eingangssignal mit der Anstiegszeit t_{r0} angesteuert wird, gilt folgender Satz:

Die Anstiegszeit des Ausgangssignals beträgt mit einem Fehler $<10\%$ (Bild 8.10)

$$t_r \approx 1{,}1\sqrt{t_{r0}^2 + t_{r1}^2 + t_{r2}^2 + \ldots + t_{rn}^2}. \tag{8.10}$$

Alle Anstiegszeiten addieren sich also quadratisch.

Dachabfall. Wir nähern (8.7) für große Zeiten $t \gg T_0$ und für den Fall eines Breitbandverstärkers ($T_u \gg T_o$) an:

$$u_a \approx V_0 U_e \, e^{-t/T_u}.$$

Solange $T_o \ll t \ll T_u$ ist, läßt sich dieser Ausdruck weiter vereinfachen zu

$$u_a \approx V_0 U_e \left(1 - \frac{t}{T_u}\right). \tag{8.11}$$

Solange der Dachabfall klein ist (<Prozentbereich), beträgt er in guter Näherung zur Zeit t_1

$$P = \frac{\Delta A}{A} \cdot 100\% = \frac{t_1}{T_u} \cdot 100\%. \tag{8.12}$$

Wegen $f_u = \omega_u/2\pi = 1/2\pi T_u$ gilt mit $P \sim f_u$:

Der Dachabfall ist proportional zur unteren Grenzfrequenz des Verstärkers. Er verschwindet bei Gleichspannungs- bzw. bei Gleichstromverstärkern.

Dachabfall eines zweistufigen Verstärkers. Wenn die zwei Verstärkerstufen einen Dachabfall P_1 bzw. P_2 aufweisen, gilt folgender Satz für den Dachabfall der Kettenschaltung beider Stufen:

Der gesamte Dachabfall beträgt $P = P_1 + P_2$, falls der Dachabfall der einzelnen Stufen und des gesamten Verstärkers nahezu linear erfolgt.

8.6. Driftverstärkung

Die Ausgangsdrift eines mehrstufigen Verstärkers ist im wesentlichen durch die Drift der Eingangsstufe bestimmt. Falls alle Stufen gleichspannungsgekoppelt sind, wird die Drift der Eingangsstufe durch die nachfolgenden Stufen genau so hoch verstärkt wie das Eingangssignal. Im Gegensatz dazu erfolgt bei wechselspannungsgekoppelten Verstärkern keine Driftverstärkung von Stufe zu Stufe, weil die Drift ein sich zeitlich sehr langsam ändernder Vorgang ist, der infolge der Wechselstromkopplung nicht übertragen wird. (Das Frequenzspektrum der Drift liegt weit unterhalb des vom Verstärker übertragenen Frequenzbereiches.)

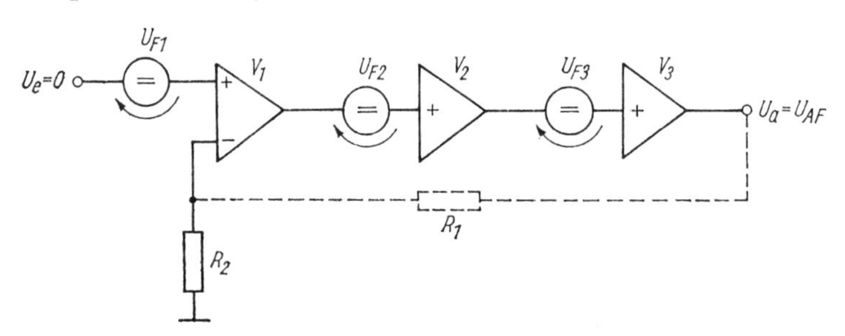

Bild 8.11. Driftverstärkung bei einem mehrstufigen gleichspannungsgekoppelten Verstärker

Wir betrachten einen dreistufigen gleichspannungsgekoppelten Verstärker (Bild 8.11). Die gesamte Ausgangsdriftspannung U_{AF} beträgt ohne Gegenkopplung ($R_1 = \infty$)

$$U_{AF} = V_1 V_2 V_3 U_{F1} + V_2 V_3 U_{F2} + V_3 U_{F3}. \tag{8.13}$$

Die gesamte Verstärkung beträgt $V = V_1 V_2 V_3$. Wir erhalten hiermit aus (8.13)

$$U_{AF} = V\left[U_{F1} + \frac{U_{F2}}{V_1} + \frac{U_{F3}}{V_1 V_2}\right].$$

Wegen $V_1 \gg 1$, $V_2 \gg 1$ wird die Ausgangsspannungsdrift in der Regel durch die Driftspannung U_{F1} der ersten Stufe bestimmt: $U_{AF} \approx V U_{F1}$. Bei driftarmen Verstärkern muß die Eingangsstufe eine niedrige Drift und möglichst hohe Verstärkung haben.

Bei gleichspannungsgekoppelten Verstärkern stellt die Drift die wesentliche Störgröße dar.

9. Gegenkopplung [9.1] [9.2]

Im vorliegenden Abschnitt erläutern wir das Prinzip der Gegenkopplung und zeigen, wie man zahlreiche Eigenschaften des Verstärkers durch Anwenden der Gegenkopplung verändern kann. Hierbei verwenden wir weitgehend die Sprache des Regelungstechnikers, da sich auf diese Weise auch sehr komplexe Zusammenhänge einfach überschaubar behandeln lassen und diese Methode große Vorteile bei der Analyse gegengekoppelter Schaltungen bietet.

Das Prinzip der Gegenkopplung ist für die analoge Schaltungstechnik von größter Bedeutung. Mit ihm gelingt es, trotz der Verwendung inkonstanter und stark nichtlinear arbeitender aktiver Bauelemente hochkonstante und hochlineare Verstärker zu realisieren. In einem gegengekoppelten Verstärker wird ein definierter Anteil des Ausgangssignals (Spannung oder Strom) zum Eingang zurückgeführt und so mit dem Eingangssignal überlagert, daß die Abweichungen des Verstärkers vom idealen Verhalten weitgehend kompensiert werden (Sollwert-Istwert-Vergleich in einem Regelkreis; Kompensationsprinzip).

Gegenkopplung. Mitkopplung. Wenn das rückgeführte Signal das Eingangssignal schwächt, spricht man von Gegenkopplung (negative Rückkopplung), wenn es das Eingangssignal verstärkt, liegt Mitkopplung (positive Rückkopplung) vor. Positive Rückkopplung führt meist zu dynamischer Instabilität und dient vor allem zur Schwingungserzeugung.

Vorteile der Gegenkopplung. Die Gegenkopplung beeinflußt gleichzeitig mehrere Eigenschaften eines Verstärkers, auch wenn dies nicht ausdrücklich beabsichtigt ist. Ihre Vorteile sind:

- Verstärkungsstabilisierung gegenüber Parameterstreuungen und Änderungen der aktiven Bauelemente
- einfache Möglichkeit der Verstärkungseinstellung
- Veränderung der Eingangs- und Ausgangsimpedanz; bequeme Möglichkeit, um die Eigenschaften der vier Verstärkergrundtypen zu realisieren
- Verbesserung des Frequenzgangs, der Bandbreite und damit des dynamischen Verhaltens
- Vergrößerung des Aussteuerbereiches und Verringerung nichtlinearer Verzerrungen.

Als *Nachteile* sind die Verringerung des Verstärkungsfaktors und die Gefahr der dynamischen Instabilität zu nennen.

Durch Anwenden der jeweils zweckmäßigen Gegenkopplungsbeschaltung (eine der vier Grundgegenkopplungsarten) lassen sich die im Bild 8.1 zusammengestellten Verstärkergrundtypen gut realisieren. Insbesondere können die harten Forderungen an hochgenaue Meßverstärker (sehr hohe Linearität, Eingangs- bzw. Ausgangswiderstand sehr klein oder sehr groß gegenüber dem Signalquellen- und Lastwiderstand; kurze Einschwingzeit, d.h. große Bandbreite; Unempfindlichkeit gegenüber äußeren Störquellen, Betriebsspannungsschwankungen, Laständerungen usw.) bis zu einer Genauigkeit, die lediglich durch Widerstände im Gegenkopplungsnetzwerk begrenzt ist, erfüllt werden.

9.1. Grundgegenkopplungsarten

Je nachdem, ob ein Teil des Ausgangs*stroms* oder der Ausgangs*spannung* zum Eingang zurückgeführt wird, spricht man von *Strom-* oder *Spannungs*gegenkopplung. Die auf den Eingang zurückgeführte Größe läßt sich entweder *in Reihe* zur Eingangsspannung, d.h. in Reihe zu den Eingangsklemmen, oder *parallel* zu den Eingangsklemmen zuführen. Wir unterscheiden deshalb *vier Grundgegenkopplungsarten* (Bild 9.1):

1. Serienspannungsgegenkopplung
2. Parallelspannungsgegenkopplung
3. Serienstromgegenkopplung
4. Parallelstromgegenkopplung.

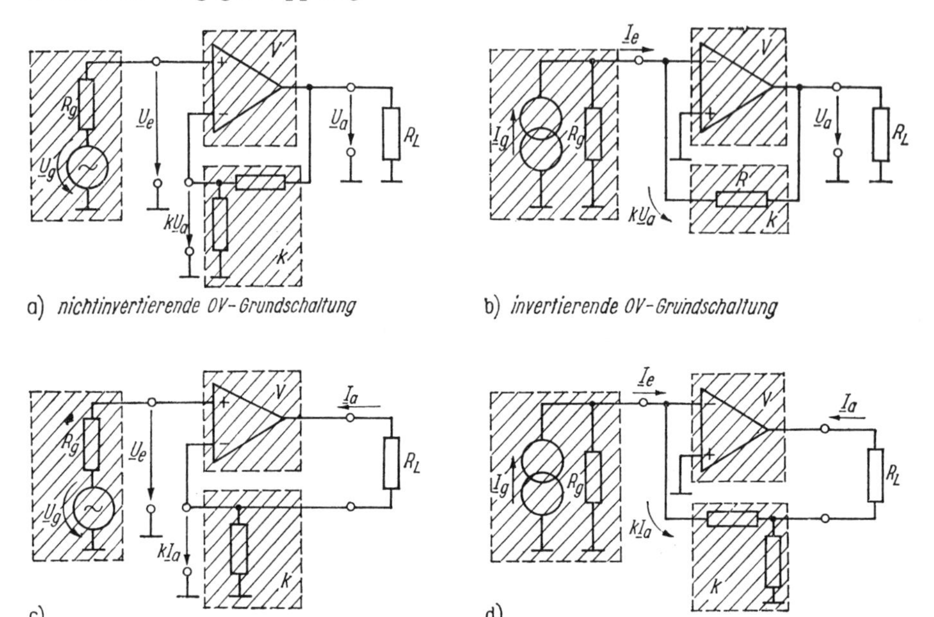

Bild 9.1. Die vier Gegenkopplungsgrundschaltungen mit OV

a) Serienspannungsgegenkopplung (nichtinvertierende OV-Grundschaltung); b) Parallelspannungsgegenkopplung (invertierende OV-Grundschaltung); c) Serienstromgegenkopplung; d) Parallelstromgegenkopplung

Bei *Serien*gegenkopplung erfolgt eine *Spannungs*addition, bei *Parallel*gegenkopplung eine *Strom*addition im Eingangskreis. Die *Spannungs*gegenkopplung verschwindet bei ausgangsseitigem Kurzschluß, die *Strom*gegenkopplung verschwindet bei ausgangsseitigem Leerlauf.

9.2. Gegenkopplungsgrundgleichung

Alle vier Grundgegenkopplungsarten lassen sich durch das allgemeine Signalflußbild (Blockschaltbild) des einschleifigen Regelkreises nach Bild 9.2 beschreiben. Unter den Voraussetzungen

- Linearität (die Netzwerke G_e, G_v und G_r sind lineare Systeme),
- Rückwirkungsfreiheit (die Netzwerke G_e, G_v und G_r sind rückwirkungsfrei),

– Signalfluß nur in einer Richtung (der Pfeilrichtung), d. h., die Blöcke zeigen unilaterales Verhalten

leiten wir aus diesem Blockschaltbild die Beziehungen

$$X_a = G_v X_d \qquad X_e = G_e X_g$$

$$X_d = X_e - X_r \qquad X_r = G_r X_a$$

ab. Durch Kombinieren dieser Gleichungen erhalten wir die Gegenkopplungsgrundgleichung (Grundgleichung des einschleifigen Regelkreises):

$$G \equiv \frac{X_a}{X_e} = \frac{G_v}{1 + G_v G_r} \tag{9.1}$$

$$G_g \equiv \frac{X_a}{X_g} = G_e G \tag{9.2}$$

G Übertragungsfunktion der gegengekoppelten Schaltung (auf die Eingangsgröße X_e bezogen);
G_g Übertragungsfunktion der gesamten Schaltung (auf die Eingangsgröße X_g bezogen);
G_v Übertragungsfunktion des Vorwärtsgliedes;
G_r Übertragungsfunktion des Rückwärtsgliedes (des Gegenkopplungsvierpols);
$G_v G_r$ Schleifenverstärkung (closed loop gain);
$g = 1 + G_v G_r$ Gegenkopplungsgrad.

Die Begriffe *Schleifenverstärkung* und *Gegenkopplungsgrad* werden wir noch oft verwenden. Sie sind ein Maß für die Veränderung der Verstärkereigenschaften durch Gegenkopplung und für die dynamische Stabilität.

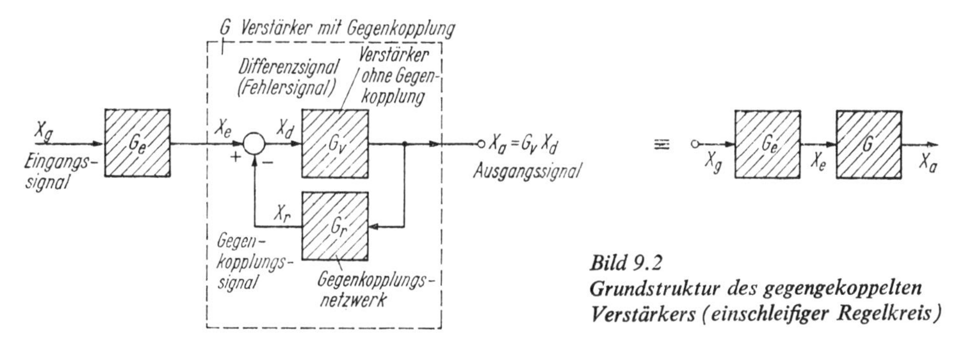

Bild 9.2
Grundstruktur des gegengekoppelten Verstärkers (einschleifiger Regelkreis)

Solange $|1 + G_v G_r| > 1$ ist, liegt *Gegenkopplung* vor, und $|G|$ wird gegenüber $|G_v|$ verkleinert; solange $|1 + G_v G_r| < 1$ ist, liegt *Mitkopplung* vor (positive Rückkopplung), und $|G|$ wird vergrößert.

Besonders wichtig ist der Spezialfall für sehr große Schleifenverstärkung. Aus (9.1) folgt

$$\left.\begin{aligned} G &\equiv \frac{X_a}{X_e} \approx \frac{1}{G_r} \qquad (9.3)\\ G_g &\equiv \frac{X_a}{X_g} \approx \frac{G_e}{G_r} \qquad (9.4)\end{aligned}\right\} \quad \text{für} \quad |G_v G_r| \gg 1 .$$

Das bedeutet: Die Übertragungsfunktion des geschlossenen Systems (z. B. Verstärkung $\underline{U}_a/\underline{U}_g$) hängt bei sehr großer Schleifenverstärkung nicht mehr von den Eigenschaften des Verstärkerblocks (G_v), sondern nur noch vom Rückwärtsglied G_r, d. h. vom Gegenkopplungsnetzwerk, ab! Parameterschwankungen und -streuungen der aktiven Elemente im Vorwärtsglied haben nahezu keinen Einfluß auf die Übertragungsfunktion der gegengekoppelten Schaltung. Lediglich G_r bestimmt die Konstanz und die Genauigkeit der Schaltung.

Aus diesem Grunde realisiert man G_r bei hochgenauen Verstärkern mit sehr stabilen passiven Präzisionsbauelementen (meist Widerstände).

(9.3) läßt sich auch wie folgt interpretieren: Die Ausgangsgröße X_a (Regelgröße) ist streng proportional zur Eingangsgröße X_e (Führungsgröße). Das gilt für alle Signalfrequenzen, für die der Betrag der Schleifenverstärkung $|G_v G_r|$ sehr groß ist.

Gl. (9.3) bietet oft eine bequeme Möglichkeit zur Bestimmung der Übertragungsfunktion G_r des Rückwärtsgliedes. Zu diesem Zweck ermittelt man zunächst die Übertragungsfunktion G der gegengekoppelten Schaltung für $V \to \infty (G_v \to \infty)$ (das ist in der Regel zumindestens näherungsweise diejenige Übertragungsfunktion $G = X_a/X_e$ bzw. $V' = U_a/U_e$, die sich unter Zugrundelegung eines idealen OV ergibt) und berechnet anschließend G_r aus der Beziehung

$$\frac{1}{G_r} = G \Big|_{G_v \to \infty} ; \qquad \frac{1}{k} = V' \Big|_{V \to \infty} .$$

Beispielsweise gilt für die Schaltung im Bild 9.3 unter Zugrundelegung eines idealen OV die jedem Elektroniker bekannte Beziehung $V' = 1 + (R_2/R_1)$. Folglich gilt für die Übertragungsfunktion des Rückwärtsgliedes:

$$\frac{1}{k} = 1 + \frac{R_2}{R_1} .$$

9.3. Analyse gegengekoppelter Verstärker

Die Analyse gegengekoppelter Schaltungen (z.B. Berechnung der Verstärkung, der Ein- und Ausgangswiderstände, der Bandbreite usw.) kann auf verschiedene Weise erfolgen. Am häufigsten werden

- die Knotenspannungs- und Maschenstromanalyse
- die Vierpoltheorie
- die Blockanalyse mit Methoden der Regelungstechnik

verwendet.

Wir entscheiden uns für die Blockanalyse der Regelungstechnik. Sie liefert besser als die übrigen Methoden einen schnellen Einblick in die Funktion und Wirkungsweise der Schaltungen. Mit ihr sind wir in der Lage, die Vielzahl der gegengekoppelten Schaltungen auf eine „Normstruktur“, nämlich auf die Grundstruktur des Regelkreises nach Bild 9.2 zurückzuführen und an Hand dieser Struktur alle interessierenden Größen zu berechnen bzw. einfach abzuschätzen.

Das Hauptproblem bei jeder Analyse besteht darin, die zu analysierende Schaltung in die Struktur des Regelkreises nach Bild 9.2 zu überführen. Wir gehen hierbei zweckmäßigerweise so vor, wie es in Tafel 9.1 angegeben ist.

Algorithmus. X_a muß diejenige Ausgangsgröße sein ($\underline{U}_a$ oder $\underline{I}_a$), die gegengekoppelt wird. Als Eingangsgröße X_g bzw. X_e wählt man zweckmäßigerweise bei Seriengegenkopplung

Tafel 9.1. Ablaufplan zur Berechnung gegengekoppelter Schaltungen

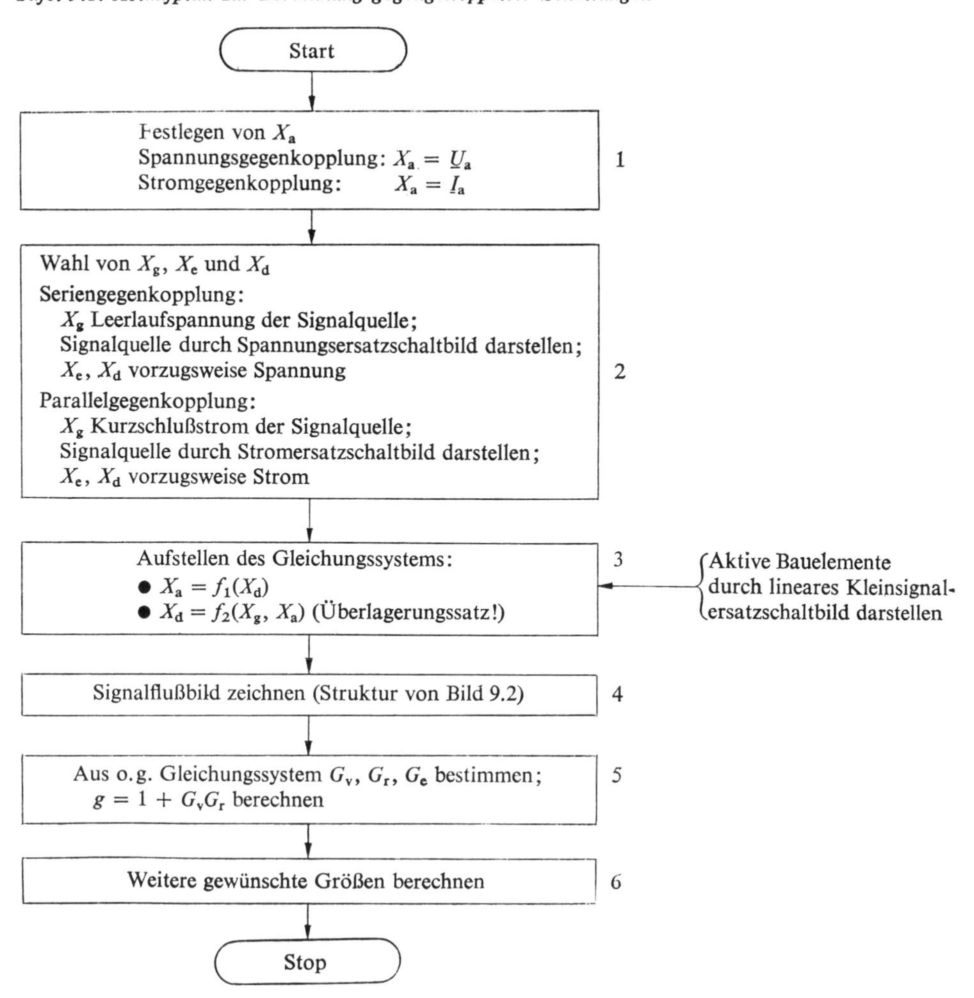

die Eingangs*spannung*, bei Parallelgegenkopplung den Eingangs*strom*. Es liegt nahe, X_d so zu wählen, daß es die gleiche Dimension hat wie X_g. Das ist jedoch nicht zwingend. X_d kann wahlweise die Eingangsspannung oder der Eingangsstrom des Vorwärtsglieds (G_v) sein (s. Beispiel 3).

Die Struktur des Signalflußbildes 9.2 wird durch die beiden Gleichungen $X_a = f_1(X_d)$ und $X_d = f_2(X_g, X_a)$ hinreichend beschrieben. Die erste Gleichung liefert sofort die Übertragungsfunktion $G_v = X_a/X_d$. Wendet man auf die zweite Gleichung den Überlagerungssatz an, so erkennt man, daß sich X_d aus einem von X_g und einem zweiten, von X_a verursachten, Anteil zusammensetzt. Das getrennte Betrachten dieser Anteile liefert die beiden Übertragungsfunktionen G_e und G_r. Nun läßt sich das Signalflußbild zeichnen. Alle drei Übertragungsfunktionen und der Gegenkopplungsgrad g sind bekannt, weitere interessierende Größen können berechnet werden.

Beispiel 1 (Bild 9.3). Voraussetzung idealer Operationsverstärker mit Ausnahme $V \neq \infty$.

Wir erkennen, daß es sich um eine Serienspannungsgegenkopplung handelt (sie verschwindet für $R_L \to 0$; die Eingangsgröße $\underline{U}_g$ bzw. $\underline{U}_e$ liegt mit der zum Eingangskreis gegengekoppelten Größe $k\underline{U}_a$ in Reihe!). Wir müssen daher $X_a = \underline{U}_a$ setzen und wählen

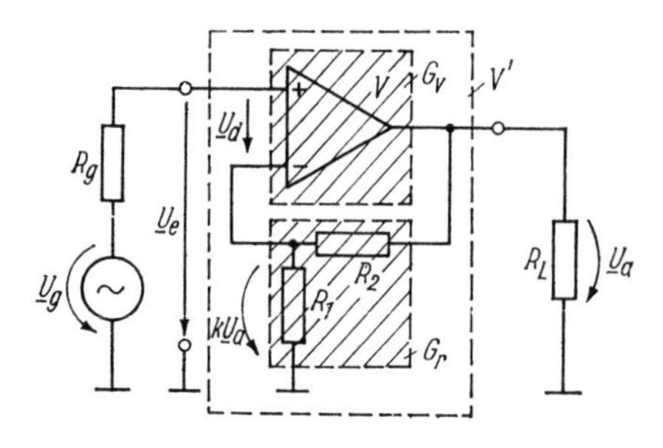

Bild 9.3
Nichtinvertierender OV als Beispiel der Serienspannungsgegenkopplung ($r_d = \infty$, $r_a = 0$)

zweckmäßigerweise $X_g = \underline{U}_g$. An der Mischstelle (Differenzeingang des Operationsverstärkers) erfolgt eine Spannungssubtraktion, denn es gilt $\underline{U}_d = \underline{U}_e - k\underline{U}_a = \underline{U}_g - k\underline{U}_a$ ($\underline{U}_g = \underline{U}_e$ infolge unendlichen Eingangswiderstandes des Operationsverstärkers). Das Eingangssignal des Operationsverstärkers ist $\underline{U}_d$ (Spannungssteuerung). Wir wählen daher $X_d = \underline{U}_d$. Das Gleichungssystem zu Schritt 3 lautet:

$$\underline{U}_a = V\underline{U}_d, \qquad \underline{U}_d = \underline{U}_e - k\underline{U}_a = \underline{U}_g - k\underline{U}_a.$$

Ein Vergleich mit Bild 9.2 ergibt

$$G_v = V, \qquad G_e = 1, \qquad G_r = k = R_1/(R_1 + R_2).$$

Die Verstärkung der gegengekoppelten Schaltung beträgt mit diesen Werten:

$$V' = \frac{\underline{U}_a}{\underline{U}_g} = \frac{G_e G_v}{1 + G_v G_r} = \frac{V}{1 + kV}$$

und für den wichtigen Spezialfall $|kV| \gg 1$:

$$V' \approx \frac{1}{k} = 1 + \frac{R_2}{R_1}.$$

Beispiel 2. Berechnung des Integrators im Bild 9.4a nach dem Algorithmus der Tafel 9.1. *Schritt 1:* Parallelspannungsgegenkopplung; deshalb: $X_a = \underline{U}_a$, $X_e = \underline{U}_g/R$.

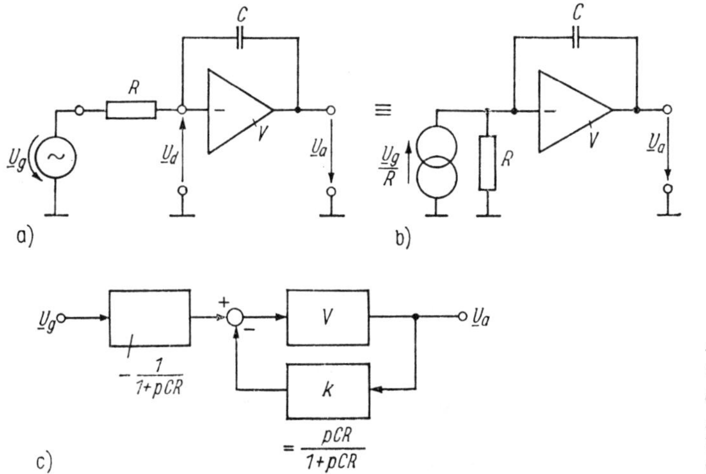

Bild 9.4
Gegenkopplungsberechnung eines Integrators
a) Schaltung
b) Umwandlung der Signalquelle
c) Signalflußbild

Schritt 2: Da Parallelgegenkopplung vorliegt, liegt es nahe, als Eingangsgröße den Kurzschlußstrom der Signalquelle zu wählen (Bild 9.4b); dabei fassen wir zweckmäßigerweise R als Innenwiderstand der Signalquelle auf. Wir wollen aber von dieser Gepflogenheit abweichen und wählen $X_g = \underline{U}_g$. Da der Operationsverstärker einen sehr hochohmigen Eingang hat (Spannungssteuerung), wählen wir nicht $\underline{I}_d$, sondern $\underline{U}_d$ als Eingangsgröße des Vorwärtsgliedes: $X_d = \underline{U}_d$.

Schritt 3:

$$\underline{U}_a = V\underline{U}_d$$

$$\underline{U}_d = \underline{U}_{d1} + \underline{U}_{d2}$$

$$\underline{U}_{d1} = -\underline{U}_g \frac{1}{1 + pCR}; \qquad \underline{U}_{d2} = -\underline{U}_a \frac{pCR}{1 + pCR}$$

$$\underline{U}_d = -\frac{\underline{U}_g + pCR\underline{U}_a}{1 + pCR}.$$

Schritt 4: siehe Bild 9.4c

Schritt 5: $G_v = V$; $G_e = -1/(1 + pCR)$; $G_r \equiv k = pCR/(1 + pCR)$

Beispiel 3. Berechnung der Emitterschaltung mit Stromgegenkopplung (Bild 9.5) nach dem Algorithmus der Tafel 9.1.

Schritt 1: Serienstromgegenkopplung; deshalb $X_a = \underline{I}_2$.

Schritt 2: $X_e = \underline{U}_g$; $X_d = \underline{I}_b$ (zweckmäßiger als $X_d = \underline{U}_{be}$, weil im gewählten Ersatzschaltbild des Transistors $\beta \underline{I}_b$ als Steuergröße auftritt).

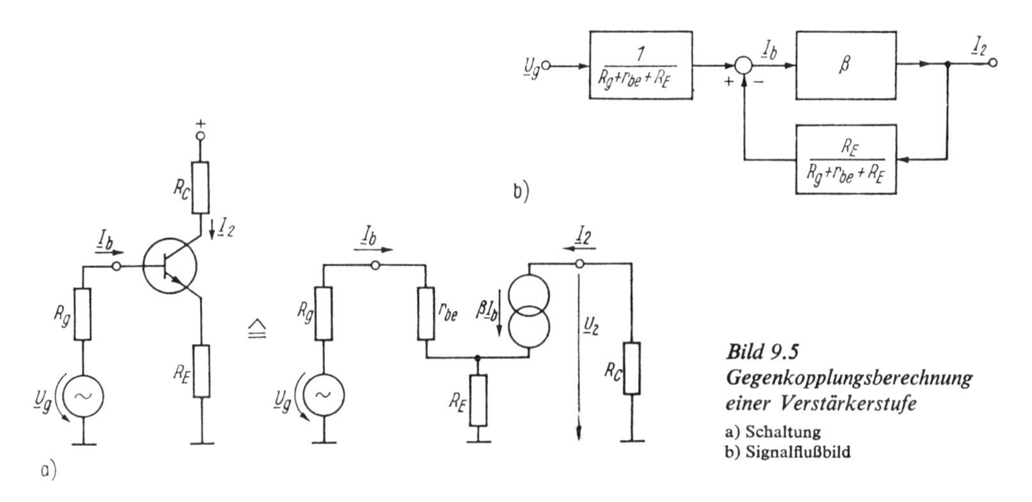

Bild 9.5
Gegenkopplungsberechnung einer Verstärkerstufe
a) Schaltung
b) Signalflußbild

Schritt 3:

$$\underline{I}_2 = \beta \underline{I}_b; \qquad \underline{I}_b = \frac{\underline{U}_g}{R_g + r_{be} + R_E} - \frac{\underline{I}_2 R_E}{R_g + r_{be} + R_E}.$$

Schritt 4: Siehe Bild 9.5b.

Schritt 5:

$$G_v = \beta; \qquad G_e = 1/(R_g + r_{be} + R_E); \qquad G_r \equiv k = R_E/(R_g + r_{be} + R_E).$$

Schritt 6: Starke Gegenkopplung ($|kG_v| \gg 1$):

$$X_a = \underline{I}_2 \approx G_e X_e/k \approx X_e/R_E = \underline{U}_g/R_E.$$

Spannungsverstärkung $V'_u = \underline{U}_2/\underline{U}_g = -\underline{I}_2 R_C/\underline{U}_g \approx -R_C/R_E$ für $|kG_v| \gg 1$.

9.4. Einfluß der Gegenkopplung auf die Eigenschaften des Verstärkers

9.4.1. Verstärkungsänderung

Oft benötigt man Verstärker, deren Verstärkungsfaktor sehr konstant ist, d. h. unabhängig von Temperatur-, Betriebsspannungs- und Langzeitänderungen sowie von Exemplarstreuungen der Transistoren. Durch Anwendung der Gegenkopplung ist diese Aufgabe lösbar, wie wir nachfolgend zeigen. Wir berechnen die Verstärkungsänderung (ΔG_g) des gegengekoppelten Verstärkers unter der Annahme, daß sich die Verstärkung des nichtgegengekoppelten Verstärkers um ΔG_v ändert.

Differentiation der Gegenkopplungsgrundgleichung (9.2) nach den Einflußgrößen G_e, G_v und G_r liefert

$$dG_g = \frac{G_v}{1 + G_v G_r}\, dG_e + G_e G_v \frac{(-1)\, G_v}{(1 + G_v G_r)^2}\, dG_r + \frac{G_e}{(1 + G_v G_r)^2}\, dG_v .$$

Setzen wir anstelle der Differentiale kleine Differenzen und dividieren durch G_g, so erhalten wir nach Umformen

$$\frac{\Delta G_g}{G_g} \approx \frac{\Delta G_e}{G_e} - \frac{G_v G_r}{1 + G_v G_r} \frac{\Delta G_r}{G_r} + \frac{1}{1 + G_v G_r} \frac{\Delta G_v}{G_v}. \tag{9.5}$$

Die relative Verstärkungsänderung des gegengekoppelten Verstärkers ist also etwa um den Betrag der Schleifenverstärkung (exakt: um den Faktor $g = 1 + G_v G_r$) kleiner als die des nichtgegengekoppelten Verstärkers! Der zu zahlende Preis ist ein erheblicher Verstärkungsverlust. Änderungen der Übertragungsfunktionen G_e und G_r gehen dagegen voll als Fehler ein ($|G_v G_r| \gg 1$). Zur Realisierung von Präzisionsverstärkern müssen diese Netzwerke aus hochkonstanten (passiven) Bauelementen aufgebaut werden.

Zahlenbeispiel: Wenn wir die nichtinvertierende Verstärkerschaltung im Bild 9.3 so dimensionieren, daß $V = 10^4$ (Leerlaufverstärkung des Operationsverstärkers) und $V' = \underline{U}_a/\underline{U}_e = 10^2$ beträgt, bewirkt beispielsweise eine Verstärkungsänderung des Operationsverstärkers von 10% eine Änderung der Gesamtverstärkung V' von nur 0,1%!

Aus (9.4), die für große Schleifenverstärkung $|G_v G_r| \gg 1$ gilt, folgt, daß durch die Gegenkopplung stets das Verhältnis $X_a/X_e \approx 1/G_r$ stabilisiert, d. h. konstant gehalten wird. Die Ausgangs- bzw. Eingangsgröße kann sowohl eine Spannung als auch ein Strom sein. Bei jeder der vier Gegenkopplungsgrundschaltungen wird daher eine andere Übertragungsgröße durch die Gegenkopplung stabilisiert (Tafel 9.2).

Tafel 9.2. Gegenkopplungsgrundschaltungen

Gegenkopplungsgrundschaltung	Stabilisierte Verstärkungsgröße G	Verstärkergrundtyp
Serien-Spannungs-GK	Spannungsverstärkung $\underline{U}_a/\underline{U}_e$	Spannungsverstärker
Serien-Strom-GK	Übertragungsleitwert $\underline{I}_a/\underline{U}_e$	$U \rightarrow I$-Wandler
Parallel-Spannungs-GK	Übertragungswiderstand $\underline{U}_a/\underline{I}_e$	$I \rightarrow U$-Wandler
Parallel-Strom-GK	Stromverstärkung $\underline{I}_a/\underline{I}_e$	Stromverstärker

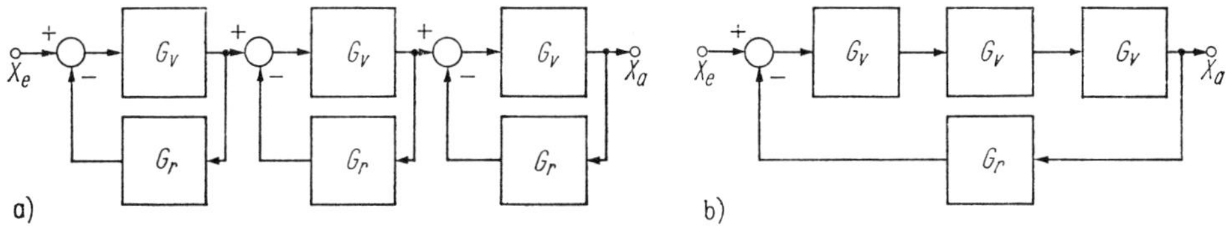

Bild 9.6. *Struktur gegengekoppelter Verstärker*

a) Gegenkopplung jeder Einzelstufe; b) „Über alles"-Gegenkopplung

Bei der Dimensionierung eines Verstärkers mit der gewünschten Übertragungsfunktion G (z.B. Spannungsverstärkung V'_u) geht man so vor, daß man einen Verstärker mit einer wesentlich größeren Verstärkung gG (z.B. Spannungsverstärkung gV'_u) konzipiert und ihn mit einem Gegenkopplungsgrad g gegenkoppelt. Hierdurch werden die relativen Verstärkungsschwankungen um den Faktor g verringert. Bei der Realisierung von mehrstufigen Verstärkern mit sehr hoher Verstärkung (z.B. $V = 10^6$) treten u.U. Probleme der dynamischen Instabilität auf, die im nächsten Abschnitt besprochen werden.

Überallesgegenkopplung. Ein mehrstufiger Verstärker kann auf zwei grundsätzlich unterschiedliche Arten gegengekoppelt werden:

a) Jede Stufe für sich oder

b) vom Ausgang der letzten auf den Eingang der ersten Stufe (Bild 9.6). Mit „Überallesgegenkopplung" wird wesentlich bessere Stabilität gegenüber Verstärkungsänderungen erzielt als durch Gegenkopplung der einzelnen Stufen, wie aus nachfolgendem Beispiel ersichtlich ist.

Beispiel: Wir wollen einen Verstärker aus n gleichen Stufen (Verstärkung G_v je Stufe) aufbauen. Die Gesamtverstärkung G beider Varianten a) und b) soll gleich sein.

Die gesamte Verstärkung beträgt (Bild 9.6)

Variante a):

$$G = \frac{X_a}{X_e} = \left(\frac{G_v}{1 + G_v G_r}\right)^n$$

Variante b):

$$G = \frac{X_a}{X_e} = \frac{G_v^n}{1 + G_v^n G_r}.$$

Wenn wir durch Differenzieren beider Ausdrücke die relative Verstärkungsänderung der Gesamtverstärkung berechnen, erhalten wir

$$\frac{\Delta G}{G} \approx \frac{G}{G_v} \frac{\Delta G_v}{G_v} \qquad \frac{\Delta G}{G} \approx \frac{n}{1 + (G_v G_r)^n} \frac{\Delta G_v}{G_v}.$$

Der Vergleich zeigt, daß die Verstärkungsänderung bei Variante b) wesentlich kleiner ist.

9.4.2. Eingangswiderstand

Durch genügend große Schleifenverstärkung läßt sich der Eingangswiderstand eines gegengekoppelten Verstärkers in weiten Grenzen verändern. Wir berechnen nachfolgend die Beeinflussung des Eingangswiderstandes durch die Gegenkopplung. Dabei müssen wir zwischen Serien- und Parallelgegenkopplung unterscheiden.

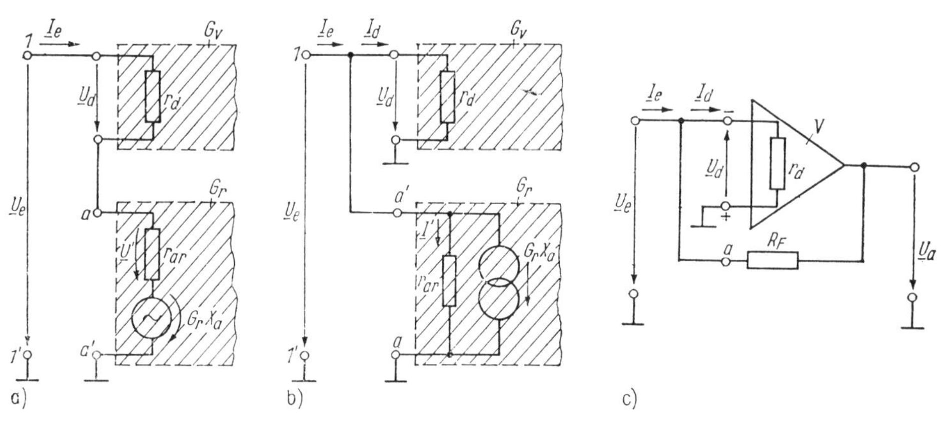

Bild 9.7. Zur Berechnung des Eingangswiderstandes gegengekoppelter Verstärker

a) Seriengegenkopplung; b) Parallelgegenkopplung; c) Beispiel, $r_{ar} = R_F$, $G_r = -1/R_F$, $G_v = U_a/I_d$

Die Klemmen a und a' im Bild 9.7a, b sind die Ausgangsklemmen des Gegenkopplungsnetzwerkes. Den Ausgangskreis dieses Netzwerkes stellen wir zweckmäßigerweise durch das Ersatzschaltbild eines aktiven Zweipols dar. Zweckmäßigerweise wählen wir das *Spannungs*ersatzschaltbild bei *Serien*gegenkopplung und das *Strom*ersatzschaltbild bei *Parallel*gegenkopplung (Bild 9.7a, b).

r_{ar} ist der Ausgangswiderstand des Gegenkopplungsnetzwerkes, d.h. der zwischen den Klemmen a und a' für $X_a = 0$ gemessene Widerstand bei aufgetrenntem äußerem Netzwerk des Eingangskreises. $X_a = 0$ bedeutet bei *Spannungs*gegenkopplung ($X_a = \underline{U}_a$) *Kurzschließen* der Ausgangsklemmen *2* und *2'* des gegengekoppelten Verstärkers (Bild 9.8a), bei *Strom*gegenkopplung ($X_a = \underline{I}_a$) dagegen ausgangsseitigen Leerlauf, d.h. Auftrennen der Klemmen *2* und *2'* im Bild 9.8b.

Als Eingangsgröße des Vorwärtsgliedes (G_v) wählen wir bei *Serien*gegenkopplung $X_d = \underline{U}_d$, bei *Parallel*gegenkopplung $X_d = \underline{I}_d$.

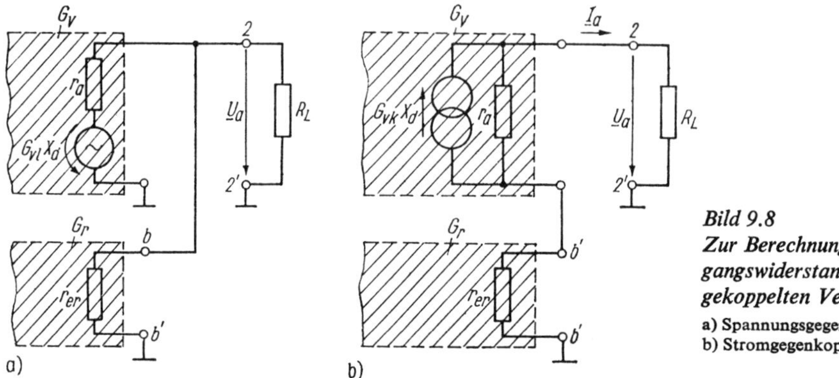

Bild 9.8
Zur Berechnung des Ausgangswiderstandes von gegengekoppelten Verstärkern
a) Spannungsgegenkopplung
b) Stromgegenkopplung

Eingangswiderstand bei Seriengegenkopplung (Bild 9.7a).

a) *ohne Gegenkopplung* ($G_r X_a = 0$)

$$Z_e = \frac{\underline{U}_e}{\underline{I}_e} = \frac{\underline{U}_d + \underline{U}'}{\underline{I}_e} = r_d + r_{ar},$$

b) *mit Gegenkopplung* ($G_r X_a \neq 0$; $X_a = G_v X_d = G_v \underline{U}_d$)

$$Z_e' = \frac{\underline{U}_e}{\underline{I}_e} = \frac{\underline{U}_d + \underline{U}' + G_r X_a}{\underline{I}_e} = \frac{\underline{U}_d (1 + G_v G_r) + \underline{U}'}{\underline{I}_e} = g r_d + r_{ar} \approx g r_d .$$

Näherung für $r_{ar} \ll r_d : Z_e' \approx g Z_e \quad g = 1 + G_v G_r$

Ergebnis: Der Eingangswiderstand wird durch Seriengegenkopplung näherungsweise um den Gegenkopplungsgrad g vergrößert!

Eingangswiderstand bei Parallelgegenkopplung (Bild 9.7b).

a) *ohne Gegenkopplung* ($G_r X_a = 0$)

$$Y_e = Z_e^{-1} = \frac{\underline{I}_e}{\underline{U}_e} = \frac{\underline{I}_d + \underline{I}'}{\underline{U}_e} = \frac{1}{r_d} + \frac{1}{r_{ar}},$$

b) *mit Gegenkopplung* ($G_r X_a \neq 0$; $X_a = G_v X_d = G_v \underline{I}_d = G_v (\underline{U}_d / r_d)$)

$$Z'_e = \frac{\underline{U}_e}{\underline{I}_e} = \frac{\underline{U}_e}{\underline{I}_d + \underline{I}' + G_r X_a} = \frac{\underline{U}_e}{\underline{I}_d (1 + G_v G_r) + \underline{I}'} = \frac{r_d}{g} \parallel r_{ar}. \tag{9.6}$$

Näherung für $r_{ar} \gg r_d : Z'_e \approx Z_e/g \quad g = 1 + G_r G_v$.

Beispiel für nichtvernachlässigbaren Widerstand r_{ar}: Wir berechnen den Eingangswiderstand Z'_e der Schaltung im Bild 9.7c. Die Schaltung stellt eine Parallelspannungsgegenkopplung dar. Es gilt daher

$$X_a = \underline{U}_a \quad \text{und} \quad X_d = \underline{I}_d = -\underline{U}_d / r_d.$$

Somit ist

$$G_v = X_a / X_d = \underline{U}_a / \underline{I}_d = -(\underline{U}_a / \underline{U}_d)\, r_d = -V r_d.$$

Weiterhin ermitteln wir durch Vergleich der Bilder 9.7b und 9.7c

$$G_r X_a = -\underline{U}_a / R_F.$$

Daraus folgt

$$G_r = -1/R_F.$$

Weiterhin ist $r_{ar} = R_F$. Mit diesen Werten ergibt sich schließlich aus (9.6)

$$Z'_e = \frac{r_d}{g} \parallel r_{ar} = \frac{r_d}{1 + V(r_d/R_F)} \parallel R_F.$$

Für $V r_d \gg R_F$ vereinfacht sich diese Beziehung zu

$$Z'_e \approx R_F/V \parallel R_F = R_F/(1 + V).$$

Der Eingangswiderstand wird durch *Parallel*gegenkopplung in grober Näherung um den Gegenkopplungsgrad g kleiner!

9.4.3. Ausgangswiderstand. Allgemeines

Auch der Ausgangswiderstand läßt sich durch genügend große Schleifenverstärkung stark verändern. Wir wollen nachfolgend die Zusammenhänge berechnen. Dabei müssen wir zwischen Spannungs- und Stromgegenkopplung unterscheiden.

Die Klemmen b und b' im Bild 9.8 sind die Eingangsklemmen des Gegenkopplungsnetzwerkes. Wir setzen voraus, daß dieses Netzwerk Signale nur in einer Richtung (d.h. von rechts nach links) überträgt, d.h., die Rückwirkung (direkte Signalübertragung) vom Ausgang (Klemmen a und a', s. Bild 9.7) zum Eingang (Klemmen b und b') vernachlässigen wir. Der dadurch auftretende Fehler ist in der Praxis unbedeutend, die Rechnungen werden aber übersichtlicher. Aus der soeben vorgenommenen Vernachlässigung folgt, daß wir zur Ermittlung des zwischen b und b' wirksamen Eingangswiderstandes $r_{er} X_e = 0$ setzen müssen. Für $X_e \neq 0$ würde bei realen Gegenkopplungsnetzwerken eine Leerlaufspannung über b und b' auftreten, die wir ja außer acht lassen wollen.

r_{er} ist der Eingangswiderstand des Gegenkopplungsnetzwerkes, d.h. der von rechts nach links in die Klemmen b und b' hineingemessene (differentielle) Widerstand, für $X_e = 0$. Das bedeutet: Zur Ermittlung von r_{er} muß bei *Serien*gegenkopplung $\underline{U}_e = 0$ (Klemmen *1* und *1'* im Bild 9.7a kurzschließen) und bei *Parallel*gegenkopplung $\underline{I}_e = 0$ gesetzt werden (äußere Verbindung zwischen den Klemmen *1* und *1'* im Bild 9.7b auftrennen).

Als *Ausgangsgröße* des gegengekoppelten Verstärkers wählen wir bei *Spannungs*gegenkopplung $X_a = \underline{U}_a$, bei *Strom*gegenkopplung $X_a = \underline{I}_a$. Wir stellen daher den Ausgangskreis des Vorwärtsgliedes (G_v) bei Spannungsgegenkopplung durch das Spannungsersatzschaltbild und bei Stromgegenkopplung durch das Stromersatzschaltbild des aktiven Zweipols dar (Bild 9.8a, b). G_{vl} ist die Übertragungsfunktion des Vorwärtsgliedes bei Leerlauf zwischen den Klemmen *2* und *2'*, G_{vk} ist die Übertragungsfunktion bei Kurzschluß zwischen den Klemmen *2* und *2'*. Entsprechendes gilt für G_l bzw. G_k.

Ausgangswiderstand bei Spannungsgegenkopplung (Bild 9.8a).

a) *ohne Gegenkopplung*

Aus Bild 9.8a lesen wir ab: $Z_a = r_a \parallel r_{er}$. Diese Beziehung gilt sowohl für Serien- als auch für Parallelgegenkopplung; in der Regel unterscheiden sich hierbei die Werte von r_{er}. Meist ist r_{er} wegen $r_a \ll r_{er}$ vernachlässigbar.

b) *mit Gegenkopplung* (vgl. Bild 9.2)

Wir berechnen den Ausgangswiderstand als Quotient aus Leerlaufspannung $\underline{U}_{al}$ und Kurzschlußstrom $\underline{I}_{ak}$ zwischen den Ausgangsklemmen *2* und *2'*.

$$\underline{U}_{al} = G_l X_e = \frac{G_{vl}}{1 + G_{vl} G_r} X_e; \qquad \underline{I}_{ak} = \frac{G_{vl} X_d}{r_a} = \frac{G_{vl} X_e}{r_a} \text{ [1]}$$

$$Z'_a = \frac{\underline{U}_{al}}{\underline{I}_{ak}} = \frac{r_a}{1 + G_{vl} G_r} = \frac{r_a}{g_l} \approx \frac{r_a}{g} \approx \frac{Z_a}{g} \qquad (\text{für } r_a \ll r_{er}). \tag{9.7}$$

g_l Gegenkopplungsgrad bei ausgangsseitigem Leerlauf zwischen den Klemmen *2* und *2'*.

Ergebnis: Der Ausgangswiderstand wird durch *Spannungs*gegenkopplung näherungsweise um den Gegenkopplungsgrad g verkleinert!

Ausgangswiderstand bei Stromgegenkopplung (Bild 9.8b).

a) *ohne Gegenkopplung*

Aus Bild 9.8b lesen wir ab: $Z_a = r_a + r_{er}$. Diese Beziehung gilt sowohl für Serien- als auch für Parallelgegenkopplung; in der Regel unterscheiden sich hierbei die Werte von r_{er}. Meist ist r_{er} wegen $r_a \gg r_{er}$ vernachlässigbar.

b) *mit Gegenkopplung*

Wir berechnen den Ausgangswiderstand als Quotient aus Leerlaufspannung $\underline{U}_{al}$ und Kurzschlußstrom $\underline{I}_{ak}$ zwischen den Ausgangsklemmen *2* und *2'*.

$$\underline{I}_{ak} = G_k X_e = \frac{G_{vk}}{1 + G_{vk} G_r} X_e$$

$$\underline{U}_{al} = G_{vk} X_d r_a = G_{vk} X_e r_a \qquad (\text{bei Leerlauf zwischen } 2 \text{ und } 2' \text{ gilt } X_d = X_e)$$

$$Z'_a = \frac{\underline{U}_{al}}{\underline{I}_{ak}} = r_a (1 + G_{vk} G_r) = g_k r_a \approx g r_a = g Z_a \qquad (\text{für } r_{er} \ll r_a).$$

g_k Gegenkopplungsgrad bei ausgangsseitigem Kurzschluß zwischen den Klemmen *2* und *2'*.

Ergebnis: Der Ausgangswiderstand wird durch *Strom*gegenkopplung näherungsweise um den Gegenkopplungsgrad g vergrößert!

[1] Bei Kurzschluß zwischen *2* und *2'* gilt $X_d = X_e$.

Zusammenfassung. Durch geeignete Wahl der Schleifenverstärkung lassen sich der Eingangs- und Ausgangswiderstand eines Verstärkers in einem weiten Bereich verändern und damit die typischen Impedanzverhältnisse der vier Verstärkergrundtypen nach Bild 8.1 realisieren. Näherungsweise verändern sich die Eingangs- und Ausgangswiderstände wie folgt ($g = 1 + G_v G_r$):

Seriengegenkopplung am Eingang:	$Z_e' \approx g Z_e$
Parallelgegenkopplung am Eingang:	$Z_e' \approx Z_e/g$
Spannungsgegenkopplung am Ausgang:	$Z_a' \approx Z_a/g$
Stromgegenkopplung am Ausgang:	$Z_a' \approx g Z_a$.

9.4.4. Aussteuerbereich. Nichtlineare Verzerrungen

Durch Gegenkopplung läßt sich der eingangsseitige Aussteuerbereich einer Verstärkerschaltung wesentlich vergrößern. Ohne Gegenkopplung wird dem Verstärkereingang das volle Eingangssignal $X_d = X_e$ zugeführt. Mit Gegenkopplung gelangt auf den eigentlichen Verstärkereingang nur das Signal

$$X_d = X_e - G_r X_a = X_e - G_v G_r X_d$$

$$X_d = X_e/g \quad \text{mit} \quad g = 1 + G_v G_r .$$

Weil das Eingangssignal X_d g-fach kleiner ist als ohne Gegenkopplung, werden auch die nichtlinearen Verzerrungen um mindestens den gleichen Faktor g verringert, die infolge der gekrümmten Kennlinie im Verstärker entstehen.

Betrachten wir als Beispiel die nichtinvertierende Operationsverstärkerschaltung im Bild 9.3, so stellen wir fest, daß die Differenzeingangsspannung des Operationsverstärkers (entspricht X_d) um den Faktor $g \approx$ Schleifenverstärkung kleiner ist als die Eingangsspannung $\underline{U}_e$. Das ist der Grund dafür, daß mit einer Operationsverstärkerschaltung relativ große Eingangsspannungen (z.B. 2 V) linear verstärkt werden können, obwohl doch der Eingangsaussteuerbereich eines Operationsverstärkers typisch nur 0 ... 0,5 mV beträgt (s. Bild 11.1b). Der Operationsverstärker braucht nur das „Fehlersignal" (Differenzsignal) zu verstärken, das oft einige Zehnerpotenzen kleiner ist als das Eingangssignal.

9.4.5. Einwirkung äußerer Störsignale

Wir nehmen an, daß ein äußeres Störsignal zwischen den beiden Verstärkerstufen im Bild 9.9 angreift. Aus dem Blockschaltbild läßt sich folgende Gleichung ablesen:

$$[(X_{eN} - G_r X_a) G_1 + X_{st}] G_2 = X_a .$$

Umrechnung ergibt

$$X_a = \underbrace{\frac{G_1 G_2}{1 + G_1 G_2 G_r} X_{eN}}_{X_{aN}} + \underbrace{\frac{G_2}{1 + G_1 G_2 G_r} X_{st}}_{X_{ast}} . \tag{9.8}$$

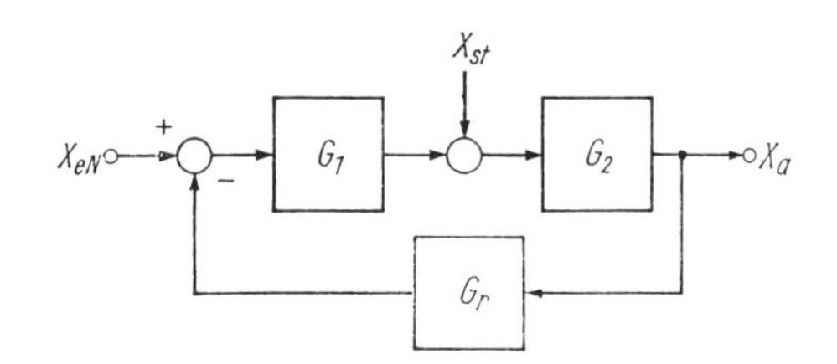

Bild 9.9
Einwirkung äußerer Störsignale im Regelkreis

Das Verhältnis von Ausgangsnutzsignal und Ausgangsstörsignal beträgt aus (9.8)

$$\frac{X_{aN}}{X_{ast}} = G_1 \frac{X_{eN}}{X_{st}}.$$

Der Störabstand läßt sich also verbessern, wenn G_1 möglichst groß gewählt wird. X_{st} darf nicht am Eingang auftreten. Eingangsrauschen läßt sich deshalb nicht beseitigen oder reduzieren, sondern nur Störungen, die nach dem Block G_1 einwirken.

9.4.6. Dynamisches Verhalten

9.4.6.1. 1-Pol-Übertragungsfunktion $G_v(p)$

Aus der Gegenkopplungsgrundgleichung (9.1) folgt, daß bei großer Schleifenverstärkung die Übertragungsfunktion des gegengekoppelten Verstärkers praktisch nur vom Gegenkopplungsnetzwerk abhängt. Wenn dieses aus ohmschen Widerständen besteht, ist G_r frequenzunabhängig und damit auch die Übertragungsfunktion G. Die unvermeidliche Frequenzabhängigkeit von G_v (beispielsweise das Abfallen von $|G_v|$ bei hohen Frequenzen) wird stark reduziert. Mit anderen Worten: Die Bandbreite eines gegengekoppelten Verstärkers ist wesentlich größer als die des nichtgegengekoppelten Verstärkers, falls im betrachteten Frequenzbereich $|g| \gg 1$ ist.

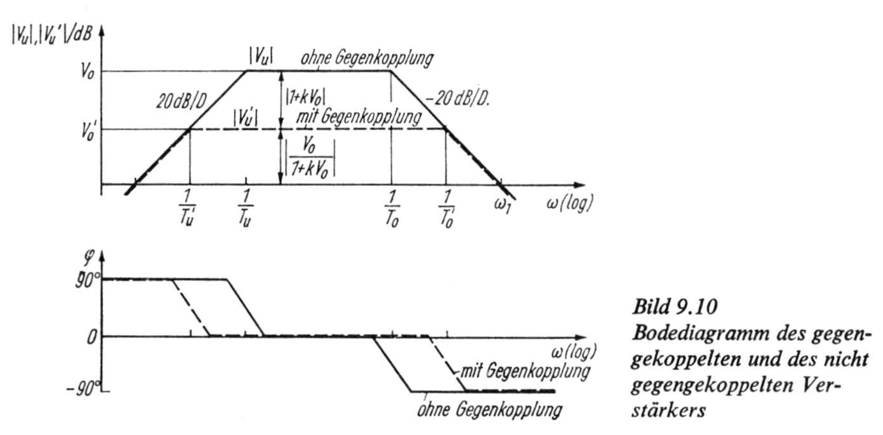

Bild 9.10
Bodediagramm des gegengekoppelten und des nicht gegengekoppelten Verstärkers

Zur quantitativen Behandlung wollen wir einen wechselspannungsgekoppelten Breitbandverstärker betrachten, dessen Übertragungsfunktion nach (8.2)

$$G_v \equiv V_u = \frac{V_0}{1 + pT_o} \frac{pT_u}{1 + pT_u} \tag{9.9}$$

beträgt. Das Bode-Diagramm des Verstärkers zeigt Bild 9.10. Wir wollen $T_u \gg T_o$ voraussetzen. Aus der Gegenkopplungsgleichung (9.1) folgt

$$G \approx \frac{1}{G_r} \quad \text{für} \quad |G_v G_r| \gg 1$$

und

$$G \approx G_v \quad \text{für} \quad |G_v G_r| \ll 1.$$

Unter Verwendung dieser Beziehungen läßt sich das Bode-Diagramm der Verstärkung V_u' des gegengekoppelten Verstärkers leicht in das Bild 9.10 einzeichnen (gestrichelte Kurve).

Den exakten Verlauf der Übertragungsfunktion des gegengekoppelten Verstärkers erhalten wir, indem wir (9.9) in (9.1) einsetzen. Das Ergebnis lautet

$$G = \frac{V_0 p T_u}{(1 + pT_u)(1 + pT_o) + V_0 G_r p T_u}. \tag{9.10}$$

Wir untersuchen (9.10) bei niedrigen und hohen Frequenzen getrennt:

a) *niedrige Frequenzen* ($f \ll f_o$, d.h. $\omega T_o \ll 1$)

Wir vernachlässigen pT_o im Nenner von (9.10) und erhalten

$$G \approx \frac{V_0 p T_u}{1 + pT_u(1 + V_0 G_r)} = \frac{V_0' p T_u'}{1 + pT_u'}$$

mit

$$V_0' = V_0/g_m; \qquad T_u' = g_m T_u$$

$g_m = 1 + V_0 G_r$ Gegenkopplungsgrad bei mittleren Frequenzen.

b) *hohe Frequenzen* ($f \gg f_u$, d.h. $\omega T_u \gg 1$)

Wir vereinfachen $1 + pT_u \approx pT_u$ im Nenner von (9.10) und erhalten

$$G \approx \frac{V_0}{1 + V_0 G_r + pT_o} = \frac{V_0'}{1 + pT_o'} \tag{9.11}$$

mit

$$V_0' = V_0/g_m; \qquad T_o' = T_o/g_m$$

$g_m = 1 + V_0 G_r$ Gegenkopplungsgrad bei mittleren Frequenzen.

Ergebnis: Die *untere Grenzfrequenz* des Breitbandverstärkers $f_u' = 1/2\pi T_u'$ wird auf Kosten der Verstärkung um den Faktor g_m verkleinert und die *obere Grenzfrequenz* $f_o' = 1/2\pi T_o'$ um den gleichen Faktor vergrößert. Die *Bandbreite* $f_o - f_u \approx f_o$ wird ebenfalls um den Faktor g_m größer.

Das „$V \cdot B$-Produkt" des Verstärkers bleibt unabhängig vom Grad der Gegenkopplung konstant! Es ist gleich der f_1-Frequenz (Betrag der Verstärkung V bzw. V' auf 1 abgefallen) und ein Gütemaß für das dynamische Verhalten des Verstärkers:

$$V_0 B \approx V_0' B' \approx V_0' f_o' = f_1$$

$$\frac{V_0}{V_0'} = \frac{f_o'}{f_o} = g_m.$$

Verstärkung läßt sich gegen Bandbreite eintauschen!

Da der hier betrachtete gegengekoppelte Verstärker genau wie der nichtgegengekoppelte Verstärker ein System erster Ordnung darstellt, gilt der Zusammenhang zwischen Anstiegszeit und Bandbreite nach (8.9) sowie die Beziehung zwischen Dachabfall und unterer Grenzfrequenz nach (8.12):

Die Anstiegszeit und der Dachabfall der Übergangsfunktion werden durch die Gegenkopplung g_m-mal kleiner.

9.4.6.2. 2-Pol-Übertragungsfunktion $G_v(p)$ [5]

Übertragungsfunktion. Im vorigen Abschnitt setzten wir voraus, daß die Übertragungsfunktion G_v des Vorwärtsgliedes den Frequenzgang eines Verzögerungsgliedes 1. Ordnung (Übertragungsfunktion mit einem Pol) besitzt. Wir wollen jetzt die Untersuchungen auf eine Übertragungsfunktion mit zwei Polen ausdehnen. Dieser Fall hat große praktische Bedeutung, weil sich die Übertragungsfunktion des Vorwärtsgliedes fast immer mit ausreichender Genauigkeit durch eine 2-Pol-Übertragungsfunktion annähern läßt und weil diese Betrachtungen die wesentlichen Besonderheiten des dynamischen Verhaltens gegengekoppelter Verstärker gut erkennen lassen.

Wir gehen aus von der Übertragungsfunktion des Vorwärtsgliedes

$$G_v = \frac{G_{v0}}{(1 + pT_1)(1 + pT_2)}$$

$$T_1 = 1/\omega_1; \qquad T_2 = 1/\omega_2; \qquad G_v \equiv V; \qquad G_r \equiv k; \qquad G_{v0} \equiv V_0.$$

Wir setzen einen reellen Gegenkopplungsfaktor $G_r \equiv k$ voraus. Aus der Gegenkopplungsgrundgleichung (9.1) folgt

$$G = \frac{G_v}{1 + G_v G_r} = \frac{G_{v0}}{1 + kG_{r0} + p(T_1 + T_2) + p^2 T_1 T_2}$$

$$\hat{=} \frac{G_0}{1 + p\dfrac{T_1 + T_2}{1 + kG_{v0}} + p^2 \dfrac{T_1 T_2}{1 + kG_{v0}}} \tag{9.12}$$

$$G_0 = \frac{G_{v0}}{1 + kG_{v0}}.$$

Zweckmäßigerweise schreiben wir (9.12) in normierter Form zu

$$G(p) = \frac{G_0 \omega_o^2}{p^2 + p(\omega_o/Q) + \omega_o^2} = \frac{G_0}{p^2 T_o^2 + 2pDT_o + 1}. \tag{9.13}$$

Dabei bedeuten

Natürliche Schwingungskreisfrequenz

$$\omega_o \equiv \sqrt{\frac{1 + kG_{v0}}{T_1 T_2}} = \sqrt{\omega_1 \omega_2 (1 + kG_{v0})}.$$

Güte

$$Q = \frac{\omega_o}{\omega_1 + \omega_2} = \frac{\sqrt{T_1 T_2 (1 + kG_{v0})}}{T_1 + T_2}$$

$$T_o \equiv 1/\omega_o = \sqrt{\frac{T_1 T_2}{1 + kG_{v0}}}.$$

Dämpfungsfaktor

$$D = 1/2Q = \frac{1}{2} \frac{T_1 + T_2}{\sqrt{T_1 T_2 (1 + kG_{v0})}} \approx \frac{1}{2} \sqrt{\frac{T_1}{T_2 (1 + kG_{v0})}} \quad \text{für} \quad T_1 \gg T_2.$$

Für $D > 1$ läßt sich die Übertragungsfunktion $G(p)$ (9.13) in zwei Faktoren zerlegen:

$$G(p) = \frac{G_0}{(1 + pT_1^*)(1 + pT_2^*)} = \frac{G_0}{(1 - p/p_1)(1 - p/p_2)}. \tag{9.14}$$

Das System verhält sich in diesem Fall wie zwei rückwirkungsfrei in Kette geschaltete Systeme 1. Ordnung.

Die Pole der Übertragungsfunktion (9.13) liegen bei

$$p_{1,2} = -\frac{\omega_1 + \omega_2}{2} \pm \frac{\omega_1 + \omega_2}{2}\sqrt{1 - 4Q^2} = -\frac{D}{T_o}\left[1 \mp \sqrt{1 - \frac{1}{D^2}}\right]$$

$$p_{1,2} = -D\omega_o \pm \omega_0 \sqrt{D^2 - 1}.$$

Außerdem gilt:

$$T_1^* = -\frac{1}{p_1} = \frac{T_o}{D - \sqrt{D^2 - 1}}; \qquad T_2^* = -\frac{1}{p_2} = \frac{T_o}{D + \sqrt{D^2 - 1}}. \tag{9.14a}$$

Wurzelorte. Ohne Gegenkopplung ($k = 0$) liegen die Pole bei $p_1 = -\omega_1$ bzw. $p_2 = -\omega_2$ (Bild 9.11 a). Bei Vergrößerung der Gegenkopplung ($k > 0$) laufen beide Pole aufeinander zu und treffen sich, wenn $Q = 0{,}5$ geworden ist, d.h. beim Dämpfungsfaktor $D = 1$ (Bild 9.11 b). Für Dämpfungsfaktoren $D < 1$ verlassen beide Pole die negative reelle Achse und werden konjugiert komplex. Ihr Betrag ist $|p_1| = |p_2| = \omega_o$. Die gestrichelte Gerade im Bild 9.11 c nennt man „Wurzelort", weil sich bei Veränderung des Faktors k die Wurzeln auf dieser Geraden verschieben. Je kleiner D wird, um so mehr läuft p_1 gegen $+j\infty$ und p_2 gegen $-j\infty$.

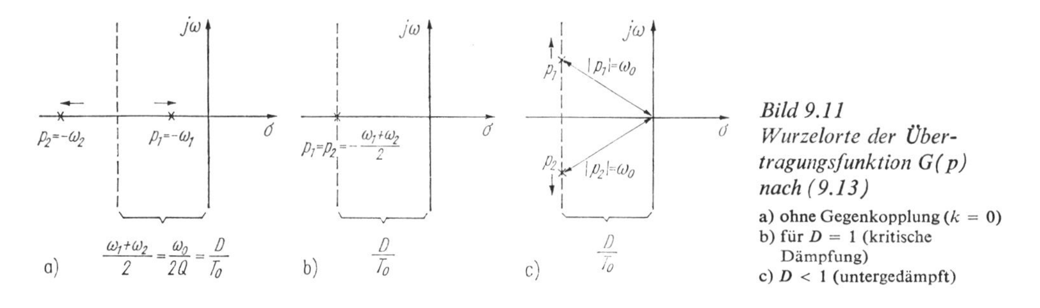

Bild 9.11
Wurzelorte der Übertragungsfunktion G(p) nach (9.13)
a) ohne Gegenkopplung ($k = 0$)
b) für $D = 1$ (kritische Dämpfung)
c) $D < 1$ (untergedämpft)

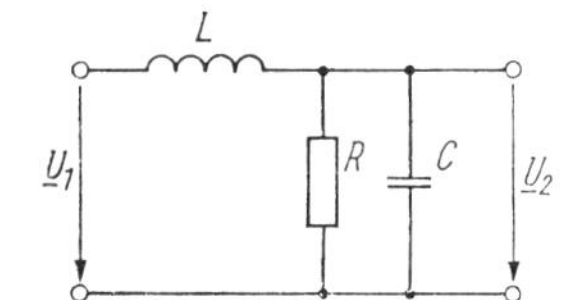

Bild 9.12
Schaltungsmodell für die Übertragungsfunktion G(p) des gegengekoppelten Verstärkers nach (9.13)
$H(p) = \underline{U}_2/\underline{U}_1$

Schaltungsmodell. Man kann nachweisen, daß ein Schwingkreis nach Bild 9.12 die Übertragungsfunktion $G(p)$ nach (9.13) besitzt. Hieraus folgt: $G(p)$ nach (9.13) ist der G_0-fache Wert der Übertragungsfunktion $H(p)$ im Bild 9.12. Die Abkürzungen Q und ω_o haben im Fall des Schwingkreises eine reale physikalische Bedeutung:

ω_o ist das 2π-fache der *Resonanzfrequenz* bei verschwindender Dämpfung des Schwingkreises ($R \to \infty$).

Q ist die *Güte* des Schwingkreises bei der Resonanzfrequenz.

Frequenzgang. Den Frequenzgang erhalten wir, indem wir p durch $j\omega$ ersetzen. Aus (9.13) folgt dann

$$\left|\frac{G}{G_0}\right| = \frac{1}{\sqrt{[1-(\omega/\omega_0)^2]^2 + 4D^2(\omega/\omega_0)^2}}. \tag{9.15}$$

Durch Differenzieren stellen wir fest, daß das Maximum dieser Funktion bei

$$\omega = \omega_0\sqrt{1-2D^2}$$

liegt. Die Amplitude beträgt hierbei

$$\left|\frac{G}{G_0}\right|_{max} = \frac{1}{2D\sqrt{1-D^2}}.$$

Eine Überhöhung im Bode-Diagramm tritt nicht auf, solange $2D^2 > 1$, d.h. $D > 0{,}707$ ist. Bild 9.13 zeigt den Amplitudengang nach (9.15).

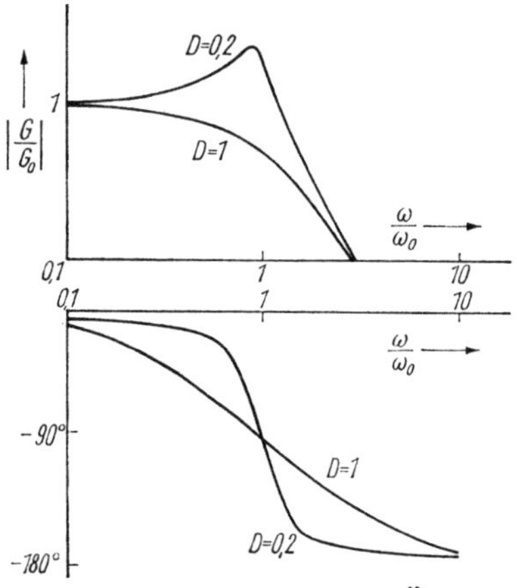

Bild 9.13. Bodediagramm einer Übertragungsfunktion 2. Ordnung nach (9.15)

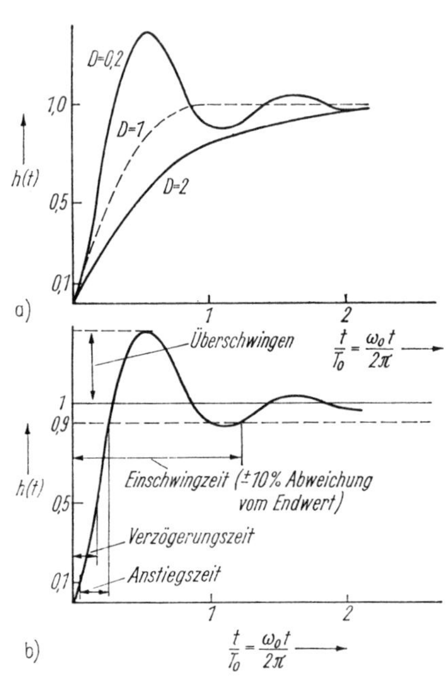

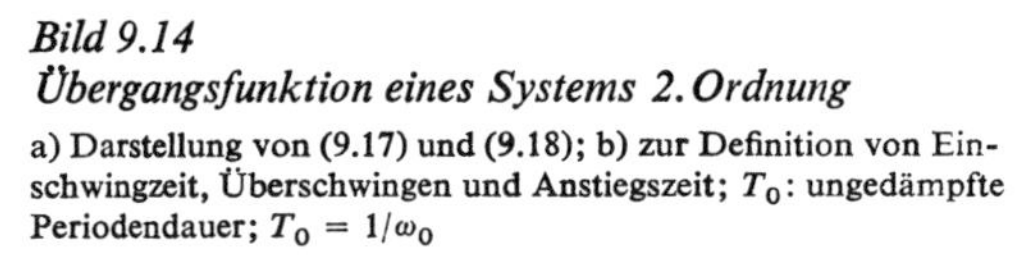

Bild 9.14
Übergangsfunktion eines Systems 2. Ordnung

a) Darstellung von (9.17) und (9.18); b) zur Definition von Einschwingzeit, Überschwingen und Anstiegszeit; T_0: ungedämpfte Periodendauer; $T_0 = 1/\omega_0$

Übergangsfunktion. Die Ausgangsspannung $\underline{U}_a$ des gegengekoppelten Verstärkers im Bildbereich beim Anlegen eines Rechtecksprunges der Höhe U_{e0} am Eingang läßt sich bekanntlich aus

$$\underline{U}_a(p) = \frac{U_{e0}}{p} G(p)$$

berechnen. Rücktransformation in den Zeitbereich liefert die Übergangsfunktion

$$h(t) = \frac{u_a(t)}{U_{e0}} = L^{-1}\left\{\frac{G(p)}{p}\right\}. \tag{9.16}$$

Wir wollen die Übergangsfunktion für einige typische Fälle diskutieren.

D = 1 (kritische Dämpfung). Aus (9.16) folgt mit (9.13)

$$h(t) = 1 - (1 + \omega_o t)\, e^{-\omega_o t}.$$

Aus Bild 9.14 entnimmt man die Anstiegszeit der Übergangsfunktion zu $t_r = 0{,}53T_o$.
D > 1 (übergedämpft). Aus (9.16) folgt mit (9.14)

$$h(t) = 1 - \frac{1}{2T_o\sqrt{D^2 - 1}}\left(T_1^*\, e^{-t/T_1^*} - T_2^*\, e^{-t/T_2^*}\right) \tag{9.17}$$

mit

$$T_1^* = T_o/[D - \sqrt{D^2 - 1}]$$

$$T_2^* = T_o/[D + \sqrt{D^2 - 1}].$$

Näherung: Aus (9.14a) folgen für $D^2 \gg 1$ die Näherungen $T_1^* \approx 2DT_o$ und $T_2^* \approx T_o/2D$.
Mit diesen Beziehungen vereinfacht sich (9.14) zu

$$G(p) \approx \frac{G_0}{(1 + \underbrace{2DT_o}_{T_1^*}p)\,(1 + p\underbrace{(T_o/2D)}_{T_2^*})}.$$

Solange $4D^2 \gg 1$ gilt, läßt sich in grober Näherung der Einfluß der Zeitkonstanten T_2^* vernachlässigen. Aus (9.17) folgt dann mit $T_1^* \approx 2DT_o$ die einfache Beziehung

$$h(t) \approx 1 - e^{-t/2DT_o}.$$

D < 1 (untergedämpft):
Aus (9.16) folgt

$$h(t) = 1 - \left(\frac{D\omega_o}{\omega_e}\sin\omega_e t + \cos\omega_e t\right) e^{-D\omega_o t} \tag{9.18}$$

$$\omega_e = \omega_o\sqrt{1 - D^2} \quad \text{Eigenfrequenz.}$$

Der Verlauf von $h(t)$ für verschiedene Dämpfungsfaktoren ist im Bild 9.14 aufgetragen.
Durch Differenzieren von (9.18) und Nullsetzen der ersten Ableitung erhalten wir den Zeitpunkt und die Höhe des Maximums der Übergangsfunktion zu

$$\frac{t_{max}}{T_o} = \frac{m}{2\sqrt{1 - D^2}}; \qquad h_{max} = h\,(t = t_{max}) = 1 - (-1)^m\, e^{-\omega_o D t_{max}}$$

(m ganzzahlig)

Maxima treten auf für ungerade m-Werte, Minima für gerade m-Werte. Das Überschwingen beträgt

$$e^{-\pi Dm/\sqrt{1-D^2}}.$$

Bei Unterdämpfung wird die Anstiegszeit auf Kosten eines größeren Überschwingens kürzer. Oft ist der Wert $D \approx 0{,}707$ optimal. Bei ihm tritt ein Überschwingen von $\approx 4{,}3\,\%$ auf.

Mit wachsendem Dämpfungsfaktor wird die Anstiegszeit länger. Einige Kenngrößen der Übergangsfunktion zeigt Bild 9.14b.

Zusammenfassung. In einem Überblicksschema (Tafel 9.3) sind alle wesentlichen Fakten zusammengefaßt. Wir stellen fest, daß je nach Größe des Dämpfungsfaktors D das dynamische Verhalten des gegengekoppelten Verstärkers sehr unterschiedlich ist. Bei zu geringer Dämpfung (z.B. $D < 0{,}5$) sind das Überschwingen bzw. die Verstärkungserhöhung oft nicht zulässig. Wenn die Dämpfung gegen Null geht, ist die Phasensicherheit so gering, daß der Verstärker nicht mit genügender Sicherheit dynamisch stabil ist. Zu große Dämpfung hat den Nachteil, daß die Bandbreite des Systems sehr gering ist und die Anstiegszeit der Übergangsfunktion große Werte annimmt.

Wir können aus diesem Zusammenhang sehr anschaulich ein Kriterium für die dynamische Stabilität des hier zugrunde gelegten reell gegengekoppelten Breitbandverstärkers ableiten. Wenn wir voraussetzen, daß die beiden Eckfrequenzen des durch ein System 2. Ordnung beschriebenen Verstärkers weit auseinander liegen ($T_1 \gg T_2$) und die Schleifenverstärkung bei niedrigen Frequenzen groß ist ($V_{S0} = kG_{v0} \gg 1$), dann ergibt sich der Dämpfungsfaktor näherungsweise zu

$$D \approx \frac{1}{2}\sqrt{\frac{T_1}{V_{S0}T_2}} = \frac{1}{2}\sqrt{\frac{f_2}{V_{S0}f_1}}. \tag{9.19}$$

Damit die Verstärkungsüberhöhung bzw. das Überschwingen nicht zu groß werden, muß $D > 0{,}5$ sein. Hiermit folgt aus (9.19)

$$V_{S0} < \frac{f_2}{f_1}. \tag{9.20}$$

Die Schleifenverstärkung bei niedrigen Frequenzen muß also kleiner sein als das Verhältnis der beiden niedrigsten Eckfrequenzen des nichtgegengekoppelten Verstärkers! Im Bode-Diagramm der Schleifenverstärkung bedeutet diese Feststellung, daß die Schnittfrequenz f_S (bei der $|V_S| = 1$ ist), nicht oberhalb der zweiten Eckfrequenz f_2 liegen darf, anderenfalls würden Überschwingen und Verstärkungsüberhöhung unzulässig groß werden und die dynamische Stabilität des Verstärkers nicht mehr mit genügender Reserve gewährleistet sein. (9.20) läßt sich auch direkt aus dem Bode-Diagramm ableiten, denn im Bereich des 20-dB/D-Abfalls gilt $|V_S| \approx f_2/f$ und folglich $V_{S0} \approx f_2/f_1$ (Bild 9.15).

Wir werden die hier erhaltene Erkenntnis über die dynamische Stabilität im nächsten Abschnitt genauer untersuchen.

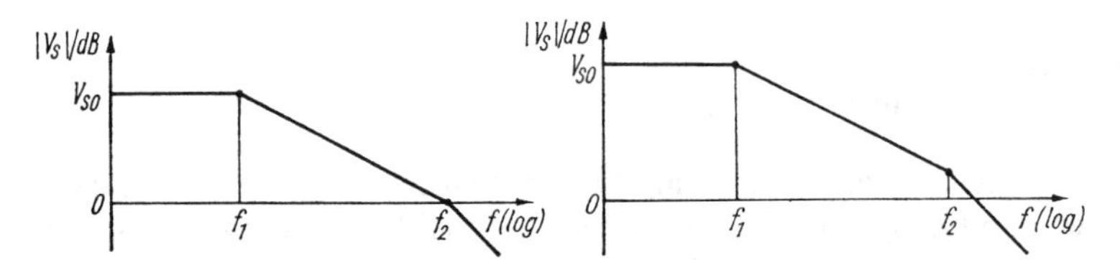

Bild 9.15. Bodediagramm der Schleifenverstärkung V_S eines reell gegengekoppelten Breitbandverstärkers
a) Bedingung $V_{S0} < f_2/f_1$ erfüllt; b) Bedingung $V_{S0} < f_2/f_1$ nicht erfüllt

9.4.6.3. Multipol-Übertragungsfunktionen $G_v(p)$

Im vorigen Abschnitt stellten wir fest, daß bei einer 2-Pol-Übertragungsfunktion mit Gegenkopplung die beiden negativen reellen Pole als Folge der Gegenkopplung aufeinanderzurücken und bei großer Schleifenverstärkung (für $D < 1$) komplex werden. Sie bleiben aber mit Sicherheit in der linken p-Halbebene, d.h., der gegengekoppelte Verstärker ist dynamisch stabil, wenn auch für $D < \frac{1}{2}$ nicht mehr mit ausreichender Sicherheit, wie unser letztes Beispiel zeigte.

Koppeln wir einen Verstärker mit einer 3-Pol-Übertragungsfunktion gegen, so besteht die Gefahr, daß die Pole in die rechte Halbebene wandern, wenn die Schleifenverstärkung groß wird. Da ein lineares System aber nur dann dynamisch stabil ist, wenn alle Pole

Tafel 9.3. Ablaufplan zur Berechnung einer Übertragungsfunktion zweiter Ordnung

Die in dieser Tafel enthaltenen Zeitkonstanten T_1 und T_2 sind identisch mit den Größen T_1^* und T_2^* von (9.14), (9.14a) und (9.17)

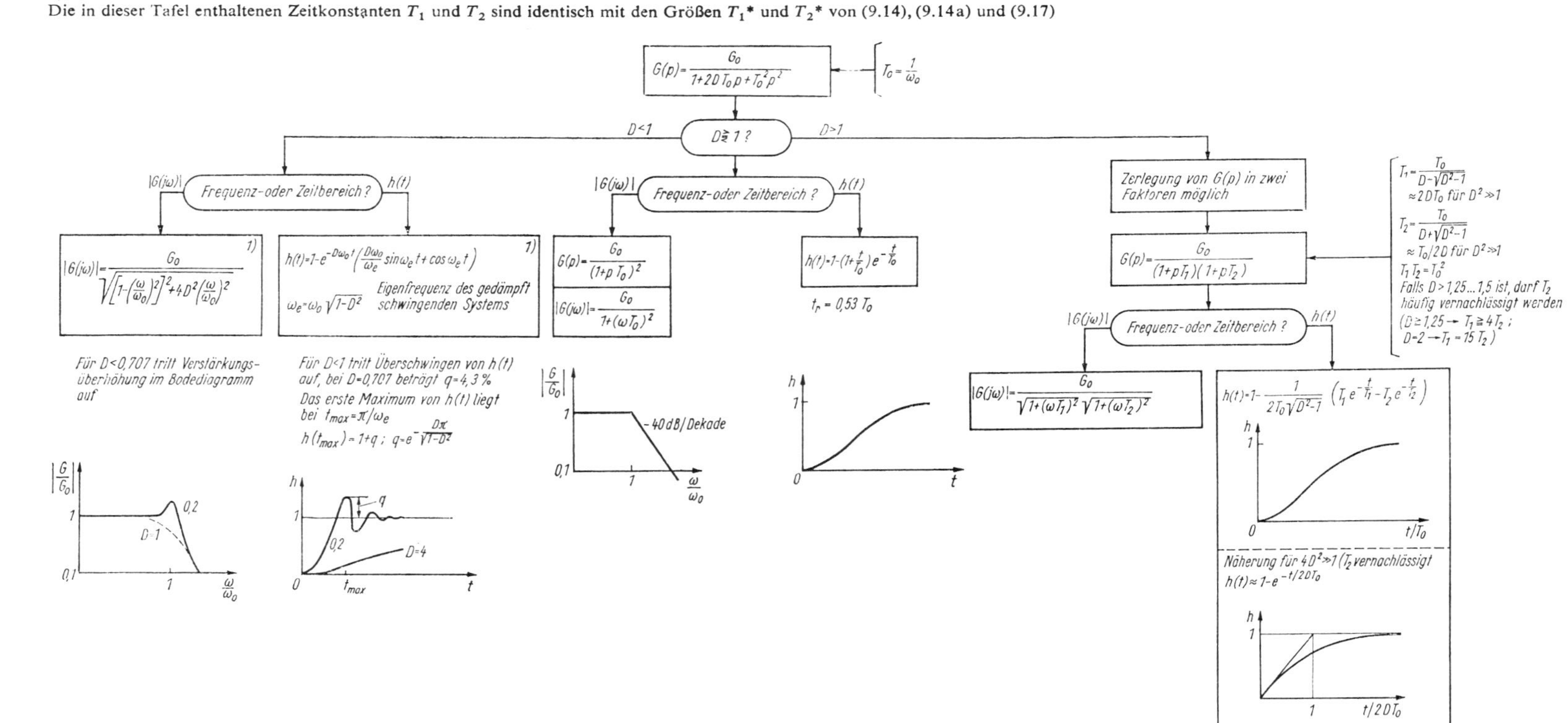

[1]) Diese Formel gilt für beliebige Werte von D.

seiner zugehörigen Übertragungsfunktion in der linken Halbebene liegen, wird der gegengekoppelte Verstärker dynamisch instabil. Er gerät ins Schwingen (Selbsterregung).

Bei gegengekoppelten Verstärkern besteht grundsätzlich die Gefahr der dynamischen Instabilität. Es sind daher Zusatzmaßnahmen zur Sicherung der dynamischen Stabilität unerläßlich (Abschn. 10.). Auf die Berechnung von $G(p)$ wollen wir verzichten, weil sie ziemlich langwierig ist. In einer Reihe von Fällen läßt sich die 3-Pol-Übertragungsfunktion durch eine 2-Pol-Übertragungsfunktion annähern: Falls $T_1 \gg T_2 \gg T_3$ gilt, können wir schreiben [9.3]

$$G_v = \frac{G_{v0}}{(1 + pT_1)(1 + pT_2)(1 + pT_3)} \approx \frac{G_{v0}}{(1 + pT_1)(1 + pT')} \tag{9.21}$$

mit

$$T' = T_2 + T_3.$$

10. Dynamische Stabilität gegengekoppelter Verstärker

Bei gegengekoppelten Verstärkern besteht die Gefahr der dynamischen Instabilität, da in bestimmten Frequenzbereichen aus der beabsichtigten Gegenkopplung eine Mitkopplung (positive Rückkopplung) werden kann. Den Schaltungstechniker interessiert vor allem, unter welchen Bedingungen eine gegengekoppelte Schaltung dynamisch stabil ist und welche Maßnahmen zur Sicherung der dynamischen Stabilität erforderlich sind.

Ausgehend von einigen Grundlagen der Regelungstheorie (Stabilitätskriterien, Bode-Diagramm, Amplituden- und Phasenrand) befaßt sich der Hauptteil dieses Abschnitts mit den Methoden der Frequenzgangkompensation, die die dynamische Stabilität gegengekoppelter Schaltungen sichern. Wir lernen die Lag-, Lag-Lead- und Lead-Kompensation, die Stabilitätssicherung durch Beeinflussen des Gegenkopplungsnetzwerkes, die Miller-Effekt-Kompensation und die frequenzabhängige Vorwärtskopplung kennen.

10.1. Ursachen für dynamische Instabilität

Aus der Gegenkopplungsgrundgleichung (9.1) läßt sich ableiten, daß die Größe und der Phasenwinkel der Schleifenverstärkung $G_v G_r = |G_v G_r| \, e^{j\varphi_S}$ für die Beurteilung der Stabilität entscheidend sind. Die Übertragungsfunktion des gegengekoppelten Verstärkers lautet bekanntlich

$$G = \frac{G_v}{1 + G_v G_r} = \frac{G_v}{1 + |G_v G_r| \, e^{j\varphi_S}}.$$

Bei hohen (und bei reinen Wechselspannungsverstärkern auch bei niedrigen) Frequenzen wird der Betrag $|G_v G_r|$ mit wachsender (bzw. sinkender) Frequenz kleiner, und es tritt eine Phasenverschiebung φ_S auf. Wenn der Betrag der Schleifenverstärkung den Wert $|G_v G_r| = 1$ erreicht hat und der zugehörige Phasenwinkel $\varphi_S = -\pi$ beträgt, wird der Verstärker dynamisch instabil ($|G| \to \infty$). Er liefert selbst bei verschwindendem Eingangssignal ein Ausgangssignal (Selbsterregung).

Die Definition der dynamischen Stabilität eines Verstärkers (allgemein: eines linearen Systems) läßt sich auf verschiedene Weise angeben. Ein Verstärker ist dynamisch stabil, falls

a) ohne Eingangssignal kein Ausgangssignal erzeugt wird,
b) seine Impulsantwort (Gewichtsfunktion) keine Anteile von freien Schwingungen enthält, die konstant bleiben oder mit der Zeit anwachsen,
c) seine Übertragungsfunktion keine Pole mit positivem oder verschwindendem Realteil besitzt,
d) alle Nullstellen des Gegenkopplungsgrades $g = 1 + G_v G_r$ in der linken Halbebene der komplexen Ebene liegen.

Aus der Definition d) folgt:

Die dynamische Stabilität eines gegengekoppelten Verstärkers hängt allein vom Frequenzgang der Schleifenverstärkung ab!

10.2. Nyquist-Kriterium

Aus Definition d) folgt, daß wir die Nullstellen der Funktion $1 + G_v G_r$ bestimmen müssen, um Aussagen über die dynamische Stabilität eines gegengekoppelten Verstärkers mit der Übertragungsfunktion $G = G_v/(1 + G_v G_r)$ zu erhalten.

Aus der Regelungstechnik ist das Stabilitätskriterium von *Nyquist* bekannt, das wir ohne Ableitung hier verwenden:

Ein gegengekoppelter Verstärker (allgemein: Regelkreis) ist dann dynamisch stabil, wenn der kritische Punkt $(-1 + j0)$ beim Durchlaufen der Ortskurve $G_v(j\omega)\,G_r(j\omega)$ mit wachsender Frequenz ω links von der Ortskurve liegt (Bild 10.1), d.h., wenn die Ortskurve den kritischen Punkt nicht umschließt. Wird der kritische Punkt n-mal im Uhrzeigersinn umschlungen, hat die Funktion $g = 1 + G_v G_r$ n Nullstellen mit positivem Realteil. Es genügt, den Teil der Ortskurve für $|G_v G_r| < 1$ zu zeichnen.

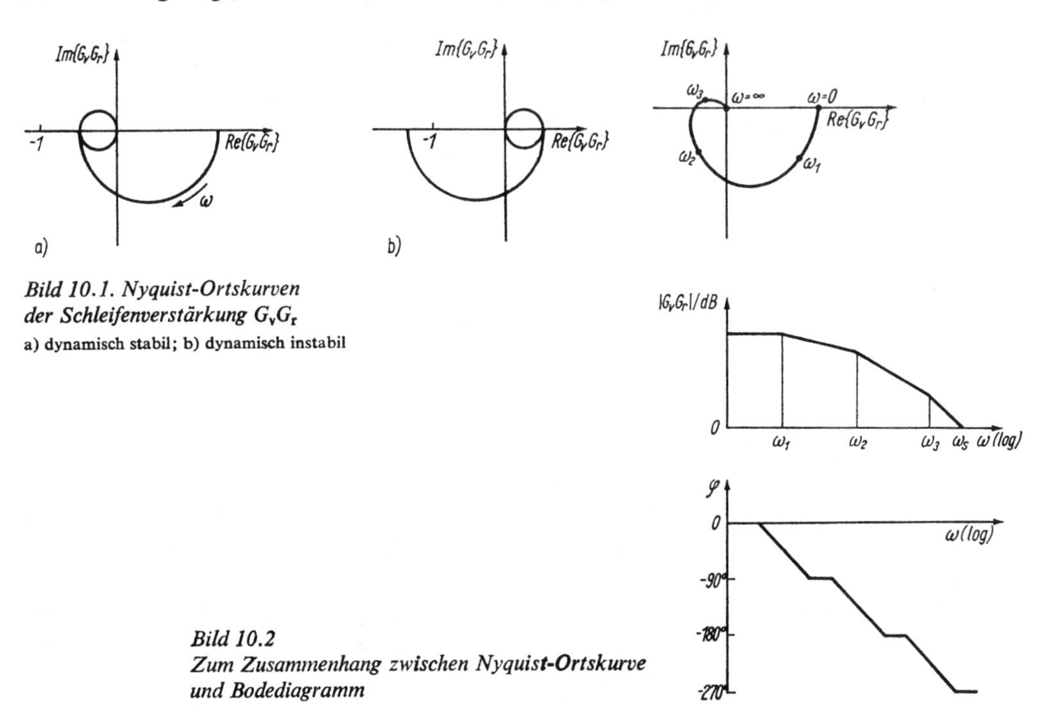

Bild 10.1. Nyquist-Ortskurven der Schleifenverstärkung $G_v G_r$
a) dynamisch stabil; b) dynamisch instabil

Bild 10.2
Zum Zusammenhang zwischen Nyquist-Ortskurve und Bodediagramm

10.3. Dynamische Stabilität im Bode-Diagramm

Gesetz von Bode. Noch einfacher als das Zeichnen der Nyquist-Ortskurve läßt sich die dynamische Stabilität im Bode-Diagramm untersuchen. Es enthält die gleiche Information wie das Nyquist-Diagramm (Bild 10.2). Bei Minimumphasensystemen gilt folgendes *Gesetz von Bode*:

Ein Abfall des Amplitudengangs von $n \cdot 20$ dB/Dekade ist mit einer Phasendrehung von $-n \cdot 90°$ verknüpft. Bei einer Eckfrequenz „springt" die Phase um $m \cdot 90°$ (Grobe Näherung! Tatsächlich ändert sie sich stetig über einen Bereich von mehr als einer Dekade in der Umgebung der Eckfrequenz), wenn m die Ordnung des zugehörigen Poles bzw. der zugehörigen Nullstelle ist.

Minimumphasensysteme sind Systeme mit einer Übertragungsfunktion, deren sämtliche Pole negativen Realteil aufweisen.

Stabilitätskriterium. Die dynamische Stabilität eines gegengekoppelten Verstärkers läßt sich mit Hilfe des Bode-Diagramms auf folgende Weise untersuchen:

Die Nyquist-Ortskurve umschließt den kritischen Punkt $-1 + j0$ nicht (d.h., der gegengekoppelte Verstärker ist dynamisch stabil), wenn $|G_v G_r|$ auf Eins ($\triangleq 0$ dB) fällt, bevor die zugehörige Phasenverschiebung den Wert $\varphi_S = -180°$ erreicht hat. Das gilt nur, wenn der Verstärker bei aufgetrennter Rückkopplungsschleife stabil ist (Minimumphasensysteme). Sonst muß die Stabilität mit Hilfe des Nyquist-Kriteriums untersucht werden (Nyquist-Ortskurve zeichnen).

Unter Verwenden des o.g. Gesetzes von Bode läßt sich dieses Stabilitätskriterium in sehr grober Vereinfachung auch wie folgt formulieren:

Ein gegengekoppeltes System ist dynamisch stabil, wenn der 0-dB-Durchgang der Schleifenverstärkung $|G_v G_r|$ (bei der Schnittfrequenz f_S) mit einer Neigung < 40 dB/Dekade erfolgt. Im Interesse eines Sicherheitsabstandes und eines möglichst kleinen Überschwingens der Übergangsfunktion läßt man in der Regel jedoch nur eine Neigung von max. 20 dB/Dekade in der Umgebung von f_S zu.

Methoden zur Stabilitätsabschätzung. Zur Stabilitätsabschätzung aus dem Bode-Diagramm gibt es zwei Darstellungsmöglichkeiten (Bild 10.3):

Variante 1: Man zeichnet den Amplitudengang der Schleifenverstärkung ($|G_v G_r|$, geschlossene Verstärkung) und untersucht seinen Abfall in der Umgebung der Schnittfrequenz (= Durchtrittsfrequenz) f_S (Bild 10.3a).

Variante 2: Man zeichnet den Amplitudengang der offenen Verstärkung $|G_v|$ sowie den Amplitudengang $|G_r|$ und bestimmt die Steigungs*änderung* beider Kurven in der Umgebung der Schnittfrequenz f_S (Bild 10.3b).

Der Amplitudengang $|G_v G_r|$ ist auch aus Bild 10.3b ablesbar, denn $|G_v G_r|$ ist die Differenz der Kurven 1 und 2.

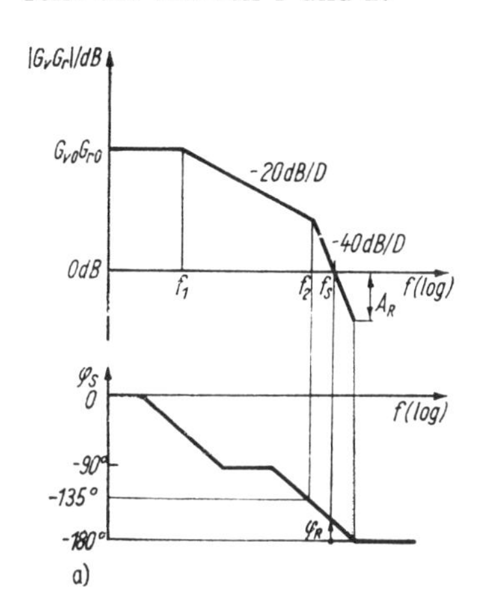

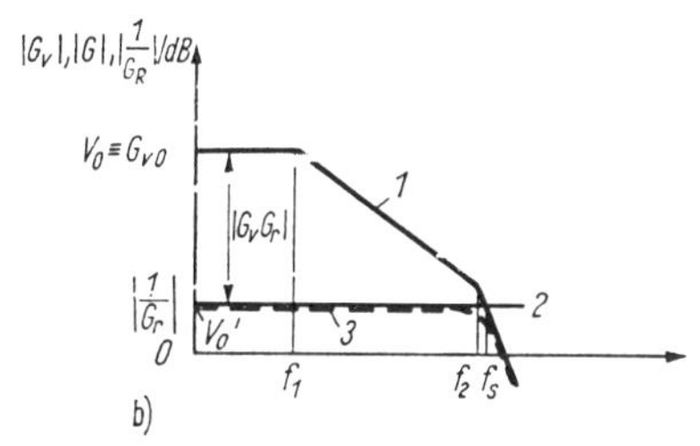

Bild 10.3
Untersuchung der dynamischen Stabilität im Bodediagramm
a) Darstellung der Schleifenverstärkung, f_S Schnittfrequenz (Durchtrittsfrequenz); b) Darstellung von $|G_v|$ und $|1/G_r|$; f_S ist die Frequenz beim Schnittpunkt der Kurven 1 und 2. Kurve 1: $|G_v|$; Kurve 2: $|1/G_r|$; Kurve 3: $|G|$

Die Schnittfrequenz ist ein Maß für die Anstiegszeit der Übergangsfunktion (große Schnittfrequenz ergibt kleine Anstiegszeit). Wenn wir fordern, daß $|G_v G_r|$ in der Umgebung von f_S nicht steiler abfallen soll als mit 20 dB/Dekade, bedeutet das im Bild 10.3b, daß die *Änderung* des Amplitudenganges zwischen den Kurven 2 und 1 in der Umgebung von f_S nicht größer sein darf als 20 dB/Dekade. Alle Betrachtungen gelten natürlich sowohl für reelle als auch für komplexe Werte G_v und G_r.

Wie aus (9.1) ersichtlich ist, gilt für $|G_v G_r| \gg 1$ die Näherung $G \approx 1/G_r$ und für $|G_v G_r| \ll 1$ die Näherung $G \approx G_v$. Deshalb ist es möglich, ohne zusätzliche Rechnung den Betrag der Übertragungsfunktion des gegengekoppelten Verstärkers $|G|$ in das Bode-Diagramm einzutragen (Kurve 3 im Bild 10.3b). Abweichungen treten in der Umgebung von f_S auf, weil die Ungleichungen $|G_v G_r| \gg 1$ bzw. $|G_v G_r| \ll 1$ nicht mehr gelten. Das ist aber häufig vernachlässigbar.

Aus Bild 10.3 ist abzulesen, daß ein stark gegengekoppelter Verstärker leichter zu dynamischer Instabilität neigt als ein weniger stark gegengekoppelter. Am kritischsten ist der voll gegengekoppelte Verstärker ($G_r = 1$), z.B. der Spannungsfolger (s. Abschn. 10.2.). Mit zunehmender Schleifenverstärkung ist die Forderung nach dynamischer Stabilität schwerer erfüllbar.

10.4. Amplituden- und Phasenrand

Das soeben besprochene Stabilitätskriterium im Bode-Diagramm liefert zwar eine eindeutige Aussage darüber, ob dynamische Stabilität vorliegt, aber keine Aussage, wie groß die Sicherheit gegenüber dem Eintreten der Instabilität ist. Je größer die Sicherheit der dynamischen Stabilität ist, um so geringer ist das Überschwingen der Übergangsfunktion. Das ist für die optimale Einstellung des dynamischen Verhaltens von Verstärkern und anderen gegengekoppelten Schaltungen von großem Interesse. Wir verwenden zur Beschreibung dieses Zusammenhanges die Begriffe Amplitudenrand und Phasenrand.

Der *Amplitudenrand* A_R (gain margin, Verstärkungsspielraum) ist der Betrag der Schleifenverstärkung in dB bei der Frequenz, bei der die Phasenverschiebung $\varphi_S = -180°$ beträgt. Wenn A_R negativ ist, beträgt die zulässige Erhöhung von $|G_v G_r|$ bis zum Auftreten der dynamischen Instabilität gerade A_R dB.

Der *Phasenrand* φ_R (phase margin, Phasenspielraum, Phasensicherheit, Phasenvorrat) ist der Phasenabstand von $\varphi_S = -180°$ bei der Schnittfrequenz f_S, d.h. der Winkel, der an $-180°$ bei der Schnittfrequenz f_S noch fehlt. Bild 10.4 erläutert diese Definitionen.

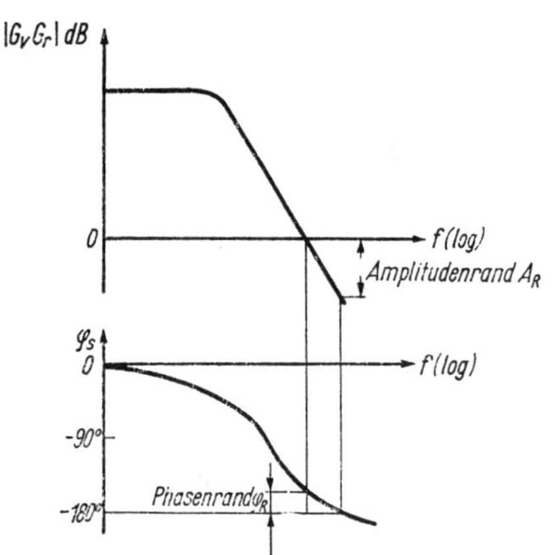

Bild 10.4
Zu den Definitionen von Amplituden- und Phasenrand

Der Phasenrand bestimmt das Überschwingen q der Übergangsfunktion und die Verstärkungsüberhöhung h des Amplitudenganges (Bild 10.5). Ausreichende Stabilitätsreserve erhält man bei Breitbandverstärkern mit einer dominierenden Eckfrequenz (d.h. $f_1 \ll f_2, f_3, \ldots$), wenn $\varphi_R \approx 45 \ldots 70°$ und $A_R \approx -12 \ldots -20$ dB beträgt [8.1] [8.2]. Diese Forderungen sind gut erfüllt, wenn bei Minimumphasensystemen die Schleifenverstärkung $|G_vG_r|$ in einem nicht zu kleinen Bereich (etwa im Bereich 0,2 ... $5f_S$) auf beiden Seiten der Schnittfrequenz f_S nicht stärker als mit 20 dB/Dekade abfällt.

Gelegentlich wird als Kompromiß zwischen vertretbarem Überschwingen und angemessener dynamischer Stabilität $\varphi_R = 45°$ gewählt. Dann muß das Gegenkopplungsnetzwerk so dimensioniert sein, daß bei $\varphi_S = -135°$ $|G_vG_r| = 1$ gilt. Bei Breitbandverstärkern mit einer dominierenden Eckfrequenz ($f_1 \ll f_2, f_3, \ldots$) tritt $\varphi_S = -135°$ bei der zweiten Eckfrequenz f_2 der Schleifenverstärkung $|G_vG_r|$ auf (s. Bild 10.3a).

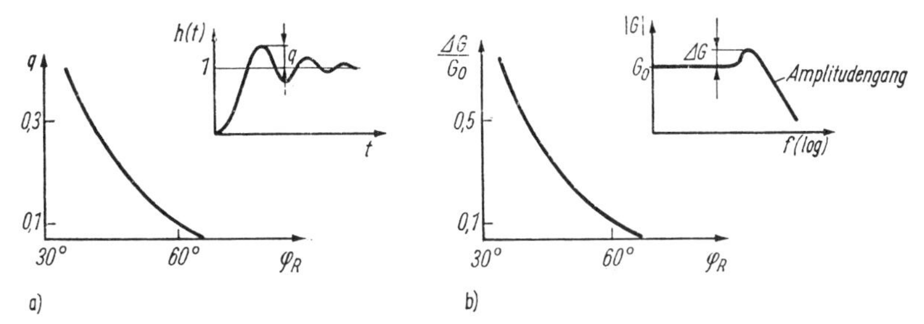

Bild 10.5. Abhängigkeit des Überschwingens q der Übergangsfunktion $h(t) = L^{-1}\left\{\frac{1}{p}G(p)\right\}$ *(a) und der Verstärkungsüberhöhung* ΔG *des Amplitudengangs* $|G(j\omega)|$ *(b) vom Phasenrand* φ_R *bei Breitbandverstärkern* ($f_1 \ll f_2, f_3 \ldots$)

Zahlenwerte gelten für weit auseinanderliegende Eckfrequenzen

Wenn also bei solchen Verstärkern $f_S \approx f_2$ ist, dann beträgt der Phasenrand $\varphi_R \approx 45°$. Hieraus folgt sofort:

Bei reeller Gegenkopplung darf $|G|$ nicht kleiner sein als $|G_v(\omega = \omega_2)|$. Weiterhin folgt aus Bild 10.3b für den Fall $f < f_S < f_2$ die Bedingung

$$|G_vG_r| = \frac{f_S}{f_1} \leqq \frac{f_2}{f_1}.$$

Wenn die beiden unteren Eckfrequenzen weit auseinander liegen ($f_1 \ll f_2$), tritt bei $\varphi_R = 70°$ keine Verstärkungsüberhöhung auf, das Überschwingen beträgt $< 2\%$. Besonders ungünstig ist der Fall $f_1 = f_2$. Hier ist eine höhere Phasensicherheit notwendig, um h und q klein zu halten.

Aus Vorstehendem folgt weiterhin: Falls der Frequenzgang der Schleifenverstärkung nach einem System erster Ordnung verläuft, ist die geschlossene Schleife stets stabil!

10.5. Frequenzgangkompensation

10.5.1. Verstärker ohne Frequenzgangkompensation

Zur Sicherung der dynamischen Stabilität und einer genügenden Phasensicherheit gegengekoppelter Verstärker ist in der Regel eine Beeinflussung des Frequenzganges der Schleifenverstärkung G_vG_r erforderlich. Sie hat das Ziel, den Frequenzgang von G_vG_r so zu verändern, daß $|G_vG_r| < 1$ geworden ist, bevor der zugehörige Phasenwinkel $\varphi_S = -180°$ erreicht hat und die gewünschte Phasensicherheit φ_R auftritt. Gleichzeitig soll aber die Schleifenverstärkung in einem möglichst großen Frequenzbereich sehr große Werte behalten, damit die Verbesserung der Verstärkereigenschaften durch die Gegenkopplung in einem weiten Frequenzbereich wirksam ist. Aus dieser Forderung resultiert, daß häufig nicht mit einer festen Frequenzgangkompensation gearbeitet wird, sondern daß diese an die jeweiligen Forderungen angepaßt wird.

Natürlich läßt sich ein gegengekoppelter Verstärker in gewissen Grenzen auch ohne Frequenzgangkompensation betreiben, beispielsweise dann, wenn er ohmisch gegengekoppelt wird und der Frequenzgang $|G_v|$ oberhalb der ersten Eckfrequenz bis über die Schnittfrequenz f_S hinaus mit 20 dB/Dekade abfällt. In den meisten Fällen ist jedoch eine zusätzliche Frequenzgangkompensation unerläßlich.

10.5.2. Möglichkeiten zur Realisierung der Frequenzgangkompensation

Entscheidend für die dynamische Stabilität ist der Frequenzgang der Schleifenverstärkung G_vG_r. Eine Frequenzgangkompensation läßt sich deshalb entweder durch Verändern des Frequenzganges von G_v (*innere* Frequenzgangkompensation) oder durch Beeinflussung von G_r (*äußere* Frequenzgangkompensation) oder durch gleichzeitige Beeinflussung beider Übertragungsfunktionen erzielen. In der Regel wird G_v beeinflußt, weil die Vorteile meist überwiegen (Tafel 10.1). Vorteilhaft ist vor allem, daß die Übertragungsfunktion $G(p)$ des gegengekoppelten Verstärkers durch die Frequenzgangkompensation nur wenig beeinflußt wird. Bei der Kompensation von $G_r(p)$ wird wegen $G \approx 1/G_r$ auch die Übertragungsfunktion des gegengekoppelten Verstärkers mit verändert.

Tafel 10.1. Vergleich zwischen innerer und äußerer Frequenzgangkompensation

	Innere Frequenzgangkompensation Beeinflussung von G_v	Äußere Frequenzgangkompensation Beeinflussung von G_r
Vorteile	– G_v in weitem Bereich veränderbar – Kompensationsnetzwerke entkoppelt von äußerer Schaltung (getrennte Kompensationsanschlüsse) – keine Beeinflussung von $G(p)$ für $\|G_vG_r\| \gg 1$ – kleineres Ausgangsrauschsignal infolge Bandbreitenverringerung	– volle Ausnutzung der Bandbreite und Slew Rate des nicht gegengekoppelten Verstärkers (G_v)
Nachteile	– zum Teil erhebliche Bandbreitenverringerung von G_v	– G wird verändert – Verstärkerrauschen wirkt voll am Ausgang

Tafel 10.2. Vergleich zwischen universeller und spezieller Frequenzgangkompensation

	Universelle Frequenzgangkompensation	Spezielle Frequenzgangkompensation
Vorteile	– keine äußere Zusatzbeschaltung erforderlich – dynamische Stabilität bei jeder ohmschen Gegenkopplung (beliebig ohmisch gegenkoppelbar)	– dynamische Eigenschaften des OV werden voll ausgeschöpft
Nachteile	– meist wird Bandbreite verschenkt	– dem jeweiligen Problem angepaßte Dimensionierung erforderlich – äußere Zusatzbeschaltung erforderlich

Universelle Frequenzgangkompensation liegt vor, wenn der gegengekoppelte Verstärker bei jeder ohmschen Gegenkopplung ($G_r = 0 \ldots 1$, reell) ausreichende Phasensicherheit und dynamische Stabilität aufweist. Diese Methode wird bei manchen integrierten Operationsverstärkern angewendet, bei denen das Kompensationsnetzwerk mit integriert ist. Nachteilig ist, daß hierdurch die Bandbreite der Schleifenverstärkung stark verringert wird. Sehr häufig wendet man deshalb eine spezielle Frequenzgangkompensation an, die für den jeweiligen Einsatzfall des Verstärkers optimal dimensioniert wird und die die dynamischen Eigenschaften des Verstärkers besser ausnutzt (Tafel 10.2).

Die Korrekturnetzwerke zur Frequenzgangkompensation lassen sich an verschiedene Punkte der Schaltung anschließen. Typische Möglichkeiten sind (Bild 10.6):

- Anschalten an den Verstärkerausgang (Nachkorrektur)
- Anschalten vor den Verstärkereingang (Vorkorrektur)
- Anschalten zwischen einzelnen Verstärkerstufen (z. B. Standardkorrektur bei Operationsverstärkern).

Entscheidend ist, daß die Übertragungsfunktion des nichtkompensierten Verstärkers in der gewünschten Weise beeinflußt wird. Meist wird sie mit der Übertragungsfunktion des Korrekturnetzwerkes multipliziert. Auch eine Aufteilung auf mehrere Schaltungspunkte ist üblich.

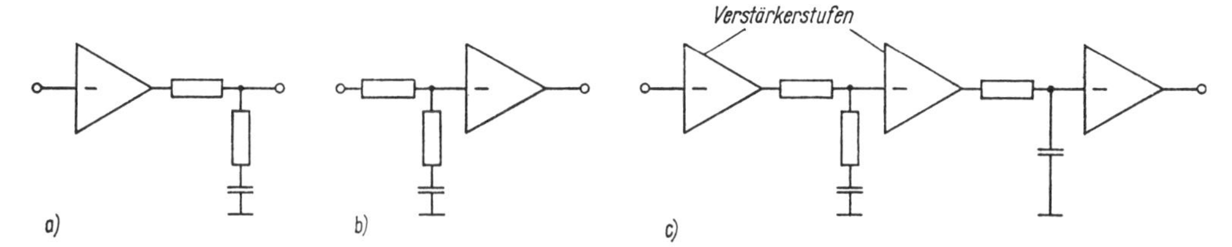

Bild 10.6. Möglichkeiten zur Anschaltung von Korrekturnetzwerken (Beeinflussung von G_v)

a) Nachkorrektur; b) Vorkorrektur; c) Korrekturnetzwerk zwischen einzelnen Verstärkerstufen (Prinzip der Standardkorrektur beim OV A 109)

Das dynamische Verhalten des Verstärkers (z. B. die Slew Rate oder das Rauschen) hängt z. T. erheblich davon ab, an welcher Stelle die Korrekturglieder angeordnet sind. Auch spezielle Modifikationen werden angewendet, z. B.

- frequenzabhängige Vorwärtskopplung
- Herabsetzen der Leerlaufverstärkung des Verstärkers durch galvanische Gegenkopplung.

Sie werden auch mit den oben genannten Möglichkeiten kombiniert.

10.5.3. Kompensationsmethoden

Nach der Form der Übertragungsfunktion des Kompensationsnetzwerkes unterscheiden wir drei allgemeine Methoden der Frequenzgangkompensation. Dabei ist es gleichgültig, an welcher Stelle der Schaltung das Kompensationsnetzwerk angeordnet ist und ob G_v oder G_r beeinflußt wird.

Alle Kompensationsmethoden müssen bewirken, daß der Amplitudengang der Schleifenverstärkung in der Umgebung der Schnittfrequenz f_S (Frequenz, für die $|G_v G_r| = 1$ ist) genügend flach verläuft. Dabei soll, wie bereits erläutert, in der Regel die Bandbreite des gegengekoppelten Verstärkers möglichst groß sein. Diesbezüglich unterscheiden sich die nachfolgend besprochenen drei Kompensationsmethoden z. T. erheblich.

1. Lag-Kompensation (Kompensation mit dominierendem Pol)

Bei dieser Methode wird zur Übertragungsfunktion der Schleifenverstärkung des nichtkompensierten Systems ein zusätzlicher Pol bei niedrigen Frequenzen zugefügt.

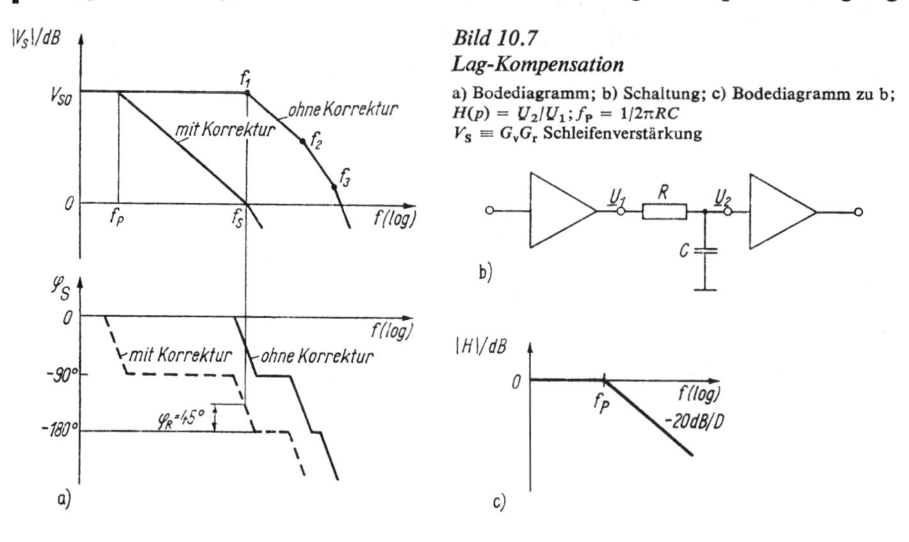

Bild 10.7
Lag-Kompensation

a) Bodediagramm; b) Schaltung; c) Bodediagramm zu b; $H(p) = U_2/U_1$; $f_P = 1/2\pi RC$
$V_S \equiv G_v G_r$ Schleifenverstärkung

Das ist durch einen Tiefpaß realisierbar (Bild 10.7). Die Übertragungsfunktion des Kompensationsnetzwerkes lautet

$$H(p) = \frac{1}{1 + pT_P}; \qquad T_P = \frac{1}{2\pi f_P}. \tag{10.1}$$

Der zusätzliche Pol wird auf eine so niedrige Frequenz gelegt, daß die Schnittfrequenz f_S noch viel kleiner ist als die Frequenzen der übrigen Pole ($f_2, f_3, \ldots$), so daß diese nur vernachlässigbare Phasenverschiebung hervorrufen. Im interessierenden Bereich $|G_v G_r| \geqq 1$ lassen sich die übrigen Pole ($f_1, f_2, \ldots$) vernachlässigen, und es gilt mit der Abkürzung $V_S \equiv G_v G_r$

$$V_S = \frac{V_{SO}}{1 + pT_P}; \qquad T_P = \frac{1}{2\pi f_P}.$$

Wenn eine Phasensicherheit $\varphi_R = 45°$ ausreichend ist, wählen wir $f_S = f_1$. Den Zusammenhang zwischen f_P und f_S berechnen wir aus (10.1). Mit der praktisch erfüllten Voraussetzung $f_S \gg f_P$ gilt

$$|V_S| \approx V_{SO} \frac{f_P}{f}. \tag{10.2}$$

Bei der Schnittfrequenz ist $|V_S| = 1$. Daher folgt aus (10.2) der Zusammenhang

$$f_P \approx \frac{f_S}{V_{SO}}. \tag{10.3}$$

Beispiel 1. Ein OV mit den Daten $V_0 = 20000$, $f_1 = 3$ kHz, $f_2 = 2$ MHz, $f_3 = 3{,}8$ MHz wird als Spannungsfolger geschaltet. Welche Zeitkonstante RC muß das Korrekturglied zur Frequenzgangkompensation haben, wenn die Phasensicherheit $\varphi_R = 45°$ betragen soll?

Lösung: Beim Spannungsfolger gilt $k = 1$, $V_S = V$, $V' \approx 1$ ($k \triangleq G_r$, $V_S \triangleq G_v G_r$, $V \triangleq G_v$, $V' \triangleq G$). Da $f_2 \gg f_1$ ist, erhalten wir eine Phasensicherheit von 45°, wenn $f_S = f_1 = 3$ kHz gewählt wird. Die Frequenz des dominierenden Pols beträgt (aus (10.3)) $f_P \approx f_S/V_{S0} = f_S/V_0 = f_1/V_0 = 3\ \text{kHz}/20000 = 0{,}15$ Hz (!). Es gilt deshalb $RC = 1/2\pi f_P \approx 1$ s. Die Bandbreite des gegengekoppelten Verstärkers beträgt $B = f_S = 3$ kHz. Die Schleifenverstärkung beginnt also bereits bei außerordentlich niedrigen Frequenzen abzufallen. Das ist ein Nachteil der Lag-Kompensation. Die Bandbreite des Verstärkers (G_v) wird drastisch verringert. Das ist der große Nachteil dieser Kompensationsmethode. Sie eignet sich nur für Gleichgrößen- und NF-Verstärker. Wenn große Bandbreite gewünscht ist, müssen andere Methoden angewendet werden. Vorteilhaft ist jedoch, daß durch die geringere Bandbreite das Ausgangsrauschen des Verstärkers relativ klein ist.

2. Lag-Lead-Kompensation (Pol-Nullstellen-Kompensation)

Mit dieser Methode erzielt man wesentlich größere Bandbreite als mit der einfachen Lag-Kompensation. Zur Übertragungsfunktion des nichtkompensierten Systems wird sowohl ein Pol als auch eine Nullstelle zugefügt. Die Polfrequenz ist niedriger als die Frequenz der Nullstelle. Letztere wählt man so, daß die niedrigste Eckfrequenz f_1 der Schleifenverstärkung $|V_S|$ des nichtkompensierten Systems verschwindet. Das erfolgt bei $f_N = f_1$.

Die Übertragungsfunktion des Kompensationsnetzwerkes lautet:

$$H(p) = \frac{1 + pT_N}{1 + pT_P} \qquad (f_P < f_N)$$

$$T_N = \frac{1}{2\pi f_N}; \qquad T_P = \frac{1}{2\pi f_P}.$$

Der Phasengang dieses Korrekturgliedes hat folgenden Verlauf:

- Bei den Eckfrequenzen f_P und f_N beträgt $\varphi \approx -45°$ ($f_P \ll f_N$).
- Im Bereich zwischen f_P und f_N tritt die maximale Phasenverschiebung $\varphi \lessapprox -90°$ auf.
- Bei Frequenzen $f \ll f_P$ und $f \gg f_N$ ist die Phasenverschiebung nahezu Null. Die verschwindende Phasenverschiebung bei hohen Frequenzen ist die Wirkung des „Vorhalt"-Gliedes R_2C.

Ein häufig verwendetes Korrekturnetzwerk zeigt Bild 10.8. Es hat die Eckfrequenzen

$$f_P = \frac{1}{2\pi(R_1 + R_2)C}; \qquad f_N = \frac{1}{2\pi R_2 C} \tag{10.4a, b}$$

$$\frac{f_P}{f_N} = \frac{R_2}{R_1 + R_2}. \tag{10.4c}$$

Das Korrekturglied kann wahlweise an den Ausgang, den Eingang oder zwischen einzelne Verstärkerstufen des Verstärkers geschaltet werden. Wichtig ist nur, daß die Übertragungsfunktion des nichtkorrigierten Systems mit der Übertragungsfunktion des Korrekturgliedes $H(p)$ multipliziert wird.

Die Übertragungsfunktion des frequenzgangkorrigierten Systems lautet (siehe Beispiel im Bild 10.8)

$$\frac{\underline{U}_3}{\underline{U}_1} = \frac{G_{v0}}{(1 + pT_1)(1 + pT_2)(1 + pT_3)} \, \frac{1 + pT_N}{1 + pT_P}.$$

Aus dieser Gleichung erkennen wir sofort, daß der niedrigste Pol mit der Frequenz f_1 verschwindet, wenn wir $f_N = f_1$ wählen. Die Nullstelle bei f_N kompensiert den Pol bei f_1.

Eine Phasensicherheit von $\varphi_R = 45°$ ergibt sich, wenn die Polfrequenz f_P so gewählt wird, daß die Schnittfrequenz f_S der Übertragungsfunktion des kompensierten Systems mit f_2 zusammenfällt (vorausgesetzt, daß $f_2 \ll f_3$ ist).

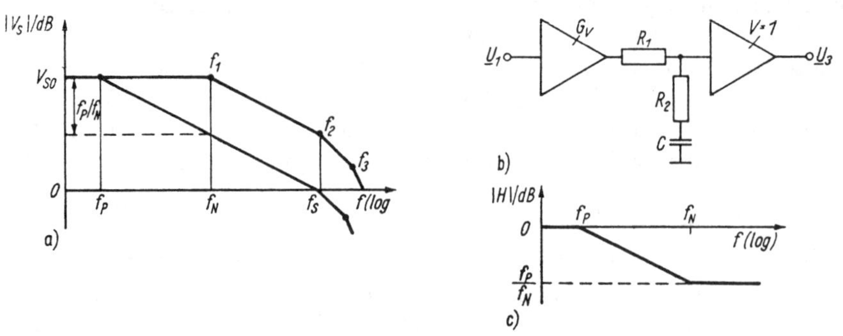

Bild 10.8. Lag-Lead-Kompensation

a) Bodediagramm der Schleifenverstärkung; b) Schaltung; c) Bodediagramm des Korrekturnetzwerkes

Beispiel 2. Wie groß ist die Frequenz des dominierenden Pols der Übertragungsfunktion $V_S(p)$ ($V_S \triangleq G_v G_r$) beim vorigen Beispiel, wenn wir ein Lag-Lead-Kompensationsglied verwenden? Wie muß es dimensioniert werden?

Lösung: Für den Zusammenhang zwischen f_P und f_S gilt wieder (10.3), wie wir Bild 10.8a entnehmen. Deshalb ist $f_P \approx f_S/V_{S0} = f_S/V_0 = f_2/V_0 = 2\,\text{MHz}/20000 = 100\,\text{Hz}$ (!).

Die 3-dB-Frequenz von $|V_S|$ ist also $2000/3 = 667$mal größer als bei der Lag-Kompensation. Die Bandbreite des gegengekoppelten Verstärkers (Spannungsfolger) beträgt $B = f_S = f_2 = 2\,\text{MHz}$.

Im Vergleich zu 3 kHz bei der Lag-Kompensation ist das ein entscheidender Vorteil!

Die Übertragungsfunktion des Korrekturnetzwerkes ist durch die beiden Eckfrequenzen f_P und f_N eindeutig bestimmt. Von den drei Elementen R_1, R_2 und C ist eines beliebig wählbar. Die beiden übrigen sind durch (10.4) gegeben. Wählen wir $R_1 = 10\,\text{k}\Omega$, so ergibt sich aus (10.4c) $R_2 \approx (f_P/f_N)\,R_1 \approx 3{,}3\,\text{k}\Omega$.

Aus (10.4b) folgt $C = (10^3/2\pi \cdot 3 \cdot 3{,}3)\,\text{nF} \approx 16\,\text{nF}$.

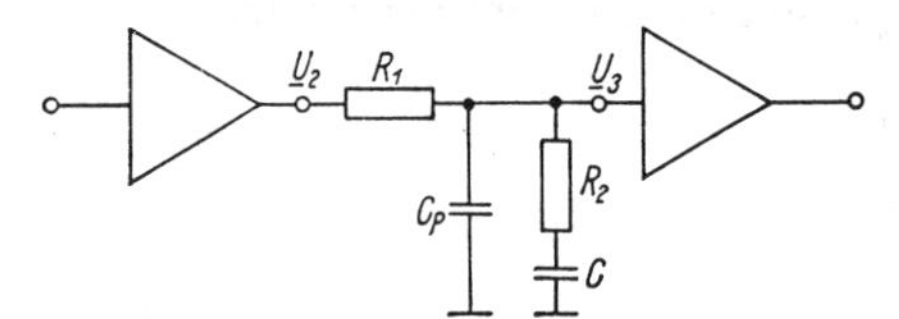

Bild 10.9
Lag-Lead-Kompensation mit Parallelkapazität

In der Praxis tritt eine zusätzliche Parallelkapazität C_P auf, die wir bisher vernachlässigten (Bild 10.9). Unter der im allgemeinen erfüllten Voraussetzung, daß $C \gg C_P$ und $R_1 \gg R_2$ ist, ergibt sich für den Frequenzgang des Korrekturgliedes unter Einbezug von C_P [17]

$$H(p) = \frac{\underline{U}_3}{\underline{U}_2} \approx \frac{1 + pT_N}{1 + pT_P}\,\frac{1}{1 + pT'_P}$$

$$T_N = R_2 C, \qquad T_P = (R_1 + R_2)\,C, \qquad T'_P = R_2 C_P.$$

Bei der Dimensionierung des Korrekturgliedes muß der Pol mit der Zeitkonstanten $R_2 C_P$ mindestens bis zur dritten Eckfrequenz f_3 zu hohen Frequenzen verschoben werden, damit die durch ihn hervorgerufene zusätzliche (nacheilende) Phasenverschiebung nicht stört. Das ist in der Regel ohne Schwierigkeiten zu realisieren, wenn R_2 nicht zu groß gewählt wird [17].

Lag-Lead-Kompensation mit zwei rückwirkungsfreien Gliedern

Man kann auch zwei Lag-Lead-Kompensationsnetzwerke mit gleichen Eckfrequenzen rückwirkungsfrei in Kette schalten. Der Amplitudenabfall im Frequenzbereich zwischen f_P und f_N beträgt dann 40 dB/Dekade. Hierdurch wird der dominierende Pol f_P zu noch höheren Frequenzen verschoben.

Beispiel 3. Wie groß ist f_P, wenn im Unterschied zum Beispiel 2 zwei gleiche Lag-Lead-Kompensationsnetzwerke zur Frequenzkorrektur verwendet werden?

Lösung (Bild 10.10): Es gilt $f_N = f_1 = 3$ kHz und $f_S = f_2 = 2$ MHz. Da der Abfall von $|V_S|$ im Bereich $f_1 \dots f_S$ 20 dB/Dekade beträgt, gilt $f_S/f_1 = V_{S1} = 2\ \text{MHz}/3\ \text{kHz} = 667$.

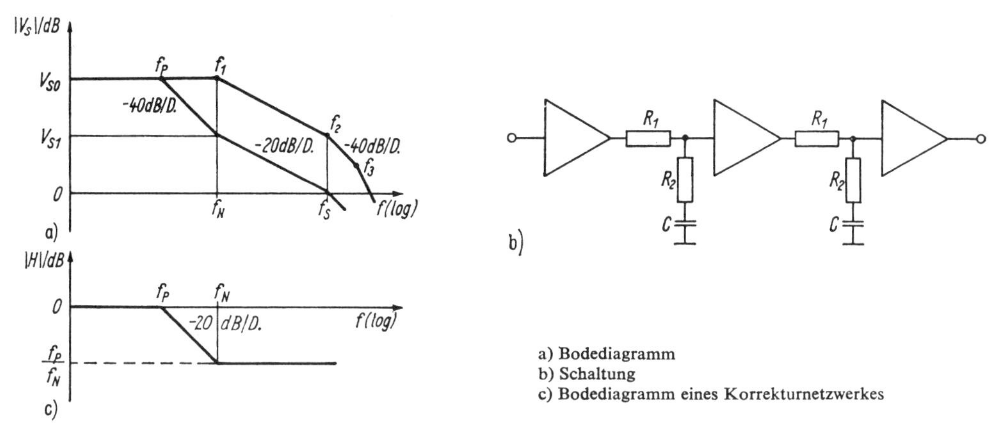

a) Bodediagramm
b) Schaltung
c) Bodediagramm eines Korrekturnetzwerkes

Bild 10.10. Lag-Lead-Kompensation mit zwei gleichen rückwirkungsfreien Korrekturnetzwerken

Im Bereich $f_P \dots f_1$ fällt $|V_S|$ mit 40 dB/Dekade ab. Daher gilt hier $|V_S| \approx V_{S0}\,(f_P/f)^2$ und folglich beträgt $V_{S1} = V_{S0}\,(f_P/f_1)^2$. Die Polfrequenz f_P beträgt also $f_P = f_1\sqrt{V_{S1}/V_{S0}}$ $= 550$ Hz.

Gegenüber Beispiel 2 liegt die untere Eckfrequenz der Schleifenverstärkung über fünfmal höher. Die volle Schleifenverstärkung ist also in einem wesentlich größeren Frequenzbereich wirksam.

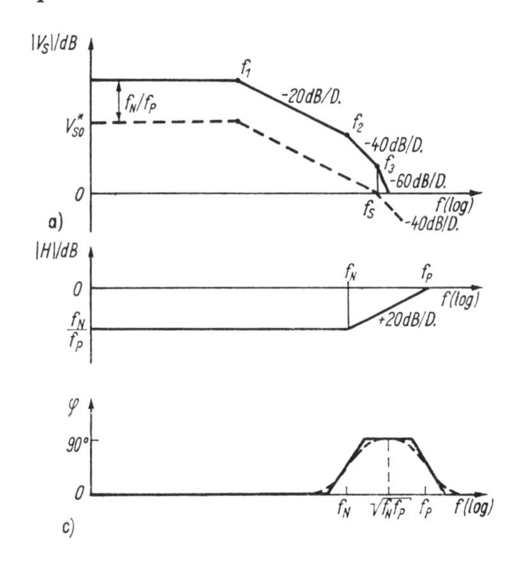

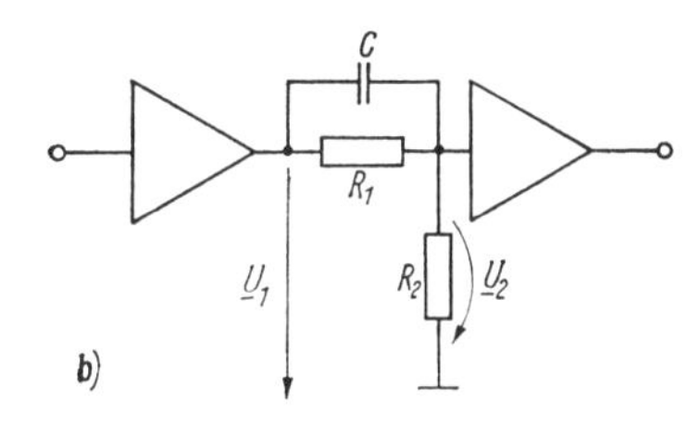

Bild 10.11
Lead-Kompensation

a) Bodediagramm der Schleifenverstärkung
b) Schaltung
c) Amplituden- und Phasengang des Korrekturnetzwerkes; $H = U_2/U_1$

3. Lead-Kompensation (Erzeugen einer Phasenvoreilung)

Bei dieser Kompensationsmethode addiert man eine Nullstelle zur Übertragungsfunktion der Schleifenverstärkung $V_S \equiv G_v G_r$. Dadurch wird die Nacheilung des Phasenwinkels in der Umgebung der Schnittfrequenz f_S verringert.

Die Lead-Kompensation ist eine Methode zur Erzielung besonders großer Bandbreite. Hinsichtlich ihrer Dimensionierung ist sie nicht ganz unkritisch. Bei niedrigen Frequenzen bewirkt sie einen Verstärkungsverlust. Sie ist deshalb weniger verbreitet als die vorher besprochenen Methoden.

Bild 10.11 zeigt eine einfache Realisierungsmöglichkeit. Die Übertragungsfunktion des Korrekturgliedes lautet

$$H(p) = \frac{1 + pT_N}{1 + pT_P}$$

$$f_N = \frac{1}{2\pi T_N}, \qquad f_P = \frac{1}{2\pi T_P} \quad \text{mit} \quad T_P < T_N, \qquad \text{d.h.} \quad f_P > f_N.$$

Dabei ist $T_N = R_1 C$, $T_P = (R_1 \parallel R_2)\, C$.

Die Verstärkung bei niedrigen Frequenzen wird um den Faktor f_N/f_P verringert.

Wenn wir die Übertragungsfunktion der Schleifenverstärkung ohne Korrektur durch eine 3-Pol-Übertragungsfunktion beschreiben, ergibt sich als Übertragungsfunktion der Schleifenverstärkung mit Korrekturglied

$$V_S(p) = \frac{V_{S0}}{(1 + pT_1)(1 + pT_2)(1 + pT_3)} \frac{1 + pT_N}{1 + pT_P}.$$

Setzen wir $T_N = T_2$, d.h. $f_N = f_2$, so bringt das Korrekturnetzwerk die zweite Eckfrequenz f_2 des nichtkorrigierten Systems zum Verschwinden. Falls $f_1 < f_3 \ll f_P$ gilt, beträgt die Phasenverschiebung der Schleifenverstärkung bei der Frequenz f_3 ungefähr $\varphi_S \approx -135°$. Die Schnittfrequenz kann also bei $f_S \approx f_3$ liegen. Die Bandbreite ist merklich größer als bei allen vorher besprochenen Kompensationsmethoden.

Beispiel 4. Wie groß ist die Bandbreite der Schaltung nach den Beispielen 1 bis 3 bei Lead-Kompensation, wenn $f_P = 10$ MHz gewählt wird? Wo liegt die erste Eckfrequenz von $|V_S|$?

Lösung: Die Bandbreite der gegengekoppelten Schaltung beträgt $B = f_S = 3{,}8$ MHz. Die erste Eckfrequenz liegt bei $f_1 = 3$ kHz. Die Schleifenverstärkung bei niedrigen Frequenzen beträgt $V_{S0}^* = V_{S0}\,(f_N/f_P) = 20000\,(2\text{ MHz}/10\text{ MHz}) = 4000$.

Nachteilig bei der Lead-Kompensation sind

- ungenügende Phasensicherheit, falls der Phasenwinkel der nichtkorrigierten Übertragungsfunktion in der Umgebung von f_S sehr schnell wächst.
- Der Abfall der Schleifenverstärkung bei niedrigen Frequenzen.

Oft wird deshalb die Lead-Kompensation mit der Lag-Kompensation kombiniert. Bei gegengekoppelten Operationsverstärkern wird die Lead-Kompensation gelegentlich angewendet, um G_r zu verändern, wie nachfolgend gezeigt wird.

4. Kompensation durch Verändern des Frequenzganges des Gegenkopplungsnetzwerkes

Variante 1 (Bild 10.12). Die Übertragungsfunktion des nicht gegengekoppelten Verstärkers ($I \rightarrow U$-Wandler) möge durch

$$G_g \equiv R_m = \frac{\underline{U}_a}{\underline{I}_g} = \frac{\underline{U}_a}{\underline{U}_d} \frac{\underline{U}_d}{\underline{I}_g} \approx V R_g = \frac{R_{m0}}{(1 + pT_1)(1 + pT_2)(1 + pT_3)}$$

beschrieben werden. Diese Übertragungsfunktion ergibt sich aus Bild 10.12, wenn wir die Leerlaufverstärkung V des OV durch eine 3-Pol-Übertragungsfunktion beschreiben und $R_g \ll 1/|1/R + j\omega C|$ voraussetzen, so daß der Einfluß des RC-Gliedes bei der Berechnung von R_m vernachlässigbar ist.

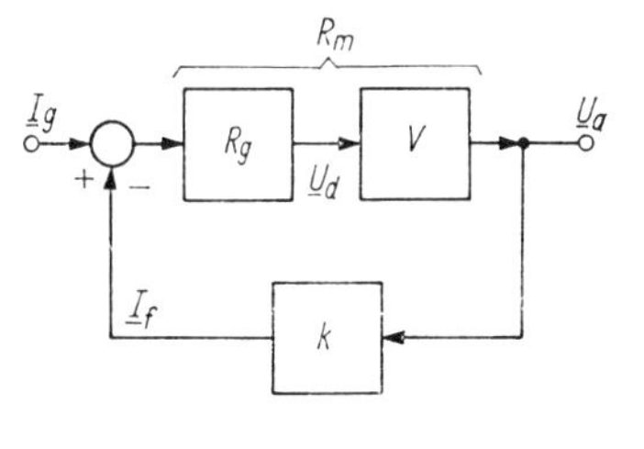

Bild 10.12
Frequenzgangkompensation durch Verändern von G_r

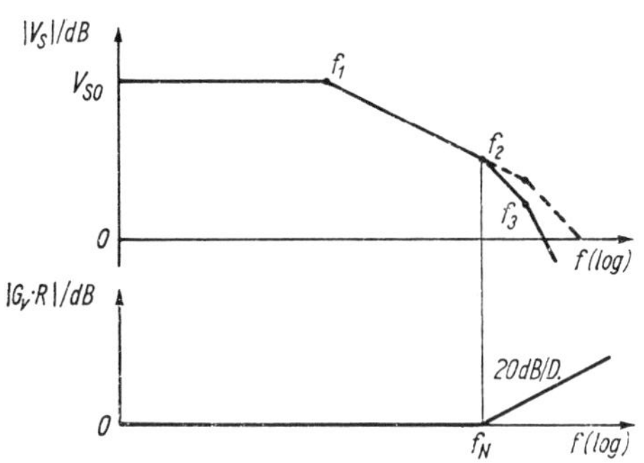

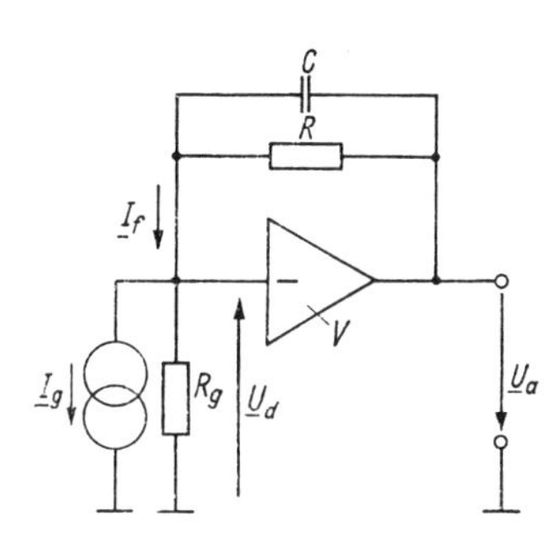

Der Faktor $k \equiv G_r$ hat unter der Voraussetzung $|\underline{U}_a| \gg |\underline{U}_d|$ die Größe

$$G_r \equiv k = \frac{\underline{I}_f}{\underline{U}_a} = \frac{1}{R} + pC = \frac{1}{R}(1 + pCR) = \frac{1}{R}(1 + pT_N).$$

Die Schleifenverstärkung der gegengekoppelten Schaltung beträgt mit $T_N = CR = 1/2\pi f_N$

$$V_S = kR_m \approx \frac{R_{m0}}{R} \frac{1 + pT_N}{(1 + pT_1)(1 + pT_2)(1 + pT_3)}.$$

Der Kondensator C erzeugt eine zusätzliche Nullstelle in der Übertragungsfunktion V_S. Wählen wir $f_N = f_2$, so wird die zweite Eckfrequenz des unkorrigierten Verstärkers kompensiert, und man kann $f_S \approx f_3$ erhalten, falls $f_4 \gg f_3$ ist. In diesem Fall muß

$$C = \frac{1}{2\pi f_S R} = \frac{1}{2\pi f_2 R}$$

betragen.

Zahlenbeispiel: Für $f_2 = 2$ MHz und $R = 10$ kΩ ergibt sich $C \approx 8$ pF.

Variante 2 (Bild 10.13). Korrekturglied am Verstärkereingang. Durch die Frequenzgangkompensation wird häufig die Slew Rate (Großsignalanstiegsgeschwindigkeit, s. Abschnitt 11.5.) des Verstärkers erheblich verschlechtert. Die Frequenzgangkompensation am Verstärkereingang vermeidet weitgehend diesen Nachteil.

Die Wirkungsweise der Kompensation zeigt Bild 10.13. Bild 10.13b zeigt den Amplitudengang des vorgeschalteten Kompensationsgliedes. Es bewirkt, daß $|V|$ des kompensierten Verstärkers oberhalb der Frequenz f_1' mit 20 dB/Dekade abfällt. Damit oberhalb von f_1 der Verstärkungsabfall nicht mit 40 dB/Dekade erfolgt, dimensioniert man die Frequenz der Nullstelle f_2' so, daß der Pol bei f_1 verschwindet:

$$f_2' = \frac{1}{2\pi R_k C_k} = f_1 .$$

Jetzt fällt $|V|$ erst oberhalb f_2 mit 40 dB/Dekade ab. Durch eine kleine Kapazität C_i kann eine weitere Nullstelle bei f_3' erzeugt werden. Wählt man $f_3' = f_2$, so läßt sich hiermit auch die zweite Eckfrequenz f_2 des Verstärkers zum Verschwinden bringen.

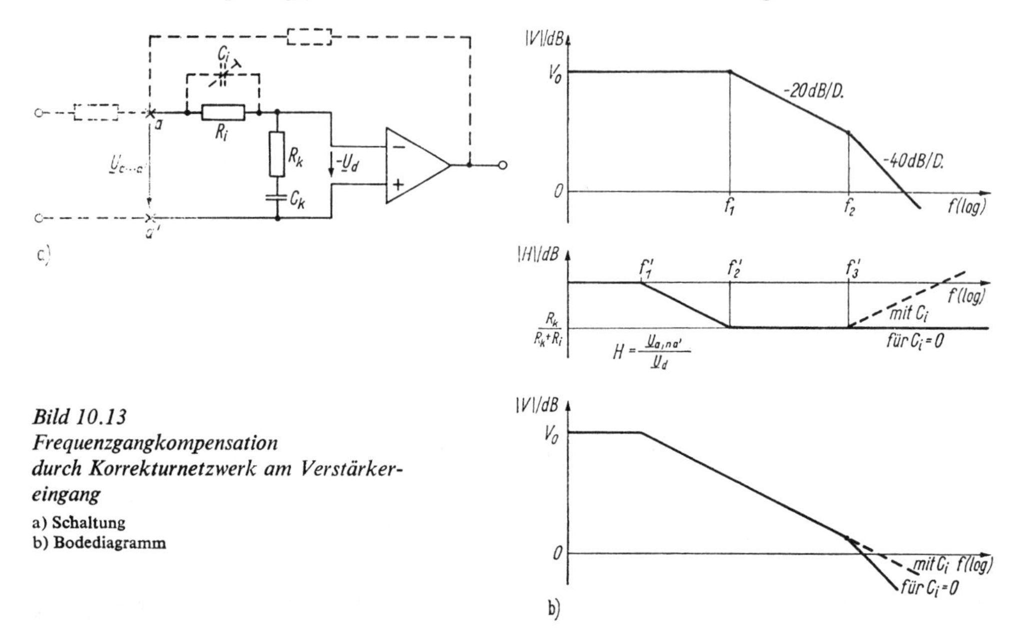

Bild 10.13
Frequenzgangkompensation durch Korrekturnetzwerk am Verstärkereingang
a) Schaltung
b) Bodediagramm

5. Miller-Effekt-Kompensation

Zur Frequenzgangkompensation von OV wird in der Regel ein *RC*-Netzwerk an eine Zwischenstufe des OV angeschaltet. Dabei läßt sich der Miller-Effekt ausnutzen. Das hat den Vorteil, daß man mit kleineren Kapazitäten auskommt. Im Bild 10.14 erscheint C durch den Miller-Effekt um den Verstärkungsfaktor V_2 multipliziert zwischen Punkt P und Masse. Wir betrachten diese Kompensationsmethode anhand dieses Bildes genauer.

Die Spannungsverstärkung der Differenzverstärkerstufe für $C = 0$ nähern wir durch den Verlauf

$$V_1 = \frac{\underline{U}_2}{\underline{U}_d} = \frac{V_{10}}{1 + j(f/f_{P1})}$$

an. Entsprechend Abschnitt 4.2. läßt sich das Signalverhalten der Stufe durch die Ersatzschaltung des Bildes 10.14b beschreiben. Dabei ist R_L die Parallelschaltung von R_C mit dem Ausgangswiderstand der Differenzverstärkerstufe und dem Eingangswiderstand der zweiten Stufe. C_L ist die Parallelkapazität zwischen P und Masse für $C = 0$, C_M ist die „Millerkapazität" $C_M = (1 - V_2)\, C$, wobei $V_2 = \underline{U}_3/\underline{U}_2$ (<0) ist.

Aus Bild 10.14b folgt $V_{10} = SR_L/2$ und für $C = 0$, $f_{P1} = 1/2\pi R_L C_L$.

Auch den Frequenzgang der zweiten Stufe nähern wir durch ein Verzögerungsglied erster Ordnung an (Bild 10.14c):

$$V_2 = \frac{\underline{U}_3}{\underline{U}_2} = \frac{V_{20}}{1 + \mathrm{j}(f/f_{\mathrm{P2}})} \qquad (V_{20} < 0).$$

Die Miller-Kapazität C_{M} beträgt deshalb

$$C_{\mathrm{M}} = (1 - V_2)\,C = \left(1 - \frac{V_{20}}{1 + \mathrm{j}(f/f_{\mathrm{P2}})}\right) C.$$

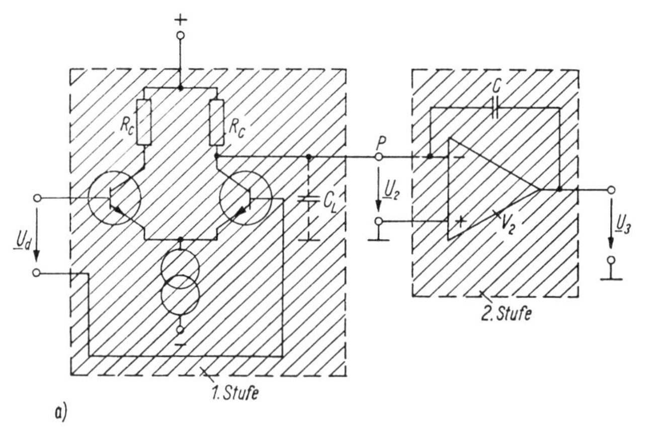

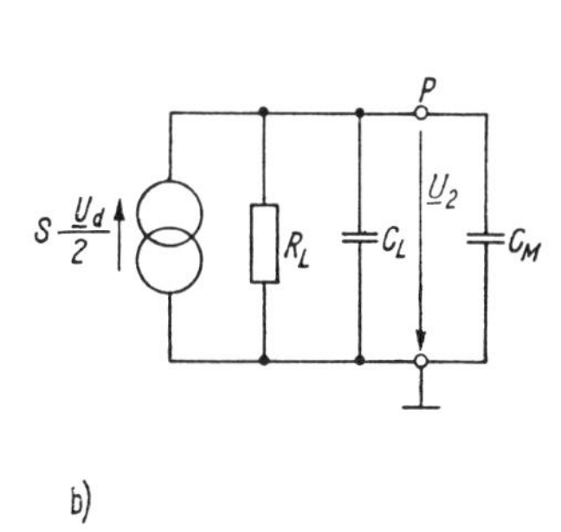

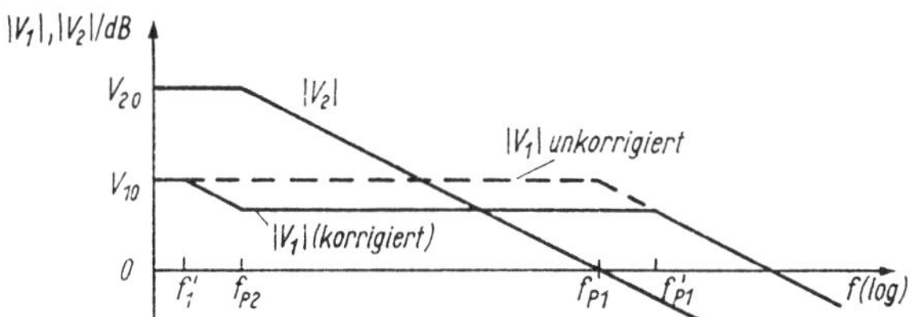

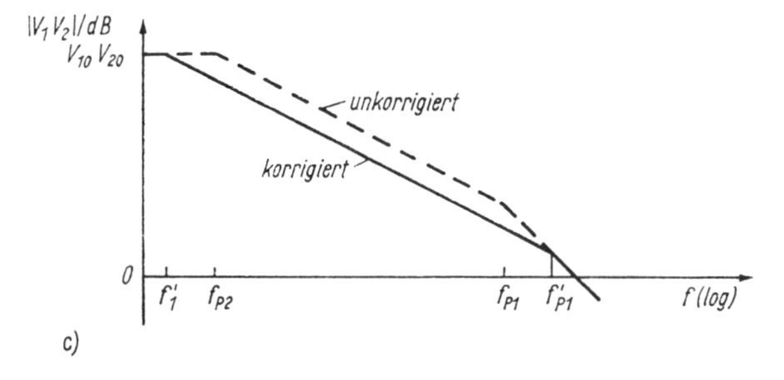

Bild 10.14
Frequenzkompensation mit Hilfe des Miller-Effekts

a) Schaltung
b) Ersatzschaltbild für das Signalverhalten
c) Bodediagramm von $|V_1|$ und $|V_2|$
d) Bodediagramm der Gesamtverstärkung $|V_1 V_2|$

Sie ist frequenzabhängig (vgl. Abschn. 3.3.3., Bild 3.9). Das hat zur Folge, daß durch die Kompensation (C in Verbindung mit V_2) zusätzlich zu einem Pol auch noch eine Nullstelle auftritt. Bei niedrigen Frequenzen gilt $C_{\mathrm{M}} = C_{\mathrm{ML}} = (1 - V_{20})\,C$. Man dimensioniert C so, daß in der Übertragungsfunktion des kompensierten Verstärkers ein Pol bei der Frequenz $f_1' \ll f_{\mathrm{P2}}$ auftritt. Aus Bild 10.14b folgt für $-V_{20} \gg 1$ und $-V_{20}C \gg C_{\mathrm{L}}$

$$f_1' \approx \frac{1}{2\pi R_{\mathrm{L}} C\,(-V_{20})}.$$

Dieser zusätzliche Pol bewirkt einen 20-dB/Dekade-Abfall von $|V_1|$ und damit auch von $|V_1 V_2|$. Dieser Abfall wird unwirksam, wenn mit zunehmender Frequenz der Wert $f \approx f_{P2}$ erreicht wird. Von diesem Frequenzbereich an sinkt C_M mit zunehmender Frequenz, bis schließlich der Wert $C_M = C_{MH} \approx C$ erreicht ist und ein Pol der Übertragungsfunktion V_1 bei der Frequenz

$$f'_{P1} \approx \frac{1}{2\pi R_L (C_L + C)}$$

auftritt. Das Korrekturnetzwerk (C, V_2) ruft also bei der Frequenz f_{P2} eine Nullstelle hervor, die den Pol f_{P2} völlig kompensiert. Die Folge ist, daß der Amplitudengang $|V_1 V_2|$ im gesamten Frequenzbereich $f'_1 \lessapprox f \lessapprox f'_{P1}$ mit 20 dB/Dekade abfällt.

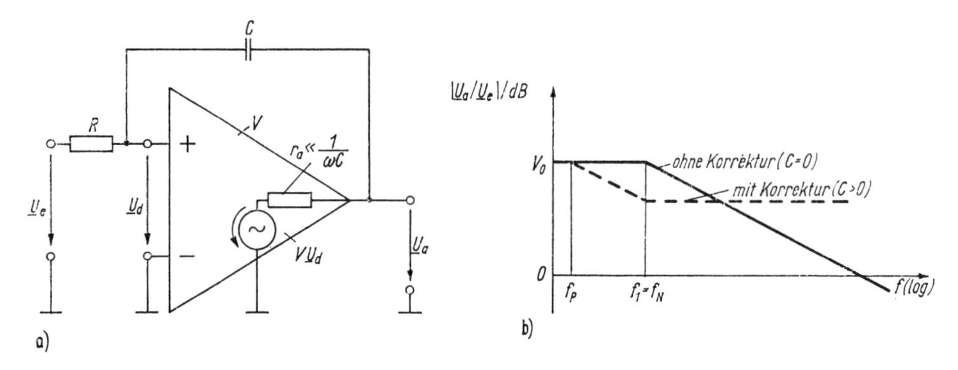

Bild 10.15. Frequenzabhängige Vorwärtskorrektur
a) Schaltung; b) Bodediagramm für ausgangsseitigen Leerlauf

6. *Frequenzabhängige Vorwärtskopplung*

Mit dieser Methode erzielt man sehr große Bandbreite und hohe Slew Rate. Verstärkerstufen mit einer niedrigen oberen Grenzfrequenz werden durch eine sehr breitbandige Stufe (oder einen Kondensator, falls die Kopplung zwischen Punkten gleicher Phasenlage erfolgt) überbrückt (Bild 10.15). Für die Schaltung im Bild 10.15 setzen wir ausgangsseitigen Leerlauf, $V = V_0/(1 + pT_1)$, $(r_a + R) \gg R/V_0$ und $Cr_a \gg T_1 = 1/2\pi f_1$ voraus. Dann erhält man die Gleichungen

$$\underline{U}_d = \frac{\underline{U}_e + pCR\underline{U}_a}{1 + pCR} \tag{10.5}$$

$$\underline{U}_a = \frac{V\underline{U}_d}{r_a}\left(r_a \,\middle\|\, \frac{1}{pC}\right) + \underline{U}_d \frac{r_a}{r_a + 1/pC} = \underline{U}_d \frac{V + pCr_a}{1 + pCr_a} \tag{10.6}$$

Einsetzen von (10.5) in (10.6) liefert nach einigen Umrechnungen

$$\frac{\underline{U}_a}{\underline{U}_e} \approx V_0 \frac{1 + pT_N}{1 + pT_P}$$

$$T_N = Cr_a/V_0\,; \qquad T_P = C(r_a + R)\,; \qquad f_N = 1/2\pi T_N\,; \qquad f_P = 1/2\pi T_P\,.$$

Setzen wir $f_N = f_1$, so wird der oberhalb von f_1 auftretende Verstärkungsabfall von $|V|$ z. T. unwirksam.

11. Operationsverstärker (OV)

Der Operationsverstärker ist ein Gleichspannungsverstärker mit sehr hoher Verstärkung (Spannungseingang, Spannungsausgang; fast immer Differenzeingang) und mit relativ großer Bandbreite, der in erster Linie als aktives Element in gegengekoppelten und mitgekoppelten Schaltungen verwendet wird. Wegen seiner sehr hohen Verstärkung (und damit sehr hohen Schleifenverstärkung der gegengekoppelten Schaltung) hängt das Übertragungsverhalten der Schaltung praktisch nur vom Rückkopplungsnetzwerk ab. Das Vorliegen preiswerter integrierter OV mit sehr guten Daten bewirkt, daß OV mit Ausnahme sehr hoher Frequenzen auf nahezu allen Gebieten der analogen Signalverarbeitung angewendet werden. Schon lange vor der Realisierung in integrierter Technik wurden OV als grundlegendes Verstärkerelement in Analogrechnern verwendet (Rechenverstärker).

OV sind mit besonders guten Daten in integrierter Technologie realisierbar (hohe Zuverlässigkeit, niedrige Kosten, kleine Offset- und Driftgrößen, kleine Abmessungen).

Die große Bedeutung des OV ist vor allem durch folgende Eigenschaften begründet:

- Er weist alle Vorteile des Gleichspannungsdifferenzverstärkers auf (Vergleichsglied mit anschließender Verstärkung, Gleichspannungskopplung, Unterdrückung von Gleichtakteingangssignalen, echter Differenzeingang).
- Sein Verstärkungsfaktor (Differenzverstärkung) ist sehr groß. Aus diesem Grunde sind das statische und dynamische Übertragungsverhalten von OV-Schaltungen weitgehend durch das Beschaltungsnetzwerk bestimmt.

Wegen ihres echten Vierpolverhaltens sind OV sehr universell und problemlos beschaltbar.

OV werden in zahlreichen Varianten hergestellt. Die Typenvielfalt reicht von billigen Standardtypen für allgemeine Anwendungen (auch als 4-fach-OV in einem DIL-Gehäuse) bis zu chopperstabilisierten und driftkompensierten Typen für spezielle Anwendungen und mit besonders hochgezüchteten Eigenschaften. OV können auch in Komparatorschaltungen Verwendung finden (s. Abschn. 16.6.).

Wir behandeln im vorliegenden Abschnitt Eigenschaften und Kenngrößen von idealen und realen OV, die wichtigsten Grundschaltungen und die schaltungstechnische Realisierung von OV.

11.1. Eigenschaften und Kenngrößen idealer und realer Operationsverstärker

Eigenschaften und Kenngrößen. Üblicherweise haben OV einen invertierenden und einen nichtinvertierenden Eingang und einen (unsymmetrischen) Ausgang. Sie benötigen meist zwei Betriebsspannungen unterschiedlicher Polarität und können Ausgangsspannungen beliebiger Polarität liefern (Bild 11.1). Die technischen Daten werden wesentlich von der Eingangsschaltung des OV bestimmt, die nach dem Differenzverstärkerprinzip aufgebaut ist. Seine Eigenschaften werden deshalb mit Kenndaten beschrieben, die weitgehend denen von Differenzverstärkern entsprechen (Tafel 11.1).

OV-Schaltungen lassen sich besonders schnell überblicken und berechnen, wenn ein idealer OV zugrunde gelegt wird. Das Verhalten von Schaltungen mit realen OV weicht im interessierenden Signalfrequenzbereich meist nur wenig von diesem idealen Verhalten ab.

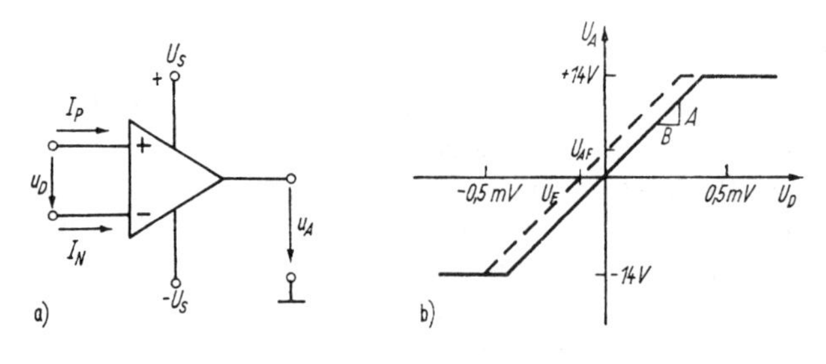

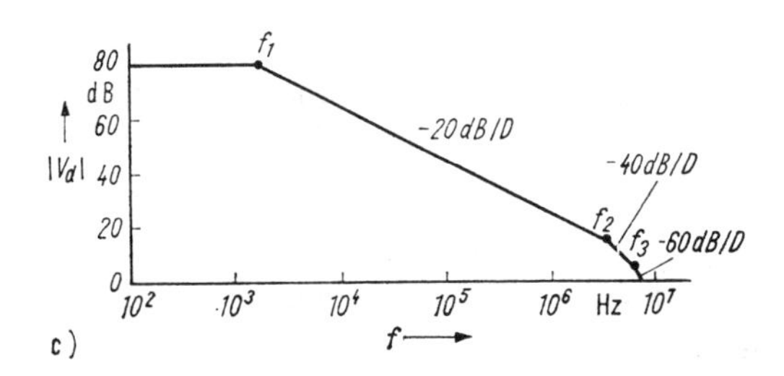

a) Schaltsymbol
b) Übertragungskennlinie
c) **Frequenzabhängigkeit der Leerlaufverstärkung V_d (ähnlich B 761, 861, 631 D bei Minimalkompensation mit C_k = 3 pF);**
d) Annäherung der Frequenzabhängigkeit der Leerlaufverstärkung $|V_d|$ durch einen Tiefpaß erster Ordnung
V_d Leerlaufverstärkung des OV ($V_0 = V_d$ für niedrige Frequenzen); V_u' = Spannungsverstärkung der gegengekoppelten OV-Schaltung ($V_u' = \underline{U}_a/\underline{U}_e$; $V_0' = V_u'$ bei niedrigen Frequenzen); f_0 Eckfrequenz der Leerlaufverstärkung des OV; f_0' Eckfrequenz des Verstärkungsfaktors $|V_u'|$ der gegengekoppelten Schaltung; V_S Schleifverstärkung ($V_S = |V_d|/|V_u'|$).
e) Kleinsignalersatzschaltbild (Gleichtaktverstärkung nicht berücksichtigt) zur Erläuterung der Kenngrößen s. Tafel 11.1
f) nichtinvertierende OV-Grundschaltung

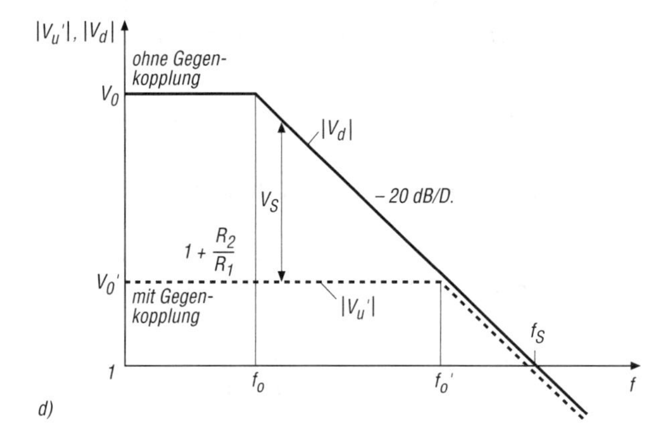

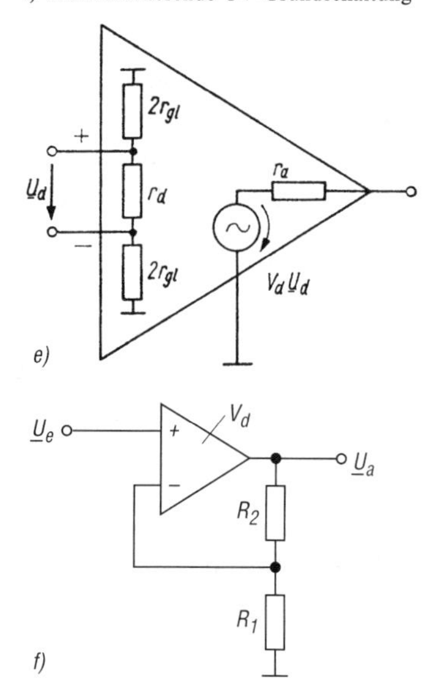

Bild 11.1. Operationsverstärker

Es ist zweckmäßig, den Einfluß der verschiedenen nichtidealen OV-Eigenschaften (z. B. endliche Verstärkung und deren Frequenzabhängigkeit, Eingangs- und Ausgangswiderstand, Offset- und Driftgrößen, Rauschen) – falls es überhaupt erforderlich ist – erst dann zu untersuchen, wenn man sich anhand des idealen OV einen Einblick in die Wirkungsweise der Schaltung verschafft hat. Dabei ist es meist zweckmäßig, den Einfluß der jeweils interessierenden Einflußgröße getrennt abzuschätzen.

Idealer OV. Ein idealer OV ist gekennzeichnet durch

1. unendliche Verstärkung (innere Verstärkung, Leerlaufverstärkung, offene Verstärkung, open loop gain) und Bandbreite: $V = \infty$, $B = \infty$

Tafel 11.1. Kenngrößen von Operationsverstärkern

Kennwert	Erläuterung, Definition	Typische Daten
Differenzverstärkung Leerlaufverstärkung	$V_d = V = \underline{U}_a/\underline{U}_d$	> 80 dB
Gleichtaktverstärkung	$V_{gl} = \underline{U}_a/\underline{U}_{gl}$	$+20 \ldots -10$ dB
Gleichtaktunterdrückung	CMRR $= V_d/V_{gl}$	> 60 ... 90 dB
Eingangsoffsetspannung (Eingangsfehlspannung)	U_F: diejenige Spannung, die zwischen die Eingangsklemmen gelegt werden muß, damit $U_a = 0$ wird	1 ... 3 mV
Temperaturdrift der Eingangsoffsetspannung	$\Delta U_F = \frac{\partial U_F}{\partial \vartheta} \Delta \vartheta$	$(5\ \mu V/K)\ \Delta\vartheta$
Eingangsoffsetstrom (Eingangsfehlstrom)	$I_F = I_P - I_N$: Differenz beider Eingangsströme für $U_a = 0$	10 pA ... 50 nA
Temperaturdrift des Eingangsoffsetstroms	$\Delta I_F = \frac{\partial I_F}{\partial \vartheta} \Delta \vartheta$	(1 pA ... 0,5 nA/K) $\Delta\vartheta$
Eingangsruhestrom	$I_B = \frac{1}{2}(I_P + I_N)$; I_P, I_N Eingangsgleichströme	100 pA ... 200 nA
Differenzeingangswiderstand	r_d: differentieller Widerstand zwischen beiden Eingangsklemmen	> 50 ... 150 kΩ
Gleichtakteingangswiderstand	r_{gl}: differentieller Widerstand zwischen beiden miteinander verbundenen Eingangsklemmen und Masse	> 15 MΩ
Ausgangswiderstand	r_a: differentieller Widerstand zwischen der Ausgangsklemme und Masse, wenn beide Eingänge auf Masse liegen	150 Ω
3-dB-Grenzfrequenz	$\lvert V_d \rvert$ um 3 dB abgefallen	
V · B-Produkt, f_1-Frequenz	$\lvert V_d \rvert$ auf 1 abgefallen	> 1 MHz
Slew Rate (Anstiegsgeschwindigkeit der Ausgangsspannung)	S_r: maximale Steigung (V/μs) der Ausgangsspannung im Bereich von 10 ... 90% des Endwertes bei Großsignalrechteckaussteuerung am Eingang (OV übersteuert)	0,25 bis > 100 V/μs
Betriebsspannungs-Unterdrückung	SVR: $\Delta U_F/\Delta U_S$ (ΔU_S: gleichgroße Änderung der Beträge der positiven und negativen Betriebsspannung)	< 200 μV/V

2. unendlich hohe Gleichtaktunterdrückung: CMRR $= \infty$
3. unendlich hohen Differenz- und Gleichtakteingangswiderstand: $r_d = \infty$, $r_{gl} = \infty$
4. Ausgangswiderstand Null: $r_a = 0$
5. vernachlässigbare Ruheströme, Offset- und Driftgrößen: $u_A = 0$ für $u_D = 0$
6. Rauschfreiheit
7. Rückwirkungsfreiheit.

Zum leichten Verständnis von OV-Schaltungen ist es stets zu empfehlen, von folgenden Grundeigenschaften auszugehen, die bei gegengekoppelten Schaltungen mit idealem OV erfüllt sind, solange der OV nicht außerhalb seines Aussteuerbereiches betrieben wird:

1. Die Potentiale der gegengekoppelten Schaltung stellen sich stets so ein, daß die Differenzeingangsspannung u_D Null ist.
2. Durch beide Eingangsklemmen fließt kein Strom (weder Signal- noch Ruhestrom).

Frequenzgang mit und ohne Gegenkopplung.

Ohne Gegenkopplung: In vielen praktischen Fällen ist es zur groben Abschätzung des dynamischen Verhaltens ausreichend, den Frequenzgang der Leerlaufverstärkung des OV durch ein Tiefpaßglied erster Ordnung anzunähern (Bild 11.1d):

$$V_d = \frac{V_o}{1 + j\dfrac{f}{f_o}}; \qquad |V_d| = \frac{V_o}{\sqrt{1 + \left(\dfrac{f}{f_o}\right)^2}}.$$

Bei der Schnittfrequenz f_S (unity-gain-Frequenz, manchmal auch mit f_1-Frequenz bezeichnet) ist $|V_d| = 1$. In der Praxis gilt wegen $V_o \gg 1$ stets $f_S \gg f_o$. Damit erhalten wir aus der o. g. Frequenzabhängigkeit von $|V_d|$ in guter Näherung Proportionalität zwischen der Schnittfrequenz und der oberen Grenzfrequenz der Leerlaufverstärkung $|V_d|$:

$$f_S \approx V_o f_o \tag{11.1}$$

Mit Gegenkopplung: Im Abschnitt 9.4.6.1. haben wir berechnet, wie sich der Frequenzgang des Verstärkungsfaktors durch Anschalten eines frequenzunabhängigen Gegenkopplungsnetzwerks ändert. Aus Gl. (9.11) folgt

$$V'_u = \frac{V'_o}{1 + j\dfrac{f}{f'_o}} \qquad |V'_u| = \frac{V'_o}{\sqrt{1 + \left(\dfrac{f}{f'_o}\right)}}; \qquad f'_o = f_o \frac{V_o}{V'_o}. \tag{11.1a}$$

Wir verwenden diese Ergebnisse zur Berechnung der oberen Grenzfrequenz (Bandbreite) der nichtinvertierenden OV-Grundschaltung von Bild 11.1f. Unter Voraussetzung eines idealen OV ($V_d \to \infty$) gilt laut (11.2)

$$V'_u \equiv \frac{\underline{U}_a}{\underline{U}_e} = 1 + \frac{R_2}{R_1}.$$

Bei niedrigen Frequenzen ist V'_u identisch mit V'_o. Daher folgt aus (11.1a) unter Berücksichtigung von (11.1) und mit $V'_o \equiv V'_u$

$$f'_0 = \frac{f_S}{V_o} \frac{V_o}{1 + \dfrac{R_2}{R_1}} \approx \frac{f_S}{1 + \dfrac{R_2}{R_1}}. \tag{11.1b}$$

Aus (11.1b) ist ablesbar, daß mit zunehmendem Verstärkungsfaktor V'_u die Bandbreite f'_o des Verstärkers abnimmt. Das „$V \cdot B$-Produkt" des Verstärkers bleibt konstant (s. Abschn. 9.4.6.1.). Es gibt jedoch auch Verstärker mit Stromgegenkopplung, bei denen dieser fundamentale Zusammenhang nicht gilt (s. Abschn. 11.6.2.).

Überlastungsschutz. Obwohl zahlreiche OV-Typen Ausgangsstrombegrenzung und ggfs. Eingangsbegrenzerdioden enthalten, besteht häufig die Gefahr der Zerstörung des Schaltkreises durch Überspannungen auf den Eingangs-, Ausgangs- oder Betriebsspannungsleitungen oder infolge von Falschpolung der Betriebsspannung. Normale BiFET-OV können beispielsweise zerstört werden, wenn die Eingänge an die Signalquelle direkt angeschlossen sind und eine oder beide Betriebsspannungen des OV abgeschaltet werden oder ausfallen (Stromüberlastung der Gate-Substrat-Isolationsdiode).

Zum Schutz der OV lassen sich folgende Maßnahmen anwenden:
Falschpolung. Je eine Diode in Reihe zu den beiden Betriebsspannungsleitungen schalten.
Eingangsüberspannungen. Begrenzerdioden im OV integriert: Vorwiderstände vor beiden OV-Eingangsleitungen begrenzen den Eingangsstrom auf < wenige mA; keine Begrenzerdioden integriert: zusätzlich externe Begrenzerdioden anschalten (zwei Dioden antiparallel zwischen beide Eingänge oder zwischen die OV-Eingänge und die beiden Betriebsspannungen).
Ausgangsschutz. Diodenbegrenzer (z.B. Z-Diode in Reihe mit Si-Diode) zwischen OV-Ausgang und Masse und zusätzlichen Reihenwiderstand an den OV-Ausgang schalten (in den Gegenkopplungskreis einbeziehen, damit der Ausgang niederohmig bleibt).

11.2. Operationsverstärker-Grundschaltungen (Spannungsverstärker)

Bei der Anwendung des OV in gegengekoppelten Verstärkerschaltungen muß das Gegenkopplungsnetzwerk zwischen den Ausgang und den invertierenden OV-Eingang geschaltet werden, damit das rückgeführte Signal das Eingangssignal schwächt und nicht etwa verstärkt. Die zu verstärkende Eingangsspannung kann jedoch wahlweise dem invertierenden oder dem nichtinvertierenden OV-Eingang zugeführt werden. Man unterscheidet deshalb die zwei OV-Grundschaltungen nach Bild 11.2:

- *invertierender* Verstärker und
- *nichtinvertierender* Verstärker (Elektrometerverstärker).

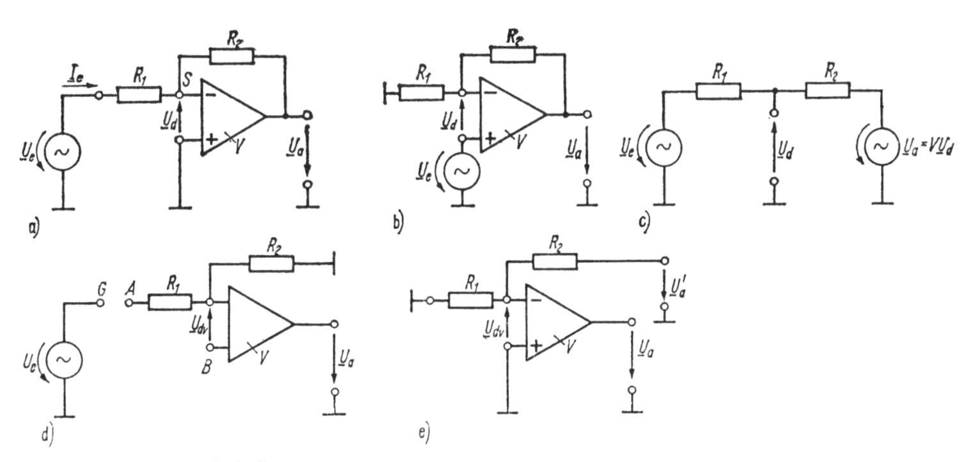

Bild 11.2. OV-Grundschaltungen

a) invertierende Grundschaltung; b) nichtinvertierende Grundschaltung ($U_a = VU_d$); c) Ersatzschaltung zu a); d) Ersatzschaltung zur Berechnung der Verstärkung (beim invertierenden (nichtinvertierenden) Verstärker: G mit A (B), B(A) mit Masse verbinden); e) Ersatzschaltung zur Berechnung des Gegenkopplungsfaktors $k = R_1/(R_1 + R_2)$

Eine dritte Beschaltungsmöglichkeit von Operationsverstärkern ist die Differenzbeschaltung. Hierbei wird *jedem* der beiden OV-Eingänge ein Signal zugeführt. Der OV verstärkt die Differenzspannung. Wir behandeln diese Beschaltungsmöglichkeit im Abschnitt 13.1.

Ein Spezialfall des nichtinvertierenden Verstärkers ist der Spannungsfolger. Sein Ausgang ist unmittelbar mit dem invertierenden OV-Eingang verbunden ($G_r = 1$). Die Schleifenverstärkung ist gleich der offenen Verstärkung des OV ($G_v G_r = G_v$).

Wir untersuchen die Wirkungsweise der beiden OV-Grundschaltungen zunächst unter Voraussetzung eines idealen OV.

Idealer OV. Die Verstärkung der beiden Schaltungen nach Bild 11.2a, b läßt sich unter Verwendung der Spannungsteilerregel sofort hinschreiben. Es gilt mit $V = \underline{U}_a / \underline{U}_e$

invertierende Verstärkerschaltung *nichtinvertierende Verstärkerschaltung*

$$V'_{\text{ideal}} = -\frac{R_2}{R_1} \quad \text{(a)} \qquad V'_{\text{ideal}} = 1 + \frac{R_2}{R_1} \quad \text{(b)}. \tag{11.2}$$

Die Hauptunterschiede zwischen beiden Grundschaltungen sind neben der unterschiedlichen Phasendrehung ($-\pi$ bzw. 0) ihr Eingangswiderstand (R_1 bzw. ∞) und die beim nichtinvertierenden Verstärker auftretende Gleichtaktaussteuerung. Wegen seines sehr hochohmigen Eingangs nennt man den nichtinvertierenden Verstärker auch Elektrometerverstärker. Elektrometer sind Meßgeräte mit sehr hohem Eingangswiderstand. Weitere Unterschiede diskutieren wir im folgenden Unterabschnitt.

Die Ausgangsspannung $\underline{U}_a$ stellt sich beim invertierenden Verstärker stets so ein, daß der Summationspunkt S nahezu auf Massepotential liegt („virtuelle Masse"). Deshalb beträgt der Eingangswiderstand der Schaltung ziemlich genau $Z_e = \underline{U}_e/\underline{I}_e \approx R_1$. Die invertierende Grundschaltung ist im Prinzip ein $I \to U$-Wandler. Die Eingangsspannung $\underline{U}_e$ wird mittels des Widerstandes R_1 in den Eingangsstrom $\underline{I}_e \approx \underline{U}_e/R_1$ umgesetzt, der von der anschließenden $I \to U$-Wandlerschaltung verstärkt wird. Wegen $|\underline{U}_d| \ll |\underline{U}_a|$ gilt $\underline{U}_a \approx -\underline{I}_e R_2$. Weil der Summationspunkt praktisch auf Nullpotential liegt, lassen sich auf einfache Weise Strom- und Spannungssummierer realisieren (Abschn. 13.1.).

OV mit endlicher Leerlaufverstärkung, sonst ideal. Wir analysieren das Signalverhalten beider Grundschaltungen aus der Sicht der Gegenkopplungstheorie und leiten zunächst ein Signalflußbild ab, aus dem die Wirkungsweise der Schaltungen gut erkenntlich ist.

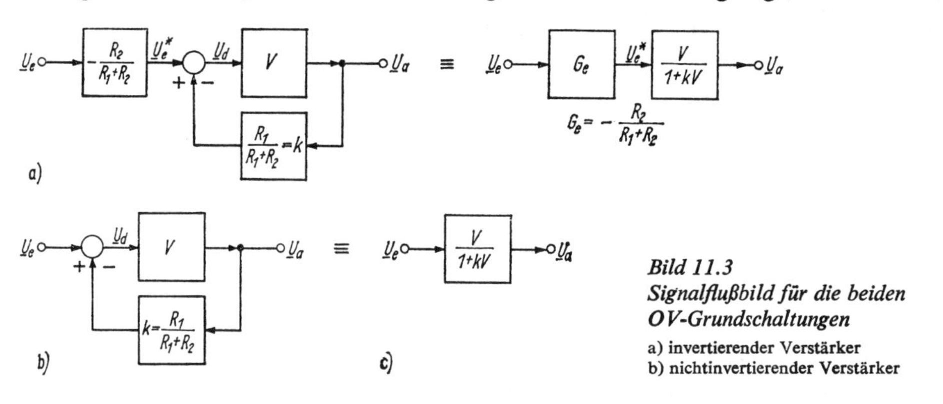

Bild 11.3
Signalflußbild für die beiden OV-Grundschaltungen
a) invertierender Verstärker
b) nichtinvertierender Verstärker

Die OV-Eingangsklemmen stellen die „Mischstelle" dar. Die Eingangsdifferenzspannung $\underline{U}_d$ ist das Fehlersignal im Regelkreis, das durch die Gegenkopplung ausgeregelt, d.h. näherungsweise zu Null gemacht wird. Sie setzt sich additiv aus einem vom Eingangssignal $\underline{U}_e$ herrührenden Anteil $\underline{U}_{dv}$ und einem vom Ausgangssignal $\underline{U}_a$ hervorgerufenen Anteil $\underline{U}_{dr}$ zusammen (Überlagerungssatz):

$$\underline{U}_d = \underline{U}_{dv} + \underline{U}_{dr}.$$

Zur Berechnung der beiden Teilspannungen muß jeweils eine der beiden Größen $\underline{U}_a$ bzw. $\underline{U}_e$ Null gesetzt werden (Bild 11.2c bis e). Wir erhalten deshalb

invertierende Schaltung

$$-\underline{U}_{dv} = \underline{U}_e \frac{R_2}{R_1 + R_2}$$

$$\underline{U}_{dr} = -\underline{U}_a \frac{R_1}{R_1 + R_2}$$

$$\underline{U}_d = \underline{U}_{dv} + \underline{U}_{dr} = -\underline{U}_e \frac{R_2}{R_1 + R_2} - \underline{U}_a \frac{R_1}{R_1 + R_2}$$

$$\underline{U}_a = V\underline{U}_d$$

nichtinvertierende Schaltung

$$\underline{U}_{dv} = \underline{U}_e$$

$$\underline{U}_{dr} = -\underline{U}_a \frac{R_1}{R_1 + R_2}$$

$$\underline{U}_d = \underline{U}_e - \underline{U}_a \frac{R_1}{R_1 + R_2} \quad (11.3a)$$

$$\underline{U}_a = V\underline{U}_d. \quad (11.3b)$$

Aus (11.3) läßt sich das Signalflußbild der beiden Schaltungen mit den zugehörigen Übertragungsfunktionen G_e, G_v und G_r sofort ablesen (Bild 11.3). Es gilt $G_v \equiv V$ und $G_r \equiv k = R_1/(R_1 + R_2)$.

Der Gegenkopplungsfaktor k und die Schleifenverstärkung sind also bei beiden Grundschaltungen gleich groß!

Für genügend große Schleifenverstärkung $|G_vG_r| = |kV| \gg 1$ gelten die Näherungen

invertierende Schaltung

$$V'_{ideal} = \frac{\underline{U}_a}{\underline{U}_e} \approx \frac{G_e}{G_r} = -\frac{R_2}{R_1}$$

nichtinvertierende Schaltung

$$V'_{ideal} \approx \frac{1}{G_r} = 1 + \frac{R_2}{R_1},$$

d. h. wieder (11.2a) bzw. (11.2b).

Der Vergleich beider Grundschaltungen zeigt folgende typische Unterschiede:

invertierende Schaltung	*nichtinvertierende Schaltung*
– Parallelspannungsgegenkopplung	– Serienspannungsgegenkopplung
– $\underline{U}_e$ wird invertiert zum Ausgang übertragen	– $\underline{U}_e$ wird nichtinvertiert zum Ausgang übertragen
– der invertierende OV-Eingang liegt praktisch auf Massepotential („virtuelle Masse“)	– der invertierende OV-Eingang folgt näherungsweise dem Potential der Eingangsklemme
– der durch den Spannungsteiler R_1, R_2 fließende Strom $\underline{I}_e = (\underline{U}_e - \underline{U}_d)/R_1 \approx \underline{U}_e/R_1$ muß von der Signalquelle geliefert werden; Konsequenz: große Eingangssignalleistung erforderlich	– der durch den Spannungsteiler R_1, R_2 fließende Strom $\underline{I}_e = (\underline{U}_e - \underline{U}_d)/R_1 \approx \underline{U}_e/R_1$ fließt nicht durch die Signalquelle, sondern wird vom OV-Ausgang geliefert; Konsequenz: weitgehend leistungslose Steuerung möglich
– der Eingangswiderstand beträgt $R_e = \underline{U}_e/\underline{I}_e = \underline{U}_e/[(\underline{U}_e - \underline{U}_d)/R_1] \approx R_1$	– der Eingangswiderstand beträgt $R_e \approx \infty$ (idealer OV); er hängt nicht von R_1 und R_2 ab (Vorteil: R_1 und R_2 können niederohmig dimensioniert werden, damit sich Parallelkapazitäten wenig auswirken)
– es tritt praktisch keine Gleichtaktaussteuerung auf.	– es tritt Gleichtaktaussteuerung $\underline{U}_{gl} \approx \underline{U}_e$ auf.

Der Gegenkopplungsfaktor $k = R_1/(R_1 + R_2)$ ist in beiden Grundschaltungen gleich!

Der Vergleich macht u. a. deutlich, daß der stark unterschiedliche Eingangswiderstand beider Schaltungen dadurch bedingt ist, daß beim invertierenden Verstärker die Signalquelle den Spannungsteiler(signal-)querstrom liefern muß, beim nichtinvertierenden Verstärker dagegen nicht.

11.3. Einfluß nichtidealer Eigenschaften des Operationsverstärkers

Wir untersuchen den Einfluß nichtidealer Eigenschaften anhand der beiden OV-Grundschaltungen.

Endliche Leerlaufverstärkung $V(p)$. Die Spannungsverstärkung $V' = \underline{U}_a/\underline{U}_e$ der gegengekoppelten Schaltungen läßt sich durch Einsetzen von (11.3b) in (11.3a) oder aus den Signalflußbildern im Bild 11.3 berechnen. Wir erhalten für beide Grundschaltungen

$$V' = \frac{V'_{\text{ideal}}}{1 + \dfrac{1}{kV}} \approx V'_{\text{ideal}}\left(1 - \frac{1}{kV}\right). \tag{11.4}$$

Dabei ist V'_{ideal} die Verstärkung bei idealem OV nach (11.2). Die Näherung gilt für $|kV| \ll 1$.

Die Abweichung der Verstärkung V' gegenüber V'_{ideal} wird durch die Schleifenverstärkung kV bestimmt. Wie aus (11.4) hervorgeht, ist $1/kV$ der relative Verstärkungsfehler gegenüber V'_{ideal}. Damit der OV die äußere Verstärkung V' möglichst wenig beeinflußt, muß also kV sehr groß sein, d. h., es werden OV mit sehr großer Leerlaufverstärkung benötigt (z. B. $V > 10^4 \ldots 10^5$).

Bei höheren Frequenzen fällt $|V|$ häufig in einem weiten Frequenzbereich mit 20 dB je Dekade ab:

$$V = \frac{V_0}{1 + pT_0}.$$

Einsetzen dieses Ausdruckes in (11.4) ergibt für reelles k

$$V' = \frac{V'_{\text{ideal}}}{\left(1 + \dfrac{1}{kV_0}\right)\left(1 + p\,\dfrac{T_0}{1 + kV_0}\right)} = \frac{V'_0}{1 + pT'_0} \tag{11.5}$$

$$T'_0 = T_0/(1 + kV_0); \qquad V'_0 = V'_{0\,\text{ideal}}\Big/\left(1 + \frac{1}{kV_0}\right).$$

(11.5) bestätigt den bereits aus (9.11) bekannten Zusammenhang, daß durch reelle Gegenkopplung die obere Grenzfrequenz $f_o = 1/2\pi T_o$ (3-dB-Frequenz, erste Eckfrequenz) des Verstärkers um den Faktor $g = 1 + kV_0$ vergrößert wird, falls $|V|$ mit 20 dB/Dekade abfällt. Deshalb lassen sich mit OV-Schaltungen Bandbreiten von z. B. 100 kHz erzielen, obwohl die 3-dB-Frequenz der Leerlaufverstärkung 100 Hz beträgt. Es muß lediglich kV_0 genügend groß sein (dynamische Stabilität vorausgesetzt).

In grober Näherung können wir die Anstiegs- und Abfallzeit der Übergangsfunktion des gegengekoppelten Verstärkers aus $t_r = 0{,}35/f'_0$ berechnen. Dabei ist f'_0 die obere Grenzfrequenz des gegengekoppelten Verstärkers (3-dB-Abfall des Amplitudengangs

$|G|$). In guter Näherung gilt dieser Zusammenhang, wenn der Frequenzgang des gegengekoppelten Verstärkers durch einen Tiefpaß 1. Ordnung beschrieben werden kann.

Ausgangswiderstand. Durch die starke Spannungsgegenkopplung beider OV-Grundschaltungen beträgt ihr wirksamer Ausgangswiderstand nach (9.7)

$$r_a' = \frac{r_a}{g} = \frac{r_a}{1 + kV}$$

und ist in der Praxis vernachlässigbar.

Zahlenbeispiel: Ausgangswiderstand des nichtgegengekoppelten OV: $r_a = 150\,\Omega$, $kV = 10^3$; $r_a' = r_a/g \approx 150\,\text{m}\Omega$.

Eingangswiderstand. Beim nichtinvertierenden Verstärker erscheint ein endlicher Differenzeingangswiderstand r_d des OV infolge der Seriengegenkopplung um den Faktor $g = 1 + kV$ vergrößert (Abschn. 9.4.2.). Zusätzlich liegt der Gleichtakteingangswiderstand des nichtinvertierenden OV-Eingangs parallel zum Eingang:

$$Z_e = r_d\,(1 + kV) \parallel 2r_{gl} \approx 2r_{gl}.$$

Typische Werte sind $|Z_e| \gg 1\,\text{M}\Omega$. Bei hohen Frequenzen machen sich die Eingangskapazitäten bemerkbar. Die Differenzeingangskapazität liegt in der Größenordnung von 10 bis zu einigen 10 pF, die Gleichtakteingangskapazität ist wesentlich kleiner.

Beim invertierenden Verstärker transformiert man zur exakten Bestimmung des Eingangswiderstandes der Schaltung zweckmäßigerweise den Widerstand r_d unter Anwenden des Millerschen Theorems in den Gegenkopplungskreis (Bild 11.4). Er hat in der Regel keinen merklichen Einfluß.

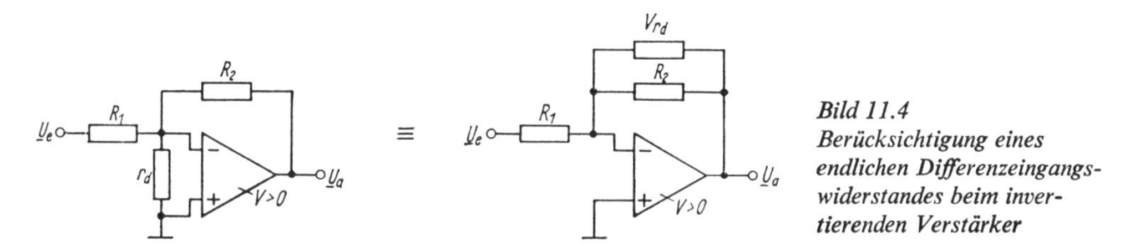

Bild 11.4
Berücksichtigung eines endlichen Differenzeingangswiderstandes beim invertierenden Verstärker

Endliche Gleichtaktunterdrückung. Nur in Ausnahmefällen muß man die Gleichtaktaussteuerung berücksichtigen. Sie tritt bei nichtinvertierendem Betrieb auf. Dabei gilt $\underline{U}_{gl} \approx \underline{U}_e$.

Die beiden Eingangsklemmen eines OV sollen weitgehend „isoliert" von der übrigen Schaltung sein. Das ist nicht exakt realisierbar. Eine hohe Gleichtaktunterdrückung und ein großer Gleichtaktaussteuerbereich des OV sind immer erwünscht. Typische Werte

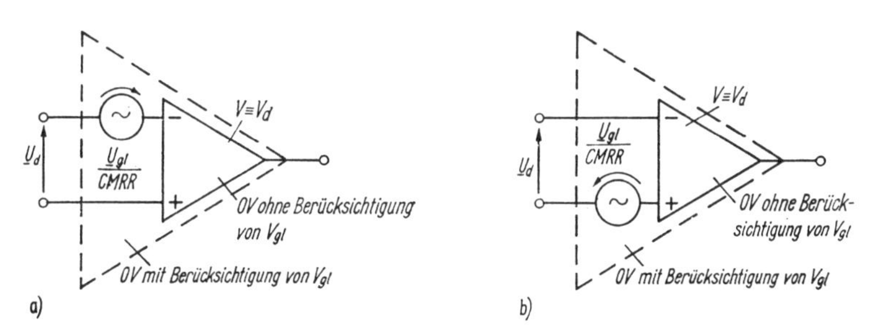

***Bild 11.5.** Berücksichtigung der Gleichtaktaussteuerung eines OV*

sind $U_{gl\,max} \approx \pm 5$ V und CMRR > 60 ... 100 dB. Bei hohen Frequenzen sinkt CMRR ab. Am einfachsten läßt sich die Gleichtaktverstärkung dadurch berücksichtigen, daß nach Bild 11.5 eine Spannungsquelle der Größe $\underline{U}_{gl}$/CMRR in Reihe zu einem OV-Eingang geschaltet wird.

Die Berechtigung für dieses Ersatzschaltbild ergibt sich aus folgender Rechnung:
Der OV ist ein lineares System mit zwei Eingängen und einem Ausgang (Bild 11.6). Die Ausgangsspannung ergibt sich nach dem Überlagerungssatz aus den beiden Anteilen

$$\underline{U}_a = V_1 \underline{U}_1 + V_2 \underline{U}_2. \tag{11.6}$$

Dabei ist $V_1(V_2)$ die Spannungsverstärkung vom Eingang *1* (*2*) zum Ausgang, wenn der andere Eingang *2* (*1*) an Masse liegt. Führen wir die Definitionen für die Differenzeingangsspannung $\underline{U}_d = \underline{U}_1 - \underline{U}_2$ und die Gleichtakteingangsspannung $\underline{U}_{gl} \equiv \frac{1}{2}(\underline{U}_1 + \underline{U}_2)$ und die daraus folgenden Beziehungen $\underline{U}_1 = (\underline{U}_d/2) + \underline{U}_{gl}$ und $\underline{U}_2 = \underline{U}_{gl} - (\underline{U}_d/2)$ ein, so erhalten wir aus (11.6)

$$\underline{U}_a = V_d \underline{U}_d + V_{gl} \underline{U}_{gl}$$

mit

$$V_d \equiv \frac{1}{2}(V_1 - V_2)$$

und

$$V_{gl} \equiv V_1 + V_2.$$

Ersetzen wir die Gleichtaktverstärkung V_{gl} durch die Gleichtaktunterdrückung CMRR = V_d/V_{gl}, so folgt aus (11.6)

$$\underline{U}_a = V_d \left[\underline{U}_d + \frac{\underline{U}_{gl}}{\text{CMRR}}\right]. \tag{11.7}$$

Aus (11.7) erkennen wir, daß der Einfluß der Gleichtaktverstärkung dadurch berücksichtigt werden kann, daß wir anstelle der Differenzeingangsspannung $\underline{U}_d$ den Wert $\underline{U}_d + (\underline{U}_{gl}$/CMRR) setzen. Diese Eingangsspannung wird mit der Leerlaufverstärkung $V (\equiv V_d)$ des Operationsverstärkers verstärkt.

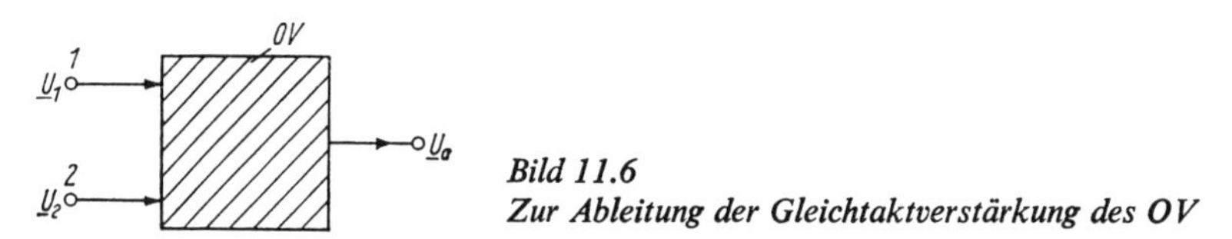

Bild 11.6
Zur Ableitung der Gleichtaktverstärkung des OV

Die Gleichtaktaussteuerung ist vernachlässigbar, solange ($\underline{U}_{gl}$/CMMR) $\ll \underline{U}_d$ ist. Beim Spannungsfolger ist das nicht immer erfüllt. Bei hohen Anforderungen an die Linearität der Übertragungsfunktion kann die endliche Gleichtaktunterdrückung Hauptursache für Nichtlinearitäten sein.
Beispiel: Wir steuern einen Spannungsfolger mit $\underline{U}_e = 10$ V aus. Die Leerlaufverstärkung des OV beträgt $V = 10^4$. Es gilt $\underline{U}_d = \underline{U}_a/V \approx 10\text{ V}/10^4 \approx 1$ mV. Wenn die Gleichtaktunterdrückung CMMR = 60 dB beträgt, gilt $\underline{U}_{gl}$/CMMR ≈ 10 V/1000 = 10 mV. In diesem Fall ist der von der Gleichtaktaussteuerung herrührende Anteil sogar zehnmal größer als der von der Differenzspannung herrührende. Das wirkt sich in einem Linearitätsfehler aus!

11.4. Einfluß und Kompensation von Offset-, Drift- und Ruhegrößen

Die wichtigsten Fehlerquellen bei der Verstärkung kleiner Gleichspannungen und -ströme sind die *Eingangsoffsetspannung* U_F, die *Eingangsruheströme* I_P und I_N der beiden OV-Eingänge (meist in technischen Daten als Eingangsruhestrom $I_B = \frac{1}{2}(I_P + I_N)$ angegeben), der *Eingangsoffsetstrom* $I_F = I_P - I_N$ sowie die Temperatur-, Betriebsspannungs- und Langzeit*driften* dieser genannten Größen.

Die beiden Eingangsruheströme I_P und I_N sind beim OV mit Bipolareingangsstufe nichts anderes als die beiden Basisruheströme der Transistoren in der Eingangsstufe. Es gilt daher $I_P \approx I_N \approx I_C/B_N$, falls der Ruhestrom und der Stromverstärkungsfaktor beider Transistoren des Differenzverstärkers gleich sind.

Die Eingangsoffsetspannung tritt infolge unvermeidlicher Unsymmetrien im OV auf. Die Definitionen wichtiger Kenngrößen sind in Tafel 11.1 (S. 243) zusammengestellt.

Da die genannten Störgrößen u. U. beträchtliche Fehler hervorrufen können, müssen wir sorgfältig zwischen den ohne Eingangssignal vorhandenen Eingangs- und Ausgangsgleichspannungen und -strömen und den *Signal*größen (Spannungs- und Strom*änderungen*) unterscheiden.

Ersatzschaltung zur Berücksichtigung von U_F, I_P und I_N. Die Eingangsoffsetspannung U_F sowie die Eingangsströme I_P und I_N lassen sich entsprechend ihrer Definition durch das Ersatzschaltbild 11.7 erfassen.

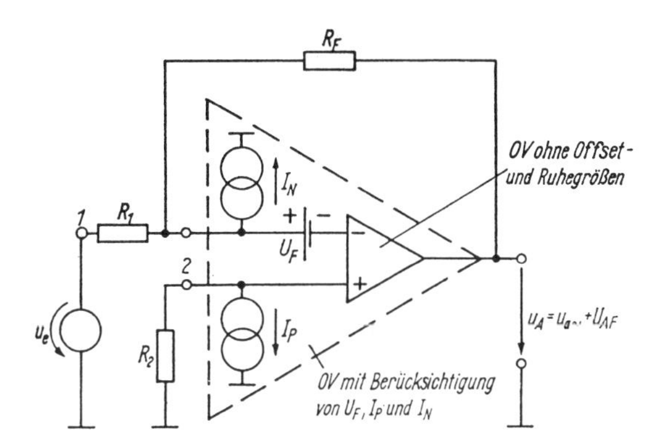

Bild 11.7
Ersatzschaltbild zur Berücksichtigung des Einflusses der Offset- und Ruhegrößen U_F, I_P *und* I_N

Wir betrachten zweckmäßigerweise ihre Driftanteile (ΔU_F, ΔI_P, ΔI_N) getrennt, weil sie Spannungs- bzw. Strom*änderungen* darstellen und genau wie Signalgrößen verstärkt werden. Wir schreiben deshalb

$$I_P = I_{P0} + \Delta I_P; \qquad I_N = I_{N0} + \Delta I_N; \qquad U_F = U_{F0} + \Delta U_F.$$

Weiterhin gilt

$$I_F = I_{F0} + \Delta I_F = I_P - I_N \quad \text{Eingangsoffsetstrom}$$

$$U_{AF} = U_{AF0} + \Delta U_{AF} \quad \text{Ausgangsoffsetspannung.}$$

Die Ausgangsoffsetspannung überlagert sich der Ausgangssignalspannung $u_{a\sim}$ (Bildbereich: $\underline{U}_a$). Der Momentanwert u_A der Ausgangsspannung beträgt deshalb

$$u_A = u_{a\sim} + U_{AF}.$$

Die beiden wichtigsten Driftgrößen sind die *Offsetspannungsdrift* ΔU_F und die *Offsetstromdrift* ΔI_F:

$$\Delta U_F \approx \frac{\partial U_F}{\partial T}\,\Delta T + \frac{\partial U_F}{\partial t}\,\Delta t + \frac{\partial U_F}{\partial U_{CC}}\,\Delta U_{CC}$$

$$\Delta I_F \approx \frac{\partial I_F}{\partial T}\,\Delta T + \frac{\partial I_F}{\partial t}\,\Delta t + \frac{\partial I_F}{\partial U_{CC}}\,\Delta U_{CC}$$

Temperaturdrift, Langzeitdrift und Betriebsspannungsdrift.

Einfluß der Eingangsruheströme und der Eingangsoffsetspannung auf die beiden OV-Grundschaltungen. Die Eingangsströme I_P und I_N erzeugen an den Widerständen des Eingangskreises Spannungsabfälle, die sich z. T. als zusätzliche Differenzeingangsspannung störend auswirken. In der Schaltungsstruktur nach Bild 11.7, die für beide OV-Grundschaltungen gilt (beim invertierenden Verstärker wird die Signalquelle mit Klemme *1*, beim nichtinvertierenden Verstärker mit Klemme *2* verbunden), entsteht als Folge der Größen U_F, I_P und I_N die Ausgangsoffsetspannung

$$U_{AF} = U_{AF0} + \Delta U_{AF} = U_F \left(1 + \frac{R_F}{R_1}\right) + R_F \left(I_N - I_P \frac{R_2}{R_1 \| R_F}\right), \quad (11.8)$$

die sich der Ausgangssignalspannung $u_{a\sim}$ überlagert. Hierbei wurde ein idealer OV mit Ausnahme $U_F \neq 0$, $I_P \neq 0$ und $I_N \neq 0$ zugrunde gelegt.

Aus (11.8) folgt, daß sich der Einfluß von I_N und I_P auf die Ausgangsoffsetspannung weitgehend kompensieren läßt. Im Fall $I_P = I_N$ muß $R_2 = R_1 \| R_F$ gewählt werden.

Bei realen OV unterscheiden sich I_P und I_N nur wenig. Deshalb führen wir zweckmäßigerweise den Eingangsoffsetstrom $I_F = I_P - I_N$ ($\ll I_P, I_N$) in (11.8) ein. Mit der Dimensionierung $R_2 = R_1 \| R_F$ erhalten wir die Ausgangsoffsetspannung zu

$$U_{AF} = U_{AF0} + \Delta U_F = U_F \left(1 + \frac{R_F}{R_1}\right) - I_F R_F$$

und ihre Drift zu

$$\Delta U_{AF} = \Delta U_F \left(1 + \frac{R_F}{R_1}\right) - \Delta I_F R_F .$$

$\Delta I_F = \Delta I_P - \Delta I_N$ ist die Eingangsoffsetstromdrift. Sowohl ΔU_F als auch ΔI_F sind üblicherweise in Datenblättern industrieller Verstärker angegeben.

Der Anteil U_{AF0} der Ausgangsoffsetspannung läßt sich durch Offsetkompensation (Bild 11.8) zum Verschwinden bringen. Übrig bleibt lediglich die Drift, die durch einfachen Abgleich nicht beseitigt werden kann.

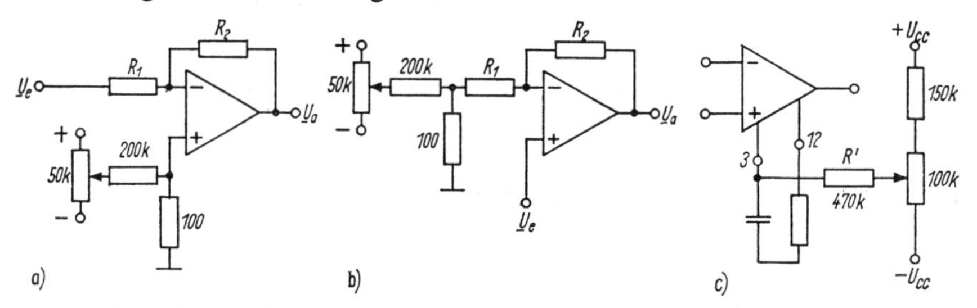

Bild 11.8. Schaltungen zur Offsetkompensation (Dimensionierungsbeispiele)

a) bei invertierenden Schaltungen; b) bei nichtinvertierenden Schaltungen; c) Kompensation durch Einspeisen eines Stroms in den Anschluß zur Frequenzgangkompensation

Wenn wir die Schaltung im Bild 11.7 als invertierende Verstärkerschaltung betreiben, erhalten wir nach erfolgtem Offsetabgleich unter der Voraussetzung $V \to \infty$ die Ausgangsspannung

$$u_A = u_{a\sim} + \Delta U_{AF} = -\frac{R_F}{R_1} u_e + \Delta U_F \left(1 + \frac{R_F}{R_1}\right) - \Delta I_F R_F$$

$$= -\frac{R_F}{R_1} \Big\{ \underbrace{u_e}_{\text{Nutzsignal}} - \underbrace{\left(1 + \frac{R_1}{R_F}\right) [\Delta U_F - \Delta I_F (R_1 \| R_F)]}_{\text{Driftanteil}} \Big\}. \quad (11.9)$$

Der zeitlich veränderliche Driftanteil in (11.9) stellt eine Fehlerspannung dar und begrenzt sowohl die Genauigkeit bei der Verstärkung kleiner Gleichgrößen als auch die maximal sinnvolle Verstärkung. Es hat keinen Sinn, den Verstärkungsfaktor eines Gleichgrößenverstärkers beliebig hoch zu treiben. Die Verstärkung darf höchstens so groß sein, daß der Verstärker durch den Driftanteil voll ausgesteuert wird.

Aus (11.9) läßt sich schlußfolgern, daß bei hochohmigen Signalquellen ($R_1 \parallel R_F$ groß) vor allem die Eingangsoffset*stromdrift* ΔI_F, bei niederohmigen Signalquellen (R_1 klein) dagegen vor allem die Eingangsoffset*spannungsdrift* ΔU_F eine Ausgangsoffsetspannungsdrift hervorruft. Daraus folgt:

Verstärker zur Verstärkung sehr kleiner Gleich*spannungen* müssen eine möglichst kleine Offset*spannungs*drift aufweisen. Verstärker zur Verstärkung sehr kleiner Gleich*ströme* müssen eine kleine Offset*strom*drift (bzw. Ruhestromdrift) aufweisen.

Offsetkompensation. In der Regel wird bei Verstärkern für Gleichgrößen die Ausgangsoffsetspannung durch äußeren Abgleich zum Verschwinden gebracht (Bild 11.8). Hierbei führt man dem OV-Eingang eine kleine Gleichspannung (typisch 1 ... 10 mV) geeigneter Polarität zu, die die Ausgangsoffsetspannung zu Null macht. Netzwerke zur Offsetkompensation müssen mit Präzisionsbauelementen aufgebaut und an eine gut stabilisierte Spannung angeschlossen werden (Langzeitkonstanz, Temperaturabhängigkeit). Sie dürfen nicht in unmittelbarer Nähe von Wärmequellen angeordnet sein.

Einige Möglichkeiten zum Offsetabgleich zeigt Bild 11.8. In der Regel werden die Varianten nach Bild 11.8a und b angewendet. Falls beide Eingangsklemmen frei bleiben sollen, kann gegebenenfalls ein Kompensationsstrom in einen für die Frequenzgangkompensation herausgeführten Anschluß eingespeist werden. Diese Einspeisung muß sehr hochohmig erfolgen, damit die Leerlaufverstärkung des OV nicht zu stark absinkt.

Bei reinen Wechselspannungsverstärkern ist der Offsetabgleich meist unnötig, falls der Verstärker gleichstrommäßig stark gegengekoppelt wird (vgl. Bild 12.10).

11.5. Großsignalverhalten (Slew Rate)

Die maximale Anstiegsgeschwindigkeit (Anstiegssteilheit) der Ausgangsspannung des OV ist bei Kleinsignalaussteuerung in der Regel erheblich größer als bei Großsignalaussteuerung, d.h. bei übersteuertem Betrieb.

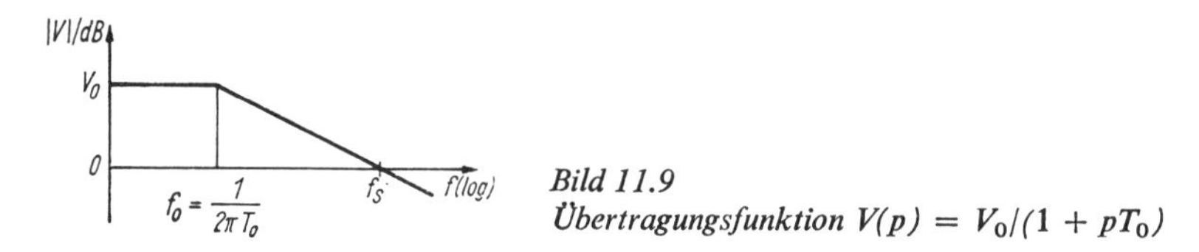

Bild 11.9
Übertragungsfunktion $V(p) = V_0/(1 + pT_0)$

Kleinsignalaussteuerung. Bei Kleinsignalbetrieb wird der OV nur innerhalb seines linearen Arbeitsbereiches ausgesteuert. Es besteht ein definierter Zusammenhang zwischen der Anstiegsgeschwindigkeit der Ausgangsspannung und der Übertragungsfunktion (Bandbreite) der betrachteten Verstärkerschaltung. Wenn wir die Übertragungsfunktion eines OV bzw. einer gegengekoppelten Verstärkerschaltung durch ein Verzögerungsglied 1. Ordnung $V(p) = V_0/(1 + pT_0)$ mit $T_0 = 1/2\pi f_0$ (f_0 obere Grenzfrequenz = Bandbreite) annähern (Bild 11.9), so beträgt die Anstiegszeit der Übergangsfunktion nach (8.9)

$t_r \approx 0{,}35/f_o$. Wird dem Verstärkereingang ein Rechtecksprung mit der Höhe $\hat{U}_e$ zugeführt, lautet die Ausgangsspannung mit der obengenannten Übertragungsfunktion $V(p)$

$$u_a = V_0 \hat{U}_e (1 - e^{-t/T_o}). \tag{11.10}$$

Die maximale Anstiegsgeschwindigkeit der Ausgangsspannung tritt für $t = 0$ auf und ergibt sich aus (11.10) zu

$$\left|\frac{du_a}{dt}\right|_{max} = \frac{V_0 \hat{U}_e}{T_o} = 2\pi V_0 f_o \hat{U}_e = 2\pi f_S \hat{U}_e.$$

f_S Schnittfrequenz ($|V(j\omega)| = 1$).

Diese Gleichung gilt sowohl für nichtgegengekoppelte als auch für gegengekoppelte Systeme, falls ihr Frequenzgang durch $V(p) = V_0/(1 + pT_o)$ beschrieben werden kann.

Großsignalaussteuerung. Wesentlich anders liegen die Verhältnisse bei Großsignalaussteuerung. Wir wollen hierunter den Fall verstehen, daß eine oder mehrere Verstärkerstufen des OV übersteuert werden. Der OV arbeitet nicht mehr als lineares System. Falls an den OV Kapazitäten angeschaltet sind, z.B. zur Frequenzgangkompensation, ist die Spannungsanstiegsgeschwindigkeit der Ausgangsspannung u.U. wesentlich kleiner als bei Kleinsignalaussteuerung, weil die außen angeschalteten Kapazitäten infolge des begrenzten Umladestroms nicht beliebig schnell umgeladen werden können.

Zum Unterschied nennt man die maximale Anstiegsgeschwindigkeit der Ausgangsspannung bei Großsignalaussteuerung *Slew Rate* (vgl. Tafel 11.1). Bild 11.10 zeigt die Ausgangsspannung eines OV, der mit großen Rechteckimpulsen am Eingang angesteuert wird.

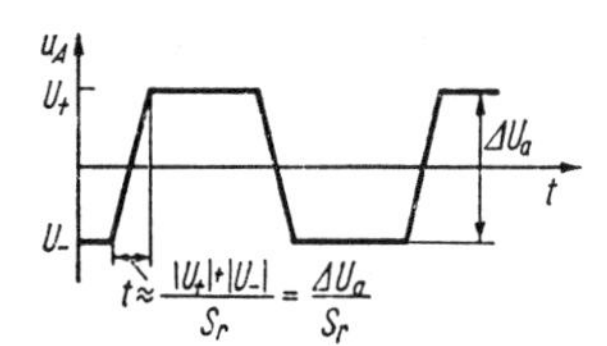

Bild 11.10
Zur Erläuterung der Slew Rate

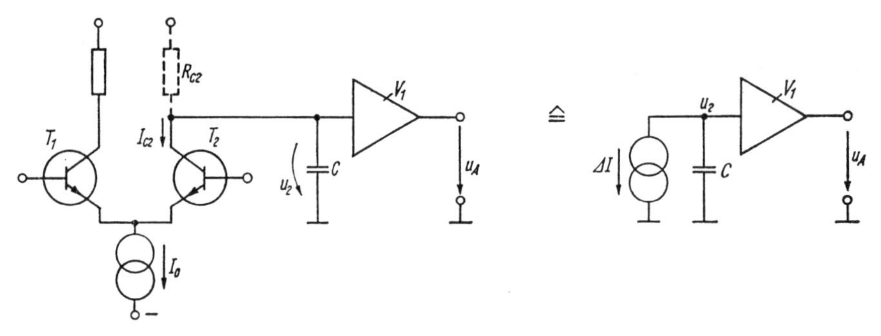

Bild 11.11. Zur Berechnung der Slew Rate

Zur Erläuterung betrachten wir Bild 11.11. Wir nehmen an, daß im Ruhezustand der Kollektorgleichstrom $I_{C1} \approx I_{C2} \approx I_0/2$ fließt. Den Einfluß von R_{C2} vernachlässigen wir nachfolgend. Er ändert die Verhältnisse nicht grundlegend. Legen wir zwischen beide Eingänge des Differenzverstärkers einen Rechtecksprung genügender Amplitude (z.B. $\Delta U_D > 0{,}2$ V), so wird beispielsweise T_1 gesperrt, und der Kollektorstrom von T_2 erhöht sich auf I_0, d.h., er verdoppelt sich. Durch C floß vorher im Ruhezustand kein Strom. Nach Anlegen des Rechtecksprungs am Eingang des Differenzverstärkers fließt durch C der Strom $\Delta I = I_{C2} - I_0 \approx I_0/2$ und bewirkt einen maximalen Spannungsanstieg

$$\left.\frac{\mathrm{d}u_2}{\mathrm{d}t}\right|_{\max} = \frac{\Delta I}{C} = \frac{I_0}{2C}.$$

Mit $u_A = V_1 u_2$ ergibt sich die Slew Rate der Schaltung im Bild 11.11 zu

$$S_r = \left.\frac{\mathrm{d}u_A}{\mathrm{d}t}\right|_{\max} = \frac{V_1\,\Delta I}{C} = \frac{V_1 I_0}{2C}. \tag{11.11}$$

S_r läßt sich nur dadurch vergrößern, daß ΔI und/oder V_1 größer und/oder C kleiner gewählt werden.

Zusammenhang zwischen Slew Rate und Grenzfrequenz für maximale Aussteuerung. Die maximal erreichbare Ausgangsamplitude eines mit Sinusspannungen angesteuerten OV fällt oberhalb einer Frequenz f_p (Grenzfrequenz für maximale Aussteuerung) mit steigender Frequenz. Die Ursache hierfür liegt in der auftretenden Übersteuerung des OV. Da die Leerlaufverstärkung des OV bei höheren Frequenzen abfällt, muß zur Aufrechterhaltung der maximalen Ausgangssignalamplitude mit zunehmender Frequenz eine größere Eingangssignalspannung angelegt werden. Das führt jedoch schließlich zur Übersteuerung und zu einer durch die Slew Rate S_r begrenzten Anstiegsgeschwindigkeit der Ausgangsspannung.

Eine sinusförmige Ausgangsspannung $u_a = \hat{U}_a \sin \omega t$ hat ihre größte Anstiegsgeschwindigkeit im Nulldurchgang der Sinusschwingung. Er beträgt

$$\frac{\mathrm{d}u_a}{\mathrm{d}t} = 2\pi f \hat{U}_a. \tag{11.12}$$

Die Anstiegsgeschwindigkeit wächst mit steigender Frequenz der Sinusspannung. Der maximal mögliche Wert ist durch die Slew Rate S_r begrenzt. Die Anstiegsgeschwindigkeit am Verstärkerausgang kann höchstens gleich der Slew Rate S_r sein:

$$\left.\frac{\mathrm{d}u_a}{\mathrm{d}t}\right|_{\max} = 2\pi f_p \hat{U}_{a\max} = S_r\,; \qquad f_p = \frac{S_r}{2\pi \hat{U}_{a\max}} \tag{11.13}$$

$\hat{U}_{a\max}$ maximale Ausgangsamplitude bei Vollaussteuerung und niedrigen Frequenzen

f_p ist die maximale obere Grenzfrequenz des OV für volle Ausgangsspannung $\hat{U}_{a\max}$. Wenn man sinusförmige Spannungen mit noch höherer Frequenz an den OV-Eingang anlegt, sinkt die Ausgangsamplitude gerade in einer solchen Weise ab, daß stets $\mathrm{d}u_a/\mathrm{d}t = S_r$ gilt. Aus (11.12) und (11.13) ergibt sich für diesen Fall

$$\hat{U}_a = \frac{S_r}{2\pi f} = \frac{S_r}{2\pi f_p}\left(\frac{f_p}{f}\right) = \hat{U}_{a\max}\frac{f_p}{f}. \tag{11.14}$$

Hauptursache niedriger Slew Rate sind oft die Kondensatoren zur Frequenzgangkompensation. Je größer sie sind, um so niedriger sind S_r und f_p. Entscheidend ist hierbei, an welcher Stelle der Schaltung die Kondensatoren angeschaltet sind.

Deshalb werden zur Erzielung einer großen Slew Rate und hoher Grenzfrequenz für volle Aussteuerung spezielle Frequenzgangkompensationsmethoden verwendet (Kapazitäten möglichst in der Nähe des Eingangs, damit V_1 in (11.11) groß wird).

Der hier angegebene Zusammenhang von (11.13) und (11.14) gilt nur dann, wenn sowohl die Slew Rate als auch f_p durch die gleichen Ursachen begrenzt sind. Das ist meist der Fall, hängt jedoch vom Schaltungsaufbau und von der Frequenzgangkompensation ab.

Zusätzlich zum Begriff der Slew Rate werden die Begriffe *Einschwingzeit* (settling time) und *Erholzeit* nach Übersteuerung (overload recovery time) zur Charakterisierung des dynamischen Großsignalverhaltens verwendet [6]. Unter Einschwingzeit versteht man die Zeitspanne zwischen dem Anlegen eines großen Rechtecksprungs am Eingang bis zu der Zeit, zu der die Ausgangsspannung innerhalb eines kleinen Fehlerbereiches von ΔU_a eingeschwungen ist. Sie verändert sich mit dem Eingangssignalpegel und wird stark von äußeren Impedanzen des Verstärkers beeinflußt (Bild 11.12).

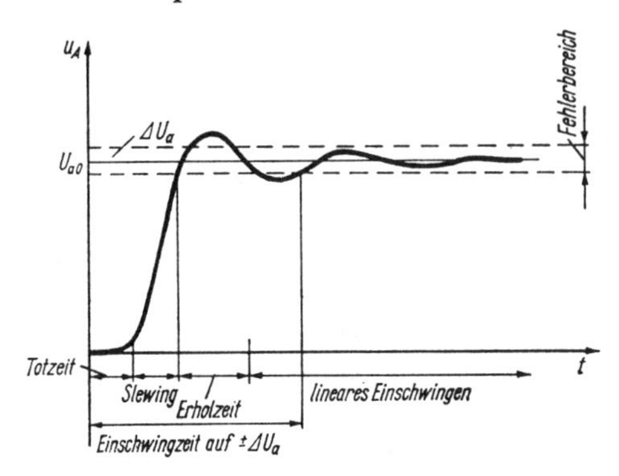

Bild 11.12
Zur Definition der Einschwingzeit (settling time)

Mindestens drei Verstärkereigenschaften beeinflussen die Einschwingzeit: a) die Bandbreite (linearer Effekt), b) die Slew Rate (nichtlinearer Effekt) und c) das Erholverhalten nach einer Übersteuerung (nichtlinear, betriebsspannungsabhängig).

11.6. Schaltungsstruktur von Operationsverstärkern

In der Regel werden an Operationsverstärker folgende Forderungen gestellt:

- V, CMRR, f_1, S_r, r_d, r_{gl}, Gleichtaktaussteuerbereich, maximaler Ausgangsstrom möglichst groß
- Fehlersignale (Eingangsruhestrom, Offsetgrößen, Drift, Rauschen) möglichst klein.

Nicht alle Forderungen lassen sich gleichzeitig erfüllen. Deshalb sind je nach Anwendungsfall Kompromisse und unterschiedliche Operationsverstärkertypen erforderlich.

Interessante Möglichkeiten bieten programmierbare Operationsverstärker, bei denen sich durch Zuschalten äußerer Schaltelemente (Widerstände) die Daten des Operationsverstärkers verändern lassen, z. B. die f_1-Frequenz[1]) im Verhältnis 1 : 200.

Operationsverstärker mit Bipolareingangsstufen sind bei niedrigem Signalquelleninnenwiderstand ($\lessapprox$ 50 kΩ) wegen ihrer kleinen Offsetspannungsdrift vorteilhaft einzusetzen. Bei hohem Quellwiderstand ($\gg$ 50 kΩ) sind dagegen Operationsverstärker mit FET-Eingang überlegen, weil sie wesentlich kleinere Eingangsströme und erheblich geringere Offsetstromdrift aufweisen.

Das Blockschaltbild einer typischen Operationsverstärker-Schaltungsstruktur zeigt Bild 11.13.

---

[1]) f_1-Frequenz $\equiv f_S$ (Schnittfrequenz)

Die *Eingangsstufe* ist meist ein Differenzverstärker mit kleinem Eingangsruhestrom, hohem Eingangswiderstand, niedriger Drift, guten dynamischen Daten und einer Möglichkeit zum Offsetabgleich des Operationsverstärkers (außen anschaltbares Potentiometer).

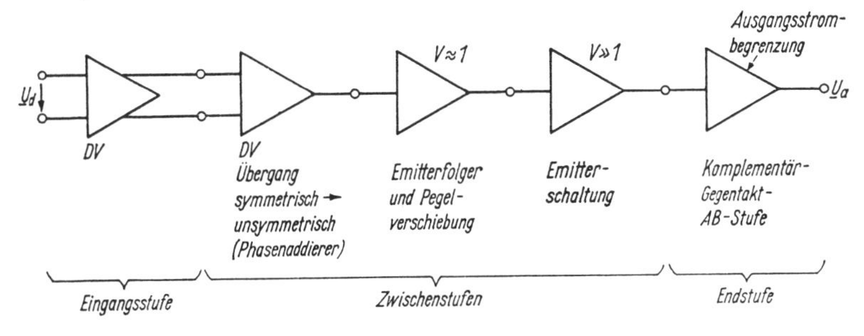

Bild 11.13. Blockschaltbild eines Operationsverstärkers

Die *zweite Stufe* ist meist ebenfalls ein Differenzverstärker, der als Phasenaddierer wirkt (Übergang symmetrisch → unsymmetrisch, s. Abschn. 6.2.2.5.).

Weitere Stufen haben im wesentlichen die Aufgabe, eine hohe Spannungsverstärkung zu bewirken und die Endstufe anzusteuern.

Die *Endstufe* dient dazu, einen großen maximalen Ausgangsstrom, große Ausgangsspannung und niedrigen Ausgangswiderstand zu erzielen. Sie ist als Komplementär-AB-Endstufe aufgebaut und enthält meist eine Schaltung zur Kurzschlußstrombegrenzung.

Üblicherweise werden in Operationsverstärkern npn- und laterale sowie Substrat-pnp-Transistoren gleichzeitig eingesetzt. In letzter Zeit werden immer häufiger Bipolartransistoren und FET auf einem Chip kombiniert.

Obwohl in den letzten Jahren die technischen Daten monolithischer Operationsverstärker erheblich verbessert werden konnten, ist ihre Eingangsoffsetspannungs- bzw. -stromdrift nicht für alle Anwendungsfälle vernachlässigbar klein. Zur hochgenauen Verstärkung kleiner Gleichspannungen und -ströme werden daher oft *Modulationsverstärker* eingesetzt. In ihnen wird das Gleichgrößeneingangssignal zunächst in eine Wechselspannung umgeformt, die sich driftfrei verstärken läßt, und anschließend wieder phasenrichtig in eine Gleichspannung umgewandelt (Abschn. 11.6.2.). Solche Verstärker haben jedoch auch Nachteile (Aufwand, wenig übersteuerungsfest, unsymmetrischer Eingang, bei Zerhackerverstärkern zusätzlich: Fehler durch Spannungsspitzen).

Eine zweite Möglichkeit mit ähnlich guten Daten sind Verstärker mit *Driftkorrektur* (Abschn. 11.6.3.).

Als Beispiel betrachten wir nachfolgend die Schaltung von einigen international weit verbreiteten universell einsetzbaren Operationsverstärkern etwas genauer.

11.6.1. Beispiele von Operationsverstärker-Schaltungen

Im Laufe der historischen Entwicklung wurden zunächst Standard-OV (z. B. μA 109, μA 741) entwickelt. Danach folgten Typen, die für bestimmte Anwendungsbereiche optimiert waren (hohe Geschwindigkeit, niedrige Drift, leistungsarme Ausführungen, Leistungs-OV usw.). Auch programmierbare OV stehen zur Verfügung, bei denen einige Haupteigenschaften durch externes Einstellen eines Stroms programmierbar sind. Nachfolgend behandeln wir einige repräsentative Beispiele.

Operationsverstärker µA 741 (Bild 11.14). Dieser Typ in Bipolartechnik ist ein international weit verbreiteter OV für allgemeine Anwendungen. Er wird in unterschiedlichen Gehäuseformen und auch als 2- und 4fach-OV hergestellt. Neben npn-Transistoren werden Lateraltransistoren hoher und sehr stabiler Stromverstärkung und ein MOS-Kondensator (interne Frequenzgangkompensation) integriert.

Inzwischen gibt es zahlreiche weiterentwickelte Typen mit deutlich verbesserten Leistungsparametern. Wir betrachten trotzdem nachfolgend die Innenschaltung des Typs µA 741, weil er Jahrzehnte der „Industriestandard-OV" für allgemeine Anwendungen war und die Schaltung typisch für monolithisch integrierte Bipolarschaltungen ist.

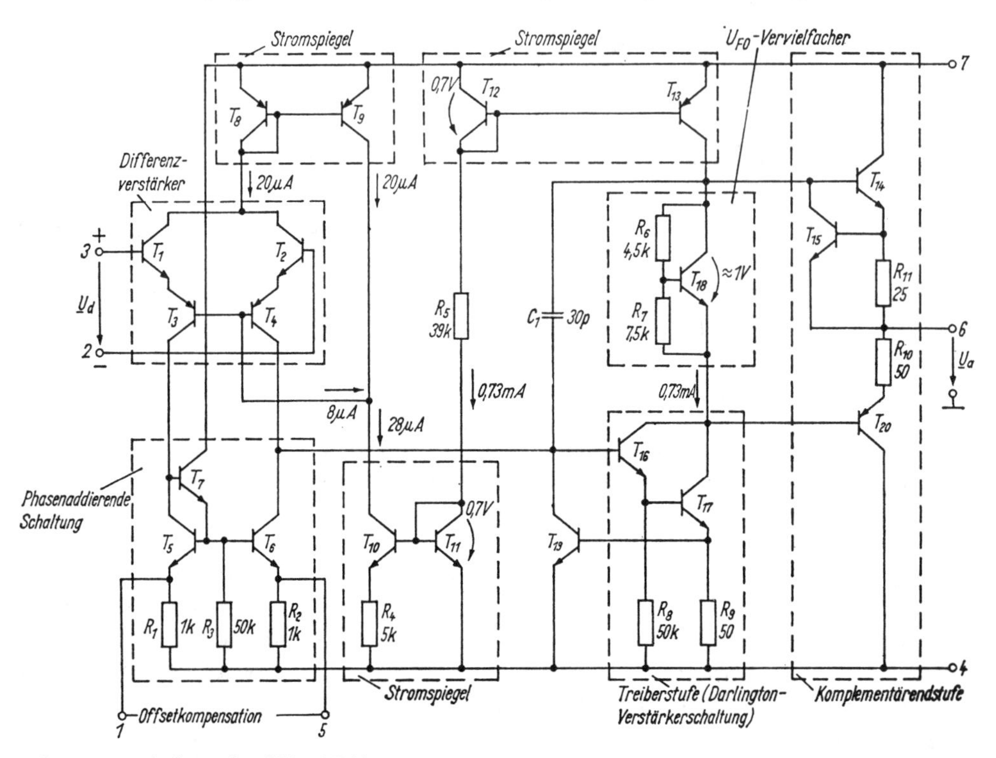

Bild 11.14. Schaltung des OV µA 741

Beim *Eingangsdifferenzverstärker* werden Komplementär-Kaskode-Stufen mit npn-Transistoren hoher Stromverstärkung (T_1, T_2) und Lateral-pnp-Transistoren geringer Stromverstärkung (T_3, T_4) verwendet. Im Emitterkreis befindet sich eine als Konstantstromquelle wirkende Stromspiegelschaltung (T_8, T_9). Die Spannungsverstärkung der Eingangsstufe beträgt ≈ 50 ... 60 dB bei einem Ruhestrom von nur $I_{E1} = I_{E2} \approx 10$ bis 15 µA. Ein Differenzverstärker, der als phasenaddierende Schaltung wirkt (T_5, T_6, T_7), bildet den (aktiven) Arbeitswiderstand der Eingangsstufe von der Größe 3 ... 5 MΩ. Die phasenaddierende Schaltung bewirkt, daß die volle Kollektorstromdifferenz in die Basis von T_{16} fließt (s. Abschn. 6.2.2.4.). Eine Gleichtaktaussteuerung bewirkt gleichsinnige Stromänderung von I_{C3} und I_{C4}, so daß kein Differenzsignal entsteht und somit T_{16} nicht ausgesteuert wird.

Die zweite Stufe ist eine in Emitterschaltung betriebene Darlington-Schaltung (T_{16}, T_{17}) mit hohem Eingangswiderstand und einer Konstantstromquelle als aktivem Lastwiderstand (T_{13}). Die Leerlaufspannungsverstärkung dieser Stufe beträgt > 50 dB.

Die Komplementär-AB-Endstufe (T_{14}, T_{20}) ist mit einer Kurzschlußstrombegrenzung versehen (T_{15}, T_{19}, R_{10}, R_{11}). Wenn der Strom durch R_{11} 15 ... 20 mA übersteigt, wird T_{15} stromführend, und der Ausgangsstrom wird begrenzt. Übersteigt der Strom durch R_{10} den Wert 15 ... 20 mA, sinkt der Emitterwirkungsgrad von T_{20}, und der zugehörige Basisstrom steigt. Dieser Strom fließt aber durch R_9 und öffnet schließlich T_{19}, wodurch der Basisstrom von T_{20} begrenzt wird. Die Pegelverschiebung im Eingangskreis der Endstufe realisiert ein „U_{BE}-Vervielfacher" (T_{18}, R_6, R_7, vgl. Bild 6.9). Er ist so dimensioniert, daß der Ruhestrom der Endstufe 60 μA beträgt.

Der gesamte Ruhestrom des Operationsverstärkers wird mittels R_5 festgelegt. Die Gesamtverstärkung des OV liegt bei 200000. Der Ausgangswiderstand der Ausgangsstufe beträgt $\approx 50\,\Omega$.

Durch die interne Frequenzgangkompensation mittels $C_1 = 30$ pF (Erhöhung der Kollektor-Basis-Kapazität der Darlington-Verstärkerstufe) wird erreicht, daß die Verstärkung von der ersten Eckfrequenz $f_{P1} \approx 5$ Hz an bis zur Einsfrequenz $f_1 \approx 1$ MHz mit 20 dB/Dekade abfällt. Der Darlington-Verstärker T_{16}, T_{17} arbeitet im Bereich $f \gg 5$ Hz als Integrator. Die interne Frequenzgangkompensation ist für die Anwendung des Operationsverstärkers sehr bequem. Jedoch werden bei vielen Beschaltungen Bandbreite und Slew Rate unnötig verschenkt. Deshalb wird eine Variante des Operationsverstärkers μA 741 unter der Typenbezeichnung μA 748 ohne den Kondensator C_1 hergestellt. Eine weiterentwickelte Variante mit kleinerem Eingangsstrom und geringerer Stromdrift ist der Typ μA 777.

BiFET-OV, Reihe TL 080...084, TL 060...066. Diese BiFET-OV haben weitgehend bipolaren Aufbau mit einer p-Kanal-SFET-Eingangsstufe. Sie ermöglichen infolge des hohen Eingangswiderstandes, der geringen Leistungsaufnahme, der Latch-up-Freiheit (s. Abschn. 11.1.), des großen Bereiches für Differenz- und Gleichtakteingangsspannungen und der Kurzschlußsicherheit (bei Einhaltung der maximalen Verlustleistung) einen

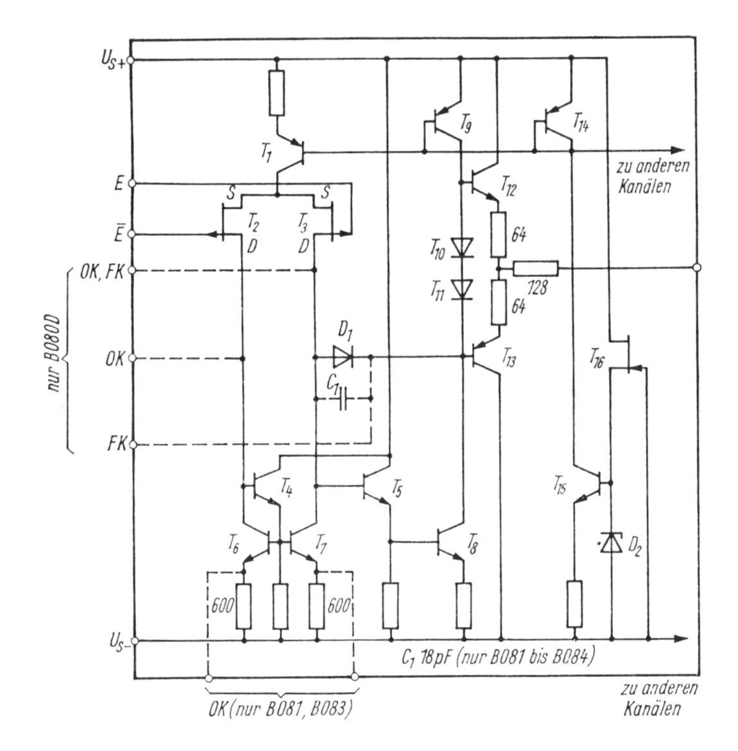

Bild 11.15
Schaltung eines Kanals der SFET-Operationsverstärker B(TL) 080 ... B(TL) 084

universellen Einsatz. Die Reihe TL 060 ... 066 ist eine Low-Power-Version der 80er Reihe und besonders für Geräte mit Batteriebetrieb geeignet.

Die Schaltung eines Kanals zeigt Bild 11.15. Die für die Eingangs- und Treiberstufe benötigten stabilisierten Arbeitsströme werden von der Stabilisierungsschaltung (T_1, T_9, T_{14}, T_{16}, D_2) erzeugt. Die Eingangsstufe besteht aus dem SFET-Differenzverstärker T_2, T_3 und den Stromspiegelschaltungen T_4, T_6, T_7, die die Umwandlung des Differenz- in ein unsymmetrisches Ausgangssignal unterstützen. Die Endstufe (T_{12}, T_{13}) ist ein AB-Gegentaktverstärker. Zur Arbeitspunkteinstellung dienen die beiden als Diode geschalteten Transistoren T_{10} und T_{11}. Den Hauptteil der Spannungsverstärkung liefert die Treiberstufe T_5, T_8.

BiMOS-OV CA 3130 (RCA). Die pMOS-Eingangsstufe (T_6, T_7) ist mittels Dioden (D_5 ... D_8) gegen Überspannungen geschützt (Bild 11.16). Die Bipolartransistoren T_9, T_{10} mit den zugehörigen Widerständen bilden eine aktive Last für die Eingangsstufe, die T_{11} ansteuert, der ebenfalls auf einen aktiven Lastwiderstand (T_3, T_5) arbeitet. Von T_{11} wird die Komplementärendstufe angesteuert. Diese Endstufe läßt sich bis auf etwa 10 mV an die Betriebsspannung aussteuern. Die größte Verstärkung wird in der zweiten Stufe (T_{11}, T_3, T_5) erzeugt. Der OV ist sehr gut für den Betrieb mit nur einer Betriebsspannung geeignet. Der Gleichtakteingangsspannungsbereich schließt die negative Betriebsspannung ein. Die Eingangsanschlüsse dürfen bis zu 0,5 V negativer als die negative Betriebsspannung ausgesteuert werden.

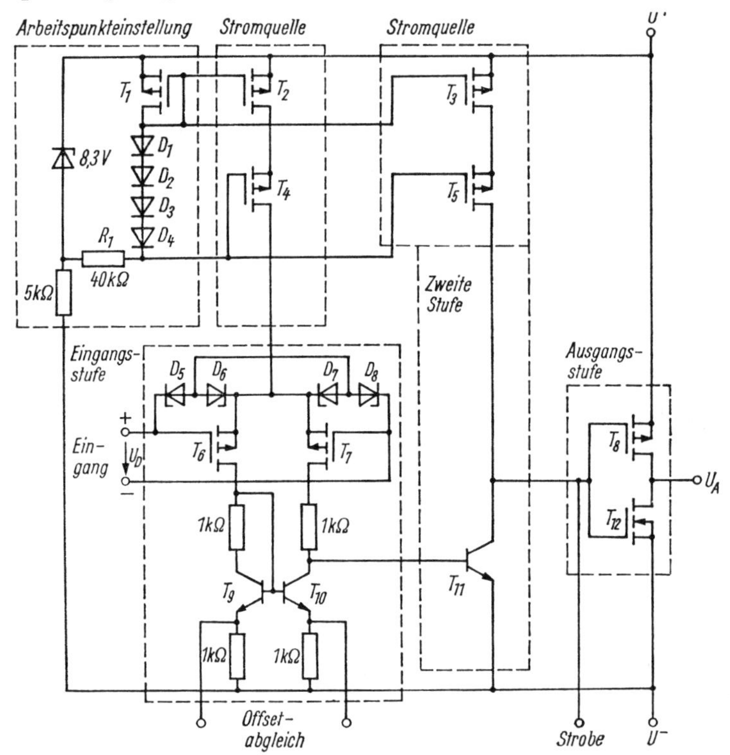

Bild 11.16. Schaltbild des BiMOS-OV CA 3130 (RCA)

$V \approx 750000$, $R_e \approx 1{,}5 \cdot 10^{12}\,\Omega$ (typ.), $I_B \approx 2 \ldots 5$ pA, $I_{A\max} \approx 20$ mA, $VB \approx 15$ MHz

Programmierbarer Kleinleistungs-OV µA 776. Über einen internen Stromspiegel (T_{12}, T_{13}, T_{16}, T_{17}) läßt sich durch Einspeisen eines Setzstromes I_{Set} der Arbeitspunktstrom der Einzelstufen des OV programmieren (Bild 11.17a). R_S muß an ein möglichst von Störsignalen freies Potential angeschlossen werden (z. B. Masse, negative Betriebsspannung).

Die Innenschaltung (Bild 11.17b) enthält im Eingang eine Komplementär-Kaskode-differenzverstärkerstufe (T_1 ... T_4). Die Transistoren T_5 und T_6 wirken als aktive Lastwiderstände für T_3 und T_4 sowie als Phasenaddierstufe (s. Abschn. 6.2.2.5.). Das Kollektorsignal von T_6 wird der Stufe T_7, T_8 zugeführt, die zusätzlich zur Impedanzwandlung eine Pegelverschiebung bewirkt. T_9 ist der Treibertransistor für die Endstufe T_{10}, T_{11}. Die Arbeitspunkteinstellung für die Endstufe erfolgt mittels T_{21} und T_{22}. Der Typ µA 776 enthält einen Kondensator zur Frequenzgangkompensation ($C = 30$ pF).

Die Kollektorstromregelung der Eingangsstufe erfolgt grundsätzlich wie beim Typ µA 741. Die Differenz der Kollektorströme von T_{15} und T_{19} fließt als Basisstrom in die Eingangsstufe (T_3, T_4). Dadurch entsteht ein Regelkreis, wodurch die Arbeitspunktströme der Eingangsstufe über den großen I_{Set}-Bereich exakt eingestellt werden. Wichtige Ruheströme sind im Bild 11.17b eingetragen. R_3 dient zur Begrenzung des Ruhestroms von V_{11}, der mit wachsendem Setstrom ansteigt. Die Kombination R_9, T_{25} begrenzt den Emitterstrom von T_9.

Die Transistoren T_{23} und T_{24} begrenzen den Ausgangsstrom des OV auf ≈ 14 mA. Dadurch ist der Typ µA 776 ausgangsseitig ohne Zeitbegrenzung kurzschlußfest.

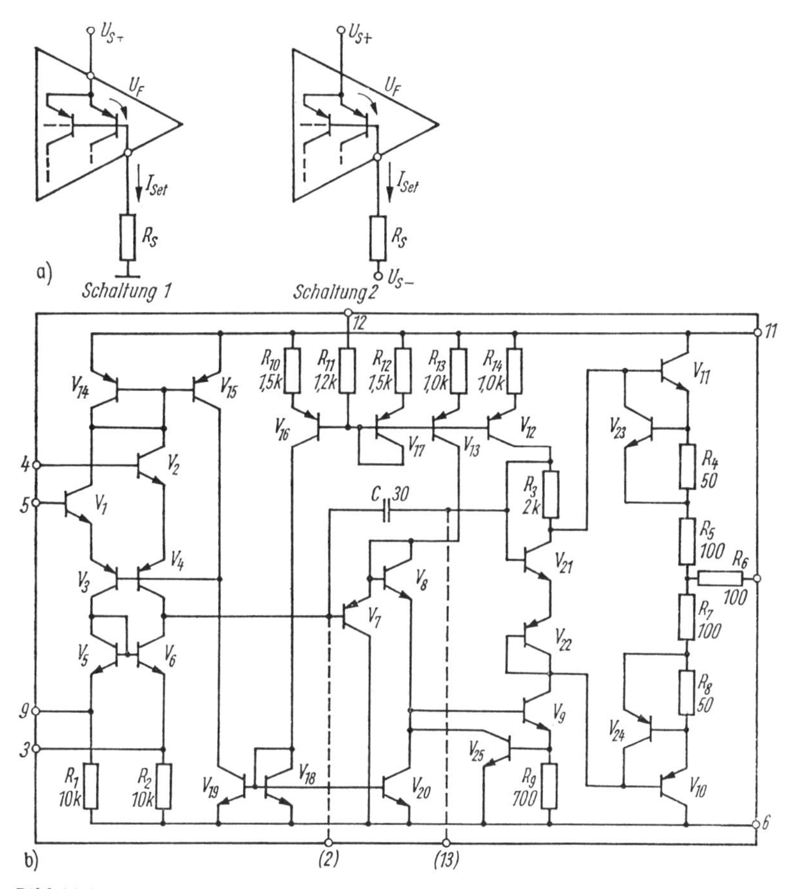

Bild 11.17. Programmierbarer Kleinleistungs-OV µA 776

a) Anschluß der Setstromquelle, b) Innenschaltung

Wegen des sehr hohen Stromverstärkungsfaktors der Eingangsstufe ist der Eingangsstrom des OV sehr klein ($I_B \approx I_{Set}/600 \ldots 1000$). Optimale Werte hinsichtlich der Leerlaufverstärkung, Gleichtaktunterdrückung, Betriebsspannungsunterdrückung und der Eingangsrauschspannung ergeben sich in der Regel bei mittleren Setzströmen von $I_{Set} \approx 15\,\mu A$. Der Setzstrom ist auch abschaltbar. Dadurch läßt sich der OV-Ausgang in den hochohmigen Zustand bringen (Ausgangsreststrom < 20 ... 200 nA [11.20]). Das ermöglicht Anwendungen als Analogmultiplexer, Abtast- und Halteschaltung und NF-Torschaltung.

CMOS-Operationsverstärker. *Schaltungsbeispiel 1.* Bild 11.18 zeigt die typische Schaltung eines zweistufigen CMOS-Operationsverstärkers mit einigen eingetragenen Gleichspannungen und Gleichströmen. Die Eingangsstufe wird durch einen p-Kanal-Differenzverstärker (T_4, T_6) mit einer n-Kanal-Stromspiegellast (T_5, T_7) gebildet. T_3 wirkt als Stromquelle und liefert den Sourcestrom der Eingangsstufe. Der Ausgang dieses Differenzverstärkers steuert eine Gegentaktendstufe (T_8, T_9). Das Gate von T_8 kann auch vom Gate des Transistors T_9 abgetrennt und mit dem Gate von T_3 verbunden werden. In diesem Falle wirkt T_8 als aktive Last (Stromquelle). Mit C_c läßt sich die Frequenzgangkompensation ermöglichen.

Dieser Verstärker benötigt eine Chipfläche von 0,18 mm² und hat folgende typische Daten: Betriebsspannung 5 V (3 ... 12 V), Verlustleistung $P_V = 0{,}69$ mW, Leerlaufverstärkung $V_d = 91$ dB, $V \cdot B \approx 6$ MHz (ohne C_c).

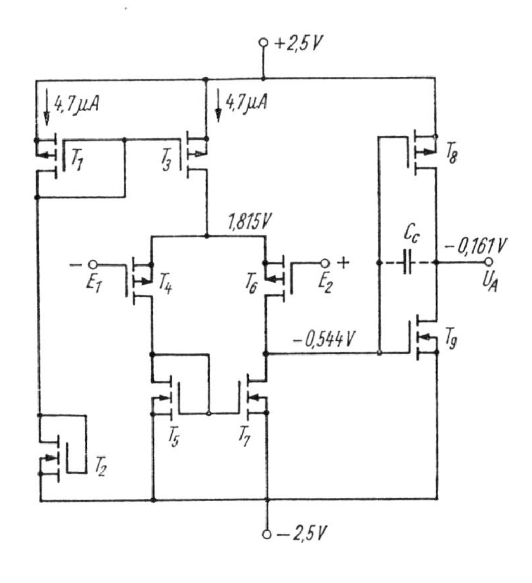

Bild 11.18
CMOS-Operationsverstärker [11.21]

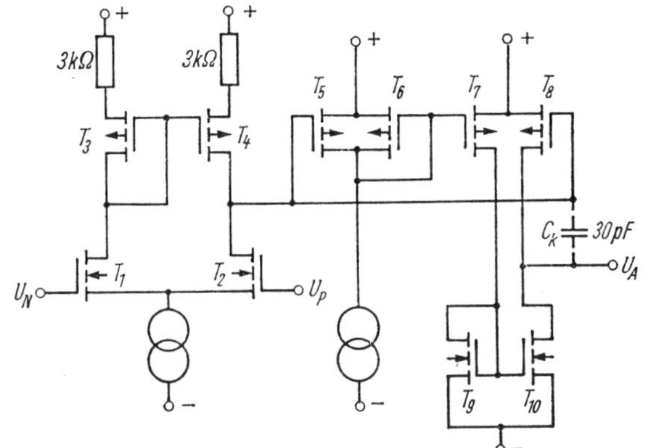

Bild 11.19
CMOS-OV der OV-Reihe ICL 7610 [3]
Die Substrate der n-Kanal-FETs sind mit der negativen, die der p-Kanal-FETs mit der positiven Betriebsspannung verbunden

Schaltungsbeispiel 2. Ein zweites Beispiel ist der CMOS-OV im Bild 11.19 (OV-Serie ICL 7610 von Intersil). Der Eingangsdifferenzverstärker (T_1, T_2) enthält n-Kanal-MOSFETs und einen p-Kanal-Stromspiegel (T_3, T_4) als aktive Last, von dem das Signal an die Gegentaktendstufe (T_8, T_{10}) weitergeleitet wird. Der Endstufentransistor T_{10} muß gegensinnig zu T_8 angesteuert werden. Dazu dient die Stufe T_5, T_6, die eine Verstärkung von -1 aufweist und eine komplementäre Ansteuerung von T_7 und T_8 und damit auch von T_{10} und T_8 bewirkt.

Die Ausgangsspannung kann bei geringer Last bis auf wenige mV an die beiden Betriebsspannungen (minimale Betriebsspannung $\pm 0{,}5$ V) ausgesteuert werden [3].

LinCMOS. Bei den Bemühungen um die Entwicklung von CMOS-Technologien, die für hochpräzise Analogschaltungen geeignet sind, wurden in den letzten Jahren beachtliche Fortschritte erzielt. Besonders geeignet ist der von TI entwickelte LinCMOS-Prozeß (Si-Gate-Technologie), mit dem hochpräzise OV, Zeitgeber, ADU und weitere Datenerfassungsschaltkreise mit Eigenschaften hergestellt werden, die bisher nur in Bipolartechnik realisierbar waren. Ein Beispiel ist die Serie programmierbarer OV mit extrem niedrigem Leistungsverbrauch TLC 251, 271, die auch als Zweifach- (TLC 25/272) und Vierfach-OV (TLC 25/274) hergestellt werden. Typische Daten (TLC 251): Betriebsspannungsbereich 1 ... 16 V, wahlweise mit einer oder zwei Betriebsspannungen betreibbar, der Gleichtakteingangsspannungsbereich schließt die negative Betriebsspannung ein, Speisestrom programmierbar zu 10/150/1000 μA, Eingangsruhe- und -offsetstrom 1 pA, $U_F = 2$ mV (0,7 μV/K, 0,1 μV/Monat), spektrale Rauschspannung $u_r = 30\,\mathrm{nV}/\sqrt{\mathrm{Hz}}$, $S_r = 4{,}5/0{,}6/0{,}04$ V/μs.

CMOS-Arrays. Integrierte CMOS-Analogschaltungen werden häufig zusammen mit auf dem gleichen Chip integrierten digitalen Schaltungen verwendet, beispielsweise in CMOS-Gate-Arrays. Hierbei werden die analogen Schaltungen mit dem digitalen CMOS-Prozeß realisiert. Typische Analogschaltungen sind hierbei Operationsverstärker, programmierbare Spannungsquellen, Komparatoren, Bandgap-Referenzspannungsquellen usw.

Hinweise zu Leistungs-OV. Für monolithisch integrierte Leistungs-OV gelten ähnliche Gesichtspunkte wie für monolithisch integrierte NF-Leistungsverstärker. Bei ihrer Anwendung müssen einige Hinweise beachtet werden. So werden beispielsweise vom Hersteller des Leistungs-OVs L 165 folgende Applikationshinweise genannt, die sich auf die Verstärkergrundschaltung im Bild 11.20 beziehen:

- Kurzschluß zwischen Ausgang und negativem bzw. positivem Betriebsspannungsanschluß ist nicht zulässig und kann zur Zerstörung führen.
- Der Ausgang des Schaltkreises ist mit zwei sehr schnellen Dioden (SY 345 K/0,5) vor induktiven Spannungsspitzen zu schützen.
- Für Verstärkung $V_u < 10$ dB muß eine zusätzliche RC-Kombination vom invertierenden Eingang nach Masse geschaltet werden, um Schwingneigungen zu beseitigen (R_3, C_1).
- Es ist auf guten thermischen Kontakt zwischen Schaltkreis und Kühlkörper zu achten (Wärmeleitpaste). Der Andruck auf den Kühlkörper sollte mit einem Bügel oder einer Feder über den Schaltkreis erhöht werden.
- Beim Leiterplattenentwurf ist zu beachten, daß die Leiterzüge von Betriebsspannung, Masse und Last kleinstmögliche Impedanzen aufweisen und daß das Boucherot-Glied (220 nF, 1 Ω) vom Ausgang nach Masse möglichst nahe am Schaltkreis in die Zuleitung der Endstufe plaziert wird. Auf keinen Fall darf das Boucherot-Glied nach dem Koppelelko C_K angeschlossen werden.
- Die Betriebsspannung ist so dicht wie möglich am Schaltkreis abzublocken.

- Die Eingangsmasse ist dort anzuschließen, wo sich die drei Leitungsmassen vom Schaltkreis, R_L und $-U_{CC}$ treffen. Der Siebelko des Mittenspannungsteilers (Betrieb mit einer Versorgungsspannung, im Bild 11.20 nicht dargestellt) sollte ebenfalls auf diesen Punkt geführt werden, damit keine zusätzliche Störspannung in den Eingang eingekoppelt wird.

Industrielles Beispiel: Leistungs-OV bis 3,5 A Ausgangsstrom und Betriebsspannungsbereich $\pm$ 24 V SG 1173/2173/3173 mit thermischem Überlastungsschutz und Strombegrenzung [Silicon General Inc., USA].

Spannungsabfall auf der Masseleitung. Masseleitungen, über die der Massestrom mehrerer Schaltungsgruppen fließt, können Ursache von störenden Spannungsabfällen sein (über einem 1 m langen Cu-Draht von 0,5 mm Durchmesser entsteht bei einer Stromänderung von 5 mA ein Spannungsabfall von 450 μV). Bild 11.20b zeigt, daß durch richtige Erdung der Signalspannungsquelle die Einkopplung dieses störenden Spannungsabfalls ΔU in den Eingangskreis des Verstärkers vermieden wird. In ausgedehnten Schaltungen ist es ratsam, die Signalmasse von der Leistungsmasse (größere Stromverbraucher) zu trennen (Bild 11.20c).

Besonders bei hohen Signalfrequenzen ist die Anordnung des Layouts kritisch. Zweckmäßigerweise sollten auf der Bauelementeseite der Leiterplatte in der Umgebung des OV Masseflächen angeordnet werden (teilweise Abschirmung der OV-Eingänge). Betriebsspannungsanschlüsse sollen dicht am Schaltkreisgehäuse mit induktivitätsarmen Kondensatoren gegen Masse abgeblockt werden.

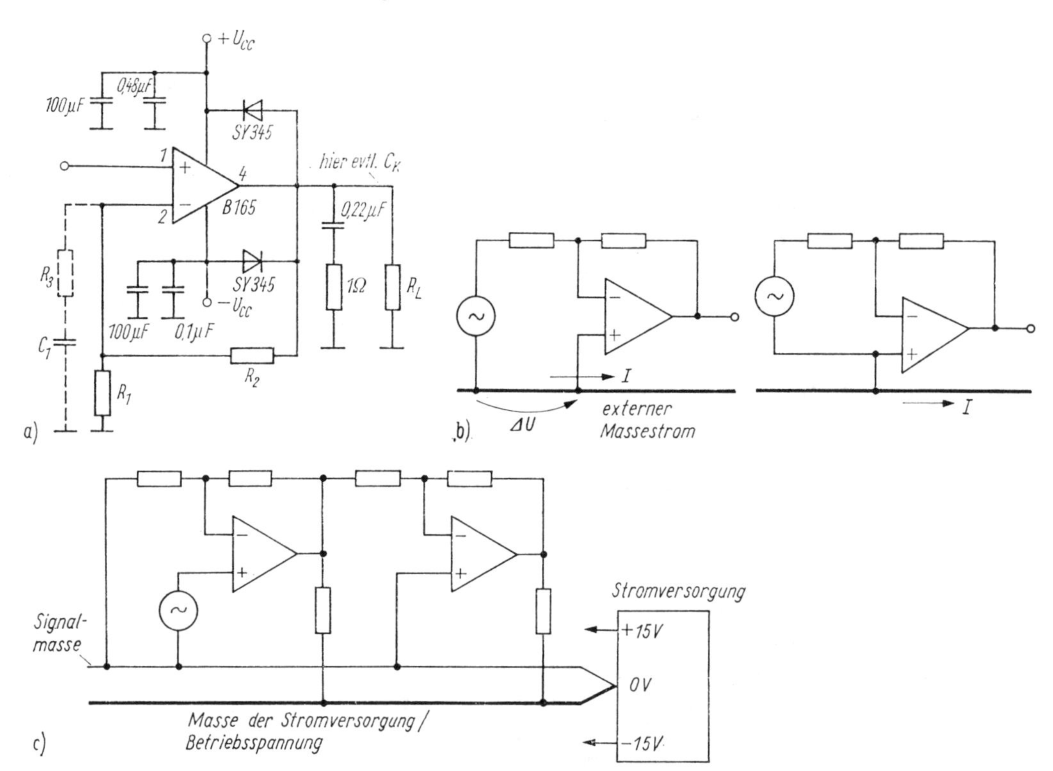

Bild 11.20. Verstärkergrundschaltung mit dem Leistungs-OV L 165

a) Schaltung; es gilt $V_u = 1 + (R_1/R_2)$; bei $V_u < 10$ dB; $R_3 = R_1/(2 - R_1/R_2)$; $C_1 = 15 \cdot 10^{-4}$ s$/R_3$;
b) Masseführung: richtige Erdung der Signalspannungsquelle;
c) Masseführung: Trennung von Signal- und Leistungsmasse

Weitere Typen. Die bisher behandelten Operationsverstärkerschaltungen sind „Spannungsverstärker“ (s. Abschn. 8.3., d. h., die Ausgangsspannung $\underline{U}_a$ ist proportional zur Eingangsdifferenzspannung $\underline{U}_d$. Die Verstärkerwirkung wird im Signalersatzschaltbild durch eine *spannungs*gesteuerte *Spannungs*quelle beschrieben. Für bestimmte Anwendungen eignen sich andere Verstärkergrundtypen besser als der reine Spannungsverstärker, z. B. der U-I-Wandler oder der I-U-Wandler.

Besonders die folgenden drei OV-Typen erlangten in letzter Zeit größere Bedeutung: *OTA (Operational transconductance amplifier):* Die charakteristische Übertragungsfunktion eines solchen OV ist der Übertragungsleitwert ($\equiv$ Steilheit) S (Ausgangskurzschlußstrom $\underline{I}_a$/Eingangsdifferenzspannung $\underline{U}_d$). Die Verstärkerwirkung wird im Signalersatzschaltbild durch eine *spannungs*gesteuerte *Strom*quelle beschrieben: $\underline{I}_a = S\underline{U}_d$. Sehr vorteilhaft ist bei diesem Typ, daß die Steilheit S und damit der Verstärkungsfaktor der Schaltung durch einen externen Strom programmierbar ist. Das ermöglicht die Realisierung von Schaltungen mit automatischer Verstärkungseinstellung, von Multiplizierern und Modulatoren.

Eine Ausgangsspannung läßt sich dadurch gewinnen, daß in Reihe zum Ausgang ein Lastwiderstand geschaltet wird und der darüber entstehende Spannungsabfall $\underline{U}_a = \underline{I}_a R_L = S R_L \underline{U}_d$ weiterverarbeitet wird. Diese Schaltung ist sowohl mit als auch ohne Gegenkopplung sinnvoll einsetzbar.

Industrielles Beispiel: OPA 660 (Burr Brown). Dieser monolithische Schaltkreis beinhaltet einen bipolaren Breitband-Steilheitsverstärker (OTA, „Diamond-Transistor“) und einen Spannungspufferverstärker in einem 8poligen Gehäuse. Der OTA kann als „idealer Transistor“ aufgefaßt werden. Seine Steilheit läßt sich mit einem externen Widerstand einstellen. Einige Daten: $B = 700$ MHz, $S_r = 3000$ V/µs, Betriebsspannung $\pm$ 5 V, 8poliges DIP-Gehäuse. Anwendungen: Videoeinrichtungen, Kommunikationssysteme, Hochgeschwindigkeitsdatenerfassung, ns-Pulsgeneratoren, 400 MHz-Differenzverstärker.

Norton-Verstärker (Bild 11.21). Der Vorteil des Nortonverstärkers gegenüber den bisher besprochenen Operationsverstärkern besteht darin, daß er nur *eine* Betriebsspannung benötigt. Als Eingangsstufe enthält er anstelle des üblichen spannungsgesteuerten Differenzverstärkers einen Transistor in Emitterschaltung (T_5) und eine Stromspiegelschaltung mit der Verstärkung Eins. Der Verstärker wird durch die Differenz der beiden Eingangs*ströme* angesteuert. Spannungssteuerung ist durch Vorschalten von Widerständen möglich.

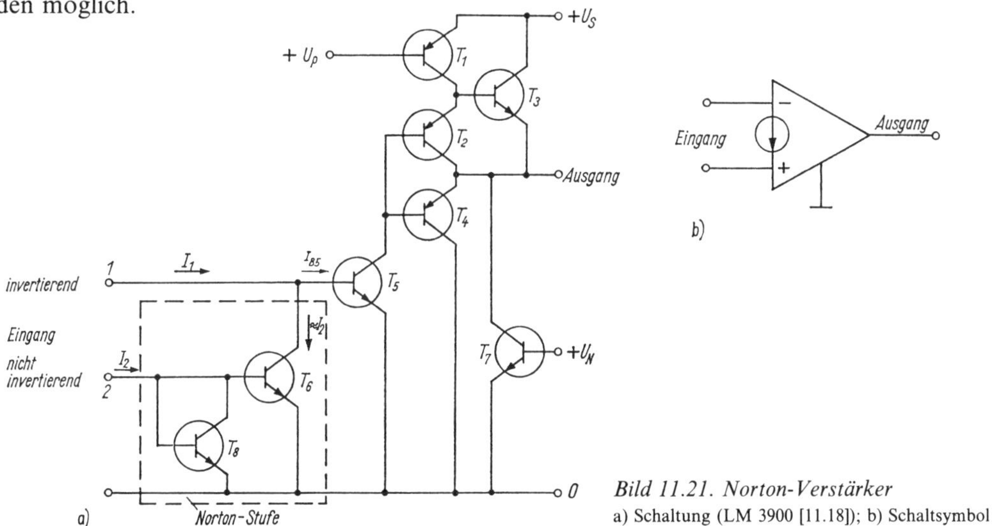

Bild 11.21. Norton-Verstärker
a) Schaltung (LM 3900 [11.18]); b) Schaltsymbol

Bild 11.21 zeigt ein Beispiel. Der nichtinventierende Eingang wird durch die Stromspiegelschaltung (Nortonstufe T_6, T_8) gebildet. Der Basisstrom I_{B5} ist die Differenz der beiden Eingangsströme $I_1 - I_2$. Die Verstärkerstufe T_5 arbeitet auf einen aktiven Lastwiderstand T_1 (Stromquelle).

Die Endstufe ist ein Emitterfolger (T_3), dessen Strom die Stromquelle T_7 liefert. Bei großer Ausgangsspannung arbeitet die Schaltung als AB-Stufe. Die positiven Stromspitzen liefert T_3, die negativen T_4.

Einige Daten des LM 3900 (enthält vier Norton-OV): $U_s = 4 \ldots 36$ V, $R_e = 1$ MΩ bei $I_1 = 30$ nA, Ausgangsstrom $\leqq 30$ mA, $r_a = 8$ kΩ, $V_0 = 70$ dB (1 kHz, $R_L = 10$ kΩ).
Stromgegenkopplungs-OV. Diese Schaltung wird wegen ihrer großen Bedeutung im gesonderten Abschnitt 11.6.2. behandelt.
Gruppen von Operationsverstärkern. Eine Übersicht zu den nach Anwendergesichtspunkten eingeteilten Gruppen von Operationsverstärkern zeigt Tafel 11.2.

11.6.2. Stromgegenkopplungs-Operationsverstärker (Current-feedback OV)

OVs mit Stromgegenkopplung weisen hinsichtlich ihrer Eignung für Hochgeschwindigkeitsanwendungen deutliche Vorteile gegenüber den konventionellen „klassischen“ OVs mit Spannungsgegenkopplung auf. Diese Vorteile beruhen letzten Endes auf dem Sachverhalt, daß Stromsignale mit höherer Geschwindigkeit verarbeitbar sind als Spannungssignale.

Die hauptsächlichen Anwendervorteile von OVs mit Stromgegenkopplung sind

- *Verstärkungsfaktor* und *Bandbreite* sind weitgehend unabhängig voneinander einstellbar
- nahezu unbegrenzte *Slew-Rate* (→ kürzere Einschwingzeit; niedrigere Intermodulationsverzerrungen und damit gute Eignung für den Einsatz in Audio-Anwendungen).

Architektur. Sie unterscheidet sich in zwei Punkten gegenüber der Architektur konventioneller OVs mit Spannungsgegenkopplung:

1. Die Eingangsstufe besteht aus einem zwischen die beiden OV-Eingänge geschalteten Spannungsfolger, der dafür sorgt, daß $\underline{U}_n$ der Spannung $\underline{U}_p$ folgt (vergleichbares Verhalten zum konventionellen gegengekoppelten OV, bei dem das Gegenkopplungswiderstandsnetzwerk bewirkt, daß $\underline{U}_n$ der Spannung $\underline{U}_p$ nachläuft). Wegen des niederohmigen Ausgangswiderstands des Spannungsfolgers fließt ein endlicher (meist sehr kleiner) Strom $\underline{I}_n$ durch die negative OV-Eingangsklemme.
2. Zusätzlich zur Eingangsstufe enthält der stromgegengekoppelte OV einen Transimpedanzverstärker (I-U-Wandler), der den Strom $\underline{I}_n$ verstärkt und in die Ausgangsspannung

$$\underline{U}_a = Z(f)\,\underline{I}_n;$$

$Z(f)$ (Leerlauf-)Übertragungswiderstand des Verstärkers (s. Bild 8.1),

umwandelt ($Z(f) \equiv Z_{21}$).

Bild 11.21a zeigt das vereinfachte Blockschaltbild des stromgegengekoppelten OV. Durch den Einsatz von zwei Stromspiegelschaltungen wird erreicht, daß $\underline{I}_c = \underline{I}_n$ ist. Die durch die Wirkung von $\underline{I}_c$ auf der Kapazität C entstehende Spannung wird zum Ausgang übertragen. Wenn die Gegenkopplungsschleife geschlossen wird, wirkt $\underline{I}_n$ als Fehlersignal im Regelkreis (Bild 11.22b). Die Ausgangsspannung $\underline{U}_a$ stellt sich so ein, daß $\underline{I}_n$ sehr klein (im Idealfall null) wird.

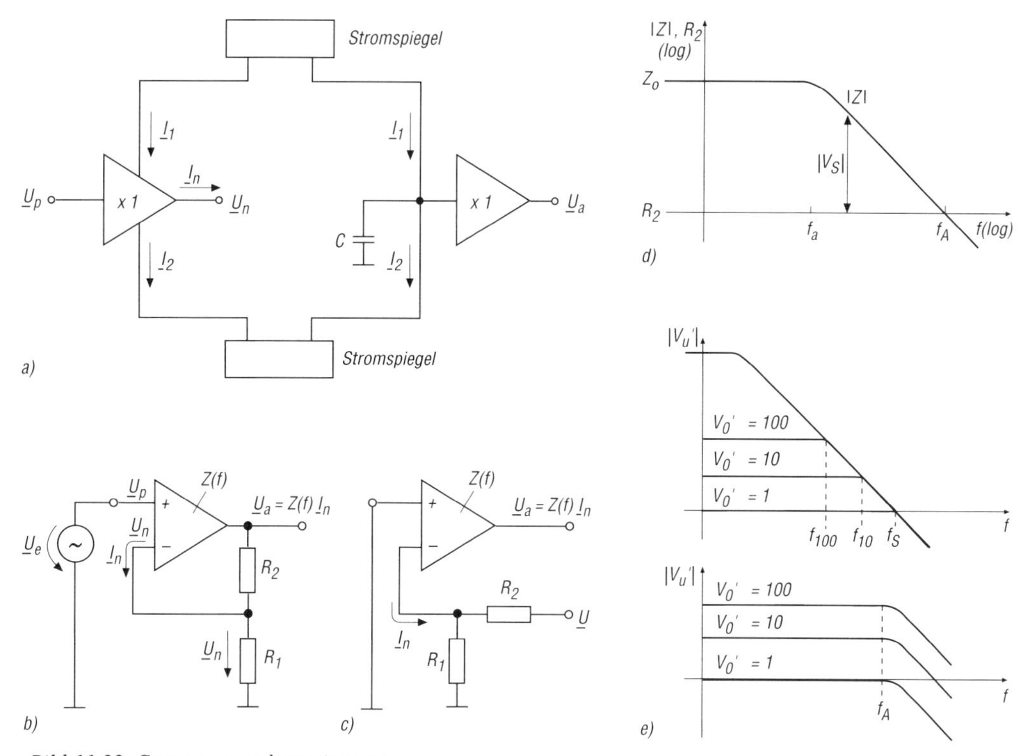

Bild 11.22. Stromgegengekoppelter OV

a) vereinfachtes Blockschaltbild; b) stromgegengekoppelter OV mit Gegenkopplungsbeschaltung; c) stromgegengekoppelter OV mit aufgetrennter Gegenkopplungsschleife zur Bestimmung der Schleifenverstärkung $V_S = G_v G_r$; d) Frequenzabhängigkeit des Leerlaufübertragungwiderstandes $|Z|$, Bandbreite mit und ohne Gegenkopplung (f_A bzw. f_a); e) Frequenzabhängigkeit des Verstärkungsfaktors $|V_u'|$ beim konventionellen spannungsgegengekoppelten (a) und beim stromgegengekoppelten OV (b) bei unterschiedlichen Verstärkungsfaktoren (vgl. auch Bild 11.1d)

Wirkung der Gegenkopplung. Die Übertragungsfunktion der gegengekoppelten Schaltung berechnen wir aus Bild 11.22b. Es gilt

$$\underline{I}_n = \frac{\underline{U}_n}{R_1} - \frac{\underline{U}_a - \underline{U}_n}{R_2}.$$

Wegen $\underline{U}_n = \underline{U}_p = \underline{U}_e$ können wir schreiben

$$\underline{I}_n = \frac{\underline{U}_e}{R_1 \parallel R_2} - \frac{\underline{U}_a}{R_2}.$$

Das Gegenkopplungssignal ist ein Strom!
Ersetzen wir $\underline{I}_n$ durch $\underline{U}_a/Z(f)$, ergibt sich

$$\frac{\underline{U}_a}{\underline{U}_e} = \frac{1 + \dfrac{R_2}{R_1}}{1 + \dfrac{R_2}{Z(f)}}.$$

Die Frequenzabhängigkeit des Übertragungswiderstandes nähern wir durch ein Tiefpaßglied erster Ordnung mit der Eckfrequenz f_a an:

$$Z(f) = \frac{Z_0}{1 + j\dfrac{f}{f_a}}. \tag{11.14}$$

Zunächst benötigen wir die Schleifenverstärkung der Verstärkerschaltung. Zu diesem Zweck trennen wir R_2 vom OV-Ausgang ab, speisen ein Spannungssignal $\underline{U}$ ein und berechnen die dadurch entstehende Ausgangsspannung $\underline{U}_a$. Aus Bild 11.22c folgt, daß $\underline{U}$ eine Stromänderung $\underline{I}_n = \underline{U}/R_2$ bewirkt, die eine Ausgangsspannung

$$\underline{U}_a = Z(f)\,\underline{I}_n = \frac{Z(f)}{R_2}\,\underline{U}$$

hervorruft. Die Schleifenverstärkung ergibt sich damit zu

$$V_S \equiv \frac{\underline{U}_a}{\underline{U}} = \frac{Z(f)}{R_2}. \tag{11.14a}$$

Die Übertragungsfunktion der gegengekoppelten Schaltung berechnen wir unter Zuhilfenahme von (9.1) zu

$$V'_u \equiv \frac{\underline{U}_a}{\underline{U}_e} = \frac{G_v}{1 + G_v G_r} = \frac{1}{G_r}\,\frac{1}{1 + \dfrac{1}{V_S}} = \frac{V'_{u\ \mathrm{ideal}}}{1 + \dfrac{1}{V_S}}; \tag{11.14b}$$

$$V_S \equiv G_v \cdot G_r$$

$V'_{u\ \mathrm{ideal}} = 1 + (R_2/R_1)$ (OV mit unendlich hohem Leerlaufverstärkungsfaktor bzw. -übertragungswiderstand)

G_v ist die Übertragungsfunktion der Schaltung (Spannungsverstärkung $\underline{U}_a/\underline{U}_e$) ohne Gegenkopplung. Wir berechnen sie aus Bild 11.22b, indem wir (in Gedanken) R_2 vom Ausgang abtrennen und an Masse legen (Auftrennen der Gegenkopplungsschleife, d. h. $\underline{U}_a$ nullsetzen). Dann gilt wegen $\underline{U}_n \approx \underline{U}_p$ $\underline{I}_n \approx \underline{U}_p/(R_1 \parallel R_2)$. Folglich beträgt die Ausgangsspannung $\underline{U}_a = Z(f)\underline{U}_e/(R_1 \parallel R_2)$ und damit

$$G_v \equiv V_u = \frac{\underline{U}_a}{\underline{U}_e} = \frac{Z(f)}{R_1 \parallel R_2}.$$

Das gleiche Ergebnis erhalten wir aus folgender Überlegung: Es gilt

$$\frac{1}{G_r} = 1 + \frac{R_2}{R_1},$$

denn $1/G_r$ ist die Verstärkung der gegengekoppelten Schaltung (V'_u) bei idealem OV (unendliche Verstärkung bzw. Übertragungswiderstand). G_v können wir aus der Beziehung für die Schleifenverstärkung $V_S = G_v G_r$ berechnen: $G_v = V_S/G_r = \left(1 + \dfrac{R_2}{R_1}\right) Z(f)/R_2$ und schließlich

$$G_v = \frac{Z(f)}{R_1 \parallel R_2}.$$

Einsetzen der Schleifenverstärkung (11.14a) in Gl. (11.14b) liefert

$$V'_{\mathrm{u}} = \frac{V'_{\mathrm{u\ ideal}}}{1 + \dfrac{R_2}{Z(f)}}.$$

Weiterhin folgt mit (11.14) für $R_2 \ll Z_0$

$$V'_{\mathrm{u}} = \frac{V'_{\mathrm{u\ ideal}}}{1 + \dfrac{R_2}{Z_0} + \dfrac{R_2}{Z_0} j \dfrac{f}{f_{\mathrm{a}}}} \approx \frac{V'_{\mathrm{u\ ideal}}}{1 + j \dfrac{f}{f_{\mathrm{A}}}} = \frac{V'_{\mathrm{o}}}{1 + j \dfrac{f}{f_{\mathrm{A}}}} \tag{11.14c}$$

mit

$$f_{\mathrm{A}} = f_{\mathrm{a}} \frac{Z_0}{R_2} \text{ Bandbreite der gegengekoppelten Schaltung}$$

$$V'_{\mathrm{o}} = V'_{\mathrm{u\ ideal}} = 1 + \frac{R_2}{R_1}.$$

Bild 11.22d zeigt die Frequenzabhängigkeit des Übertragungswiderstandes $|Z|$ und die Schleifenverstärkung $|V_{\mathrm{S}}|$. Aus dieser Kurve ist ersichtlich, daß ein möglichst großer Wert von $|Z|$ anzustreben ist (hohe Schleifenverstärkung, hohe Bandbreite).

Bandbreite. Aus Gl. (11.14c) folgt, daß die Bandbreite des stromgegengekoppelten OV von R_2 und nicht vom Verstärkungsfaktor V'_{u} der gegengekoppelten Schaltung abhängt. Das bedeutet, daß mit R_2 die gewünschte Bandbreite der Schaltung und mit R_1 der gewünschte Verstärkungsfaktor V'_{u} unabhängig gewählt werden können. Hierin besteht ein grundsätzlicher Unterschied zum Verhalten der üblichen spannungsgegengekoppelten OVs (Bild 11.22e, Gl. (11.1b)).

Slew Rate. Der wesentliche Unterschied bezüglich der Slew Rate zwischen dem stromgegengekoppelten und dem konventionellen spannungsgegengekoppelten OV ist dadurch bedingt, daß der zum Umladen der internen Kapazität (Bild 11.22a) verfügbare Strom auch bei großer Aussteuerung proportional zur Größe des Eingangsspannungssprungs ist. Unmittelbar nach dem Anlegen eines Rechtecksprungs ΔU_{E} an den Eingang gilt $\Delta U_{\mathrm{A}} = 0$. Den Anstieg der Ausgangsspannung erhalten wir aus

$$\frac{I_{\mathrm{C}}}{C} = \frac{I_{\mathrm{N}}}{C} = \frac{\Delta U_{\mathrm{E}}}{(R_1 \parallel R_2)\, C} = \frac{\Delta U_{\mathrm{E}}\left(1 + \dfrac{R_2}{R_1}\right)}{R_2 C} = \frac{\Delta U_{\mathrm{A}}}{R_2 C}.$$

Das bedeutet exponentielles Ansteigen der Ausgangsspannung mit der Zeitkonstanten $\tau = R_2 C$ (nur von R_2 abhängig, nicht von der Verstärkung des gegengekoppelten Kreises). Typische Werte sind $R_2 \approx$ kΩ-Bereich, $C \approx$ pF-Bereich; das ergibt τ im ns-Bereich und damit auch eine Anstiegszeit $t_{\mathrm{r}} \approx 2{,}2\tau$ im ns-Bereich [11.1].

Industrielle Beispiele. Die hohe Leistungsfähigkeit hinsichtlich des Verhaltens bei hohen Frequenzen wird durch folgende industrielle Beispiele von OVs mit Stromgegenkopplungsarchitektur (Transimpedanz-OV) unterstrichen: *AD 9615* (Analog Devices) mit den Daten $B = 200$ MHz, Einschwingzeit 8 (13) ns auf 1 (0,1) % Abweichung vom Endwert, 100 mA Ausgangsstrom, $U_{\mathrm{F}} \approx 250$ µV, 3 µV/K, $I_{\mathrm{B}} \approx \pm\, 0{,}5$ µA, $\pm$ 20 nA/K. Dieser Typ ist besonders geeignet für den Einsatz in 14-bit-Datenerfassungssystemen mit Abtastraten bis zu 2 MHz.

AD 9617/18 (Analog Devices) mit den Daten $V \lessapprox 40$ bzw. 100, Kleinsignalbandbreite 190/160 MHz, Großsignalbandbreite 150 MHz, Einschwingzeit 9 ns (auf 0,1 %) bzw. 14 ns (auf 0,02 %), Ausgangswiderstand bei Gleichspannung 0,07/0,08 Ω, Ausgangsstrom im 50-Ω-Lastwiderstand 60 mA. Typische Anwendungen für diese Typen: Treiber für Flash-ADU, Instrumentierungs- und Kommunikationssysteme, Videosignalverarbeitung, I-U-Wandlung schneller DAU-Ausgänge.
LT 1227 (Linear Technology). Dieser Stromgegenkopplungs-Differenzverstärker hat die Daten: $B = 140$ MHz, $S_r = 1100$ V/µs, Ausgangsstrom $\leqq 30$ mA, mit einem Abschaltanschluß kann der Ausgang innerhalb von 4 µs an- und abgeschaltet (hochohmig geschaltet) werden (wichtig für das Parallelschalten mehrerer Verstärker), Eingangsoffsetspannung 10 mV, Betriebsspannungen ± 2 V ... ± 15 V, 8poliges DIP- oder SOIC-Gehäuse. Die Typen LT 1229 und LT 1230 sind Zweifach- bzw. Vierfachausführungen des LTC 1227 in 8- bzw. 14poligen Gehäusen. Typischer Einsatzbereich: gute Eigenschaften für Farbvideoanwendungen; direkte Ansteuerung von Kabeln.

Nachfolgend einige neuere Entwicklungen der Firma Burr Brown [6.12]:
OPA 623. Dieser stromgegengekoppelte Operationsverstärker hat eine Großsignalbandbreite von 350 MHz bei einer Ausgangsspannung von 2,8 V_{ss}. Sein Haupteinsatzgebiet sind schnelle 75-Ω-Treiber für Datenübertragung bis 140 Mbit/s. Der Ausgangsstrom von $\pm$ 70 mA reicht aus, um auch lange 75-Ω-Leitungen zu treiben. Betriebsspannung $\pm$ 5 V, 8poliges DIP-Gehäuse.
OPA 2662. Dieser Schaltkreis im 16poligen DIP-Gehäuse enthält zwei spannungsgesteuerte Leistungsstromquellen (Zweifach-„Diamond-Transistor"). Jede Stromquelle/senke liefert bzw. entnimmt am hochohmigen Kollektoranschluß bis zu $\pm$ 75 mA Strom. Anwendungsbeispiel: Ansteuerung von Leistungsendstufen von Monitoren in Grafiksystemen (CR 3425 Philips) mit einer Anstiegsrate von > 1500 V/µs. Durch Vorschalten des OPA 2662 vor die Leistungsendstufe CR 3425 (80 V Betriebsspannung) können bei Ansteuerung des OPA 2662 mit einem Impulsgenerator (50 Ω Innenwiderstand, $t_r = t_f = 0{,}7$ ns) Ausgangsimpulse von 50 V mit Anstiegs/Abfallzeiten von 2,4 ns erzeugt werden.

Durch Kombinieren eines Diamondtransistors OPA 660 mit einem Pufferverstärker BUF 601 kann ein 400-MHz-Breitband-Differenzverstärker mit 60 dB Gleichtaktunterdrückung bei $f = 1$ MHz mit sehr gutem Impulsverhalten bis herab zu 1 ns Anstiegszeit realisiert werden.
OPA 678: Operationsverstärker mit Eingangsschalter (Swop-amplifier), $B = 200$ MHz. Er enthält zwei unabhängige frei beschaltbare Eingänge, die innerhalb von 5 ns mit TTL/ECL-Signalen umgeschaltet werden können. Anwendungen: Videoverstärker, Videoschalter, Multiplexer mit unterschiedlicher Kanalverstärkung, Doppelgegentaktmodulator und -demodulator (z. B. 200-kHz-Signal auf 5-MHz-Träger aufmodulieren).
OPA 640 ... 646. Ab Ende 1993 mit B bis 1 GHz (OPA 640).

11.6.3. Modulationsverstärker

Auch bei einem Operationsverstärker, dessen Offsetspannung sehr sorgfältig auf Null abgeglichen wurde, macht sich infolge der Temperatur- und Langzeitdrift eine Ausgangsoffsetspannung (Nullpunktfehler) bemerkbar, die bei der Verstärkung sehr kleiner Gleichgrößensignale erhebliche Fehler verursachen kann. Diese Fehler lassen sich durch Modulationsverstärker reduzieren (Bild 11.23). Die verbleibenden Offset- und Driftgrößen dieser Verstärker werden praktisch nur durch den Modulator bestimmt (Amplitudenmodulation).

Ihr Wirkprinzip besteht darin, daß die zu verstärkende Eingangsgleichspannung einem Modulator (Zerhacker oder Varicap) zugeführt, dort in eine rechteck- oder sinusförmige Wechselspannung mit proportionaler Amplitude umgewandelt, anschließend in einem Wechselspannungsverstärker driftfrei verstärkt und schließlich in einem Synchrondemodulator (phasenempfindlicher Gleichrichter) wieder polaritätsgetreu gleichgerichtet wird. Ein Generator liefert die Wechselspannung (z.B. Rechteckimpulsfolge) zum Ansteuern des Modulators und des phasenempfindlichen Gleichrichters.

Der kritischste Teil von Modulationsverstärkern ist der Modulator. Seine Eigenschaften bestimmen wesentlich die erreichbare Drift, die Empfindlichkeit, Bandbreite und die Linearität.

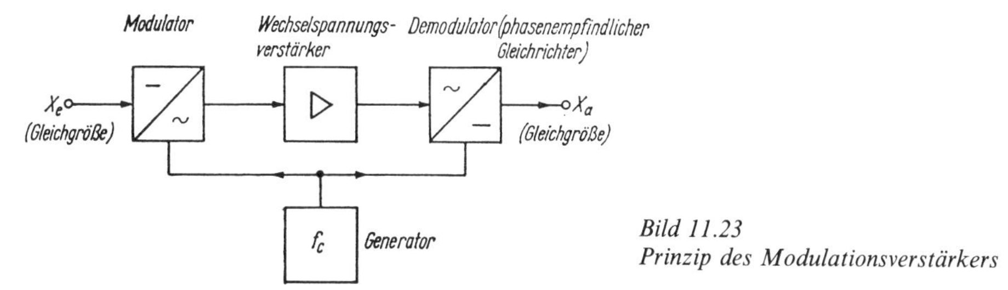

Bild 11.23
Prinzip des Modulationsverstärkers

Die einfachste und bei Verstärkern mit Spannungseingang fast ausschließlich verwendete Modulationsmethode ist das „Zerhacken" der Eingangsspannung (Zerhackerverstärker = Chopperverstärker). Zur Modulation sehr kleiner Ströme eignet sich der Schwingkondensator- oder Varicap-Modulator.

Modulationsverstärker haben den zusätzlichen Vorteil, daß der Modulator in relativ einfacher Weise von der übrigen Schaltung galvanisch getrennt werden kann. Auf diese Weise lassen sich *Potentialtrennverstärker* realisieren, die u.a. in der Prozeßmeßtechnik (eigensichere Meßkreise!) und in der Medizin (Patientensicherheit) große Bedeutung haben.

Modulationsverstärker haben zwar sehr geringe Drift, jedoch, bedingt durch das Modulationsprinzip, schlechte dynamische Eigenschaften (geringe Bandbreite, niedrige Slew Rate, geringe Übersteuerungsfestigkeit).

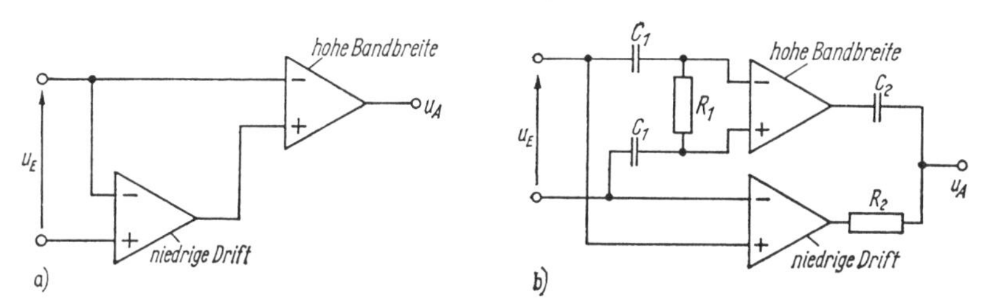

Bild 11.24. Kombination eines langsamen driftarmen Verstärkers mit einem Breitbandverstärker
a) Kaskadenschaltung; b) Parallelschaltung

Es ist schwierig, Verstärker zu realisieren, die hohe Bandbreite mit sehr niedriger Drift vereinen. Einen Ausweg stellt die Kombination eines „schnellen" mit einem driftarmen Verstärker dar. Schaltungstechnisch unterscheidet man dabei zwei Grundstrukturen Bild 11.24):

1. Kaskadenschaltung (Goldbergschaltung, Landsbergschaltung)
2. Parallelschaltung.

Tafel 11.2. Überblick zu unterschiedlichen Gruppen von Operationsverstärkern mit typischen Leistungsparametern und industriellem Beispiel (U_{er}, I_{er}: spektrale Eingangsrauschspannung bzw. -strom)

OV-Gruppe	Industrielles Beispiel, Auswahl markanter Parameter	Typische Anwendungsgebiete
1 OV für allgemeine Anwendungen	*LT 1097* $V \geqq 117$ dB; $CMRR \geqq 115$ dB $U_F < 50$ µV, < 1 µV/°C $I_B < 250$ pA; $S_r > 0{,}2$ V/µs $U_{er} \approx 16$ nV/$\sqrt{\text{Hz}}$ $U_S =$ min. $\pm$ 1,2 V; $I_S < 560$ µA	– allgemeine Anwendungen ohne extreme Anforderungen
2 Präzisions-Operationsverstärker	*LT 1013/1014* (2/4fach-OV) $V \approx 8 \cdot 10^6$; $CMRR \approx 117$ dB $U_F \approx 50$ µV, 0,3 µV/°C $I_F < 0{,}15$ nA; $I_{amax} = \pm$ 20 mA $U_{er} \approx 0{,}55$ µV_{ss} (0,1 ... 10 Hz), $I_{er} \approx 0{,}07$ pA/$\sqrt{\text{Hz}}$ $PSSR > 120$ dB U_{gl}-Bereich schließt Massepotential ein U_A kann bis auf wenige mV oberhalb des Massepotentials ausgesteuert werden nur eine Betriebsspannung $U_S = +5$ V oder $\pm$ 15 V $I_S = 350$ µA je Verstärker	– Instrumentierungsanwendungen – Audioanwendungen – Thermoelement-, Meßbrückenverstärker – 4- bis 20-mA-Stromtransmitter – aktive Filter – Integratoren
3 niedrige Offsetspannung	*MAX 425/426* (Auto-zero-Verstärker, kein Chopperprinzip) $U_F < 1$ µV, $< 0{,}01$ µV/°C $I_B < 0{,}005 \ldots 0{,}0002$ nA $V \cdot B = 0{,}35 \ldots 12$ *MHz* $S_r > 0{,}6 \ldots 10$ V/µs $U_{er} \approx 0{,}3$ µV_{ss} $U_S = \pm$ 5 V; $I_S < 1{,}4$ mA	– Thermoelementverstärker – Meßbrückenverstärker – hochverstärkende Summations- und Differenzverstärker
4 niedriges Rauschen	*LTC 1028CS8* (sehr niedriges Rauschen, hohe Geschwindigkeit, Präzisionsverstärker) $U_{er} \approx 0{,}9$ nV/$\sqrt{\text{Hz}}$ (1 kHz) 1,0 nV/$\sqrt{\text{Hz}}$ (10 Hz) $V \cdot B = 75$ MHz, $V = 30 \cdot 10^6$ $U_F = 20$ µV, 0,2 µV/°C $I_B = 30$ nA; $S_r > 11$ V/µs $I_{er} \approx 4{,}7$ pA/$\sqrt{\text{Hz}}$ (10 Hz) 1 pA/$\sqrt{\text{Hz}}$ (1 kHz)	– hochverstärkende rauscharme Instrumentierungsschaltungen – rauscharme Audioverstärker – Infrarotdetektor-Verstärker – Hydrophonverstärker – Meßbrückenverstärker – aktive Filter
5 niedriger Eingangsruhestrom	*LT 1057/1058S* (2-/4fach-OV mit SFET-Eingang) $I_B = 60$ pA bei 70 °C $U_F = 300$ µV, 5 µV/°C $U_{er} = 13$ nV/$\sqrt{\text{Hz}}$ (1 kHz) 26 nV/$\sqrt{\text{Hz}}$ (10 Hz) $I_{er} \approx 1{,}8$ fA/$\sqrt{\text{Hz}}$ (10 Hz, 1 kHz) $V \cdot B = 5$ MHz, Einschwingzeit 1,3 µs auf 0,2 % $CMRR > 98$ dB; $S_r > 13$ V/µs typ. U_S: $\pm$ 15 V	– Präzisions-, Hochgeschwindigkeitsinstrumentierung – schnelle Präzisions-S/H-schaltungen – logarithmische Verstärker – DAU-Ausgangsverstärker – Fotodiodenverstärker – U/f- und f/U-Wandler

OV-Gruppe	Industrielles Beispiel, Auswahl markanter Parameter	Typische Anwendungsgebiete
6 niedrige Leistungsaufnahme	*MAX 406* $U_S = +2{,}4 \ldots +10$ V, $I_S \leqq 1{,}2$ µA $V \cdot B = 0{,}01$ MHz; $S_r > 0{,}004 \ldots 0{,}02$ V/µs $U_F = 0{,}25 \ldots 0{,}5$ mV, $10 \ldots 20$ µV/°C $I_B = 0{,}01$ nA	– Verstärker für Batteriebetrieb – Instrumentierungsschaltungen mit sehr geringer Leistungsaufnahme – solarzellengespeiste Systeme – sensornahe Elektronik
7 niedrige Betriebsspannung	*LT 1178/1179* (2-/4fach OV) $U_S = +5$ V, auch ± 15 V möglich $I_S < 17$ µA je OV $V \cdot B = 85$ MHz, $S_r > 0{,}04$ V/µs $I_a \leqq \pm 5$ mA $U_F = 30$ µV, 0,5 µV/°C $I_F \approx 50$ pA, $I_B < 5$ nA $U_{er} < 0{,}9$ µV$_{ss}$ (0,1 ... 10 Hz) $I_{er} < 1{,}5$ pA$_{ss}$ (0,1 ... 10 Hz) *TLV 2362* (3-Volt-OV) typ. $U_S = \pm 1{,}5 \ldots \pm 2{,}5$ V $U_{Smin} = 2$ V B für volle Leistung: 50 kHz $S_r > 4$ V/µs großer Ausgangsspannungshub bis 100 mV an positive bzw. negative Betriebsspannung besonders kleines Gehäuse: TSSOP (thin shrink small outline package)	– Satellitenschaltungen – Mikroleistungsfilter – Mikroleistungs-, Abtast- und Halte-Schaltungen – tragbare Batterieradio-Anwendungen – sensor- und prozeßnahe Elektronik
8 hohe Bandbreite	*OPA 623* (Stromgegenkopplungs-OV) $B = 350$ MHz; $I_a \leqq \pm 70$ mA $U_S = \pm 5$ V *EL 2038* $V \cdot B = 1$ GHz, $S_r \geqq 1000$ V/µs, Leistungsbandbreite 16 MHz $U_{amax} = \pm 12$ V, $I_{amax} = \pm 50$ mA $r_a = 30\ \Omega$; $I_S = 13$ mA $V \approx 20000$, $CMRR \approx 30000$, $r_d > 10^4\ \Omega$ $r_{gl} > 10$ MΩ; $I_B \approx 5$ µA $U_F = 0{,}5$ mV, 20 µV/°C	– Leitungstreiber für sehr schnelle Datenübertragung (140 Mbit/s) – Ansteuerung von Videoleistungsstufen – Videoverstärker – Modulatoren – Treiber für Flash-ADU – I/U-Wandlung schneller DAU-Ausgänge
9 hohe Ausgangsspannung	*OPA 445* $U_A = \pm 30$ V, $I_A = 15$ mA $S_r > 10$ V/µs $U_F = 0{,}5$ mV; $I_B = 20$ pA	– Schaltungen mit besonders hohen Ausgangsspannungen
10 hoher Ausgangsstrom	*OPA 512* $I_A = 10$ A, $U_A = \pm 40$ V $S_r > 4$ V/µs $U_F = 2$ mV, $I_B = 12$ nA	– Schaltungen mit besonders hohen Ausgangsströmen

Im Interesse sehr hoher Verstärkungskonstanz und -linearität werden auch Modulationsverstärker vom Ausgang zum Eingang „überalles“ gegengekoppelt.

11.6.3.1. Zerhackerverstärker (Chopperverstärker)

Zur Verstärkung kleiner Gleichspannungen bei nicht zu großen Innenwiderständen der Signalquelle (z.B. $< 10 \ldots 100$ kΩ) eignen sich *Zerhackerverstärker* (Chopperverstärker, chop = zerhacken). Zwei Jahrzehnte lang wurde der Modulator mit mechanischen Schaltern, danach mit Bipolartransistoren und gelegentlich mit Fotowiderständen realisiert. Heute werden FET eingesetzt. Sie eignen sich besonders gut zum Zerhacken kleiner Gleichspannungen (mV-Bereich), weil im eingeschalteten Zustand über der Schalterstrecke praktisch keine Restspannung auftritt. Bei Zerhackern mit Bipolartransistoren entsteht, bedingt durch die in Reihe zur Schalterstrecke liegenden beiden pn-Übergänge, eine temperaturabhängige Restspannung von $U_{ECR} \approx 1$ mV (Transistor invers betrieben, d.h. Kollektor mit Emitter vertauscht, sonst ist diese Restspannung wesentlich größer).

Weitere Vorteile von FET als Zerhacker sind hoher Sperrwiderstand zwischen Drain und Source (> 10 MΩ), niedriger Durchlaßwiderstand ($r_{ds\,on} < 50 \ldots 300$ Ω) und geringe Beeinflussung zwischen Steuerkreis und Transistorausgang (nur kapazitiv über C_{gd} und/oder C_{gs}).

Prinzip. Wir erläutern das Prinzip des Zerhackerverstärkers anhand des Bildes 11.25. Der vom Generator mit einer periodischen Rechteckimpulsfolge ($f_c \approx 10 \ldots > 1000$ Hz) angesteuerte Schalter (Modulator) S_1 wandelt die Eingangsspannung u_E in eine amplitudenmodulierte Rechteckimpulsfolge mit ungefähr 0,5facher Amplitude um, die in einem Wechselspannungsverstärker verstärkt wird. Die Nullinie der verstärkten Ausgangsimpulse wird mittels S_2 (Synchrondemodulator, phasenempfindlicher Gleichrichter) wiederhergestellt. S_2 ist phasenstarr mit S_1 gekoppelt. Dadurch erfolgt die Gleichrichtung polaritätsgetreu.

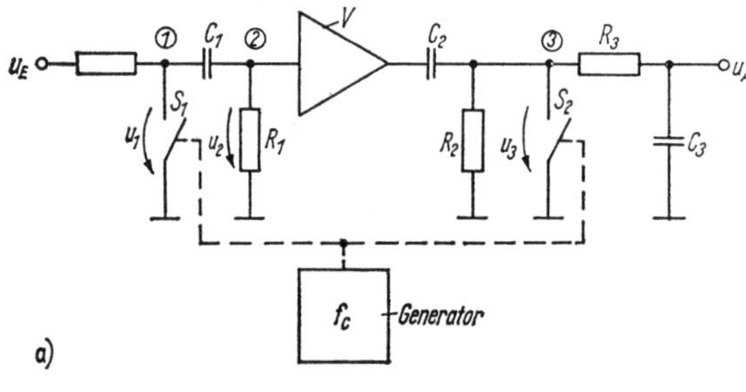

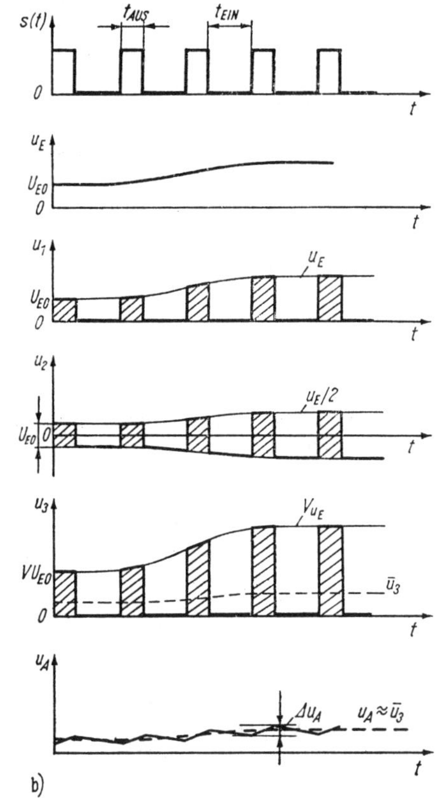

Bild 11.25
Prinzip des Zerhackerverstärkers
a) Schaltungsstruktur
b) Signalverlauf (u_3 und u_A nicht maßstabsgetreu)

Durch das Tiefpaßfilter (R_3C_3) wird die Eingangssignalform wiederhergestellt. Die Frequenz f_c und deren Oberwellen werden ausgesiebt.

Das kritischste Element dieser Anordnung ist der Schalter S_1. Eine in ihm entstehende Offset- oder Thermospannung bzw. ein in den Punkt 1 eingekoppeltes Störsignal (das z.B. kapazitiv vom Ansteuerkreis eingekoppelt werden kann) hat ein Offsetsignal am Ausgang und damit einen Fehler zur Folge [11.7].

Theorie (Zeitbereich). *Modulator.* Führt man dem Eingang eines Zerhackers nach Bild 11.25 eine Gleichspannung oder eine langsam veränderliche Wechselspannung u_E zu (die Signalfrequenz muß sehr viel kleiner sein als f_c!), die durch S_1 periodisch ein- und ausgeschaltet wird, so entsteht am Punkt 1 eine pulsamplitudenmodulierte Rechteckfolge mit der Frequenz $f_c = 1/(t_{EIN} + t_{AUS})$ und der Amplitude u_E. Ihren über eine Periodendauer $t_{EIN} + t_{AUS}$ gemittelten arithmetischen Mittelwert berechnen wir aus der Beziehung $u_E t_{AUS} = \bar{u}_1 (t_{EIN} + t_{AUS})$ zu

$$\bar{u}_1 = u_E \frac{t_{AUS}}{t_{EIN} + t_{AUS}}.$$

Am Punkt *2* tritt im Prinzip der gleiche Kurvenverlauf auf, jedoch ohne Gleichanteil, der durch C_1 abgetrennt wurde ($R_1C_1 \gg t_{EIN} + t_{AUS}$ vorausgesetzt). Die reine Wechselspannung u_2 wird im Wechselspannungsverstärker verstärkt und vom Synchrongleichrichter (phasenempfindlichen Gleichrichter) S_2 linear gleichgerichtet. Eine evtl. im Verstärker entstehende Offsetspannung bzw. Drift wird mittels C_2 abgetrennt und kann sich deshalb nicht am Ausgang auswirken ($C_2R_2 \gg t_{EIN} + t_{AUS}$).

Demodulator. Ein phasenempfindlicher Gleichrichter bildet das Produkt aus der Eingangssignalspannung ($u_3(t)$) und der Schalterfunktion. Der Augenblickswert der Ausgangsgröße ist dem Augenblickswert der beiden Eingangsgrößen proportional. Dem Gleichrichter wird ein Tiefpaß zur Bildung des arithmetischen Mittelwertes nachgeschaltet (Glättung der gleichgerichteten Wechselspannung). Der phasenempfindliche Gleichrichter ist ein *linearer* Gleichrichter.

Da der Schalter S_2 synchron mit S_1 schaltet, wird die Nullinie am Punkt *3* wiederhergestellt, d.h. das Gleichglied wiedergewonnen. Auf diese Weise tritt am Punkt *3* der gleiche Kurvenverlauf auf wie am Punkt *1*, lediglich mit dem Faktor V vergrößert.

Der arithmetische Mittelwert der Spannung $u_3(t)$ berechnet sich analog zu $\bar{u}_1$ und beträgt

$$\bar{u}_3 = Vu_E \frac{t_{AUS}}{t_{EIN} + t_{AUS}} = V\bar{u}_1.$$

Dieser Mittelwert läßt sich durch ein einfaches *RC*-Tiefpaßglied, dessen Zeitkonstante R_3C_3 viel größer ist als $t_{EIN} + t_{AUS}$, realisieren. Die Ausgangsspannung des Zerhackerverstärkers lautet deshalb

$$u_A(t) \approx \bar{u}_3(t) = Vu_E \frac{t_{AUS}}{t_{EIN} + t_{AUS}}. \quad (11.15)$$

Sie weist eine Welligkeit auf, die wir aus Bild 11.25b (Kurve $u_A(t)$) leicht berechnen können. Während t_{AUS} wird C_3 nahezu linear mit dem Strom $i_{Auf} \approx (Vu_E - \bar{u}_A)/R_3$ aufgeladen und anschließend mit dem Strom $i_{Ent} \approx \bar{u}_A/R_3$ entladen ($R_3C_3 \gg t_{EIN} + t_{AUS}$). Die Ladungsänderung von C_3 beträgt $\Delta Q_3 = C_3 \, \Delta u_A \approx i_{Ent} t_{EIN}$.

Daraus folgt

$$\frac{\Delta u_A}{\bar{u}_A} \approx \frac{t_{EIN}}{R_3C_3}.$$

Die Wiederherstellung des Gleichgliedes (und damit des Eingangssignals) läßt sich auch als periodische Nullpunktkorrektur auffassen. Während t_{EIN} wird sowohl der Eingang (Punkt *1*) als auch der Ausgang (Punkt *3*) an Masse gelegt. C_2 lädt sich während t_{EIN} auf die Ausgangsspannung des Verstärkers auf („Korrekturphase"). Während t_{AUS} (Meßphase) wird diese Spannung auf C_2 gespeichert und addiert sich auf diese Weise zur Ausgangsspannung des Verstärkers. Dadurch wird in jeder Periode der Nullpunkt abgeglichen.

Theorie (Frequenzbereich). *Modulator.* Die Zerhackerausgangsspannung ist das Produkt aus Eingangssignalspannung $u_E(t)$ und der Schalterfunktion $s(t)$:

$$u_1(t) = u_E(t)\, s(t) \quad \text{mit} \quad s(t) = \begin{cases} 1 & \text{während } t_{AUS} \\ 0 & \text{während } t_{EIN}. \end{cases}$$

Zur Vereinfachung beschränken wir uns nachfolgend auf den meist vorliegenden Fall $t_{EIN} = t_{AUS}$. Fourierreihenentwicklung von $s(t)$ und Multiplikation mit $u_E(t)$ liefert mit $\omega_c = 2\pi f_c$

$$u_1(t) = u_E(t) \left[\frac{1}{2} + \frac{2}{\pi} \sum_{n=0}^{\infty} \frac{1}{2n+1} \sin(2n+1)\, \omega_c t \right].$$

Am Punkt *2* ist die Gleichspannungskomponente ($\frac{1}{2}$ in eckiger Klammer) abgetrennt ($C_1 R_1 \gg t_{EIN} + t_{AUS}$). Anschließend wird das Frequenzgemisch mit V verstärkt. Zur Vereinfachung setzen wir V als frequenzunabhängig voraus und nehmen an, daß durch den Verstärker keine zusätzliche Phasenverschiebung entsteht. Dann beträgt die Verstärkerausgangsspannung

$$V u_E(t) \frac{2}{\pi} \sum_{n=0}^{\infty} \frac{1}{2n+1} \sin(2n+1)\, \omega_c t.$$

Demodulator. Wir erläuterten bereits, daß am Punkt *3* durch die Synchrongleichrichtung das Gleichglied wiedergewonnen wird. Folglich gilt

$$u_3(t) \approx V u_E(t) \left[\frac{1}{2} + \frac{2}{\pi} \sum_{n=0}^{\infty} \frac{1}{2n+1} \sin(2n+1)\, \omega_c t \right]. \tag{11.16}$$

Das Tiefpaßfilter $R_3 C_3$ bildet den arithmetischen Mittelwert von $u_3(t)$, falls $R_3 C_3 \gg t_{EIN} + t_{AUS}$ ist. Dieser Mittelwert ergibt sich aus (11.16) zu

$$u_A(t) \approx \bar{u}_3(t) \approx \frac{V u_E(t)}{2}.$$

Dieses Ergebnis folgt auch aus (11.15).

Zerhacker. Häufig wird der Serien-Parallel-Zerhacker verwendet, bei dem abwechselnd ein Transistor geöffnet und der andere gesperrt ist (Bild 11.26a). Ersetzt man einen FET durch einen Widerstand, ergibt sich der Serien- bzw. Parallelzerhacker.

Sehr gute Eigenschaften weist der Ringmodulatorzerhacker auf [11.8] (Bild 11.26d), da sich infolge des symmetrischen Aufbaus viele Störeinflüsse kompensieren (Thermospannungen, Restströme, Spannungsspitzen). Ein weiterer Vorteil ist die gegenüber Schaltung a verdoppelte Ausgangsspannung, die dadurch entsteht, daß die Eingangsspannung u_1 abwechselnd umgepolt zum Ausgang durchgeschaltet wird.

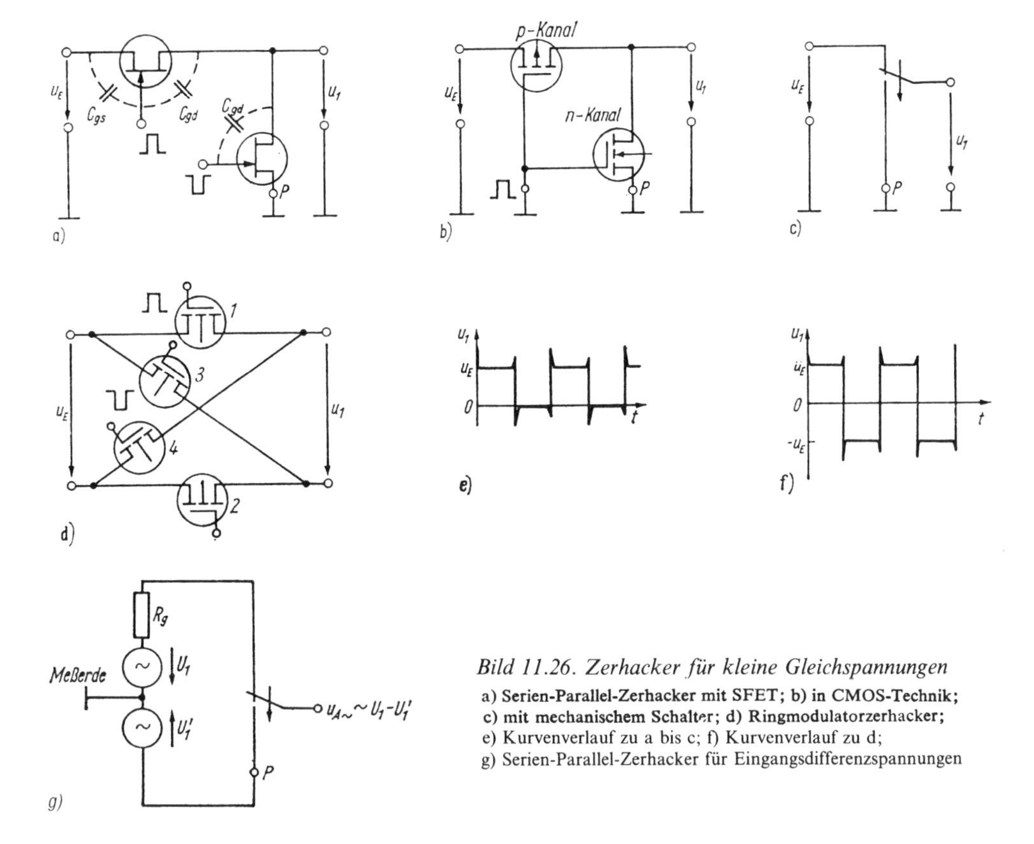

Bild 11.26. Zerhacker für kleine Gleichspannungen

a) Serien-Parallel-Zerhacker mit SFET; b) in CMOS-Technik; c) mit mechanischem Schalter; d) Ringmodulatorzerhacker;
e) Kurvenverlauf zu a bis c; f) Kurvenverlauf zu d;
g) Serien-Parallel-Zerhacker für Eingangsdifferenzspannungen

Der Serien-Parallel-Zerhacker nach Bild 11.26a bis c läßt sich so abwandeln, daß die Eingangs*differenz*spannung zerhackt, eine Gleichtaktspannung jedoch unterdrückt wird. Zu diesem Zweck muß Punkt *P* nicht mit Masse, sondern mit dem anderen Anschluß der Signalquelle verbunden werden (Bild 11.26g).

Fehler bei Zerhackern für kleine Signale entstehen vor allem durch Thermospannungen im Eingangskreis und durch Schaltspitzen. Eine Lötstelle Kupfer–Zinn erzeugt bereits bei einer Temperaturdifferenz von $\Delta\vartheta = 0{,}4$ K eine Thermospannung von 1 µV. *Schaltspitzen* (Spikes) entstehen beim Umschalten der FET am Ausgang und Eingang der Zerhackerschaltung, weil über die Kapazitäten C_{gd} und C_{gs} (vgl. Bild 11.26a) die steilen Schaltflanken des Steuersignals (in der Amplitude verringert) übertragen werden. Die Schaltspitzen rufen eine Eingangsoffsetspannung, einen Eingangsstrom und zugehörige Driften des Zerhackers hervor, die etwa proportional mit der Modulationsfrequenz f_c zunehmen. Um den dadurch bedingten Fehler klein zu halten, liegt f_c meist unter 1 kHz, bei sehr hohen Ansprüchen an kleine Offset- und Driftwerte unter 100 Hz [11.7] [11.8].

Bei sorgfältigem Aufbau werden mit FET-Zerhackern (Ringmodulator) die in Tafel 11.3 angegebenen Daten erreicht [11.9].

Verstärker. Meist werden Zerhackerverstärker so gegengekoppelt, daß der Zerhacker mit in den Gegenkopplungskreis einbezogen ist. Dann werden Schwankungen des Verstärkungsfaktors sowie der Übertragungsfunktion des Zerhackers (z. B. infolge sich ändernder Durchlaß- und Sperrwiderstände der FET-Schalter) weitgehend eliminiert.

Bild 11.27 zeigt ein einfaches Beispiel. Das Eingangsfilter R_0C_0 unterdrückt äußere hochfrequente Störspannungen und Schaltspitzen von S_1. Die Ausgangsspannung u_A der Schaltung stellt sich so ein, daß das Potential der Punkte a und b gleich ist (Serien-

Tafel 11.3. Vergleich einiger Daten von Verstärkern für kleine Gleichgrößen

Der hier verwendete Begriff für „Drift" (Dimension z.B. µV/K) ist nicht exakt, aber in der Praxis sehr gebräuchlich. Die exakte Definition ist in Tafel 11.1 angegeben.

	Modulationsverstärker			Verstärker mit Driftkorrektur
	FET-Zerhacker	Varicap	Schwingkondensator	
Eingangswiderstand	$10^7\ \Omega$	$10^{10}\ \Omega$	$10^{16}\ \Omega$	$10^7 \dots 10^{12}\ \Omega$
Nachweisgrenze	0,01 ... 0,1 µV	10^{-14} A	10^{-16} A (10^{-17} A)	0,1 ... 1 µV
Temperaturdrift der Offsetspannung	10 ... 20 nV/K	10 µV/K	50 µV/K	< 0,1 µV/K
Langzeitdrift der Offsetspannung	< 0,1 µV/24 h	30 µV/24 h	200 µV/24 h	≈ 1 µV/Monat, 2 µV/Jahr
Eingangsruhestrom, -offsetstrom	$10^{-10} \dots 10^{-11}$ A (Drift 1 pA/K)	10^{-14} A	10^{-16} A (10^{-17} A)	$10^{-9} \dots 10^{-12}$ A
Grenzfrequenz des Verstärkers (durch Modulator bedingt)	10^2 Hz	$10^3 \dots 10^6$ Hz	$10^1 \dots 10^3$ Hz	durch OV gegeben (z.B. $10^3 \dots 10^5$ Hz)
Anwendung zur Verstärkung von	kleinen Gleichspannungen (≲ mV-Bereich)	kleinen Gleichströmen (≲ nA ... pA-Bereich)	sehr kleinen Gleichströmen (≲ $10^{-10} \dots 10^{-16}$ A)	kleinen Gleichspannungen (≲ mV-Bereich; evtl. kleinen Gleichströmen)

Spannungsgegenkopplung). Der Hochpaß R_1C_1 hält die Eingangsgleichspannung vom Wechselspannungsverstärker fern. Weiter sorgt er dafür, daß der Eingangsruhestrom des Wechselspannungsverstärkers (OV) durch R_1 fließt und nicht in den Eingangskreis gelangt. Die Verstärkung des Wechselspannungsverstärkers soll etwa so groß sein, daß die Eingangsoffsetspannung des nachfolgenden Gleichspannungsverstärkers vernachlässigbar ist. Der Wechselspannungsverstärker soll möglichst nicht übersteuert werden.

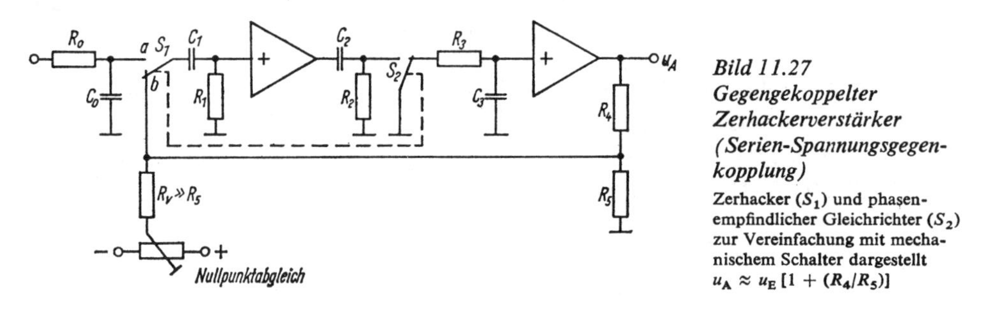

Bild 11.27 Gegengekoppelter Zerhackerverstärker (Serien-Spannungsgegenkopplung)

Zerhacker (S_1) und phasenempfindlicher Gleichrichter (S_2) zur Vereinfachung mit mechanischem Schalter dargestellt

$u_A \approx u_E\,[1 + (R_4/R_5)]$

Am Ausgang des phasenempfindlichen Gleichrichters tritt ein Frequenzgemisch aus der Signalfrequenz f_s und einer Reihe von Kombinationsfrequenzen

$$f_k = nf_c \pm f_s \qquad (n = 1, 2, 3, \dots)$$

auf. Die Kombinationsfrequenzen müssen mit dem Tiefpaß R_3C_3 ausgesiebt werden, da am Ausgang nur das Signal mit der Frequenz f_s auftreten soll (Gleichspannung oder niederfrequente Wechselspannung). Die Zerhackerfrequenz f_c muß dabei wesentlich größer sein als f_s.

Damit die Welligkeit der Ausgangsspannung klein ist, muß f_c viel größer sein als $1/2\,\pi R_3C_3$.

Der Synchrondemodulator bewirkt, daß nur solche Störspannungen zur Ausgangsspannung beitragen, die in den Frequenzbereichen $(2n + 1) f_c \pm 1/2\pi R_3 C_3$ liegen.

Für die Hochpaßfilter muß möglichst $f_c \gg 1/2\pi R_1 C_1$, $1/2\pi R_2 C_2$ gelten, damit keine Phasenverschiebungen in der Umgebung der Frequenz f_c entstehen.

Die Bandbreite des Wechselspannungsverstärkers muß so groß sein, daß die durch die Modulation entstehenden Seitenbänder ungeschwächt übertragen werden. Bei sinusförmiger Eingangssignalspannung mit der Frequenz f_s muß das Frequenzband $f_c \pm f_s$ übertragen werden. Es ist i.allg. unzweckmäßig, die Bandbreite wesentlich größer zu wählen, da nur das Rauschsignal am Ausgang ansteigt.

Wenn möglich, legt man f_c in einen Frequenzbereich, in dem das NF-Rauschen des Verstärkers gering ist ($\gtrapprox 1$ kHz, dann verschwindet das Funkelrauschen, jedoch steigt der von den Spannungsspitzen hervorgerufene Fehler).

Zerhackerverstärker sind relativ schmalbandig. Ihre obere Grenzfrequenz (3-dB-Abfall) beträgt ohne Gegenkopplung $1/2\pi R_3 C_3$ $(< 0{,}1 f_c)$. Aus Gründen der dynamischen Stabilität wird sie oft noch wesentlich kleiner gewählt. Alle Koppelglieder sollen so dimensioniert werden, daß sie bei der Frequenz f_c (und möglichst bei den ersten Oberwellen von f_c) keine merkliche Phasenverschiebung verursachen. Unter anderem muß $C_2 \times (R_2 \parallel R_3) \gg t_{EIN} + t_{AUS}$ sein. R_2 kann auch ganz entfallen. Der Ausgangswiderstand des Verstärkers darf nicht zu groß sein, damit sich C_2 während t_{EIN} möglichst voll aufladen kann. Der Tiefpaß $R_3 C_3$ muß bei gegengekoppeltem Zerhackerverstärker so bemessen sein, daß die Schleifenverstärkung oberhalb und in der Nähe der Frequenz f_c unter 0 dB liegt (Sicherung der dynamischen Stabilität).

Rauschen von Zerhackerverstärkern. Bei Signalfrequenzen weit unterhalb der Zerhackerfrequenz (typ. $<0{,}1$ Hz) ist das Eingangsrauschen eines Zerhackerverstärkers kleiner als das 1/f-Rauschen eines Bipolar-OVs, weil der Verstärker diese langsamen Änderungen genauso behandelt wie eine Eingangsoffsetspannungsdrift. Im Frequenzbereich 0,1 bis 10 Hz beträgt die Rauschspannung typ. 1 ... 10 μV_{ss} und ist damit etwa eine Größenordnung größer als bei einem guten Bipolar-OV.

11.6.3.2. Zerhackerstabilisierte Verstärker (Goldberg- und Landsbergschaltung)

Der Nachteil der geringen Bandbreite des Zerhackerverstärkers läßt sich durch geeignetes Zusammenschalten eines breitbandigen *Hauptverstärkers* (V_2), dessen Drift nahezu beliebig groß sein kann, mit einem driftarmen (schmalbandigen) *Hilfsverstärker* (V_1) beseitigen (Bild 11.28).

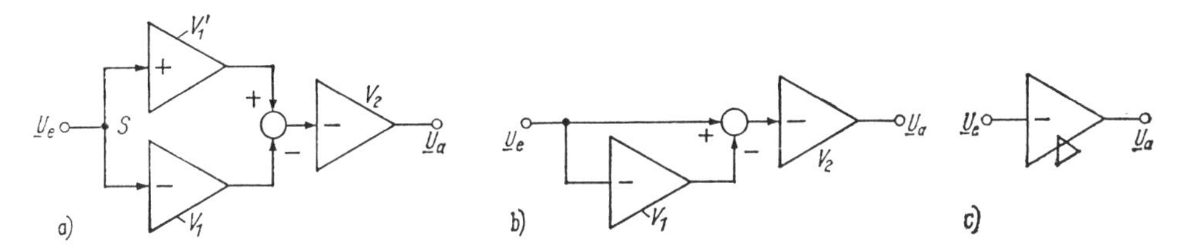

Bild 11.28. Prinzip der Vorwärtskopplung

a) Dreiverstärkeranordnung; b) Zweiverstärkeranordnung; c) Schaltsymbol des zerhackerstabilisierten Verstärkers
V_1 Gleichspannungsverstärker mit geringer Drift (Hilfsverstärker); V_1' Übertragungssystem mit großer Bandbreite (oft Hochpaßverhalten); V_2 Ausgangsstufe des Gesamtverstärkers (Hauptverstärker)

Dieses Prinzip der „Vorwärtskopplung" läßt sich durch äußere Gegenkopplungsbeschaltung variieren. Am bekanntesten ist die *Goldbergschaltung*. Gelegentlich wird auch die *Landsbergschaltung* verwendet [11.10].

Zerhackerstabilisierte Verstärker werden häufig in Analogrechnern eingesetzt (Integratoren, Speicher usw.).

Goldbergschaltung. Unter Zugrundelegung zweier mit Ausnahme der endlichen Leerlaufverstärkung V_1 bzw. V_2 idealer Operationsverstärker und unter der Voraussetzung $V_1 \gg 1$, $V_2 \gg 1$ folgt aus Bild 11.29a (C kurzgeschlossen)

$$u_{A2} = V_1 u_{D1}$$

$$u_A = V_2 (u_{A2} + u_{D1}) = (1 + V_1) V_2 u_{D1}.$$

Die Verstärkerkombination läßt sich durch einen „Ersatz-OV" mit der Leerlaufverstärkung $V = (1 + V_1) V_2$ ersetzen. Die Signalverstärkung der Schaltung beträgt $u_A/u_E \approx -R_2/R_1$. Bei tiefen Frequenzen wird der Hauptverstärker V_2 fast ausschließlich am nichtinvertierenden Eingang angesteuert, weil V_1 sehr groß ist. Deshalb braucht man die tiefen Signalfrequenzen dem invertierenden Eingang von V_2 nicht zuzuführen und kann diesen Eingang über ein Hochpaß-RC-Glied an den Summationspunkt S ankoppeln. Das hat den Vorteil, daß S nicht mit dem Eingangsruhestrom von V_2 belastet wird (Vermeiden einer zusätzlichen Eingangsoffsetspannung infolge des Spannungsabfalls über $R_1 \parallel R_2$).

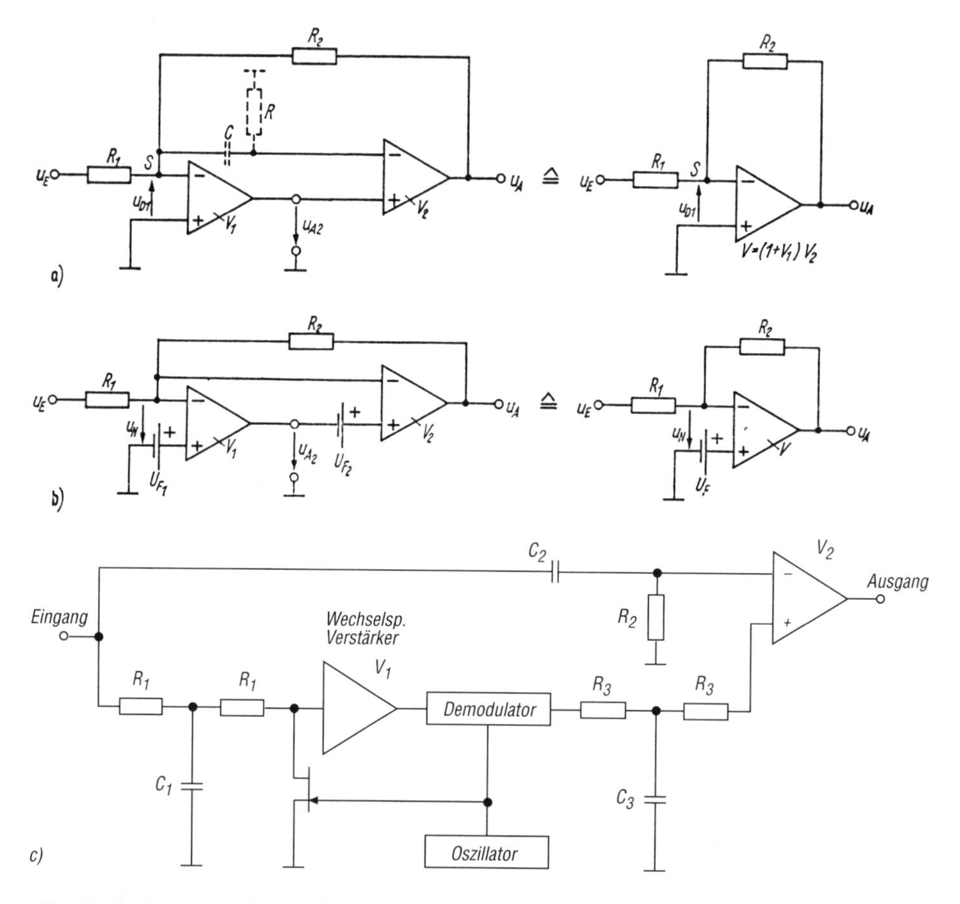

Bild 11.29. Goldberg-Schaltung (Beschaltung als invertierende OV-Grundschaltung)

a) Offsetspannung vernachlässigt; b) Offsetspannung berücksichtigt

c) typisches Blockschaltbild einer Realisierungsvariante (ohne Gegenkopplungsbeschaltung)

Bei hohen Frequenzen ist infolge der Schmalbandigkeit von V_1 die Spannung $u_{A2} \approx 0$, und die Ansteuerung am invertierenden Eingang von V_2 überwiegt.

Zur Berechnung des Drifteinflusses lesen wir aus Bild 11.29b folgende Beziehungen ab:

$$u_{A2} = V_1 (U_{F1} - u_N)$$

$$u_A = V_2 (U_{F2} + u_{A2} - u_N)$$

$$= \underbrace{(1 + V_1) V_2}_{V} \left[\underbrace{\frac{V_1}{1 + V_1} U_{F1} + \frac{U_{F2}}{1 + V_1}}_{U_F} - u_N \right].$$

Die Verstärkerkombination läßt sich also durch einen „Ersatz-OV" mit der Verstärkung $V = (1 + V_1) V_2$ und der Eingangsoffsetspannung

$$U_F = \frac{V_1}{1 + V_1} U_{F1} + \frac{U_{F2}}{1 + V_1} \approx U_{F1} + \frac{U_{F2}}{V_1} \tag{11.17}$$

ersetzen. Wenn V_1 genügend groß ist ($V_1 \gg U_{F2}/U_{F1}$), wird sowohl die Offsetspannung U_{F2} als auch deren Drift unwirksam. Die Drift der Goldbergschaltung wird nur durch die Drift des Hilfsverstärkers (V_1) bestimmt (z.B. Zerhackerverstärker). Die Bandbreite bestimmt dagegen der Hauptverstärker (V_2), denn bei hohen Frequenzen ist $u_{A2} \approx 0$ und folglich $u_A \approx -V_2 u_N$ (Offsetspannung vernachlässigt).

Den Frequenzgang der Verstärkung berechnen wir aus Bild 11.30. Niedrige Frequenzen werden von der Kettenschaltung beider Verstärker verstärkt. Hohe Frequenzen werden nur von V_2 verstärkt. Wenn wir vereinfachend annehmen, daß der Zerhackerverstärker einen Frequenzgang $V_{10}/(1 + pC_2R_2)$ hat, dessen Pol vom Tiefpaßfilter hinter dem Synchrondemodulator bestimmt wird, ergibt sich

$$G(p) = \frac{\underline{U}_a}{\underline{U}_e} = -\left[\frac{pC_1R_1}{1 + pC_1R_1} + \frac{V_{10}}{1 + pC_2R_2} \right] V_2(p).$$

Bild 11.30b zeigt, wie man die Zeitkonstanten C_2R_2 und T_2^* in Verbindung mit den Verstärkungsfaktoren V_{10} und V_{20} zweckmäßigerweise wählt, damit der Abfall von $|V_{ges} = V_1V_2|$ im gesamten Bereich oberhalb der ersten Eckfrequenz bis zur f_1-Frequenz mit 20 dB/Dekade erfolgt. Wir lesen ab

$$2\pi C_2R_2 = \frac{V_{10}V_{20}}{f_1}. \tag{11.18}$$

Die Zeitkonstante C_2R_2 darf also nicht kleiner sein als entsprechend (11.18).
Bild 11.29c zeigt das typische Blockschaltbild einer Realisierungsvariante.

Landsbergschaltung (Bild 11.31). Diese Variante ähnelt sehr der Goldbergschaltung. Mit den Näherungen $V_1 \gg 1$, $V_2 \gg 1$ ergibt sich für die Eingangsspannungsdrift wieder (11.17). Einige Vorteile hat die Landsbergschaltung hinsichtlich der Sicherung der dynamischen Stabilität [11.10].

Eine empfohlene Applikationsschaltung zeigt Bild 11.31b. Diese Schaltung erfaßt und integriert den Offsetspannungsfehler am invertierenden Eingang von V_2. Die Eingangsspannung U_p von V_2 wird so eingeregelt, daß U_N von $V_2 < 5\ \mu V$ gegen Masse

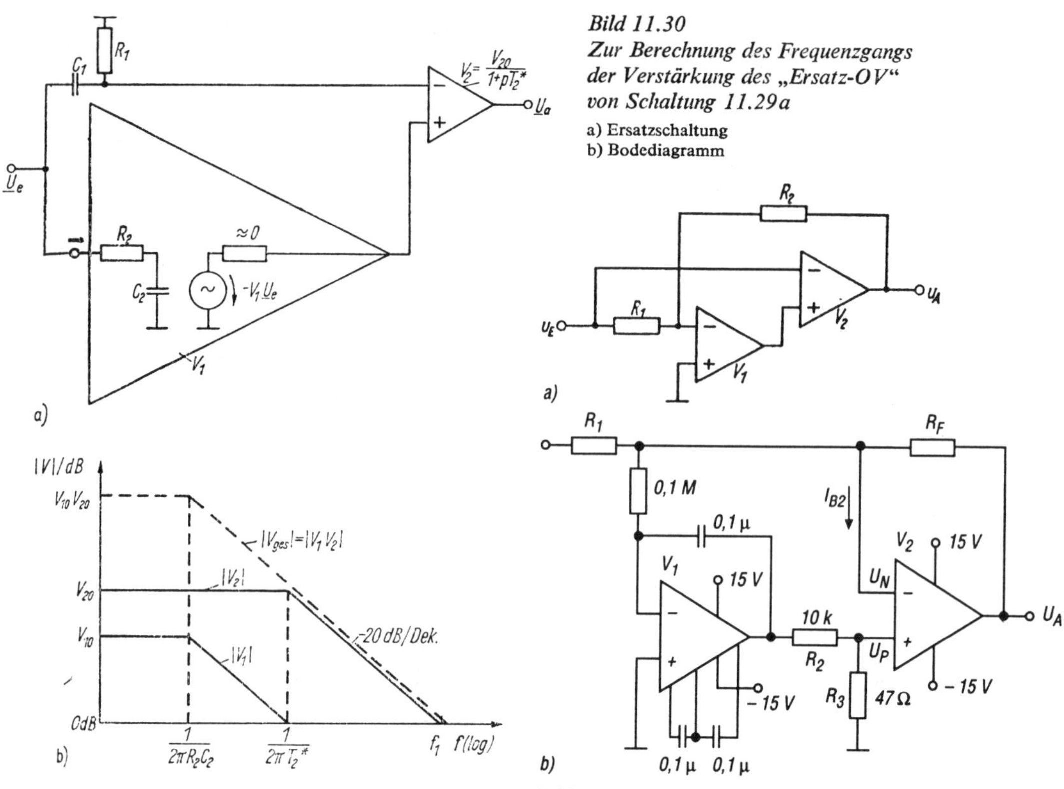

Bild 11.30
Zur Berechnung des Frequenzgangs der Verstärkung des „Ersatz-OV" von Schaltung 11.29a

a) Ersatzschaltung
b) Bodediagramm

Bild 11.31. Landsberg-Schaltung

a) Prinzip
b) Applikationsschaltung mit den OV-Typen Max 420 (V_1) und LHD 101 (V_2) mit Gegenkopplungsbeschaltung

beträgt. Der Spannungsteiler R_2, R_3 ist so dimensioniert, daß ein $\pm$ 10-V-Signal am Ausgang von V_1 eine Eingangsoffsetspannungsänderung von $\pm$ 50 mV beim OV V_2 hervorruft.

Zu beachten ist, daß der Anteil der Ausgangsoffsetspannung von V_2, der durch den durch R_F fließenden Eingangsruhestrom I_{B2} entsteht, nicht kompensiert wird. Allerdings ist dieser Einfluß infolge sehr kleiner I_{B2}-Werte (1 nA) hier meist vernachlässigbar.

Industrielles Beispiel: Monolithisch integrierter zerhackerstabilisierter Operationsverstärker 7650. Verstärker nach Bild 11.24 sind gut in der leistungsarmen CMOS-Technologie realisierbar. Ein typisches Beispiel ist der monolithisch integrierte CMOS-OV 7650 (Teledyne, Intersil und andere). Er bewirkt eine sehr wirksame Offset- und Driftunterdrückung. In diesem CMOS-Schaltkreis werden die Vorzüge der CMOS-Verstärkertechnik mit denen der CMOS-Schaltertechnik kombiniert. Die Schaltung enthält einen Hauptverstärker V_2 und einen Hilfsverstärker V_1 (Bild 11.32). Die Eingangsschaltung beider OV ist so ausgelegt, daß die am Eingang „Null" auftretende Spannung zur Eingangsdifferenzspannung des OV addiert bzw. subtrahiert wird: $U_A = V_2(U_E + U_{F2} + U_{A1})$; $U_{A1} = V_1(U_E + U_{F1} - U_{C_A})$. Schaltungstechnisch wird U_{F1} dadurch klein gehalten, daß die Eingangsoffsetspannung von V_1 mit Hilfe der auf C_A zwischengespeicherten Spannung nahezu völlig auf Null kompensiert wird. Die Schalter A und B werden abwechselnd mit einer Schaltfrequenz von $\approx 200 \ldots 400$ Hz umgeschaltet [11.2].

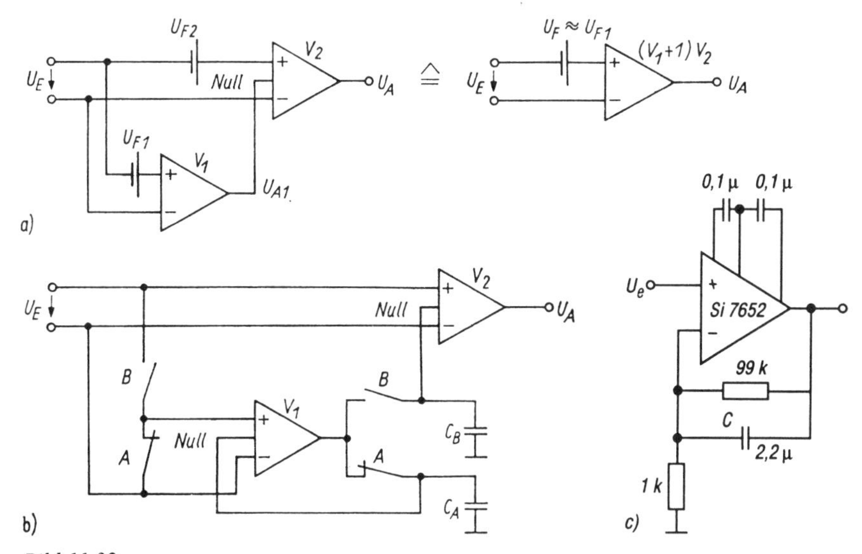

Bild 11.32
Zerhackerstabilisierter OV 7650 (ähnlich Si 7652)
a) Prinzip
b) Blockschaltbild
c) Einsatz des Verstärkers Si 7652 als Vorverstärker; Bandbreite der Schaltung durch $C = 2{,}2\ \mu F$ auf 1 Hz begrenzt (verringert Eingangsrauschspannung auf $\approx 0{,}2\ \mu V$)

In der ersten Phase (beide Schalter A geschlossen, beide Schalter B geöffnet) wird V_1 mit kurzgeschlossenen Eingängen als Spannungsfolger betrieben (s. Abschn. 11.2.). Dadurch lädt sich C_A auf die Spannung $U_F V_1/(1 + V_1)$ auf. Sie wird vom Eingang des Hilfsverstärkers V_1 subtrahiert, so daß die Eingangsoffsetspannung dieses Verstärkers auf den sehr kleinen Wert $U_{F1} \approx U_F/(1 + V_1)$ reduziert wird. In der anschließenden zweiten Phase (nach Einschwingen des Nullverstärkers V_1 werden beide Schalter B geschlossen, beide Schalter A geöffnet) wird die Offsetspannung des ständig arbeitenden Hauptverstärkers V_2 ermittelt und die zu ihrer Kompensation erforderliche Steuerspannung in C_B zwischengespeichert. Die Kompensation erfolgt über die Bulk-Anschlüsse der Stromspiegelschaltungen im Eingang der beiden OV. Die beim Schalterbetrieb unvermeidlichen Störspitzen werden durch ein symmetrisches Chip-Layout und durch symmetrische Ladungsverteilung innerhalb der entsprechenden Schaltungsteile minimiert. Genauer betrachtet lassen sich vier Phasen beim Umschaltvorgang unterscheiden, die aber hier nicht betrachtet werden sollen.

Das $V \cdot B$-Produkt bei offener Schleife und die Slew-Rate werden beim Verstärker 7650 ausschließlich durch den Hauptverstärker bestimmt.

Wie im Abschnitt 11.6.2.2. erläutert, läßt sich die Verstärkeranordnung nach Bild 11.32a durch einen „Ersatz-OV" mit der Verstärkung $V = (V_1 + 1)\,V_2$ und der Eingangsoffsetspannung $U_{F\,ges} \approx U_{F1} + (U_{F2}/V_1)$ ersetzen. Die Eingangsoffsetspannung U_{F1} des Hilfsverstärkers V_1 (die auf sehr kleine Werte periodisch kompensiert wird) bestimmt also die Offsetspannung der gesamten Anordnung. Einige typische Daten des Typs TSC 7650 (Teledyne Semiconductor): $U_F = \pm 0{,}7\,\mu V$, $\partial U_F/\partial\vartheta \leqq 0{,}05\,\mu V/K$, $I_B \leqq 10\,pA$, $I_F \approx 0{,}5\,pA$, $U_F/\partial t \approx 100\,nV/\sqrt{Monat}$, $r_d > 10^{12}\,\Omega$, $V_0 > 120\,dB$, $U_r \leqq 2\,\mu V_{ss}$ ($R_S = 100\,\Omega$, $0 \ldots 10\,Hz$), $S_r > 2{,}5\,V/\mu s$, $P_v = 20\,mW$, $V \cdot B \approx 2\,MHz$, CMRR $> 130\,dB$, CMV-Bereich typ. $-5 \ldots +2\,V$, $U_A \approx -4{,}85 \ldots +4{,}85\,V$, intern frequenzgangkompensiert für $V' \geqq 1$, interne Zerhackerfrequenz 200 Hz, typ. Betriebsspannung ±5 V (4,5 ... 16 V von U_S^+ bis U_S^-), Stromaufnahme ohne Last typ. 2 mA, $i_r = 0{,}01\,\text{pA}/\sqrt{\text{Hz}}$ ($f = 10$ Hz).

Verwendet man den hier beschriebenen driftarmen OV in einer Schaltungsanordnung gemäß Bild 11.28, läßt sich die Eingangsoffsetspannung sowie deren Temperatur- und Langzeitdrift eines beliebigen OV ohne Abgleichaufwand kompensieren.

Effekt bei Übersteuerung. Bei eingangsseitiger Übersteuerung des Verstärkers kann es vorkommen, daß die Ausgangsspannung in die Sättigung gerät und beim Pegel der Betriebsspannung „hängenbleibt". Da der Verstärker nicht mehr im linearen Betriebsbereich betrieben wird, kann eine erhebliche Spannungsdifferenz zwischen beiden OV-Eingängen auftreten. Diese Differenz interpretiert der Nullverstärker als Offsetspannung und versucht, sie zu kompensieren. Die Folge ist, daß der externe Speicherkondensator auf die Betriebsspannung aufgeladen wird. Nach dem Verschwinden der eingangsseitigen Übersteuerung kann es mehrere Sekunden dauern, bis sich wieder der „Normalwert" einstellt. Dieser unerwünschte Effekt läßt sich entweder durch eine Begrenzerschaltung (z. B. mit zwei MOSFETs) am Ausgang oder durch Abschalten des externen Haltekondensators über einen Steuereingang vermeiden.

Weitere Typen: Es gibt auch Typen von zerhackerstabilisierten OVs, in denen die beiden Haltekondensatoren zur Zwischenspeicherung des Offsets integriert sind. Beispiele sind *LTC 1050* (Linear Technology, UK) mit den Daten $U_F < 5$ µV, $TK < 0{,}05$ µV/K, $U_r \approx 1{,}8$ µV$_{ss}$ im Frequenzbereich von 0 ... 10 Hz, $V \approx 160$ dB, $S_r = 4$ V/µs, $V \cdot B = 2{,}5$ MHz, Stromaufnahme 900 µA, Übersteuerungserholzeit 1,5 bzw. 3 ms, 8poliges Gehäuse und *MAX 430/432* (MAXIM) in CMOS-Technik mit den Daten $U_F \leqq 5$ µV, $TK \leqq 0{,}05$ µV/K, $I_B \leqq 30$ pA, *CMRR* und *PSRR* ≈ 140 dB, Betriebsspannungsbereich ± 3 ... 16 V, Stromaufnahme 2/0,5 mA im 8poligen DIP-Gehäuse.

11.6.3.3. Schwingkondensator- und Varicapverstärker [11.11]–[11.13] [6]

Zur Verstärkung sehr kleiner Gleichströme unterhalb des nA- bis pA-Bereiches oder sehr kleiner Ladungen sind Zerhackerverstärker infolge des zu großen Eingangsoffsetstromes in der Regel ungeeignet. Unter Umständen lassen sich Fotozerhacker einsetzen, weil sie den kleinsten Eingangsoffsetstrom aller Zerhackerschaltungen aufweisen. Die höchste Nachweisempfindlichkeit erreicht man jedoch nur mit *Schwingkondensator-* und *Varicap-*Modulatoren (Bild 11.33). Der mechanisch angetriebene Schwingkondensator ändert seine Kapazität periodisch mit der Frequenz von einigen 100 Hz (bis 10 kHz). Dabei entsteht über seinen Klemmen eine zur Eingangsgleichspannung proportionale Wechselspannung. Wegen seiner guten Isolationseigenschaften und der kleinen Störströme liegt die Nachweisgrenze bei $I \approx 10^{-17}$ A. Den Stromeingang des Schwingkondensatorverstärkers erhält man durch Gegenkopplungsbeschaltung (Parallelgegenkopplung). Nachteilig bei Schwingkondensatoren sind ihr großes Volumen, die benötigte Antriebsleistung und die Nichtintegrierbarkeit.

Diese Nachteile werden bei Varicap-Modulatoren (Varicap-Kapazitätsdiode) vermieden. Sie arbeiten auf ähnlichem Prinzip wie der Schwingkondensator, erreichen aber

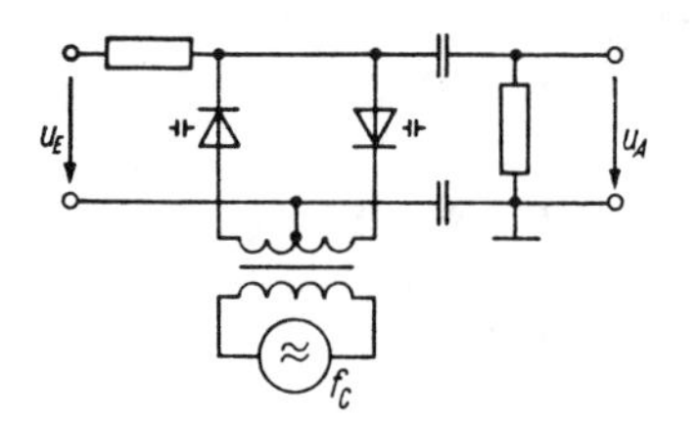

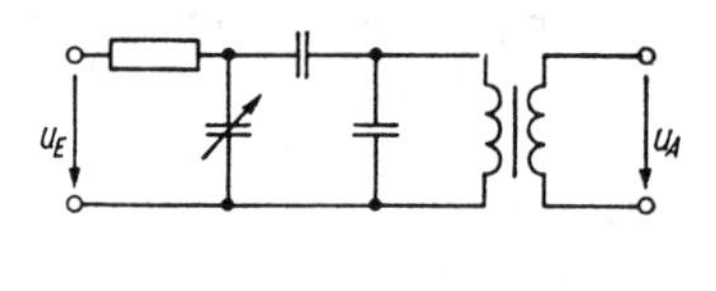

Bild 11.33
Varicap- und Schwingkondensatormodulator
a) Varicap-Modulator (Modulator mit Kapazitätsdioden)
b) Schwingkondensator (C_S)

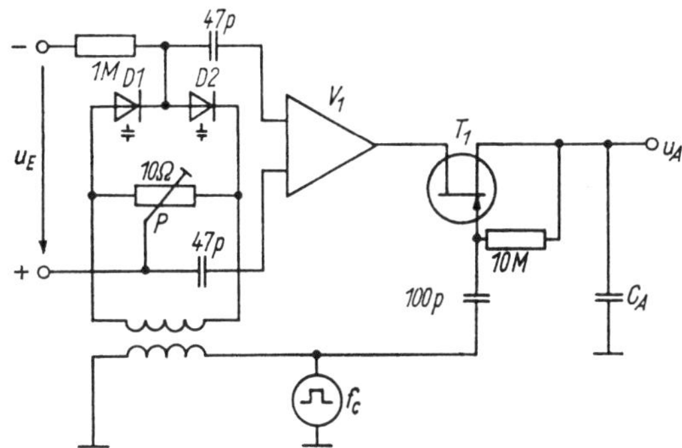

Bild 11.34
Varicap-Modulationsverstärker [11.12]

infolge des Diodensperrstroms nicht dessen Nachweisgrenze (Bild 11.34). Die Kapazität der beiden Dioden wird durch die Modulationsspannung mit der Frequenz $f_c \approx 0{,}1$ bis > 1 MHz periodisch verändert.

Die hier besprochenen Verstärker sind Operationsverstärker mit extrem niedrigem Eingangsruhestrom und sehr hohem Eingangswiderstand (Typische Daten: Eingangsstrom 10^{-14} A, $TK = 10^{-15}$ A/K, $\partial U_F/\partial T \approx 10\,\mu$V/K, $r_{gl} \approx 10^{14}\,\Omega$). Sie werden u.a. zur Verstärkung von Signalen in Gaschromatographen mit Flammendetektoren, für pH-Wertmesser, Fotovervielfacher, Kernstrahlungsdetektoren, Langzeitintegratoren usw. angewendet.

Eine einfache Verstärkerschaltung mit Varicap-Modulator zeigt Bild 11.34. Die Dioden D_1 und D_2 bilden zusammen mit dem Potentiometer P eine Brückenschaltung. Die Brücke wird so abgeglichen, daß für $u_E = 0$ keine Differenzeingangswechselspannung an V_1 auftritt. Bei $u_E \neq 0$ wird die Brücke verstimmt, weil sich die Kapazität der beiden Dioden D_1 und D_2 gegensinnig ändert. Das hat eine zu u_E proportionale Wechselspannung am Eingang von V_1 zur Folge. Die phasenrichtige (polaritätsgetreue) Gleichrichtung erfolgt mit T_1, der im Takt der Modulationsspannung abwechselnd ein- und ausgeschaltet wird. C_A lädt sich auf eine Ausgangsspannung entsprechend der Polarität von u_E auf.

Wie beim Zerhackerverstärker muß die Modulationsfrequenz f_c wesentlich größer sein als die höchste zu verstärkende Signalfrequenz.

Bei der Verstärkung sehr kleiner Ströme ist auf sorgfältige Abschirmung des Eingangskreises gegenüber Einstreuungen, Störfeldern, Brummspannungen usw. zu achten. Die Kapazitätsdioden müssen lichtdicht gekapselt werden [11.13].

11.6.4. Verstärker mit Driftkorrektur

Da sich Driftgrößen im allgemeinen zeitlich sehr langsam ändern (z.B. Minutenbereich), ist es möglich, durch kurzzeitiges Abtrennen des Verstärkereingangs von der Signalquelle eine Driftkorrektur durchzuführen. Während der Unterbrechung lädt sich ein Speicherkondensator auf eine zur Offsetspannung proportionale Spannung auf. Diese Spannung wird während der Meßphase so mit dem zu verstärkenden Signal überlagert, daß die Offsetspannung und deren Drift weitgehend eliminiert werden. Seit einigen Jahren wird dieses Prinzip in integrierten Operationsverstärkern mit extrem kleiner Drift angewendet. Im Gegensatz zu vielen Modulationsverstärkern lassen sich solche driftkorrigierte Verstärker verhältnismäßig einfach mit echtem Differenzeingang versehen (Vierpolverstärker) [11.14] [11.15]. Sie sind besser für den integrierten Aufbau geeignet als Zerhackerverstärker.

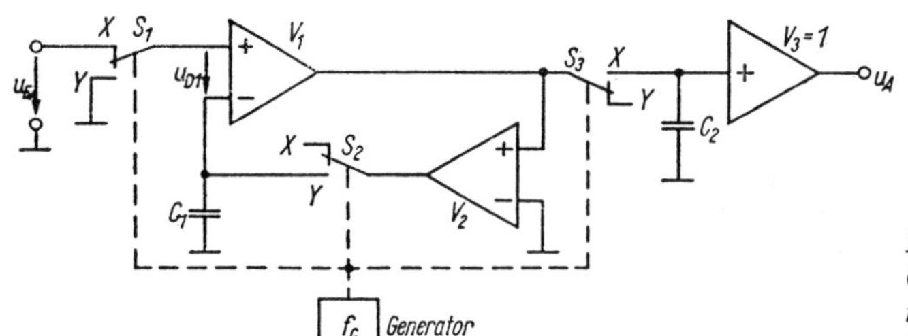

Bild 11.35
Operationsverstärker mit periodischer Nullpunktkorrektur

Bild 11.35 erläutert die Wirkungsweise an Hand einer vereinfachten Schaltung [12]. Alle Schalter $S_1 \dots S_3$ schalten synchron. In Stellung X wirkt die Schaltung als Gleichspannungsverstärker mit der Verstärkung $V_1 V_3 = V_1$. Während der Korrekturphase (Stellung Y) liegt der Eingang von V_1 auf Massepotential, und C_1 lädt sich nahezu exakt auf die Eingangsoffsetspannung von V_1 auf, weil die Anordnung aus V_1 und V_2 eine sehr hohe Schleifenverstärkung aufweist, die bewirkt, daß $u_{D1} \rightarrow 0$ geht.

C_1 bildet in Verbindung mit S_2 eine Sample-and-hold-Schaltung (s. Abschn. 16.4.), die die Korrekturspannung während der nachfolgenden Meßphase (Stellung X) speichert und auf diese Weise die Eingangsoffsetspannung der Schaltung praktisch unwirksam macht. Das verstärkte Eingangssignal wird während der Korrekturphase auf C_2 zwischengespeichert, so daß man am Ausgang der Schaltung die kurzzeitige Unterbrechung durch die Korrekturphase in erster Näherung nicht bemerkt. Auf diesem Prinzip beruht der Operationsverstärker HA 2900 [11.14].

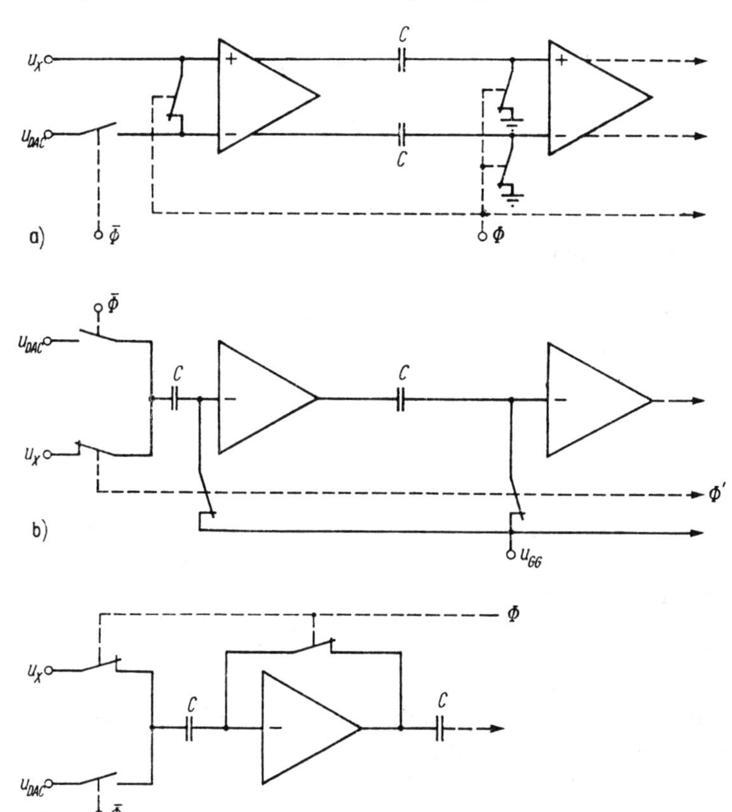

Bild 11.36
Offsetkompensationstechniken für Spannungspegel-Komparatoren

a) kapazitive Offsetspeicherung bei Differenzverstärkern
b) kapazitive Offsetspeicherung bei Inverterverstärkern mit Arbeitspunkteinstellung während der Kompensationsphase Φ
c) kapazitive Offsetspeicherung bei Inverterverstärkern mit automatischer Arbeitspunkteinstellung während der Kompensationsphase Φ

Spannungskomparator mit Driftkorrektur. Im Vergleich zu Bipolaranalogschaltungen tritt bei analogen MOS-Schaltungen eine hohe Offsetspannung auf. Daher sind häufig Offsetkompensationstechniken zur Eliminierung dieser Störgröße erforderlich. Wir verdeutlichen diese Technik am Beispiel eines Spannungskomparators, wie er z.B. in AD-Umsetzern nach dem Sukzessiv-Approximationsverfahren (s. Abschn. 21.2.4.) benötigt wird.

Bild 11.36 zeigt die wichtigsten dynamischen Offsetkompensationstechniken für solche Komparatoren. Das Prinzip besteht bei allen Varianten darin, daß während der Offsetkompensationsphase Φ der statische Offset der Verstärkerstufen gespeichert wird und anschließend ($\bar{\Phi}$-Phase) das auszuwertende Differenzsignal $U_x - U_{DAC}$ verstärkt wird und am Komparatorausgang H- bzw. L-Pegel erzeugt. Dabei subtrahieren sich die auf C gespeicherten Offsetspannungen.

Der gesamte Vergleichsvorgang läuft hierbei in mehreren zeitlich aufeinanderfolgenden Taktphasen ab (Offsetkompensationsphase, Verstärkungsphase, Auslesephase).

Besonders günstig verhält sich die Schaltung im Bild 11.36c. Sie ermöglicht bei monolithischer Herstellung flächensparende und hochempfindliche Komparatoren [11.18]. Der Offset läßt sich nicht völlig kompensieren, da auf dem Speicherkondensator ein fehlerhafter Schalteroffset (durch Spannungsspitzen beim Umschalten und durch Rauschsignale) entsteht. Möglichkeiten zur Reduzierung werden in [11.18] behandelt.

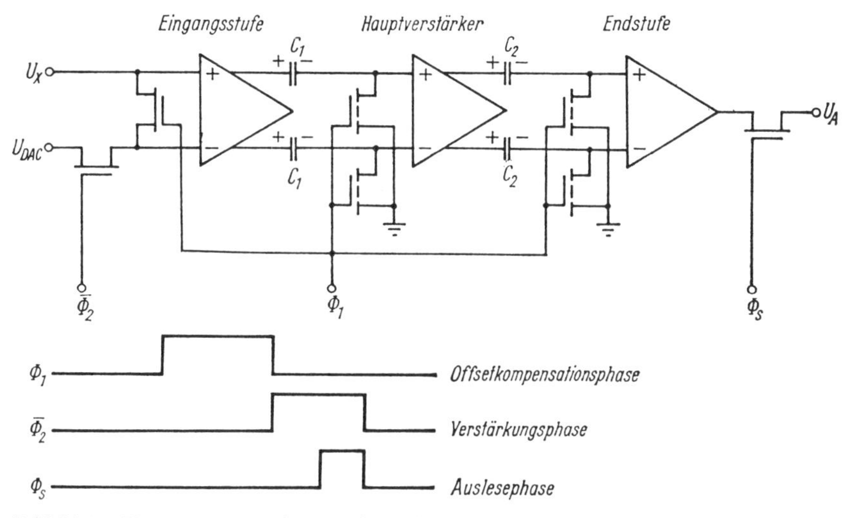

Bild 11.37. Komparator mit dynamischer Offsetkompensation

In der Schaltung im Bild 11.37 wird während der Offsetkompensationsphase Φ der statische Offset der beiden ersten Differenzverstärkerstufen auf den Kapazitäten C_1 und C_2 gespeichert. Anschließend wird das Differenzsignal $U_x - U_{DAC}$ verstärkt. Dabei subtrahieren sich die gespeicherten Offsetspannungen. Der Auslesetakt veranlaßt die Übernahme des logischen Komparatorausgangspegels (H oder L) in die Auswerteschaltung.

11.6.5. Zur Auswahl von Operationsverstärkern

Verstärker werden in einer großen Vielfalt für die unterschiedlichsten Frequenz-, Amplituden- und Leistungsbereiche sowie für unterschiedliche Genauigkeitsanforderungen benötigt. Zur groben Charakterisierung eines Verstärkers werden wenige dominierende

Kenngrößen verwendet, wie z. B. niedrige Drift, hohe Bandbreite, hohe Slew Rate, große Ausgangsleistung, niedriges Rauschen, hoher Eingangswiderstand, billiger Typ für allgemeine Anwendungen usw. Entsprechend diesen Gesichtspunkten lassen sich Hauptklassen von Verstärkern unterscheiden. Zusätzlich gibt es Spezialverstärker, z. B. für sehr hohe Frequenzen.

Grundsätzlich prüft man stets, ob ein Verstärkerproblem mit einem integrierten OV oder einem anderen integrierten Verstärker lösbar ist. Dabei kann man meist unter mehreren Typen den geeignetsten auswählen.

Um die richtige Auswahl treffen zu können, muß man sich zunächst Klarheit darüber verschaffen, welche technischen Daten für den vorgesehenen Einsatzfall relevant und welche von untergeordneter Bedeutung sind. Dieser Prozeß ist oft mühsam, weil nicht

Tafel 11.4. Vergleich typischer Eigenschaften von Operationsverstärkern unterschiedlicher Technologien [22.30]

	Vorteile	Nachteile
Bipolar-OV	– niedrige und stabile Eingangsoffsetspannung bis herab zu $U_F = 10$ µV, < 0,1 µV/°C – niedriges Eingangsspannungsrauschen $u_{re} < 2$ nV/$\sqrt{\text{Hz}}$ – hohe Verstärkung	– hoher Eingangsruhe- und Eingangsoffsetstrom, allerdings stabiler als bei FETs – größeres Stromrauschen – Nachteil langsamer lateraler pnp-Transistoren ($f_T \lessapprox 3$ MHz) wird durch Komplementärbipolartechnologie (z. B. TI Excalibur-Prozeß) vermieden – komplementäre Prozesse benötigen etwa die doppelte Anzahl von Fertigungsschritten gegenüber auf npn-Transistoren beschränkten Technologien
BiFET-OV (sehr verbreitet)	– hoher Eingangswiderstand und kleiner Eingangsruhestrom – wesentlich höhere Slew-Rate – verringerter Eingangsrauschstrom gegenüber Bipolartechnologie	– größere und instabilere Offsetspannung – geringere CMRR, PSRR und Verstärkung – vergrößerte Rauschspannung
CMOS-OV	– sehr gute Eignung für Betrieb mit nur einer Betriebsspannung – Gleichtakteingangsspannungsaussteuerbereich und Ausgangsspannungshub schließen negative Betriebsspannung ein – sehr gute Eignung für Batteriebetrieb – niedrige Betriebsspannung (bis 1,4 V) und niedriger Versorgungsstrom (bis 10 µA); spezielle OV-Familien für 3 V Betriebsspannung – hoher Eingangswiderstand und niedriger Eingangsruhestrom (typ. 100 fA bei 25 °C, Verdopplung je 10 °C Temperaturerhöhung)	– begrenzter Betriebsspannungsbereich (< 16 ... 18 V) – Eingangsoffsetspannung größer als bei Bipolar-OVs ($U_F > 200$ µV, typ. 2 ... 10 mV) *aber:* chopperstabilisierte CMOS-OV erreichen $U_F = 1$ µV – höhere Rauschspannung
Chopper-stabilisierte OV	– sehr hohe Verstärkung – sehr kleine U_F-Drift (0,1 µV/K) – sehr kleine U_F – kleiner I_B – hohe CMR und SVR	– zusätzliches Rauschen – Kreuzmodulation – Phasenprobleme – kleiner Betriebsspannungsbereich – evtl. Blockierung bei Übersteuerung

immer vor Lösung der Aufgabe klar ist, welche Eigenschaften besonders wichtig sind. Hauptüberlegungen bei diesem Prozeß sind:

- Signalpegel, Genauigkeit der Signalverarbeitung (benötigte Schleifenverstärkung, Drift, Rauschen), Bandbreite, Ein- und Ausgangsimpedanzen, Offset- und Driftgrößen, Slew Rate, Grenzfrequenz für volle Aussteuerung, Einschwingzeit, Umgebungsbedingungen (Betriebsspannung, Umgebungstemperatur, Langzeitänderungen).
- Besonders wichtig sind die Eigenschaften der Signalquelle (Innenwiderstand, Signalgröße, Zeit- und Frequenzverhalten des Signals) und die Frage, ob Gleichtaktunterdrückung benötigt wird (d.h. echter Differenzeingang).

Hinsichtlich der verwendeten Herstellungstechnologie lassen sich die verfügbaren OV-Typen in die Gruppen Bipolar-, BiFET- und CMOS-Operationsverstärker einteilen. Bipolareingangsstufen sind bei Innenwiderständen der Signalquelle < 100 kΩ vorteilhafter, FET-Eingangsstufen haben besonders kleine Eingangsströme (< 25 pA bei Raumtemperatur, < 1 nA bei 80 ... 100 °C) und eignen sich daher auch für hohe Signalquelleninnenwiderstände bis zu einigen 100 MΩ. Chopperstabilisierte Verstärker werden nur eingesetzt, wenn extreme Anforderungen an niedrige Offset- und Driftwerte bestehen. Tafel 11.4 zeigt Vor- und Nachteile von Erzeugnissen dieser drei Gruppen.

Trend. Die in letzter Zeit erzielten Verbesserungen bei der Realisierung monolithischer Operationsverstärker führten dazu, daß zunehmend OV-Typen auf den Markt kamen, die mehrere sich bisher ausschließende Eigenschaften in einem Verstärker beinhalten, z. B. kleine Eingangsoffsetspannung, kleiner Eingangsruhestrom, geringes Rauschen, hohe Bandbreite. Weiterhin wurden Präzisions-, Breitband- und Niedrigleistungs-OV entwickelt, die mit einer einzigen + 5-V-Spannung auskommen.

Besondere Fortschritte konnten in den letzten Jahren bei der Realisierung schneller OV mit Bandbreiten > 100 MHz erzielt werden.

12. Verstärkerschaltungen

Die Verstärkung ist die wichtigste Signalverarbeitungsoperation in analogen Schaltungen. Wir behandeln in diesem Abschnitt die grundlegenden Schaltungen zur Signalverstärkung. Dabei steht die Anwendung integrierter Operationsverstärker im Vordergrund.

Nach der systematischen Behandlung der vier Verstärkergrundtypen werden die wichtigsten Verstärkerschaltungen zur Verstärkung von Gleichgrößen, NF-, Selektiv- und Breitbandverstärker besprochen. Ein getrennter Abschnitt befaßt sich mit dem Rauschen bei Verstärkerschaltungen. Auch aktive Filter behandeln wir in knapper Form. Auf eine umfassende Darstellung dieses Spezialgebietes verzichten wir aus Platzgründen und verweisen auf die umfangreiche Literatur zu diesem Gebiet.

Verstärker werden grundsätzlich gegengekoppelt. Bei gegengekoppelten stetig arbeitenden OV-Schaltungen stellen sich bekanntlich die Potentiale stets so ein, daß die Eingangsdifferenzspannung des OV gegen Null geht. Das ist das entscheidende Wirkprinzip aller gegengekoppelten Operationsverstärkerschaltungen.

12.1. Verstärkergrundtypen mit Operationsverstärkern

Durch geeignete Gegenkopplungsbeschaltung lassen sich mit OV die im Abschnitt 8.3. erläuterten vier Verstärkergrundtypen (Spannungsverstärker, $U \to I$-Wandler, $I \to U$-Wandler, Stromverstärker) realisieren (Bild 8.1, vgl. auch Tafel 9.2).

Wir geben nachstehend einige Erläuterungen zu diesen vier Verstärkertypen. Dabei legen wir, falls nicht anders vermerkt, einen idealen OV zugrunde. Wie die in Tafel 12.1 angegebenen Formeln des nichtidealen OV berechnet werden, zeigen wir an einem Beispiel.

Spannungsverstärker. Diese Grundschaltung ist die bekannte nichtinvertierende OV-Grundschaltung aus Abschnitt 11.2. Bei idealem OV stellt sich der Spannungsabfall über Z_1 stets so ein, daß er gleichgroß mit der Eingangsspannung $\underline{U}_e$ ist, d. h., es gilt

$$\underline{U}_a \frac{Z_1}{Z_1 + Z_F} = \underline{U}_e \to \underline{U}_a = \underline{U}_e \left(1 + \frac{Z_F}{Z_1}\right).$$

Wegen der Seriengegenkopplung ist der Eingangswiderstand sehr groß ($Z_e \approx r_{gl} > 10$ bis 20 MΩ bei Bipolar-OV, >10 ... 100 MΩ bei FET-OV). Die Spannungsgegenkopplung bewirkt einen sehr kleinen Ausgangswiderstand (typ. <1 Ω).

Ein wichtiger Spezialfall ist der Spannungsfolger ($R_F = 0$). Durch seinen hohen Eingangswiderstand (typ. >20 MΩ) und niedrigen Ausgangswiderstand (typ. <50 mΩ) eignet er sich hervorragend als Pufferverstärker zur Ankopplung hochohmiger Signalquellen an niederohmige Lasten. Seine Bandbreite beträgt typ. <1 MHz (OV-abhängig). Die Ausgangsspannung „folgt“ mit einer Pegelverschiebung von $U_F - u_D$ (< wenige mV) dem Eingangspotential (Bild 11.2). Die Ausgangsoffsetspannung ist in guter Näherung gleich der Eingangsoffsetspannung U_F. Der Eingangsruhestrom des OV bewirkt bei

Gleichspannungskopplung einen Spannungsabfall am Innenwiderstand der Signalquelle und damit eine zusätzliche Offsetspannung. Bei Wechselspannungskopplung (Koppelkondensator) wird diese Fehlergröße unwirksam (s. Abschn. 12.3.).

$U \rightarrow I$-Wandler. Diese Schaltung ist identisch mit dem in der elektronischen Meßtechnik oft verwendeten „Lindeck-Rothe-Kompensator". Wie beim Spannungsverstärker stellt sich bei idealem OV der Spannungsabfall über Z_1 stets so ein, daß er ebensogroß ist wie die Eingangsspannung $\underline{U}_e$, d. h., es gilt

$$\underline{I}_a Z_1 = \underline{U}_e \rightarrow \underline{I}_a = \frac{\underline{U}_e}{Z_1}.$$

Durch die Seriengegenkopplung hat der Eingangswiderstand den gleichen Wert wie beim Spannungsverstärker. Die Stromgegenkopplung bewirkt sehr hohen Ausgangswiderstand (typ. $\gg 1\ \text{M}\Omega$).

Neben der Verstärkung, z. B. zur Erzeugung „eingeprägter" Stromsignale in der Meßtechnik, dient diese Schaltung zur Erzeugung konstanter oder definiert gesteuerter Ströme (gesteuerte Stromquelle).

Zweidrahtmeßumformer. In der industriellen Meßwerterfassung und Automatisierungstechnik sind Zweidrahtmeßumformer (current transmitter) weit verbreitet. Sie formen das Ausgangssignal eines Meßfühlers (häufig Spannungssignal im mV-Bereich) in ein proportionales Ausgangsstromsignal im Bereich von 4 ... 20 mA nach der Beziehung

$$I_a = \text{const}\ U_e + 4\ \text{mA}$$

um (Live-zero-Signal). Diese Umformung bringt neben der Signalverstärkung für die Meßwertübertragung über größere Entfernungen (einige 10 m bis einige km) erhebliche Vorteile. In der Regel erfolgt auch die Stromversorgung für den Meßumformer über diese Zweidrahtleitung (Anlegen einer unstabilisierten Speisespannung von 10 ... 30 V). Das bedingt jedoch, daß die elektronischen Schaltungen des Meßumformers mit einem Speisestrom von maximal 4 mA auskommen müssen.

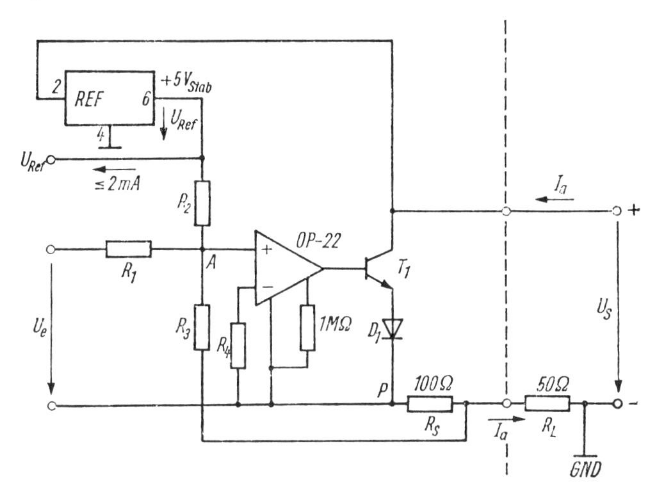

Bild 12.1
Zweidrahtmeßumformer mit Ausgangssignal 4 ... 20 mA

$U_S = +10 \ldots +36\ \text{V}$; $R_1 = 5\ \text{k}\Omega$, $R_2 = 1\ \text{M}\Omega$, $R_3 = 80\ \text{k}\Omega$, $R_4 = R_1 \| R_2 \| R_3$, $R_S = 100\ \Omega$; 25 mV positiver Spannungsabfall zwischen A und P erzeugt $I_a = 4\ \text{mA}$ (PMI-Firmenunterlagen)

Die Schaltung eines solchen Zweidrahtmeßumformers zeigt Bild 12.1. Zur Minimierung des Leistungsverbrauchs werden ein „Mikropower"-OV (Typ OP-22 von PMI, s. Tafel 11.3 b) und ein Referenzelement mit niedriger Leistungsaufnahme (Typ REF-02 A von PMI) eingesetzt. Die Stromaufnahme des gesamten Meßumformers beträgt $\leqq 2$ mA.

Tafel 12.1. Verstärkergrundtypen mit Operationsverstärkern

Verstärkergrundtyp		Spannungsverstärker	$I \rightarrow U$-Wandler
Gegenkopplungsart		Serien-Spannungs-Gegenkopplung	Parallel-Spannungs-Gegenkopplung
Eingangs-/Ausgangsgröße		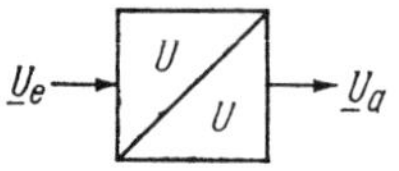	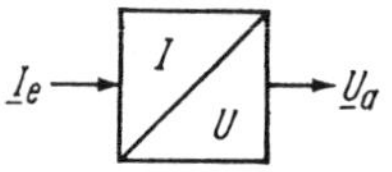
Schaltbild		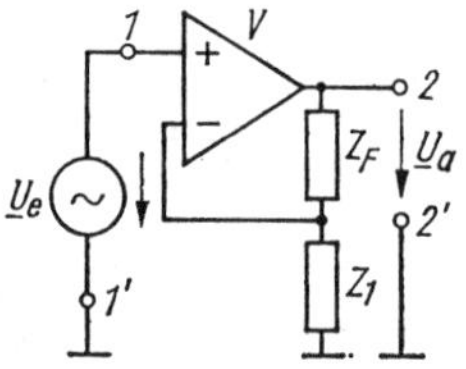	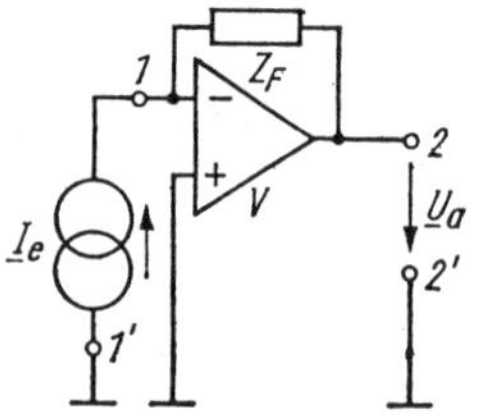
Ausgangsgröße $\underline{U}_a$ bzw. $\underline{I}_a$	idealer OV	$\underline{U}_a = \underline{U}_e \left(1 + \frac{\underline{Z}_F}{\underline{Z}_1}\right)$	$\underline{U}_a = -\underline{Z}_F \underline{I}_e$
	$V \neq \infty$, sonst ideal	$\underline{U}_a = \frac{\underline{U}_e}{\frac{1}{V} + \frac{\underline{Z}_1}{\underline{Z}_1 + \underline{Z}_F}}$	$\underline{U}_a = -\underline{I}_e \frac{\underline{Z}_F}{1 + \frac{1}{V}}$
Eingangswiderstand $\underline{Z}_e'$ (zwischen 1 und 1')	idealer OV	∞	0
	$V \neq \infty$, $r_d \neq \infty$, $r_{gl} \neq \infty$, sonst ideal	$r_d(1 + kV) \parallel 2r_{gl}$ $\approx 2r_{gl}$	$\frac{\underline{Z}_F}{1 + V}$ (für $r_d = r_{gl} = \infty$)
Ausgangswiderstand $\underline{Z}_a'$ (zwischen 2 und 2')	idealer OV	0	0
	$V \neq \infty$, $r_a \neq 0$, sonst ideal	$\frac{r_a}{1 + kV}$ (für $r_a \ll \lvert\underline{Z}_F + \underline{Z}_1\rvert$)	$\frac{r_a}{1 + V}$
Signalwandlung		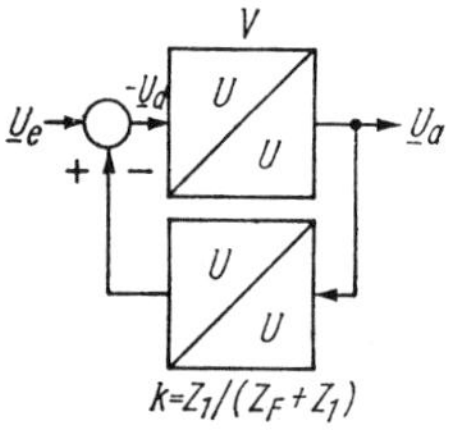 $k = Z_1/(Z_F + Z_1)$	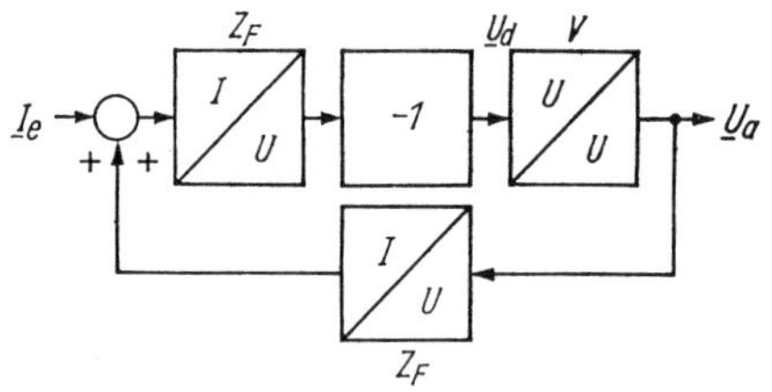 Z_F

Damit stehen noch 2 mA zur Speisung einer Meßbrücke oder einer anderen Eingangsschaltung des Meßfühlers zur Verfügung. Die minimale Speisespannung (hier: 10 V) ist durch die Referenzquelle bestimmt, die zur einwandfreien Funktion zwischen den Klemmen 2 und 4 eine Speisespannung $\geqq 7$ V benötigt.

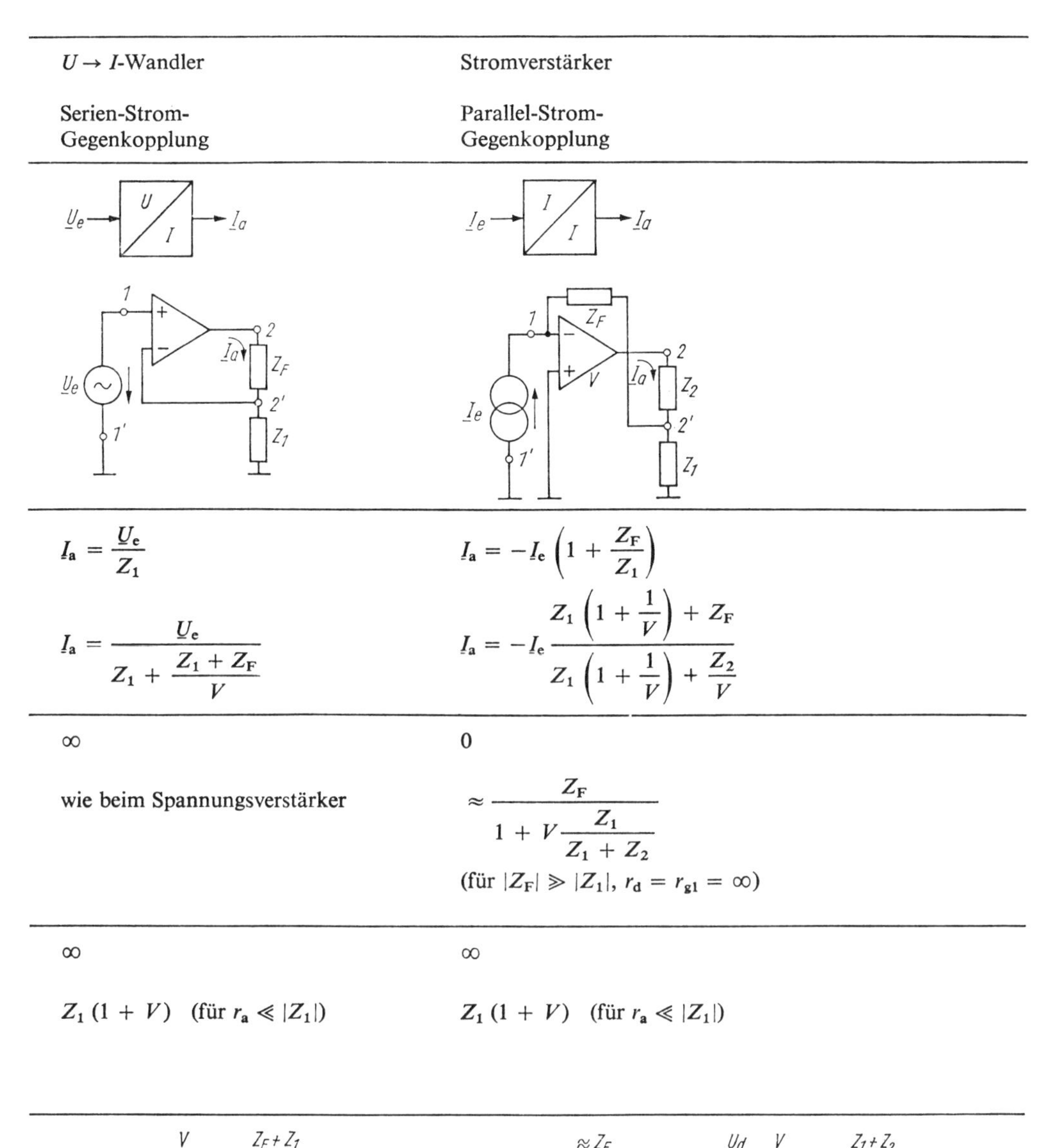

$U \rightarrow I$-Wandler	Stromverstärker
Serien-Strom-Gegenkopplung	Parallel-Strom-Gegenkopplung
$\underline{I}_a = \dfrac{\underline{U}_e}{Z_1}$	$\underline{I}_a = -\underline{I}_e \left(1 + \dfrac{Z_F}{Z_1}\right)$
$\underline{I}_a = \dfrac{\underline{U}_e}{Z_1 + \dfrac{Z_1 + Z_F}{V}}$	$\underline{I}_a = -\underline{I}_e \dfrac{Z_1 \left(1 + \dfrac{1}{V}\right) + Z_F}{Z_1 \left(1 + \dfrac{1}{V}\right) + \dfrac{Z_2}{V}}$
∞	0
wie beim Spannungsverstärker	$\approx \dfrac{Z_F}{1 + V \dfrac{Z_1}{Z_1 + Z_2}}$ (für $\lvert Z_F \rvert \gg \lvert Z_1 \rvert$, $r_d = r_{gl} = \infty$)
∞	∞
$Z_1 (1 + V)$ (für $r_a \ll \lvert Z_1 \rvert$)	$Z_1 (1 + V)$ (für $r_a \ll \lvert Z_1 \rvert$)

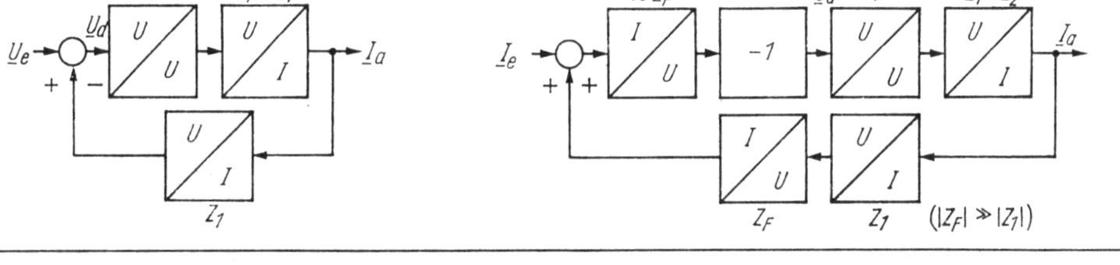

Bedingt durch die sehr niedrige Leistungsaufnahme können der OV und die Referenzquelle „schwimmend“ betrieben werden. Das Potential an P ändert sich bei der vorliegenden Dimensionierung in Abhängigkeit von U_e im Bereich 0 ... 3 V bezogen auf Masse (GND).

Die Übertragungsfunktion der Schaltung berechnen wir durch Anwenden des Knotenpunktsatzes auf Punkt A:

$$\frac{U_e}{R_1} + \frac{5\,V}{R_2} = \frac{I_a R_S}{R_3} \quad \text{für} \quad R_3 \gg R_S$$

$$I_a = \frac{1}{R_S}\left[\frac{R_3}{R_1} U_e + \frac{R_3}{R_2} 5\,V\right].$$

Für $R_3/R_1 = 16$ und $R_3/R_2 = 0{,}08$ gilt

$$I_a = \frac{16\,U_e}{100\,\Omega} + 4\,mA.$$

Die Schaltung ist in diesem Falle für einen Eingangsspannungsbereich $U_e = 0 \dots 100$ mV dimensioniert.

Der maximale Spannungsabfall über R_S darf nicht zu groß werden, da sonst das Potential am nichtinvertierenden OV-Eingang negativer als die negative Betriebsspannung wird, wodurch die Gefahr des „latch-up" auftritt (vgl. Abschn. 11.1.).

$I \rightarrow U$-Wandler. Stromverstärker. Diese Schaltungen eignen sich wegen ihres sehr kleinen (differentiellen) Eingangswiderstandes hervorragend zur Verstärkung der Signale aus hochohmigen Signalquellen. Sie liefern eine zum Eingangsstrom ($\approx$ Kurzschlußstrom der Signalquelle) proportionale(n) Ausgangsspannung (-strom).

Da der Summationspunkt (invertierender OV-Eingang) praktisch auf Massepotential liegt („virtuelle Masse"), lassen sich beide Schaltungen auch leicht mit einem Spannungseingang versehen. Es ist lediglich erforderlich, vor den invertierenden OV-Eingang einen Vorwiderstand zu schalten. Er wirkt als $U \rightarrow I$-Wandler, d.h., er wandelt eine Eingangsspannung in einen proportionalen Eingangsstrom um, der vom $I \rightarrow U$-Wandler bzw. vom Stromverstärker weiterverarbeitet wird. Das bekannteste Beispiel hierfür ist die invertierende OV-Grundschaltung. Sie ist genaugenommen ein $I \rightarrow U$-Wandler mit dem Gegenkopplungswiderstand R_F und einem als $U \rightarrow I$-Wandler wirkenden Vorwiderstand R_1 (vgl. Bild 11.2).

Bei idealem OV fließt der gesamte Eingangsstrom $\underline{I}_e$ durch den Gegenkopplungswiderstand R_F zum Ausgang. Die Ausgangsspannung des OV stellt sich so ein, daß der invertierende OV-Eingang nahezu auf Masse liegt, d.h., es gilt

$$\underline{U}_a = -\underline{I}_e Z_F \quad \text{beim } I \rightarrow U\text{-Wandler}$$

$$\underline{I}_a (Z_1 \parallel Z_F) = -\underline{I}_e Z_F \rightarrow \underline{I}_a = -\underline{I}_e \left(1 + \frac{Z_F}{Z_1}\right) \quad \text{beim Stromverstärker.}$$

Die Nachweisgrenze bei der Verstärkung sehr kleiner Eingangsströme ist dadurch gegeben, daß der Eingangsruhe- bzw. -offsetstrom des OV sowie das Rauschen in jedem Falle wesentlich kleiner sein müssen als der zu verstärkende Eingangsstrom $\underline{I}_e$.

Der niedrige Eingangswiderstand zwischen dem invertierenden OV-Eingang und Masse der beiden hier behandelten Verstärkergrundschaltungen (z.B. 1 Ω) hat auch für das dynamische Verhalten des Eingangskreises große Vorteile, wie folgendes Beispiel zeigt.

Beispiel zur Stromverstärkung. Die grundsätzlichen Probleme der Verstärkung von Signalen aus hochohmigen Signalquellen studieren wir an Hand des Beispiels im Bild 12.2.

Wir stellen uns die Aufgabe, den Fotostrom I_{Ph} der Fotodiode im Bild 12.2 möglichst trägheitslos und mit konstantem großem Verstärkungsfaktor zu verstärken.

Bezüglich der Struktur des Eingangskreises lassen sich zwei Varianten unterscheiden: *Variante 1* (Spannungsmessung): Umwandeln des Fotostroms in einen proportionalen Spannungsabfall $I_{Ph}R$ und dessen Verstärkung mit einem Spannungsverstärker bzw. $U \rightarrow I$-Wandler.

- Der Fotostrom fließt praktisch voll durch R.
- $\underline{U}_a = \underline{I}_{Ph}R\,(1/(1 + 1/V))$ (aus Tafel 12.1 für Spannungsfolger).
- C muß durch I_{Ph} umgeladen werden.
- Die Zeitkonstante des Eingangskreises beträgt $\tau \approx CR$.
- Die Genauigkeit des Verstärkungsfaktors wird durch R bestimmt.

Variante 2 (Parallelgegenkopplung): Direkte Verstärkung des Fotostromes durch einen $I \rightarrow U$-Wandler oder einen Stromverstärker.

- Der Fotostrom fließt praktisch voll durch R_F.
- $\underline{U}_a = -\underline{I}_{Ph}Z_F\,[1/(1 + 1/V)]$ (aus Tafel 12.1) (gleiche Verstärkung wie Variante 1 für $R_F = R$).
- Die Spannungsänderung über C ist V-mal kleiner als bei Variante 1.
- Die Zeitkonstante des Eingangkreises beträgt $\tau \approx CR_F/V$ (weil der Eingangswiderstand zwischen invertierendem OV-Eingang und Masse näherungsweise R_F/V beträgt).
- Die Genauigkeit des Verstärkungsfaktors wird durch R_F bestimmt.

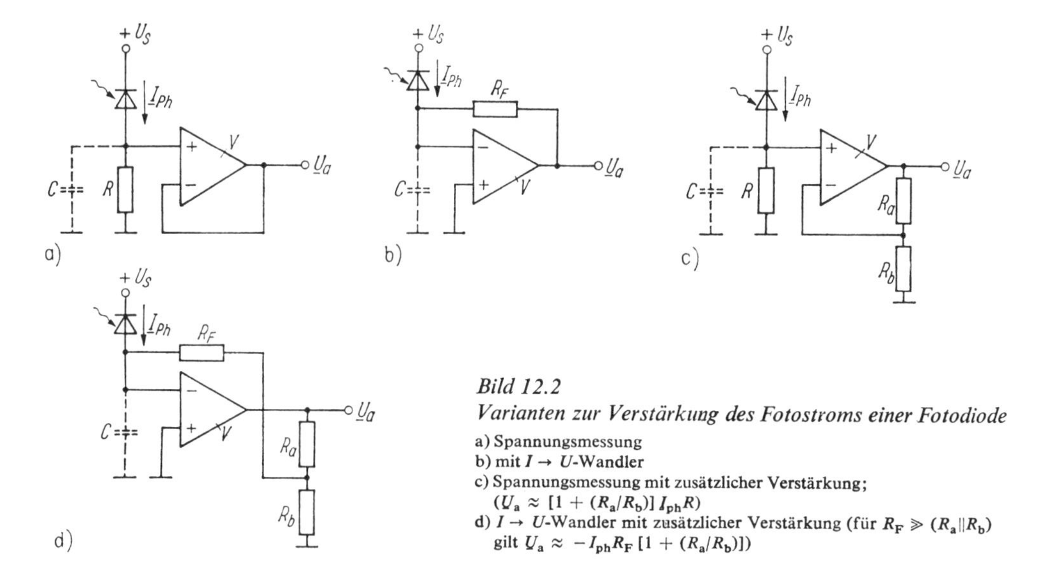

Bild 12.2
Varianten zur Verstärkung des Fotostroms einer Fotodiode
a) Spannungsmessung
b) mit $I \rightarrow U$-Wandler
c) Spannungsmessung mit zusätzlicher Verstärkung; ($\underline{U}_a \approx [1 + (R_a/R_b)]\,\underline{I}_{ph}R$)
d) $I \rightarrow U$-Wandler mit zusätzlicher Verstärkung (für $R_F \gg (R_a \| R_b)$ gilt $\underline{U}_a \approx -I_{ph}R_F\,[1 + (R_a/R_b)]$)

Obwohl die Ausgangsspannung beider Varianten gleich groß und gleich konstant ist ($R_F = R$), ist Variante 2 dynamisch deutlich überlegen. Die obere Grenzfrequenz des Eingangskreises ist um den Verstärkungsfaktor des OV, d.h. um einige Größenordnungen, größer als bei Variante 1. Diese Erkenntnis ist vor allem für die Verarbeitung sehr kleiner Eingangsströme von großer Bedeutung, weil in diesem Fall große Widerstände R, R_F benötigt werden, um größere Ausgangsspannungen zu erzeugen.

Ein weiterer Vorteil der Variante 2 besteht darin, daß die Spannung über der Fotodiode unabhängig vom Fotostrom bleibt (Vermeiden des Spannungseinflusses auf die Kennwerte der Fotodiode). In jedem Fall ist zu empfehlen, die Parallelkapazität im Eingangskreis klein zu halten (kurze kapazitätsarme Kabel usw.).

In der Praxis wird die Anstiegszeit der Übergangsfunktion von Schaltung Bild 12.2b oft durch die unvermeidliche Parallelkapazität des Gegenkopplungswiderstandes R_F bestimmt.

Zusammenfassend gilt: Bei Parallelgegenkopplung im Eingangskreis (Stromeingang) wirken sich Streu-, Kabel- und andere Parallelkapazitäten wesentlich weniger aus als bei Spannungseingang.

Verstärkung sehr kleiner Ströme. Zur Verstärkung sehr kleiner Ströme müssen Operationsverstärker mit äußerst kleinem Eingangsruhestrom (z.B. Varicap-Modulationsverstärker) verwendet werden. Die Widerstände R bzw. R_F im Bild 12.2a und b müssen sehr groß sein, damit eine genügend große Ausgangsspannung auftritt (Zahlenbeispiel: $\underline{I}_{Ph} = 10^{-9}$ A, $\underline{U}_a = 1$ V $\rightarrow R_F = R = 1$ V/10^{-9} A $= 10^9\ \Omega$). Sehr hochohmige Widerstände (typ. $\gtrapprox 10^9\ \Omega$) haben aber meist ungünstige Eigenschaften (Genauigkeit, TK, zeitliche Stabilität, Spannungskoeffizient, Rauschen). Deshalb ist es u. U. vorteilhaft, die Schaltungen nach Bild 12.2c und d zu verwenden, bei denen eine zusätzliche Spannungsverstärkung auftritt. Beispielsweise ist bei der Schaltung im Bild 12.2d ein Widerstandsverhältnis $R_a/R_b = 10^3$ äquivalent einem 10^3fachen Widerstandswert von R_F im Bild 12.2b. Allerdings sind die Konstanz des Verstärkungsfaktors geringer, das Rauschen und die Drift größer. Der Eingangswiderstand von Schaltung d beträgt, falls $R_F \gg (R_a \parallel R_b)$ gilt, $R_e \approx VR_F[R_b/(R_a + R_b)]$. Die Zeitkonstante des Eingangskreises ist daher um den Faktor $R_b/(R_a + R_b)$ größer als bei Schaltung b.

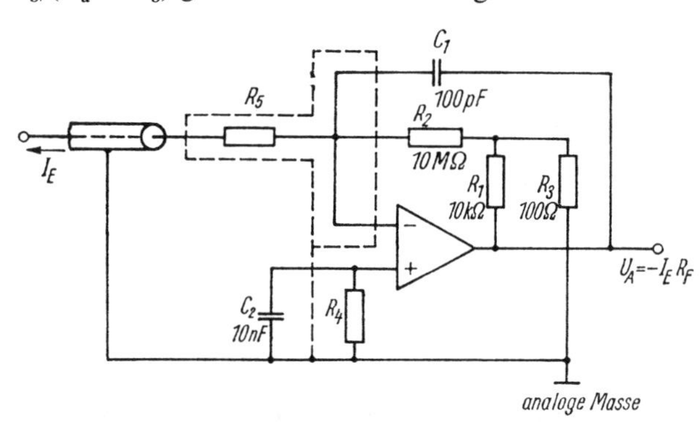

Bild 12.3
Schaltungsbeispiel für einen I-U-Wandler für sehr kleine Ströme
$R_F = (R_1R_2 + R_1R_3 + R_2R_3)/R_3$;
$R_4 = R_2 \| R_5$

Ein dimensioniertes Schaltungsbeispiel für Bild 12.2d zeigt Bild 12.3. Da der Gegenkopplungswiderstand R_2 lediglich $\frac{1}{100}$ der OV-Ausgangsspannung abgreift, ersetzt er einen 100fach größeren Gegenkopplungswiderstand, der direkt an den OV-Ausgang angeschlossen wäre. Da das Spannungsteilerverhältnis sowohl die Drift als auch den Offset vervielfacht, ist diese Schaltung nur bei Verwendung driftarmer Operationsverstärker mit kleiner Offsetspannung sinnvoll. Der Integrationskondensator C_1 begrenzt die Bandbreite der Schaltung auf 1,6 Hz. Die gleiche Bandbreite würde sich ergeben, wenn ein Kondensator von 10 nF parallel zu R_2 geschaltet würde. Die Lösung im Bild 12.3 ist jedoch günstiger, da ein 100-pF-Kondensator einen kleineren Fehlstrom aufweist, räumlich kleiner ist und weniger Störsignale aus der Umgebung aufnimmt. Bei der maximalen Ausgangsspannung darf C_1 max. 1 pA Fehlstrom führen. Sein äußerer Belag wird mit dem OV-Ausgang verbunden (Abschirmung des OV-Eingangs). Das Einschalten von R_4 verkleinert die durch den OV-Eingangsstrom bedingte Drift (s. Abschn. 11.4.). Die kapazitive Überbrückung durch C_2 sorgt dafür, daß keine schnell veränderlichen Signale (Störsignale) am nichtinvertierenden OV-Eingang wirksam werden können.

Eingangsspannungsbegrenzung. Oft ist es notwendig, die OV-Eingangsspannung bei den hier besprochenen Schaltungen zu begrenzen (Überspannungsschutz, z. B. bei mit hoher Betriebsspannung gespeiste Sensoren wie Ionisationskammern, Flammendetektoren, Gaschromatographen, bei denen im Falle eines Sensorkurzschlusses die hohe Betriebsspannung des Sensors am Verstärkereingang liegt). Das läßt sich mit antiparallel geschalteten hochsperrenden Dioden realisieren. Einen besonders niedrigen Sperrstrom erzielt man mit als Diode geschalteten SFET. Bild 12.4 zeigt als Beispiel einen dimensionierten *I-U*-Wandler unter Verwendung des programmierbaren bipolaren „Mikropower"-OV OP-22 (PMI, s. Taf. 11.3b) in Verbindung mit einem Zweifach-SFET U 421 (Siliconix), wodurch ein sehr niedriger Eingangsruhestrom von ≤ 2 pA und sehr niedriges Stromrauschen erzielt werden. Die am Eingang als Begrenzerdiode verwendeten SFET (D_1, D_2) haben einen extrem kleinen Sperrstrom von 1 pA bei 20 V. Die Slew Rate läßt sich mittels R_s verändern. Bei $R_s \approx 12$ MΩ beträgt $S_r \approx 0{,}005$ V/µs.

In manchen Fällen genügt auch ein Vorwiderstand vor dem OV-Eingang als Überspannungsschutz. Der Vorwiderstand begrenzt den maximalen Überlaststrom auf z. B. 1 ... 0,1 mA (Bild 12.4b). Der Vorwiderstand verringert jedoch die Bandbreite der Schaltung.

Industrielles Beispiel: Integrierte Fotodiode mit Verstärker *OPT 201* (Burr Brown). In einem 8poligen Gehäuse ist auf einem dielektrisch isolierten monolithischen Chip eine Fotodiode (2,29 × 2,29 mm²) mit einem *I-U*-Wandler (FET-Eingang) einschließlich eines 1-MΩ-Gegenkopplungs-Dünnfilmwiderstandes integriert. Typische Daten: hohe Empfindlichkeit 0,45 A/W (650 nm), Dunkelfehler 2 mV, $B \approx 4$ kHz, $U_S = \pm 2{,}25 \ldots 18$ V, $I_S = 400$ µA.

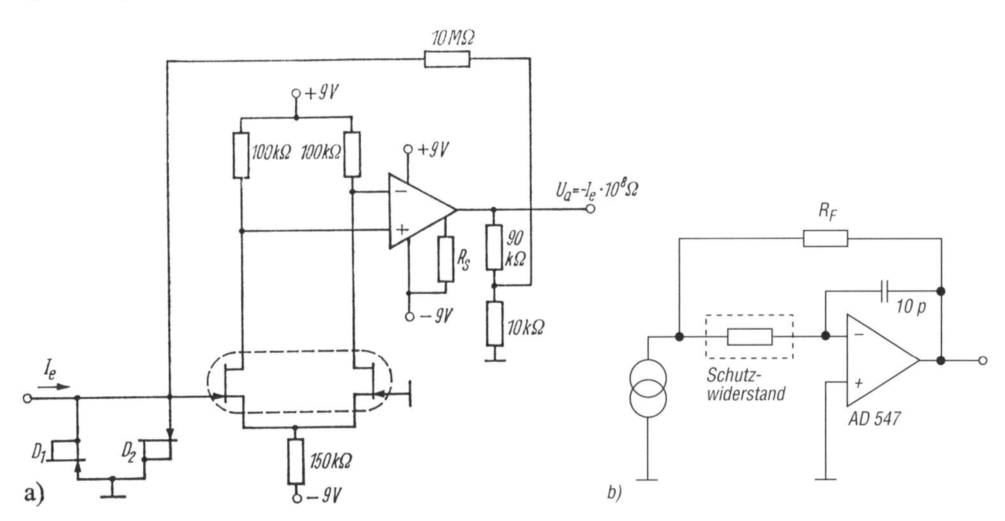

Bild 12.4. I-U-Wandler für sehr kleine Eingangsströme

a) Schaltungsbeispiel; $R_F = (R_1R_2 + R_1R_3 + R_2R_3)/R_3$; $R_4 = R_2 \parallel R_5$
b) Schutzwiderstand zur Begrenzung der OV-Eingangsspannung

12.2. Verstärker für Gleichgrößen. Instrumentationsverstärker, Trennverstärker, Ladungsverstärker [6] [13]

Wie wir im Abschnitt 4.1. erläuterten, ist bei Verstärkern zwischen den beiden Arten von Störungen,

1. den *signaläquivalenten* (Nullpunktfehler) und
2. den *verstärkungsäquivalenten* Fehlern (Ausschlagfehler),

zu unterscheiden. Die verstärkungsäquivalenten Fehler lassen sich durch Gegenkoppeln praktisch beliebig klein halten. Die Nullpunktfehler dagegen lassen sich nur begrenzt verringern. Sie stellen die Hauptfehlerquelle bei Gleichgrößenverstärkern dar. Sie bestimmen auch die maximal sinnvolle Verstärkung eines Gleichgrößenverstärkers, denn es hat nur Sinn, den Verstärkungsfaktor so weit zu vergrößern, bis die Eingangsoffsetspannung den Verstärkerausgang gerade voll aussteuert.

Besondere Sorgfalt ist auf den mechanischen Aufbau eines Gleichgrößenverstärkers für kleine Signale zu richten. Thermospannungen (z.B. von Lötstellen) können bei ungünstigem Aufbau, bei Temperaturgefälle oder bei ungünstigen Materialkombinationen erhebliche zusätzliche Eingangsoffsetspannungen erzeugen (bis zu mehreren 10 μV und darüber).

Alle im vorhergehenden Abschnitt behandelten OV-Schaltungen eignen sich zur Gleichspannungs- bzw. Gleichstromverstärkung. Wir wollen nachfolgend auf einige zusätzliche Varianten eingehen, die bei der Verstärkung von Gleichgrößen große Bedeutung erlangten.

12.2.1. Instrumentationsverstärker

Viele Meßfühler liefern als elektrisches Abbildsignal der Meßgröße ein kleines Spannungs- oder Stromsignal, das oft von erheblichen *Gleichtaktstörungen* überlagert ist. Zur Verstärkung dieser Signale wurden Verstärker mit besonders hochwertigen Eigenschaften, die sog. Instrumentationsverstärker (instrumentation amplifiers) und Trennverstärker (isolation amplifiers) entwickelt [12.1].

Ein Instrumentationsverstärker ist ein gegengekoppelter Differenzverstärker mit hohem Eingangswiderstand (zur Vermeidung von „Belastungsfehlern“ wird die Signalquelle im Leerlauf betrieben) und sehr hoher Gleichtaktunterdrückung (Beseitigung von Gleichtaktstörungen). Er hat die Aufgabe, die Differenzeingangsspannung unabhängig von zusätzlich auftretenden Gleichtaktstörspannungen sehr linear und genau zu verstärken. Weitere Eigenschaften sind: einstellbarer Verstärkungsfaktor (z. B. $1 \ldots 10^3$ durch einen äußeren Widerstand oder „softwareprogrammierbar“), hohe Linearität, hohe Genauigkeit und Konstanz (d.h. große Schleifenverstärkung, Präzisionswiderstände im Gegenkopplungskreis), niedrige Drift und geringes Rauschen, gute Langzeitstabilität, niedriger TK, kurze Einschwingzeit (zur Meßstellenabfrage vieler Meßstellen) und großer Umgebungstemperaturbereich.

Bisher wurden Instrumentationsverstärker meist in Modulform oder in Hybridtechnologie gefertigt. Zukünftig werden immer mehr monolithische Typen verfügbar sein. Das wird dazu führen, daß sie ähnlich breiten Einsatz finden werden wie heute die Operationsverstärker.

Gleichtaktfehler. Instrumentationsverstärker müssen echte Differenzverstärker sein, denn ein Verstärker mit unsymmetrischem Eingang kann Differenz- von Gleichtakteingangsspannungen nicht unterscheiden (Bild 12.5a). Aber auch bei einem Verstärker mit Differenzeingang kann die Gleichtaktspannung $\underline{U}_{gl}$ einen Fehler hervorrufen, wie aus Bild 12.5b deutlich wird.

Die Signalquelle (Meßfühler, z.B. Thermoelement mit der Ausgangsspannung $\underline{U}_e$ im Millivoltbereich) im Bild 12.5b befindet sich u. U. in größerer Entfernung vom Verstärkereingang. Zwischen der „Meßerde“ und der „Systemerde“ kann infolge von Erdströmen, die von Motoren oder von anderen Energieverbrauchern hervorgerufen werden, eine erhebliche Störspannung $\underline{U}_{gl}$ bis zu 10 V und darüber entstehen. Besonders typisch sind Gleichspannungen sowie Wechselspannungen mit der Netzfrequenz und deren Oberwellen (vor allem 50 und 100 Hz).

Falls der Meßfühler nicht völlig von der Meßerde isoliert und/oder der Gleichtakteingangswiderstand des Verstärkers nicht unendlich groß ist, kann die Spannung $\underline{U}_{gl}$ einen Spannungsabfall über den Verstärkereingangsklemmen 1–2 hervorrufen, der sich dem vom Meßfühler herrührenden Nutzsignal überlagert und die Messung verfälscht. Man nennt diese Erscheinung Gleichtakt-Gegentaktkonversion. Zusätzlich bewirkt die Spannung $\underline{U}_{gl}$ eine Gleichtakteingangsspannung des Verstärkers. Sie kann eine störende Ausgangsspannung an der Ausgangsklemme 3 hervorrufen, wenn die Gleichtaktunterdrückung CMRR des Verstärkers nicht genügend groß ist.

Die infolge der Gleichtakt-Gegentaktkonversion zwischen den Verstärkereingangsklemmen 1–2 auftretende Differenzspannung läßt sich aus Bild 12.5b unter den Voraussetzungen $R_1 + R_2 \ll r_d$, $R_1 \ll r_{gl\,1}$ und $R_2 \ll r_{gl\,2}$ leicht berechnen. Für $\underline{U}_e = 0$ und $r_d \to \infty$ ergibt sich

$$\underline{U}_d^* \approx \underline{U}_{gl} \frac{R_2/r_{gl\,2} - R_1/r_{gl\,1}}{1 + \dfrac{R_{is}}{r_{gl\,1} \parallel r_{gl\,2}}}.$$

Das vom Meßfühler herrührende Nutzsignal zwischen den Klemmen 1 und 2 beträgt dagegen unter den Voraussetzungen $R_1 \ll r_d$, $R_2 \ll r_d$ sowie $r_d \ll r_{gl\,1}$ und $r_d \ll r_{gl\,2}$

$$\underline{U}_d \approx \underline{U}_e \frac{r_d}{r_d + R_1 + R_2} \approx \underline{U}_e \left(1 - \frac{R_1 + R_2}{r_d}\right).$$

Bei kleinen Meßsignalen $\underline{U}_e$ (Millivoltbereich) kann es in der Praxis durchaus vorkommen, daß die störende Differenzspannung $\underline{U}_d^*$ wesentlich größer ist als $\underline{U}_d$, falls nicht besondere Maßnahmen getroffen werden, die $\underline{U}_d^*$ genügend klein halten.

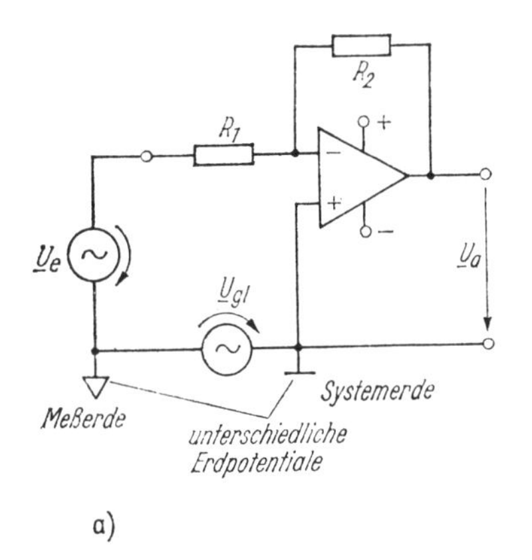

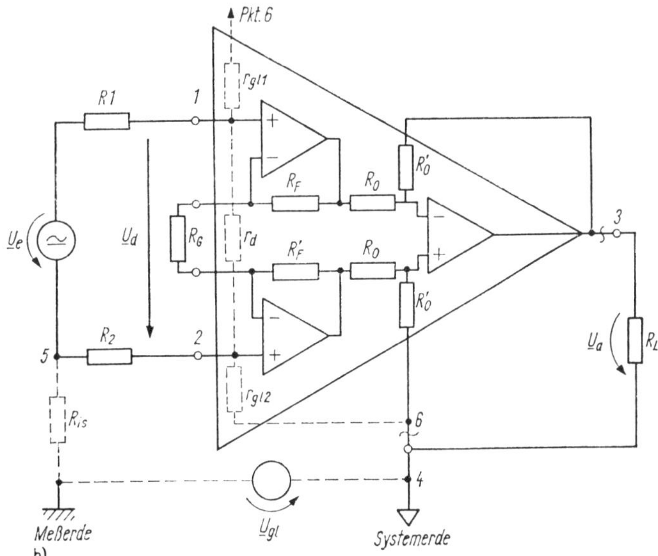

Bild 12.5
Auswirkung von Gleichtaktstörspannungen
a) beim invertierenden Verstärker ($\underline{U}_a = -(R_2/R_1))(\underline{U}_e + \underline{U}_{gl})$)
b) Beispiel einer Gleichtakt-Gegentakt-Umwandlung

Vermeidung von Gleichtaktfehlern. Die oben angegebene Gleichung für $\underline{U}_d^*$ zeigt mehrere Lösungswege, die verhindern, daß die Erdpotentialdifferenz $\underline{U}_d^*$ einen unzulässig hohen Meßfehler hervorruft. Eine der nachstehend genannten fünf Forderungen muß realisiert werden:

1. $R_{is} \to \infty$, d.h. Meßfühler isoliert montieren. Vorteil: Nur geringe Anforderungen an den Gleichtakteingangswiderstand und an die Gleichtaktunterdrückung des Verstärkers erforderlich.
2. Gleichtaktunterdrückung und Gleichtakteingangswiderstand des Instrumentationsverstärkers möglichst groß wählen.
3. Verbindungsleitungen an den Punkten 3 und 6 im Bild 12.5b galvanisch trennen (Isolationsverstärker). Dadurch lassen sich Verstärker mit extrem hohem Gleichtakteingangswiderstand und extrem hoher Gleichtaktunterdrückung realisieren.
4. Eine Potentialausgleichsleitung zwischen die Punkte 4 und 5 im Bild 12.5b schalten. Dann kann sich die Spannung $\underline{U}_{gl}$ am Punkt 5 nicht auswirken.
5. Abgeglichene Brücke (d.h. $R_1/R_2 = r_{gl\,1}/r_{gl\,2}$) und hohe Gleichtaktunterdrückung des Instrumentationsverstärkers realisieren.

Die Forderung 1. ist praktisch nur selten realisierbar, da Isolationswiderstände im Megaohmbereich und darüber erforderlich sind. Das Erfüllen der Forderung 4. ist häufig aus Aufwands- und ökonomischen Gründen (zusätzliche Leitung über große Entfernung) nicht zweckmäßig. Ökonomisch vertretbar sind im wesentlichen die Forderungen 2. und 3. (gegebenenfalls in Verbindung mit 5.) zu realisieren. Deshalb werden in der Praxis Instrumentationsverstärker mit sehr hoher Gleichtaktunterdrückung[1]) und sehr hohem Gleichtakteingangswiderstand verwendet. Die besten Ergebnisse (CMRR > 150 dB, $r_{gl} > 10^{11}\,\Omega$) werden mit Isolationsverstärkern erzielt. Die galvanische Trennung zwischen den Eingangsklemmen 1, 2 und der Systemerde wird dabei mit Transformatoren oder mit Optokopplern vorgenommen. Der Aufwand ist jedoch relativ hoch, da – bedingt durch die notwendige Gleichspannungskopplung und durch die Forderung nach sehr geringer Drift – Modulationsverstärker verwendet werden müssen.

In den meisten praktischen Fällen genügen Instrumentationsverstärker ohne interne galvanische Potentialtrennung. Wir wollen nachfolgend die beiden wichtigsten Schaltungen hierfür kennenlernen.

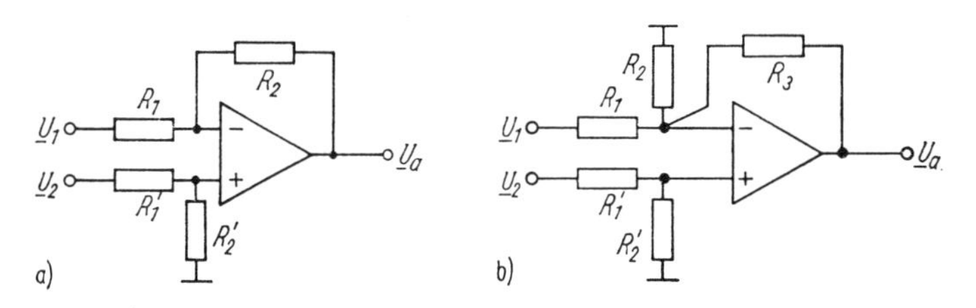

Bild 12.6. Einfacher Instrumentationsverstärker

a) übliche Standardschaltung: $\underline{U}_a = (R_2/R_1)(\underline{U}_2 - \underline{U}_1)$ für $R_1 = R_1'$, $R_2 = R_2'$ und idealen OV
b) Schaltung mit sehr hoher Gleichtakteingangsspannung. Beispiel für Zahlenwerte: $R_1 = R_1' = R_3 = 200\,k\Omega$; $R_2 = 10\,k\Omega$; $R_2' = R_1 \| R_2$

Schaltungen. *Einfacher Differenzverstärker.* Für geringe Genauigkeitsansprüche und geringe Forderungen an die Gleichtaktunterdrückung ist die einfache Differenzverstärkerschaltung im Bild 12.6 geeignet. Ihre Ausgangsspannung ist proportional zur Differenz

[1]) Oberhalb von 10 ... 100 Hz sinkt in der Praxis die Gleichtaktunterdrückung mit der Frequenz ab, weil CMRR des Verstärkers kleiner wird und sich Parallelkapazitäten zwischen den beiden Signalleitungen und Masse auswirken (Kabelkapazitäten, Verstärkereingangskapazität).

$\underline{U}_2 - \underline{U}_1$ der beiden Eingangsspannungen (s. Ableitung zu (13.1), S. 352). Damit die durch den Eingangsoffsetstrom des OV hervorgerufene zusätzliche Eingangsoffsetspannung klein bleibt, dürfen R_1 und R_1' nicht zu groß sein (z. B. 0,1 ... 10 kΩ). Das hat einen niedrigen Eingangswiderstand der Schaltung zur Folge (Differenzeingangswiderstand $\approx R_1 + R_1'$). Die Widerstandsverhältnisse R_2/R_1 und R_2'/R_1' müssen sehr genau übereinstimmen, sonst tritt eine Gleichtakt-Gegentakt-Umwandlung ein, und die Gleichtaktunterdrückung sinkt stark ab (Beispiel: $\frac{1}{4}$‰ unterschiedliches Verhältnis bewirkt CMRR ≈ 60 dB bei idealem OV).

Einfacher Differenzverstärker mit hoher Gleichtakteingangsspannung. Der Gleichtakteingangsspannungsbereich üblicher Instrumentationsverstärker nach Bild 12.6a und 12.7 wird durch die Betriebsspannung begrenzt. Bei ±15 V Betriebsspannung darf $\underline{U}_{gl}$ in der Regel ±10 V nicht wesentlich überschreiten, sonst treten Übersteuerungen von Verstärkerstufen auf.

Eine interessante Ausnahme bildet die Schaltung im Bild 12.6b. Sie ermöglicht einen Gleichtakteingangsspannungsbereich von ±200 V bei ±15 V Betriebsspannung (Typ INA 117 der Fa. Burr Brown [12.1]). Differenz- oder Gleichtakteingangsgleichspannungen bis zu ±500 V führen nicht zur Zerstörung des Verstärkers.

Der sehr hohe Gleichtakteingangsspannungsbereich wird dadurch erzielt, daß die Eingangsspannung auf $^1/_{20}$ heruntergeteilt wird, so daß bei $\underline{U}_{gl} = \pm 200$ V am Verstärkereingang nur ±10 V Gleichtakteingangsspannung anliegt. Durch die Gegenkopplungsbeschaltung über R_3 erfolgt eine 20fache Verstärkung, so daß die Eingangsdifferenzspannung $\underline{U}_d$ insgesamt mit $V = 1$ zum Ausgang übertragen wird.

Für $R_1 = R_1' = R_3$ und $R_2' = R_1 \| R_2$ ergibt sich durch einfache Rechnung für idealen OV die Ausgangsspannung

$$\underline{U}_a = \underline{U}_1 - \underline{U}_2 .$$

Kritischer Punkt ist die Übereinstimmung der Widerstände. Um CMRR = 86 dB zu gewährleisten, müssen sie bis auf 0,005% übereinstimmen. Zusätzlich müssen sie die bei hohen Eingangsspannungen auftretende nicht vernachlässigbare Verlustleistung abführen können.

Genauer Instrumentationsverstärker. Eine Schaltung mit sehr guten Eigenschaften zeigt Bild 12.7. Sie ist weitgehend symmetrisch. Die Eingangsstufe ist ein Differenzverstärker mit symmetrischem Eingang und symmetrischem Ausgang (Differenzausgangsspannung $\underline{U}_{ad}'$). Daran schließt sich ein Differenzverstärker nach Bild 12.6 an, der die Aufgabe hat, den Übergang zu einem unsymmetrischen Ausgangssignal zu vollziehen. Die Schaltung hat einen hohen Eingangswiderstand, denn V_1 und V_2 werden in der nichtinvertierenden OV-Grundschaltung betrieben. Der symmetrische Eingangskreis ermöglicht eine hohe Gleichtaktunterdrückung (CMRR = 0,5 [$\text{CMRR}_1 + \text{CMRR}_2$]).

Zwischen der Signalquelle und der Systemerde (die gleichzeitig der Massebezugspunkt für die beiden Verstärker V_1 und V_2 ist) muß eine Gleichstromverbindung bestehen, damit der Eingangsruhestrom von V_1 und V_2 zufließen kann (Systemerde→Meßerde→Fußpunkt *p* der Signalquellen im Bild 12.7a→nichtinvertierende Eingänge von V_1 und V_2→ Betriebsspannungsquelle(n)→Sytemerde). Diese Verbindung ist bei Trennverstärkern (Isolationsverstärkern) nicht erforderlich, wie aus Bild 12.9 hervorgeht.

Unter Voraussetzung idealer OV gilt für $\underline{U}_{gl} = 0$, $\underline{U}_1 = \underline{U}_d$, $\underline{I}_1 = \underline{U}_1/R_1$ und $\underline{U}_{ad}' = \underline{I}_1 (R_2 + R_2' + R_1)$. Aus diesen Beziehungen folgt mit $\underline{U}_d = \underline{U}_{e2} - \underline{U}_{e1}$

$$\underline{U}_{ad}' = \underline{U}_d \left(1 + \frac{R_2 + R_2'}{R_1}\right).$$

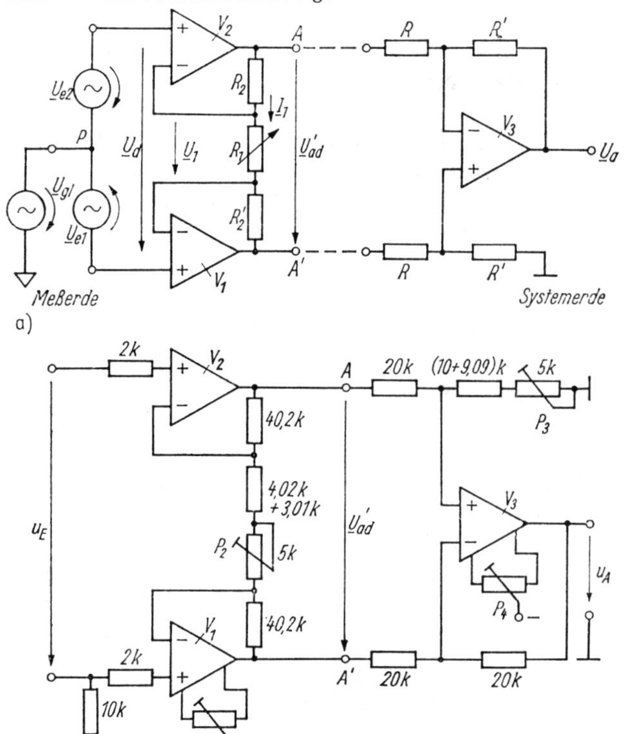

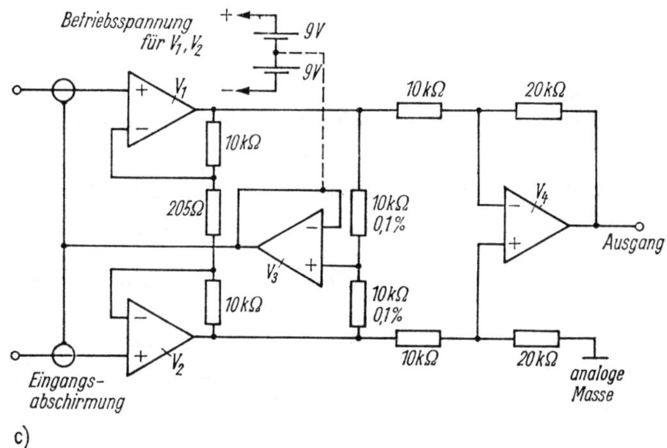

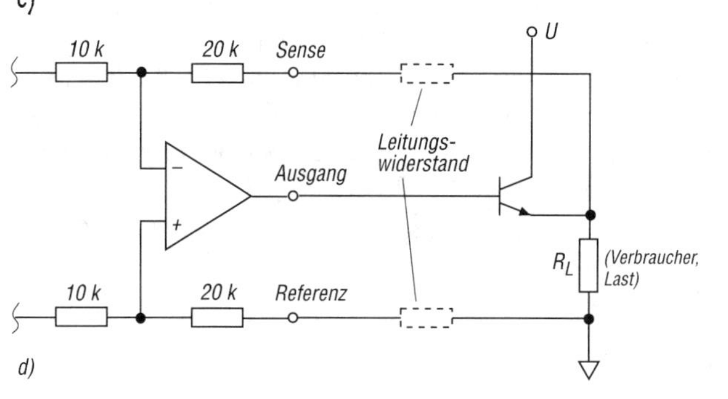

Bild 12.7
Instrumentationsverstärker hoher Genauigkeit

a) Prinzip
b) dimensionierte Schaltung mit zehnfacher Spannungsverstärkung und CMRR > 70 ... 90 dB für Eingangsspannungen U_d > 10 ... 20 mV

Alle Widerstände Metallschichtwiderstände, Cermet-Potentiometer
P_1: Einstellung gleicher Offsetspannungen für V_1 und V_2
P_2: Verstärkungseinstellung
P_3: Einstellung maximaler Gleichtaktunterdrückung
P_4: Offsetabgleich V_1, V_2: OV mit niedriger Drift (z.B. $\Delta U_F/\Delta T$ < 1 µV/K) V_3: µA 741 E

c) Instrumentationsverstärker mit Nachführung der Eingangsabschirmung V_1, V_2: AD 547 L, V_3: µA 741, V_4: AD 574 K
d) Prinzip des „Remote Sensing“

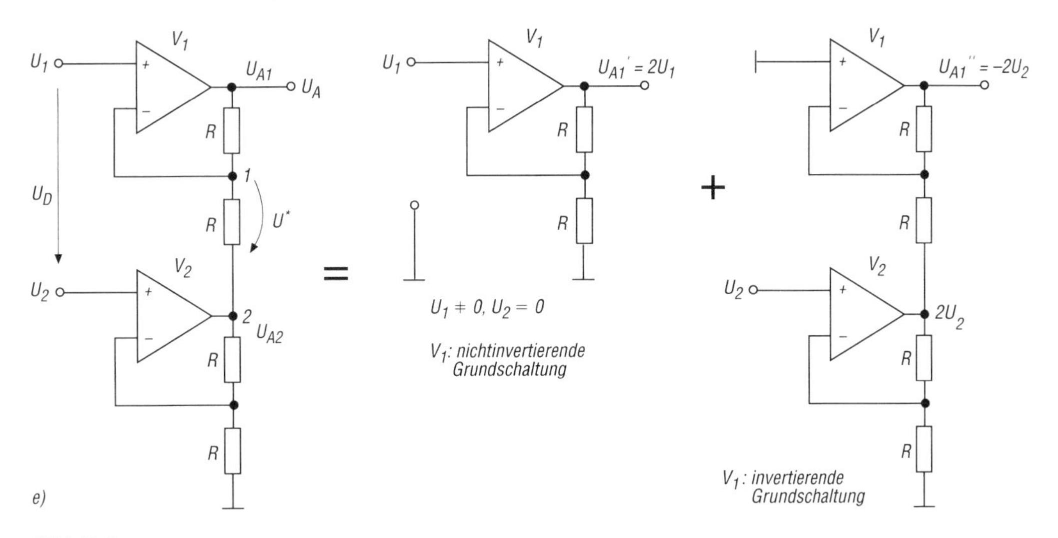

Bild 12.7.
e) Elektrometersubtrahierer

Durch Verändern von R_1 läßt sich also die Spannungsverstärkung der Stufe (nichtlinear) einstellen.

Bei reiner Gleichtaktaussteuerung ($\underline{U}_{e1} = \underline{U}_{e2}$, $\underline{U}_{gl} \neq 0$) gilt $\underline{I}_1 = \underline{U}_d = \underline{U}'_{ad} = 0$. Die Gleichtaktverstärkung zwischen beiden OV-Ausgängen (A, A') und Punkt P beträgt Eins, d.h., das Potential an A und A' folgt dem Potential P. (Falls zusätzlich noch $\underline{U}_d \neq 0$ ist, folgt das arithmetische Mittel der Potentiale A und A' dem Potential von P.)

Zur Erhöhung der Gleichtaktunterdrückung kann die Abschirmung der Eingangsleitungen und bei besonders hohen Anforderungen (CMRR > 100 dB) auch das Fußpunktpotential der beiden Betriebsspannungsquellen für die beiden Eingangs-OV mit der Gleichtaktspannung nachgeführt werden (Bild 12.7c). Im letztgenannten Fall (Nachführung des Betriebsspannungsfußpunktes) müssen V_1 und V_2 aus einer galvanisch von der übrigen Schaltung getrennten Betriebsspannungsquelle gespeist werden.

Am Ausgang von V_3 tritt die reine Gleichtakteingangsspannung auf, wie leicht rechnerisch nachzuweisen ist. Dieser Anschluß treibt daher die Abschirmung der Eingangsleitungen, die eingangsseitigen Abschirmflächen auf der Leiterkarte und ggfs. den Fußpunkt der beiden Betriebsspannungsquellen für V_1 und V_2.

Falls der Lastwiderstand in größerer Entfernung vom Instrumentationsverstärker angeordnet ist und/oder große Lastströme auftreten (z. B. durch einen zusätzlichen Leistungstransistor), können Spannungsabfälle auf den Zuleitungen zum Lastwiderstand zu Fehlern führen. Zur Verringerung solcher Fehler sind Instrumentationsverstärker in der Regel mit einem „Sense"- und einem Referenzanschluß versehen. Bei direktem Anschluß an den Lastwiderstand wird exakt der über dem Lastwiderstand auftretende Spannungsabfall auf den OV-Eingang zurückgeführt, und Fehler durch Leitungswiderstände werden vermieden (remote voltage sensing). Die höchste Genauigkeit wird erzielt, wenn die Leitungswiderstände der Sense- und der Referenzleitung gleich groß sind (Bild 12.7d).

Industrielle Beispiele: *AMP-02* (Bourns) extern widerstandsprogrammierbarer OV mit $B = 1{,}2$ MHz bei $V_u' = 1$ und 200 kHz bei $V_u' = 10^3$, $U_F = 100$ µV, $TK = 2$ µV/K, 60 V Eingangsspannungsbegrenzung.

Audio-IV INA 103 (Burr Brown) Verstärkung widerstandsprogrammierbar zwischen

1 und 10^3, Rauschen 1 $\mathrm{nV}/\sqrt{\mathrm{Hz}}$ typ., $U_F \leqq 51\ \mu V$, $TK \leqq 0{,}5\ \mu V/K$, Einschwingzeit 1,4 µs auf 0,01 %, THD + N 0,002 % bei 1 kHz, gute Dynamik, kleine Drift.

4-fach-OV *OPA 404* mit den Daten $V \cdot B = 6{,}4$ MHz, $S_r = 35\ V/\mu s$, $U_F = \pm\ 750\ \mu V$, $I_B \leqq \pm\ 4$ pA, Einschwingzeit 1,5 µs auf 0,01 %, Eingangsrauschen 12 $\mathrm{nV}/\sqrt{\mathrm{Hz}}$. Ein aus drei solcher OV's aufgebauter IV schwingt in 2 µs auf ± 0,001 % des Endwertes ein [12.21].

AD 620. Preiswerter monolithischer Instrumentationsverstärker im 8poligen SOIC- oder DIP-Gehäuse; $U_S = \pm\ 2{,}3 \ldots 18$ V, $I_S < 900\ \mu A$, $U_F = 125\ \mu V$, 1 µV/°C; $B = 120$ kHz bei $V = 100$, 15 µs Einschwingzeit auf 0,01 % bei $V = 100$, CMRR = 110 dB; sehr gut für Multiplexeranwendungen geeignet.

Programmierbarer Instrumentationsverstärker (PGA programmable gain amplifier). Besonders für den Einsatz in mehrkanaligen Datenerfassungssystemen sind verstärkungsprogrammierbare OV mit kurzer Einschwingzeit notwendig. Industrielles Beispiel: *PGA 100* (MAXIM) mit den Daten 5 µs Einschwingzeit auf 0,01 % Abweichung v. E., 8-Kanal-Analogmultiplexer, Verstärkungsfaktor digital programmierbar 1, 2, 4, ..., 128, Verstärkungsfaktor und adressierter Eingangskanal können auf dem Chip digital gespeichert werden, $U_F \lessapprox 0{,}05$ mV, $V \cdot B = 5$ MHz, $S_r = 14\ V/\mu s$, 220 kHz Leistungsbandbreite, 2 µs Übersteuerungserholzeit, Eingangsspannungen bis zu ± 35 V überlastsicher. Typischer Einsatzbereich in 12-bit-Datenerfassungssystemen.

Elektrometersubtrahierer. Auch mit nur zwei Operationsverstärkern kann eine Differenzverstärkerschaltung mit sehr hohem Eingangswiderstand und guter Gleichtaktunterdrückung realisiert werden. Der Elektrometersubtrahierer nach Bild 12.7e besteht aus zwei in Kaskade geschalteten nichtinvertierenden OV-Grundschaltungen. Unter Voraussetzung eines linearen Arbeitsbereiches läßt sich die Ausgangsspannung mit dem Überlagerungssatz wie im Bild 12.7e gezeigt berechnen. Unter Voraussetzung idealer OV und exakt übereinstimmender Gegenkopplungswiderstände R ergibt sich

$$U_A = U'_{A1} + U''_{A1} = 2(U_1 - U_2) = 2U_D.$$

Gleichtakteingangsspannungen werden also in diesem hier betrachteten Idealfall nicht verstärkt. Das ist auch anschaulich leicht verständlich: Schaltet man beide Eingänge an $U_1 = U_2 = +\ 5$ V, so tritt am Ausgang von V_2 eine Spannung von $U_{A2} = +\ 10$ V auf. Da am invertierenden Eingang von V_1 eine Spannung von + 5 V anliegt, entsteht am Ausgang von V_1 eine Spannung von $U_{A1} = U_A = 0$ V (die Spannung $U^* = 5$ V wird invertiert).

Brückenverstärker. **Eine typische Anwendung für Differenzverstärker sind Schaltungen zur Verstärkung der Ausgangssignale von Brückenschaltungen. Im Bild 12.8a wird der Kurzschlußstrom zwischen A und A' verstärkt, denn die Ausgangsspannung U_a stellt sich so ein, daß bei idealem OV $U_d \to 0$ geht. Für $\delta \ll 1$ und $R_F \gg R$ gilt näherungsweise**

$$U_a \approx U \frac{\delta}{2} \frac{R_F}{R}.$$

Nur bei kleinen Abweichungen $\delta \ll 1$ ist die Abhängigkeit $U_a(\delta)$ näherungsweise linear. Am OV-Eingang wirkt die Gleichtakteingangsspannung $\approx U/2$. Falls symmetrische Speisespannungen zur Verfügung stehen, kann die Halbbrückenschaltung nach Bild 12.8b verwendet werden. Der Brückenkurzschlußstrom fließt zum OV-Eingang. Die Ausgangsspannung beträgt

$$U_a = -U \frac{R_F}{R} \frac{\delta}{1 + \delta} \approx -U \frac{R_F}{R} \delta \qquad \text{für} \quad \delta \ll 1.$$

Da die Schaltung keine Gleichtaktunterdrückung aufweist, muß die Speisespannung gut gesiebt sein.

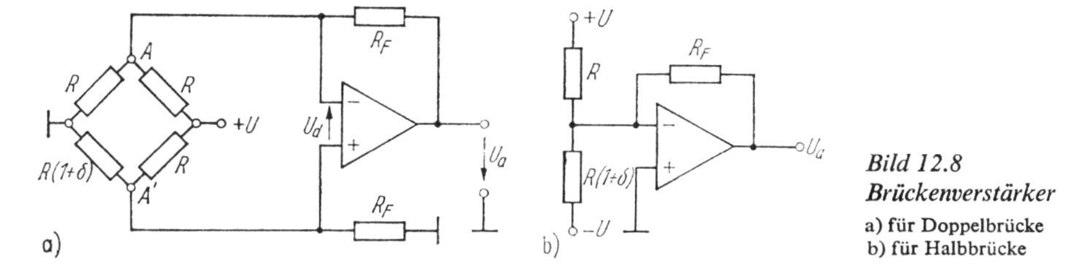

Bild 12.8
Brückenverstärker
a) für Doppelbrücke
b) für Halbbrücke

12.2.2. Trennverstärker (Isolationsverstärker)

Trennverstärker haben völlige galvanische Trennung zwischen Eingangs- und Ausgangskreis. Das hat mehrere große Vorteile:

1. Sehr hohe zulässige Gleichtakteingangsspannungen (einige 100 bis einige 1000 V)
2. Sehr hohe Gleichtaktunterdrückung ($>120 \dots 140$ dB)
3. Sehr hohe Gleichtakteingangswiderstände
4. Berührungssicherheit (Patientenschutz; Explosionsschutz).

Haupteinsatzgebiete von Trennverstärkern sind die Verstärkung kleiner Meßsignale, die hohen Gleichtaktspannungen überlagert sind (Messung von Thermospannungen, Dehnungsmeßstreifentechnik, Ferndatenerfassung, Präzisionstelemetriesysteme, Strommessung an Hochspannungsleitungen, Verringerung der Störsignaleinkopplung durch Auftrennen von Masseschleifen) und die Patientenmeßtechnik in der Medizin.

Die galvanische Trennung zwischen Eingangs- und Ausgangskreis kann durch induktive, optoelektronische oder kapazitive Kopplung erfolgen. Bisher hatten die Transformator- und die optoelektronische Kopplung die größte Bedeutung.

Transformatorkopplung. Da auch Gleichspannungen mit hoher Genauigkeit übertragen werden müssen, wird bei Transformatorkopplung das Prinzip des Modulationsverstärkers (meist Zerhackerverstärker) angewendet. Das Modulationsverfahren, d. h. die Umwandlung der Eingangsspannung in ein zur galvanisch getrennten Übertragung besser geeignetes analoges Signal (z. B. Frequenz, Tastverhältnis, Impulsbreite) ist bei hohen Linearitäts- und Genauigkeitsforderungen auch bei optoelektronischer Übertragung unerläßlich (s. Abschn. 20.5.). Dadurch ist allerdings die obere zu übertragende Signalfrequenz auf einige kHz bis zu einigen 100 kHz begrenzt.

Transformatorkopplung hat den Vorteil, daß zusätzlich zur Information auch die benötigte Hilfsenergie galvanisch getrennt zugeführt werden kann.

Bild 12.9 zeigt das Blockschaltbild eines „klassischen" transformatorgekoppelten Trennverstärkers, der konstruktiv als Modul in Oberflächenmontagetechnik aufgebaut ist. Der Trennverstärker weist *„3-Tor"-Isolation* auf, d.h., jedes Tor (Eingang; Ausgang; Stromversorgung) ist galvanisch von den übrigen Schaltungsteilen getrennt. Bei *„2-Tor"-Isolation* ist lediglich eine galvanische Trennung zwischen dem Eingangs- und dem Ausgangskreis vorhanden. Vorteilhaft gegenüber Trennverstärkern mit optoelektronischer Signalübertragung ist, daß beim Verstärker nach Bild 12.9 auf einen gesonderten dc/dc-Wandler (s. Abschn. 22.3.) zur galvanisch getrennten Betriebsspannungszuführung verzichtet werden kann. Es genügt das Betreiben mit einer +15-V-Betriebsspannung. Sie wird in eine 50-kHz-Wechselspannung umgewandelt, auf diese Weise über die Transformatorwicklungen T2 und T3 zum Eingangs- bzw. Ausgangskreis übertragen und dort wieder gleichgerichtet.

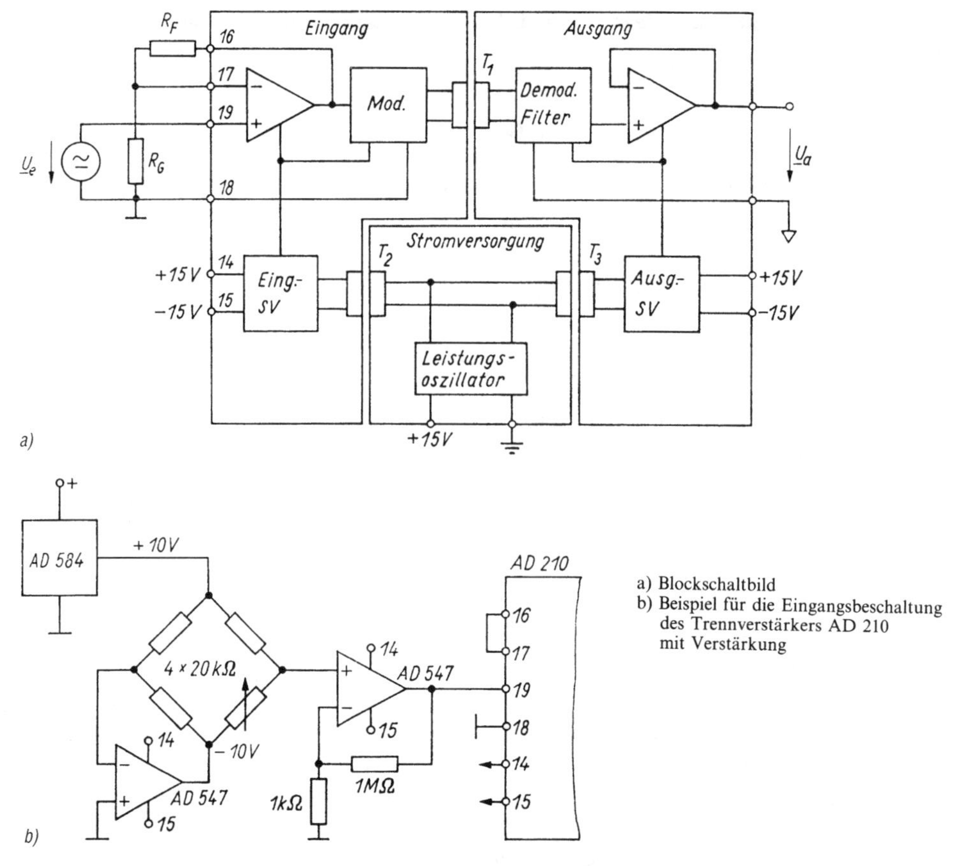

a) Blockschaltbild
b) Beispiel für die Eingangsbeschaltung des Trennverstärkers AD 210 mit Verstärkung

Bild 12.9. Trennverstärker AD 210 (Analog Devices) (Blockschaltbild)

Man beachte die drei unterschiedlichen Bezugspotentiale der Klemmen 18, 29 und 2! Vertauschen der Eingangs- oder Ausgangsklemmen bewirkt Signalinversion

Im Unterschied zu Instrumentationsverstärkern haben Trennverstärker den Vorteil, daß keine Gleichstromverbindung zwischen der Signalquelle und der Systemerde erforderlich ist, wie aus dem Vergleich der Bilder 12.7a und 12.9 hervorgeht. Einige Eigenschaften des Verstärkers nach Bild 12.9: Max. Gleichtakteingangsspannung $\pm 3{,}5\ \mathrm{kV_{ss}}$ zwischen zwei beliebigen der drei Tore; Eingangskapazität 5 pF (bedingt CMRR = 120 dB bei $V = 100$, $f = 60$ Hz und Signalquelleninnenwiderstand 1 kΩ); Bandbreite für volle Leistung 20 kHz; zusätzlich ist sowohl am Eingangs- als auch am Ausgangstor je eine galvanisch getrennte Speisespannung von ± 15 V, $\leqq 5$ mA verfügbar (Speisung von Sensoren, Meßbrücken und weiteren Schaltungsgruppen); Spannungsverstärkung 1 ... 100 durch Gegenkopplungsbeschaltung des Eingangs-OVs einstellbar; Betriebsspannung +15 V, 50 (80) mA. Bild 12.9b zeigt ein Applikationsbeispiel dieses Trennverstärkers zur Verstärkung des Ausgangssignals einer Meßbrücke.

Optoelektronische Kopplung. Diese Schaltungen behandeln wir im Abschnitt 20. Ein industrielles Beispiel ist der Typ ISO 100 (Burr Brown).

Kapazitive Kopplung. In letzter Zeit wurden preisgünstige und leistungsfähige Trennverstärker mit kapazitiver Kopplung entwickelt, die größere Bandbreite als transformatorgekoppelte Trennverstärker aufweisen. Sie beruhen auf folgendem Wirkprinzip: Die Eingangsspannung des Trennverstärkers wird in eine frequenz- bzw. tastverhältnismodulierte Rechteckimpulsfolge ($\approx$ 0,5 ... 1 MHz Mittenfrequenz) umgewandelt. Diese Impulsfolge wird im Gegentakt über zwei 1-pF-Kondensatoren mit hoher Spannungsfestigkeit übertragen und auf der Ausgangsseite wieder demoduliert. Wegen weitgehender Symmetrie fließt kein Fehlstrom zwischen Eingangs- und Ausgangskreis.

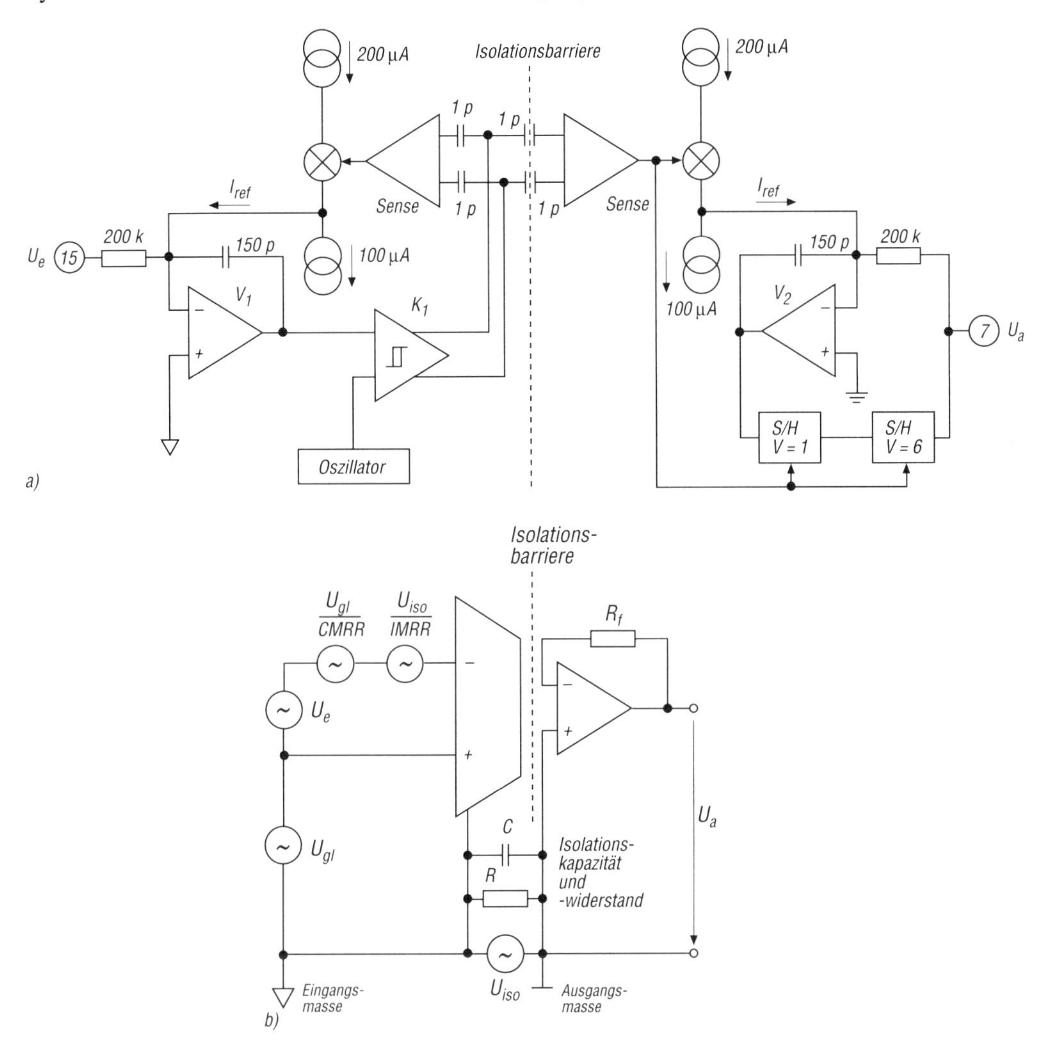

Bild 12.10. Isolationsverstärker

a) Innenschaltung des Trennverstärkers ISO 122 P mit kapazitiver Trennung; b) zur Erläuterung einiger Parameter von Isolationsverstärkern

Wir betrachten das Wirkprinzip detaillierter am Beispiel des Trennverstärkers *ISO 122 P* (Burr Brown). Zur Modulation wird das Ladungsausgleichsverfahren verwendet (s. Abschn. 21.2.5.4.). Vom Komparator gesteuert, wird entweder ein Referenzstrom von 100 µA oder von -100 µA in den Integratoreingang eingespeist (Bild 12.10a). Der Integrationskondensator wird aufgeladen, bis die Schaltschwelle des Komparators *K1* erreicht ist. Ein mit 500 kHz schwingender Oszillator schaltet den auf den Integratoreingang eingekoppelten Referenzstrom im Takte der 500-kHz-Frequenz um. Wenn Lade- und Entladestrom gleichen Betrag haben, entsteht am Komparatorausgang eine Impulsfolge mit einem Tastverhältnis 0,5. Überlagert sich zusätzlich eine Eingangsspannung, verändert sich das Tastverhältnis. Auch im Ausgangskreis ist ein Integrator mit zwei Referenzstromquellen und Umschaltern enthalten. Diese Demodulatorschaltung erzeugt am Integratorausgang eine Spannung, die nahezu übereinstimmt mit der am Anschluß 15 anliegenden Eingangsspannung.

Das Ausgangssignal weist eine Restmodulation von der Größenordnung 10 mV, 500 kHz auf. Falls dies stört, kann ein aktives Filter (z. B. 2. Ordnung) an den Demodulatorausgang geschaltet werden. Oberhalb von Signalfrequenzen ≈ 250 kHz treten zusätzliche Störsignale am Ausgang auf.

Parameter von Isolationsverstärkern. Es gibt einige typische Parameter, die das Isolationsverhalten beschreiben. Wir erläutern sie anhand des Bildes 12.10b.

Die Ausgangsspannung des Trennverstärkers beträgt

$$U_a = V[U_e \pm U_{gl}/CMRR \pm U_{iso}/IMRR].$$

Gleichtakt- bzw. Isolationsunterdrückung sind wie folgt definiert:

U_{gl} Spannung der Signaleingänge gegenüber der Eingangsmasse (typ. < ± 10 V)

U_{iso} max. Isolationsspannung zwischen den Bezugsmassen des Ein- und Ausgangssignals

CMRR (Gleichtaktunterdrückungsverhältnis) Gleichtakteingangsspannung U_{gl} / in Reihe zur Signaleingangsspannung wirkende Fehlerspannung, die von U_{gl} hervorgerufen wird

IMRR (Isolationsunterdrückungsverhältnis) Isolationsspannung U_{iso} / in Reihe zur Signaleingangsspannung wirkende Fehlerspannung, die von U_{iso} hervorgerufen wird

Leckstrom vom Eingang zum Ausgang (Eingangsfehlerstrom) der durch die Schaltelemente R und C im Bild 12.10b fließende Gleich- und Wechselstrom, meist bei $U_{iso} = 240$ V, 50 Hz; typ. Werte im µA-Bereich

12.2.3. Ladungsverstärker

Ein Ladungsverstärker [12.2] wandelt eine seinem Eingang zugeführte Ladung in eine proportionale Ausgangsspannungs- oder Ausgangsstromänderung um.

Die Empfindlichkeit eines solchen Verstärkers wird deshalb z. B. in V/pC angegeben.

Die Ladungsverstärkung findet u. a. Anwendung bei der Dosimetrie radioaktiver Strahlung, in der piezoelektrischen Meßtechnik (z. B. in Beschleunigungsaufnehmern), der Energiemessung, der Integration von Stromimpulsen und der Kapazitätsmessung. Die von Sensoren hervorgerufenen Ladungsänderungen entstehen meist durch Kapazitätsänderungen oder durch den Piezoeffekt.

Das übliche Verfahren zur Ladungsmessung besteht darin, die zu messende Ladung einem bekannten Kondensator zuzuführen und dessen Spannung zu messen (Bild 12.11).

Wie bei der Strommessung gibt es auch hier zwei grundsätzliche Möglichkeiten:

1. *Spannungsmessung:* Die zu messende Ladung wird einem Integrationskondensator C_1 zugeführt, dessen Spannung mit einem Elektrometerverstärker (Spannungsverstärker oder $U \rightarrow I$-Wandler) gemessen wird (Bild 12.11a). Meist ist in das Sensorgehäuse ein Impedanzwandler (Emitter- oder Sourcefolger) integriert, um den Einfluß der Zuleitungskapazität zu eliminieren.
2. *„Echter" Ladungsverstärker:* Der Integrationskondensator liegt im Gegenkopplungskreis eines $I \rightarrow U$-Wandlers bzw. eines Stromverstärkers (Bild 12.11b).

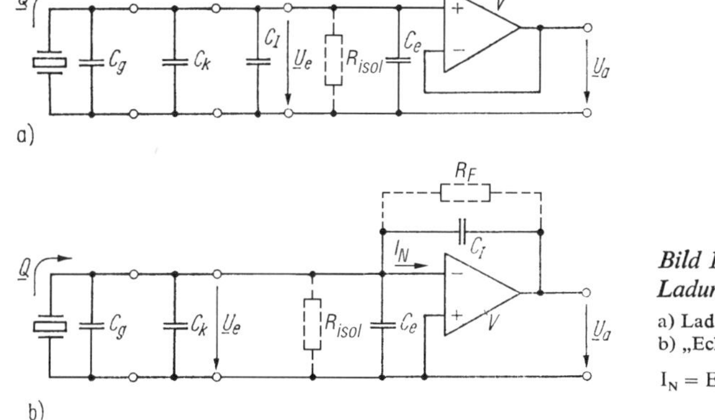

Bild 12.11
Ladungsverstärker
a) Ladungsmessung mit Spannungsverstärker
b) „Echter" Ladungsverstärker
I_N = Eingangsruhestrom des OV

Die zweite Methode hat bei größeren Leitungslängen zwischen dem Sensor und der ersten Verstärkerstufe wesentliche Vorteile, weil die Signalquelle im „Kurzschluß" betrieben wird, wodurch sich unvermeidliche und inkonstante Parallelkapazitäten am Eingang nicht auf den Verstärkungsfaktor der Schaltung auswirken und sich der Kondensator bei impulsförmigem Eingangsstrom im Gegensatz zur Variante 1 in den Impulspausen über den Innenwiderstand der Signalquelle nicht entlädt.

Wir erläutern die Unterschiede beider Varianten an Hand des Bildes 12.11.

Spannungsmessung. Die Ausgangsspannung von Schaltung a beträgt

$$\underline{U}_a \approx \underline{U}_e = \frac{\underline{Q}}{C_g + C_K + C_e + C_I} \approx \frac{\underline{Q}}{C_I}$$

$\underline{Q}$ zu messende Ladung,
C_g Parallelkapazität der Signalquelle,
C_K Kabelkapazität,
C_e Verstärkereingangskapazität,
C_I Integrationskapazität.

Damit die (veränderlichen) Parallelkapazitäten C_g, C_K und C_e keinen zu großen Fehler hervorrufen, muß $C_I \gg (C_g + C_K + C_e)$ gelten (beispielsweise muß für $<1\%$ Fehler $C_I > 100\,(C_g + C_K + C_e)$ sein). Diese Bedingung ist aber bei kleinen Eingangsladungen nicht realisierbar, weil C_I so groß wird (z.B. $C_I > 10 \ldots 100$ nF), daß $\underline{U}_e$ zu kleine Werte annimmt.

Durch Anschalten eines Miniaturimpedanzwandlers (z. B. Source-Folger) in unmittelbarer Sensornähe läßt sich diese Forderung bei nicht zu kleinen Eingangsladungen erfüllen.

„Echte" Ladungsverstärker.

Wesentlich vorteilhafter ist die Schaltung im Bild 12.11b. Die Integrationskapazität wirkt stark vergrößert mit dem Wert $(1 + V) \cdot C_I$ parallel zum Eingang der Schaltung (Miller-Effekt, s. Abschn. 1.4.). Das hat zur Folge, daß die Eingangsladung $\underline{Q}$ mit sehr hoher Genauigkeit auf den Integrationskondensator übertragen wird.

Die Ausgangsspannung lautet

$$\underline{U}_a = V\underline{U}_e = \frac{-V\underline{Q}}{C_g + C_K + C_e + (1 + V)\,C_I} \approx -\frac{\underline{Q}}{C_I}.$$

Die Näherung gilt für $|1 + V|\,C_I \gg (C_g + C_K + C_e)$ und $|V| \gg 1$.

Die Ausgangsspannung hat den gleichen Wert wie bei Variante 1. Allerdings kann bei Variante 2 C_I wesentlich kleiner gewählt werden, denn wegen $|V| \gg 1$ haben veränderliche Eingangskapazitäten auch bei relativ kleinen $C_I \approx 10 \ldots 100$ pF meist keinen merklichen Einfluß. Hieraus resultiert eine viel größere Empfindlichkeit der Variante b (Zahlenbeispiel: $Q = 100$ pAs, $C_I = 10$ pF $\rightarrow \underline{U}_a \approx 10$ V). Die Ausgangsspannung hängt also nur von der Eingangsladung $\underline{Q}$ und von der Größe des Integrationskondensators C_I ab, jedoch nicht von Parallelkapazitäten im Verstärkereingangskreis, falls diese nicht extrem groß sind. Das ist ein entscheidender Vorteil!

Bei der Dimensionierung der Schaltung nach Bild 12.11b ist zu beachten, daß die Zeitkonstante $R_F C_I$ groß gewählt wird gegenüber der langsamsten Ladungsänderung $1/(2\pi f_{min})$ (f_{min} untere Grenzfrequenz der Ladungsänderung). Andererseits soll aber $R_F I_N$ klein sein gegenüber der Verstärkerausgangsspannung für Vollausschlag (Meßbereichsvollausschlag). Um den Verstärkereingang und -ausgang vor gegebenenfalls auftretenden Überspannungen zu schützen (z. B. durch Kurzschluß des Sensors), kann ein Vorwiderstand vor den invertierenden OV-Eingang geschaltet werden.

Fehlereinflüsse. Bei Ladungsverstärkern treten vor allem folgende Fehlereinflüsse in Erscheinung:

- Isolationswiderstand von Kabeln u.ä.
- Ladungsverluste durch Fehlströme (C_I, OV)
- Dielektrische Absorption (Nachladungseffekte) beim Integrationskondensator; ein entladener Kondensator kann sich kurz hinterher ohne äußeren Einfluß wieder geringfügig aufladen.

Es müssen deshalb Kondensatoren und Kabel mit sehr hohem Isolationswiderstand verwendet werden; die Parallelkapazitäten im Eingangskreis müssen möglichst klein sein (Kabel!), der OV muß sehr kleinen Eingangsruhestrom und sehr hohen Eingangswiderstand, hohe Spannungsverstärkung und niedrige Drift aufweisen.

Der Integrationskondensator C_I entlädt sich infolge seines endlichen Isolationswiderstandes R_{is} mit der Zeitkonstanten $R_{is} C_I$. Damit der hierdurch bedingte Fehler klein bleibt, muß die Meßzeit (Integrationszeit) viel kleiner sein als diese Zeitkonstante. Falls die Ladung mit einem Fehler $< 1\,\%$ gemessen werden soll, muß die Meßzeit kleiner sein als $R_{is} C_I/100$.

Vergleich beider Varianten. Zusammenfassend sind folgende Hauptunterschiede zwischen den o. g. beiden Verstärkervarianten zu nennen:

a) Ladungsmessung mit Spannungsverstärker (Bild 12.11a mit Impedanzwandler in unmittelbarer Sensornähe):
   - Sensorausgang sehr hochohmig, erfordert hochisolierende und rauscharme Anschlußkabel zur ersten Verstärkerstufe
   - Meßbereich bzw. Maßstab frei wählbar
   - quasistatische Messungen sind möglich

b) Ladungsmessung mit „echtem“ Ladungsverstärker (Bild 12.11b):
   - elektrisch niederohmiger Sensorausgang erfordert keine speziellen hochisolierenden und rauscharmen Verbindungskabel
   - Meßbereich fest eingestellt
   - niedrige Kosten je Meßkanal
   - einfache und billige Signalaufbereitung.

12.3. NF-Verstärker

Grundsätzlich eignen sich die im Abschnitt 12.1. behandelten Verstärkerschaltungen auch zur Verstärkung von NF-Signalen (20 Hz ... 20(100) kHz). Meist ist jedoch Wechselspannungskopplung zweckmäßig, weil sich hierdurch die Auswirkung der Offset- und Driftgrößen so klein halten läßt, daß auf einen Offsetabgleich verzichtet werden kann. Die Schaltungen arbeiten in diesem Fall mit starker Gleichspannungsgegenkopplung (-stromgegenkopplung), jedoch mit wesentlich kleinerer Gegenkopplung für die Wechselgrößen (Signalgrößen). Die Drift wird deshalb nur sehr wenig, das Eingangssignal dagegen hoch verstärkt.

Die Koppelkondensatoren müssen mindestens so groß sein, daß ihr Scheinwiderstand im gesamten Signalfrequenzbereich vernachlässigbar klein bleibt.

Invertierender Verstärker. Im Bild 12.12a wird infolge der starken Gleichspannungsgegenkopplung ($k = 1$ für $f \to 0$) die Eingangsoffsetspannung U_F nur mit dem Faktor ≈ 1 verstärkt und ist daher vernachlässigbar. Zusätzlich entsteht infolge des endlichen Eingangsstromes I_N der Spannungsabfall $R_2 I_N$, der einen zusätzlichen Beitrag zur Ausgangsoffsetspannung $U_{AF} \approx U_F + I_N R_2$ liefert.

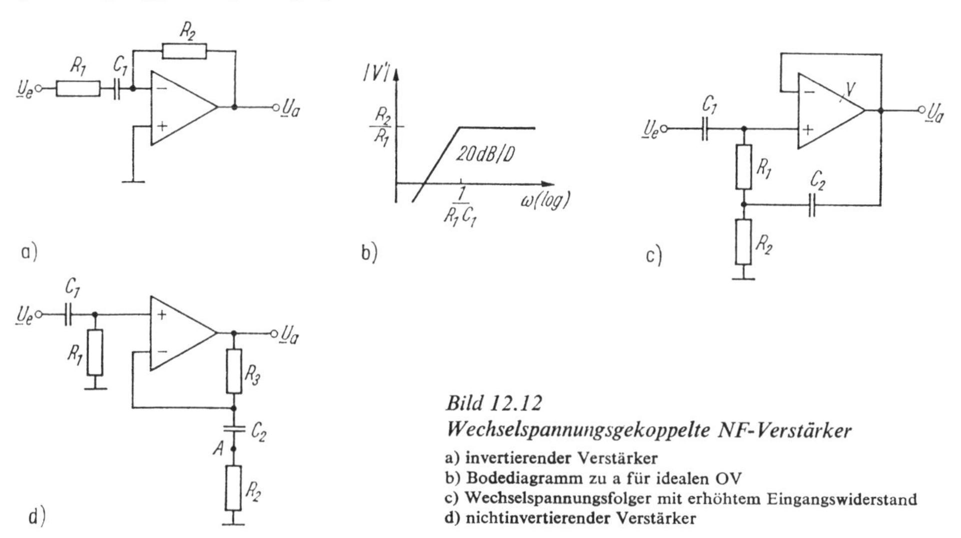

Bild 12.12
Wechselspannungsgekoppelte NF-Verstärker
a) invertierender Verstärker
b) Bodediagramm zu a für idealen OV
c) Wechselspannungsfolger mit erhöhtem Eingangswiderstand
d) nichtinvertierender Verstärker

Wenn die Koppelkapazität groß genug ist ($1/2\pi f_u C_1 \ll R_1$, f_u untere 3-dB-Grenzfrequenz der Schaltung), beträgt die Signalverstärkung $\underline{U}_a/\underline{U}_e \approx -R_2/R_1$. Die genaue Rechnung liefert mit $Z_1 = R_1 + (1/pC_1)$ (s. Bild 12.12b)

$$V' = \frac{\underline{U}_a}{\underline{U}_e} = -\frac{pC_1R_2}{1 + pC_1R_1}.$$

Wechselspannungsfolger. Beim Spannungsfolger für Wechselspannungen läßt sich der Eingangswiderstand durch Anwenden des Bootstrap-Effektes wesentlich erhöhen. Die Schaltung im Bild 12.12c ist voll gleichspannungsgegengekoppelt ($k = 1$), so daß ohne Eingangssignal am Ausgang näherungsweise die Offsetspannung U_F auftritt, falls der durch I_P hervorgerufene Gleichspannungsabfall über $R_1 + R_2$ vernachlässigt wird. C_2 ist der Bootstrap-Kondensator. Für $C_2 = 0$ beträgt der Wechselstromeingangswiderstand der Schaltung $R_{e1} \approx (R_1 + R_2) \| 2r_{g1}$. Dabei ist $2r_{g1}$ der zwischen dem nichtinvertierenden Eingang und Masse liegende Gleichtakteingangswiderstand des OV. Für $C_2 \neq 0$ beträgt der Eingangswiderstand $R_{e2} \approx [R_1/(1 - V')] \| 2r_{gl}$ (aus Abschn. 1.4. berechnet, $V' = V/(1 + V) \approx 1$). Er wird häufig durch den Gleichtakteingangswiderstand des nichtinvertierenden OV-Eingangs $2r_{gl}$ bestimmt (Größenordnung $>10^7\ \Omega$). Der Einfluß des Widerstandes R_1 auf den (differentiellen) Eingangswiderstand der Schaltung ist also praktisch eliminiert.

Damit beide Kondensatoren im Signalfrequenzbereich vernachlässigbaren Scheinwiderstand haben, muß gelten $(1/2\pi f_u C_1) \ll R_{e2}$ bzw. $(1/2\pi f_u C_2) \ll R_2$ ($R_1 \gg R_2$ vorausgesetzt).

Nichtinvertierender Verstärker. Die Signalverstärkung des ebenfalls wieder gleichspannungsmäßig voll gegengekoppelten ($k = 1$ für $f \to 0$) Verstärkers im Bild 12.7d beträgt

$$V' = \frac{\underline{U}_a}{\underline{U}_e} = 1 + \frac{R_3}{R_2},$$

weil C_1 und C_2 für die Signalfrequenzen näherungsweise einen Kurzschluß darstellen. Zu diesem Zweck muß im gesamten Signalfrequenzbereich $(1/\omega C_1) \ll R_1$ und $(1/\omega C_2) \ll R_2$ gelten.

Die Ausgangsoffsetspannung beträgt $U_{AF} = -U_F + I_B(R_3 - R_1)$, falls in jeden der beiden OV-Eingänge der Ruhestrom $I_B = I_P = I_N$ hineinfließt. Man wählt $R_1 = R_3$, damit I_B keine merkliche zusätzliche Offsetspannung am Ausgang erzeugt. Der Maximalwert von R_1 ist durch die zulässige Gleichtaktspannung bestimmt, die infolge des vom Eingangsruhestrom erzeugten Spannungsabfalls $I_B R_1$ am nichtinvertierenden OV-Eingang auftritt.

Zahlenbeispiel: Falls ein Ruhepotential $U_P \approx U_A = 0{,}5$ V zulässig ist und $I_B = 0{,}3\ \mu$A beträgt, ergibt sich $R_{1\,max} = 2\ \text{V}/0{,}3\ \mu\text{A} \approx 1{,}67\ \text{M}\Omega$. Verbindet man den Fußpunkt von R_1 nicht mit Masse, sondern mit dem Punkt A, wird der Eingangswiderstand der Stufe infolge des Bootstrap-Effektes und der dadurch erfolgenden dynamischen Vergrößerung von R_1 wesentlich erhöht. Punkt A folgt wechselstrommäßig dem Potential des nichtinvertierenden OV-Eingangs.

Für die Übertragungsfunktion erhalten wir (Ableitung!)

$$V' = \frac{\underline{U}_a}{\underline{U}_e} = \frac{pT_1(1 + pT_2')}{(1 + pT_1)(1 + pT_2)}$$

$$T_1 = R_1 C_1; \qquad T_2 = R_2 C_2; \qquad T_2' = (R_2 + R_3)\, C_2.$$

12.4. Selektivverstärker

12.4.1. Allgemeines

Selektivverstärker haben die Aufgabe, ein schmales Frequenzband zu verstärken und die übrigen Frequenzen möglichst zu unterdrücken. Anstelle eines ohmschen Lastwiderstandes wird in der Regel ein auf Resonanz abgestimmter Schwingkreis oder ein Filter verwendet. Die parallel zum Ausgang liegenden Kapazitäten (u.a. Schaltkapazitäten) vergrößern die Schwingkreiskapazität geringfügig, machen sich aber im Gegensatz zum Verstärker mit ohmschem Lastwiderstand nicht nachteilig auf den Verstärkungsabfall bei hohen Frequenzen bemerkbar. Deshalb lassen sich mit Selektivverstärkern höhere Frequenzen verstärken als mit Verstärkern, die einen ohmschen Lastwiderstand enthalten.

Selektivverstärker haben für die Informationsübertragung große Bedeutung, z.B. zur Verstärkung modulierter Trägersignale. Oft muß ein sehr schmales Frequenzband (Bandbreite nur wenige Prozent der Bandmittenfrequenz) aus einem breiten Frequenzspektrum „herausgesiebt" und verstärkt werden. Zur Verstärkung modulierter Signale muß die Durchlaßkurve symmetrisch in bezug auf die Mittenfrequenz sein. Außerhalb des Durchlaßbereiches soll die Selektionskurve möglichst steil abfallen.

Typische Beispiele für Selektivverstärker sind Rundfunk- und Fernseh-ZF-Verstärker mit einer Bandmittenfrequenz von $f_{ZF} = 450 \ldots 470$ kHz (10,7 MHz bei UKW-FM) bzw. $f_{ZF} = 38$ MHz und einer Bandbreite von $B \approx 9$ kHz (≈ 180 kHz bei UKW-FM) bzw. $B \approx 7$ MHz sowie HF-Verstärker mit Mittenfrequenzen von $f \approx 0{,}1 \ldots > 100$ MHz.

Hauptziel dieses Abschnittes ist das Kennenlernen der wichtigsten Schaltungsprinzipien von Selektivverstärkern für hohe und niedrige Frequenzen. Auch für Selektivverstärker werden zunehmend monolithisch integrierte Verstärker eingesetzt.

Wichtige Eigenschaften. Neben möglichst hoher Verstärkung, guter Frequenzselektion, niedrigem Rauschen, geringer Kreuzmodulation usw. besteht oft die Forderung nach Veränderbarkeit (Steuerbarkeit) des Verstärkungsfaktors durch eine Gleichspannung über einen weiten Bereich (automatische Verstärkungsregelung in Rundfunkempfängern). Die Verstärkungsregelung soll die Resonanzfrequenz, die Trennschärfe, das Großsignalverhalten und weitere Eigenschaften nicht beeinflussen.

Selektion. In der „klassischen" (diskreten) Schaltungstechnik mit Röhren und Transistoren wurden Selektivverstärker nach der Struktur des Bildes 12.13a realisiert. Mehrere Filter und Verstärkerstufen (mit Einzeltransistor) folgten abwechselnd aufeinander. Da in integrierter Technologie sehr hohe Verstärkungsfaktoren in einem Schaltkreis realisierbar sind, erfolgt hier fast immer eine Trennung von Selektion und Verstärkung nach Bild 12.13b. Die Selektionsmittel werden möglichst weit „vorn" angeordnet (Vermeiden von Übersteuerung, Kreuzmodulation, Interferenzstörungen).

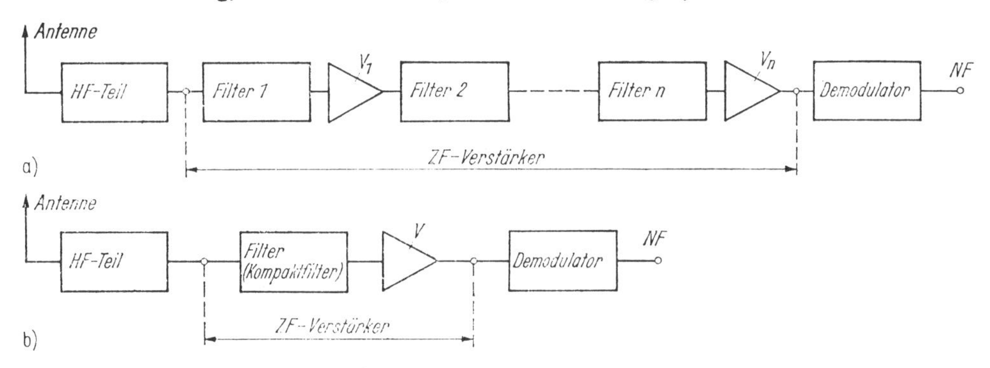

Bild 12.13. Prinzip eines UKW-Empfängers

a) „klassische" Struktur des ZF-Verstärkers: Selektion und Verstärkerstufen getrennt; b) Struktur unter Verwendung eines integrierten ZF-Verstärkers mit vorgeschaltetem Selektionsglied

Zur Selektion kommen Kompaktfilter mit Bandpaßcharakteristik zur Anwendung (Bild 12.14). In zunehmendem Maße werden piezokeramische Schwinger (Piezofilter, s. Bild 12.15), Quarzfilter und neuerdings auch akustische Oberflächenwellenfilter eingesetzt. Sie haben bessere Selektivitätseigenschaften als elektrische Schwingkreise bzw. Bandfilter und sind räumlich kleiner (s. Abschn. 14.).

Neutralisation. Bei bestimmten Kombinationen von Frequenz und Lastwiderstand (-impedanz) kann der Realteil des Eingangsleitwertes eines Verstärkers infolge zu großer Rückwirkung ($y_{12} \neq 0$, $h_{12} \neq 0$) negativ werden. Wenn der Ausgangsleitwert (= Kehrwert des Innenwiderstandes) der an die Verstärkereingangsklemmen angeschlossenen Signalquelle gleich oder kleiner ist als dieser negative Eingangsleitwert, kann der Verstärker *dynamisch instabil* werden, d.h. ins Schwingen geraten. Zu große Rückwirkung führt auch dazu, daß die Durchlaßkurve von Selektivverstärkern unsymmetrisch wird.

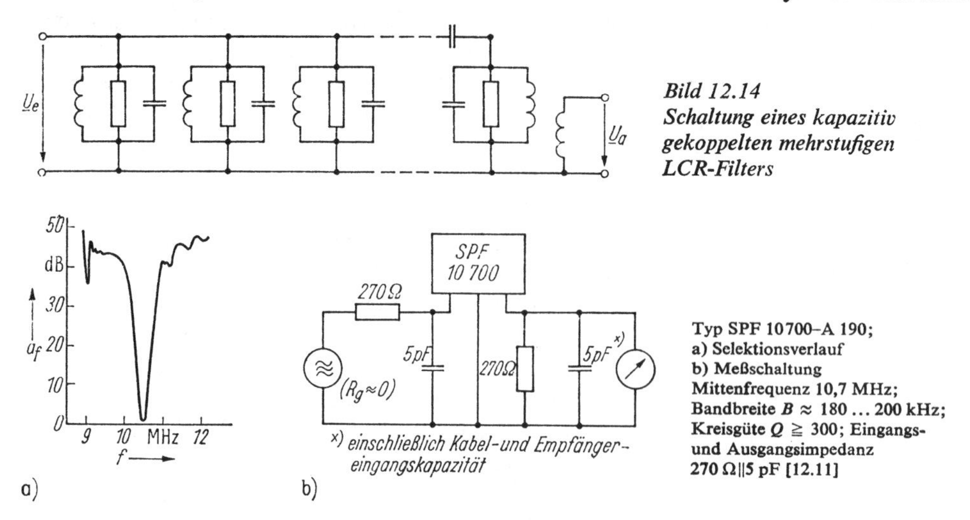

Bild 12.14
Schaltung eines kapazitiv gekoppelten mehrstufigen LCR-Filters

Typ SPF 10700-A 190;
a) Selektionsverlauf
b) Meßschaltung
Mittenfrequenz 10,7 MHz;
Bandbreite $B \approx 180 \ldots 200$ kHz;
Kreisgüte $Q \geqq 300$; Eingangs- und Ausgangsimpedanz
270 Ω||5 pF [12.11]

Bild 12.15. Monolithisches 10,7-MHz-Piezofilter mit 4 mechanischen Schwingkreisen

Einen Vierpol mit verschwindender Rückwirkung ($y_{12} = h_{12} = 0$) nennt man *unilateralen Vierpol.* Er überträgt Signale nur in einer Richtung.

Wir untersuchen diese Verhältnisse quantitativ an Hand des y-Ersatzschaltbildes eines Selektivverstärkers (Bild 12.16), indem wir zunächst die Wirkleistungsverstärkung dieses Verstärkers berechnen und ihre Abhängigkeit vom Widerstand der Signalquelle und vom Lastwiderstand untersuchen.

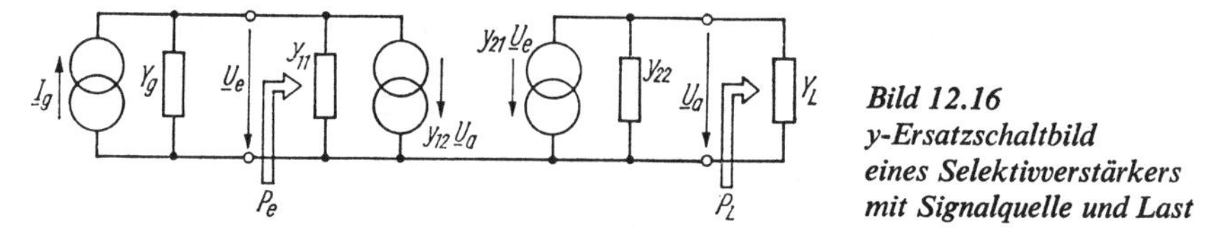

Bild 12.16
y-Ersatzschaltbild eines Selektivverstärkers mit Signalquelle und Last

Die dem Selektivverstärker zugeführte Eingangswirkleistung beträgt unter Verwendung von Tafel 3.2

$$P_e = |\underline{U}_e|^2 \operatorname{Re}\{Y_e\} = |\underline{U}_e|^2 \operatorname{Re}\left\{y_{11} - \frac{y_{12}y_{21}}{y_{22} + Y_L}\right\}.$$

Die an den Lastwiderstand abgegebene Wirkleistung beträgt mit $\underline{U}_a = -y_{21}\underline{U}_e/(y_{22} + Y_L)$

$$P_L = |\underline{U}_a|^2 \operatorname{Re}\{Y_L\} = |\underline{U}_e|^2 \frac{|y_{21}|^2 \operatorname{Re}\{Y_L\}}{|y_{22} + Y_L|^2}.$$

Für die Wirkleistungsverstärkung des Selektivverstärkers gilt deshalb

$$\frac{P_L}{P_e} = \frac{|y_{21}|^2 \operatorname{Re}\{Y_L\}}{|y_{22} + Y_L|^2 \operatorname{Re}\left\{y_{11} - \dfrac{y_{12}y_{21}}{y_{22} + Y_L}\right\}}. \tag{12.1}$$

Wenn der Verstärker rückwirkungsfrei ist (z.B. $y_{12} = 0$ durch Neutralisation) und am Ausgang konjugiert komplexe Anpassung vorliegt, gilt mit $Y_L = G_L + jB_L$ und $y_{22} = g_{22} + jb_{22}$

$$y_{22} = Y_L = 2g_{22}.$$

Aus (12.1) erhalten wir hiermit

$$\frac{P_L}{P_e} = \frac{|y_{21}|^2}{4g_{11}g_{22}}. \qquad (12.2)$$

Das ist die maximale Wirkleistungsverstärkung (maximal available gain), die mit einem rückwirkungsfreien Verstärker erzielbar ist.

Aus (12.1) läßt sich ein Stabilitätskriterium ableiten. Wenn wir die Wirkleistungsverstärkung auf den Signalgenerator beziehen, muß in (12.1) anstelle von P_e die vom Signalgenerator im Kurzschluß abgegebene Signalleistung P_g und anstelle von y_{11} die Summe $(y_{11} + Y_g)$ geschrieben werden. Der Verstärker nach Bild 12.11 ist dynamisch stabil, wenn P_L/P_g positiv ist, d.h., wenn der Realteil im Nenner von (12.1) > 0 ist (y_{11} durch $y_{11} + Y_g$ ersetzen!). Nach kurzer Umrechnung läßt sich diese Stabilitätsbedingung wie folgt schreiben, wenn wir zur Vereinfachung den Realteil von y_{12} Null setzen:

$$2(g_{11} + G_g)(g_{22} + G_L) - \text{Re}\{y_{12}y_{21}\} - |y_{12}y_{21}| > 0 \qquad (12.3)$$

$$g_{11} = \text{Re}\{y_{11}\}, \quad G_g = \text{Re}\{Y_g\}, \quad g_{22} = \text{Re}\{y_{22}\}, \quad G_L = \text{Re}\{Y_L\}.$$

Falls (12.3) erfüllt ist, ist die Schaltung *unbedingt stabil.* Anderenfalls ist sie *potentiell instabil,* d.h., sie kann ins Schwingen geraten.

Unbedingte Stabilität für alle Frequenzen ist nur für $y_{12} = 0$ zu erreichen. Bei einer *potentiell instabilen* Schaltung erzielt man durch folgende Maßnahmen dynamische Stabilität:

1. Vergrößern des Realteils des Last- und/oder Signalquellenleitwertes (verringert jedoch Resonanzschärfe und Verstärkung).
2. *Neutralisieren,* d.h. Zuschalten eines passiven Vierpols in der Weise, daß der dadurch entstehende Vierpol nur noch vernachlässigbare Rückwirkung hat (muß für jede Schaltung speziell dimensioniert werden, ergibt aber hohe Verstärkung).

Damit ein unneutralisierter Selektivverstärker dynamisch stabil ist und keine unzulässige Verformung der Durchlaßkurve verursacht, muß die Wirkleistungsverstärkung der Stufe – z.B. durch eingangs- oder ausgangsseitige Fehlanpassung – auf den Wert

$$v_P = \frac{P_a}{P_e} = \frac{\text{Ausgangswirkleistung}}{\text{Eingangswirkleistung}} = 2\,\frac{|y_{21}|}{|y_{12}|}\,k \qquad k \approx 0{,}2$$

begrenzt werden [9].

Ortskurvendarstellung. Wir wollen den Einfluß der Rückwirkung noch etwas genauer betrachten. Für die Analyse von Selektivverstärkern für hohe Frequenzen eignet sich das y-Ersatzschaltbild u.a. deshalb, weil es sowohl bei FET und Bipolartransistoren als auch bei integrierten Verstärkern anwendbar ist, und weil die Bauelementehersteller die y-Parameter in Form von Ortskurven über einen weiten Frequenzbereich zur Verfügung stellen.

Der Durchlaßbereich von Selektivverstärkern weist in der Regel eine relative Bandbreite von höchstens einigen Prozent auf, und die y-Parameter ändern sich mit der Frequenz nur langsam. Deshalb können wir sie bei der Schaltungsanalyse näherungsweise als frequenzunabhängig betrachten und ihre Werte bei der Resonanzfrequenz f_0 zugrunde legen, solange wir uns auf den Frequenzbereich in der unmittelbaren Umgebung der Bandmitte beschränken (Schmalbandapproximation).

Wir wollen den Einfluß des Rückwirkungsleitwertes y_{12} anhand des Bildes 12.15 untersuchen. Die Leitwerte y_{11} und y_{22} lassen sich in guter Näherung durch die Parallelschaltung eines reellen Leitwertes g_{11} bzw. g_{22} mit einer Kapazität darstellen. Die jeweilige Kapazität beziehen wir im Bild 12.17 mit in C_1 bzw. C_2 ein.

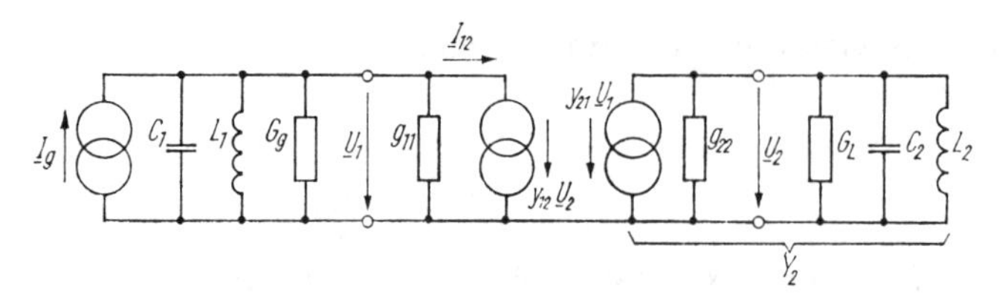

Bild 12.17
Ersatzschaltbild eines Selektivverstärkers mit je einem Schwingkreis im Eingangs- und Ausgangskreis

Die Rückwirkung vom Ausgangskreis zum Eingangskreis wird durch den Rückwirkungsstrom $\underline{I}_{12} = y_{12}\underline{U}_2$ beschrieben. Die zugehörige Stromquelle läßt sich in einen Leitwert umwandeln, denn es gilt mit Bild 12.18a

$$Y = \frac{\underline{I}_{12}}{\underline{U}_1} = \frac{y_{12}\underline{U}_2}{\underline{U}_1} = -\frac{y_{12}y_{21}}{Y_2}. \tag{12.4}$$

Dieser Leitwert hängt vom Lastwiderstand Z_2 ab, der sich in der Umgebung der Resonanzfrequenz stark ändert. Seine Frequenzabhängigkeit ist anschaulich den Ortskurven im Bild 12.18 zu entnehmen. Die Ortskurve Y_2 ergibt invertiert einen Kreis durch den Nullpunkt [17] mit dem Radius $(R_2/2) = 1/2\,(G_L + g_{22})$. Der stark gezeichnete Halbkreis entspricht dem Frequenzbereich innerhalb der Bandbreite des Schwingkreises.

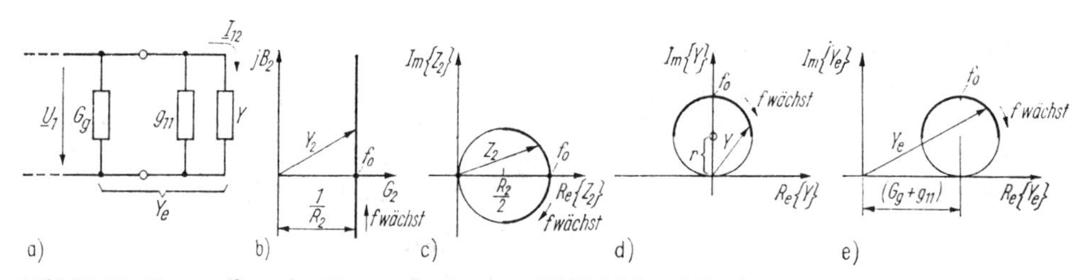

Bild 12.18. Umwandlung des Eingangskreises von Bild 12.15 und Ortskurven

a) Eingangskreis; b) Ortskurve von Y_2; c) Ortskurve von Z_2; d) Ortskurve von Y; e) Ortskurve von $Y_e = Y + G_g + g_{11}$; $R_2 = 1/(G_L + g_{22})$; $r \approx \omega_0 C_{12} y_{21} R_2/2 = \omega_0 \cdot C_{12} y_{21}/2\,(G_L + g_{22})$

Der Rückwirkungsleitwert ist für nicht zu hohe Frequenzen näherungsweise kapazitiv (Rückwirkungskapazität C_{12}). Wir erhalten unter dieser Voraussetzung mit $\omega \approx \omega_0$ aus (12.4)

$$Y \approx \mathrm{j}\omega_0 C_{12} y_{21} Z_2 \qquad (Z_2 = Y_2^{-1}).$$

Multiplikation mit j entspricht einer Drehung der Ortskurve in der komplexen Ebene um $+\pi/2$ (Bild 12.18). Der Verlauf der Ortskurve von Y im Bild 12.18 führt uns zu der wichtigen Feststellung, daß Y bei Frequenzen unterhalb von f_0 einen *negativen Realteil* aufweist. Das bedeutet, daß die Gefahr der dynamischen Instabilität der Schaltung besteht.

Schalten wir parallel zu Y den reellen positiven Leitwert $(G_g + g_{11})$, bedeutet dies eine Parallelverschiebung der Ortskurve nach rechts (Bild 12.18e).

Nur wenn $(G_g + g_{11})$ größer ist als der Radius $r \approx \omega_0 C_{12} y_{21} R_2/2 = \omega_0 C_{12} y_{21}/2 (G_L + g_{22})$ des Kreises, ist die Schaltung dynamisch stabil, anderenfalls kann die Schaltung im Frequenzbereich mit negativem Realteil von Y_e zur Selbsterregung kommen.

Für einwandfreie Funktion der Schaltung muß aber sogar $(G_g + g_{11}) \gg r$ gefordert werden, da sich Y_e im Durchlaßbereich nur wenig ändern darf, damit die Selektionskurve nicht unzulässig verformt wird.

Gelegentlich verwendet man den Sicherheitsfaktor

$$k = \frac{r}{G_g + g_{11}} = \frac{|y_{12} y_{21}|}{2 (g_{11} + G_g)(g_{22} + G_L)}.$$

Dynamische Stabilität ist für $k < 1$ gewährleistet. Je kleiner k, d.h. je größer G_g und G_L sind, um so größer ist die Sicherheit gegenüber dynamischer Instabilität. Allerdings sinkt damit der Verstärkungsfaktor und die Resonanzschärfe. Als Kompromiß zwischen kleiner Rückwirkung und hoher Verstärkung wählt man häufig $k \approx 0{,}2$.

In letzter Zeit werden zunehmend Schaltungen mit vernachlässigbarer Rückwirkung eingesetzt, z.B. die Kaskodeschaltung mit FET oder integrierte Verstärkerstufen mit vernachlässigbarer Rückwirkung.

Nichtlineare Verzerrungen. Kreuzmodulation. Bei großen Eingangssignalen entstehen nichtlineare Verzerrungen des Verstärkerausgangsstromes. Wie im Abschnitt 1.5.1. erläutert, enthält das Ausgangsspektrum Summen- und Differenzfrequenzen, wenn mindestens zwei sinusförmige Eingangssignale unterschiedlicher Frequenz am Eingang wirksam sind. Die Differenzfrequenzen können in den Durchlaßbereich des Verstärkers fallen und Störungen verursachen (Intermodulationsprodukte), wenn sich die Eingangsfrequenzen nur wenig unterscheiden.

Falls eine unmodulierte und eine amplitudenmodulierte Trägerschwingung mit unterschiedlichen Frequenzen als Eingangssignale wirken, wird infolge der entstehenden nichtlinearen Verzerrungen die Modulation der einen Trägerschwingung auf die andere übertragen *(Kreuzmodulation)*. FET (besonders FET-Tetroden) haben meist bessere Kreuzmodulationseigenschaften als Bipolartransistoren.

Rauschen. Im UKW-Bereich (≈ 100 MHz) liegt der eingangsseitige Rauschwiderstand einer Selektivverstärkerstufe in der Größenordnung 1 kΩ. Dieser Wert stimmt nicht mit dem Eingangswiderstand für maximale Leistungsverstärkung überein. Da bei nichtneutralisierten Stufen ohnehin eine Begrenzung der Wirkleistungsverstärkung notwendig ist, empfiehlt sich bei Eingangsverstärkerstufen eine Rauschanpassung am Eingang.

12.4.2. Bipolarstufen

Der Differenzverstärker mit steuerbarer Konstantstromquelle, wie er in der linearen integrierten Schaltung MA 3005/MA 3006 (Tesla, CSSR) realisiert ist [12.3] (Bild 12.19), eignet sich sehr gut zum Aufbau von Selektivverstärkerstufen bis 120 MHz.

Darüber hinaus lassen sich Breitband-, NF- und Gleichspannungsverstärker, Mischstufen, Modulatoren und Demodulatoren realisieren.

Als *Differenzverstärker* mit steuerbarem Verstärkungsfaktor wirkt die Schaltung, wenn der Eingang 3 wechselstrommäßig mit Masse verbunden wird. Durch Verändern der Gleichspannung am Anschluß 3 läßt sich der Emitterstrom des Differenzverstärkers und damit die Steilheit der Transistoren T_1 und T_2 in einem weiten Bereich verändern. Die

Spannungsverstärkung des Differenzverstärkers ist bekanntlich proportional zur Steilheit von T_1 und T_2.

Für Selektivverstärker ist (u.a. infolge der sehr geringen Rückwirkung $y_{12} \approx 0$) die *Kaskodeschaltung* gut geeignet. Sie entsteht durch wechselstrommäßiges Erden der Klemmen *1* und *7*. Die Eingangsspannung wird der Klemme *3* zugeführt und die Ausgangsspannung vom Kollektor von T_1 oder T_2 ausgekoppelt. Die Spannungsverstärkung dieser Kaskodestufe läßt sich durch Verändern des Potentials der Klemmen *1* und *7* in weitem Bereich steuern. Wenn das Potential beider Klemmen gleich ist, führen beide Transistoren T_1 und T_2 näherungsweise gleichen Ruhestrom. Unterscheidet es sich um mindestens 120 mV, so ist einer der beiden Transistoren gesperrt, und der andere führt den vollen Kollektorstrom von T_3 (vgl. Abschn. 4.2.). Diese Verstärkungsregelung ändert den Arbeitspunkt von T_3 und damit die Verhältnisse im Eingangskreis nicht (keine Verstimmung des Schwingkreises).

Eine *Mischstufe* läßt sich realisieren, indem das eine Eingangssignal der Klemme *3* und ein zweites der Klemme *1* oder *7* zugeführt wird.

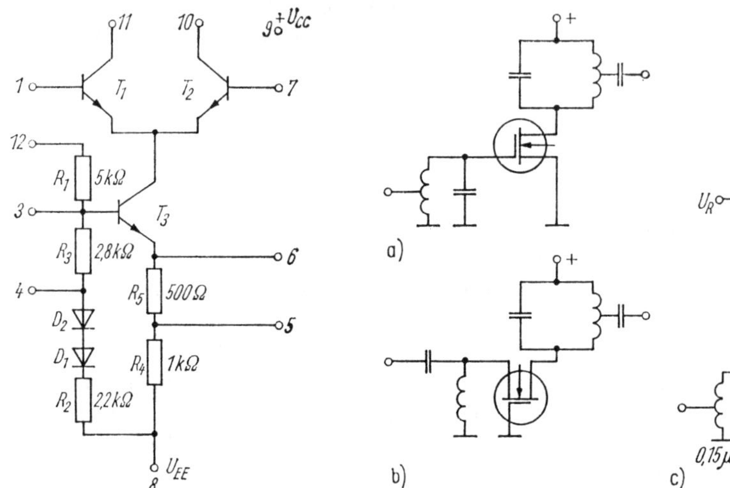

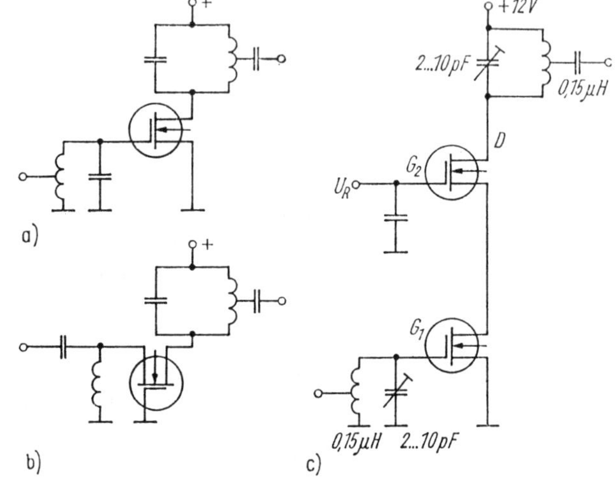

Bild 12.19. Schaltung der integrierten Schaltung MA 3005/MA 3006

Bild 12.20. Selektivverstärker mit FET
a) Sourceschaltung; b) Gateschaltung; c) Kaskodeschaltung mit MOSFET-Tetrode (BF 900) (Zahlenwerte für $f = 200$ MHz)

12.4.3. FET-Stufen

SFET und selbstleitende n-Kanal-MOSFET (Rückwirkungskapazität < 0,1 ... 0,5 pF) in Source- und Gateschaltung sind gut für Selektivverstärkerstufen geeignet (Bild 12.20a, b). Die Rückwirkungskapazität der Gateschaltung ist so klein, daß eine Neutralisation entfallen kann.

Vorteilhaft sind die günstigeren Kreuzmodulationseigenschaften von FET-Stufen. Infolge der kleineren Steilheit von FET sind die Verstärkungsfaktoren jedoch kleiner.

Besonders günstige HF-Eigenschaften haben FET-Tetroden (z.B. MOSFET-Tetrode BF 900) (Bild 12.20c). Sie sind monolithisch integrierte Kaskodeschaltungen von zwei selbstleitenden n-Kanal-MOSFET. Die Rückwirkungskapazität (typ. ≈ 0,025 pF zwischen Drain D und G_1) der Kaskodeschaltung ist vernachlässigbar klein. Mit FET-Tetroden sind bis zum UHF-Bereich (z.B. 860 MHz) brauchbare Verstärkungsfaktoren zu erzielen (mit der FET-Tetrode BF 900 bei $f = 200$ MHz: Leistungsverstärkung $V_p = 164 \triangleq 22{,}2$ dB [12.4]).

Eine Verstärkungsregelung erreicht man durch Verändern der Gleichspannung an G_1 und/oder G_2.

12.4.4. Mehrstufige ZF-Verstärker

Als Beispiel eines integrierten mehrstufigen Selektivverstärkers zeigt Bild 12.21 einen AM-ZF-Verstärker für Fernsehbildsignale [12.5]. Diese Schaltung ist zusammen mit einem Demodulator, einem Videovorverstärker, einer Taststufe mit Regelverstärker und einem Schwellwertverstärker für die Tunerregelung auf einem Chip im integrierten Schaltkreis A 240 D enthalten. Typische Daten des Verstärkers: $V_u \approx 60 \dots 70$ dB, obere Grenzfrequenz ≈ 50 MHz (mit angeschlossenem Filter: Mittenfrequenz ≈ 38 MHz, Bandbreite 7,6 MHz), minimale Eingangsspannung (Empfindlichkeit) 190 µV, Regelumfang (Verstärkungsänderbarkeit) 62 dB, linearer Zusammenhang zwischen Ausgangs- und Eingangsspannung.

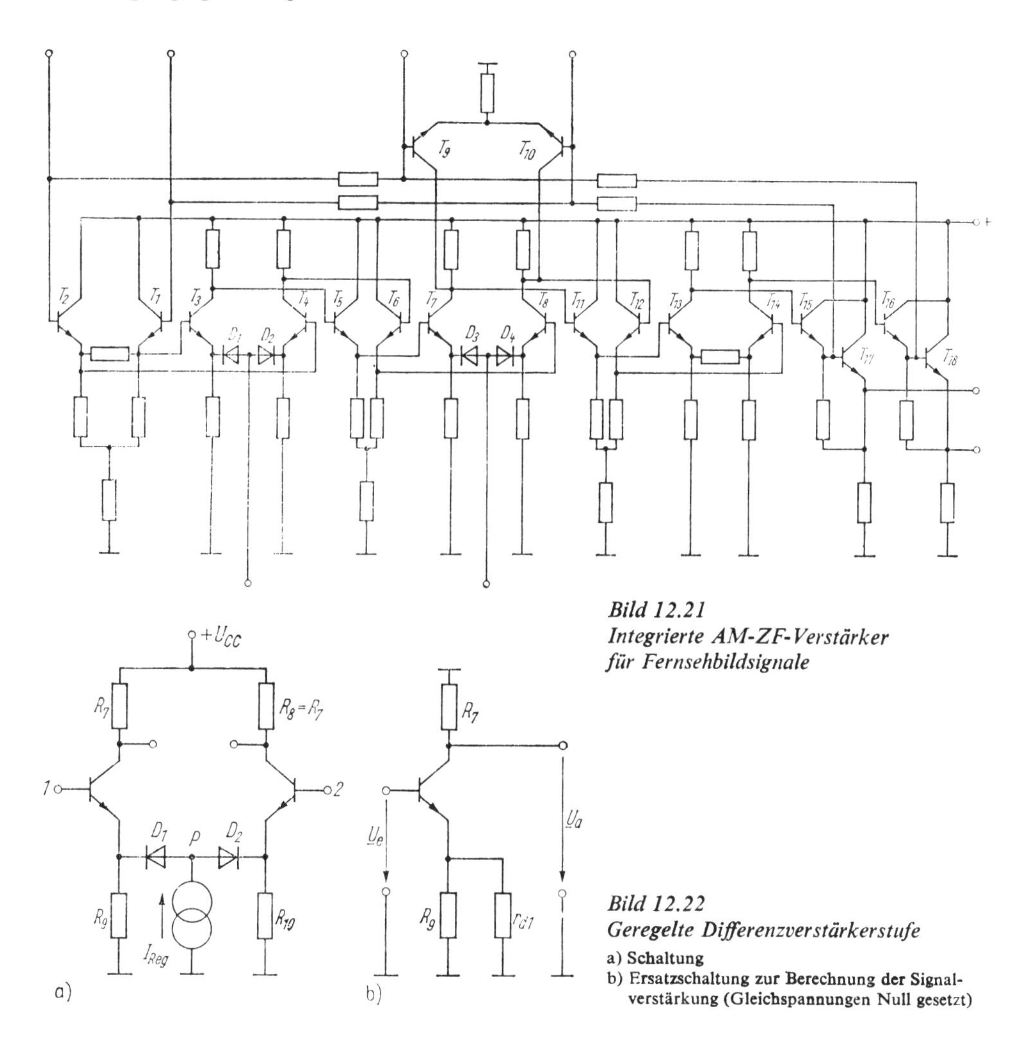

Bild 12.21
Integrierte AM-ZF-Verstärker für Fernsehbildsignale

Bild 12.22
Geregelte Differenzverstärkerstufe
a) Schaltung
b) Ersatzschaltung zur Berechnung der Signalverstärkung (Gleichspannungen Null gesetzt)

Die Verstärkung erfolgt in einer ungeregelten (T_{13}, T_{14}) und in zwei geregelten Differenzverstärkerstufen (T_3, T_4 bzw. T_7, T_8). Als Endstufen sind Darlington-Emitterfolger eingesetzt ($T_{15} \ldots T_{18}$). Alle Stufen sind symmetrisch ausgeführt. Dadurch werden sehr gute elektrische Stabilität des Verstärkers erzielt und von Streufeldern hervorgerufene Gleichtaktstörsignale unterdrückt.

Die Verstärkungsregelung erfolgt dadurch, daß durch einen eingespeisten „Regelstrom" der Arbeitspunkt der Dioden $D_1 \ldots D_4$ und damit ihr differentieller Widerstand in Durchlaßrichtung verändert wird. Dadurch ändert sich der Gegenkopplungsgrad des Differenzverstärkers, wie aus Bild 12.22 hervorgeht. Bei reiner Differenzansteuerung bleibt das Potential von Punkt *P* konstant, weil an beiden Emittern gegenphasige, aber gleichgroße Signalspannungen auftreten. Folglich gilt die Ersatzschaltung nach Bild 12.22b. Jeder Transistor arbeitet also in Emitterschaltung mit dem Stromgegenkopplungswiderstand $R_9 \parallel r_{d1} = R_9 \parallel (2U_T/I_{Reg})$. Die Spannungsverstärkung beträgt (s. (3.4) mit $\beta_0 \gg 1$, $R_G = 0$, $r_{c0} = \infty$ und $r_{be}/\beta_0 \approx r_d = U_T/I_E$)

$$V_u = \frac{\underline{U}_a}{\underline{U}_e} \approx -\frac{\beta_0 R_7}{r_{be} + (1+\beta_0)\left(R_9 \left\| \frac{2U_T}{I_{Reg}}\right.\right)} \approx -\frac{R_7}{\frac{U_T}{I_E} + \left(R_9 \left\| \frac{2U_T}{I_{Reg}}\right.\right)}.$$

In einer Stufe läßt sich der Verstärkungsfaktor um ≈ 27 dB verändern [12.5].

Die Kopplung der Differenzverstärkerstufen erfolgt durch Emitterfolger (T_1, T_2, T_5, T_6, T_{11}, T_{12}). Dadurch werden hohe Bandbreiten (geringe kapazitive Belastung des Differenzverstärkerausgangs) und eine weitgehende Unabhängigkeit der Verstärkerdaten von der Verstärkungsregelung erzielt. Weiterhin dienen die Emitterfolger zur Pegelverschiebung.

Die Arbeitspunkteinstellung erfolgt durch Gleichstromgegenkopplung von der Ausgangsstufe zur Eingangsstufe. Für das Nutzsignal wird diese Gegenkopplung durch kapazitives Überbrücken der Klemmen *2* und *15* unwirksam gemacht.

12.5. Breitbandverstärker

Allgemeines. Breitbandverstärker werden für unterschiedliche Anwendungen eingesetzt. NF-Breitbandverstärker verstärken ein typisches Frequenzband von einigen 10 Hz bis > 20 kHz. Oszillografen- und Videoverstärker haben wesentlich größere Bandbreiten von 0 Hz bis > 10 ... 100 MHz.

Grundsätzlich lassen sich die in den Abschnitten 3. und 4. besprochenen Grundschaltungen auch für Breitbandverstärker verwenden. Bei der Auswahl und der Dimensionierung der Schaltungen muß jedoch auf die Erzielung der benötigten oberen Grenzfrequenz geachtet werden.

In der Regel verwendet man gleichspannungsgekoppelte Verstärker (IS). Dann bereitet die Forderung nach niedriger *unterer Grenzfrequenz* f_u keine Schwierigkeiten. Bei Wechselspannungsankopplung der Signalquelle bzw. der Last ist zu beachten, daß bei Frequenzen $f \ll f_u$ eine Phasendrehung von $-90°$ auftritt. Das kann u. U. bei gegengekoppelten Schaltungen zu dynamischer Instabilität führen, falls sich weitere Phasendrehungen addieren.

Die *obere Grenzfrequenz* hängt gemäß Abschnitt 3.3.3. von den Transistor- und Schaltkapazitäten sowie von der oberen Grenzfrequenz der Transistoren ab. Bei der Emitterschaltung wirkt sich die Miller-Kapazität nachteilig aus. Deshalb ist die Basisschaltung und besonders die Kaskodeschaltung zur Erzielung hoher Spannungsverstärkung bei hoher Bandbreite vorteilhafter.

Aber auch Differenzverstärker mit kleinen Lastwiderständen bzw. mit nur einem Lastwiderstand (dann wirkt der andere Transistor als Emitterfolger!) eignen sich gut.

Breitbandverstärker sind meist an ihren niedrigen Lastwiderständen zu erkennen (Größenordnung $\lessapprox$ 1 kΩ). Sie bestimmen in Verbindung mit der parallel liegenden Kapazität die obere Grenzfrequenz der Stufe. Zusätzlich kann mit Hilfe kleiner Induktivitäten in Reihe zum Kollektoranschluß eine gewisse Kompensation der Parallelkapazitäten vorgenommen werden *(L-Entzerrung)*. Häufig wird die kapazitive Belastung am Ausgang einer Stufe dadurch verringert, daß ein *Emitterfolger* zwischengeschaltet wird. Eine kapazitive Last C_L an seinem Ausgang wirkt sich nur mit dem wesentlich kleineren Wert C_L/β am Eingang aus (Impedanztransformation).

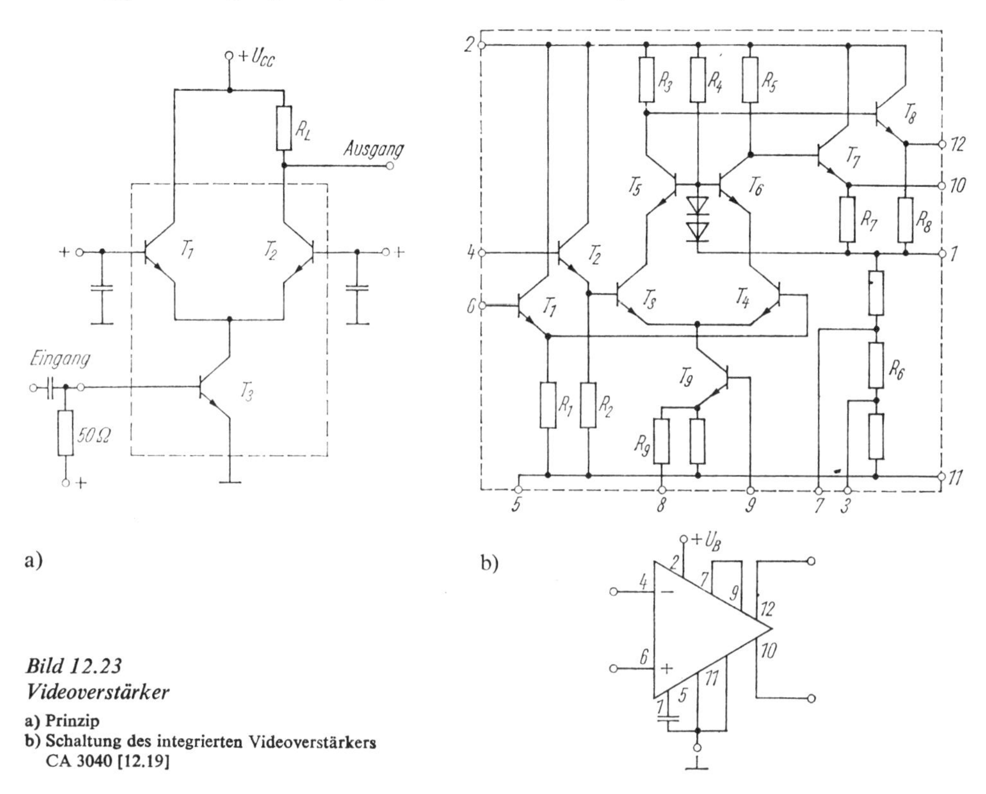

Bild 12.23
Videoverstärker
a) Prinzip
b) Schaltung des integrierten Videoverstärkers CA 3040 [12.19]

Eine wirksame Methode zur Erhöhung der durch kapazitive Last verringerten oberen Grenzfrequenz ist die Spannungsgegenkopplung. Sie ist auch bei Einzelstufen zweckmäßig, weil hierbei die Schwingneigung nur gering ist.

Schaltungsbeispiele. Der im Abschnitt 4. besprochene integrierte Differenzverstärker mit steuerbarer Konstantstromquelle ist auch als Videoverstärker anwendbar. Anstelle der Schwingkreise werden relativ niederohmige ohmsche Last- und Signalquellenwiderstände gewählt. Die Schaltung wird in Kaskodeschaltung betrieben (Bild 12.23a). Ein weiteres Beispiel ist der integrierte Videoverstärker im Bild 12.23b. Die eigentliche Verstärkung erfolgt in einem „Kaskodedifferenzverstärker" ($T_3 \ldots T_6$).

Layout. Vor allem bei Verstärkern, die für sehr hohe Frequenzen und/oder große Bandbreite dimensioniert sind, muß besonderer Wert auf optimale Gestaltung des Leiterplattenlayouts gelegt werden (großflächige Leiterzüge, mehrfache U_{CC}- und Masseanschlüsse am Schaltkreis nutzen, kurzen Signalweg anstreben, Abblockkondensator in unmittelbarer Nähe der U_{CC}- und Masseanschlüsse anlöten).

Industrielle Beispiele. Integrierter Kleinsignal-HF-Breitbandverstärker *NE 5205/4* (Valvo) mit $V = 20$ dB im Frequenzbereich von 0 ... 600 MHz, $U_{CC} = 5 \ldots 8$ V, Stromaufnahme $I_S = 24$ mA, ein- und ausgangsseitig an 50- oder 75-Ω-Systeme angepaßt, 8poliges DIL- oder SO-Gehäuse. Anwendungen: HF-Vorverstärker, Signalgeneratoren, Oszilloskope, Frequenzzähler, Signalanalysatoren, Antennenverstärker, Funkempfänger, Signalübertragung auf Lichtwellenleitern, Breitband-LAN (lokale Netzwerke) und Telekommunikationssysteme [12.22].

Videoverstärker MAX 408/428/448 (MAXIM): $B = 100$ MHz, $S_r = 90$ V/µs, 50-Ω-Lastwiderstand direkt ansteuerbar, ± 50 mA Ausgangsstrom, ± 5 V Betriebsspannung, $P_V = 70$ mW je Verstärker.

Schneller Spannungsfolger MAX 460 (MAXIM) mit SFET-Eingängen und Kaskodeneingangsstufe; Eingangsimpedanz entspricht 1000 GΩ ‖ 3 pF, Aussteuerbereich ± 10 V, Eingangsstrom 50 pA, Eingangsoffsetspannung 2 mV (25 µV/K), Ausgangsspannungs-Slew-Rate 1500 V/µs, Anstiegs(Abfall)zeit 2,5 (1) ns, Bandbreite 140 MHz, Ausgangswiderstand 4 Ω. Anwendungen: schnelle Sample-and-Hold-Schaltungen, Pufferverstärker für Flash-ADU, Pufferung von Videosignalen, Leitungstreiber für schnelle Datenübertragung.

Es gibt integrierte Breitbandverstärker, die auch bis zu extrem hohen Frequenzen einsetzbar sind. Ein industrielles Beispiel ist der monolithische *GaAs-Schaltkreis µPG 110 B* (NEC), ein Breitbandverstärker im Frequenzbereich 2 ... 8 GHz, Verstärkung 15 dB, Eingangs-/Ausgangswiderstand 50 Ω, hermetisch dicht abgeschirmt, $P_V = 1{,}5$ W.

12.6. Verstärkerrauschen [11] [12.17] [12.18]

12.6.1. Allgemeines

Mit einem idealen Verstärker müßten sich beliebig kleine Signale verstärken lassen, wenn der Verstärkungsfaktor groß genug ist.

Bei realen Verstärkern sind dem Nutzsignal jedoch Störsignale überlagert, die auch ohne Eingangssignal auftreten und die sehr kleinen Nutzsignale überdecken. Sie bilden bei den Bemühungen um sehr hohe Nachweisempfindlichkeit eine unüberwindliche Schranke.

Zwei Arten elektronischer Störungen lassen sich unterscheiden:

1. *Äußere Störsignale*

   Sie werden durch elektrische Felder eingekoppelt (industrielle Anlagen, Störungen auf der Netzleitung, Störsignale aus der eigenen Schaltung, Zünd- und Kollektorfunkenstörungen usw.)

2. *Innere Störsignale*

   Regellose spontane Spannungs- und Stromänderungen, die im Inneren von elektronischen Bauelementen und Schaltkreisen entstehen.

Störungen sind im gesamten Frequenzband von Gleichspannung bis zum VHF-Bereich vorhanden. In bestimmten Frequenzbereichen überlappen sich mehrere Störquellen. Äußere Störungen sind oft periodisch.

Nachfolgend beschränken wir uns auf regellose innere Störsignale (Rauschen).

Rauschvorgänge sind stationär und ergodisch, d.h., ihre statistischen Eigenschaften ändern sich nicht mit der Zeit. Die statistischen Mittelwerte lassen sich durch die zeitlichen Mittelwerte messen.

Wir unterscheiden verschiedene Rauscharten:

- Wärmerauschen,
- Schrotrauschen,
- Stromverteilungsrauschen,
- Halbleiterrauschen.

Die an den Anschlüssen eines ohmschen Widerstandes auftretende Rauschspannung läßt sich etwa im Frequenzbereich $f = 0 \dots 10^{10}$ Hz mit Hilfe des Rauschersatzschaltbildes nach Bild 12.24 berechnen. Der rauschende Widerstand läßt sich durch das Spannungs- oder das Stromersatzschaltbild darstellen. Die „Nyquist"-Formel gilt auch für komplexe Widerstände $Z(j\omega)$ (Zweipole). In den Formeln für U_{rt} bzw. I_{rt} muß dann R durch den Realteil Re $\{Z\}$ ersetzt werden.

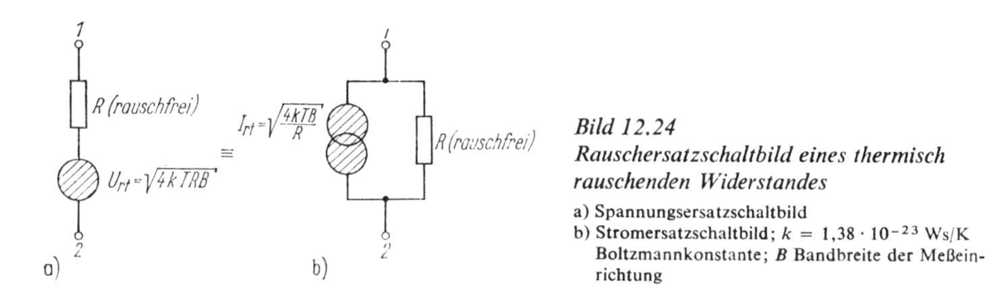

Bild 12.24
Rauschersatzschaltbild eines thermisch rauschenden Widerstandes

a) Spannungsersatzschaltbild
b) Stromersatzschaltbild; $k = 1{,}38 \cdot 10^{-23}$ Ws/K Boltzmannkonstante; B Bandbreite der Meßeinrichtung

Aus dem Rauschersatzschaltbild 12.24a folgt: Ein ohmscher Widerstand der Größe R kann (bei Leistungsanpassung) maximal die Rauschleistung $P_{r\,max} = U_{rt}^2/4R = kTB$ abgeben. Die Rauschspannung U_{rt} (und auch I_{rt}) sind bis zu sehr hohen Frequenzen frequenzunabhängig („weißes" Rauschen). In jedem Frequenzband der Breite B steht immer dieselbe Rauschleistung zur Verfügung.

12.6.2. Spektrale Rauschspannung. Spektraler Rauschstrom

Bei weißem Rauschen ist in jedem Frequenzintervall der Breite $B = f_H - f_L$ (f_H: obere Bandgrenze, f_L: untere Bandgrenze) unabhängig von der Frequenz die gleiche Rauschleistung enthalten. Die *spektrale Leistungsdichte* ($\equiv$ *Leistungsspektrum*) S ist frequenzunabhängig. Bei anderen Rauscharten (z.B. $1/f$-Rauschen) ist dagegen die spektrale Leistungsdichte frequenzabhängig.

Häufig ist es anschaulicher, mit Rauschspannungen und -strömen zu rechnen. Wir definieren daher die beiden Größen (Bild 12.25)

Spektrale Rauschspannung u_r, *spektraler Rauschstrom* i_r und verstehen darunter den

Effektivwert der Rauschspannung (bzw. des -stroms) in einem Frequenzband der Breite $B = 1$ Hz.

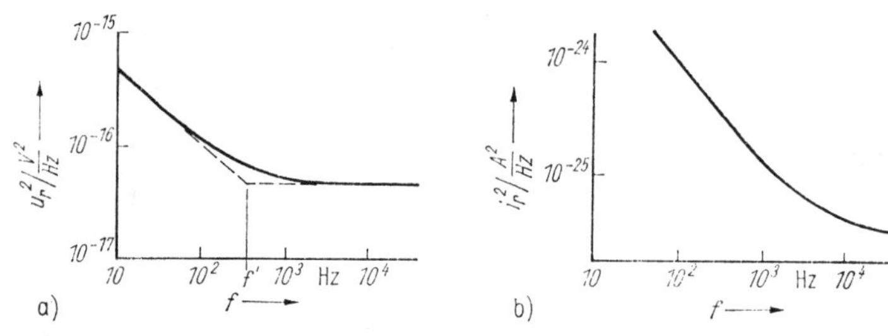

Bild 12.25. Spektrale Rauschspannung (a) und spektraler Rauschstrom (b) beim Operationsverstärker A 109

Beispiel. An den leerlaufenden Anschlüssen eines thermisch rauschenden ohmschen Widerstandes R tritt die spektrale Rauschspannung $u_r = \sqrt{4kTR\,(1\ \text{Hz})}$ auf.

Exakter lautet die Definition von u_r und i_r:

Das Quadrat der spektralen Rauschspannung (-strom) ist der Differentialquotient des Effektivwertquadrates der Rauschspannung (bzw. des Rauschstroms) nach der Frequenz. Es gilt

$$u_r^2 = \frac{dU_r^2}{df} \qquad i_r^2 = \frac{dI_r^2}{df}$$

$$U_r = \sqrt{\int_{f_L}^{f_H} u_r^2\,df} \qquad I_r = \sqrt{\int_{f_L}^{f_H} i_r^2\,df} \tag{12.20}$$

u_r, (i_r) spektrale Rauschspannung (-strom) in V/$\sqrt{\text{Hz}}$ (A/$\sqrt{\text{Hz}}$)
U_r, (I_r) Effektivwert der Rauschspannung (-strom) im Frequenzband $B = f_H - f_L$ in V(A)
f_H, (f_L) obere (untere) Frequenzbandgrenze in Hz

Beispiel. Gegeben sind bei einem thermisch rauschenden System u_r und i_r und die Rauschbandbreite $B = f_H - f_L \approx f_H$.

Wir berechnen die Rauschspannung U_r und den Rauschstrom I_r für $f_H \gg f_L$.

Aus (12.20) folgt mit u_r = konst., i_r = konst.

$$U_r = u_r\sqrt{f_H - f_L} \approx u_r\sqrt{f_H}; \qquad I_r = i_r\sqrt{f_H - f_L} \approx i_r\sqrt{f_H}.$$

Beispiel. Wir wollen den Effektivwert der Rauschspannung U_r berechnen, wenn die spektrale Rauschspannung u_r aus der Überlagerung von $1/f$- und weißem Rauschen besteht (Bild 12.25) und i_r vernachlässigt wird.

Lösung. Im Frequenzbereich $f < f'$ gilt $u_r^2 = K/f$, im Bereich $f \geqq f'$ dagegen $u_r^2 = u_{r1}^2$. Bei der Eckfrequenz f' müssen beide Verläufe übereinstimmen: $u_{r1}^2 = u_r^2 = K/f'$. Daraus folgt $K = f'u_{r1}^2$ und schließlich für $f < f'$: $u_r^2 = u_{r1}^2\,(f'/f)$. Die Integration muß in zwei Abschnitten erfolgen. Aus (12.5) folgt für $f_L \leqq f'$ und $f_H \geqq f'$:

$$U_r = \sqrt{\int_{f_L}^{f'} u_{r1}^2\,\frac{f'}{f}\,df + \int_{f'}^{f_H} u_{r1}^2\,df} = u_{r1}\sqrt{f_H - f' + f'\ln(f'/f_L)}.$$

12.6.3. Rauschersatzschaltungen von Verstärkern

Im Inneren eines mehrstufigen Verstärkers wirken zahlreiche Rauschquellen. In Analogie zur Berechnung des Einflusses der Offset-, Drift- und Ruhegrößen bei Operationsverstärkern läßt sich das gesamte Verstärkerrauschen nach Bild 12.26 dadurch berücksichtigen, daß der Verstärker rauschfrei betrachtet wird und in Reihe zum Eingang eine Rauschspannungsquelle sowie zwischen beiden Eingängen und Masse je eine (i. allg. gleiche) Rauschstromquelle geschaltet wird. In dieser Form läßt sich das Verstärkerrauschen direkt mit dem Eingangssignal vergleichen, und die Berechnung des Signal-Rausch-Verhältnisses wird vereinfacht.

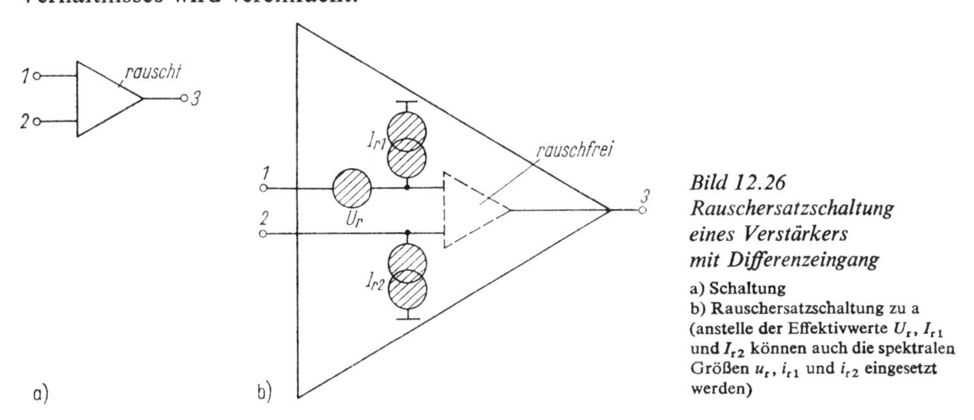

Bild 12.26
Rauschersatzschaltung eines Verstärkers mit Differenzeingang
a) Schaltung
b) Rauschersatzschaltung zu a (anstelle der Effektivwerte U_r, I_{r1} und I_{r2} können auch die spektralen Größen u_r, i_{r1} und i_{r2} eingesetzt werden)

Die Ersatzrauschspannungsquelle U_r erzeugt bei kurzgeschlossenem Verstärkereingang das gleiche Ausgangsrauschen hinsichtlich Amplitude und Spektrum wie der reale kurzgeschlossene Verstärker. Entsprechend erzeugen die Ersatzrauschstromquellen I_{r1} und I_{r2} bei leerlaufenden Verstärkereingängen das gleiche Ausgangsrauschen wie der reale Verstärker bei Leerlauf am Eingang.

Der relative Einfluß der Rauschspannungs- bzw. -stromquellen hängt vom Innenwiderstand der Signalquelle ab. Bei hohen Widerständen im Eingangskreis macht sich zusätzlich zur Rauschspannungsquelle U_r ein von I_{r1} bzw. I_{r2} hervorgerufener Rauschspannungsabfall über dem Innenwiderstand der Signalquelle bemerkbar.

Das Rauschen eines mehrstufigen Verstärkers wird nahezu völlig durch die Eingangsstufe bestimmt. Bipolare Eingangsstufen sind bei niedrigen Innenwiderständen der Signalquelle ($R_g \ll 50\,\text{k}\Omega$) überlegen, FET-Eingangsstufen bei hohen Widerständen ($R_g \gg 50\,\text{k}\Omega$).

12.6.4. Rauschanalyse

In der Regel wird die Ausgangsrauschspannung eines Verstärkers von mehreren Rauschquellen hervorgerufen. Wir setzen hier und im folgenden stets voraus, daß die einzelnen Rauschquellen unkorreliert (voneinander unabhängig) sind. In diesem Fall addieren sich die Rauschspannungs- und -stromquellen quadratisch (Bild 12.27b), weil sich die Rauschleistungen ungestört überlagern.

Selbst in den Fällen, in denen eine Korrelation besteht, ist der durch deren Vernachlässigung entstehende Fehler gering. Die Ersatzrauschspannung von zwei in Reihe liegenden korrelierten Rauschspannungsquellen beträgt $U_{r\,ges}^2 = U_{r1}^2 + U_{r2}^2 + 2CU_{r1}U_{r2}$ mit $-1 \leqq C \leqq +1$ (C Korrelationskoeffizient). Der Fehler durch Vernachlässigung von C beträgt im hier betrachteten Fall weniger als 30%.

Bei der Rauschanalyse eines linearen Systems (z. B. Verstärkers) geht man zweckmäßigerweise wie folgt vor:

1. Alle *Signal-* und *Betriebsspannungsquellen* Null setzen.
2. *Wechselstromersatzschaltbild* zeichnen.
3. Jede Rauschursache im Netzwerk (aktive Bauelemente, Widerstände, Stromquellen) wird durch ein entsprechendes *Rauschersatzschaltbild* dargestellt. Das Netzwerk beinhaltet nach diesem Schritt n Rauschquellen.
4. Die gesamte spektrale Ausgangsrauschspannung u_{ar} berechnet man unter Anwendung des *Superpositionsprinzips* wie folgt:

4.1. Man berechnet die *Beträge* $|u_{ar1}|$, $|u_{ar2}| \ldots |u_{arn}|$ der von den n Rauschquellen hervorgerufenen spektralen Ausgangsteilspannungen (-ströme); die Rechnung erfolgt in gleicher Weise, als wäre die Rauschquelle eine Sinusgröße.

4.2. Anschließend addiert man *quadratisch* die Beträge der n spektralen Ausgangsteilspannungen (-ströme):

$$u_{ar} = \sqrt{|u_{ar1}|^2 + |u_{ar2}|^2 + \ldots + |u_{arn}|^2}.$$

5. Den in einem Frequenzband der Breite $B = f_H - f_L$ auftretenden Effektivwert der Ausgangsrauschspannung U_{ar} erhält man entsprechend (12.6) durch „quadratische" Integration über alle „Frequenzen" des Rauschspektrums innerhalb des Frequenzbandes $B = f_H - f_L$ aus der Beziehung

$$U_{ar} = \sqrt{\int_{f_L}^{f_H} u_{ar}^2 \, df}. \tag{12.6}$$

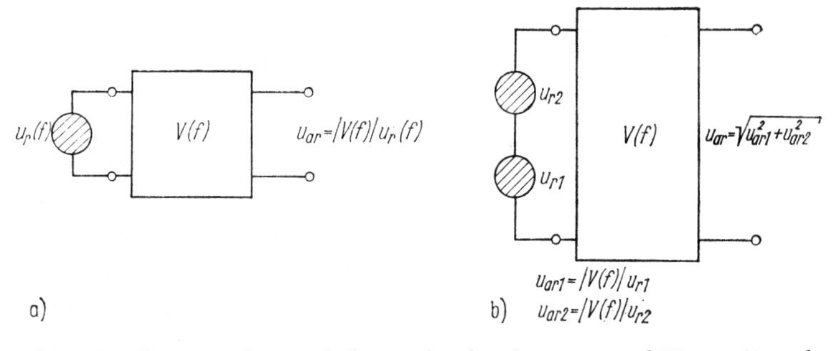

Bild 12.27. Zusammenhang zwischen spektraler Ausgangs- und Eingangsrauschspannung
a) eine Rauschquelle; b) zwei Rauschquellen

Wie aus Bild 12.27 hervorgeht, erscheint jede einzelne „Frequenz" des Rauschspektrums mit dem Betrag der zugehörigen Übertragungsfunktion multipliziert am Ausgang.

Gelegentlich ist es wünschenswert, mit einer äquivalenten spektralen Eingangsrauschspannung u_{rers} zu rechnen.

Es ist dies diejenige in Reihe zur Signalspannungsquelle des Eingangskreises liegende spektrale Rauschspannungsquelle, die die spektrale Ausgangsrauschspannung u_{ar} hervorruft. Man erhält u_{rers} wie folgt:

6. Berechnen der Übertragungsfunktion zwischen Signalquelle und Ausgang.
7. u_{rers} ist der Quotient aus der spektralen Ausgangsrauschspannung u_{ar} und dem Betrag dieser Übertragungsfunktion.

8. Den Effektivwert U_{rers} der äquivalenten Eingangsrauschspannung können wir aus (12.6) berechnen, indem wir u_{ar}^2 durch u_{rers}^2 und U_{ar} und U_{rers} ersetzen.

Beispiel. Wir wollen die äquivalente Eingangsrauschspannung der Verstärkerschaltung im Bild 12.28 berechnen.

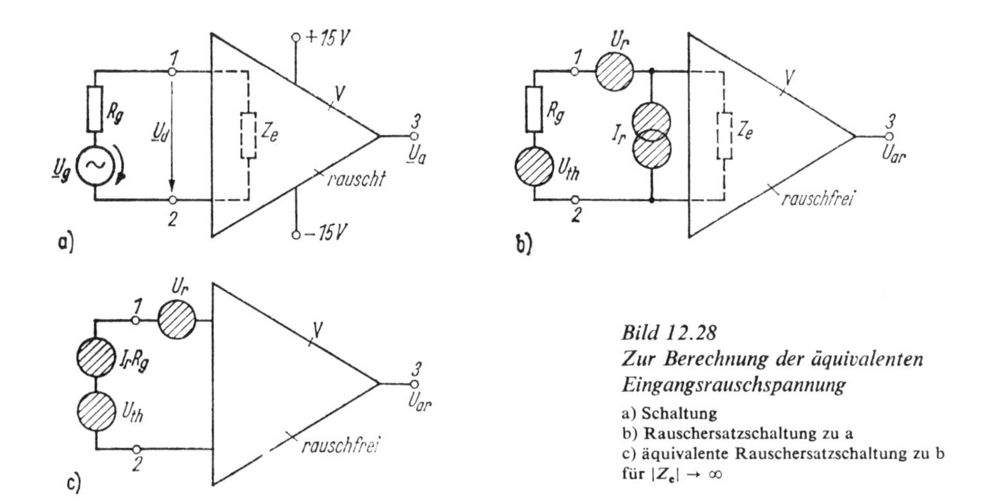

Bild 12.28
Zur Berechnung der äquivalenten Eingangsrauschspannung
a) Schaltung
b) Rauschersatzschaltung zu a
c) äquivalente Rauschersatzschaltung zu b für $|Z_e| \to \infty$

Die spektralen Rauschspannungen u_{th} und u_{r} sowie der spektrale Rauschstrom i_{r} sollen frequenzunabhängig sein (weißes Rauschen).

Zu 1. bis 3.: Ableiten der Ersatzschaltung Bild 12.28b aus Bild 12.28a.

Zu 4.: Anwenden des Überlagerungssatzes und quadratische Addition liefert

$$u_{\mathrm{ar}}^2(f) = |V(f)|^2 \left\{(u_{\mathrm{r}}^2 + u_{\mathrm{th}}^2)\left|\frac{Z_{\mathrm{e}}}{R_{\mathrm{g}} + Z_{\mathrm{e}}}\right|^2 + i_{\mathrm{r}}^2 R_{\mathrm{g}}^2 \left|\frac{Z_{\mathrm{e}}}{R_{\mathrm{g}} + Z_{\mathrm{e}}}\right|^2\right\}. \tag{12.7}$$

Zu 5.:

$$U_{\mathrm{ar}} = \sqrt{\int_{f_{\mathrm{L}}}^{f_{\mathrm{H}}} u_{\mathrm{ar}}^2 \,\mathrm{d}f}.$$

Zu 6.: Die Übertragungsfunktion zwischen Signalquelle und Ausgang beträgt:

$$V^* = \frac{\underline{U}_{\mathrm{a}}}{\underline{U}_{\mathrm{g}}} = \frac{\underline{U}_{\mathrm{a}}}{\underline{U}_{\mathrm{d}}} \frac{\underline{U}_{\mathrm{d}}}{\underline{U}_{\mathrm{g}}} = V \frac{Z_{\mathrm{e}}}{Z_{\mathrm{e}} + R_{\mathrm{g}}}.$$

Zu 7.: Mit (12.7) folgt

$$u_{\mathrm{rers}} = \frac{u_{\mathrm{ar}}}{|V^*|} = \sqrt{u_{\mathrm{r}}^2 + u_{\mathrm{th}}^2 + i_{\mathrm{r}}^2 R_{\mathrm{g}}^2}.$$

Die spektrale Rauschspannung u_{rers} können wir uns in Reihe zur Signalspannungsquelle $\underline{U}_{\mathrm{g}}$ geschaltet vorstellen.

Zu 8.:

$$U_{\mathrm{rers}} = \sqrt{\int_{f_{\mathrm{L}}}^{f_{\mathrm{H}}} u_{\mathrm{rers}}^2 \,\mathrm{d}f} = \sqrt{(u_{\mathrm{r}}^2 + u_{\mathrm{th}}^2 + i_{\mathrm{r}}^2 R_{\mathrm{g}}^2)\,(f_{\mathrm{H}} - f_{\mathrm{L}})}.$$

$f_{\mathrm{H}} - f_{\mathrm{L}}$ ist die aus der Übertragungsfunktion $V^*(f)$ zu berechnende äquivalente Rauschbandbreite ($B_{\mathrm{eq}} = f_{\mathrm{H}} - f_{\mathrm{L}} = f_{\mathrm{H}}$, weil die untere Grenzfrequenz Null ist).

Bemerkung. $u_{r\,ers}$ können wir im Fall $|Z_e| \to \infty$ auch sofort ohne weitere Rechnung aus Bild 12.28b ablesen, wenn wir den Spannungsabfall $I_r R_g$ als zusätzliche Rauschspannung einzeichnen (Bild 12.28c).

Hinweise zur Rauschberechnung. Zur Rauschberechnung sind folgende Zusammenhänge nützlich:

1. Die gesamte Rauschspannung einer Reihenschaltung von n unabhängigen Rauschspannungsquellen ist die Quadratwurzel aus den Rauschspannungsquadraten:

$$U_{r\,ges} = \sqrt{U_{r1}^2 + U_{r2}^2 + \ldots + U_{rn}^2}$$

Rauschspannungsquellen, die mindestens dreimal kleiner sind als eine der übrigen Rauschspannungen, dürfen vernachlässigt werden. Der dadurch entstehende Fehler ist $< 5\,\%$.

2. Multiplikation des Effektivwertes der Rauschspannung mit dem Faktor 6,6 ergibt den Spitzenwert der Rauschspannung, der nur mit einer Wahrscheinlichkeit $< 0{,}1\,\%$ überschritten wird.
3. Ein ohmscher Widerstand von 100 kΩ erzeugt laut Bild 12.24 in einem Frequenzband von $B = 1$ Hz bei $T_a = 298$ K eine Rauschspannung von 40 nV (Effektivwert).
Die Rauschspannung von Widerständen mit beliebigen R- und B-Werten berechnet man aus

$$U_r = \frac{40\,\text{nV}}{\sqrt{\text{Hz}}} \sqrt{\frac{R}{100\,\text{k}\Omega} B}.$$

4. Das Ausgangsrauschen eines Verstärkers läßt sich klein halten, indem
   - B nicht größer gewählt wird, als es für das Nutzsignal erforderlich ist
   - möglichst niederohmige und rauscharme Widerstände (Metallschichtwiderstände) verwendet werden (z. B. Signalquellenwiderstand).

12.6.5. Rauschbandbreite. Signal-Rausch-Abstand. Rauschzahl

Rauschbandbreite. Die Rauschbandbreite wird abweichend von der üblichen Bandbreitendefinition (3-dB-Abfall der Spannungsverstärkung, Abfall der Leistungsverstärkung auf die Hälfte) definiert.

Die äquivalente Rauschbandbreite B_{eq} ist die Bandbreite eines idealen Bandpaßfilters, das bei Aussteuerung mit weißem Rauschen den gleichen quadratischen Mittelwert der Ausgangsrauschspannung liefert wie das reale System.

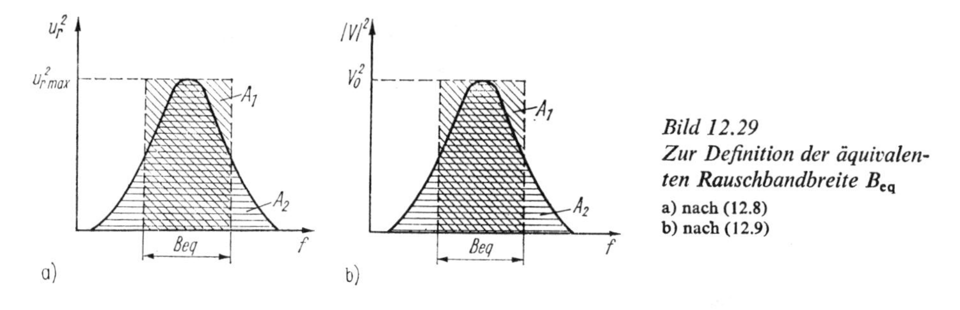

Bild 12.29
Zur Definition der äquivalenten Rauschbandbreite B_{eq}
a) nach (12.8)
b) nach (12.9)

Dabei erfolgt zusätzlich eine Normierung der Amplitude $U_{r\,max}$ des weißen Rauschens entsprechend Bild 12.29.

Die Definition von B_{eq} ergibt sich aus der Überlegung, daß die Fläche A_2 des realen Systems mit der des idealen Bandpasses (A_1) im Bild 12.29 gleich sein muß, zu

$$u_{r\,max}^2 B_{eq} = \int_{f=0}^{\infty} u_r^2(f)\,\mathrm{d}f \tag{12.8}$$

bzw.

$$V_0^2 B_{eq} = \int_{f=0}^{\infty} |V(f)|^2 \, df \tag{12.9}$$

$V(f)$ Spannungsverstärkung des Systems,
V_0 Spannungsverstärkung des Systems in Bandmitte.

Beispiel. Die äquivalente Rauschbandbreite eines Operationsverstärkers mit dem Frequenzgang der Spannungsverstärkung $V = V_0/(1 + jf/f_p)$ beträgt nach (12.9)

$$B_{eq} = \frac{1}{V_0^2} \int_0^{\infty} \frac{V_0^2}{|1 + j\,(f/f_p)|^2} \, df = \frac{\pi}{2} f_p .$$

Signal-Rausch-Abstand. Alle Ziele bei der Dimensionierung rauscharmer Verstärkerschaltungen sind darauf gerichtet, das Rauschen im Vergleich zum Nutzsignal möglichst klein zu halten. Die geeignetste Kenngröße hierfür ist der Signal-Rausch-Abstand S/N. Die Definition lautet

$$\frac{S}{N} = \frac{P_s}{P_r} = \frac{X_s^2}{X_r^2} .$$

P_s Signalleistung,
P_r Rauschleistung am gleichen Bezugspunkt,
X_s Effektivwert der Signalgröße (U_s bzw. I_s),
X_r Effektivwert der Rauschgröße am gleichen Bezugspunkt (U_r bzw. I_r).

Beispiel. Der Signal-Rausch-Abstand für die Schaltung im Bild 12.28, bezogen auf den Ausgang, beträgt

$$\frac{S}{N} = \frac{U_{as}^2}{U_{ar}^2} = \frac{|V^*|^2 \, U_g^2}{|V^*|^2 \, U_{rers}^2} = \frac{U_g^2}{\int_{f_L}^{f_H} (u_r^2 + u_{th}^2 + i_r^2 R_g^2) \, df} = \frac{U_g^2}{u_{rers}^2 B_{eq}}$$

(weißes Rauschen für alle Rauschquellen vorausgesetzt).

Rauschzahl (≡ Rauschfaktor). Die Rauschzahl F vergleicht das Signal-Rausch-Verhältnis am Eingang mit dem Signal-Rausch-Verhältnis des Ausgangskreises. Ihre Definition lautet

$$F = \frac{P_{es}/P_{er}}{P_{as}/P_{ar}} = \frac{P_{ar}}{V_p P_{er}} = \frac{P_{ar}}{P_{ar} \text{ bei rauschfreiem Verstärker}}$$

P_{es} den Eingangsklemmen zugeführte Signalleistung,
P_{er} den Eingangsklemmen zugeführte Rauschleistung,
P_{as} am Ausgang auftretende Signalleistung,
P_{ar} am Ausgang auftretende Rauschleistung,
V_p Leistungsverstärkung ($V_p = P_{as}/P_{es}$),
$V_p P_{er}$ die bei rauschfreiem Verstärker am Ausgang auftretende Rauschleistung.

Oft wird diese Größe in dB angegeben. Sie heißt dann *Rauschmaß* $F^x/\text{dB} = 10 \lg F$. Weiterhin ist durch die Beziehung $F = 1 + F_z$ die Zusatzrauschzahl F_z definiert.

Die Rauschzahl eignet sich zum Vergleich mehrerer Verstärker unter gleichen Bedingungen. Es ist aber nicht in allen Fällen richtig, die Schaltung so zu dimensionieren, daß F minimal wird, denn F kann auch dadurch verkleinert werden, daß das Eingangsrauschen (P_{er}) vergrößert wird. Das erhöht jedoch keinesfalls das Signal-Rausch-Verhältnis S/N. Das Ziel jeder Rauschminimierung muß darin bestehen, S/N möglichst groß zu machen.

12.6.6. Rauschen mehrstufiger Verstärker

Bei einer Kettenschaltung mehrerer Verstärkerstufen bestimmt in der Regel die Eingangsstufe das Rauschverhalten. Am Beispiel der Kettenschaltung zweier Verstärker (V_1, V_2) nach Bild 12.28 läßt sich das leicht nachweisen.

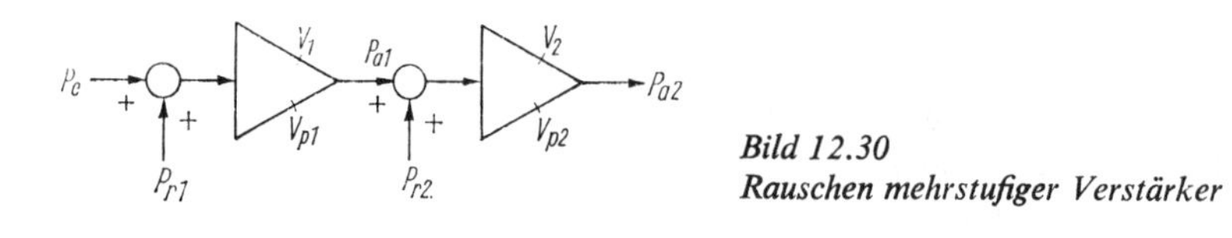

Bild 12.30
Rauschen mehrstufiger Verstärker

Die in jedem Verstärker entstehende Rauschleistung erfassen wir dadurch, daß wir den Verstärker als rauschfrei betrachten und seinem Eingang eine so große Rauschleistung P_{r1} bzw. P_{r2} zuführen, daß am Verstärkerausgang die gleiche Rauschleistung auftritt wie beim realen Verstärker. Die Größen im Bild 12.30 bedeuten:

P_e die dem Eingang der Verstärkerkette zugeführte Rauschleistung
P_{r1}, P_{r2} die in V_1 bzw. V_2 entstehende Rauschleistung (auf den Verstärkereingang transformiert)

$$P_{a1} = (P_e + P_{r1})\, V_{p1}\,; \qquad P_{a2} = (P_{a1} + P_{r2})\, V_{p2}$$

V_{p1}, V_{p2} Leistungsverstärkung der Verstärker V_1, V_2.

Die gesamte Ausgangsleistung der Anordnung ergibt sich aus Bild 12.30 zu

$$P_{a2} = [(P_e + P_{r1})\, V_{p1} + P_{r2}]\, V_{p2} = (P_e + P_{r1})\, V_{p1} V_{p2} + P_{r2} V_{p2}\,.$$

Dividieren wir P_{a2} durch das Produkt beider Leistungsverstärkungen, so erhalten wir die auf den Eingang der Verstärkerkette bezogene gesamte Rauschleistung

$$P_{r1} + \frac{P_{r2}}{V_{p1}}\,.$$

Wir erkennen hieran, daß die Rauschleistung des Verstärkers V_2 lediglich um den Faktor V_{p1} verringert in das Gesamtrauschen eingeht. Das Rauschverhalten wird von der ersten Verstärkerstufe bestimmt, falls ihre Verstärkung nicht zu klein ist.

13. Lineare Rechen- und Regelschaltungen

Durch Gegenkopplungsbeschaltung von Operationsverstärkern mit frequenzunabhängigen bzw. frequenzabhängigen passiven Schaltelementen lassen sich Rechen- und Regelschaltungen realisieren. Wir wollen im vorliegenden Abschnitt die wichtigsten dieser Einheiten kennenlernen.

Nach einem kurzen Überblick über Addier- und Subtrahierschaltungen befassen wir uns wegen ihrer großen Bedeutung in der Elektronik ausführlich mit Spannungs- und Stromstabilisierungsschaltungen. Am Ende des Abschnitts werden die wichtigsten Reglerschaltungen besprochen. Ausführlich behandeln wir dabei den besonders wichtigen Integrator und untersuchen u. a. den Einfluß nichtidealer OV-Eigenschaften auf die Wirkungsweise dieser Schaltung.

13.1. Addier- und Subtrahierschaltungen

Summierer (Addierschaltung). Die invertierende OV-Grundschaltung eignet sich gut als rückwirkungsfreier Summierverstärker, weil der invertierende Eingang nahezu auf Masse liegt („virtuelle Masse"). Dadurch tritt keine gegenseitige Beeinflussung der Eingangsspannungen auf. Jeder Eingangsstrom $\underline{I}_1, \ldots, \underline{I}_n$ hängt nur von der zugehörigen Eingangsspannung $\underline{U}_1, \ldots, \underline{U}_n$ und dem Widerstand $R_1, \ldots, R_n$ ab. Summiert werden die von den Eingangsklemmen zum Summationspunkt fließenden Ströme. Der gesamte Eingangsstrom fließt durch R_F und erzeugt den Spannungsabfall $\underline{I}_{c\,ges} R_F = -\underline{U}_a$. Deshalb gilt (Bild 13.1)

$$-\underline{U}_a = \frac{R_F}{R_1}\underline{U}_1 + \frac{R_F}{R_2}\underline{U}_2 + \ldots + \underline{I}'_1 + \underline{I}'_2 + \ldots$$

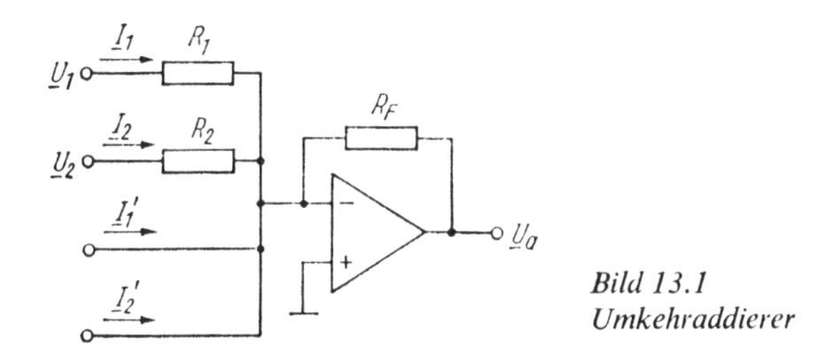

Bild 13.1
Umkehraddierer

Differenzbildner (Subtrahierschaltung). In der Beschaltung nach Bild 13.2 wird die *Differenz* beider Eingangsspannungen verstärkt. Da die Beschaltungswiderstände R_1, R_2, R'_1, R'_2 die Genauigkeit dieser Schaltung bestimmen, werden bei hohen Anforderungen spezielle Metallschicht- bzw. Drahtwiderstände oder Dickfilm- bzw. Dünnfilmwiderstandsnetzwerke verwendet. Viele Schaltungsvarianten sind üblich.

Die Ausgangsspannung berechnen wir mit dem Überlagerungssatz (2 Eingangsgrößen $\underline{U}_1$ und $\underline{U}_2$!)

$$\underline{U}_2 = 0: \qquad \underline{U}_{a1} = -\frac{R_2}{R_1}\,\underline{U}_1$$

$$\underline{U}_1 = 0: \qquad \underline{U}_{a2} = \underline{U}_2\,\frac{R_2'}{R_1' + R_2'}\left(1 + \frac{R_2}{R_1}\right).$$

Für die Dimensionierung $R_1 = R_1'$ und $R_2 = R_2'$ beträgt die Ausgangsspannung

$$\underline{U}_a = \underline{U}_{a1} + \underline{U}_{a2} = (\underline{U}_2 - \underline{U}_1)\,\frac{R_2}{R_1}. \tag{13.1}$$

Die Schaltung wirkt bei $\underline{U}_2 = 0$ als invertierender Verstärker für die Eingangsspannung $\underline{U}_1$ und bei $\underline{U}_1 = 0$ als nichtinvertierender Verstärker für die Spannung über R_2'.

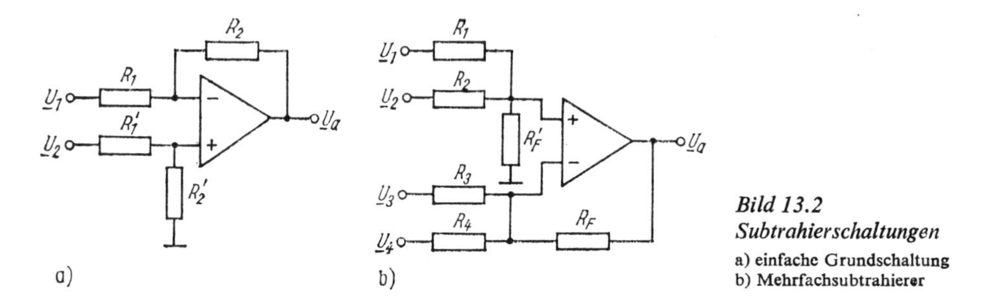

Bild 13.2
Subtrahierschaltungen
a) einfache Grundschaltung
b) Mehrfachsubtrahierer

Gemäß (13.1) wird nur die Eingangs*differenz*spannung $\underline{U}_2 - \underline{U}_1$ verstärkt. Eine Gleichtakteingangsspannung wird (theoretisch) nicht verstärkt. Deshalb eignet sich diese Schaltung als Instrumentationsverstärker (s. Abschn. 12.2.).

Geringe Abweichungen von der Bedingung $R_1 = R_1'$ und $R_2 = R_2'$ von der Größenordnung ‰ bis % haben jedoch eine starke Verringerung der Gleichtaktunterdrückung zur Folge, weil Gleichtakteingangsspannungen in eine Differenzeingangsspannung umgewandelt werden. Weitere Nachteile sind der niedrige Eingangswiderstand ($\approx R_1 + R_1' = 2R_1$) und die Abhängigkeit der Verstärkung vom Innenwiderstand der Signalquelle. Es gibt deshalb umfangreichere Schaltungen mit mehreren OV, die diese Nachteile vermeiden (s. Abschn. 12.2.).

Mehrfachsubtrahierer. Die Schaltung im Bild 13.2a läßt sich zu einem Mehrfachsubtrahierer erweitern (Bild 13.2b). Die Ausgangsspannung $\underline{U}_a$ berechnen wir mittels des Überlagerungssatzes. Wir erhalten

$$\underline{U}_a = \frac{R_F' \parallel R_2}{R_1 + (R_F' \parallel R_2)}\left[1 + \frac{R_F}{R_3 \parallel R_4}\right]\underline{U}_1$$

$$+ \frac{R_F' \parallel R_1}{R_2 + (R_F' \parallel R_1)}\left[1 + \frac{R_F}{R_3 \parallel R_4}\right]\underline{U}_2 - \frac{R_F}{R_3}\,\underline{U}_3 - \frac{R_F}{R_4}\,\underline{U}_4.$$

Die Anzahl der Eingänge ist erweiterbar.

13.2. Konstantspannungsquellen

Allgemeines zu Stabilisierungsschaltungen. Häufig werden möglichst konstante und lastunabhängige Gleichspannungen bzw. Gleichströme benötigt. Bei geringen Anforderungen und kleinen Ausgangsleistungen (typisch < 1 W) sind einfache Z-Dioden-Schaltungen geeignet. In den meisten Fällen werden jedoch elektronische Regelschaltungen eingesetzt. Mit ihnen lassen sich sehr hohe Konstanz, große Ausgangsleistungen, in weitem Bereich einstellbare Ausgangsgröße und Lastunabhängigkeit erzielen.

Alle Schaltungen enthalten als Referenzspannungsquelle Z-Dioden oder Referenzelemente (TK < 0,0005 %/K erreichbar [12]).

Bei Konstantspannungs- und -stromquellen interessieren vor allem folgende Größen: Ausgangsspannungs- und -strombereich, maximale Ausgangsleistung, Stabilität der Ausgangsspannung, Innenwiderstand, TK, Restwelligkeit am Ausgang, Kurzschlußfestigkeit, Abmessungen, Temperaturbereich, Preis.

Die Ausgangsspannung (Strom) einer stabilisierten Spannungs- (Strom-) quelle wird vor allem beeinflußt durch

- Betriebsspannungsänderungen (ΔU_E),
- Laständerungen (ΔI_L), charakterisiert durch den Innenwiderstand r_i der Spannungs- bzw. Stromquelle,
- Temperaturänderungen (ΔT),
- Langzeitänderungen (Δt).

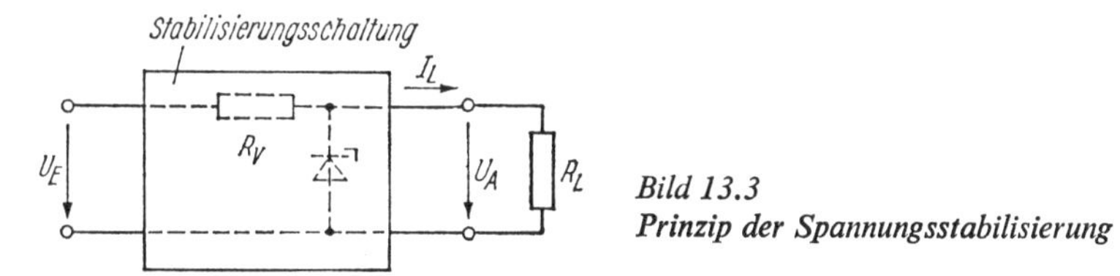

Bild 13.3
Prinzip der Spannungsstabilisierung

Für kleine Änderungen der Ausgangsspannung einer Konstantspannungsquelle nach Bild 13.3 gilt (totales Differential):

$$\Delta U_A \approx \frac{\partial U_A}{\partial U_E} \Delta U_E + \frac{\partial U_A}{\partial I_L} \Delta I_L + \frac{\partial U_A}{\partial T} \Delta T + \frac{\partial U_A}{\partial t} \Delta t. \tag{13.2}$$

Bei einer idealen Spannungsquelle müßten alle vier partiellen Differentialquotienten zu Null werden. Üblicherweise verwendet man nicht diese partiellen Differentialquotienten, sondern folgende daraus abgeleitete Kenngrößen (typische Zahlenwerte in Klammern):

$$S = \frac{1}{\partial U_A / \partial U_E} \frac{U_A}{U_E} \approx \frac{\Delta U_E / U_E}{\Delta U_A / U_A}$$ Stabilisierungsfaktor ($>10 \ldots 10^4$)

$$r_i = -\frac{\partial U_A}{\partial I_L} \approx -\frac{\Delta U_A}{\Delta I_L}$$ differentieller Innenwiderstand der Stabilisierungsschaltung ($10\,\Omega \ldots 10^{-3}\,\Omega$)

$$TK_U = \frac{\partial U_A / U_A}{\partial T} \approx \frac{1}{\Delta T} \frac{\Delta U_A}{U_A}$$ Temperaturkoeffizient ($\pm 10^{-3} \ldots 10^{-5}$/K)

$$\frac{\partial U_A / U_A}{\partial t} \approx \frac{1}{\Delta t} \frac{\Delta U_A}{U_A}$$ Koeffizient der Langzeitänderung.

Der Stabilisierungsfaktor ist ein Maß für die Unabhängigkeit gegenüber Eingangsspannungsschwankungen. Der Innenwiderstand beschreibt die Änderung der Ausgangsspannung gegenüber Laständerungen.

Nicht alle vier Einflußgrößen wirken sich in der Praxis gleich stark aus.

13.2.1. Referenzspannungserzeugung mit Z-Dioden [13.3]

Z-Dioden. Bild 13.4 zeigt die statische Kennlinie sowie das Ersatzschaltbild einer *Z-Diode*. Bei kleinen Zenerspannungen (U_Z < etwa 6 V) überwiegt der Zener- oder Feldeffekt (TK < 0), bei größeren Zenerspannungen herrscht der Lawinen- bzw. Avalanche-Effekt vor (TK > 0). In der Umgebung von $U_Z \approx 5{,}5 \ldots 5{,}8$ V haben sowohl der Temperaturkoeffizient als auch der „Zenerwiderstand" r_Z ein Minimum (Bild 13.5).

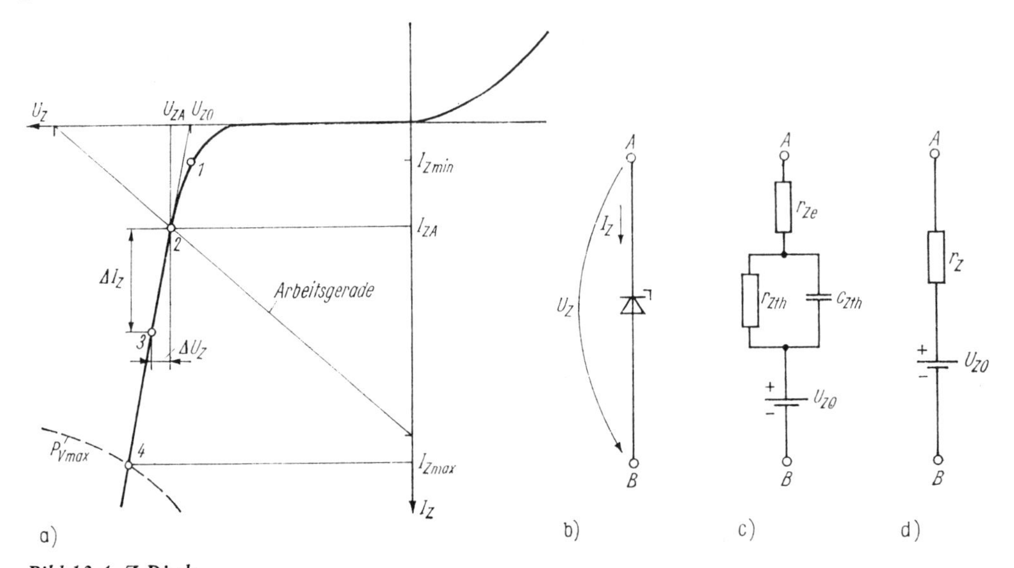

Bild 13.4. Z-Diode

a) statische Kennlinie; b) Symbol; c) Ersatzschaltung für den Z-Bereich ($I_{Zmin} < I_Z < I_{Zmax}$); d) Vereinfachung von c ($r_Z = r_{Ze} + r_{Zth}$)

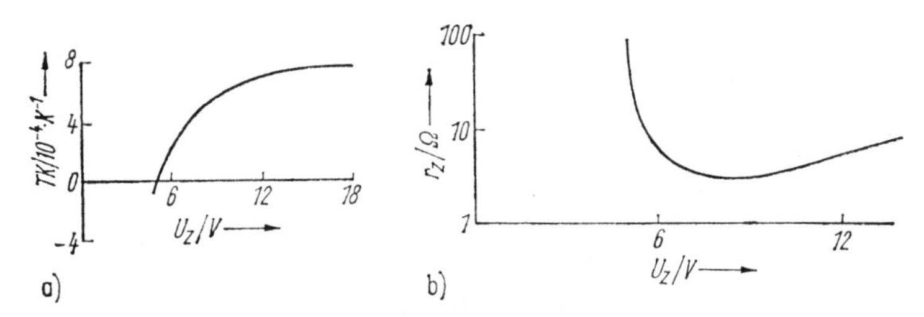

Bild 13.5. TK und Z-Widerstand von Z-Dioden in Abhängigkeit von der Z-Spannung

Für besonders hohe Ansprüche an einen niedrigen TK sind Referenzelemente (Kombination aus Si-Dioden und einer Z-Diode mit entgegengesetztem TK) mit einem TK von typisch $10^{-5} \ldots 10^{-4}$/K verfügbar.

Die Kennlinie der Z-Diode kann im interessierenden Arbeitsbereich (zwischen den Punkten *1* und *4* im Bild 13.4a) durch eine Gerade angenähert werden. Deshalb gilt bei Belastungsänderungen der Z-Diode in diesem Bereich $\Delta U_Z \approx \Delta I_Z r_Z$.

Der *differentielle Widerstand* r_Z soll möglichst klein sein, damit die Spannung U_Z über der Diode unabhängig von Schwankungen des Diodenstroms I_Z bleibt. Zu beachten ist, daß er aus einem elektrischen Anteil r_{Ze} und einem thermischen Anteil $r_{Z\,th}$ zusammengesetzt ist (Bild 13.4c), denn eine Änderung des Diodenstroms verursacht nicht nur eine Spannungsänderung, sondern gleichzeitig eine Temperaturänderung. Nur wenn die Stromänderung einen reinen Wechselstrom hoher Frequenz darstellt, ändert sich – bedingt durch die Wärmeträgheit der Z-Diode – ihre Temperatur nicht.

Der dynamische Wärmeübergang in der Z-Diode wird durch die thermische Zeitkonstante

$$\tau_{th} = r_{Z\,th} c_{Z\,th} = R_{th} K$$

beschrieben. Dabei ist K die Wärmekapazität von Z-Diode und Kühlblech und

$$R_{th} = \frac{\Delta T}{\Delta P_v} = \frac{1}{U_Z}\frac{\Delta T}{\Delta I_Z}$$

der Wärmewiderstand zwischen Sperrschicht und Umgebung. Unter Verwendung des Temperaturkoeffizienten der Zenerspannung

$$TK_{UZ} = \frac{1}{U_Z}\frac{\partial U_Z}{\partial T}$$

läßt sich der Zenerwiderstand r_Z bei vernachlässigter Wärmekapazität c_{th} wie folgt schreiben:

$$r_Z = \frac{\Delta U_Z}{\Delta I_Z} = \frac{\partial U_Z}{\partial I_Z} + \frac{\partial U_Z}{\partial T}\frac{\partial T}{\partial U_Z} = r_{Ze} + r_{Z\,th}$$

$$= r_{Ze} + \frac{\partial T}{\partial I_Z} U_Z TK_{UZ} = r_{Ze} + R_{th} U_Z^2 TK_{UZ}.$$

Der Zenerwiderstand r_Z hängt näherungsweise quadratisch von der Zenerspannung ab. Bei Spannungen im Bereich $U_Z \approx 5 \dots 6$ V ist er am kleinsten.

Z-Dioden mit diesem Spannungsbereich eignen sich besonders gut zur Erzeugung hochkonstanter Spannungen.

Sowohl im Hinblick auf niedrigen TK als auch auf niedrigen Zenerwiderstand ist es in der Regel günstiger, zur Erzeugung größerer konstanter Spannungen (z.B. >20 V) mehrere Z-Dioden mit Zenerspannungen von 5 ... 8 V in Reihe zu schalten als einen Typ mit der benötigten großen Zenerspannung zu wählen.

Zur Stabilisierung sehr kleiner Spannungen (etwa <3 V) eignen sich Z-Dioden oder im Durchlaßbereich betriebene normale Siliziumdioden. Die Durchlaßspannung je Diode beträgt etwa 0,7 V mit einer Temperaturabhängigkeit von −2 ... 3 mV/K. Jede Diode hat einen differentiellen Innenwiderstand (Durchlaßwiderstand) von $r_d \approx U_T/I$, d.h. etwa 30 ... 40 Ω bei einem Durchlaßstrom von 1 mA. Hinzu kommt noch der Bahnwiderstand.

Einfache Stabilisierungsschaltung. Die Wirkungsweise der einfachen Spannungsstabilisierungsschaltung nach Bild 13.6 läßt sich anhand der Kennlinie im Bild 13.4a ablesen.

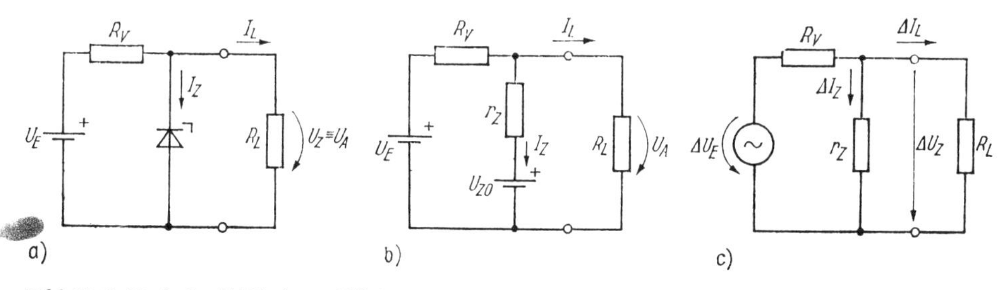

Bild 13.6. Einfache Z-Diodenstabilisierung

a) Schaltung; b) Ersatzschaltung für den Z-Bereich ($I_{Z\,min} < I_Z < I_{Z\,max}$); c) Ersatzschaltung zur Berechnung von Spannungs- und Stromänderungen

Die Schaltung sei so dimensioniert, daß der Arbeitspunkt im Punkt *2* liegt. Wenn sich die Eingangsspannung um ΔU_E erhöht, wandert der Arbeitspunkt zum Punkt *3*, und die Ausgangsspannung erhöht sich um $\Delta U_A \equiv \Delta U_Z$. Je steiler die Kennlinie im Zenerbereich ist, d.h. je kleiner der differentielle Zenerwiderstand r_Z ist, um so weniger ändert sich die Ausgangsspannung.

Wenn sich der Laststrom I_L verändert, übernimmt die Z-Diode die Differenz. I_L darf nicht so groß werden, da sonst I_Z unter den Wert $I_{Z\min}$ abfällt und die Stabilisierung nicht mehr wirkt.

Der Stabilisierungsfaktor (relative Eingangsspannungsschwankung/relative Ausgangsspannungsschwankung) läßt sich aus Bild 13.6b leicht berechnen. Wir erhalten (Beweis!) [13.4]

$$S = \frac{\partial U_E/U_E}{\partial U_A/U_A} = \left(\frac{\partial U_A}{\partial U_E}\frac{U_E}{U_A}\right)^{-1} = \left(1 + \frac{R_V}{r_Z}\right)\frac{U_{Z0}}{U_E}.$$

Er hängt wesentlich vom Verhältnis R_v/r_Z ab. Z-Dioden mit kleinen Zenerwiderständen sind daher besonders günstig.

Zur Gewährleistung der ordnungsgemäßen Funktion der Schaltung darf der Vorwiderstand R_v nur in einem begrenzten Widerstandsbereich liegen. Folgende zwei Bedingungen müssen eingehalten werden:

1. R_v darf einen Minimalwert nicht *unter*schreiten, damit die zulässige Verlustleistung $P_{V\max}$ der Z-Diode (typ. Werte: 0,1 ... 3 W) nicht überschritten wird ($P_{V\max} = U_Z I_{Z\max}$).
2. R_v darf einen Maximalwert nicht *über*schreiten, damit beim maximalen Laststrom der Zenerstrom größer ist als $I_{Z\min}$. Aus dieser Überlegung folgen die beiden Ungleichungen (Ableitung?)

$$R_v \geqq \frac{U_{E\max} - U_Z}{I_{L\min} + I_{Z\max}} \quad \text{(Vermeiden eines zu großen Zenerstroms)}$$

$$R_v \leqq \frac{U_{E\min} - U_Z}{I_{L\max} + I_{Z\min}} \quad \text{(Garantieren des minimal erforderlichen Zenerstroms).}$$

Sollten sich diese beiden Bedingungen für R_v widersprechen, muß eine Z-Diode mit anderen Daten eingesetzt werden.

Die maximale Verlustleistung in der Z-Diode tritt bei ausgangsseitigem Leerlauf auf. Sie beträgt

$$P_{V\max} = U_Z \frac{U_{E\max} - U_Z}{R_v}.$$

Bemerkung: Häufig wählt man $U_E \approx (1{,}5 \ldots 3)\, U_A$ und $I_{Z\max} \geqq I_{L\max}$.

Das Parallelschalten eines Kondensators zur Z-Diode ist nur zweckmäßig, wenn dessen Wechselstromwiderstand $1/\omega C$ wesentlich kleiner ist als der Zenerwiderstand r_Z der Z-Diode.

Kaskadenschaltung. Der Stabilisierungsfaktor läßt sich durch Kaskadenschaltung zweier einfacher Z-Diodenstabilisatoren wesentlich vergrößern (Bild 13.7). Es gilt

$$\Delta U_A/\Delta U_E = (\Delta U_A/\Delta U_1)(\Delta U_1/\Delta U_E).$$

In grober Näherung (für $R_{v1} \gg r_{Z1}$ und $R_{v2} \gg r_{Z2}$) multiplizieren sich die beiden Stabilisierungsfaktoren: $S_{ges} \approx S_1 S_2$. Hinsichtlich Temperatur- und Laständerungen ist die Kaskadenschaltung nicht günstiger als die einfache Stabilisierungsschaltung nach Bild 13.6!

Stabilisierungsschaltung mit Emitterfolgerausgang. Schaltet man den Lastwiderstand nicht direkt, sondern über einen Emitterfolger an die Z-Diode (Bild 13.8), so wird die Z-Diodenstabilisierungsschaltung nur mit dem relativ kleinen Basisstrom des Transistors $I_B \approx I_L/B_N$ belastet. Die Lastabhängigkeit der Spannung U_Z wird um den Faktor B_N verringert. Die Lastabhängigkeit der Ausgangsspannung U_A verbessert sich, bedingt durch die endlichen Bahnwiderstände des Transistors, nicht in diesem Umfang (s. Zahlenbeispiel). Das Ausgangspotential ist etwa 0,7 V niedriger als das Basispotential: $U_A = U_Z - U_{BE}$.

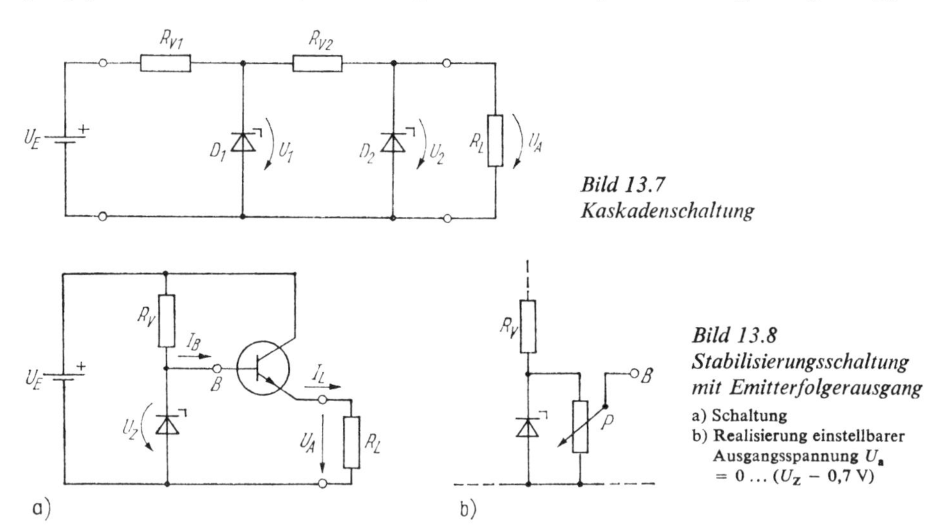

Bild 13.7
Kaskadenschaltung

Bild 13.8
Stabilisierungsschaltung mit Emitterfolgerausgang
a) Schaltung
b) Realisierung einstellbarer Ausgangsspannung $U_a = 0 \ldots (U_Z - 0{,}7\text{ V})$

Der TK der Basis-Emitter-Spannung bewirkt einen zusätzlichen Temperaturfehler der Ausgangsspannung von $-2 \ldots 3$ mV/K, der aber bei vielen Stabilisierungsschaltungen vernachlässigbar ist (bezogen auf eine Ausgangsspannung von $U_A \approx 4 \ldots 6$ V sind das nur $0{,}5\,^0/_{00}$/K!).

Der Innenwiderstand der Stabilisierungsschaltung ($\triangleq$ Ausgangswiderstand des Emitterfolgers) beträgt nach (3.25)

$$r_i = r_{ee'} + \frac{(r_Z \parallel R_v) + r_{bb'} + r_{b'e}}{1 + \beta} \approx r_d = \frac{U_T}{I_L}.$$

$r_{ee'}$ ($r_{bb'}$) Emitter- (Basis-) bahnwiderstand, r_Z differentieller Widerstand der Z-Diode

Zahlenbeispiel

$$I_L = 100\text{ mA}, \qquad \beta = 100, \qquad r_{b'e} = \beta r_d = \beta U_T/I_E = 100\,(30\text{ mV}/100\text{ mA})$$
$$= 30\,\Omega; \qquad r_{bb'} = 20\,\Omega, \qquad r_z = 10\,\Omega\,(\ll R_v), \qquad r_{ee'} = 1\,\Omega \rightarrow r_i \approx 1{,}6\,\Omega.$$

Ohne Emitterfolger wäre $r_i \approx r_Z = 10\,\Omega$.

Der Glättungsfaktor ergibt sich aus Bild 13.8a näherungsweise zu $\Delta U_E/\Delta U_A \approx R_v/r_Z$.

Präzise Referenzspannungserzeugung. Zur Erzeugung einer hochkonstanten Referenzspannung muß der Strom durch die Z-Diode konstant gehalten werden. Diese Aufgabe läßt sich durch Ersetzen des Vorwiderstandes der Z-Diode durch eine einfache Stromquelle (Bild 13.9) oder durch einfache OV-Schaltungen lösen (Bild 13.10). Zum Ausschalten des Temperatureinflusses kann die Z-Diode (in Ausnahmefällen) in einem Thermostaten betrieben werden.

In den Schaltungen a bis c des Bildes 13.10 fließt der Strom $I_Z \approx U_E/R_1$ durch die Z-Diode. Die Spannung U_E muß also sehr konstant sein. Man kann sie, wie im Bild 13.10c gezeigt, von der stabilisierten Ausgangsspannung ableiten. Allerdings muß dafür gesorgt werden, daß die OV-Ausgangsspannung nach dem Einschalten positive und keine negativen Werte annimmt, denn die Schaltung hat zwei stabile Zustände. Deshalb wird über D_2 eine positive Spannung eingekoppelt. Nachdem U_A den Endwert $U_A \approx U_Z + U_E$ erreicht hat, sperrt D_2.

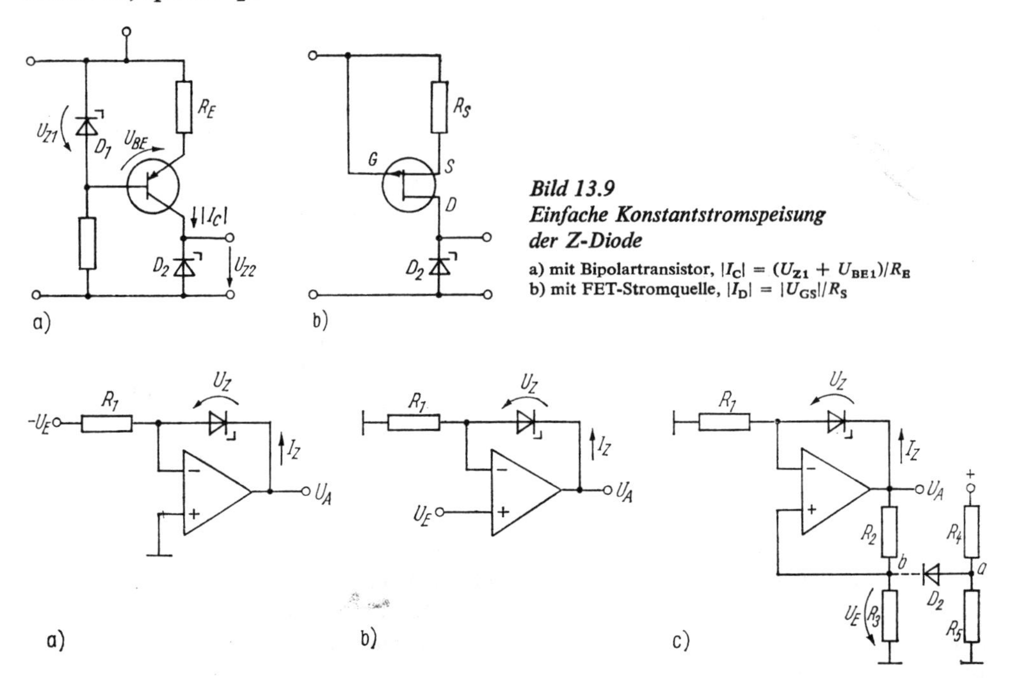

Bild 13.9
Einfache Konstantstromspeisung der Z-Diode
a) mit Bipolartransistor, $|I_C| = (U_{Z1} + U_{BE1})/R_E$
b) mit FET-Stromquelle, $|I_D| = |U_{GS}|/R_S$

Bild 13.10. Referenzspannungserzeugung mit Z-Diode im Gegenkopplungskreis
a) $U_a \approx U_Z$; b) $U_a \approx U_Z + U_e$; c) $U_a \approx U_Z(1 + R_2/R_3)$
Dimensionierungsbeispiel: $U_Z = 6$ V; $R_1 = 530\,\Omega$; $R_2 = 6$ kΩ; $R_3 = 4$ kΩ; $I_Z = 7{,}5$ mA

Zur Sicherung der dynamischen Stabilität der Schaltung muß die Gegenkopplung wesentlich stärker sein als die Mitkopplung über R_2, R_3. Der Gegenkopplungsfaktor beträgt $k = R_1/(R_1 + r_Z) \approx 1$. Der Mitkopplungsfaktor $R_3/(R_2 + R_3)$ wird so gewählt, daß er merklich kleiner ist, z.B. $\lesssim 0{,}5$. Die Inkonstanz der Ausgangsspannung von Schaltung c kann kleiner als 0,01 ... 0,001 % gehalten werden. Bei Verwendung hochpräziser und konstanter Widerstände ist der TK der Ausgangsspannung kaum größer als der der Z-Diode.

Fehler entstehen vor allem durch die Z-Diode, die Spannungsteilerwiderstände und die nichtidealen Eigenschaften des Operationsverstärkers (Eingangsoffsetspannungsdrift, Eingangsruhestrom, endliche Verstärkung, evtl. Gleichtaktunterdrückung).

Auch Betriebsspannungsschwankungen wirken sich als zusätzliche Eingangsoffsetspannungsdrift aus. Bei sehr hohen Anforderungen muß ein OV mit niedriger Drift eingesetzt werden.

Monolithische Spannungskonstanthalter. In den letzten Jahren wurden zahlreiche integrierte Spannungskonstanthalter entwickelt, mit denen sehr gute technische Daten bei niedrigem Preis zu erreichen sind. Bei großen Ausgangsleistungen werden außen Leistungstransistoren zugeschaltet (vgl. Abschn. 13.2.2. und 22.2.2.4.).

13.2.2. Stabilisierungsschaltungen mit Regelung

Für höhere Ansprüche an die Genauigkeit, Konstanz und Ausgangsleistung werden geregelte Stabilisierungseinheiten verwendet. Hierbei wird ein Stellglied (Leistungstransistor) durch eine Stellgröße (Spannung, Strom) beeinflußt, die aus der Differenz zwischen Istwert (definierter Bruchteil der Ausgangsspannung bzw. des Ausgangsstroms) und Sollwert (Referenzspannung) abgeleitet wird. Man nennt dieses Prinzip Rückwärtsregelung. Zwei unterschiedliche Schaltungsstrukturen lassen sich unterscheiden: die Serien- und die Parallelstabilisierung (Bild 13.11).

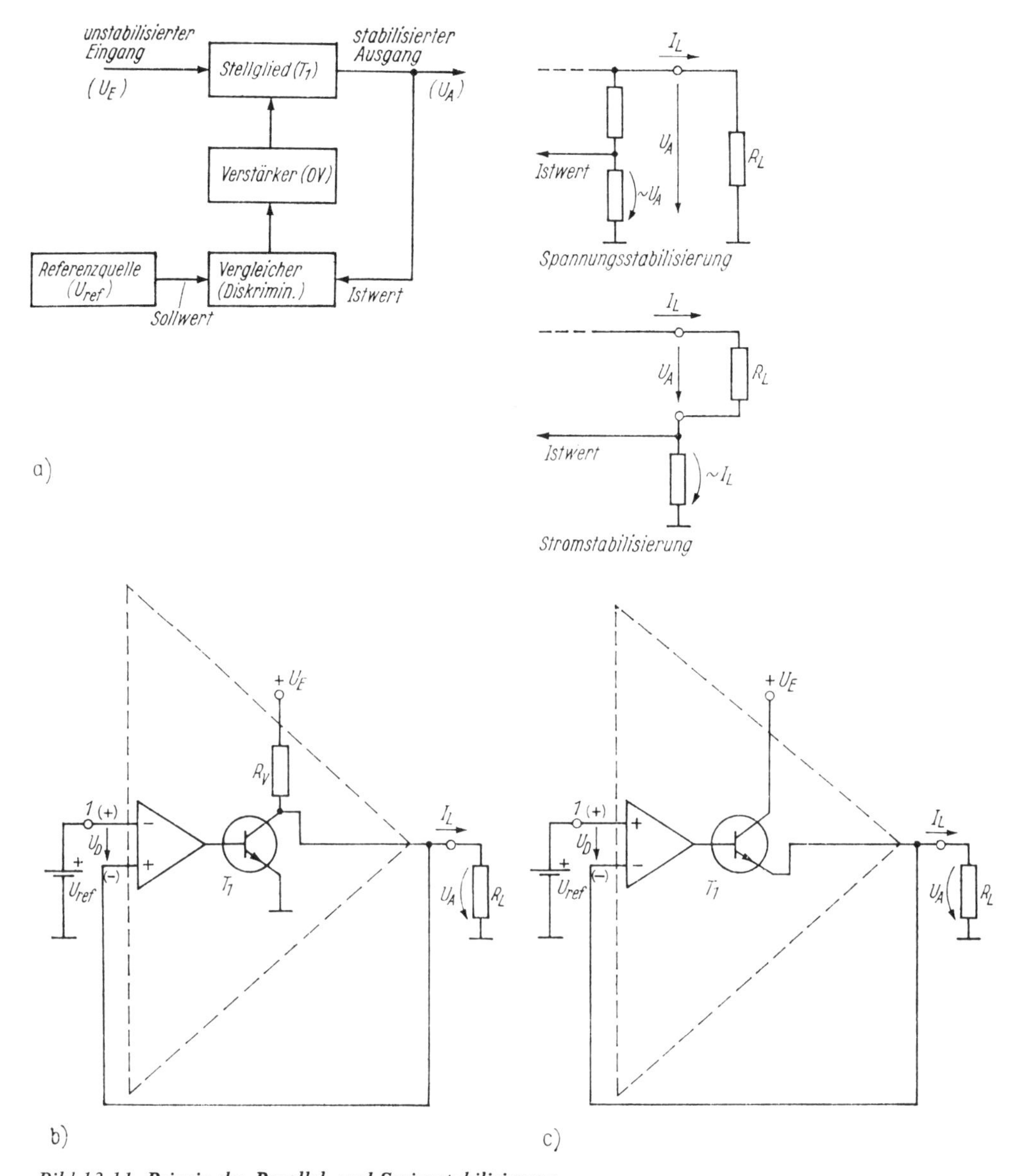

Bild 13.11. Prinzip der Parallel- und Serienstabilisierung

a) Grundprinzip der Spannungs- bzw. Stromstabilisierung; b) Parallelstabilisierung, T_1 invertiert, deshalb wirkt Klemme 1 als „invertierender" Eingang der Schaltung; c) Serienstabilisierung

Bei der Serienstabilisierung („Serienregler") liegt das Stellglied (T_1) in Reihe zur Last (R_L), bei der Parallelstabilisierung liegt es parallel zur Last. In beiden Schaltungen des Bildes 13.11 steuert der OV die Basis-Emitter-Spannung des Transistors stets so, daß die Eingangsdifferenzspannung des OV gegen Null geht, d.h., daß die Ausgangsspannung gleich der Referenzspannung wird. Beide Schaltungen stellen ihrer Struktur nach Spannungsfolger dar. Der Transistor vergrößert den Ausgangsstrom bzw. die Ausgangsleistung des OV. Durch die Serienspannungsgegenkopplung wird die Ausgangsspannung weitgehend unabhängig vom Ausgangsstrom I_L, denn diese Gegenkopplungsart verringert den Ausgangswiderstand näherungsweise um den Faktor der Schleifenverstärkung. Ausgangswiderstände $<0{,}1 \ldots 1\ \Omega$ sind leicht erreichbar.

Am häufigsten verwendet man die *Serien*stabilisierung, weil sie die meisten Vorteile hat (siehe Abschn. 22.2.).

OV-Grundschaltung. Sowohl die invertierende als auch die nichtinvertierende OV-Grundschaltung lassen sich als Konstantspannungsquelle einsetzen. Man braucht als Eingangsspannung der Verstärkerschaltung lediglich eine konstante Referenzspannung zu verwenden (Bild 13.12). Die maximal einstellbare Ausgangsspannung ist durch den Ausgangsaussteuerbereich des OV begrenzt. Die minimale Ausgangsspannung ($R_2 \to 0$) beträgt U_Z (a) bzw. Null (b).

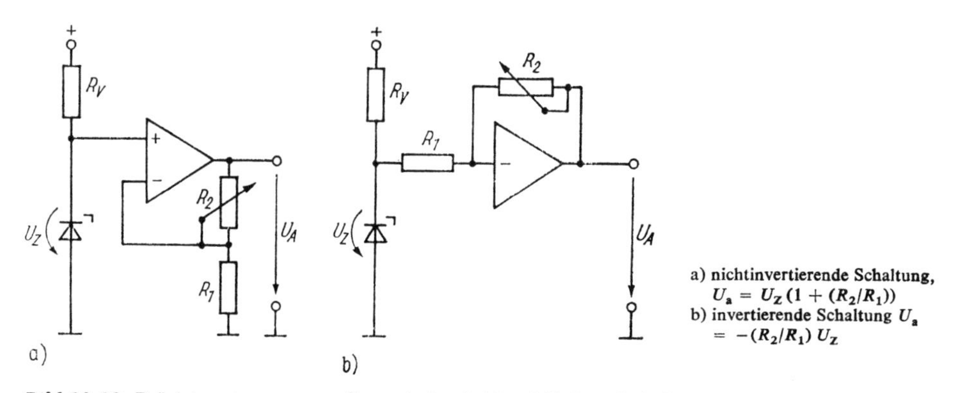

Bild 13.12. Präzisionsspannungsquellen mit den beiden OV-Grundschaltungen

Als Fehler gehen u.a. die Eingangsoffsetspannung und der Eingangsruhestrom (Spannungsabfall an $R_1 + (R_V \parallel r_Z)$) des OV ein. Durch die Z-Diode soll möglichst konstanter und optimaler Zenerstrom fließen. Bei Schaltung a wird sie nur durch den vernachlässigbar kleinen Eingangsruhestrom des OV belastet.

Einfache Regelschaltungen mit Transistoren. Für sehr einfache Konstantspannungsquellen ohne besonders hohe Ansprüche an die Konstanz der Ausgangsspannung eignen sich einfache Regelschaltungen mit einem Transistor als Stellglied (Längstransistor) und einem zweiten Transistor als Regelverstärker. Die Schaltung im Bild 13.13 eignet sich besonders für eine feste Ausgangsspannung. Der Schaltung liegt die Struktur der nichtinvertierenden OV-Grundschaltung nach Bild 13.12a zugrunde.

Das Basispotential von T_2 beträgt $U_{B2} = U_Z + U_{BEA} \approx U_Z + 0{,}7$ V. Wenn der Spannungsteilerquerstrom durch R_1, R_2 viel größer ist als I_{B2}, stellt sich die Ausgangsspannung

$$U_A = \left(1 + \frac{R_2}{R_1}\right) U_{B2} = \left(1 + \frac{R_2}{R_1}\right) (U_Z + U_{BEA})$$

ein.

Sinkt die Ausgangsspannung, so verringert sich I_{C2}. Das bewirkt ein Ansteigen des Basispotentials von T_1 und damit der Ausgangsspannung U_A, die also auf diese Weise weitgehend konstant gehalten wird.

Da der Strom durch die Z-Diode stets größer sein muß als $I_{Z\,min}$, darf R' einen Maximalwert nicht überschreiten, denn durch ihn fließt bei ausgangsseitigem Leerlauf nahezu der gesamte Kollektorstrom I_{C2}.

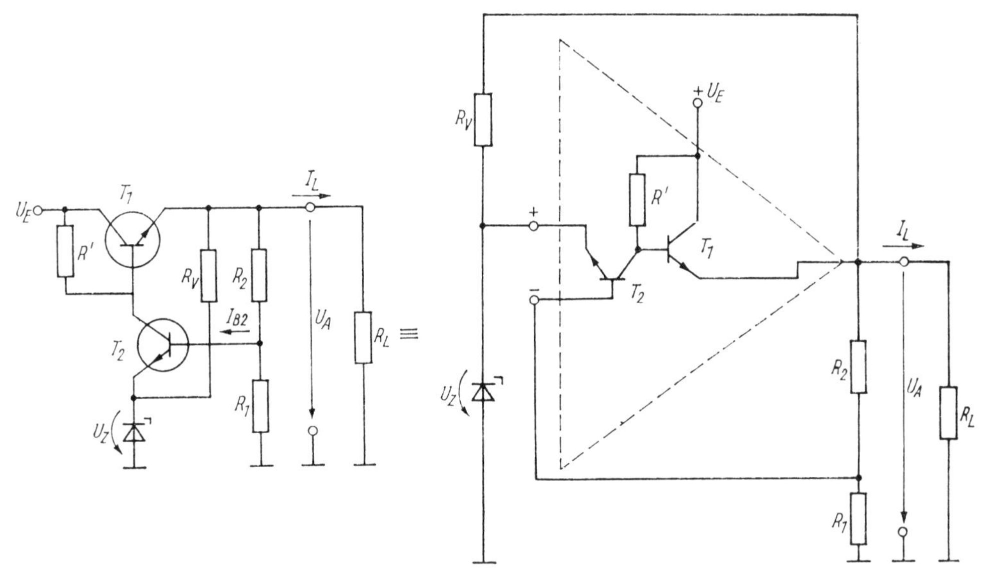

Bild 13.13. Einfache Regelschaltung, $U_a \approx (1 + R_1/R_2)(U_z + 0{,}7\,\mathrm{V})$

Der Stabilisierungsfaktor dieser Schaltung ist nicht sehr groß (z.B. $S \approx 20$). Er läßt sich wesentlich vergrößern, wenn man R' durch eine Konstantstromquelle ersetzt. Eine weitere Möglichkeit zur Verbesserung der Schaltungseigenschaften ist das Zufügen einer Vorwärtsregelung [13.3]. Hierbei wird ein kleiner Teil der Eingangsspannungsschwankungen über einen Spannungsteiler der Basis von T_2 zugeführt. Der Einfluß des TK der Basis-Emitter-Spannung von T_2, der bei dieser Schaltung als „Eingangsoffsetspannungsdrift" wirkt, läßt sich durch einen entgegengesetzten Temperaturgang der Z-Diode weitgehend kompensieren. Will man U_A in einem größeren Bereich verändern, so muß R_v umgeschaltet werden, damit der Arbeitspunkt der Z-Diode im optimalen Bereich der Kennlinie verbleibt.

Regelschaltung mit OV. Berechnungsbeispiel. Häufig wird anstelle des Regelverstärkertransistors T_2 im Bild 13.13 ein OV eingesetzt. Bedingt durch die hohe Schleifenverstärkung der Schaltung und die niedrige Temperaturdrift des OV erhält man wesentlich bessere Stabilisierung. Eine dimensionierte Schaltung für diese Gruppe von meist verwendeten Stabilisierungsschaltungen wird auf S. 549 beschrieben. Wir wollen die interessierenden Kenngrößen am Beispiel der Schaltung nach Bild 13.14 berechnen. Dazu setzen wir lineares Strom-Spannungs-Verhalten voraus. Das ist zumindest bei kleinen Strom- und Spannungsänderungen – die hier ausschließlich interessieren – gut erfüllt. Das Verhalten des Transistors stellen wir durch sein vereinfachtes Kleinsignalersatzschaltbild nach Bild 1.4c dar. Die Transistorrückwirkung wird hierbei in r_{ce} berücksichtigt. Der Transistor wird eingangsseitig infolge des niedrigen OV-Ausgangswiderstandes praktisch im Kurzschluß betrieben. Deshalb gilt $r_{ce} \approx (y_{22e})^{-1}$. Bei Stromsteuerung am Transistoreingang würde dagegen $r_{ce} \approx (h_{22e})^{-1}$ gelten (s. S. 24).

Aus Bild 13.14b lassen sich folgende Beziehungen entnehmen:

$$-\Delta U_D = \left[\frac{R_1}{R_1 + R_2} - \frac{r_Z}{R_v + r_Z}\right] \Delta U_A = k^* \Delta U_A \tag{13.3}$$

$$V \Delta U_D = \Delta U_A + \Delta U_{BE} \tag{13.4}$$

$$\Delta U_E = \Delta U_A + \Delta U_{CE}. \tag{13.5}$$

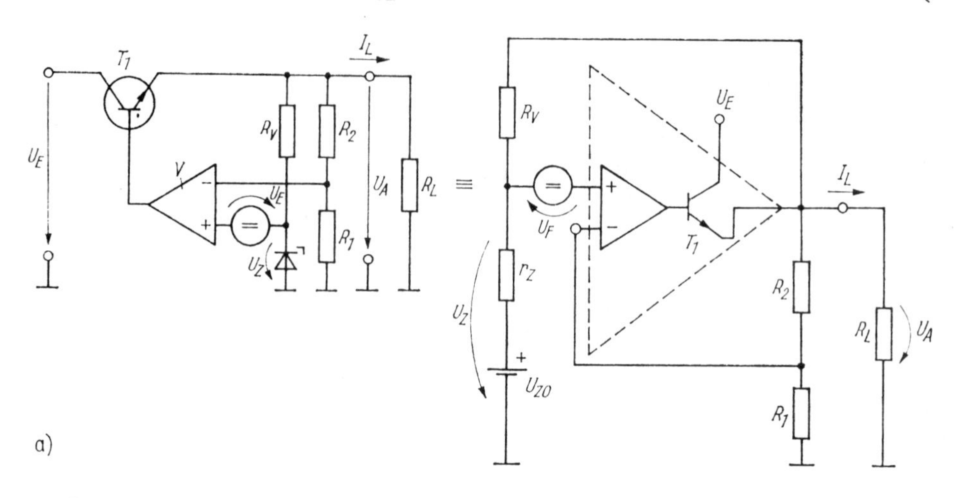

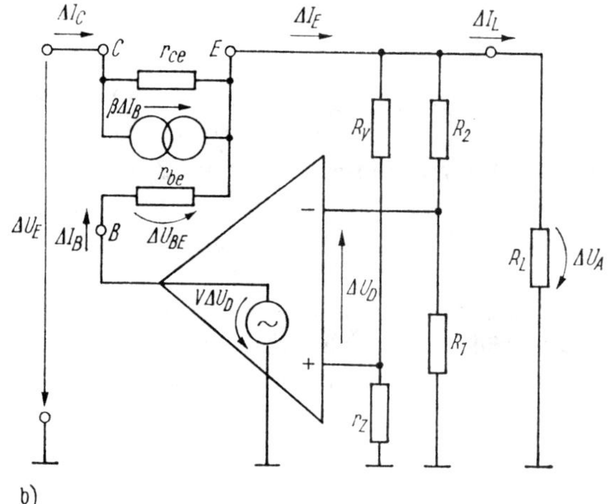

Bild 13.14
Regelschaltung mit OV
a) Schaltung
b) Ersatzschaltung zur Berechnung von Strom- und Spannungsänderungen

Wenn wir den Querstrom durch R_v und R_2 gegenüber I_L vernachlässigen und $\beta \gg 1$ voraussetzen, können wir schreiben

$$\Delta I_L = \Delta I_C + \Delta I_B \approx \Delta I_C = \frac{\beta}{r_{be}} \Delta U_{BE} + \frac{\Delta U_{CE}}{r_{ce}}.$$

Einsetzen von (13.3), (13.4) und (13.5) liefert

$$\Delta I_L \approx \left[\frac{1}{r_{ce}} + \frac{\beta}{r_{be}} (1 + k^* V)\right] (-\Delta U_A) + \frac{\Delta U_E}{r_{ce}}.$$

Umstellen nach ΔU_A ergibt

$$\Delta U_A \approx \frac{\Delta U_E}{1 + \beta\,(r_{ce}/r_{be})\,(1 + k^*V)} - \frac{\Delta I_L}{(1/r_{ce}) + (\beta/r_{be})\,(1 + k^*V)}. \tag{13.6}$$

Stabilisierungsfaktor. Aus (13.6) läßt sich der Stabilisierungsfaktor berechnen:

$$\frac{1}{S} = \frac{\partial U_A}{\partial U_E}\frac{U_A}{U_E} \approx \left.\frac{\Delta U_A}{\Delta U_E}\right|_{\Delta I_L=0}\frac{U_A}{U_E} = \frac{1}{1 + \beta\,(r_{ce}/r_{be})\,(1 + k^*V)}\,\frac{U_A}{U_E}.$$

$$S \approx \left[1 + \beta\,\frac{r_{ce}}{r_{be}}\,(1 + k^*V)\right]\frac{U_E}{U_A}.$$

Schwankungen der Eingangsspannung werden also um so besser ausgeregelt, je größer r_{ce}, β, k^*, V und U_E sind. Es ist nicht besonders schwierig, Stabilisierungsfaktoren in der Größenordnung $S > 10^3 \ldots 10^5$ zu erzielen, denn meist gilt $r_{ce} > 100\,r_{be}$, $\beta > 10 \ldots 100$ und $k^*V > 10^2 \ldots 10^3$. Bei hohen Frequenzen kommen Parallelkapazitäten (z.B. parallel zu r_{ce}) ins Spiel und $|V|$ wird kleiner. Sehr schnelle Eingangsspannungsschwankungen (hochfrequente Störspannungen, Brummspannungen) werden also weniger gut ausgeregelt als langsame Eingangsspannungsschwankungen.

Innenwiderstand. Der Innenwiderstand (Ausgangswiderstand) der Stabilisierungsschaltung folgt ebenfalls aus (13.6):

$$r_i = -\frac{\partial U_A}{\partial I_L} \approx -\left.\frac{\Delta U_A}{\Delta I_L}\right|_{\Delta U_E=0} \approx \frac{1}{\dfrac{1}{r_{ce}} + \dfrac{\beta}{r_{be}}\,(1 + k^*V)} \approx \frac{r_{be}}{\beta\,(1 + k^*V)}. \tag{13.7}$$

Der niedrige Ausgangswiderstand des Emitterfolgers ($\approx r_d$) wird durch die Serienspannungsgegenkopplung näherungsweise um den Faktor der Schleifenverstärkung verringert.

Zur groben Abschätzung können wir $r_{be} \approx \beta r_d \approx \beta U_T/I_E$ und $|k^*V| \gg 1$ setzen. Dann folgt aus (13.7) $r_i \approx U_T/I_E k^*V$. Zahlenbeispiel: $U_T = 40$ mV, $I_E = 0{,}1$ A, $k^*V = 10^3$ $\rightarrow r_i = 0{,}4\ \mathrm{m}\Omega$.

Vor allem in Stromversorgungsgeräten ist im Ausgangskreis eine elektronische Kurzschlußsicherung enthalten, die den Ausgangswiderstand etwas erhöht (Abschn. 22.).

Temperaturkoeffizient: Wenn wir den Temperatureinfluß der Spannungsteilerwiderstände R_v, R_1, R_2 außer acht lassen, sind der TK der Z-Diode und die Offsetspannungsdrift des OV die Hauptursachen für die Temperaturabhängigkeit der Ausgangsspannung. Wie aus Bild 13.14a hervorgeht, addieren sich die Driftspannungen ΔU_F und ΔU_Z bezüglich des OV-Eingangs und werden mit dem Faktor $1 + (R_2/R_1)$ zum Ausgang verstärkt. Es gilt daher

$$\frac{\Delta U_A}{\Delta T} = \left(1 + \frac{R_2}{R_1}\right)\left(\frac{\Delta U_F}{\Delta T} + \frac{\Delta U_Z}{\Delta T}\right) \tag{13.8a}$$

und unter Verwendung der Temperaturkoeffizienten

$$\mathrm{TK}_{U_A} \approx \Delta U_A/U_A\,\Delta T \quad \text{und} \quad \mathrm{TK}_{U_Z} \approx \Delta U_Z/U_Z\,\Delta T$$

und

$$\mathrm{TK}_{U_A} \approx \mathrm{TK}_{U_Z} + \frac{\Delta U_F}{U_Z\,\Delta T}. \tag{13.8b}$$

Langzeitänderungen. Für die Langzeitänderung gilt sinngemäß das gleiche wie für Temperaturänderungen. In (13.8a, b) müssen wir lediglich anstelle der temperaturbedingten die zeitlichen Änderungen ΔU_F bzw. ΔU_Z einsetzen und ΔT durch Δt ersetzen.

Monolithisch integrierte Spannungsreglerfamilien 7800/7900 und 317/337. Diese Typen sind sehr verbreitet und bieten eine einfache Möglichkeit zur Erzeugung einer positiven bzw. negativen stabilisierten Spannung mit Ausgangsströmen bis zur Größenordnung 1 A. Sie sind gegen Übertemperatur und Kurzschluß geschützt und realisieren die Serienstabilisierung nach Bild 13.11 (Abschn. 13.2.2.). Der Unterschied zwischen beiden

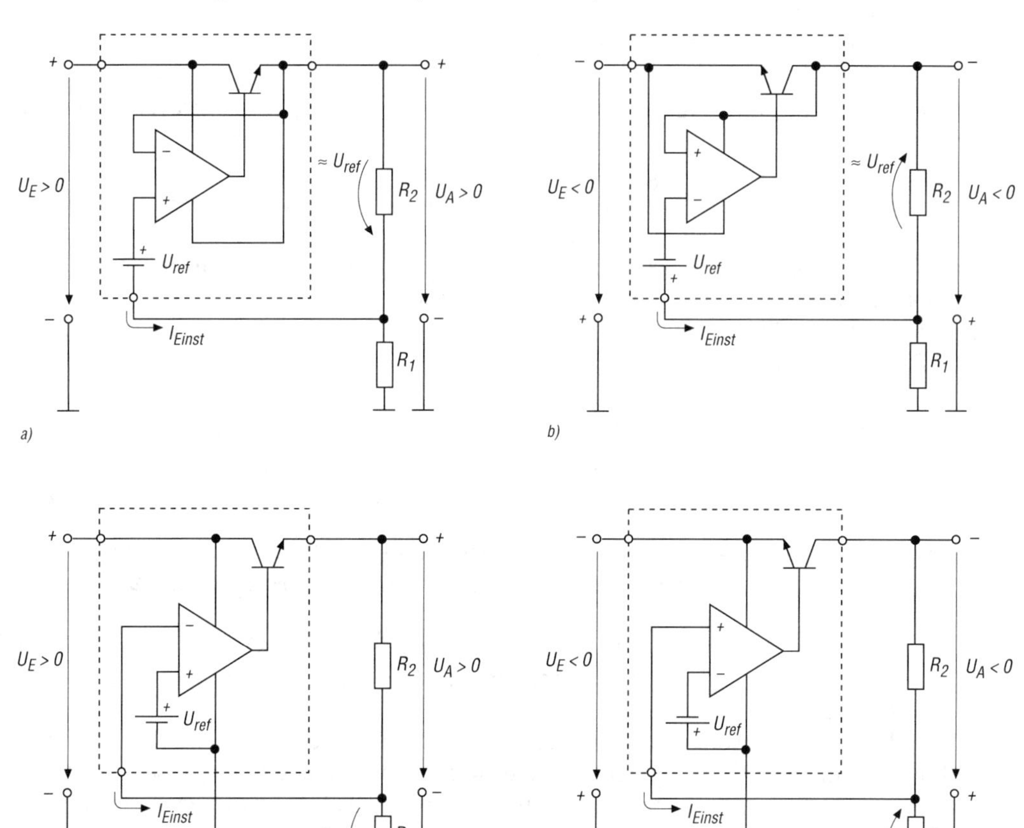

Bild 13.15. Prinzipschaltungen der monolithischen Spannungsreglerfamilien 7800 (7900) und 317 (337)

a) Serie 317; $U_{ref} \approx 1{,}25$ V; $U_A = U_{ref}\left(1 + \frac{R_1}{R_2}\right)$ für $I_{Einst} = 0$

b) Serie 337; $U_{ref} \approx 1{,}25$ V; $U_A = -\,U_{ref}\left(1 + \frac{R_1}{R_2}\right)$ für $I_{Einst} = 0$

c) Serie 7800; $U_{ref} \approx 5$ V; $U_A = U_{ref}\left(1 + \frac{R_1}{R_2}\right)$

d) Serie 7900; $U_{ref} \approx 5$ V; $U_A = -\,U_{ref}\left(1 + \frac{R_1}{R_2}\right)$

Familien wird aus Bild 13.15 deutlich. Die *Serie 7800* (4 Anschlüsse) verwendet eine massebezogene Referenzspannung von ca. 5 V. Sie ermöglicht eine mittels R_1 und R_2 einstellbare Ausgangsspannung im Bereich von 5 ... 24 V bei einem Ausgangsstrom $\leqq 1$ A. Über R_1 tritt in guter Näherung der Spannungsabfall U_{ref} auf. Für negative Ausgangsspannungen gibt es den komplementären Typ 7900.

Bei der *Serie 317* ist die Refenzspannung kleiner ($U_{ref} = 1{,}25$ V) und nicht auf Masse bezogen. Der Spannungsabfall über R_2 stellt sich infolge der Gegenkopplung so ein, daß er gleich U_{ref} ist (Bild 13.15b). Daher gilt für die Ausgangsspannung $U_A = (1 + R_1/R_2)\, U_{ref}$. Dieses Bauelement benötigt nur drei Anschlüsse. Für negative Ausgangsspannungen eignet sich der Komplementärtyp 337.

Weil der negative Betriebsspannungsanschluß des OV mit dem Schaltungsausgang verbunden ist, läßt sich die Serie 317 auch zum Konstanthalten von Spannungen einsetzen, die größer als die zulässige OV-Betriebsspannung sind. Es muß lediglich die Spannungsdifferenz $U_E - U_A$ kleiner sein als die für den IC zulässigen Spannungen (Vorsicht bei Ausgangskurzschluß!). Der Ausgang darf nicht im Leerlauf betrieben werden, weil der Versorgungsstrom des OV über die Ausgangsklemme zur Masse fließt (Unterschied zur Serie 7800).

Einen höheren Wirkungsgrad als der Typ 317 gewährleistet der Schaltkreis *LT 1086* der Firma LTC ($\eta \approx 50 \ldots 80$ % gegenüber 40 ... 60 % beim 317). Weitere Beispiele sind *LT 1083*, *LT 1005* ($\leqq 1$ A), *LT 1117*, *LT 350 A* ($\leqq 3$ A) und *LT 1185*.

Der *LT 1185* hat die Daten $I_A = 5$ mA ... 3 A bei $U_A = 2{,}5 \ldots 25$ V, 0,8 V Dropout-Spannungsabfall, $r_{on} \approx 0{,}25\ \Omega$, Ruhestrom $\approx 2{,}5$ mA, genau einstellbare Ausgangsstrombegrenzung, 5poliges TO-3- oder TO-220-Gehäuse. Der zulässige Eingangsspannungsbereich des LT 1185 für $U_A = 5$ V, $I_A \leqq 3$ A beträgt 6 ... 16 V.

Daten des *LT 1117*:$I_A \leqq 0{,}8$ A, Dropout-Spannungsabfall 0,8 V, kleines SOT-223-Gehäuse für Oberflächenmontage mit 3 Anschlüssen. Anwendung z. B. zur Erzeugung von $U_S = 3{,}3$ V aus einer 5-V-Spannung, als Nachregler für Schaltregler, zur Batterieladung.

Die Verlustleistung eines Spannungsreglers steigt mit der Spannungsdifferenz $U_E - U_A$ (bei npn-Leistungstransistoren typ. 2 ... 3 V). Durch Einsatz eines pnp-Leistungstransistors kann diese Spannungsdifferenz bis auf $\approx 0{,}5$ V verringert werden. Industrielle Beispiele: *UC 3834*, *LM 2940*, *MAX 663*, *MAX 666*, *LT 1123*, *LT 1020* und *TL 783* ($U_A = 1{,}3 \ldots 125$ V).

13.3. Konstantstromquellen [13.1] [13.6]

Konstantstromquellen sollen einen Strom liefern, der neben weitgehender Unabhängigkeit von Betriebsspannungs-, Temperatur- und Langzeitänderungen unabhängig von der Ausgangsspannung ist. Sie müssen deshalb im Arbeitsbereich einen sehr hohen Innenwiderstand besitzen.

Bereits bei der Behandlung der Transistorgrundschaltungen stellten wir fest, daß sich die Emitter- bzw. Sourceschaltung mit einem Stromgegenkopplungswiderstand näherungsweise wie eine Konstantstromquelle verhält, d. h., der Kollektor- bzw. Drainstrom ist weitgehend unabhängig von der Kollektor-Emitter- bzw. Drain-Source-Spannung. Die Genauigkeit ist nicht hoch. Solche Stromquellen sind aber sehr einfach. Höhere Präzision erhält man mit OV-Schaltungen. Meist werden Stromquellen unter Anwendung des Prinzips der Stromgegenkopplung realisiert, denn diese Grundgegenkopplungsart stabilisiert bekanntlich den Ausgangsstrom (Abschn. 9.4.). In integrierten Schaltungen wird in der Regel die Stromspiegelschaltung als Konstantstromquelle eingesetzt (Abschn. 6.).

13.3.1. Einfache Transistorstromquellen

Mit selbstleitenden Sperrschicht- oder MOSFET lassen sich „Konstantstromzweipole" realisieren, die anstelle eines Widerstandes in den Stromkreis geschaltet werden können (Bild 13.16). Der gewünschte Strom des Zweipols wird mit R_S eingestellt. Aus der Eingangskennlinie des FET läßt sich die zu einem bestimmten Strom I_D gehörige Spannung U_{GS} entnehmen. Es gilt dann $R_S = |U_{GS}|/|I_D|$.

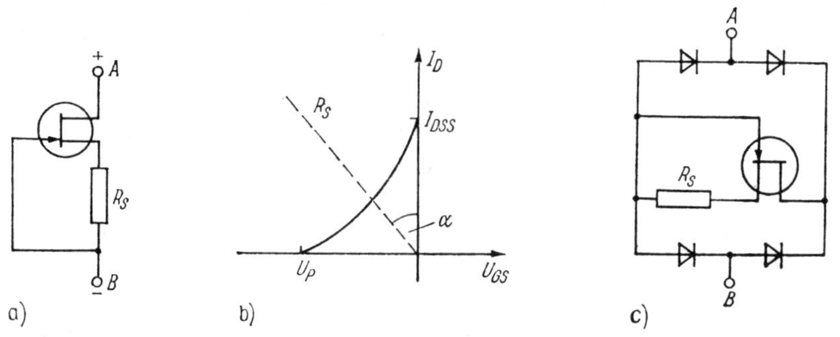

Bild 13.16. Einfache FET-Stromquellen

a) mit n-Kanal-FET; b) Eingangskennlinie des n-Kanal-FET; R_S = tan α; c) Schaltung für beide Polaritäten

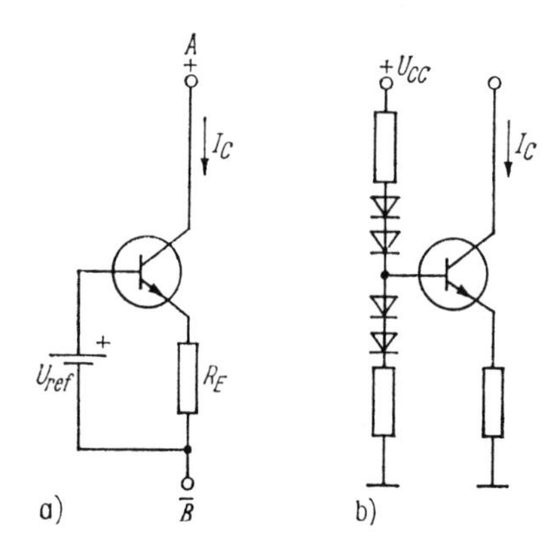

Bild 13.17
Einfache Bipolarstromquellen

a) Prinzip
b) Schaltung mit zusätzlicher Temperaturkompensation durch Dioden im Basisspannungsteiler

Damit bei Sperrschicht-FET die Gatediode stets gesperrt ist, muß $|I_D| < |I_{DSS}|$ sein. Die Klemmenspannung zwischen A und B muß mindestens einen solchen Wert haben, daß der FET im Sättigungsbereich arbeitet ($|U_{DS}| > |U_{DSP}|$). Aus Abschnitt 3.4.2. folgt der Innenwiderstand zu $r_a' = r_{ds}(1 + SR_S)$.

Die Schaltung im Bild 13.16a ist nur für die angegebene Polarität geeignet. Mit Hilfe einer Diodenbrückenschaltung (Bild 13.16c) läßt sich ein konstanter Strom für beide Polaritäten erzeugen, allerdings muß die Klemmenspannung des Zweipols immer $|U_{AB}| \geqq |U_{DSP}| + 2|U_{FD}|$ betragen (U_{FD} Diodenflußspannung) [13.8].

Auch die Emitterschaltung mit Stromgegenkopplung eignet sich gut als Konstantstromquelle. Da Bipolartransistoren selbstsperrend sind, darf die Basis nicht analog zu Bild 13.16 mit der Klemme *B* verbunden werden, sondern zwischen der Basis und der Klemme *B* muß eine konstante Referenzspannung von einigen Volt liegen. Die Schaltung im Bild 13.17a hält den Kollektorstrom

$$I_C = A_N \frac{U_{ref} - U_{BE}}{R_E} \approx \frac{U_{ref}}{R_E}$$

konstant. Den Innenwiderstand dieser Stromquelle haben wir im Abschnitt 3.3.2.2. bereits berechnet (s. (3.15)).
Zahlenbeispiel. Der Ausgangswiderstand der Stromquelle im **Bild** 13.17a beträgt nach (3.15) mit den Daten $I_E = 0{,}1$ mA, $R_E = 20$ kΩ, $\beta_0 = 100$, $r_{ce} = 0{,}1$ MΩ, $U_T = 30$ mV: $r_i \approx 4{,}1$ MΩ.

13.3.2. Stromquellen mit Operationsverstärkern

OV-Grundschaltungen. Wie im Abschnitt 12.1. erläutert wurde, kann durch einfache Gegenkopplungsbeschaltung von OV ein konstanter Strom durch den Lastwiderstand erzwungen werden (Bild 13.18). Sowohl die invertierende als auch die nichtinvertierende OV-Grundschaltung sind geeignet. Diese Schaltungen sind zwar sehr einfach, aber nicht für höchste Genauigkeit und Konstanz einsetzbar. Ihr Hauptnachteil ist der schwimmende Lastwiderstand. Bei Schaltung a fließt der konstante, vom Lastwiderstand R_L unabhängige Strom $I_L = U_{ref}/R_1$ sowohl durch R_1 als auch durch R_L. U_A stellt sich stets so ein, daß durch R_L genau der Strom I_L fließt. Dieser Strom fließt jedoch auch durch die Signalquelle. Das kann nachteilig sein. Bei Schaltung b wird die Signalquelle praktisch nicht belastet.

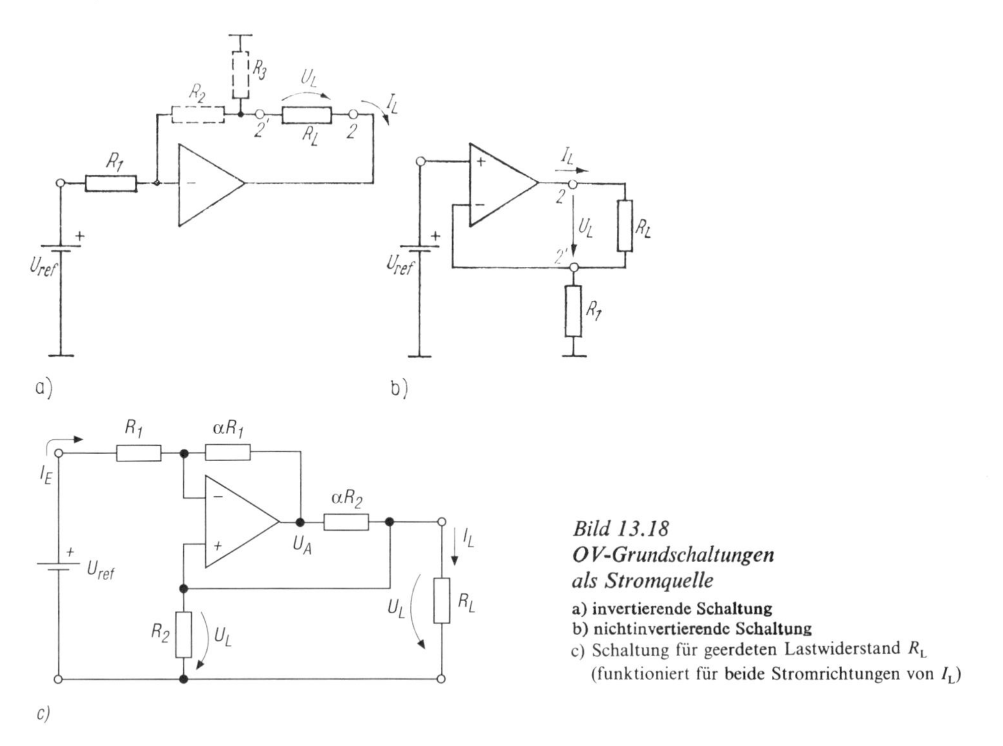

Bild 13.18
OV-Grundschaltungen als Stromquelle
a) invertierende Schaltung
b) nichtinvertierende Schaltung
c) Schaltung für geerdeten Lastwiderstand R_L (funktioniert für beide Stromrichtungen von I_L)

Der maximal zulässige Lastwiderstand ist durch den Ausgangsspannungsbereich des OV begrenzt. Wegen $-U_A \approx I_L R_L$ muß $R_L \leqq |U_{A\,max}/I_L|$ gelten, damit der OV im linearen Arbeitsbereich bleibt.

In die Schaltung im Bild 13.18a läßt sich zusätzlich ein Stromteiler einfügen (R_2, R_3). Dadurch wird der Strom durch R_1 kleiner als I_L.

Bild 13.18c zeigt, wie durch einfache Widerstandsbeschaltung eines OV ein konstanter

Strom durch einen einseitig geerdeten Lastwiderstand R_L erzeugt wird. Unter Voraussetzung eines idealen OV lassen sich die Beziehungen

$$I_E = \frac{U_{ref} - U_L}{R_1} = \frac{U_L - U_A}{\alpha R_1} \tag{13.9a}$$

$$I_L = \frac{U_A - U_L}{\alpha R_2} - \frac{U_L}{R_2} \tag{13.9b}$$

ableiten. Auflösung von Gl. (13.9a) und Einsetzen in (13.9b) liefert

$$I_L = -\frac{U_{ref}}{R_2}.$$

Zweckmäßigerweise wird $\alpha \approx 0,1 \dots 1$ gewählt und R_2 so dimensioniert, daß U_{ref} ungefähr die halbe OV-Ausgangsspannung bei Sättigung beträgt, bei der der Laststrom seinen maximalen Wert hat. Die Widerstandsverhältnisse (α) müssen sehr genau übereinstimmen (erforderlichenfalls Abgleich von R_1 und/oder R_2 nötig), damit kein störender Stromoffset am Ausgang auftritt.

Schaltungen mit Transistoren und OV. Unipolare Stromquellen. Durch zusätzliches Einschalten eines FET oder Bipolartransistors an den OV-Ausgang lassen sich Stromquellen

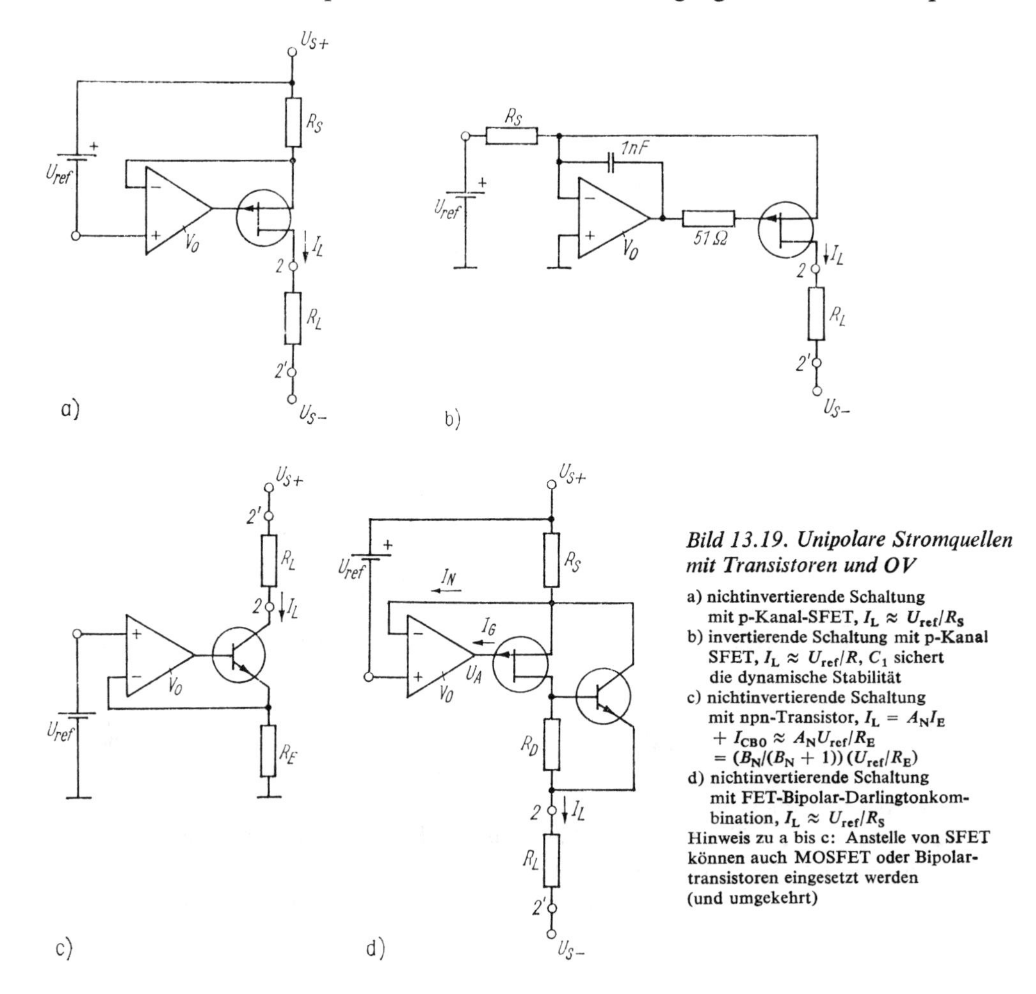

Bild 13.19. Unipolare Stromquellen mit Transistoren und OV

a) nichtinvertierende Schaltung mit p-Kanal-SFET, $I_L \approx U_{ref}/R_S$
b) invertierende Schaltung mit p-Kanal SFET, $I_L \approx U_{ref}/R$, C_1 sichert die dynamische Stabilität
c) nichtinvertierende Schaltung mit npn-Transistor, $I_L = A_N I_E + I_{CBO} \approx A_N U_{ref}/R_E = (B_N/(B_N + 1))(U_{ref}/R_E)$
d) nichtinvertierende Schaltung mit FET-Bipolar-Darlingtonkombination, $I_L \approx U_{ref}/R_S$

Hinweis zu a bis c: Anstelle von SFET können auch MOSFET oder Bipolartransistoren eingesetzt werden (und umgekehrt)

für geerdete Last realisieren. Der Source- bzw. Emitterstrom und damit auch der Laststrom werden dadurch konstant gehalten, daß in der Regelschaltung ein konstanter Spannungsabfall über dem Stromgegenkopplungswiderstand R_S (bzw. R_E) erzwungen wird (Bild 13.19).

Bei Ansteuerung am invertierenden OV-Eingang fließt der Laststrom durch die Signalspannungsquelle. Diese Schaltungen eignen sich daher nur für kleine Lastströme. Deshalb wählt man bei großen Lastströmen zweckmäßigerweise die Ansteuerung am nichtinvertierenden OV-Eingang. Bei sehr großen Lastströmen sind Bipolartransistoren oder Darlington-Kombinationen besser geeignet. Nachteilig gegenüber FET ist ihr größerer Steuerstrom (Basisstrom), dessen Änderungen als Fehler eingehen ($I_L \equiv I_C = I_E - I_B$; I_E wird konstant gehalten, I_B-Änderungen verändern I_L trotz konstanten Emitterstroms I_E). Transistoren mit großem Stromverstärkungsfaktor β oder Darlington-Stufen verringern I_B und damit den Einfluß von I_B-Änderungen. In monolithischen Schaltungen läßt sich dieser Fehler weitgehend kompensieren (Bild 13.20). Wenn beide Transistoren im Bild 13.20a völlig gleich sind, fließen durch sie gleiche Ströme $I_C \approx I_L \approx -U_E/R$. Die Last kann einseitig an Masse liegen, weil das Basispotential negativ ist.

Ein weiteres Beispiel zeigt Bild 13.20b. Diese Schaltung liefert zwei unterschiedliche Ströme (I_1 und nI_1), die streng proportional zur Eingangsspannung U_E sind (genauer: zur Spannungsdifferenz $U_E - U_{S-}$). Solche Mehrfachstromquellen werden z.B. in Digital-Analog-Umsetzern benötigt [13] [14].

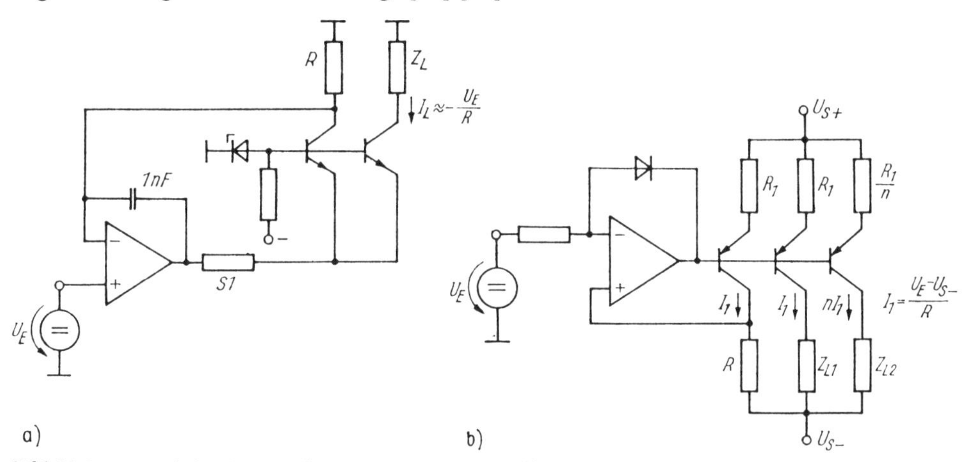

Bild 13.20. Monolithische unipolare Präzisionsstromquelle
a) Lastwiderstand an Masse; b) Mehrfachstromquelle

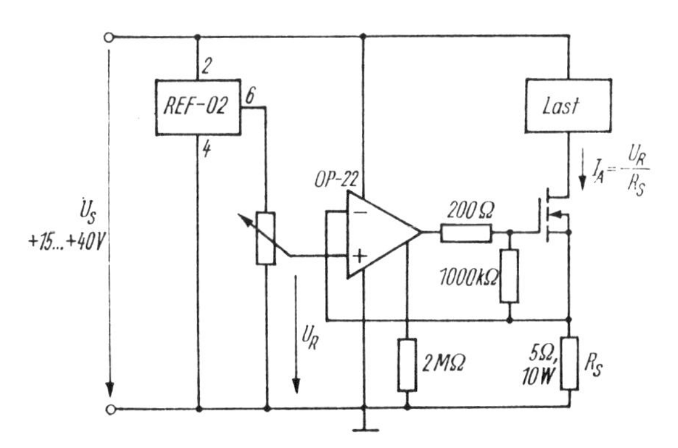

Bild 13.21
Präzisionsstromquelle mit MOSFET

Eine elegante Lösung stellt die FET/Bipolar-Darlington-Kombination im Bild 13.19d dar. Trotz eines großen Ausgangsstroms fließt nur ein um einige Zehnerpotenzen kleinerer Gatestrom (< 1 nA). Die Schaltung hat eine sehr hohe Genauigkeit und einen sehr hohen Innenwiderstand (typisch $10^{11}\ \Omega \parallel 3$ pF [13]).

Beispiel zur Schaltung im Bild 13.19d: Es gilt $I_L + I_G + I_N = (U_{S+} - U_{ref} + U_F + [U_A/V_0])/R_S$. Wenn wir die typischen Werte $I_G \lessapprox 1$ nA, $I_N \approx 100$ nA zugrunde legen, beträgt der durch I_N-Änderungen hervorgerufene Fehler $\Delta I_L/I_L$ für Lastströme $I_L > 100\ \mu$A mit Sicherheit $< 10^{-3}$. Wählen wir weiterhin $(U_{S+} - U_{ref}) \gg U_F + U_A/V_0$ (U_F: einige mV; $U_A/V_0 \lessapprox 0{,}1$ mV), dann läßt sich der Einfluß der Offsetspannungsdrift und der endlichen Leerlaufverstärkung des OV vernachlässigbar klein halten. Der Fehler bleibt $< 10^{-3}$, wenn $U_{S+} - U_{ref} >$ einige Volt beträgt.

Leistungs-MOSFET. Besonders gut zum Aufbau von Präzisionsstromquellen eignen sich Leistungs-MOSFET. Die Ansteuerung des MOSFET im Bild 13.21 übernimmt ein programmierbarer OV mit sehr niedriger Leistungsaufnahme. Sowohl die Referenzquelle REF-02 als auch der verwendete OV (OP-22), s. Tafel 11.3b) arbeiten im Betriebsspannungsbereich $U_S = +15 \ldots 40$ V. Das OV-Ausgangspotential stellt sich stets so ein, daß $I_A R_S = U_R$ gilt. Der ausgangsstrombestimmende „Sense"-Widerstand R_S legt den einstellbaren Ausgangsstrom $I_A = 0 \ldots 1$ A fest.

Die untere Aussteuerungsgrenze für die Ausgangsspannung des OV liegt bei +1,5 V.

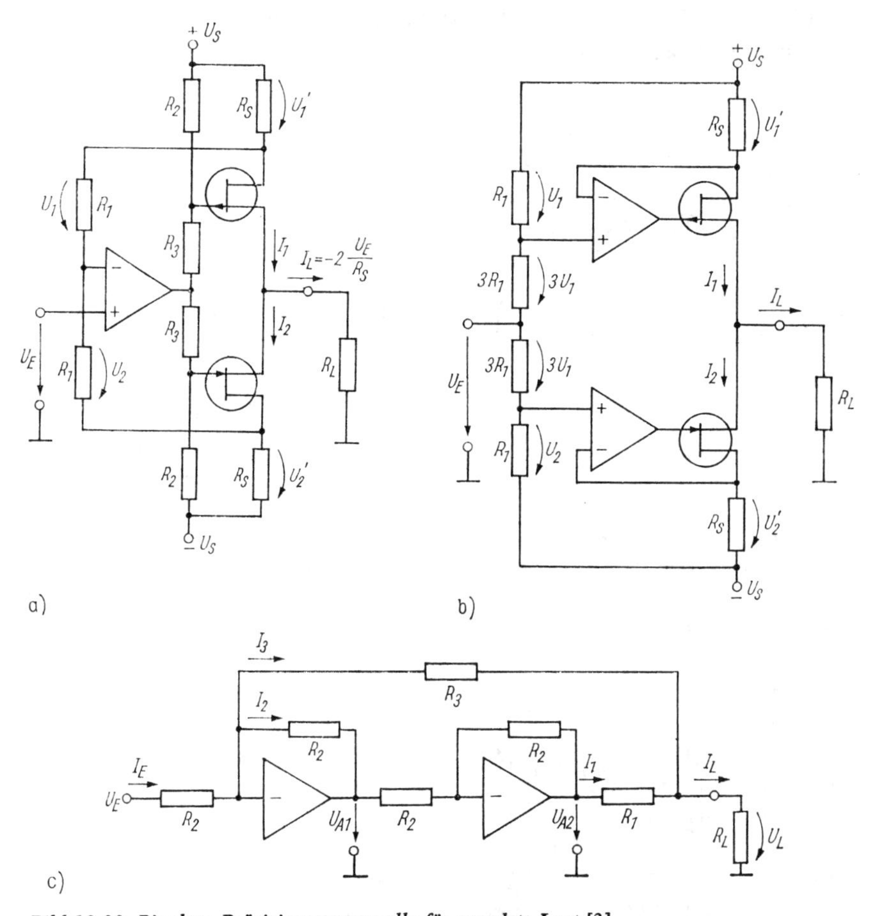

Bild 13.22. Bipolare Präzisionsstromquelle für geerdete Last [3]

a) Variante 1: $R_1 = 100\ \text{k}\Omega$, $R_2 = 10\ \text{k}\Omega$, $R_3 = 47\ \text{k}\Omega$; b) Variante 2; c) Variante 3: ohne zusätzliche Transistoren, es muß $R_3 = R_2 - R_1$ gelten

Damit der MOSFET über den gesamten Temperaturbereich sicher gesperrt werden kann, darf seine minimale Schwellspannung nicht kleiner sein als $U_{GS} = 2$ V. Der 200-Ω-Widerstand muß möglichst nahe an den Gate-Anschluß angelötet werden (Unterdrückung parasitärer Schwingungen).

Grundsätzlich läßt sich die Referenzquelle auch durch eine Wechselspannungssignalquelle ersetzen, die den zeitlichen Verlauf von I_A steuert.

Schaltungen mit Transistoren und OV. Bipolare Stromquellen. Schaltungen mit geerdeter Last sind etwas schwieriger realisierbar als Schaltungen für schwimmende Last. Zwei Schaltungsbeispiele zeigt Bild 13.22. Es handelt sich um Erweiterungen der Schaltung vom Bild 13.8a durch eine Gegentaktendstufe. Dadurch wird es möglich, daß auch negative Lastströme durch R_1 fließen können (für $U_E < 0$) [13]. Die Schaltung realisiert den Zusammenhang $I_L = -2U_E/R_S$.

Ableitung: Es gilt

$$U_E = U_2 + U_2' - U_S$$

$$U_E = -U_1 - U_1' + U_S.$$

Die Addition beider Gleichungen liefert

$$2U_E = U_2' - U_1' = I_2R_S - I_1R_S = -I_LR_S.$$

Der maximale Laststrom muß – bedingt durch die Daten des SFET – unterhalb von I_{DSS} bleiben. Wichtig ist, daß die Schaltungen symmetrisch ausgelegt werden. Unterschiedliche Werte der Spannungen $+U_S$ und $-U_S$ sowie Unterschiede der Widerstände R_S und R_1 bewirken einen Ausgangsoffsetstrom.

Ähnlich arbeitet die Schaltung im Bild 13.22b. Sie regelt den Strom I_L so ein, daß die Spannungsabfälle U_1 und U_1' sowie U_2 und U_2' gleich sind:

$$\text{Obere Hälfte:} \quad (U_S - U_E)\, R_1/4R_1 = I_1R_S$$

$$\text{Untere Hälfte:} \quad (U_S + U_E)\, R_1/4R_1 = I_2R_S.$$

Auflösen nach I_1 und I_2 liefert $I_L = I_1 - I_2 = -4U_E/2R_S$.

Eine Schaltungsvariante ohne zusätzliche Transistoren zeigt Bild 13.22c. Wenn wir die Abgleichbedingung $R_3 = R_2 - R_1$ einhalten, gilt

$$I_L = U_E/R_1$$

Ableitung:

$$U_{A2} = -U_{A1} = U_E + (R_2 \| R_3)\, I_LR_L \tag{13.10}$$

$$U_{A2} = I_1R_1 + I_LR_L = (I_L - I_3)\, R_1 + I_LR_L = I_LR_1 + I_LR_L\left(1 + \frac{R_1}{R_3}\right). \tag{13.11}$$

Einsetzen von (13.10) in (13.11) liefert

$$U_E + \frac{R_2}{R_3} I_LR_L = I_LR_1 + I_LR_L\left(1 + \frac{R_1}{R_3}\right)$$

$$U_E = I_L\left\{R_1 + R_L\left(1 + \frac{R_1 - R_2}{R_3}\right)\right\}.$$

Für die Abgleichbedingung $R_3 = R_2 - R_1$ gilt die einfache Beziehung $I_L = U_E/R_1$.

Der Ausgangsstrom ist also von der Ausgangsspannung unabhängig [3]. Ähnliche Schaltungen mit geringerer Genauigkeit lassen sich auch mit nur einem OV realisieren [3] [17].

Tafel 13.1. Wichtige Reglerschaltungen mit OV

Nr.	Verhalten	Schaltung	Übertragungsfunktion $G = \underline{U}_a/\underline{U}_e$ bei idealem OV	Bodediagramm der Übertragungsfunktion	Übergangsfunktion
1	P	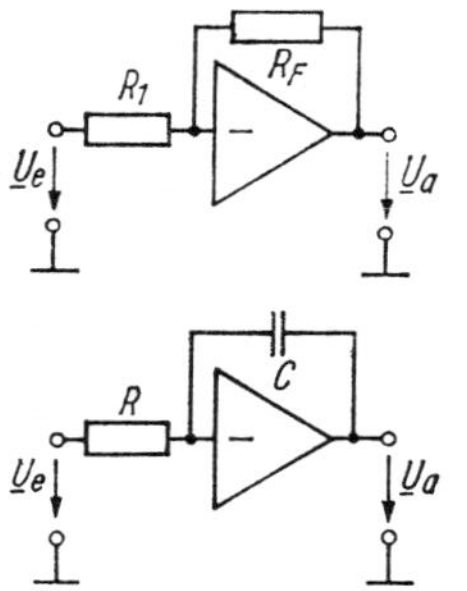 R_1, R_F, $\underline{U}_e$, $\underline{U}_a$ R, C, $\underline{U}_e$, $\underline{U}_a$	$G = -\frac{R_F}{R_1} = -V_P$	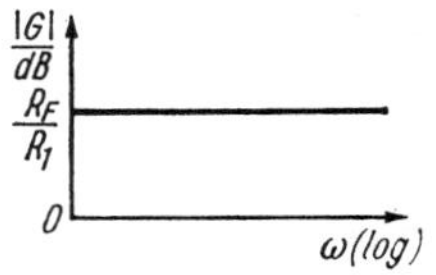 $\frac{\lvert G \rvert}{dB}$, $\frac{R_F}{R_1}$, 0, $\omega(log)$	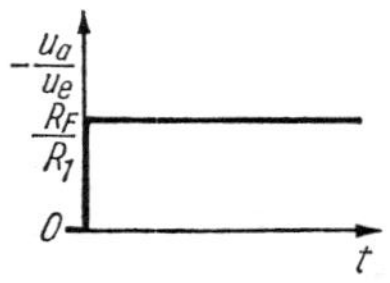 $-\frac{u_a}{u_e}$, $\frac{R_F}{R_1}$, 0, t
2	I	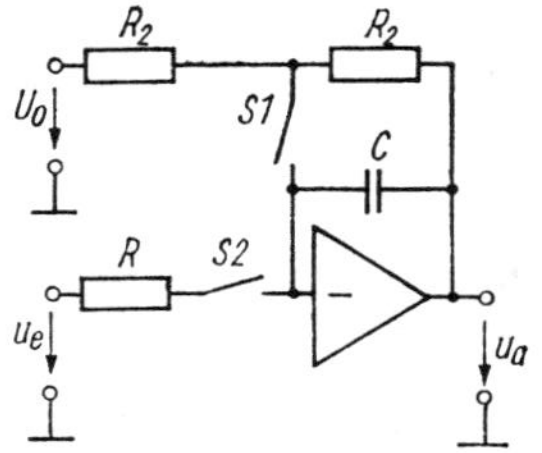 R_2, R_2, U_0, S1, C, R, S2, u_e, u_a	$G = -\frac{1}{pT_I}$ $T_I = RC$	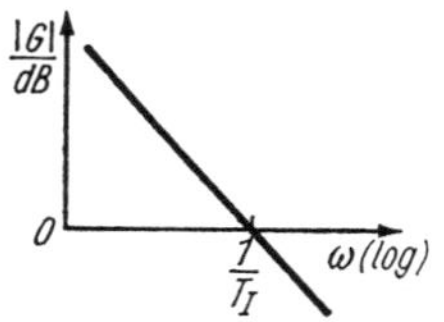 $\frac{\lvert G \rvert}{dB}$, 0, $\frac{1}{T_I}$, $\omega(log)$	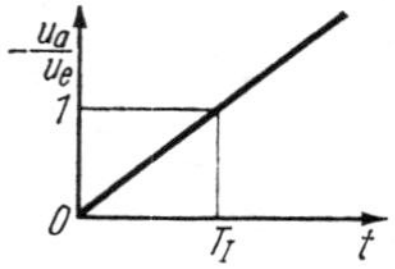 $-\frac{u_a}{u_e}$, 1, 0, T_I, t
3a	D	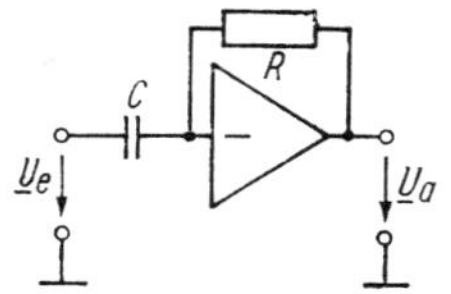 C, R, $\underline{U}_e$, $\underline{U}_a$	$G = -pT_D$ $T_D = RC$	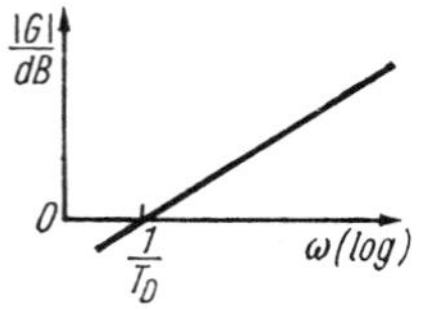 $\frac{\lvert G \rvert}{dB}$, 0, $\frac{1}{T_D}$, $\omega(log)$	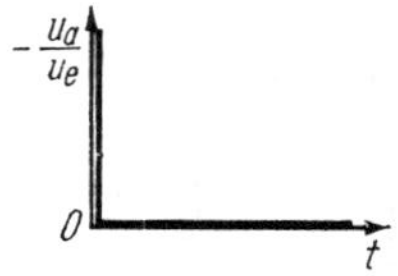 $-\frac{u_a}{u_e}$, 0, t
3b	D_{real} (DT_2^*)	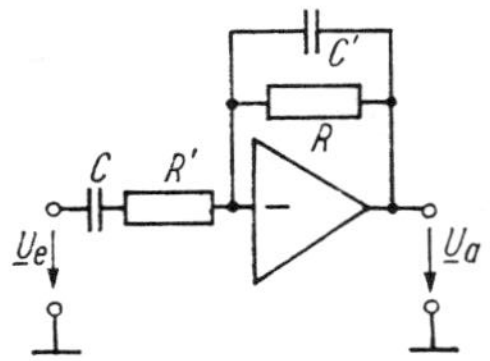 C, R', R, C', $\underline{U}_e$, $\underline{U}_a$	$G = -\frac{pT_D}{(1 + pC'R)(1 + pCR')}$ $T_D = RC$	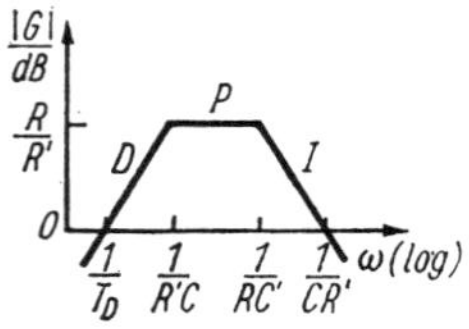 $\frac{\lvert G \rvert}{dB}$, $\frac{R}{R'}$, 0, D, P, I, $\frac{1}{T_D}$, $\frac{1}{R'C}$, $\frac{1}{RC'}$, $\frac{1}{CR'}$, $\omega(log)$	$u_a \approx -RC\left(\frac{du_e}{dt}\right)$ für $\omega \ll \frac{1}{RC'}$

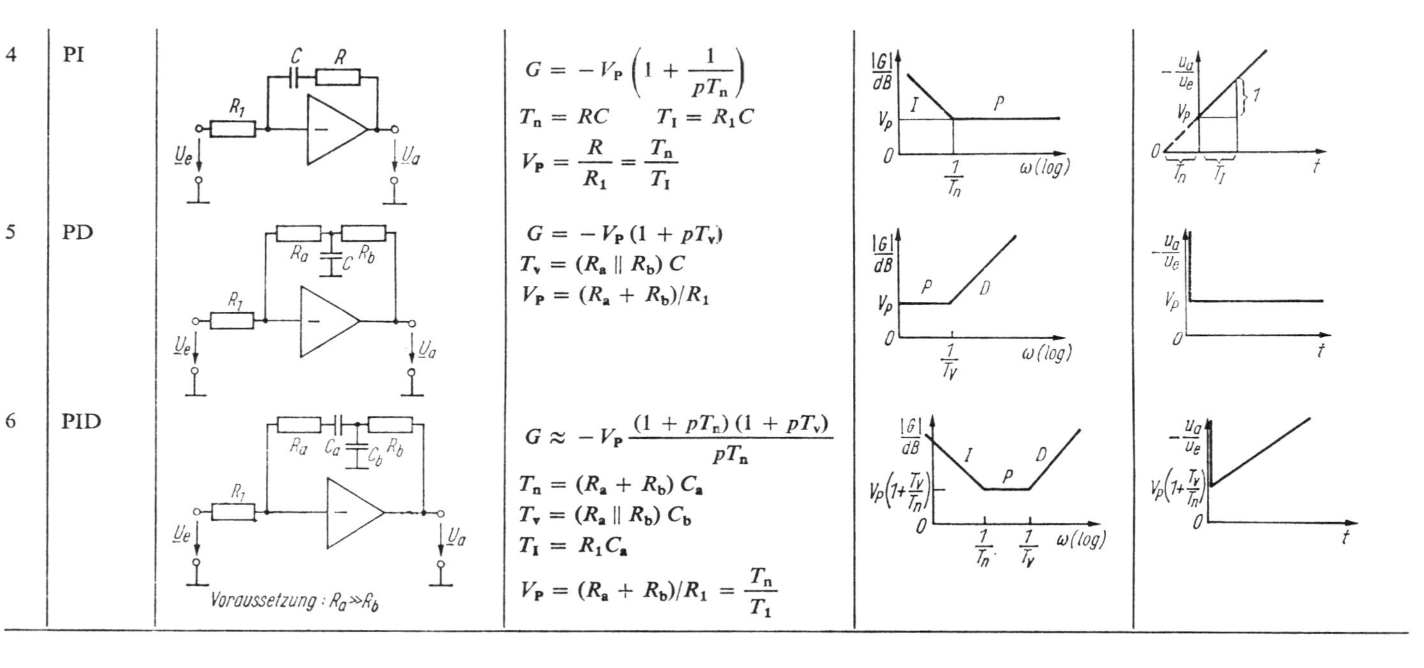

		Übertragungsfunktion
4	PI	$G = -V_P\left(1 + \frac{1}{pT_n}\right)$ $T_n = RC \qquad T_I = R_1C$ $V_P = \frac{R}{R_1} = \frac{T_n}{T_I}$
5	PD	$G = -V_P(1 + pT_v)$ $T_v = (R_a \parallel R_b)\,C$ $V_P = (R_a + R_b)/R_1$
6	PID	$G \approx -V_P\frac{(1 + pT_n)(1 + pT_v)}{pT_n}$ $T_n = (R_a + R_b)\,C_a$ $T_v = (R_a \parallel R_b)\,C_b$ $T_I = R_1C_a$ $V_P = (R_a + R_b)/R_1 = \frac{T_n}{T_I}$

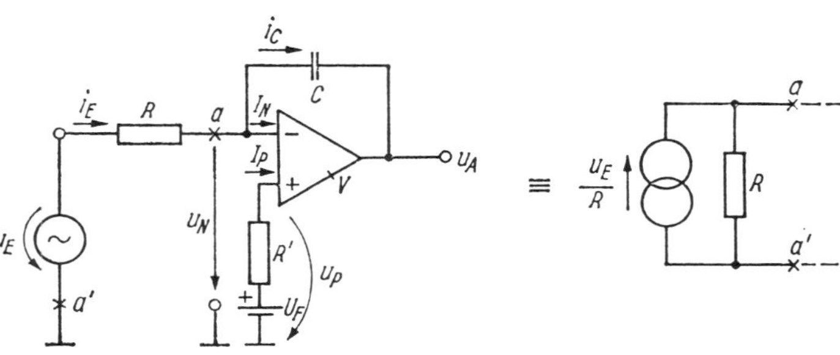

Bild 13.24
Ersatzschaltbild des Integrators zur Berechnung des Einflusses der Offset- und Ruhegrößen

13.4. Integratoren und andere Regelschaltungen

Durch frequenzabhängige Gegenkopplungsnetzwerke lassen sich mit Operationsverstärkern die bekannten Reglertypen, z.B. P-, I-, PID-Regler, realisieren (Tafel 13.1). Die hohe Verstärkung des OV, der hohe Eingangs- und niedrige Ausgangswiderstand sowie die große Bandbreite ermöglichen die Einstellung des dynamischen Verhaltens in weiten Grenzen. Durch den niedrigen Preis des OV lassen sich unter Verwendung mehrerer OV Regler realisieren, die völlig entkoppelte Parametereinstellung zulassen.

13.4.1. Integrator

Der Integrator gehört zu den meist verwendeten Regelschaltungen. Er wird u.a. zur Erzeugung zeitlinearer veränderlicher Spannungen eingesetzt, z.B. in Sägezahngeneratoren, Zeitgebern, Analog-Digital-Umsetzern und U/f-Wandlern.

Seine Ausgangsspannung ist das Zeitintegral der Eingangsspannung (Bild 13.23), denn es gilt bei idealem OV und verschwindender Anfangsenergie des Integrationskondensators gemäß Bild 13.24

$$u_A = -u_C = \frac{1}{C}\int_0^t i_E \, dt = \frac{1}{RC}\int_0^t u_E \, dt.$$

Weiterhin gilt $i_C = u_E/R = C\,(du_C/dt)$
$= -C\,(du_A/dt)$ und damit

$$u_E = T_I \frac{du_A}{dt}$$

$T_I = RC$ Integrationszeitkonstante.

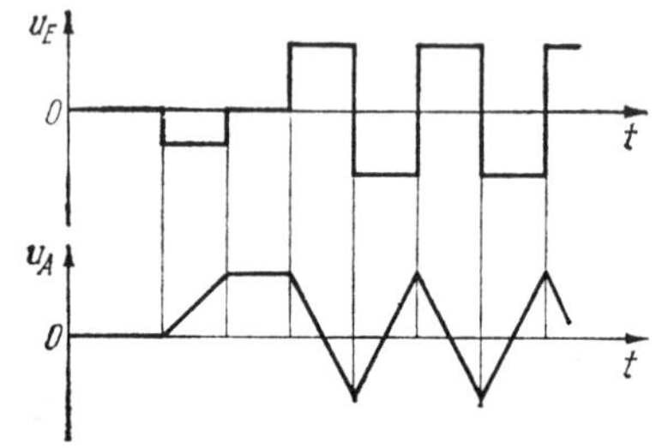

Bild 13.23
Zeitverlauf der Eingangs- und Ausgangsspannung eines Integrators mit idealem OV; Anfangsspannung des Integrationskondensators zu Null angenommen

Bei konstanter Eingangsspannung steigt bzw. fällt die Ausgangsspannung linear. Wenn u_E plötzlich Null wird, speichert der Integrationskondensator den jeweiligen Momentanwert u_C. Bei sinusförmiger Eingangsspannung verhält sich die Schaltung als Tiefpaß mit der Grenzfrequenz $1/2\pi RC$.

Wenn der Integrator in Rechenschaltungen (Analogrechner) oder für ähnliche Zwecke Anwendung findet, wird häufig in Abhängigkeit von den Schalterstellungen S1 und S2 zwischen folgenden drei Betriebsarten unterschieden (Tafel 13.1, Nr.2).

- *Rücksetzen* (Setzen der Anfangsbedingungen): S1 geschlossen, S2 geöffnet.
- *Integrieren:* S1 geöffnet, S2 geschlossen; Integration beginnt bei U_0.
- *Halten* (Zwischenspeichern der Kondensatorspannung am Ende der Integrationsperiode): S1 geöffnet, S2 geöffnet.

Während der dritten Phase (Speicherzeit, Haltezeit) entlädt sich C infolge seines Isolationsstroms, des Eingangsstroms I_N und des Sperrstroms der Schalter S1 und S2. Deshalb sind die in der Praxis realisierbaren Integrationszeitkonstanten in der Regel kleiner als 0,1 ... 10^2 (10^3) s.

Wenn S1 geschlossen ist, wird C auf die Spannung U_0 aufgeladen (Anfangsbedingung für die Integration). Zu dieser Spannung addiert sich nach Schließen von S2 das Zeitintegral der Eingangsspannung u_E (dividiert durch RC)

$$u_A = U_0 + \int_0^t \frac{u_E}{RC}\,dt.$$

$t = 0$ ist der Zeitpunkt, zu dem S2 schließt und S1 öffnet.

Einfluß der endlichen Verstärkung V_0 sowie der Offsetspannung und des Ruhestroms. Durch die endliche Eingangsoffsetspannung U_F und den Ruhestrom I_N des OV entstehen Abweichungen vom idealen Verhalten des Integrators. Die Knoten- und Maschenanalyse der Schaltung im Bild 13.24 (S. 373) liefert für frequenzunabhängige Verstärkung $V = V_0$ unter Berücksichtigung der Größen U_F, I_N, I_P und V_0 folgende Zusammenhänge:

$$u_A = V_0\,(u_P - u_N) = V_0\,[U_F - I_P R' - (u_E - i_E R)] \tag{13.12}$$

$$i_E = i_C + I_N = C\,\frac{d\,(u_N - u_A)}{dt} + I_N. \tag{13.13}$$

Differenzieren von (13.12) ergibt mit der in der Praxis erfüllten Vernachlässigung von du_P/dt, d.h. für $|du_P/dt| \ll |du_N/dt|$,

$$\frac{du_A}{dt} = V_0\left(\frac{du_P}{dt} - \frac{du_N}{dt}\right) \approx -V_0\,\frac{du_N}{dt}. \tag{13.14}$$

Einsetzen von (13.14) in (13.13) führt auf

$$i_E = I_N - C\left(1 + \frac{1}{V_0}\right)\frac{du_A}{dt}. \tag{13.15}$$

Nach Einsetzen dieser Beziehung in (13.12) erhalten wir schließlich die Differentialgleichung

$$u_A + (1 + V_0)\,RC\,\frac{du_A}{dt} = -V_0 u_E^* \tag{13.16}$$

mit

$$u_E^* = u_E - U_F + I_P R' - I_N R.$$

Sie hat die Lösung

$$u_A = -V_0 u_E^*\,(1 - e^{-t/\tau}) + U_{A0}\,e^{-t/\tau}$$

$$\tau = RC\,(1 + V_0); \qquad U_{A0} = u_A\,(t = 0).$$

Das Ergebnis der Rechnung läßt sich wie folgt interpretieren:

1. Die Steigung der Ausgangsspannung beträgt mit i_E als Eingangssignal gemäß (13.15)

$$\frac{du_A}{dt} = -\frac{i_E - I_N}{C\,[1 + (1/V_0)]}. \tag{13.17}$$

   - Bei Einspeisung eines definierten Eingangsstroms i_E (Stromsteuerung des Integrators) wirkt sich die Eingangsoffsetspannung U_F nicht aus.
   - Wenn der Eingangsruhestrom I_N keinen unzulässigen Fehler hervorrufen soll, muß $|I_N| \ll |i_E|$ gelten.

2. Aus Bild 13.24 entnehmen wir

$$i_E = \frac{u_E - u_N}{R} = \frac{u_E - [U_F - I_P R' - (u_A/V_0)]}{R}.$$

   Einsetzen in (13.17) liefert mit (13.16)

$$\frac{du_A}{dt} = -\frac{u_E^* + (u_A/V_0)}{RC\,[1 + (1/V_0)]}.$$

Damit der Integrator dem idealen Verhalten möglichst nahekommt, muß V_0 sehr groß und $u_E^* \approx u_E$ sein (in der Praxis ist $|u_A/V_0| \ll |u_E^*|$). Die letztgenannte Forderung wird erfüllt, indem $R' \approx R$ gewählt wird und R nicht zu hochohmig ist, damit der durch den Eingangsoffsetstrom bedingte zusätzliche Offsetspannungseinfluß gering bleibt.

Beispiel: Mit einer Eingangsspannung von $u_E = 10$ V soll eine Integratorausgangsspannung erzeugt werden, die in einer Sekunde 5 V ansteigt; der durch den Eingangsruhestrom I_N entstehende Fehler des Anstiegs soll $F < 10^{-3}$ betragen.

Bestimmen Sie die Integrationskapazität, wenn $I_N = 0{,}3$ µA beträgt.

Lösung: Aus (13.17) folgt $du_A/dt \approx -(i_E - I_N)/C$. Der Eingangssignalstrom i_E muß größer sein als $10^3 I_N = 0{,}3$ mA. Dann ergibt sich C aus $du_A/dt \approx -i_E/C$ mit $du_A/dt = 5$ V/s zu $C = 60$ µF. Der Kondensator muß einen sehr hohen Isolationswiderstand aufweisen, denn sein Fehlstrom muß wesentlich kleiner sein als I_N.

Wenn wir diese Integratorausgangsspannung, d.h. den Strom $i_E = 0{,}3$ mA, durch $u_E = 10$ V erzeugen wollen, muß $R = u_E/i_E = 10\text{ V}/0{,}3\text{ mA} \approx 33$ kΩ betragen.

Einfluß der endlichen Verstärkung und Bandbreite des OV. Wir nähern den Frequenzgang des OV durch ein Verzögerungsglied erster Ordnung an: $V = V_0/(1 + pT_0)$ und berechnen damit die Übertragungsfunktion des Integrators. Aus (11.4) folgt mit $k = pCR/(1 + pCR)$

$$V' = \frac{\underline{U}_a}{\underline{U}_e} = \frac{V'_{\text{ideal}}}{1 + \dfrac{1}{kV}} = -\frac{1}{pCR}\,\frac{1}{1 + \dfrac{1}{kV}}$$

$$= -\frac{1}{pCR}\,\frac{1}{1 + \dfrac{T_0 + RC}{RCV_0} + \dfrac{1}{pCRV_0} + p\dfrac{T_0}{V_0}}.$$

Mit den in der Praxis erfüllten Bedingungen $T_0 \ll RC$ und $V_0 \gg 1$ kann der Term $(T_0 + RC)/RCV_0$ im Nenner vernachlässigt werden, und es ergibt sich in guter Näherung

$$V' = \frac{\underline{U}_a}{\underline{U}_e} \approx \underbrace{-\frac{1}{pCR}}_{\substack{\text{idealer}\\ \text{Integrator}}}\;\underbrace{\frac{1}{1 + \dfrac{1}{pCRV_0}}}_{\substack{\text{statischer}\\ \text{Integrations-}\\ \text{fehler}}}\;\underbrace{\frac{1}{1 + pT_0\dfrac{pCR}{1 + pCRV_0}}}_{\substack{\text{Integrationsfehler infolge}\\ \text{zu geringer Bandbreite des}\\ \text{OV (dynamischer Fehler)}}}.$$

Da $T_0 \ll CR$ und $V_0 \gg 1$ gilt, liefert der zweite Summand im Nenner des letzten Faktors erst bei sehr hohen Frequenzen ($\omega T_0/V_0 > 0{,}1 \dots 0{,}2$) einen merklichen Beitrag. In diesem Frequenzbereich gilt aber $1 + pCRV_0 \approx pCRV_0$. Im gesamten Frequenzbereich $f < f_1$ hatten wir einen 20-dB/Dekade-Abfall des Amplitudengangs $|V|$ der Leerlaufverstärkung des OV vorausgesetzt. Deshalb ist $(T_0/V_0) = T_1 = 1/2\pi f_1$ und V' läßt sich wie folgt vereinfachen:

$$V' = \frac{\underline{U}_a}{\underline{U}_e} \approx -\frac{1}{pCR}\,\frac{1}{1 + \dfrac{1}{pCRV_0}}\,\frac{1}{1 + pT_1}. \tag{13.18}$$

Diskussion. Die Übertragungsfunktion $V' = \underline{U}_a/\underline{U}_e$ des Integrators setzt sich aus drei Faktoren zusammen. Beim idealen Integrator ($V_0 \to \infty$, $T_0 \to 0$) gilt $V' = -1/pCR$. Bei realen OV treten hauptsächlich zwei Fehler in Erscheinung:

- der durch die endliche Leerlaufverstärkung V_0 bedingte „statische" Fehler, der sich vor allem in einem mit wachsender Integrationszeit zunehmenden Linearitätsfehler bemerkbar macht,
- der durch die endliche Bandbreite des OV bedingte „dynamische" Fehler, der eine Rundung des Verlaufs der Ausgangsspannung $u_A(t)$ in unmittelbarer Nullpunktnähe und eine „Totzeit" $t_D \approx 1/\omega_1 = T_1$ zur Folge hat ($T_1 = 1/2\pi f_1$; f_1: diejenige Frequenz, bei der $|V|$ auf 1 abgefallen ist).

Zusätzlich zu den hier betrachteten Fehlereinflüssen tritt u. U. der endliche Isolationswiderstand des Integrationskondensators als Fehlerquelle auf.

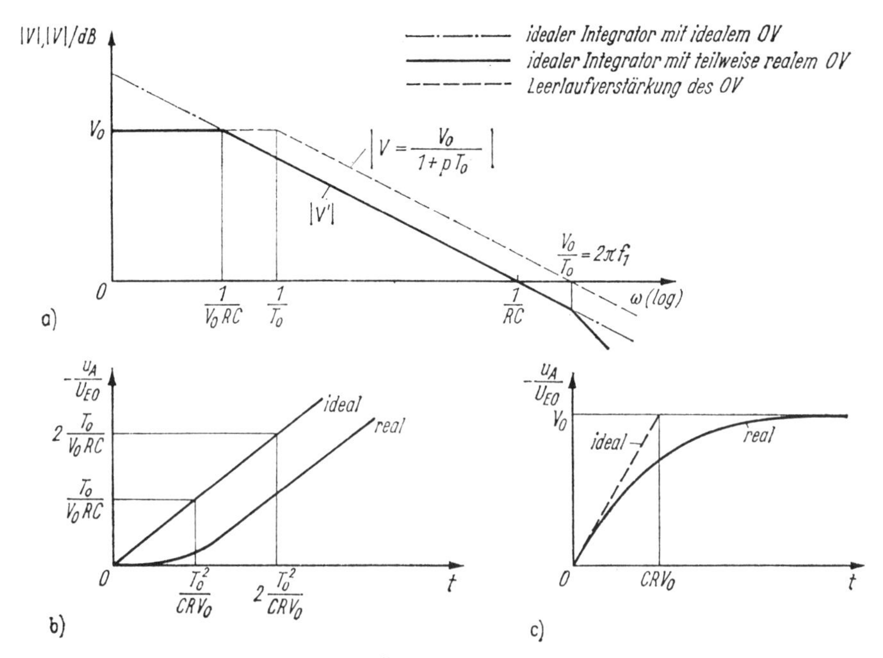

Bild 13.25. Amplitudengang (a) und Übergangsfunktion für kleine (b) sowie für große (c) Zeiten des Integrators im Bild 13.24 mit $V = V_0/(1 + pT_0)$

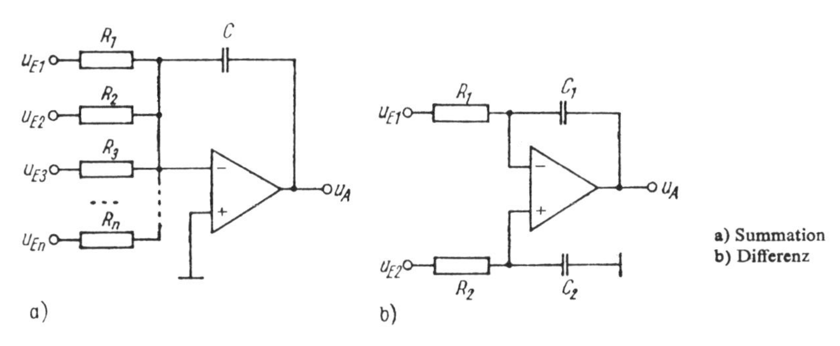

Bild 13.26. Summations- und Differenzintegrator

Aus (13.18) erkennen wir, daß sich der Integrator nur dann ideal verhält, wenn die o.g. beiden Fehlereinflüsse vernachlässigbar klein sind. Das ist für $\omega CRV_0 \gg 1$ und für $\omega T_1 \ll 1$ der Fall, d.h. im Frequenzbereich

$$\frac{1}{2\pi CRV_0} \ll f \ll f_1.$$

13.4.2. Summations- und Differenzintegrator

Da bei der invertierenden OV-Grundschaltung der invertierende Eingang praktisch auf Massepotential liegt, läßt sich in einfacher Weise ein Summationsintegrator realisieren. Seine Ausgangsspannung ist das Integral der Summe mehrerer Eingangsgrößen. Für die Schaltung im Bild 13.26a gilt

$$-u_A = \frac{1}{C}\int_0^t \left(\frac{u_{E1}}{R_1} + \frac{u_{E2}}{R_2} + \dots + \frac{u_{En}}{R_n}\right) dt + U_{A0}.$$

In Analogie zur Subtrahierschaltung im Bild 13.2 erhalten wir einen Differenzintegrator (Bild 13.26b).

Er realisiert die Funktion

$$u_A = \frac{1}{T}\int_0^T (u_{E1} - u_{E2})\, dt.$$

13.4.3. PI-Regler

Wie aus dem Bode-Diagramm der Schaltung Nr. 4 in Tafel 13.1 abzulesen ist, verhält sich diese Schaltung bei niedrigen Frequenzen ($1/\omega C \gg R$) wie ein Integrator und bei hohen Frequenzen ($1/\omega C \ll R$) wie ein invertierender Verstärker mit dem Verstärkungsfaktor $-R_2/R_1$. Die Eckfrequenz ($1/\omega C = R$) läßt sich über einen weiten Bereich verschieben. In der Übergangsfunktion tritt im Zeitpunkt $t = 0$ ein Sprung auf den Wert

$$u_A = -(R_2/R_1)\, u_E$$

auf, weil C für die schnelle Spannungsänderung am Eingang als Kurzschluß wirkt ($u_C = 0$). Die Eigenschaften des PI-Reglers werden mit den Kenngrößen *Nachstellzeit* T_n, *Integrierzeit* T_I und *Proportionalverstärkung* V_P beschrieben.

13.4.4. Differentiator

Integratoren lassen sich problemloser realisieren als Differentiatoren. Beim Differentiator ist die Ausgangsspannung proportional zur *Änderungsgeschwindigkeit* der Eingangsspannung. Wie aus dem Amplitudengang der Verstärkung ersichtlich ist (Tafel 13.1), nimmt die Verstärkung mit wachsender Frequenz proportional zu. Das führt dazu, daß die hochfrequenten Komponenten des OV-Rauschens erheblich verstärkt am Ausgang auftreten. Das Ausgangsrauschen ist in diesem Frequenzbereich häufig so groß, daß das differenzierte Eingangssignal im Rauschen verschwindet. Deshalb und aus weiteren Gründen (Eingangswiderstand sinkt mit zunehmender Frequenz, ungenügende dynamische Stabilität) wird die einfache Schaltung Nr. 3a in Tafel 13.1 kaum angewendet. Günstiger ist die erweiterte Schaltung Nr. 3b. Sie wirkt nur im Frequenzbereich $f \ll 1/2\pi R'C$ als Differentiator. Oberhalb dieses Bereiches tritt P- bzw. I-Verhalten auf. Das durch C bewirkte I-Verhalten verkleinert die Ausgangsrauschspannung des OV mit zunehmender Frequenz. Das P-Verhalten wirkt sich günstig auf die dynamische Stabilität der Schaltung aus. Diese ist bei Schaltung Nr. 3a bei einem 20-dB/Dekade-Abfall der Leerlaufverstärkung des OV nicht gesichert (Beweis!). Den P-Bereich kann man zum Verschwinden bringen, indem $R'C = RC'$ gewählt wird.

Falls sich die Eingangsspannung sehr schnell ändert, wird der OV beim Differentiator übersteuert.

Es gibt auch aus zwei OV bestehende Differentiatoren.

13.4.5. PID-Regler

Diese Regelschaltung ist universell einsetzbar. Sie enthält einen

- I-Anteil

$$\frac{V_{\mathrm{P}}}{pT_{\mathrm{n}}}$$

- P-Anteil

$$V_{\mathrm{P}}\left(1 + \frac{T_{\mathrm{v}}}{T_{\mathrm{n}}}\right)$$

- D-Anteil

$$pV_{\mathrm{P}}T_{\mathrm{v}}.$$

Der Regler läßt sich leicht einstellen, wenn in die Rückführung ein Trennverstärker eingeschaltet wird (Emitterfolger, Spannungsfolger). In diesem Fall ist die Übertragungsfunktion $G(p)$ nach Tafel 13.1, Nr. 6 gültig, ohne daß $R_{\mathrm{A}} \gg R_{\mathrm{b}}$ gelten muß.

14. Filter

14.1. Realisierungsmöglichkeiten. Klassen von Filtern

Bei der Signalübertragung und -verarbeitung (z.B. zur Bandbegrenzung, Selektion, Kanaltrennung, Unterdrückung von Frequenzbereichen) besteht häufig die Aufgabe, bestimmte Frequenzkomponenten oder -bereiche eines Signals zu dämpfen oder bevorzugt zu übertragen (s.a. Abschn. 12.4.). Zu diesem Zweck werden Filter benötigt.

Historische Entwicklung. Die „klassische" Filterrealisierung erfolgte mit passiven RLC-Schaltungen. Diese Schaltungen wurden jahrzehntelang intensiv untersucht und in vielen Klassen und Ausführungsformen realisiert. Auch heute haben sie noch Verbreitung, obwohl sie zunehmend durch modernere Konzeptionen (aktive Filter, SC-Filter, Quarzresonatorfilter, digitale Filter) abgelöst werden bzw. wurden.

Da Induktivitäten nicht monolithisch integrierbar sind, wurden zeitlich parallel mit den Integrationstechniken Filterschaltungen entwickelt, die ohne Induktivitäten auskommen. Induktivitäten lassen sich durch aktive Bauelemente ersetzen. Dieses Prinzip wird seit den 60er Jahren bei den aktiven RC-Filtern angewendet. Sie bestehen aus Widerständen, Kapazitäten und Operationsverstärkern und wurden in den 60er und 70er Jahren intensiv untersucht. Da sie jedoch nicht monolithisch integrierbar sind (lediglich in Dünn- und Dickschichttechnik) und eine größere Parameterempfindlichkeit als LC-Filter aufweisen, konzentriert sich die Entwicklung seit etwa 15 Jahren zunehmend auf solche Filterprinzipien, die mit der VLSI-Technik kompatibel und in dieser Technologie herstellbar sind.

Historisch gesehen, läßt sich die schaltungstechnische und technologische Entwicklung der Filterschaltungen stark vereinfacht in die folgenden drei Etappen unterteilen:

1. Etappe (bis ≈ 1950 ... 1960): Reaktanzfilter (RLC) in Einzelelementetechnik („klassische" Filter)
2. Etappe (ab ≈ 1960 ... 1970): Aktive RC-Filter (R, C, OV) in Einzelelemente- und Dünnschicht-/Dickschichttechnik)
3. Etappe (ab ≈ 1980): Monolithische Filter (C, Schalter, OV) in den drei Gruppen a) CCD-, b) SC- und c) digitale Filter.

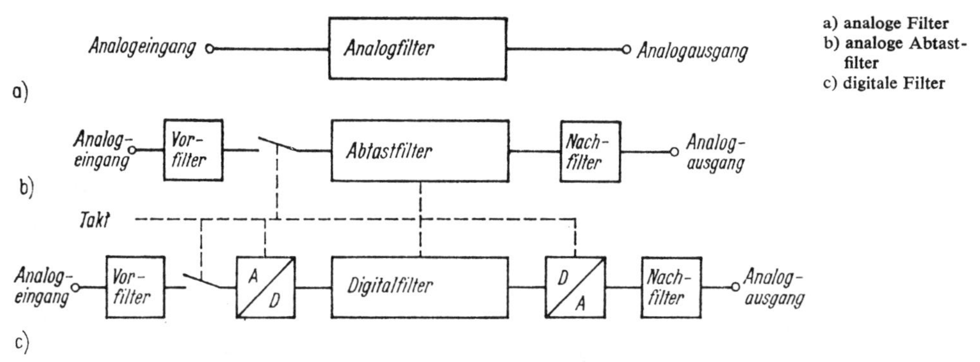

a) analoge Filter
b) analoge Abtastfilter
c) digitale Filter

Bild 14.1. Drei Filterklassen hinsichtlich des im Filter verarbeiteten Signals

Tafel 14.1. Übersicht zu den Klassen von Filtern [14.1]

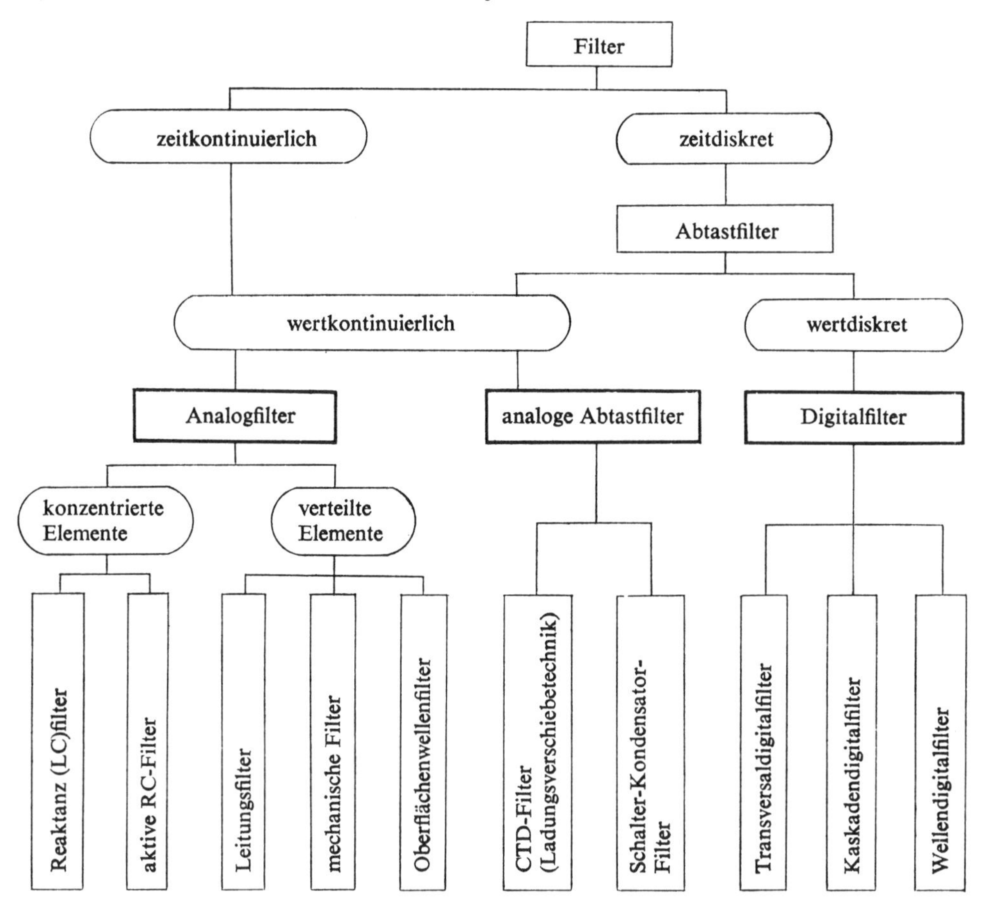

Es gibt eine Vielzahl unterschiedlicher Filterprinzipien und -technologien, denn der für Filterschaltungen interessierende Signalfrequenzbereich umfaßt mehr als 12 Zehnerdekaden (0,1 Hz ... 10^{12} Hz) und läßt sich keinesfalls mit einem einzigen Filterprinzip abdecken.

Klassen von Filtern. Die Vielzahl der Filtervarianten und -prinzipien läßt sich nach unterschiedlichen Merkmalen klassifizieren (Tafel 14.1, Bild 14.1). Die wichtigsten Unterscheidungsmerkmale sind:

1. Nach der Art des im Filter verarbeiteten **Signals**

- *Analoge Filter.* Die im Filter verarbeiteten Signale sind *amplituden-* und *zeitkontinuierlich* (Beispiel: RLC-Filter, aktive RC-Filter).
- *Analoge Abtastfilter (Sampled-data filter).* Die im Filter verarbeiteten Signale sind *amplitudenkontinuierlich* und *zeitdiskret.* Die abgetasteten Signalwerte werden in Form von „Ladungspaketen" verarbeitet (Beispiel: SC-Filter)
- *Digitale Filter.* Die im Filter verarbeiteten Signale (digitale Worte) sind *amplituden-* und *zeitdiskret.* Die Filteroperationen führt ein Signalprozessor oder Mikrorechner in Form einer zeitlichen Folge einfacher arithmetischer Operationen aus (Multiplikation, Addition, Speicherung). Das analoge Eingangssignal wird mit einem AD-

Umsetzer in eine Folge von Digitalwerten umgesetzt. Falls ein analoges Ausgangssignal gewünscht wird, muß ein DA-Umsetzer an den Filterausgang angeschaltet werden.

2. Bezüglich der **schaltungstechnischen Realisierung**

   - *Reaktanzfilter* (passive RLC-Filter)
   - *Aktive RC-Filter*
   - *Monolithische Filter* (integrierte Filter):
     a) CCD-Filter
     b) SC-Filter
     c) digitale Filter

   Eine monolithische Ausführung ist für SC-, CTD-, Keramik-, Quarz- und Digitalfilter möglich.

3. Bezüglich des **Frequenzbereiches** und des **Frequenzintervalls**

   Siehe hierzu Bild 14.2. Hinsichtlich des beeinflußten Frequenzbandes unterscheidet man Tiefpaß-, Hochpaß-, Bandpaß- und Allpaßfilter sowie Bandsperren.

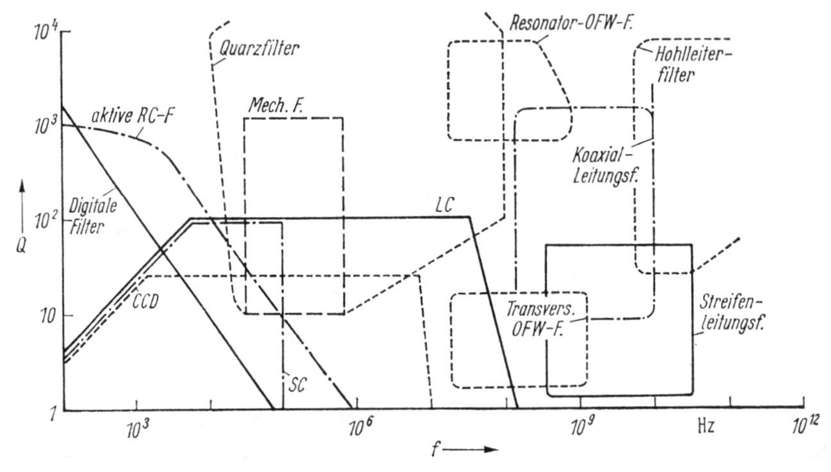

Bild 14.2. Typische Arbeitsfrequenzbereiche wichtiger Filterarten [14.1]
Q Filtergüte

4. Bezüglich der Form der **Übertragungsfunktion** und **Impulsantwort**

   - *Rekursive Filter.* Sie besitzen eine zeitlich unbegrenzte Impulsantwort
   - *Nichtrekursive Filter* (Transversalfilter, FIR- (Finite impulse response) Filter). Sie besitzen eine zeitlich begrenzte Impulsantwort. Die Filterausgangsspannung u_A kann durch Mehrfachverzögerung von u_E, Gewichtung und Summation erzeugt werden.

Integrierte Filter. Durch die Fortschritte bei der Entwicklung der MOS-Technologie wurde es in den vergangenen Jahren möglich, Filter in monolithisch integrierter Form herzustellen. Die gegenwärtig drei wichtigsten Klassen dieser Filterschaltungen sind

- Ladungstransferfilter (Charge coupled devices, CCD)
- Schalter-Kondensator-Filter (SC-Filter)
- Digitale Filter.

Bei allen drei Gruppen werden die Signale zeitdiskret verarbeitet. Es bestehen folgende Unterschiede:
Digitale Filter. Beliebig strenge Filterforderungen realisierbar, jedoch praktische Begrenzung infolge Platzbedarf (Chipfläche), Leistungsverbrauch und Rechengeschwindigkeit (Anzahl der Rechenoperationen/Zeiteinheit steigt mit strenger werdenden Filterforderungen).
Analoge Abtastfilter (CCD-, SC-Filter). Einschränkungen hinsichtlich Fertigungsgenauigkeit der frequenzbestimmenden Bauelemente, u. U. Abweichungen vom gewünschten Übertragungsverhalten, niedriger Leistungsverbrauch, höhere max. Signalfrequenz als digitale Filter.

SC-Filter: Besonders geeignet zur Realisierung rekursiver Strukturen; in vielen Fällen günstiger als CCD-Filter (im wesentlichen nur nichtrekursive Strukturen). SC-Filter lassen sich aufwandsarm mit speziell hierfür entwickelten Schaltkreisen realisieren.

Eine ausführliche Behandlung aller Filtertypen und -gruppen übersteigt den Rahmen des vorliegenden Buches. Daher beschränken wir uns nachfolgend auf die häufig angewendeten Gruppen aktive RC-, SC- und digitale Filter. Einige weitere Gruppen werden kurz erwähnt. Zum tiefergehenden Studium sei auf die spezielle Literatur verwiesen [14.1] bis [14.3].

Bei niedrigen und mittleren Frequenzen ($\lessapprox$ kHz-Bereich) werden digitale Filter zunehmend die analogen Filter verdrängen.

Durch Wahl entsprechender Approximationsfunktionen kann der Filterentwickler alle wesentlichen Eigenschaften eines Filters beeinflussen: Sperrdämpfung, Flankensteilheit, Welligkeit im Durchlaßbereich und Impulsverhalten (Anstiegszeit, Überschwingen, Signalverzögerung, Einschwingzeit). Je höher die Filterordnung gewählt wird, desto höher sind in der Regel die Sperrdämpfung und Flankensteilheit, desto stärker aber auch das Überschwingen und desto länger die Einschwing- und Signalverzögerungszeiten.

14.2. Aktive Filter

Im HF-Bereich werden Filter meist mit passiven RLC-Schaltungen aufgebaut. Bei niedrigen Frequenzen wären hierzu jedoch sehr große Induktivitäten nötig, die schwer, teuer und unhandlich sind und schlechte elektrische Eigenschaften aufweisen (niedrige Güte). Aus diesem Grund werden Filter im Frequenzbereich unterhalb von etwa 0,1 bis zu einigen MHz unter Verwendung von Operationsverstärkern und RC-Netzwerken in Form von „aktiven Filtern“ realisiert.

Von einem idealen Filter verlangt man in der Regel eine rechteckförmige Filterkurve (Bild 14.3). Sie ist jedoch praktisch nicht realisierbar. Filter aus passiven RC-Netzwerken haben sehr begrenzte Selektivität. Durch Einbeziehen von Operationsverstärkern läßt sie sich wesentlich verbessern.

14.2.1. Grundlagen

Die Übertragungsfunktion aller Tiefpaßfilter läßt sich durch die Beziehung

$$V(p) = \frac{V_0}{\prod\limits_i (1 + a_i P + b_i P^2)} = \frac{V_0}{(1 + a_1 P + b_1 P^2)(1 + a_2 P + b_2 P^2) \dots} \tag{14.1}$$

darstellen [14.4]. Die Abkürzung lautet $P = j\Omega = j(\omega/\omega_g) = p/\omega_g = p/2\pi f_g$ (f_g: 3-dB-Grenzfrequenz).

Beispiel. Ein leerlaufendes Tiefpaßfilter 1. Ordnung nach Bild 14.4 hat die Übertragungsfunktion

$$V(p) = \frac{\underline{U}_a}{\underline{U}_e} = \frac{1}{1 + P}; \qquad |V|^2 = \frac{1}{1 + \Omega^2} \tag{14.2}$$

$P = j\Omega$, $\Omega = (f/f_g)$, f_g Grenzfrequenz des Tiefpaßfilters ($f_g = 1/2\pi RC$).

In großer Entfernung von der Grenzfrequenz f_g fällt der Betrag der Verstärkung mit 20 dB/Dekade ab, denn aus (14.2) folgt $|V| \approx 1/\Omega$.

Ist ein steilerer Verstärkungsabfall im Sperrbereich gewünscht, so muß man n Tiefpaßglieder (rückwirkungsfrei) in Kette schalten. In diesem Fall multiplizieren sich ihre Übertragungsfunktionen, und in großer Entfernung von der Grenzfrequenz gilt $|V| \approx 1/\Omega^n$, d.h., der Amplitudengang fällt mit $n \cdot 20$ dB/Dekade ab.

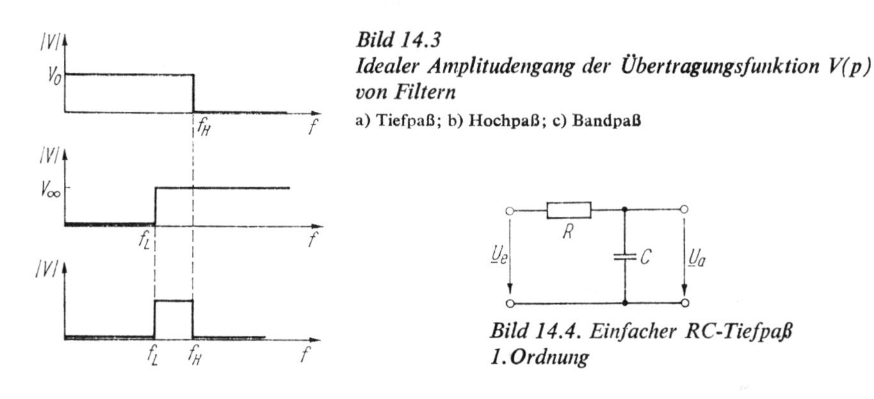

Bild 14.3
Idealer Amplitudengang der Übertragungsfunktion V(p) von Filtern
a) Tiefpaß; b) Hochpaß; c) Bandpaß

Bild 14.4. Einfacher RC-Tiefpaß 1. Ordnung

Hochpaß- und Tiefpaßfilter lassen sich durch drei Kenngrößen beschreiben:

1. durch ihre *Grenzfrequenz* (3-dB-Abfall des Amplitudengangs der Übertragungsfunktion),
2. durch ihre *Ordnung* (höchste Potenz von P in (14.1) bei ausmultipliziertem Nenner),
3. durch den *Filtertyp*.

Die Ordnung des Filters bestimmt unabhängig vom Filtertyp den Abfall des Amplitudengangs im Sperrbereich in großer Entfernung von der Grenzfrequenz ($n \cdot 20$ dB/Dekade). Der Filtertyp dagegen bestimmt den Verlauf des Amplitudengangs in der Umgebung der Grenzfrequenz und im Durchlaßbereich. Durch ihn läßt sich der Frequenzgang nach verschiedenen Gesichtspunkten optimieren.

Die Schaltungen aller Filtertypen sind identisch. Der gewünschte Filtertyp wird lediglich durch unterschiedliche Dimensionierung der RC-Elemente eingestellt.

Abgesehen von passiven *RC*-Filtern unterscheidet man drei Filtertypen:

1. Bessel-Filter,
2. Butterworth-Filter,
3. Tschebyscheff-Filter.

Für die Praxis besonders wichtig sind die Typen 1 und 3. Beim *Bessel-Filter* fällt der Amplitudengang vom Durchlaßbereich zum Sperrbereich stetig ab. Dieser Filtertyp weist optimales Rechteckverhalten seiner Übergangsfunktion auf. Er wird eingesetzt, wenn Wert auf gutes Rechteckübertragungsverhalten gelegt wird. Beim *Tschebyscheff-Filter* fällt der Amplitudengang in der Umgebung der Grenzfrequenz zwar steiler ab als beim

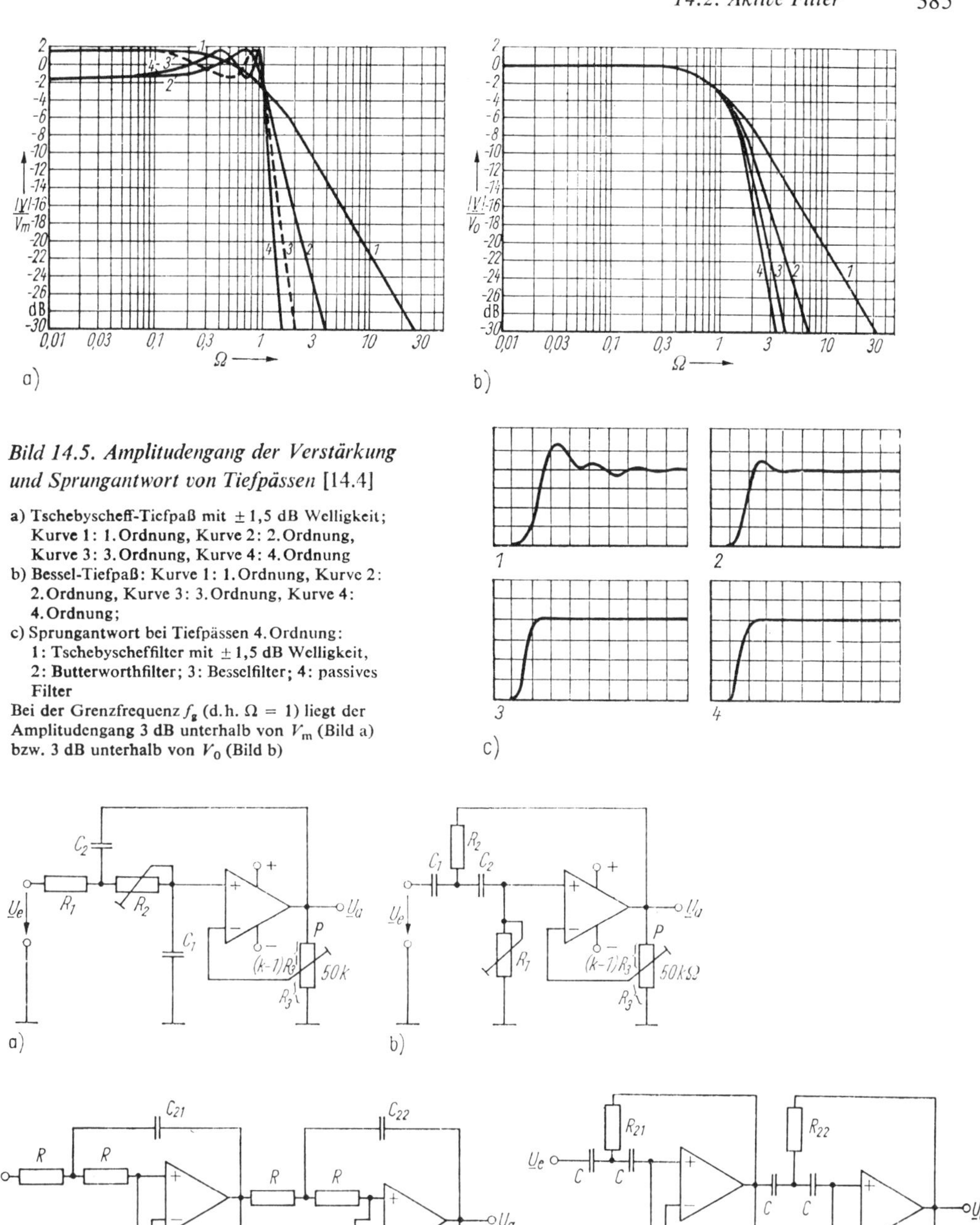

Bild 14.5. Amplitudengang der Verstärkung und Sprungantwort von Tiefpässen [14.4]

a) Tschebyscheff-Tiefpaß mit ± 1,5 dB Welligkeit; Kurve 1: 1. Ordnung, Kurve 2: 2. Ordnung, Kurve 3: 3. Ordnung, Kurve 4: 4. Ordnung
b) Bessel-Tiefpaß: Kurve 1: 1. Ordnung, Kurve 2: 2. Ordnung, Kurve 3: 3. Ordnung, Kurve 4: 4. Ordnung;
c) Sprungantwort bei Tiefpässen 4. Ordnung: 1: Tschebyscheffilter mit ± 1,5 dB Welligkeit, 2: Butterworthfilter; 3: Besselfilter; 4: passives Filter

Bei der Grenzfrequenz f_g (d.h. $\Omega = 1$) liegt der Amplitudengang 3 dB unterhalb von V_m (Bild a) bzw. 3 dB unterhalb von V_0 (Bild b)

Bild 14.6. Aktiver Tiefpaß und Hochpaß mit Einfachmitkopplung

a) Tiefpaß; b) Hochpaß; c) Tiefpaß 4. Ordnung; d) Hochpaß 4. Ordnung

Bessel-Filter, jedoch treten eine Welligkeit im Durchlaßbereich und ein erhebliches Überschwingen der Übergangsfunktion auf. Wenn das nicht stört, ist dieser Filtertyp vorzuziehen, da die Dämpfung im Sperrbereich erheblich größer ist als bei den anderen beiden Filtertypen (Bild 14.5). Die Welligkeit wird um so größer, je steiler der Amplitudengang unmittelbar oberhalb der Grenzfrequenz abfällt.

Bei passiven *RC*-Filtern tritt kein Überschwingen der Übergangsfunktion auf. Der Amplitudengang im Sperrbereich fällt jedoch wesentlich flacher ab als bei den aktiven Filtern.

14.2.2. Realisierung von Tiefpaß- und Hochpaßfiltern

Für die schaltungstechnische Realisierung aktiver Filter gibt es mehrere Möglichkeiten. Die verbreitetsten Schaltungsstrukturen sind die *Einfach-* und *Mehrfachgegenkopplung* sowie die *Einfachmitkopplung* [14.4]. Alle haben bei entsprechender Dimensionierung gleiches Frequenzverhalten. Die Toleranzen der RC-Elemente müssen in der Regel kleiner sein als etwa 1 %. Es können aber auch Normwerte für die Widerstände und Kondensatoren verwendet und das Filter mit einem Potentiometer abgeglichen werden, wie es in den Bildern 14.6 und 14.7 gezeigt ist. Besser sind engtolerierte Metallschichtwiderstände. Als Kondensatoren werden Mylar- oder Polypropylen-Typen empfohlen. Die Qualität der passiven Bauelemente ist für die Genauigkeit und Stabilität des Filters wichtig (Kohleschichtwiderstände nur für unkritische Filter 1. und 2. Ordnung).

Aktive Filter erster und zweiter Ordnung lassen sich mit einem einzigen Operationsverstärker realisieren. Filter höherer Ordnung entstehen durch Reihenschaltung von Filtern erster und zweiter Ordnung. Alle hier besprochenen Filter müssen möglichst niederohmig angesteuert werden.

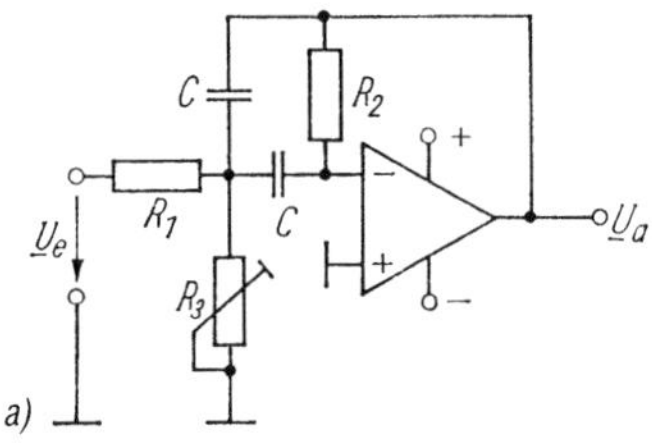

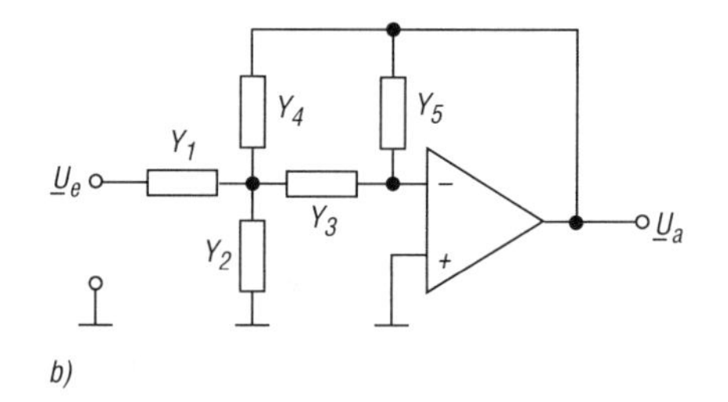

Bild 14.7. Aktives Filter mit Mehrfachgegenkopplung

a) Aktives Filter

b) allgemeine Struktur; die zugehörige Übertragungsfunktion lautet:

$$U_a/U_e = \frac{-Y_1Y_3}{Y_5(Y_1+Y_2+Y_3+Y_4)+Y_3Y_4}$$

Filtercharakteristik	Y_1	Y_2	Y_3	Y_4	Y_5
Tiefpaß	R	C	R	R	C
Hochpaß	C	R	C	C	R
Bandpaß	R	R	C	C	R

c)

c) zur Realisierung der allgemeinen Struktur von Bild 14.7b für unterschiedliche Filtercharakteristiken

Besonders günstig sind Filter mit Einfachmitkopplung. Sie kommen mit geringem Schaltungsaufwand aus und lassen sich bezüglich Grenzfrequenz und Filtertyp leicht abgleichen. Durch interne Gegenkopplung muß die Verstärkung auf einen definierten Wert eingestellt werden, damit die Schaltung dynamisch nicht instabil wird. Bild 14.6 zeigt als Beispiel ein Tiefpaß- und Hochpaßfilter.

14.2.2.1. Tiefpaßfilter 2. Ordnung

Die Berechnung der Verstärkung des Tiefpasses im Bild 14.6a ergibt

$$V = \frac{k}{1 + P\omega_g [R_1C_1 + R_2C_1 + (1 - k) R_1C_2] + P^2\omega_g^2 R_1R_2C_1C_2}. \quad (14.3)$$

Die Dimensionierung läßt sich wesentlich vereinfachen, wenn einige spezielle Werte zugrunde gelegt werden. Zwei typische Fälle wollen wir betrachten:

Fall 1. Wir wählen $R_1 = R_2 = R$ und $k = 1$. Dann wirkt der OV als Spannungsfolger. Aus (14.3) folgt

$$V = \frac{1}{1 + 2P\omega_g RC_1 + P^2\omega_g^2 R^2C_1C_2}. \quad (14.4)$$

Zur Dimensionierung des aktiven Filters führen wir einen Koeffizientenvergleich zwischen (14.4) und (14.1) durch. Er liefert

$$V_0 = 1$$

$$C_1 = \frac{a_1}{4\pi f_g R} \quad (14.4a)$$

$$C_2 = \frac{b_1}{\pi f_g R a_1}. \quad (14.4b)$$

Um die verschiedenen Filtertypen zu erhalten, müssen wir aus Tafel 14.2 die entsprechenden Zahlenwerte für die Koeffizienten a_1 und b_1 entnehmen.

Fall 2. Wir wählen $R_1 = R_2 = R$ und $C_1 = C_2 = C$. Der gewünschte Filtertyp läßt sich durch das Potentiometer P einstellen. Wenn der Schleifer mit dem OV-Ausgang verbunden ist, verhält sich die Schaltung wie ein passiver Tiefpaß 2. Ordnung. Verschiebt man den Schleifer nach unten, werden alle Filtertypen vom Bessel-Filter über das Butterworth- bis hin zum Tschebyscheff-Filter durchlaufen, bis die Schaltung schließlich ins

Tafel 14.2. Koeffizienten der unterschiedlichen Filtertypen [3]

$V_m = \sqrt{V_{max}V_{min}}$ mittlere Verstärkung; V_0 Verstärkung bei $f \to 0$ (Gleichspannungsverstärkung) bei Tiefpaßfiltern.
Zur Definition von f_g s. Bild 14.5; die Koeffizienten a_i, b_i entsprechen den in (14.1) und (14.5) enthaltenen a_i, b_i-Werten

Ordnung	Kritische Dämpfung				Butterworth			
n	a_1	b_1	a_2	b_2	a_1	b_1	a_2	b_2
1	1,000	0,000	0,000	0,000	1,000	0,000	0,000	0,000
2	1,287	0,414	0,000	0,000	1,414	1,000	0,000	0,000
3	0,510	0,000	1,020	0,260	1,000	0,000	1,000	1,000
4	0,870	0,189	0,870	0,189	1,848	1,000	0,765	1,000

Ordnung	Tschebyscheff mit ±1,5 dB Welligkeit					Bessel			
n	a_1	b_1	a_2	b_2	V_0	a_1	b_1	a_2	b_2
1	1,352	0,000	0,000	0,000	1,189 V_m	1,000	0,000	0,000	0,000
2	0,987	1,663	0,000	0,000	0,841 V_m	1,362	0,618	0,000	0,000
3	3,480	0,000	0,369	1,283	1,189 V_m	0,756	0,000	1,000	0,477
4	2,140	5,323	0,192	1,154	0,841 V_m	1,340	0,489	0,774	0,389

Schwingen gerät, d.h. dynamisch instabil wird, weil die rückgekoppelte Spannung im Vergleich zur Gegenkopplung überwiegt.
Aus (14.3) folgt

$$V = \frac{k}{1 + P\omega_g RC(3 - k) + P^2\omega_g^2 R^2 C^2}.$$

Zur Dimensionierung der Schaltung führen wir wieder einen Koeffizientenvergleich mit (14.1) durch. Wir erhalten

$$RC = \frac{\sqrt{b_1}}{2\pi f_g}$$

$$k = V_0 = 3 - \frac{a_1}{\sqrt{b_1}}.$$

Ergebnis. Die Verstärkung k hängt nur von a_1 und b_1, nicht aber von der Grenzfrequenz f_g ab. Ausschließlich k bestimmt daher den Filtertyp. Das ist ein erheblicher Vorteil, weil die Grenzfrequenz entweder durch die beiden Kondensatoren oder durch die beiden Widerstände eingestellt werden kann, ohne den Filtertyp zu verändern. Wir berechnen k aus den Koeffizienten der Tafel 14.2. Bei $k = 3$ schwingt die Schaltung (dynamische Instabilität). Deshalb ist bei Tschebyscheff-Filtern die Einstellung u. U. kritisch.

Industrielles Beispiel: Anti-Aliasing-Filter auf doppelter Europaleiterkarte MPV 990, 4-Kanal-Tiefpaßfilter, 5 V Betriebsspannung, einsteckbar in VME-Bus-Einschub, vier unabhängige Kanäle, unsymmetrischer oder Differenzeingang, Instrumentationsverstärker in jedem Kanal mit $V = 0{,}1 \ldots 10^4$, 3stufiges Tiefpaßfilter mit 100 dB/Oktave Abfall, wählbare Grenzfrequenz 2 ... 20000 Hz, Sperrdämpfung 60 dB [14.20].

14.2.2.2. Hochpaßfilter

Die Übertragungsfunktion eines Hochpaßfilters läßt sich durch die Beziehung

$$V(p) = \frac{V_\infty}{\prod_i (1 + (a_i/P) + (b_i/P^2))}; \qquad P = p/\omega_g \tag{14.5}$$

darstellen [14.4]. Ein Vergleich mit (14.1) zeigt, daß ein Hochpaß mit der Grenzfrequenz f_g in völlig gleicher Weise dimensioniert wird wie ein Tiefpaß mit der gleichen Grenzfrequenz. Man muß lediglich P durch $1/P$ und V_0 durch V_∞ ersetzen. V_∞ ist die Verstärkung für $f \gg f_g$.

Dieser Zusammenhang gilt für Filter beliebiger Ordnung.

Hochpaßfilter 2. Ordnung. Die Berechnung der Verstärkung des Hochpaßfilters mit Einfachmitkopplung im Bild 14.6b ergibt

$$V = \frac{k}{1 + \frac{1}{P}\,\frac{R_2(C_1 + C_2) + R_1 C_2(1 - k)}{R_1 R_2 C_1 C_2 \omega_g} + \frac{1}{P^2}\,\frac{1}{R_1 R_2 C_1 C_2 \omega_g^2}}. \tag{14.5a}$$

Wie im vorigen Abschnitt läßt sich die Dimensionierung erheblich vereinfachen, wenn einige spezielle Werte zugrunde gelegt werden. Zwei typische Fälle wollen wir betrachten:
Fall 1. Wir wählen $C_1 = C_2 = C$ und $k = 1$. Dann wirkt der OV als Spannungsfolger.

Aus (14.5a) folgt

$$V = \frac{1}{1 + \frac{1}{P}\frac{2}{R_1 C\omega_g} + \frac{1}{P^2}\frac{1}{R_1 R_2 C^2 \omega_g^2}}. \qquad (14.5\text{b})$$

Der Koeffizientenvergleich mit (14.5) ergibt

$$V_\infty = 1$$

$$a_1 = \frac{2}{R_1 C\omega_g} \qquad (14.5\text{c})$$

$$b_1 = \frac{1}{R_1 R_2 C^2 \omega_g^2} = \frac{1}{2}\frac{a_1}{R_2 C\omega_g}. \qquad (14.5\text{d})$$

Die beiden Koeffizienten a_1 und b_1 werden aus Tafel 14.2 (für $n = 2$) entnommen. Die beiden Widerstände erhalten wir aus (14.5c und d) zu

$$R_1 = \frac{2}{a_1}\frac{1}{\omega_g C} \qquad (14.5\text{e})$$

$$R_2 = \frac{a_1}{2b_1}\frac{1}{\omega_g C}. \qquad (14.5\text{f})$$

Fall 2. Wir wählen $R_1 = R_2 = R$ und $C_1 = C_2 = C$. Für diesen Spezialfall vereinfacht sich (14.5a) zu

$$V = \frac{k}{1 + \frac{1}{P}\frac{3-k}{RC\omega_g} + \frac{1}{P^2}\frac{1}{(RC\omega_g)^2}}.$$

Der Koeffizientenvergleich mit (14.5) ergibt

$$V_\infty = k$$

$$a_1 = \frac{3-k}{RC\omega_g}$$

$$b_1 = \frac{1}{(RC\omega_g)^2}.$$

Auch in diesem Falle werden die beiden Koeffizienten a_1 und b_1 aus Tafel 14.2 (für $n = 2$) entnommen. Zur Dimensionierung des Filters schreiben wir

$$RC = \frac{1}{\omega_g \sqrt{b_1}}$$

und

$$3 - k = \frac{a_1}{\sqrt{b_1}}$$

$$k = 3 - \frac{a_1}{\sqrt{b_1}} = V_\infty.$$

14.2.2.3. Filter höherer Ordnung

Filter höherer Ordnung lassen sich realisieren, indem Glieder zweiter Ordnung bzw. Glieder zweiter Ordnung und ein Glied erster Ordnung rückwirkungsfrei (z.B. durch einen Spannungsfolger getrennt) in Kette geschaltet werden. Die Filterkoeffizienten für Filter bis zur vierten Ordnung lassen sich aus Tafel 14.2 entnehmen.
Beispiel: Unter Verwendung der Schaltung im Bild 14.6a soll ein Tiefpaßfilter vierter Ordnung mit Besselverhalten entworfen werden, das bei vorgegebener Grenzfrequenz f_g eine Verstärkung $V_0 = 1$ aufweist. Zur Vereinfachung dimensionieren wir alle Widerstände gleich groß ($R_1 = R_2$).
Lösung: Wir schalten zwei aktive Filter mit Einfachmitkopplung nach Bild 14.6a rückwirkungsfrei in Kette (Bild 14.6c). Die benötigten Kapazitätswerte berechnen wir aus (14.4a, b). Dabei ist zu beachten, daß sich für die beiden Stufen unterschiedliche Kapazitätswerte ergeben, weil $a_1 \neq a_2$ und $b_1 \neq b_2$ ist. Aus (14.4a, b) folgt

$$C_{11} = \frac{a_1}{2} \frac{1}{\omega_g R} \qquad C_{12} = \frac{a_2}{2} \frac{1}{\omega_g R}$$

$$C_{21} = \frac{2b_1}{a_1} \frac{1}{\omega_g R} \qquad C_{22} = \frac{2b_2}{a_2} \frac{1}{\omega_g R}.$$

Die Filterkoeffizienten lesen wir aus Tafel 14.2 für $n = 4$ ab: $a_1 = 1{,}340$; $b_1 = 0{,}489$; $a_2 = 0{,}774$; $b_2 = 0{,}389$. Damit ist das Filter dimensioniert.

In entsprechender Weise läßt sich ein Hochpaßfilter vierter Ordnung durch rückwirkungsfreie Kettenschaltung zweier Filter nach Bild 14.6b realisieren (Bild 14.6d). Beispielsweise folgt für den speziellen Fall $C_1 = C_2 = C$ und $k = V_0 = 1$ aus (14.5e, f)

$$R_{11} = \frac{2}{a_1} \frac{1}{\omega_g C} \qquad R_{12} = \frac{2}{a_2} \frac{1}{\omega_g C}$$

$$R_{21} = \frac{a_1}{2b_1} \frac{1}{\omega_g C} \qquad R_{22} = \frac{a_2}{2b_2} \frac{1}{\omega_g C}.$$

Die Filterkoeffizienten a_1, b_1, a_2 und b_2 sind identisch mit den oben angegebenen Zahlenwerten des Tiefpaßfilters vierter Ordnung.

14.2.3. Selektive Filter und Bandpässe

14.2.3.1. Bandpaß

Ein Bandpaßfilter mit den beiden Grenzfrequenzen f_H und f_L (3-dB-Abfall) erhalten wir durch rückwirkungsfreie Kettenschaltung eines Tiefpaßfilters mit der oberen Grenzfrequenz f_H und eines Hochpaßfilters mit der unteren Grenzfrequenz f_L ($f_H > f_L$) (Bild 14.3c). Die resultierende Übertragungsfunktion ist das Produkt der beiden Einzelübertragungsfunktionen.

14.2.3.2. Selektive Filter

Ein selektives Filter ist ein Bandpaß, bei dem die obere und untere Grenzfrequenz zusammenfallen.

Kopplung von Hochpaß und Tiefpaß. Wenn wir ein Hochpaß- und ein Tiefpaßfilter 1. Ordnung mit gleicher Grenzfrequenz f_g rückwirkungsfrei in Kette schalten, ergibt sich die Übertragungsfunktion mit (14.1) und (14.5) zu

$$V = \frac{V_0 V_\infty}{(1 + a_1 P)\,(1 + (a_1/P))} = \frac{AP}{1 + \beta P + P^2}. \tag{14.6}$$

Wesentliche Kenngrößen selektiver Filter sind die Resonanzfrequenz f_{res} und die Güte Q. Die Verstärkung bei der Resonanzfrequenz erhalten wir für $p = j\omega$, $\Omega = 1$, d.h. $P = j$ aus (14.6) zu

$$V_{res} = \frac{A}{\beta}. \tag{14.7}$$

V_{res} ist erwartungsgemäß reell (Resonanz!).

Die Bandbreite läßt sich aus der Bedingung berechnen, daß $|V|$ an den Bandgrenzen auf $V_{res}/\sqrt{2}$ abgefallen ist. Wir erhalten mit $P = j\Omega$ und $\Omega = f/f_{res}$ aus (14.6)

$$|V| = \frac{V_{res}}{\sqrt{2}} \rightarrow \left| \frac{jA\Omega}{1 - \Omega^2 + j\beta\Omega} \right| = \frac{A}{\beta\sqrt{2}}. \tag{14.8}$$

(14.8) läßt sich nach Ω auflösen. Es ergeben sich zwei Lösungen

$$\Omega_{1,2} = \sqrt{\frac{2 + \beta^2}{2} \pm \frac{\beta}{2}\sqrt{4 + \beta^2}}. \tag{14.9}$$

Aus der Theorie der Schwingkreise folgt die Beziehung $Q = f_{res}/B$ und mit $\Omega = f/f_{res}$ $Q = 1/(\Omega_2 - \Omega_1)$. Setzen wir in diese Beziehung (14.9) ein, so erhalten wir nach einigen Umrechnungen (14.11)

$$Q = \frac{1}{\beta}. \tag{14.10}$$

Einsetzen von (14.7) und (14.10) in (14.6) liefert schließlich die übersichtliche Verstärkungsformel

$$V = \frac{(V_{res}/Q)\,P}{1 + (1/Q)\,P + P^2}, \tag{14.11}$$

aus der sofort die Güte Q und die Verstärkung bei Resonanz V_{res} abgelesen werden können. Diese Formel beschreibt u. a. auch das Verhalten eines *RLC*-Schwingkreises. Bei niedrigen Frequenzen ist es aber wesentlich zweckmäßiger, diese Übertragungsfunktion mit Hilfe aktiver *RC*-Schaltungen zu realisieren.

Ein (rückwirkungsfrei gekoppeltes) passives Filter 1. Ordnung hat die Güte $Q = \frac{1}{2}$. Falls die Kopplung nicht rückwirkungsfrei erfolgt, wird die Güte noch kleiner. Für $Q > \frac{1}{2}$ treten komplexe Pole in (14.11) auf. Solche Übertragungsfunktionen sind nur mit *RLC*-Schaltungen oder mit aktiven Filtern realisierbar. Mit aktiven selektiven Filtern erreicht man Güten $Q > 100$.

Aktive Filter. Wie bei aktiven Tief- und Hochpässen sind auch bei selektiven Filtern drei Schaltungsstrukturen üblich: *Einfach-* und *Mehrfachgegenkopplung* sowie *Einfachmitkopplung*. Besonders wichtig sind bei selektiven Filtern enge Toleranzen der RC-Elemente.

Wir betrachten nachfolgend als Beispiel ein aktives Filter mit Mehrfachgegenkopplung. Es ist besonders vorteilhaft, weil es wenige Bauelemente benötigt, nicht zum Schwingen neigt, und weil sich die Verstärkung V_{res}, die Güte Q und die Resonanzfrequenz f_{res} frei wählen lassen.

Die Schaltung im Bild 14.7 hat die Verstärkung

$$V = -\frac{[R_2 R_3/(R_1 + R_3)]\, C\omega_{res} P}{1 + 2\,(R_1 \parallel R_3)\, C\omega_{res} P + R_2\,(R_1 \parallel R_3)\, C^2 \omega_{res}^2 P^2}. \qquad (14.12)$$

Ein Vergleich mit (14.11) ergibt, daß der Koeffizient von P^2 gleich Eins sein muß. Daraus läßt sich die Resonanzfrequenz berechnen:

$$f_{res} = \frac{1}{2\pi C \sqrt{R_2\,(R_1 \parallel R_3)}}. \qquad (14.13)$$

Einsetzen in (14.12) und ein weiterer Vergleich mit (14.11) liefert

$$V_{res} = -\frac{R_2}{2R_1} \qquad (14.14)$$

$$Q = \pi R_2 C f_{res} \qquad (14.15)$$

$$B = \frac{f_{res}}{Q} = \frac{1}{\pi R_2 C}.$$

Aus diesen Beziehungen erkennen wir, daß sich die Größen V_{res}, Q und f_{res} unabhängig voneinander wählen lassen. Beispielsweise kann man die Resonanzfrequenz durch R_3 verändern, ohne die Bandbreite und V_{res} zu beeinflussen.

Die Leerlaufverstärkung des OV muß groß gegenüber $2Q^2$ sein, sonst ist die Schleifenverstärkung der Schaltung nicht mehr groß gegen Eins. Mit Hilfe von R_3 läßt sich das Filter exakt auf die gewünschte Resonanzfrequenz abgleichen, auch wenn „Normwerte" für R_1, R_2 und C eingesetzt werden.

Beispiel: Es soll ein selektives Filter mit den Daten $f_{res} = 800$ Hz, $B = 25$ Hz und $V_{res} = -100$ berechnet werden.

Lösung: Eine Größe läßt sich frei wählen, z.B. $C = 10$ nF. Die übrigen Werte folgen aus (14.13), (14.14) und (14.15) zu[1])

$$R_2 = 1{,}27\ \text{M}\Omega \quad \text{aus (14.15)}$$

$$R_1 = 6{,}35\ \text{k}\Omega \quad \text{aus (14.14)}$$

$$R_3 = 0{,}33\ \text{k}\Omega \quad \text{aus (14.13)}.$$

Die Leerlaufverstärkung des OV muß bei f_{res} noch groß gegenüber $2Q^2 \approx 2000$ sein.

Bandfilter. Bei sehr hohen Güten wird die Resonanzkurve sehr schmal. Für den praktischen Betrieb sind Filter mit einer in der Umgebung der Resonanzfrequenz abgeflachten Resonanzkurve zweckmäßiger. Zu diesem Zweck werden zwei gleiche selektive Filter mit geringfügig gegeneinander versetzten Resonanzfrequenzen rückwirkungsfrei hintereinandergeschaltet (staggered tuning). Eine weitgehend rechteckförmige Durchlaßkurve

[1]) Falls anstelle der aus (14.13) bis (14.15) folgenden Widerstandswerte Normwerte eingesetzt werden, sind in die Formeln stets die tatsächlich gewählten Werte einzusetzen.

tritt auf, wenn die obere Grenzfrequenz des Filters, das die niedrigere Resonanzfrequenz hat, mit der unteren Grenzfrequenz des höherfrequenten Filters zusammenfällt [14.5]. Die Gesamtverstärkung beträgt dann in der Mitte des Durchlaßbereiches $V_{res}^2/2$. Die Durchlaßbandbreite ist in grober Näherung etwa gleich der Bandbreite eines Einzelfilters. Sie läßt sich erheblich vergrößern, wenn man eine Einsattelung in der Mitte der Durchlaßkurve zuläßt. Mittels R_3 ist die gewünschte Kurvenform abgleichbar.

Trend. Zunehmend werden programmierbare Filter auf einem Chip hergestellt. Der Anwender kann Grenzfrequenzen (z. B. 5 ... 13 MHz), Pole und Nullstellen in weitem Bereich (z. B. 0,1 ... 4 MHz) extern einstellen. Zu erwarten sind zukünftig programmierbare und kundenspezifische Filter im Signalfrequenzbereich 0 ... 100 MHz [14.19].

14.3. Mechanische Filter

Wegen ihrer hohen Gütewerte (20000 ... 100000 gegenüber 200 ... 500 bei elektrischen Schwingkreisen), des niedrigen TK (10^{-6} ... 10^{-7}/K gegenüber 10^{-4} ... 10^{-5}/K bei elektrischen Schwingkreisen), der geringen Abmessungen und des günstigen Preises sind mechanische Filter weit verbreitet.

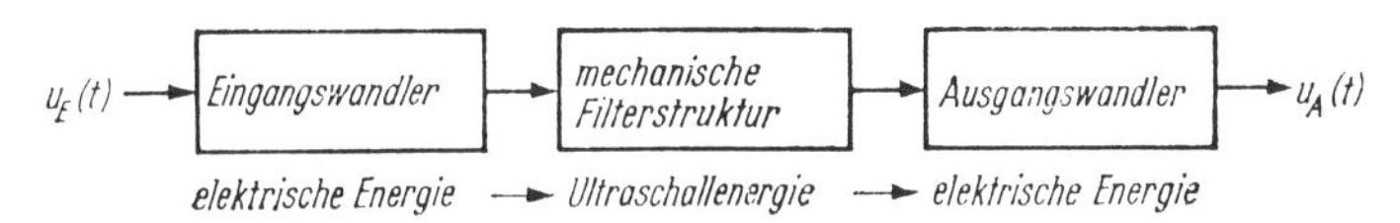

Bild 14.8. Prinzip des mechanischen Filters

Am Filterein- und -ausgang befindet sich ein elektromechanischer Energiewandler zur Wandlung von Strom-Spannungs-Schwankungen in Kraft-Schnelle-Änderungen und umgekehrt (Bild 14.8). Mechanische Filter enthalten frequenzselektive mechanische Einzelelemente, die mechanisch (höchstens teilweise elektrisch) miteinander verkoppelt bzw. verbunden sind [14.7].

Neben mechanischen Filtern gibt es auch mechanisch schwingende Einzelelemente (z.B. Schwingquarz, Keramikschwinger, Keramik-Metall-Verbundschwinger), die hier nicht betrachtet werden. Folgende drei Hauptgruppen von mechanischen Filtern lassen sich unterscheiden:

1. *Metallresonatorfilter*
   a) mit piezoelektrischem Wandler,
   b) mit magnetostriktivem Wandler (von Spule umgebener Ferrit wird zu Kompressionsschwingungen angeregt, $f \approx 100 \ldots 800$ kHz);

   Gütewerte: 20000 ... 50000; Anwendungen: ZF-Filter in der Funktechnik, Kanal-, Träger- und Signalfilter in der Trägerfrequenztechnik.

2. *Keramische Filter*

   Typisches Massenerzeugnis für die Konsumgüterelektronik (Rundfunk- und Fernsehton-ZF-Filter)

3. *Monolithische Filter*
   a) Volumenwellenfilter (monolithische Quarz- und Keramikfilter)
   b) akustische Oberflächenwellenfilter (AOW-Filter).

Die Gruppen 1 und 2 bilden Bauelemente mit einzelnen volumenschwingenden Resonatoren, die über verschiedenartige Koppelelemente miteinander verkoppelt werden. Bei Gruppe 3 wird die Herstellungstechnologie der Mikroelektronik (Fotolithografie) angewendet. Man nennt sie daher auch frequenzselektive Bauelemente der Mikroakustik.

Volumenwellenfilter. Elektrisch verhalten sich solche monolithischen Filter wie gekoppelte Schwingkreise. Ein piezoelektrisches Substrat enthält paarweise aufgedampfte metallische Elektroden, die über eine Koppelstrecke verkoppelte Resonanzgebiete bilden. Bild 14.9 zeigt die Prinzipanordnung und den Frequenzgang eines monolithischen Quarzfilters.

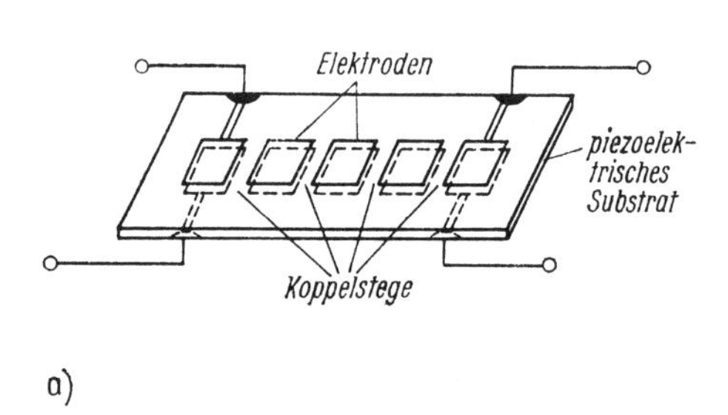

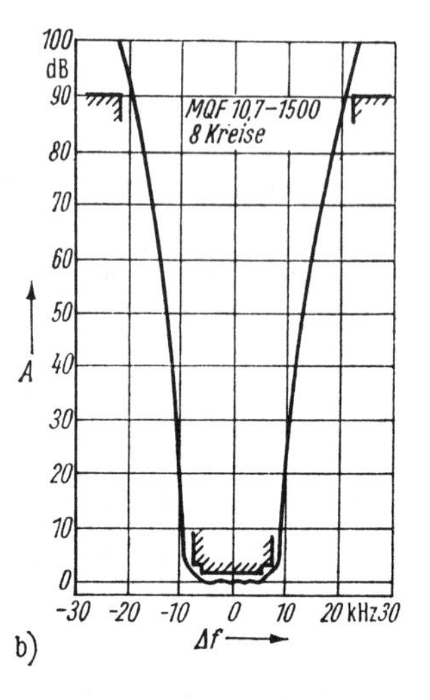

Bild 14.9
Monolithisches Filter
a) Prinzipanordnung
b) Frequenzeingang eines 8kreisigen Filters

Akustische Oberflächenwellenfilter. Oberflächenwellen treten nicht nur auf Flüssigkeiten, sondern auch auf elastischen Oberflächen von Festkörpern auf. Vergleichbar mit Schallwellen erfolgt eine Signalausbreitung durch Teilchenschwingungen im Ausbreitungsmedium. Die Ausbreitungsgeschwindigkeit beträgt einige km/s. Sie ist $\approx 10^5$fach geringer als die von elektromagnetischen Wellen. Die Folge sind kleinere Strukturabmessungen für frequenzselektive Anordnungen.

Für die Anregung einer Oberflächenwelle auf einem Festkörper wird der piezoelektrische Effekt ausgenutzt. Das elektrische Eingangssignal wird in einem auf dem piezoelektrischen Substrat (meist $LiNbO_3$) befindlichen Eingangswandler in eine Oberflächen-

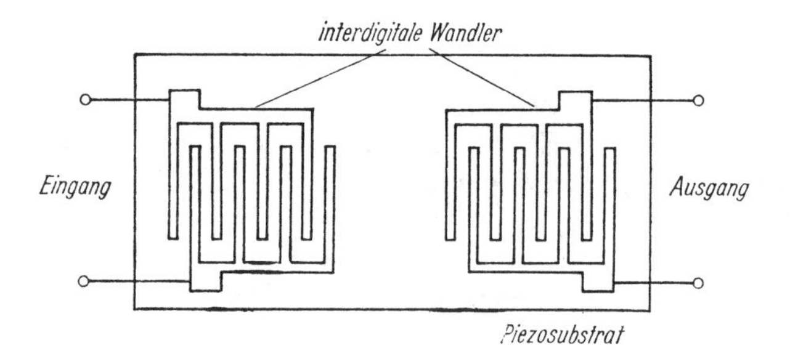

Bild 14.10
Grundaufbau eines Oberflächenwellenfilters

welle (Eindringtiefe $\approx 3\lambda$) umgewandelt. Ein definierter Anteil dieser Oberflächenwelle wird in einem auf dem gleichen Substrat befindlichen Ausgangswandler in ein elektrisches Ausgangssignal rückgewandelt. Eine Filterwirkung kommt dadurch zustande, daß sich an einem bestimmten Ort des Substrats die von mehreren „Sendern" ausgehenden Signalkomponenten infolge unterschiedlicher Laufzeiten zwischen Sender und Empfänger für bestimmte Frequenzen überlagern und für andere Frequenzen schwächen bzw. auslöschen.

Die Frequenzcharakteristik des Filters wird durch die geometrische Struktur bestimmt. Üblich ist die Interdigitalstruktur (Bild 14.10). Jeder Finger dieser Struktur kann als linienförmiger Sender für Oberflächenwellen aufgefaßt werden. Bei äquidistanten linienförmigen Fingern entsteht ein Filterspektrum mit periodischen Durchlaßbereichen. Die Interdigitalstruktur ermöglicht Oberflächenwellenfilter nach dem Transversalprinzip ähnlich zur CTD-Technik. Die spezielle Filtercharakteristik wird durch den Fingerabstand, die Fingeranzahl, die Fingerlänge und die gegenseitige Fingerüberlappung bestimmt. Die geometrischen Abmessungen von AOW-Filtern liegen in der Größenordnung von Millimetern (≈ 1 mm ... 1 μm im Frequenzbereich zwischen 3 MHz und 3 GHz). Sie werden mit der kostengünstigen Technologie der Mikroelektronik hergestellt und sind für den Großeinsatz geeignet (Unterhaltungselektronik, z. B. Bild-ZF-Filter, professionelle Nachrichtentechnik).

Industrielles Beispiel: Fernseh-ZF-AOW-Filter MSF 38,9 (Elektronische Bauelemente Teltow).

Weiteres industrielles Beispiel: Monolithisches Kristallfilter Modell 4051, 4polig, 21,4 MHz, Bandbreite: $\pm 7{,}5$ kHz bei 3 dB Dämpfung mit ± 25 kHz bei 35 dB Dämpfung, Sperrdämpfung > 70 dB, Welligkeit < 1 dB, Keramikgehäuse 11,3 mm $\times$ 11,3 mm $\times$ 1,5 mm (Piezo Technology, USA).

14.4. Ladungsverschiebeelemente (Charge-Transfer Devices)

Diese Elemente ermöglichen durch die Anwendung von Eimerkettenschaltungen oder ladungsgekoppelten Strukturen monolithisch integrierte Abtastanalogfilter, die recht gut mit den üblichen MOS-Technologien herstellbar sind. Auf der Basis des Prinzips der angezapften Verzögerungsleitung finden folgende drei Varianten Verwendung:

1. Eimerkettenschaltungen (Bucket-Brigade Devices = BBD)
2. Ladungsgekoppelte Strukturen (Charge-Coupled Devices = CCD)
3. Ladungsinjektionsstrukturen (Charge-Injection Devices = CID).

Solche Strukturen werden für Verzögerungsleitungen, Abtastanalogfilter und Bildsensoren eingesetzt.

Nachfolgend betrachten wir das Grundprinzip eines in MOS-Technologie realisierbaren CCD-Transversalfilters.

Grundelemente jeder CCD-Struktur sind MOS-Kondensatoren. Die Information wird bei den hier betrachteten analogen CCD-Abtastfiltern in Form von amplitudenanalogen Ladungspaketen auf diesen MOS-Kondensatoren (unter den MOS-Elektroden) gespeichert (Bild 14.11). Durch das Anlegen gegeneinander zeitlich verschobener Taktimpulse wird die Ladung entlang der Kette von Kondensator zu Kondensator weiter transportiert. Die Verarmungsgebiete müssen sich hierbei stückweise überlappen. Daher sind Abstände von wenigen μm erforderlich.

Die technologische Realisierung erläutert Bild 14.12. Die betrachtete Zweiphasenstruktur verwendet Zweilagen-Polysilizium-Elektroden und eine ionenimplantierte Sperrschicht, die zur Folge hat, daß der Ladungstransfer in einer bestimmten Richtung erfolgt.

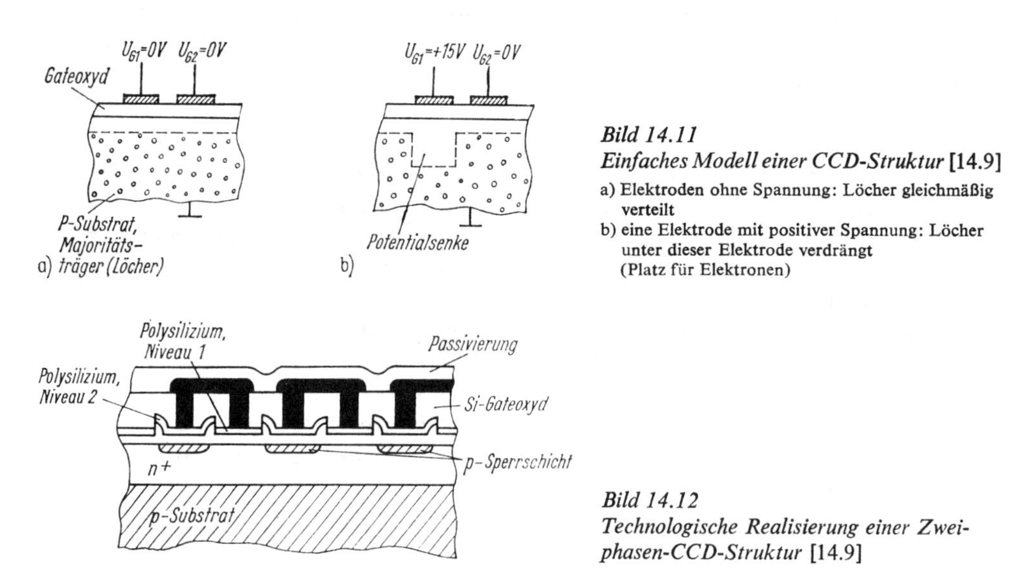

Bild 14.11
Einfaches Modell einer CCD-Struktur [14.9]
a) Elektroden ohne Spannung: Löcher gleichmäßig verteilt
b) eine Elektrode mit positiver Spannung: Löcher unter dieser Elektrode verdrängt (Platz für Elektronen)

Bild 14.12
Technologische Realisierung einer Zweiphasen-CCD-Struktur [14.9]

Dadurch wird die Ansteuerung vereinfacht. Durch Zusammenschalten von je zwei Elektroden (abwechselnd über einer Sperrschicht und direkt über der n^+-Schicht) wird erreicht, daß die Ladung nur in einer Richtung fließt.

Es gibt auch 3- und 4-Phasenstrukturen.

14.5. SC-Filter

Diese Filter bestehen aus Elementen, die sich besonders gut für die monolithische MOS-Herstellungstechnologie eignen: aus Schaltern, Kondensatoren und Verstärkern. Sie lassen sich leicht mit anderen integrierten Funktionselementen (Logikschaltungen, Komparatoren, Gleichrichtern usw.) kombinieren. Ein weiterer Vorteil ist ihr niedriger Leistungsverbrauch von 0,1 ... 1 mW je Filterpol.

Die Übertragungsfunktion von SC-Filtern hängt nur von Kapazitätsverhältnissen und von der Taktfrequenz ab, nicht jedoch von den Absolutwerten der Kondensatoren. Temperatur- und Alterungseinflüsse wirken sich auf alle Kapazitäten im Chip nahezu gleich aus. Typische Eigenschaften der Bauelemente von SC-Filtern sind: $C = 1$ bis 100 pF; $\Delta C/C < 0{,}1 \ldots 0{,}05$ % bezogen auf Kapazitätsverhältnisse; $TK \approx 25$ ppm/K; Spannungskoeffizient ≈ -20 ppm/V; Schalter: Durchlaßwiderstand < 2 kΩ, Chipfläche $\approx 10^{-4}$ mm^2. Zum Vergleich monolithische Widerstände: $\Delta R/R \approx 2$ %, $TK \approx 1500$ ppm/K, Spannungskoeffizient ≈ -200 ppm/V.

SC-Filter lassen sich aufwandsarm mit speziell für diese Anwendung entwickelten Schaltkreisen realisieren. Beispiel: Der Schaltkreis R 5621 (5622) enthält zwei (vier) Filter zweiter Ordnung mit Tief-/Hoch-/Bandpaßeingang. Zur Realisierung des gewünschten Filterverhaltens sind lediglich externe Widerstände erforderlich [14.11].

Prinzip. Das Grundelement von SC-Filtern stellt die geschaltete Kapazität dar. Sie läßt sich unter bestimmten Betriebsbedingungen als Widerstand R betrachten, wie folgende Überlegung zeigt (Bild 14.13). Der Schalter S schaltet während jeder Taktperiodendauer T die Kapazität C einmal an den Eingang und einmal an den Ausgang. Dabei entstehen auf dem Kondensator jeweils Ladungsänderungen $\Delta Q = C\,(u_E - u_A)$, die einen mittleren Strom

$$\bar{i} = \frac{\Delta Q}{T} = \frac{C\,(u_E - u_A)}{T}$$

vom Eingang zum Ausgang zur Folge haben.

Solange die Abtastrate (Taktfrequenz) $1/T$ viel größer ist als die maximale Signalfrequenz der Eingangsspannung $u_E(t)$, wirkt der geschaltete Kondensator im Bild 14.13a wie ein Widerstand (Bild 14.13b):

$$R = \frac{T}{C}.$$

In MOS-Technik wird der Schalter mit Hilfe zweier MOSFET realisiert, die von zwei zeitlich verschobenen sich nicht überlappenden Taktimpulsfolgen angesteuert werden (Bild 14.13c und d).

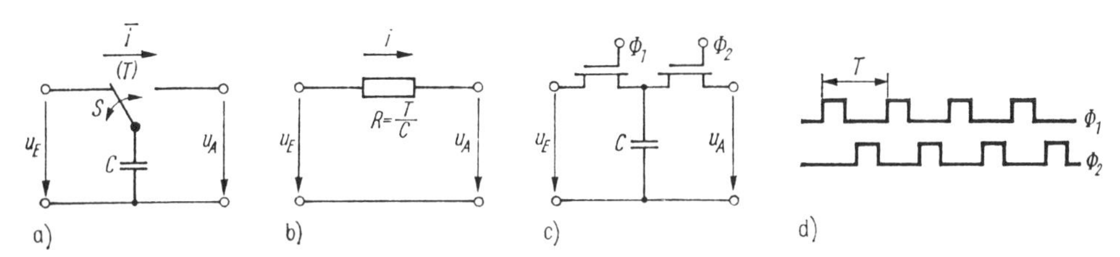

Bild 14.13. Grundelement von SC-Filtern

a) Schaltung, die bei genügend hoher Abtastrate (Signalfrequenzen $\ll 1/T$) äquivalent zu Schaltung b ist; c) Realisierung der Schaltung a mit MOSFET; d) Zeitverlauf der Ansteuerspannungen der beiden MOSFETs von Bild c; bei $\Phi_{1,2}$ = H ist der jeweilige MOSFET eingeschaltet

Beispiel: Filter erster Ordnung. Unter Verwendung des SC-Elements von Bild 14.13a läßt sich ein Tiefpaßfilter erster Ordnung realisieren, indem beim bekannten Tiefpaß-RC-Filter erster Ordnung der Widerstand durch eine geschaltete Kapazität ersetzt wird (Bild 14.14). Die Zeitkonstante dieses Tiefpaß-SC-Filters beträgt unter Voraussetzung genügend hoher Abtastrate mit $R_1 = T/C_1$

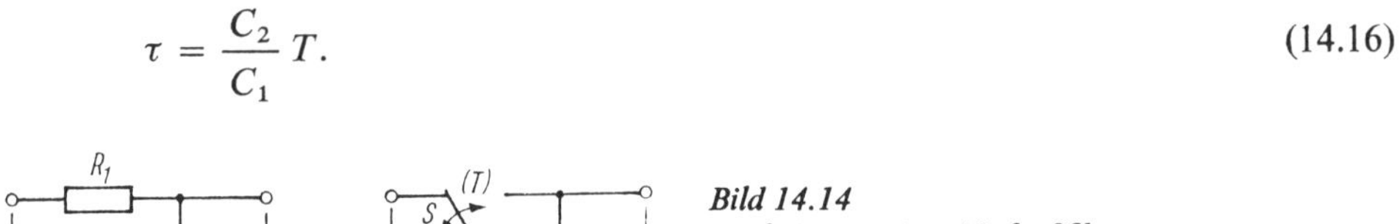

$$\tau = \frac{C_2}{C_1}\,T. \tag{14.16}$$

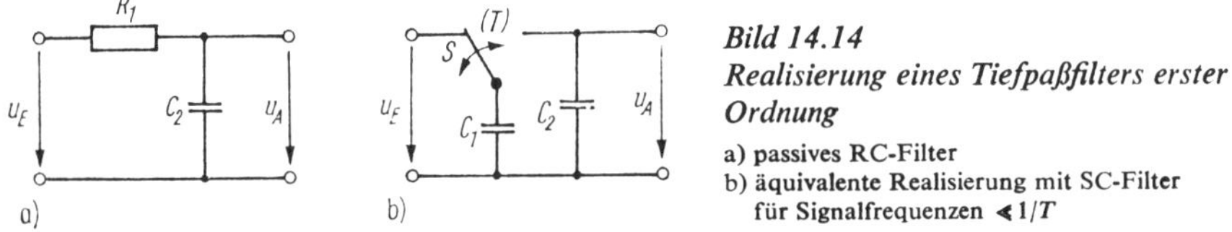

Bild 14.14
Realisierung eines Tiefpaßfilters erster Ordnung

a) passives RC-Filter
b) äquivalente Realisierung mit SC-Filter für Signalfrequenzen $\ll 1/T$

Aus (14.16) folgen zwei allgemeingültige Eigenschaften von SC-Filtern:

1. Zeitkonstanten sind proportional zu Kapazitäts*verhältnissen*
2. Zeitkonstanten sind umgekehrt proportional zur Taktfrequenz.

In praktischen Filteranordnungen werden die SC-Elemente mit Verstärkern kombiniert. Dadurch sind günstigere Eigenschaften erzielbar. Ein häufig verwendetes Grundelement ist der Integrator, der nachfolgend etwas genauer betrachtet wird.

SC-Integratoren. Im Bild 14.15 wird der bekannte Analogintegrator (Abschn. 13.4.1.) mit dem SC-Integrator verglichen, der aus Bild 14.15a dadurch entsteht, daß R_1 durch eine geschaltete Kapazität $C_1 = T/R_1$ ersetzt wird. Die Eigenschaften der beiden Integratorrealisierungen sind nahezu gleich, solange die Eingangssignalfrequenzen wesentlich niedriger als $1/T$ bleiben.

Die komplexe Übertragungsfunktion des Analogintegrators von Bild 14.15a beträgt $H(p) = U_A(p)/U_E(p) = -1/pR_1C_2$ und der Frequenzgang $H(\omega) = -1/j\omega R_1C_2$.

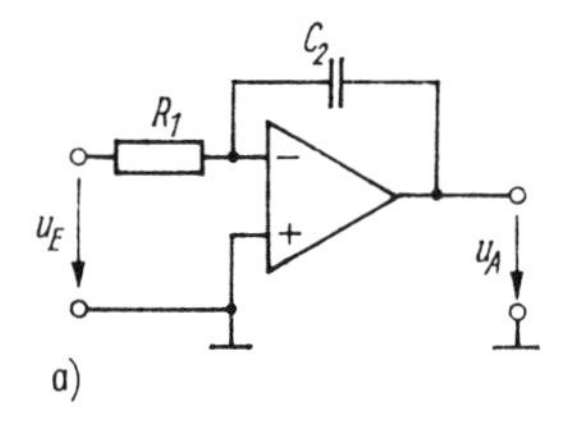

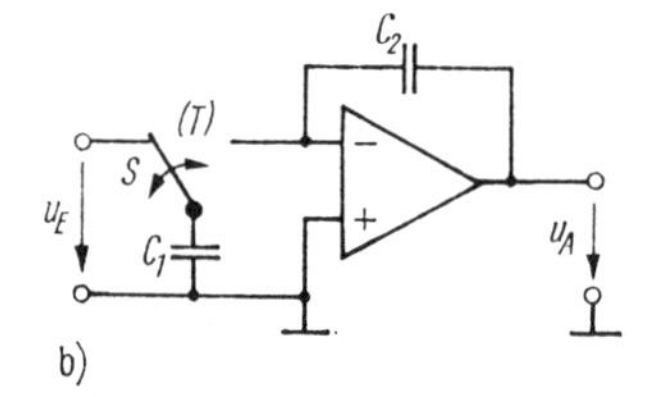

Bild 14.15
Integrator
a) „klassische" Realisierung mit RC-Glied
b) äquivalente Realisierung als SC-Filter (SC-Integrator)

Solange C_1 im Bild 14.15b an den Eingang geschaltet ist, befindet sich auf C_1 zu einem angenommenen Zeitpunkt nT die Ladung $C_1 u_E(nT)$. Nach dem Umschalten des Schalters wird diese Ladung von der Ladung des Integrationskondensators C_2 subtrahiert. Es gilt daher folgender Zusammenhang zwischen den Ladungen zu zwei aufeinanderfolgenden Taktperiodendauern:

$$C_2 u_A(nT + T) = C_2 u_A(nT) - C_1 u_E(nT).$$

Aus dieser Differenzengleichung läßt sich unter Verwendung der z-Transformation die Übertragungsfunktion

$$G(z) = \frac{U_A(z)}{U_E(z)} = -\frac{C_1}{C_2}\,\frac{1}{z-1} \qquad (14.17)$$

des SC-Integrators ableiten. $G(z)$ ist die Übertragungsfunktion eines *diskreten* Systems. Sie entspricht der Übertragungsfunktion $H(p)$ bei *kontinuierlichen* Systemen.

Der zur Übertragungsfunktion $G(z)$ gehörige Frequenzgang $G(\omega)$ läßt sich aus $G(z)$ durch die Substitution

$$z = e^{j\omega T}$$

ermitteln. Aus (14.17) folgt mit dieser Substitution der Frequenzgang

$$G(\omega) = -\frac{C_1}{C_2}\,\frac{1}{e^{j\omega T} - 1}. \qquad (14.18)$$

In der Praxis interessieren nur Eingangssignalfrequenzen des SC-Integrators $\omega \ll 1/T$. Daher gilt $e^{j\omega T} \approx 1 + j\,\omega T$, und aus (14.18) folgt

$$G(\omega) \approx -\frac{C_1}{C_2}\,\frac{1}{j\omega T}.$$

Der Vergleich mit dem Frequenzgang des analogen Integrators bei niedrigen Frequenzen $\omega \ll 1/T$ zeigt, daß beide Schaltungen äquivalent sind, solange $R_1 = T/C_1$ gewählt wird.

Transformation $H(p) \rightarrow G(z)$. Eine hier nicht weiter ausgeführte nähere Betrachtung zeigt, daß die diskrete Übertragungsfunktion $G(z)$ aus der analogen (stetigen) Übertragungsfunktion $H(p)$ abgeleitet werden kann, indem p durch $(z - 1)/T$ ersetzt wird. Ersetzt man in einem beliebigen aktiven RC-Filter mit der Übertragungsfunktion $H_{tot}(p)$ jeden analogen Integrator durch den SC-Integrator von Bild 14.15b, so erhält man die diskrete Übertragungsfunktion $G_{tot}(z)$ dieses Systems dadurch, daß in $H_{tot}(p)$ jeder Operator p durch den Ausdruck $(z - 1)/T$ ersetzt wird [14.12].

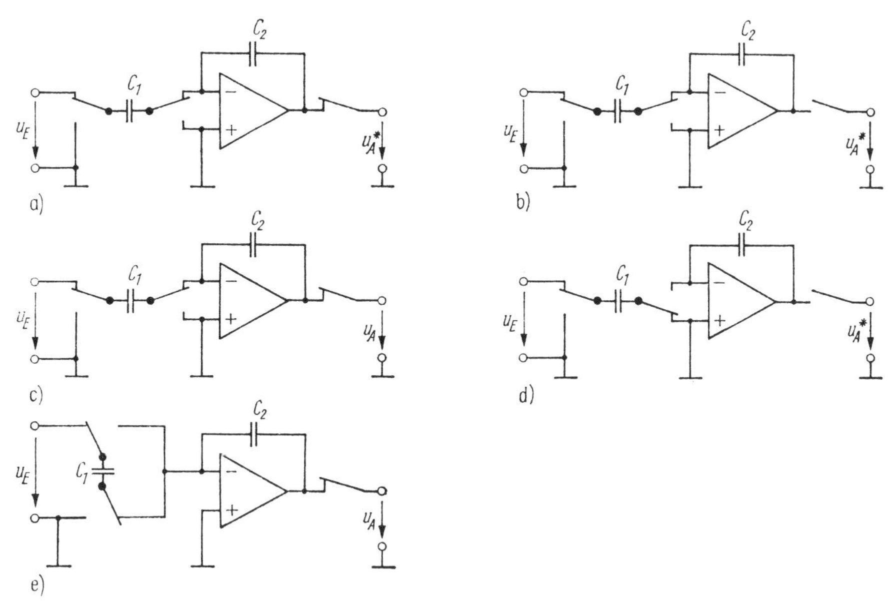

Bild 14.16. Verschiedene SC-Integratortypen und die zugehörige Übertragungsfunktion [14.12]

Alle gezeichneten Schalterstellungen beziehen sich auf Taktphase 1; Signale, die während Taktphase 2 auftreten, sind mit (*) gekennzeichnet (a und d). Schaltung e stellt die bilineare Transformation eines analogen Integrators dar.
Übertragungsfunktionen:
a) $G(z) = (-C_1/C_2)(1 - z^{-1})^{-1}$; b) $G^*(z) = (-C_1/C_2)z^{-1/2}(1 - z^{-1})^{-1}$; c) $G(z) = (C_1/C_2)z^{-1}(1 - z^{-1})^{-1}$;
d) $G^*(z) = C_1/C_2 z^{-1/2}(1 - z^{-1})^{-1}$; e) $G(z) = (-C_1/C_2)(1 + z^{-1})(1 - z^{-1})^{-1}$

Varianten von SC-Integratoren. Es gibt zahlreiche Varianten. Bild 14.16 zeigt eine Auswahl solcher Varianten, die durch parasitäre Kapazitäten relativ wenig beeinflußt werden. Die eingezeichneten Schalterstellungen beziehen sich auf die Taktphase 1 ($\Phi_1 = H$). Beim Zusammenschalten dieser Integratoren muß beachtet werden, daß bei einigen Typen das Eingangs- und Ausgangssignal zur gleichen Taktphase auftritt, bei anderen Typen treten die Signale dagegen in der Taktphase 2 ($\Phi_2 = H$) auf (im Bild 14.16 durch einen Stern gekennzeichnet). Im Bild 14.16b und d sind Eingangs- und Ausgangsschalter in Gegenphase.

In der Praxis enthalten die SC-Integratoren keine Ausgangsschalter. Diese werden durch die Eingangsschalter des darauffolgenden SC-Integrators gebildet. Es ist darauf zu achten, daß diese Schalter in der richtigen Taktphase arbeiten. Die hier gezeigten Integratorschaltungen lassen sich auch erweitern, z.B. zu einem Summationsintegrator mit zwei Eingangssignalen.

SC-Inverter. Bild 14.17 erläutert, wie ein invertierender Verstärker durch zwei unterschiedliche SC-Varianten ersetzt werden kann.

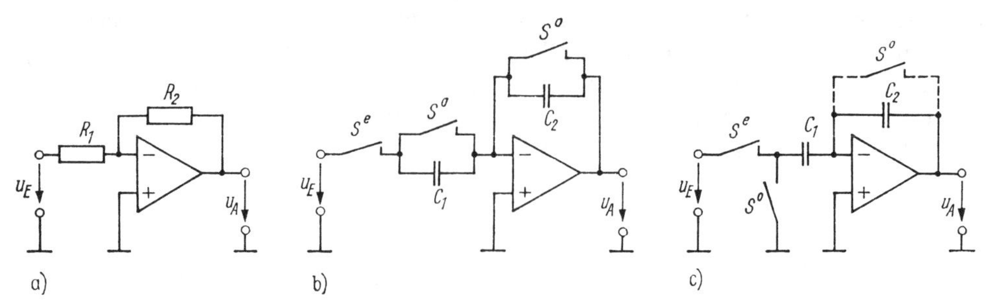

Bild 14.17. SC-Inverter

a) integrierender Verstärker mit Widerstandsbeschaltung; $u_A/u_E = -R_2/R_1$; b) SC-Realisierung des Inverters (Variante 1); die Schalter S^0 und S^e schließen abwechselnd (in Gegenphase); $u_A/u_E = (-\tau/C_2)/(\tau/C_1) = -C_1/C_2$; c) SC-Realisierung des Inverters (Variante 2); die Schalter S^0 und S^e schließen abwechselnd (in Gegenphase); $u_A/u_E = -C_1/C_2$ (ohne und auch mit dem Schalter S^0)

Entwurf von SC-Filtern. Der Filterentwurf besteht im wesentlichen aus folgenden zwei Schritten:

1. Berechnen einer Übertragungsfunktion, die die geforderte Spezifikation erfüllt
2. Auswahl und Dimensionierung einer geeigneten Filterstruktur, die die Übertragungsfunktion realisiert. Hierbei müssen solche Strukturen ausgewählt werden, die eine geringe Empfindlichkeit gegenüber Bauelementetoleranzen aufweisen (Vermeiden von Abgleichprozessen). Dabei wird häufig die Signalflußgraphendarstellung verwendet.
   Bei der Auswahl einer geeigneten Filterstruktur wird zweckmäßigerweise von einem RC-, LC- oder digitalen Filter ausgegangen und diese Struktur in eine SC-Realisierung umgesetzt.

Meist ist es günstig, die Taktfrequenz wesentlich höher als den Signalfrequenzbereich des Filters zu wählen (typ. 28 ... 200 : 1).

Anwendungshinweise. Bedingt durch das ständige Umschalten der Kondensatoren erzeugen SC-Filter zusätzliches Rauschen (Signal-Rausch-Abstand typ. 70 ... 80 dB) und eine zusätzliche Offsetspannung im Bereich von 10 ... 100 mV. Diese Störgrößen überlagern sich dem Nutzsignal.

Aus der Forderung nach der Einhaltung des Abtasttheorems (Vermeiden des „Aliasing“-Effektes s. S. 529) folgt, daß das einem SC-Filter zugeführte Eingangssignal keine Frequenzanteile oberhalb der halben Abtastfrequenz ($1/2T$) enthalten darf. In der Regel ist daher ein einfaches „Vorfilter“ zweckmäßig. Entsprechendes gilt häufig auch für den Ausgang (Anschalten eines einfachen „Nachfilters“), da infolge des nichtidealen Schaltverhaltens am SC-Filterausgang durchaus höhere Frequenzen als die halbe Abtastrate auftreten können.

Industrielles Beispiel: SC-Filteranordnungen sind als monolithische IS auf dem Markt. Durch Serienschaltung mehrerer solcher IS können Filter höherer Ordnung realisiert werden.

Die Realisierung eines leistungsfähigen Tiefpasses unter Verwendung von drei SC-Filterschaltkreisen *MF 6-100* (NS) zeigt Bild 14.18. Jeder Filterschaltkreis enthält ein SC-Butterworth-Tiefpaßfilter 6. Ordnung. Das erste Filter (IC 2) versorgt alle drei Schaltkreise mit einem gemeinsamen Taktsignal. Der einstellbare Grenzfrequenzbereich des Filters reicht von $f_0 = 0{,}1$ Hz bis 10 kHz. Die Taktfrequenz (einstellbar mit R_2)

beträgt $f_T = 100 f_0$. Zur Vermeidung von Aliasing-Fehlern (Bandbegrenzung ab der halben Taktfrequenz) ist im Bild 14.18 ein 3poliges aktives Tschebyscheff-Tiefpaßfilter mit einer Grenzfrequenz von etwa 10 kHz und < 1 dB Welligkeit im Durchlaßbereich vorgeschaltet (Anti-aliasing-Filter). Durch Variation aller Kapazitäten oder Widerstände im gleichen Verhältnis läßt sich seine Grenzfrequenz verändern. Das einfache Tiefpaßfilter am Ausgang der Schaltung unterdrückt die dem Nutzsignal überlagerte Taktrestspannung. Bei sehr guter Abschirmung zwischen Eingang und Ausgang sowie zwischen den einzelnen Stufen (Vermeiden unerwünschter Kopplungen in der Schaltung) ist eine maximale Dämpfung von 35 dB/Stufe erreichbar [14.18].

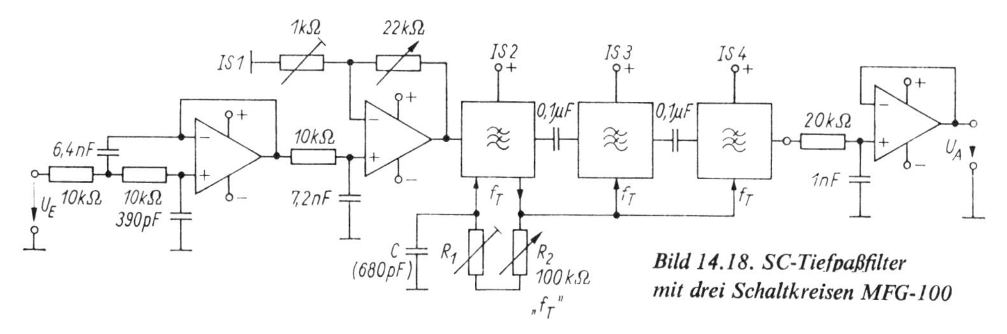

Bild 14.18. SC-Tiefpaßfilter mit drei Schaltkreisen MFG-100

Das SC-Filter *LMF 120* (NS) enthält 6 Blöcke zweiter Ordnung. Es läßt sich durch unterschiedliche Maskenprogrammierung konfigurieren (erstes Halbkundenfilter). Externe Bauelemente sind nicht erforderlich. Frequenzbereich 0,1 ... 20 kHz, Filtergüte $Q = 0{,}1 \ldots 100$.

Einige SC-Filter der Firma MAXIM: *MAX 260/261/262:* geschaltete SC-Filter mit Mikroprozessorschnittstelle. Sie enthalten zwei Filterbausteine 2. Ordnung, die als Tief-/Band-/Hoch-/Allpaß oder als Bandsperre konfigurierbar sind und deren Filtereigenschaften (Eck-/Mittenfrequenz; Filtergüte; Betriebsart) über digitale Koeffizienten einstellbar sind. Sie enthalten die Steuerlogik und die Speicher zur Speicherung und Verarbeitung der programmierbaren Filterparameter. Je Filterhälfte sind 15 bit verfügbar (6 bit für Oszillatorfrequenz, 7 bit für Güte, 2 bit für die Konfiguration des Filters). Das Filter arbeitet bis zu Signalfrequenzen von 30 (75) kHz (Taktfrequenz $\leqq$ 4 MHz); die Dynamik beträgt 90 dB; u. a. 24poliges DIP-Gehäuse.

Weiterhin gibt es anschlußprogrammierbare geschaltete Kapazitätsfilter und das Tiefpaßfilter 5. Ordnung ohne Offsetspannung *MAX 280/LTC 1062*; Taktfrequenz = 100 × Grenzfrequenz, Grenzfrequenz 0 ... 20 kHz.

Digital konfigurierbares SC-Universalfilter *CS 7008* (Crystal): Hergestellt in 3-µm-Standard-Digital-CMOS-Technologie; Filter bis zur 8. Ordnung für Frequenzen < 50 kHz; mittels eines Entwicklungssystems läßt sich das Filter programmieren (IBM-PC).

Trend. SC-Filter werden in naher Zukunft für den Signalfrequenzbereich um 100 kHz einsetzbar sein.

14.6. Digitale Filter

Die gravierende Kostenreduktion bei der Herstellung digitaler integrierter Schaltkreise hat dazu geführt, daß in den letzten Jahren Signalverarbeitungsfunktionen, die bisher ausschließlich mit der Analogtechnik realisiert wurden – darunter auch die Realisierung von Filtern – in zunehmendem Maße mit digitalen Signalprozessoren und Mikrorechnern

digital realisiert werden. Markante Vorteile der digitalen Lösungen sind hierbei u.a. die Realisierbarkeit in VLSI-Technik, ihre Programmierbarkeit, nahezu beliebige Präzision (nur von der Wortbreite und von der eingangs- bzw. ausgangsseitigen Auflösung abhängig) und die Unabhängigkeit gegenüber Temperatur-, Alterungs- und Betriebsspannungseinflüssen (kein „Weglaufen" der kritischen Bauelementewerte und -parameter).

Prinzip. Das Eingangssignal eines digitalen Filters ist eine Zahlenfolge. Analogsignale müssen daher zunächst einem AD-Umsetzer zugeführt und digitalisiert werden. Falls zur Weiterverarbeitung am Filterausgang ein analoges Signal benötigt wird, ist zusätzlich ein DA-Umsetzer erforderlich.

Die Filterwirkung wird im Digitalfilter mittels eines Rechenprozesses realisiert. Im Unterschied zu den Analogfiltern haben die digitalen Filter im Frequenzbereich $0 \leqq f \leqq \infty$ eine *periodische* Übertragungsfunktion (bezüglich der Herleitung des entsprechenden Verhaltens sei auf die spezielle Literatur verwiesen [14.16]). Der ausnutzbare Frequenzbereich ist jedoch wegen des Abtasttheorems auf Werte $0 \leqq f \leqq 1/2T$ begrenzt (T Abtastperiodendauer).

Transformation einer kontinuierlichen in eine diskrete Übertragungsfunktion. Genauso wie bei einem kontinuierlichen System der Zusammenhang zwischen dem Ausgangs- und Eingangssignal durch die Übertragungsfunktion $H(p) = Y(p)/X(p)$ (Laplace-Transformation) beschrieben wird, läßt sich ein diskretes System mittels der diskreten Übertragungsfunktion $G(z)$ (z-Transformation) beschreiben. Es gilt

$$G(z) = \frac{Y(z)}{X(z)}$$

$X(z)$ z-Transformierte der Eingangsfolge (Eingangssignal zum Abtastzeitpunkt nT)
$Y(z)$ z-Transformierte der Ausgangsfolge (Ausgangssignal zum Abtastzeitpunkt nT).

Der zur diskreten Übertragungsfunktion $G(z)$ gehörige Frequenzgang $G(\omega)$ ergibt sich aus $G(z)$ durch die Substitution

$$z = e^{j\omega T}.$$

Die diskrete Übertragungsfunktion $G(z)$ entsteht aus der kontinuierlichen Übertragungsfunktion $H(p)$ durch die Substitution

$$p = \frac{z-1}{T} \quad \text{bzw.} \quad z = e^{pT}$$ T Abtastperiodendauer.

Multiplikation mit z^{-1}. Der Faktor z^{-1} in einer diskreten Übertragungsfunktion $G(z)$ bedeutet eine Zeitverschiebung um eine Abtastperiodendauer. Dieser Zusammenhang läßt sich bei der Transformation gut verwenden. Beispiel: Die diskrete Übertragungsfunktion eines einfachen Filters erster Ordnung lautet $G(z) = Y(z)/X(z) = aT/[1 - \exp \times (-aT)\, z^{-1}]$.

Umstellen ergibt $Y(z) = aTX(z) + \exp(-aT)\, Y(z)\, z^{-1}$.

Hieraus erhält man die inverse Funktion (Rücktransformation in den Zeitbereich) zu $y(nT) = aTx(nT) + \exp(-aT)\, y([n-1]\, T)$.

Bilineare Transformation. Durch Anwendung dieser Transformation gelingt es, eine analoge (kontinuierliche) Filterübertragungsfunktion mit guter Näherung in eine diskrete Filterfunktion (Übertragungsfunktion eines digitalen Filters) zu transformieren. Die Anwendung dieser Transformation hat den großen Vorteil, daß die im Abschnitt 14.2. dargelegte Theorie der aktiven RC-Filter auf den Entwurf digitaler Filter übertragen werden kann. Zweckmäßigerweise wird dabei wie im Abschnitt 14.2.1. die normierte komplexe Frequenzvariable

$$P = j\Omega = j\,\frac{f}{f_0}$$ f_0 Grenzfrequenz bzw. Resonanzfrequenz des Filters

eingeführt.

Transformation $H(p) \to G(z)$. Nach [3] läßt sich durch Anwenden der bilinearen Transformation eine analoge Filterübertragungsfunktion $H(p)$ auf folgende Weise näherungsweise in eine digitale (diskrete) Filterübertragungsfunktion $G(z)$ transformieren:

1. In $H(p)$ wird die normierte Frequenzvariable P eingeführt
2. Man ersetzt in $H(p)$ die normierte Frequenzvariable P durch

$$l \frac{z-1}{z+1}$$

$l = \cot(\pi/\Omega_a)$, $\Omega_a = f/f_0$, $f = 1/T$ Abtastfrequenz

und erhält damit $G(z)$.

3. $G(z)$ läßt sich mit einem digitalen Filter realisieren.

Hinweis: In der Theorie der digitalen Filter werden drei Transformationstechniken angewendet: a) die Standard-z-Transformation, b) die bilineare Transformation und c) die angepaßte z-Transformation [14.17]. Wir beschränken uns hier auf die o.g. bilineare Transformation.

Realisierung. Die Realisierung von digitalen Filtern erfolgt wie die der Analogfilter am einfachsten dadurch, daß Blöcke erster und zweiter Ordnung kaskadiert werden. Der Filterentwurf besteht dann lediglich aus dem Entwurf von Filterstufen erster und zweiter Ordnung. Die gewünschte Übertragungsfunktion wird in das Produkt mehrerer Teilübertragungsfunktionen zweiter und erster Ordnung zerlegt.

Für Filterstufen erster und zweiter Ordnung gilt folgende Umrechnung [3]:

Aus der analogen Übertragungsfunktion

$$H(P) = \frac{d_0 + d_1 P + d_2 P^2}{c_0 + c_1 P + c_2 P^2}$$

ergibt sich durch Anwenden der bilinearen Transformation die digitale (diskrete) Übertragungsfunktion

$$G(z) = \frac{D_0 + D_1 z + D_2 z^2}{C_0 + C_1 z + C_2 z^2}.$$

Für *Filter erster Ordnung* ($d_2 = c_2 = 0$) liefert die Koeffizientenumrechnung

$$D_0 = \frac{d_0 - d_1 l}{c_0 + c_1 l} \qquad C_0 = \frac{c_0 - c_1 l}{c_0 + c_1 l}$$

$$D_1 = \frac{d_0 + d_1 l}{c_0 + c_1 l} \qquad C_1 = 1$$

$$D_2 = 0 \qquad C_2 = 0.$$

Für *Filter zweiter Ordnung* ($c_2 \neq 0$) liefert die Koeffizientenumrechnung:

$$D_0 = \frac{d_0 - d_1 l + d_2 l^2}{c_0 + c_1 l + c_2 l^2} \qquad C_0 = \frac{c_0 - c_1 l + c_2 l^2}{c_0 + c_1 l + c_2 l^2}$$

$$D_1 = \frac{2\,(d_0 - d_2 l^2)}{c_0 + c_1 l + c_2 l^2} \qquad C_1 = \frac{2\,(c_0 - c_2 l^2)}{c_0 + c_1 l + c_2 l^2}$$

$$D_2 = \frac{d_0 + d_1 l + d_2 l^2}{c_0 + c_1 l + c_2 l^2} \qquad C_2 = 1.$$

Struktur von Digitalfiltern erster Ordnung. Zur Realisierung genügt ein einziges Verzögerungsglied. Für die Schaltung im Bild 14.19 gilt der Zusammenhang

$$Y(z) = D_1 X(z) + z^{-1} [D_0 X(z) - C_0 Y(z)].$$

Hieraus folgt die digitale Übertragungsfunktion der Schaltung zu

$$G(z) = \frac{D_0 + D_1 z}{C_0 + z}.$$

Spezialfälle:

Tiefpaß $G(z) = D_0 \dfrac{1 + z}{C_0 + z}$

Hochpaß $G(z) = D_0 \dfrac{1 - z}{C_0 + z}.$

Struktur von Digitalfiltern zweiter Ordnung. Zur Realisierung sind zwei Verzögerungsglieder erforderlich. Für die Schaltung im Bild 14.20 gilt der Zusammenhang

$$Y(z) = D_2 X + z^{-1} [D_1 X - C_1 Y + z^{-1} (D_0 X - C_0 Y)].$$

Hieraus folgt die digitale Übertragungsfunktion der Schaltung zu

$$G(z) = \frac{D_0 + D_1 z + D_2 z^2}{C_0 + C_1 z + z^2}.$$

Die Schaltung eignet sich also zur Realisierung jeder beliebigen Übertragungsfunktion zweiter Ordnung.

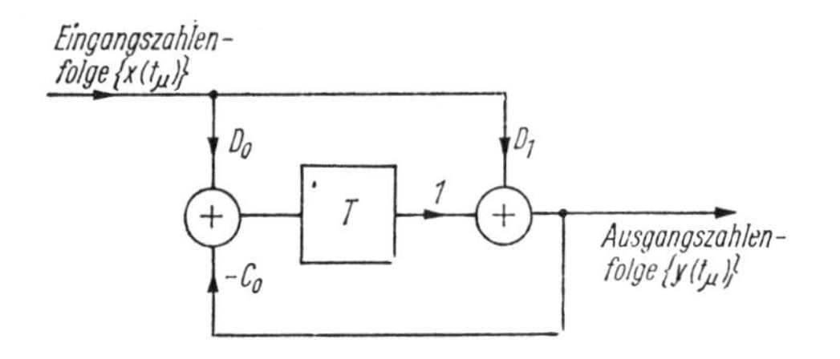

Bild 14.19
Digitales Filter erster Ordnung

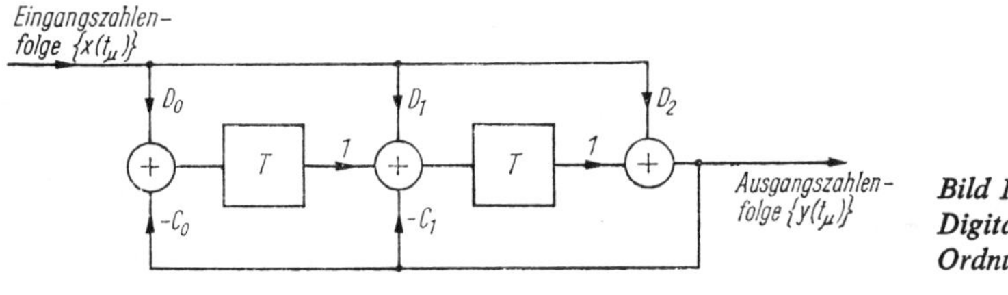

Bild 14.20
Digitales Filter zweiter Ordnung

Spezialfälle:

Tiefpaß $G(z) = D_0 \dfrac{1 + 2z + z^2}{C_0 + C_1 z + z^2}$

$$\text{Hochpaß} \quad G(z) = D_0 \frac{1 - 2z + z^2}{C_0 + C_1 z + z^2}$$

$$\text{Bandpaß} \quad G(z) = D_0 \frac{1 - z^2}{C_0 + C_1 z + z^2}.$$

Praktischer Ablauf der Dimensionierung. Tafel 14.3 erläutert die Vorgehensweise beim Entwurf digitaler Filter mittels der hier betrachteten bilinearen Transformation.

Bei der praktischen Filterdimensionierung kann es vorteilhaft sein, den Normierungsfaktor l geringfügig so zu variieren (das bedeutet eine geringfügig veränderte Filtergrenzfrequenz), daß sich ein oder mehrere Filterkoeffizienten als Dualzahl mit möglichst geringer Stellenanzahl ergeben. Dadurch wird die Multiplikation sehr vereinfacht, da die Multiplikation mit einer Dualzahl lediglich durch Verschiebung um einige Dualstellen erreicht wird.

Tafel 14.3. Vorgehensweise beim Entwurf digitaler Filter mittels bilinearer Transformation

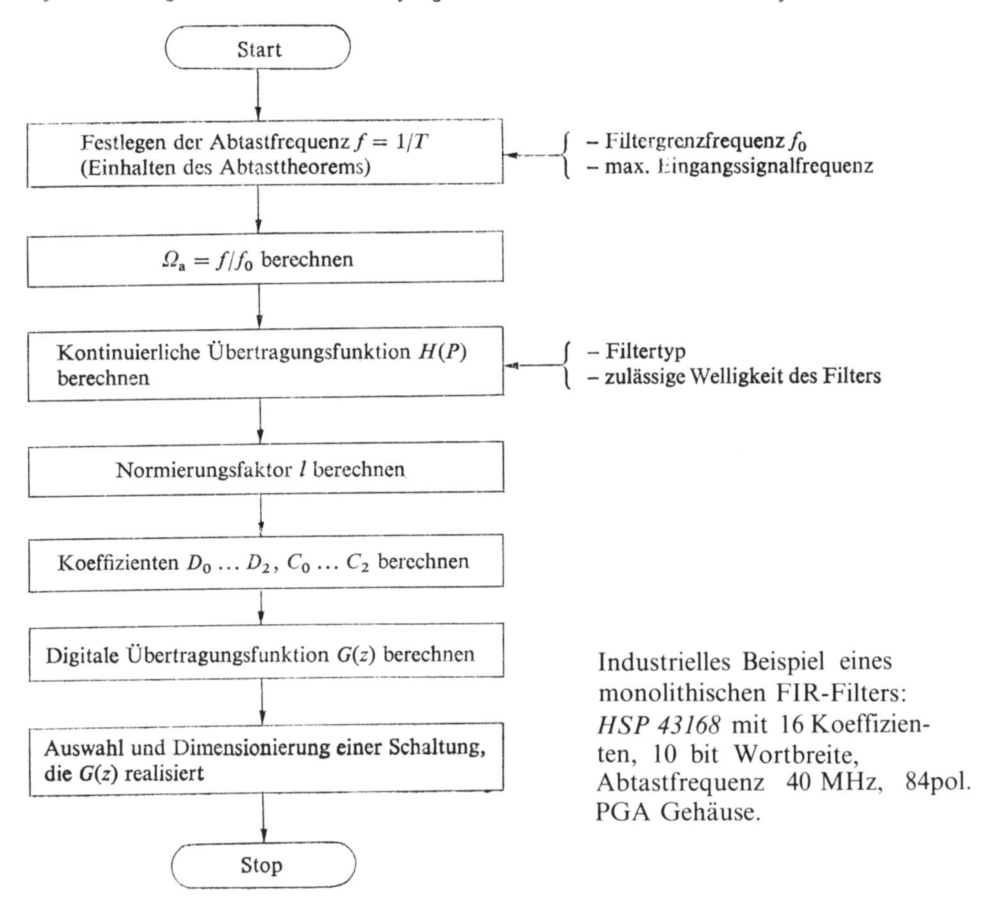

Industrielles Beispiel eines monolithischen FIR-Filters: *HSP 43168* mit 16 Koeffizienten, 10 bit Wortbreite, Abtastfrequenz 40 MHz, 84pol. PGA Gehäuse.

Der Schaltungsaufwand für Digitalfilter ist in der Regel recht groß. Daher werden meist Mikroprozessoren, Einchipmikrorechner oder am besten spezielle Signalprozessoren für diesen Zweck eingesetzt.

14.7. Signalprozessor 2920

Als Beispiel eines frei programmierbaren Signalprozessors, der speziell zur Realisierung digitaler Filter konzipiert ist, betrachten wir den Typ 2920 (Intel). Er eignet sich für Anwendungen im Signalfrequenzbereich von 0 ... 10 kHz und ist für zahlreiche Aufgaben der Signalverarbeitung einsetzbar. Der Chip enthält über 18000 Transistorfunktionen. Zusätzlich zum Prozessor sind die wichtigsten erforderlichen peripheren Schaltungen (AD- und DA-Umsetzer, Abtast- und Halteschaltung, Multiplexer) integriert.

Aufbau des Signalprozessors. Er enthält folgende drei Funktionsgruppen (Bild 14.21):

- Einen anwenderprogrammierbaren und löschbaren Speicher (EPROM) mit einer Speicherkapazität von 192 24-bit-Worten.
- Eine digitale Steuer- und Recheneinheit einschließlich eines Schreib-Lese-Speichers (RAM) mit einer Speicherkapazität von 40 25-bit-Worten. Die Einheit enthält einen Taktoszillator, einen Programmzähler, einen Datenzwischenspeicher mit zwei Toren, ein Schieberegister, in dem die Daten der Adresse A um mehrere Bitstellen nach links oder rechts verschoben werden können und eine Arithmetik-Logik-Einheit (ALU).
- Eine Analogeingabe- und eine Analogausgabeeinheit. Erstere hat 4 Eingänge, einen Eingangsmultiplexer, eine Abtast- und Halteschaltung (Einschwingzeit 2,4 µs) und einen 9-bit-ADU nach dem Sukzessiv-Approximationsverfahren, der schrittweise durch das Programm gesteuert wird (s. Abschn. 21.2.). Die Analogausgabeeinheit enthält einen 9-bit-DA-Umsetzer (der auch für die AD-Umsetzung Verwendung findet), einen Demultiplexer mit 8 Ausgängen und Ausgangsabtast- und -halteglieder.

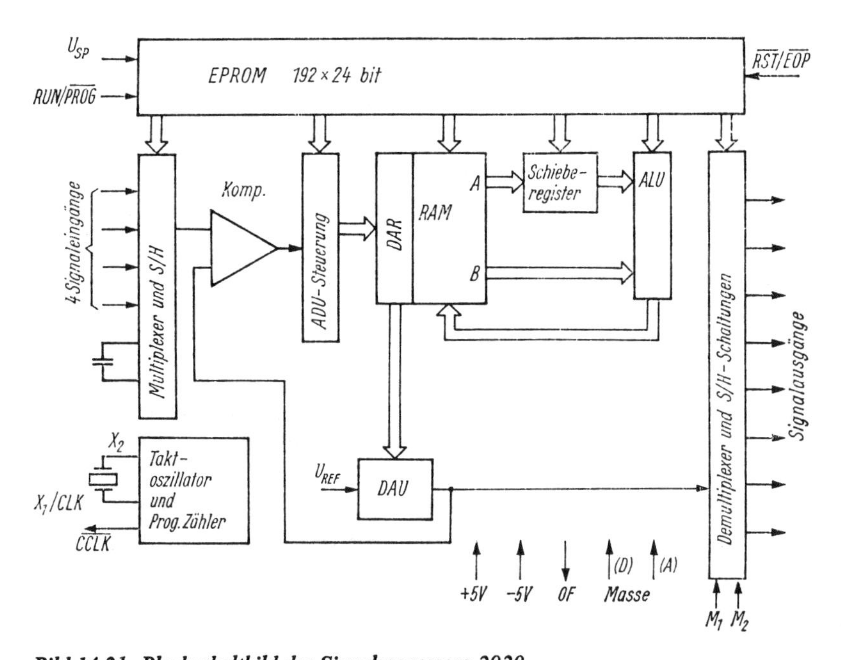

Bild 14.21. Blockschaltbild des Signalprozessors 2920

Der Anwender kann sein gewünschtes Anwenderprogramm im Maschinenkode im EPROM abspeichern. Jedes Befehlswort enthält sowohl Arithmetik- als auch Analogbefehle. Die Befehlsausführungszeit beträgt je nach Ausführungsvariante des 2920 400, 600 oder 800 ns. Das Programm wird im Gegensatz zu üblichen Mikroprozessoren und Einchipmikrorechnern [1] ohne Verzweigungen zyklisch durchlaufen. Es sind daher keine Programmsprünge möglich. Das schränkt die Anwendbarkeit für allgemeine Aufgaben ein. Ein Durchlauf benötigt die Zeitdauer T_A (Abtastzeit). Der Signalprozessor enthält ein Eingabe/Ausgabe-Register (DAR), das als Ziel- oder Quellenoperand angesprochen werden kann. Es stellt die Schnittstelle zwischen der Arithmetik- und der Analogeinheit während der AD- bzw. DA-Umsetzung dar. Die Abtastwerte des Eingangssignals werden nach der AD-Umsetzung über das DAR den Signalverarbeitungseinheiten zugeführt. Bei der Signalausgabe gelangen die digitalen Resultate über das DAR zum DA-Umsetzer.

Befehlssatz. Die Daten werden innerhalb des Prozessors als 25-bit-Worte in Zweierkomplementdarstellung im Wertebereich zwischen -1 und $+(1 - 2^{-24})$ verarbeitet.

Jeder 24 bit breite Befehl (Assemblerbefehl) ist in folgende 5 Teile gegliedert:

1. Teil (3 bit): Arithmetik-Logikbefehl
2. Teil (6 bit): Zieladresse (B)
3. Teil (6 bit): Quelladresse (A)
4. Teil (4 bit): Schiebebefehl
5. Teil (5 bit): Analogbefehl.

Arithmetisch-logische Befehle. Der Prozessor kann folgende arithmetisch-logische Befehle ausführen (A: Zieloperand, B: Quellenoperand, N: gibt an, um wie viele Bitstellen der Zieloperand nach links bzw. rechts verschoben wird):

ADD	Addition	$(A \cdot 2^N) + B$
SUB	Subtraktion	$B - (A \cdot 2^N)$
LDA	Lade Zieladresse mit dem Quellenoperanden	$A \cdot 2^N$
XOR	Exklusiv-ODER	$(A \cdot 2^N) \vee B$
AND	logisches UND	$(A \cdot 2^N) \wedge B$
ABS	Absolutwertbildung	$\|(A \cdot 2^N)\|$
ABA	Absolutwertbildung und Addition	$\|(A \cdot 2^N)\| + B$
LIM	Laden des Zieles mit dem begrenzten Quellenoperanden; der positive Quellenoperand oder Null wird in die Zieladresse geladen; bei negativem Quellenoperand wird -1 geladen, Verschiebebefehle werden nicht angenommen Sign (A) $\rightarrow \pm$ FS.	

Ein Quellenoperand läßt sich mittels eines Schiebebefehls um maximal 13 Stellen nach rechts oder 2 Stellen nach links verschieben. Im dualen Zahlensystem entspricht die Verschiebung um eine Stelle einer Multiplikation mit 2.

Analogbefehle. Es gibt Eingabe- und Ausgabebefehle und bedingte Befehle. Mit Ausnahme von CND können diese allein oder parallel zu den Arithmetik-Logikbefehlen stehen.

IN 0 ... IN 3	Eingabe	Der Eingabekanal wird abgefragt und sein Analogwert in der Abtast- und-Halteschaltung gespeichert.
OUT 0 ... OUT 7	Ausgabe	Der im DAR stehende Wert wird in den entsprechenden Analogwert umgesetzt und über den Ausgangskanal ausgegeben.

NOP	keine Operation im Analogteil	
EOP	Rücksprungbefehl	Setzt Programmzähler auf Null (Verkürzung der Abtastzeit T_A).
CND S, CND 7 … CND 0	bedingte Operation	Es wird das jeweilige Bit bzw. Vorzeichenbit des DAR getestet; in Abhängigkeit von seinem logischen Zustand werden die drei Operationen ADD, LDA und SUB im Sinne einer Bedingung beeinflußt.
CVT S, CVT 7 … CVT 0	AD-Umsetzung	In Abhängigkeit vom in der Abtast- und-Halteschaltung gespeicherten Analogwert wird die spezifizierte Bitstelle des DAR auf 1 oder 0 und die nächstniedrigere Bitstelle auf 1 gesetzt; begonnen wird bei der Umsetzung immer mit der höchstwertigen Bitstelle; die CVT-Befehle erzeugen während der Umsetzung sukzessiv die 9 bit im DAR; zwischen zwei aufeinanderfolgenden CVT-Befehlen müssen zwei NOP-Befehle ausgeführt werden (Einschwingzeit der Analogschaltungen).

Die analoge Eingangsspannung kann zwischen -2 V und $+2$ V liegen. Die für die AD- und DA-Umsetzung benötigte Referenzspannung (1 … 2 V) muß extern zugeführt werden. Bei $U_{ref} = +1$ V beträgt der Eingangs- und Ausgangsspannungsbereich ± 1 V.

Über die vier Analogeingänge ist prinzipiell auch die Eingabe von Binärsignalen möglich (Auswertung wie bei der AD-Umsetzung über den integrierten Komparator). Die Binärsignalausgabe kann über die Analogwertausgänge (parallel oder seriell) oder über den Überlaufausgang (seriell) erfolgen.

15. Stetig nichtlineare Verstärker- und Rechenschaltungen

Häufig benötigt man zur Signalverarbeitung nichtlineare Abhängigkeiten, beispielsweise zur Multiplikation und Division, Logarithmierung, Gleichrichtung, Modulation, Signalformung und Signalkorrektur. Wir wollen im vorliegenden Abschnitt die grundlegenden Verfahren zur Erzeugung nichtlinearer Zusammenhänge kennenlernen. Dabei betrachten wir vor allem Logarithmier- und Delogarithmierschaltungen, Multiplizierer und Dividierer sowie Quadrierer und Radizierer.

Nichtlineare Funktionseinheiten lassen sich hinsichtlich ihres statischen Übertragungsverhaltens in zwei Hauptgruppen einteilen:

1. *Stetig nichtlineare* Einheiten und
2. *Unstetig nichtlineare* Einheiten.

Bei der ersten Gruppe ist die nichtlineare Funktion im interessierenden Arbeitsbereich glatt und differenzierbar. Bei der zweiten Gruppe weist der Zusammenhang zwischen Eingangs- und Ausgangsgröße eine oder mehrere Diskontinuitäten auf.

Lineare Zusammenhänge sind in der Regel technisch mit größerer Genauigkeit und Reproduzierbarkeit realisierbar. Die Entwicklung der Halbleiterelektronik brachte in den vergangenen Jahren aber auch hinsichtlich der nichtlinearen analogen Signalverarbeitung wesentliche Fortschritte in bezug auf billige stabile und reproduzierbare nichtlineare Elemente. Dadurch nimmt die Bedeutung der nichtlinearen Signalverarbeitung weiter zu.

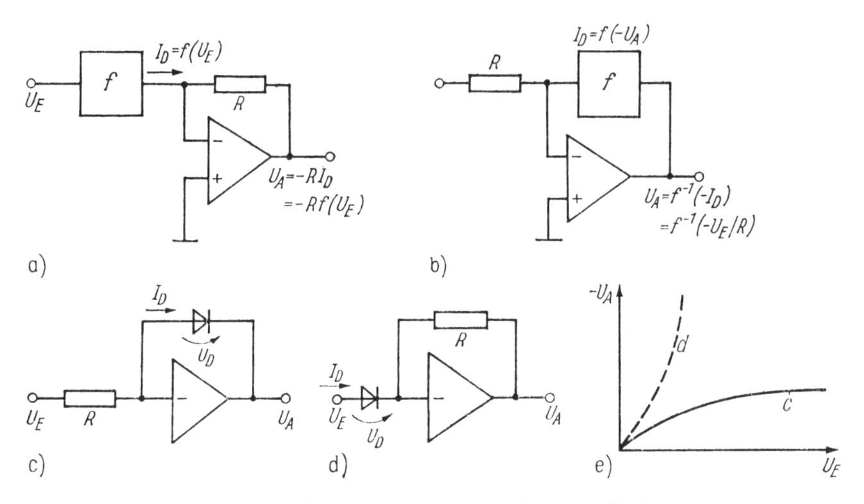

Bild 15.1. Erzeugung von nichtlinearen Funktionen und Umkehrfunktionen

a, b) Prinzip
c) Logarithmierverstärker
d) Delogarithmierverstärker
e) Übertragungsfunktion zu c bzw. d

15.1. Erzeugung von nichtlinearen Funktionen und Umkehrfunktionen

Nichtlineare Funktionen. Eine definierte nichtlineare Beziehung zwischen Eingangs- und Ausgangsgröße einer Funktionseinheit läßt sich technisch nach folgenden Hauptprinzipien realisieren:

1. Ausnutzen des logarithmischen U-I-Zusammenhangs von in Durchlaßrichtung betriebenen pn-Übergängen in Dioden und Transistoren (Bild 15.1); das ist das wichtigste Prinzip zur Realisierung stetig nichtlinearer Übertragungsfunktionen.
2. Ausnutzen des linearen Zusammenhangs zwischen der Steilheit eines Bipolartransistors und dem Emitterstrom (Beispiel: Mischstufen und Multiplizierer).
3. Approximation beliebiger nichtlinearer Funktionen durch Geradenabschnitte (Beispiel: Diodenfunktionsgeneratoren).
4. Vorhandensein oder Nichtvorhandensein eines Stromes in Abhängigkeit von der Polarität der angelegten Spannung (Dioden und Transistoren, Komparatoren und OV als Schalter).

Bei den Gruppen 1 und 2 wird das Kleinsignalverhalten von Dioden und Bipolartransistoren ausgenutzt, bei den Gruppen 3 und 4 dagegen das Schaltverhalten (Großsignalverhalten) von Dioden, Z-Dioden, Bipolartransistoren und FET.

Umkehrfunktionen. Mit einem Funktionselement, das zwischen Ausgang und Eingang den nichtlinearen Zusammenhang $u = f(v)$ realisiert, läßt sich die Umkehrfunktion $v = f^{-1}(u)$ dadurch erzeugen, daß das betrachtete Funktionselement in den Gegenkopplungskreis einer Verstärkerschaltung (z.B. OV) mit hoher Schleifenverstärkung geschaltet wird (Bild 15.1).

Typische Anwendungen dieses Prinzips sind Multiplizier- und Dividierschaltungen sowie Schaltungen zum Logarithmieren und Delogarithmieren.
Breite Anwendung findet dieses Prinzip auch bei Analogrechnern, z.B. zur impliziten Lösung mathematischer Gleichungen.
Unter Zugrundelegung eines exponentiellen Strom-Spannungs-Zusammenhanges der Diode $I_D = I_S\,[\exp(U_D/U_T) - 1] \approx I_S \exp(U_D/U_T)$ gilt für die Schaltungen im Bild 15.1

$$\textit{Schaltung c} \quad U_A \approx -U_D = -U_T \ln\left(1 + \frac{I_D}{I_S}\right) \approx -U_T \ln \frac{U_E}{I_S R}. \qquad (15.1)$$

$$\textit{Schaltung d} \quad U_A \approx -I_D R \approx -I_S R\,(e^{U_E/U_T} - 1).$$

15.2. Logarithmierschaltungen

Die Logarithmierung wird fast ausschließlich dadurch realisiert, daß die nahezu exponentielle Abhängigkeit des Kollektorstroms von der Basis-Emitter-Spannung eines in den Gegenkopplungskreis einer Verstärkerschaltung eingeschalteten Bipolartransistors ausgenutzt wird. Der logarithmische Zusammenhang $I_C(U_{BE})$ läßt sich bei Siliziumplanartransistoren über viele Dekaden des Kollektorstroms (z.B. $I_C \approx 10^{-11} \ldots 10^{-2}$ A) ausnutzen. Gewisse Abweichungen treten bei größeren Strömen infolge von Spannungsabfällen an Bahnwiderständen und bei sehr kleinen Strömen infolge von (temperaturabhängigen) Restströmen und Fehlströmen auf. Daher arbeiten praktische Schaltungen nicht im gesamten o.g. Strombereich mit ausreichender Genauigkeit.

Eine einfache Logarithmierschaltung zeigt Bild 15.2a. Die Eingangsspannung muß positiv sein, denn bei negativer Eingangsspannung verschwindet die Gegenkopplung, der Transistor wird gesperrt.

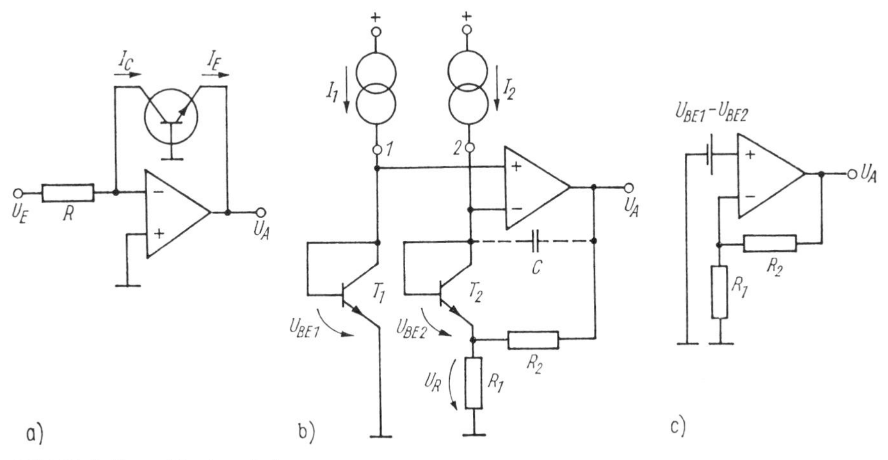

Bild 15.2. Logarithmierschaltung

a) Schaltungsprinzip; b) logarithmische Verhältnismessung; c) Ersatzschaltung zu b zur Berechnung der Ausgangsspannung U_A (Gleichtaktverstärkung vernachlässigt)

Der Transistor (er kann auch als Diode geschaltet sein, d.h. Basis mit Kollektor verbunden) ist in den Gegenkopplungskreis des OV geschaltet. Sein Kollektorstrom wird durch die Eingangsspannung bestimmt: $I_C \approx U_E/R$. Die Kollektor-Basis-Spannung wird auf Null gehalten. Aus den Ebers-Moll-Gleichungen (1.1) folgt der Zusammenhang

$$I_C = A_N I_{ES} (e^{U_{B'E'}/U_T} - 1)$$

und für $\exp(U_{B'E'}/U_T) \gg 1$, bei Vernachlässigung der Bahnwiderstände ($U_{B'E'} \approx U_{BE}$) und mit $U_A = -U_{BE}$

$$I_C \approx A_N I_{ES}\, e^{-U_A/U_T} \tag{15.2}$$

$$U_A \approx -U_T \ln \frac{I_C}{A_N I_{ES}} = -U_T \ln \frac{U_E}{A_N I_{ES} R}.$$

Der Emittersättigungsstrom hat bei Siliziumplanartransistoren kleiner Leistung typische Werte von $I_{ES} \approx 10^{-13} \dots 10^{-14}$ A. Sowohl I_{ES} als auch U_T sind temperaturabhängig. Deshalb ist bei der praktischen Realisierung von Logarithmierschaltungen eine Temperaturkompensation erforderlich. Am besten gelingt dies mit zwei weitgehend gleichen Transistoren, die sich auf gleicher Temperatur befinden. Die nachfolgende Schaltung ist ein Beispiel hierfür.

Logarithmische Verhältnismessung. Häufig werden Logarithmierschaltungen in Form von Anordnungen zur logarithmischen Verhältnismessung aufgebaut, weil sich hierbei weitgehende Temperaturkompensation ergibt. Eine einfache Möglichkeit zeigt Bild 15.2b.

Die Schaltung wird durch zwei Stromquellen am Eingang angesteuert. Die beiden als Diode geschalteten Transistoren T_1 und T_2 liegen von den beiden OV-Eingängen her gesehen mit unterschiedlicher Polarität in Reihe. Solange der Strom I_2 so klein ist, daß sein Einfluß auf die Spannung U_R vernachlässigbar bleibt, gilt bei idealem OV

$$U_A = \left(1 + \frac{R_2}{R_1}\right)(U_{BE1} - U_{BE2}).$$

Mit der Kennliniengleichung (1.4) folgt für $A_N \approx 1$

$$U_A = \left(1 + \frac{R_2}{R_1}\right) U_T \left(\ln \frac{I_1}{I_{ES1}} - \ln \frac{I_2}{I_{ES2}}\right).$$

Wenn beide Transistoren T_1 und T_2 gleiche Emittersättigungsströme $I_{ES1} \approx I_{ES2}$, gleiche (möglichst große) Stromverstärkung und gleiche Temperatur aufweisen (ausgesuchte und angepaßte Transistoren), folgt hieraus

$$U_A = \left(1 + \frac{R_2}{R_1}\right) U_T \ln \frac{I_1}{I_2}.$$

Typische Eingangsstrombereiche der Schaltung nach Bild 15.2b sind $10^{-9}\,\text{A} \leqq I_2 \leqq 10^{-4}\,\text{A}$, $10^{-9}\,\text{A} \leqq I_1 \leqq 10^{-7}\,\text{A}$ [15.1]. Die näherungsweise lineare Temperaturabhängigkeit der Temperaturspannung U_T ($-0{,}33\,\%/\text{K}$) läßt sich kompensieren, indem R_1 mit definierter Temperaturabhängigkeit versehen wird und sich auf gleicher Temperatur befindet wie die beiden Transistoren T_1 und T_2.

Wir wollen die Voraussetzungen für das einwandfreie Funktionieren dieser Schaltung noch einmal kurz zusammenfassen:

- gut angepaßte Transistoren T_1 und T_2
- gleiche Temperatur für T_1, T_2 und den temperaturabhängigen Widerstand R_1
- die Transistoren T_1 und T_2 müssen möglichst hohe Stromverstärkung haben
- Einfluß der Bahnwiderstände vernachlässigbar (nicht zu große Ströme)
- Eingangsoffsetspannung, Eingangsruhestrom und endliche Gleichtaktunterdrückung des OV vernachlässigbar.

Der Nachteil der Schaltung im Bild 15.2b besteht darin, daß der Eingangsstrom aus einer möglichst hochohmigen Signalquelle benötigt wird (Stromsteuerung). Spannungssteuerung ist nicht ohne weiteres möglich.

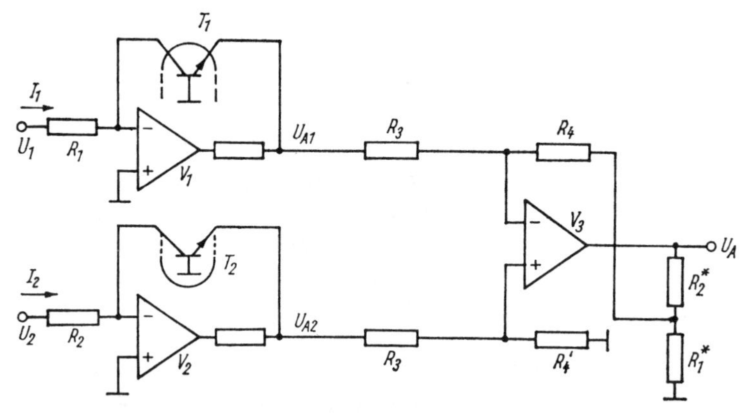

Bild 15.3. Logarithmische Verhältnismessung mit Spannungseingang
$R_4 \gg R_1$, $R_4' = R_4 + (R_1^* \| R_2^*)$

Eine Schaltung, die sich sowohl zur Strom- als auch zur Spannungssteuerung eignet, ist im Bild 15.3 vereinfacht gezeigt [15.2]. Da die Kollektor-Basis-Spannung beider Transistoren praktisch gleich Null ist, lautet der Zusammenhang zwischen dem Kollektorstrom und der Basis-Emitter-Spannung bei vernachlässigten Bahnwiderständen wieder nach (15.2) $I_C \approx A_N I_{ES} \exp(U_{BE}/U_T)$. Wir erhalten daher als Ausgangsspannung der beiden Schaltungen mit den Verstärkern V_1 und V_2 im Eingang

$$U_{A1} = -U_{BE1} = -U_T \ln \frac{I_1}{A_{N1} I_{ES1}}$$

$$U_{A2} = -U_{BE2} = -U_T \ln \frac{I_2}{A_{N2} I_{ES2}}.$$

Wir bilden die Differenz dieser beiden Gleichungen und setzen gleiche Transistoren voraus ($A_{N1} = A_{N2}$; $I_{ES1} = I_{ES2}$). Dann folgt

$$U_{BE1} - U_{BE2} = U_T \ln \frac{I_1}{I_2}. \tag{15.3}$$

Diese Differenzspannung wird mit der Differenzverstärkerschaltung unter Verwendung von V_3 verstärkt. Die Ausgangsspannung beträgt deshalb

$$U_A = \frac{R_4}{R_3} \left(1 + \frac{R_2^*}{R_1^*}\right) U_T \ln \frac{I_1}{I_2}$$

$$I_1 = \frac{U_1}{R_1} \qquad I_2 = \frac{U_2}{R_2}.$$

Wenn R_1^* temperaturabhängig ist und sich auf gleicher Temperatur befindet wie T_1 und T_2, läßt sich die durch U_T bedingte Temperaturabhängigkeit weitgehend eliminieren. Diese Kompensation wäre auch möglich, indem wir die beiden Widerstände R_3 als temperaturabhängige Widerstände ausbilden. Dann müßten wir allerdings zwei sehr genaue Widerstände mit möglichst gleichem TK verwenden. Das ist schwerer zu realisieren als die im Bild 15.3 gewählte Lösung.

Im Gegensatz zum Bild 15.2b wird im Bild 15.3 die Subtraktion beider Logarithmen durch einen Differenzverstärker vorgenommen. Im Bild 15.2b erfolgt die Subtraktion der logarithmierten Größen dadurch, daß beide als Diode geschalteten Transistoren T_1 und T_2 vom Eingang des Differenzverstärkers aus gesehen mit entgegengesetzter Polarität in Reihe liegen. Diese Variante wird häufiger verwendet, vor allem in integrierten Schaltungen.

In Abhängigkeit davon, ob das Stromverhältnis I_1/I_2 größer oder kleiner ist als Eins, kann die Ausgangsspannung U_A im Bild 15.3 positiv oder negativ sein.

Die Genauigkeit der hier beschriebenen Schaltungen liegt in der Größenordnung von 1%.

15.3. Delogarithmierschaltung

Wie bereits im Bild 15.1 erläutert wurde, entsteht eine Delogarithmierschaltung, wenn wir die Diode nicht in den Gegenkopplungskreis, sondern in Reihe zum Eingang schalten. Zur Delogarithmierung mit Temperaturkompensation eignet sich die Schaltungsstruktur im Bild 15.4, aus der sich folgende Beziehung entnehmen läßt:

$$U_R = U_{BE2} - U_{BE1}.$$

Unter Verwendung von (15.3) schreiben wir

$$U_R = -U_T \ln \frac{I_1}{I_2} = -U_T \ln \frac{U_A}{I_2 R_3}. \tag{15.4}$$

Wenn der Basisstrom von T_2 gegenüber dem durch U_E bewirkten Spannungsteilerstrom $U_E/(R_1 + R_2)$ vernachlässigbar klein ist, können wir schreiben

$$U_R = U_E \frac{R_1}{R_1 + R_2}.$$

Einsetzen in (15.4) liefert schließlich

$$U_A = I_2 R_3 \, e^{-(U_E/U_T)(R_1/(R_1+R_2))}.$$

Diese Schaltung realisiert also für $U_A > 0$, $U_E > 0$ die Delogarithmierfunktion (Bild 15.4b).

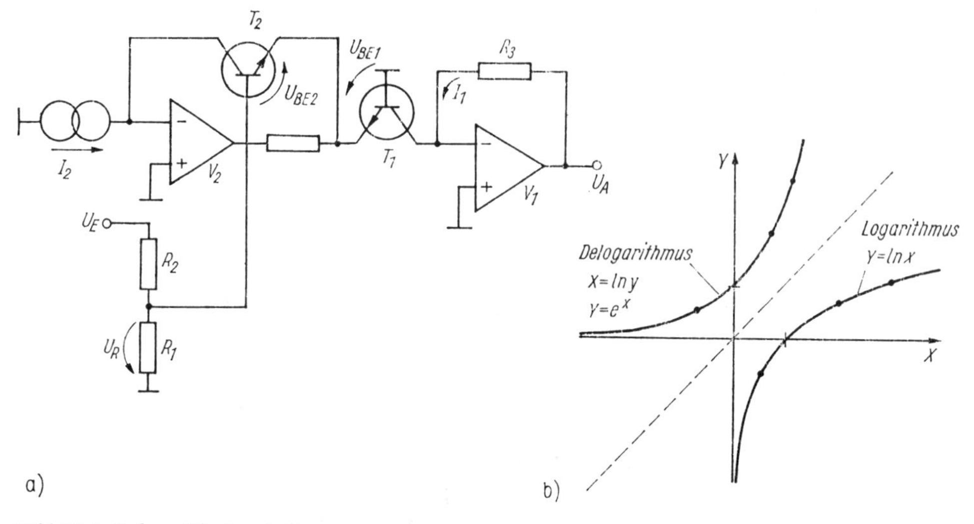

Bild 15.4. Delogarithmierschaltung

a) Schaltung; b) Übertragungsfunktion einer Logarithmier- und Delogarithmierschaltung

15.4. Multiplizierer und Quadrierschaltungen

Multiplizierer gehören zu den meistbenötigten nichtlinearen Funktionseinheiten. Ein Analogmultiplizierer liefert eine Ausgangsgröße (Spannung oder Strom), die proportional dem Produkt von zwei oder mehreren Eingangsgrößen ist.

Wir beschränken uns im folgenden auf zwei Eingangsgrößen U_x (bzw. I_x) und U_y (bzw. I_y).

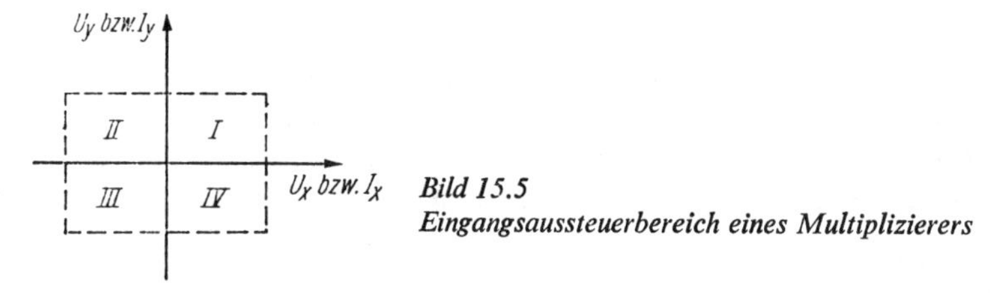

Bild 15.5
Eingangsaussteuerbereich eines Multiplizierers

Im allgemeinsten Fall kann jede der beiden Eingangsgrößen beide Polaritäten annehmen. Der Aussteuerbereich der Eingangsgrößen überstreicht in diesem Fall alle vier Quadranten (Bild 15.5), d.h., es gibt vier Polaritätskombinationen. Ein Multiplizierer, der alle diese vier Kombinationen verarbeitet, heißt *Vierquadrantmultiplizierer*. Bei Zweiquadrantmultiplizierern darf nur *einem* Eingang ein Signal von beliebiger Polarität zugeführt werden. An den anderen Eingang muß ein unipolares Signal angelegt werden. Bei Einquadrantmultiplizierern schließlich müssen beide Eingangssignale unipolar sein.

Durch folgende zusätzliche Schaltungsmaßnahmen läßt sich ein Einquadrantmultiplizierer zu einem Vierquadrantmultiplizierer erweitern:

1. Durch Vorschalten einer Einheit zur Betragsbildung (vgl. Abschn. 16.3.) in Verbindung mit einer Schaltung zur Vorzeichenbestimmung und zur Vorzeichenumpolung des Ausgangssignals.
2. Durch Nullpunktverschiebung der Eingangs- und Ausgangsgrößen (künstlicher „Offset").

Wirkprinzipien. Multiplizierer sind nichtlineare Funktionseinheiten und deshalb nicht so einfach und genau zu realisieren wie lineare Funktionseinheiten. Es entstanden deshalb zahlreiche Wirkprinzipien mit bestimmten Vor- und Nachteilen, die je nach Anwendungsforderung (Genauigkeit, Bandbreite, vertretbarer Aufwand) eingesetzt werden. Die Fehler von Analogmultiplizierern liegen im Bereich von 0,1 % bis zu einigen Prozent.

Analog zu Verstärkern für kleine Gleichgrößen lassen sich Multiplizierer in die beiden Hauptgruppen

1. direkt wirkende Multiplizierer und
2. Modulationsmultiplizierer (Pulsbreiten- und Pulshöhenmodulation, Time-division-Verfahren)

einteilen.

Zur Multiplikation von Analogsignalen lassen sich auch AD- und DA-Umsetzer verwenden (s. Abschnitte 21.2.8. und 21.1.5.).

Eigenschaften. Nichtideale Eigenschaften von Multiplizierern sind neben Linearitätsfehlern und der Temperaturabhängigkeit das Übersprechen und die begrenzte Bandbreite. Von einem idealen Multiplizierer erwartet man, daß die Ausgangsgröße Null wird, wenn eine der Eingangsgrößen verschwindet. Bei realen Multiplizierern wird jedoch ein (sehr kleiner) Anteil der nichtverschwindenden Eingangssignale zum Ausgang übertragen. Dieses „Übersprechen" nimmt in der Regel mit wachsender Frequenz zu.

Die größte Bandbreite haben Multiplizierer mit variabler Steilheit. Die höchste Genauigkeit erzielt man dagegen mit dem Time-division-Modulationsmultiplizierer.

15.4.1. Multiplizierer mit variabler Steilheit (Steilheitsmultiplizierer)

Diese Multiplizierer sind dem Prinzip nach die einfachsten Schaltungen. Sie eignen sich hervorragend für monolithische Herstellung [15.3]. Das Wirkprinzip beruht darauf, daß der lineare Zusammenhang zwischen der Steilheit und dem Kollektorstrom eines Bipolartransistors ausgenutzt wird (vgl. Abschn. 4.2.):

$$S \approx S_{\mathrm{i}} \approx \frac{I_{\mathrm{C}}}{U_{\mathrm{T}}}. \tag{15.5}$$

$S \equiv \partial I_{\mathrm{C}}/\partial U_{\mathrm{BE}}$ Steilheit bei niedrigen Frequenzen (frequenzabhängige Einflußgrößen vernachlässigt).

Diese Beziehung gilt mit guter Genauigkeit für nicht zu große Kollektorströme ($I_{\mathrm{C}} <$ etwa 0,1 mA) über viele Dekaden von I_{C}. Bei größeren Kollektorströmen machen sich Spannungsabfälle über den Bahnwiderständen des Transistors bemerkbar, die den linearen Zusammenhang etwas verfälschen. Aus diesem Grund arbeiten solche Multiplizierer bei relativ kleinen Kollektorströmen.

Die grundsätzliche Wirkungsweise eines Multiplizierers mit variabler Steilheit ist folgende:

Die eine Eingangsgröße (X; U_x im Bild 15.6b) wird von einer Bipolarverstärkerstufe (Differenzverstärker) linear verstärkt. Die zweite Eingangsgröße (Y; U_y im Bild 15.6b) steuert den Kollektorruhestrom des Bipolartransistors und damit die Verstärkung der Stufe, die linear von der Steilheit und damit von der Eingangsgröße Y abhängt. Auf diese Weise ist die Ausgangsgröße proportional zum ***Produkt*** der beiden Eingangsgrößen X und Y.

Da U_T und demzufolge laut (15.5) die Steilheit temperaturabhängig ist und der Kollektorstrom nichtlinear (exponentiell) von der Basis-Emitter-Spannung abhängt, sind noch einige schaltungstechnische Maßnahmen zur Linearisierung und zur Temperaturkompensation nötig. Sie werden in eleganter Weise von der nachfolgend erläuterten „linearisierten Verstärkerzelle" erfüllt. Sie ist die Grundschaltung in Multiplizierern mit variabler Steilheit, speziell für „Stromverhältnismultiplizierer".

Linearisierte Verstärkerzelle. Die Schaltung (Bild 15.6a) ist eine stromgesteuerte Differenzverstärkerstufe mit drei Eingangsklemmen 1, 2, 5 und zwei Ausgangsklemmen 3, 4. Die Eingangsklemmen 1 und 2 werden als *Differenzstromeingänge* mit der Eingangsgröße $\Delta I_x = I_{x1} - I_{x2}$ ($\triangleq X$), die Eingangsklemme 5 wird als *unsymmetrischer Stromeingang* mit der Eingangsgröße I_y ($\triangleq Y$), die Klemmen 3 und 4 werden als *Differenzstromausgang* $\Delta I_C = I_{C1} - I_{C2}$ ($\triangleq Z$) benutzt.

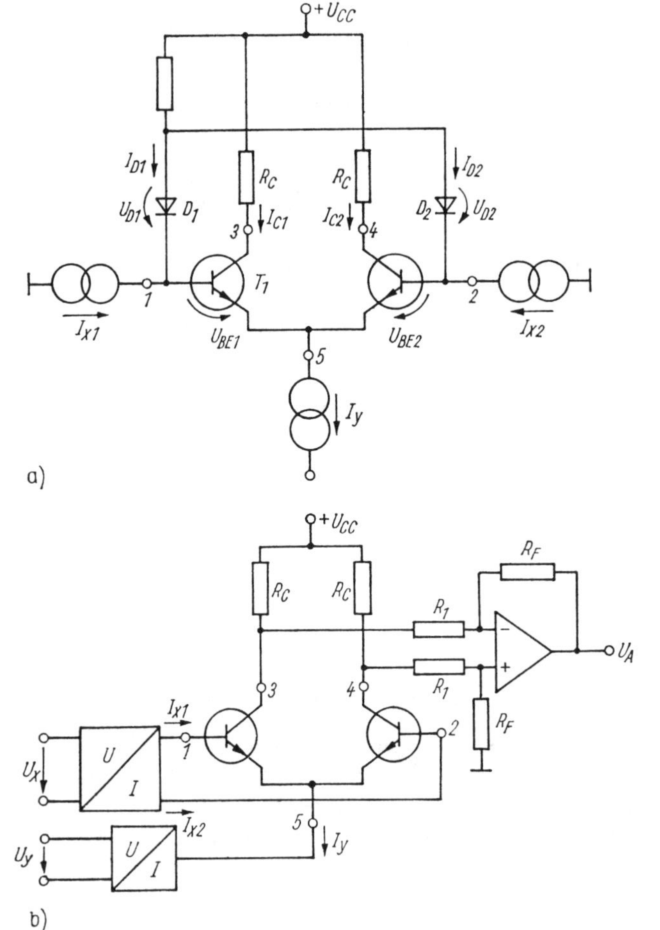

Bild 15.6
Linearisierte Verstärkerzelle
a) Schaltung
b) Anwendung zur Multiplikation zweier Eingangsspannungen U_x und U_y

Die Schaltung verstärkt den Differenzeingangsstrom ΔI_x ($\triangleq$ Eingangsgröße X) mit einem Verstärkungsfaktor V, der linear durch den Strom I_y ($\triangleq$ Eingangsgröße Y) gesteuert wird: $V = \text{const} \cdot I_y$. Wie bei jedem anderen Differenzverstärker kann als Ausgangsgröße ($\triangleq Z$) der Differenzausgangsstrom ΔI_C oder (nach Einschalten je eines Kollektorwiderstandes in den Kollektorkreis von T_1 und T_2) die Differenzausgangsspannung ΔU_C benutzt werden (Bild 15.6b).

Die Schaltung realisiert auf diese Weise den funktionellen Zusammenhang $\Delta I_C = V\,\Delta I_x = \text{const} \cdot I_y\,\Delta I_x$, oder allgemein formuliert: $Z = \text{const}\,XY$.

Ihre sehr guten Eigenschaften beruhen darauf, daß die Transistoren und Dioden weitgehend gleiche Kennlinien und gleiche Temperatur aufweisen (monolithische Anordnung oder ausgesuchte diskrete Elemente).

Die wesentliche Funktion der Verstärkerzelle nach Bild 15.6a besteht darin, daß sie über einen weiten Aussteuerbereich und nahezu unabhängig von der Temperatur das Verhältnis der beiden Kollektorströme umgekehrt proportional zum Verhältnis der beiden zugehörigen Eingangsströme hält:

$$\frac{I_{C1}}{I_{C2}} \approx \frac{I_{x2}}{I_{x1}}. \tag{15.6}$$

Die Dioden D_1 und D_2 kompensieren nahezu exakt sowohl die Temperaturabhängigkeit des Basis-Emitter-pn-Übergangs als auch die durch ihn hervorgerufene Nichtlinearität der Abhängigkeit $I_C(U_{BE})$. Voraussetzung ist allerdings gleiches U-I-Verhalten der Dioden mit den zugeordneten Transistoren im interessierenden Temperaturbereich. Das bedeutet u.a. gleiche Sperrsättigungsströme und gleichen TK der Dioden und Transistoren.

Übertragungskennlinie. Wir wollen die Übertragungskennlinie der Verstärkerzelle im Bild 15.6a, d.h. den Zusammenhang zwischen der Ausgangsgröße Z und den beiden Eingangsgrößen X und Y, unter den Voraussetzungen berechnen, daß D_1, D_2, T_1 und T_2 gleiche Sperrsättigungsströme I_S und gleiches Temperaturverhalten zeigen. Weiterhin setzen wir voraus, daß der Basisstrom von T_1 und T_2 vernachlässigbar ist ($I_{D1} \approx -I_{x1}$; $I_{D2} \approx -I_{x2}$). Dann gilt nach (15.1)

$$U_{D1} \approx U_T \ln \frac{I_{D1}}{I_S}; \qquad U_{D2} \approx U_T \ln \frac{I_{D2}}{I_S}.$$

Zwischen der Basis-Emitter-Spannung und dem Kollektorstrom besteht für $U_{CB} \approx 0$ gemäß (1.4a) ebenfalls ein näherungsweise logarithmischer Zusammenhang

$$U_{BE1} \approx U_T \ln \frac{I_{C1}}{I_S}; \qquad U_{BE2} \approx U_T \ln \frac{I_{C2}}{I_S}.$$

Die Differenz der jeweiligen Spannungen beträgt

$$U_{D1} - U_{D2} \approx U_T \ln \frac{I_{D1}}{I_{D2}} \approx U_T \ln \frac{I_{x1}}{I_{x2}} \tag{15.7}$$

$$U_{BE1} - U_{BE2} \approx U_T \ln \frac{I_{C1}}{I_{C2}}. \tag{15.8}$$

Aus Bild 15.6a folgt mit der Maschengleichung

$$U_{D1} + U_{BE1} = U_{D2} + U_{BE2} \tag{15.9}$$

$$U_{D1} - U_{D2} = U_{BE2} - U_{BE1}. \tag{15.10}$$

Setzen wir (15.9) und (15.10) in (15.8) ein und verwenden (15.7), so erhalten wir

$$U_T \ln \frac{I_{C1}}{I_{C2}} \approx -U_T \ln \frac{I_{x1}}{I_{x2}}$$

und schließlich

$$\frac{I_{C1}}{I_{C2}} \approx \frac{I_{x2}}{I_{x1}}. \tag{15.11}$$

Wir stellen fest, daß die Pıoportionalität nach (15.6) tatsächlich realisiert wird.

Neben der Temperaturunabhängigkeit ist die sehr gute Linearität über den gesamten Aussteuerbereich der Eingangsströme I_{x1} und I_{x2} ein weiterer Vorteil. Dieser Aussteuerbereich ist bei kleinen Strömen durch die Restströme und bei großen Strömen durch den Einfluß der Bahnwiderstände begrenzt (typischer Aussteuerbereich $I_x \approx 10^{-9} \ldots 10^{-4}$ A). Dieser im Vergleich zur Emitterschaltung oder zum Differenzverstärker wesentlich größere lineare Aussteuerbereich wird dadurch bewirkt, daß die exponentielle Abhängigkeit $I_C(U_{BE})$ durch die logarithmische Abhängigkeit $U_{D1}(I_{x1})$ unter den o.g. Voraussetzungen kompensiert wird. Die nichtlineare Diodenkennlinie verursacht durch ihre $I_D \rightarrow U_D$-Wandlung eine „Dynamikkompression" des Eingangsstroms I_x; die nichtlineare Eingangskennlinie des Bipolartransistors bewirkt in Verbindung mit der $U_{BE} \rightarrow I_C$-Wandlung eine dazu inverse „Dynamikexpansion", so daß der Gesamtzusammenhang zwischen Kollektorstrom (I_C, ΔI_C) und dem Eingangsstrom (I_x, ΔI_x) linear ist.

Anwendung als Multiplizierer. Um mit der linearisierten Verstärkerzelle nach Bild 15.6 zwei Eingangsgrößen multiplizieren zu können, benutzen wir den Differenzeingangsstrom $\Delta I_x = I_{x1} - I_{x2}$ als Eingangsgröße X und den Emitterstrom I_y als Eingangsgröße Y.

Ohne X-Signal ($\Delta I_x = 0$) fließt der Eingangsruhestrom $I_x = I_{x1} = I_{x2}$ in jede Eingangsklemme 1 bzw. 2. Der bei Aussteuerung fließende Differenzeingangsstrom ΔI_x kann positiv oder negativ sein. Bei reiner Differenzansteuerung vergrößert sich der Eingangsstrom (Ausgangsstrom) des einen Transistors um $\Delta I_x/2$ ($\Delta I_C/2$), und der des anderen verringert sich um den gleichen Betrag. Der Aussteuerbereich am symmetrischen X-Eingang beträgt daher

$$-I_x < \frac{\Delta I_x}{2} < +I_x$$

und der des Ausgangsstroms

$$-\frac{I_y}{2} < \frac{\Delta I_C}{2} < +\frac{I_y}{2},$$

denn für $\beta \gg 1$ fließt ohne Signalansteuerung ($\Delta I_x = 0$) in jedem Transistor der Kollektorstrom $I_C \approx I_y/2$, wobei stets $I_y > 0$ ist. Die beiden Kollektorströme haben bei reiner Differenzansteuerung die Größe

$$I_{C1} = \tfrac{1}{2}(I_y + \Delta I_C); \qquad I_{C2} = \tfrac{1}{2}(I_y - \Delta I_C).$$

Einsetzen dieser Beziehungen in (14.11) liefert

$$\frac{I_y + \Delta I_C}{I_y - \Delta I_C} \approx \frac{2I_x - \Delta I_x}{2I_x + \Delta I_x}$$

und aufgelöst nach ΔI_C

$$\Delta I_C \approx -\frac{I_y}{2}\,\frac{\Delta I_x}{I_x}. \tag{15.12}$$

Das maximale Ausgangssignal beträgt also $|\Delta I_C| = I_y$.

Ergebnis: Das Ausgangssignal der Schaltung im Bild 15.6 ist proportional zum Produkt der Ströme ΔI_x und I_y und umgekehrt proportional zum Eingangsruhestrom $I_x = I_{x1} - I_{x2}$. Die Schaltung ist ein Zweiquadrantmultiplizierer, denn ΔI_x kann beide Polaritäten annehmen, I_y muß jedoch stets positiv sein.

Die Schaltung eignet sich als Dividierer, wenn I_y konstant gehalten wird und als zweite Eingangsgröße der Ruhestrom I_x benutzt wird.

Vorteile dieser Schaltung sind:

- große Bandbreite (1 ... 10 MHz bei $I_C < 0{,}1 \ldots 1$ mA; für Verstärkerzwecke bis >100 MHz bei $I_C \approx$ einige mA)
- Linearitätsfehler <0,25 ... 1 %
- sehr gute Temperaturstabilität (<0,02 %/K)
- großer Dynamikbereich der Eingangsgröße (wesentlich größer als beim Differenzverstärker).

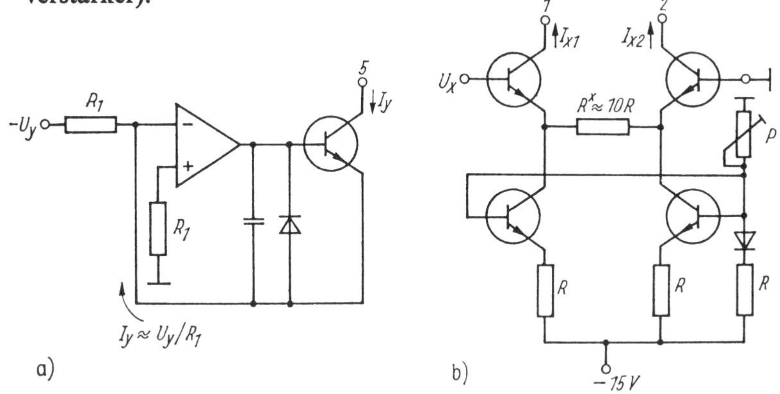

Bild 15.7. U-I-Wandler zur Ansteuerung der Schaltung im Bild 15.6

a) Y-Eingang: $R_1 \approx 10 \ldots 30$ kΩ, $U_y = 0 \ldots 10$ V; b) X-Eingang: $-10\text{ V} \leqq U_x \leqq +10\text{ V}$

Bild 15.7 zeigt Möglichkeiten, wie zwei Eingangsspannungen U_x und U_y mit den Schaltungen nach Bild 15.6a und b multipliziert werden können. Bild 15.7a zeigt einen $U \to I$-Wandler zur Stromansteuerung der Klemme 5, Bild 15.7b zeigt einen $U \to I$-Wandler zur Differenzstromansteuerung an den Klemmen 1 und 2. Mit dem Widerstand R^* läßt sich der Zusammenhang $\Delta I_x = f(U_x)$ beeinflussen. Durch den Regler P ist der Ruhestrom I_x einstellbar (z. B. 200 µA).

Bild 15.6b zeigt die Schaltungsstruktur mit einer Differenzverstärkerschaltung am Ausgang zur Umwandlung des Differenzausgangsstromes ΔI_C in eine unsymmetrische Ausgangsspannung U_A.

Industrielle Beispiele. Steilheitsmultiplizierer sind als monolithische Schaltkreise verfügbar. Zwei leistungsfähige industrielle Typen sind AD 734 und 834 mit den Daten: Ungenauigkeit 0,1 bzw. 2 %, 3-dB-Bandbreite 10 bzw. 500 MHz, 1-%-Bandbreite beim Typ AD 734: 1 MHz.

15.4.2. Logarithmier- und Delogarithmiermultiplizierer

Mehrere Eingangsgrößen lassen sich multiplizieren, indem man sie zunächst logarithmiert, anschließend summiert und dann wieder delogarithmiert (Bild 15.8). Das ist das Prinzip des Rechenschiebers. Es gilt

$$XY = e^{\ln X + \ln Y}.$$

Der Fehler solcher Multiplizierer beträgt < 0,25 % bis zu einigen Prozent, bezogen auf Vollausschlag, die Temperaturdrift <0,01 %/K [15.1]. In der Grundform ist diese An-

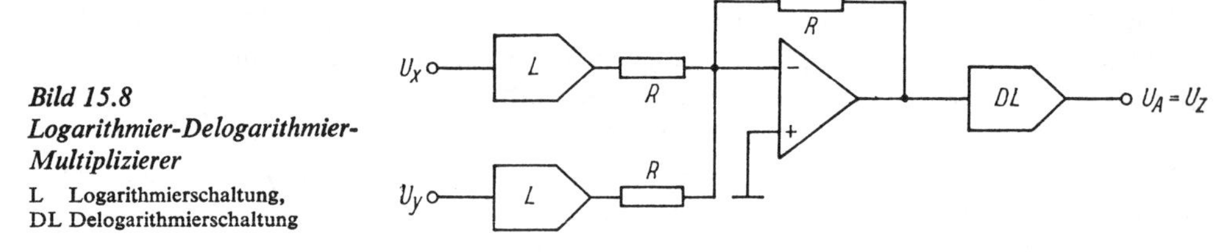

Bild 15.8
Logarithmier-Delogarithmier-Multiplizierer
L Logarithmierschaltung,
DL Delogarithmierschaltung

ordnung ein Einquadrantmultiplizierer. Sie läßt sich durch künstlichen Offset zu einem Vierquadrantmultiplizierer erweitern. Die Bandbreite hängt von der Größe des Eingangssignals ab, z.B. $B = 100$ kHz bei $U_E = 10$ V, $B = 1$ kHz bei $U_E = 0{,}1$ V.

15.4.3. Pulsmodulationsmultiplizierer

Dieses Multiplizierprinzip verwendet die Tatsache, daß die Fläche eines Rechteckimpulses das Produkt aus Impulshöhe und Impulsbreite ist. Der arithmetische Mittelwert einer Rechteckimpulsfolge ist proportional zur Amplitude und zum Tastverhältnis der Impulsfolge, denn es gilt

$$\bar{U} = \hat{U}\,\frac{t_i}{T}. \tag{15.13}$$

Auf der Grundlage von (15.13) kann ein sehr genauer Multiplizierer realisiert werden. Eine Eingangsgröße (X) ist proportional zur Amplitude $\hat{U}$, die zweite Eingangsgröße (Y) ist proportional zum Tastverhältnis t_i/T. Von der entstehenden Impulsfolge wird der arithmetische Mittelwert gebildet, z.B. in einem Tiefpaßfilter. Dieser Mittelwert $\bar{U}$ ist proportional zum Produkt der beiden Eingangsgrößen X und Y.

Mit diesem Prinzip lassen sich die genauesten Analogmultiplizierer aufbauen (Fehler $<0{,}1\,\%$, Nichtlinearität $<0{,}02\,\%$ [15.1]), denn Spannungs-/Tastverhältnis-Wandler sind mit sehr guten Daten realisierbar [15.4]. Als Schalter mit kurzen Schaltzeiten und geringem Offset eignen sich FET für diese Zwecke.

Das Schaltungsprinzip erläutert Bild 15.9. Während der Impulsdauer t_i befindet sich der Schalter S in Stellung 1, während der Pause ($T - t_i$) in Stellung 2. Auf diese Weise wird dem Tiefpaßeingang eine Rechteckimpulsfolge mit dem Tastverhältnis t_i/T und mit der Amplitude $\hat{U}$ zugeführt, und die Ausgangsspannung des Tiefpasses ist proportional zum Produkt der Eingangsspannungen U_x und U_y.

Die Schaltung ist ein Zweiquadrantmultiplizierer, denn U_x kann positiv oder negativ sein, das Tastverhältnis ist jedoch stets positiv, d.h., U_y darf nur eine Polarität annehmen. Ein Vierquadrantmultiplizierer läßt sich durch Erzeugen eines „künstlichen Offsets" realisieren (dem Wert $U_y = 0$ wird das Tastverhältnis 1:2 zugeordnet).

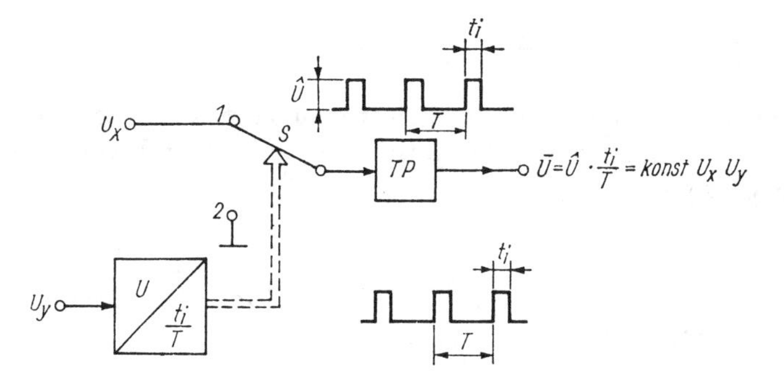

Bild 15.9
Pulsmodulationsmultiplizierer (Time-division-Multiplizierer)

Die hohe Genauigkeit und Linearität dieser Schaltung wird mit relativ schlechtem dynamischem Verhalten erkauft.

Damit die Welligkeit der Ausgangsspannung genügend klein ist, muß die Grenzfrequenz des Tiefpaßfilters wesentlich kleiner sein als die „Trägerfrequenz" ($1/T$) der Impulsfolge. Das bedeutet, daß die Frequenz der Eingangssignale mindestens 10 bis 100-mal niedriger sein muß als die Trägerfrequenz. Typische Werte sind Signalbandbreiten $<1 \ldots 100$ kHz.

15.4.4. Weitere Varianten von Multiplizierern

Neben den bisher besprochenen Multiplizierschaltungen wurden in der Vergangenheit noch einige weitere Schaltungsprinzipien angewendet, die jedoch heute nur noch geringe Bedeutung haben [3] [6]. Es sind dies

- der *Viertelquadrantmultiplizierer* (Zweiparabelverfahren); die Multiplikation wird entsprechend der Beziehung $X \cdot Y = \frac{1}{4}\,[(X + Y)^2 - (X - Y)^2]$ auf Addition, Subtraktion und Quadrieren zurückgeführt; der Aufwand ist relativ hoch.
- Multiplizierer mit *gesteuerten Koeffizientengliedern* (mit isolierenden Kopplern); sie enthalten zwei Koeffizientenglieder mit möglichst gleichen Kennlinien (FET, Fotowiderstände)
- *Dreieckmultiplizierer* [6] (Modulationsverfahren).

Ein *Quadrierer* (Bild 15.10) läßt sich dadurch realisieren, daß die beiden Eingänge eines Multiplizierers miteinander verbunden werden.

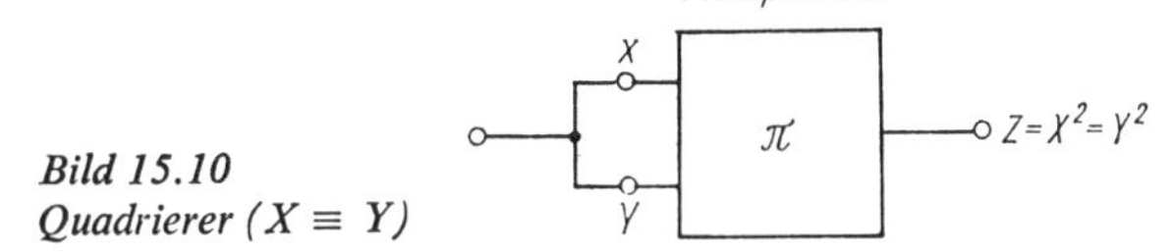

Bild 15.10
Quadrierer ($X \equiv Y$)

15.5. Dividierer und Radizierer

Die Division ist eine mit analogen Funktionseinheiten relativ schwierig realisierbare Funktion. Offsetspannungen und -ströme sowie Nichtlinearitäten können merkliche Fehler bewirken, vor allem wenn der Nenner zu kleine Werte annimmt (<10 mV ... 1 V). Der Dynamikbereich von Dividierern ist deshalb je nach Genauigkeit und Schaltungsaufwand der verwendeten Funktionseinheiten häufig auf Werte 10:1 bis 1000:1 begrenzt. Für höhere Genauigkeit oder sehr großen Dynamikbereich sind digitale Dividierschaltungen zweckmäßiger.

Auch bei Dividierern unterscheidet man Ein-, Zwei- und Vierquadrantvarianten. Wenn sowohl der Zähler als auch der Nenner unipolar sind, spricht man von einem Einquadrantdividierer.

Der Nenner muß üblicherweise unipolar sein. Beim Übergang von einer zur anderen Polarität geht er durch Null, was (theoretisch) ein unendlich großes Ausgangssignal zur Folge hätte. Durch die nichtidealen Eigenschaften der Schaltung würden hierbei große Fehler entstehen.

Die drei meist verbreiteten Dividierschaltungen sind

- der inverse Multiplizierer
- der Dividierer mit variabler Steilheit
- der Logarithmier-Delogarithmier-Dividierer (große Genauigkeit).

Die breiteste Anwendung finden inverse Multiplizierer. Sie beruhen darauf, daß ein Multiplizierer in den Gegenkopplungskreis einer OV-Schaltung geschaltet wird.

Analog zu den Multiplizierern lassen sich auch Dividierschaltungen unter Verwendung von ADU und DAU realisieren (s. Abschnitte 21.1.5. und 21.2.8.).

15.5.1. Inverser Multiplizierer

Schaltet man eine Multiplizierschaltung in den Gegenkopplungskreis einer OV-Schaltung, so realisiert die Schaltung nach Abschnitt 15.1. die inverse Funktion (Umkehrfunktion), d.h. die Division (Bild 15.11). Die OV-Ausgangsspannung stellt sich so ein, daß die Differenzeingangsspannung des OV verschwindet. Deshalb gilt $U_z = U_x U_y$ (Bild 15.11a) bzw. $U_z = -U_x U_y$ (Bild 15.11b) und damit

$$U_a \equiv U_y = \frac{U_z}{U_x} \text{ (Bild 15.11a) bzw. } U_a = -\frac{U_z}{U_x} \text{ (Bild 15.11b).}$$

Wenn U_x gegen Null geht, verschwindet die Gegenkopplung der Schaltung, und die Eingangsgröße U_z wird im Bild 15.11a mit der vollen Leerlaufspannung des OV zum Ausgang übertragen. Bei einem idealen OV würde die Ausgangsspannung $U_a = \infty$, was man von der idealen Dividierschaltung auch erwartet.

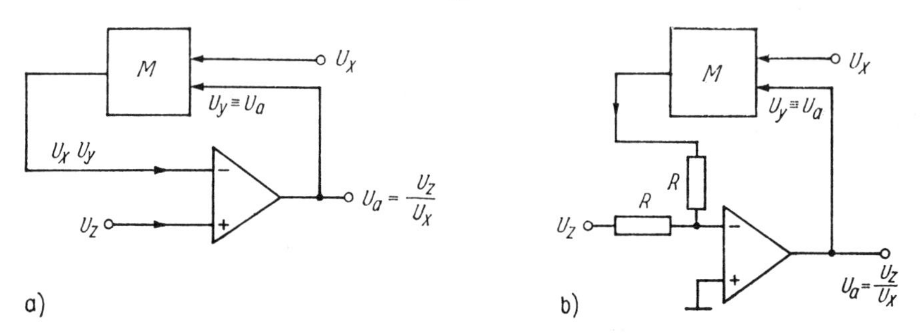

Bild 15.11. Dividierschaltungen
a) nichtinvertierende OV-Schaltung ($U_x > 0$, $U_z \gtrless 0$); b) invertierende OV-Schaltung ($U_x > 0$, $U_z \gtrless 0$)

Zur Vermeidung zu großer Fehler bei der Division sollte ein Verhältnis $U_{x\max} : U_{x\min} = 10:1$ nicht überschritten werden.

Die Schaltungen im Bild 15.11 stellen Zweiquadrantendividierer dar, denn U_x muß stets positiv sein, damit Gegenkopplung und nicht etwa Mitkopplung auftritt. U_z darf dagegen beliebige Polarität annehmen.

15.5.2. Dividierer mit variabler Steilheit

Wir stellten im Abschnitt 15.4.1. bereits fest, daß sich Verhältnismultiplizierer auch zur Division eignen, wenn entsprechend (15.12) als Eingangsgrößen I_y und I_x und als Ausgangsgröße ΔI_C verwendet werden. Nach diesem Prinzip läßt sich die Schaltung im Bild 15.6a auch als Dividierer nutzen. Die typische Bandbreite ist 0,5 ... 5 MHz bei einem Dynamikbereich von 10:1 bis 20:1 und bei einer Ungenauigkeit <0,5 ... 1 %. Es gibt Schaltungsvarianten, die einen wesentlich größeren Dynamikbereich realisieren [15.1].

15.5.3. Logarithmier- und Delogarithmierdividierer

Zwei Eingangsgrößen können dividiert werden, indem man sie zuerst logarithmiert, anschließend subtrahiert und dann wieder delogarithmiert. Das ist das gleiche Prinzip wie beim Logarithmier-Delogarithmier-Multiplizierer nach Bild 15.8. Der einzige Unterschied zum Bild 15.8 besteht darin, daß der Umkehraddierer durch einen Subtrahierer ersetzt werden muß.

Ein nach diesem Prinzip aufgebauter Dividierer hat eine sehr hohe Genauigkeit (Fehler <0,2 ... 1 %), einen großen Dynamikbereich (>2 ... 3 Dekaden) und hohe Linearität (Nichtlinearität <0,05 %). Die typische Bandbreite beträgt 10 ... 100 kHz (aussteuerungsabhängig). Ohne merklichen Zusatzaufwand kann die Schaltung als Multiplizierer oder als Dividierer arbeiten.

15.5.4. Radizierer

Wenn der „Nenner"-Eingang mit dem Ausgang verbunden wird, entsteht ein Radizierer, wie wir z. B. aus den Bildern 15.11 a und b erkennen. Durch Verbinden der Eingänge U_x und U_y ensteht eine Radizierschaltung, die im Bild 15.11 a den Zusammenhang $U_a = +\sqrt{U_z}$ und im Bild 15.11 b den Zusammenhang $U_a = +\sqrt{-U_z}$ realisiert. U_z muß im Bild 15.11 a stets negativ sein. Die Schaltung arbeitet daher im Einquadrantenbetrieb. Zur Vermeidung des „Latch-up"-Effektes kann unmittelbar in Reihe zum OV-Ausgang eine Diode geschaltet werden (wie im Bild 16.1 b, c).

16. Unstetig nichtlineare und rheolineare Schaltungen

[12] [17] [15.1]

Am Anfang des vorigen Abschnitts unterteilten wir die nichtlinearen Funktionseinheiten in die beiden Gruppen stetig und unstetig nichtlineare Einheiten. Nachdem wir stetig nichtlineare Schaltungen im Abschnitt 15. behandelt haben, befassen wir uns nun mit unstetig nichtlinearen Schaltungen. Die wichtigsten Elemente zum Aufbau solcher Schaltungen sind die „ideale" Diode und der Analogkomparator.

Nach einer Erklärung der Begriffe Spannungs- und Stromschalter behandeln wir Begrenzer- und Gleichrichterschaltungen für kleine Signale, Abtast- und Halteschaltungen sowie Diodenfunktionsgeneratoren und Komparatorschaltungen (Schwellwertschalter) ohne und mit Schalthysterese.

Nichtlineare Übertragungskennlinien lassen sich durch Geradenabschnitte approximieren. Geradenabschnitte können mit Verstärkerschaltungen erzeugt werden, deren Verstärkung in Abhängigkeit von der Amplitude des Eingangs- oder Ausgangssignals unstetig verändert wird (stückweise lineare Approximation). Ein wichtiges Grundelement solcher Schaltungen ist die „ideale Diode". Sie entsteht durch Einschalten einer Halbleiterdiode in den Gegenkopplungskreis eines Operationsverstärkers.

16.1. „Ideale Diode"

Spannungsschalter. Von einer idealen Diode verlangt man, daß sie im Nullpunkt der *U-I*-Kennlinie möglichst abrupt vom Sperrzustand (Sperrwiderstand unendlich) in den Durchlaßbereich (Durchlaßwiderstand → 0) übergeht. Reale Halbleiterdioden erfüllen – bedingt durch die endliche Kennlinienkrümmung in Nullpunktnähe, die endliche Diodenschwellspannung sowie infolge des oft nichtvernachlässigbaren Durchlaßwiderstandes – diese Forderung nur ungenügend (Bilder 16.1 und 16.7). Aus diesem Grund eignet sich die Gleichrichterschaltung im Bild 16.1a nicht zur linearen Gleichrichtung kleiner Wechselspannungen, denn Wechselspannungen u_e, deren Amplitude kleiner ist als die Schwellspannung der Diode, rufen nahezu keine Ausgangsspannung u_A hervor.

Eine sehr wirkungsvolle und elegante Methode zur Verringerung der Diodenschwellspannung und des Durchlaßwiderstandes um mehrere Größenordnungen ist das Einschalten der Diode in den Gegenkopplungskreis eines OV („ideale" Diode, Bild 16.1b). Bezogen auf die Eingangsklemmen des OV und folglich auch auf die Eingangsklemmen der Schaltung 1 ... 1′ wird die Schwellspannung (allgemeiner: die Diodendurchlaßspannung) um den Faktor V verringert. Für Eingangsspannungen $U_E > U_{Schw}/V$ wirkt die Schaltung wie ein Spannungsfolger. Sie verhält sich genauso, als läge im Ausgangskreis eine ideale Diode mit der Durchlaßspannung Null und in Reihe zu den Eingangsklemmen 1 ... 1′ eine „Offsetspannung" U_{FD}/V (Bild 16.1c). Bei negativen Eingangsspannungen sperrt die Diode, und durch die Ausgangsklemme 2 fließen der Diodensperrstrom sowie der Eingangsruhestrom des invertierenden OV-Eingangs.

Mit der Schaltung im Bild 16.1b lassen sich mV-Signale gleichrichten, denn die auf den Eingang bezogene Schwellspannung U_{Schw}/V liegt in der Größenordnung von $10 \ldots 100\,\mu\text{V}$ ($U_{\text{Schw}} \approx 0{,}7\,\text{V}$, $V \approx 10^4 \ldots 10^5$).

Stromschalter. In ähnlicher Weise kann ein nahezu idealer Stromschalter realisiert werden. Mit der Schaltung im Bild 16.2 läßt sich der in Pfeilrichtung fließende Strom

$$I_{\text{A}} = \frac{U_{\text{E}} + (U_{\text{GS}}/V) - U_{\text{R}}}{R} \quad \text{für} \quad U_{\text{E}} + \frac{U_{\text{GS}}}{V} \geqq U_{\text{R}}$$

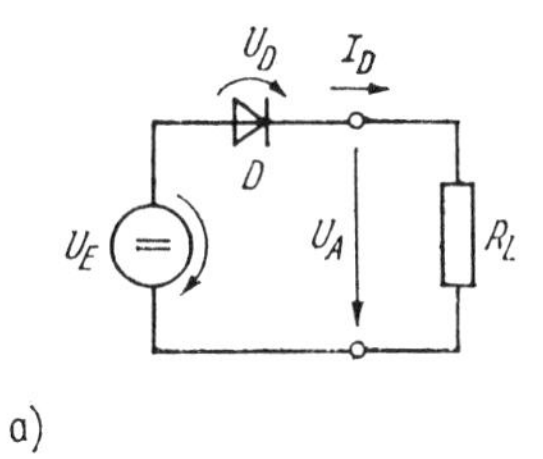

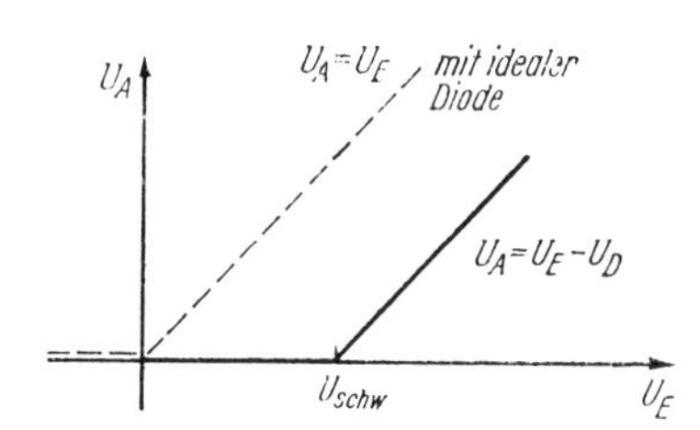

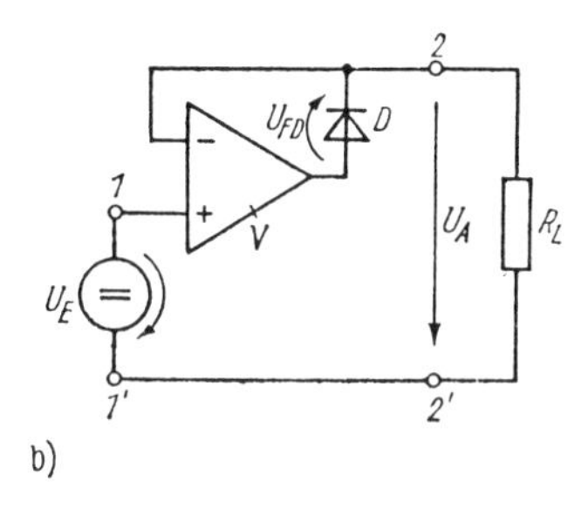

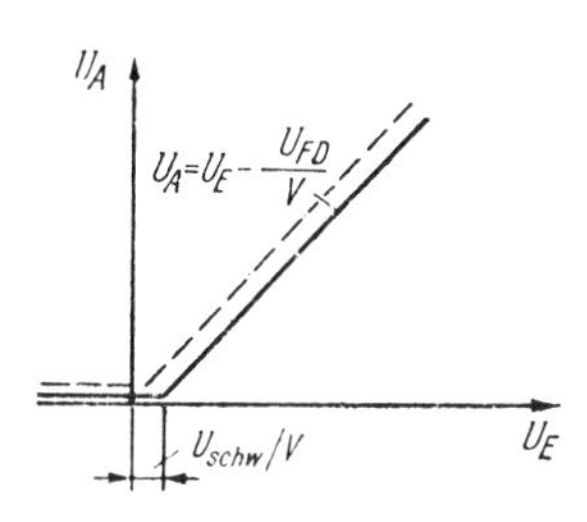

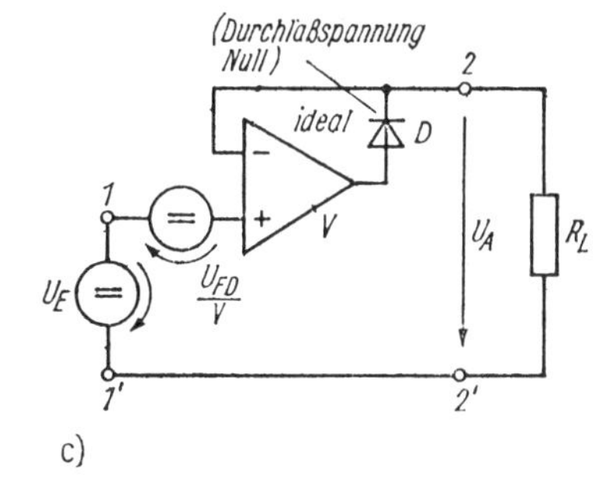

Bild 16.1
Reale und „ideale“ Diode

a) einfache Diodenschaltung mit Übertragungskennlinie
b) „ideale“ Diode mit Übertragungskennlinie
c) äquivalente Schaltung zu b für vernachlässigbare Gleichtaktverstärkung

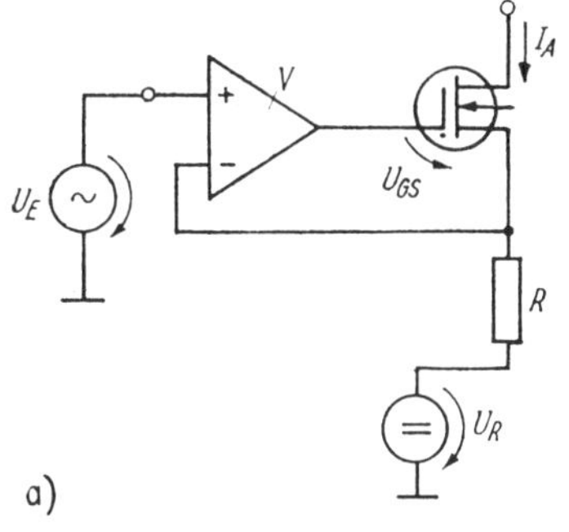

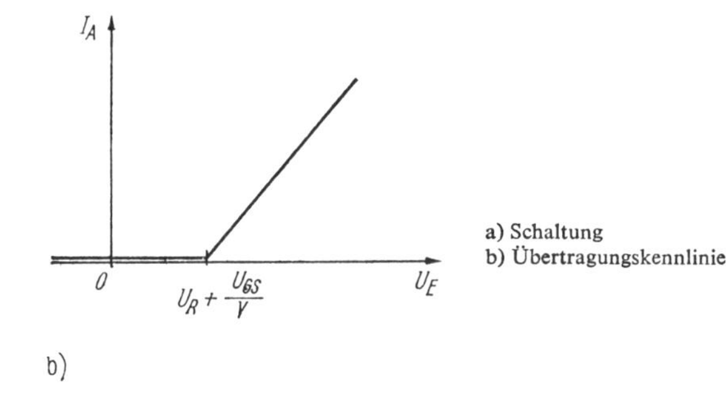

a) Schaltung
b) Übertragungskennlinie

Bild 16.2. „Idealer“ Stromschalter

ein- bzw. ausschalten, je nachdem, ob die Eingangsspannung U_E positiver oder negativer ist als die Referenzspannung U_R. In der hier gezeichneten Variante ist die Schaltung ein „Einrichtungsschalter", denn der Ausgangsstrom kann nur in einer Richtung fließen ($I_A \geqq 0$).

16.2. Begrenzer

Fast immer wird für Amplitudenbegrenzer die geknickte Kennlinie einer Diode oder einer Z-Diode als nichtlineares Element verwendet. Bei einfachen Begrenzerschaltungen werden Dioden und Widerstände, bei Präzisionsbegrenzern zusätzlich OV verwendet.

16.2.1. Serien- und Parallelbegrenzer. Totzone

Hinsichtlich der Schaltungsstruktur unterscheiden wir zwischen *Serien-* und *Parallelbegrenzer*schaltungen (Bild 16.3).

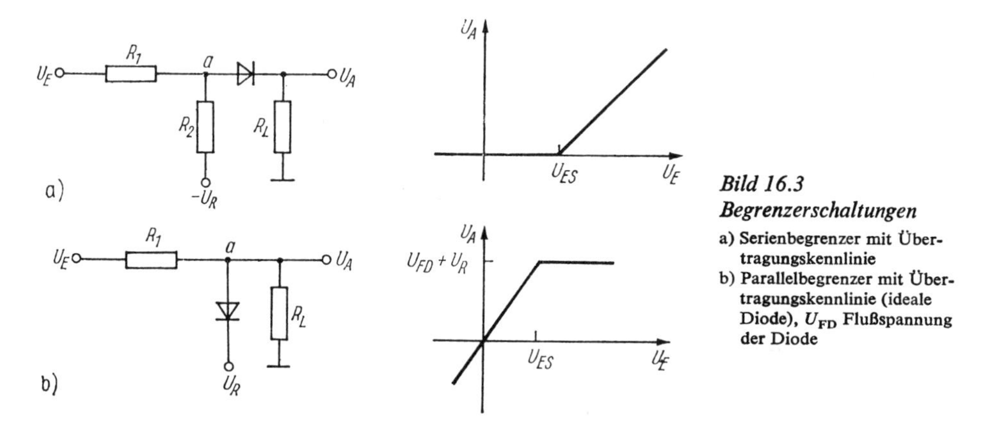

Bild 16.3
Begrenzerschaltungen
a) Serienbegrenzer mit Übertragungskennlinie
b) Parallelbegrenzer mit Übertragungskennlinie (ideale Diode), U_{FD} Flußspannung der Diode

Im *Serienbegrenzer* wird die Diode leitend, wenn das Potential des Punktes a positiver wird als die Schwellspannung U_{Schw} der Diode. Das erfolgt bei der Eingangsspannung

$$U_{ES} = U_{Schw}\left(1 + \frac{R_1}{R_2}\right) + U_R\,(R_1/R_2).$$

Bei der *Parallelbegrenzer*schaltung wird die Diode leitend, wenn die Ausgangsspannung den Wert $U_R + U_{FD}$ überschreitet. Sie verhindert ein weiteres Ansteigen der Ausgangsspannung. Das erfolgt bei der Eingangsspannung $U_{ES} = (U_R + U_{FD})\,(1 + R_1/R_L)$.

Eine einfache Begrenzerschaltung für beide Polaritäten läßt sich mit zwei Dioden leicht realisieren (Bild 16.4). Die beiden Schwellspannungen betragen

$$U_{ES1} = (U_{R1} + U_{FD1})\left(1 + \frac{R_1}{R_L}\right) \quad \text{bzw.} \quad U_{ES2} = (U_{R2} - U_{FD2})\left(1 + \frac{R_1}{R_L}\right).$$

Auch mit Z-Dioden lassen sich Begrenzer aufbauen. Bei hohen Frequenzen ist jedoch die gegenüber einfachen Dioden größere Parallelkapazität der Z-Dioden unter Umständen nachteilig.

Bei der Schaltung zum Erzeugen einer „Totzone" (Bild 16.5) wird bei positiver Eingangsspannung D_1 in Durchlaßrichtung mit einem Spannungsabfall U_{FD1} und D_2 in Sperrichtung (Zenerbereich, Spannungsabfall U_{Z2}) betrieben. Bei negativen Eingangsspannungen vertauschen beide Dioden ihre Rollen. Kleine Eingangssignalspannungen werden nicht zum Ausgang übertragen.

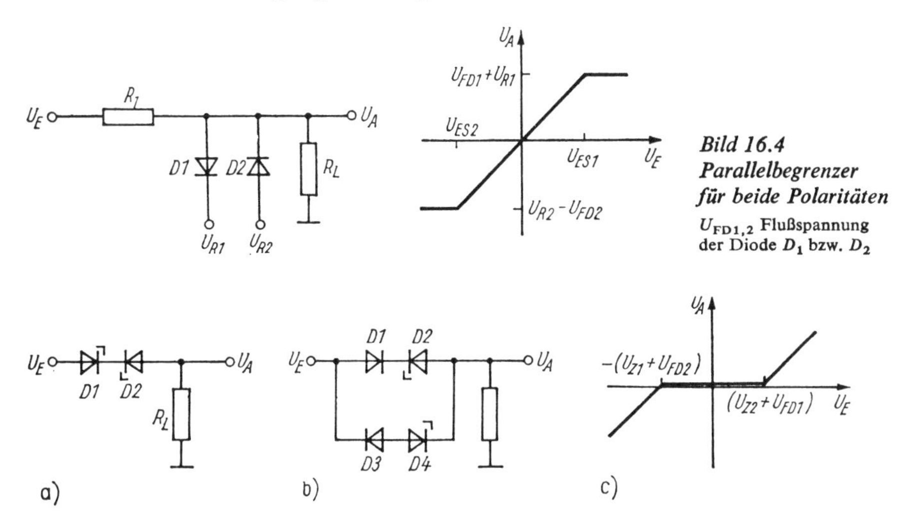

Bild 16.4
Parallelbegrenzer für beide Polaritäten
$U_{FD1,2}$ Flußspannung der Diode D_1 bzw. D_2

Bild 16.5. Schaltungen zur Erzeugung einer Totzone
a, b) Schaltungsvarianten; c) Übertragungskennlinie zu a

Die Schaltung im Bild 16.5b ist bei hohen Frequenzen wegen der kleineren Sperrschichtkapazität der Siliziumdiode überlegen. Die Übertragungskennlinie entspricht dem Verlauf von Bild 16.5c. Es muß jedoch anstelle von U_{Z1} die Zenerspannung von D_4 und anstelle von U_{FD2} die Flußspannung der Diode D_3 eingesetzt werden.

16.2.2. Präzisionsbegrenzer

Einen wesentlich genaueren Einsatzpunkt für die Begrenzung erzielt man mit Hilfe der im Abschnitt 16.1. eingeführten „idealen Diode".

In der Schaltung nach Bild 16.6a leitet bei negativen Eingangsspannungen ($U_E < 0$) D_1 und sperrt D_2. Die Ausgangsspannung beträgt bei idealem OV

$$U_A = -R_F I_E = -U_E\,(R_F/R_1).$$

Die Flußspannung U_{FD1} wirkt wie eine zusätzliche Eingangsoffsetspannung U_{FD1}/V (Bild 16.6b). Die Übertragungskennlinie der Schaltung läßt sich mit Hilfe des Überlagerungssatzes leicht angeben. Es wirken die beiden „Eingangsspannungen" U_E und (U_{FD1}/V). Näherungsweise gilt daher

$$U_A \approx -U_E\,\frac{R_F}{R_1} + \frac{U_{FD1}}{V}\left(1 + \frac{R_F}{R_1}\right) = -U_E\,\frac{R_F}{R_1} + \frac{U_{FD1}}{kV}$$

$$k = R_1/(R_F + R_1).$$

Diese Schaltung ist ein Einweggleichrichter (s. Abschn. 16.3.2.).

Bezogen auf den Ausgangskreis wird also die Diodendurchlaßspannung um die Schleifenverstärkung kV verkleinert. Das hat zur Folge, daß die Kennlinienrundung in der Nullpunktnähe fast verschwindet.

Bei positiven Eingangsspannungen leitet D_2 und sperrt D_1, und die Ausgangsspannung beträgt etwa 0 V (genauer: $\approx -U_{FD2}/V \pm U_F$).

Eine weitere sehr wirksame Begrenzerschaltung zeigt Bild 16.6c. Die Diode D_2 kann auch durch eine Z-Diode ersetzt werden. Dann steigt jedoch die Kapazität zwischen Eingang und Ausgang des Verstärkers.

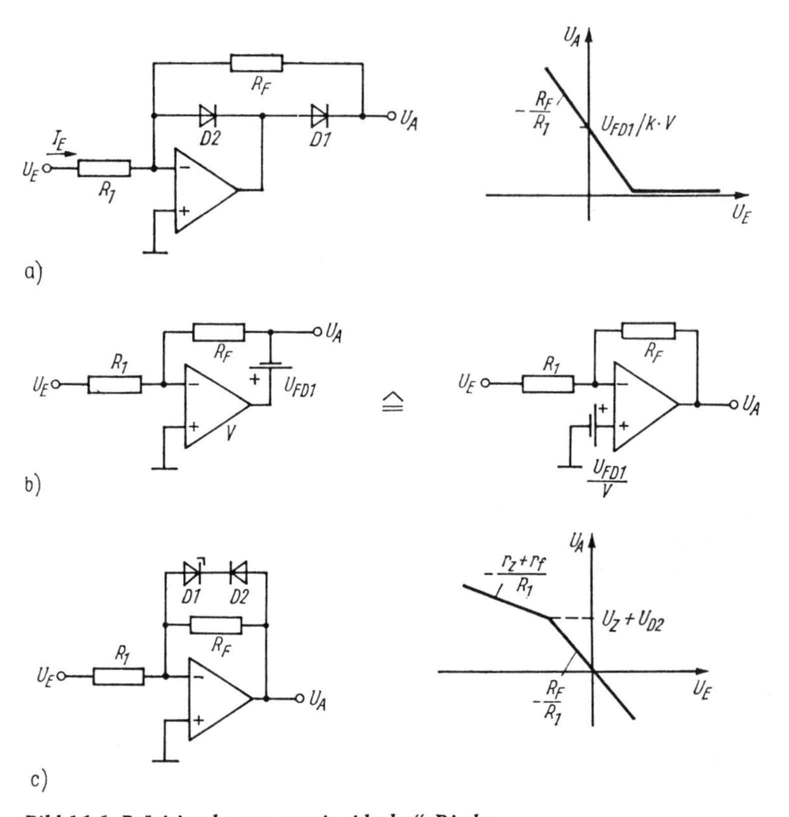

Bild 16.6. Präzisionsbegrenzer mit „idealen" Dioden

a) einfache Schaltung mit Übertragungskennlinie; b) Ersatzschaltung von a für $U_E < 0$; c) Begrenzer mit Z-Diode, Übertragungskennlinie, $(r_z + r_f) \ll R_F$, $r_z(r_f)$ Durchlaßwiderstand der Z-Diode bzw. der Si-Diode

Durch das Einschalten der Dioden in den Gegenkopplungskreis verringern sich

- die Nichtlinearität
- die Temperaturabhängigkeit
- die Durchlaßspannung

der Dioden um den Faktor der Schleifenverstärkung kV der Schaltung. Es entstehen also wesentlich „schärfere" Begrenzungskennlinien.

16.3. Gleichrichterschaltungen [15]

Gleichrichterschaltungen dienen u.a. zur Gleichrichtung von Wechselspannungen in Stromversorgungs- und Meßgeräten sowie zur Demodulation modulierter Trägerschwingungen. Nach einem Überblick über die verschiedenen Gleichrichterschaltungen wollen wir in diesem Abschnitt speziell Gleichrichterschaltungen für kleine Wechselspannungen behandeln. Netzgleichrichter sind im Abschnitt 22. enthalten.

16.3.1. Klassifizierung

Schaltungsstruktur. Von einem Gleichrichter fordert man, daß er die eine Polarität (Halbwelle) mit sehr kleinem Durchlaßwiderstand überträgt und die andere unterdrückt. Infolge der nichtidealen Diodenkennlinie tritt eine befriedigende Gleichrichterwirkung mit Ausnahme der quadratischen Gleichrichtung erst dann auf, wenn die gleichzurichtende Wechselspannung wesentlich größer ist als die „Schleusenspannung" (Schwellspannung) der Diode (etwa 0,7 V bei Si-Dioden, s. Bild 16.1a).

Zur Gleichrichtung eignet sich grundsätzlich jedes Bauelement mit einer gekrümmten oder geknickten Kennlinie. Anzustreben ist die ideale Knickkennlinie nach Bild 16.7a.

Die einfachste Gleichrichterschaltung ist der *Einweggleichrichter.* Er verarbeitet nur *eine* Polarität des Wechselspannungssignals. Vorteilhaftere Eigenschaften haben Zweiweggleichrichterschaltungen, besonders der Brückengleichrichter (Graetz-Schaltung), s. Abschnitt 22.

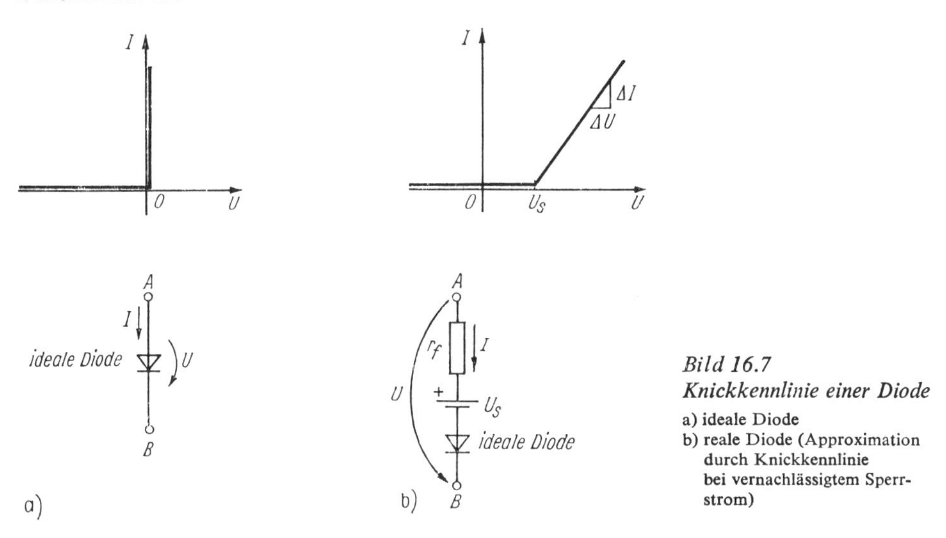

Bild 16.7
Knickkennlinie einer Diode
a) ideale Diode
b) reale Diode (Approximation durch Knickkennlinie bei vernachlässigtem Sperrstrom)

Vor allem in der Meßtechnik interessiert die Frage, ob die Ausgangsspannung einer Gleichrichterschaltung proportional zum Spitzenwert, zum arithmetischen Mittelwert oder zum Effektivwert der gleichzurichtenden Wechselspannung ist. Je nach Schaltungsstruktur bzw. -dimensionierung und Signalamplitude lassen sich *Spitzengleichrichter, Mittelwertgleichrichter* (lineare Gleichrichter) und *Effektivwertgleichrichter* (quadratische Gleichrichter) realisieren. Bei sinusförmigen Wechselspannungen, deren Amplitude groß ist gegenüber der Schleusenspannung der Dioden sind Einweg- und Zweiweggleichrichter ohne Glättungskondensator Mittelwertgleichrichter. Mit genügend großem Glättungskondensator sind sie dagegen Spitzenwertgleichrichter.

Eine spezielle Gruppe von Gleichrichterschaltungen bilden die *Spannungsverdopplerschaltungen.* Sie finden auch zur Spitze–Spitze-Messung von Wechselspannungen Anwendung.

In der Meßtechnik werden *phasenempfindliche Gleichrichterschaltungen* verwendet, beispielsweise zur phasenrichtigen Gleichrichtung in Modulationsverstärkern (Abschnitt 11.6.2.).

A-, B- und C-Betrieb. Im Abschnitt 7.1.1. unterscheiden wir zwischen A-, B- und C- Betrieb eines Transistors. Analog hierzu werden auch Gleichrichterschaltungen nach diesem Merkmal klassifiziert. Kennzeichen der genannten Betriebsarten sind:

A-Gleichrichtung. Die Diode wird stets im Durchlaßbereich betrieben; ohne Wechselsignal fließt der Ruhestrom $I_A > 0$ durch die Diode; Stromflußwinkel 360°; geeignet für quadratische Gleichrichtung; kleine Signale.

B-Gleichrichtung. Die Diode wird ohne Wechselsignal an der Grenze zwischen Durchlaß- und Sperrbereich betrieben; der Ruhestrom beträgt $I_A \approx 0$; Stromflußwinkel 180°; lineare Gleichrichtung, falls kein Glättungskondensator verwendet wird.

C-Gleichrichtung. Die Diode wird ohne Wechselsignal im Sperrbereich betrieben; der Ruhestrom beträgt $I_A \approx 0$; Stromflußwinkel $<180°$, meist $\ll 90°$; Spitzengleichrichtung mit Glättungskondensator.

16.3.2. Gleichrichterschaltungen für kleine Signale

Um kleine Signale vom mV-Bereich präzise gleichrichten zu können, werden die Gleichrichterdioden nach dem Prinzip der „idealen“ Diode in den Gegenkopplungskreis von OV-Schaltungen einbezogen.

Einweggleichrichter (Bild 16.8). Bei negativer Eingangsspannung arbeitet die Schaltung als invertierende OV-Grundschaltung mit der Verstärkung $u_A/u_E \approx -R_2/R_1$. D_2 leitet, D_1 sperrt. Die Flußspannung von D_2 ($U_{FD} \approx 0{,}7$ V) wirkt wie eine „Eingangsoffsetspannung“ U_{FD}/V und ist bei genügend großer Verstärkung des OV vernachlässigbar (Hinweis: bei höheren Frequenzen wird V kleiner!). Bei positiver Eingangsspannung leitet D_1 und sperrt D_2. Das Ausgangspotential liegt nahezu auf Masse. D_1 sorgt dafür, daß der Verstärker nicht in den Übersteuerungsbereich gelangt und dadurch schlechtes dynamisches Verhalten zeigt (Erholzeit).

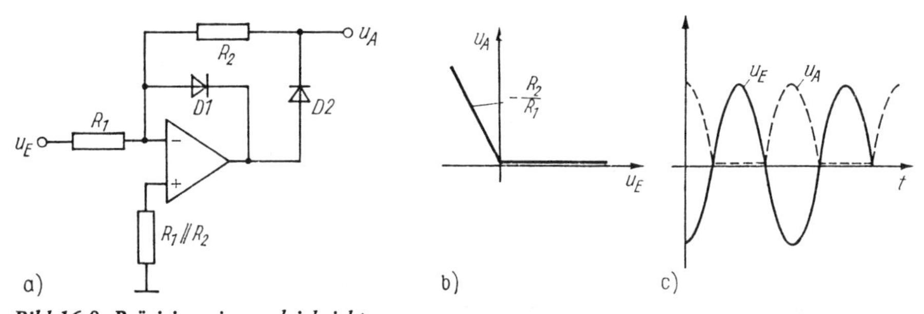

Bild 16.8. ***Präzisionseinweggleichrichter***

a) Schaltung; b) Übertragungskennlinie für idealen OV; c) Eingangs- und Ausgangsspannung bei Sinusaussteuerung

Der Stromübergang von einer Diode zur anderen während der Aussteuerung kann nicht schneller erfolgen, als es die Slew Rate des OV zuläßt. Hierdurch ist die Anwendbarkeit dieser Schaltung und auch der übrigen Schaltungen dieses Abschnitts auf niedrige und mittlere Frequenzen beschränkt (bis etwa 100 kHz, je nach OV-Typ). Die Schaltung läßt sich auch am nichtinvertierenden OV-Eingang ansteuern und hat dann höheren Eingangswiderstand.

Zweiweggleichrichter. Bei schwimmender Last ist die Schaltung nach Bild 16.9 mit einem Brückengleichrichter im Gegenkopplungskreis eine einfache Möglichkeit zur Realisierung eines präzisen Zweiweggleichrichters. Bei positiven Eingangsspannungen fließt der Eingangsstrom $i_E \approx u_E/R$ durch den Vorwiderstand R, durch die Diode D_1, den Lastwiderstand (Instrument) und die Diode D_4 zum OV-Ausgang und von dort nach Masse bzw. zur Betriebsspannungsquelle. Bei negativen Eingangsspannungen fließt er vom OV-Ausgang durch D_2, die Last, durch D_3 und den Vorwiderstand R. Bei beiden Eingangspolaritäten wird also der Lastwiderstand in gleicher Richtung von Strom durchflossen, d.h., es gilt $i_A \approx |u_E|/R$. Die Nichtlinearität der Diode wird nahezu völlig ausgeglichen, solange $|u_E| \gg |u_D|$ ist.

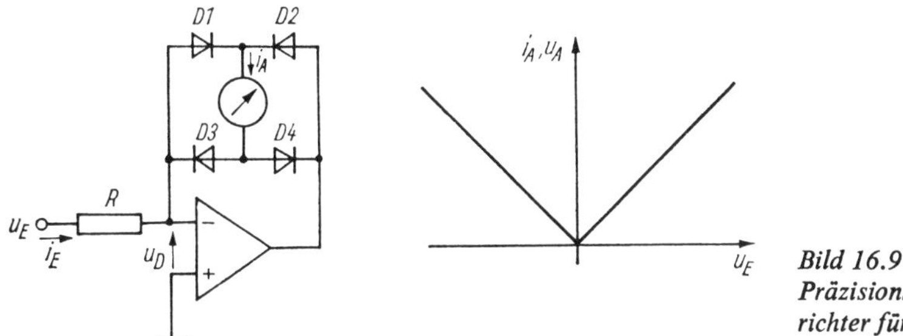

Bild 16.9
Präzisionszweiweggleichrichter für schwimmende Last

Die Ansteuerung kann auch am nichtinvertierenden OV-Eingang erfolgen. Dann fließt der Laststrom nicht durch die Signalquelle.

Bei einseitig mit dem Bezugspotential verbundener Last läßt sich eine Zweiweggleichrichterschaltung durch Zusammenschalten eines Präzisionseinweggleichrichters nach Bild 16.8a mit einem Umkehraddierer realisieren (Bild 16.10).

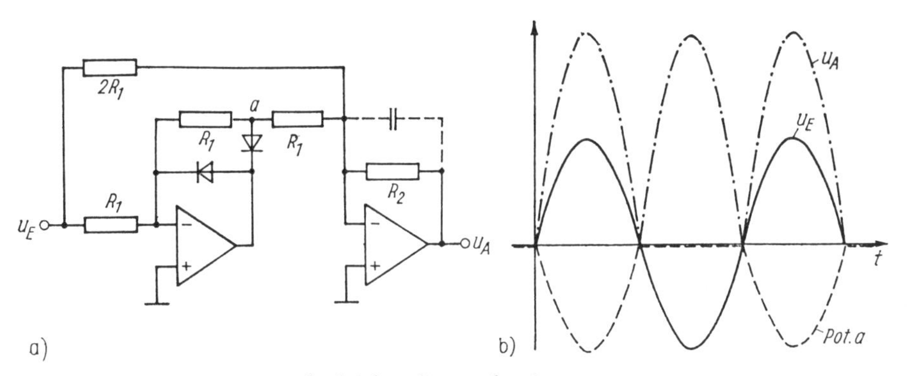

Bild 16.10. Präzisionszweiweggleichrichter für geerdete Last
a) Schaltung; b) Zeitverlauf für Sinusaussteuerung

Das bietet gleichzeitig den Vorteil eines niedrigen Ausgangswiderstandes. Am Punkt a tritt bei positiven Eingangsspannungen $u_E > 0$ die gegenüber der Eingangsspannung u_E invertierte Ausgangsspannung des Einweggleichrichters auf. Sie wird im anschließenden Umkehraddierer zur halben Eingangsspannung addiert.

Für *negative* Eingangsspannungen ist das Potential am Punkt a gleich Null. Die Ausgangsspannung beträgt $u_A \approx -(R_2/2R_1)\,u_E$. Für positive Eingangsspannungen tritt am Punkt a die invertierte Eingangsspannung auf. Sie erzeugt den Anteil $u_{A1} = (R_2/R_1)\,u_E$.

Zusätzlich erhält die Ausgangsstufe über $2R_1$ die Eingangsspannung zugeführt. Diese bewirkt den Anteil

$$u_{A2} = -\frac{R_2}{2R_1} u_E .$$

Folglich beträgt die Ausgangsspannung

$$u_A = u_{A1} + u_{A2} = u_E \left[\frac{R_2}{R_1} - \frac{R_2}{2R_1} \right] = u_E \frac{R_2}{2R_1} .$$

Für beliebige Eingangsspannungen gilt daher

$$u_A = |u_E| \frac{R_2}{2R_1} .$$

In Reihe zu den nichtinvertierenden OV-Eingängen können zusätzlich Widerstände zur Verringerung des Ruhestromeinflusses geschaltet werden. Die Ausgangsstufe kann gleichzeitig eine Glättung der gleichgerichteten Wechselspannung übernehmen, wenn parallel zu R_2 ein Kondensator C geschaltet wird.

Durch geeignete Wahl des Verhältnisses R_2/R_1 kann die Schaltung bequem kalibriert werden (Beispiel: Umrechnung zwischen Effektivwert und arithmetischem Mittelwert bei rein sinusförmigen Eingangsgrößen).

In einem weiteren Beispiel zeigt Bild 16.11 eine dimensionierte Präzisionszweiweggleichrichterschaltung mit hochohmigem Eingang. Die beiden Widerstände R_1 müssen gut übereinstimmen. Bei positiver Eingangsspannung leitet D_2, und D_1 ist gesperrt. V_1 und V_2 wirken als Spannungsfolger. Für negative Eingangsspannung leitet D_1, und D_2 ist gesperrt. V_1 wirkt als Spannungsfolger, und V_2 wirkt als Präzisionsinverter.

Die Schaltung realisiert Zweiweggleichrichtung für Eingangsspannungen bis zu ± 10 V und Frequenzen ≤ 20 kHz.

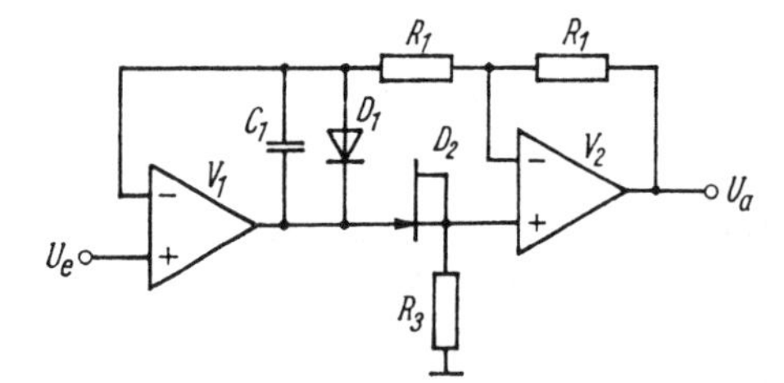

Bild 16.11
Präzisionszweiweggleichrichterschaltung mit hoher Geschwindigkeit
V_1, V_2: Doppel-OV OP-27 (s. Tafel 11.3); D_2: als Diode geschalteter SFET 2 N 4393; $R_1 = 1\,\text{k}\Omega$, $C_1 = 30$ pF, $R_3 = 2\,\text{k}\Omega$; es muß gelten $U_{F1} < U_{F2}$ (Durchlaßspannung)

Im Interesse der dynamischen Stabilität ist auf gute kapazitive Abblockung der Betriebsspannungszuführungen und auf geringe kapazitive Belastung zu achten. Niederohmige Dimensionierung von R_1 ($\approx 1\,\text{k}\Omega$) verringert den Einfluß von Streukapazitäten.

Betragsbildung. Wie wir aus Bild 16.10 erkennen, stellt der Zweiweggleichrichter gleichzeitig eine Schaltung zur Betragsbildung dar. Falls nicht die Ausgangs*spannung*, sondern der Ausgangs*strom* interessiert, eignet sich die Schaltung nach Bild 16.11. Infolge der Gegenkopplung stellt sich der Ausgangsstrom I_A so ein, daß die Differenzeingangsspannung beider OV gegen Null geht und folglich der Spannungsabfall über R nahezu exakt gleich der Eingangsspannung ist: $I_A R \approx |U_E|$. Der Ausgangsstrom I_A fließt stets in einer Richtung. Falls das Potential des Punktes 1 positiver ist als das von Punkt 1', leitet D_2, und der andere OV wirkt als Spannungsfolger. Auf diese Weise wird das Potential des Punktes a' dem des Punktes 1' nachgeführt. Entsprechend wird bei negativen Eingangsspannungen (Potential 1 negativer als Potential von 1′) das Potential des Punktes a dem des Punktes 1 nachgeführt. Obwohl der Strom durch R für unterschiedliche Polaritäten der Eingangsspannung U_E unterschiedliche Richtung hat, fließt der Ausgangsstrom I_A, bedingt durch die Gegentaktanordnung der beiden Transistoren T_1 und T_2, stets in Pfeilrichtung.

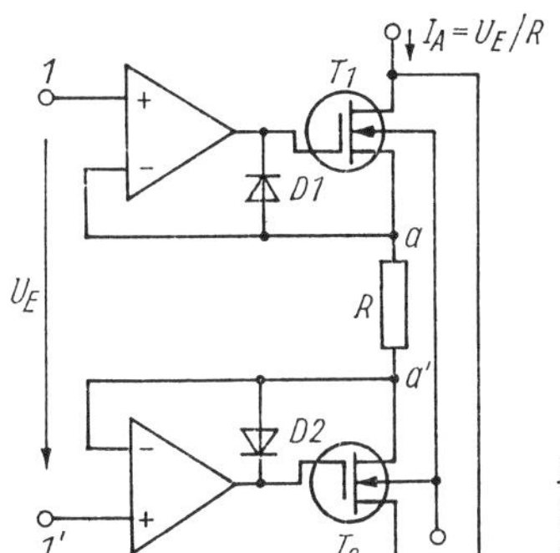

Bild 16.12
U-I-Wandler mit Betragsbildung und symmetrischem Eingang

Die Schaltung wandelt also den Betrag der Eingangsspannung in einen proportionalen Ausgangsstrom $I_A = |U_E|/R$ um. Sie weist gleichzeitig eine vorteilhafte Gleichtaktunterdrückung auf.

Spitzenwertgleichrichter. Schaltet man an den Ausgang der idealen Diodenschaltung von Bild 16.8a einen Kondensator, so entsteht ein Spitzenwertgleichrichter bzw. Spitzenwertdetektor (Bild 16.13).

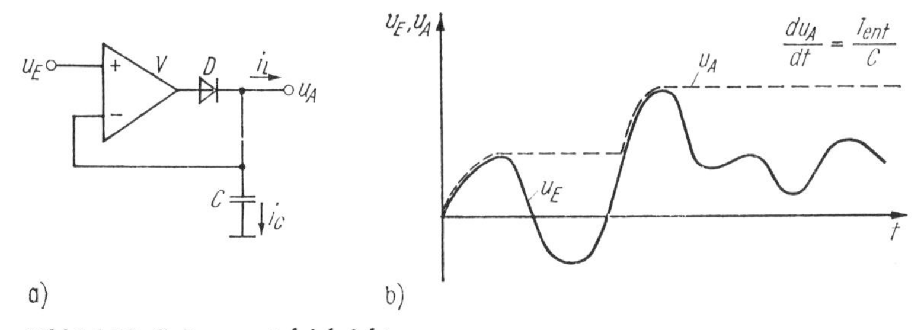

Bild 16.13. Spitzenwertgleichrichter

a) Schaltung; b) Zeitverlauf von u_E und u_A (I_{ent}: Entladestrom durch C bei gesperrter Diode)

Immer, wenn das Potential der Eingangsklemme positiver ist als das Ausgangspotential, wird die Diode leitend, und der Ausgangsstrom des OV lädt den Kondensator so weit auf, bis wieder $u_A \approx u_E$ gilt. Wenn im Anschluß daran das Potential von u_E sinkt, sperrt die Diode, C entlädt sich über den Sperrwiderstand der Diode und außerdem infolge des in den invertierenden OV-Eingang fließenden Eingangsruhestroms sowie des Laststroms i_L. Wenn diese Ströme sehr klein sind, speichert der Kondensator den unmittelbar vorausgegangenen positiven und bei umgepolter Diode den negativen Spitzenwert der Eingangsspannung. Ein geringer Fehler entsteht durch die endliche Eingangsdifferenzspannung und durch die Eingangsoffsetspannung des OV. Zur Eingangsoffsetspannung des OV addiert sich der Anteil U_{FD}/V der Diodenflußspannung (vgl. Abschnitt 16.1.). Niederohmige Lasten müssen über eine Trennstufe (Impedanzwandler, z.B. Spannungsfolger) mit hohem Eingangswiderstand (kleiner Eingangsruhestrom) angekoppelt werden, damit sich der Kondensator möglichst wenig entlädt.

Bei schnellem Signalwechsel tritt eine große Eingangsdifferenzspannung auf.

Einem plötzlichen positiven Eingangsspannungssprung kann die Ausgangsspannung nicht beliebig schnell folgen. Die maximale Spannungsanstiegsgeschwindigkeit der Ausgangsspannung $\mathrm{d}u_A/\mathrm{d}t$ ist durch die Slew Rate des OV begrenzt. Eine zusätzliche Begrenzung erfolgt durch den maximal verfügbaren Ausgangsstrom des OV, denn wegen $\mathrm{d}u_A/\mathrm{d}t = i_C/C$ gilt

$$\frac{\mathrm{d}u_A}{\mathrm{d}t} \leqq \left.\frac{\mathrm{d}u_A}{\mathrm{d}t}\right|_{max} = \frac{i_{C\,max}}{C} = \frac{I_{A\,max}}{C}.$$

$I_{A\,max}$ maximal zulässiger Ausgangsstrom des OV.

Gegebenenfalls muß an den OV-Ausgang eine Leistungsstufe (im einfachsten Fall ein Emitterfolger) angeschaltet werden, die einen genügend großen Ausgangsstrom liefert. Besondere Aufmerksamkeit ist der dynamischen Stabilität dieser stark gegengekoppelten Schaltung zu schenken, weil die kapazitive Last am Ausgang zusätzliche Phasendrehung bewirken kann.

Wenn man den Spitzenwert der Eingangsspannung zu bestimmten aufeinanderfolgenden Zeitpunkten erfassen will, muß der Kondensator C nach jeder Aufladung schnell entladen werden. Das läßt sich durch einen parallel liegenden Schalter (Bipolartransistor, FET) oder durch eine parallel liegende Stromquelle (Emitterschaltung mit Stromgegenkopplung) realisieren, die kurzzeitig „aufgetastet" werden.

Polaritätsumkehr. Bild 16.14 zeigt eine Schaltung, mit der in Abhängigkeit von einem Steuersignal ein Eingangssignal in gleicher oder entgegengesetzter Polarität zum Ausgang übertragen werden kann. Je nach dem Pegel des „Vorzeichensignals" ist der FET T_1 gesperrt oder stromführend ($U_{GS} = 0$).

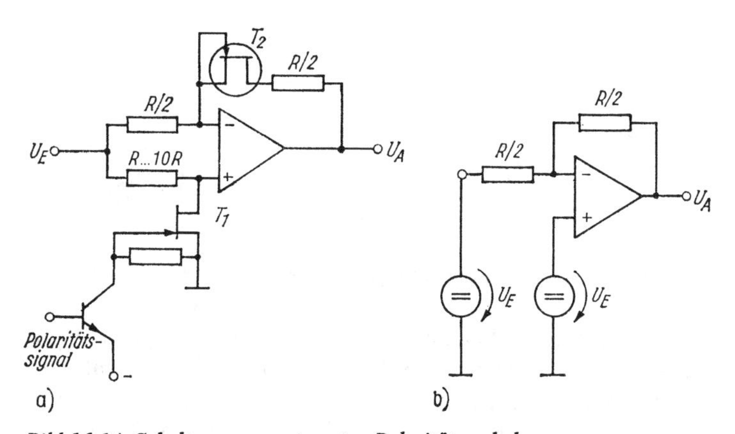

Bild 16.14. Schaltung zur gesteuerten Polaritätsumkehr

a) Schaltung; b) Ersatzschaltung zur Berechnung der Spannungsverstärkung bei gesperrtem Transistor T_1 (T_2 vernachlässigt)

Falls T_1 gesperrt ist, wirkt die Schaltung als Spannungsfolger mit der Spannungsverstärkung $U_A/U_E \approx 1$.

Wenn T_1 eingeschaltet ist, ist der nichtinvertierende OV-Eingang praktisch auf Massepotential, und die Schaltung wirkt als invertierender Verstärker mit der Spannungsverstärkung Eins. Der Transistor T_2 befindet sich auf gleicher Temperatur und hat weitgehend gleiche Daten wie T_1. Er kompensiert den endlichen Durchlaßwiderstand von T_1.

16.4. Abtast- und Halteschaltung (Sample and hold) [16.1]

Abtast- und Halteschaltungen sind Analogwertspeicher mit begrenzter Speicherzeit. Sie haben die Aufgabe, aus einem analogen Signal zu einer beliebigen Zeit den Momentanwert herauszugreifen (abzutasten, engl. sample) und bis zu einem anderen vorgegebenen Zeitpunkt zu halten (speichern). Typische Anwendungen sind Analog-Digital- und Digital-Analog-Umsetzer (z.B. in schnellen Datenerfassungssystemen), analoge Verzögerungsglieder und die Pulsamplitudenmodulationstechnik.

Das Prinzip zeigt Bild 16.15a. Während der Abtastperiode (Sample- bzw. Track-Betriebsart) schließt der Schalter S, und C lädt sich näherungsweise auf den am Ende der Abtastperiode vorhandenen Analogwert U_E auf. Wenn ein HOLD-Befehl (H-Pegel) am Steuereingang U_{st} auftritt, speichert die S/H-Schaltung die auf dem Speicherkondensator befindliche Spannung bis zum nächsten Sample- bzw. Track-Befehl. Falls die Schaltung überwiegend mit geschlossenem Schalter betrieben wird, spricht man von einer *Track-and-hold*-Schaltung. Die Steuereingänge sind üblicherweise für TTL-Pegel ausgelegt. Praktisch werden die Schaltungen mit Operationsverstärkern und mit FET-Schaltern realisiert. Durch die „Über-alles-Gegenkopplung" macht sich die Eingangsoffsetspannung von V_2 bei Schaltung b nicht bemerkbar.

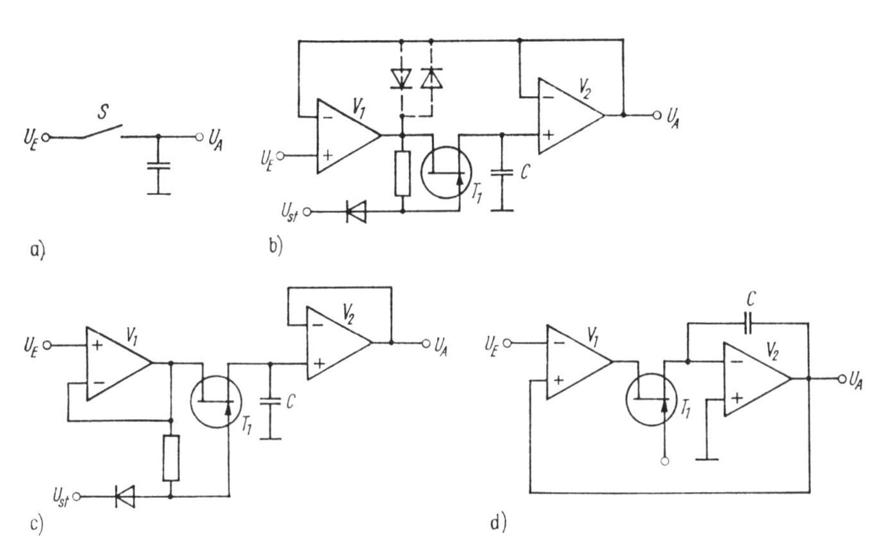

Bild 16.15. Abtast- und Halteschaltungen

a) Prinzip; b) mit gemeinsamer Gegenkopplung; c) mit getrennter Gegenkopplung; d) als Integratorschaltung

$$U_A = \begin{cases} U_E & \text{für } U_{st} > U_{E\,max} \\ \text{const} & \text{für } U_{st} < U_{E\,min} + U_P \end{cases}$$

U_P Schwellspannung von T_1

Die beiden antiparallel geschalteten Dioden verhindern zu starke Übersteuerung von V_1. Schaltung c ist dagegen schneller. Ihre Aufladezeitkonstante beträgt $\tau \approx (r_a + r_{on})\,C \approx r_{on}C$ (r_a Ausgangswiderstand des Spannungsfolgers V_1, r_{on} EIN-Widerstand von T_1). Die Abtast- und Halteschaltung kann auch als Integrator geschaltet werden (Bild 16.15d). Das hat den Vorteil, daß der Schalter T_1 einseitig an (virtuellem) Massepotential liegt (einfachere Ansteuerung von T_1).

Als Speicherkondensatoren müssen hochwertige Typen mit hohem Isolationswiderstand eingesetzt werden. Sie dürfen keine Nachladungserscheinungen aufweisen. Günstig sind Kondensatoren mit Polykarbonat-, Polyäthylen- oder Teflondielektrikum.

Falls sich C mit dem konstanten Strom I_{ent} (Eingangsruhestrom des OV und Sperrstrom durch den Schalter) entlädt, ändert sich seine Spannung während der Haltezeit t_S um $\Delta U = I_{ent}t_S/C$. Bei $I_{ent} = 10\,\mu A$ und $C = 10\,\mu F$ entlädt sich der Speicherkondensator während der Haltezeit um etwa 1 mV/s. Die zulässige Haltezeit hängt von der erforderlichen Genauigkeit der gespeicherten Spannung ab. Typische Werte: Sekunden bis Minuten.

Mit Vergrößerung von C wächst die Einschwingzeit und damit die erforderliche Abtastzeit.

Ein zusätzlicher Offsetfehler entsteht durch Schaltspitzen (Spikes) beim Schalten des FET infolge der Kapazität C_{gs} und evtl. C_{gd} [11.7]. Besonders beim Sperren des Schalters (Übergang von Abtasten auf Halten) ruft die über seine GS- (bzw. GD-)Strecke auf den Haltekondensator injizierte Ladung eine Spannungsänderung $\Delta U_A = \Delta Q/C$ hervor (Pedestal-Fehler). Sie läßt sich durch genügend große Speicherkapazität C meist klein halten, allerdings wächst dadurch die Einschwingzeit. Eine weitere Möglichkeit zur Reduzierung des entsprechenden Fehlers besteht in der Verwendung von Differenzschaltungen.

Als Schalter werden fast ausschließlich FET eingesetzt. SFET haben kleinere Durchlaßwiderstände ($<50\,\Omega$) als MOSFET. Bei letzteren kann das Substrat mitgeführt werden. Dadurch läßt sich der Sperrstrom durch den FET stark verringern (Bild 16.16b).

Besonders kurze Einstellzeiten (bis zu 20 ns) erzielt man unter Verwendung von Diodenschaltern nach Bild 16.16c.

Kenngrößen. Zur Beschreibung des statischen und dynamischen Verhaltens werden u. a. folgende Kenngrößen verwendet (Bild 16.17):

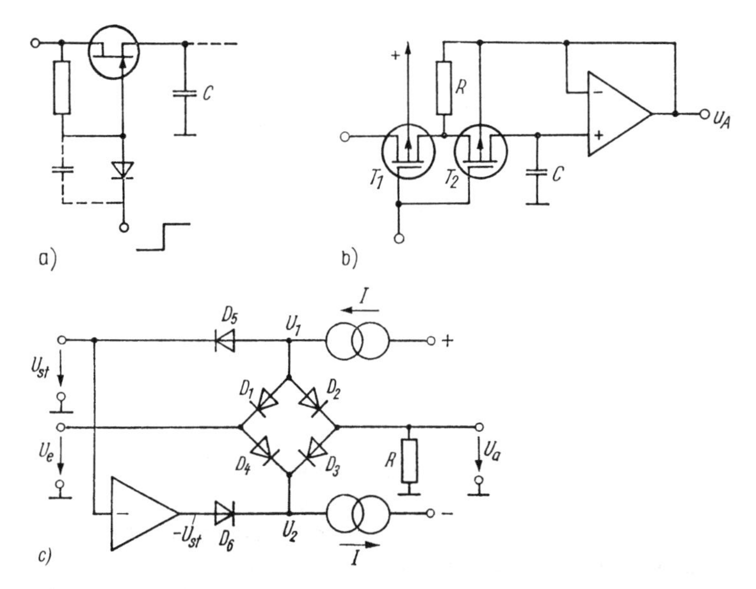

Bild 16.16. Realisierung des Schalters

a) mit SFET; b) mit zwei MOSFET in Serie, T_2 isoliert C von T_1; $R \approx 0{,}1 \ldots 1\,M\Omega$ (Leckstromkompensation); c) Serienschalter mit Dioden [3]

Einstellzeit (aquisition time). Zeitintervall zwischen der Flanke des Steuersignals SAMPLE (Beginn der Sample-Phase) und dem Zeitpunkt, zu dem die Ausgangsspannung U_A bis auf eine Abweichung von $\pm$ 0,01 % oder 0,1 % eingeschwungen ist; wird in der Regel bei maximaler Eingangsspannung angegeben. Der kritischste Fall liegt vor, wenn sich die Eingangsspannung zwischen zwei aufeinanderfolgenden Abtastungen über den gesamten Eingangsspannungsbereich ändert.

Aperturzeit t_A (auch aperture delay genannt). Zeitintervall zwischen dem Anlegen eines HOLD-Befehls und dem völligen Öffnen des Schalters.

Apertur-Jitter Δt_A. Der Schwankungsbereich der Aperturzeit. Er bestimmt letzten Endes die maximale Eingangssignalfrequenz bzw. Anstiegsgeschwindigkeit, die für eine vorgegebene Genauigkeit verarbeitet werden kann, da der Übernahmezeitpunkt um Δt_A unsicher ist.

Haltedrift (droop rate). Die zeitliche Änderung der Ausgangsspannung während der HOLD-Phase (2 µV/ms ... 1 mV/ms).

Abtastrate (sample rate). Maximale Frequenz, mit der ein kompletter Abtast- und Haltevorgang bei vorgegebener Genauigkeit der Signalübertragung ablaufen kann.

Anstiegsrate (slew rate) S_r. Maximale Änderungsrate, die die Ausgangsspannung während der Track-(Sample-)Phase realisieren kann. S_r begrenzt die Bandbreite für volle Ausgangsleistung (full power bandwidth). Diese Kenngröße ist analog zum OV (Abschn. 11.5.). Die Spannungsänderung an C beträgt für $t \to 0$ im Bild 16.15c

$$\frac{\mathrm{d}u_C}{\mathrm{d}t} = \frac{\mathrm{d}}{\mathrm{d}t}\left[U_E\left(1 - \mathrm{e}^{-t/RC}\right)\right] = \frac{U_E}{RC} = \frac{I_{E\,max}}{C}.$$

$I_{E\,max}$ ist der maximale Strom durch C bei der Umladung; R ist der wirksame Aufladewiderstand. Typische Werte für $\mathrm{d}u_C/\mathrm{d}t$ 1 ... 500 V/µs.

Einschwingzeit (settling time track mode). Zeitintervall zwischen dem Anlegen eines Track-Befehls und dem Einschwingen der Ausgangsspannung bis auf definierte Abweichung vom Endwert.

Track-to-Hold-Settling: Zeitintervall zwischen dem HOLD-Befehl und dem Einschwingen der Ausgangsspannung bis auf ein definiertes Fehlerband (z. B. $\pm$ 0,01 %).

Durchgriff (feedthrough). Derjenige Betrag des analogen Eingangssignals, der zum Analogausgang während der HOLD-Phase gekoppelt wird; steigt mit zunehmender Eingangssignalfrequenz. Trotz des gesperrten Schalters kann z. B. über dessen Kapazität in der Speicherstellung ein geringer Teil der Eingangsspannung in den Ausgangskreis gelangen (proportional zur Eingangssignalfrequenz, umgekehrt proportional zu C wegen $\Delta U_A = \Delta U_E C_{DS}/C$). Das kann bei Multiplexbetrieb störend sein und u. U. erforderlich machen, daß der nächste „Kanal" erst an die Abtast- und Halteschaltung angeschlossen wird, nachdem das vorhergehende Signal verarbeitet ist.

Pedestal (hold pedestal, hold step ΔU_A*).* Unerwünschter Ausgangsspannungssprung, der beim Umschalten in die Hold-Phase infolge von Ladungseinkopplung während des Schaltvorgangs auftritt; auch Sample- bzw. Track-Hold-Offset genannt.

Gesamter Offset (in der HOLD-Phase). Differenz zwischen der analogen Eingangsspannung und der Ausgangsspannung, nachdem der HOLD-Befehl eingetroffen ist und alle Einschwingvorgänge abgeklungen sind. Beinhaltet alle internen Offsetgrößen einschließlich des HOLD-Pedestal.

Bei hohen dynamischen Anforderungen an die S/H-Schaltung muß die Betriebsspannung unmittelbar am Schaltkreis gut abgeblockt werden (z. B. je 2,2 µF induktivitätsarm zwischen + 15 V und Masse sowie zwischen − 15 V und Masse). Weiterhin ist auf kurze und induktivitätsarme Masseverbindung (getrennte Analog- und Digitalmasse) sowie auf geringe kapazitive Last am Ausgang zu achten.

Hohe Anforderungen werden auch an die OV gestellt: ausgezeichnetes dynamisches Verhalten, niedrige U_F, Drift und Ruheströme, große Bandbreite, hohe Slew-Rate, kurze Einschwingzeit.

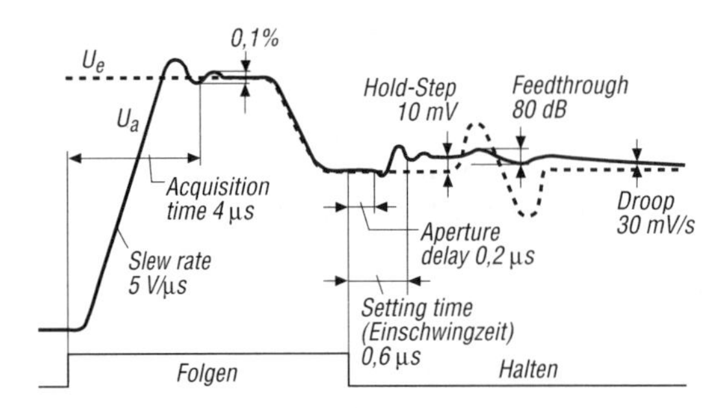

Bild 16.17. Zur Erläuterung der Kenndaten von Sample-(Track-) and Hold-Schaltungen; Zahlenwerte typisch für LF 398 mit einem Haltekondensator von 1 nF

Linearität (integrale und differentielle). Typischer Fehler: $<5 \cdot 10^{-3} \ldots 5 \cdot 10^{-5}$.
Sperrvermögen (feed through). Trotz des gesperrten Schalters kann z.B. über dessen Kapazität in der Speicherstellung ein geringer Teil der Eingangsspannung in den Ausgangskreis gelangen (proportional zur Eingangssignalfrequenz, umgekehrt proportional zu C). Das kann bei Multiplexbetrieb störend sein und u. U. erforderlich machen, daß der nächste „Kanal" erst an die Abtast- und Halteschaltung angeschlossen wird, nachdem das vorhergehende Signal verarbeitet ist.
Industrielle Beispiele. *LF 198/298/398* (allgemeine Anwendungen, Einschwingzeit 4 µs auf 0,1 %); *NE 5080* (höhere Genauigkeit und Geschwindigkeit als LF 398, 12 ... 14 bit, Einschwingzeit 1 µs auf 0,01 %); *AD 781:* Speicherkondensator intern, Einschwingzeit 0,6 µs, Genauigkeit 12 bit, $S_r = 60$ V/µs, Dachabfall 10 mV/s, BiMOS-Technologie; *SHG 601* (Burr Brown): ultraschneller *S/H*-Verstärker, Anwendung in 12-bit-Datenerfas-

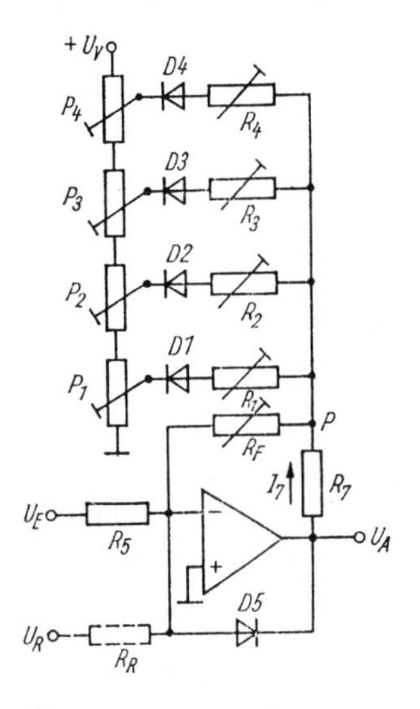

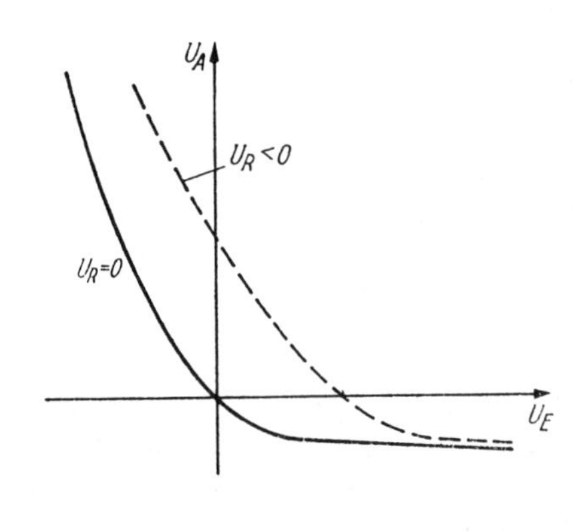

Bild 16.18. Erzeugung nichtlinearer Funktionen
a) einfache Schaltung mit Dioden, Übertragungskennlinie;

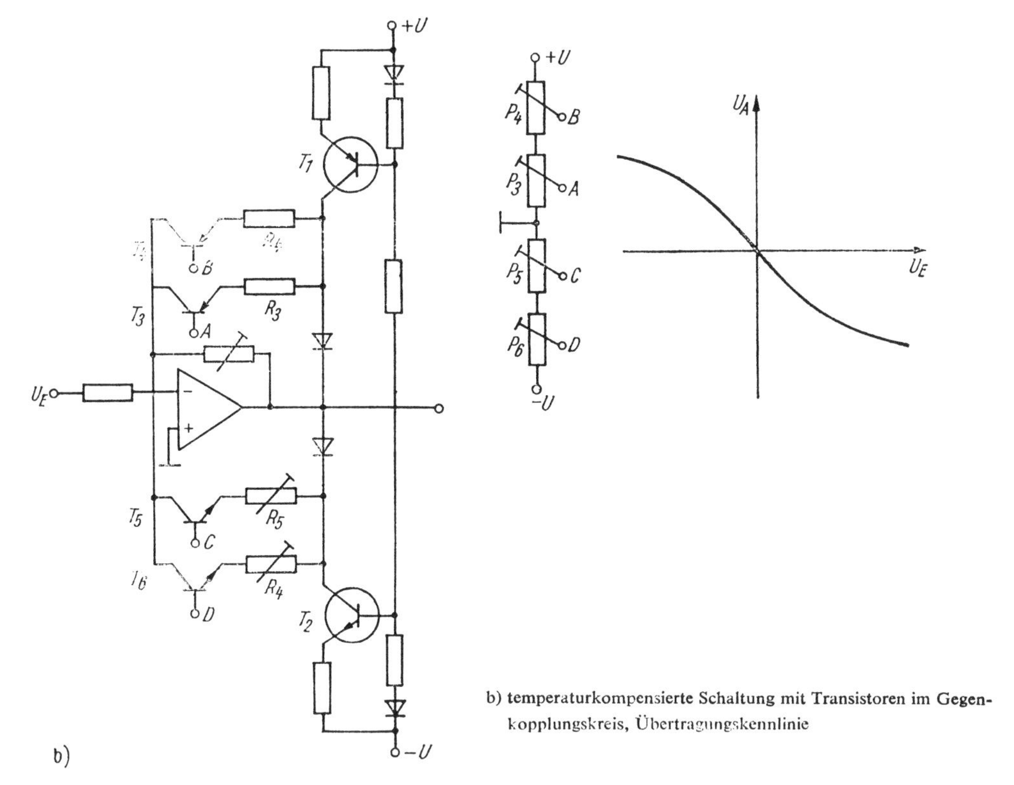

b) temperaturkompensierte Schaltung mit Transistoren im Gegenkopplungskreis, Übertragungskennlinie

sungssystemen mit sehr hoher Abtastrate und in Signalverarbeitungssystemen; Abtastrate 100 MHz, Apertur-Jitter nur 0,9 ps, Acquisitionszeit 8 ns auf 1 %, 12 ns auf 0,1 % FSR, $S_r = 350$ V/µs, Einsatzgebiete: Radar, Video, digitaler Rundfunk, Kommunikationsanwendungen.

16.5. Diodenfunktionsgeneratoren

Nahezu beliebige nichtlineare Funktionen lassen sich mit Hilfe vorgespannter Dioden im Gegenkopplungskreis eines OV erzeugen (Approximation durch Geradenstücke). Bereits mit wenigen Segmenten erzielt man hohe Genauigkeit (Fehler im ‰-Bereich bei Realisierung eines quadratischen Zusammenhanges mit vier Segmenten). Mit geeignet geschalteten Dioden kann eine Temperaturkompensation erfolgen.

Im Bild 16.18a werden beim Anlegen negativer Eingangsspannungen nacheinander die Dioden D_1 bis D_4 leitend und schalten jeweils einen Zusatzwiderstand von P nach Masse, der die Gegenkopplung verringert, d.h. den Verstärkungsfaktor in Abhängigkeit von der Aussteuerung erhöht. Das bewirkt die steiler als linear ansteigende Übertragungskennlinie. Bei negativer Ausgangsspannung wird D_5 leitend und hält die Ausgangsspannung U_A auf etwa $-0{,}7$ V konstant.

Durch Addition einer zusätzlichen Eingangsspannung U_R läßt sich der Nullpunkt der Kennlinie in weiten Grenzen in Richtung der Abszissenachse verschieben. Typisch für diese und ähnliche Schaltungen ist, daß

- sich die Knickpunkte durch die Vorspannung der Dioden ($P_1 \ldots P_4$) verschieben lassen und

- die Steigung der Geradenabschnitte durch Widerstände in Reihe zu den Dioden verändert (R_1 ... R_4) wird.

Bild 16.18b zeigt eine Schaltung mit Temperaturkompensation. D_1 und D_2 (Transistor mit B-C-Kurzschluß) dienen in Verbindung mit den beiden Konstantstromquellen T_1 und T_2 zur Kompensation der Temperaturabhängigkeit der Durchlaßspannung der Basis-Emitter-Dioden von T_3 ... T_6. Wenn sich D_1, D_2, T_3 ... T_6 auf gleicher Temperatur befinden und ihre TK übereinstimmen, sind die Emitterströme von T_3 ... T_6 temperaturunabhängig, falls die Basispotentiale konstant sind.

Die Schaltung im Bild 16.18b wirkt im Prinzip wie Schaltung a, jedoch werden mit zunehmender Ausgangsamplitude nacheinander T_3 und T_4 bzw. T_5 und T_6 leitend, wodurch sich der Gegenkopplungsgrad vergrößert. Die Knickpunkte in der Übertragungskennlinie lassen sich durch das Basispotential von T_3 ... T_6 (P_3 ... P_6), die Steigung der Geradenabschnitte durch Verändern von R_3 ... R_6 einstellen. Sie läßt sich so abgleichen, daß eine Dreieckspannung mit einer Ungenauigkeit $\lessapprox 0{,}5\,\%$ in eine Sinusspannung umgewandelt wird. Dabei wirkt sich die Rundung der Diodenkennlinien günstig aus („Abrundung" der Ecken).

Eine dimensionierte Schaltung, die auf dem gleichen Prinzip beruht, zeigt Bild 18.19 (S. 483). Die Schaltung formt aus einer dreieckförmigen Eingangssignalfolge (20 V_{ss}) eine sinusförmige Ausgangssignalfolge. Die beiden Operationsverstärker V_1 und V_2 sorgen für konstante Referenzspannung an den Diodennetzwerken. Die einstellbaren Dioden werden in Abhängigkeit von der Amplitude des Eingangssignals ein- bzw. ausgeschaltet. Hierdurch wird die Verstärkung der Ausgangsstufe umgeschaltet. Die Dreieckspannung am Eingang kann von einem Digital-Analog-Umsetzer geliefert werden.

16.6. Analogkomparatoren (Spannungskomparatoren)

Spannungskomparatoren haben die Aufgabe, eine Eingangsspannung U_E mit einer Referenzspannung U_R zu vergleichen und das Ergebnis dieses Vergleiches am Ausgang trägheitslos zu signalisieren. Die Linearität zwischen Eingangs- und Ausgangsspannung ist dagegen nicht von Interesse.

Analogkomparatoren wirken als Interface zwischen analogen und digitalen Funktionseinheiten. Das amplitudenanaloge Eingangssignal (Spannung) wird in ein binäres Ausgangssignal (Spannung) umgewandelt. Am Ausgang tritt entweder H-Pegel (High-Pegel, hohes Potential) oder L-Pegel (Low-Pegel, niedriges Potential) auf.

Der beschriebene Vergleich zweier Spannungen läßt sich auch mit einem Operationsverstärker realisieren. Oft ist es jedoch zweckmäßiger, speziell für diesen Zweck entwickelte Komparatorschaltkreise (integrierte Schaltkreise) zu verwenden, da diese bessere dynamische Eigenschaften aufweisen. Komparatorschaltkreise sind spezielle Verstärker, die genau wie Operationsverstärker einen Differenzeingang und einen unsymmetrischen Ausgang aufweisen. Im Vergleich zu Operationsverstärkern haben sie zwar kleinere Spannungsverstärkung (Komparatoren werden in der Regel nicht gegengekoppelt, deshalb kann V_0 kleiner sein), jedoch kürzere Umschalt-, Einschwing- und Erholzeiten.

Diese günstigen dynamischen Eigenschaften werden u.a. dadurch möglich, daß

- durch die kleinere Leerlaufverstärkung eine größere Bandbreite erzielt wird ($V \cdot B \approx$ const),
- Komparatoren in der Regel nicht gegengekoppelt werden und folglich bandbreiteverringernde Maßnahmen zur Gewährleistung der dynamischen Stabilität entfallen können.

Typische Komparatoranwendungen sind Schwellwertschalter (Pegeldetektoren), Fensterdiskriminatoren, Gleichrichterschaltungen für kleine Signale, Schmitt-Trigger und andere Kippschaltungen, die u.a. zur Flankenversteilerung und zur Umwandlung sinusförmiger Spannungen in eine Rechteckfolge angewendet werden.

16.6.1. Statisches Verhalten

Ein idealer Komparator realisiert folgende Abhängigkeit zwischen der analogen Eingangsgröße und der binären (zweiwertigen) Ausgangsgröße:

$U_P - U_N > 0$: $U_A = U_{AH}$ (hoher Ausgangspegel: High-Pegel)

$U_P - U_N < 0$: $U_A = U_{AL}$ (niedriger Ausgangspegel: Low-Pegel)

U_{AH} maximale Ausgangsspannung (näher an $+\infty$)
U_{AL} minimale Ausgangsspannung (näher an $-\infty$).

Wenn beide Eingangsspannungen gleich sind, ist die Ausgangsspannung des idealen Komparators gleich Null. Bei unterschiedlichen Eingangsspannungen wird der Komparator übersteuert, und die Ausgangsspannung nimmt ihren positiven oder negativen Sättigungswert U_{AH} bzw. U_{AL} an.

Infolge der endlichen Verstärkung (typische Werte: $10^3 \ldots 10^4$) und der Eingangsoffsetspannung U_F (typisch: mV-Bereich) weicht die reale Übertragungskennlinie vom idealen Verlauf ab (Bild 16.19). Die Ausgangsspannung des realen Komparators wird also nicht bei Gleichheit der beiden Eingangsspannungen gleich Null, sondern bei $U_P = U_N + U_F$! Bei hohen Genauigkeitsforderungen an die Umschaltschwelle ist es zweckmäßig, die Offsetspannung U_F wie beim Operationsverstärker auf Null abzugleichen. Eine zusätzliche Eingangsoffsetspannung entsteht wie bei OV-Schaltungen durch den endlichen Eingangsruhestrom des Komparators.

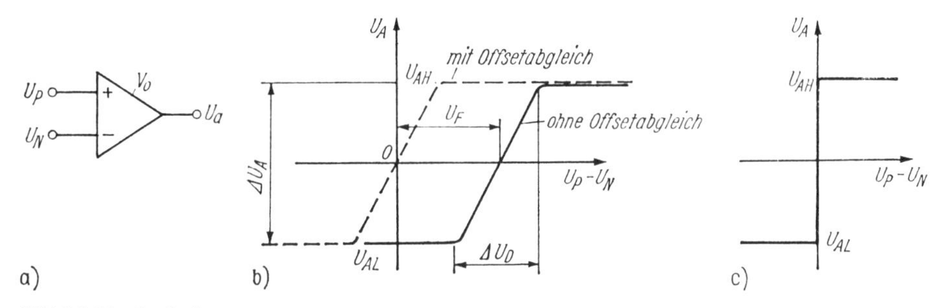

Bild 16.19. Analogkomparator

a) Symbol; b) statische Übertragungskennlinie $\Delta U_A/\Delta U_D = V$ (Großsignalspannungsverstärkung), typ. $V \approx 10^3 \ldots 10^4$; c) statische Übertragungskennlinie des idealen Komparators

Die Ausgangsstufe des Komparators ist meist so ausgelegt, daß sie mit den Logikpegeln mehrerer digitaler Schaltkreisfamilien kompatibel ist. Das bedeutet, daß digitale Schaltkreise ohne Zwischenschalten weiterer Elemente vom Komparatorausgang ansteuerbar sind. Häufig ist der Komparatorausgang mittels eines Strobe-Anschlusses abschaltbar. Bei abgeschaltetem Ausgang ist der Ausgang hochohmig. Das hat einige Vorteile: Mehrere Komparatorausgänge lassen sich auf eine gemeinsame „Bus"-Leitung schalten. Hierbei wird stets nur ein Ausgang aktiviert, die übrigen sind hochohmig und beeinflussen den Ausgang des angeschlossenen aktiven Komparators nicht. Ein weiterer

Vorteil ist die Unterdrückung unerwünschter Einschwingvorgänge beim Umschalten bzw. eines mehrfachen Hin- und Herkippens bei langsam veränderlichen Eingangsspannungen.

16.6.2. Dynamisches Verhalten

Komparatoren sollen häufig einen schnellen Spannungsvergleich ermöglichen, damit das Ausgangssignal weitgehend trägheitslos zur Verfügung steht und bei schnellen Eingangssignaländerungen die Triggerschwelle nicht verfälscht wird. Da Operationsverstärker in der Regel ungünstigere dynamische Eigenschaften haben als spezielle Komparatorschaltkreise, sind sie für einen schnellen Spannungsvergleich wenig geeignet. Falls es jedoch nicht auf ein schnelles Ansprechen ankommt, sondern auf möglichst niedrige Spannungsdrift der Komparatorschwelle, können Operationsverstärker in Komparatorschaltungen sogar überlegen sein.

Bild 16.20 erläutert das dynamische Verhalten eines Komparatorschaltkreises. Beim Anlegen eines Rechtecksprunges an den Eingang beginnt die Ausgangsspannung erst nach Ablauf der *Totzeit* (typischer Wert: 100 ns) ihren Zustand zu ändern. Die Anstiegs- und Abfallzeit der Ausgangsspannung (typischer Wert: 200 ns) sind meist umgekehrt proportional zur übersteuernden Eingangsspannung. Übersteuerung wirkt sich also günstig hinsichtlich steiler Schaltflanken der Ausgangsspannung aus.

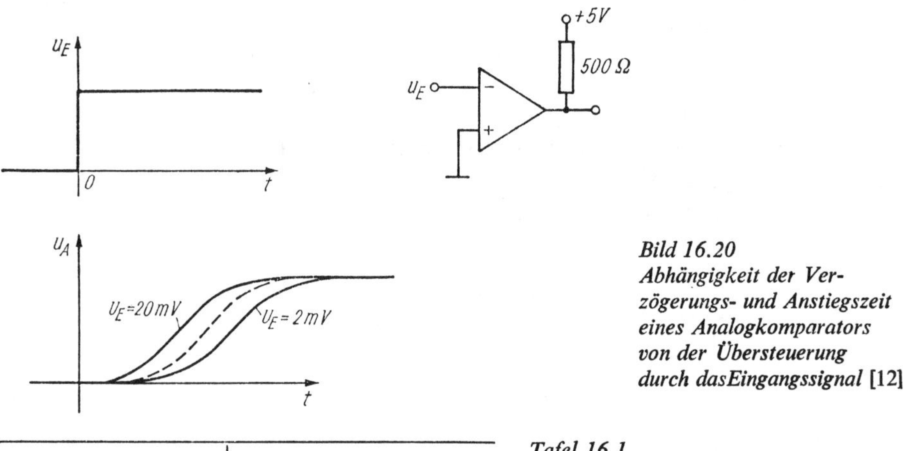

Bild 16.20
Abhängigkeit der Verzögerungs- und Anstiegszeit eines Analogkomparators von der Übersteuerung durch das Eingangssignal [12]

Tafel 16.1
Hauptunterschiede zwischen Operationsverstärkern und Analogkomparatoren
+ überlegen
– unterlegen

	Operationsverstärker	Komparator
Slew-Rate	–	+
Totzeit	–	+
Leerlaufverstärkung	+	–
Drift	+	–

Bei großen Eingangssignalen wird der Komparator übersteuert, und die Slew Rate bestimmt die Anstiegszeit des Ausgangssignals (vgl. Abschn. 11.5.).

Zur Erzielung guter dynamischer Schalteigenschaften werden beim Entwurf und bei der Dimensionierung von Komparatorschaltungen folgende Gesichtspunkte beachtet:

- relativ hohe Ruheströme im Arbeitspunkt,
- geeignet dotierte Transistoren mit geringer Ladungsträgerlebensdauer (Golddotierung),

- Vermeiden der Übersteuerung von Transistoren,
- möglichst kleine Zahl von Verstärkerstufen.

Die Hauptunterschiede zwischen Operationsverstärkern und Analogkomparatoren lassen sich gemäß Tafel 16.1 kurz zusammenfassen.

In der Regel werden Komparatorschaltkreise nicht frequenzkompensiert, da sie nicht gegengekoppelt betrieben werden.

Industrielle Beispiele: Hochgeschwindigkeitskomparator *NE/SE 5105* mit Ungenauigkeit von 0,04 lsb in 12-bit-Systemen mit 10-V-Signalbereich, Signallaufzeit 32 ns bei 5 mV Eingangssignal, $U_F \approx 100\ \mu V$ (1,5 μV/K), $I_F \approx 3$ nA, $V = 26000$, $P_V = 0{,}1$ W (Philips).
LT 1116: Komparator mit ultrahoher Geschwindigkeit (12 ns Verzögerungszeit), Differenzeingang, komplementären TTL-Ausgängen ($I_A < 10$ mA) mit Zwischenspeicher (Latch), wahlweise + 5 V oder ± 5 V Betriebsspannung, $V \approx 3000$, 8poliges Gehäuse. Weitere Daten: Eingangsoffsetspannung $U_F = \pm 3$ mV, Eingangsruhestrom $I_B < 20\ \mu A$, der Gleichtakteingangsspannungsbereich reicht von der negativen Betriebsspannung bis zu 2,5 V unterhalb der positiven Betriebsspannung; der Komparator verfügt über einen „Masse-Sense“-Anschluß und eignet sich vorzugsweise zur Überwachung und Erfassung von Signalen in der Nähe der negativen Betriebsspannung (die auch Null betragen kann). Anwendungen: Nulldurchgangsdetektoren, Hochgeschwindigkeitstrigger, Hochgeschwindigkeitsabtastschaltungen, Hochgeschwindigkeits-ADU, Stromüberwachung für Schaltregler, Leitungsempfänger, Spannungsfrequenzwandler, Quarzoszillatoren.
LT 1015: Dualer Hochgeschwindigkeitsleitungsempfänger im 8poligen Mini-DIP-Gehäuse mit 10 ns Verzögerungszeit, echtem Differenzeingang, Ausgangszwischenspeicher, nur eine + 5-V-Betriebsspannung erforderlich. Anwendungen: Hochgeschwindigkeitsdifferenz-Leitungsempfänger, Pulshöhen/-breitendiskriminatoren, Zeit- und Verzögerungsgeneratoren, analog-digitales Interface.
MAX 9686, 9698: Einfach- bzw. Zweifach-ECL-Komparatoren mit Differenzeingängen und TTL-Komplementärausgang. Die Verzögerungszeit beträgt nur 5,7 bzw. 6 ns. Betriebsspannung ± 5 V, $I_S = 16$ mA.

16.6.3. Komparatoranwendungen ohne Kippverhalten

Komparatoren können ohne und mit Rückkopplung (mit Hysterese) betrieben werden. Zunächst betrachten wir die erste Gruppe.

Als Komparatoreinheiten können sowohl integrierte Komparatorschaltkreise (bessere dynamische Eigenschaften) als auch OV (u. U. geringe Drift der Komparatorschwelle) verwendet werden. Bis auf wenige Ausnahmen enthalten diese Komparatorschaltungen keine Gegenkopplung. Eine Frequenzgangkompensation ist daher unnötig.

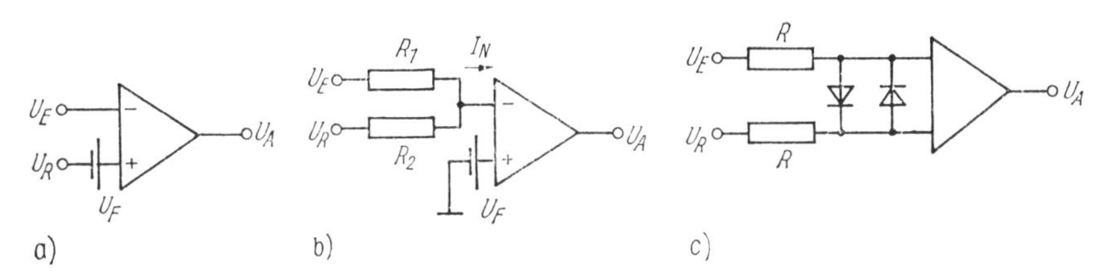

Bild 16.21. Die beiden Grundschaltungen zum Spannungsvergleich

a) Ansteuerung an getrennten Eingängen (Spannungsvergleich); b) Ansteuerung an einem Eingang (Stromvergleich); c) Begrenzung der Differenzeingangsspannung bei Schaltung a

Zwei Grundschaltungen zum Spannungsvergleich. Die beiden zu vergleichenden Eingangsspannungen können zwei getrennten Eingängen oder einem gemeinsamen Eingang zugeführt werden (Bild 16.21). Im Bild 16.21b erfolgt der Spannungsvergleich dadurch, daß die beiden Eingangsspannungen über je einen Vorwiderstand einen Strom in den Summationspunkt einspeisen. Die Eingangsdifferenzspannung des Komparators bzw. OV ist nur dann Null, wenn beide Ströme entgegengesetzt gleich sind (idealer OV), d.h., wenn $U_E/R_1 = -U_R/R_2$ gilt. In beiden Schaltungen dürfen die Komparatoreingänge vertauscht werden.

Bei Berücksichtigung der Eingangsoffsetspannung U_F des Komparators ergeben sich folgende Werte für die Umschaltschwelle ($U_A = 0$):

Variante a (Bild 16.21a)

$$U_E = U_R + U_F \tag{16.1}$$

Variante b (Bild 16.21b)

Aus $(U_E - U_F)/R_1 + (U_R - U_F)/R_2 = I_N$ folgt

$$U_E = -\frac{R_1}{R_2} U_R + U_F \left(1 + \frac{R_1}{R_2}\right) + I_N R_1 . \tag{16.2}$$

Beispiel eines Schwellwertdetektors. Im Bild 16.22 tritt bei unbeleuchteter Fotodiode ein hoher Ausgangspegel U_{AH} auf. Mit zunehmendem Fotostrom I_{Ph} steigt U_N. Schließlich wird $U_N > U_P$, und der Ausgang schaltet auf tiefen Pegel U_{AL} um. Der Einfluß des Eingangsruhestroms des Komparators läßt sich wie beim OV dadurch kompensieren, daß die zwischen beiden Eingängen und Masse bzw. Betriebsspannung liegenden Gleich-

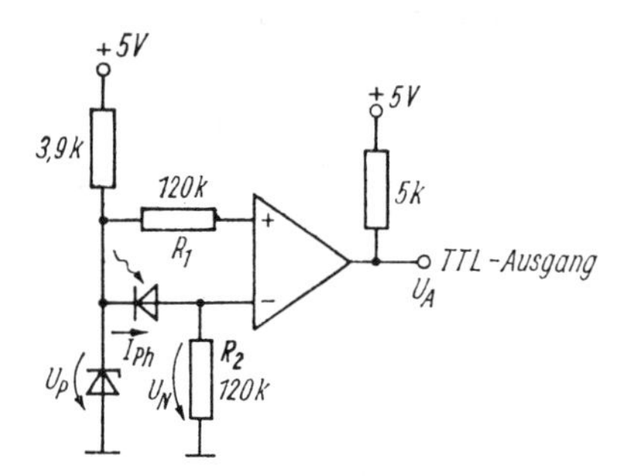

Bild 16.22
Präzisionspegeldetektor mit Fotodiode

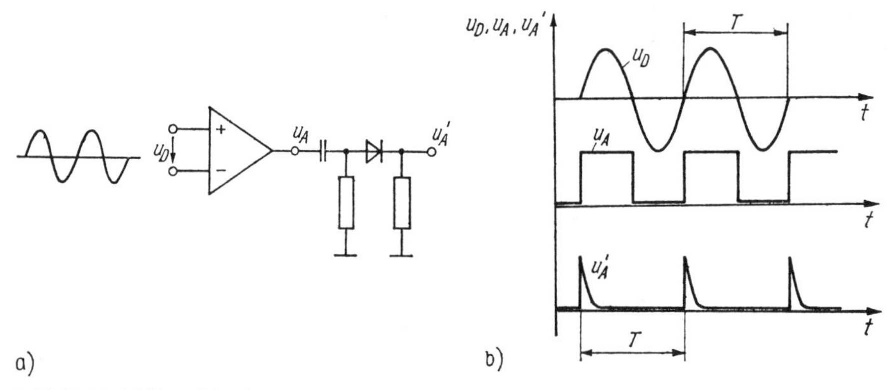

Bild 16.23. Nullpegeldetektor

a) Schaltung; b) Zeitverlauf der Eingangs- und Ausgangsspannung

stromwiderstände gleich sind. Diesem Zweck dienen die Widerstände R_1 und R_2. In der Dimensionierung nach Bild 16.22 schaltet der Komparator bei $I_{Ph} \approx 10\ \mu A$.

Nullpegeldetektor. Eine genügend große sinusförmige Eingangsspannung zwischen beiden Komparatoreingängen (z. B. $U_D >$ einige mV) erzeugt eine mäanderförmige Ausgangsimpulsfolge (Bild 16.23). Komparatoren eignen sich gut zur Umwandlung von Sinus- in Rechteckschwingungen. Die Anstiegsgeschwindigkeit der Ausgangsimpulse entspricht der Slew Rate des Komparatorschaltkreises.

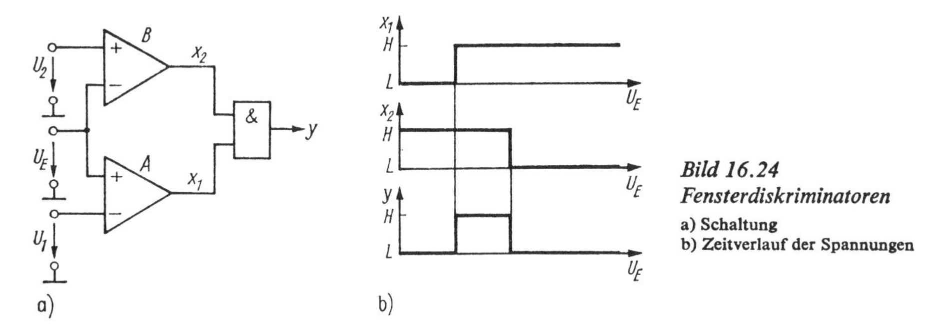

Bild 16.24
Fensterdiskriminatoren
a) Schaltung
b) Zeitverlauf der Spannungen

Fensterdiskriminator. Diese Schaltung soll signalisieren, ob das Eingangssignal innerhalb oder außerhalb eines einstellbaren Pegelbereiches liegt. Sie entsteht durch Kombinieren zweier Spannungskomparatoren (Bild 16.24). Komparator *A* vergleicht U_E mit der Referenzspannung U_1. Immer wenn $U_E > U_1$ ist, erscheint H-Pegel am Ausgang von Komparator *A*. Komparator *B* vergleicht U_E mit der größeren Referenzspannung U_2. Sein Ausgang nimmt nur dann H-Pegel an, wenn $U_E < U_2$ ist. Am Ausgang des UND-Gatters tritt hoher Pegel immer dann auf, wenn beide Komparatorausgangsspannungen hohen Pegel liefern. Das ist aber nur dann der Fall, wenn die Eingangsspannung innerhalb des Bereiches $U_1 < U_E < U_2$ liegt. Durch Verändern von U_1 und U_2 lassen sich die Fensterbreite und die Lage des Fensters über einen großen Pegelbereich verschieben.

Vermeiden der Übersteuerung. Üblicherweise werden die Komparatorschaltkreise zwischen der positiven und der negativen Übersteuerungsgrenze der Ausgangsspannung hin- und hergeschaltet. Durch den Betrieb im Übersteuerungsbereich tritt eine erhebliche Tot- und Erholzeit auf (0,1 bis zu einigen µs). Durch Begrenzen der Ausgangsspannung ähnlich zu Bild 16.6c (nichtlineare Gegenkopplung) läßt sich der Betrieb im Übersteuerungsbereich vermeiden. Allerdings ist eine Frequenzgangkompensation erforderlich, die u. U. den Vorteil des nichtübersteuerten Betriebes wieder zunichte machen kann.

16.6.4. Komparatoranwendungen mit Kippverhalten

Häufig sind dem Eingangssignal Rausch- oder andere Störsignale überlagert. Falls sich die Eingangsspannung in der Nähe des Umschaltpunktes zeitlich nur langsam ändert, bewirken diese verstärkten Störsignale u. U. ein mehrfaches undefiniertes Hin- und Herkippen. Diese Unbestimmtheit des Komparatorausgangssignals läßt sich durch Rückkoppeln der Komparatorschaltung vermeiden.

Falls die Rückkopplung positiv (*Mit*kopplung) und die Schleifenverstärkung größer ist als Eins, entsteht eine Schaltung mit Kippverhalten. Wegen der Gleichspannungskopplung kippt die Schaltung auch bei beliebig langsamem Anstieg bzw. Abfall der Eingangsspannung. Die Schaltung im Bild 16.25a nennt man auch Schmitt-Trigger-Schaltung (Erfinder der entsprechenden Röhrenschaltung).

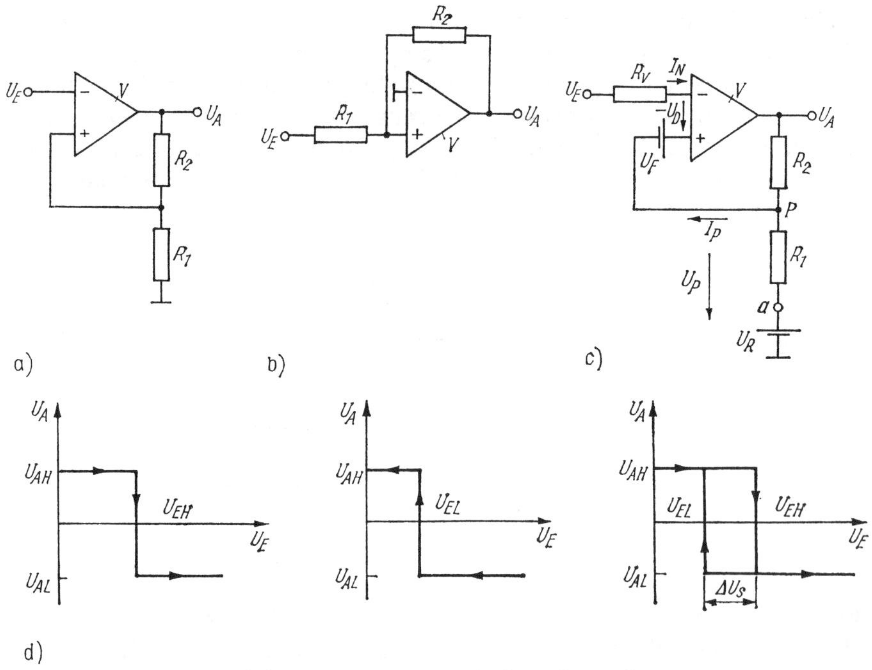

Bild 16.25.* *Komparatorschaltungen mit Hysterese (Schmitt-Trigger)

a) invertierender Schmitt-Trigger; b) nichtinvertierender Schmitt-Trigger (Minuseingang an Masse); c) allgemeine Struktur; d) statische Übertragungskennlinie zu c

Die zwei Grundschaltungen. Analog zu den beiden OV-Grundschaltungen lassen sich auch bei einem mitgekoppelten OV bzw. Komparatorschaltkreis in Abhängigkeit davon, ob das Eingangssignal dem invertierenden oder dem nichtinvertierenden Eingang zugeführt wird, zwei Grundschaltungen unterscheiden; die *invertierende* und die *nichtinvertierende* Grundschaltung (Bild 16.25). Die statische Übertragungskennlinie hat Ähnlichkeit mit einer Hysteresekurve. Als Folge der Mitkopplung treten ein oberer und ein unterer Schwellwert U_{EH} und U_{EL} auf. Die Differenz ist die *Schalthysterese* (Hysteresespannung) $\Delta U_S = U_{EH} - U_{EL}$. Eingangsspannungen, die kleiner sind als diese Hysterese, können den Schmitt-Trigger nicht hin- und herkippen, sondern ihn höchstens in eine Lage kippen, in der er verharrt. Wie wir noch feststellen werden, läßt sich die Hysterese nicht beliebig klein wählen, da sonst die Kippbedingung der Schaltung nicht mehr erfüllt ist. Zweckmäßig ist es, die Hysterese etwas größer zu wählen als die Amplitude der der Eingangsspannung überlagerten Störspannung. Dann wird die Triggerschaltung durch die Störspannung nicht ungewollt hin- und hergeschaltet.

Das Zustandekommen der typischen Übertragungskennlinie nach Bild 16.25d verfolgen wir anhand der Schaltung im Bild 16.25c. Bei $U_E = 0$ hat U_A den Höchstwert U_{AH}. Das Potential des nichtinvertierenden Eingangs ist positiv und hält die Schaltung im positiven Übersteuerungszustand. Wenn U_E ansteigt, wird schließlich die obere Schwelle U_{EH} erreicht, bei der der Komparator in den aktiven (Verstärker-) Bereich gelangt. Die Schaltung ist so dimensioniert, daß innerhalb des aktiven Bereiches die Schleifenverstärkung kV wesentlich größer als Eins ist. Deshalb beginnt unmittelbar nach Erreichen der Schwelle U_{EH} ein Rückkopplungsvorgang (Oszillator). Er bewirkt, daß die Ausgangsspannung mit einer Anstiegssteilheit du_A/dt entsprechend der Slew Rate des Komparatorschaltkreises auf U_{AL} „springt“. Als Folge ist das Potential des nichtinvertierenden Eingangs merklich negativer als vorher, weil vom Ausgang eine negative Spannung rückgekoppelt wird. Deshalb kippt die Schaltung nicht beim Schwellwert U_{EH} wieder zurück, sondern beim deutlich kleineren Pegel U_{EL}. Das Rückkippen wird eingeleitet, wenn die Eingangsspannung, von positiven Werten kommend, wieder so weit abgesunken ist, daß $U_D \approx 0$ gilt.

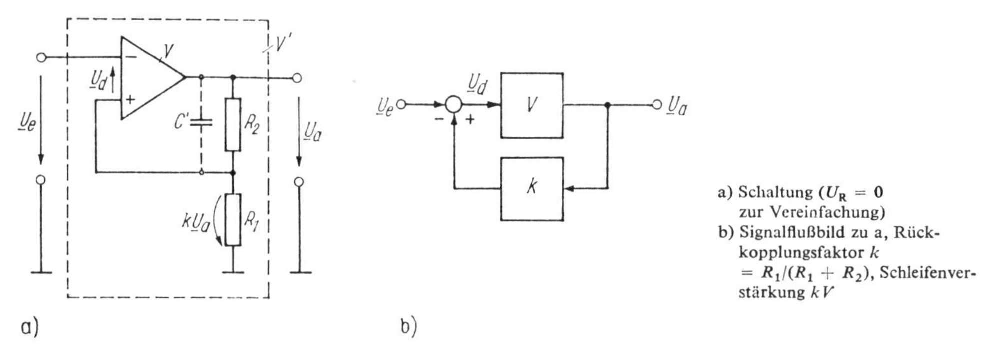

a) Schaltung ($U_R = 0$ zur Vereinfachung)
b) Signalflußbild zu a, Rückkopplungsfaktor $k = R_1/(R_1 + R_2)$, Schleifenverstärkung kV

Bild 16.26. Zur Berechnung der Schaltung nach Bild 16.25c

Rückkopplung. Wenn wir die Struktur der Schaltung im Bild 16.25c mit der nichtinvertierenden OV-Grundschaltung nach Bild 11.2b (S. 244) vergleichen, erkennen wir, daß im Bild 16.25c Serienspannungsmitkopplung vorliegt. Sie läßt sich durch das Grundschema des Regelkreises nach Bild 9.2 (S. 205) beschreiben (Bild 16.26).

Aus Bild 16.26b lesen wir ab

$$\underline{U}_a = V\underline{U}_d; \qquad \underline{U}_d = -\underline{U}_e + k\underline{U}_a \quad \text{mit} \quad k = \frac{R_1}{R_1 + R_2}.$$

Kombinieren dieser beiden Beziehungen liefert die Übertragungsfunktion der Schaltung

$$\frac{\underline{U}_a}{\underline{U}_e} = -\frac{V}{1 - kV}.$$

Wenn die Schleifenverstärkung kV gleich oder größer als Eins ist, tritt Selbsterregung ein, d.h., die Schaltung wirkt als Oszillator (Kippschaltung). Selbst das Eigenrauschen der Schaltung bewirkt, daß sich die Ausgangsspannung infolge der sehr hohen Schleifenverstärkung nahezu sprungartig aufschaukelt, falls sich der Komparator in seinem aktiven Arbeitsbereich befindet. Nachdem der Kippvorgang eingeleitet wurde, läuft der Komparator in die positive bzw. negative Sättigung und verbleibt dort.

Damit der beschriebene Rückkopplungsvorgang mit großer Sicherheit und zeitlich möglichst schnell abläuft, dimensioniert man in der Praxis die Schmitt-Trigger-Schaltung so, daß $|kV| \gg 1$ gilt. Eine gewisse Vergrößerung der Schleifenverstärkung während des Umkippvorgangs läßt sich durch Anschalten einer kleinen Kapazität C' erreichen. Sie wirkt wie eine dynamische Verkleinerung von R_2 und vergrößert dadurch während des Umkippvorgangs den Rückkopplungsfaktor k. Die Zeitkonstante $C'(R_2 \parallel R_1)$ wählt man zweckmäßigerweise in der Größenordnung der Anstiegs- bzw. Abfallzeit der Ausgangsspannung $u_A(t)$. Es ist ungünstig, sie wesentlich größer zu wählen, da unerwünschte Einschwingvorgänge die Folge sein können.

Eine weitere Verbesserung des dynamischen Verhaltens läßt sich u. U. erreichen, indem entsprechend Abschnitt 16.2. die Übersteuerung des Komparators bzw. Operationsverstärkers durch eine nichtlineare Gegenkopplung vermieden wird. Es wirken sich aber auch die dort genannten Nachteile aus.

Schaltschwellen. *Stark vereinfachte Betrachtung.* Bei Beschränkung auf die Schaltungen in den Bildern 16.25a und b und unter Zugrundelegung eines idealen OV lassen sich die Schaltschwellen durch folgende Über legung ermitteln:

Bild 16.25a: Für $U_E = 0$ gelte $U_A = U_{AH}$. Dann beträgt die Spannung am nichtinvertierenden Eingang kU_{AH}. Wenn U_E ansteigt und diesen Wert überschreitet, kippt die Schaltung in die andere stabile Lage U_{AL}, und die Spannung am nichtinvertierenden Eingang springt auf kU_{AL}. Wenn U_E diesen Wert unterschreitet, kippt die Schaltung abermals.

Die Schalthysterese ergibt sich aus diesen Beziehungen zu

$$U_{EH} = kU_{AH}$$
$$U_{EL} = kU_{AL}.$$

Die Schalthysterese hat die Größe

$$\Delta U_S = U_{EH} - U_{EL} = k\,(U_{AH} - U_{AL}). \tag{16.3}$$

Bild 16.25b: Für $U_E = 0$ gelte $U_A = U_{AL}$ (willkürliche Annahme). Dann erhalten wir für die Spannung am nichtinvertierenden Eingang (Summationspunkt) mit Hilfe des Überlagerungssatzes

$$U_P = U_E\,[R_2/(R_1 + R_2)] + kU_{AL} = kU_{AL},$$

d.h. einen negativen Wert, der dafür sorgt, daß U_{AL} stabil aufrechterhalten wird. Erst wenn die Eingangsspannung in positiver Richtung ansteigt, so daß schließlich $U_P \geqq 0$ wird, kippt die Schaltung in die andere stabile Lage, und U_P springt auf den positiven Wert $U_P = U_E\,[R_2/(R_1 + R_2)] + kU_{AH}$. Wenn U_E wieder verkleinert wird, kippt die Schaltung erst bei negativen Eingangsspannungen zurück, die so groß sind, daß $U_P \leqq 0$ wird. Die beiden Schwellspannungen berechnen wir unter Verwendung des Überlagerungssatzes aus der Bedingung $U_P = 0$ mit $U_E = U_{EH}$ bzw. $U_E = U_{EL}$ zu

$$U_{EH}\frac{R_2}{R_1 + R_2} + kU_{AL} = 0 \rightarrow U_{EH} = -\frac{R_1}{R_2}\,U_{AL}$$

$$U_{EL}\frac{R_2}{R_1 + R_2} + kU_{AH} = 0 \rightarrow U_{EL} = -\frac{R_1}{R_2}\,U_{AH}.$$

Die Schalthysterese beträgt

$$\Delta U_S = U_{EH} - U_{EL} = \frac{R_1}{R_2}(U_{AH} - U_{AL}).$$

Genauere Berechnung der Schaltschwellen. Eine genauere Rechnung zeigt, daß die Hysterese verschwindet, wenn die Schleifenverstärkung unter Eins absinkt, d.h., wenn kein Kippvorgang mehr auftritt. Wir wollen diesen Zusammenhang berechnen und setzen einen idealen OV mit Ausnahme $V \neq \infty$, $U_F \neq 0$, $I_P \neq 0$ und $I_N \neq 0$ voraus und beschreiben die Übertragungskennlinie des Komparators bzw. OV durch Bild 16.19b.

Wir beziehen uns im folgenden auf die Schaltung nach Bild 16.25c und berücksichtigen einen zusätzlichen Vorwiderstand R_v in Reihe zum Eingang (Innenwiderstand der Signalquelle).

Zunächst berechnen wir die obere Schaltschwelle U_{EH}. Für $U_E = 0$ möge entsprechend Bild 16.25d $U_A = U_{AH}$ gelten (willkürliche Annahme).

Die Spannung am Punkt P ist dann positiv und beträgt $U_P = kU_{AH} + (1 - k)\,U_R - I_P\,(R_1 \parallel R_2)$. Wenn U_E so weit in positiver Richtung angestiegen ist, daß

$$U_E = U_{EH} = -U_{DH} + U_P + U_F + I_N R_v = -\frac{U_{AH}}{V} + U_P + U_F + I_N R_v$$

gilt, gelangt der Komparator bzw. OV in seinen (nahezu linearen) Aussteuerbereich. Bei dieser Eingangsspannung kippt die Schaltung unabhängig von einer weiteren Erhöhung der Eingangsspannung U_E schnell in die andere stabile Lage, falls die Schleifenverstärkung kV größer ist als Eins. Die obere Schaltschwelle beträgt also

$$U_{EH} = k\left(1 - \frac{1}{kV}\right)U_{AH} + (1 - k)\,U_R - I_P\,(R_1 \parallel R_2) + U_F + I_N R_v.$$

Analog läßt sich die untere Schaltschwelle U_{EL} berechnen. Solange $U_A = U_{AL}$ gilt, beträgt die Spannung am nichtinvertierenden Eingang

$$U_{P2} = kU_{AL} + (1 - k)\,U_R - I_P\,(R_1 \parallel R_2).$$

Der Komparator bzw. OV gelangt bei Verringerung der Eingangsspannung aus der Übersteuerung in seinen (nahezu linearen) Aussteuerbereich, wenn $U_{EL} = -U_{DL} + U_{P2} + I_N R_v + U_F$ erreicht ist. Die untere Schwelle beträgt deshalb

$$U_{EL} = k\left(1 - \frac{1}{kV}\right)U_{AL} + (1 - k)\,U_R - I_P\,(R_1 \parallel R_2) + I_N R_v + U_F.$$

Die Schalthysterese ergibt sich aus diesen Beziehungen zu

$$\Delta U_S = U_{EH} - U_{EL} = k\left(1 - \frac{1}{kV}\right)(U_{AH} - U_{AL}). \tag{16.4}$$

Wenn die Schleifenverstärkung kV auf den Wert Eins abgefallen ist, wird die Schalthysterese Null. Sie tritt also nur auf, wenn die Schaltung Kippverhalten zeigt. Bei genügend großer Schleifenverstärkung ist sie von der Verstärkung V unabhängig.

(16.4) zeigt deutlich, daß beliebig kleine Hysteresewerte nicht erzielt werden können, denn der Rückkopplungsfaktor k darf nur so weit verkleinert werden, daß immer noch $kV \gg 1$ gilt, um einen genügend sicheren und schnellen Kippvorgang zu gewährleisten.

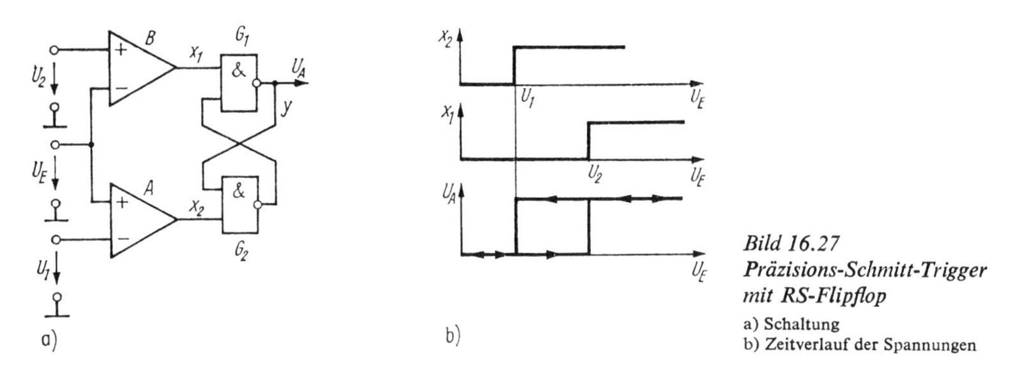

Bild 16.27
Präzisions-Schmitt-Trigger mit RS-Flipflop
a) Schaltung
b) Zeitverlauf der Spannungen

Präzisions-Schmitt-Trigger mit RS-Flipflop. Eine sehr präzis arbeitende Komparatorschaltung mit in weiten Grenzen einstellbarer Hysterese, die sich z. B. unter Verwendung eines Doppel-Operationsverstärkers realisieren läßt, zeigt Bild 16.27. Wenn die Eingangsspannung U_E die obere Schwelle U_2 überschreitet, kippt der aus den NAND-Gattern G_1 und G_2 bestehende Flipflop in die Lage $U_A = H$. Die Schaltung kippt erst wieder zurück, wenn U_E den unteren Schwellwert U_1 unterschreitet.

17. Analogschalter. Analogmultiplexer

Das Schalten von Analogsignalen hat in der modernen Elektronik große Bedeutung. Ein bekanntes Beispiel ist die Eingabe von Analogsignalen in einen Mikrorechner. Hierbei steht häufig die Aufgabe, genau eines von mehreren Analogsignalen möglichst ohne Genauigkeitseinbuße an den Eingang eines Analog-Digital-Umsetzers zu schalten.

Wir behandeln im folgenden das Wirkprinzip und die wichtigsten Schaltungsvarianten von Analogschaltern und erläutern das nichtideale Verhalten solcher Anordnungen. Danach lernen wir die Wirkungsweise von Analogmultiplexern kennen.

17.1. Analogschalter [9] [13]

17.1.1. Wirkungsprinzip

Ein Analogschalter soll ein Analogsignal (Spannung oder Strom) in Abhängigkeit von einem äußeren Steuersignal möglichst amplituden- und formgetreu übertragen bzw. sperren (Bild 17.1). Das Schalten von Analogsignalen mit hoher Geschwindigkeit und Genauigkeit ist wesentlich schwieriger zu realisieren als das Schalten digitaler Signale. Besondere Schwierigkeiten bereitet das schnelle und genaue Schalten kleiner Gleichspannungen und -ströme (mV-Bereich bzw. µA-Bereich und darunter) infolge der Fehlereinflüsse durch Offset- und Driftgrößen sowie Thermospannungen.

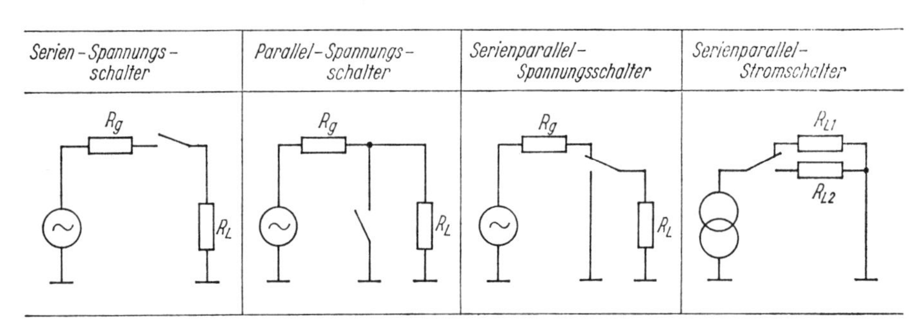

Bild 17.1. Grundtypen von Schaltern

Mechanische Schalter haben hinsichtlich des Durchlaß- und Sperrverhaltens wesentlich bessere Eigenschaften als elektronische Schalter. Letztere sind natürlich hinsichtlich der Schaltgeschwindigkeit, Wartungsfreiheit und Zuverlässigkeit weit überlegen.

Netzwerke mit Schaltern lassen sich auf die beiden Grundstrukturen

1. *Serienschalter* (Schalter in Reihe zur Last)
2. *Parallelschalter* (Schalter parallel zur Last)

zurückführen. Oft werden beide Grundtypen zum *Serien-Parallel-Schalter* kombiniert.

Bezüglich der durchgeschalteten Größe unterscheidet man zwischen

1. *Spannungsschaltern* und
2. *Stromschaltern.*

Fehler entstehen vor allem durch folgende Schalterkenngrößen:

1. Offsetspannung
2. Durchlaßwiderstand
3. Sperrstrom (Reststrom)
4. Kapazitäten.

17.1.2. FET als Analogschalter

FET eignen sich aus folgenden Gründen besonders gut als Analogschalter:

1. nahezu völlige Isolation zwischen Steuerelektrode (G) und Schaltstrecke (d.h. dem analogen Signalpfad)
2. FET können sowohl positive als auch negative Spannungen schalten
3. keine Offsetspannung im eingeschalteten Zustand (Schalten sehr kleiner Spannungen möglich)
4. sehr kleine Steuerleistung erforderlich
5. großes Schaltverhältnis (r_{off}/r_{on}).

Punkt 1 wird besonders gut von MOSFET erfüllt. Deshalb und wegen der leichten Integrierbarkeit selbstsperrender Typen werden sie vor allem in integrierten Anordnungen gegenüber SFET bevorzugt.

Bei der Festlegung der beiden Gatepotentiale für den eingeschalteten und gesperrten FET ist zu beachten, daß die Eingangsspannung diese Werte beeinflußt. Die Substratvorspannung beeinflußt die Schwellspannung des FET. Je größer der Bereich der durchzuschaltenden Eingangssignalspannung ist, eine um so größere Amplitude muß die Steuerspannung haben! Dabei dürfen natürlich die Durchbruchspannungen des FET nicht überschritten werden.

Das Substratpotential muß bei p-Kanal-FET stets positiver als das positivste Potential des Source- bzw. Drainanschlusses sein. Bei n-Kanal-FET dagegen muß es negativer sein als der negativste Wert des Source- bzw. Drainpotentials.

p-Kanal-FET eignen sich besonders gut zum Durchschalten positiver Signale, weil der FET mit steigender Eingangssignalspannung weiter in den Durchlaßbereich gelangt. n-Kanal-FET eignen sich aus dem gleichen Grunde besser zum Durchschalten negativer Spannungen.

Zur Realisierung sehr schneller Schalter werden gelegentlich Diodenschalter eingesetzt. Mit der Schaltung im Bild 16.17 lassen sich bei sorgfältiger Dimensionierung mit Schottkydioden Schaltzeiten bis herab zum 1 ns-Bereich erzielen.

Bei positiver Steuerspannung U_{st} stellen sich die Potentiale $U_1 = U_e + U_D$ und $U_2 = U_e - U_D$ ein. Die Ausgangsspannung beträgt $U_a = U_1 - U_D = U_2 + U_D = U_e$.

Bei negativer Steuerspannung U_{st} sperren die Dioden $D_1 \dots D_4$, und die Ausgangsspannung ist Null.

17.1.3. Schaltungsbeispiele

n-Kanal-SFET. Bild 17.2a zeigt einen Analogspannungsschalter mit einem n-Kanal-SFET als Schalter und mit T_2 als Pegelwandler (Ansteuerung durch TTL-Signal).

Bei *L-Pegel* am Steuereingang arbeitet T_2 im Übersteuerungsbereich, und das Potential von A beträgt etwa 5 V. D ist gesperrt (bei allen Eingangsspannungen $-5\text{ V} < U_E < +5\text{ V}$), und U_{GS} von T_1 beträgt unabhängig von U_E 0 V. T_1 leitet, d.h. $r_{ds} \approx r_{on}$ bleibt unabhängig vom Eingangssignal U_E konstant. Das ist bei Analogschaltern sehr erwünscht.

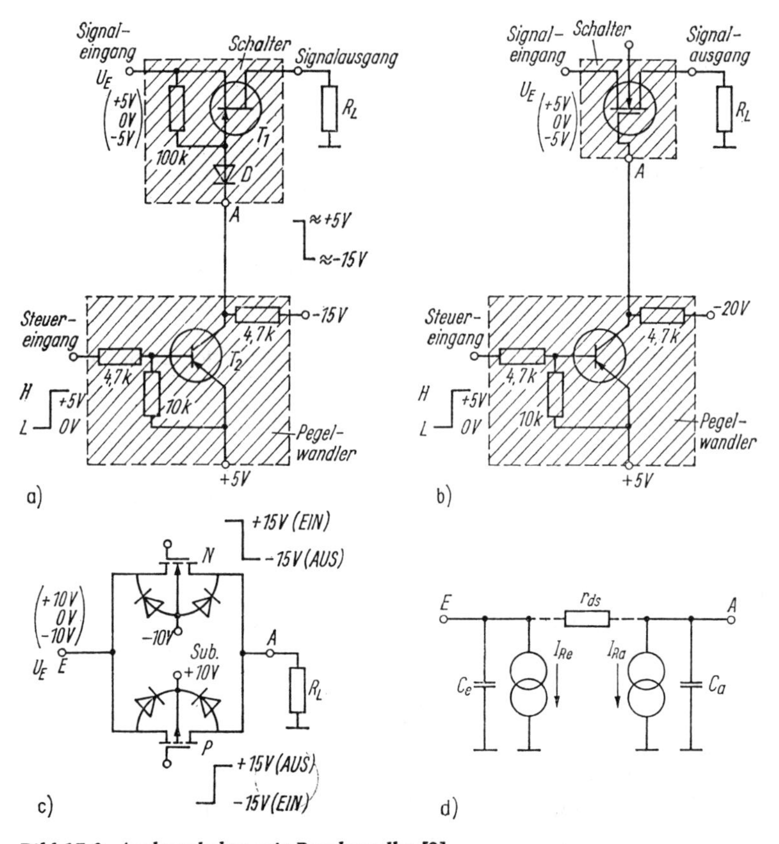

Bild 17.2. Analogschalter mit Pegelwandler **[9]**

a) mit n-Kanal-SFET; b) mit selbstsperrendem n-Kanal-MOSFET; c) CMOS-Schalter; d) vereinfachte Ersatzschaltung zu c: $C_e(C_a)$ Kapazität zwischen Eingangs- (Ausgangs-) Klemme und Masse (FET gesperrt, Substrat wechselstrommäßig an Masse), I_{Re}, I_{Ra} Reststrom durch Eingangs- bzw. Ausgangsklemme

Bei *H-Pegel* am Steuereingang sperrt T_2, und D wird leitend. Das Gatepotential beträgt etwa -15 V. T_1 sperrt. Wenn U_E den Aussteuerbereich $-5\text{ V} < U_E < +5\text{ V}$ durchläuft, ändert sich die Gate-Source-Spannung von T_1 ungefähr im Bereich $-20\text{ V} < U_{GS} < -10\text{ V}$. Die Schwellspannung des FET muß also positiver sein als -10 V, damit T_1 bei allen Eingangsspannungen sicher gesperrt bleibt.

n-Kanal-MOSFET. Die Wirkungsweise der Schaltung im Bild 17.2b ist ähnlich zur Schaltung a. Das Potential von A (Gatepotential) wechselt zwischen -20 V und $+5$ V. Das bedeutet, daß bei gesperrtem FET im ungünstigsten Fall eine Gate-Source-Spannung von -15 V anliegt (im günstigsten Fall -25 V!). Beim eingeschalteten FET liegt die Gate-Source-Spannung im Bereich $U_{GS} = 0 \ldots +10$ V. Bei Eingangsspannungen in der Nähe von -5 V ist r_{ds} also am kleinsten.

CMOS-Schalter. Diese Schaltung (Bild 17.2c) eignet sich gut für das Schalten beider Polaritäten der Eingangsspannung über einen großen Aussteuerbereich. Der p-Kanal-

MOSFET ist mit dem n-Kanal-MOSFET parallelgeschaltet. Dadurch bleibt der Durchlaßwiderstand im eingeschalteten Zustand nahezu unabhängig von U_E, denn bei positiveren U_E wird der p-Kanal-FET niederohmiger und bei negativeren U_E der n-Kanal-FET.

Weitere Vorteile von CMOS-Schaltern gegenüber Schaltern in anderen Technologien sind: niedrigere Leistungsaufnahme, Verarbeitung eines größeren Eingangsspannungsbereiches, niedrigerer Fehlstrom.

Zusätzlich ist vorteilhaft, daß sich die vom Gate-Steuerimpuls herrührenden Spannungsspitzen infolge der Gegentaktansteuerung der beiden FET weitgehend kompensieren.

Damit die FET bei den im Bild 17.2c angegebenen Potentialen sicher sperren, darf der Betrag der Schwellspannung beider Transistoren nicht größer sein als 5 V. Beispiel: Der ungünstigste Fall für den gesperrten n-Kanal-FET ist $U_E = -10$ V. Dann beträgt $U_{GS} = -5$ V. Diese Spannung muß den FET mit Sicherheit sperren. Deshalb darf die Schwellspannung höchstens $U_{T0} = -5$ V betragen, d.h., es muß $|U_{T0}| \leqq 5$ V sein.

Die auftretenden Durchbruchspannungen betragen: $|U_{GS}| = |U_{GDBR}| \gtrapprox 25$ V. Ungünstigster Fall beim gesperrten n-Kanal-FET: $U_E = +10$ V, $U_G = -15$ V $\rightarrow U_{GS} = -25$ V. Das Substrat beider FET muß so weit vorgespannt sein, daß die Substratdioden gesperrt bleiben.

Im Laufe der letzten Jahre haben sich im wesentlichen zwei große Gruppen von CMOS-Schaltkreisen herausgebildet [2]:

1. Die Reihe 4000 B (Betriebsspannung 3 ... 15 V)
2. Die Hochgeschwindigkeits-CMOS-Reihe (HCMOS; HC/HCT-Reihe) mit Betriebsspannung 2 ... 6 V.

Gegenüber der früheren 4000-B-Reihe zeichnen sich Analogschalter der Hochgeschwindigkeits-CMOS-Reihe infolge ihrer kürzeren Kanallänge und niedrigeren parasitären Kapazitäten durch folgende Vorzüge aus: niedriger r_{on}-Widerstand, kürzere Schaltzeiten, größerer Frequenzbereich.

FET-Schalter mit Operationsverstärker. Einige Fehlereinflüsse der FET-Schalter lassen sich durch Einbeziehen des Schalters in eine OV-Schaltung verringern, wie Bild 17.3a in einem Beispiel zeigt. Die Source-Anschlüsse der FET werden unabhängig von den Eingangsspannungen auf virtuellem Massepotential gehalten. Dadurch erfolgt keine „Modulation" des r_{on}-Widerstandes, d.h., er bleibt unabhängig von den Eingangsspannungen. Dadurch benötigt man auch bei großen Eingangsspannungen nur relativ kleine Gate-Steuerspannungen. T_3^* dient zur Kompensation des EIN-Widerstandes von T_1 bzw. $T_2 \ldots T_N$.

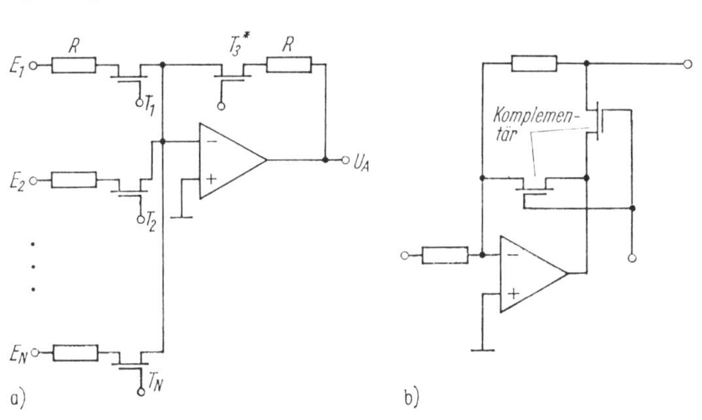

Bild 17.3
Multiplexer mit OV und FET-Schaltern [13]
a) Multiplexer
b) Präzisionsschalter

Bild 17.3b zeigt, wie ein Präzisionsschalter unter Verwendung eines OV mit zwei komplementären FET im Gegenkopplungskreis realisiert werden kann. Wie bei den Begrenzerschaltungen im Abschnitt 16.2. werden die r_{on}-Widerstände um den Faktor der Schleifenverstärkung reduziert. Das gleiche gilt für die Offsetspannung zwischen Drain und Source im eingeschalteten Zustand. Es lassen sich deshalb auch Bipolartransistoren verwenden, da ihre Offsetspannung hier nicht stört.

17.1.4. Nichtideales Verhalten

Statisches Verhalten. Bei *gesperrten FET* sind die Restströme u. U. zu berücksichtigen, da sie bei hochohmigen Quell- und Lastwiderständen Fehler hervorrufen können.

Häufig dominieren die Restströme zwischen Source und Substrat und zwischen Drain und Substrat (Bild 17.4a). Zusätzlich fließen noch Restströme zwischen Drain und Source, Gate und Drain sowie zwischen Gate und Source.

Auch bei eingeschalteten FET fließen die genannten Restströme. Zu beachten ist, daß die Drain-Source-Strecke niederohmig ist. Wenn der Ausgang des Schalters (Drain-Anschluß) leerläuft, beträgt also der Eingangsstrom des Schalters (am Source-Eingang) $I_E \approx I_{S,Sub} + I_{D,Sub}$ (Bild 17.4b).

Bei gesperrten FET dagegen fließt nur der Source-Substrat-Reststrom durch die Eingangsklemme.

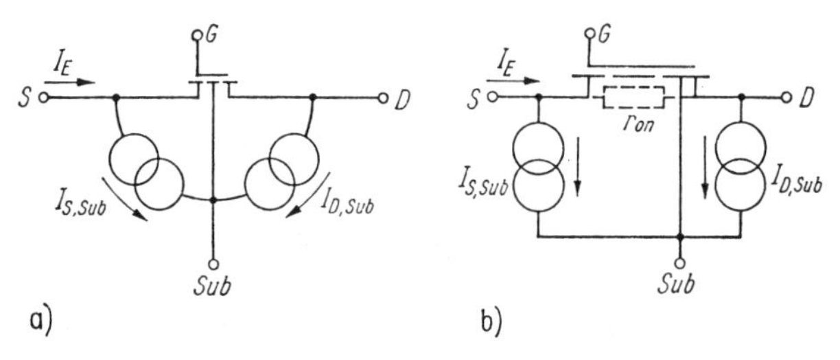

Bild 17.4. Dominierende Restströme bei MOSFET-Schaltern
a) gesperrter FET; b) eingeschalteter FET

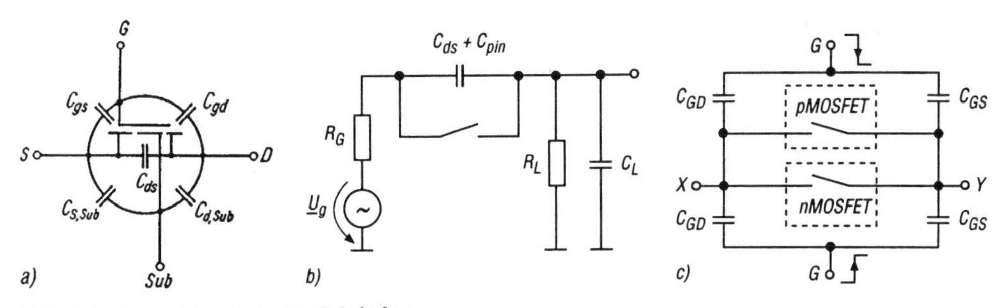

Bild 17.5. Kapazitäten beim FET-Schalter
a) Überblick; b) Ersatzschaltbild für das kapazitive Übersprechen eines gesperrten FET-Schalters; c) Ersatzschaltbild für das Übersprechen zwischen Steuerkreis (G) und dem Lastkreis (Analogausgang) bei einem CMOS-Schalter
Hinweis: Zur Verringerung des Übersprechens werden Multiplexer in SO-Gehäusen empfohlen (kleine Anschlußkapazitäten)

Dynamisches Verhalten. Die Ladungsträgerausbreitung im FET erfolgt so schnell, daß wir für praktische Zwecke fast immer davon ausgehen können, daß der Drainstrom der Gate-

Source-Spannung ohne Zeitverzögerung folgt. Die Ein- und Ausschaltzeit wird durch innere und äußere Kapazitäten begrenzt. Maßgebend sind die jeweils wirksamen *RC*-Zeitkonstanten. Wenn das Schalten schnell erfolgen soll, müssen die Kapazitäten möglichst klein sein. Sehr unangenehm machen sich die Transistorkapazitäten C_{gd}, C_{gs} und C_{ds} bemerkbar. Sie haben folgende Auswirkungen:

1. *Spannungsspitzen.* Bei steilen Flanken der Steuerspannung am Gate werden über die Kapazitäten C_{gd} und C_{gs} Spannungsspitzen auf den Ausgang bzw. Eingang des Schalters eingekoppelt. Besonders kritisch sind die auf den Ausgang gekoppelten Spannungsspitzen, da sie weiterverarbeitet werden und u. U. das Nutzsignal erheblich beeinflussen können. Je steiler die Flanken der Steuerspannung sind, um so größer ist die Amplitude der Spannungsspitzen [17.1] [17.2].
2. *Endliche Flankensteilheit.* Die Eingangskapazität am Gate bewirkt, daß die Gatespannung nicht beliebig schnell ansteigen bzw. abfallen kann. Um den FET schnell umzuschalten, ist ein niedriger Innenwiderstand der Steuersignalquelle erforderlich.
3. *Übersprechen.* Die Impedanz des gesperrten FET wird mit wachsender Frequenz kleiner, d. h., sein Sperrverhalten wird schlechter. In der Regel ist aber C_{ds} sehr klein ($C_{ds} < 0{,}1 \ldots 1$ pF typisch, falls das Substrat wechselstrommäßig geerdet ist).

Eine Übersicht über die wirksamen Kapazitäten gibt Bild 17.5. Das Produkt $r_{on}C_{gd}$ ist ein Gütemaß für FET hinsichtlich der Anwendung als Schalter und Zerhacker. Es soll möglichst klein sein.

17.2. Analogmultiplexer

Ein Analogmultiplexer schaltet *N* Eingangssignale (Eingangsleitungen) zeitlich nacheinander (im Zeitmultiplexbetrieb) auf eine Ausgangsleitung. Am Ausgang erscheinen die *Abtast*werte der verschiedenen Eingangssignale zeitlich gestaffelt. Die Funktion eines Multiplexers kann mit der eines elektromechanischen Schrittschaltwerkes verglichen werden (Bild 17.6a). Die Anwahl einer bestimmten Eingangsleitung erfolgt durch eine digitale Adresse, üblicherweise im Dualkode, d. h. durch ein digitales Kodewort. Mit einer 4-bit-Adresse (vierstelliges Kodewort im 1–2–4–8-Kode) können auf diese Weise $2^4 = 16$ Eingänge zeitlich nacheinander auf die Ausgangsleitung geschaltet werden.

Ein *Demultiplexer* führt die inverse Operation aus. Er hat nur einen Eingang. Zeitlich nacheinander auf diesem Eingang ankommende Signale werden auf eine von *N* Ausgangsleitungen geschaltet.

Durch den Zeitmultiplexbetrieb kann die Anzahl der Signalverarbeitungskanäle bzw. der Verbindungsleitungen eines Systems erheblich reduziert werden. Ein typisches Beispiel sind Datenerfassungssysteme in der Meßtechnik. Dem Eingang eines Multiplexers werden die Meßwerte von *N* Meßstellen zugeführt, die nacheinander über eine einzige Leitung zu einem Prozeßrechner oder zu anderen Verarbeitungseinheiten geleitet werden.

An einen Multiplexer für Analogsignale werden meist wesentlich härtere Forderungen gestellt als an Multiplexer für digitale Signale, weil die Analogsignale möglichst formgetreu übertragen werden müssen (besonders in der Meßtechnik!). Eine gewisse Verformung der digitalen Signale bedeutet dagegen keinen Informationsverlust.

Prinzip. Das Prinzip eines 16-Kanal-Multiplexers zeigt Bild 17.6b. Durch Anlegen eines vierstelligen Adressenwortes im Dualkode an die Eingänge A_0 bis A_3 wird je einer der 16 Eingänge mit dem Ausgang verbunden. Das erfolgt in folgender Weise: Wenn bei-

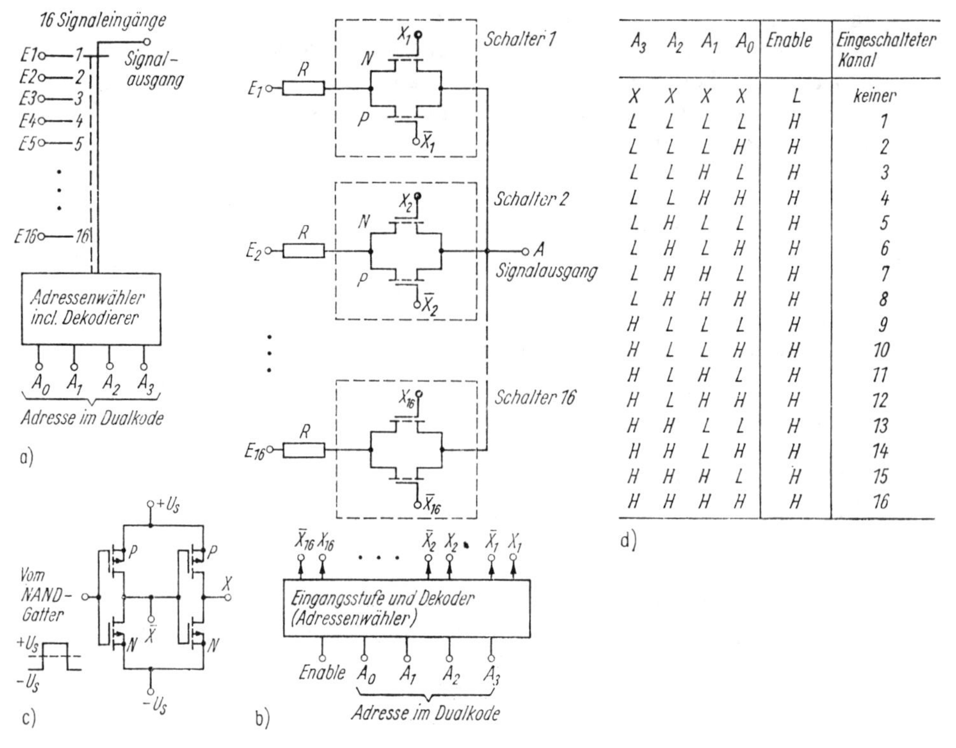

A_3	A_2	A_1	A_0	Enable	Eingeschalteter Kanal
X	X	X	X	L	keiner
L	L	L	L	H	1
L	L	L	H	H	2
L	L	H	L	H	3
L	L	H	H	H	4
L	H	L	L	H	5
L	H	L	H	H	6
L	H	H	L	H	7
L	H	H	H	H	8
H	L	L	L	H	9
H	L	L	H	H	10
H	L	H	L	H	11
H	L	H	H	H	12
H	H	L	L	H	13
H	H	L	H	H	14
H	H	H	L	H	15
H	H	H	H	H	16

Bild 17.6. Analogmultiplexer für 16 Signaleingänge

a) Prinzip (Schrittschaltwerk); b) elektronische Realisierung mit CMOS-Schaltern (Substratanschlüsse zur Vereinfachung weggelassen); c) Inverterstufe zur Ansteuerung des CMOS-Schalters; d) Adressenkode (X: L, H beliebig)

spielsweise Eingang 1 zum Ausgang durchgeschaltet werden soll, lautet die Adresse 0000, d.h., an allen Adresseneingängen A_0, A_1, A_2 und A_3 liegt L-Pegel. Der Dekoder wandelt die im Dualkode anliegende Adresse in den 1-aus-N-Kode um. Das bedeutet im Bild 17.6b, daß am Ausgang X_1 H-Pegel und an allen übrigen Ausgängen $X_2 \dots X_{16}$ L-Pegel auftritt. Dadurch wird Schalter 1 eingeschaltet, und alle übrigen 15 Schalter sind gesperrt.

Als Schalter werden CMOS-Schalter nach Bild 17.2c verwendet. In integrierter Ausführung haben sie Durchlaßwiderstände von $r_{on} \approx 500\ \Omega$ (typisch) und Sperrwiderstände von der Größenordnung 50 MΩ. Mit wachsender positiver Eingangsspannung wird der p-Kanal-FET weiter aufgesteuert. Entsprechendes gilt für negative Eingangssignale und den n-Kanal-FET. Unabhängig von der Eingangssignalspannung bleibt der gesamte EIN-Widerstand des Schalters nahezu konstant (vgl. Abschn. 17.1.3.).

Das Substrat beider FET muß so vorgespannt werden, daß die Drain- bzw. Source-Substrat-Diode nicht in Durchlaßrichtung geraten kann. Bei *gesperrtem Schalter* wird deshalb zweckmäßigerweise das Substrat des n-Kanal-FET mit $-10 \dots -15$ V verbunden und das des p-Kanal-FET mit $+10 \dots +15$ V (Signalspannungsbereich $-10\ \text{V} \leqq U_E \leqq +10\ \text{V}$).

Bei *eingeschaltetem Schalter* ist es zweckmäßig, beide Substratanschlüsse miteinander zu verbinden. Dann wird das Substratpotential näherungsweise dem Potential der Signalspannung nachgeführt, und es tritt keine „Substratmodulation“ auf, d.h., der Durchlaßwiderstand r_{on} des Schalters bleibt unabhängig von der Signalspannung nahezu konstant.

Realisieren läßt sich die vom Schaltzustand abhängige Substratbeschaltung durch zusätzliche Transistorschalter [12], die in integrierten Multiplexern mit vertretbarem Zusatzaufwand realisiert werden können.

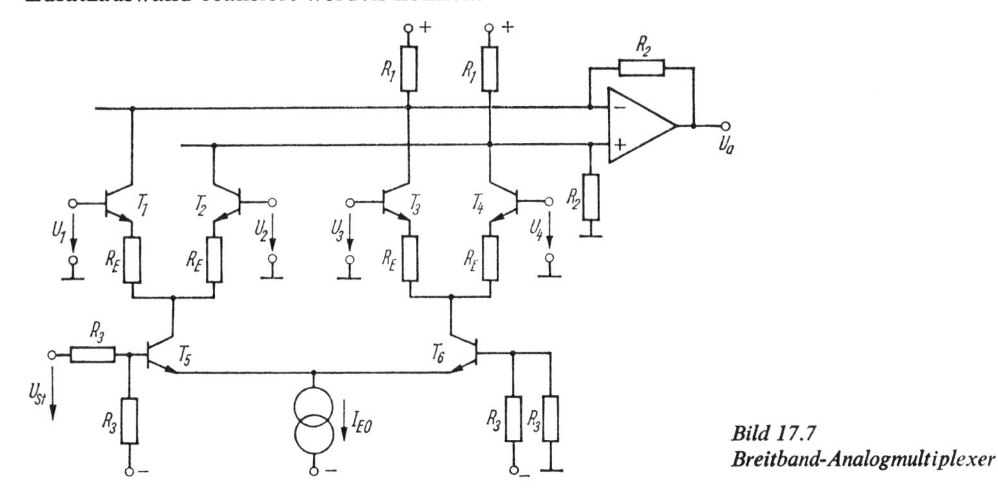

Bild 17.7
Breitband-Analogmultiplexer

Eine weitere Schaltungsmaßnahme, die in Multiplexern in der Regel erforderlich ist, ist die Überspannungsbegrenzung. Sie sorgt dafür, daß die Eingangsspannung begrenzt wird und schützt die Elemente vor Zerstörung. Dazu dienen der Vorwiderstand R vor jedem Schalter und eine Begrenzerschaltung, die zusätzlich in jedem Schalter enthalten ist.

Die Ansteuerung jedes CMOS-Schalters erfolgt mit einer CMOS-Endstufe nach Bild 17.6c, die gleichzeitig das invertierte Signal erzeugt.

Kenngrößen von Analogmultiplexern

Übertragungsungenauigkeit jedes Kanals $= \frac{(U_\text{E} - U_\text{A})}{U_\text{E}} \cdot 100\,\%$, wobei $U_\text{E}(U_\text{A})$ die analoge Eingangs-(Ausgangs-)spannung des Multiplexers ist.

Durchsatzrate = höchste Rate, mit der der Multiplexer von einem zum nächsten Kanal durchschalten kann, wobei er eine spezifizierte Übertragungsgenauigkeit einhält. Sie ist der Kehrwert der Summe aus Schalt- und Einschwingzeit.

Übersprechdämpfung $= 20 \lg (U_\text{test}/U_\text{A})$ dB. Dabei ist U_test eine definierte Prüfspannung bestimmter Amplitude und Frequenz, die an alle gesperrten Eingangskanäle angelegt wird, und U_A ist die dabei auftretende Ausgangsspannung.

Überspannungsschutz. Alle HCMOS-Multiplexer/Demultiplexer und Analogschalter haben Eingangsschutzdioden an ihren E/A-Anschlüssen, die den Baustein schützen, wenn

a) die analoge E/A-Spannung entweder den positiven oder den negativen Versorgungsspannungsgrenzwert überschreitet oder
b) eine elektrostatische Entladung an den Analoganschlüssen auftritt. Für länger dauernde Überlastung muß zusätzlich ein Strombegrenzungswiderstand vor jeden Eingang und Ausgang geschaltet werden.

Die Firma Maxim (USA) liefert fehlergeschützte Analogmultiplexer (z. B. die 8-Kanal-Typen MAX 368/369 und 378/379). Durch Reihenschaltung eines n-Kanal-, eines p-Kanal- und eines weiteren n-Kanal-MOSFET wird ein wesentlich wirksamerer Fehlerschutz als bei den bisherigen Typen erreicht. Auch wenn alle Versorgungsspannungen des Multiplexers abgeschaltet werden, führt das zur Abschaltung aller Multiplexer-Eingangskanäle. In die Eingänge fließt lediglich ein Leckstrom (einige nA). Es kann eine dauernde Überspannung bis zu ± 35 V anliegen. Die Typen MAX 378/379 vertragen eine dauernde Überspannung von ± 60 V (75 V) an den Analogeingängen.

Breitband-Analogmultiplexer. Ein sehr schnell schaltender Multiplexer läßt sich unter Verwendung von Differenzverstärkern aufbauen. Im Abschnitt 15.4.1. behandelten wir die Anwendung des Differenzverstärkers als Multiplizierer. Wenn dieser so angesteuert wird, daß er wahlweise mit 0 oder mit 1 multipliziert, entsteht ein Analogschalter (Bild 17.7). Der Emitterstrom I_{E0} wird mittels T_5 und T_6 von dem einen auf den anderen Operationsverstärker umgeschaltet. Dadurch tritt an den Kollektoren von $T_1 \dots T_4$ beim Umschalten kein Gleichtaktsprung auf. Die Ausgangsspannung beträgt

$$U_a = \begin{cases} S'R_2 (U_1 - U_2) & \text{für} \quad U_{st} > 1\,\text{V} \\ S'R_2 (U_3 - U_4) & \text{für} \quad U_{st} < -1\,\text{V}. \end{cases}$$

Man kann also von der einen Eingangsspannung $U_{e1} = U_1 - U_2$ auf die andere $U_{e2} = U_3 - U_4$ umschalten.

Für $U_3 = U_2$ und $U_4 = U_1$ entsteht ein Polaritätsumschalter. Bei geeigneter Dimensionierung werden Bandbreiten bis zu 100 MHz erreicht. Die Anordnung ohne Operationsverstärker ist als integrierter Schaltkreis MC 1445 von Motorola erhältlich.

Zum Durchhalten von Breitband-Analogsignalen im Signalfrequenzbereich von 60 ... 200 MHz eignen sich T-Schalter mit niedrigem r_{on}-Widerstand (20 Ω) und doppelt gepufferter Adressenspeicherung. Industrielles Beispiel: DG 884 [17.4].

Industrielle Beispiele. *HI-506/509A* (Burr Brown): CMOS-Multiplexer, Analogsignalbereich ±15 V, $r_{on} \approx 1{,}2$ kΩ (typ.), Einschwingzeit auf 0,01 % ≦ 3,5 µs, Besonderheit: hohe Durchsatzraten erlauben Transfergenauigkeiten entsprechend 0,01 % bei Abtastraten bis

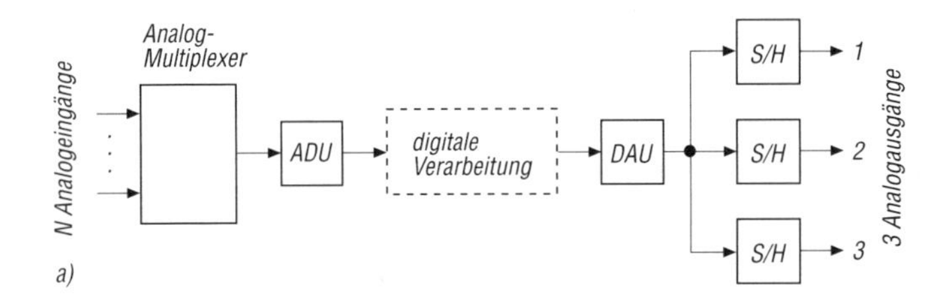

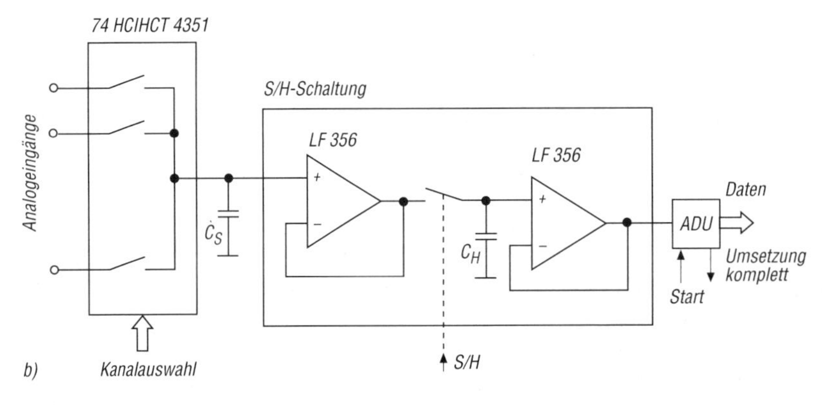

Bild 17.8. Einsatz von Analogmultiplexern

a) in einem mehrkanaligen System zur digitalen Signalverarbeitung analoger Signale und Analogausgängen, b) Anwendung von HCMOS-Analogschaltern in einem Datenerfassungssystem [17.3]

200 kHz, Überspannungsschutz bis zu ±70 V_{ss}. Auch digitale Eingänge sind geschützt bis zu 4 V oberhalb jeder Betriebsspannung, P_v typ. 7,5 mW; *LM 604* (National Semiconductor): Multiplex-OV, enthält im Eingang 4 Instrumentationsverstärker, die über einen Analogmultiplexer auf einen Ausgangsverstärker geschaltet werden.

Weitere Typen: CMOS-Video-Multiplexer *MAX 310/311*: Signalfrequenzen bis zum Videobereich, extrem hohe Isolation zwischen Ein- und Ausgang eines gesperrten Schalters: − 66 dB bei 5 MHz, Eingangsspannungsbereich + 12 V ... − 15 V bei Betriebsspannung ±15 V, Betriebsspannungsbereich ± 4,5 ... ± 16,5 V, bidirektionaler Betrieb möglich, weitgehend latch-up-fest, am Ausgang ist ein 75-Ω-Lastwiderstand anschließbar.
MAX 442: 140-MHz-Zweikanal-Video-Multiplexer/Verstärker. Der Chip enthält zwei 140-MHz-Videoverstärker, die mit einem Zweikanal-Hochgeschwindigkeitsmultiplexer in einem 8poligen DIP- oder SO-Gehäuse enthalten sind. Weitere Daten: Slew-Rate 250 V/µs, Kanalschaltzeit 36 ns, $U_S = 5$ V, $P_v = 300$ mW. Die Schaltung treibt direkt 50- oder 75-Ω-Kabel bis zu einer Ausgangsspannung von ± 3 V.
Anwendungen: Videosignal-Multiplexen, Kabeltreiber, Hochgeschwindigkeitssignalverarbeitung u. a.
MAX 328 Analogmultiplexer mit 1 pA Leckstrom. 8-Kanal-Multiplexer; er kann gegen 120 V Wechselspannung mittels eines Widerstands ≧ 39 kΩ in jedem Kanal geschützt werden.

Die Hochleistungs-Analogmultiplexer *DG 408/409 (Maxim)* haben 8 massebezogene bzw. 4 Differenzeingänge mit typischem r_{on}-Widerstand von 40 ... 100 Ω. Die Leckströme im Temperaturbereich betragen $I_{Soff} < 50$ nA, $I_{Doff} < 100$ nA und $I_{Don} + I_{Son} < 100$ nA. Die max. Umschaltzeit beträgt 250 ns. Die Ladungsinjektion vom Steuer- in den Signalkreis beträgt nur 5 ... 20 pAs.
Industrielle Beispiele für *Hochgeschwindigkeits-CMOS*-Analogschalter/Multiplexer der 74er Schaltkreisfamilie:

74 HC/HCT 4016, 4066, 4316	4fach bilateraler Schalter
4066:	niedrigster r_{on}-Widerstand aller Typen
4016, 4316:	geringstes Übersprechen zwischen Steuereingängen und den analogen Ein-/Ausgängen
74 HC/HCT 4051	8-Kanal-Multiplexer/Demultiplexer
74 HC/HCT 4052	zweifach 4-Kanal-Multiplexer/Demultiplexer
74 HC/HCT 4067	16-Kanal-Multiplexer/Demultiplexer
74 HC/HCT 4351	8-Kanal-Multiplexer/Demultiplexer mit Auswahl-Latch und Adreßregister
74 HC/HCT 4352	zweifach 4-Kanal-Multiplexer/Demultiplexer mit Auswahl-Latch mit Adreßregister

Einsatzbeispiel für Analogmultiplexer. Systeme mit mehreren Analogeingängen werden meist aus Aufwandsgründen nur mit einem ADU konzipiert. Vor den ADU wird ein Analogmultiplexer geschaltet, der sequentiell je einen analogen Eingangskanal an den ADU-Eingang anschaltet. Unter Verwendung von Sample-and-Hold-Schaltungen läßt sich für jeden Kanal das zugehörige analoge Ausgangssignal erzeugen, ohne daß man für jeden Ausgangskanal einen getrennten DA-Umsetzer einsetzen muß (Bild 17.8).

18. Signalgeneratoren

Signalgeneratoren werden für den gesamten technisch genutzten Frequenzbereich benötigt. Die wichtigsten Signalformen sind periodische Sinus-, Rechteck-, Dreieck- und Rampensignale (Sägezahn) sowie Einzelimpulse und Gruppen von Mehrfachimpulsen. Anwendung finden Signalgeneratoren in Taktgeneratoren, zur Datenübertragung, zur Analyse von Systemen und Funktionseinheiten, als Zeitbasisgeneratoren, als Modulatoren, in Prüfgeräten und für viele weitere Aufgaben. Wir unterscheiden zwischen stationären und modulierten Signalen.

Hauptprinzipien zur Signalerzeugung sind:

1. das Prinzip des rückgekoppelten Oszillators (z. B. LC-, RC-Oszillatoren, Kippgeneratoren),
2. die synthetische Schwingungserzeugung (z. B. Formung von Sinussignalen aus Dreieckschwingungen).

Je nach dem Signalfrequenzbereich werden zur Realisierung von Signalgeneratoren

– bei niedrigen und mittleren Frequenzen	OV und Komparatorschaltkreise
– bei hohen Frequenzen	Bipolartransistoren und FET
– bei sehr hohen Frequenzen	Bipolartransistoren, FET und Spezialbauelemente (z. B. Tunneldioden, Gunndioden)

verwendet.

Beim Einsatz von OV und Komparatorschaltkreisen kann die Frequenzgangkompensation entfallen. Sie wäre sogar nachteilig, da sie die Bandbreite bzw. die Slew Rate verringert.

In Rechteckgeneratoren wirken die Transistoren als Schalter. Die Schwingfrequenz einfacher Kippschaltungen wird durch *RC*-Glieder und durch die Triggerschwelle der Schaltung bestimmt. Die Schwingfrequenz von Sinusoszillatoren ist dagegen in der Regel durch Resonanzkreise (*LC*, *RC*, mechanische Schwinger) festgelegt. Sie hängt nicht von Triggerschwellen und nur wenig von den Daten der aktiven Elemente ab. Deshalb haben Sinusoszillatoren meist bessere Frequenzstabilität als Reckteckgeneratoren.

Für den NF-Bereich eignen sich *RC*-Oszillatoren besser als *LC*-Oszillatoren, weil bei letzteren die Induktivitäten und Kapazitäten zu groß und unhandlich werden und die Schwingkreisgüte absinkt. Bei sehr niedrigen Frequenzen ist oft die synthetische Schwingungserzeugung die optimale Lösung.

Häufig interessierende *Kenngrößen* von Signalgeneratoren sind die Oszillatorfrequenz, die Signalform und Amplitude, die Frequenzstabilität (je nach Anforderung zwischen einigen 10% bis herab zu $10^{-6} \dots 10^{-10}$), die Ausgangssignalleistung, die Amplitudenstabilität, der Einfluß des Lastwiderstandes und die benötigte Speiseleistung, ggf. auch der Wirkungsgrad.

18.1. Prinzip des rückgekoppelten Oszillators

Schwingbedingung. Das Entstehen selbsterregter Schwingungen läßt sich anschaulich anhand des Signalflußbildes 18.1 erläutern. Wir stellen uns vor, daß wir der Klemme 1 von außen das Signal X_d zuführen und daß die Schleifenverstärkung $X_f'/X_d = -kV$ exakt Eins beträgt. Dann tritt auch an der Klemme 2 das Signal X_d auf ($X_f' = -X_f = -kVX_d = X_d$). Da die Signale an den Klemmen 1 und 2 hinsichtlich Amplitude, Frequenz und Phasenlage zu jedem Zeitpunkt übereinstimmen, ändert sich das Ausgangssignal nicht, wenn wir die Klemmen 1 und 2 miteinander verbinden und die äußere Signalquelle weglassen.

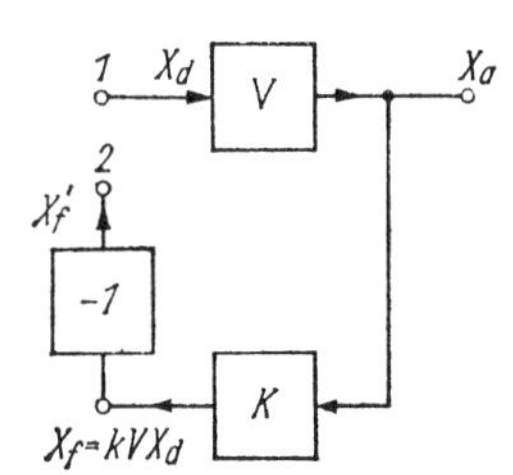

Bild 18.1
Grundstruktur des rückgekoppelten Systems

In der hier betrachteten Oszillatorschaltung erregt sich also diejenige Frequenz, für die die Bedingung $-kV = 1$ exakt erfüllt ist.

Das Entstehen von Schwingungen für $-kV = 1$ folgt auch aus der Grundgleichung des Regelkreises (9.1). Für $G_v G_r = -1$ wird $G = X_a/X_e \to \infty$, d.h., auch bei verschwindendem Eingangssignal ($X_e \to 0$) tritt ein Ausgangssignal X_a auf.

Die Bedingung $-kV = 1$ ist die bekannte Selbsterregungsbedingung nach *Barkhausen*. Da die Schleifenverstärkung komplex ist, folgt aus ihr die *Amplitudenbedingung* (Betrag der Schleifenverstärkung gleich Eins) und die *Phasenbedingung* (Eingangs- und rückgekoppelte Spannung in Phase):

$$|-kV| = 1 \quad \text{Amplitudenbedingung} \tag{18.1}$$

$$\varphi_S = 0, 2\pi, 4\pi, \ldots \quad \text{Phasenbedingung}$$

Die Amplitudenbedingung sagt aus, daß die durch das Rückkopplungsnetzwerk hervorgerufene Dämpfung vom Verstärker kompensiert werden muß.

Im Fall $|-kV| > 1$ wächst die Schwingungsamplitude zeitlich an, bis sie durch nichtlineare Elemente oder Regelschaltungen begrenzt wird. Ist die Schleifenverstärkung kleiner als Eins, tritt zwar eine „Entdämpfung" auf, falls positive Rückkopplung vorliegt, aber keine Schwingungserzeugung.

Ein Oszillator ist durch drei Merkmale gekennzeichnet:

1. Er ist ein Verstärker, der sich selbst (durch die positive Rückkopplung) aussteuert.
2. Er enthält mindestens ein aktives Element (Leistungsverstärkung >1, Energiewandler).
3. Er muß ein nichtlineares Glied oder ein Regelglied enthalten, das eine konstante Schwingungsamplitude bewirkt.

Amplitudenstabilisierung. Damit Sinusoszillatoren möglichst unverzerrte sinusförmige Signale mit konstanter Amplitude erzeugen, ist eine Amplitudenstabilisierung erforderlich, die bewirkt, daß die Schleifenverstärkung für die gewünschte Oszillatorfrequenz möglichst nahe beim Wert Eins liegt. Für alle übrigen Frequenzen muß $|-kV| < 1$ sein. Diese Stabilisierung erfolgt bei *LC*-Oszillatoren häufig durch nichtlineare Glieder (Begrenzung des Aussteuerbereiches der aktiven Elemente). Bei *RC*-Oszillatoren werden nichtlineare Gegenkopplungsschaltungen oder lineare Regelschaltungen verwendet.

18.2. Rechteckgenerator [18.1]

Ein Rechteckgenerator realisiert elektronisch die Funktion eines Umschalters, der den Ausgang abwechselnd an zwei unterschiedliche Potentiale U_H und U_L schaltet (Bild 18.2).

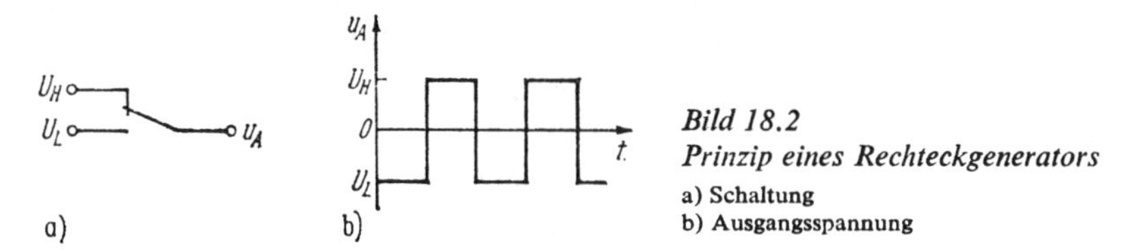

Bild 18.2
Prinzip eines Rechteckgenerators
a) Schaltung
b) Ausgangsspannung

Die elektronische Variante funktioniert wie folgt (Bild 18.3). Unmittelbar nach dem Einschalten ist die Kondensatorspannung $u_C = 0$. Der OV-Ausgang springt infolge der Rückkopplung in den positiven oder negativen Sättigungswert (U_H bzw. U_L), der etwa der positiven bzw. negativen Betriebsspannung des OV entspricht. Nehmen wir an, daß die Ausgangsspannung zum positiven Sättigungswert U_H springt, so liegt am nichtinvertierenden OV-Eingang die Spannung $U_H R_1/(R_1 + R_2)$. C lädt sich über R auf und würde sich bis zur Spannung U_H aufladen, falls nicht vorher bei Gleichheit von

$$u_C \approx U_H R_1/(R_1 + R_2) \quad \text{(Eingangsdifferenzspannung Null!)}$$

der Rückkopplungsvorgang einsetzen und die Schaltung umkippen würde. Nun wiederholt sich das gleiche mit entgegengesetzten Vorzeichen. C lädt sich negativ auf. Die Schaltung kippt zurück, wenn die Kondensatorspannung den Wert $u_C \approx U_L R_1/(R_1 + R_2)$ unterschreitet.

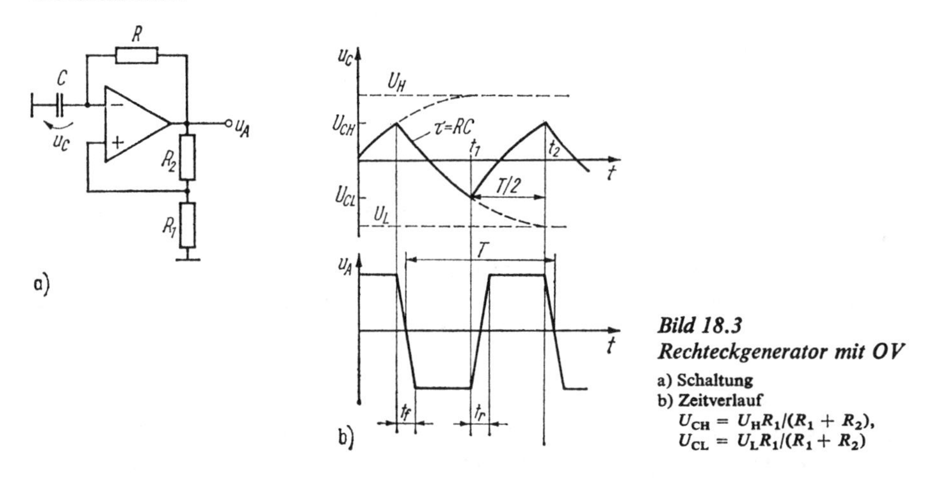

Bild 18.3
Rechteckgenerator mit OV
a) Schaltung
b) Zeitverlauf
$U_{CH} = U_H R_1/(R_1 + R_2)$,
$U_{CL} = U_L R_1/(R_1 + R_2)$

Der Kondensator C wird exponentiell auf- bzw. entladen. Immer, wenn die OV-Eingangsdifferenzspannung nahezu Null ist, gelangt der OV in seinen linearen Bereich, die Schleifenverstärkung, die vorher Null war, wird sehr groß, und der Rückkopplungsvorgang setzt ein, d.h., die Ausgangsspannung springt.

Die Schaltung erzeugt Mäanderimpulse (Tastverhältnis 1:1) mit der Periodendauer

$$T = 2RC \ln\left(1 + 2\frac{R_1}{R_2}\right),$$

falls $U_L = -U_H$ gilt (symmetrische Betriebsspannungen).

Beweis: Wegen der symmetrischen Spannungen $U_H = -U_L$ und $U_{CH} = -U_{CL}$ genügt es, die Zeitdauer des positiven Spannungsanstiegs $u_C(t)$ zu berechnen.

C lädt sich während $t_1 \dots t_2$ exponentiell mit der Zeitkonstanten $\tau = RC$ auf:

$$u_C = U_{CL} + (U_H - U_{CL})(1 - e^{-t/\tau}) = U_H - (U_H - U_{CL})\, e^{-t/\tau}.$$

Nach Ablauf der halben Periodendauer hat u_C den Pegel U_{CH} erreicht. Deshalb gilt

$$u_C\left(\frac{T}{2}\right) = U_{CH} = U_H - (U_H - U_{CL})\, e^{-T/2\tau}.$$

Umstellen und logarithmieren liefert mit $U_{CL} = -U_{CH}$

$$T = 2RC \ln \frac{U_H + U_{CH}}{U_H - U_{CH}} = 2RC \ln\left(1 + 2\frac{R_1}{R_2}\right).$$

Bei der Schaltungsdimensionierung ist darauf zu achten, daß $|kV| \gg 1$ gilt. Dann erfolgt das Umkippen mit der durch den OV begrenzten maximalen Spannungsanstiegsgeschwindigkeit. Beispielsweise gilt für die Anstiegs- bzw. Abfallzeit der Ausgangsimpulse

$$t_r \approx \frac{U_H - U_L}{S_{r1}} = \frac{\Delta U_A}{S_{r1}} \quad \text{bzw.} \quad t_f \approx \frac{\Delta U_A}{S_{r2}}.$$

$S_{r1}(S_{r2})$ Slew Rate des OV für die positive (negative) Flanke.

Weiter ist bei Kippschaltungen der hier besprochenen Art zu beachten, daß die zulässige Eingangsspannung des OV bzw. Komparators nicht überschritten wird. Anderenfalls sind Begrenzungsmaßnahmen oder kleinere Betriebsspannungen erforderlich.

Zur Realisierung von Rechteckgeneratoren und Univibratoren gibt es spezielle digitale Schaltkreise, die lediglich durch 1 ... 2 Widerstände und einen Kondensator extern beschaltet werden müssen. Näheres findet man z.B. in [2].

18.3. Dreieckgenerator [15.1] [17]

Dreiecksignale lassen sich mit einem Integrator erzeugen, dem abwechselnd eine positive bzw. negative konstante Eingangsspannung zugeführt wird (Bild 18.4). Gleichzeitig treten dabei Rechteckimpulse auf. In der Schaltung nach Bild 18.4 wird die Ausgangsspannung des Integrators einem Schwellwertdetektor mit Hysterese zugeführt (Schmitt-Trigger). Wenn die obere Triggerschwelle U'_H überschritten wird, springt die Ausgangsspannung u_A auf hohen Pegel (U_H), wird die untere Schwelle U'_L unterschritten, springt sie auf tiefen Pegel (U_L).

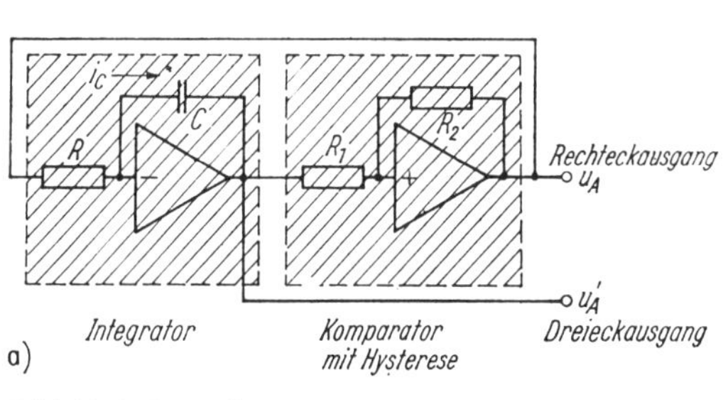

b)

Bild 18.4. ***Dreieckgenerator***

a) Schaltung; b) Zeitverlauf

Die Generatorfrequenz $1/T$ ist proportional zur Steilheit der Integratorausgangsspannung u'_A. Während des Abfalls der Spannung u'_A (Δt_1) gilt

$$\frac{du'_A}{dt} = -\frac{U'_H - U'_L}{\Delta t_1} = \frac{i_C}{C} = -\frac{U_H}{RC} \tag{18.2}$$

und während des linearen Anstiegs der Dreieckspannung (Δt_2)

$$\frac{du'_A}{dt} = \frac{U'_H - U'_L}{\Delta t_2} = -\frac{i_C}{C} = -\frac{U_L}{RC}. \tag{18.3}$$

Die Periodendauer $T = \Delta t_1 + \Delta t_2$ ergibt sich aus diesen Beziehungen zu

$$T = \frac{1}{f} = CR\left[\frac{U'_H - U'_L}{U_H} + \frac{U'_H + U'_L}{-U_L}\right] = CR\,(U'_H - U'_L)\left(\frac{1}{U_H} - \frac{1}{U_L}\right). \tag{18.4}$$

Wenn als hysteresebehafteter Komparator die Schmitt-Trigger-Schaltung nach Bild 18.4a eingesetzt wird, betragen die Schwellen für symmetrische Ausgangsspannungen $U_H = -U_L$ (Abschn. 16.6.4.) $U'_H = -U'_L = (R_1/R_2)\,U_H$.

Einsetzen in (18.4) liefert

$$T = 4RC\left(\frac{R_1}{R_2}\right).$$

Bei symmetrischem Betrieb ist die Periodendauer also unabhängig von der Ausgangsamplitude.

Die Frequenz hängt linear von der Ausgangsamplitude ab, wenn wir U'_H und U'_L konstant halten und $U_L = -U_H$ bzw. $|U_L| \sim |U_H|$ wählen. Dieser Zusammenhang bietet eine Möglichkeit zur Frequenzeinstellung. Verbinden wir den Ausgang der Schaltung nicht direkt mit dem Integratorvorwiderstand R, sondern über ein Potentiometer bzw. einen Analogmultiplizierer, so läßt sich die Schwingfrequenz kontinuierlich durch die Potentiometerstellung oder durch eine Spannung am zweiten Eingang des Multiplizierers verändern.

Das Tastverhältnis folgt aus (18.2) und (18.3) zu

$$\frac{\Delta t_1}{\Delta t_2} = -\frac{U_L}{U_H}.$$

Durch Einspeisen eines Stroms in den Integratoreingang läßt sich das Tastverhältnis verändern (zusätzlichen Vorwiderstand an eine Gleichspannung legen).

Schaltungen nach Bild 18.4 arbeiten zufriedenstellend bei Oszillatorfrequenzen vom kHz-Bereich bis herab zu $<0{,}1$ Hz mit Anstiegszeiten <1 µs. Die Betriebsspannungsabhängigkeit der Frequenz ($<1\,\%$ bei $\pm 20\,\%$) und der Temperatureinfluß auf die Frequenz ($\pm 0{,}02\,\%/\text{K}$) sind bei Verwendung stabiler passiver Bauelemente gering [15.1]. Die Ausgangsamplitude der Dreieckschwingung ist die Differenz der beiden Triggerpegel. Sie läßt sich durch Verschieben dieser Pegel verändern.

Sägezahngenerator. Rücksetzintegrator. Eine Sägezahnschwingung besteht aus einer linearen Vorderflanke und einer sehr kurzen Rückflanke. Solche Signale werden beispielsweise zur Zeitablenkung des Elektronenstrahls in Oszillografen benötigt.

Eine einfache Möglichkeit zur Erzeugung periodischer Sägezahnsignale besteht darin, einen Integrator mit einer konstanten Spannung anzusteuern und den Integrationskondensator periodisch kurzzuschließen (z. B. mittels FET-Schalter) (Bild 18.5), wenn die Ausgangsspannung des Integrators einen Schwellwert erreicht hat.

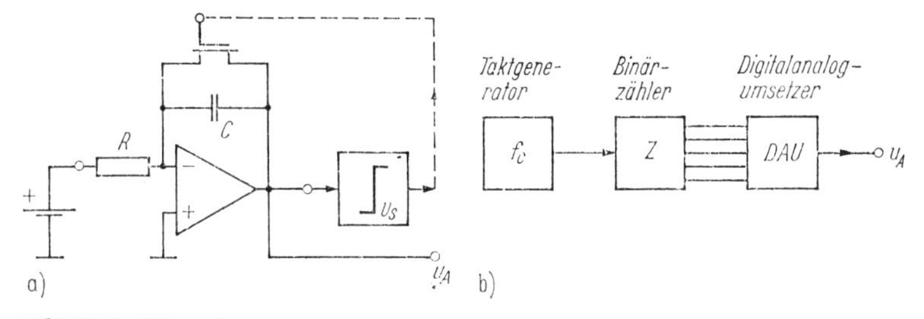

Bild 18.5. Sägezahngeneratoren

a) mit Rücksetzintegrator; b) mit Taktgenerator, Zähler und Digital-Analog-Umsetzer (DAU)

Sägezahngenerator mit Digital-Analog-Umsetzer (DAU). Ein grundsätzlich anderes Wirkprinzip verwendet man beim Sägezahngenerator im Bild 18.5b. Die Sägezahnspannung wird mittels eines DAU durch Ansteuern eines Zählers (Binärzähler) erzeugt. Am Ende jeder Sägezahnperiode wird der Binärzähler auf Null gestellt. Diese Kombination aus digitalen und analogen Funktionseinheiten liefert keine glatte, sondern eine treppenförmige Sägezahnspannung. Bei genügend vielen Treppenstufen (z. B. $Z \geqq 10^4$) kann der Verlauf in guter Näherung als „glatt" betrachtet werden. Diese Variante ist bei sehr niedrigen Frequenzen dem Sägezahngenerator mit Rücksetzintegrator überlegen, weil Analogintegratoren nicht für große Integrationszeiten dimensioniert werden können (Fehl- und Isolationsströme!), sondern nur bis zum Sekunden- bzw. Minutenbereich. Falls der Binärzähler eine Zählkapazität von Z Impulsen hat, beträgt die Periodendauer der Sägezahnschwingung genau das Z-fache der Taktperiodendauer $T = Z/f_c$. Mit multiplizierenden DAU läßt sich die Ausgangsamplitude verändern. Ein weiterer Vorteil dieses Prinzips ist die einfache und exakte Zeitsynchronisation.

Dreieck-Rechteck-Generator mit DAU, Tastverhältnis und Folgefrequenz digital programmierbar. Bei dieser Schaltung (Bild 18.6) bestimmt die Ausgangsspannung U_1 des DAU den Aufladestrom durch den Kondensator C des Millerintegrators und damit die Steigung und Dauer der Anstiegsflanke. Entsprechend bestimmt DAU 2 die abfallende

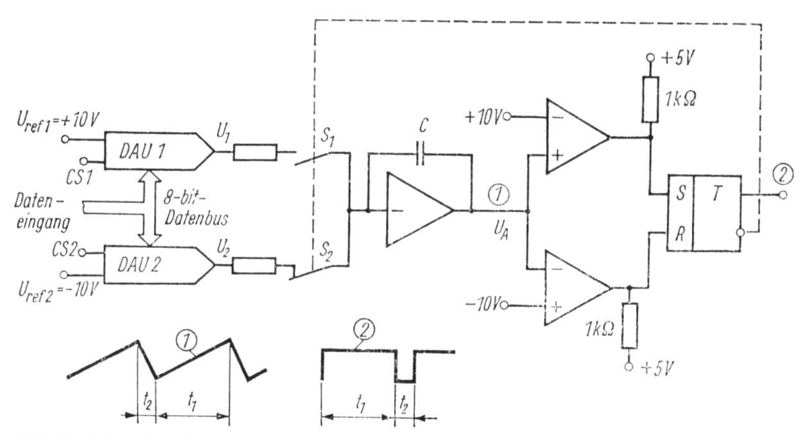

Bild 18.6. Rechteck-Dreieck-Generator (digital programmierbar)

1: Dreieckausgang, 2: Rechteckausgang; S_1 und S_2 schalten abwechselnd

Flanke. Mit dem Zusammenhang $du_A/dt = U_A/t_1 = U_1/RC$ folgt für die ansteigende Flanke

$$t_1 = \frac{U_A}{U_1} RC$$

und entsprechend für die abfallende Flanke

$$t_2 = \frac{U_A}{U_2} RC.$$

Die beiden 8-bit-DAU (multiplizierende Typen, s. Abschn. 21.1.) realisieren den Zusammenhang $U_1 = U_{ref\,1}\,(n_1/256)$ bzw. $U_2 = U_{ref\,2}\,(n_2/256)$ mit $n_1, n_2 = 0 \ldots 255$.

Für $U_A = U_{ref\,1} = -U_{ref\,2} = 10$ V ergibt sich

$$t_1 = RC\frac{256}{n_1} \quad \text{und} \quad t_2 = RC\frac{256}{n_2}.$$

Die Periodendauer der Schwingung beträgt $T = t_1 + t_2 = 256RC\,(1/n_1 + 1/n_2)$. Für den im Bild 18.6 dargestellten Spezialfall gleicher digitaler Eingangssignale für beide DAU gilt $T = 512\,(RC/n)$.

Das Tastverhältnis der Rechteckimpulsfolge am Ausgang des *RS*-Flipflops hat die Größe $t_1/t_2 = n_2/n_1$.

18.4. Univibrator

Mit einem Univibrator (Monoflop) lassen sich Impulse definierter Breite (Verweilzeit) erzeugen. Die Kippschaltung ist monostabil, d.h., sie hat genau einen stabilen (und zusätzlich einen metastabilen) Zustand. Durch einen Eingangstriggerimpuls wird die Schaltung in die metastabile Lage gekippt, aus der sie nach Ablauf der Verweilzeit wieder in ihre stabile Lage zurückkippt. Bild 18.7 zeigt eine sehr einfache Variante. Da das Potential des invertierenden OV-Eingangs negativ und das des nichtinvertierenden Eingangs ungefähr Null ist, nimmt das Ausgangspotential im Ruhezustand den positiven Sättigungswert des OV an ($u_A = U_H \approx +U_{CC}$).

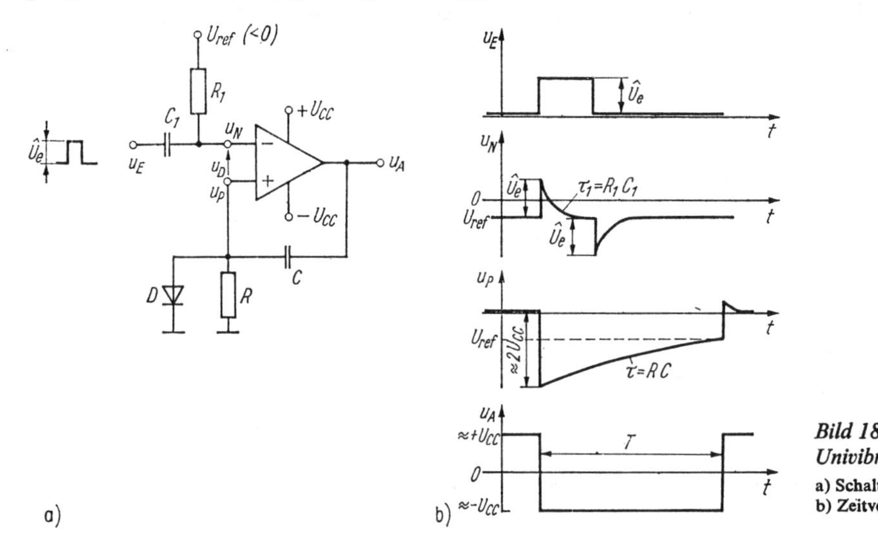

Bild 18.7
Univibrator
a) Schaltung
b) Zeitverlauf

Ein positiver Rechteck- oder Nadelimpuls mit der Amplitude $\hat{U}_e > |U_{ref}|$ am Eingang bewirkt, daß die Eingangsdifferenzspannung des OV kurzzeitig Null oder positiv wird. Als Folge setzt, bedingt durch die starke Rückkopplung über C und wegen $|kV| \gg 1$, ein Kippvorgang ein. Das Ausgangspotential u_A springt in den negativen Sättigungszustand $u_A = U_L$. Der Ausgangsspannungssprung $U_H - U_L \approx 2U_{CC}$ wird über C zum nichtinvertierenden OV-Eingang übertragen. Im Anschluß daran entlädt sich C, so daß die Spannung u_p exponentiell auf Null abfällt. Die Differenzierzeitkonstante $\tau_1 = C_1R_1$ muß wesentlich kleiner sein als die Verweilzeit T. Dann gilt bereits nach wenigen Zeitkonstanten τ_1 wieder $u_N \approx U_{ref}$, und die Schaltung kippt zurück, wenn u_P von stark negativen Werten kommend ungefähr das Potential $u_N \approx U_{ref}$ erreicht.

Beim Rückkippvorgang springt die Ausgangsspannung von $U_L \approx -U_H$ nach $U_H\,(>0)$, und C lädt sich über die Diode D auf ungefähr $2U_{CC}$ auf. Falls die Diode D nicht vorhanden wäre, würde dieser Aufladevorgang ein Vielfaches der Zeitkonstanten $\tau = RC$ dauern. Die Folge wäre eine große „Erholzeit" der Schaltung. Erst nach Ablauf dieser Erholzeit kann der Univibrator wieder normal getriggert werden.

Bei symmetrischen Ausgangsspannungen ($U_H = -U_L = U_{CC}$) beträgt die Verweilzeit

$$T = RC \ln \frac{2U_{CC}}{-U_{ref}}.$$

Beweis: Die Spannung u_p beträgt ($\tau = RC$) $u_p \approx -2U_{CC}\,e^{-t/\tau}$. Die Schaltung kippt zurück, wenn u_p auf den Wert U_{ref} (<0) abgefallen ist. Folglich gilt $U_{ref} \approx -2U_{CC}\,e^{-T/\tau}$ (T Verweilzeit) und schließlich $T \approx RC \ln (2U_{CC}/-U_{ref})$.

Im Rahmen der bekannten digitalen Schaltkreisreihen gibt es komplette Univibratorschaltkreise, die einen oder zwei Präzisionsunivibratoren enthalten und lediglich durch R und C extern beschaltet werden müssen. Näheres findet man z.B. in [2].

18.5. Sinusgeneratoren

Wie bereits erwähnt, lassen sich sinusförmige Signale 1. mittels rückgekoppelter Oszillatoren (*LC*, *RC*) und 2. synthetisch (z.B. aus Dreieckschwingungen) erzeugen.

Die Auswahl des zweckmäßigsten Schaltungsprinzips wird u.a. vom erforderlichen Frequenzbereich, von der Frequenz- und Amplitudenkonstanz und vom zulässigen Klirrfaktor beeinflußt. Tafel 18.1 gibt einige Hinweise zur Erleichterung der Auswahl [18.4]. Nahezu jeder Oszillatortyp hat positive und negative Eigenschaften.

Rückgekoppelte *RC*-Oszillatoren eignen sich besonders für niedrige Frequenzen (0,1 ... 10^5 Hz). In diesem Frequenzbereich sind *LC*-Oszillatoren unzweckmäßig, weil sehr große Induktivitäten benötigt werden. Der typische Einsatzbereich von *LC*-Oszillatoren ist der Frequenzbereich zwischen etwa 10^5 und 10^9 Hz. Bei sehr niedrigen Frequenzen ist die synthetische Schwingungserzeugung überlegen, da selbst bei *RC*-Oszillatoren zu große Widerstands- bzw. Kapazitätswerte benötigt werden und durch die nichtidealen Eigenschaften der OV und der Kondensatoren Fehler auftreten.

Frequenzstabilität. Häufig benötigt man Oszillatoren mit möglichst konstanter Schwingfrequenz ($\Delta f/f_{res} \ll 1\,\%$). Bauelemente-, Speisespannungs- und vor allem Temperaturänderungen bewirken aber bei jeder Oszillatorschaltung mehr oder weniger große Frequenzänderungen. Ein Maß für den Einfluß der Schaltungsparameter auf die Oszillatorfrequenz ist die *Phasensteilheit* (Änderung des Phasenwinkels der Schleifenverstärkung mit der Frequenz) $d\varphi_s/d\omega$.

Tafel 18.1. Gesichtspunkte zur Auswahl von Oszillatorschaltungen (Sinusoszillatoren) [18.4]

Oszillatortyp	Typischer Frequenzbereich	Typischer Klirrfaktor	Typische Amplitudeninstabilität	Bemerkungen
Phasenschieber	10 Hz ... 1 MHz	1 ... 3%	3%	einfach, billig, durch Widerstände leicht im Frequenzbereich 2:1 abstimmbar, schnelles An- und Einschwingen, mittlere Leistungsfähigkeit
Wienbrücke	1 Hz ... 1 MHz	0,01%	1%	extrem niedriger Klirrfaktor, sehr gut für hochqualitative Instrumentierungs- und NF-Anwendungen, relativ schwierig abstimmbar (Doppelpotentiometer mit gutem Gleichlauf erforderlich); lange Einschwingzeit nach sprungförmiger Frequenz- oder Amplitudenänderung
LC-Oszillatoren	1 kHz ... 500 MHz (1 GHz)	1 ... 3%	3%	schwierig über großen Bereich abstimmbar, höhere Güte als RC-Oszillatoren, startet schnell, leicht in hohen Frequenzbereichen betreibbar
Stimmgabeloszillator	60 Hz ... 3 kHz	0,25%	0,1%	frequenzstabil über großen Temperatur- und Betriebsspannungsbereich; relativ stoß- und vibrationsunempfindlich; nicht abstimmbar
Quarzoszillator	30 kHz ... 200 MHz	0,1%	1%	höchste Frequenzstabilität; nur geringfügig abstimmbar; möglicherweise zerbrechlich
Dreieckgenerator mit Signalformer (Diodennetzwerk)	1 Hz ... 500 kHz	1 ... 2%	1%	großer Abstimmbereich realisierbar, kurze Einschwingzeit auf neue Frequenz oder Amplitude. Bemerkung: Der Signalformer kann auch von einem DAU angesteuert werden; Signalformung auch mittels logarithmischer Kennlinie realisierbar
Durch ROM angesteuerter DAU	1 Hz ... 20 MHz	0,1%	0,01%	leistungsfähiges Digitalprinzip; sehr schnelles Amplituden- und Frequenzeinschwingen mit geringem dynamischem Fehler. Problem: sehr hohe Taktfrequenz erforderlich (8-bit-DAU benötigt Taktimpulsfolge mit der 256fachen Ausgangsfrequenz des Sinussignals); DAU-Einschwingzeit und Überschwingen (glitches) ergibt mit zunehmender Ausgangsfrequenz evtl. Fehler

Die meisten Oszillatorschaltungen haben eine um so größere Frequenzstabilität, je größer die Phasensteilheit ist. Streng genommen gilt dies nur dann, wenn die Oszillatorfrequenz von den frequenzbestimmenden Gliedern der Schaltung sehr stark und von den übrigen Einflußgrößen nur wenig beeinflußt wird. Ein hoher Verstärkungsfaktor des Verstärkungsgliedes im Oszillator ist in der Regel günstig.

Im einzelnen ist beim Schaltungsaufbau von Oszillatorschaltungen folgendes zu beachten:

- kleiner TK der frequenzbestimmenden Bauelemente,
- möglichst kleine Dämpfung der frequenzbestimmenden LC-Kreise,
- Schaltung so dimensionieren, daß die Eingangs-/Ausgangswiderstände der Verstärkerstufen die Schwingfrequenz möglichst wenig beeinflussen,
- wirksame Arbeitspunktstabilisierung,
- hohe Grenzfrequenz der aktiven Verstärkerelemente, damit deren Einfluß auf die Schwingfrequenz vernachlässigbar ist,
- stabilisierte Speisespannungen,
- bei höchsten Anforderungen an Frequenzkonstanz Temperatur der frequenzbestimmenden Glieder konstant halten (Thermostat),
- Last über Trennstufe anschließen,
- Rückkopplungsfaktor nicht unnötig groß dimensionieren (Vermeiden nichtlinearer Verzerrungen).

Amplitudenstabilisierung. Damit sich beim Einschalten des Oszillators Schwingungen aufschaukeln, muß $|kV| > 1$ gelten. Im stationären Betrieb muß sich aber $|kV| = 1$ einstellen. Das läßt sich durch Regelschaltungen oder nichtlineare Begrenzerschaltungen erreichen, die die Schleifenverstärkung in Abhängigkeit von der Ausgangssignalamplitude im erforderlichen Maße verändern.

Eine Begrenzung der Schwingamplitude läßt sich erreichen durch:

1. Begrenzung des *Ausgangsaussteuerbereiches.* Der Spitzenwert der Ausgangswechselspannung kann nicht größer werden als die Betriebsspannung.
2. *Arbeitspunktverschiebung* durch Gleichrichtung der Wechselspannung an einer nichtlinearen Kennlinie (z.B. Transistoreingangskennlinie).
3. *Bedämpfung* eines Resonanzkreises durch aussteuerungsabhängigen Eingangswiderstand der Verstärkerstufe.

18.5.1. RC-Oszillatoren

Die bekanntesten RC-Oszillatorschaltungen sind

1. Wienbrückenoszillator (Wien-Robinson-Brücke)
2. Phasenschieberoszillator
3. Doppel-T-Oszillator
4. Zustandsvariablenoszillator (Analogrechnersimulation eines LC-Schwingkreises).

In Abhängigkeit davon, ob das rückgekoppelte Signal dem invertierenden oder dem nichtinvertierenden OV-Eingang zugeführt wird, muß das Rückkopplungsnetzwerk bei der gewünschten Schwingfrequenz eine Phasenverschiebung von 180° bzw. 0 (360°) erzeugen.

In RC-Oszillatoren muß das Verstärkerelement möglichst linear verstärken, weil im Gegensatz zu LC-Oszillatoren keine sehr gute Unterdrückung von Oberwellen erfolgt. Eine Nichtlinearität im verstärkenden Element ruft nichtlineare Verzerrungen der Ausgangssignalform hervor.

Solche nichtlinearen Verzerrungen entstehen auch, wenn die notwendige Verstärkungsregelung auf den Wert $|kV| = 1$ (Amplitudenstabilisierung) mit einem einfachen nichtlinearen Widerstand oder einem Begrenzerelement vorgenommen wird (z. B. Heißleiter oder Diodenbegrenzer). Zum Erzielen sehr geringer Nichtlinearitätsfehler muß eine komplexe Regelschaltung Verwendung finden.

Bei LC-Oszillatoren verschiebt sich häufig der Arbeitspunkt nach dem Anschwingen zum B- oder C-Betrieb. Der Schwingkreis schließt alle Oberwellen kurz, so daß trotz des nichtlinearen Stroms durch das Verstärkerelement die Ausgangssignalform weitgehend sinusförmig ist.

Wir betrachten nachfolgend die Wirkungsweise des Phasenschieber- und des Wien-Robinson-Oszillators. Bezüglich der beiden übrigen Schaltungen verweisen wir auf die Literatur [3] [6].

18.5.1.1. Phasenschieberoszillator

Die Phasenverschiebung des Rückkopplungsnetzwerkes im Bild 18.8a ist frequenzabhängig. Damit sich Sinusschwingungen mit der Frequenz f erregen, muß die Phasendrehung des Rückkopplungsnetzwerkes bei dieser Frequenz exakt 180° betragen, wenn wir Phasendrehungen des Verstärkers vernachlässigen. Die Übertragungsfunktion des Rückkopplungsvierpols lautet

$$k_{\mathrm{P}}(\mathrm{j}\omega) \equiv \frac{\underline{U}_{\mathrm{e}}}{\underline{U}_{\mathrm{a}}} = \frac{1}{1 - 5\alpha^2 - \mathrm{j}\alpha\,(6 - \alpha^2)}; \qquad \alpha = \frac{1}{\omega RC}.$$

Bei der Frequenz

$$f = \frac{1}{2\pi\sqrt{6}\,RC}$$

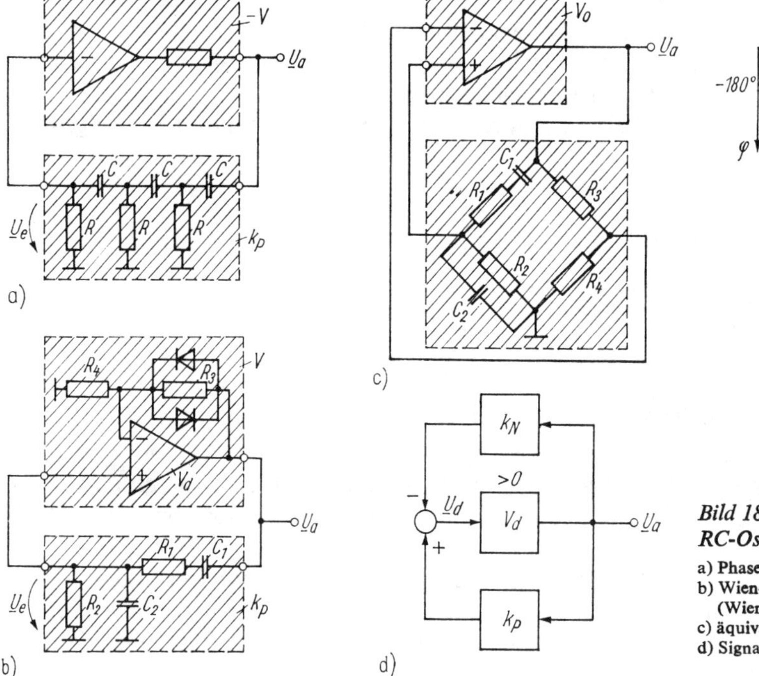

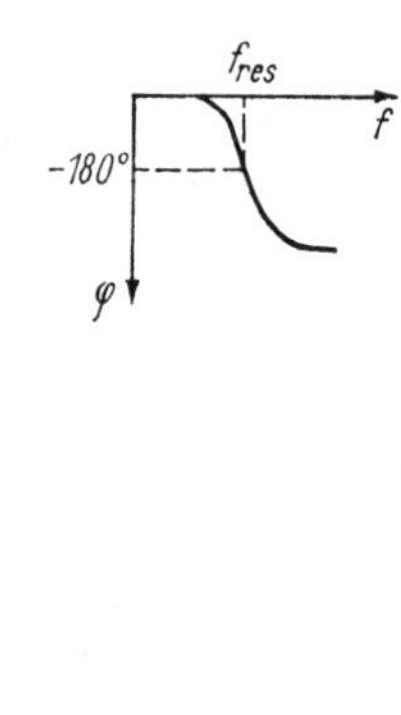

Bild 18.8
RC-Oszillatoren

a) Phasenschieberoszillator
b) Wien-Brücken-Oszillator (Wien-Robinson-Brücke)
c) äquivalente Schaltung zu b
d) Signalflußbild zu a und b

beträgt die Phasenverschiebung des Rückkopplungsnetzwerkes 180° (für $\alpha^2 = 6$). Bei dieser Frequenz ist $|k_P \equiv (\underline{U}_e/\underline{U}_a)| = \frac{1}{29}$. Damit die Schaltung schwingt, muß also die Verstärkung V mindestens 29 betragen $(-k_pV = 1)$.

Die hier betrachtete Schaltung wendet Serienspannungsrückkopplung an. Grundsätzlich läßt sich auch eine Schaltung mit Parallelspannungsrückkopplung realisieren. Das ist zweckmäßig, wenn der Verstärker einen sehr niedrigen Eingangswiderstand hat.

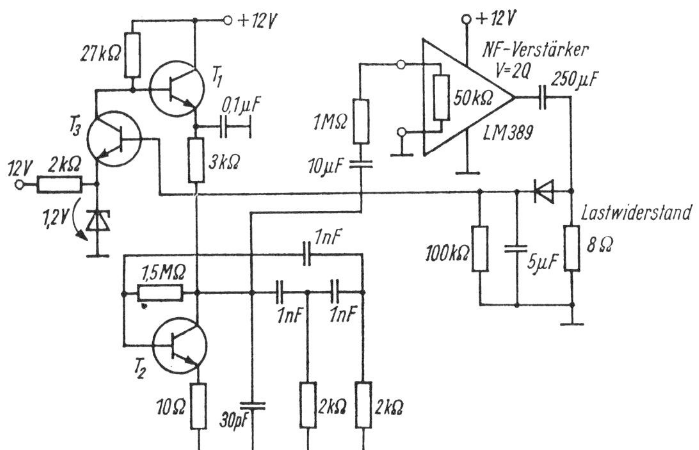

Bild 18.9
Phasenschieberoszillator für $f = 12$ kHz [18.4]
Ausgangsspannung 5 V_{ss}, Klirrfaktor ≈ 2%

Die Schaltung benötigt zusätzliche Schaltelemente zur Amplitudenstabilisierung, die hier zur Vereinfachung weggelassen wurden, die jedoch aus der praktisch dimensionierten Schaltung im Bild 18.9 ersichtlich sind. Alle Elemente außer dem aus T_2 und dem *RC*-Netzwerk bestehenden eigentlichen Phasenschieberoszillator gehören zur Amplitudenstabilisierungsschaltung. Die Wechselspannung des Verstärkers wird gleichgerichtet und in C gespeichert. Über T_1 (Emitterfolger) wird die Betriebsspannung des Transistors T_2 geregelt und dadurch die Verstärkung von T_2. Wenn die *Z*-Diode entfernt und dafür eine externe Spannung angelegt wird, läßt sich die Ausgangsamplitude der Sinusschwingung verändern.

18.5.1.2. Wienbrückenoszillator

Im Gegensatz zum Phasenschieberoszillator ist der Verstärker im Bild 18.8b nichtinvertierend. Wir setzen unendlich hohen Eingangswiderstand und eine Phasendrehung von 0 bzw. 360° voraus. Die Schaltung enthält einen Rückkopplungskanal (Rückkopplungsfaktor k_P) und einen Gegenkopplungskanal (Gegenkopplungsfaktor k_N) (Bild 18.8d).

Schon überlegungsmäßig ist klar, daß die Schaltung nur dann zum Oszillator wird, wenn die Wirkung der positiven Rückkopplung die der Gegenkopplung zumindest geringfügig überwiegt.

Die auf den Verstärkereingang rückgekoppelte Spannung beträgt $k_P\underline{U}_a$. Der Rückkopplungsfaktor beträgt mit $Z_1 = R_1 + (1/pC_1)$, $Z_2^{-1} = (1/R_2) + pC_2$

$$k_P(\mathrm{j}\omega) \equiv \frac{\underline{U}_e}{\underline{U}_a} = \frac{Z_2}{Z_1 + Z_2} = \frac{1}{1 + \dfrac{R_1}{R_2} + \dfrac{C_2}{C_1} + \mathrm{j}\left(\omega R_1 C_2 - \dfrac{1}{\omega C_1 R_2}\right)}. \tag{18.5}$$

Der Gegenkopplungsfaktor lautet

$$k_N = \frac{R_4}{R_3 + R_4}. \tag{18.6}$$

Notwendige Voraussetzung für das Entstehen selbsterregter Schwingungen ist, daß der Rückkopplungsvierpol bei der gewünschten Oszillatorfrequenz die Phasenverschiebung Null aufweist, denn das Gegenkopplungsnetzwerk verursacht keine Phasendrehung. Das ist bei der Kreisfrequenz

$$\omega_0^2 = \frac{1}{C_1 R_1 C_2 R_2}$$

der Fall. Bei dieser Frequenz hat das Rückkopplungsnetzwerk eine Dämpfung

$$k_P(\omega_0) = \frac{1}{1 + (R_1/R_2) + (C_2/C_1)}. \tag{18.7}$$

Für den häufig vorkommenden Spezialfall $R_1 = R_2 = R$, $C_1 = C_2 = C$ gilt entsprechend

$$\omega_0 = \frac{1}{RC}$$

und

$$k_P(\omega_0) = \tfrac{1}{3}.$$

In diesem Fall muß also der Verstärker bei der Oszillatorfrequenz mindestens eine dreifache Spannungsverstärkung haben. Dieser Verstärkungsfaktor läßt sich durch einen Gegenkopplungsfaktor $k_N = \frac{1}{3}$ einstellen.

Wie bereits erläutert, muß im Interesse konstanter Schwingungsamplitude und reiner Sinusform im eingeschwungenen Zustand möglichst genau $k_{ges} V_d = (k_P - k_N) V_d = 1$ gelten (Vorzeichen entsprechend Bild 18.8).

Für den Wien-Robinson-Oszillator im Bild 18.8b bedeutet dies bei idealem OV ($V_d \to \infty$), daß die Bedingung $k_P = k_N$ gelten muß. Mit (18.6) und (18.7) erhalten wir

$$1 + \frac{R_3}{R_4} \geqq 1 + \frac{R_1}{R_2} + \frac{C_2}{C_1} \quad \text{(Schwingbedingung).} \tag{18.7a}$$

Für den einfachen Spezialfall gleicher Brückenwiderstände und -kondensatoren folgt $R_3 \geqq 2R_4$.

Für endlichen Verstärkungsfaktor $V_d \neq \infty$ des OV läßt sich aus Bild 18.8d die Beziehung

$$k_{ges} = k_P - k_N = \frac{1}{V_d}$$

ableiten. Der Rückkopplungsfaktor muß also geringfügig größer sein als der Gegenkopplungsfaktor, damit die Schaltung schwingt. Das Produkt $(k_P - k_N) V_d$ ist die Schleifenverstärkung der Schaltung, die bekanntlich bei der Oszillatorfrequenz Eins betragen muß.

Wir können diesen Zusammenhang übrigens auch ableiten, indem wir die frequenzbestimmenden Widerstände und die beiden Gegenkopplungswiderstände als Brückenschaltung auffassen (Bild 18.8c). Damit der OV im linearen Bereich arbeitet, muß die

Brückendiagonalspannung gegen Null gehen (abgeglichene Brücke), wenn wir nahezu unendlich hohe Leerlaufverstärkung des OV voraussetzen. Aus dieser Forderung folgt u.a. sofort (18.7a). Bei einem idealen OV ist die Brückendiagonalspannung Null, wenn im Fall $R_1 = R_2 = R$, $C_1 = C_2 = C$ die Bedingung $R_3 = 2R_4$ gilt. Zweckmäßigerweise wird einer dieser Gegenkopplungswiderstände steuerbar ausgelegt (z.B. FET oder Fotowiderstand), und zwar so, daß sein Widerstandswert von der Amplitude des Oszillatorsignals gesteuert wird. Dann regelt sich automatisch eine konstante Schwingamplitude ein, die nahezu unabhängig von Schwankungen der Leerlaufverstärkung des OV ist.

Die Eingangsdifferenzspannung des OV im Bild 18.8b beträgt

$$\underline{U}_d = (k_P - k_N)\,\underline{U}_a.$$

Die Schleifenverstärkung ist frequenzabhängig. Ein Maß für die Frequenzstabilität der Schaltung ist ihre Phasensteilheit $d\varphi_S/d\omega$ in der Umgebung der Resonanzfrequenz. Wir wollen $d\varphi_S/d\omega$ der Schaltung nach Bild 18.8b berechnen. Die Schleifenverstärkung beträgt

$$V_S = (k_P - k_N)\,V_d. \tag{18.8}$$

Bei der Resonanzfrequenz gilt

$$1 = (k_{P0} - k_N)\,V_d \quad \text{mit} \quad k_{P0} \equiv k_P(\omega_0). \tag{18.9}$$

Einsetzen von (18.5) in (18.8) ergibt mit den Abkürzungen

$$\Omega \equiv \sqrt{\frac{R_1C_2}{R_2C_1}}\left(\frac{\omega}{\omega_0} - \frac{\omega_0}{\omega}\right) \quad \text{und} \quad A \equiv 1 + \frac{R_1}{R_2} + \frac{C_2}{C_1}$$

$$V_S = \left(\frac{1}{A + j\Omega} - k_N\right) V_d.$$

Wir ersetzen k_N mit Hilfe von (18.9) und erhalten

$$V_S = \left(\frac{1}{A + j\Omega} - k_{P0} + \frac{1}{V_d}\right) V_d = \left(\frac{1}{A + j\Omega} - \frac{1}{A} + \frac{1}{V_d}\right) V_d.$$

Für $\Omega \ll A$ gilt die Näherung

$$V_S \approx \left[\frac{1}{A}\left(1 - j\frac{\Omega}{A}\right) - \frac{1}{A} + \frac{1}{V_d}\right] V_d = 1 - j\Omega\,\frac{V_d}{A}.$$

Der Phasenwinkel der Schleifenverstärkung ergibt sich hieraus durch Division von Imaginär- und Realteil zu

$$\varphi_S = \arctan\left(-\Omega\,\frac{V_d}{A}\right).$$

Solange $\varphi_S \approx \tan\varphi_S$ gilt, folgt für den Spezialfall $R_1 = R_2 = R$, $C_1 = C_2 = C$ mit der Beziehung

$$\Omega \equiv \frac{\omega}{\omega_0} - \frac{\omega_0}{\omega} \approx 2\,\frac{\Delta\omega}{\omega_0}$$

(gilt für $\Delta\omega \ll \omega_0$) die Näherung

$$\frac{d\varphi_S}{d\omega} \approx -\frac{V_d}{A}\,\frac{d\Omega}{d\omega} \approx -\frac{2}{3}\,\frac{V_d}{\omega_0}.$$

Wir erkennen, daß hohe Leerlaufverstärkung günstig hinsichtlich hoher Phasensteilheit und damit hoher Frequenzstabilität der Schaltung ist.

Amplitudenstabilisierung. Bei Aufrechterhaltung von Sinusschwingungen mit konstanter Amplitude ist eine Amplitudenstabilisierung notwendig, die die Verstärkung und/oder den Rückkopplungsfaktor in Abhängigkeit von der Ausgangssignalamplitude so verändert, daß sich stets $-kV = 1$ einstellt, auch bei Bauelemente- und Speisespannungstoleranzen. Folgende Möglichkeiten werden verwendet (Bild 18.8b):

1. Nichtlineare Gegenkopplung durch Einschalten von Begrenzerdioden parallel zum Gegenkopplungswiderstand R_3.
   Beim Ansteigen der Ausgangsamplitude und damit der Signalspannung über R_3 wird der effektive Widerstand R_3 kleiner, und die Verstärkung verringert sich infolge der zunehmenden Gegenkopplung. Diese Methode ist sehr einfach, bewirkt aber nichtlineare Verzerrungen der Signalform [6].
2. Einschalten eines FET in Reihe zu R_4 und dessen Ansteuerung von der gleichgerichteten Ausgangssignalspannung. Steigt die Ausgangssignalspannung an, so wird der Arbeitspunkt des FET in Sperrichtung verschoben. Dadurch vergrößert sich sein Drain-Source-Widerstand und damit der effektive Spannungsteilerwiderstand R_4, der den gesamten Rückkopplungsfaktor so verändert, daß $-kV = 1$ aufrechterhalten wird [3].
3. Einschalten temperaturabhängiger Widerstände (Heißleiter, Kaltleiter) in die Wien-Brücke in der Weise, daß beim Ansteigen der Ausgangssignalamplitude der Widerstand des temperaturabhängigen Bauelementes so verändert wird, daß die Schleifenverstärkung absinkt (Beispiel: R_3 temperaturabhängig mit positivem TK ausbilden; falls die Ausgangssignalamplitude steigt, wird R_3 kleiner, und die Verstärkung der Schaltung sinkt).

Bei den unter 2. und 3. genannten Verfahren muß die Regelzeitkonstante groß gegenüber der maximalen Periodendauer der Sinusschwingung gewählt werden, damit durch die Amplitudenregelung keine nichtlinearen Verzerrungen hervorgerufen werden.

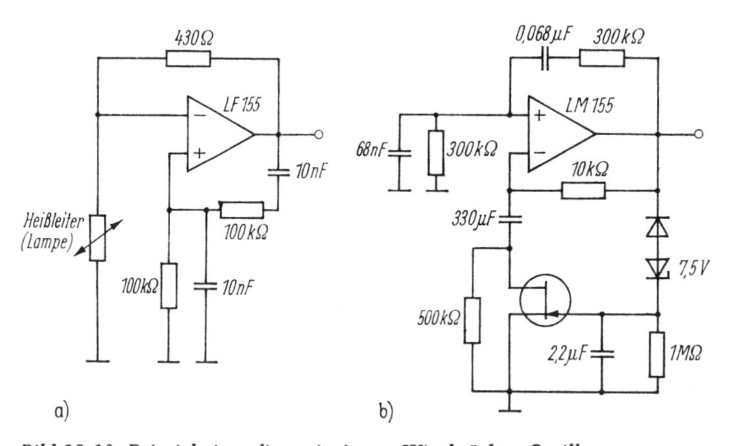

Bild 18.10. Beispiel eines dimensionierten Wienbrücken-Oszillators
a) mit einfacher Amplitudenstabilisierung; b) mit komplexer Regelschaltung

Eine dimensionierte Wienbrückenoszillatorschaltung zeigt Bild 18.10. Die untere Hälfte des Bildes enthält die Schaltung zur Amplitudenstabilisierung. In einfachen Fällen kann diese durch einen Heißleiter vorgenommen werden (Bild 18.10a). Wenn geringe Verzerrungen der Ausgangsspannung gewünscht werden, muß eine komplexere Regelschaltung verwendet werden (Bild 18.10b). Die Z-Diode im Bild b bestimmt die Ausgangssignalamplitude, die Kombination 1 MΩ ‖ 2,2 μF bestimmt die Zeitkonstante der Masche. Der von der Signalamplitude gesteuerte Drain-Source-Widerstand des SFET verändert den Gegenkopplungsfaktor der Schaltung.

18.5.2. LC-Oszillatoren

18.5.2.1. Induktive Kopplung

Bild 18.11 zeigt die aus der Röhrentechnik und dort unter der Bezeichnung Meißneroszillator bekannte induktiv gekoppelte Oszillatorschaltung. Sie ist dadurch gekennzeichnet, daß die Rückkopplung über einen Transformator erfolgt, der gleichzeitig den induktiven Teil des frequenzbestimmenden Schwingkreises bildet. Der Schwingkreis des Ausgangskreises koppelt Energie in den Steuerkreis. Durch entsprechende Polung wird die Phasendrehung von 180° realisiert (die Punkte im Bild 18.11 kennzeichnen Wicklungsanschlüsse gleicher Polarität). Die Verstärkerschaltung (Source- bzw. Emitterschaltung) realisiert bei der Resonanzfrequenz des Schwingkreises eine zusätzliche Phasenverschiebung von 180° zwischen Ausgangs- und Eingangsspannung (Phasendrehungen im Transistor vernachlässigt). Somit ist die Phasenbedingung erfüllt, und bei genügend großem Verstärkungsfaktor schaukeln sich Schwingungen auf (Übersetzungsverhältnis geeignet wählen!).

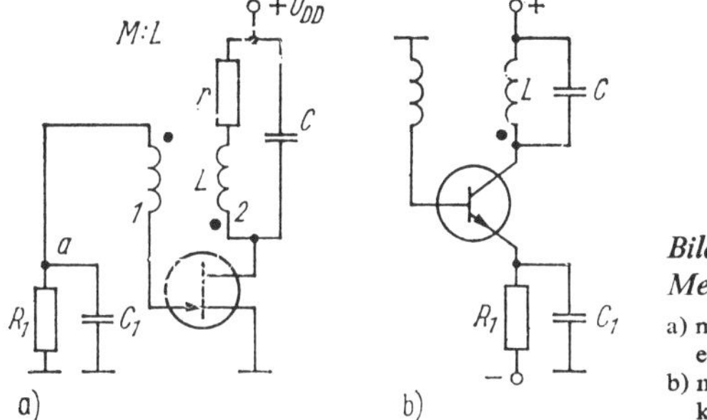

Bild 18.11
Meißneroszillator
a) mit FET und automatischer Gatevorspannungserzeugung
b) mit Bipolartransistor und Gleichstromgegenkopplung zur Arbeitspunktstabilisierung

Zu beachten ist, daß sich die Oszillatorfrequenz etwas von der Resonanzfrequenz des Schwingkreises unterscheidet! Die Oszillatorfrequenz ist die Frequenz, bei der die Phasendrehung der Schleifenverstärkung 0 oder 2π bzw. ein Vielfaches von 2π beträgt.

Arbeitspunktstabilisierung. Im Bild 18.11a liegt der Arbeitspunkt unmittelbar nach dem Einschalten bei $U_{GS} \approx 0$, d. h. im A-Betrieb. Die Steilheit des FET ist relativ groß, und es schaukeln sich Schwingungen auf, weil $|kV| > 1$ ist. Wenn die Signalamplitude über der Wicklung 1 einige Zehntel Volt übersteigt, erfolgt am pn-Übergang zwischen Gate und Source eine Spitzenwertgleichrichtung (vgl. Abschn. 16.3.1.), und die mittlere Gleichspannung am Punkt *a* wird negativer, d. h., der Arbeitspunkt rutscht vom A-Betrieb in Richtung zum C-Betrieb. Als Folge wird der FET nur durch den oberen Teil der positiven Sinushalbwellen ausgesteuert. Während der übrigen Zeit ist er gesperrt. Das hat zur Folge, daß die mittlere Steilheit und damit auch die Schleifenverstärkung absinkt. Dieser Regelmechanismus hält stationär die Bedingung $|kV| = 1$ aufrecht.

Bei sehr fester Ankopplung wird das Potential des Punktes *a* u. U. bereits nach der ersten positiven Halbwelle so stark negativ, daß die Schwingungen abreißen und erst nach einiger Zeit wieder einsetzen, nachdem das Potential des Punktes *a* positiver geworden ist. Eine solche Schaltung bezeichnet man als *Sperrschwinger*.

18.5.2.2. Allgemeine Form einer rückgekoppelten Oszillatorschaltung

Die meisten rückgekoppelten Oszillatorschaltungen mit Resonanzkreis lassen sich auf die allgemeine Struktur des Bildes 18.12a zurückführen. V_1 ist ein beliebiger Verstärker (Bipolartransistor, FET, OV, spezieller Verstärkerschaltkreis). Den Ausgangskreis dieser Verstärkerstufe beschreiben wir mit dem Wechselstromersatzschaltbild 18.12b.

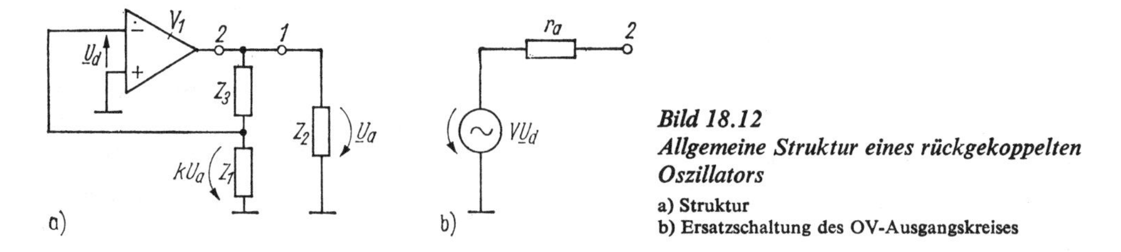

Bild 18.12
Allgemeine Struktur eines rückgekoppelten Oszillators
a) Struktur
b) Ersatzschaltung des OV-Ausgangskreises

Der Rückkopplungsfaktor der Oszillatorschaltung nach Bild 18.12a beträgt

$$k = \frac{Z_1}{Z_1 + Z_3}.$$

Die offene Verstärkung lautet mit $Z_L = Z_2 \parallel (Z_1 + Z_3)$

$$V \equiv \frac{\underline{U}_a}{\underline{U}_d} = -V_1 \frac{Z_L}{r_a + Z_L}.$$

Für die Schleifenverstärkung erhalten wir unter Verwendung dieser Gleichungen

$$-kV = \frac{-Z_1 Z_2}{r_a (Z_1 + Z_2 + Z_3) + Z_2 (Z_1 + Z_3)} V_1. \qquad (18.10)$$

Wir wollen voraussetzen, daß alle drei Widerstände im Ausgangskreis Blindwiderstände sind. Dann können wir schreiben $Z_1 = jX_1$, $Z_2 = jX_2$ und $Z_3 = jX_3$.

Die Schleifenverstärkung kann nur dann den Phasenwinkel Null annehmen, wenn die Bedingung

$$X_1 + X_2 + X_3 = 0 \qquad (18.11)$$

gilt. Anderenfalls würde im Nenner ein imaginärer Summand auftreten. Das bedeutet, daß sich die Resonanzfrequenz der Serienschaltung von X_1, X_2 und X_3 erregt.

Unter dieser Voraussetzung erhalten wir aus (18.10)

$$-kV = V_1 \frac{-X_1}{X_1 + X_3}$$

und mit (18.11)

$$-kV = V_1 \frac{X_1}{X_2}.$$

Da der Ausdruck $-kV$ positiv sein muß, falls die Schaltung schwingen soll, müssen die Blindwiderstände X_1 und X_2 das gleiche Vorzeichen annehmen. Das bedeutet, sie müssen gleichartige Blindwiderstände sein (entweder zwei kapazitive oder zwei induktive Widerstände). Der verbleibende dritte Blindwiderstand X_3 muß jedoch entsprechend (18.11) die entgegengesetzte Polarität haben. Das ist auch anschaulich einleuchtend. Sonst würde nämlich kein Schwingkreis im Ausgangskreis wirksam.

18.5.2.3. Dreipunktschaltungen

Aus der Erkenntnis des vorangegangenen Abschnittes folgen im einfachsten Fall folgende zwei Oszillatorschaltungen (Bild 18.13):

1. *der kapazitive Dreipunktoszillator (Colpitts-Oszillator)*
   X_1 und X_2 kapazitiv; X_3 induktiv
2. *der induktive Dreipunktoszillator (Hartley-Oszillator)*
   X_1 und X_2 induktiv; X_3 kapazitiv.

Der Name „Dreipunktschaltung" rührt daher, daß der Schwingkreis an drei Punkten „angezapft" ist.

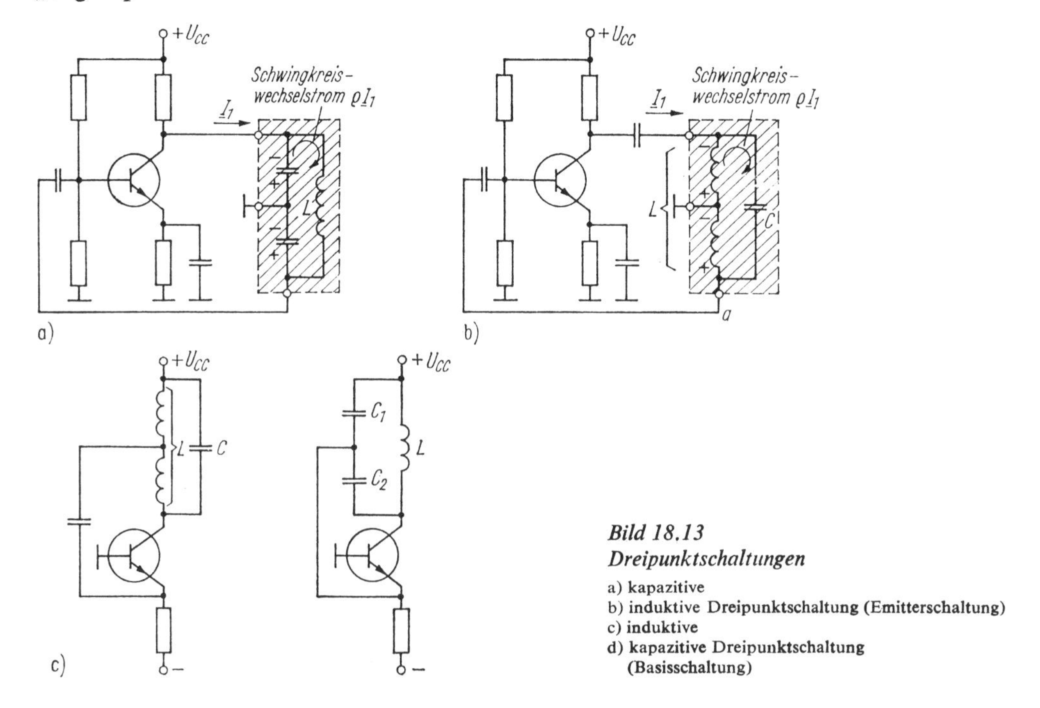

Bild 18.13
Dreipunktschaltungen
a) kapazitive
b) induktive Dreipunktschaltung (Emitterschaltung)
c) induktive
d) kapazitive Dreipunktschaltung (Basisschaltung)

Als Folge der zwischen Schwingkreisspule und Kondensator hin- und herpendelnden Energie fließt durch L und C ein Wechselstrom mit der Frequenz f_{res}, der um den Faktor der Resonanzüberhöhung größer ist als der von der Transistorverstärkerstufe herrührende Wechselstrom I_1. Wie aus Bild 18.13a ersichtlich ist, ist die Basisspannung mit der Kollektorspannung in Gegenphase, denn ein Anwachsen des Schwingkreiswechselstromes im Uhrzeigersinn hat zur Folge, daß das Basispotential positiver und das Kollektorpotential negativer wird (vgl. eingezeichnete Polarität). Entsprechendes gilt bei entgegengesetzter Flußrichtung des Schwingkreisstroms.

Wir betrachten drei Beispiele etwas detaillierter.

Kapazitive Dreipunktschaltung mit selbstleitendem n-Kanal-MOSFET. Die Amplitudenregelung erfolgt bei dieser Schaltung (Bild 18.14a) durch Spitzengleichrichtung mit Hilfe der Diode D. Die größte Verstärkung tritt bei $U_{GS} \approx 0$ auf. Wenn die Schwingungsamplitude anwächst, lädt sich C_K auf eine mittlere Gleichspannung auf, und der Arbeitspunkt des MOSFET verschiebt sich zu negativeren Gate-Source-Spannungen, wodurch die Verstärkung sinkt. Damit sich die Gleichspannung über C_K während einer Schwingungsperiode nicht merklich ändert, muß in grober Näherung $C_K R_B \gtrapprox 10/\omega_0$ eingehalten werden.

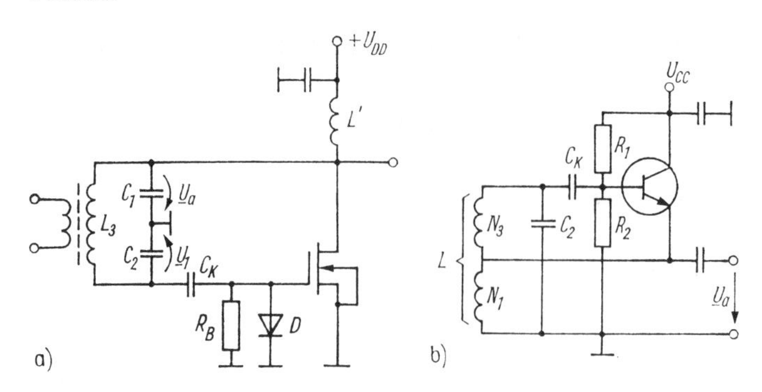

Bild 18.14
Beispiele von Dreipunktschaltungen
a) mit selbstleitendem n-Kanal-MOSFET
b) induktive Dreipunktschaltung mit Emitterfolger

Der Rückkopplungsfaktor beträgt $k = \underline{U}_1/\underline{U}_a = C_2/C_1$. L' hat die Aufgabe, bei der Resonanzfrequenz des Schwingkreises einen möglichst hohen Lastwiderstand $R_L = \omega_0 L'$ zu erzeugen, damit die Spannungsverstärkung der Stufe $V \approx S\,(r_{ds} \parallel R_L)$ ausreichend groß wird. $\omega_0 L'$ muß mindestens 100mal größer sein als $1/\omega_0 C_1$, damit C_1 nicht bedämpft wird.

C_2 wird in der Praxis viel größer gewählt als C_1. Dann wird ω_0 nahezu ausschließlich durch C_1 bestimmt, und Änderungen der MOSFET-Eingangskapazität beeinflussen die Resonanzfrequenz nur geringfügig. Die Auskopplung der Schwingung erfolgt induktiv über L_3.

Clapp-Oszillator. Ersetzt man im Bild 18.14a die Schwingkreisinduktivität L_3 durch einen LC-Reihenschwingkreis, der bei der Schwingfrequenz als Induktivität wirkt, so entsteht aus dem Colpitts-Oszillator die Clapp-Oszillatorschaltung. Ihr Vorteil ist, daß C_1 und C_2 wesentlich größer dimensioniert werden können, da die Schwingfrequenz überwiegend von der Kapazität des genannten Reihenschwingkreises bestimmt wird.

Induktive Dreipunktschaltung mit Emitterfolger. Grundsätzlich lassen sich die Dreipunktschaltungen mit allen Transistorgrundschaltungen realisieren. Bild 18.14b zeigt als Beispiel die Realisierung mit dem Emitterfolger. Der Rückkopplungsfaktor beträgt $k = \underline{U}_1/\underline{U}_a = (N_1 + N_3)/N_1$. Wählt man die Schleifenverstärkung $kV = 3$, so ergibt sich hiermit

$$k = 1 + \frac{N_3}{N_1} = 3; \qquad N_3 = 2N_1.$$

Die Induktivität L läßt sich bei vorgegebener Kapazität C_2 aus der gewünschten Oszillationsfrequenz f_0 berechnen zu

$$L = \frac{1}{\omega_0^2 C_2}.$$

Mit dem A_L-Wert der Spule ergibt sich die benötigte Windungszahl zu

$$N_1 + N_3 = \frac{L}{A_L}.$$

Damit sich die Gleichspannung über C_K während einer Schwingungsperiode möglichst wenig ändert, muß auch hier grob $C_K (R_1 \parallel R_2) \gtrapprox 10/\omega_0$ eingehalten werden. Damit ist die Schaltung im wesentlichen dimensioniert.

18.5.3. Quarzoszillatoren

Wenn Oszillatoren mit besonders hoher Frequenzkonstanz benötigt werden, wird ein Schwingquarz als frequenzbestimmendes Glied eingesetzt. Der Schwingquarz ist ein piezoelektrischer Kristall (Quarzkristall) mit zwei Elektroden, ähnlich einem Plattenkondensator. Durch Anlegen einer Wechselspannung entsteht im Kristall ein elektrisches Feld, das mechanische Schwingungen auslöst (inverser piezoelektrischer Effekt). Je nach dem Schnittwinkel zwischen den Kristallachsen und der Elektrodenanordnung wird ein bestimmter Schwingungstyp angeregt (Dicken-, Biege-, Torsionsschwinger).

Quarze bestehen aus SiO_2 und werden heute synthetisch bei 400 °C unter einem Druck von 1000 kg/cm² hergestellt. Häufig verwendet wird der „AT-Schnitt", bei dem Schwingfrequenzen im Bereich von 800 kHz ... 34 MHz realisiert werden (Grundwellenschwinger). Bei Erregung der 3., 5., 7., bzw. 9. Oberwelle läßt sich mit diesen Typen der Frequenzbereich von 16 ... 270 MHz überdecken.

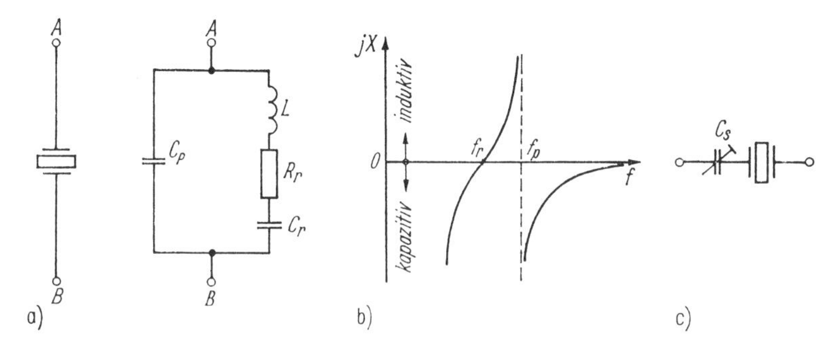

Bild 18.15. Schwingquarz

a) Ersatzschaltbild; b) Frequenzabhängigkeit des Scheinwiderstandes zwischen A und B; c) Abgleich der Resonanzfrequenz durch äußere Kapazität $C_S \gg C_r$

Typische Werte: $L = 1{,}4$ Vs/A, $C_r = 0{,}009$ pF, $C_p = 1{,}5$ pF, $R_r = 86\,\Omega$, $Q = 1{,}2 \cdot 10^5$, $f_{res} = 1{,}4$ MHz; typische Abmessungen: 30 mm × 4 mm × 1,5 mm

Typische Werte eines 4-MHz-Quarzes: $L = 100$ mVs/A, $C_r = 0{,}015$ pF, $C_p = 5$ pF, $R_r = 100\,\Omega$, $Q = 25000$, $f_{res} = 4$ MHz

Hinsichtlich seiner elektrischen Eigenschaften verhält sich der Quarz wie ein Schwingkreis mit sehr hoher Güte. Der Quarz läßt sich durch die Ersatzschaltung im Bild 18.15a näherungsweise darstellen. Dabei bedeuten

L die dynamische Induktivität, die die schwingende Masse des Quarzes modelliert,
C_r die dynamische Kapazität, die die Elastizität des schwingenden Körpers modelliert,
R_r der dynamische Verlustwiderstand als Folge verschiedener Reibungsverluste und
C_p die statische Parallelkapazität (zwischen beiden Metallelektroden mit Quarzmaterial als Dielektrikum, Trägersystem).

Wesentliche Eigenschaften von Quarzen sind

- sehr hohe Güte ($Q \approx 10^4 \ldots 10^5$)
- großes L/C_r-Verhältnis

- $C_r \ll C_p$
- Frequenzinstabilität $\Delta f/f_{res} \lessapprox 10^{-4} \ldots 10^{-10}$ (bei höchsten Anforderungen Thermostatierung).

Die Berechnung des komplexen Widerstandes zwischen den Klemmen A und B zeigt, daß der Quarz eine Serienresonanzfrequenz f_r und eine Parallelresonanzfrequenz f_p aufweist. Sie haben die Größe

$$f_r = \frac{1}{2\pi\sqrt{LC_r}}, \quad f_p = \frac{1}{2\pi\sqrt{LC^*}} \quad \text{mit} \quad C^* = \frac{C_r C_p}{C_r + C_p}.$$

Beide Resonanzfrequenzen liegen sehr dicht beieinander. Näherungsweise läßt sich für $C_r \ll C_p$ ableiten

$$f_p \approx f_r \sqrt{1 + \frac{C_r}{C_p}} \approx f_r' \left(1 + \frac{C_r}{2C_p}\right).$$

Typische Ersatzschaltbildkennwerte eines 1-MHz-Quarzes sind: $L = 2{.}533$ H, $C_r = 0{,}01$ pF, $R_r = 50\,\Omega$, $C_p = 5$ pF, $f_r = 1{,}000005$ MHz, $f_p = 1{,}001005$ MHz, $Q = \omega L/R_r \approx 3 \cdot 10^5$ (!). Die Parallelresonanzfrequenz liegt also nur $1\,{}^0/_{00}$ höher als die Serienresonanzfrequenz.

Wesentlich für die Anwendung eines Quarzes in Oszillatorschaltungen ist, daß sein Scheinwiderstand im Bereich zwischen der Reihen- und der Parallelresonanz induktiv und außerhalb dieses Bereiches kapazitiv ist. Die Reihenresonanzfrequenz ist sehr genau konstant, wogegen man die Parallelresonanzfrequenz durch die äußere Schaltung geringfügig verändern kann.

Die Frequenz eines Quarzoszillators läßt sich von außen in geringem Maße „ziehen", wenn man einen zusätzlichen einstellbaren Kondensator $C_S \gg C_r$ in Reihe zum Quarz schaltet. Die Frequenzänderung beträgt $\Delta f/f_{res} \approx \frac{1}{2}(C_r/C_S)$.

Quarze mit Resonanzfrequenzen unterhalb von etwa 100 kHz werden selten verwendet, da sie teuer und relativ groß sind. Günstiger ist es meist, eine Quarzfrequenz von 0,1 bis zu einigen MHz mit Hilfe digitaler Frequenzteiler auf den gewünschten Wert herunterzuteilen.

Bestimmte Quarztypen sind für den Betrieb bei f_r, andere für den Betrieb bei f_p optimiert. Nicht in jedem Falle läßt sich ein „Parallelquarz" in einem Serienoszillator betreiben und umgekehrt.

Die Quarzresonanzfrequenz wird bei seiner Herstellung bei einer bestimmten Lastkapazität C_L abgeglichen. Betreibt man den Quarz mit einer davon abweichenden kapazitiven Last, so können Ungenauigkeiten von mehreren 100 ppm (part per million) auftreten.

Schaltungen. Bei der Serienresonanz f_r ist die Impedanz nahezu Null und der Phasenwinkel des Scheinwiderstandes Null. Bei der Parallelresonanz f_p ist die Impedanz nahezu unendlich, und der Phasenwinkel des Scheinwiderstandes beträgt $\pi/2$. Daher schwingt der Quarz beim Anschalten an eine nichtinvertierende Verstärkerschaltung auf seiner *Serienresonanz* und beim Anschalten an einen invertierenden Verstärker auf der *Parallelresonanz* (Bild 18.16). Für Oszillatoren mit geringem Leistungsverbrauch (Uhren-, Mikroprozessor- und Einchipmikrorechnerschaltkreise) wird häufig der *Pierce*-Oszillator verwendet, da er einen geringeren Stromverbrauch als der „Serien"-Oszillator aufweist. Allerdings ist seine Anschwingzeit größer (bis zu 1 s).

Ein Pierce-Oszillator läßt sich mit einem selbstleitenden FET (Bild 18.17a) oder in einfacher Weise entsprechend Bild 18.17b mit einem digitalen CMOS-Inverter realisieren. Die Schaltungen im Bild 18.17a und b stellen kapazitive Dreipunktschaltungen dar, bei denen der Quarz anstelle einer Induktivität eingesetzt wird. Es erregt sich daher eine Oszillationsfrequenz im Bereich $f_r < f < f_p$ (exakter: nahe der Parallelresonanzfrequenz f_p), weil der Quarz in diesem Frequenzbereich induktives Verhalten aufweist.

Quarzoszillator mit CMOS-Inverter. Bild 18.17b zeigt eine Oszillatorschaltung, die z.B. mit einem Gate-Array, das analoge und digitale Schaltungseinheiten auf einem Chip enthält, oder mit einem einfachen CMOS-Inverter realisierbar ist.

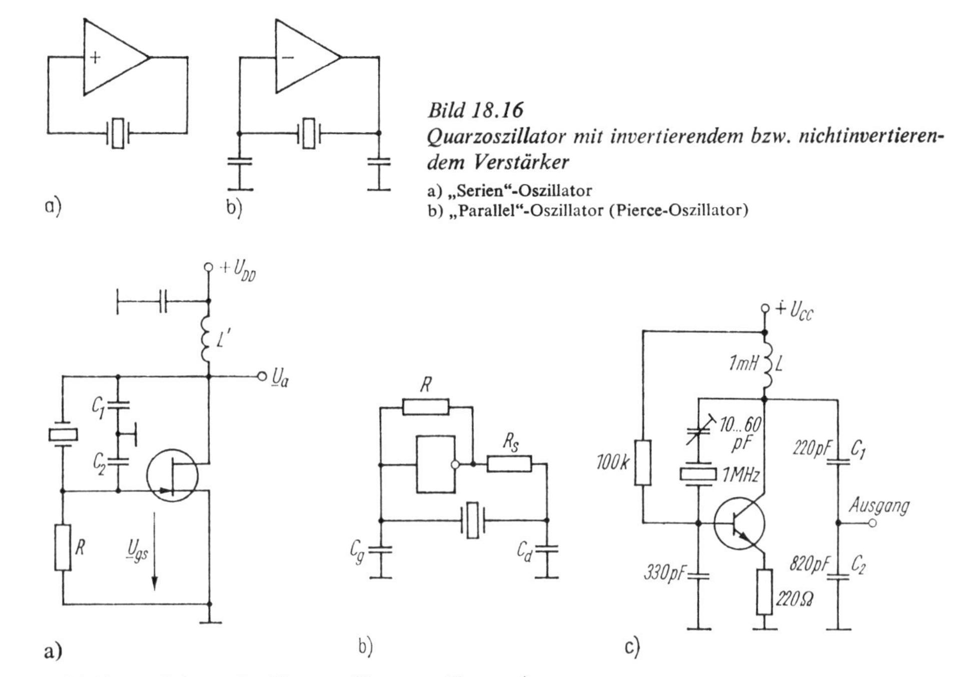

Bild 18.16
Quarzoszillator mit invertierendem bzw. nichtinvertierendem Verstärker
a) „Serien"-Oszillator
b) „Parallel"-Oszillator (Pierce-Oszillator)

Bild 18.17. Colpitts-Oszillatoren (Quarzoszillatoren)
a) mit SFET; b) mit CMOS-Inverter; c) mit Bipolartransistor in Emitterschaltung

Der Inverter muß mit einem hochohmigen Widerstand R (typ. einige MΩ; Grenzen: Eingangsruhestrom des Inverters, Bedämpfung des Quarzes) in seinen linearen Arbeitsbereich gebracht werden. Zur Begrenzung der Schwingungsamplitude kann zusätzlich R_S in Reihe zum Inverterausgang geschaltet werden. Er verringert zusätzlich die Verlustleistung der Schaltung und erhöht die zeitliche Frequenzkonstanz. Bei zulässigen Frequenzänderungen > 100 ppm kann er entfallen. Der Ausgangswiderstand des hier betrachteten CMOS-Inverters beträgt ≈ 1 kΩ.

Die beiden Kapazitäten C_g und C_d müssen so dimensioniert werden, daß die vom Quarzhersteller angegebene Lastkapazität C_L eingehalten wird. Der Quarz wird in der Schaltung von Bild 18.17b mit der Kapazität

$$C_L \approx C'_p + \frac{C_d C_g}{C_d + C_g} \tag{18.12}$$

belastet. Dabei ist C'_p die zwischen den Quarzanschlüssen wirksame Parallelkapazität (u.a. externe Verdrahtungskapazität) ohne Berücksichtigung von C_p.

C_d liegt üblicherweise im Bereich von 5 ... 40 pF. Ein hoher Wert stabilisiert den Oszillator, da C_d als Filter zur Vermeidung von Oberwellenoszillationen wirkt. C'_p beträgt typ. 5 pF bei kurzen Leitungslängen zwischen Inverter und Quarz. Bei bekannten Werten von C'_p und C_d läßt sich aus (18.12) die erforderliche Kapazität C_g berechnen. Wenn höchste Frequenzgenauigkeit interessiert, wird C_g abgeglichen (Kompensation der Streukapazitäten). Die geringste Frequenzabweichung tritt bei sinusförmigem Ausgangssignal auf. Bei einer optimal dimensionierten Schaltung (R_S experimentell optimiert) ändert sich die Oszillationsfrequenz bei Betriebsspannungsvariation im Bereich von 3 ... 7 V nur um wenige ppm. Falls die Schaltung übersteuert wird, verringert sich die Frequenz oder wird instabil.

Ein Schwingquarz läßt sich auch auf Oberwellen erregen. Zu diesem Zweck müssen in die Oszillatorschaltung zusätzlich Schwingkreise eingesetzt werden, die auf die gewünschte Oberwelle abgestimmt sind. Dieses Prinzip wird bei Quarzoszillatoren mit Schwingfrequenzen oberhalb von 20 MHz fast immer angewendet. Beispielsweise schwingt die Schaltung im Bild 18.17c auf der ersten oder zweiten Oberwelle der Quarzresonanzfrequenz, wenn der ausgangsseitige Schwingkreis auf diese Oberwelle abgestimmt ist.

Schaltungen mit Serienresonanz. Bessere Frequenzstabilität erzielt man in der Regel bei Betrieb mit Serienresonanz, weil C_p die Frequenz dann kaum beeinflußt. So lassen sich beispielsweise Schaltungen realisieren, die bei entferntem Quarz infolge starker Gegenkopplung dynamisch stabil sind und bei eingesetztem Quarz mit der Serienresonanzfrequenz des Quarzes schwingen, weil die Gegenkopplung durch den Quarz z.T. unwirksam wird.

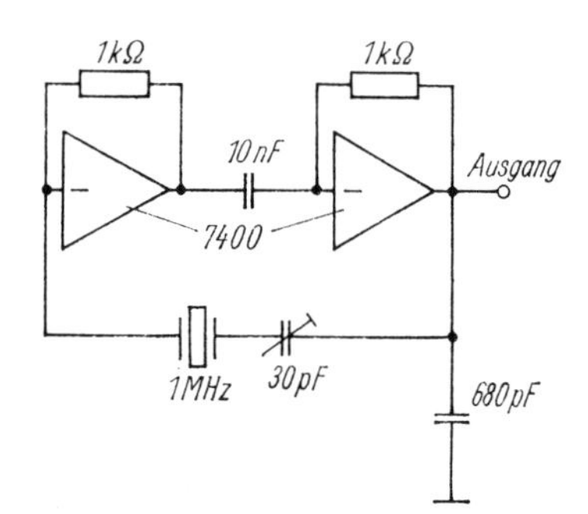

Bild 18.18
Quarzoszillator mit logischen TTL-Gattern

Der Quarz kann auch in den Rückkopplungskreis eingeschaltet werden. In diesem Falle wird der Rückkopplungsfaktor bei der Serienresonanzfrequenz des Quarzes genügend groß, so daß sich Schwingungen erregen. Eine solche Schaltung ist Bild 18.18a. Die beiden Verstärkerstufen müssen eine Phasenverschiebung von 360° hervorrufen, denn der in Serienresonanz schwingende Quarz erzeugt keine zusätzliche Phasenverschiebung. Als Verstärkerstufen lassen sich im einfachsten Fall digitale Logikgatter (z.B. NAND-Gatter D 100 bzw. 7400) verwenden, obwohl diese nicht für den linearen Verstärkerbetrieb konzipiert sind. Die beiden Gegenkopplungswiderstände dienen zur Arbeitspunkteinstellung der Verstärkerstufen. Die Schaltung erzeugt eine rechteckförmige Impulsfolge. Der Kondensator am Ausgang soll Oberwellen unterdrücken und dadurch verhindern, daß sich der Quarz auf einer Oberwelle erregt.

Industrielle Baugruppen. Verfügbar sind Quarzoszillatormodule in SMD-Technik mit 5 V Betriebsspannung, die unproblematisch auf Leiterkarten einsetzbar sind und TTL-, CMOS- und in einigen Fällen ECL-Schaltkreise direkt ansteuern. Typische Schwingfrequenzen reichen bis ≈ 60 MHz, Instabilitäten liegen bei ± 100 ppm im Temperaturbereich 0 ... 70 °C. Besonders leistungsfähige Baugruppen erreichen Ungenauigkeiten von ± 3 ppm (mit Temperaturkonstanthaltung) und Schwingfrequenzen von 100, 200 bis 400 (500) MHz.

Weitere Beispiele sind: CMOS-Quarzoszillatoren *SG-10/11* mit f_{osz} = 10 Hz ... 1 MHz bzw. 262,144 kHz ... 17,734476 MHz; *SG-51* mit f_{osz} ≈ 1,5 ... 55 MHz; *SG-31* mit f_{osz} = 250 kHz ... 24 MHz sowie die programmierbaren Quarzoszillatoren Serie *SPG-8640/50/51,* die zwei programmierbare digitale Teiler (1 : 1 ... 1 : 12; 1 : 1 ... 1 : 10^7) enthalten und 57 verschiedene Ausgangsfrequenzen von einem einzigen Quarzkristall erzeugen können.

18.5.4. Synthetische Schwingungserzeugung

Durch die in den vergangenen Jahren erfolgten Fortschritte der digitalen Schaltkreistechnik werden in zunehmendem Maße gemischt digital-analoge Schaltungsprinzipien zur Erzeugung von Sinusschwingungen angewendet. Dabei wird in der Regel zunächst eine Dreiecksignalfolge erzeugt, aus der anschließend durch eine nichtlineare Funktionseinheit ein annähernd sinusförmiger Kurvenverlauf erzeugt wird. Bild 18.19 zeigt eine solche Formerschaltung unter Verwendung eines Diodennetzwerks.

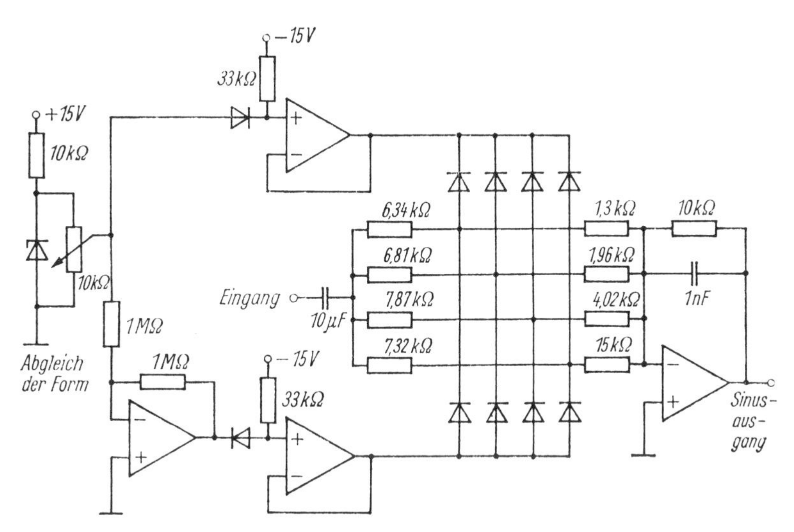

Bild 18.19. Schaltung zur synthetischen Erzeugung von Sinusschwingungen aus einer Dreieckimpulsfolge [18.4]

Die Dreieckfunktion kann auch durch einen DAU erzeugt werden, der von einem taktgesteuerten Zähler angesteuert wird (s. Abschn. 21.1.5.). Die Frequenz der Ausgangssignalfolge hängt in diesem Fall von der dem Zählereingang zugeführten Taktfrequenz ab. Eine sehr elegante Möglichkeit besteht darin, zwischen den Zähler und den DAU ein ROM (Festwertspeicher, s. z. B. [2]) zu schalten, in dem die für ein sinusförmiges Ausgangssignal benötigte nichtlineare Funktion gespeichert ist.

Industrielle Beispiele von Schaltkreisen, die neben Dreieck- und Rechtecksignalen auch Sinusspannungen mittels eines Sinusfunktionsnetzwerks erzeugen, sind die Typen *ICL 8038* (max. Schwingfrequenz 300 kHz) und *XR 205* (max. Schwingfrequenz 4 MHz).

18.6. Gesteuerte Oszillatoren

Gesteuerte Oszillatoren sind Oszillatorschaltungen, deren Ausgangsfrequenz durch eine Spannung (spannungsgesteuerter Oszillator, VCO = voltage controlled oscillator) oder durch einen Strom (stromgesteuerter Oszillator, CCO = current controlled oscillator) gesteuert werden kann. Sie finden u. a. in Phasenregelkreisen und zur Frequenzmodulation Verwendung.

Viele der in den vorhergehenden Abschnitten behandelten Oszillatorschaltungen lassen sich mehr oder weniger gut zum VCO bzw. CCO erweitern. Häufig wählt man zu diesem Zweck Rechteckgeneratoren (z. B. Multivibratoren), weil sie in einem weiten Frequenzbereich arbeiten (<1 Hz bis >100 MHz je nach Schaltungsdimensionierung) und ihre Ausgangssignale bequem weiterverarbeitet werden können.

CCO haben gegenüber VCO den Vorteil, daß der Zusammenhang zwischen der Ausgangsfrequenz und der Steuerspannung über einen größeren Frequenzbereich linear ist. Eine von vielen möglichen VCO-Schaltungen zeigt Bild 19.12 (S. 501).

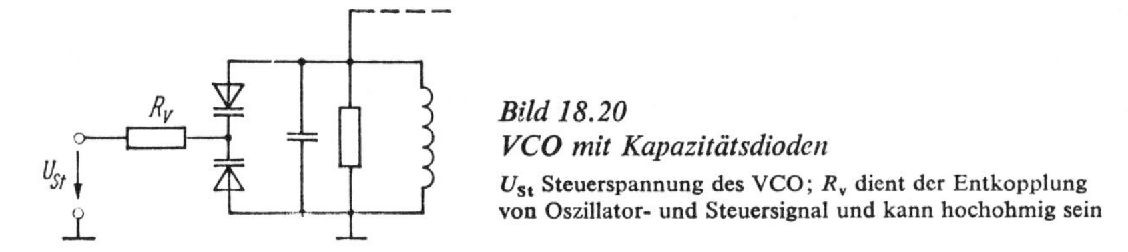

Bild 18.20
VCO mit Kapazitätsdioden

U_{St} Steuerspannung des VCO; R_v dient der Entkopplung von Oszillator- und Steuersignal und kann hochohmig sein

Günstige Steuermöglichkeiten lassen sich bei LC-Oszillatoren realisieren, indem parallel zur Schwingkreiskapazität eine steuerbare Kapazität geschaltet wird. Damit die Schwingungsamplitude keinen störenden Einfluß auf die Schwingfrequenz nimmt, werden zweckmäßigerweise zwei Dioden gemäß Bild 18.20 in Reihe geschaltet.

19. Frequenzumsetzung

Unter Frequenzumsetzung verstehen wir die Verlagerung eines Signals in einen anderen Frequenzbereich. Im einzelnen unterscheidet man [19] [11].

1. Modulation

Aufprägen einer Signalgröße (Information) auf eine Trägergröße (Zeitfunktion, z.B. höherfrequente Sinus- oder Rechteckschwingung). Hierbei wird die Amplitude, Frequenz, Phase, Breite, das Tastverhältnis bzw. das Vorhandensein oder Nichtvorhandensein der Schwingung gesteuert.

2. Mischung

Verschiebung eines Signals, meist der Trägerfrequenz einschließlich der Modulation, in einen anderen Frequenzbereich.

3. Phasenempfindliche Gleichrichtung

Mischen eines modulierten Signals mit seiner Trägerfrequenz; dabei erhält man das aufmodulierte Signal zurück (Demodulation).

Grundsätzlich erfolgt bei allen drei Verfahren die Frequenzverschiebung der Signale durch *Multiplizieren* zweier Eingangssignale. Dadurch entstehen im Gegensatz zur ungestörten Addition an einer linearen Kennlinie neue Frequenzen (Modulations- bzw. Mischprodukte).

19.1. Modulatoren und Demodulatoren

Mit Hilfe der Modulation ist es möglich, niederfrequente Signale in einen wesentlich höheren Frequenzbereich zu transponieren, der sich für die drahtlose Nachrichtenübertragung eignet (Rundfunk, Fernsehen). Ein weiteres Anwendungsbeispiel sind Modulationsverstärker (s. Abschn. 11.6.3.).

19.1.1. Amplitudenmodulatoren und -demodulatoren

Bei der Amplitudenmodulation wird die Amplitude einer Trägerschwingung durch das Modulationssignal gesteuert. Für sinusförmiges Modulationssignal $u_s = \hat{U}_s \cos \omega_s t$ und sinusförmige Trägerschwingung $u_c = \hat{U}_c \cos \omega_c t$ beträgt der Momentanwert der modulierten Trägerschwingung

$$u_m = (\hat{U}_c + \hat{U}_s \cos \omega_s t) \cos \omega_c t = \hat{U}_c (1 + m \cos \omega_s t) \cos \omega_c t \qquad (19.1)$$

$m = \hat{U}_s / \hat{U}_c$ Modulationsgrad ($\leqq 1$).

Anwenden trigonometrischer Umformungen auf (19.1) liefert

$$u_m = \hat{U}_c \cos \omega_c t + \frac{m}{2} \hat{U}_c \cos (\omega_c + \omega_s) t + \frac{m}{2} \hat{U}_c \cos (\omega_c - \omega_s) t. \quad (19.2)$$

Wir erkennen: Das Ausgangsspektrum enthält zusätzlich zur Trägerfrequenz ω_c noch zwei „Seitenbänder" (Bild 19.1).

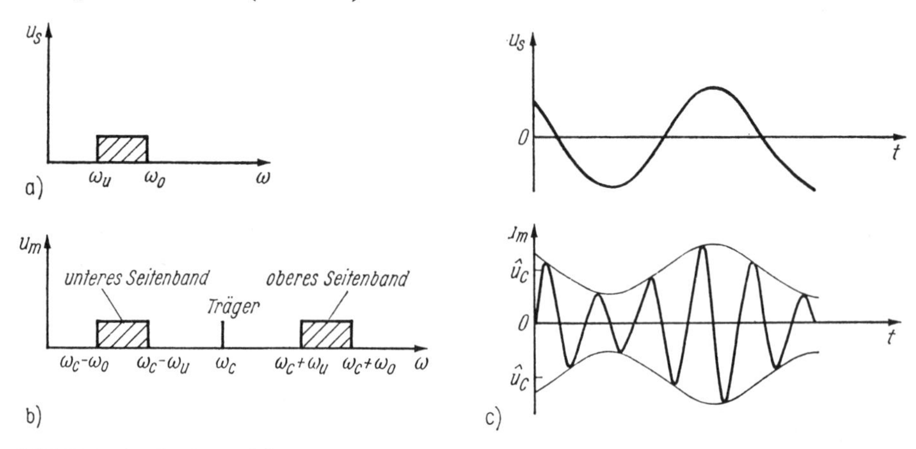

Bild 19.1. Amplitudenmodulation
a) Eingangsspektrum (Modulationssignal); b) Ausgangsspektrum; c) Zeitverlauf

Addition an nichtlinearer Kennlinie. Um die Spannung u_m nach (19.1) zu erzeugen, kann man u_s und u_c additiv einer nichtlinearen Kennlinie $I = f(U)$ zuführen (vgl. Bild 19.8a). Wenn wir die Kennlinie in der Umgebung des Arbeitspunktes durch eine Taylorreihe $I = a_0 + a_1 U + a_2 U^2 + a_3 U^3 + \ldots$ annähern, erhalten wir durch eine Rechnung analog zur Ableitung von (19.8) die Ausgangsspannung zu

$$u_A \sim i_A = a_0 + a_1 \hat{U}_c \cos \omega_c t + a_2 \hat{U}_s \hat{U}_c [\cos (\omega_c + \omega_s) t + \cos (\omega_c - \omega_s) t] + \frac{a_2}{2} (\hat{U}_c^2 + \hat{U}_s^2) + \ldots.$$

Das Ausgangssignal enthält also die Trägerfrequenz und die beiden Seitenbänder sowie zusätzliche Frequenzkomponenten (Oberschwingungen der Signal- und der Trägerfrequenz, Summen- und Differenzfrequenzen aller Grund- und Oberschwingungen), die unerwünscht sind. Diese störenden Komponenten verschwinden, wenn die nichtlineare Kennlinie quadratisch ist, weil in diesem Fall $a_3 = a_4 = a_5 = \ldots = 0$ ist. Eine Kennlinie zweiten Grades ist also eine ideale Modulatorkennlinie. Eingangskennlinien von FET haben nahezu quadratischen Verlauf.

Produktbildung. Gegentaktmodulation. Multipliziert man (z.B. mittels eines integrierten Multiplizierers nach Bild 19.8b) die beiden Sinusschwingungen $u_s = \hat{U}_s \cos \omega_s t$ und $u_c = \hat{U}_c \cos \omega_c t$ miteinander, so entsteht die Ausgangsspannung

$$u_a = \hat{U}_s \hat{U}_c \cos \omega_s t \cos \omega_c t = \frac{\hat{U}_s \hat{U}_c}{2} [\cos (\omega_c + \omega_s) t + \cos (\omega_c - \omega_s) t].$$

Das Ausgangsspektrum enthält also nur die beiden Seitenbänder, nicht aber die Trägerfrequenz (Trägerunterdrückung).

Zur schaltungstechnischen Realisierung gibt es neben der Verwendung eines integrierten Multiplizierers noch folgende Möglichkeit [11]:

Zwei nichtlineare Elemente werden in einer symmetrischen Differenzanordnung so zusammengeschaltet, daß das eine mit der Differenz und das andere mit der Summe von Träger- und Sinusschwingung erregt wird (Bild 19.2a).

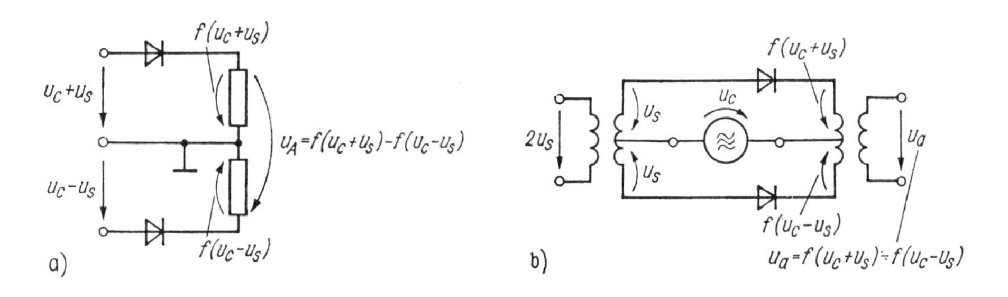

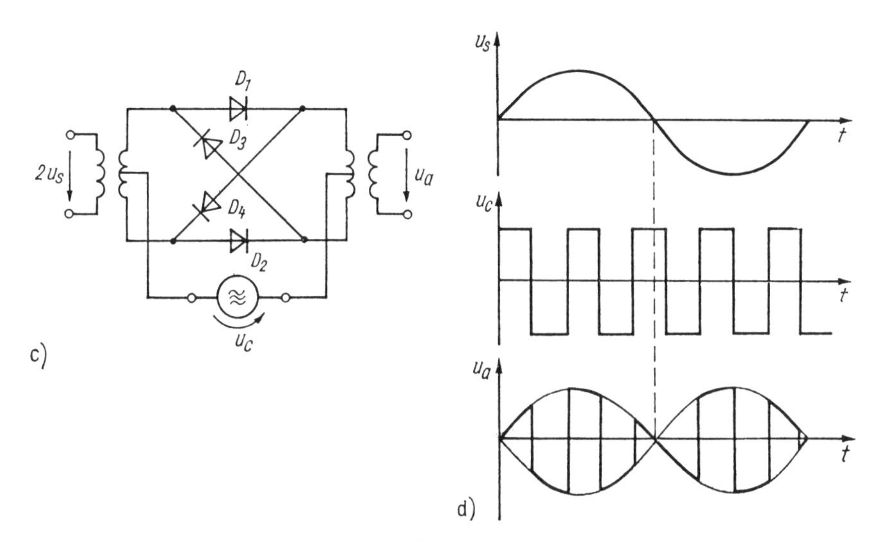

Bild 19.2. Schaltungen zur Amplitudenmodulation

a) Prinzip; b) Schaltung des Gegentaktmodulators; c) Ringmodulator; d) Wirkungsweise des Ringmodulators als Multiplizierer

Die Ausgangsspannung lautet dann

$$u_a = f(u_c + u_s) - f(u_c - u_s). \tag{19.3}$$

Wenn wir die nichtlineare Kennlinie jedes Elements in Arbeitspunktnähe durch die zugehörige Taylorreihe $f(x) = a_0 + a_1 x + a_2 x^2 + \ldots$ beschreiben, erhalten wir aus (19.3) die Ausgangsspannung

$$u_a = 2a_1 u_s + 4a_2 u_c u_s + 2a_3 (3u_c^2 u_s + u_s^3) + \ldots.$$

Bei quadratischer Kennlinie ist $a_3 = a_4 = \ldots = 0$. Im Ausgangsspektrum treten dann nur das Produkt aus Signal- und Trägerschwingung sowie die Signalschwingung auf.

Eine Schaltung, die diesen Zusammenhang realisiert, ist der *Gegentaktmodulator* im Bild 19.2b. Die Summen- bzw. Differenzbildung erfolgt hier über die Transformatoren.

Noch günstigere Eigenschaften hat der *Ringmodulator* (Bild 19.2c). Er wirkt als Multiplizierer und ist im Prinzip ein Doppelgegentaktmodulator. Seine Wirkungsweise ist folgende:

Je nach Polarität der Trägerschwingung sind entweder die Dioden D_1, D_2 oder die Dioden D_3, D_4 leitend und die anderen gesperrt. Bei jeder Polaritätsänderung der Trägerschwingung wird, bezogen auf die Signalspannung u_s, der Ausgangsübertrager gegenüber dem Eingangsübertrager umgepolt. Das Eingangssignal wird also im Takte der Trägerschwingung laufend umgepolt (Bild 19.2d).

In der Trägerfrequenztechnik dient der Ringmodulator zur Frequenzumsetzung. Auch als Zerhacker (Chopper) für kleine Gleichspannungen findet er Verwendung (s. Abschnitt 11.6.3.1.).

Als Modulatoren werden zahlreiche Schaltungsvarianten verwendet, häufig auch integrierte Analogmultiplikatoren. Eine weitere Möglichkeit zeigt Bild 19.3. Eine Rechteck-Trägerfrequenz schaltet abwechselnd den Schalter S ein und aus. Bei geschlossenem Schalter invertiert die Schaltung: $u_A = -u_E$. Bei geöffnetem Schalter wirkt sie als Spannungsfolger: $u_A = u_E$. Auf diese Weise wird die am Eingang liegende Signalfrequenz abwechselnd im Takte der Trägerfrequenz umgepolt bzw. nicht umgepolt zum Ausgang übertragen. Das ist die gleiche Funktion, die ein Ringmodulator ausführt.

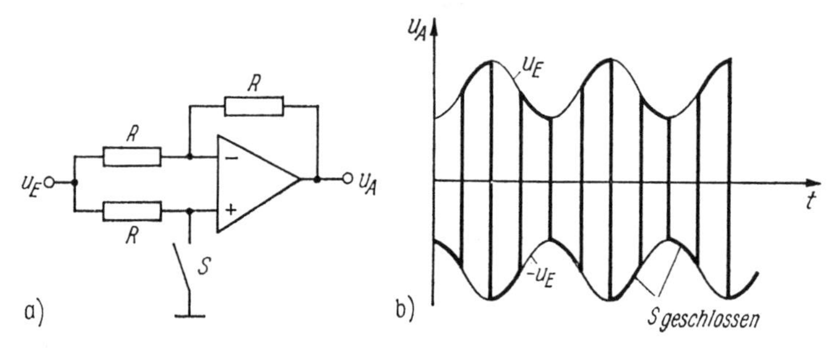

Bild 19.3. Gesteuerter Polaritätsumkehrer als Modulator
a) Schaltung; b) Zeitverlauf von u_A

Demodulator. Die Demodulation einer AM-Schwingung kann mittels Gleichrichter- oder Multipliziererschaltungen erfolgen.

Linearer Gleichrichter. Wenn die modulierte Schwingung eine genügend große Amplitude hat, so daß die Diodenkennlinie als Knickkennlinie approximiert werden kann, läßt sich die lineare Gleichrichterschaltung zur Demodulation verwenden. Der Diodenstrom besteht in diesem Fall aus den amplitudenmodulierten positiven Halbwellen der Trägerschwingung u_c. Entwickeln wir diesen Strom in eine Fourierreihe, so erhalten wir mit $i = Ku$ für $u > 0$ bzw. $i = 0$ für $u < 0$ [11]

$$i = K\hat{U}_c\,(1 + m\cos\omega_s t)\left[\frac{1}{\pi} + \frac{1}{2}\cos\omega_c t - \frac{2}{\pi}\sum_{\nu=1}^{\infty}\frac{(-1)^\nu}{4\nu^2 - 1}\cos 2\nu\omega_c t\right]. \tag{19.4}$$

Das Spektrum $i(t)$ enthält die Kreisfrequenzen ω_s, ω_c und Mehrfache der Kreisfrequenz ω_c. Da in der Regel die Trägerfrequenz wesentlich höher ist als die Signalfrequenzen, lassen sich alle Frequenzanteile oberhalb von ω_c durch entsprechende Filter unterdrücken.

Nur die Komponente

$$\frac{m}{\pi} K\hat{U}_c \cos \omega_s t$$

wird weiterverarbeitet. Der lineare Gleichrichter demoduliert also ohne nichtlineare Verzerrungen.

Spitzengleichrichter. Die wohl einfachste und in Rundfunkempfängern meist verwendete AM-Demodulatorschaltung ist der Spitzengleichrichter (Bild 19.4). Die Zeitkonstante RC wird so groß dimensioniert, daß sich C während der Periodendauer der Trägerfrequenz nicht merklich entlädt. Etwa beim Spitzenwert der positiven Halbwelle wird die Diode kurzzeitig leitend und lädt C auf. Die Kondensatorspannung u_C entspricht in guter Näherung dem zeitlichen Verlauf der Signalspannung u_s („Hüllkurve“ der modulierten Spannung, vgl. Bild 19.4b).

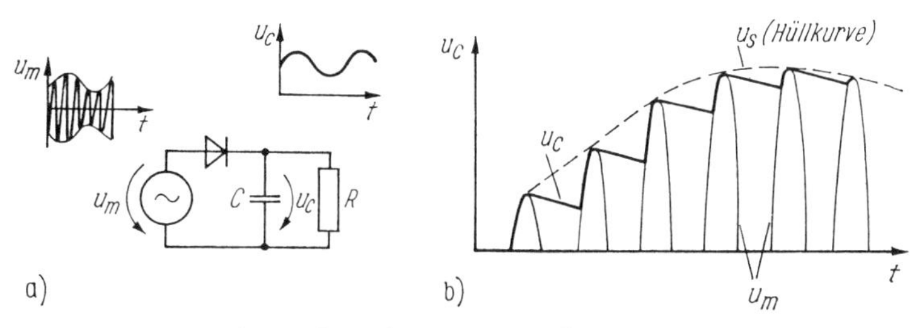

Bild 19.4. Spitzengleichrichter als AM-Demodulator
a) Schaltung; b) Zeitverlauf

Andererseits darf RC nicht zu groß sein, damit die Kondensatorspannung dem Zeitverlauf der demodulierten Signalspannung u_s folgen kann.

Eine quantitative Abschätzung läßt sich wie folgt durchführen [11]:

Die Kondensatorentladung zwischen zwei Halbwellen erfolgt gemäß $u_C = u_s \exp(-t/RC)$ mit einer maximalen Spannungsänderung $du_C/dt = -u_s/RC$. Die Änderung der Eingangsspannung beträgt

$$\frac{du_s}{dt} = \frac{d\,[\hat{U}_C (1 + m \sin \omega_s t)]}{dt} = \omega_s m \hat{U}_C \cos \omega_s t. \tag{19.5}$$

Damit die Kondensatorspannung den Änderungen der Signalspannung u_s folgen kann, darf $|du_s/dt|$ keinesfalls größer sein als die maximale Änderung der Kondensatorspannung, d.h., es muß gelten

$$\left|\frac{du_s}{dt}\right| \leqq \left|\frac{du_C}{dt}\right|.$$

Einsetzen von (19.5) und quadrieren liefert mit $u_s = \hat{U}_C (1 + m \sin \omega_s t)$

$$(\omega_s m \cos \omega_s t)^2 \leqq \left(\frac{1 + m \sin \omega_s t}{RC}\right)^2$$

$$(RC)^2 \leqq \left(\frac{1 + m \sin \omega_s t}{\omega_s m \cos \omega_s t}\right)^2. \tag{19.6}$$

Der ungünstigste Fall tritt für $\sin \omega_s t = -m$ auf (Minimum auf der rechten Seite von (19.6)). Deshalb gilt

$$RC \leqq \frac{\sqrt{1 - m^2}}{m\omega_s}. \tag{19.7}$$

RC muß so gewählt werden, daß für die höchste Modulationsfrequenz und den maximalen Modulationsgrad die Bedingung (19.7) erfüllt wird.

Synchrondemodulator. Führt man dem einen Eingang eines Multiplizierers die amplitudenmodulierte Schwingung $u_m = s(t) \cos \omega_c t$ mit $s(t) = \hat{U}_c (1 + m \cos \omega_s t)$ und dem anderen Eingang die Trägerschwingung $u_c = \hat{U}_c \cos(\omega_c t + \Phi)$ zu, so erhält man die Ausgangsspannung

$$u_a = u_m(t)\, u_c(t) = \hat{U}_c\, s(t) \cos \omega_c t \cos(\omega_c t + \Phi)$$

$$= \underbrace{\hat{U}_c\, s(t) \cos \Phi}_{\text{demoduliertes Signal}} + \frac{s(t)}{2} \cos(2\omega_c t + \Phi).$$

Wenn die Signalfrequenz (ω_s) genügend klein gegenüber der Trägerfrequenz ist, lassen sich die höherfrequenten Anteile mit einem Tiefpaßfilter ausfiltern, und die Demodulation ist verzerrungsfrei. Interessanterweise erscheint die Trägerschwingung nicht im Ausgangsspektrum. Bei der Demodulation erfolgt also eine starke Trägerunterdrückung. In der Praxis kann infolge von Unsymmetrien und von kapazitivem Übersprechen im Multiplizierer ein kleiner Trägerrest auftreten [19.1].

Man nennt den hier beschriebenen Demodulator auch *Synchrondemodulator*, Koinzidenzdemodulator, Synchrongleichrichter oder phasenempfindlicher Gleichrichter. Gegenüber dem Diodendemodulator hat er mehrere Vorteile: Es tritt keine Demodulationsschwelle auf, auch kleine, von Störungen und Rauschen überlagerte Signale werden noch demoduliert; die Amplitude des Ausgangssignals ist linear von der Amplitude des Eingangssignals abhängig; am Ausgang erscheinen weniger Kombinationsfrequenzen.

Der Zusatzträger läßt sich mit Hilfe eines auf die Trägerfrequenz abgestimmten Filters mit nachgeschaltetem Amplitudenbegrenzer (zur Unterdrückung der Modulation) gewinnen. Die Schaltung wirkt als Bandpaß-Tiefpaß-Transformator. Daher läßt sich ein Teil der erforderlichen Selektion im NF-Bereich realisieren [20].

19.1.2. Frequenzmodulatoren und -demodulatoren

Modulator. FM-Signale können

1. mit spannungs- oder stromgesteuerten Signalgeneratoren (VCO, CCO) oder
2. mit Spannungs- bzw. Stromfrequenzwandlern

erzeugt werden. VCO sind häufig nur innerhalb eines engen Frequenzbereiches linear steuerbar. Die Frequenz von CCO läßt sich über mehrere Dekaden linear steuern.

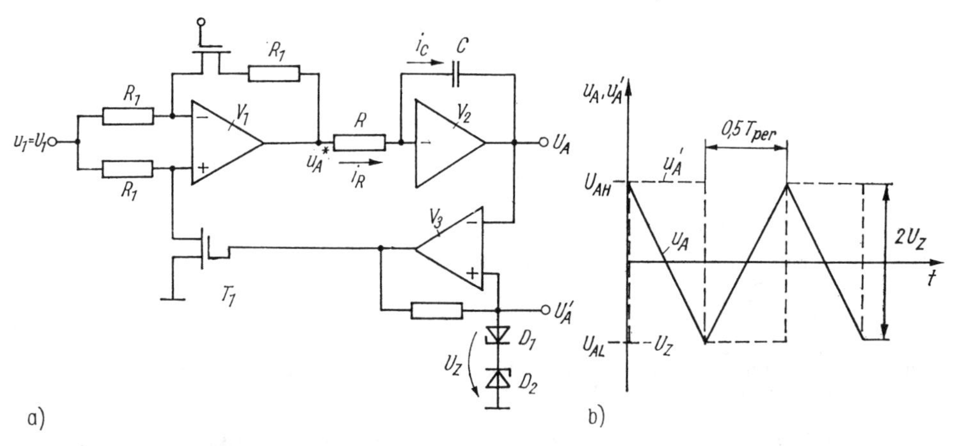

Bild 19.5. Modulator für frequenzmodulierte Rechteck- und Dreieckschwingungen

a) Schaltung; b) Zeitverlauf

Spannungs- und Stromfrequenzwandler haben die weitaus größte Linearität und einen sehr großen Dynamikbereich. Ihre Übertragungskennlinie geht nahezu exakt durch Null [15.4] [19.2] [19.3]. Sie eignen sich vor allem für niedrige und mittlere Frequenzen ($<1 \dots 5$ MHz), s. Abschn. 21.2.5.4.

Zur Modulation von sinusförmigen Trägerschwingungen oberhalb von etwa 0,1 bis 1 MHz finden oft LC-Oszillatoren Verwendung, deren Schwingfrequenz durch eine vom Modulationssignal beeinflußte Schwingkreiskapazität (z.B. Sperrschichtkapazität) gesteuert wird (VCO).

Der Modulator im Bild 19.5 erzeugt frequenzmodulierte Rechteck- und Dreieckschwingungen. Der Betrag des Anstieges der Sägezahnspannung $u_A(t)$ ist proportional zur modulierenden Eingangsspannung u_1. Folglich werden die Triggerpunkte des Komparators (V_3) bei kleinen Eingangsspannungen später erreicht als bei großen Eingangsspannungen. Die Ausgangsspannung u_A schaltet zwischen den durch die Z-Dioden D_1, D_2 bestimmten Pegeln U_{AH} und U_{AL} ($= -U_{AH}$ infolge gleicher Z-Dioden) abwechselnd hin und her. Nach jedem Erreichen der positiven bzw. negativen Triggerschwelle der Triggerschaltung (V_3) wird mittels T_1 die Polarität des Eingangsverstärkers (V_1) umgeschaltet. Die Periodendauer der Schwingung ermitteln wir aus Bild 19.5b. Es gilt $|du_A/dt| = |u_A^*|RC = |U_1|/RC$, $|\Delta U_A|/\Delta t = 4U_Z/T_{per}$ und $du_A/dt \approx \Delta U_A/\Delta t$.

Folglich ist

$$\frac{4U_Z}{T_{per}} \approx \frac{|U_1|}{RC}$$

und schließlich ($f = 1/T_{per}$)

$$f \approx \frac{|U_1|}{4U_Z RC} \quad (U_Z > 0).$$

Demodulator. Die Demodulation erfolgt häufig über den Umweg der AM-Demodulation. Die FM-Schwingung wird z.B. an der Flanke eines Resonanzkreises in eine AM-Schwingung umgewandelt, die anschließend demoduliert wird (Ratiodetektor im FM-Rundfunkempfänger). Eine weitere Möglichkeit mit besseren Eigenschaften ist die Demodulation mittels PLL-Schaltung bzw. f/U-Wandler (s. Abschn. 19.4.3.).

In der HF-Technik wird häufig der Quadraturdemodulator eingesetzt [20].

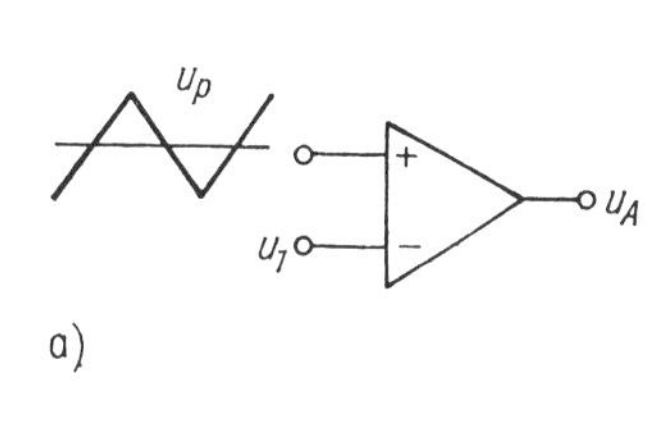

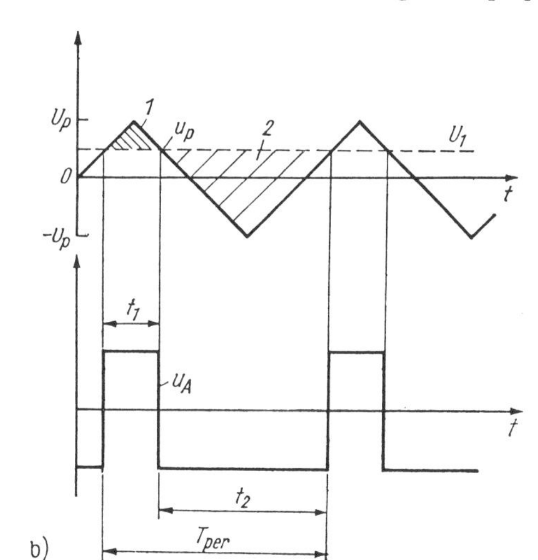

Bild 19.6
Pulsdauermodulator
a) Prinzip
b) Zeitverlauf der Eingangs- und Ausgangsspannungen

19.1.3. Pulsdauermodulator (PDM)

Der PDM hat u.a. den Vorteil, daß die Demodulation sehr einfach durch Bilden des arithmetischen Mittelwertes der Impulsfolge, z.B. mittels Tiefpaß, vorgenommen werden kann.

Ein Pulsdauermodulator läßt sich mit einem Komparator und einem Dreieckgenerator realisieren (Bild 19.6). Solange die Dreieckspannung größer ist als das zu modulierende Signal, ist u_A positiv, anderenfalls negativ. Das Tastverhältnis der auf diese Weise entstehenden Rechteckimpulsfolge ist abhängig von der Eingangsspannung u_1, denn aus der geometrischen Ähnlichkeit der beiden schraffierten Dreiecke 1 und 2 im Bild 19.6b lesen wir ab:

$$\frac{t_1}{t_2} = \frac{U_P - u_1}{U_P + u_1}$$

und

$$\frac{t_1}{T_{per}} = \frac{t_1}{t_1 + t_2}.$$

19.2. Mischstufen

Mit einer Mischstufe lassen sich Signale in einen anderen Frequenzbereich transponieren. Das Ausgangssignal ist das Produkt zweier Eingangssignale unterschiedlicher Frequenz. Dabei entstehen Differenz- und Summenfrequenzen, von denen meist die Differenzfrequenz beider Eingangssignale weiterverarbeitet wird. Das bekannteste Beispiel sind Mischstufen im Rundfunk- und Fernsehempfänger (Überlagerungsempfänger). Hier wird die Eingangsfrequenz f_e durch Mischen mit der Oszillatorfrequenz f_{osz} in ein niedrigeres Frequenzband (Zwischenfrequenz $f_Z = f_{osz} - f_e$) umgesetzt, weil die Signale in diesem Frequenzband einfacher und trennschärfer verstärkt werden können (Bild 19.7).

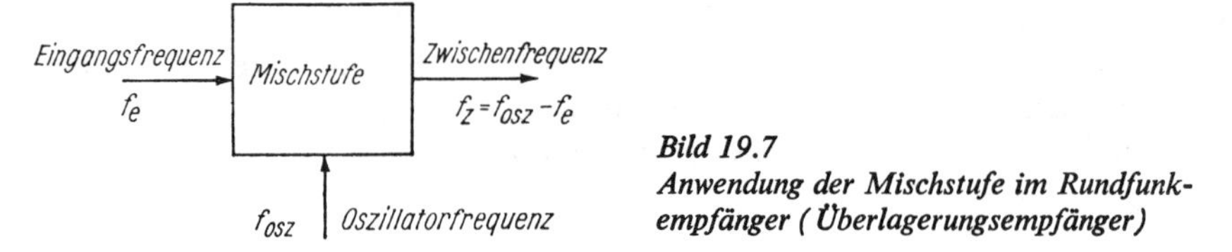

Bild 19.7
Anwendung der Mischstufe im Rundfunkempfänger (Überlagerungsempfänger)

Problematisch ist, daß im Ausgangssignal von Mischstufen neben dem gewünschten Ausgangssignal (z.B. mit der Frequenz $f_z = f_{osz} - f_e$) noch zahlreiche Kombinationsfrequenzen und Oberwellen enthalten sind. Sie machen sich u.a. durch „Pfeifstellen" im Rundfunkempfänger bemerkbar, da diese Störfrequenzen in den Übertragungsbereich des Empfängers fallen können. Deshalb ist man an gutem „Großsignalverhalten" und hoher Kreuzmodulationsfestigkeit von Mischstufen interessiert.

Weiterhin interessieren hohe Mischverstärkung, kleine Rauschzahl und ausreichende Störstrahlungssicherheit (die Oszillatorfrequenz kann rückwärts über den Eingangskreis und die Antenne ausgestrahlt werden).

Eine Mischstufe wirkt als Multiplizierer. Die Produktbildung läßt sich nach zwei unterschiedlichen Prinzipien realisieren:

1. Additive Mischung
Addition zweier Eingangssignale und anschließende Verarbeitung an einer nichtlinearen Kennlinie.

2. *Multiplikative Mischung*
Multiplikation zweier Eingangssignale in einer Multiplizierschaltung.

Wir untersuchen nachfolgend diese beiden Varianten und beschränken uns auf den einfachen Fall, daß dem Eingang der Mischstufe zwei Sinusschwingungen unterschiedlicher Frequenz zugeführt werden: $u_1 = \hat{U}_1 \cos \omega_1 t$ und $u_2 = \hat{U}_2 \cos \omega_2 t$.

19.2.1. Additive Mischung

Die Summe der beiden Eingangsspannungen u_1 und u_2 verwenden wir als Eingangssignal eines Bauelements mit der nichtlinearen Kennlinie $I = f(U)$ (Diode, Transistor). Die Kennlinie läßt sich in der Umgebung des Arbeitspunktes durch eine Taylorreihe beschreiben:

$$I = I_0 + SU + \frac{T}{2} U^2 + \frac{W}{6} U^3 + \ldots.$$

Ersetzt man in dieser Gleichung U durch $u_1 + u_2 = \hat{U}_1 \cos \omega_1 t + \hat{U}_2 \cos \omega_2 t$ und verwendet geeignete Additionstheoreme, so ergibt sich als Ausgangsgröße

$$\begin{aligned} i(t) = {} & \underbrace{I_0 + \frac{T}{4} (\hat{U}_1^2 + \hat{U}_2^2)}_{\text{Richtstrom}} + \underbrace{S [\hat{U}_1 \cos \omega_1 t + \hat{U}_2 \cos \omega_2 t]}_{\text{Grundwelle}} \\ & \underbrace{+ \frac{T}{4} [\hat{U}_1^2 \cos 2\omega_1 t + \hat{U}_2^2 \cos 2\omega_2 t]}_{\text{erste Oberwelle}} \\ & \underbrace{+ \frac{T}{2} \hat{U}_1 \hat{U}_2 [\cos (\omega_1 + \omega_2) t + \cos (\omega_1 - \omega_2) t]}_{\text{Summen- und Differenzfrequenz}} \\ & \underbrace{+ \ldots}_{\text{weitere Oberwellen und Kombinationsfrequenzen}}. \end{aligned} \tag{19.8}$$

Von besonderer Wichtigkeit ist das durch die *nichtlineare* Kennlinie bedingte Auftreten eines *Richtstroms* (quadratische Gleichrichtung, s. Abschn. 16.3.1.) sowie von Summen- und *Differenzfrequenzen.* Die Eingangsfrequenz läßt sich auf diese Weise durch Mischen mit einer Hilfsfrequenz f_2 ($>f_1$) in ein niedrigeres Frequenzband verschieben.

Betrachten wir als gewünschtes Ausgangssignal die Frequenzkomponente $f_2 - f_1$ und als Eingangssignal die Spannung u_1, so läßt sich aus (19.8) als Maß für die Verstärkung der Mischstufe die „*Mischsteilheit*"

$$S_{\mathrm{m}} = \frac{\underline{I}|_{f_2 - f_1}}{\underline{U}_1} = \frac{T}{2} \hat{U}_2$$

berechnen.

Bemerkenswert ist, daß die in (19.8) genannten weiteren Oberwellen und Kombinationsfrequenzen verschwinden, wenn die Kennlinie nicht höher als zweiter Ordnung ist, d.h., wenn sie sich durch die Taylorreihe $I = I_0 + SU + (T/2)\,U^2$ hinreichend genau annähern läßt.

Bild 19.8 a zeigt die Schaltung einer additiven Mischstufe. Der Transistor kann gleichzeitig als Oszillator für die Frequenz f_2 verwendet werden (selbstschwingende Mischstufe).

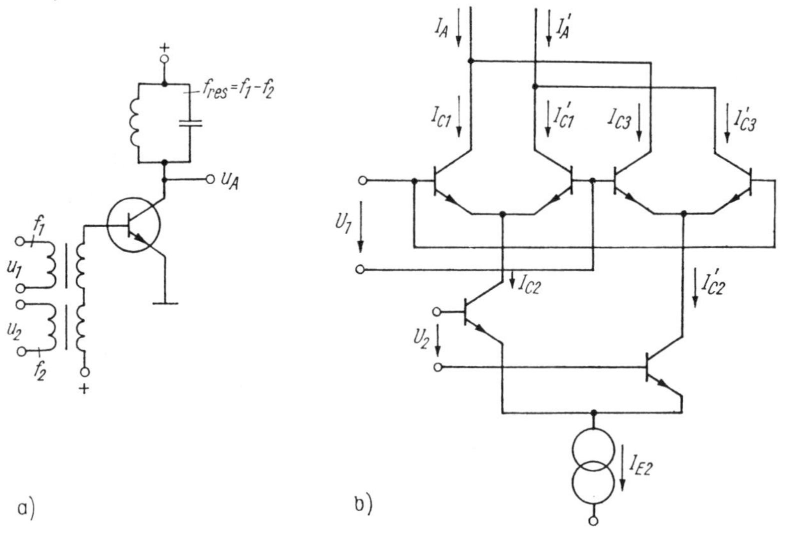

Bild 19.8. Mischstufen

a) additive Mischstufe; b) multiplikative Mischstufe

19.2.2. Multiplikative Mischung

Führt man die beiden Sinusspannungen u_1 und u_2 den Eingängen eines Analogmultiplizierers zu, so ergibt sich die Ausgangsspannung

$$u_A = \text{const} \cdot u_1 \cdot u_2 = \text{const} \cdot \frac{\hat{U}_1 \hat{U}_2}{2} [\cos(\omega_1 - \omega_2)\,t + \cos(\omega_1 + \omega_2)\,t]. \tag{19.9}$$

Interessanterweise fehlen im Ausgangsspektrum die Frequenzen der Eingangssignale sowie Oberwellen.

Als multiplikative Mischer eignen sich die im Abschnitt 15.4. behandelten Multiplizierer. Sie haben einen sehr großen linearen Aussteuerbereich.

Oft sind die Eingangsspannungen sehr klein. Dann ist der Vierquadrant-Verhältnismultiplizierer nach Bild 19.8b gut geeignet. Bei Kleinsignalaussteuerung ($U_1 \ll 2U_T$, $U_2 \ll 2U_T$) gelten zwischen dem Differenzausgangsstrom und den beiden Eingangsspannungen nachfolgende Beziehungen, die sich unter Verwendung von Tafel 4.1 ableiten lassen:

$$I_{D1} = I_{C1} - I'_{C1} \approx \frac{I_{C2}}{2U_T} U_1$$

$$I_{D3} = I_{C3} - I'_{C3} \approx -\frac{I'_{C2}}{2U_T} U_1$$

$$I_{D2} = I_{C2} - I'_{C2} \approx \frac{I_{E2}}{2U_T} U_2.$$

Der gesamte Ausgangsdifferenzstrom des Multiplizierers beträgt

$$I_{\mathrm{D\,ges}} = I_{\mathrm{A}} - I'_{\mathrm{A}} = I_{\mathrm{D1}} + I_{\mathrm{D3}} \approx \frac{I_{\mathrm{C2}} - I'_{\mathrm{C2}}}{2U_{\mathrm{T}}} U_1 \approx \frac{I_{\mathrm{E2}}}{4U_{\mathrm{T}}^2} U_1 U_2. \qquad (19.10)$$

Mischstufen für sehr hohe Frequenzen ($\approx$100 MHz ... 1 GHz) lassen sich vorteilhaft mit Dual-Gate-MOSFETs aufbauen. Sowohl multiplikative (jedem Gate wird ein Eingangssignal zugeführt) als auch additive Mischstufen (Dual-Gate-FET in Kaskodeschaltung) lassen sich realisieren. Gegenüber Mischstufen mit Bipolartransistoren werden höhere Verstärkung, bessere Linearität und vor allem besseres Großsignal- und Kreuzmodulationsverhalten erzielt [19.4]. Der letztgenannte Vorteil ist dadurch bedingt, daß FETs nahezu quadratische Eingangskennlinien aufweisen, Bipolartransistoren dagegen exponentielle.

19.3. Frequenzverdopplung

Sinusspannung. Führt man dem Eingang eines als Quadrierer geschalteten Analogmultiplizierers eine Sinusschwingung zu und trennt die am Ausgang auftretende Gleichspannung ab, so verbleibt am Ausgang eine reine sinusförmige Wechselspannung mit der doppelten Frequenz (Bild 19.9), denn es gilt mit

$$u_{\mathrm{E}} = \hat{U}_{\mathrm{e}} \sin \omega t$$

$$u_{\mathrm{A}}^* = \mathrm{const}\, \hat{U}_{\mathrm{e}}^2 \sin^2 \omega t = \mathrm{const}\, \hat{U}_{\mathrm{e}}^2 (1 - \cos 2\omega t)$$

$$u_{\mathrm{A}} \approx -\mathrm{const}\, \hat{U}_{\mathrm{e}}^2 \cos 2\omega t.$$

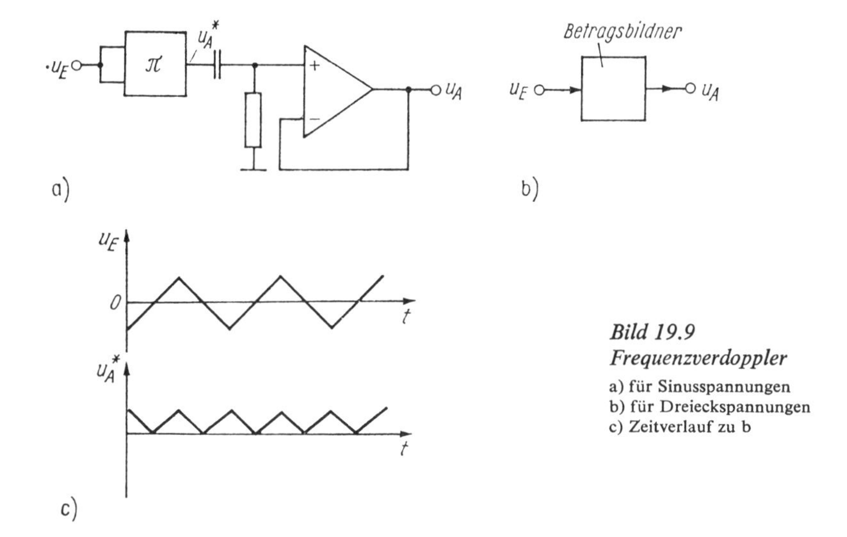

Bild 19.9
Frequenzverdoppler
a) für Sinusspannungen
b) für Dreieckspannungen
c) Zeitverlauf zu b

Dreieckspannung. Die Folgefrequenz einer Dreieckschwingung läßt sich verdoppeln, indem man die untere Hälfte nach oben klappt, d.h. eine Betragsbildung vornimmt (Bild 19.9b, c).

19.4. Phasenregelkreis (PLL) [12] [19.5] [19.12]

19.4.1. Wirkungsweise

Der Phasenregelkreis (phasenstarr verkettete Regelschleife, phase locked loop = PLL) spielt in der modernen Nachrichtentechnik, Datenübertragung und in der elektronischen Meßtechnik eine wichtige Rolle. Anwendungen sind u.a. die Frequenzsynthese (Ableiten von Signalen unterschiedlicher Frequenz aus einer hochkonstanten Referenzfrequenz), Modems, Tondekoder und FSK-Empfänger (frequency shift keying).

Das Prinzip des Phasenregelkreises ist bereits seit mehreren Jahrzehnten bekannt. Der relativ hohe Aufwand verhinderte jedoch beim Aufbau aus diskreten Bauelementen eine größere Verbreitung und den wirtschaftlichen Einsatz. Durch die Entwicklung integrierter Schaltkreise änderte sich die Situation in den letzten Jahren. Es wurden komplette PLL-Schaltkreise auf einem Chip realisiert, mit denen vielfältige Aufgaben der Informationsverarbeitung vorteilhaft gelöst werden können.

Grundprinzip. Das Grundprinzip des PLL geht aus Bild 19.10 hervor. Die Schaltung entspricht der bekannten Struktur des Regelkreises. Im Gegensatz zu den meisten in elektronischen Schaltungen verwendeten Regelkreisen, bei denen Spannungen bzw. Ströme als Eingangs- und Ausgangsgrößen auftreten, ist beim PLL sowohl die Eingangs- als auch die Ausgangsgröße eine Frequenz, und an der Vergleichsstelle (Mischstelle) erfolgt ein Phasenvergleich.

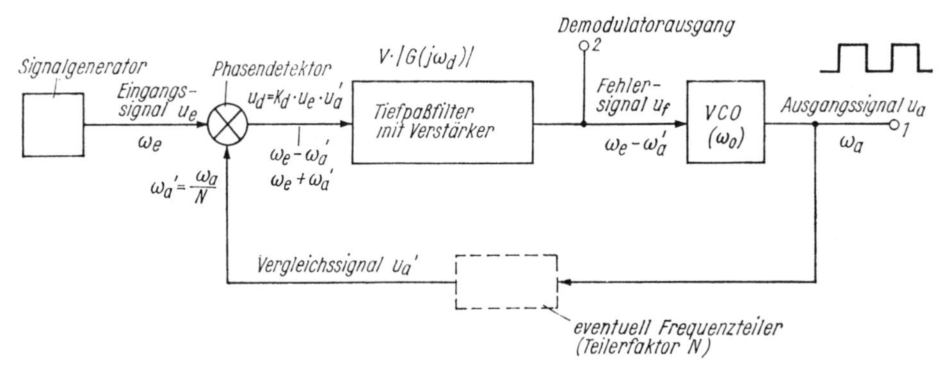

Bild 19.10. Blockschaltbild eines Phasenregelkreises

Der Phasenregelkreis bewirkt eine Ausregelung kleiner Frequenzunterschiede zwischen dem Eingangs- und dem Vergleichssignal, d.h., er führt die Frequenz eines Vergleichssignals (ω_a') der Frequenz des Eingangssignals (ω_e) nach. Die Frequenz des Vergleichssignals ist entweder direkt die Ausgangsfrequenz oder sie steht in definiertem Verhältnis zu ihr ($\omega_a' = \omega_a/N$).

Das für den Regelvorgang benötigte Fehlersignal (u_f) wird aus der Phasendifferenz $\Delta\varphi = \varphi_e - \varphi_a$ zwischen Eingangs- und Vergleichssignal mit Hilfe eines Phasendetektors gewonnen. Dieser Phasendetektor wirkt als Multiplizierer (Analogmultiplizierer bei linearen PLLs, UND-Gatter, Flipflops usw. bei digitalen PLLs). An seinem Ausgang entsteht ein Fehlersignal, das die Frequenz eines spannungs- oder (in Ausnahmefällen) stromgesteuerten Oszillators (VCO bzw. CCO) so verändert, daß Frequenzdifferenzen zwischen dem Eingangs- und dem Vergleichssignal ausgeregelt werden, d.h., daß sich $\omega_a' = \omega_e$ einstellt.

Die Grundelemente eines Phasenregelkreises sind der Phasendetektor, das Tiefpaßfilter und ein VCO bzw. CCO.

Wirkungsweise. Wir betrachten den einfachen Fall rein sinusförmiger Eingangs- und Vergleichssignale und beschränken uns auf den linearen PLL mit einem Analogmultiplizierer als Phasendetektor. In diesem Fall läßt sich die Wirkungsweise der Schaltung im Bild 19.10 wie folgt beschreiben:

Ohne Eingangssignal ist das Fehlersignal u_f gleich Null, denn das Ausgangssignal des Phasendetektors ist das Produkt aus u_e und u'_a ($u_d = u_e u'_a = 0$, $u_f = 0$). Der VCO schwingt mit seiner Freilauffrequenz (ω_0). Nach Zuführen eines Eingangssignals (ω_e) vergleicht der Phasendetektor die Phase und die Frequenz des Eingangssignals mit dem Vergleichssignal. Bei Nichtübereinstimmung entsteht eine Ausgangsspannung u_d des Phasendetektors. Da er die Spannungen u_e und u'_a multipliziert, enthält u_d gemäß (19.9) Frequenzkomponenten mit $\omega_e - \omega'_a$ bzw. $\omega_e + \omega'_a$. Die Summenfrequenz wird durch Filter unterdrückt, die Differenzfrequenz wird verstärkt und dient als Regelsignal zur Steuerung der Schwingfrequenz des VCO. Diese wird so verändert, daß $\omega_e - \omega'_a$ gegen Null geht. Im „eingerasteten" Zustand ist $f'_a = f_e$, d.h. $f_a = Nf_e$ (N Teilerfaktor des Frequenzteilers).

Solange die Frequenzen des Eingangs- und des Vergleichssignals weit auseinanderliegen, fällt sowohl die Summen- als auch die Differenzfrequenz außerhalb des Durchlaßbereiches des Tiefpaßfilters, und es entsteht keine Fehlerspannung $u_f(t)$ am Eingang des VCO. Der VCO schwingt mit seiner Freilauffrequenz (ω_0). Nähern sich jedoch die beiden Kreisfrequenzen ω_e und ω'_a, so tritt schließlich der Fall ein, daß die Differenzfrequenz $f_e - f'_a$ in den Durchlaßbereich des Tiefpaßfilters gelangt. Der PLL „rastet ein". Am Filterausgang entsteht eine Fehlerspannung u_f, die die Schwingfrequenz des VCO so weit verändert, daß die Differenz $\omega_e - \omega'_a$ Null wird. Der „Fangbereich" wird mit wachsender Bandbreite des Tiefpaßfilters größer. Der „Haltebereich" ist dagegen von der Filterbandbreite unabhängig. Er hängt von der Amplitude der Fehlerspannung u_f sowie von der realisierbaren Frequenzänderung des VCO ab (Aussteuerbereich).

Eigenschaften des linearen PLL. Im eingerasteten Zustand läßt sich der PLL als linearer Regelkreis betrachten. Wenn sowohl die Eingangsspannung u_e als auch die Ausgangsspannung u_a sinusförmig sind, beträgt die Spannung am Ausgang des (linearen) Phasendetektors im Bild 19.10 für $u'_a = u_a$ (Teilerfaktor $N = 1$)

$$\begin{aligned} u_d &= K_d u_e u'_a = K_d \hat{U}_e \hat{U}_a \sin \omega_e t \sin (\omega'_a t + \varphi_a) \\ &= \frac{K_d \hat{U}_e \hat{U}_a}{2} \{\cos [(\omega_e - \omega'_a)\, t - \varphi_a] - \cos [(\omega_e + \omega'_a)\, t + \varphi_a]\}. \end{aligned} \tag{19.11}$$

Falls die Grenzfrequenz des Tiefpaßfilters wesentlich niedriger ist als $(\omega_e + \omega'_a)/2\pi$, kann der zweite Summand im Klammerausdruck von (19.11) vernachlässigt werden, und die Fehlerspannung beträgt

$$\begin{aligned} u_f &\approx VK_d \frac{\hat{U}_e \hat{U}_a}{2} |G [\mathrm{j}\,(\omega_e - \omega'_a)]| \cos [(\omega_e - \omega'_a)\, t - \varphi_a] \\ &= VK_d \frac{\hat{U}_e \hat{U}_a}{2} |G [\mathrm{j}\,(\omega_e - \omega'_a)]| \cos \varphi(t) \end{aligned} \tag{19.12}$$

$\varphi(t)$ Phasendifferenz zwischen u_e und u_a.

Die Schwingfrequenz des VCO hängt in der Umgebung des Ruhearbeitspunktes linear von der Fehlerspannung u_f ab (genauer: vom arithmetischen Mittelwert von u_f während einer Periodendauer $T_a = 2\pi/\omega_a$). Es gilt

$$\omega_a - \omega_0 = K_0\overline{u_f}$$

ω_0 Freilauffrequenz des VCO für $\overline{u_f} = 0$.

Haltebereich. Der Haltebereich sagt aus, wieweit sich eine einmal eingerastete Schleife bei Variation der Eingangsfrequenz im Synchronismus halten kann. Im eingerasteten Zustand ist bei konstanter Eingangsfrequenz f_e die Phasendifferenz zwischen u_e und u'_a konstant ($=\varphi_a$), da $\omega_e = \omega'_a$ gilt. Aus (19.12) folgt

$$u_f \approx \frac{VK_d}{2} \hat{U}_e\hat{U}_a \cos \varphi_a . \tag{19.13}$$

Die Fehlerspannung u_f ist also eine Gleichspannung. Sie bewirkt eine Frequenzabweichung des VCO von seiner Freilauffrequenz $f_0 = \omega_0/2\pi$ um

$$\Delta f = f_a - f_0 = f_e - f_0 .$$

Mit der VCO-Kennlinie

$$\Delta\omega = \omega_a - \omega_0 = K_0\overline{u_f}$$

berechnen wir unter Verwendung von (19.13) und mit $\cos \varphi_a = 1$ die maximal auftretende Frequenzabweichung zu

$$\Delta\omega_L = \frac{VK_dK_0}{2} \hat{U}_e\hat{U}_a .$$

Die VCO-Frequenz kann der Eingangskreisfrequenz ω_e nur im Bereich $\omega_0 \pm \Delta\omega_L$ folgen, vorausgesetzt, daß der PLL vorher eingerastet war. Deshalb nennt man $2\Delta\omega_L$ (bzw. $2\Delta f_L$) den *Haltebereich* des PLL. Er liegt symmetrisch zur Freilauffrequenz des VCO und ist unabhängig von der Bandbreite des Tiefpaßfilters.

Fangbereich. Der Fangbereich ist die größte Frequenzdifferenz $|\omega_e - \omega_0|$, die unterschritten werden muß, damit der PLL einrastet. Er wird stark von der Bandbreite des Tiefpaßfilters beeinflußt und ist unabhängig vom Haltebereich und stets kleiner oder höchstens gleichgroß.

Näherungsweise läßt sich seine Größe aus folgender Überlegung berechnen:

Wenn wir den Regelkreis am Eingang des VCO auftrennen, beträgt die Ausgangsfrequenz $f_a = f_0$. Die Fehlerspannung, die bei geschlossener Schleife den VCO steuert, beträgt nach (19.12) maximal

$$U_f \approx VK_d \frac{\hat{U}_e\hat{U}_a}{2} |G[j(\omega_e - \omega'_a)]| .$$

Diese Spannung würde die VCO-Frequenz um den Wert

$$\Delta\omega^* = K_0U_f \approx K_0K_dV \frac{\hat{U}_e\hat{U}_a}{2} |G[j(\omega_e - \omega'_a)]|$$

verändern, so daß am Ausgang des Phasendetektors die Kreisfrequenz $\omega_e - \omega'_a = \omega_e - \omega_0 \pm \Delta\omega^*$ auftreten würde. Hieraus ergibt sich der maximale Fangbereich des linearen PLL. Er beträgt

$$2\Delta\omega_F = 2\Delta\omega^* \approx 2K_0K_dV \frac{\hat{U}_e\hat{U}_a}{2} |G(j\Delta\omega_F)| .$$

Bild 19.11 erläutert das Verhalten des PLL bezüglich des Halte- und Fangbereiches für $t \to \infty$ (eingeschwungener Zustand) bei Änderung von ω_e entsprechend der Pfeilrichtung.

Die Ausgangsfrequenz eines PLL folgt der Frequenz des Eingangssignals ω_e nur dann, wenn

$$|\omega_e - \omega_a'| < \Delta\omega_L \quad \text{bei bereits eingerastetem PLL}$$

$$|\omega_e - \omega_a'| < \Delta\omega_F \quad \text{bei noch nicht vorher eingerastetem PLL.}$$

Durch die Eigenschaften des „Einrastens" erhält der PLL frequenzselektive Eigenschaften.

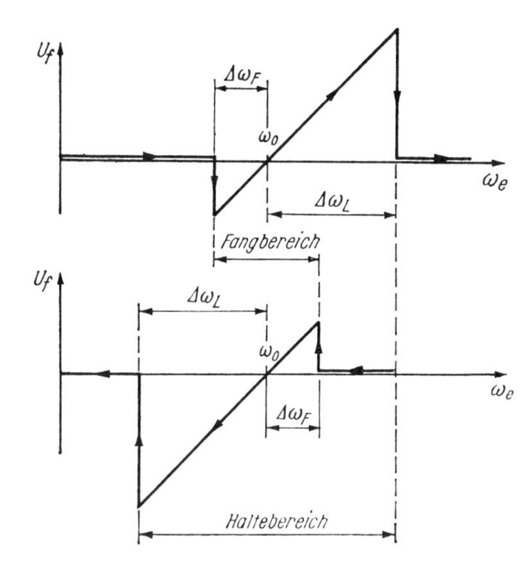

Bild 19.11
Zur Erläuterung des Halte- und Fangbereiches beim PLL

U_f Fehlerspannung (Steuerspannung des VCO);
ω_e Kreisfrequenz des Eingangssignals;
ω_0 Freilauffrequenz des VCO;
$2\Delta\omega_L$ Haltebereich, $2\Delta\omega_F$ Fangbereich

Bedingungen für das Einrasten sind

- genügend große Fehlerspannung U_f
- genügend großer Fang- und Haltebereich ($\Delta\omega_F$, $\Delta\omega_L$)
- genügend große Amplituden $\hat{U}_e$, $\hat{U}_a$ (bei linearem PLL).

Ausgangsspektrum bei rechteckförmigem Vergleichssignal. Wir betrachten den Fall, daß das Eingangssignal $u_e(t)$ sinusförmig und das Vergleichssignal $u_a'(t) = u_a(t)$ eine Rechteckimpulsfolge ist. Wir zerlegen sie in eine Fourierreihe:

$$u_e = \hat{U}_e \sin(\omega_e t + \varphi_e)$$

$$u_a' = u_a = \hat{U}_a \sum_{n=0}^{\infty} \frac{4}{(2n+1)\pi} \sin((2n+1)\,\omega_a' t).$$

Das Ausgangssignal des Phasendetektors ist das Produkt dieser beiden Spannungen, multipliziert mit dem Konversionsfaktor K_d

$$u_d = K_d u_e u_a' = \underbrace{\frac{2K_d}{\pi} \hat{U}_e \hat{U}_a}_{K^*} \left\{ \sum_{n=0}^{\infty} \frac{1}{2n+1} \cos[(2n+1)\,\omega_a' t - \omega_e t - \varphi_e] \right.$$

$$\left. - \sum_{n=0}^{\infty} \frac{1}{2n+1} \cos[(2n+1)\,\omega_a' t + \omega_e t + \varphi_e] \right\}. \qquad (19.14)$$

Eine Betrachtung der einzelnen Frequenzanteile zeigt folgende Zusammenhänge:

1. Die Frequenzkomponente mit der niedrigsten Frequenz ($n = 0$) beträgt

$$u_{d1} = K^* \cos [(\omega'_a - \omega_e)\, t - \varphi_e].$$

Falls beide Frequenzen (ω'_a, ω_e) nahe genug beieinander liegen, rastet der PLL ein, und es gilt $\omega_e = \omega'_a$. Die Spannung $u_{d1} = K^* \cos \varphi_e$ ist in diesem Fall die Gleichspannungskomponente am Ausgang des Phasendetektors, die nach Verstärkung dem Steuereingang des VCO zugeführt wird und dadurch den PLL eingerastet hält.

2. Der PLL läßt sich auch mit einem ungeradzahligen Vielfachen der Kreisfrequenz ω'_a synchronisieren und auf diese Weise einrasten, d.h. für $\omega_e = (2n + 1)\, \omega'_a$. Wenn höherfrequente Anteile durch ein Tiefpaßfilter unterdrückt werden, beträgt die Ausgangsspannung des Phasendetektors hierbei

$$u_{d1} = \frac{K^*}{2n + 1} \cos \varphi_e .$$

Mit größeren n-Werten (höhere Harmonische) werden u_{d1} und damit auch der Haltebereich kleiner.

3. Der zweite Term in (19.14) zeigt, daß am Ausgang des Phasendetektors eine Frequenzkomponente mit der Summenfrequenz ($\omega_e + \omega'_a$) auftritt. In der Regel werden diese und weitere Frequenzkomponenten durch das Tiefpaßfilter unterdrückt.

4. Falls zusätzlich zur Eingangsfrequenz f_e ein weiteres Eingangssignal f'_e angelegt wird, können Interferenzen auftreten, wenn $|f_e - f'_e|$ in den Durchlaßbereich des Tiefpaßfilters gelangt.

19.4.2. Elemente des Phasenregelkreises

Die verschiedenen PLL-Schaltungen unterscheiden sich hauptsächlich hinsichtlich der Art des Phasendetektors und der Art des verwendeten Tiefpaßfilters. Der Hauptunterschied ist durch den Phasendetektor gegeben.

Phasendetektor. Der Phasendetektor hat die Aufgabe, ein Ausgangssignal zu liefern, das in definierter Weise von der Phasen(Frequenz)differenz zweier Eingangssignale abhängt. Die Eingangssignale sind häufig sinus- oder rechteckförmig. Man unterscheidet zwischen linearen und nichtlinearen (digitalen) Phasenvergleichsschaltungen. Beide Gruppen zeigen unterschiedliches dynamisches Verhalten (Einrastvorgang).

Bei *linearen* Phasendetektoren wird meist ein Analogmultiplizierer (Vierquadrantmultiplizierer) verwendet. Ihr Ausgangssignal ist proportional zur Amplitude der beiden Eingangssignale ($u_d = u_e u'_a$). Die Arbeitsweise ist im Prinzip unabhängig vom Kurvenverlauf der Vergleichsspannung. Sie rasten auch auf verrauschte Signale ein.

Digitale Phasendetektoren werden mit digitalen Elementen aufgebaut (UND-Gatter, Exklusiv-ODER-Gatter, Flipflops usw.). Sie benötigen an beiden Eingängen Rechteckimpulsfolgen. Ihr Ausgangssignal ist unabhängig von der Amplitude der beiden Eingangssignale.

Tiefpaßfilter. Bei fast allen PLL-Schaltungen werden Tiefpaßfilter erster Ordnung verwendet. Bei Filtern höherer Ordnung gibt es unter Umständen Schwierigkeiten hinsichtlich der dynamischen Stabilität des Regelkreises.

VCO, CCO. Grundsätzlich eignet sich jede Oszillatorschaltung als VCO bzw. CCO, deren Oszillatorfrequenz in einem gewissen Bereich (z.B. $\pm 10 \ldots 50\,\%$) der Umgebung der Freilauffrequenz gesteuert werden kann (Bild 19.12). Meist ist linearer Zusammenhang zwischen der Oszillatorfrequenz und der Steuergröße erwünscht, vor allem, wenn der PLL zur FM-Demodulation verwendet wird. Bei hohen Frequenzen (MHz-Bereich) sind *LC*-Oszillatoren mit Varicap-Steuerung zweckmäßig. Im Frequenzbereich zwischen 1 und 50 MHz werden astabile Multivibratoren häufig verwendet. Sie haben neben RC-Generatoren auch bei niedrigen Frequenzen gute Eigenschaften. Extrem hohe Linearität ist mit *U/f*- bzw. *I/f*-Wandlern zu erzielen. Ihre Übertragungskennlinie verläuft praktisch durch den Nullpunkt [15.4].

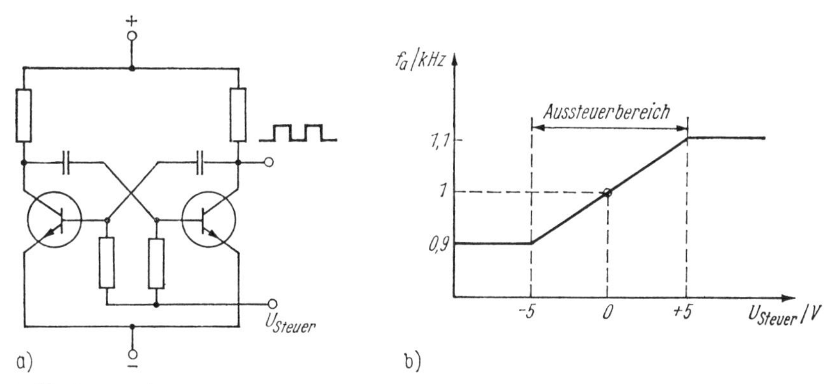

Bild 19.12. VCO

a) Schaltung (astabiler Multivibrator); b) Abhängigkeit der Schwingfrequenz von der Steuerspannung

Industrielle Beispiele: *74LS297*, $f \leqq 50$ MHz, digitaler PLL in Low-Power-Schottky-TTL; *DP 8512* (National), $f \leqq 225$ MHz, enthält Phasendetektor, VCO und Teilerstufen, ECL-Technologie.

Weitere Typen: *LM 565* (NS) mit maximaler Freilauffrequenz von 500 kHz; *MC 14046 = CD 4046*: Mikroleistungs-CMOS-PLL mit maximaler Freilauffrequenz von 0,8 (1,6) MHz bei $U_S = 5$ (15) V und Ruhestromaufnahme $I_S = 5$ nA.

19.4.3. Anwendungen

Monolithische PLL-Schaltkreise arbeiten in einem sehr großen Frequenzbereich (typ. 0,01 Hz ... 25 MHz) [12]. Der PLL-Schaltkreis NE 568 basiert auf einem CCO und funktioniert bis 150 MHz.

FM-Demodulator. Eine PLL-Schaltung läßt sich zur FM-Demodulation einsetzen, indem sie so dimensioniert wird, daß die Freilauffrequenz des VCO annähernd mit der Trägerfrequenz des FM-Signals übereinstimmt. Die VCO-Frequenz folgt der frequenzmodulierten Eingangsschwingung. Dabei stellt die Fehlerspannung u_f die demodulierte NF-Schwingung dar.

Die Linearität des Demodulators wird von der Linearität des VCO bestimmt.

Digitale Frequenzmodulation. Zur Übertragung digitaler Signale auf Telefonleitungen (in Modems) oder zur Speicherung digitaler Signale auf Kassetten werden oft die 0- bzw. 1-Signale (logische Null, logische Eins) kodiert in Form zweier unterschiedlicher Tonfrequenzen verarbeitet (z. B. 0 $\triangleq$ 950 Hz, 1 $\triangleq$ 1050 Hz). Diese Methode nennt man FSK (frequency shift keying).

Der PLL wird so dimensioniert, daß seine Freilauffrequenz in der Mitte der beiden benutzten Frequenzen liegt und daß er bei einer dieser beiden Frequenzen einrastet. Die demodulierte Ausgangsspannung ist proportional zur Eingangsfrequenz. Beispielsweise tritt beim 1-Signal (1050 Hz) eine hohe Spannung U_f auf, beim 0-Signal (950 Hz) dagegen ist sie praktisch Null. Die Fehlerspannung U_f stellt also das demodulierte Binärsignal dar.

Frequenzsynthese. Frequenzsynthese ist eine wichtige Anwendung des Phasenregelkreises. Aus einer hochgenauen und hochkonstanten Referenzfrequenz werden zahlreiche diskrete Frequenzen abgeleitet, die die gleiche Genauigkeit und Konstanz haben wie die Referenzfrequenz.

Bild 19.13a zeigt das Prinzip einer „Frequenzvervielfachung". Die VCO-Ausgangsfrequenz wird mittels eines (digitalen programmierbaren) Frequenzteilers mit dem Teilerfaktor N: 1 geteilt und anschließend dem Phasenkomparator (Phasendetektor) zugeführt. Bei eingerastetem PLL ist die Ausgangsfrequenz exakt N-mal größer als die Eingangsfrequenz: $f_a = Nf_e$.

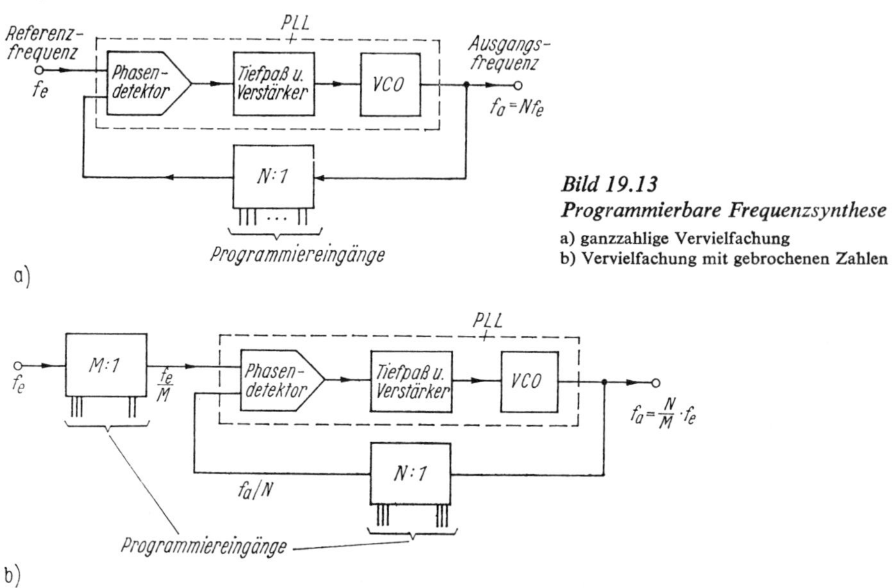

Bild 19.13
Programmierbare Frequenzsynthese
a) ganzzahlige Vervielfachung
b) Vervielfachung mit gebrochenen Zahlen

Durch einen weiteren (digitalen programmierbaren) Frequenzteiler mit dem Teilerfaktor M: 1 läßt sich ein gebrochen rationaler Multiplikationsfaktor erzielen (Bild 19.13 b). Die Ausgangsfrequenz bei eingerastetem PLL beträgt bei der Schaltung im Bild 19.13b

$$f_a = \frac{N}{M} f_e .$$

Durch Programmieren von M und N läßt sich eine sehr große Anzahl unterschiedlicher diskreter Frequenzen mit der gleichen Stabilität und Genauigkeit wie die der Referenzfrequenz f_e erzeugen, beispielsweise ein gerastertes Frequenzspektrum in digital abstimmbaren Rundfunkempfängern.

Zur Erzeugung sehr hoher stabiler Ausgangsfrequenzen sind u. U. besondere Maßnahmen notwendig, weil häufig PLL- und programmierbare Teilerschaltungen nicht oberhalb von 10 ... 30 MHz einsetzbar sind. Zwei Möglichkeiten liegen nahe:

- Vervielfachung der VCO-Ausgangsfrequenz; die Regelschleife arbeitet dann bei niedrigen Frequenzen.
- Einsetzen eines zusätzlichen Vorteilers für sehr hohe Frequenzen.

Bild 19.14 zeigt das Prinzip der Frequenzsynthese in einem UKW-Rundfunkempfänger. Der Vorteiler (4:1) in ECL-Technik verarbeitet Frequenzen bis 180 MHz. Der Teilerfaktor N des programmierbaren Teilers läßt sich von 982 ... 1147 verändern. Da die Eingangsfrequenz des Phasendetektors $f_e^* = 25$ kHz beträgt (quarzstabil), läßt sich die

Frequenz des VCO (Oszillator des UKW-Empfängers) durch Verändern von N im Bereich von 98,2 ... 114,7 MHz mit einem Rasterabstand von $4 \cdot 25$ kHz = 100 kHz einstellen. Wegen $f_{ZF} = f_{osz} - f_e$ entspricht dies einer Eingangsfrequenzänderung von 87,5 ... 104 MHz.

Frequenzsynchronisation. Die Frequenz eines VCO bzw. CCO für sehr hohe Frequenzen läßt sich nur schwer konstant halten. Mit Hilfe eines PLL kann sie mit einer wesentlich niedrigeren, aber hochkonstanten Referenzfrequenz stabilisiert werden. Das Referenzsignal kann auch kurzzeitig getastet sein („burst"). Typische Anwendungen sind die Bit-Synchronisation und der Farbreferenzgenerator im Farbfernsehempfänger.

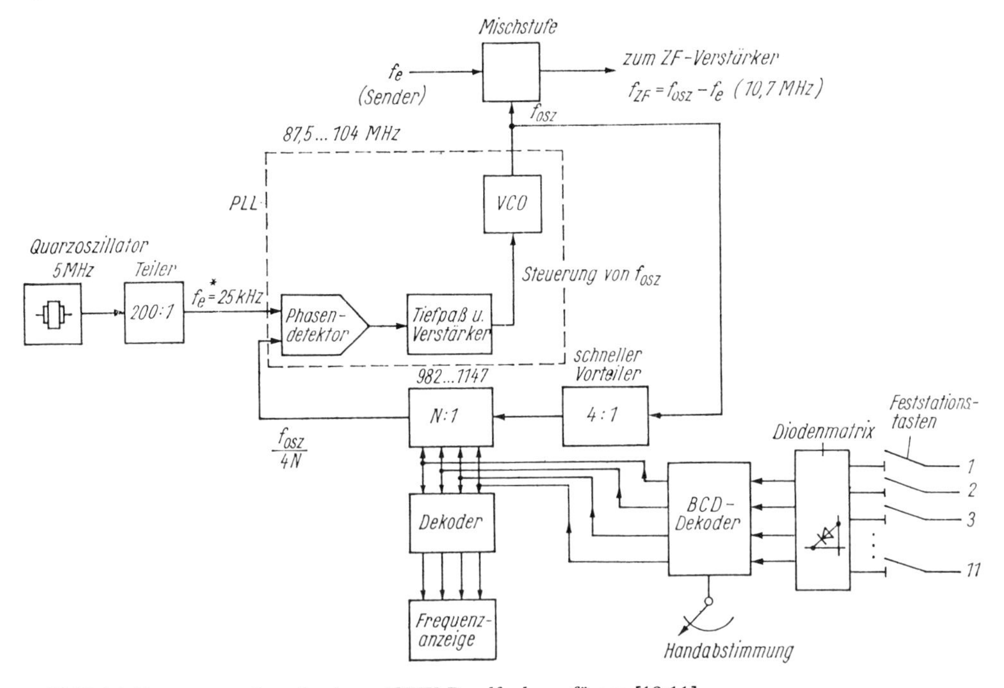

Bild 19.14. Frequenzsynthese in einem UKW-Rundfunkempfänger [19.11]

Weitere PLL-Anwendungen sind u. a. die Signalaufbereitung (Entdeckung schwacher Signale im Rauschen), die AM-Demodulation, die Phasendemodulation und Zweitondekoder [19.8].

20. Analoge Schaltungen mit Optokopplern

Vor allem in der Meß- und Automatisierungstechnik besteht häufig die Forderung nach galvanisch getrennter Signalübertragung. Anwendungen sind u.a. die Signalübertragung zwischen Schaltungsteilen, die sich auf unterschiedlichem Potential befinden (Potentialtrenner als Sicherheitseinrichtungen zur Realisierung des Schutzgrades Eigensicherheit bei der Kopplung von eigensicheren und nicht eigensicheren Geräten der Automatisierungstechnik), die Unterdrückung von Gleichtaktstörspannungen (s. Abschn. 12.2.), die Realisierung von Isolationsverstärkern und die Strommessung an Hochspannungsleitungen.

Zur galvanisch getrennten Signalverarbeitung wurden früher nahezu ausschließlich Transformatoren verwendet. Infolge deren Nachteile (aufwendige Herstellung, begrenzte Bandbreite, Gefahr magnetischer Einstreuungen usw.) werden sie bei diesen Anwendungen immer mehr durch die wesentlich kleineren und billigeren Optokoppler ersetzt [20.1] [20.2].

Digitale Signale lassen sich mit Optokopplern relativ problemlos und mit vertretbarem Aufwand übertragen, da der Optokoppler hierbei lediglich als Schalter arbeitet. Wesentlich schwieriger gestaltet sich dagegen die analoge Signalübertragung, insbesondere, wenn hohe Forderungen an die Linearität, Bandbreite und Langzeitkonstanz des Übertragungssystems gestellt werden, denn Optokoppler weisen große Fertigungstoleranzen, eine nichtlineare Übertragungskennlinie, erhebliche Temperaturabhängigkeit und geringe Langzeitkonstanz auf.

20.1. Optokoppler

Übersicht. Ein Optokoppler ist eine Kombination aus einem Lichtsender (meist infrarot strahlende GaAs-Leuchtdiode, Wellenbereich $\approx 0{,}9\ \mu m$), einem Lichtempfänger und dem Kopplungsmedium zwischen dem Lichtsender und -empfänger (Infrarotlicht übertragendes Glas oder gasgefüllter Zwischenraum). Hinsichtlich des verwendeten Lichtempfängers und der nachgeschalteten Verstärker- bzw. Auswerteschaltung lassen sich fünf Gruppen von Optokopplern unterscheiden (Tafel 20.1).

Optokoppler mit Fototransistor. Am verbreitetsten sind bisher Optokoppler mit einem Fototransistor als Lichtempfänger. Wir betrachten daher diese Gruppe etwas eingehender (Bild 20.1).

Statisches Verhalten. Der Kollektor-Basis-Übergang des Fototransistors ist als Fotodiode ausgebildet. Die auftreffenden Fotonen erzeugen einen zusätzlichen Basisstrom, der im Ersatzschaltbild durch die Stromquelle I_{ph} erfaßt wird (Bild 20.1c).

Die wichtigste statische Kenngröße von Optokopplern ist das Stromübertragungsverhältnis I_0/I_F. Bei Optokopplern der Variante 2 ist $I_0 \equiv I_C$ (Kollektorstrom des Fototransistors). Das Stromübertragungsverhältnis hängt von der Lichtausbeute der Leuchtdiode, den Verlusten im Übertragungsmedium zwischen Lichtsender und -empfänger, der Quantenausbeute der lichtempfindlichen Fläche des Lichtempfängers und vom Stromverstärkungsfaktor des Lichtempfängers ab.

Tafel 20.1. Fünf Gruppen von Optokopplern
(Unterscheidung hinsichtlich des Lichtempfängers und der zugehörigen Schaltung)

Variante	Lichtempfänger	Typisches Stromübertragungsverhältnis	Typische Werte für Grenzfrequenz	t_r, t_f	Eigenschaften, Vorteile
1	Fotodiode	0,1 ... 0,3%	10 MHz	35 ... 150 ns	– große Bandbreite, niedriges Rauschen – größere Linearität des Stromübertragungsverhältnisses als Variante 2 oder 3
2	Fototransistor	30 ... 100%	300 kHz	3 µs	– geringe Bandbreite, verstärktes Rauschen – hohes Stromübertragungsverhältnis
3	Fotodarlingtontransistor	250 ... 350%	30 kHz	30 µs	– sehr geringe Bandbreite, verstärktes Rauschen – hohe Empfindlichkeit, hohes Stromübertragungsverhältnis
4	Fotodiode mit nachgeschaltetem Verstärker	300 ... 400%	0,2 ... 30 MHz	0,01 ... 2 µs	– schneller und linearer als Variante 2
5	Fotodiode mit nachgeschaltetem Logikgatter	700%	–	< 50 ns	– nur für Übertragung von Binärsignalen – sehr hohe Bitrate realisierbar

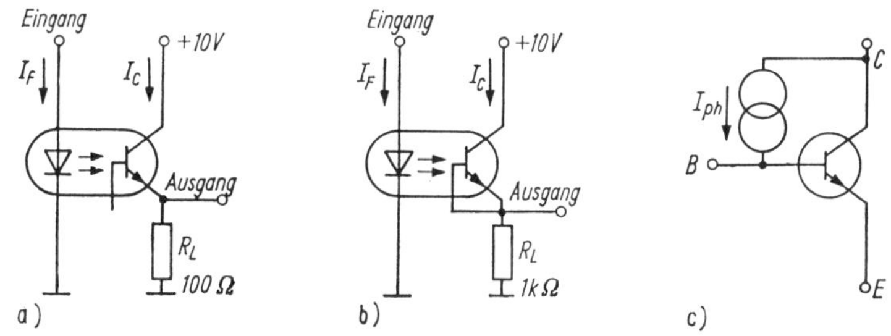

a) Betrieb mit offenem Basisanschluß (Fototransistorarbeitsweise)
b) Betrieb mit offenem Emitteranschluß (Fotodiodenarbeitsweise)
c) Ersatzschaltbild des Fototransistors
Typische Zahlenwerte: bei $I_F = 16$ mA beträgt im Bild a $I_C \approx 7$ mA und im Bild b $I_C \approx 20\,\mu$A

Bild 20.1. Optokoppler mit Fototransistor

Die statische Übertragungskennlinie aller Optokopplervarianten ist insbesondere bei kleinen Flußströmen I_F stark nichtlinear (Bild 20.2). Sie läßt sich durch die Beziehung [20.3]

$$I_0 = K \left(\frac{I_F}{I_F'} \right)^n$$

I_0 Ausgangsstrom des Optokopplers (bei Variante 2: Kollektorstrom des Fototransistors)
I_F Eingangsstrom (Durchlaßstrom durch die Leuchtdiode)
I_F' Eingangsstrom, bei dem K gemessen wird
K Ausgangsstrom bei I_F'
n Linearitätsfaktor; $n = 1$: Lineare Übertragungsfunktion

annähern.

Hauptursache der Nichtlinearität ist der nichtlineare Zusammenhang zwischen dem Durchlaßstrom der Leuchtdiode und der von ihr abgestrahlten Lichtintensität.

Die Nichtlinearität der Übertragungskennlinien von Optokopplern der Varianten 1 und 4 ist weniger stark ausgeprägt als bei den Varianten 2 und 3, weil bei den zuletzt genannten Typen die Nichtlinearität dadurch verstärkt wird, daß zusätzlich zum Fotostrom der Kollektorstrom des Fototransistors durch den Kollektor-Basis-Übergang fließt.

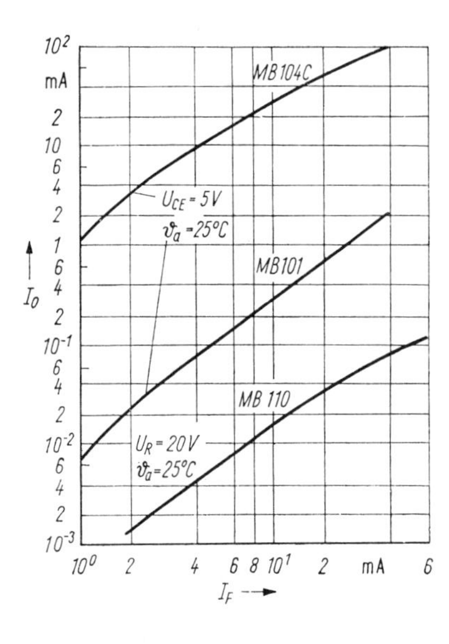

Bild 20.2
Statische Übertragungskennlinie von Optokopplern MB 104 C, MB 101: Optokoppler mit Fototransistor (WF Berlin); MB 110: Optokoppler mit Fotodiode (WF Berlin)

Das Stromübertragungsverhältnis I_0/I_F von Optokopplern ist relativ stark temperaturabhängig (typ. $-0{,}5\,\%/\mathrm{K}$; negativer TK der Leuchtdiode, positiver TK der Fotodiode).

Optokoppler nach Variante 2 werden mit und ohne herausgeführten Basisanschluß hergestellt. Wenn der Basisanschluß von außen zugänglich ist, kann der Optokoppler wahlweise mit Fototransistor- oder Fotodiodenarbeitsweise betrieben werden (Bild 20.1). Weiterhin besteht die Möglichkeit, den Fototransistor direkt in den Gegenkopplungs- oder Mitkopplungskreis der äußeren Schaltung einzubeziehen.

Dynamisches Verhalten. Das dynamische Verhalten von Optokopplern wird durch den Lichtempfänger bestimmt, da die als Lichtsender eingesetzte Leuchtdiode Schaltzeiten im Nanosekundenbereich aufweist. Bei Optokopplern mit einem Fototransistor als Lichtempfänger (Varianten 2 und 3) wirkt sich die Kollektor-Basis-Kapazität des Fototransistors nachteilig auf die dynamischen Eigenschaften aus. Da die Kollektor-Basis-Fläche des Fototransistors im Interesse eines großen Stromübertragungsverhältnisses möglichst groß gewählt wird, nimmt die Kollektor-Basis-Kapazität $C_{b'c}$ relativ große Werte an (z.B. 20 pF). Falls sich während der Aussteuerung die Spannung über $C_{b'c}$ ändert, muß diese Kapazität vom relativ kleinen Fotostrom I_{ph} zusätzlich umgeladen werden. Das hat eine große Anstiegs- und Abfallzeit des Optokopplers zur Folge. Deshalb wird der Fototransistor meist so betrieben, daß eine möglichst kleine Änderung der Spannung zwischen Basis und Kollektor auftritt (kleiner Lastwiderstand, Stromauskopplung bevorzugt), falls Wert auf möglichst steile Flanken bzw. hohe Grenzfrequenz gelegt wird.

Zur Berechnung des dynamischen Verhaltens des Optokopplers beschreiben wir das Verhalten des Fototransistors zweckmäßigerweise mit dem vereinfachten π-Ersatzschaltbild entsprechend Bild 3.8b auf Seite 77 (Bild 20.3). Wir setzen dabei voraus, daß der Arbeitspunkt des Fototransistors während der Aussteuerung im aktiven Betriebsbereich verbleibt. Die Überbrückungskapazität $C_{b'c}$ wandeln wir in die entsprechende Millerkapazität C' um. Gemäß (3.4c) gilt

$$C' = C_{b'c}(1 - V_u^*) \tag{20.1}$$

mit

$$V_u^* = \underline{U}_a/\underline{U}_{b'e}.$$

Die Rechnung vereinfacht sich, bleibt aber trotzdem in guter Näherung allgemeingültig, wenn wir $|V_u^*| \gg 1$, $r_{ce} \to \infty$, $\alpha_0 \approx 1$ und $\omega C_p R_C \ll 1$ voraussetzen. Es folgt dann aus (20.1) unter Berücksichtigung der Beziehung $S_{i0} = \alpha_0/r_d \approx 1/r_d$ (vgl. Tafel 1.4)

$$V_u^* \approx -S_{i0}R_C \approx -R_C/r_d$$

und

$$C' \approx -V_u^* C_{b'c} \approx (R_C/r_d)\, C_{b'c}.$$

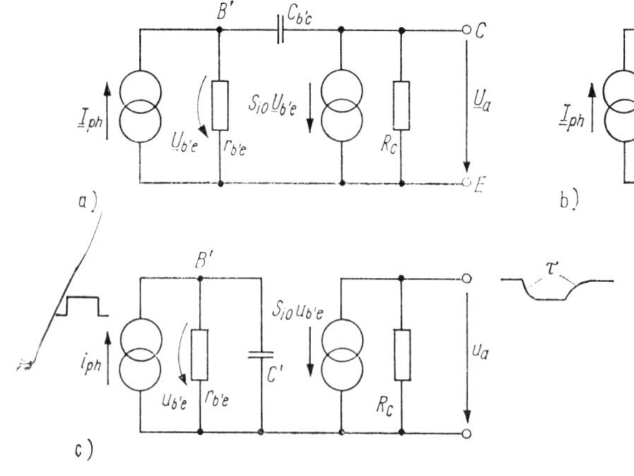

a) π-Ersatzschaltbild (entsprechend Bild 3.8b)
b) äquivalentes Ersatzschaltbild zu a nach Umwandeln von $C_{b'c}$ in die äquivalente Millerkapazität C'
c) Ersatzschaltbild für Berechnungen im Zeitbereich (C_p vernachlässigt)

Bild 20.3. Ersatzschaltbild des Fototransistors

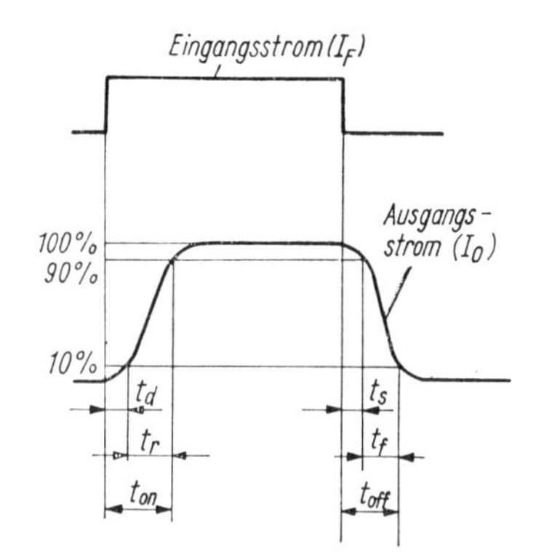

Bild 20.4
Kennwerte für das Schaltverhalten von Optokopplern

t_d Verzögerungszeit, t_r Anstiegszeit, t_{on} Einschaltzeit, t_s Speicherzeit, t_f Abfallzeit, t_{off} Ausschaltzeit
Typische Werte für preisgünstige Standard-Optokoppler: $t_{on} \approx 6$ µs, $t_{off} \approx 25$ µs, Stromübertragungsverhältnis 160 ... 320%.

Wenn auf die fotoempfindliche Kollektorsperrschicht ein rechteckförmiger Lichtblitz auftrifft, der den Arbeitspunkt noch nicht in den Übersteuerungsbereich bringt, entsteht am Kollektor des Fototransistors ein rechteckförmiger Stromimpuls mit exponentiell ansteigender bzw. abfallender Impulsflanke. Die Zeitkonstante τ dieses exponentiellen Anstiegs bzw. Abfalls wird durch den Eingangskreis bestimmt. Wie aus Bild 20.3 ablesbar ist, beträgt sie

$$\tau = r_{b'e}C' \approx r_{b'e}(R_C/r_d)\, C_{b'c}.$$

Mit $r_{b'e} \approx \beta_0 r_d$ erhalten wir schließlich

$$\tau \approx \beta_0 R_C C_{b'c}. \tag{20.2}$$

Bild 20.4 erläutert Kennwerte zur Beschreibung des dynamischen Verhaltens von Optokopplern.

High-Speed Optokoppler der Fa. General Instrument erreichen Datenübertragungsraten von 1/10/15 Mbit/s.

20.2. Grundschaltungen mit Optokopplern [20.4]-[20.7]

Die einfachsten Möglichkeiten zur Signalübertragung mit Optokopplern zeigt Bild 20.5. Die Schaltungen im Bild 20.5a und b haben den Nachteil, daß die Ausgangsimpulse (bei impulsförmiger Ansteuerung am Eingang) relativ lange Anstiegs- und Abfallzeiten aufweisen, da sich während der Aussteuerung die Spannung über der Kollektor-Basis-Sperrschicht des Fototransistors ändert.

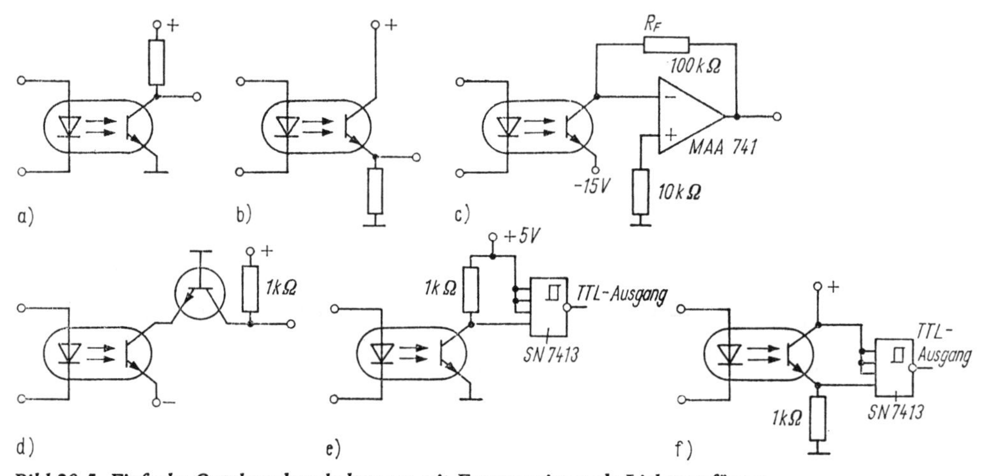

Bild 20.5. Einfache Optokopplerschaltungen mit Fototransistor als Lichtempfänger

a) Kollektorauskopplung; b) Emitterauskopplung; c) Fototransistor mit nachfolgendem OV (Stromauskopplung); d) Fototransistor mit nachfolgender Basisschaltung (Stromauskopplung); e) und f) Fototransistor mit nachgeschaltetem Schmitt-Trigger (nichtinvertierend bzw. invertierend)

Günstiger ist in dieser Beziehung die Schaltung nach Bild 20.5c. Hier erfolgt eine Stromauskopplung aus dem Fototransistor. Das Kollektorpotential des Fototransistors wird durch die über R_F erfolgende Gegenkopplung der Operationsverstärkerschaltung ($I \rightarrow U$-Wandler, vgl. Abschn. 8.3.) konstant gehalten. Dadurch werden die Anstiegs- und Abfallzeit im wesentlichen durch den Operationsverstärker bestimmt.

Eine weitere Möglichkeit, um kurze Anstiegs- und Abfallzeiten zu erhalten, besteht darin, daß man an den Kollektor des Fototransistors eine Basisschaltung ankoppelt (Bild 20.5d). Auch bei dieser Schaltungsvariante erfolgt eine Stromauskopplung, und das Kollektorpotential des Fototransistors bleibt näherungsweise konstant.

In digitalen Schaltungen ist es oft zweckmäßig, mit dem Fototransistor einen Schmitt-Trigger anzusteuern (Bild 20.5e, f). Der Vorteil besteht in einer Erhöhung des Störabstandes und der Flankensteilheit.

Infolge der nichtlinearen Übertragungskennlinie des Optokopplers und wegen seiner erheblichen Temperatur- und Langzeitänderung ist die amplitudenanaloge Signalübertragung mit Optokopplern (Bild 20.6) wesentlich schwieriger zu realisieren als die Übertragung digitaler Signale. Der Linearitätsfehler der gesamten Anordnung hängt vor allem von der Linearität der Stromübertragungskennlinie des Optokopplers ab. Für Optokoppler mit einem Fototransistor als Lichtempfänger ist ein mit der Aussteuerung wachsender Stromübertragungsfaktor I_0/I_F ($\equiv I_C/I_F$) kennzeichnend. Messungen am Optokoppler MB 101 ergaben bei Steuerströmen I_F von etwa 10 mA Linearitätsfehler von ungefähr 1 % bei Änderung der Aussteuerung um eine Dekade [5.1]. Wenn dieser Linearitätsfehler zu groß ist, kann nicht mehr das einfache Schaltungsprinzip des Bildes 20.6 Verwendung finden, sondern es muß eines der nachfolgend genannten beiden Verfahren angewendet werden:

1. Ein Verfahren, das eine wesentlich geringere Kennlinienaussteuerung sicherstellt und/oder die Kennliniennichtlinearitäten, Temperaturabhängigkeiten und Langzeitänderungen kompensiert, oder
2. ein Verfahren, das weitgehend unabhängig von der Nichtlinearität, Temperaturabhängigkeit und Langzeitänderung des Optokopplers ist (Modulationsverfahren).

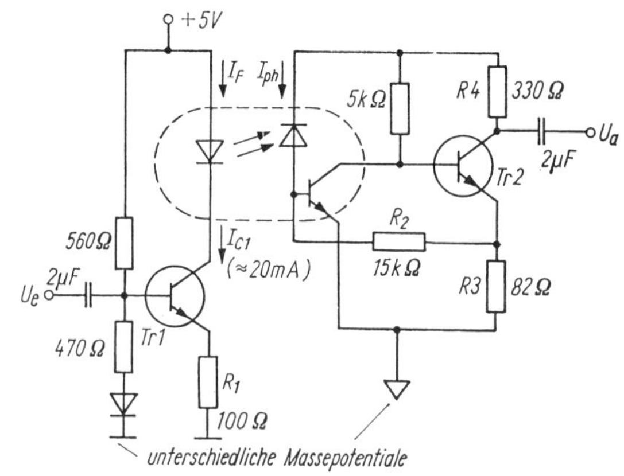

Bild 20.6
Einfacher Wechselspannungstrennverstärker mit einem Optokoppler [20.7]

Modulationsverfahren benötigen zwar den größten Aufwand und haben die geringste Bandbreite, sie liefern aber die größte Linearität sowie den geringsten Temperatur- und Langzeitfehler.

In den nachfolgenden drei Unterabschnitten stellen wir zunächst zwei Beispiele zum o. g. ersten Punkt und ein Beispiel für Modulationsverfahren vor.

20.3. Servo-Optokoppler-Schaltung

Eine deutliche Verbesserung der Linearität und Temperaturstabilität bei der Übertragung analoger Signale mittels Optokoppler läßt sich mit dem im Bild 20.7 dargestellten Schaltungsprinzip erreichen [20.1] [20.3] [20.7]. Bei dieser Schaltung werden zwei Optokoppler verwendet, die möglichst gleiches Temperatur- und Langzeitverhalten aufweisen sollen. Bei Beleuchtung der Fotodiode D1 wird am invertierenden OV-Eingang eine negative Spannung erzeugt. Als Folge wird die OV-Ausgangsspannung positiv, und der Optokoppler 2 wird angesteuert. Der Strom durch die Leuchtdiode des Optokopplers 2 steigt so lange an, bis die Eingangsdifferenzspannung des Operationsverstärkers gegen Null geht (idealer OV vorausgesetzt). Daher gilt $I_{D1} = I_{D2}$.

Die Übertragungsfunktion der gesamten Schaltung ist der Quotient der beiden Stromübertragungsfaktoren (Stromübertragungsverhältnisse) $\ddot{U}_1 = I_{D1}/I_e$ und $\ddot{U}_2 = I_{D2}/I_a$:

$$\frac{I_a}{I_e} = \frac{\ddot{U}_1}{\ddot{U}_2}.$$

Ein Linearitätsfehler von ungefähr 1 % ist relativ einfach realisierbar. Durch sorgfältige Anpassung der beiden Optokoppler wurden bereits Linearitätsfehler von 0,15 % erzielt [20.1].

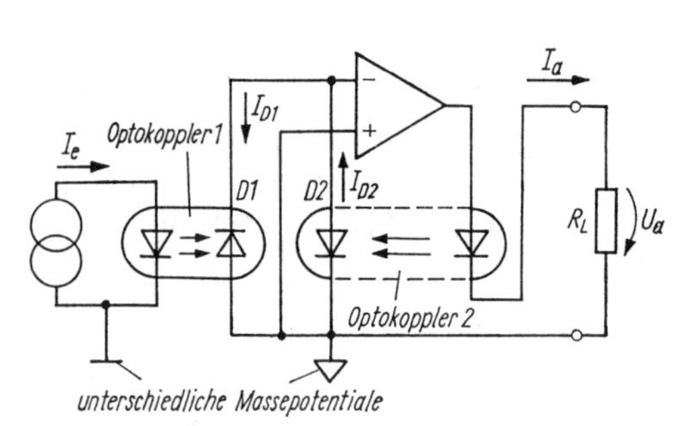

Bild 20.7
Prinzip der Servo-Optokoppler-Schaltung

20.4. Differenz-Optokoppler-Schaltung

Mit dem nachfolgend beschriebenen Schaltungsprinzip werden höhere Linearität, niedrigere Temperaturdrift und bessere Langzeitstabilität als mit der Servo-Optokoppler-Schaltung erreicht. Bei diesem Schaltungsprinzip wird ein Optokoppler verwendet, der eine Leuchtdiode und ein möglichst gut übereinstimmendes Fotodiodenpaar enthält (Bild 20.8) [20.1] [20.2] [20.7]. Falls beide Fotodioden genau gleich sind und symmetrisch von der Leuchtdiode bestrahlt werden, können sich Linearitätsfehler, die Temperaturdrift und Langzeitänderungen nicht nachteilig auswirken.

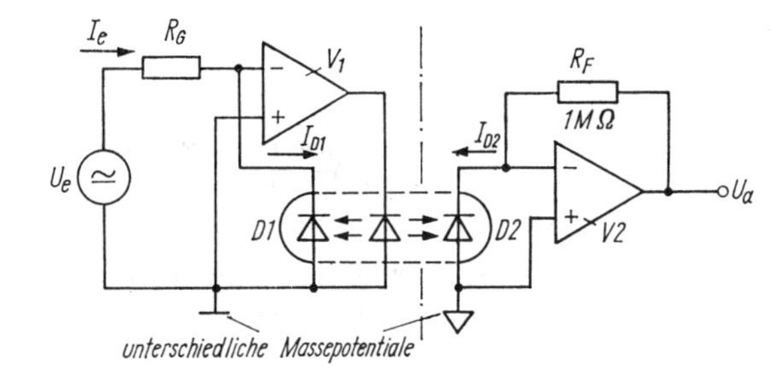

Bild 20.8
Prinzip der Differenz-Optokoppler-Schaltung

Jedem der beiden invertierenden OV-Eingänge kann ein konstanter Vorstrom zugeführt werden (künstlicher Offset zur Übertragung von Eingangsspannungen beider Polaritäten)

Infolge der Gegenkopplung über die Leuchtdiode und die Fotodiode D 1 stellt sich der Ausgangsstrom des Operationsverstärkers V 1 so ein, daß seine Eingangsdifferenzspannung gegen Null geht (idealer OV), d. h., daß $I_e = I_{D1}$ gilt. Wenn die beiden als gleich angenommenen Fotodioden D 1 und D 2 symmetrisch an die Leuchtdiode angekoppelt sind, fließt aus Symmetriegründen in D 2 der gleiche Strom wie in D 1, d. h., im gesamten Übertragungsfrequenzbereich gilt $I_{D2} = I_{D1}$. Dieser Strom wird mit Hilfe des als $I \rightarrow U$-Wandler beschalteten Operationsverstärkers V 2 in die Ausgangsspannung U_a umgewandelt.

Unter Verwendung von Tafel 12.1 erhalten wir unter Voraussetzung idealer Operationsverstärker V 1 und V 2 die Ausgangsspannung der Differenz-Optokoppler-Schaltung zu

$$U_a = I_{D2}R_F = I_{D1}R_F = I_eR_F = U_e \frac{R_F}{R_G}. \tag{20.3}$$

Die Kenndaten der Leuchtdiode und die nichtlineare Kennlinie der beiden Fotodioden beeinflussen die Übertragungsfunktion nicht, solange beide Fotodioden exakt gleich sind, die Ankopplung an die Leuchtdiode symmetrisch erfolgt und beide (idealen) Operationsverstärker innerhalb ihres Aussteuerbereiches betrieben werden. Der kritische Punkt dieser Schaltungsanordnung ist die Gewährleistung des exakten Gleichlaufes der beiden Fotodioden über den gesamten Temperaturbereich. Die mit zunehmender Lebensdauer abnehmende Lichtausbeute der Leuchtdiode wird in der Schaltung nach Bild 20.8 dadurch kompensiert, daß der Ausgangsspannungshub des Operationsverstärkers V1 mit zunehmender Lebensdauer der Leuchtdiode größer wird, so daß die abgestrahlte Strahlungsintensität praktisch konstant bleibt.

Die Bandbreite der Schaltung wird durch den Frequenzgang der Operationsverstärker bestimmt (Größenordnung 1 MHz).

Ein bipolarer Betrieb läßt sich dadurch realisieren, daß sowohl dem invertierenden Eingang von V1 als auch dem invertierenden Eingang von V2 ein konstanter „Vorstrom" zugeführt wird (Erzeugen eines konstanten „Offsets").

Unter Verwendung des Schaltungsprinzips nach Bild 20.8 sind Trennverstärker in Hybridtechnologie realisiert worden, die Linearitätsfehler <0,01 ... 0,2% und einen Temperaturgang des Stromübertragungsverhältnisses von 0,005 ... 0,03%/K aufweisen (realisiert in den Opto-Trennverstärkern Typ 3650 und 3652 der Firma Burr Brown [20.1] [20.8]).

20.5. Modulationsverstärker mit Optokopplern

Da bei den beiden vorstehend beschriebenen Schaltungsprinzipien die amplitudenanaloge Signalübertragung Verwendung findet, hängt die erreichbare Linearität und Genauigkeit außerordentlich stark von den Eigenschaften des Optokopplers ab. Wie bereits erwähnt, treten aber bei Optokopplern zahlreiche Stabilitäts- und Linearitätsprobleme auf (Temperaturabhängigkeit der Quantenausbeute der Leuchtdioden, unterschiedliche und zeitlich veränderliche Lichtempfindlichkeit der Fotoempfänger, nichtlineare Übertragungskennlinien, Rauschen u.a.).

Nichtamplitudenanaloge Modulationsverfahren haben demgegenüber den großen Vorteil, daß die Eigenschaften der Optokoppler, insbesondere deren Nichtlinearitäten, Temperaturabhängigkeiten und Langzeitänderungen praktisch nicht in die Übertragungsfunktion des Gesamtverstärkers eingehen. Diese Vorteile müssen allerdings mit erhöhtem Schaltungsaufwand und mit einer gegenüber den direkten Verfahren um ein bis zwei Größenordnungen geringeren Bandbreite erkauft werden.

Besonders günstig ist es, die zu übertragenden Signale pulsbreiten-, pulstastverhältnis- oder pulsfrequenzmoduliert zu übertragen, da der Optokoppler hierbei als Schalter betrieben wird und hierfür genaue Modulatoren und Demodulatoren mit geringem Aufwand realisierbar sind.

Bild 20.9 zeigt das Prinzip eines Trennverstärkers, bei dem die analoge Eingangsspannung zunächst in eine Impulsfolge mit streng proportionaler Folgefrequenz umgewandelt und nach der galvanisch getrennten Übertragung der Impulsfolge das amplitudenanaloge Ausgangssignal mit Hilfe eines f/U-Wandlers zurückgewonnen wird. Die Linearität der Anordnung wird von der Linearität des U/f- und f/U-Wandlers bestimmt.

Es ist auch möglich, die analoge Eingangsspannung abzutasten und in einem Analog-Digital-Umsetzer in ein digitales Signal umzusetzen. Das digitale Ausgangswort des Analog-Digital-Umsetzers wird parallel oder seriell über einen Optokoppler übertragen und anschließend in einem Digital-Analog-Umsetzer wieder in ein (quasi) amplitudenanaloges Signal rücktransformiert.

Eine weitere Möglichkeit erläutert Bild 20.10. Sie zeichnet sich durch einfachen Schaltungsaufbau und sehr hohe Linearität sowie Temperatur- und Langzeitstabilität aus.

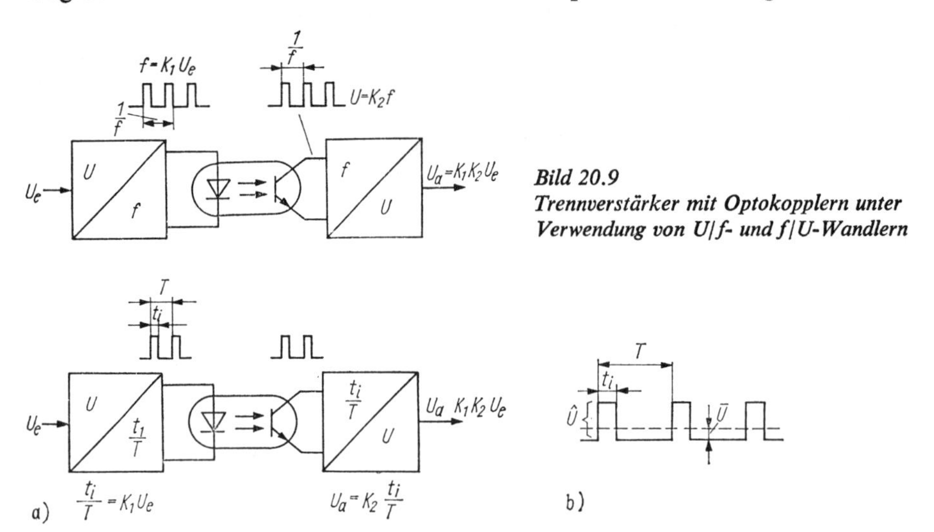

Bild 20.9
Trennverstärker mit Optokopplern unter Verwendung von U/f- und f/U-Wandlern

Bild 20.10. Galvanisch getrennte Übertragung von Analogsignalen durch tastverhältnismodulierte Impulsfolge

a) Prinzip; b) Zeitverlauf der Impulsfolge am Optokopplerausgang; $\bar{U} = \hat{U}(t_i/T) = K_2(t_i/T)$

Das amplitudenanaloge Eingangssignal (U_e) wird in einem Spannungs-Tastverhältnis-Wandler in eine Impulsfolge umgewandelt, deren Tastverhältnis t_i/T streng proportional zu U_e ist. Der Optokoppler wird als Schalter betrieben. An seine Übertragungseigenschaften muß lediglich die Forderung gestellt werden, daß an seinem Ausgang eine Impulsfolge mit gleichem Tastverhältnis auftritt wie an seinem Eingang. Das ist der Fall, solange die Einschalt- und Ausschaltzeit des Optokopplers vernachlässigbar klein gegenüber der Impulsbreite bzw. Impulspause der Ausgangsimpulse ist.

Die Rückwandlung der tastverhältnismodulierten Rechteckimpulsfolge in ein amplitudenanaloges Signal kann durch einfache Mittelwertbildung (mittels Tiefpaß) erfolgen. Der arithmetische Mittelwert der Impulsfolge im Bild 20.10b beträgt $\bar{U} = \hat{U}(t_i/T) = K_2(t_i/T)$, d.h., er ist dem Tastverhältnis der Impulsfolge proportional. Die Ausgangsspannung der Anordnung beträgt deshalb unter Verwendung der Proportionalität $(t_i/T) = K_1 U_e$

$$U_a = K_1 K_2 U_e .$$

Bei mittleren und hohen Impulsfolgefrequenzen weicht das Tastverhältnis der Impulsfolge am Ausgang des Optokopplers infolge der nicht vernachlässigbaren Ein- und Ausschaltzeit (und deren Temperaturabhängigkeit) vom Tastverhältnis der Impulsfolge am Eingang des Optokopplers ab. Durch eine spezielle Schaltungslösung ist es möglich, den dadurch auftretenden Fehler zu eliminieren [5.1] [20.9].

21. Analog-Digital- und Digital-Analog-Umsetzer

Die Fortschritte auf dem Gebiet der hochintegrierten Schaltkreise, insbesondere die Mikroprozessortechnik, erweitern die Anwendungen der digitalen Signalverarbeitung ganz erheblich. Nahezu alle von Sensoren gelieferten Meßwerte, aber auch viele weitere zu verarbeitende Signale sind *analoge* Größen. Andererseits werden oft analoge Anzeige- und Steuersignale benötigt, die ein digitales System, z. B. ein Mikrorechner, liefern muß. Zur Kopplung zwischen analogen und digitalen Signalen dienen Analog-Digital- und Digital-Analog-Umsetzer.

Wir lernen im vorliegenden Abschnitt die wichtigsten Wirkprinzipien, die wichtigsten Schaltungen und typische Kennwerte von Digital-Analog- und Analog-Digital-Umsetzern kennen. Zum Abschluß vergleichen wir einige häufig verwendete Schaltungen aus dem Blickpunkt des Schaltkreisanwenders.

Durch die weiteren Fortschritte der digitalen VLSI-Technik werden in den nächsten Jahren zunehmend Umsetzverfahren eine starke Verbreitung erfahren, bei denen der Anteil hochgenauer Analogschaltungen und die Forderungen an hochpräzise Bauelemente durch preisgünstig herstellbare komplexe Digitalschaltungen mit hoher Signalverarbeitungsgeschwindigkeit ersetzt werden. Als typisches Beispiel für diesen Trend betrachten wir AD- und DA-Umsetzer, die das Verfahren der Überabtastung (Oversampling) verwenden.

21.1. Digital-Analog-Umsetzer

21.1.1. Einführung

Digital-Analog-Umsetzer (DAU) haben die Aufgabe, digitale Signale in analoge (exakter: quasianaloge) Signale umzuwandeln. Die analoge Ausgangsgröße eines DAU ist proportional zum digitalen Eingangssignal (Tafel 21.1). Als Ausgangsgröße wird die Ausgangsspannung oder der Ausgangsstrom verwendet. (Typisch: $U_A = 0 \ldots +10\,V$; $-10\,V$ bis $+10\,V$; $I_A = 0 \ldots 2\,mA$, $-1 \ldots +1\,mA$; auch: $I_A = 4 \ldots 20\,mA$.)

Das digitale Eingangssignal ist in der Regel eine Dualzahl (auch BCD-Zahl) bei unipolarem und eine Zahl in offsetbinärer oder Zweierkomplementdarstellung bei bipolarem Ausgangssignal. Die meisten DAU enthalten eine hochstabile Referenzspannungsquelle. Oft ist auch von außen eine Referenzspannung anschaltbar, speziell bei *multiplizierenden* DAU. Bei diesen Typen ist das Ausgangssignal gleich dem Produkt aus der analogen Referenzspannung und dem digitalen Eingangswort. Solche DAU verhalten sich wie ein digital einstellbares variables Dämpfungsglied (Multiplizierer).

CMOS-DAU sind vierquadrantmultiplizierend, d. h., sie verarbeiten sowohl positive als auch negative Eingangs- und Referenzspannungen.

Mikroprozessorkompatible DAU sind häufig mit *doppelt gepufferten* Eingangsregistern ausgestattet, falls die Wortbreite des DAU-Eingangssignals größer ist als die Wortbreite des Mikroprozessordatenbusses.

Meist erfolgt die Eingabe der Daten in den DAU parallel. Zunehmend wird aber auch die *serielle Dateneingabe* verwendet (meist Serien-Parallel-Wandlung im Eingang des DAU). Sie hat den Vorteil, daß man mit weniger Anschlußstiften bzw. -leitungen des DAU auskommt und einfache galvanische Trennung (z.B. mittels Optokoppler) möglich ist. Allerdings benötigt die serielle Dateneingabe erheblich mehr Zeit.

Tafel 21.1. Zusammenhang zwischen Eingangs- und Ausgangssignalen sowie zwischen binären Gewichten und Auflösung bei DAU

a) Zusammenhang zwischen Eingangs- und Ausgangssignal bei einem 8-bit-DAU. Der maximale Wert des digitalen Eingangswortes ist die Summe aller Terme mit $a_\nu = 1$. Bei einem 8-bit-ADU gilt folglich:

$\sum_{\nu=1}^{8} \frac{a_\nu}{2^\nu} = 1 - \frac{1}{2^8} = 1 - \text{lsb}$ (1 lsb $= 2^{-8}$ bei einem 8-bit-ADU/DAU).

Eingangswort (Dualzahl Z)	DAU-Ausgangsspannung U_A $U_R = 10$ V
1 1 1 1 1 1 1 1	$10\ \text{V} \cdot (1 - 2^{-8}) = 9{,}9609$ V
1 1 1 1 1 1 1 0	$10\ \text{V} \cdot (1 - 2^{-7}) = 9{,}9219$ V
---	---
0 0 0 0 0 0 1 0	$10\ \text{V} \cdot 2^{-7} = 0{,}07813$ V
0 0 0 0 0 0 0 1	$10\ \text{V} \cdot 2^{-8} = 0{,}03906$ V
0 0 0 0 0 0 0 0	$10\ \text{V} \cdot 0 = 0{,}00000$ V

b) Zusammenhang zwischen binären Gewichten und Auflösung

Bitnummer	Wertigkeit 2^{-n} (1 lsb)	% Auflösung	ppm Auflösung
1	1/2	50,0	500000
2	1/4	25,0	250000
3	1/8	12,5	125000
4	1/16	6,25	62500
5	1/32	3,125	31250
6	1/64	1,5625	15625
7	1/128	0,7812	7812
8	1/256	0,3906	3906
10	1/1024	0,0977	977
12	1/4096	0,0244	244
14	1/16384	0,0061	61
16	1/65536	0,0015	15,3
18	1/262144	0,00038	3,8
20	1/1048576	0,000095	0,95

Übertragungsfunktion bei unipolarem Ausgangsignal. Die Ausgangsspannung U_A (bzw. der Ausgangsstrom I_A) des DAU ist proportional zum Produkt aus dem digitalen Eingangssignal Z und der Referenzspannung U_R. Bei einem n-bit-DAU mit unipolarem Ausgangssignal U_A und dualer Eingangszahl (die aus Gründen der Wirkungsweise des zur DA-Umsetzung meist verwendeten Widerstandsnetzwerks nach Bild 21.3 als gebrochene Dualzahl $X < 1$ geschrieben wird) gilt

$$U_A = U_R X \tag{21.1a}$$

$$X = a_{n-1}2^{-1} + a_{n-2}2^{-2} + \ldots + a_0 2^{-n}$$

$$a_i = 0 \text{ oder } 1.$$

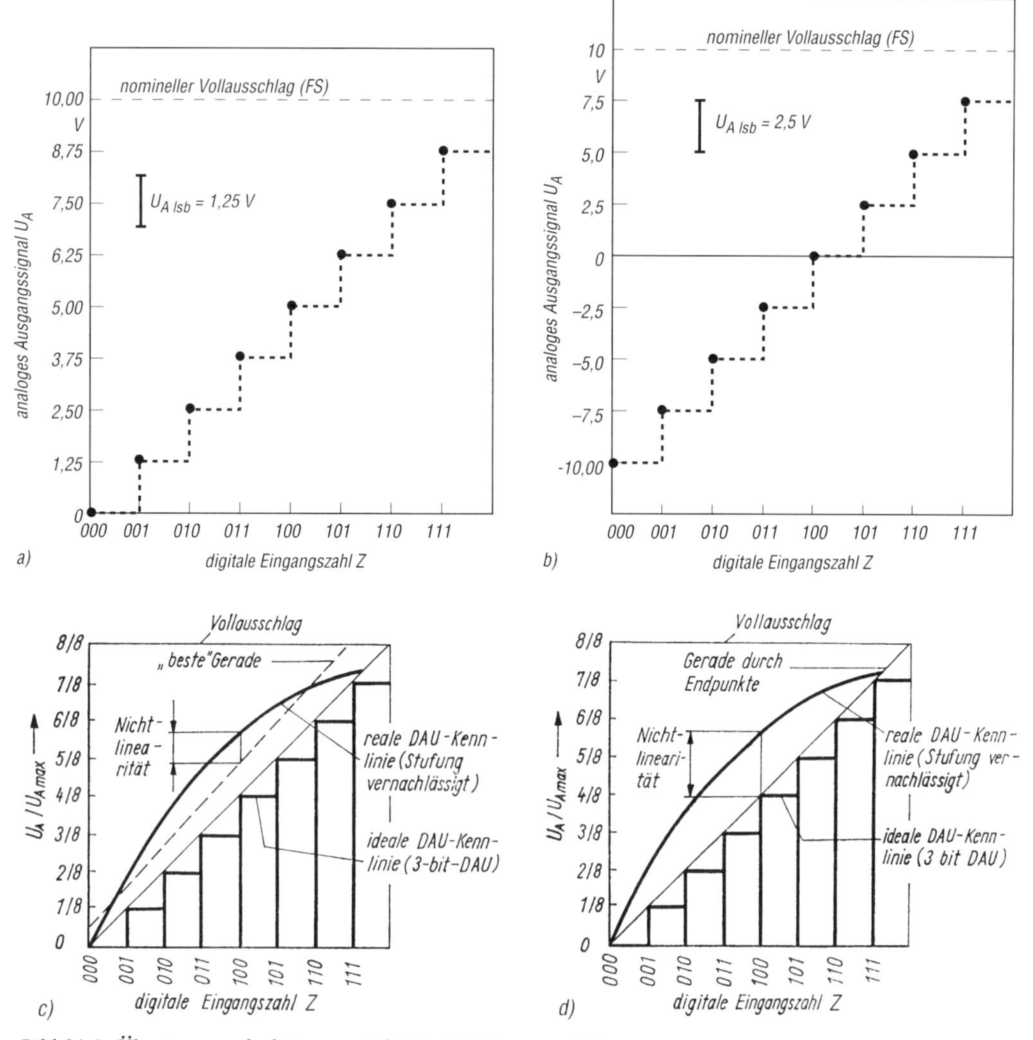

Bild 21.1. Übertragungsfunktion von 3-bit-DAU ($U_{A\,max} = U_R$)

a) DAU mit rein dualem Eingangskode und nominellem Ausgangsspannungsbereich 0 ... + 10 V; b) DAU mit offsetbinärem Eingangskode und nominellem Ausgangsspannungsbereich von − 10 V ... + 10 V; c, d) zur Definition des Nichtlinearitätfehlers: Nichtlinearität bezogen auf „beste“ Gerade (c), Nichtlinearität bezogen auf Gerade durch beide Endpunkte, d. h. auf die Übertragungskennlinie eines idealen DAU (d)

Das niederwertigste Bit der dualen Eingangszahl X hat stets die Wertigkeit 2^{-n}, d. h., es gilt

$$1\ \text{lsb} = 2^{-n}.$$

Folglich beträgt die Quantisierungseinheit (kleinstmögliche Änderung der Ausgangsspannung U_A beim Übergang von Z auf $Z \pm 1$) der DAU-Ausgangsspannung

$$U_{A\,\text{lsb}} = U_R \cdot 2^{-n}. \qquad (21.1\text{b})$$

$U_{A\,\text{lsb}}$ wird auch als „Auflösung“ bezeichnet. Die Referenzspannung U_R muß sehr konstant sein, denn sie geht voll als Fehler in die Kennlinie (Übertragungsfunktion) ein. Für einen 8-bit-DAU mit $U_R = +10$ V zeigt Tafel 21.1a die aus Gl. (21.1a) folgende Übertragungsfunktion in Zahlendarstellung. Diese Übertragungsfunktion wird vom

„klassischen" Widerstandsnetzwerk mit dual gestuften Widerständen nach Bild 21.3 erzeugt (Summation dual gewichteter Ströme). Das Prinzip der Summation gewichteter Ströme liegt den meisten DAU als Wirkprinzip zugrunde, auch wenn die dual gestuften Ströme nicht unbedingt mit einem Widerstandsnetzwerk erzeugt werden.

Ein n-bit-DAU hat eine Auflösung von 2^n gleich breiten Amplitudenstufen (Quantisierungsstufen) $U_{\mathrm{A\,lsb}}$. Aus Tafel 21.1a und Bild 21.1a lesen wir nachfolgende Zusammenhänge ab:
Die größtmögliche duale Eingangszahl (alle Bitstellen 1-Signal) beträgt

$$Z_{\max} = 2^n - 1. \tag{21.1c}$$

Die n-bit-Eingangszahl kann 2^n unterschiedliche Werte annehmen.

Aus (21.1b) und (21.1c) folgt

$$U_{\mathrm{A\,lsb}} = \frac{U_{\mathrm{R}}}{Z_{\max} + 1}. \tag{21.1d}$$

Die DAU-Ausgangsspannung ist ein Vielfaches der Quantisierungseinheit (Bild 21,1, Tafel 21.1a):

$$U_{\mathrm{A}} = Z U_{\mathrm{A\,lsb}} = U_{\mathrm{R}} \frac{Z}{Z_{\max} + 1} = U_{\mathrm{R}} \frac{Z}{2^n}. \tag{21.1e}$$

Laut Bild 21.1 gilt diese Beziehung exakt jeweils beim Übergang von einer Eingangszahl Z zur nächst höheren Eingangszahl $Z + 1$, d. h. beim Übergang von einer Treppenstufe zur nächsten.

Die größte auftretende DAU-Ausgangsspannung bei der digitalen Eingangszahl $Z_{\max}$ beträgt $U_{\mathrm{A}} = U_{\mathrm{R}}(1 - 2^{-n})$. Sie ist 1 lsb kleiner als der nominelle Vollausschlagwert (FS). Bei der Angabe technischer Daten für ADU und DAU wird jedoch zur Vereinfachung der nominelle Vollausschlagwert angegeben.

Durch Vergleich von (21.1a) mit (21.1e) ergibt sich der Zusammenhang zwischen der digitalen Eingangszahl Z und der zugehörigen Darstellung als gebrochene Dualzahl X zu

$$X = Z \cdot 2^{-n}. \tag{21.1f}$$

Übertragungsfunktion bei bipolarem Ausgangssignal. Hierbei wird die digitale Eingangszahl Z in der Regel offsetbinär kodiert. Wie aus Bild 21.1b ableitbar ist, gelten für einen DAU mit einem nominellen Ausgangsspannungsbereich von $-U_{\mathrm{R}} < U_{\mathrm{A}} < +U_{\mathrm{R}}$ die Beziehungen

$$Z_{\max} = 2^n - 1,$$

$$U_{\mathrm{A\,lsb}} = \frac{2U_{\mathrm{R}}}{Z_{\max} + 1},$$

$$U_{\mathrm{A}} = \left(Z - \frac{Z_{\max} + 1}{2}\right) U_{\mathrm{A\,lsb}} = U_{\mathrm{R}} \left(\frac{2Z}{Z_{\max} + 1} - 1\right).$$

Arbeitsweise. Hinsichtlich ihres Wirkprinzips unterscheiden wir einerseits zwischen *parallel* und *seriell* arbeitenden, andererseits zwischen *direkt* und *indirekt* umwandelnden Prinzipien. Daneben existieren auch Kombinationen (Serien-Parallel-DAU).

Meist verwenden industrielle DAU das parallele Wirkprinzip, da die Umsetzzeit wesentlich kürzer ist als bei der seriellen Umsetzung. Letztere benötigt weniger Aufwand und kann aus diesem Grunde bei bestimmten Anwendungen (z.B. bei der Digital-Analog-Umsetzung mehrerer Datenkanäle) vorteilhaft sein. Bei der direkten Umsetzung wird das digitale Eingangswort *unmittelbar* in ein (quasi) analoges Ausgangssignal (U, I) umgesetzt. Bei den indirekten DAU wird das Eingangssignal zunächst in ein Zwischensignal (z.B. Pulsbreiten- oder Pulsratensignal) umgewandelt, und dieses wird anschließend in das endgültige Ausgangssignal (U, I) überführt.

Die indirekte Methode benötigt weniger kritische Elemente, ist jedoch langsamer. Sie erlangt wegen der schnell wachsenden Verbreitung von Sigma-Delta-Umsetzern (siehe Abschn. 21.1.3. und 21.2.5.5.) zunehmende Bedeutung.

Ausführungsformen. DAU und ADU sind in integrierter Technologie wesentlich schwieriger herstellbar als beispielsweise digitale Schaltkreise, denn es müssen neben digitalen Elementen zusätzlich hochpräzise analoge Elemente (Analogschalter, Referenzquelle, Verstärker, Komparatoren u.ä.) integriert werden, wobei hohe Forderungen hinsichtlich Genauigkeit, Linearität und kurzer Einschwingzeit bestehen.

Typische Herstellungstechnologien sind gegenwärtig

- Realisierung in Modulform (für höchste Auflösung und/oder höchste Geschwindigkeit)
- Hybridtechnologie (Dünnfilmwiderstandsnetzwerk auf monolithischem Schaltkreis)
- Monolithische Realisierung in Bipolar- oder MOS-Technologie (CMOS).

Referenzquellen. Extern anschaltbare Referenzquellen sind meist temperaturkompensierte Z-Dioden, die in Operationsverstärkerschaltungen betrieben werden, oder monolithische Einchipreferenzquellen.

In monolithischen AD- und DA-Umsetzern sind „tief vergrabene" (buried) Referenzdioden weit verbreitet. Es handelt sich hier um gesperrte Basis-Emitter-pn-Übergänge, deren Durchbruchspannung als Referenzspannung dient. Durch tiefe Diffusion unter die Chipoberfläche verbessern sich die Langzeitstabilität (Instabilität wenige ppm/Jahr) und die Rauscheigenschaften der „Referenzdioden". Die Temperaturabhängigkeit wird durch Laserabgleich der Kompensationsschaltung minimiert.

Kennwerte. Nachstehend erläutern wir einige Kennwerte, die zur Beschreibung der technischen Daten von DAU häufig verwendet werden.

Auflösung: Sie wird durch die Anzahl der Bits oder durch die Anzahl der Quantisierungsstufen angegeben. Auch die Auflösungsangabe in Prozent vom Vollausschlag ist üblich. Beispiele: Ein 10-bit-DAU mit einer Referenzspannung U_R hat eine Auflösung von 2^{-10} U_R, d. h. entsprechend $2^{10} = 1024$ Ausgangsamplitudenstufen. Das entspricht einer Auflösung von 0,1 %.

Ein BCD-kodierter „3-digit"-DAU hat eine Auflösung von $10^{-3} = 0{,}1\,\%$ (999 Quantisierungsstufen), obwohl er 12 bit (3 Tetraden zu je 4 bit) benötigt (bedingt durch den uneffektiveren BCD-Kode).

Ein BCD-kodierter $4\frac{1}{2}$-digit-DAU (19999 Quantisierungsstufen) hat eine Auflösung von $0{,}5 \cdot 10^{-4}$.

Ein n-bit-DAU mit bipolarem Ausgangsspannungsbereich ($-U_R < U_A < +U_R$) hat eine Auflösung von $2^{-(n-1)}U_R$.

Die Auflösung ist nicht durch die Genauigkeit des Umsetzers begrenzt. Ein DAU kann z.B. eine Auflösung von 14 bit, aber nur eine Genauigkeit innerhalb seines Betriebstemperaturbereiches von 12 bit haben.

Linearität (integrale). Sie ist die maximale Abweichung der analogen Signalgröße von der „besten" Geraden bzw. von der durch den Nullpunkt und durch den Vollausschlag verlaufenden Geraden (Bild 21.1).

Falls diese Abweichung $< \pm\frac{1}{2}$ lsb ist, tritt kein Linearitätsfehler in Erscheinung.

Manchmal wird zusätzlich der *differentielle* Linearitätsfehler angegeben. Er gibt die Abweichung der analogen Signalwerte bei Übergängen zwischen 2 zugehörigen benachbarten digitalen Werten an. Falls jeder Übergang exakt ein lsb beträgt, ist die differentielle Nichtlinearität Null.
Absolute Ungenauigkeit. Abweichung der realen von der theoretisch errechneten analogen Ausgangsgröße, ausgedrückt in Prozent vom Vollausschlag, als Bruchteil eines lsb oder seltener in mV.
Relative Ungenauigkeit. Die nach dem Vollausschlagabgleich übrigbleibende Abweichung der realen von der theoretisch errechneten analogen Ausgangsgröße.
Einschwingzeit. Zeitdauer, während der die analoge Ausgangsgröße auf $< \pm\frac{1}{2}$ lsb vom Endwert eingeschwungen ist, wenn am Eingang eine plötzliche Signaländerung zwischen Null und Vollausschlag vorgenommen wird.
Monotones Verhalten. Bei zunehmendem Eingangssignal wird das Ausgangssignal eines monotonen DAU stets größer, oder es bleibt höchstens konstant. Anderenfalls ist der DAU nicht monoton.
Offset. Ausgangsspannung (bzw. -strom) für den digitalen Eingangskode 000... 00, angegeben als Bruchteil vom Vollausschlag oder als Bruchteil eines lsb.
Übersprechen. Bei schnell veränderlicher Referenzspannung (z.B. bei multiplizierenden DAU) treten am DAU-Ausgang (meist kapazitiv übertragene) Störsignale auf, die einen Fehler bewirken können.
„Glitches“. Beim Umschalten des digitalen Eingangskodewortes können Spannungsspitzen kapazitiv zum Ausgang übertragen werden, die zu kurzen Ausgangsspannungsspitzen bzw. falschen Ausgangssignalen führen *(digital feedthrough).* Sie können auch durch unterschiedliche Ein- und Ausschaltzeiten der Transistorschalter im DAU hervorgerufen werden (Bild 21.2). Meist stören diese kurzen Impulse (einige 10 ns) nicht. Erforderlichenfalls muß der DAU-Ausgang bei Eingangssignaländerungen kurzzeitig abgetrennt und eine Abtast- und Halteschaltung nachgeschaltet werden (Deglitcher). Die Größe der „glitches“ wird häufig in Form der am Ausgang auftretenden Spannungs- bzw. Strom-Zeit-Fläche angegeben (in pAs oder nVs).
Breitbandrauschen. Es wird im wesentlichen von der Referenzquelle und vom Ausgangsverstärker des DAU hervorgerufen.
Betriebsspannungseinfluß. Er wird üblicherweise als Quotient der prozentualen Änderung des Analogsignals dividiert durch 1 % Betriebsspannungsänderung angegeben.

Ein guter DAU (bzw. ADU) sollte bei einer 3 %igen Betriebsspannungsänderung eine Ausgangssignaländerung entsprechend $< \pm\frac{1}{2}$ lsb einhalten.

Tafel 21.2
Zur groben Gruppierung von DAU

Merkmal	Varianten	
– Ausgangssignal	*U*	*I*
– Polarität des Ausgangssignals	unipolar	bipolar
– Referenzquelle	intern	extern
– Wirkprinzip	parallel	seriell
	direkt	indirekt
– multiplizierend	ja	nein
– mikroprozessorkompatibel	ja	nein
– Herstellungstechnologie	Modul/hybrid/monolithisch	
– weitere anwendungsorientierte Merkmale	Umsetzzeit/Verlustleistung Kodes/Dateneingabe/Preis	

Spannungseinbrüche auf der Betriebsspannung können sich störend auf das DAU-Ausgangssignal auswirken. Daher ist es oft zweckmäßig, die Betriebsspannungsanschlüsse des DAU möglichst nahe am Schaltkreis mit induktivitätsarmen Kondensatoren abzublocken.

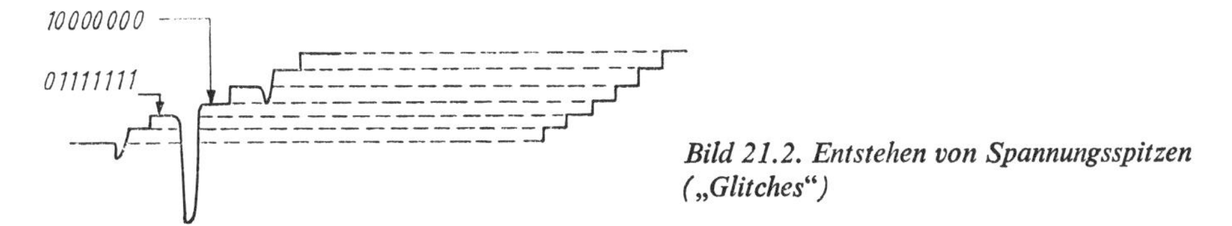

Bild 21.2. Entstehen von Spannungsspitzen („Glitches")

Vierquadrant-multiplizierende DAU. Bei diesen Typen ist sowohl eine bipolare Referenzquelle als auch ein bipolares digitales Eingangssignal zulässig. Das analoge Ausgangssignal kann sowohl positiv als auch negativ sein (entsprechend den Vorzeichenregeln der Multiplikation).
Temperaturkoeffizienten. Temperaturänderungen beeinflussen vor allem die Steilheit der Wandlerkennlinie, den Offset und die Linearität.

Zusätzliche Kennwerte für digitale Signalverarbeitung (ac-Kennwerte). Grundsätzlich ist zwischen „statischen" und „dynamischen (ac)" Kennwerten zu unterscheiden. Zur ersten Gruppe gehören u. a. die vorstehend erläuterten Kennwerte Genauigkeit, Linearität, Offset. Die ac-(Wechselstrom-)Kennwerte sind zur Beurteilung der Leistungsfähigkeit von DAU beim Einsatz in digitalen Signalprozessoren, zur digitalen Filterung und Signalerzeugung wichtig. Hierzu gehören u. a. die nachfolgend erläuterten auf das DAU-Ausgangssignal bezogenen Parameter:

SNR *(Signal-Rausch-Verhältnis; signal-to-noise ratio)*

$$SNR = \frac{\text{Effektivwert des DAU-Ausgangsnutzsignals bei F.S.}}{\text{Effektivwertsumme aller übrigen spektralen Signalanteile im Frequenzbereich } 0 < f \leqq (f_S/2)}$$

Meist werden die Störfrequenzkomponenten vom Quantisierungsrauschen des DAU hervorgerufen. Unter Vernachlässigung weiterer Störquellen ergibt sich SNR = (6,02 n + 1,76) dB (s. Abschn. 21.2.1.9). Falls zusätzlich ein differentieller Linearitätsfehler von ± 0,5 lsb Berücksichtigung findet, ergibt sich SNR = (6,02 n − 4,24) dB, da dieser Linearitätsfehler die gleiche Wirkung hat wie eine Auflösungsverringerung von 1 bit. Aus den hier angegebenen Beziehungen läßt sich die zum Erzielen eines vorgegebenen Signal-Rausch-Verhältnisses (Dynamikbereich) erforderliche DAU-Auflösung (n bit) ermitteln.
THD (Total Harmonic Distortion)
Der DAU wird mit den digitalisierten Werten einer Sinusfunktion (Frequenz f_1) angesteuert. Infolge von Nichtlinearitäten treten Oberwellen auf. Es gilt

$$THD = 20 \log \frac{\sqrt{U_2^2 + U_3^2 + U_4^2 + U_5^2 + \dots}}{U_1};$$

U_1 Effektivwert der Grundwelle der DAU-Ausgangsspannung (f_1)
$U_2 \dots U_5$ Effektivwerte der am DAU-Ausgang auftretenden Oberwellen mit den Frequenzen $f_2, f_3, f_4, f_5, \dots$

Meist beschränkt man sich auf die Komponenten $U_2 \dots U_5$.

THD wird häufig sowohl bei großen als auch bei kleinen Signalamplituden gemessen und in dB oder in % angegeben.

Gelegentlich wird unterschieden zwischen den Kenngrößen *THD* und *THD + N (total harmonic distortion + noise)*. In *THD + N* wird zusätzlich das Quantisierungsrauschen des DAU im Störfrequenzspektrum mit erfaßt (vgl. Abschn. 21.2.1.).

IMD (Intermodulationsstörung; Intermodulation Distortion)
Der DAU wird mit digitalisierten Abtastwerten zweier kombinierter Sinusschwingungen mit der Frequenz f_a bzw. f_b angesteuert. Infolge auftretender Nichtlinearitäten entstehen hierbei am DAU-Ausgang Summen- und Differenzfrequenzen (Intermodulationsfrequenzen) $mf_a \pm nf_b$ ($m, n = 0, 1, 2, 3, \ldots$). Die Intermodulationsstörung wird definiert zu

$$IMD = 20 \log \frac{\text{Effektivwertsumme aller Störterme (Intermodulationsanteile)}}{\text{Effektivwertsumme des aus 2 Sinussignalen } (f_a,\ f_b) \text{ bestehenden DAU-Ausgangsnutzsignals}}$$

Hinweis:
Effektivwertsumme = Quadratwurzel aus der Summe der Effektivwertquadrate aller relevanten spektralen Frequenzanteile
Beispiel: Die Effektivwertsumme von 3 Spektralkomponenten mit den Frequenzen f_1, f_2, f_3 und den zugehörigen Effektivwertamplituden U_1, U_2 und U_3 beträgt $\sqrt{U_1^2 + U_2^2 + U_3^2}$.

Tafel 21.2 erläutert einige Gesichtspunkte zur Unterscheidung von DAU-Varianten.

21.1.2. Parallele DA-Umsetzer

Prinzip. Das „klassische" Verfahren der Digital-Analog-Umsetzung, das auch heute meist verwendet wird, besteht darin, daß mit Hilfe eines Widerstandsnetzwerkes entsprechend dem digitalen DAU-Eingangswort dual gestufte Ströme erzeugt und von einer Summationsschaltung summiert werden. Zwei Varianten dieses Widerstandsnetzwerkes sind üblich:

1. Netzwerk mit dual gestuften Widerstandswerten
2. $R/2R$-Kettenleiternetzwerk.

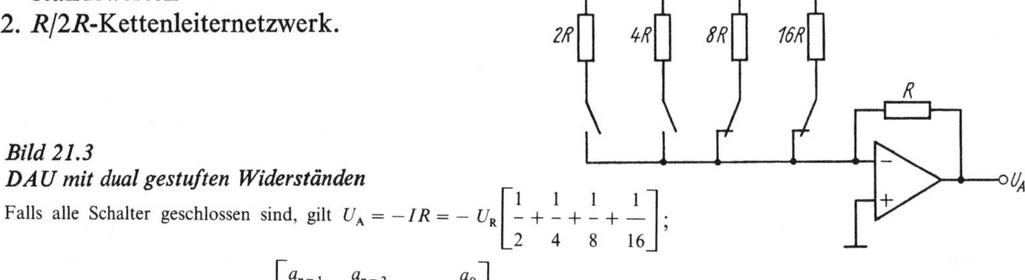

Bild 21.3
DAU mit dual gestuften Widerständen

Falls alle Schalter geschlossen sind, gilt $U_A = -IR = -U_R\left[\frac{1}{2} + \frac{1}{4} + \frac{1}{8} + \frac{1}{16}\right]$;

allgemein gilt $U_A = -IR = -U_R\left[\frac{a_{n-1}}{2} + \frac{a_{n-2}}{4} + \ldots + \frac{a_0}{2^n}\right]$ mit $a_i = 0$ oder 1.

Beim Netzwerk mit dual gestuften Widerständen (Bild 21.3) werden die dual gestuften Ströme $I_\nu = U_R/2\nu R$ summiert und ergeben nach der *I-U*-Wandlung mit einem Operationsverstärker die analoge Ausgangsspannung. Diese Variante eignet sich in integrierter Herstellungstechnologie nur für geringe Auflösungen, da in integrierten Schaltkreisen nur ein relativ eng begrenzter Widerstandsbereich mit hoher Genauigkeit realisiert werden kann. Ein 12-bit-DAU erfordert jedoch einen Widerstandsbereich im Verhältnis $1:2^{12} \approx 1:4000$ (z. B. 5 kΩ ... 20 MΩ). Deshalb findet meist das $R/2R$-Kettenleiternetzwerk Verwendung (Bild 21.4). Es benötigt zwar die doppelte Anzahl von Widerständen, jedoch nur die beiden Werte R und $2R$. Die Genauigkeit, Temperaturabhängigkeit usw. hängen praktisch nur vom Widerstands*verhältnis* ab, das wesentlich besser übereinstimmt und besser konstant gehalten werden kann als die Absolutwerte. Das $R/2R$-Kettenleiternetzwerk ist in unterschiedlichen Varianten einsetzbar. Im Bild 21.4 sind die „Spannungsschalter"- und die „Stromschalter"-Betriebsart gegenübergestellt. Die Stromschalter steuern den Strom zwischen Masse und dem auf virtuellem Massepotential befindlichen Summationspunkt des Verstärkers um. Das hat den Vorteil, daß U_R stets gleich belastet wird und die Umschaltung zwischen nahezu gleichen Potentialen erfolgt (kürzere Umschalt- und Einschwingzeiten als beim Spannungsschalter).

Stromschalteranordnungen haben die größte Verbreitung, da sie kürzere Schalt- (und damit Einschwing-)zeiten ermöglichen und thermische Vorteile haben. Daher ist die analoge Ausgangsgröße von DAU in der Regel der Ausgangs*strom*. Die Umwandlung in eine Ausgangs*spannung* erfolgt mittels einer Operationsverstärkerschaltung (I-U-Wandler, s. Abschn. 12.1.).

Für DAU werden anstelle von Widerstandsnetzwerken zunehmend auch Ausführungen mit *Schalter-Kondensator-Netzwerken* eingesetzt (SC-Netzwerke, switched capacitor network).

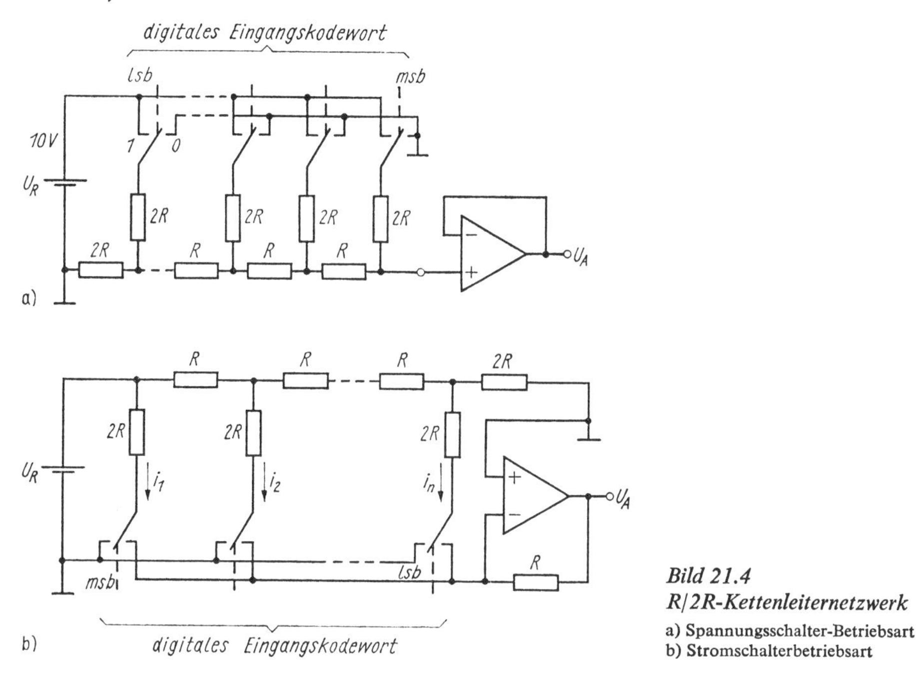

Bild 21.4
R/2R-Kettenleiternetzwerk
a) Spannungsschalter-Betriebsart
b) Stromschalterbetriebsart

CMOS-DAU. Bild 21.5 erläutert die Schaltung eines CMOS-DAU, der das Prinzip des Bildes 21.4 verwendet (Typ AD 7520). Das $R/2R$-Kettenleiternetzwerk ist in Form von Dünnfilm-Silizium-Chrom-Widerständen auf den CMOS-Chip aufgedampft. Der absolute Temperaturkoeffizient dieser Widerstände beträgt 150 ppm/K. Ihre relative Übereinstimmung bei Temperaturänderungen ist dagegen erheblich besser (Abweichung <1 ppm/K). Der gesamte Temperaturkoeffizient des Schaltkreises ist <10 ppm/K, der Leistungsverbrauch beträgt 20 mW.

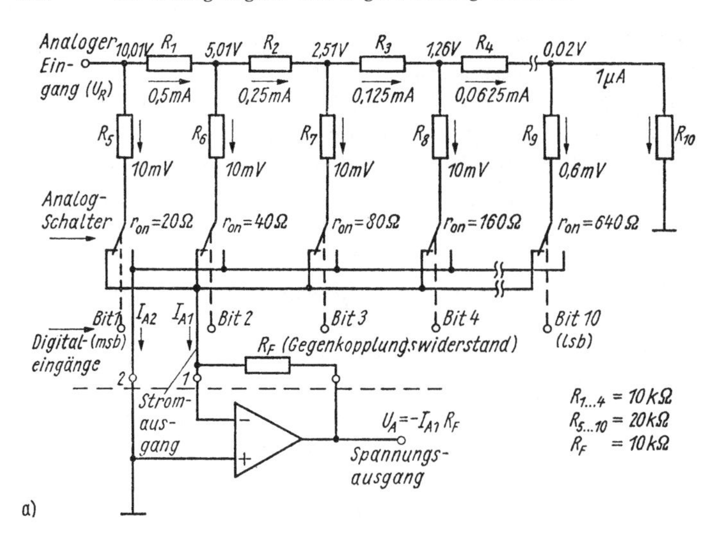

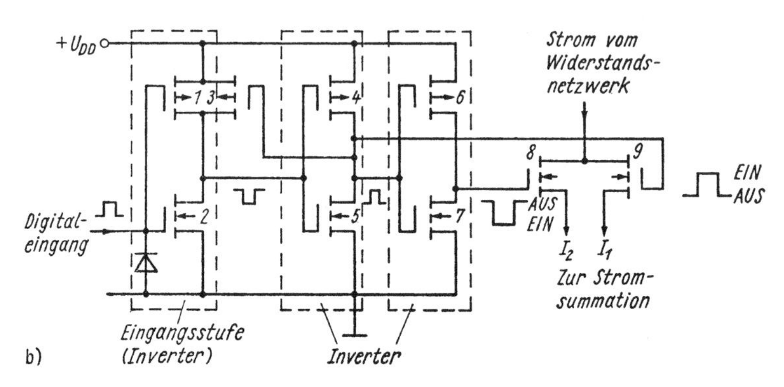

Bild 21.5. CMOS-DAU AD 7520 (Analog-Devices)

a) Blockschaltbild (Bits 5 bis 9 weggelassen, U_R = 10,01 V); b) verwendeter CMOS-Schalter (Eingangspegel für DTL-, TTL- oder CMOS-Schaltkreise geeignet)

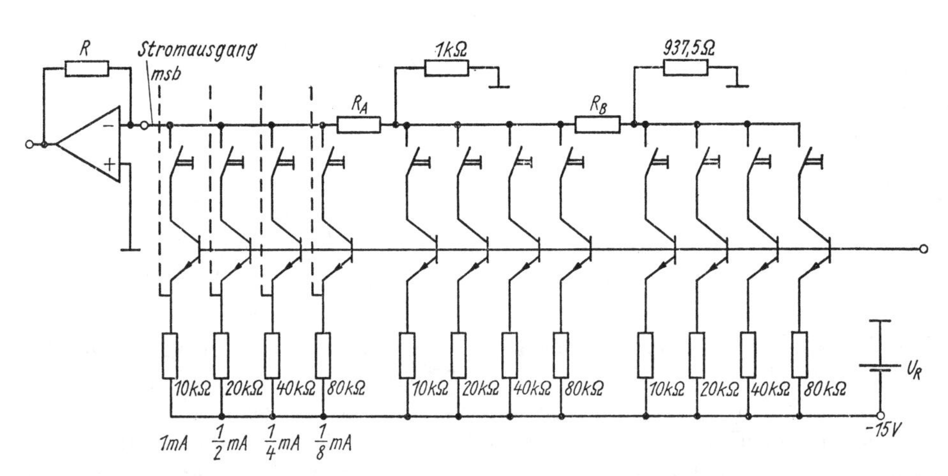

Bild 21.6. 12-bit-DAU mit Vierfachstromquellen (Blockdiagramm) Widerstandswerte für Dualkode $R_A = R_B = 14{,}0625$ kΩ, $R = 5$ kΩ. Für BCD-Kodierung ändern sich die Werte wie folgt:

R_A = 8,1325 kΩ, R_B = 8,4375 kΩ, R = 4 kΩ

Der DAU hat Stromausgang. Falls eine Ausgangsspannung benötigt wird, ist das Einschalten eines *I-U*-Wandlers (s. Abschn. 12.1.) erforderlich. Die Referenzspannung wird extern zugeschaltet. Der DAU im Bild 21.5a ist vierquadrant-multiplizierend.

Linearitätsfehler des DAU hängen von Widerstandsänderungen der Schalter (r_{on}) und des $R/2R$-Netzwerkes ab. Besonders der Drain-Source-Widerstand des eingeschalteten CMOS-Schalters muß möglichst klein sein (Problem: Chipfläche).

Zur Verringerung der Linearitätsfehler sind die r_{on}-Widerstände der Schalter für die 5 höherwertigen Bits dual gestuft (s. Bild 21.5a).

Bipolar-DAU. Bild 21.6 zeigt vereinfacht die Schaltung eines 12-bit-DAU, der aus 2 miteinander verbundenen Chips besteht: einem monolithischen bipolaren Transistorchip, der die 12 Präzisionsstromschalter enthält und einem Silizium-Chrom-Dünnfilm-Widerstandschip. Die Widerstände sind mit Hilfe eines Digitalrechners laserabgeglichen. Die Referenzspannungsquelle muß außen angeschaltet werden. Der DAU ist ein zweiquadrant-multiplizierender Typ ($U_R > 0$). Der Schaltkreis hat Stromausgang (−2 mA Vollausschlag). Der Ausgangsstrom ist die gewichtete Summe der Ausgänge von 3 ähnlichen Gruppen dual gestufter Vierfach-Stromgeneratoren, deren Strom von U_R gesteuert wird.

Durch die digitalen Eingangssignale werden diese Ströme mit Hilfe nichtgesättigter bipolarer Stromschalter entweder an Masse oder an die Ausgangsleitung des DAU geschaltet. Die Ströme der zweiten und dritten Vierergruppe werden im Verhältnis 16:1 bzw. 256:1 (bei BCD-Eingangswort 10:1 bzw. 100:1) heruntergeteilt und zum Ausgangsstrom der ersten Vierergruppe addiert. Durch die Aufteilung in Vierergruppen läßt sich diese Schaltung ohne wesentliche Änderung auch als DAU im 8421-BCD-Kode verwenden (Bild 21.6).

Die „Stromquellentransistoren“ in jeder Vierergruppe haben Emitterflächen im Verhältnis 8:4:2:1. Dadurch werden sie mit gleicher Emitterstromdichte betrieben (kleinste β- und U_{BE}-Abweichungen und -Driften).

„MSB-Segmentierung“. Bei hochauflösenden DA-Umsetzern sind die Genauigkeits- und Konstanzanforderungen an die den höchstwertigen Bitstellen zugeordneten Widerstände des in den Bildern 21.3 und 21.4 gezeigten Widerstandsnetzwerks sehr hoch. Ungenauigkeiten dieser Widerstände führen oft zu Monotonieabweichungen der Umsetzkennlinie (differentieller Linearitätsfehler). Bei einem 16-bit-DAU muß beispielsweise die Toleranz

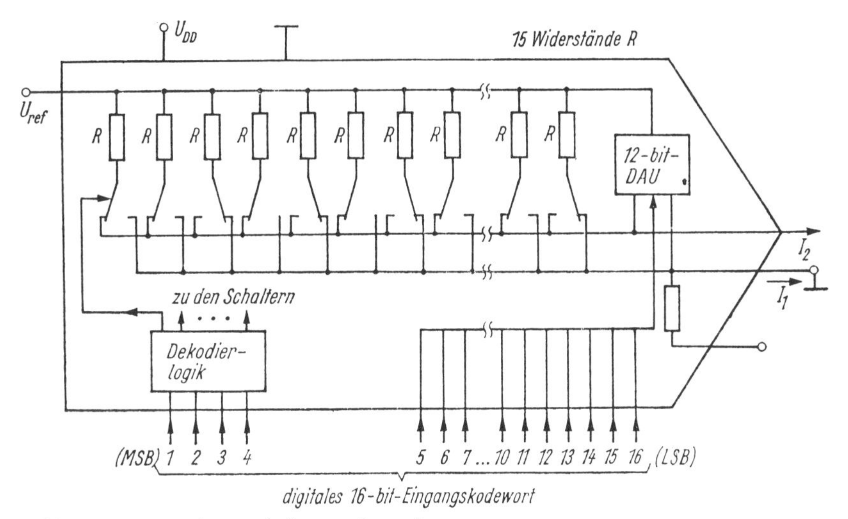

Bild 21.7. Prinzip der „msb-Segmentierung“

des dem msb zugeordneten Widerstands kleiner als $\pm 1{,}5 \cdot 10^{-5}$ bleiben, da der von ihm verursachte Fehler nicht größer sein darf als 0,5 lsb. Da derart hohe Genauigkeiten schwer realisierbar sind, wird bei schnellen hochauflösenden DAU häufig das Verfahren der „msb-Segmentierung", d.h. der linearen Wichtung der höchstwertigen Bits, verwendet.

Anhand des 16-bit-DAU im Bild 21.7 läßt sich das Prinzip wie folgt erläutern:

Die vier höchstwertigen Bits werden von den übrigen getrennt (segmentiert) und mittels 15 gleicher Widerstände dekodiert. Dadurch entsteht eine Umsetzungskennlinie entsprechend Bild 21.1 mit 15 Treppenstufen. Die restlichen 12 Bits werden in „klassischer" Weise entsprechend Bild 21.4 verarbeitet. Der zugehörige Analogwert wird zum von den vier höchstwertigen Bitstellen erzeugten Analogsignal addiert. Auf diese Weise wird jede Treppenstufe durch 2^{12}-1 zusätzliche Stufen noch feiner unterteilt, so daß sich insgesamt eine Auflösung von 16 bit ergibt. Jeder der 15 zur Umsetzung der vier höchstwertigen Bits benötigten Widerstände trägt nur mit $\frac{1}{16}$ des Aussteuerbereiches zum DAU-Ausgangssignal bei. Daraus resultiert die weniger harte Forderung an die Widerstandstoleranz von $\pm 2{,}4 \cdot 10^{-4}$. Beim dual gestuften Widerstandsnetzwerk macht der Anteil des Widerstandes der msb-Stelle die Hälfte des Aussteuerbereiches aus. Daher müssen hier wesentlich schärfere Forderungen an eine geringe Widerstandstoleranz gestellt werden.

Die bei der „msb-Segmentierung" einzuhaltende Widerstandstoleranz von $\pm 2{,}4 \cdot 10^{-4}$ ist bei NiCr-Dünnschichtwiderständen, die auf die SiO_2-Isolierschicht des Chips aufgedampft werden, ohne zusätzlichen Abgleich erreichbar. Der DAU im Bild 21.7 hat bei einem Aussteuerbereich von 10 V einen Temperaturfehler $< 2\,\mu V/K$.

Die hier beschriebene Methode der Segmentierung erleichtert die Realisierung eines monotonen Verhaltens des DAU. Sie verbessert jedoch nicht die integrale Linearität.

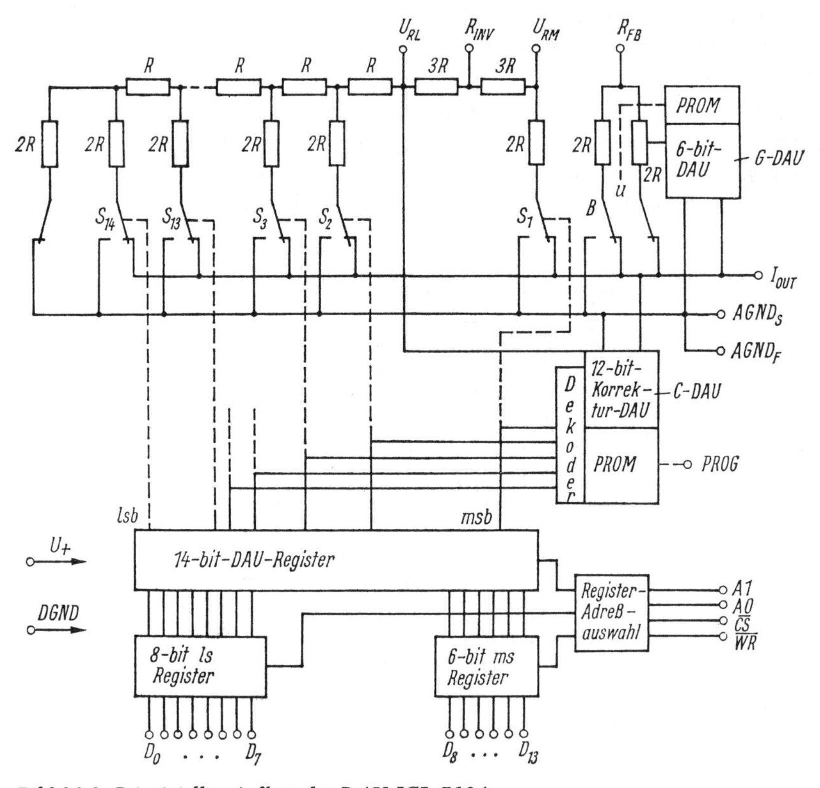

Bild 21.8. Prinzipieller Aufbau des DAU ICL 7134

Korrektur mit PROM. Eine weitere Möglichkeit, die Genauigkeit und Linearität hochauflösender DAU zu verbessern, besteht darin, Korrektur-PROMs (programmierbare Festwertspeicher [2]) auf dem Chip zu integrieren. Bild 21.8 erläutert das Verfahren an einem industriellen Beispiel (ICL 7134). Die Verstärkungs- und Linearitätskorrektur wird mit je einem zusätzlichen Korrektur-DAU mit zugehörigem PROM vorgenommen. Die Korrekturwerte werden erst nach dem Einbau des Chips in das Gehäuse im PROM gespeichert. Dadurch werden bei der Montage entstehende Fehler mit korrigiert. Der 6-bit-DAU (G-DAU) reduziert die durch den Gegenkopplungswiderstand R_{FB} entstehenden Verstärkungsfehler, indem der Strom durch R_{FB} bis zu 2 % verändert werden kann. Die Linearität wird durch den 12-bit-Korrektur-DAU (C-DAU) korrigiert. Die 5 höchstwertigen Bits des DAU-Registers adressieren ein 31-Wort-PROM (enthält die Korrekturwerte), das den Korrektur-DAU steuert. Für jede Kombination der 5 höchstwertigen Bits kann auf diese Weise eine 12-bit-Linearitätskorrektur vorgenommen werden.

21.1.3. Indirekte DA-Umsetzer (serielle DAU)

Das Prinzip dieser Umsetzer beruht darauf, daß die digitale Eingangsinformation zunächst von einer digitalen Schaltung in ein Zwischensignal (z. B. Tastverhältnis) umgewandelt wird. Das Zwischensignal wird anschließend (meist durch Mittelwertbildung) in das gewünschte analoge Ausgangssignal umgesetzt. Vorteile hat dieses Verfahren besonders bei sehr hohen Auflösungen. Monotonie und Linearitäten sind verfahrensbedingt sichergestellt.

Als Beispiel für die indirekte Digital-Analog-Umsetzung betrachten wir die Pulsbreitenmodulation. Mit Hilfe eines Mikroprozessors oder einer Schaltung gemäß Bild 21.9 läßt sich ein digitales Signal in ein proportionales pulsbreitenmoduliertes Signal umwandeln (das Tastverhältnis t_1/T ist proportional zum Digitalwert). Schaltet man ein Tiefpaßfilter an den Ausgang des Pulsbreitenmodulators, so entsteht am Filterausgang das gewünschte (quasi)analoge DAU-Ausgangssignal. Bedingt durch das Tiefpaßfilter hat dieses DAU-Verfahren eine sehr lange Einschwingzeit (typ. ms-Bereich).

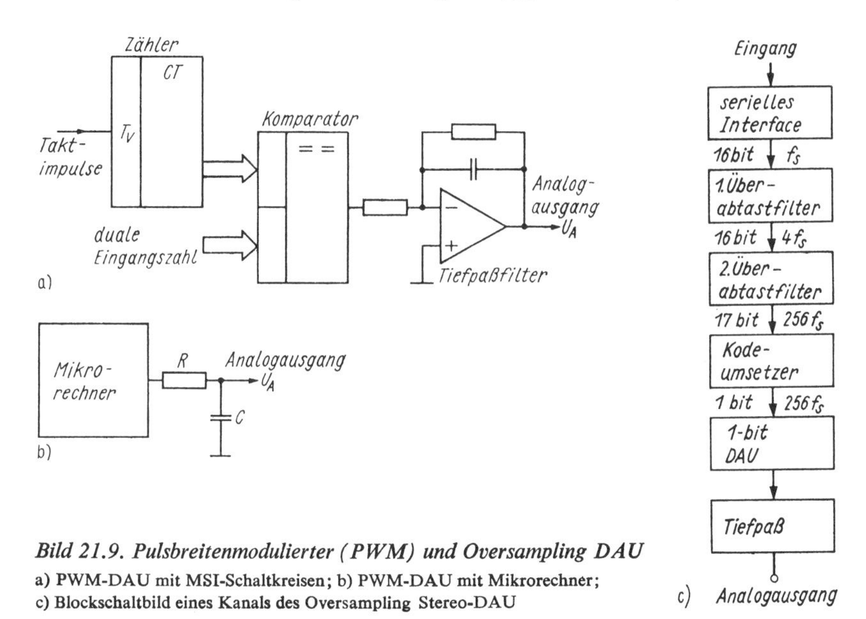

Bild 21.9. Pulsbreitenmodulierter (PWM) und Oversampling DAU

a) PWM-DAU mit MSI-Schaltkreisen; b) PWM-DAU mit Mikrorechner;
c) Blockschaltbild eines Kanals des Oversampling Stereo-DAU

Die Anordnung im Bild 21.9a stellt einen einfachen Pulsbreitenmodulator dar. Das digitale Eingangssignal (Eingangssignal des DAU) wird dem einen Kanal eines digitalen Komparators zugeführt, der Zählerstand des Dualzählers dem anderen Eingangskanal. Der Dualzähler wird durch eine periodische (oder stochastische) Taktimpulsfolge angesteuert und zählt kontinuierlich. Der Komparator liefert ein Ausgangssignal, solange der Zählerinhalt kleiner ist als das digitale Eingangssignal des DAU. Auf diese Weise entsteht bei jedem Durchlauf der Zählkapazität (d.h. für je 256 Taktperioden bei einem 8-bit-Dualzähler) ein Impuls mit einer zum digitalen DAU-Eingangssignal proportionalen Breite. Die Zähler- und Komparatorfunktion kann auch ein Mikroprozessor übernehmen. Das Tiefpaßfilter wird in diesem Falle direkt an eine Ausgangsleitung des Mikroprozessors bzw. des zugehörigen Peripherieschaltkreises angeschlossen (Bild 21.9b). Allerdings wird bei dieser Variante eine merkliche Programmabarbeitungszeit allein für die DA-Umsetzung benötigt, so daß das Verfahren relativ selten ist.

Oversampling DAU. Mit steigendem Integrationsgrad integrierter Schaltkreise wird es immer ökonomischer, hochpräzise Analogfunktionen durch Methoden der digitalen Signalverarbeitung zu ersetzen. Ein typisches Beispiel hierfür ist die Anwendung des Prinzips der Überabtastung (Oversampling) bei AD- und DA-Umsetzern.

Unter *„Oversampling“* versteht man das Prinzip, daß die AD- bzw. DA-umzusetzende Größe mit einem ganzzahligen Vielfachen der Nyquistrate abgetastet wird. In der Audiotechnik hat dieses Prinzip den Vorteil, daß das am DAU-Ausgang erforderliche Tiefpaßfilter wesentlich einfacher und leichter realisierbar wird, wie nachfolgendes Beispiel verdeutlicht:

Zur Umsetzung eines auf einer CD digital gespeicherten Musikstücks (Frequenzbereich 20 Hz ... 20 kHz) muß der DAU ohne Anwendung des Oversampling-Prinzips mit einer Abtastfrequenz von $f_S = 44{,}1$ kHz (Nyquistfrequenz) abgetastet werden. Bedingt durch die Abtastung treten im Ausgangssignal unerwünschte Störfrequenzen („Bildfrequenzen“) im Frequenzbereich von 44,1 kHz ... $\approx$ 24 kHz auf, die unterdrückt werden müssen. Wegen des geringen Frequenzabstands zwischen Störfrequenzspektrum und Nutzsignalfrequenzband wird hierzu ein Tiefpaßfilter sehr hoher (z. B. 13.) Ordnung benötigt. Wählt man die Abtastfrequenz des DAU z. B. vier mal höher (4fach Oversampling), d. h. 176,4 kHz, liegen die Störfrequenzen im Bereich von $\approx$ 156 ... 176,4 kHz. Diese im Vergleich zum Nutzsignal sehr hohen Frequenzkomponenten lassen sich mit einem wesentlich weniger steilen Tiefpaßfilter (mit 3 ... 5 Polen) ausreichend unterdrücken.

Als Beispiel zeigt Bild 21.9c das Blockschaltbild eines 16-bit-CMOS-Stereo-DAU, der für CD-Spieler und digitale Kassettenrekorder entwickelt wurde [21.2]. Er beruht auf dem Prinzip der *Überabtastung* (Oversampling) und *Rauschformung* (Noise shaping). Die bandbegrenzenden Filter für die Signalglättung und Rauschverminderung sind auf dem Chip enthalten. Typische Daten: Dynamikbereich 94 dB, Betriebsspannung +5 V, Leistungsaufnahme 250 mW, Chipgröße (2 µm CMOS-Prozeß) 44 mm².

Wirkprinzip. Über einen seriellen I^2C-Bus-Eingang (s. [2] [21.2]) werden 16-bit-Worte mit einer Abtastrate von $f_s = 44{,}1$ kHz an den DAU-Eingang angelegt. In einem *ersten Überabtastfilter* (FIR-Tiefpaßfilter mit 20 kHz Bandbreite, $\pm 0{,}02$ dB Welligkeit im Durchlaßbereich, 60 dB Dämpfung für $f > 24$ kHz), das ein ROM, ein RAM und einen Array-Multiplizierer enthält, wird diese Abtastrate um den Faktor 4 erhöht. Dieses Filter wird zwischen beiden Eingangskanälen laufend umgeschaltet, ohne daß zwischen den beiden Analogausgängen des DAU eine Phasenverschiebung auftritt. Nach dem ersten Überabtastfilter werden die beiden Stereokanäle mit einem Demultiplexer getrennt und getrennt weiterverarbeitet.

Das *zweite Überabtastfilter* ist ein auf einer Addiererstruktur beruhendes *Interpolationsfilter.* Die Abtastrate wird in diesem Filter um den Faktor 64 weiter erhöht (Faktor 32 durch einen linearen Interpolator und Faktor 2 mit einer Abtast- und Halteschaltung). Aus hier nicht weiter betrachteten Gründen (zusätzliches Dither-Signal) muß die Wortlänge am Ausgang des linearen Interpolators 17 bit betragen. Anschließend folgt eine Kodeumsetzung unter Verwendung von FIR-Filtern, die die Wortlänge auf 1 bit verkleinert. Es entsteht daher in jedem Kanal eine binäre Impulsfolge mit einer Abtastrate von $256f_s$ = 11,2896 MHz. Infolge dieser hohen Abtastrate braucht lediglich ein einfaches Tiefpaßfilter (Butterworth-Filter 3. Ordnung mit 60 kHz Grenzfrequenz) nachgeschaltet zu werden, um das (quasi)analoge Ausgangssignal eines DAU-Kanals zu erzeugen.

21.1.4. Mikroprozessorkompatibilität

DAU, die direkt an einen Mikroprozessordatenbus angeschlossen werden sollen, müssen zusätzliche Pufferregister und Steuerschaltungen (Schreib-, Chipauswahl-, Datenaktivierungssteuerung) enthalten. Wie bereits im Abschn. 21.1.1. erwähnt, ist in der Regel doppelte Pufferung im DAU-Eingang erforderlich, falls die Wortbreite des DAU größer ist als die Breite der CPU-Datenworte (Bild 21.10). Bei der Datenübernahme vom Mikroprozessordatenbus in den DAU wird zunächst das niederwertige Byte (8 bit) in das Register L und anschließend das höherwertige Byte (4 bit) in das Register H eingeschrieben. Während dieses Einschreibvorgangs ist das DA-Register vom Registerpaar HL abgetrennt, so daß das analoge Ausgangssignal konstant bleibt. Erst, wenn beide Register H und L mit den neuen Daten geladen sind, wird das 12-bit-Datenwort in das DA-Register übernommen. Durch die doppelte Pufferung werden unerwünschte Sprünge des DAU-Ausgangssignals vermieden, die auftreten könnten, wenn der DAU direkt an das Registerpaar HL angeschlossen wäre.

Im Bild 21.10 ist das Registerpaar HL als Schieberegister (wahlweise paralleler oder serieller Ein- bzw. Ausgang) ausgebildet. Dadurch lassen sich die digitalen Eingangsdaten wahlweise parallel oder seriell einschreiben.

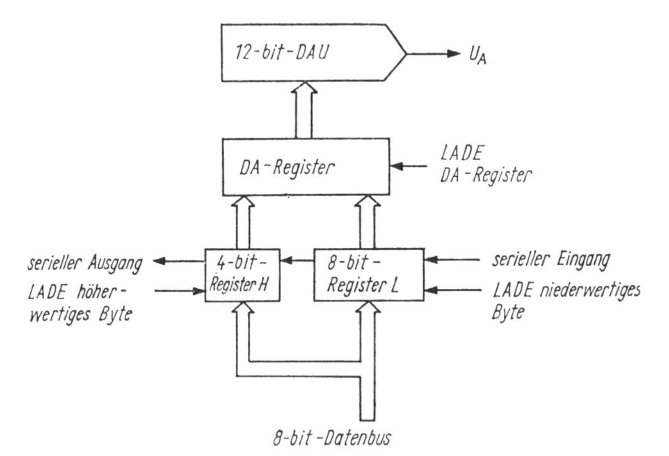

Bild 21.10
Doppelt gepufferter DAU

Das DA-Register ist in einem mikroprozessorkompatiblen DAU auch dann erforderlich, wenn die Wortbreite des vom Mikroprozessor gelieferten Datenwortes nicht kleiner ist als die Wortbreite des DAU. Das Datenwort steht bei Mikroprozessorsystemen nur kurzzeitig auf dem Datenbus zur Verfügung. Damit das DAU-Ausgangssignal jedoch kontinuierlich verfügbar ist, muß das Datenwort bis zum nächsten vom Mikroprozessor ausgesendeten Datenwort im DA-Register zwischengespeichert werden.

Jedes der im DAU enthaltenen Pufferregister wird durch ein „Enable"-Steuersignal (Freigabesignal) aktiviert. Dieses Signal wird durch Dekodieren aller oder eines Teiles der Adreßleitungen gewonnen.

Wie aus Bild 21.11 ersichtlich ist, gestaltet sich das Mikroprozessorinterface bei voll mikroprozessorkompatiblen DAU sehr einfach. Der monolithische 12-bit-DAU AD 667 (erster komplett mikroprozessorkompatibler DAU der Firma Analog Devices) enthält vier unabhängig adressierbare Register in zwei Ebenen. Die erste Ebene besteht aus drei 4-bit-Registern, die direkt von einem 4-, 8-, 12- oder 16-bit-Mikroprozessor geladen werden können. Nachdem alle drei 4-bit-Register geladen sind, wird das 12-bit-Register der zweiten Ebene geladen. Die vier Register werden von den Adresseneingängen $A_0 \dots A_3$ und dem Steuereingang $\overline{CS}$ (Chip Select, Chipauswahl) gesteuert. Das $\overline{CS}$-Signal wird durch Dekodieren der Adressenleitungen $A_2 \dots A_{15}$ gewonnen (Basisadresse des DAU). Aus den Adressenleitungen A_1 und A_0 des Mikroprozessoradreßbusses werden im Schaltkreis AD 667 die Freigabesignale für alle vier Register erzeugt.

Die auf dem 8-bit-Bus befindlichen Daten können „linksbündig" (die 8 msb in einem Byte und die verbleibenden 4 lsb in der oberen Hälfte eines anderen Bytes) oder „rechtsbündig" (die 8 lsb in einem Byte und die verbleibenden 4 msb in der unteren Hälfte eines anderen Bytes) in das 12-bit-Register des DAU geladen werden.

Ein weiteres Beispiel zeigt Bild 21.12. Hier wird der DAU aktiviert, wenn $A_{15} = 1$ und $\overline{MREQ} = \overline{WR} = 0$ ist (Speicheradressierung, s. Abschn. 21.2.9. und [2]). Anstelle

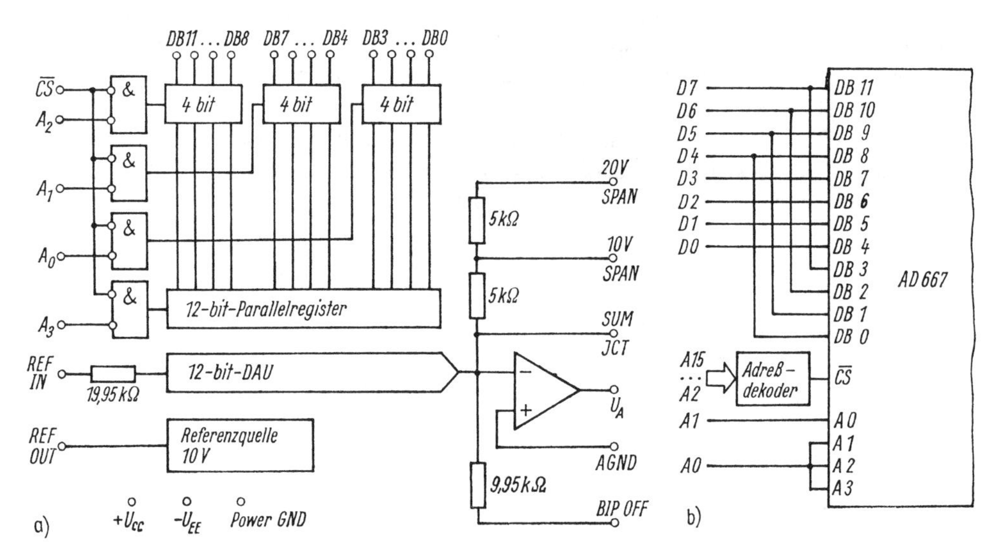

***Bild 21.11.** Interface des voll mikroprozessor-kompatiblen 12-bit-DAU AD 667 mit einem 8-bit-Mikroprozessorbus*

a) Blockschaltbild des AD 667; Wirkung der Steuereingänge $A_3 \dots A_0$ bei $\overline{CS} = 0$: $A_3A_2A_1A_0 = 1110/1101/1011$: Freigabe des rechten/mittleren/linken 4-bit-Registers der ersten Ebene; $A_3A_2A_1A_0 = 0111$: das 12-bit-DAU-Register wird mit dem Inhalt der drei 4-bit-Register geladen; bei $\overline{CS} = 1$ sind die Dateneingänge aller Register gesperrt, die Register speichern den jeweiligen Inhalt

b) Interface mit einem 8-bit-Mikroprozessorbus („linksbündig"); die vier lsb werden unter der Adresse $\dots A_1A_0 = \dots 01$, die 8 msb werden unter der Adresse $\dots A_1A_0 = \dots 10$ gespeichert, gleichzeitig werden mit $A_1A_0 = 10$ die Daten der 4-bit-Register in das 12-bit-DAU-Register geladen

Hinweis: Beim Anschluß des AD 667 an einen 12- oder 16-bit-Datenbus werden alle vier Schaltkreiseingänge $A_3 \dots A_0$ an Masse (0-Signal) gelegt, $\overline{CS}$ wird wie im Bild b aus dem Adreßbus des Mikroprozessors erzeugt von $\overline{\text{MREQ}}$ kann auch $\overline{\text{IORQ}}$ mit dem Eingang des ODER-Gatters verbunden werden (Akkumulator-Adressierung), weil der Mikroprozessor Z 80 beide Adressierungsarten ermöglicht [2]. Die Verknüpfung mit dem $\overline{\text{WR}}$-(Schreib-) Signal des Mikroprozessors hat den Vorteil, daß der DAU nur bei einem Schreibbefehl des Mikroprozessors aktiviert wird und nicht etwa durch jeden Speicherzugriffsbefehl. Zusätzlich besteht die Möglichkeit, mit der gleichen Adresse noch einen ADU anzuwählen, der mit einem Lesebefehl aktiviert wird.

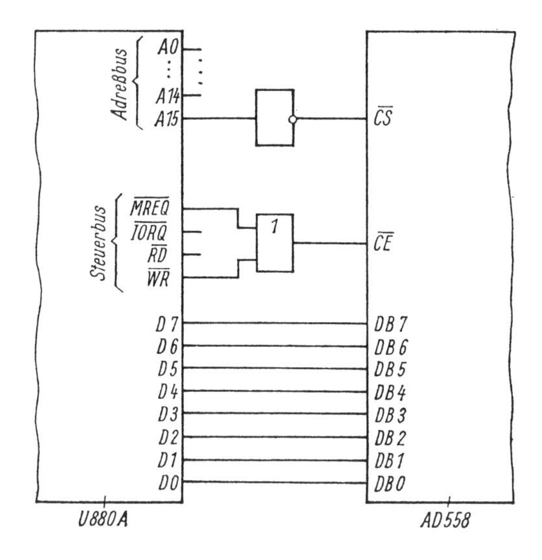

Bild 21.12
Interface des mikroprozessorkompatiblen 8-bit-DAU AD 558 mit dem Bussystem *des 8-bit-Mikroprozessors Z 80A* ***(Speicheradressierung)***

Der AD 558 hat zwei Steuereingänge $\overline{\text{CS}}$ und $\overline{\text{CE}}$. Solange $\overline{\text{CS}} = \overline{\text{CE}} = L\ (\hat{=} 0)$ ist, beeinflussen die 8 Dateneingänge des DAU unmittelbar dessen Analogausgang; eine positive Flanke an $\overline{\text{CS}}$ oder $\overline{\text{CE}}$ trennt die 8 Dateneingänge vom Register und speichert in ihm das zum Zeitpunkt der Flanke am DAU anliegende 8-bit-Datenwort

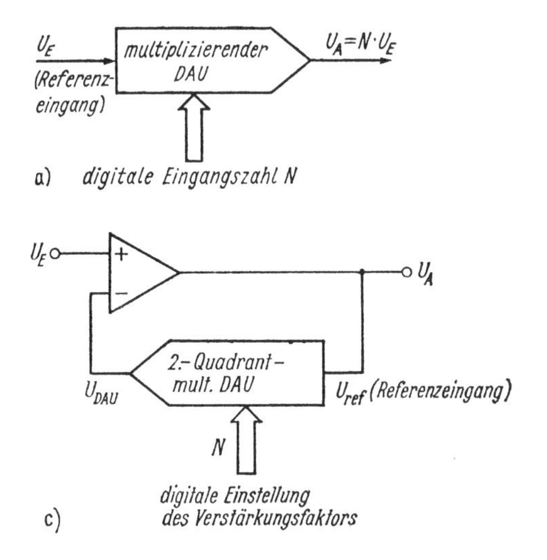

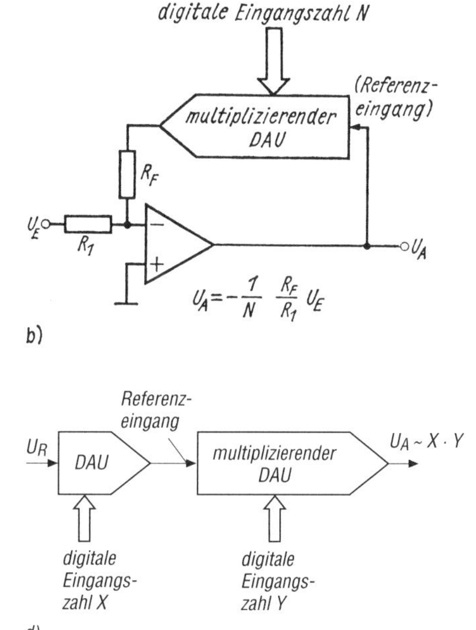

Bild 21.13
Anwendung eines DAU als Potentiometer
($N \leqq 1$)

a) direkte Proportionalität
b) und c) inverser Zusammenhang
d) Schaltung zur Multiplikation zweier digitaler Zahlen

21.1.5. Anwendungen von DA-Umsetzern

Die Anwendungen von DAU sind zahlreich. Im Bild 21.13 ist gezeigt, wie multiplizierende DAU als digital einstellbare *Potentiometer* Verwendung finden. Damit läßt sich beispielsweise der Verstärkungsfaktor einer Schaltung direkt von einem Mikrorechner einstellen.

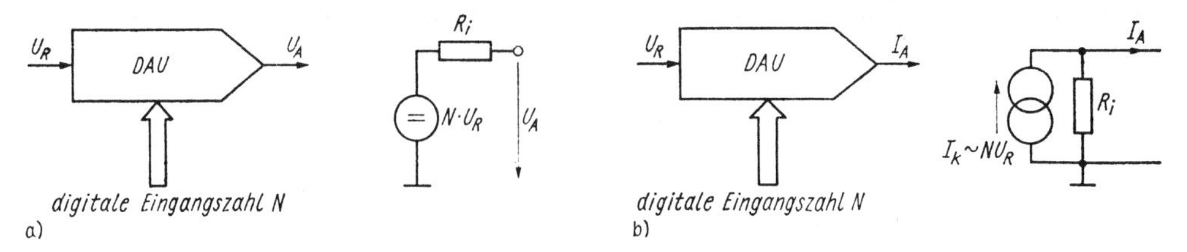

Bild 21.14. DAU als steuerbarer Generator

a) Spannungsgenerator; b) Stromgenerator

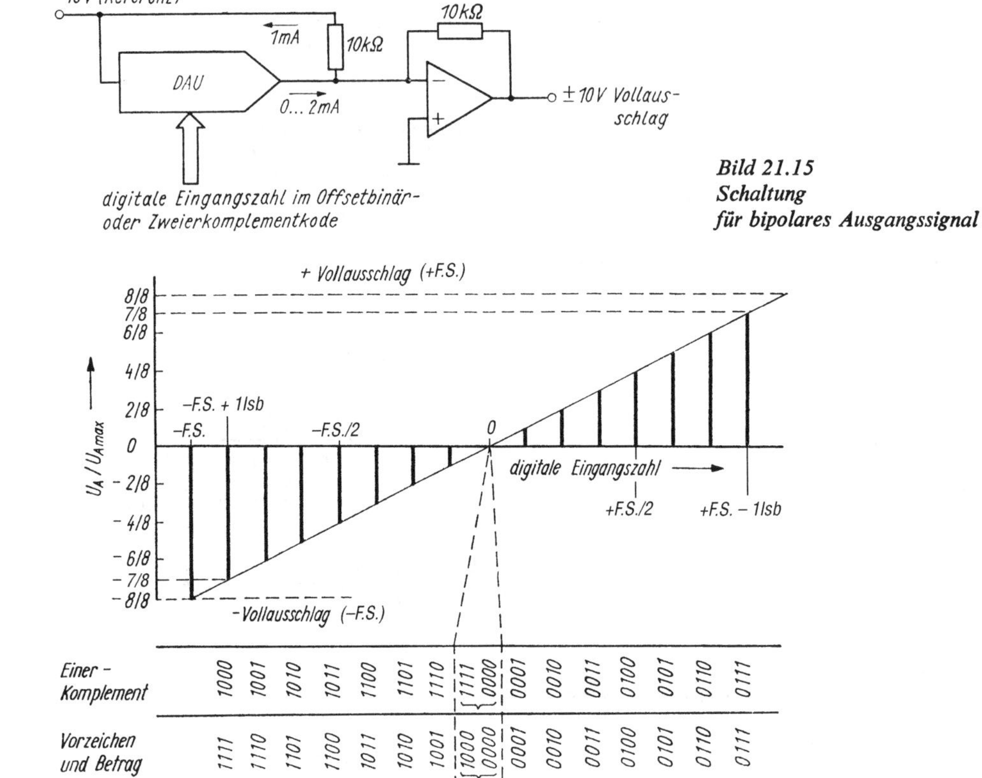

Bild 21.15 Schaltung für bipolares Ausgangssignal

Einer-Komplement		1000	1001	1010	1011	1100	1101	1110	1111 / 0000	0001	0010	0011	0100	0101	0110	0111
Vorzeichen und Betrag		1111	1110	1101	1100	1011	1010	1001	1000 / 0000	0001	0010	0011	0100	0101	0110	0111
Zweier-komplement	1000	1001	1010	1011	1100	1101	1110	1111	0000	0001	0010	0011	0100	0101	0110	0111
Offset-binär	0000	0001	0010	0011	0100	0101	0110	0111	1000	1001	1010	1011	1100	1101	1110	1111

Bild 21.16. Ideale DAU-Übertragungskennlinie bei bipolarem Ausgangssignal (3-bit-DAU, 4-bit-Kodes), 1 lsb = 2^{-3}

Hinweis: Falls der Eingangskode des DAU vom Kode des angelegten digitalen Signals abweicht, ist eine Kodeumsetzung erforderlich. Die mathematischen Zusammenhänge findet man u. a. in [2].

Jeder DAU läßt sich als digital steuerbarer *Spannungs-* bzw. *Stromgenerator* verwenden (Bild 21.14).

Mit Hilfe von zwei DAU, von denen einer ein multiplizierender Typ sein muß, lassen sich zwei digitale Zahlen multiplizieren und in ein analoges Ausgangssignal umwandeln (Bild 21.13d). Diese Schaltung läßt sich auch zur Umwandlung von Polar- in rechtwinklige Koordinaten verwenden (X = Digitalwert des Radius R Y = Digitalwerte $\sin\theta$ bzw. $\cos\theta$).

Ein *bipolares* DAU-Ausgangssignal erhält man bei DAU mit Stromsteuerung gemäß Bild 21.15.

In den DAU-Ausgang muß ein Offsetstrom eingespeist werden, der den gleichen Betrag hat wie der zum msb gehörige DAU-Ausgangsstrom, aber entgegengesetzte Polarität aufweist.

Im Interesse geringer Drift sollte dieser Offsetstrom von der Referenzspannungsquelle des DAU abgeleitet werden. Der Verstärkungsfaktor des Ausgangsverstärkers muß verdoppelt werden, weil der Ausgangsspannungsbereich gegenüber unipolarem Ausgang verdoppelt ist (−10 V ... +10 V gegenüber 0 ... +10 V). Bei bipolarem DAU-Ausgangssignal liegt das digitale Eingangssignal des DAU in der Regel in der offsetbinären oder in der Zweierkomplementdarstellung an (Bild 21.16).

Weitere Anwendungen in Verbindung mit ADU finden wir im Abschnitt 21.2.8.

21.1.6. Auswahl industrieller DA-Umsetzer

Tafel 21.3 gibt einen Überblick über einige industrielle DA-Umsetzer in monolithischer Technik. Als Beispiel betrachten wir einen monolithischen DAU etwas genauer.

AD 565. Bild 21.17a zeigt das Blockschaltbild des international verbreiteten 12-bit-DAU AD 565, der mittels eines externen Operationsverstärkers für einen Ausgangsspannungsbereich von 0 ... +10 V beschaltet ist. Der Block „DAC" enthält ein laserabgeglichenes Si-Cr-Widerstandsnetzwerk und eine Hochgeschwindigkeits-npn-Stromschalteranordnung. Die Referenzquelle ist auf 10,0 V ± 1 % laserabgeglichen. Sie kann max. 2,5 mA Strom liefern. Da die Referenzspannung nach außen geführt ist, läßt sie sich auch zur Erzeugung eines bipolaren Offsetstromes verwenden. Der Chip enthält Dünnfilmwiderstände, mit denen die Ausgangsspannungsbereiche 0 ... 5 V, 0 ... 10 V, −2,5 ... +2,5 V, −5 ... +5 V, −10 ... +10 V realisierbar sind (Bild 21.17c). Ausgangsspannungen bis max. ±1 V können auch ohne zusätzlichen externen Operationsverstärker am Ausgang 9 entnommen werden. Der Eingangswiderstand der Digitaleingänge beträgt ≈30 kΩ (gegen −0,7 V geschaltet), die Eingangskapazität ≈5 pF.

Unipolares Ausgangssignal. Bei unipolarem Ausgangssignal ist das digitale Eingangswort dual kodiert. Es können jedoch auch komplementär dual kodierte Digitalworte angelegt werden (Bild 21.17b). Da bei Vollausschlag die Spannung am Anschluß 9 6,15 V beträgt, muß der Verstärkungsfaktor des externen Verstärkers mittels R* so eingestellt werden, daß die Ausgangsspannung U_A exakt +10 V erreicht.

Bipolares Ausgangssignal. Bei bipolarem Ausgangssignal ist das digitale Eingangswort offsetbinär kodiert. Das bedeutet folgende Zuordnung: 000 ... 0 ≙ negativer Vollausschlag, 100 ... 0 ≙ Ausgangsspannung Null, 111 ... 1 ≙ positiver Vollausschlag.

Masseanschlüsse. Der Schaltkreis hat zwei Masseanschlüsse, die an einem Punkt (üblicherweise am Massepunkt der Stromversorgung des Systems) zusammengefaßt werden müssen. Der „Referenzmasse"-Anschluß ist die „beste" Masse. Er muß direkt an den analogen Bezugsmassepunkt des Systems geschaltet werden. Die „Leistungsmasse" (POWER GND) kann an den bequemsten Massepunkt (vorzugsweise Bezugspunkt

Tafel 21.3. Auswahl industrieller DAU

Typ Herstellungstechnologie	MAX 529 BIMOS?	MAX 514 CMOS	AD 1868 (Audio) Bipolar/CMOS/MOS	ADV 101 (Video) CMOS
Auflösung Einschwingzeit	8 bit 1 µs (U)	12 bit 0,25(< 1) µs (I)	18 bit > 700 kHz Abtastrate je Kanal	8 bit 80 MHz Umsetzrate
Referenzquelle	extern; 2 getrennte Differenzreferenzeingänge	extern; 4 getrennte Referenzeingänge	intern 2 Referenzquellen	extern
Ausgangssignal	$U_A = 0 \ldots 2{,}5$ V $I_A = 0 \ldots 5$ mA	$I_A = -1$ mA ... $+1$ mA U_A: ext. OV oder MAX 526/527	$U_A = -1$ V ... $+1$ V $I_A = -1$ mA ... $+1$ mA	$I_A = 0 \ldots 19{,}05$ mA
Betriebsspannung Leistungsaufnahme Gehäuse	+ 5 V oder ±5 V (dual) 20 DIP	+ 5 V ≦ 10 mW 24 DIP oder 28 SOIC	+ 5 V ≦ 50 mW 16 DIP oder 16 SOIC	+ 5 V ≦ 400 mW 40 DIP oder 44 PLCC
Bemerkungen	– *8fach-DAU*, multiplizierend – serieller Dateneingang (SPI/microwire-kompatibel) – Shut-down-Betrieb (50 µA Stromaufnahme) erhält Daten der 8 DAU-Register – 3 Ausgangsbetriebsarten – besonders geeignet als digitales Mehrfachpotentiometer	– *4fach-DAU*, multiplizierend – 4 getrennte serielle Dateneingänge (SPI-microwirekompatibel) – laserabgeglichener R/2R-Kettenleiter – typische Einsatzbereiche: · Verstärkungsregelung, · Offsetkorrektur · Funktionsgeneratoren · industrielle Prozeßsteuerung *MAX 505/506* (CMOS): 4fach ... 8fach DAU mit doppelt gepufferten parallelen Dateneingängen (1 Datenbyte, 2 Adreßleitungen)	– *2fach Audio-DAU* – 2-/4-/8-/16fach Oversampling – > 115 dB Kanaltrennung – THD + N 0,004 % – SNR 97,5 dB – Eingangstaktrate ≦ 13,5 MHz – R/2R-Kettenleiter laserabgeglichen msb-Segmentierung – einfach koppelbar mit Sony-Digitalfilter CXD 2550 P	– *3fach-Video-DAU* – 80 MHz Pipelineoperation – Anwendungen: · hochauflösende Farbgrafik · CAE/CAD/CAM · Bildverarbeitung · Instrumentierung · Desktop Publishung *ADV 7150/7152:* 170 MHz Pipelinearbeitsweise 3fach-(10-bit-)DAU + 250 × 10 RAM

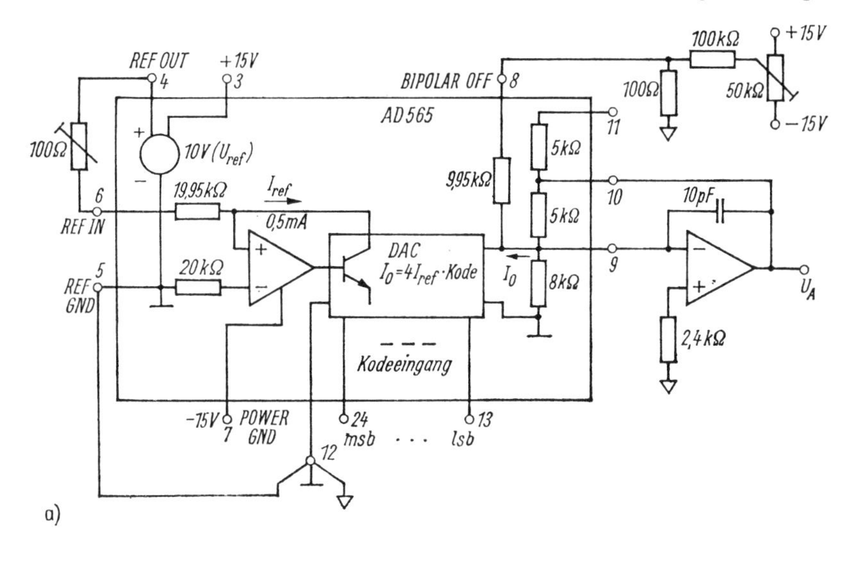

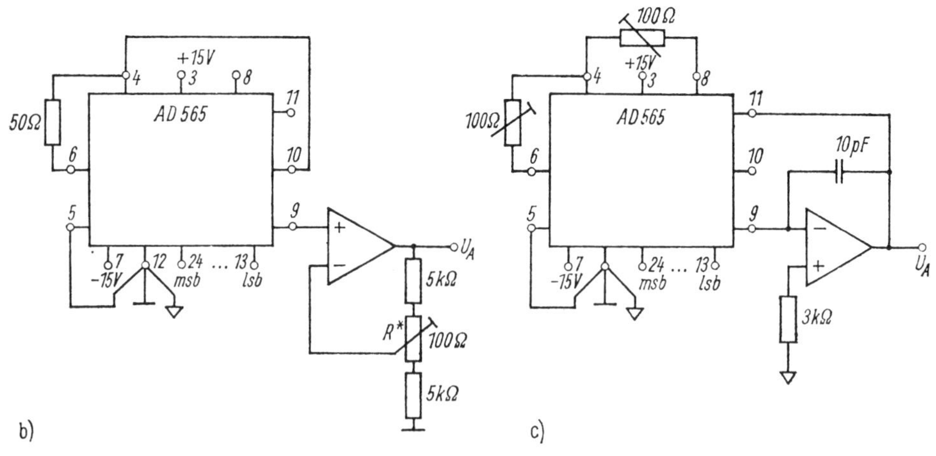

Bild 21.17. 12-bit-DAU AD 565

a) Blockschaltbild; b) Beschaltung für komplementär dual kodierte Datenworte; c) bipolarer Ausgang

Hinweis: Falls der Eingangskode des DAU vom Kode des angelegten digitalen Signals abweicht, ist eine Kodeumsetzung erforderlich. Die mathematischen Zusammemhänge findet man u. a. in [2].

der analogen Betriebsspannungsversorgung) angeschlossen werden. Störspannungen <200 mV zwischen beiden Massepunkten haben keine störenden Auswirkungen.

MAX 500 (Maxim). Vierfacher 8-bit-CMOS-DAU mit Spannungsausgängen und seriellem Eingang im platzsparenden 16poligen Gehäuse. Dieses Beispiel zeigt die Vorteile einer einfachen seriellen Schnittstelle für das Eingangssignal (kleines Gehäuse, wenige Gehäuseanschlüsse u. a.). Der serielle Eingang ist kaskadierbar, ohne daß zusätzlich eine Leitung benötigt wird. Der DAU besitzt doppelt gepufferte Digitaleingänge und ein 10-bit-Schieberegister. Dies ermöglicht, daß alle vier 8-bit-DAU gleichzeitig mit neuen Daten geladen werden können. Drei Referenzeingänge sind verfügbar, die ermöglichen, daß der Ausgangsspannungsbereich von zwei der vier 8-bit-DAU unabhängig von den übrigen einstellbar ist. Die beiden anderen werden an einer gemeinsamen Referenzspannung betrieben (Gleichlauf!).

Typische Anwendungen: Analogsysteme mit wenigen Komponenten, digitaler Offset/Verstärkungsabgleich, Funktionsgeneratoren, automatische Testsysteme. Durch die serielle Schnittstelle wird der Aufbau galvanisch getrennter Systeme sehr vereinfacht.

18-bit-Audio-DAU AD 1860 (Analog Devices). Dieser monolithische DAU in BiMOS-Technologie verwendet zur DA-Umsetzung das Prinzip des R-$2R$-Kettenleiternetzwerkes und ist speziell für „High End"-CD-Spieler, DAT-Player und -Rekorder, Synthesizer, digitale Audioverstärker und Keyboards konzipiert. Der Chip im 16poligen Gehäuse enthält u. a. Spannungsreferenz, Ausgangsverstärker, laserabgeglichenes Dünnfilmwiderstandsnetzwerk mit msb-Segmentierung und digitale Interfacelogik einschließlich eines 18-bit-Schieberegisters zur Serien-Parallel-Wandlung der bitseriellen Eingangsdatenworte (Zweierkomplementkodierung) des DAU. Er ist anschlußkompatibel zu verbreiteten 16-bit-Audio-DAU-Typen und für 2-/4-/8fachen Oversamplingbetrieb (s. Abschn. 21.1.3.) geeignet. Der serielle Eingang verarbeitet Datenraten bis zu 12,7 Mbit/s. Das Ausgangssignal beträgt max. $\pm$ 3 V_{ss} oder $\pm$ 1 mA_{ss} bei einem Dynamikbereich von 108 dB (!) und THD + N $\leqq$ 0,002 %. Auf der Basis des Typs AD 1860 gibt es die DAU-Typen *AD 1864*, *1865* und *1868*. Sie enthalten auf einem Chip zwei getrennte komplette 18-bit-DAU-Kanäle.

Der Typ *AD 1862* hat 20 bit Auflösung und zeichnet sich durch extrem niedriges Rauschen aus (SNR typ. 119 dB). Die Taktfrequenz zur seriellen Dateneingabe erreicht 17 MHz und ermöglicht 16fachen Oversampling-Betrieb im Audiobereich.

Trend. Die weitere Entwicklung verläuft in Richtung mikroprozessorkompatibler DAU, die zusätzlich zum eigentlichen DAU eine Referenzquelle, Eingangsdatenregister, Ausgangsverstärker und Interfacesteuereinheiten enthalten. Die überproportional stark wachsenden Video-Anwendungen (Bildverarbeitung) bewirken, daß DAU mit sehr kurzen Einschwingzeiten besonders intensiv weiterentwickelt werden. Beispiele sind der *Video-DAU* CX 20201 der Firma Sony (10 bit, 100 MHz Wandlungsrate) und der *Audio-DAU* CX 20017 (20152) der gleichen Firma (16 bit, 44 bzw. 88 kHz Wandlungsrate). Audio-DAU werden zur Digital-Analog-Umsetzung von HiFi-Signalen benötigt.

Zunehmend werden DAU entwickelt, die speziell für Video-Anwendungen (Ansteuerung von Bildschirmanzeigen in Arbeitsstationen usw.) entwickelt wurden. Zusätzliche Videofunktionen sind 1. Zwischenspeicher (Register) für Daten und Steuersignale (sorgen u.a. für gleichzeitiges Anliegen aller Bits am DAU zur Vermeidung von Flimmererscheinungen) und 2. Hilfssteuereingänge *Blank* (Dunkeltastung bei Strahlrücklauf: Ausgangsspannung fällt unter den Schwarzpegelwert OOH), *Referenz-Weiß* und *Synchronisierung* (DAU-Ausgang fällt auf Null Volt, zur Synchronisation der horizontalen Strahlablenkung). Industrielle Beispiele: *AD 9703* (Analog Devices): 300 MHz, 8 bit, für hochauflösende Grafiksysteme; *IDT 75C458* (Integrated Device Technology): 3fach 125-MHz-8-bit-CMOS-Video-DAU: er generiert Videoausgänge für rot, grün, blau, 5 V Betriebsspannung, P_v = 1 W, 84poliges PGA-Gehäuse.

Monolithischer *Dreifach-Grafik-DAU TDC 1318:* Er enthält drei unabhängige 8-bit-DAU mit 180 MHz Umsetzrate, 2 ns Anstiegszeit, enthält komplette Video-Treibereingänge, interne Referenz (TRW).

Es ist auch bereits über die monolithische Realisierung eines 12-bit-*GaAs*-DAU mit einer Umsetzrate von 1 G Worten/s berichtet worden [21.32].

21.2. Analog-Digital-Umsetzer

21.2.1. Einführung

Analog-Digital-Umsetzer (ADU) haben die Aufgabe, ein analoges Eingangssignal (U, I) in eine dazu proportionale Zahl (digitales Ausgangssignal) umzusetzen.

Bedingt durch die schnelle Entwicklung auf dem Gebiet der digitalen LSI-Schaltkreise, insbesondere der Mikroprozessortechnik, stieg der Bedarf an ADU in den letzten Jahren stark an. Die Forderungen der ADU-Anwender sind sehr unterschiedlich. Sie reichen von sehr schnellen ADU mit Umsetzraten $> 10^6$/s bis zu ADU mit extrem hohen Linearitäts- und Genauigkeitsforderungen, die möglichst hohe Störunterdrückung aufweisen sollen.

Wichtige Kenngrößen zur Charakterisierung der Eigenschaften von ADU sind die Auflösung in bit, Umsetzzeit, Eingangssignalbereich, Ausgangskode, Linerearitätsfehler und TK. Bei hochauflösenden ADU ($>$ 12 bit) spielt häufig das Rauschen eine Rolle, weil es größer sein kann als 1 lsb.

Hauptschritte bei der Umsetzung. Die Umsetzung analoger in digitale Signale erfolgt in der Regel in der Weise, daß das analoge Eingangssignal zu bestimmten diskreten Zeitpunkten abgetastet wird und diese Abtastwerte vom ADU in ein proportionales digitales Signal (Zahl) umgesetzt werden. Bei der Umsetzung laufen zeitlich nacheinander oder teilweise gleichzeitig folgende drei Vorgänge ab:

1. Zeitliche *Abtastung* des analogen Eingangssignals (Zeitquantisierung)
2. *Quantisierung* der Signalamplitude
3. *Kodierung* (Verschlüsselung) des ermittelten Amplitudenwertes.

Durch die Abtastung und die Quantisierung entsteht ein Informationsverlust.

Dieser Fehler läßt sich durch eine genügend hohe Abtastrate sowie durch hinreichend kleine Quantisierungsschritte klein halten. Das führt jedoch u. U. zu harten Forderungen hinsichtlich der ADU-Auflösung und seiner Umsetzzeit. Beispielsweise eignen sich ADU mit Umsetzzeiten von mehreren 10 µs bei vertretbaren Fehlern nur zur Umsetzung von Eingangssignalen mit einer Bandbreite von wenigen kHz.

Ein ADU setzt eine analoge Eingangsgröße U_E in eine diskrete Zahl Z um, die angibt, wievielmal die elementare Quantisierungseinheit $Q \equiv U_{E\,lsb}$ (dem lsb des ADUAusgangswortes entsprechende ADU-Eingangsspannung) in der analogen Eingangsgröße enthalten ist: $U_E = Z U_{E\,lsb}$.

Umsetzerkennlinie (Übertragungsfunktion) bei unipolarer Eingangsspannung. Ein n-bit-ADU für unipolare Eingangsspannungen mit einem Eingangssignalbereich von $0 \leqq U_E \leqq U_{E\,max}$ ($U_{E\,max} \mathrel{\hat{=}}$ Vollausschlag), der das n-bit-Ausgangswort im Dualkode liefert, realisiert folgenden Zusammenhang zwischen dem Ausgangs- und Eingangssignal (Umsetzerkennlinie) (Bild 21.18c):

$$\frac{Z}{Z_{max}+1} = \frac{a_{n-1}2^{n-1} + a_{n-2}2^{n-2} + \ldots + a_2 2^2 + a_1 2^1 + a_0 2^0}{2^n} = \frac{U_E}{U_{E\,max}}; \tag{21.2}$$

$a_v = 0$ bzw. 1
Z Ausgangszahl des ADU.

Analog zur Übertragungsfunktion des DAU (Abschn. 21.1.1.) gelten auch beim ADU die Zusammenhänge

$$1\ \text{lsb} = 2^{-n},$$
$$U_{E\,lsb} = FSR\ 2^{-n}$$

kleinste analoge Spannungsdifferenz bzw. -änderung, die vom ADU unterschieden bzw. aufgelöst werden kann; FSR = nomineller Vollausschlagbereich

$$Z_{\max} = 2^n - 1$$

$$U_E = Z U_{E\,\mathrm{lsb}} = FSR \frac{Z}{2^n}.$$

Umsetzerkennlinie (Übertragungsfunktion) bei bipolarer Eingangsspannung.

Falls keine sehr hohen Genauigkeitsanforderungen gestellt werden, läßt sich der ADU mit der Kennlinie (21.2) auch zur Umsetzung bipolarer Eingangsspannungen verwenden, indem man dem Eingangssignal eine feste (und sehr konstante) Offsetspannung von exakt dem halben Vollausschlag (also $0{,}5 U_{E\max}$) überlagert und das Eingangssignal (U_E) genau halbiert (Bild 21.18).

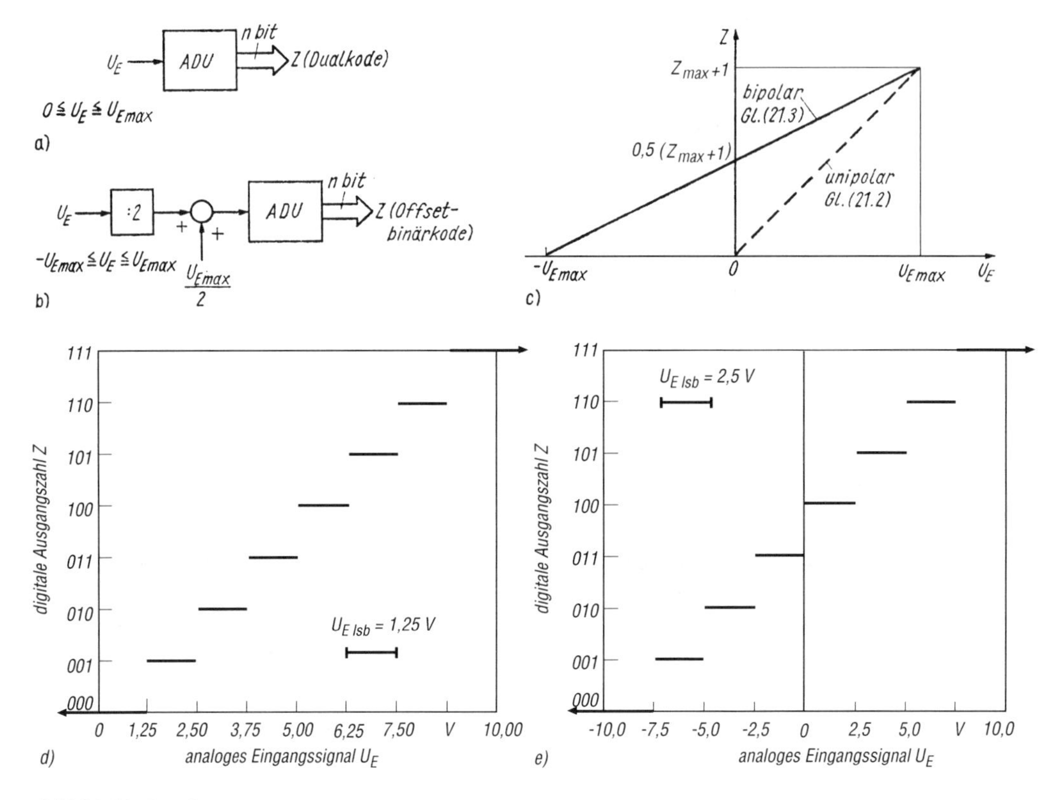

Bild 21.18. ***Kennlinie eines AD-Umsetzers (vereinfacht, Stufung weggelassen) für Unipolar- und Bipolarbetrieb***

a) Unipolarbetrieb; b) Schaltung für Bipolarbetrieb; c) Übertragungskennlinien (vereinfacht)

d) Übertragungsfunktion eines 3-bit-ADU mit rein dualem Ausgangskode und nominellem Eingangsspannungsbereich von 0 bis + 10 V (FSR = 10 V).

e) Übertragungsfunktion eines 3-bit-ADU mit offsetbinärem Ausgangskode und nominellem Eingangsspannungsbereich von − 10 V bis + 10 V (FSR = 20 V)

Der ADU liefert die zur Eingangsspannung proportionale Zahl in der offsetbinären Zahlendarstellung.

Aus (21.2) folgt für diesen Fall die Umsetzerkennlinie (Bild 21.18c)

$$\frac{Z}{Z_{\max}+1} = \frac{a_{n-1}2^{n-1} + a_{n-2}2^{n-2} + \ldots + a_2 2^2 + a_1 2^1 + a_0 2^0}{2^n}$$

$$= \frac{\dfrac{U_E}{2} + \dfrac{U_{E\max}}{2}}{U_{E\max}} = \frac{1}{2}\left(\frac{U_E}{U_{E\max}} + 1\right). \qquad (21.3)$$

Quantisierungsrauschen. Die ADU-Eingangsspannung ist ein kontinuierliches Signal. Bei der AD-Umsetzung werden nur endlich viele Quantisierungsstufen in ein digitales Ausgangswort umgesetzt. Benachbarte unterschiedliche analoge Eingangssignale werden auf den gleichen digitalen Ausgangskode abgebildet. Dadurch geht Information verloren, und es entsteht ein *Quantisierungsfehler* ε (s. Bild 21.19) und ein *Quantisierungsrauschen*, das sich dem Nutzsignal überlagert.

Unter der in der Regel erfüllten Voraussetzung, daß alle Amplitudenwerte des ADU-Eingangssignals gleich wahrscheinlich sind, hat jeder auftretende Momentanwert $(-Q/2) \leqq \varepsilon \leqq (Q/2)$ des Quantisierungsfehlers die gleiche Wahrscheinlichkeit $p(\varepsilon)$.

Wegen der Normierungsbedingung $\int p(\varepsilon)\mathrm{d}\varepsilon = 1$ gilt

$$p(\varepsilon) = \frac{1}{Q} \quad \text{für} \quad (-Q/2) \leqq \varepsilon \leqq (Q/2);$$

$p(\varepsilon) = 0$ außerhalb des vorstehend bezeichneten ε-Bereiches.

Das Effektivwertquadrat des Quantisierungsfehlers läßt sich berechnen zu

$$U_{\text{eff}}^2 = \int_{-Q/2}^{+Q/2} \varepsilon^2 p(\varepsilon)\,\mathrm{d}\varepsilon = \frac{Q^2}{12}.$$

Es ist die Summe aus dem Effektivwertquadrat jedes auftretenden Wertes von ε multipliziert mit der zugehörigen Auftretenswahrscheinlichkeit $p(\varepsilon)$.

Der Effektivwert des *Quantisierungsfehlers* beträgt also

$$\frac{Q}{\sqrt{12}} = \frac{1\,\text{lsb}}{\sqrt{12}}.$$

Unter der Voraussetzung, daß die Umsetzerkennlinie linear ist und alle Stufen in der Umsetzerkennlinie gleich groß sind, ist dieser Wert das *Quantisierungsrauschen* des ADU, das sich dem analogen Eingangssignal scheinbar überlagert.

Kennwerte. Nachstehend werden einige Kennwerte zur Beschreibung der technischen Eigenschaften von ADU erläutert.

Auflösung. Wie beim DAU (Abschn. 21.1.1.); zwischen den Kennwerten Auflösung und Genauigkeit muß streng unterschieden werden. Ein 16-bit-ADU kann z.B. nur eine Genauigkeit haben, die 14 bit entspricht.

Quantisierungsstufe Q. Sie entspricht dem Spannungspegelbereich des Eingangssignals, innerhalb dem keine Änderung des Ausgangskodes auftritt. Die der Quantisierungsstufe Q entsprechende Spannung ist identisch mit dem lsb des ADU: $Q = \text{FSR}/2^n$ (FSR = maximaler analoger Eingangswert, full scale range). Beispiel: Bei einem 12-bit-ADU mit $U_{E\max} = 10$ V gilt $Q = 2{,}44$ mV. Jede Eingangsspannung innerhalb $\pm$ ½ lsb des idealen Wertes führt zum gleichen digitalen Ausgangskode.

Dynamikbereich. Er berechnet sich aus dem Quotienten aus Vollausschlag FSR und der Quantisierungsstufe Q = lsb zu

$$\text{Dynamikbereich} = 20\lg \frac{RSR}{Q}\ \text{dB}.$$

Einsetzen der o. g. Beziehung $Q = FSR/2^n$ ergibt schließlich

$$\text{Dynamikbereich} = (n \cdot 6{,}02)\text{dB}.$$

Ein 12-bit-ADU hat demnach einen Dynamikbereich von 72,2 dB. Bei Anwendungen, die einen großen Dynamikbereich erfordern, kann es günstig sein, das Eingangssignal mit definiertem und umschaltbarem Verstärkungsfaktor analog vorzuverstärken, da dies zu höherer Auflösung führt. Der Dynamikbereich beträgt in diesem Falle $(n + m) \cdot 6{,}02$ dB, wenn der Verstärkungsfaktor des Vorverstärkers 2^m beträgt. Mit einem 12-bit-ADU in Verbindung mit einem Vorverstärker mit Verstärkungsfaktor $2^8 = 256$ wird die Dynamik eines echten 20-bit-ADU erreicht. Nachteilig ist, daß u. U. bei aufeinanderfolgenden Messungen der Verstärkungsfaktor umgeschaltet werden muß, wobei die Einschwingzeit relativ groß sein kann und die Abtastrate der Messungen erniedrigt wird. Günstig in dieser Hinsicht ist eine Schaltungsstruktur, bei der für jeden Verstärkungsfaktor ein getrennter Verstärker mit zugehöriger Sample-and-hold-Schaltung eingesetzt wird. Dadurch muß die Sample-and-hold-Schaltung nur noch eine Genauigkeit entsprechend der ADU-Auflösung aufweisen [21.34].

Umsetzzeit. Gesamtzeit vom Beginn einer Umsetzung bis zu dem Zeitpunkt, zu dem das digitale Ausgangssignal mit voller Genauigkeit zur Verfügung steht.

Umsetzrate (conversion rate). Sie gibt an, mit welcher Wiederholfrequenz eine Umsetzung zyklisch erfolgen kann. Sie ist meist kleiner als der Kehrwert der Umsetzzeit.

Offsetfehler (Nullpunktfehler). Er äußert sich als Parallelversatz im Ursprung der realen Umsetzerkennlinie (Fehlerangabe in mV oder % FSR). Er bewirkt einen konstanten Fehler der Übertragungskennlinie, falls er nicht abgeglichen wird.

Verstärkungsfehler. Abweichung der realen Kennlinie von der idealen bei maximalem Meßwert (FSR) ohne Berücksichtigung des Offsetfehlers.

Linearitätsfehler. Wie beim DAU (Abschn. 21.1.1.).

Fehlende Kodes (missing codes). Sie treten auf, wenn in der Übertragungskennlinie eines ADU mindestens ein digitaler Ausgangswert nicht auftritt. Dieser Effekt ist bei ADU

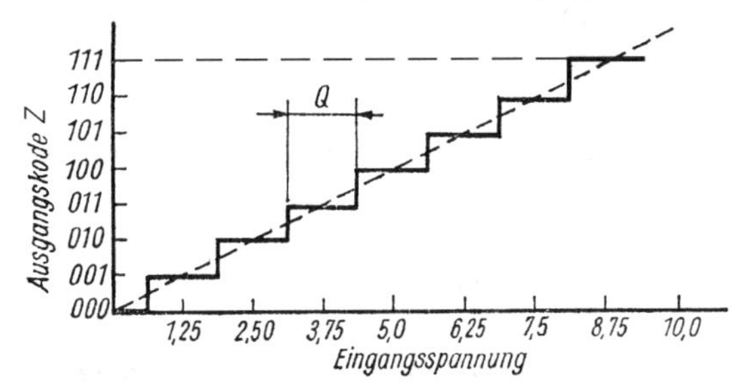

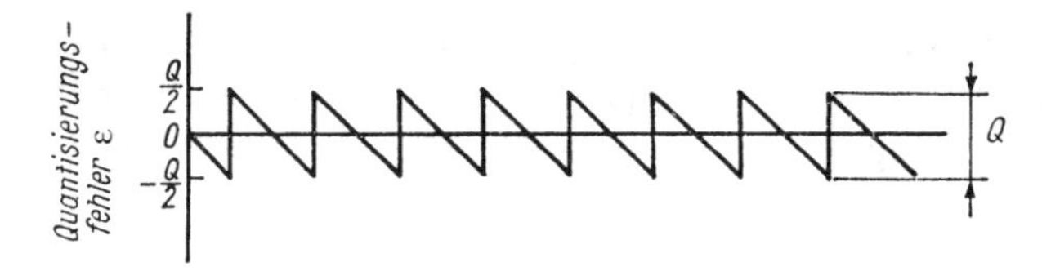

Bild 21.19. Quantisierungsfehler $(Q \equiv U_{lsb})$

Hinweis: Der hier dargestellte ADU ist so abgeglichen, daß der erste Übergang (von 000 auf 001) im Gegensatz zum Bild 21.18 nicht bei $U_{lsb} = 1{,}25$ V, sondern bei $+0{,}5\,U_{lsb}$ (= + 0,625 V) erfolgt

nach dem Sukzessiv-Approximationsverfahren zu beobachten, falls „nicht monotone" DAU Verwendung finden (vgl. Abschn. 21.1.1.).

Relative Ungenauigkeit. Sie ist die nach erfolgtem Vollausschlagabgleich übrig bleibende maximale Abweichung der analogen Eingangsspannung von einer Geraden bezogen auf die Referenzspannung.

Absolute Ungenauigkeit. Sie ist die maximale Abweichung der analogen Eingangsspannung vom wahren Wert.

Quantisierungsrauschen (≡ Quantisierungsfehler). Es ist systembedingt und tritt auch bei idealen ADU auf, da nur Quantisierungsstufen >1 lsb unterscheidbar sind. Es beträgt bei einem idealen ADU $\pm Q/2$ ($\pm 0{,}5$ lsb), s. Bild 21.19. Der Fehler kann also sowohl Null als auch ein lsb betragen. Der Effektivwert der Sägezahnkurve im Bild 21.19 beträgt $U_{\text{eff}} = \text{lsb}/\sqrt{12}$. Dieses Rauschen überlagert sich dem analogen Eingangssignal. Der dabei auftretende Störabstand beträgt $S/N = (6{,}02\ n + 1{,}76)$ dB (s. Gl. 21.4). Tafel 21.4 zeigt einige interessierende Werte für ADU mit Auflösungen von 4 ... 16 bit.

Störabstand. Zur Berechnung des Störabstandes $S/N \equiv SNR$ setzen wir voraus, daß am ADU-Eingang eine Sinusspannung $\hat{U}_{\text{E}} \sin \omega t$ anliegt, die den ADU voll aussteuert. Die Eingangsspannung kann maximal die den Wert $2\hat{U}_{\text{E}} = U_{\text{E max}} \equiv FSR$ annehmen ($U_{\text{E max}}$ = Aussteuerbereich des ADU).

Der Effektivwert des Quantisierungsfehlers beträgt mit $Q = FSR/2^n = \hat{U}_{\text{E}}/2^{n-1}$

$$U_{\text{eff}} = \frac{Q}{\sqrt{12}}.$$

Das *Signal-Rausch-Verhältnis* berechnet sich als Quotient aus dem Effektivwert des Eingangsnutzsignals dividiert durch den Effektivwert des Quantisierungsfehlers zu

$$SNR = 20 \lg \frac{(\hat{U}_{\text{E}}/\sqrt{2})\, 2^{n-1} \sqrt{12}}{\hat{U}_{\text{E}}}$$

$$SNR = (6{,}02n + 1{,}76)\ \text{dB}. \qquad (21.4)$$

Steuersignale. Jeder ADU benötigt Ein- und Ausgangssignale zur Steuerung des Umsetzzyklus. Im einfachsten Fall genügen ein Steuereingang (Start), durch den eine Umsetzung ausgelöst wird und eine Ausgangsleitung, über die der ADU signalisiert, ob der Umsetzvorgang noch läuft oder beendet ist. In konkreten Fällen gibt es auch noch weitere Steuersignale.

Tafel 21.4. Charakteristische Werte von ADU für Auflösungen von 4 bis 16 bit; vgl. auch Tafel 21.1b

Auflösung (n)	Q für 10 V FS	S/N-Verhältnis (dB)	Dynamikbereich dB	Max. U_{A} für 10 V FS (V)
4	0,625 V	25,86	24,1	9,3750
6	0,156 V	37,86	36,1	9,8440
8	39,1 mV	49,96	48,2	9,9609
10	9,76 mV	61,96	60,2	9,9902
12	2,44 mV	73,96	72,2	9,9976
14	610 µV	86,06	84,3	9,9994
16	153 µV	98,06	96,3	9,9998

Störunterdrückung. Einige Umsetzprinzipien haben verfahrensbedingt die Eigenschaft, daß dem Eingangsnutzsignal überlagerte Störsignale (Rauschen, Netzbrummen) unterdrückt werden (z.B. integrierende ADU, s. Abschn. 21.2.5.).

Dynamische Umsetzfehler. Bei einigen Umsetzverfahren treten erhebliche Fehler bei der AD-Umsetzung auf, falls sich das analoge Eingangssignal während der Umsetzzeit um mehr als $\pm\frac{1}{2}$ lsb ändert (z.B. bei ADU nach dem Wägeverfahren).

Bei Zweiflanken-ADU, bei ADU mit Ladungsmengenkompensation und bei Delta-Sigma-ADU gilt diese Beschränkung nicht, da der arithmetische Mittelwert des Eingangssignals umgesetzt wird.

Zusätzliche Kennwerte für digitale Signalverarbeitung (ac-Kennwerte). Immer häufiger werden ADU im Zusammenhang mit der digitalen Verarbeitung analoger Signale eingesetzt. Für diese Anwendungen interessieren zusätzliche Kennwerte, die die Eigenschaften des ADU im „kontinuierlichen Frequenzbereich" beschreiben (sog. „ac"-Kennwerte). Besonders häufig werden die nachfolgend erläuterten Kennwerte verwendet:

- *Nyquistfrequenz* $f_S/2$: diejenige Signalfrequenz des analogen ADU-Eingangssignals, die halb so groß ist wie die jeweils aktuelle Abtastfrequenz des ADU,
- *Signal-Rausch-Verhältnis* (signal-to-noise + distortion ratio, signal-to-noise ratio (SNR), $S/(N + D)$-Verhältnis, S/N-Verhältnis)

$$SNR \equiv S/N = \frac{\text{Effektivwert des Eingangssignals}}{\text{Effektivwertsumme aller übrigen spektralen Signalanteile im Frequenzbereich } 0 < f \leqq (f_S/2)}$$

SNR wird häufig in dB angegeben,

- *THD* (total harmonic distortion)

$$THD = 20 \log \frac{\sqrt{U_2^2 + U_3^2 + U_4^2 + \ldots + U_N^2}}{U_1}$$

$\sqrt{\ldots}$ Effektivwertsumme aller Harmonischen
U_1 Effektivwert der Grundwelle (Signalfrequenz)
THD wird auch in % angegeben; für Eingsngsfrequenzen bzw. Harmonische oberhalb von $f_S/2$ werden die gefalteten (aliased) Frequenzanteile eingesetzt,

- *PHSN* (peak harmonic or spurious noise (exakter: Signal to PHSN)):

$$PHSN = \frac{\text{Effektivwert des Signals (Signalfrequenz), meist F.S.}}{\text{Effektivwert der nächstgrößeren Spektralkomponente im Frequenzbereich } 0 < f \leqq (f_S/2)}$$

meist in dB ausgedrückt,

- *Bandbreite für volle Leistung:*
  diejenige Eingangsfrequenz des Vollaussteuerung bewirkenden Eingangssignals, bei der die Amplitude des mit einem idealen DAU rückgewandelten Signals um 3 dB abgefallen ist; sie wird in der Praxis häufig durch die endliche Slew-Rate der S/H-Schaltung bestimmt,
- *Intermodulationsstörung IMD*

$$IMD = \frac{\text{Effektivwertsumme des aus 2 Sinussignalen bestehenden Eingangssignals}}{\text{Effektivwertsumme alle Störterme (Intermodulationsanteile) im Frequenzbereich } 0 < f \leqq (f_S/2)}$$

IMD wird häufig in dB angegeben.

Messung von ac-Kennwerten. Spektrale ac-Kennwerte werden in der Regel unter Anwendung des FFT-Algorithmus (schnelle Fourier-Transformation) gemessen. Hierbei wird dem ADU-Eingang eine reine Sinusspannung der Frequenz $f \leqq (f_S/2)$ zugeführt, und es erfolgen beispielsweise 512 oder 1024 aufeinanderfolgende AD-Umsetzungen, deren Ergebnis in einen FIFO-Speicher übernommen wird. Anschließend werden die 512 bzw. 1024 ADU-Ausgangsworte, z. B. mittels PC, einer FFT unterzogen. Das resultierende Frequenzspektrum gibt Aufschluß über die Amplitude von Störfrequenzen, Oberwellen usw.

21.2.2. Klassifizierung

Die zahlreichen Schaltungsvarianten von ADU lassen sich nach verschiedenen Gesichtspunkten klassifizieren, z.B.

- ADU mit *Rückkopplung* und reine Vorwärtstypen (ohne Rückkopplung)
- *direkte* (direkter Spannungsvergleich) und *indirekte* ADU (Frequenz oder Zeit als Zwischenabbildgröße)
- *Momentanwert-* und *integrierende* ADU
- Einteilung nach der Anzahl der *Normale* und der *Rechenschritte* beim Umsetzvorgang.

Die letztgenannte Klassifizierung ist besonders aussagekräftig (Tafeln 21.5, 21.6). Sie erfaßt ausschließlich den Vorgang der Umsetzung und ist unabhängig von schaltungstechnischen Varianten. Die erforderliche Anzahl von Vergleichs- und Zähloperationen, d.h. die Anzahl der Rechenschritte r, die benötigt wird, um die Übereinstimmung zwischen dem analogen Eingangssignal und dem Vergleichsnormal herzustellen, und die Anzahl der Normale h stehen im umgekehrten Verhältnis zueinander.

Aus Tafel 21.5 sind deutlich die Haupteigenschaften der 3 wichtigsten und meistverwendeten AD-Umsetzverfahren

- Parallelverfahren (parallele ADU)
- Wägeverfahren (Stufenumsetzer)
- Zählverfahren (serielle ADU)

ersichtlich.

Die beiden Extremfälle sind der *parallele* ADU (direkte Methode) und der *serielle* ADU (Zählmethode, indirekte Methode). Der erstgenannte benötigt nur einen Umsetzschritt, dafür aber so viele Normale (Komparatorschwellwerte), wie zur benötigten Auflösung erforderlich sind (z.B. 255 Normale für einen 8-bit-ADU). Das Verfahren ist vom Prinzip her das schnellste, jedoch sehr aufwendig.

Der serielle ADU ist das Spiegelbild zum parallelen ADU. Ein einziges Normal (≙ der kleinsten Auflösung) wird so oft aneinandergereiht, bis die Summe mit dem unbekannten Wert übereinstimmt. Vom Prinzip her ist es das langsamste Verfahren (z.B. 255 Schritte bei einem 8-bit-ADU). Es kommt jedoch mit relativ geringem Aufwand aus und hat eine Reihe beachtlicher Vorteile. Ein wesentlicher Anwendungsvorteil, vor allem für den Einsatz in der Meßtechnik, besteht darin, daß dieses Verfahren in einfacher Weise durch Schaltungen mit integrierendem Verhalten (Integration des Eingangssignals während der Umsetzzeit, Mittelwertbildung, averaging) realisierbar ist. Dadurch wird eine hohe Störspannungsunterdrückung ermöglicht. Typische Vertreter sind der Ein-, Zwei- und Vierflankenumsetzer, das Charge-balancing-Verfahren (Ladungsmengenkompensation) und der Delta-Sigma-ADU.

In der Mitte zwischen den genannten beiden Extremwerten liegt der Stufenumsetzer (Wägeverfahren, Verfahren der sukzessiven Approximation). Für einen 8-bit-ADU be-

***Tafel 21.5. Zur Systematik der AD-Umsetzverfahren* [21.8]**

Anzahl der Rechenschritte : r = 1 ... m

1 | < (2...7) | lb m (8) | < (9...254) | m−1(255)

Anzahl der Normale: h = 1 ... m

m−1(255) | V | lb m (8) | < | 1

Parallelwandler
(direkte Methode)
-Simultanumsetzung
-Momentanwertumsetzung

U_x 7 6 5 4 3 2 1 Z
1.Takt t

Parallel-Serien-Wandler
(Mehrstufenmethode)
- wiederholte Simultanumsetzung

U_x Z
1. 2. ... Takt t

Stufenwandler
(Iterationsmethode)
-Wägeumsetzung

U_x Z
1. 2. 3. 4. ... Takt t

langsame Umsetzung
(hohe Auflösung)

U_x Z
1. 2. 3. ... Takt t

erweitere Serienwandler
(erweiterte Zählmethode)

U_x Z
1. 2. 3. ... Takt t

Serienwandler
(Zählmethoden)
-Sägezahnumsetzer
-Dual-slope-Umsetzer
-Treppenspannungsumsetzer

schnelle Umsetzung
(geringe Auflösung)

Op.: Amplitüdenselektion | sukzessive Approximation (typisch) | Summation

Tafel 21.6. Unterschiede zwischen den wichtigsten ADU-Wirkprinzipien (bezogen auf einen n-bit-ADU)

r Anzahl der Rechenschritte; *h* Anzahl der Normale

Verfahren	r	h	Besondere Merkmale
Parallelverfahren	1	$2^n - 1$	sehr schnell, sehr aufwendig
Wägeverfahren	n	n	schnell, vertretbarer Aufwand, Sample-and-hold-Schaltung erforderlich
Zählverfahren	$2^n - 1$	1	sehr einfach, hohe Auflösung und Genauigkeit, unkritische schaltungstechnische Realisierung, keine Sample-and-hold-Schaltung erforderlich, sehr gute Rauschunterdrückung (integrierende Verfahren), geringe Kosten

nötigt man (abgesehen vom Vorzeichen- und Synchronisiertakt) lediglich 8 Schritte und 8 Normale. Beginnend mit dem größten Normal (Gewicht) werden zeitlich nacheinander dual abgestufte Normale (Ausgangsspannung eines im Gegenkopplungszweig liegenden Digital-Analog-Umsetzers) zum Vergleich mit der umzusetzenden analogen Eingangsgröße herangezogen. Die Kompensation erfolgt wie bei einer Waage nach dem Verfahren der sukzessiven Approximation. Dieser Umsetzer stellt einen guten Kompromiß zwischen kleiner Umsetzzeit, hoher Genauigkeit und vertretbarem Aufwand dar. Er ist deshalb häufig im analogen Interface von Mikrorechnern enthalten. Seine Steuereinheiten lassen sich in diesem Fall durch die Software des Mikrorechners ersetzen.

Neben den vorstehend erläuterten drei meist verwendeten ADU-Verfahren gibt es weitere Verfahren, die jedoch wesentlich seltener verwendet werden, z.B. das Verfahren der Parallel-Serien- und der erweiterten Serien-AD-Umsetzung.

Bei der *Parallel-Serien-Umsetzung* erfolgt die Umsetzung in mehreren Stufen. In der ersten Stufe werden grob unterteilte Normale verwendet. In der zweiten und ggfs. noch weiteren Stufen erfolgt der Umsetzvorgang mit kleineren Normalen.

Bei der *erweiterten Serien-AD-Umsetzung* werden ähnlich wie bei der Parallel-Serien-Umsetzung mehrere unterschiedliche Normale verwendet. Auch hier beginnt man den Vergleichsvorgang mit dem größten Normal.

In der letzten Zeit gewinnen Abarten des Parallelverfahrens wie z. B. die Zweischritt-Flash-Umsetzung große Bedeutung, weil sie die Realisierung von Video-ADU mit Auflösungen $> 8 \ldots 10$ bit bei vertretbarem Aufwand ermöglichen.

Die wichtigsten Gesichtspunkte bei der Auswahl von ADU sind

1. Geschwindigkeit (Umsetzzeit)
2. Genauigkeit (Auflösung, Zahl der Bits)
3. Kosten
4. Technologie, Leistungsaufnahme, Betriebsspannung, Mikroprozessorkompatibilität u.a.

Ratiometrische AD-Umsetzung. Jede AD-Umsetzung ist ein „Meßvorgang". Es wird festgestellt, wie oft ein Normal (Quantisierungseinheit) in der umzusetzenden analogen Eingangssignalamplitude enthalten ist.

Dieses Normal wird aus einer hochkonstanten Referenzquelle (z.B. Referenzspannungsquelle mit $U_R = +10$ V) abgeleitet, die in der Regel im ADU enthalten ist.

Viele ADU ermöglichen zusätzlich das Anschalten einer äußeren Referenzspannungsquelle. Falls diese Spannung in einem großen Bereich (z.B. $-10\text{ V} < U_R < +10\text{ V}$) verändert werden darf, ohne daß dies die Funktion des ADU beeinträchtigt, läßt sich der ADU zur „ratiometrischen Umsetzung" verwenden.

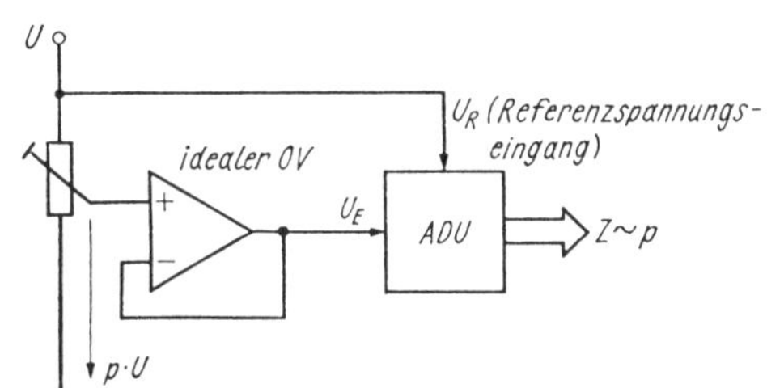

Bild 21.20
Ratiometrische AD-Umsetzung

Das digitale Ausgangssignal (Zahl) des ADU ist proportional zum Verhältnis Eingangs-/Referenz-Spannung

$$Z = \text{const}\,\frac{U_E}{U_R}. \tag{21.4}$$

Die Ausgangszahl Z gibt also digital den Quotienten zweier analoger Spannungssignale an. Dieser Zusammenhang läßt sich vorteilhaft für Präzisionsmessungen verwenden. Die Größe der Referenzspannung geht dabei nicht als Fehler ein. Ein Beispiel zeigt Bild 21.20.

Die Stellung p eines Potentiometers ($0 \leqq p \leqq 1$) wird mit hoher Genauigkeit in eine proportionale Zahl Z umgesetzt, ohne daß die Betriebsspannung U als Fehler eingeht.

Es gilt $U_R = U$, $U_E = U' = pU$ und folglich

$$Z = \text{const}\,\frac{U_E}{U_R} = \text{konst}\,p\,.$$

21.2.3. Parallelverfahren

21.2.3.1. Reines Parallelverfahren (Flash-ADU)

Der parallele ADU (auch flash encoder genannt) ermöglicht vom Wirkprinzip her die kürzesten Umsetzzeiten. Seine Wirkungsweise beruht darauf, daß (im Falle eines n-bit-ADU) die analoge Eingangsspannung in einem einzigen Schritt mit $2^n - 1$ unterschiedlichen Referenzspannungen ($\triangleq$ Normalen) verglichen und festgestellt wird, welches

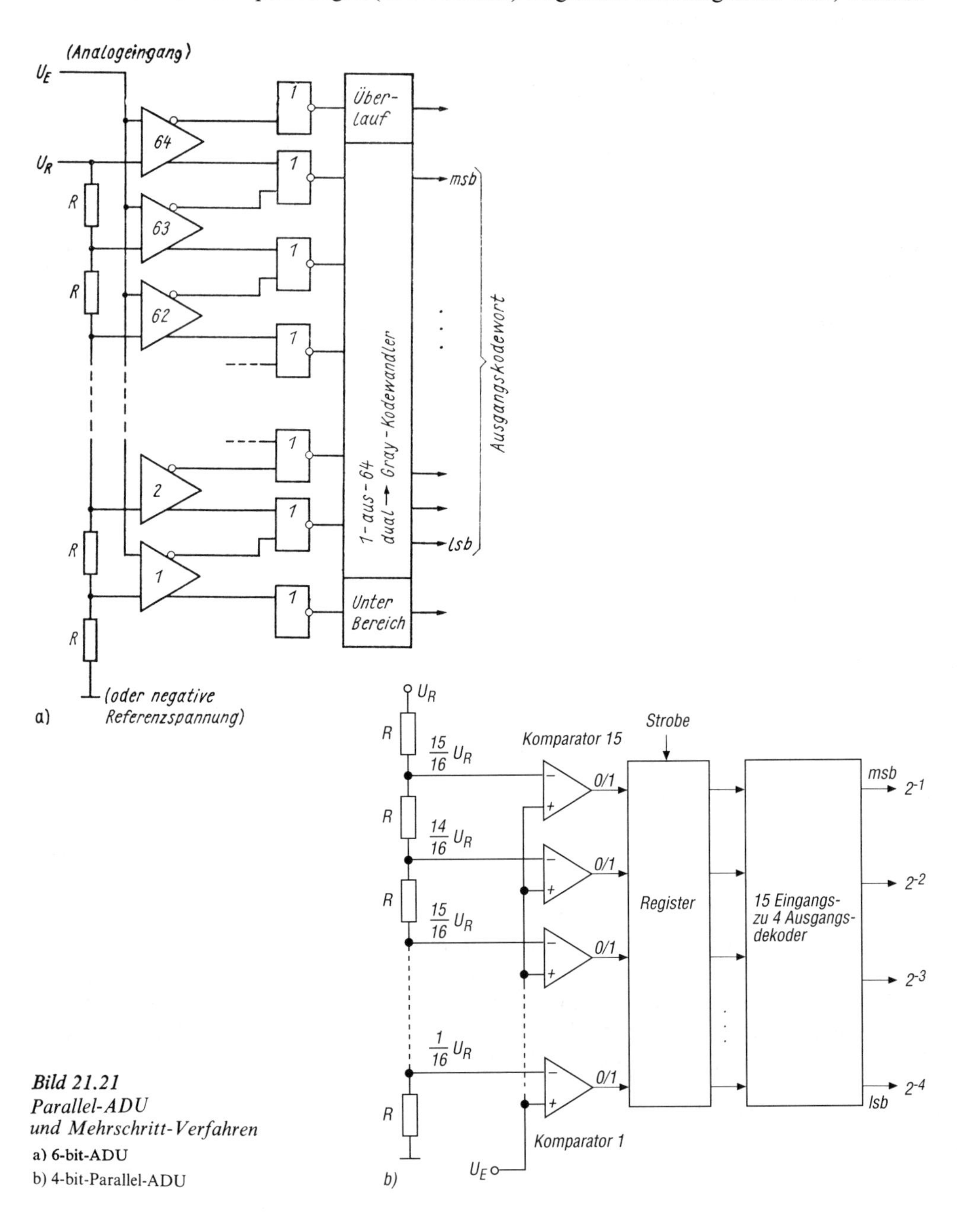

Bild 21.21
Parallel-ADU
und Mehrschritt-Verfahren
a) 6-bit-ADU
b) 4-bit-Parallel-ADU

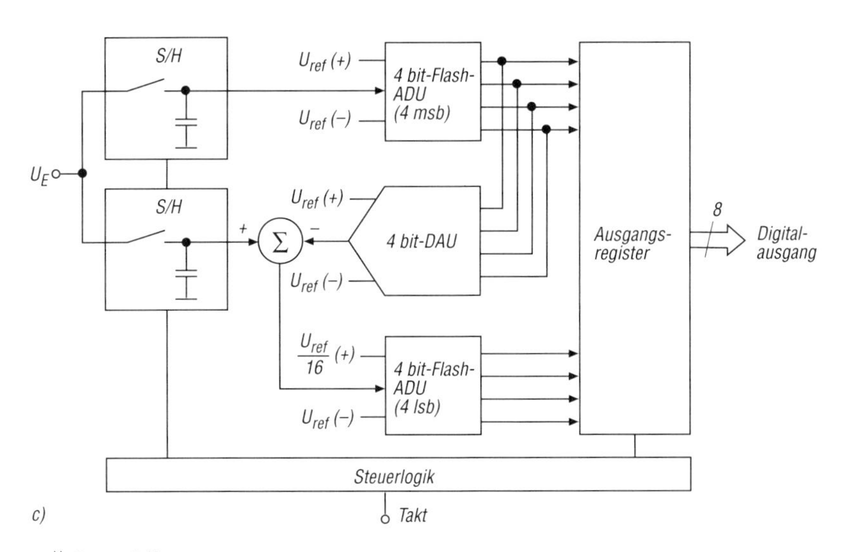

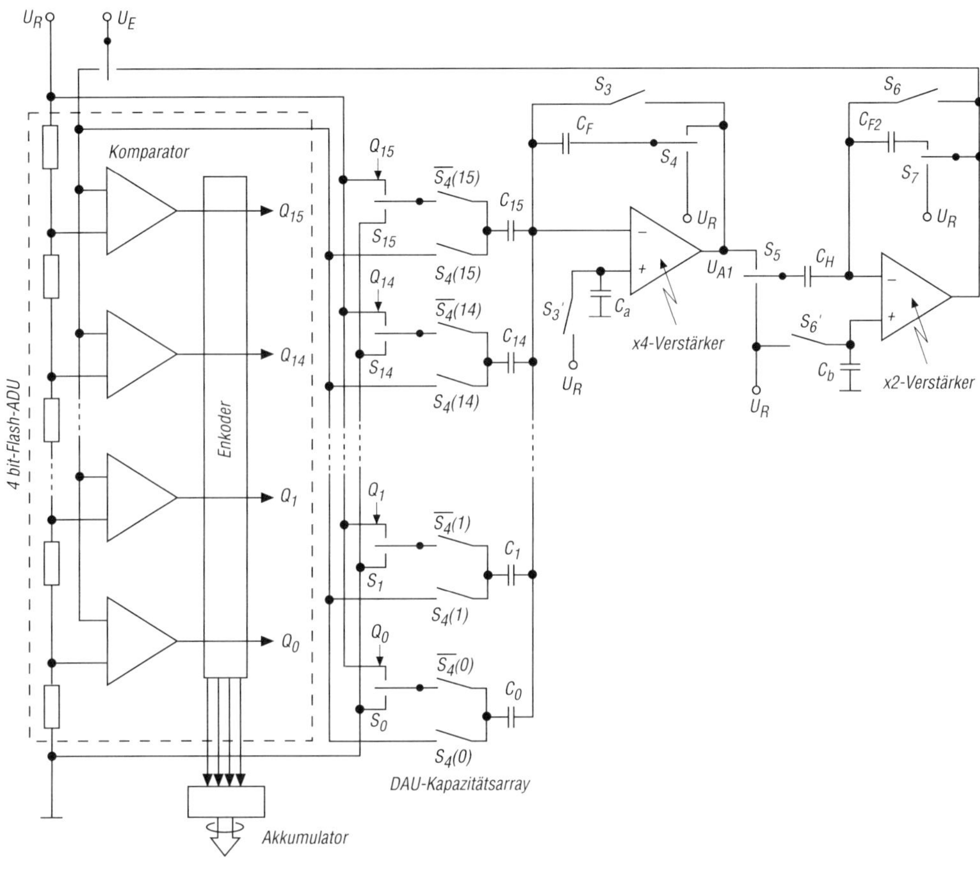

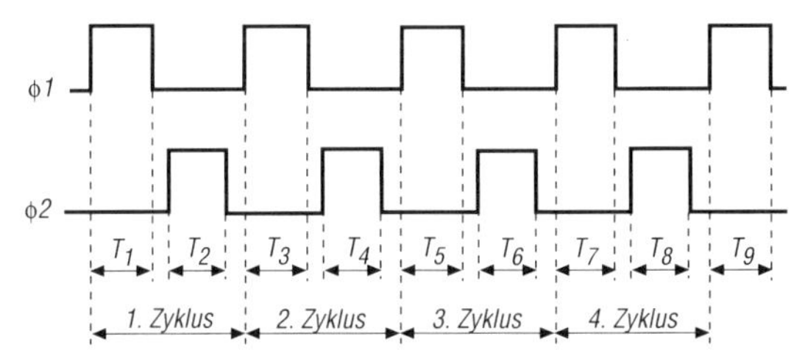

Bild 21.21.

c) ADU nach dem Halbflash-Prinzip mit 8 bit Auflösung

d) 12-bit-Vierschritt-Flash-ADU mit Zeitdiagramm der vier aufeinanderfolgenden Zyklen

dieser $2^n - 1$ Normale mit der Eingangsspannung annähernd gleich ist. Die „Nummer" dieses Normals wird in kodierter Form (z. B. im Dualkode) als digitales Ausgangswort des ADU ausgegeben (Bild 21.21).

Einsatzbereiche dieser extrem schnellen ADU sind u. a. die digitale Videosignalverarbeitung, die medizinische Elektronik, die schnelle Digitalmeßtechnik.

Das reine Parallelverfahren ist vom theoretischen Prinzip her das einfachste, jedoch auch aufwendigste Verfahren, da die Anzahl benötigter Komparatoren ($2^n - 1$) exponentiell mit der Auflösung zunimmt, und nicht beliebig viele Komparatoren auf dem Chip untergebracht werden können (Chipfläche, Verlustleistung, Stromaufnahme, Toleranzen des Widerstandsspannungsteilers und der Komparatorschwellen). Ein monolithischer 8-bit-ADU enthält auf seinem Chip etwa 17000 Elemente. Je weiteres Bit verdoppelt sich die Anzahl. Bei Auflösungen > 8 ... 10 bit werden daher in der Regel Mehrschrittverfahren angewendet. Sie haben zwar längere Umsetzzeit, kommen aber mit weniger Aufwand aus. Besondere Bedeutung haben hierbei das *Halbflash-* (Subranging-, 2-pass-ADU) und das *Faltungsverfahren.*

Bild 21.21a zeigt das Schaltungsprinzip und Bild 21.21b die Schaltung eines 6- bzw. 4-bit-ADU. Wir betrachten nachfolgend Bild 21.21b. Die Referenzspannung für Komparator 1 beträgt $U_R/16$ (= 1 lsb), die für Komparator 2 beträgt $(2/16)U_R$ usw., und die Referenzspannung für Komparator 15 beträgt $(15/16)U_R$ (= *FS-lsb*). Das Ausgangssignal eines Komparators ist 0, wenn die Spannung am +Eingang kleiner ist als am Referenzeingang und beträgt 1, wenn die Spannung am +Eingang größer ist als am Referenzeingang. Falls $U_E < (1/16)U_R$ ist, liegt 0-Signal an allen Komparatorausgängen; falls $U_E > (15/16)U_R$ ist, liegt 1-Signal an allen Komparatorausgängen. Bei einem beliebigen Zwischenwert von U_E liegt an den Ausgängen aller Komparatoren mit Referenzspannungen $< U_E$ 1-Signal und an den Ausgängen aller Komparatoren mit Referenzspannungen $> U_E$ 0-Signal.

Die 15 Komparatorausgänge ändern sich progressiv von 0-Signal auf 1-Signal. Sie bilden einen ungewichteten Binärkode, der mit gleicher Auflösung durch einen 4-bit-2^n-gewichteten Kode dargestellt werden kann.

Der Aufwand für ADU nach diesem Verfahren ist sehr hoch, denn für einen 8-bit-ADU werden bereits $2^8 - 1 = 255$ (oder 256) Komparatoren benötigt. Auch der Aufwand für die Kodewandlung („Nummer" des Normals → Ausgangskode) nimmt mit steigender Auflösung stark zu. Hinzu kommen Probleme der Genauigkeit, dynamischen Stabilität, die große Eingangskapazität durch die vielen parallelgeschalteten Komparatoreingänge.

Auf Grund der sofortigen Umsetzung benötigt der parallele ADU im Gegensatz zum Sukzessiv-Approximations-ADU keine vorgeschaltete Sample-and-hold-Schaltung. Jedoch ist es oft günstig, eine kurzzeitige Zwischenspeicherung der Komparatorausgangssignale vorzunehmen, da infolge unterschiedlicher Laufzeiten kurzzeitig falsche Zahlenwerte am Dekodereingang auftreten können (z. B. falls anstelle des Gray-Kodes der reine Dualkode Verwendung findet). Günstig ist es, in diesen Fällen ein digitales Abtast- und Halteglied (z. B. Kombination Komparator/Flipflop) einzusetzen, da es bei sehr hohen Abtastraten bessere Eigenschaften aufweist als analoge Sample-and-hold-Schaltungen [3].

Beispiele industrieller monolithischer Flash-ADU:

CX 20116/20201 (Sony):	8/10 bit, 100 MHz Umsetzrate
CXA 1076/1176 K (Sony):	8 bit, 200/300 MHz Umsetzrate
TDC 1029J/1019J (TRW):	6/9 bit, 100/20 MHz Umsetzrate
CA 3308 (RCA):	8 bit, 15 MHz Umsetzrate, CMOS, $P_v = 240$ mW, doppelte Umsetzrate durch Parallelschalten von 2 IS

AD 9006 (Analog Devices): 6 bit, 500 MHz Umsetzrate, $SNR > 29$ dB (entspricht 4,4 effektiven Bits)
Tektronix: 8 bit, 500 MHz Umsetzrate, 1,2 ns Aperturverzögerung, 3 ps Apertur-Jitter.

Als Labormuster wurden bereits 6-bit-ADU mit 2000 MHz Umsetzrate in Bipolartechnik realisiert (ISSCC 88).

21.2.3.2. Mehrschritt-Parallelverfahren

Zweischritt-Flash-Verfahren (Halbflash-Prinzip). Diesem Umsetzprinzip liegt folgendes Konzept zu Grunde:

1. In einem ersten Schritt erfolgt die AD-Umsetzung der höherwertigen Bits (z. B. die 4 msb eines 8-bit-ADU)
2. Anschließend wird in einem zweiten Schritt die Differenz zwischen dem analogen Eingangssignal und dem digital-analog rückgewandelten Wert aus der ersten Umsetzung umgesetzt. Diese Umsetzung liefert die niederwertigen Bits des ADU-Ausgangswortes. Das komplette Ausgangswort des ADU wird in einem Register gespeichert.

Diese Methode spart eine große Anzahl von Komparatoren gegenüber dem „reinen" Flash-Verfahren ein (30 anstelle von 255 Komparatoren). Jedoch erhöht sich die Umsetzzeit (zwei Umsetzungen zeitlich nacheinander), und das analoge Eingangssignal muß in einer bzw. zwei Sample-and-hold-Stufen zwischengespeichert werden. Anhand des Bildes 21.21c erläutern wir die Wirkungsweise genauer: Die beiden Sample-and-hold-Schaltungen tasten die analoge Eingangsspannung ab und speichern den Abtastwert in je einem Kondensator. Zunächst werden die 4 msb im oberen Flash-ADU ermittelt und im Ausgangsregister gespeichert. Parallel hierzu werden diese vier msb einem 4-bit-DAU mit 8-bit-Genauigkeit zugeführt, dessen Ausgangsspannung von der zwischengespeicherten analogen Eingangsspannung subtrahiert wird. Die durch diese Subtraktion entstehende Restspannung wird exakt mit dem Faktor 16 multipliziert (indem dem unteren ADU nicht die Referenzspannung U_{ref}, sondern $U_{ref}/16$ zugeführt wird) und im unteren 4-bit-Flash-ADU in die vier lsb umgesetzt. Durch die Multiplikation mit dem Faktor 16 haben die Bitstellen des unteren ADU die Wertigkeiten $2^{-5} \dots 2^{-8}$.

Die Verwendung von zwei Sample-and-hold-Schaltungen am Eingang hat den Vorteil, daß ein neuer Abtastwert der Eingangsspannung bereits erfaßt werden kann, während der niederwertige Teil des vorherigen Abtastwertes noch ermittelt wird (überlappende Betriebsart).

In [21.36] wird über einen 12-bit-Zweischritt-Flash-ADU in 3 μm-CMOS-Technologie auf einem Chip der Größe 9,5 mm × 8,4 mm berichtet mit den Daten Umsetzzeit 667 ns, Leistungsaufnahme 700 mW, Betriebsspannungen + 5 V und − 5 V. Verstärkungs- und Offsetfehler werden automatisch durch An- und Abschalten kleiner Kapazitäten auf dem Chip kalibriert. Dadurch ist kein externer Abgleich erforderlich. Bemerkenswert ist bei dieser Variante die Erzeugung der 64 unterschiedlichen Referenzspannungen für den 6-bit-ADU. Sie erfolgt mit einem SC-Integrator (s. Abschn. 14.5.), an dessen Ausgang 66 Sample-and-hold-Schaltungen angeschlossen sind. Die Integratorausgangsspannung durchläuft hochlinear alle interessierenden 65 Referenzpegel in zeitlicher Folge. Jede der 65 Sample-and-hold-Schaltungen wird zu dem Zeitpunkt an den Integratorausgang angeschaltet, zu dem ihr Referenzpegel auftritt. Alle Sample-and-hold-Schaltungen werden im Abstand von 180 μs aufgefrischt, wobei gleichzeitig ein Nullpunktabgleich jedes Komparators erfolgt.

Industrielle Beispiele: LTC 1099: mit integriertem Sample-and-hold-Verstärker, 8 bit, 2,5 µs Umsetzzeit, Slew-Rate 20 V/µs für Eingangssignal, Verlustleistung 75 mW (CMOS), Betriebsspannung 5 V; *MAX 151:* mit integriertem Track-and-Hold-Verstärker, 10 bit, 1,9 µs Umsetzzeit, Eingangsbandbreite 5 MHz, Betriebsspannung + 5 V, − 5 V.

Vierschritt-Flash-ADU (rekursiver Subranging ADU). Vor allem hinsichtlich geringer Chipfläche (4 mm^2) und Verlustleistung (25 mW) stellt der leistungsfähige 12-bit-ADU mit 5 µs Umsetzzeit und einer Betriebsspannung von 5 V im Bild 21.21d einen beachtlichen Fortschritt dar. Der geringe Chipflächenbedarf und die niedrige Verlustleistung werden dadurch ermöglicht, daß im Unterschied zum oben beschriebenen Zweischrittverfahren vier zyklische Umsetzungen von jeweils 4 bit, von denen 3 bit in das ADU-Ausgangswort einbezogen werden (das jeweils vierte Bit dient der Korrektur von Nichtlinearitäten), erfolgen.

Die Umsetzung läuft in folgender Weise ab (Bild 21.21 d) [21.37]: Während des ersten halben Zyklus T_1 wird die Eingangsspannung durch das Kapazitätsarray (DAU) abgetastet. Am Ende von T_1 setzt der Flash-Umsetzer das Eingangssignal in ein digitales 4-bit-Wort um. Der Verstärker mit $V = 4$ subtrahiert die Spannung, die vom Flash-ADU-Ausgangskode durch DA-Umsetzung mittels des Kapazitätsnetzwerkes entsteht, vom Eingangssignal und verstärkt die Differenz 4fach während des restlichen halben Zyklus T_2. Gleichzeitig wird der Ausgangskode des Flash-ADU dem Akkumulator zugeführt, der den endgültigen ADU-Ausgangskode generiert. Während T_3 (erste Phase des zweiten Zyklus) wird das vierfach verstärkte Differenzsignal verdoppelt und durch den $\times$ 2-Verstärker gehalten. Das letztgenannte Signal ist das Eingangssignal für den zweiten Umsetzzyklus. Der erläuterte Ablauf wird insgesamt viermal wiederholt. Der letzte halbe Zyklus T_8 wird dazu verwendet, um den Ausgangskode der vierten Flash-Umsetzung zum Akkumulator zu übertragen.

Die Realisierung des DA-Umsetzers unter Verwendung eines Kapazitätsarrays hat u. a. den Vorteil sehr hoher Genauigkeit ($>$ 12bit) und einfacher Realisierung der Sample-and-hold-Funktion.

21.2.3.3. Faltungsverfahren

Eine andere Möglichkeit zur Verringerung des Schaltungsaufwandes bei höher auflösenden Flash-ADU besteht in der Anwendung des „Faltungsdekoders". Eine Variante dieses Verfahrens wird bei den 10-bit-ADUs von Analog Devices AD 9020 (Umsetzrate 60 MHz) und AD 9060 (Umsetzrate 75 MHz) angewendet. Anstelle der beim Flash-ADU nach Bild 21.21a,b benötigten 1023 Komparatoren kommt die Schaltung mit 512 Komparatoren aus. Das 10. Bit (lsb) wird dadurch gewonnen, daß zwischen je zwei benachbarten Komparatoren zusätzlich eine Flipflopstufe mit Differenzeingang angeordnet ist. Diese Flipflopstufe schaltet in der Mitte zwischen jeweils zwei benachbarten der insgesamt 512 mit einem Spannungsteiler erzeugten Referenzspannungen und erzeugt auf diese Weise ein zusätzliches Bit im ADU-Ausgangswort [21.38].

Hinweise zum Einsatz von Flash-ADU. Flash-ADU weisen in der Regel intern eine Trennung der analogen und digitalen Bezugspotentiale sowie der Versorgungsspannungen auf, um gegenseitige Störungen dieser Signale zu verringern. In Applikationen mit $f > 50$ MHz muß dieses „Isolationsprinzip" auch auf der Leiterkarte konsequent durchgeführt werden. Um Störungen zu vermeiden, sind unbedingt getrennte Masseflächen und separate Versorgungsspannungen beim Leiterplattenentwurf vorzusehen.

21.2.4. Wägeverfahren (Sukzessive Approximation)

ADU, die das Prinzip der sukzessiven Approximation verwenden, haben relativ kurze Umsetzzeit und hohe Genauigkeit bei vertretbarem Aufwand. Dieses Umsetzverfahren ist gegenwärtig das Standardverfahren für mittelschnelle und schnelle ADU. Das Prinzip beruht auf einer schrittweisen Annäherung des in einem DAU rückgewandelten Digitalwertes an die Eingangsspannung. Die verwendete Schrittweite wird von Stufe zu Stufe um die Hälfte verringert.

Es gibt Typen bis zu 16 bit Auflösung und andere mit 1 µs Umsetzzeit. In letzter Zeit wird durch Methoden der Selbstkalibrierung die Leistungsfähigkeit deutlich erhöht (16-bit-ADU mit 20 µs Umsetzzeit). In einem n-bit-ADU sind zeitlich nacheinander n Vergleiche erforderlich. Das sind ein bis zwei Größenordnungen weniger Schritte als bei den Zählverfahren. Daher ist auch die Umsetzzeit von Umsetzern nach dem Wägeverfahren mindestens ein bis zwei Größenordnungen kürzer als bei ADU nach dem Zählverfahren.

Die Umsetzzeit ist konstant (unabhängig von der Eingangssignalamplitude). Solche ADU finden vor allem in Datenerfassungssystemen, bei denen eine u.U. große Anzahl analoger Eingangskanäle periodisch abgetastet und digitalisiert werden muß, bevorzugte Anwendung.

Bei ADU nach dem Wägeverfahren wird das Eingangssignal zeitlich nacheinander Bit für Bit unter Verwendung eines DAU umgewandelt (Bild 21.22).

Nach dem Eintreffen des Startsignals (convert command) wird der zum msb gehörige Schalter im DAU eingeschaltet (1-Signal), so daß am DAU-Ausgang die Spannung $U_R/2$ (U_R Referenzspannung) auftritt. Alle übrigen Schalter im DAU werden ausgeschaltet (0-Signal), so daß die niederwertigeren Bits keinen Beitrag zur DAU-Ausgangsspannung liefern. Gleichzeitig wird der Taktgenerator gestartet.

Bevor die erste Flanke des ersten Taktimpulses eintrifft (HL-Flanke im Bild 21.22a), wird die DAU-Ausgangsspannung mit der Eingangsspannung U_E verglichen, und in Abhängigkeit vom Ergebnis dieses Vergleichs wird der zum msb gehörige Schalter mit der aktiven Taktflanke des ersten Taktimpulses entweder ausgeschaltet (0-Signal), falls $U_E < (U_R/2)$ ist, oder eingeschaltet belassen (1-Signal), falls $U_E > (U_R/2)$ ist. Anschließend daran wird mit dem zweiten Taktimpuls der zum nächst niederwertigen Bit gehörige Schalter im DAU auf „1“ gesetzt. Das hat eine DAU-Ausgangsspannung von $U_R/4$ oder $(\frac{3}{4})\ U_R$ zur Folge. Ein erneuter Vergleich mit der ADU-Eingangsspannung U_E liefert die Aussage, ob dieses Bit bei „1“ verbleibt oder auf „0“ zurückgesetzt werden muß. In gleicher Weise werden alle übrigen Bits verarbeitet. Bei jeder der n erforderlichen Vergleichsoperationen muß die Einschwingzeit des DAU und des Komparators (Einschwingen auf $\mp \frac{1}{2}$ lsb) abgewartet werden, bevor der nächste Taktimpuls den nächsten Vergleich einleiten darf. Die Umsetzzeit des ADU beträgt daher ungefähr das n-fache der DAU- und Komparatoreinschwingzeit.

Oft werden mit dem ersten Taktimpuls erst alle internen Register nullgestellt. Das höchstwertige Bit (msb) wird dann mit dem zweiten Taktimpuls gesetzt usw. Für eine Umsetzung werden in diesem Falle ein bis zwei Taktimpulse zusätzlich benötigt, so daß eine n-bit-Umsetzung n + 1 oder n + 2 Taktperiodendauern dauert.

Während der Umsetzzeit muß die analoge Eingangsspannung des ADU bis auf $\pm\frac{1}{2}$ lsb vom Eingangsspannungsbereich konstant gehalten werden. Anderenfalls kann je nach dem Zusammentreffen von Approximationsschritt und Eingangsspannungsänderung ein falscher Wert ausgegeben werden. Falls sich die analoge Eingangsspannung des ADU während seiner Umsetzzeit um mehr als $\pm\frac{1}{2}$ lsb ändert, muß unbedingt eine Abtast-

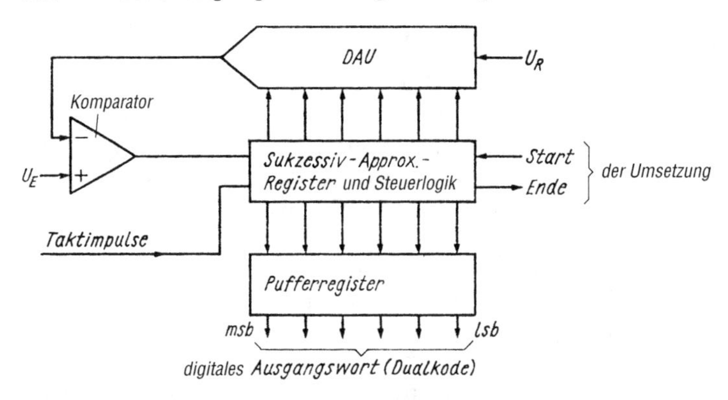

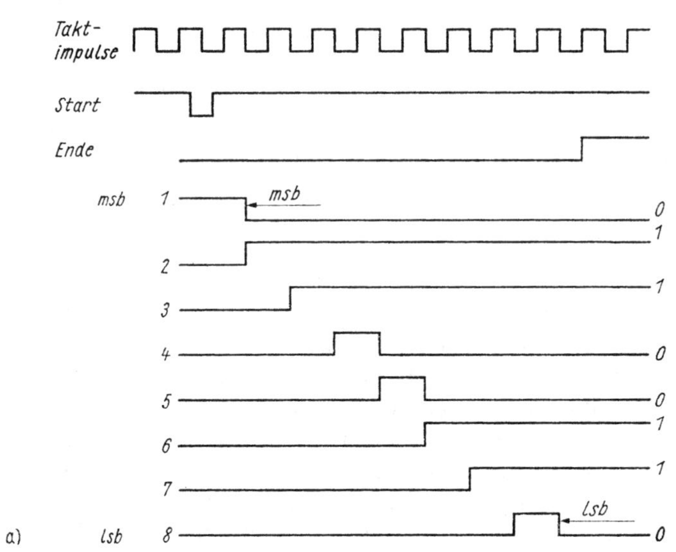

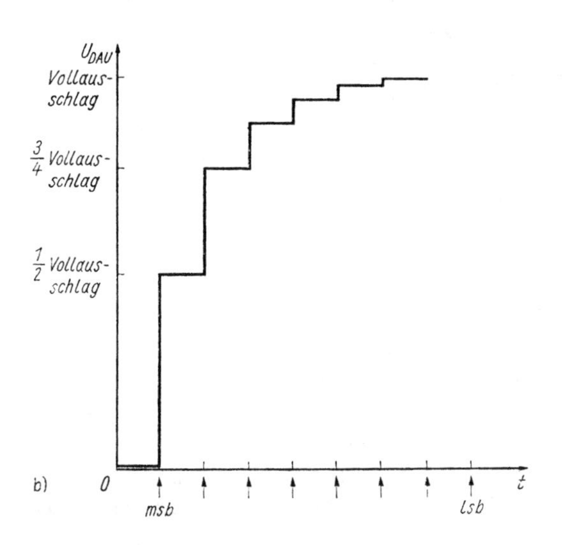

Bild 21.22. ADU nach dem Wägeverfahren

a) Blockschaltbild
b) Abgleichvorgang bei voller Eingangsspannung
c) Charge-Redistributions-Netzwerk zur kapazitiven DA-Umsetzung
d) Erläuterung des Abgleichvorgangs beim Umsetzer nach c; es gilt $D = U_E/U_{ref}$ für verschwindende Komparatoreingangsspannung; $C_{tot} = C + (C/2) + (C/4) + \ldots + (C/32768)$
e) Schaltung für bipolare Eingangsspannungen (für Zeitintervalle außerhalb des eigentlichen Umsetzvorgangs)
f) algorithmischer ADU

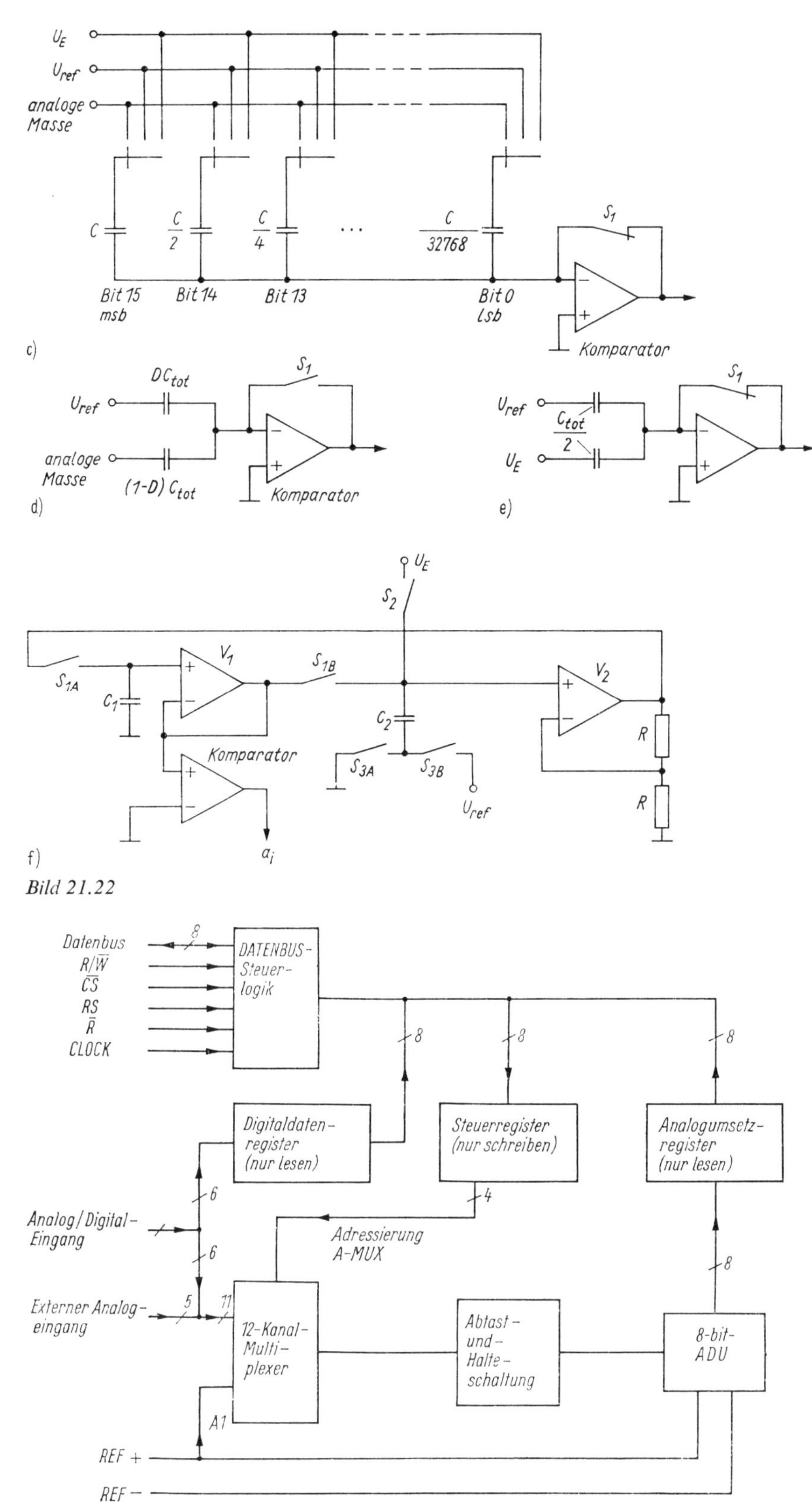

Bild 21.22

Bild 21.23. Blockschaltbild des 8-bit-ADU TLC 532/533 (Lin CMOS, TI)

und Halteschaltung vor den ADU-Eingang geschaltet werden (s. Abschn. 16.4.). Dies gilt auch, wenn der ADU nach dem Sukzessiv-Approximationsverfahren vom „ratiometrischen" Typ ist, bei dem sich die externe Referenzspannung zeitlich ändern kann. Verständlicherweise darf sich U_R während der Umsetzzeit nicht mehr als um $\pm$ lsb/2 ändern, so daß bei schnellen Änderungen von U_R eine zweite Sample-and-hold-Schaltung erforderlich wird.

Während der Umsetzzeit befindet sich der Ausgang des „Status-Flipflops" im „Busy/not valid"-Zustand. Er signalisiert auf diese Weise beispielsweise einem angeschlossenen Mikroprozessor, daß die Umsetzung noch nicht beendet ist. Nach erfolgter Umsetzung ändert sich der Signalpegel dieses Steuersignals, womit signalisiert wird, daß von nun an die Ausgangsdaten des ADU bereitstehen („gültig" sind). Gleichzeitig kann dieses Steuersignal auch eine vor dem ADU angeordnete Sample-(bzw. Track-)and-hold-Schaltung wieder vom Hold- in den Sample/Track-Zustand zurückschalten.

Das digitale Ausgangswort des ADU wird in einem Ausgangsregister bis zum Ende der darauffolgenden Umsetzung zwischengespeichert.

Die Genauigkeit, Auflösung, Linearität und Umsetzzeit dieses ADU werden in erster Linie vom DAU und vom Komparator beeinflußt. Das hier beschriebene Verfahren der sukzessiven Approximation ist vergleichbar mit einem Wägevorgang, bei dem – mit dem größten Gewicht beginnend – zeitlich nacheinander dual gestufte Gewichte aufgelegt werden, wobei nach jedem Auflegen eines Gewichtes die Waage abgelesen und in Abhängigkeit vom Ableseergebnis entschieden wird, ob das unmittelbar vorher aufgelegte Gewicht auf der Waage verbleibt (1-Signal des zugehörigen Bits) oder nicht.

Auch bei ADU nach dem Sukzessiv-Approximationsverfahren werden in den letzten Jahren verstärkte Anstrengungen im Hinblick auf den Einsatz der CMOS-Technologie unternommen. Einige analoge Funktionsgruppen lassen sich zwar mit schlechteren Daten als ihre bipolaren Varianten herstellen, die CMOS-Technologie bringt jedoch auch zahlreiche Vorteile, z.B. sehr niedrigen Leistungsverbrauch und die einfache Möglichkeit, Analogmultiplexer und kapazitive DAU-Netzwerke mit auf dem Chip zu integrieren. Bild 21.23 zeigt als Beispiel den in LinCMOS-Technologie realisierten 8-bit-ADU TLC 532 (TI), der als „Niedrigkosten-ADU" u.a. für den Einsatz in der Automobilindustrie konzipiert ist. In ihm ist das klassische Widerstandsnetzwerk nach Bild 21.4 durch ein SC-Netzwerk (geschaltete Kapazitäten) ersetzt worden. Bei der LinCMOS-Technologie wird anstelle des früher verwendeten Metallgates ein Siliziumgate verwendet. Dadurch ließ sich die Geschwindigkeit der Signalverarbeitung um den Faktor 20 erhöhen (geringere parasitäre Kapazitäten). Bemerkenswert ist neben dem SC-Netzwerk die Verwendung gemeinsamer Eingangsleitungen für analoge und digitale Eingangssignale. Der Chip enthält eine Sample-and-Hold-Stufe und verfügt über Handshake-Steuersignale zum einfachen Anschluß an Mikroprozessoren. Ein zweiter Typ TLC 540 hat anstelle von 8 Parallelausgängen einen seriellen Ausgang.

Charge-Redistribution-Technik. Für die Realisierung von ADU- und DAU in MOS-Technik sind Kapazitätsnetzwerke besser geeignet als Widerstandsnetzwerke (Genauigkeit, Herstellungstechnologie, s. Abschn. 6.). Daher wird der Algorithmus der sukzessiven Approximation bei CMOS-ADU meist unter Verwendung eines Netzwerks binär gestufter Kapazitäten realisiert. Über Schalter kann jede dieser Kapazitäten entweder an den Eingang, an die Referenzspannung oder an Masse geschaltet werden (Bild 21.22c). In den Zeitintervallen außerhalb des Umsetzvorgangs werden alle Kapazitäten parallelgeschaltet und mit dem Analogeingang verbunden. Bei Beginn eines Umsetzvorgangs öffnet sich S_1, alle Kondensatoren werden vom Eingang getrennt und, mit dem größten Kondensator beginnend, schrittweise mit U_{ref} oder Masse verbunden. Der Algorithmus der sukzessiven Approximation wird, genau wie vorstehend bei Bild 21.22b beschrieben, sequentiell abgearbeitet. Zuerst wird das msb bestimmt, indem C (Bit 15) mit U_{ref} verbunden wird. Alle übrigen Kapazitäten liegen an Masse. Am Komparatoreingang tritt hierdurch eine Spannungsänderung von $U_{ref}/2$ auf, und es erfolgt ein Vergleich mit der auf allen Kapazitäten gespeicherten Eingangsspannung U_E. Falls $U_E < U_{ref}/2$ ist, wird C wieder an Masse geschaltet (Bit 15 = 0). Anderenfalls bleibt es mit U_{ref} verbunden (Bit 15 = 1).

Zur Bestimmung der nächstniedrigen Bitstelle wird $C/2$ mit U_{ref} verbunden. Alle Kapazitäten der niederwertigeren Bitstellen bleiben an Masse. Die Folge ist eine Spannungsänderung von $U_{ref}/4$ am Komparatoreingang. Ein erneuter Vergleich mit der Eingangsspannung U_E liefert die Aussage, ob dieses Bit auf „1" verbleibt oder auf „0" zurückgesetzt werden muß (d.h. $C/2$ wieder an Masse gelegt wird). In gleicher Weise werden alle übrigen Bits verarbeitet. Nachdem das lsb bestimmt ist, ergibt sich das Verhältnis der Kapazitäten entsprechend Bild 21.22d. D ist das auf $\leqq 1$ normierte digitale Umsetzergebnis.

Da die Eingangsspannung auf allen Kapazitäten gespeichert ist, kann auf das Vorschalten einer Abtast- und Halteschaltung vor den ADU verzichtet werden.

Die Schaltung läßt sich auch für bipolare Eingangsspannung nutzen. In den Zeitintervallen außerhalb des Umsetzvorgangs muß zu diesem Zweck entsprechend Bild 21.22e die halbe Gesamtkapazität mit U_{ref} und die andere Hälfte mit Masse verbunden werden (anstelle alle Kapazitäten mit dem Eingang zu verbinden).

Selbstkalibrierung. Das soeben beschriebene Verfahren wird bei dem 16-bit-ADU CSC 5016 (Crystal Semiconductor Corp.) verwendet. Dieser ADU (Umsetzzeit 16 µs, Umsetzrate 50 kHz, ± 5 V Betriebsspannung, $P_v = 150$ mW, 3 µm-CMOS-Technologie) weist als zusätzliche Besonderheit ein neues bemerkenswertes Selbstkalibrierverfahren für Offset, Vollausschlag und Linearität auf. Dadurch wird die bisher für Sukzessiv-Approximations-ADU mit Kapazitäts-DAU-Netzwerk bestehende Auflösungsgrenze von 10 bit ohne merkliche Einbuße an Geschwindigkeit auf 16 bit erhöht [21.23].

Im Kalibrierzyklus, der beim Anlegen der Betriebsspannung und auch zwischen den Umsetzungen automatisch abläuft (auch stückweise in kleinen Portionen, so daß die gesamte Kalibrierung erst nach einer Vielzahl von Zyklen abgeschlossen ist), werden die Kondensatoren schrittweise mit U_{ref} verbunden. Jede Kapazität einer Bitstelle besteht aus einer Anordnung mehrerer gestufter kleinerer Kapazitäten, die beim Kalibriervorgang von einem Mikrocontroller gesteuert geeignet parallelgeschaltet werden. Der Abgleichvorgang beginnt beim lsb. Mit einer Abweichung $<(1/4)$ lsb werden die Kapazitäten aller höheren Bitstellen so eingestellt, daß ihr Kapazitätswert jeweils der Summe aller vorher abgeglichenen (niederwertigeren) Kapazitäten zuzüglich eines „Dummy"-Bits (dem lsb entsprechender Kapazitätswert) gleich ist. Für die Bitstelle Nummer 3 gilt beispielsweise: $C/4096 = (C/8192) + (C/16384) + (C/32768) + (C/32768)$. Das entspricht dem Zusammenhang Bitstelle 3 = Bitstelle 2 + Bitstelle 1 + Bitstelle 0 + Bitstelle 0 (Dummy-Bit).

Industrielles Beispiel: Selbstkalibrierender 4-Kanal-12-bit-ADU *ADC 7802* (Burr Brown). Dieser selbstkalibrierende CMOS-ADU im 28poligen DIP-Gehäuse garantiert im Temperaturbereich von $-40 \ldots +85$ °C einen Gesamtfehler $< 0{,}5$ lsb bei einer Umsetzzeit von 17 µs einschließlich Analogwerterfassung. Beachtlich ist der niedrige Leistungsverbrauch von 10 mW (Betriebsspannung + 5 V). Der Schaltkreis enthält zusätzlich zum ADU nach dem Verfahren der Charge-Redistributionstechnik eine Sample-and-hold-Schaltung und einen 4-Kanal-Analogmultiplexer. Die Vorzüge der CMOS-Technik (hohe Packungsdichte der digitalen Schaltungen, stabile Kapazitäten realisierbar, gute Analogschalter und niedriger Leistungsverbrauch) kommen voll zur Wirkung.

Durch die 142 Taktzyklen in Anspruch nehmende Autokalibrierung (bei Anlegen der Betriebsspannung oder bei Bedarf) entfällt jeglicher Offset- und Verstärkungsabgleich durch den Anwender. Ein auf dem Chip enthaltener Mikrocontroller ermittelt Korrekturfaktoren, die zum Abgleich von Linearitätsfehlern im binär gewichteten Kapazitätsnetzwerk benutzt werden (Zuschalten kleiner Korrekturkapazitäten). Weitere Daten: Zulässige Bandbreite des analogen Eingangssignals 500 Hz, Slew-Rate 8 mV/µs, Eingangsruhestrom 100 nA, Eingangskapazität 50 pF.

Algorithmischer ADU. Das Verfahren der sukzessiven Approximation unter Verwendung geschalteter Kapazitäten läßt sich auch mit stark verringertem Hardwareaufwand auf Kosten einer größeren Umsetzzeit realisieren. Benötigt werden lediglich eine Abtast- und Haltestufe, ein Verstärker mit exakt zweifacher Spannungsverstärkung, ein Komparator und eine Summierstufe. Seine Wirkungsweise ist folgende (Bild 21.22f) [21.28]:

Das digitale Kodewort wird durch wiederholtes Bilden der Betragsdifferenz zwischen der um den Faktor Zwei verstärkten Restspannung des vorangehenden Kodierschrittes und der Referenzspannung erzeugt. Das entspricht dem Vergleich

$$U_E \gtrless \pm\frac{U_{ref}}{2} \pm \frac{U_{ref}}{4} \pm \dots \pm \frac{U_{ref}}{2^{n-1}}$$

(die Vorzeichen sind entsprechend der jeweiligen Komparatorentscheidung zu nehmen).

Die Umsetzung beginnt mit der Vorzeichenbestimmung (Schritt 0). Anschließend wird das Bit mit der höchsten Wertigkeit bestimmt (Schritt 1), danach das nächstniederwertige Bit (Schritt 2) usw. Zuletzt erscheint das Bit mit der kleinsten Wertigkeit (lsb). Beim ersten Schritt wird geprüft, ob die Eingangsspannung U_E größer oder kleiner ist als $U_{ref}/2$. Das erfolgt in der Weise, daß U_E zunächst verdoppelt und anschließend mit U_{ref} verglichen wird. Beim zweiten Schritt wird geprüft, ob der verbleibende Rest größer oder kleiner ist als $U_{ref}/4$ usw. In Abhängigkeit vom Komparatorausgangssignal (a_i), das gleichzeitig das Ausgangssignal des ADU im Schritt $i-1$ darstellt, wird C_2 auf U_i (für $a_i = 1$) bzw. auf $U_i - U_{ref}$ (für $a_i = 0$) aufgeladen. Anschließend daran wird $U_i + U_{ref}$ bzw. $U_i - U_{ref}$ verdoppelt. Dadurch ergibt sich die Ausgangsspannung des Verstärkers V_1 zu $U_{i+1} = 2\,[U_i + (\bar{a}_i - a_i)\,U_{ref}\,]$ mit $a_i = 0$ für $U_i < 0$ und $a_i = 1$ für $U_i \geqq 0$. Jeder Schritt besteht aus zwei Teilschritten. Durch die bei jedem Schritt erfolgende Multiplikation mit dem Faktor 2 werden indirekt die für das Wägeverfahren typischen dual gestuften „Gewichte“ erzeugt.

21.2.5. Zählverfahren (Serielle ADU)

ADU nach dem Zählverfahren sind stark verbreitet. Ihr hervorstechendstes Merkmal ist der einfache und unkritische Schaltungsaufbau und die trotzdem erreichbare sehr hohe Genauigkeit, Auflösung und Linearität. Der einzige Nachteil ist die relativ große Umsetzzeit (ms-Bereich), die jedoch bei vielen Anwendungen nicht nachteilig, sondern infolge der dadurch möglichen Störunterdrückung sogar vorteilhaft ist.

Zählverfahren sind serielle Umsetzverfahren. Sie benötigen nur ein Normal. Bei den Sägezahnumsetzern mit Spannungs-Zeit-Umwandlung wirkt die Taktperiodendauer als Normal. Bei ADU nach dem Verfahren der Ladungsmengenkompensation wirkt ein „Ladungsquant“ als Normal. Das digitale Ausgangssignal des ADU ist die Summe der in einem Zähler gezählten Normale.

ADU nach dem Zählverfahren existieren in zahlreichen Varianten und Ausführungsformen. Die beiden am weitesten verbreiteten Gruppen sind

- Nachlaufumsetzer,
- Sägezahnumsetzer.

Nachlaufumsetzer benötigen einen DAU. Sie ähneln den ADU nach dem Wägeverfahren. Sägezahnumsetzer benötigen dagegen keinen DAU. Das ist ein wichtiger Vorteil, da neben der Einfachheit der Schaltung die Genauigkeit und Auflösung nicht durch den DAU begrenzt werden. Sägezahnumsetzer wandeln das analoge Eingangssignal zunächst in eine proportionale Zwischengröße (Zeit bzw. Frequenz) um, bevor diese Zwischengröße dann digitalisiert wird (mit Hilfe eines Zählers). Die wichtigsten Gruppen von Sägezahnumsetzern sind

- Einflanken-ADU (Single-Slope-ADU)
- Zweiflanken-ADU (Dual-Slope-ADU)
- ADU nach dem Verfahren der Ladungsmengenkompensation (Charge-balancing-ADU, Quantized-feedback-ADU)
- ADU mit $U(I)/f$-Wandlern.

Darüber hinaus gibt es auch Drei- und Vierflanken-ADU, die jedoch Varianten des Zweiflanken-ADU darstellen.

21.2.5.1. Nachlauf- und Stufenrampen-AD-Umsetzer

Nachlauf-ADU. Der Nachlauf-ADU stellt einen Regelkreis dar, dessen Rückwärtszweig einen von einem Vorwärts/Rückwärts-Zähler gesteuerten DAU enthält (Bild 21.24).

Hinsichtlich seiner Schaltungsstruktur und Wirkungsweise hat er Ähnlichkeit mit dem ADU nach dem Wägeverfahren. Allerdings erfolgt der Abgleich nicht mit dual gestuften Normalen, sondern mit einem einzigen „lsb-Normal“, d.h. in lsb-Schritten, so daß die Umsetzzeit länger wird als beim Wägeverfahren.

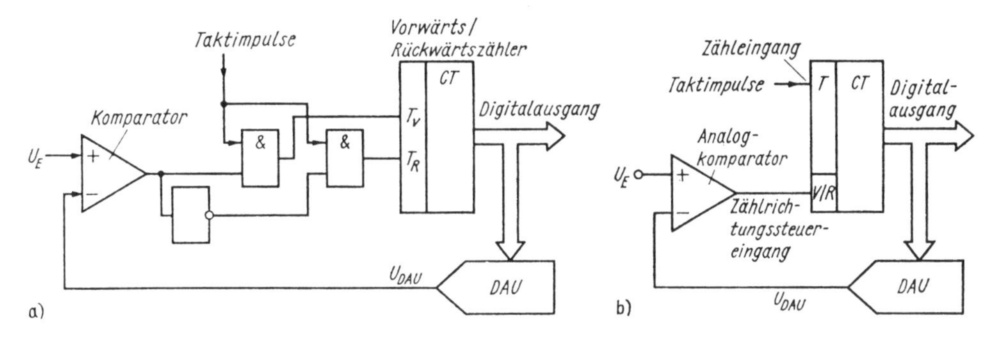

Bild 21.24. Nachlauf-ADU

a) mit getrennten Vorwärts- und Rückwärtseingängen; b) mit Zählrichtungssteuerung

Die Eingangsspannung U_E wird in einem Komparator mit der Ausgangsspannung des DAU verglichen. Für $U_E > U_{DAU}$ wird der Zähler in Vorwärtsrichtung, für $U_E < U_{DAU}$ in Rückwärtsrichtung gesteuert. Auf diese Weise läuft die DAU-Ausgangsspannung in lsb-Stufen ständig der Eingangsspannung nach. Der ADU braucht nicht extra gestartet zu werden. Es steht ständig ein zu U_E proportionales digitales Ausgangssignal zur Verfügung. Bei schnellen U_E-Änderungen ist das digitale Ausgangssignal erst nach Ablauf der Einschwingzeit ein exaktes Abbild der Eingangsspannung. Die Einschwingzeit wird durch die Taktperiodendauer sowie durch die Einschwingzeiten des DAU und des Komparators bestimmt. Bei jedem (lsb-)Schritt des Zählers müssen der DAU und der Komparator einschwingen. Bei kleinen U_E-Änderungen ist die Einschwingzeit (≙ Umsetzzeit) relativ klein (μs-Bereich). Springt U_E jedoch plötzlich zwischen Null und Vollausschlag, so entsteht eine große Einschwingzeit (≙ Umsetzzeit) von $\approx T_c N$ (T_c Taktperiodendauer, N Zählerstand bei voller Eingangsspannung).

Die Verstärkung des Komparators wird so groß gewählt, daß eine DAU-Ausgangsspannungsänderung von der Größe eines lsb den Komparator voll aussteuert.

Bei konstanter Eingangsspannung U_E springt das Zählerergebnis in der letzten Stelle ständig um 1 lsb hin und her. Das läßt sich vermeiden, indem der Zähler angehalten wird, wenn $|U_E - U_{DAU}| < \frac{1}{2}$ lsb ist.

Wenn der Zähler zu einem beliebigen Zeitpunkt gestoppt wird, wirkt der ADU als digitale Abtast- und Halteschaltung mit beliebig langer Haltezeit.

Die Schaltung eignet sich darüber hinaus zur Ermittlung des positiven oder negativen Spitzenwertes (bzw. Talwertes) der analogen Eingangsspannung. Es braucht lediglich eine Zählrichtung inaktiv gesteuert zu werden.

Stufenrampen- (Einfachrampen-) ADU. Wenn wir die Schaltung im Bild 21.24 so vereinfachen, daß anstelle des Vorwärts/Rückwärts-Zählers ein einfacher Vorwärtszähler Verwendung findet, entsteht der Einfachrampen-ADU, der zu den einfachsten Umsetzverfahren gehört (Bild 21.25).

Die Umsetzung wird durch einen Nullstellimpuls ausgelöst, und der Zähler zählt, bei Null beginnend, so lange in Vorwärtsrichtung, bis die DAU-Ausgangsspannung annähernd gleich mit der Eingangsspannung ist.

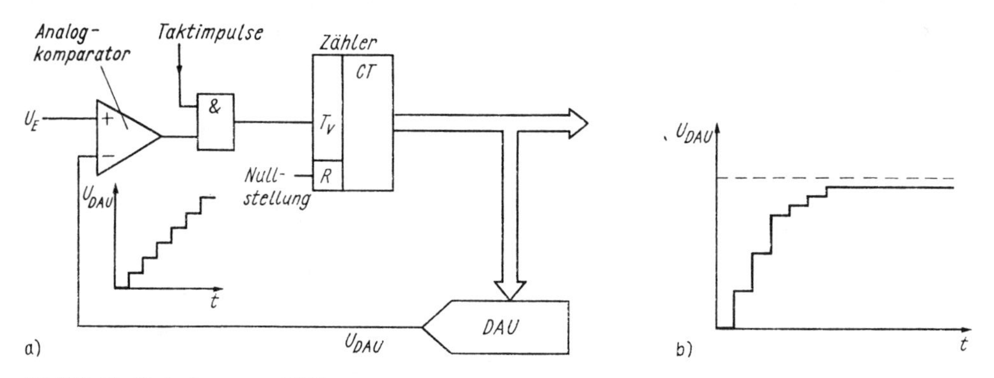

Bild 21.25. Einfachrampen-ADU

a) Blockschaltbild; b) Umsetzung mit gestuften Schritten

Der Nachteil der relativ langen Umsetzzeit (10 ms-Bereich) läßt sich auf Kosten eines höheren Aufwandes umgehen, indem die Umsetzung zunächst in groben Schritten und erst anschließend fein gestuft in lsb-Schritten erfolgt (Bild 21.25b). Schaltungstechnisch ist dies dadurch realisierbar, daß zusätzliche Taktimpulse in den höherwertigen Zählerteil eingespeist werden. Ein zweiter Komparator steuert die Umschaltung zwischen Grob- und Feinabgleich. Dieses Verfahren läßt sich auch beim Nachlaufumsetzer nach Bild 21.24 anwenden.

21.2.5.2. Einflanken-AD-Umsetzer (Single-Slope)

Sägezahnumsetzer gehören zu den indirekten Umsetzverfahren. Sie haben den großen Vorteil, daß sie ohne DAU auskommen (u.a. keine Monotonieprobleme!). Das analoge Eingangssignal wird zunächst in ein analoges Zwischensignal (Zeitdifferenz oder Frequenz) umgewandelt, bevor diese Zwischengröße mit Hilfe eines Zählers digitalisiert wird.

Beim Einflanken-ADU erfolgt die Umwandlung der Eingangsspannung U_E mit Hilfe eines Sägezahngenerators in ein proportionales Zeitintervall Δt. Im Bild 21.26 tritt am Ausgang des Exklusiv-ODER-Gatters nur dann 1-Signal (H-Pegel) auf, wenn die Integratorausgangsspannung u_{int} zwischen Null und U_E liegt. Bei idealem Verstärker V_1 gilt

$$u_{int} = U_0 - U_R \frac{t}{RC} \qquad (U_0 \text{ Anfangswert für } t = 0).$$

Daraus berechnen wir das interessierende Zeitintervall Δt zu

$$\Delta t = t_2 - t_1 = RC \frac{U_E}{-U_R}.$$

Dieses Zeitintervall läßt sich durch Auszählen mit einer quarzstabilisierten Taktfrequenz digital bestimmen. Der Zähler zählt Z Taktimpulse, d.h., es gilt der Zusammenhang

$$Z = f_c \, \Delta t \pm 1 = f_c \, RC \frac{U_E}{-U_R} \pm 1 .$$

Neben den Toleranzen der Referenzspannung U_R und der Eingangsoffsetspannungen beider Komparatoren gehen auch die Toleranzen der Zeitkonstanten RC und Nichtlinearitäten des Integrators in die Umwandlungskennlinie ein. Daher eignet sich dieses Verfahren nur für mittlere Genauigkeiten ($\approx 1 \ldots 0{,}1\,\%$ Ungenauigkeitsbereich).

Negative Eingangsspannungen lassen sich umsetzen, indem die Referenzspannungsquelle umgepolt wird. Aus der zeitlichen Reihenfolge des Ansprechens von Komparator 1 bzw. 2 läßt sich die Polarität der Eingangsspannung ermitteln.

Der ADU im Bild 21.26 ist ein Momentanwertumsetzer, denn der Vergleich zwischen U_E und der (integrierten) Referenzspannung erfolgt nur zum Zeitpunkt t_2. Die Umsetzzeit ist proportional zur Eingangsspannung $U_E(t_2)$.

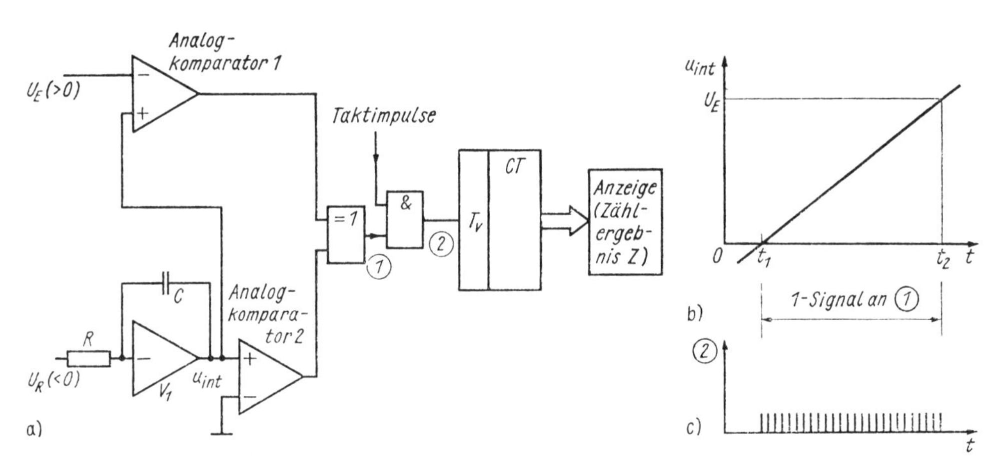

Bild 21.26. Einflankenumsetzer

a) Blockschaltbild; b) Integratorausgangsspannung; c) Zählereingangssignal

21.2.5.3. Zweiflanken-AD-Umsetzer (Dual-Slope)

Wirkungsweise (Bild 21.27). Das Zweiflankenumsetzverfahren beseitigt viele Nachteile des Einflankenverfahrens, z. B. die Abhängigkeit von der Zeitkonstanten *RC* und von der Taktfrequenz. Es gehört zu den meist verwendeten AD-Umsetzverfahren und ist überall

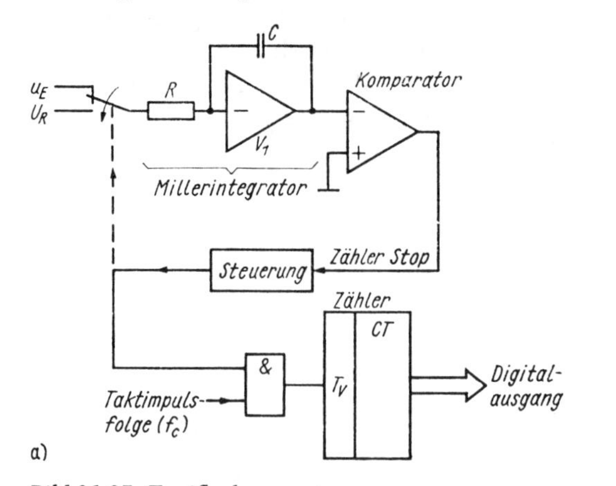

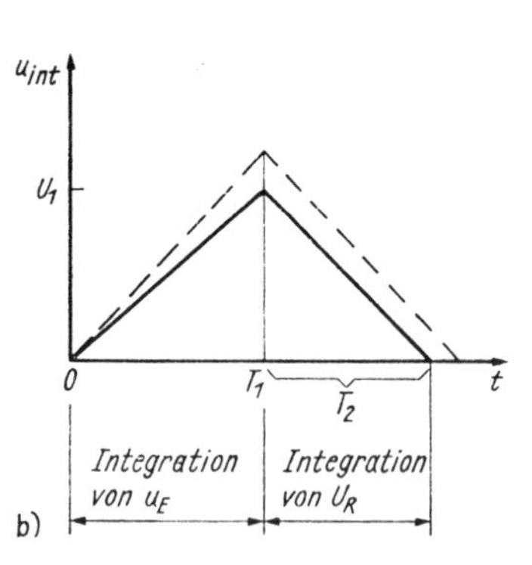

Bild 21.27. Zweiflankenumsetzer
a) Blockschaltbild; b) Integratorausgangsspannung

dort anwendbar, wo keine kurze Umsetzzeit gefordert wird (z. B. in vielen Digitalvoltmetern, Multimetern, digitalen Schalttafelinstrumenten). Die Umsetzzeit liegt meist im Bereich von 5 ... 100 ms.

Ein weiterer Vorteil des Verfahrens ist die Störunterdrückung, die durch die integrierende Eigenschaft bedingt ist. Integrierende ADU liefern am Ausgang das zeitliche Integral der Eingangsspannung über die Umsetzzeit.

ADU nach dem Zweiflankenverfahren lassen sich bis zu hohen Auflösungen gut in monolithischer Technik herstellen. Sie finden vorwiegend in digitalen Schalttafelinstrumenten und in Digitalvoltmetern Anwendung.

Ein Zweiflanken-ADU führt die AD-Umsetzung zeitlich nacheinander in zwei Phasen aus. In der ersten Phase wird die Eingangsspannung U_E eine definierte Zeit lang einem analogen Integrator (Millerintegrator (s. Abschn. 13.4.1.) zugeführt. Anschließend wird anstelle der Eingangsspannung U_E eine Referenzspannung U_R von entgegengesetzter Polarität an den Integratoreingang geschaltet. Das bewirkt, daß der Integrator abwärts integriert. Die vom Integrator für die Abintegration benötigte Zeit ist proportional zur umzuwandelnden Eingangsspannung U_E. Da die gleiche analoge Regelschleife sowohl für die Integration von U_E als auch für die Integration von U_R benötigt wird, wirken sich Langzeitänderungen von *R*, *C* und f_c nicht auf die Umsetzerkennlinie aus.

Wenn die Integratorausgangsspannung bei Beginn der ersten Phase Null ist, beträgt sie am Ende der ersten Phase (idealer Operationsverstärker V_1 vorausgesetzt)

$$U_1 = \frac{1}{RC} \int_0^{T_1} u_E \, dt = \overline{u_E} \, \frac{T_1}{RC}. \tag{21.5}$$

$\overline{u_E}$ arithmetischer Mittelwert der Eingangsspannung $u_E(t)$, gemittelt über das Zeitintervall $0 \ldots T_1$.

Während der zweiten Phase beträgt die Integratorausgangsspannung

$$u_{int} = U_1 - \frac{1}{RC} \int_{T_1}^{t} U_R \, dt = U_1 - U_R \, \frac{t - T_1}{RC}, \qquad T_1 \leqq t \leqq T_1 + T_2 .$$

Die Zeitdauer der zweiten Phase T_2 erhalten wir hieraus mit $u_{int} = 0$ zu

$$T_2 = RC \frac{U_1}{U_R} = T_1 \frac{\overline{u_E}}{U_R}. \tag{21.6}$$

Sie ist also streng proportional zum arithmetischen Mittelwert der Eingangsspannung während der ersten Phase. Interessanterweise hat die Zeitkonstante RC keinen Einfluß auf diesen Zusammenhang, da sie in beiden Phasen den gleichen Wert hat.

In praktischen Schaltungen wird T_1 dadurch vorgegeben, daß der Zähler, bei Null beginnend, einmal voll gezählt wird:

$$T_1 = N_1 \frac{1}{f_c}$$

N_1 max. Zählkapazität des Zählers
f_c Taktfrequenz.

Mit dem Übergang von der vollen Zählkapazität zur Nullstellung wird der Integratoreingang von U_E auf U_R umgeschaltet. Während der zweiten Phase zählt der Zähler (wiederum von Null beginnend)

$$N_2 = T_2 f_c \pm 1 = T_1 f_c \frac{\overline{u_E}}{U_R} \pm 1 = N_1 \frac{\overline{u_E}}{U_R} \pm 1 \tag{21.7}$$

Impulse. U_R/N_1 ist die Quantisierungseinheit (das „Normal“) des ADU.

Der Zählerstand am Ende der zweiten Phase ist also streng proportional zum arithmetischen Mittelwert der Eingangsspannung $\overline{u_E}$ (gemittelt über die erste Phase). Weder die Zeitkonstante RC noch die Taktfrequenz f_c beeinflussen diesen Zusammenhang, falls sie vom Beginn der ersten bis zum Ende der zweiten Phase konstant bleiben.

Bipolare Eingangsspannung. Die Schaltung im Bild 21.27 läßt sich so erweitern, daß beide Eingangspolaritäten umgesetzt werden. Bei positiven Eingangsspannungen u_E muß die Referenzspannung negativ, bei $u_E < 0$ muß sie positiv sein.

In der Regel sind also *zwei* Referenzquellen erforderlich. Man kann auch mit *einer* Referenzspannung auskommen. In diesem Falle muß die Eingangsspannung durch den Faktor 2 geteilt und um die halbe Referenzspannung verschoben werden (Offset). Das digitale Ausgangssignal ist dann die offsetbinäre Darstellung der bipolaren Eingangsgröße.

Die Integratorausgangsspannung am Ende der ersten Phase beträgt bei der Schaltung im Bild 21.28 gemäß (21.5)

$$U_1 = \frac{1}{2} (U_R + \overline{u_E}) \frac{T_1}{RC}.$$

Für die Dauer der zweiten Phase folgt dann aus (21.6)

$$T_2 = RC \frac{U_1}{U_R} = \frac{1}{2} \left(1 + \frac{\overline{u_E}}{U_R}\right) T_1.$$

Aus (21.7) erhalten wir die Impulszahl der zweiten Phase zu

$$N_2 = \frac{N_1}{2} \left(1 + \frac{\overline{u_E}}{U_R}\right) \pm 1.$$

Die Eingangsspannung liegt im Bereich $-U_R \leqq \overline{u_E} \leqq +U_R$ (Bild 21.28).

Störunterdrückung. In der Praxis tritt häufig der Fall auf, daß dem Eingangsnutzsignal des ADU Störsignale (z. B. mit Netzfrequenz) überlagert sind. Solche Störsignale können erhebliche Umsetzfehler hervorrufen. Hinsichtlich der Größe dieser Fehler unterscheiden sich Momentanwertumsetzer grundsätzlich von integrierenden ADU [21.4].

Bei Momentanwertumsetzern wird eine dem Eingangssignal überlagerte Störung voll erfaßt, da stets genau der beim Abtastzeitpunkt vorhandene Momentanwert digitalisiert wird.

Im ungünstigsten Fall kann der Spitzenwert des Störsignals voll als Fehler eingehen. Abhilfe bringt das Vorschalten eines Tiefpaßfilters vor den ADU-Eingang, jedoch vergrößert sich hierdurch die Einschwingzeit der Anordnung erheblich.

Völlig anders verhalten sich integrierende ADU, denn es wird der über die Integrationszeit *gemittelte* Wert der Eingangsspannung in einen proportionalen Digitalwert umgesetzt. Dadurch werden kurzzeitige oder periodische Störsignale weitgehend „einintegriert". Eine periodische Störgröße läßt sich völlig unwirksam machen, indem die Integrationszeit gleich der Periodendauer des Störsignals oder zu einem ganzzahligen Vielfachen gewählt wird.

Wir erläutern dieses Verhalten am Beispiel der Eingangsspannung

$$u_E(t) = U_N + \hat{U}_S \cos\left(2\pi \frac{t}{T_S} + \varphi\right)$$

U_N Eingangsnutzspannung
$\hat{U}_S$ Scheitelwert der Störspannung
T_S Periodendauer der Störspannung.

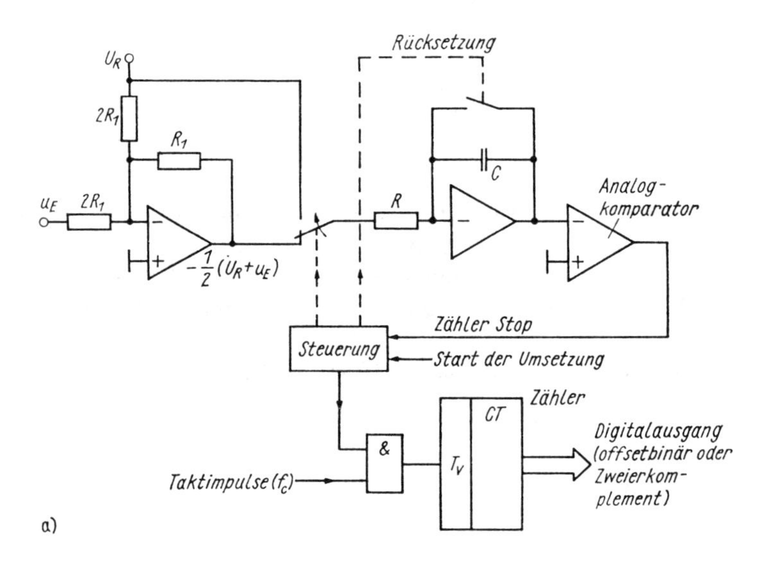

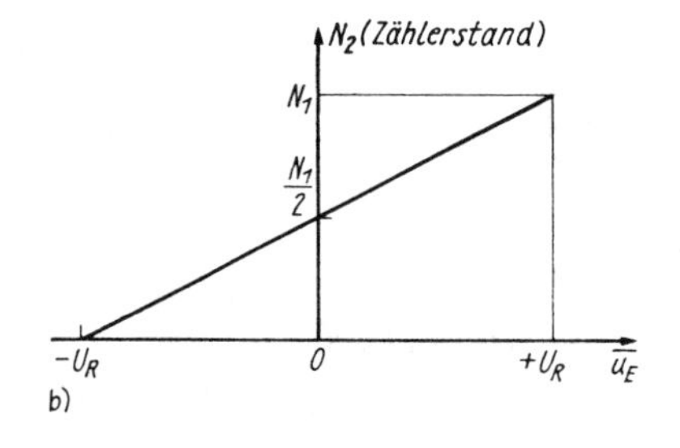

Bild 21.28
Zweiflankenumsetzer für bipolare Eingangsspannungen
a) Blockschaltbild
b) Kennlinie (vereinfacht)

Die Integration dieser Spannung über eine Integrationszeit T_1 ergibt

$$\overline{u_\mathrm{E}} = \frac{1}{T_1}\int_0^{T_1} u_\mathrm{E}(t)\,\mathrm{d}t$$

$$= U_\mathrm{N} + \underbrace{\hat{U}_\mathrm{S}\frac{1}{2\pi}\frac{T_\mathrm{S}}{T_1}\left[\sin\left(2\pi\frac{T_1}{T_\mathrm{S}} + \varphi\right) - \sin\varphi\right]}_{\overline{u_\mathrm{S}}} = U_\mathrm{N} + \overline{u_\mathrm{S}}. \quad (21.7)$$

Der Anteil der Störspannung verschwindet völlig für $T_1/T_\mathrm{S} = 1, 2, 3, \ldots$, d.h., wenn die Integrationszeit ein ganzzahliges Vielfaches der Periodendauer des Störsignals ist.

Die Verkleinerung des Störsignals läßt sich als Dämpfung auffassen:

$$a_\mathrm{i} = 20 \lg \frac{\hat{U}_\mathrm{S}}{\bar{u}_\mathrm{S}}. \quad (21.8)$$

Aus einer Extremwertuntersuchung von (21.7) folgt, daß der größte Störsignalanteil beim Phasenwinkel

$$\varphi = -\pi\frac{T_1}{T_\mathrm{S}}$$

auftritt. Mit diesem Wert erhalten wir schließlich aus (21.7) und (21.8)

$$a_\mathrm{i} = 20 \lg \frac{1}{\mathrm{sp}\left(\pi\frac{T_1}{T_\mathrm{S}}\right)} \quad (21.9)$$

$$\mathrm{sp}\,x = \frac{\sin x}{x} = \text{Spaltfunktion}.$$

Die gestrichelte Kurve im Bild 21.29 entspricht der Dämpfung eines Tiefpasses mit der Zeitkonstanten $T_1/2$.

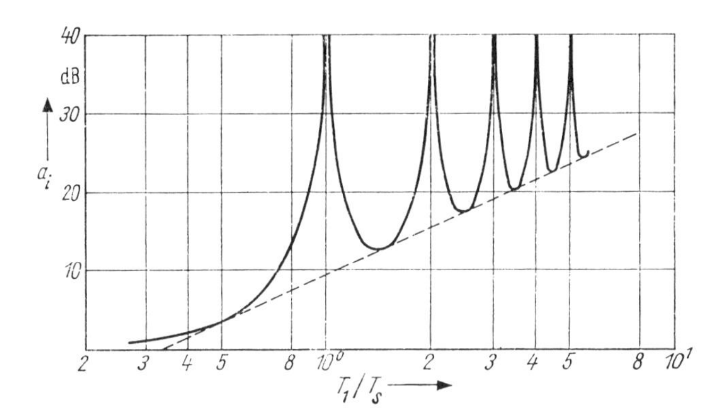

Bild 21.29
Dämpfung von Störfrequenzen bei integrierenden ADU
(Darstellung von [21.4])

Industrielles Beispiel TL 500/501. Dieser Schaltkreis enthält alle Analogschalter, Operationsverstärker, die Referenzspannung und den Komparator, die für einen Präzisionszweiflankenumsetzer erforderlich sind. Die Schaltkreise haben einen echten Differenzeingang mit hoher Gleichtaktunterdrückung. Die Ausgänge sind TTL- oder 5 V-CMOS-kompatibel. Auf einem Chip werden bipolare, SFET- und MOSFET-Strukturen verwendet. Die Steuerung dieses Analogteils eines Zweiflankenumsetzers kann mit speziellen Digitalprozessoren TL 502 (für digitale Anzeigeinstrumente) oder/und TL 503 (für Systemsteuerung) oder durch einen Mikroprozessor erfolgen.

Der Umsetzzyklus (Bild 21.30) besteht aus den drei Teilen Autozero (Nullpunktabgleich), Integration der Eingangsspannung und Integration der Referenzspannung.

Periode T_0. Während der Autozeroperiode T_0 werden die Schalter S_3, S_4, S_7, S_9 und S_{10} geöffnet und alle anderen geschlossen. Die Eingänge des Umsetzers sind kurzgeschlossen und an Masse gelegt. Die Offsetspannungen von V_1 und V_2 werden auf dem "Null-Kondensator" C_Z gespeichert. Der Komparatoroffset wird auf dem Integrationskondensator C_X gespeichert. Das wird durch eine Schwingung von ≈ 1 MHz am Komparatorausgang charakterisiert. Während dieser Periode wird die Referenzeingangsspannung auf C_{REF} durch S_7 und S_9 gespeichert.

Periode T_1. Am Ende der Phase T_0 werden alle Schalter mit Ausnahme von S_1 und S_2

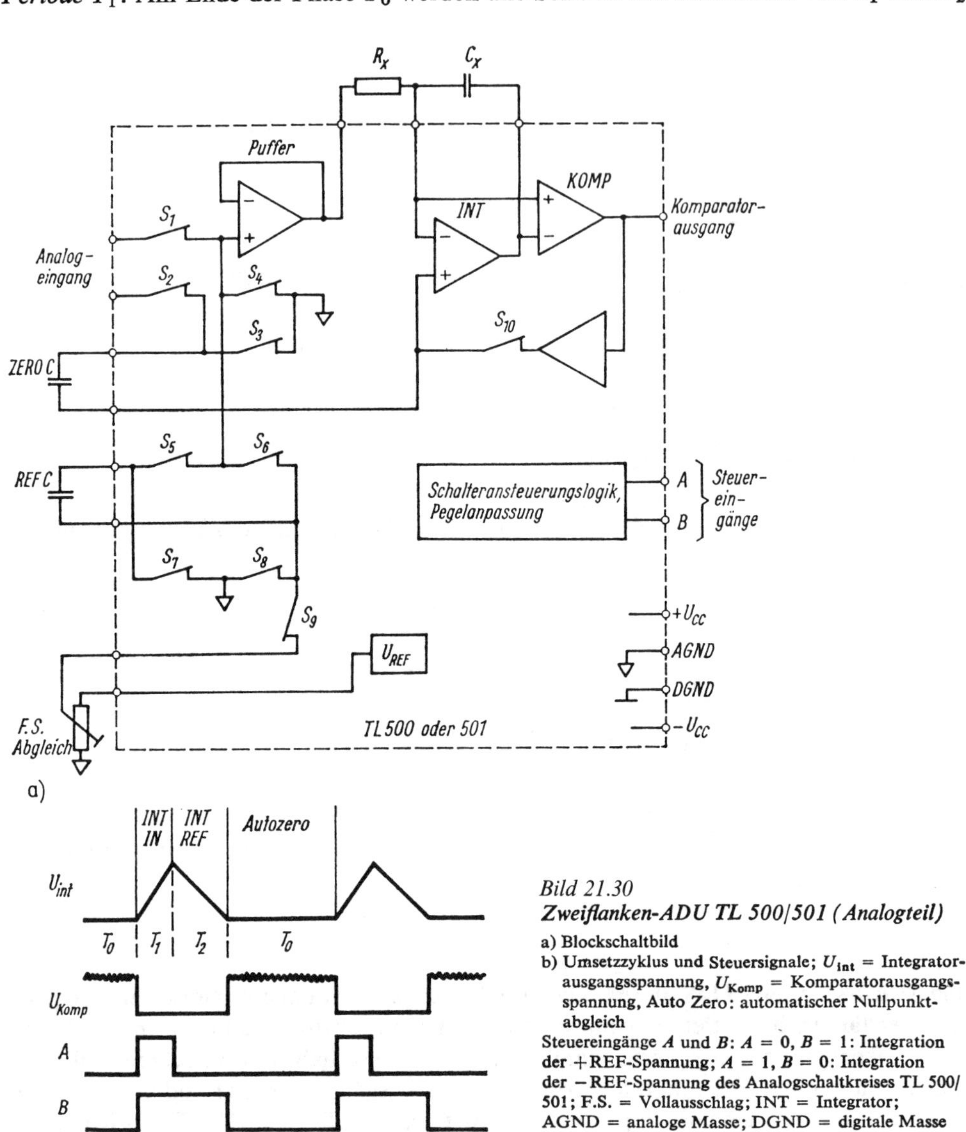

Bild 21.30
Zweiflanken-ADU TL 500/501 (Analogteil)

a) Blockschaltbild

b) Umsetzzyklus und Steuersignale; U_{int} = Integratorausgangsspannung, U_{Komp} = Komparatorausgangsspannung, Auto Zero: automatischer Nullpunktabgleich

Steuereingänge A und B: $A = 0$, $B = 1$: Integration der +REF-Spannung; $A = 1$, $B = 0$: Integration der −REF-Spannung des Analogschaltkreises TL 500/501; F.S. = Vollausschlag; INT = Integrator; AGND = analoge Masse; DGND = digitale Masse

gesperrt. Der analoge Eingang wird über den Pufferverstärker V_1 und den Nullkondensator C_Z auf den Integrator geschaltet. Da die Integratoreingangsspannung mit der auf C_Z gespeicherten Offsetspannung in Reihe liegt, wird die Offsetspannung kompensiert.
Periode T_2. Am Ende von T_1 wird durch die Steuerlogik der Komparatorausgang abgefragt. Falls der Komparatorausgang auf L liegt ($U_E < 0$), erzeugt die Steuerlogik (z.B. der Schaltkreis TL 502) ein 01 (LH)-Signal an den AB-Eingängen. Dadurch werden S_3, S_6 und S_7 geöffnet. Die auf C_{REF} gespeicherte Referenzspannung wird an den Integratoreingang geschaltet. Falls der Komparatorausgang auf H liegt ($U_E > 0$), erzeugt die Steuerlogik ein 10 (LH)-Signal an den AB-Eingängen. Dadurch werden S_3, S_5 und S_8 geöffnet, wodurch die Referenzspannung mit umgekehrter Polarität auf den Integratoreingang geschaltet wird. Wenn am Ende der Periode T_2 die Komparatorschwelle erreicht ist, gelangt von der Steuerlogik ein 00 (LL)-Signal an AB. Damit wird die Autozero-Periode erneut gestartet.

Die Schaltung realisiert die Abhängigkeit $U_E = -(T_2/T_1)\, U_{REF}$.

Quad-Slope-Verfahren. Eine weitere Möglichkeit zur Verbesserung des Zweiflankenumsetzverfahrens, allerdings auf Kosten größeren Aufwandes und längerer Umsetzzeit, ist das Vierflankenumsetzverfahren (Quad-Slope-Verfahren). Es verwendet 2 gleichlange Zyklen des Zweiflankenverfahrens. Während des einen Zyklus liegt die Eingangsspannung Null am Eingang, während des zweiten Zyklus wird die Eingangsspannung U_E umgesetzt (Bild 21.31).

Im ersten Zyklus wird die Eingangsoffsetspannung gemessen. Der zugehörige digitale Wert wird vom Zählerergebnis des zweiten Zyklus, der mit der gleichen Umsetzzeit abläuft, subtrahiert, so daß die Einflüsse der Offsetspannung und der zugehörigen Drift weitgehend kompensiert werden. Der nach diesem Verfahren arbeitende 13-bit-ADU AD 7550 in CMOS-Technologie erreicht den extrem kleinen Temperaturkoeffizienten von <1 ppm/K.

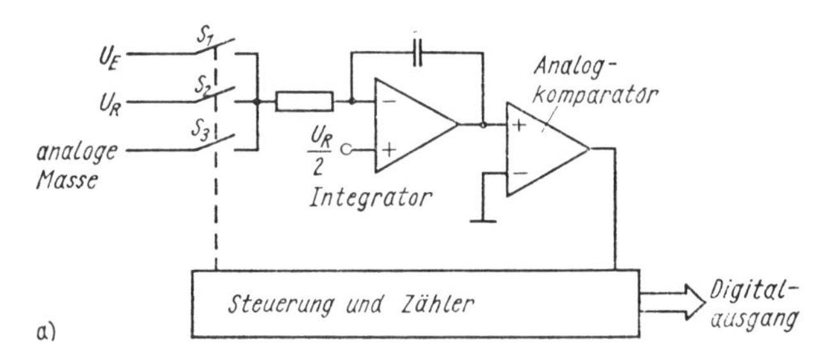

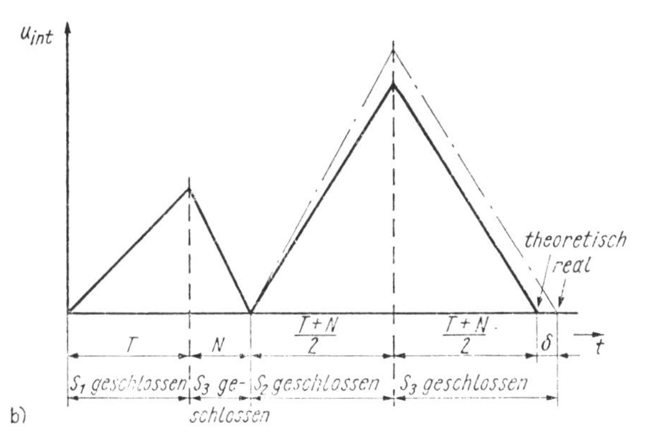

Bild 21.31
Vierflankenumsetzer (Quad-Slope)
a) Vereinfachtes Blockschaltbild
b) Integratorausgangsspannung

21.2.5.4. AD-Umsetzer mit Ladungsmengenkompensation (Ladungsausgleichsverfahren)

Prinzip. Neben der großen Gruppe der Spannungszeitumsetzer (Sägezahnumsetzer) haben ADU erhebliche Bedeutung, die als Zwischengröße die Ausgangsfrequenz eines $U(I)/f$-Wandlers verwenden. Die der analogen Eingangsgröße streng proportionale Ausgangsfrequenz des $U(I)/f$-Wandlers wird während einer definierten Meßzeit in einem Zähler gezählt.

Hochgenaue $U(I)/f$-Wandler arbeiten nach dem Sägezahnprinzip mit einem Miller-Integrator im Eingang [21.5] (Bild 21.32). Der Miller-Integrator ist ein Stromintegrator. Durch Vorschalten eines Widerstandes R entsteht ein Spannungsintegrator. Die Schaltung läßt sich deshalb sowohl als Spannungs- als auch als Stromfrequenzwandler betreiben. Besonders vorteilhaft ist ihr integrierendes Verhalten (Störunterdrückung). Nähere Überlegungen zeigen [21.5], daß die Eigenschaften der Wandler in erster Linie davon abhängen, ob

1. die Entladung des Integrationskondensators mit konstanter Rücksetz*ladung* Q_R erfolgt (Einschwellenverfahren; Ladungsmengenkompensation, charge balancing) oder ob
2. die *Spannungs*änderung ΔU am Integratorausgang beim Rücksetzvorgang konstantgehalten wird (Zweischwellenverfahren).

Beim Einschwellenverfahren ist nur *eine* Komparatorschwelle am Ausgang des Integrators wirksam. Beim Zweischwellenverfahren wird der Rücksetzvorgang beim Überschreiten der einen Komparatorschwelle eingeleitet und beim Unterschreiten der zweiten Komparatorschwelle beendet.

Die Entladung des Integrationskondensators kann realisiert werden durch

1. Kurzschließen des Integrationskondensators (Zweischwellenverfahren),
2. Einspeisen eines konstanten oder zum Eingangsstrom proportionalen (entgegengesetzt gerichteten) Rücksetzstroms während der Rücksetzzeit in den Integratoreingang,
3. Einspeisen einer zwischengespeicherten Ladung in den Integratoreingang (nur beim Einschwellenverfahren).

Hinsichtlich des Auslösezeitpunktes für den Rücksetzvorgang unterscheidet man *asynchrone* und *synchrone* (taktgesteuerte) Arbeitsweise.

I/f-Wandler nach dem Einschwellenverfahren. Mit $U(I)/f$-Wandlern nach dem Einschwellenverfahren erzielt man besonders gute Eigenschaften [21.5]. Bild 21.32d zeigt ein Schaltungsbeispiel, bei dem die Rücksetzzeit t_R synchron erzeugt wird.

Diese Schaltung arbeitet wie folgt: Der Integrationskondensator C wird durch den Eingangsstrom $i_e \approx u_e/R$ aufgeladen. Nachdem die Integratorausgangsspannung die Ansprechschwelle des D-Eingangs vom D-Flipflop (Komparatorschwelle) erreicht hat, wird, beginnend mit dem darauffolgenden Taktimpuls, in den Integratoreingang eine definierte Rücksetzladung $Q_R = I_R t_R$ eingespeist. Dadurch fällt die Integratorausgangsspannung unter die Ansprechschwelle des D-Flipflops (falls $I_R > 2\overline{i}_{e\,max}$ ist), und beim nächsten Taktimpuls wird die Einspeisung der Rücksetzladung beendet ($t_R = 1/f_c$). Solange $0 < (\overline{i}_e/i_R) \leq \frac{1}{2}$ ist, besteht jedes Rücksetzladungsquant aus nur *einer* Taktperiodendauer.

Im Mittel herrscht Ladungsgleichgewicht (Charge-balancing) zwischen der von der Eingangsgröße aufgebrachten Ladung

$$Q_e = \int_0^{T_a} i_e(t)\,dt = \overline{i}_e T_a \qquad \text{und der Rücksetzladung } Q_R.$$

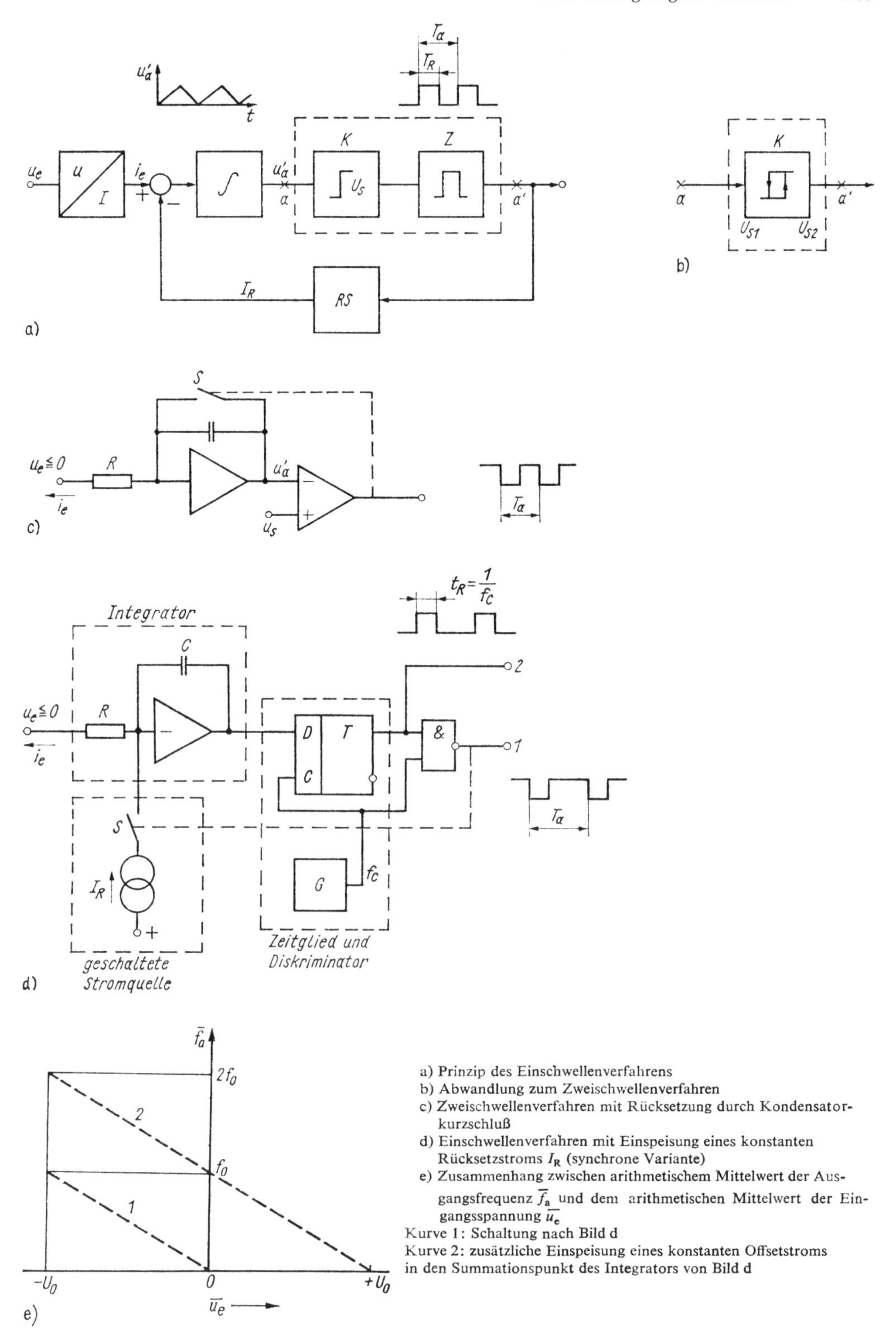

a) Prinzip des Einschwellenverfahrens
b) Abwandlung zum Zweischwellenverfahren
c) Zweischwellenverfahren mit Rücksetzung durch Kondensatorkurzschluß
d) Einschwellenverfahren mit Einspeisung eines konstanten Rücksetzstroms I_R (synchrone Variante)
e) Zusammenhang zwischen arithmetischem Mittelwert der Ausgangsfrequenz $\overline{f_a}$ und dem arithmetischen Mittelwert der Eingangsspannung $\overline{u_e}$

Kurve 1: Schaltung nach Bild d
Kurve 2: zusätzliche Einspeisung eines konstanten Offsetstroms in den Summationspunkt des Integrators von Bild d

Bild 21.32. U- bzw. I/f-Wandler nach dem Sägezahnverfahren mit Millerintegrator

Aus der Gleichsetzung von $Q_R = Q_e$ folgt für $0 < \bar{i}_e/I_R \leqq \frac{1}{2}$ mit $Q_e = \bar{i}_e T_a$ und $Q_R = I_R t_R$ unter Berücksichtigung von $t_R = 1/f_c$ und $T_a = 1/f_a$ die Wandlerkennlinie

$$\frac{T_c}{\bar{T}_a} = \frac{\bar{f}_a}{f_c} = \frac{\bar{i}_e}{I_R}. \tag{21.10}$$

($\bar{i}_e$ arithmetischer Mittelwert des Eingangsstroms während $T_a = 1/f_a$).

Die Genauigkeit, Linearität und Stabilität eines Wandlers nach Bild 21.33 hängen also nur vom Rücksetzstrom ab. Änderungen der Taktfrequenz f_c, der Integrationskapazität C, Offset und Drift der Komparatorschwelle, Linearitätsfehler und Zeitverzögerungen des Integrators wirken sich nicht auf die Wandlerkennlinie aus, solange diese Einflußgrößen während einer Messung konstant bleiben.

Die Schaltung im Bild 21.32d verarbeitet negative Eingangsspannungen. Eingangssignale beider Polaritäten lassen sich verarbeiten, indem in den Summationspunkt des Integrators (invertierender OV-Eingang) ein konstanter Offsetstrom eingespeist wird. Dadurch läßt sich die Umwandlungskennlinie gemäß 21.32e parallel nach oben verschieben.

Die Aufladung des Integrationskondensators durch den Eingangsstrom wird auch während der Rücksetzzeit nicht unterbrochen. Das hat den Vorteil, daß eine exakte zeitliche Integration des Eingangssignals möglich wird.

Der D-Flipflop kippt nicht sofort, nachdem die Integratorausgangsspannung die Komparatorschwelle (Ansprechschwelle des D-Eingangs) erreicht hat, sondern erst beim darauffolgenden Taktimpuls (synchrone Arbeitsweise).

Dadurch schwankt der Zeitabstand der Ausgangsimpulsfolge statistisch um den Mittelwert $\bar{T}_a = 1/\bar{f}_a$. Die Schwankung kann maximal eine Periodendauer $1/f_c$ betragen. Bei der nachfolgend betrachteten Anwendung dieses Schaltungsprinzips zur AD-Umsetzung wird über eine sehr große Anzahl von Ausgangsimpulsen gemittelt (Zählverfahren), und der „Schwankungsfehler" ist vernachlässigbar.

Wegen der statistischen Schwankung der Ausgangsimpulsfolge gilt die Gleichheit von $Q_R = Q_e$ nur im Mittel. Deshalb muß in (21.10) der arithmetische Mittelwert der Ausgangsfrequenz f_a bzw. der Periodendauer T_a verwendet werden. Strenggenommen dürfte man gar nicht von einer „Frequenz" der Ausgangsimpulsfolge sprechen, sondern besser von einer Impulszahl je Zeiteinheit.

Die hier geschilderte statistische Schwankung der Ausgangsimpulsfolge tritt bei *asynchron* arbeitenden Spannungsfrequenzwandlern nach dem Einschwellenverfahren nicht auf. Die Rücksetzzeit wird bei diesen Wandlern mit einem Univibrator erzeugt, dem ein Komparator vorgeschaltet ist (Zeitglied und Diskriminator, s. Bild 21.33 a und d). Der Univibrator kippt sofort, nachdem die Komparatorschwelle überschritten wurde. Dadurch ist der Abstand zwischen zwei Rücksetzimpulsen exakt ein Maß für $\bar{i}_e$ ($T_a = I_R t_R/\bar{i}_e$). Mit diesen Wandlern kann $\bar{i}_e$ sogar durch die Messung einer einzigen Periodendauer bestimmt werden.

Ein bekannter industrieller monolithischer U/f-Wandlerschaltkreis nach diesem Verfahren ist der Typ *AD 537* (Analog Devices). Durch Anschalten an einen Einchipmikrorechner läßt sich damit beispielsweise ein komplettes Datenerfassungssystem (z. B. digitales Thermometer) realisieren [21.16]. Das Ausgangssignal eines U/f-Wandlers eignet sich gut zur Signalübertragung über größere Entfernungen auf einfachen verdrillten Zweidrahtleitungen [21.17] [21.18].

Unter Verwendung präziser U/f-Wandler lassen sich die höchsten heute erreichbaren Auflösungen realisieren. Ein typisches Beispiel ist das 24-bit-Subsystem 2824 (Dymec, USA). Das als Modul (5 cm · 8,3 cm, voll geschirmtes Metallgehäuse) ausgeführte Subsystem enthält einen programmierbaren Verstärker und einen Präzisions-U/f-Wandler mit 10 MHz Taktfrequenz. Durch Kombination mit einem 24-bit-Zähler/Zeitgeber läßt sich eine 24-bit-AD-Umsetzung durchführen (entspricht einer Auflösung von 0,1 ppm). Der Analogteil ist vom Rest der Schaltung galvanisch isoliert (Transformator). Die digitalen Steuereingänge sind über Optokoppler galvanisch getrennt.

ADU nach dem Verfahren der Ladungsmengenkompensation (Charge-balancing-Verfahren). *Schaltung.* Mit $U(I)/f$-Wandlern nach Bild 21.33 lassen sich ADU aufbauen, die etwa gleiche Daten erreichen wie die bekannten Zweiflanken-ADU, jedoch weniger Aufwand benötigen. Zusätzlich zum $U(I)/f$-Wandler sind lediglich digitale Standardbausteine (Frequenzteiler, Zähler) erforderlich.

Bei der ADU-Schaltung im Bild 21.33 wird die Taktfrequenz $f_c = 1/T_c$ mit einem

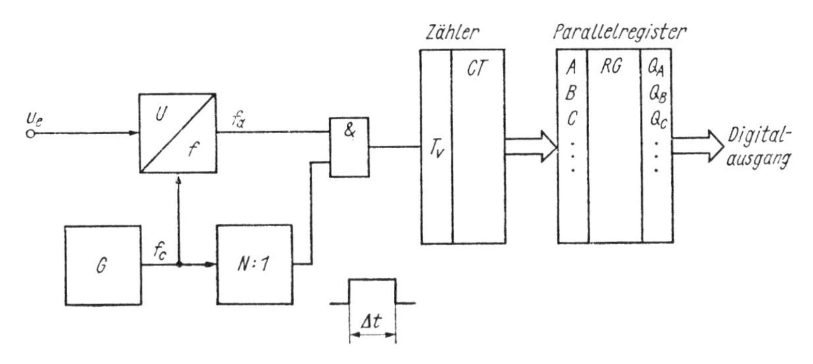

Bild 21.33. ADU mit synchronem U/f-Wandler nach Bild 21.32

digitalen Teiler (Flipflop-Dualuntersetzer) durch den Faktor N geteilt. Daher tritt am Teilerausgang eine Mäanderschwingung mit der Periodendauer NT_c auf. Während der halben Periodendauer $\Delta t = (N/2)\, T_c$ liegt 1-Signal am unteren Eingang des UND-Gatters. Deshalb werden während Δt die Ausgangsimpulse des U/f-Wandlers vom Zähler gezählt. Das Zählergebnis beträgt unter Berücksichtigung des digitalen Restfehlers

$$Z = \overline{f_a}\, \Delta t \mp 1 = \frac{N}{2} \frac{\overline{i_e}}{I_R} \mp 1$$

mit $|\overline{i_e}| = |\overline{u_e}|/R$.

Da der Taktgenerator sowohl zur Ansteuerung des U/f-Wandlers als auch zur Erzeugung der Zeitbasis des Zählers verwendet wird, beeinflußt die Taktfrequenz f_c wie beim Zweiflanken-ADU die Umsetzkennlinie nicht.

Vorteile. ADU nach dem Charge-balancing-Verfahren weisen alle wesentlichen Vorteile des Zweiflanken-ADU auf (ausgezeichnete Störunterdrückung, sehr hohe Linearität und Genauigkeit, monotone Wandlerkennlinie, Unabhängigkeit von der Taktfrequenz). Darüber hinaus haben sie zusätzliche Vorteile:

1. Exakte Integration der Eingangsgröße möglich, weil $u_e(i_e)$ den Integrationskondensator ohne Unterbrechung auflädt.
2. Größerer Dynamikbereich der Eingangsgröße.
3. Auflösung durch Wahl der Umsetzzeit (Teilerfaktor N) in weiten Grenzen wählbar.

4. Umsetzung sehr kleiner Ströme (Nanoampere, Pikoampere) möglich.
5. Einfache Nullpunktverschiebung realisierbar (live zero).
6. Kurzzeitdrift der Taktfrequenz wirkt sich nicht als Fehler aus.
7. Umsetzzeit ist unabhängig von der Amplitude des analogen Eingangssignals.
8. Nachentladungseffekte im Integrationskondensator verursachen keinen Fehler.

Nachteilig ist die lange Umsetzzeit, die durch die relativ niedrige Ausgangsfrequenz des $U(I)/f$-Wandlers bedingt ist (z.B. 10 ms bei 10-bit-ADU mit $f_{a\,max} = 100$ kHz).

Untersuchungen zeigten jedoch, daß es durchaus möglich ist, $U(I)/f$-Wandler mit maximaler Ausgangsfrequenz von etwa 2 MHz mit hoher Linearität und Genauigkeit zu realisieren, so daß beispielsweise ein 8-bit-ADU mit Umsetzzeiten von Bruchteilen einer ms realisierbar ist [21.6].

Die Wandler nach Bild 21.32 haben einen sehr großen Dynamikbereich. Der Zusammenhang $\bar{f_a} \sim \bar{i_e}$ bzw. $Z \sim \bar{i_e}$ ist über viele Dekaden streng linear. Die Wandlerkennlinie geht nahezu exakt durch den Nullpunkt. Ein Offsetfehler („Offsetfrequenz") macht sich erst bemerkbar, wenn u_e bzw. i_e nicht mehr groß ist gegenüber der Eingangsoffsetspannung bzw. dem Eingangsruhestrom des Integrators einschließlich des Stromschalters. Diese Wandler sind auch zur Umsetzung sehr kleiner Eingangsströme (nA, pA) geeignet. Bei großen Eingangssignalen wird der lineare Wandlungsbereich im wesentlichen dadurch begrenzt, daß die Rücksetzladung Q_R nicht mehr unabhängig von f_a ist (bei $f_a > 10^4$ bis 10^6 Hz). Ursachen sind a) t_R-Änderung, b) Schaltzeit des Stromschalters, c) Streukapazitäten.

Durch geringen Zusatzaufwand können die Wandler auch beide Eingangspolaritäten verarbeiten.

21.2.5.5. Delta-Sigma-AD-Umsetzer. Oversampling

Mit steigendem Integrationsgrad monolithischer Schaltkreise ist es zunehmend ökonomischer, hochpräzise Analogfunktionen durch Methoden der digitalen Signalverarbeitung zu ersetzen. Besonders große Bedeutung erlangte in diesem Zusammenhang in den letzten Jahren das Prinzip der *Überabtastung (Oversampling)* für die Realisierung hochauflösender AD- und DA-Umsetzer in VLSI-Technik. Ein markantes Beispiel für diesen Trend stellt der *Delta-Sigma-AD-Umsetzer* dar. Bei ihm wird das Prinzip der Überabtastung (Abtastung des Eingangssignals mit 100- ... 1000facher Nyquistrate) mit anschließender Filterung und Rauschverringerung kombiniert [21.24] bis [21.27].

Grundprinzip. Der klassische Delta-Sigma-ADU wandelt das analoge Eingangssignal zunächst in einem Delta-Sigma-Pulsdichtemodulator in eine hochfrequente serielle Bitfolge mit (üblicherweise) 1 bit Auflösung um (allgemeiner: in eine hochfrequente Folge von grob quantisierten Abtastwerten). Durch digitale Tiefpaßfilterung wird dieses Modulatorausgangssignal in hochauflösende Parallelworte mit wesentlich geringerer Abtastrate umgewandelt. Die Energie des Quantisierungsrauschens wird durch die Überabtastung gleichmäßig auf ein breites Frequenzband $0 \ldots 0{,}5\,f_c$ (f_c Abtastfrequenz des Eingangssignals) verteilt. Der in das (viel schmalere) Signalband fallende Anteil dieses Rauschens wird durch eine oder mehrere Integrationen (die als Tiefpaßfilterung wirken) und zusätzliche Filterung stark reduziert.

Insgesamt lassen sich folgende Vorteile dieses Umsetzverfahrens nennen: Kein Antialiasing-Filter erforderlich; keine Sample-and-hold-Schaltung nötig; prinzipbedingt linear; keine differentielle Nichtlinearität; unbegrenzte Linearität; Signal-Rausch-Verhältnis unabhängig vom Eingangssignalpegel; niedrige Kosten; ADU-Auflösung kann so groß gewählt werden, daß bei der Sensorsignalerfassung der Sensor und nicht die Elektronik auflösungs- und genauigkeitsbegrenzend wirkt; optimales Wirkprinzip für DSP-Applikationen.

Im Unterschied gegenüber anderen integrierenden ADU ist der Delta-Sigma-ADU ein kontinuierlich arbeitendes System, d.h., es erfolgt in der Regel zwischen den einzelnen Umsetzungen keine Rücksetzung des Modulators. Die vorausgegangenen Umsetzergebnisse werden mit in das aktuelle Umsetzergebnis einbezogen.

Für die Modulatorstufe können Schaltungen 2. Ordnung (Crystal CS 5317, 16 bit), 3. Ordnung (Motorola 56 ADC mit Abtastrate von 6,4 MHz ≙ der 64fachen Ausgangswortrate des ADU) oder 4. Ordnung (Crystal CS 5326) eingesetzt werden.

Haupteinsatzgebiet ist die Digitalisierung von Audiosignalen (Sprache, Musik). Seine Vorzüge für diesen Einsatzbereich sind sehr hohe Auflösung, hohe Umsetzrate und **kostengünstige Realisierung in VLSI-Technik.**

Typische mit monolithischen Schaltkreisen erreichbare Werte sind 16 bit Auflösung, 84 ... 96 dB Signal-Rausch-Abstand und eine Bandbreite des Eingangssignals von 20 kHz (CMOS, $f_c \sim 5 \dots 15$ MHz). Der Delta-Sigma-ADU enthält zwei Hauptbaugruppen: einen Delta-Sigma-Modulator und ein digitales Filter.

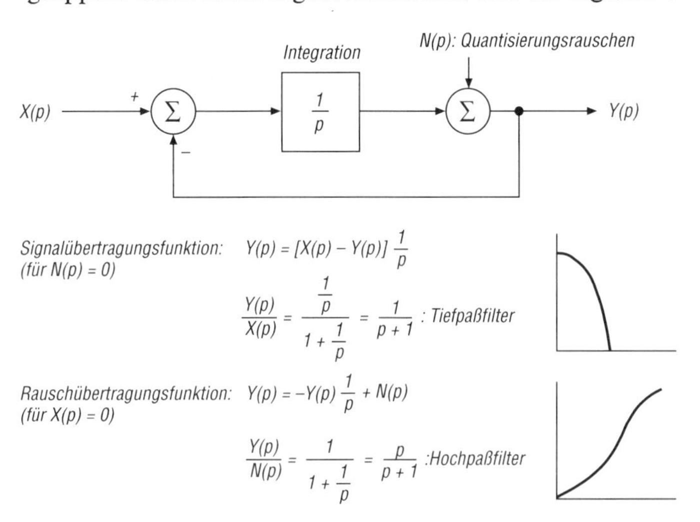

Bild 21.34. Vereinfachtes Modell eines Delta-Sigma-Modulators erster Ordnung [21.33]

Die grundsätzliche Funktion dieses Überabtastungs-ADU läßt sich wie folgt charakterisieren: zunächst wird eine AD-Umsetzung mit niedriger Auflösung (z. B. 1 bit) ausgeführt. Anschließend wird das Quantisierungsrauschen mit analoger und digitaler Filterung stark reduziert.

Ein vereinfachtes Modell des Modulators 1. Ordnung zeigt Bild 21.34. Die Signal- und Rauschübertragungsfunktionen dieses Systems sind im Bild 21.35 angegeben. Sie verdeutlichen die Hauptfunktion des Modulators: Das Signal wird tiefpaß-gefiltert, und das Rauschen wird hochpaß-gefiltert. Als Wirkung der Schleifenverstärkung verschiebt sich das Rauschen in ein höheres Frequenzband. Die digitalen Filterstufen haben zwei Aufgaben: 1. *Rauschfilterung* und 2. *Dezimation*, d. h. Transformieren eines hochfrequenten 1-bit-Datenstroms in einen 16-bit-Datenstrom mit wesentlich niedrigerer Wiederholungsrate. Dezimierung (Dezimation) ist sowohl eine Mittelungsfunktion als auch eine Wortratenreduktion, die gleichzeitig erfolgt.

Bild 21.35 zeigt die spektrale Darstellung des Delta-Sigma-Umsetzprozesses. Wie

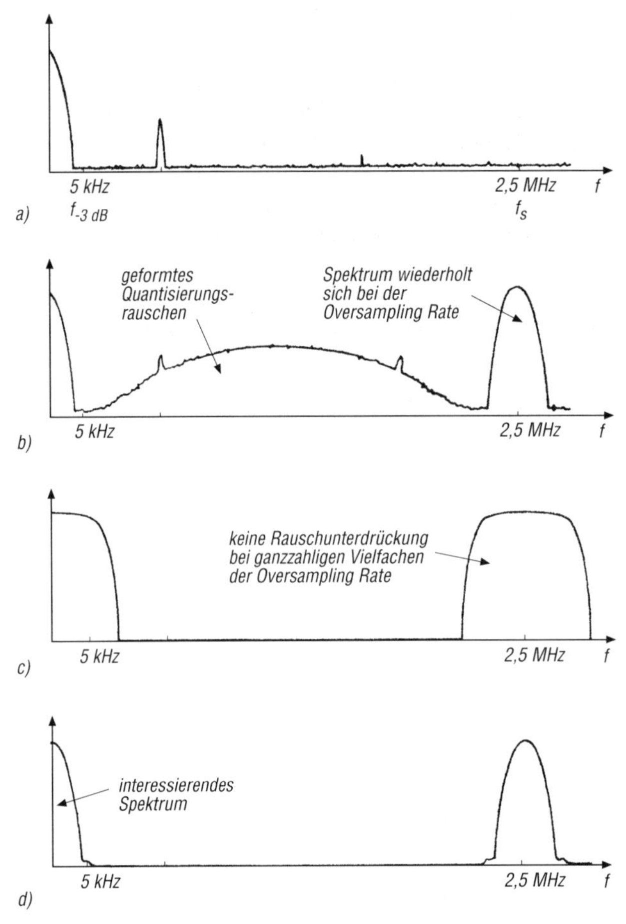

Bild 21.35. Zwei Hauptschritte des Delta-Sigma-Umsetzprozesses: Oversampling und Modulation (b) und digitale Filterung (d) [21.33]

a) analoges Eingangsspektrum; b) Spektrum des digitalen Modulatorausgangs; c) Ausgang des digitalen Filters (vor der Dezimierung); d) Ausgangsspektrum des digitalen Filters

ersichtlich, erfolgt praktisch keine Rauschunterdrückung in unmittelbarer Umgebung von ganzzahligen Vielfachen der Abtastrate.

Modulator. Er stellt eine Rückkopplungsschleife dar, die eine *Summierschaltung*, einen *Integrator* und einen groben *Quantisierer* mit digitalem sowie zusätzlich (quasi)analogem Ausgangssignal enthält (Bild 21.36). Der Quantisierer besteht aus einem AD-Umsetzer mit niedriger Auflösung, aber hoher Abtastrate, der das digitale Ausgangssignal liefert sowie einem DA-Umsetzer, der aus der genannten digitalen Signalfolge das quantisierte Analogsignal erzeugt.

Besonders einfach und unkritisch wird die schaltungstechnische Realisierung des Modulators, wenn die Digitalisierung und Quantisierung lediglich mit 1 bit Auflösung vorgenommen wird. Als ADU kann dann einfach ein Schwellwertdetektor (Analogkomparator), meist ein getakteter D-Flipflop, verwendet werden. Das quantisierte Analogsignal ist in diesem Fall die zweiwertige Ausgangsspannung des D-Flipflops (Bild 21.36b).

In der Regelschleife wird das grob quantisierte Analogsignal (Approximationssignal) $q(t)$ mit dem Eingangssignal $X(t)$ verglichen. Die Differenz $(X - q)$ wird integriert und dem Quantisierer zugeführt.

Im Fall von Bild 21.36b wird am Ende jeder Taktperiode (τ) das Vorzeichen der Integratorausgangsspannung verwendet, um zu entscheiden, ob über die folgende Taktperiodendauer $q = +V$ oder $q = -V$ beträgt. Dabei ist $|V|$ gleich dem Maximalwert des Eingangssignals $X(t)$ des Modulators.

Durch die Regelschleife wird der arithmetische Mittelwert der Approximationsspannung $q(t)$ in guter Näherung dem Mittelwert der Eingangsspannung $X(t)$ nachgeführt.

Damit digitale PCM-Ausgangsworte mit hoher Auflösung entstehen, werden N aufeinanderfolgende Ausgangswerte des Modulators (ADU) summiert. Durch diese Mittelung wird die Auflösung proportional zu N erhöht. Allerdings stehen die PCM-Ausgangsworte verständlicherweise mit niedrigerer Abtastrate ($1/N\tau$) zur Verfügung.

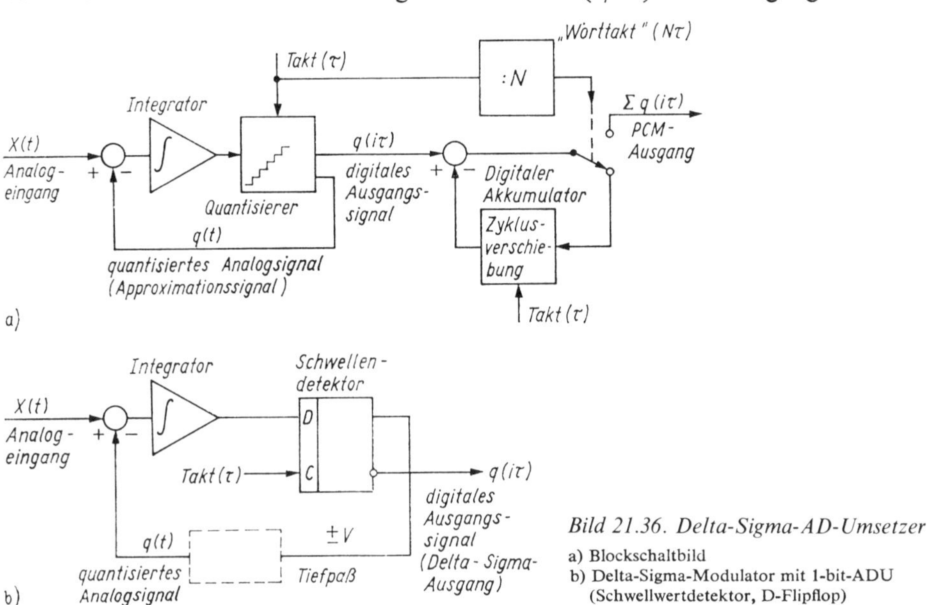

Bild 21.36. Delta-Sigma-AD-Umsetzer
a) Blockschaltbild
b) Delta-Sigma-Modulator mit 1-bit-ADU (Schwellwertdetektor, D-Flipflop)

Anhand des Bildes 21.36a betrachten wir nachfolgend die Zusammenhänge genauer [21.29]. Die Betrachtungen gelten für beliebig viele Quantisierungsstufen, d.h. auch für Bild 21.36b. In jedes PCM-Ausgangswort mögen N grob quantisierte Abtastwerte (digitales Ausgangssignal des Quantisierers) einbezogen sein. Durch Mittelung von M aufeinanderfolgenden Abtastwerten ergibt sich eine M-fache Vergrößerung der Auflösung gegenüber einem einzelnen Abtastwert. Es gibt aber $(N + 1 - M)$ unterschiedliche Möglichkeiten, um M aufeinanderfolgende Abtastwerte aus einer Folge von N Abtastwerten zu bilden. Das bedeutet, daß sich für jedes PCM-Ausgangswort $N + 1 - M$ Interpolationsgruppen erzeugen lassen. Falls das Rauschen zwischen diesen Interpolationsgruppen nicht korreliert ist, verringert es sich durch Mittelung aller dieser Interpolationsgruppen um den Faktor $\sqrt{N + 1 - M}$. Insgesamt ergibt sich daher durch die hier beschriebene doppelte Interpolation (erste Interpolation: M aufeinanderfolgende Abtastwerte zu einer Interpolationsgruppe zusammengefaßt; zweite Interpolation: Mittelung über alle Interpolationsgruppen eines PCM-Ausgangswortes) eine Auflösungserhöhung um den Faktor $M\sqrt{N + 1 - M}$.

Eine Formel zur Berechnung der erzielbaren Auflösungserhöhung läßt sich aus Bild 21.36a in folgender Weise ableiten: In der Rückkopplungsschleife gilt der Zusammenhang

$$\frac{1}{\tau}\int_{-\infty}^{i\tau} [X(t) - q(t)]\,dt = q\,(i\tau) + e\,(i\tau) \tag{21.10}$$

$$\frac{1}{\tau} \int_{-\infty}^{(i-1)\tau} [X(t) - q(t)] \, dt = q\,[(i-1)\,\tau] + e\,[(i-1)\,\tau]. \tag{21.11}$$

Dabei bedeuten: τ Taktperiodendauer des Quantisiereres; N Anzahl der in ein PCM-Ausgangswort einbezogenen Abtastungen; $q(t)$ quantisiertes Analogsignal, konstant während einer Taktperiode τ; $e(t)$ Quantisierungsfehler.

Subtraktion von (21.11) und (21.10) ergibt mit den Abkürzungen $\tilde{X}(i\tau) = \frac{1}{\tau} \int_{(i-1)\tau}^{i\tau} \times X(t)\,dt$ (arithmetischer Mittelwert des Eingangssignals über eine Taktperiode τ) und $\Delta e\,(i\tau) = e\,(i\tau) - e\,((i-1)\,\tau)$

$$q\,(i\tau) = \tilde{X}\,(i\tau) - \Delta e\,(i\tau). \tag{21.12}$$

(21.12) beschreibt das Verhalten der Regelschleife während des i-ten Abtastintervalls der Eingangsspannung $X(t)$.

Besonders vorteilhaft ist es, wenn die N in ein PCM-Ausgangswort einzubeziehenden quantisierten Abtastwerte $q\,(i\tau)$ gewichtet summiert werden. Mit den Abkürzungen w_i Wichtung des i-ten Abtastwertes, $W = \sum_1^N w_i$ Summe aller Gewichtsfaktoren und $\Delta w_i = w_i - w_{i-1}$ folgt aus (21.12) durch gewichtetes Summieren und Division durch W

$$\frac{1}{W} \sum_1^N w_i q\,(i\tau) = \frac{1}{W} \sum_1^N w_i \tilde{X}\,(i\tau) - \frac{1}{W} \sum_1^N w_i\,\Delta e\,(i\tau). \tag{21.13}$$

Der zweite Summand auf der rechten Seite von (21.13) stellt das Quantisierungsrauschen dar. Durch Erweitern dieses Summanden mit den Gewichtsfaktoren w_0 und w_{N+1}, die beide nullgesetzt werden, läßt sich schreiben

$$E\,(N\tau) = \frac{1}{W} \sum_1^{N+1} \Delta w_i e\,(i\tau - \tau). \tag{21.14}$$

Wenn die einzelnen Rauschbeiträge $e\,(i\tau)$ unkorreliert sind, aber innerhalb eines PCM-Ausgangswortes den gleichen Wert $u_{r\,eff}$ aufweisen, gilt für die mittlere Rauschleistung eines PCM-Ausgangswortes

$$U_{r\,eff}^2 = \frac{u_{r\,eff}^2}{W^2} \sum_1^{N+1} [\Delta w_i]^2. \tag{21.15}$$

Das bedeutet, daß durch die Interpolation eine Verringerung der Rauschleistung um den Faktor

$$F = W^2 \left[\sum_1^{N+1} [\Delta w_i]^2 \right]^{-1} \tag{21.16}$$

auftritt ($F = u_{r\,eff}^2 / U_{r\,eff}^2$; Rauschleistung des quantisierten Abtastwertes (Zeitintervall τ)/ Rauschleistung eines PCM-Ausgangswortes (Zeitintervall $N\tau$)).

Eine detaillierte Rechnung zeigt [21.29], daß ein Extremwert von F bei N = const. für parabolisch ansteigende Gewichtsfaktoren auftritt. Nahezu gleichgute Werte (Rauscherhöhung des Quantisierungsrauschens um 1,25 dB gegenüber parabolisch ansteigenden Gewichtsfaktoren) liefert eine Dreiecksverteilung der Gewichtsfaktoren, die sich schaltungstechnisch besonders einfach realisieren läßt. Es gilt für die Dreiecksverteilung

$$F = \frac{(N+1)^3}{16}. \tag{21.17}$$

Digitales Filter. Wir betrachten einen Delta-Sigma-Modulator nach Bild 21.37 mit der binären Ausgangsimpulsfolge $q(i\tau) = 0$ bzw. 1. Diese Impulsfolge steuert den Takteingang eines digitalen Akkumulators, dessen Eingangswort von einem Vor-Rückwärts-Zähler geliefert wird. Der Zähler zählt von 0 ... 512 vorwärts und anschließend wieder rückwärts bis auf Null. Auf diese Weise erzeugt er die für die gewichtete Summation in (21.13) erforderlichen dreieckgewichteten Koeffizienten w_i.

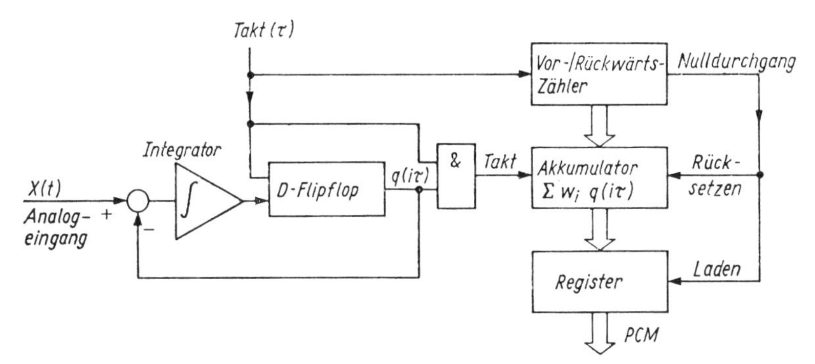

Bild 21.37. Delta-Sigma-AD-Umsetzer mit doppelter Integration und digitaler Filterung mit dreieckgewichteter Akkumulation des Delta-Sigma-Binärkodes

Ein 1-Signal am Ausgang des Delta-Sigma-Modulators bewirkt, daß das am Akkumulator anliegende Eingangswort zum jeweiligen Inhalt des Akkumulators addiert wird. Ein 0-Signal am Modulatorausgang verhindert eine Summation. Wenn beim Rückwärtszählen der Vor-Rückwärts-Zähler durch Null geht, wird der Akkumulatorinhalt zum Ausgangsregister übertragen, und der Akkumulator wird nullgestellt. Unmittelbar anschließend beginnt die neue gewichtete Summation von N quantisierten Abtastwerten für das nachfolgende PCM-Ausgangswort.

Filtercharakteristik. Das vorstehend beschriebene digitale Filter hat Tiefpaßverhalten. Die z-Transformierte der Folge der gewichteten Koeffizienten lautet [21.29]

$$H_D(z) = \frac{1}{W}\left[\frac{1 - z^{-\frac{N+1}{2}}}{1 - z^{-1}}\right]^2. \tag{21.18}$$

Hieraus ergibt sich der zugehörige Frequenzgang des Umsetzers zu

$$H_D(\omega\tau) = \frac{Y(\omega)}{X(\omega)} = \frac{\mathrm{si}^2\left(\frac{N+1}{2}\pi f\tau\right)}{\mathrm{si}\,(\pi f\tau)}. \tag{21.19}$$

Es existieren zahlreiche Ausführungsvarianten von Delta-Sigma-ADU. Beispielsweise liefert das Einschalten eines Tiefpaßfilters erster Ordnung (Bild 21.37), dessen Grenzfrequenz gleich der oberen Grenzfrequenz des Eingangssignalbandes ist, eine zusätzliche Verbesserung des Signal-Rausch-Verhältnisses um 6 dB/Oktave. Durch Überabtastung und zusätzliche Filterung mit zwei Integratoren (Delta-Sigma-Modulator 2. Ordnung) ist theoretisch eine Verbesserung um 15 dB mit jeder Verdopplung der Nyquist-Abtastrate zu erzielen [21.25]. Durch Integration noch höherer Ordnung wird die Auflösung zusätzlich erhöht [21.26].

Als Folge der in den letzten Jahren durchgeführten umfangreichen Forschungen lassen sich heute zwei Gruppen von Delta-Sigma-ADU unterscheiden: 1. *„klassische“* Sigma-Delta-ADU und 2. *kaskadierte* Delta-Sigma-ADU.

Der *klassische* Typ besteht aus einem einfachen Modulator mit nachfolgendem digitalem Tiefpaß- und Dezimierungsfilter. Das Signal-Rausch-Verhältnis wird bestimmt durch die Ordnung des Modulators, dem Überabtastungsverhältnis und der Auflösung des verwendeten Quantisierers und Gegenkopplungssignals. Ein 1-bit-Quantisierer mit Gegenkopplung wird bevorzugt, weil er zu einfacher Implementierung des Modulators führt und prinzipiell linear ist.

Der *kaskadierte* Delta-Sigma-ADU verwendet Mehrfachmodulatoren, um Rauschformung höherer Ordnung zu ermöglichen. Der erste Modulator setzt das analoge Eingangssignal um. Jeder nachfolgende Modulator setzt den Quantisierungsfehler des vorhergehenden Modulators um. Das Quantisierungsrauschen wird dann digital unterdrückt; das ergibt eine Rauschformungsfunktion höherer Ordnung.

Vorteile. Vorteile dieses Umsetzverfahrens gegenüber anderen integrierenden ADU sind u.a. Wegfall einer großen Integrationskapazität, einfaches serielles Interface zwischen Modulator und Filter ermöglicht einfache galvanische Trennung, durch die sehr hohe Auflösung kann in Verbindung mit der galvanischen Trennung ein Trennverstärker entfallen, hohe Signalbandbreite. Zusätzlich sind noch die auch bei einigen anderen integrierenden ADU vorhandenen Vorteile: Wegfall einer Abtast-und-Halteschaltung vor dem ADU und Wegfall eines hochpräzisen Anti-Aliasing-Filters (s. Abschn. 21.2.8.) zu nennen.

Zur Untersuchung der Eigenschaften von Delta-Sigma-ADU wurden Testtechniken auf FFT-Basis entwickelt. Dabei dient z. B. eine 1-kHz-Sinusfunktion als Eingangssignal.

Maximale Auflösung. Die Leistungsfähigkeit des Delta-Sigma-ADU hinsichtlich hoher Auflösung wird durch den von der USA-Firma Gould entwickelten 24-bit-ADU 860/863 (Hybridschaltkreis) überzeugend nachgewiesen. Er verarbeitet Eingangsspannungen von ± 10 V bis zu einer oberen Grenzfrequenz von f_o = 500 Hz [21.27]. Die Eingangsspannung wird mit einer Abtastrate von 250000/s abgetastet (das entspricht der 256fachen Nyquistrate für die max. Eingangsfrequenz von 500 Hz). Die im Modulator entstehende binäre Impulsfolge wird in einem 65poligen FIR-Filter in ein 24-bit-Parallelwort umgewandelt, das mit einer 256fach niedrigeren Abtastrate von 1 kHz am Filterausgang verfügbar ist. Das FIR-Filter (Taktfrequenz 20 MHz, Einschwingzeit 22 ms) besteht aus einer zweistufigen kaskadierten Schaltung. Die erste Stufe mit 448 Koeffizienten erniedrigt die Eingangsbitfolge um den Faktor 64 und liefert eine tiefpaßgefilterte 24-bit-Wortfolge mit einer Rate von 4000 Worten/s. Die zweite Stufe mit 172 Koeffizienten erniedrigt die Wortfolge um den Faktor 4, indem die Abtastrate auf 1000 Abtastungen/s verringert wird und die Daten weiter in einem Tiefpaßfilter verarbeitet werden.

Weitere industrielle Beispiele: *CS 5326 (Crystal Semic., USA):* 16-bit-ADU, 25 kHz Bandbreite, 30 ... 50 kHz Ausgangswortrate, serielles Interface, 2 unabhängige Kanäle, 94 dB Dynamikbereich, harmonische Verzerrungen 0,0015 %, SNR 92 dB über 10 Hz ... 22 kHz; 64faches Oversampling-Verhältnis; das auf dem Chip enthaltene digitale phasenlineare Anti-Aliasing-Filter hat $< 0{,}001$ dB Durchlaßwelligkeit und > 86 dB Sperrdämpfung; Verlustleistung 450 mW, Power-down-Mode vorhanden.
CS 5501: 16-bit-Niedrigkosten-ADU; Ausgangswortrate 4 kHz; Abtastfrequenz des Eingangssignals $f_c/256$, Ausgangswortrate $f_c/1024$, Filtereckfrequenz $f_c/409600$, Einschwingzeit $655360/f_c$; Tiefpaß-6-Pol-Gaußfilter ohne Überschwingen beim Anlegen einer Sprungfunktion; Eckfrequenz einstellbar zwischen 0,1 ... 10 Hz; Selbstkalibrierschaltungen auf dem Chip garantieren Offset- und Vollausschlagfehler $< 1/2$ lsb. Der serielle Ausgang bietet drei Betriebsarten: UART asynchron/Schieberegister/synchrone serielle Tore von Mikrocontrollern; Leistungsverbrauch 40 mW, Schlafzustand für Batterieanwendungen; unipolar/bipolarer Eingang, Betriebsspannung $\pm$ 5 V (Crystal Semic., USA).

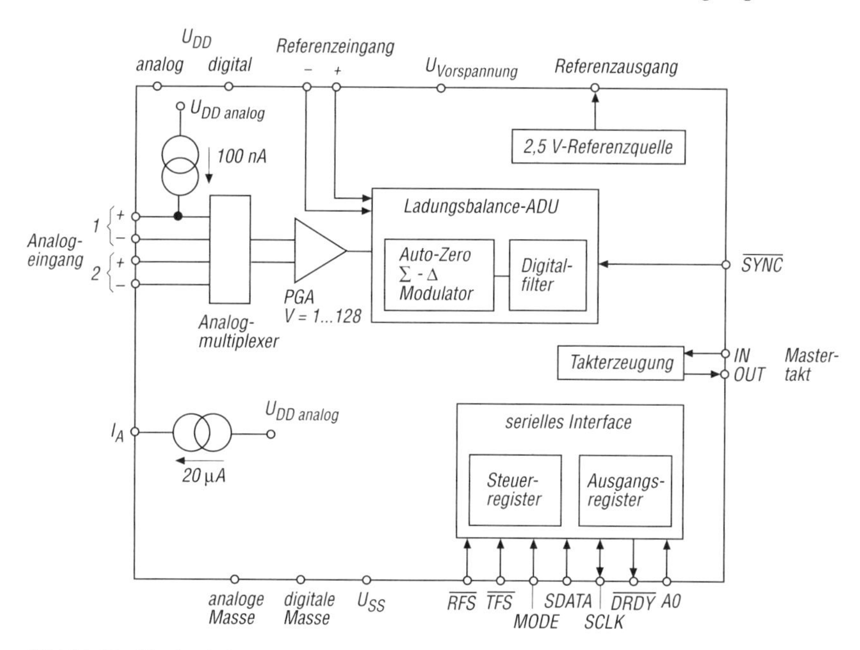

Bild 21.38. Blockschaltbild des Delta-Sigma-ADU AD 7710

56 ADC (Motorola): 16 bit, 96 dB Dynamikbereich, Signalabtastung mit 6,4 MHz, keine S/H-Schaltung und kein Anti-Aliasing-Filter erforderlich; eine einzige Betriebsspannung, HCMOS-Technologie, fast nur digitale Schaltungen.
AD 7710: Dieser ungewöhnlich hochauflösende 21-bit-Zweikanal-ADU (Bild 21.38) gehört zur zweiten Generation von Delta-Sigma-Umsetzern und ermöglicht den direkten Anschluß von Meßaufnehmern (Dehnungsmeßstreifen, Thermoelemente, Widerstandsthermometer). Die Verstärkung des auf dem Chip integrierten Verstärkers ist zwischen 1 und 128 programmierbar. Dadurch lassen sich Vollausschlagbereiche zwischen 0 ... ± 20 mV und 0 ... ± 2,5 V einstellen. Sowohl der Signal- als auch der Referenzeingang sind als Differenzeingänge mit hoher Gleichtaktunterdrückung (> 100 dB von Gleichspannung bis zu einigen kHz) und hohem Gleichtaktaussteuerbereich zwischen der positiven (+ 5 ... 10 V) und der negativen (0 ... − 5 V) Betriebsspannung ausgeführt. Die Referenzspannung ist intern oder extern wählbar. Im ADU ist ein programmierbares Digitalfilter enthalten, mit dem der Anwender die Grenzen des Durchlaßbereiches (zwischen 2,62 und 262 Hz) und die Dämpfung außerhalb des Durchlaßbereiches optimieren kann. Die effektive Auflösung beträgt bis zu 22 bit und die Leistungsaufnahme 40 ... 50 mW (50 ... 100 µW bei Power-down-Betrieb). Umfangreiche Selbstkalibrierung, die z. Teil im Hintergrund abläuft, verringert erheblich Verstärkungs- und Offsetfehler sowie zeit-und temperaturabhängige Drifteffekte. Er ist wahlweise mit einer + 5 ... 10 V- oder mit einer ± 5-V-Betriebsspannung betreibbar. Haupteinsatzbereich sind Waagen und Temperaturmeßanordnungen. Weitere Daten: Abtastfrequenz des analogen Eingangssignals: 20 kHz ... 160 kHz je nach programmiertem Verstärkungsfaktor. Eingangsruhestrom < 10 pA, zulässiger Innenwiderstand der Signalquelle < 10 kΩ.

Der ähnliche Typ *AD 7711* ist für den Anschluß von Widerstandsthermometern ausgelegt. Er enthält u. a. die Stromquellen zur Speisung der Widerstandssensoren.

21.2.6. AD-Umsetzer mit direkter Mitwirkung eines Mikrorechners

Die für die Analog-Digital-Umsetzung erforderlichen Steuerschaltungen können, abweichend von der üblichen Hardware-Realisierung, auch durch einen geeignet programmierten Mikrorechner ersetzt werden (Software-Realisierung), der selbstverständlich weitere Aufgaben löst, die nicht zur AD-Umsetzung gehören. Hierbei ist jedoch zu beachten, daß die Verarbeitungsgeschwindigkeit eines Mikrorechners u.U. mehr als 2 Zehnerpotenzen geringer ist als bei reiner Hardware-Realisierung.

Eine Software-Realisierung des Steueralgorithmus läßt sich grundsätzlich bei jedem Umsetzverfahren anwenden, beispielsweise bei Nachlaufumsetzern, Zweiflankenumsetzern oder bei ADU nach dem Wägeverfahren. In der Praxis ist diese Lösung trotz der Hardwareeinsparung jedoch relativ selten anzutreffen, weil die Umsetzzeit u. U. erheblich verlängert wird und der Mikrorechner einen nicht vernachlässigbaren Anteil seiner Programmabarbeitungszeit für die Analog-Digital-Umsetzung aufbringen muß.

Bild 21.39 zeigt als Beispiel eine Schaltung zur Analog-Digital-Umsetzung von 8 Eingangskanälen nach dem Wägeverfahren mit einem 8-bit-Mikroprozessor bzw. Einchipmikrorechner. Die Schaltung enthält einen 10-bit-DAU und 8 Komparatoren (je ein Komparator für einen Eingangskanal).

Der DAU wird über zwei Ausgangstore des Mikrorechners (8 + 2 bit) angesteuert. Die 8 Komparatoren werden zeitlich nacheinander über je eine Leitung eines 8-bit-Eingabetores des Mikrorechners abgefragt.

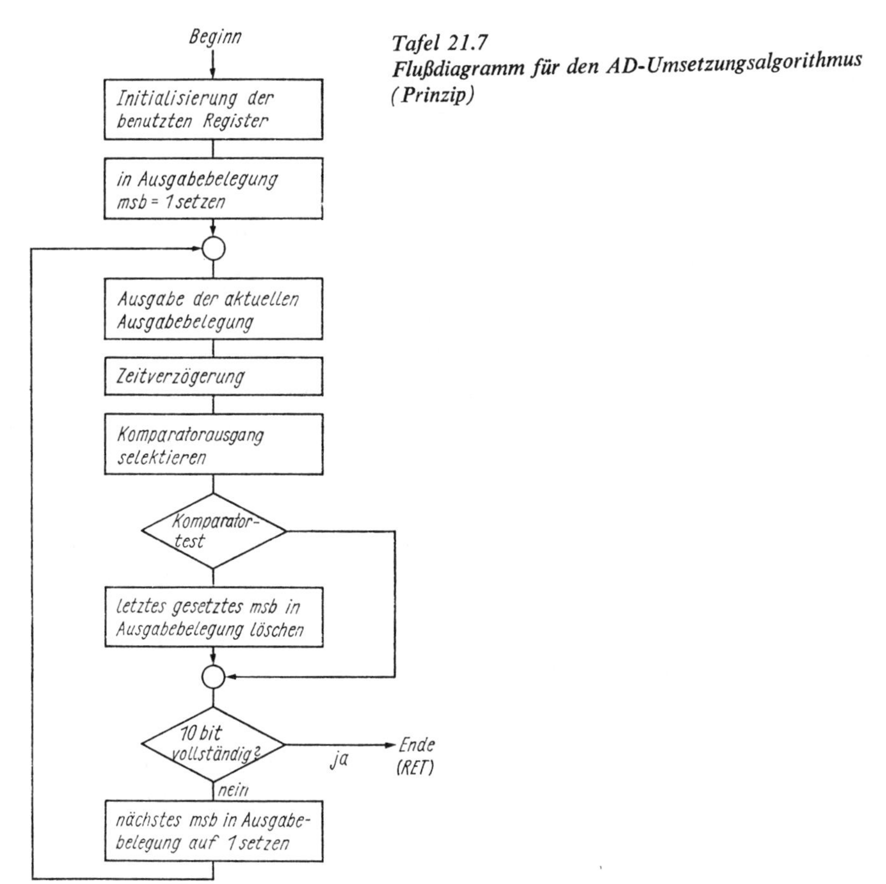

Tafel 21.7
Flußdiagramm für den AD-Umsetzungsalgorithmus (Prinzip)

Die vom Mikrorechnerprogramm gesteuerte Umsetzung läuft wie folgt ab:
Der Mikrorechner sendet das msb über die beiden Ausgabetore an den DAU-Eingang.
Nachdem der DAU und die Komparatoren eingeschwungen sind, werden die 8 Komparatorausgangssignale zeitlich nacheinander über je einen Anschluß des 8-bit-Eingabetores in den Mikroprozessor übertragen. Da stets nur *ein* Komparatorausgangssignal abgefragt werden darf, erfolgt die Auswahl des gewünschten Komparators durch Maskierung (siehe [2]). Meldet ein Komparator, daß die Eingangsspannung U_E größer ist als die (msb-)Ausgangsspannung des DAU, verbleibt das msb im EIN-Zustand, und das nächstniederwertige Bit wird zusätzlich an den DAU-Eingang geschaltet usw. Auf diese Weise werden zeitlich nacheinander alle zehn Bits abgefragt. Nach Abfrage des lsb wird das 10-bit-Digitalwort, d.h. das Ergebnis der AD-Umsetzung, zur Weiterverarbeitung in den CPU-Registern *B* und *C* zwischengespeichert.
Tafel 21.7 zeigt das Flußdiagramm.

Da sich die Eingangsspannung von ADU nach dem Wägeverfahren während der Umsetzzeit nur um weniger als $\mp\frac{1}{2}$ lsb ändern darf, wird ggf. vor jeden Komparatoreingang eine Abtast- und Halteschaltung eingefügt.

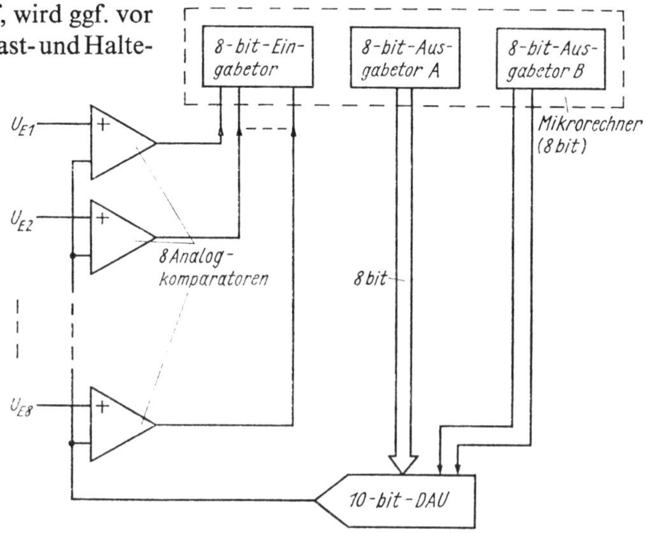

Bild 21.39. ADU nach dem Wägeverfahren mit 8 Eingangskanälen und Steuerung durch einen Mikrorechner

21.2.7. Mikroprozessorkompatibilität

Mikroprozessorkompatibilität bedeutet, daß ein ADU sowohl hardwaremäßig als auch softwaremäßig möglichst einfach mit einem Mikrorechner koppelbar ist. Bei nicht voll mikroprozessorkompatiblen ADU werden zusätzliche Schaltkreise für das Interface benötigt.

ADU können wie auch andere Peripherieeinheiten auf unterschiedliche Weise mit Mikroprozessoren kommunizieren.

Die wichtigsten Methoden des Datenaustausches sind [2]

- der programmierte Datenaustausch (synchron, Handshake-Methode)
- der Interruptbetrieb
- der direkte Speicherzugriff (DMA).

Der DMA-Betrieb ermöglicht zwar den schnellsten Datentransport zum Speicher des Mikrorechners, jedoch ist ein spezieller Schaltkreis (DMA-Schaltkreis) erforderlich. Daher wird dieses Verfahren nur in Sonderfällen verwendet.

Bezüglich der Adressierung des ADU ist zwischen der *Speicheradressierung* (memory mapped I/0) und der *Akkumulatoradressierung* (accumulator I/0) zu unterscheiden. Bei der Speicheradressierung werden dem ADU eine oder mehrere Speicheradressen zugeordnet. Vorteil: Alle Speicherzugriffsbefehle lassen sich auch auf den ADU anwenden. Nachteil: Weniger Speicherraum für Programm- und Datenspeicherung, etwas kompliziertere Adressendekodierung. Beim zweiten Verfahren wird (mindestens) ein spezielles I/0-Steuersignal verwendet, das in Verbindung mit dem Adreßbus einen völlig getrennten I/0-Adressenbereich erzeugt.

Ein typisches ADU-Interfaceprogramm beinhaltet mehrere Operationen. Ein Schreibbefehl zur ADU-Adresse löst eine Umsetzung aus. Die Umsetzzeit des ADU ist in der Regel wesentlich länger als eine Befehlszykluszeit. Daher darf der Prozessor das Ausgangswort des ADU erst nach einer Verzögerungszeit lesen. Hierzu sind folgende Möglichkeiten üblich:

1. Start-and-wait-Interfacing
   a) Der Prozessor führt so lange NOP-Befehle (No operation) aus, bis die Umsetzung mit Sicherheit beendet ist und liest dann das ADU-Ausgangswort.
   b) Der Prozessor fragt ein Status-Signal (spezielles Ausgangssteuersignal des ADU, das am Ende der Umsetzung seinen Zustand ändert, z.B. EOC = End of Conversion) so lange ab, bis es seinen Zustand geändert hat und liest anschließend das ADU-Ausgangswort.
2. Interrupt
   Am Ende der Umsetzung löst das Status-Signal des ADU (z.B. EOC) einen Interrupt aus. Das Interruptbedienprogramm liest das ADU-Ausgangswort. Während der Umsetzung kann der Mikroprozessor andere Aufgaben lösen.

Die vorstehend genannte Methode des „Start-and-wait-Interfacing“ ist identisch mit der oben erwähnten Methode des programmierten Datenaustausches.

Für ADU mit Umsetzzeiten, die nicht größer sind als eine Befehlszykluszeit des Mikroprozessors, wird das Interface besonders einfach. Bei der Kommunikation eines 8-bit-ADU mit einem 8-bit-Mikroprozessor ist dann lediglich die Ausgabe eines Schreibbefehls zum Starten der Umsetzung und unmittelbar anschließend ein Lesebefehl zum Einlesen des Datenwortes erforderlich. Allerdings wird es noch viele Jahre dauern, bevor preisgünstige Umsetzer für allgemeine Anwendungen solch kurze Umsetzzeiten erreichen.

Beispiele für die Funktion der Steuersignale in industriellen monolithischen ADU enthält Abschnitt 21.2.9.

21.2.8. Anwendungsgesichtspunkte

Vergleich und Auswahlkriterien. Industriell wird eine große Anzahl unterschiedlicher ADU-Typen und -Varianten in Form monolithischer und hybrider Schaltkreise produziert. Wegen der unterschiedlichen Anwenderforderungen unterteilen die Hersteller ihre Produkte in Hauptgruppen, z. B. in ADU für

- allgemeine Anwendungen
- hohe Auflösung
- kurze Umsetzzeit
- extrem kurze Umsetzzeit (Video-ADU)
- niedrige Verlustleistung.

Die Auswahl eines ADU hängt in erster Linie vom Anwendungsfall ab. Wesentliche Gesichtspunkte sind Geschwindigkeit, Genauigkeit (Auflösung), Preis, Form des Interfaces zum Anschluß der digitalen Einheiten (meist Mikroprozessor, Mikrocontroller). Die benötigte Geschwindigkeit (Umsetzzeit) bestimmt, welches der drei hauptsächlichen ADU-Verfahren das zweckmäßigste ist (Parallel-, Sukzessiv-Approximations-, Zählverfahren). Die Dynamik des Eingangssignals in Verbindung mit dem verwendeten Umsetzverfahren ist häufig auch das Kriterium, ob eine Sample-and-hold-Schaltung vor den ADU-Eingang geschaltet werden muß.

Die meist verwendeten Umsetzprinzipien (95% aller Anwendungen) sind das Wägeverfahren und Integrationsverfahren.

Die Unterscheidung zwischen beiden Verfahren ist vor allem durch die Umsetzzeit gegeben. Falls es nicht auf kurze Umsetzzeit ankommt (langsam veränderliches Eingangssignal), sind *integrierende Umsetzer* (z. B. Zweiflanken-ADU oder ADU mit Ladungsmengenkompensation) zu bevorzugen. Sie sind billig, benötigen keine Abtast- und Halteschaltung, wirken als Tiefpaßfilter (s. Abschn. 21.2.5.3.), und das HF-Rauschen sowie Störspitzen werden „eingeglättet", d. h. weitgehend unwirksam. Außerdem besteht hier die Möglichkeit, periodische Störsignale völlig auszusieben, indem die Umsetzzeit (bzw. beim Zweiflanken-ADU die Zeitdauer der ersten Umsetzphase) zu einem Vielfachen der Periodendauer des Störsignals gewählt wird. Auf diese Weise lassen sich insbesondere aus dem Netz stammende Störsignale weitgehend unterdrücken.

Darüber hinaus eignen sich solche ADU auch zur Umsetzung kleiner Eingangsspannungen (100 mV-Bereich).

ADU nach dem *Wägeverfahren* sind überlegen, wenn es auf kurze Umsetzzeit bei mittlerer und hoher Auflösung ankommt. Ein Beispiel sind Datenerfassungsanlagen, bei denen eine Vielzahl analoger Meßwerte mit hoher Abtastrate (z. B. 10 kHz) periodisch abgefragt und digitalisiert werden muß.

Diese Umsetzer haben sich zum Standard bei mittelschnellen und schnellen ADU herausgebildet.

Tafel 21.8. Eigenschaften von AD-Umsetzprinzipien

sk sehr klein; m mittel; g groß; ● zutreffend, ○ bedingt zutreffend

	Parallel	Seriell	Momentanwert	Integrierend	Gegenkopplung: Mit	Gegenkopplung: Ohne	Zwischengröße: Mit	Zwischengröße: Ohne	Störunterdrückung: Mit	Störunterdrückung: Ohne	DAU: Mit	DAU: Ohne	Umsetzzeit: sk	Umsetzzeit: m	Umsetzzeit: g	Auflösung: k	Auflösung: m	Auflösung: g
Parallelverfahren (Video-ADU)	●		●			●		●		●		●	●			●		
Wägeverfahren		○	●		●			●		●	●			●			●	○
Nachlauf-ADU		●	○		●			●		○	●			○			●	○
1-Flanken-ADU		●	●[1]	●[1]		●	●		●[1]	●[1]		●			●			●
2-Flanken-ADU		●		●		●	●		●			●			●			●
4-Flanken-ADU		●		●		●	●		●			●			●			●
Charge balancing-ADU		●		●		●	●		●			●			●			●
Delta-Sigma-ADU		●		●		●	●		●			●			●			●

[1]) beide Verfahren realisierbar

Parallele ADU (Video-ADU) werden nur in den Fällen eingesetzt, bei denen es auf kürzeste Umsetzzeit ankommt, denn sie sind wesentlich aufwendiger als andere ADU-Verfahren.

Einen Überblick zeigt Tafel 21.8.

Bipolare Eingangssignale. Die meisten ADU sind für Unipolarbetrieb konzipiert. Durch Einspeisen einer Offsetspannung bzw. eines Offsetstroms am Eingang lassen sie sich auch zur Umsetzung bipolarer Eingangssignale verwenden (s. Abschn. 21.2.5.3.). Allerdings führt das Einspeisen des Offset zu einem Zusatzfehler, der sich vor allem bei kleinen Eingangsspannungen ($|U_E| < 0{,}01 \ldots 0{,}1\ U_{E\max}$) stark bemerkbar machen kann. Änderungen der Offsetgröße wirken in diesem U_E-Bereich wie vielfach vergrößerte relative U_E-Änderungen.

Eine zweite Möglichkeit zur Umsetzung bipolarer Eingangsspannungen besteht darin, den Betrag von U_E zu bilden und diesen dem Eingang des ADU zuzuführen. Eine polaritätserkennende Schaltung signalisiert das Vorzeichen von U_E.

Eine dritte Möglichkeit verwendet zwei Referenzspannungsquellen unterschiedlicher Polarität und schaltet in Abhängigkeit vom Vorzeichen des Eingangssignals die entsprechende Referenzspannung an den ADU. Auch hier signalisiert der ADU die Polarität.

Ausgangskode. Am häufigsten werden folgende Ausgangskodes verwendet (insbesondere in Mikroprozessorsystemen):

- Dualkode } bei unipolarem Eingangssignal
- BCD-Kode }
- Offsetbinärkode }
- Zweierkomplementkode } bei bipolarem Eingangssignal.
- BCD-Kode in Betrags- und Vorzeichendarstellung }

Bei mikroprozessorkompatiblen ADU werden die Ausgangsdaten in Dreizustands-Ausgangsregistern zwischengespeichert. Die Register sind so organisiert, daß das Kodewort in Form von zwei Bytes byte-seriell zum Mikroprozessor ausgegeben werden kann, falls die Wortbreite des ADU größer ist als die Breite des Mikroprozessordatenbusses. Zusätzlich sind Steuersignale vorhanden, die eine bequeme Kopplung mit dem Mikroprozessor ermöglichen. Eine besonders elegante Lösung, die sich vor allem für ADU mit langen Umsetzzeiten eignet (integrierende ADU), erläutert Bild 21.40. Der ADU wird nach jeder Umsetzung sofort wieder gestartet, so daß er laufend Umsetzungen ausführt

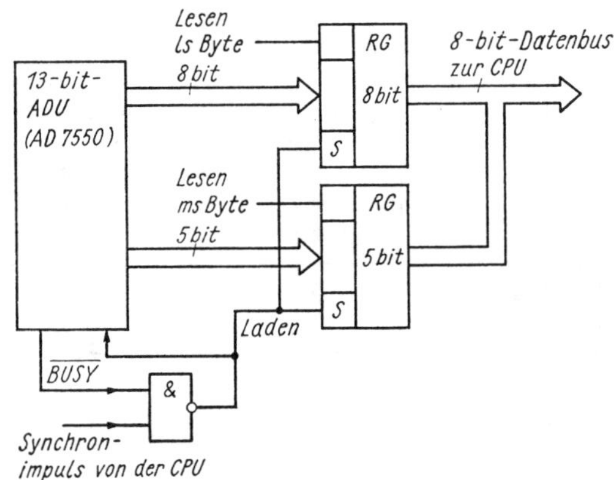

Bild 21.40
Beispiel für Anschalten eines ADU an den Datenbus eines Mikrorechners

und nach jeder Umsetzung neue Daten in die beiden Dreizustandspufferregister einschreibt. Diese beiden Register sind so geschaltet, daß sie gegenüber dem Mikroprozessor als Speicherplatz erscheinen (memory mapped, s. [2]).

Die Zeitsteuerung wird so ausgelegt, daß beide Pufferregister vom ADU stets zu einem Zeitpunkt mit Daten geladen werden, zu dem der Mikroprozessor mit Sicherheit keinen Speicherlesebefehl ausgibt. Das ist beispielsweise das Zeitintervall, während dessen der Befehlszähler des Mikroprozessors erhöht wird. Während dieses Zeitintervalls tritt auf der SYNC-Leitung des Mikroprozessors 8080 ein H-Signal auf.

Das Ausgangswort wird meist parallel weiterverarbeitet. Zunehmend haben ADU auch einen seriellen Ausgang (USART im ADU enthalten).

Die Entscheidung, ob der parallelen oder der seriellen Weiterverarbeitung des ADU-Ausgangssignals der Vorzug gegeben wird, hängt von der Entfernung zwischen dem ADU und den nachfolgenden Verarbeitungseinheiten ab. Bei größeren Entfernungen (> einige 100 Meter) ist auf jeden Fall die serielle Übertragung (mit einer verdrillten Zweidrahtleitung) vorteilhafter, da erheblicher Leitungsaufwand eingespart wird. Da die serielle Übertragung längere Übertragungszeiten benötigt, wird bei kurzen Entfernungen und bei hohen Abtastraten die parallele Verarbeitung bevorzugt.

Maximale Eingangssignalfrequenz von ADU. Zwei Sachverhalte sind entscheidend für die maximale Eingangssignalfrequenz, die einem ADU-Eingang zugeführt werden darf: 1. Die Forderung des Abtasttheorems nach mindestens zweifacher Abtastung der höchsten im Eingangssignal enthaltenen Frequenzkomponente (Nyquist-Theorem) und 2. die Forderung nach konstanter Eingangsspannung während der Umsetzzeit bei einigen wichtigen ADU-Prinzipien (z. B. Sukzessiv-Approximation).

Konstante Eingangsspannung des ADU. Bei ADU nach dem Sukzessiv-Approximationsverfahren darf sich die Eingangsspannung während der Umsetzzeit t_U nicht mehr als $\pm\frac{1}{2}$ lsb ändern (Abschn. 21.2.4.). Aus dieser Bedingung läßt sich die maximal zulässige obere Grenzfrequenz f_o des Eingangssignals wie folgt berechnen: Die maximale Steilheit eines Sinussignals tritt beim Nulldurchgang auf und beträgt $\mathrm{d}u/\mathrm{d}t = 2\pi f\hat{U}$ ($\hat{U}$ Amplitude der Sinusspannung). Daher gilt für die obere Grenzfrequenz des ADU-Eingangssignals

$$f_o = \frac{(\mathrm{d}u/\mathrm{d}t)_{\max}}{2\pi\hat{U}} \approx \frac{\Delta U_{\max}}{2\pi t_U \hat{U}}, \tag{21.10}$$

wobei $\Delta U_{\max}$ der $\frac{1}{2}$-lsb-Wert ist.

Zahlenbeispiel: Ein 12-bit-ADU mit $\hat{U} = 10$ V F.S. (Vollausschlag) und mit $t_U = 25$ µs ist nur in der Lage, analoge Eingangssignale mit einer maximalen oberen Grenzfrequenz von $f_o \approx 1{,}55$ Hz umzusetzen, denn $\Delta U_{\max} = 2{,}44$ mV.

Durch Vorschalten einer Sample-and-hold-Schaltung vor den ADU-Eingang läßt sich die maximal zulässige obere Grenzfrequenz des ADU-Eingangssignals erheblich vergrößern, weil die ADU-Eingangsspannung während t_U konstant gehalten wird. Die Grenze ist in diesem Falle durch die Unsicherheit des Abtastzeitpunktes (Aperturunsicherheit der Sample-and-hold-Schaltung) gegeben. Die Aperturunsicherheit (aperture jitter, aperture uncertainty time) muß anstelle der Umsetzzeit t_U in (21.10) eingesetzt werden. Falls diese Unsicherheit 25 ns beträgt, ergibt sich im o. g. Zahlenbeispiel eine 1000fach höhere obere Grenzfrequenz des analogen Eingangssignals von $f_o \approx 1{,}55$ kHz. Bei integrierenden ADUs muß die hier genannte Forderung nicht gestellt werden, da sie den arithmetischen Mittelwert des Eingangssignals umsetzen (s. Abschn. 21.2.5.3.).

Abtastfrequenz (Nyquist-Kriterium). Bei der digitalen Verarbeitung analoger Signale muß das analoge Eingangssignal gemäß dem „Abtasttheorem" mit einer Frequenz f_c abgetastet werden, die mehr als das Doppelte der im Analogsignal enthaltenen höchsten Frequenz-

Typ	AD 9060	MAX 120	LTC 1096	MAX 155	AD 1879	MAX 138 (LCD-Treiber) MAX 139 (LED-Treiber)
Herstellungs-technologie	Bipolar	BiCMOS	CMOS	CMOS	BiCMOS	CMOS
ADU-Prinzip	Flash	Sampling-SA	Sampling-SA (Mikro-leistung)	8-Kanal-Sampling-SA	2-Kanal-Delta-Sigma	Zweiflankenverfahren
	Parallelverfahren	Wägeverfahren	Wägeverfahren	Wägeverfahren	integrierende (serielle) Verfahren	
Auflösung	10 bit	12 bit	8 bit	8 (9) bit	18 bit	3½ digit (0 ... 1999)
Umsetzzeit/Umsetz-rate	75 MSPS	1,6 µs; 500 kSPS	16 µs	3,6 µs (1 Kanal); 28,8 µs (8 Kanäle)	48 kSPS (18 bit)? 3,072 MSPS (1 bit)?	2,5 Umsetzungen/s (typ.)
Referenzquelle	extern	intern, 20 ppm/°C	extern; ratiometrisch	intern, 2,5 V oder extern	intern	intern, Bandgap
Ausgangssignale	ECL-kompatibel	parallel, TTL/CMOS-kompatibel 3-Zustd., Standard-µP-IF	seriell, direktes 3-Draht-µP-IF	parallel	seriell (flexibel) TTL/CMOS-kompatibel	direkte Ansteuerung einer LCD- bzw. LED-Anzeige
Eingangsspannungs-bereich	− 1,75 V ... + 1,75 V	− 5 V ... + 5 V	0 ... 3 V; auch 0 ... < 1 V; Differenz-eingang	0 ... U_{ref} (unipolar); $-U_{ref}$ ... $+U_{ref}$ (bipolar) unsymmetrisch oder Differenzeingänge	− 3 V ... + 3 V Differenzeingänge	− 5 V ... + 5 V Differenzeingang
Betriebsspannung	+ 5 V und − 5,2 V	+ 5 V und − 12 ... 15 V	+ 3 V ... + 9 V	+ 5 V oder ± 5 V	± 5 V	+ 5 V
Stromaufnahme	420 mA(+), 150 mA(−)	9 mA (+), 14 mA (−)	80 µA (3 µA Shutdown)	18 mA (+), 2 µA (−)		200 µA
Leistungsaufnahme	2,8 W	210 mW	10 µW bei U_S = 3 V, 200 SPS	(25 µA Power down)	0,9 W	
Gehäuse	68pol. Keramik leaded oder LCC	24pol. DIP, SO	8pol. SOIC	28pol. DIP oder SOIC	28pol. DIP	40pol. DIP oder 44pol. PLCC

Bemerkungen	– Analogbandbreite 175 MHz – Aperturverzögerung 1 ns – Apertur-Jitter 5 ps – SNR = 56 dB (f_e = 2,3 MHz) 47 dB (f_e = 29,3 MHz) – Eingangskapazität 45 pF – ähnlicher Typ: *AD 9058* Zweifach-8-bit, 50 MSPS, interne Referenzspannung, P_v < 1 W Anw.: Quadraturdemodulation u. a.	– T/H-Schaltung integriert; 350 ns Acquisition Time; getrennter T/H-Steuereingang – Überspannungen bis U_E = ± 15 V tolerierbar – SINAD (Signal-to-noise and distortion ratio) > 70 dB – THD −77 dB (*MAX 122*)	– Mikroleistungs-ADU – S/H-Schaltung integriert – Gleichtaktaussteuerbereich bis zu den Betriebsspannungen – SC-Netzwerk zur DA-Umsetzung – an viele Sensoren direkt anschließbar – Eingangskapazität 30 pF Kanal EIN 5 pF Kanal AUS – *LTC 1098*: Mit softwareprogrammierbarem 2-Kanal-Multiplexer	– 8 T/H-Schaltungen integriert – gleichzeitige Abtastung aller 8 Analogeingänge – Speicherung der ADU-Ergebnisse im internen RAM – Power-down-Betriebsart – ähnlicher Typ: *MAX 156* 4 Kanäle, 24pol. DIP oder 28pol. SOIC	– 2-Kanal-ADU für Hochleistungsstereo-Audiotechnik – keine S/H-Schaltungen erforderlich – 64fach Oversampling – 1-bit-Modulatoren 5. Ordnung – *SNR* = 103 dB – *THD* + *N* = 98 dB – linearer Phasengang – Übersprechen (20 kHz) 105 dB – Differenz-SC-Filter zur Rauschformung – digitale CMOS-Dezimierungsfilter · Taktfrequenz f_e = 12,288 MHz oder 11,2996 MHz für f_e = 11,2996 MHz gilt: · Durchlaßbereich bis 20 kHz mit Welligkeit < 0,001 dB · Sperrbereich ab 24,1 kHz mit Dämpfung > 115 dB	– automatischer Nullpunktabgleich, – Polaritätserkennung – hochohmiger Differenzeingang mit Eingangsstrom < 10 pA – Gleichtaktunterdrückung 120 dB – Ladungspumpenspannungswandler zur Erzeugung einer 4,8-V-Hilfsspannung integriert (auch extern für $I \leqq$ 1 mA verfügbar) – Anzeigeendwert zwischen 199,9 mV und 1,999 V einstellbar
Anwendungsbeispiele	– Digitaloszilloskope – medizinische Bildverarbeitung – Video-Technik – Radartechnik, Leitsysteme – Infrarotsysteme	– digitale Signalverarbeitung – Audio- und Nachrichtenverarbeitung – Spracherkennung und -synthese – Hochgeschwindigkeitsdatenerfassung – Spektralanalyse	– bateriegespeiste Systeme – prozeßnahe Meßwert- und Datenerfassung – Temperaturmessung – galvanisch getrennte Datenerfassung (durch serielles Ausgangssignal ökonomisch)	– phasenempfindliche Datenerfassung – Schwingungs- und Signalformanalyse – Analoginterface für digitale Signalprozessoren – Wechselstrom-Leistungsmessung – tragbare Datenlogger	– digitale Audiotechnik – Hochleistungs-Stereogeräte – DAT-Rekorder – direkt-zu-Disc-Rekorder	– Digitalvoltmeter, gut geeignet für batteriegespeiste Systeme

komponente beträgt. Falls das Analogsignal diese Bedingung nicht erfüllt, kann durch Überlappung von Frequenzanteilen ein „Aliasing"-Fehler auftreten.

Zur Vermeidung von „Aliasing"-Fehlern wird die Bandbreite des Eingangssignals häufig durch ein geeignetes Tiefpaßfilter (z.B. Butterworth-Typ) begrenzt. Falls der „Aliasing"-Fehler kleiner als $\pm\frac{1}{2}$ lsb bleiben soll, wird bei 12 bit Auflösung ein Butterworthfilter 5. (10.) Ordnung benötigt, und das Eingangssignal muß mit der 11(5)fachen Filtergrenzfrequenz abgetastet werden [21.19]. Hieraus folgt, daß das Abtasttheorem allein noch keine hinreichende Bedingung für die erforderliche Abtastrate (Abtastfrequenz) f_c ist. Es muß ein Kompromiß zwischen den Forderungen des Abtasttheorems und der Grenzfrequenz des evtl. erforderlichen Tiefpaßfilters getroffen werden.

Präzisionsmultiplikation und -division von Analogspannungen. Bild 21.41a zeigt, wie ein ADU in Verbindung mit einem multiplizierenden DAU zur hochgenauen Multiplikation zweier Analogspannungen eingesetzt werden kann. Bei Verwendung von 12-bit-AD- und DA-Umsetzern ist der auftretende Fehler kleiner als 0,1 %. Bild 21.41b zeigt, wie mit einem ratiometrischen ADU und einem DAU mit fester Referenzspannung zwei Analogspannungen dividiert werden können.

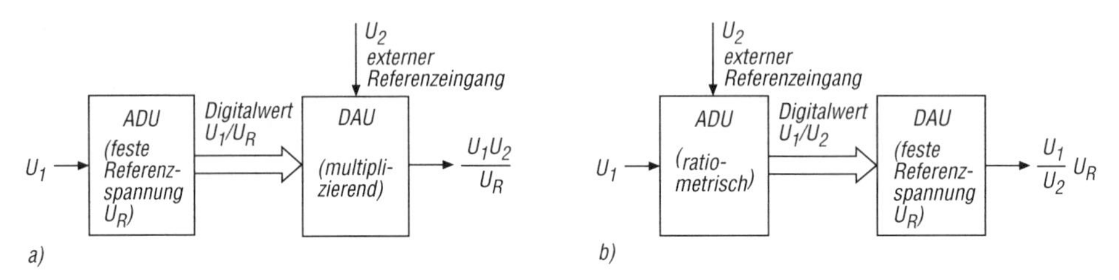

Bild 21.41.

a) Präzise Multiplikation zweier Analogspannungen
b) Präzisionsdivision zweier Analogspannungen

21.2.9. Auswahl industrieller AD-Umsetzer

Tafel 21.9 gibt einen Überblick über einige industrielle Typen in monolithischer Technik. Als Beispiel betrachten wir zwei Typen etwas genauer. Weitere Typen wurden im Abschnitt 21.2.5.3. behandelt.

AD 574. Dieser international weit verbreitete Schaltkreis (Bild 21.42) hat ein komplettes 8- und 16-bit-Mikroprozessor-Interface. Das Gehäuse enthält einen analogen und einen digitalen Chip. Der analoge Chip enthält eine 10-V-Referenzspannungsquelle, den DAU AD 565 mit Stromausgang und Widerstände für bipolaren Offset. Der digitale Chip beinhaltet das Sukzessiv-Approximationsregister, Steuerschaltungen, den Taktgenerator, einen Komparator und Dreizustandspuffer. Da der Referenzausgang nach außen geführt ist, eignet sich der ADU auch für ratiometrischen Betrieb. Vom Referenzspannungsausgang können max. 2,5 mA (unipolarer Eingang) bzw. 1,5 mA (bipolarer Eingang) entnommen werden. Falls die interne Referenzspannung des ADU nicht benutzt wird, kann die +15 V-Betriebsspannung weggelassen werden. Besonders flexibel sind die Steuerungsmöglichkeiten.

Steuerung. 5 Steuereingänge und ein Statussignal STS ermöglichen flexible Betriebsarten und unterschiedliche Wahl der Ausgangsanzeige. Tafel 21.10 erläutert die Funktion der Steuersignale. Während der Umsetzung liegt das Statussignal auf H-Pegel. Mit einem H-L-Übergang (flankengetriggert) von $R/\overline{C}$ wird die Umsetzung gestartet, falls CE = H und $\overline{CS}$ = L ist. Innerhalb von 400 ns geht der Statusausgang auf H (BUSY), die Datenausgänge werden hochohmig, und alle weiteren Eingangssteuersignale werden ignoriert. 400 ns nach dem Start einer Umsetzung darf der Eingang $R/\overline{C}$ wieder auf H gebracht werden. Die Datenausgänge werden erst aktiviert (niederohmig), wenn $R/\overline{C}$ = H ist.

Falls $R/\overline{C}$ = L gilt, läßt sich eine Umsetzung durch CE = H ($\overline{CS}$ = L) oder durch $\overline{CS}$ = L (CE = H) starten. Jedoch muß bei einem dieser drei Signale ein Signalwechsel auftreten, bevor eine weitere Umsetzung erfolgen kann, auch wenn das Ausgangsdatenwort noch nicht ausgelesen wurde.

CE hat die kürzeste Reaktionszeit. Falls alle anderen Steuereingänge im Endzustand sind, braucht die Impulsbreite an CE zum Starten einer Umsetzung 300 ns nicht zu überschreiten. Mit dem Steuereingang $12/\overline{8}$ läßt sich durch eine Drahtbrücke das Ausgangsformat wahlweise zu 12-bit-Parallelausgang ($12/\overline{8}$ = H) oder zu 8-bit-Multiplexausgang (linksbündig) (12/8 = L) wählen. Der Pegel von A_0 bestimmt, ob eine volle 12-bit- (A_0 = L) oder eine verkürzte 8-bit-Umsetzung (A_0 = H) abläuft.

Während des Datenlesezyklus bestimmt A_0, ob die 8 Datenausgänge die 8 msb (A_0 = L) oder die 4 lsb (A_0 = H) des Ergebnisses enthalten.

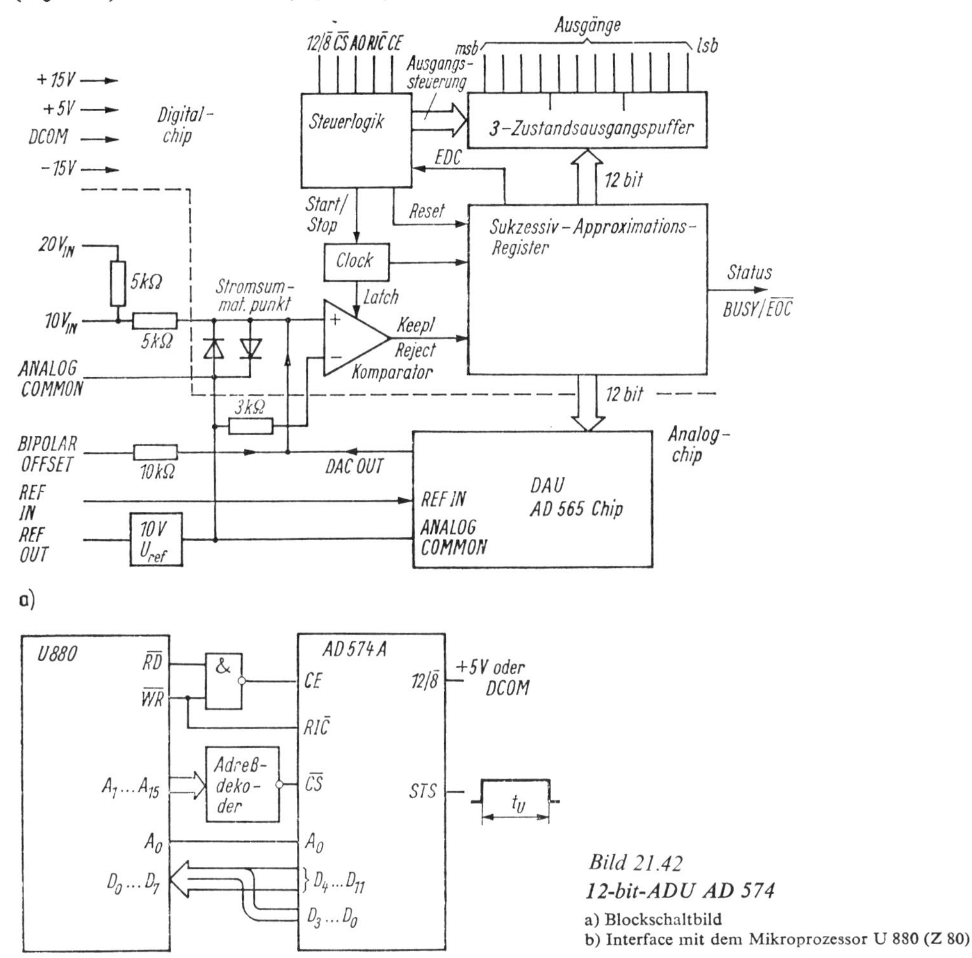

Bild 21.42
12-bit-ADU AD 574
a) Blockschaltbild
b) Interface mit dem Mikroprozessor U 880 (Z 80)

Der hier beschriebene ADU läßt sich in mehreren Betriebsarten betreiben. Bild 21.42b zeigt das Interface zwischen einem Mikroprozessor U 880 (Z 80) und dem ADU AD 574. Eine weitere Möglichkeit ist die „Stand-Alone"-Betriebsart, in der kein volles Mikroprozessorinterface erforderlich ist (Beispiel: ADU-Anschluß an parallele Mikrorechnertore). Es gilt in diesem Falle CE = $12/\overline{8}$ = H, $\overline{CS}$ = A_0 = L, und die Umsetzung wird durch $R/\overline{C}$ gesteuert. Nach 400 ns darf $R/\overline{C}$ wieder auf H gebracht werden, ohne den Umsetzvorgang zu beeinflussen. Die Ausgänge werden erst nach dem Ende der Umsetzung aktiviert. Falls jedoch $R/\overline{C}$ auf L-Pegel gehalten wird, bleiben die Ausgänge hochohmig, 300$R/\overline{C}$ = H auftritt. Das STS-Signal geht 500 ns nach $R/\overline{C}$ = L auf H-Pegel und kehrt bisans nach Gültigkeit der Ausgangsdaten wieder auf L-Pegel zurück.

Bei der Speicheradressierung kann mit A_0 ein Paar von Lese/Schreib-Speicherplätzen dressiert werden. Ein Schreibbefehl auf der niedrigeren Adresse (A_0 = 0) beim Start der

Tafel 21.10. Funktion der Steueranschlüsse beim ADU 574

Steuereingänge	Umsetzfunktion	Anzeigefunktion
CE (Taktsynchronisation in µP-Anwendungen)	CE = H, damit eine Umsetzung ausgelöst wird	CE = H, damit Daten am ADU-Ausgang erscheinen
$\overline{CS}$ (Adressenanschluß in µP-Anwendungen)	$\overline{CS}$ = L ... s.o.	$\overline{CS}$ = L ... s.o.
$R/\overline{C}$ (Read/$\overline{\text{Convert}}$)	muß auf L gebracht werden, bevor eine Umsetzung ausgelöst werden kann	$R/\overline{C}$ = H ... s.o.
A_0 (Adresse)	Auswahl Umsetzerbetriebsart A_0 = L(H): 12(8) bit	Wählt Ausgangswort bei Multiplexumsetzung A_0 = L: msbyte, A_0 = H: lsbyte + 4 Nullen
$12/\overline{8}$ (Ausgangsformat) (an +5 V bzw. DCOM anschalten)	keine Funktion	$12/\overline{8}$ = H: 12-bit-Parallelausgang $12/\overline{8}$ = L: 8-bit-Multiplexausgang

Umsetzung erzeugt eine volle 12-bit-Umsetzung, ein Schreibbefehl auf der höheren Adresse (A_0 = 1) erzeugt eine 8-bit-Umsetzung. Ein Lesebefehl bei $12/\overline{8}$ = H liefert unabhängig von A_0 ein 12-bit-Ausgangsdatenwort. Für $12/\overline{8}$ = L liefert ein Lesebefehl bei A_0 = 0 die 8 msb und bei A_0 = 1 die 4 lsb und rechts davon vier Nullen (trailing zeros).
Anwendungshinweise. Der analoge Eingang muß mit einer niederohmigen Spannungsquelle angesteuert werden.

Damit die Betriebsspannungszuführungen frei von HF-Störkomponenten bleiben (Schaltnetzteile!), müssen die +5-V-Spannung zwischen den Anschlüssen 1 und 15 und die ±15-V-Spannungen gegen Anschluß 9 abgeblockt werden (47 µF (Tantal) ‖ 0,1 µF Keramikscheibenkondensator).

AD 571 (C571 D). Dieser 10-bit-ADU (Bild 21.43) eruht auf dem gleichen Funktionsprinzip wie der Typ AD 574. Er verfügt über die beiden Steuersignale $B\overline{C}$ (Blank and $\overline{\text{Convert}}$) und $\overline{DR}$ (Data Ready). $\overline{DR}$ wirkt als Statussignal.

$B\overline{C}$ = H bewirkt, daß die Datenausgänge hochohmig sind, die Umsetzung verhindert wird und $\overline{DR}$ = H gilt (Standby-Betrieb mit 150 mW Leistungsverbrauch).

Eine Umsetzung wird mit $B\overline{C}$ = L ausgelöst. Beim Ende der Umsetzung geht $\overline{DR}$ auf L-Pegel, und spätestens 500 ns später sind die Datenausgänge aktiv (niederohmig) und geben das neue Datenwort aus. 1,5 μs nach dem erneuten Umschalten auf $B\overline{C}$ = H sind die Ausgänge wieder hochohmig, und es gilt $\overline{DR}$ = H. Die folgende Umsetzung wird wieder durch einen H-L-Übergang von $B\overline{C}$ ausgelöst.

Der ADU läßt sich in zwei Betriebsarten anwenden:

Normale Betriebsart. Ein kurzer positiver Impuls an $B\overline{C}$ setzt die internen Register null,

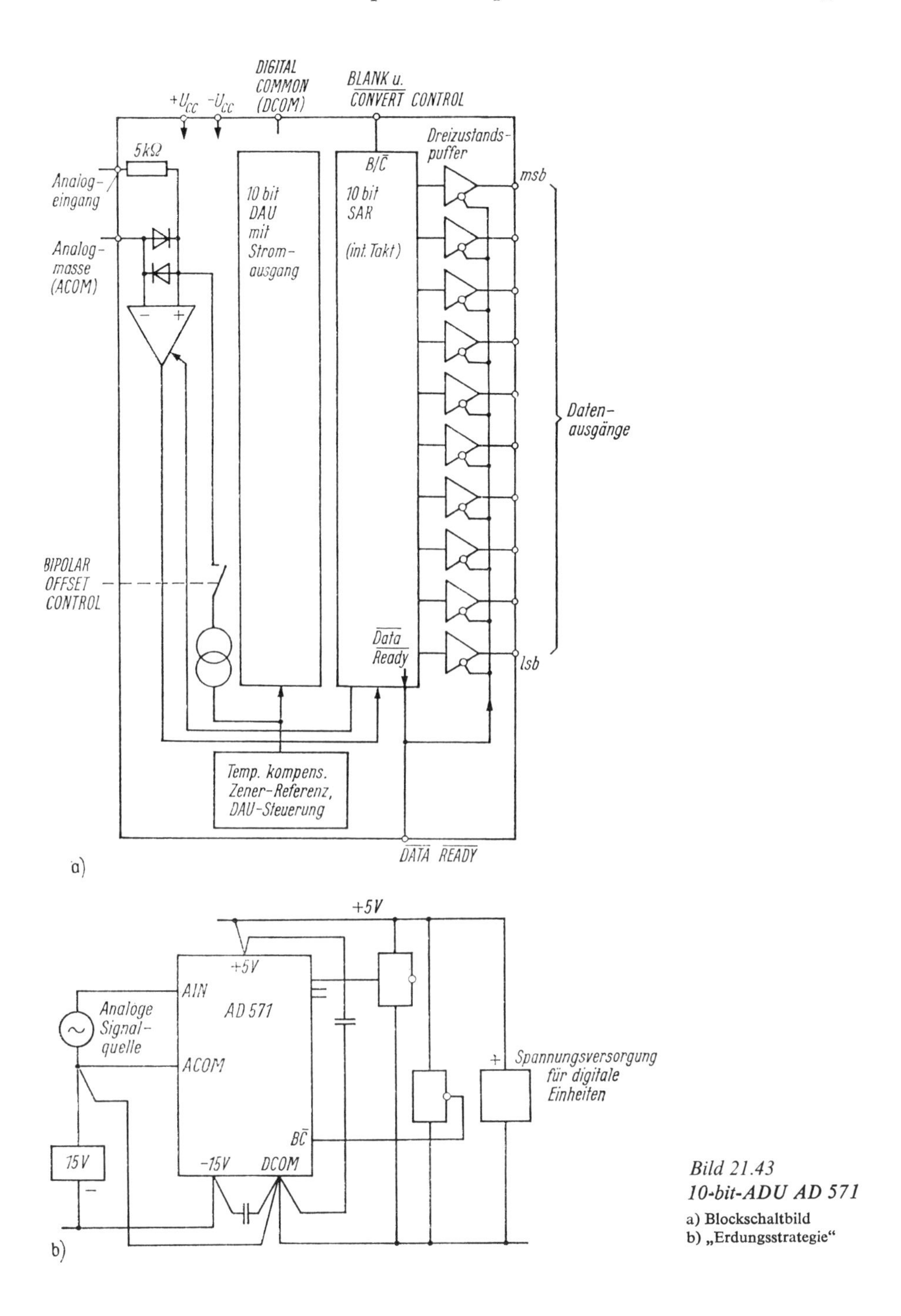

Bild 21.43
10-bit-ADU AD 571
a) Blockschaltbild
b) „Erdungsstrategie“

bringt die Ausgänge in den hochohmigen Zustand und startet mit seiner H-L-Rückflanke die Umsetzung. Der weitere Ablauf erfolgt wie oben beschrieben.

Multiplex-Betriebsart. Die Ausgänge werden durch $B\overline{C}$ = H ständig hochohmig gehalten. Nur wenn ADU-Ausgangsdaten benötigt werden, wird er mit $B\overline{C}$ = L gestartet, und mit dem H-L-Übergang von $\overline{DR}$ erscheint das Datenwort am ADU-Ausgang. Nach erfolgtem Auslesen der Daten wird $B\overline{C}$ auf H-Pegel gebracht. Diese Betriebsart ermöglicht das ausgangsseitige Parallelschalten mehrerer ADU.

Anwendungshinweise. Typisch für integrierte ADU sind getrennte Masseanschlüsse für die „analoge Masse" (ACOM, AGND) und die „digitale Masse" (DCOM, DGND). Das ermöglicht, daß die beiden Masseanschlüsse am optimalen Massepunkt einer Leiterkarte o.ä. miteinander verbunden werden können. Zwischen beiden Masseanschlüssen ist ein Spannungsabfall von max. ±200 mV zulässig, ohne daß Umsetzfehler auftreten. Über den „Analogmasse"-Anschluß fließt lediglich der Komparatoreingangsstrom, der restliche Strom am Summationspunkt während der Umsetzung (ändert sich während der Umsetzung von 0 ... 2 mA) und bei unipolarer Betriebsart ein konstanter Strom von 2 mA über den DAU zur negativen Betriebsspannung. Die „Erdungsstrategie" erläutert Bild 21.43b. Vorteilhaft sind kurze Leitungslängen zwischen der Signalquelle und den ADU-Eingängen (AIN, ACOM) sowie ein niedriger Innenwiderstand der Signalquelle bei hohen Frequenzen.

Weiterer Trend. Der ideale ADU für Mikroprozessorinterface soll einen hohen Eingangswiderstand haben, eine interne Referenzquelle sowie die kompletten Interfaceschaltungen für den Mikroprozessoranschluß enthalten, einen niedrigen Leistungsverbrauch haben, mit einer einzigen Betriebsspannung (+5 V) auskommen und eine Umsetzung möglichst innerhalb eines einzigen Speicherlesebefehls ausführen.

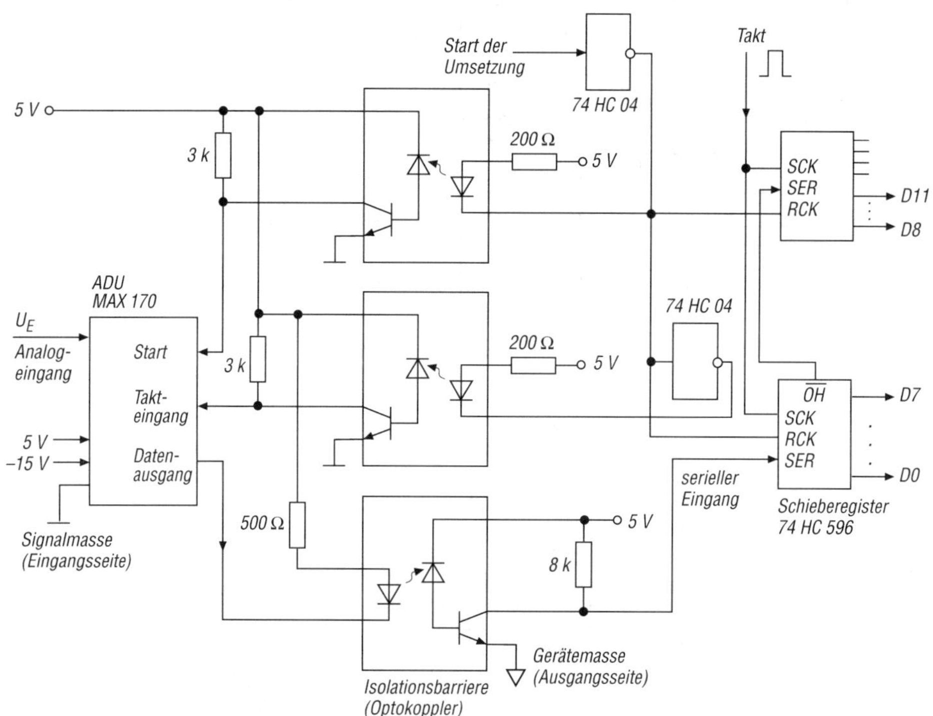

Bild 21.44. 12-bit-ADU mit interner galvanischer Trennung (MAXIM)

Zunehmend kommen verbesserte, anschlußkompatible Versionen von bewährten Typen auf den Markt, die auch zusätzliche Schaltungseinheiten, z. B. eine Sample-and-hold-Schaltung und einen Multiplexer, auf dem Chip enthalten. Auch ADU mit interner galvanischer Trennung sind bereits auf dem Markt (Bild 21.44, Tafel 21.9).

Sampling ADU. Durch die direkte Integration des Sample-and-hold-Verstärkers in den ADU-Modul bzw. ADU-Chip ergeben sich für den Anwender wesentliche Vorteile: bessere Leistungsmerkmale wie Erfassungszeit, Einschwingverhalten, echte 14-bit-Genauigkeit, Signalverkopplungen, Erdschleifen, Jitter usw. werden eliminiert. Die hier genannten Eigenschaften hat u. a. der 14-bit-ADU *ADC 3110/3111 (Analogic)* mit 2 MHz Umsetzrate.

Der wesentliche Gesichtspunkt für unterschiedliche ADU-Architekturen besteht darin, ob sehr kurze Umsetzzeit (z. B. Video-Anwendungen) oder sehr hohe Auflösung benötigt wird. Im ersteren Falle werden zunehmend Flash- und (bei Auflösungen > 8 ... 10 bit) Mehrschritt-Flash-Verfahren größere Verbreitung finden und immer mehr die in den letzten 10 bis 20 Jahren mit Abstand dominierenden Sukzessiv-Approximations-ADU verdrängen. Integrierende ADU werden nach wie vor ihre seit Jahrzehnten gehaltene führende Rolle bei hochpräzisen und hochauflösenden Umsetzern behalten, falls nicht gleichzeitig sehr kurze Umsetzzeit gefordert wird. Hinsichtlich der Umsetzzeit sind auch bei den integrierenden Umsetzern Fortschritte in Richtung einer deutlichen Verringerung zu erwarten, wie dies sich bereits seit Jahren bei den Oversampling-Verfahren (s. Abschn. 21.2.5.5.) vollzieht.

Video- und Audio-ADU. Typische Daten von Video-ADU sind 8 bit Auflösung bei einer Umsetzrate von 100 MHz (CX 20116 von Sony) und 10 bit Auflösung bei 100 MHz Umsetzrate (CX 20201 von Sony). Zwei Flash-ADU von Analog Devices: AD 9688: 4 bit, $>200 \cdot 10^6$ Ums./s; AD 9002: 8 bit, $100 \cdot 10^6$ Ums./s, 50 MHz Analogbandbreite, $P_v = 850$ mW, $U_{CC} = -5{,}2$ V, 28 Anschlüsse, Bipolarprozeß. Auch in CMOS-Technologie sind bereits monolithische Video-ADU vorhanden (μPD 6950 C [NEC]: 8 bit, 20 MHz, $P_v = 350$ mW, +5 V Betriebsspannung).

Sehr hohe Auflösung wird für die Digitalisierung von HiFi-Signalen benötigt. Der Audio-ADU von Sony CX 899 hat 16 bit Auflösung bei 44 kHz Umsetzrate (20018: Stereoversion).

Für den Consumermarkt werden preiswerte ADU mit mittlerer Genauigkeit benötigt, die digitale Anzeigeeinheiten direkt ansteuern. Ein Beispiel sind die CMOS-Typen *TSC 806/807* (Teledyne Semiconductor). Beide haben 0,5 % Auflösung und treiben 2 ½-stellige Digitalanzeigen (806 : LCD, 807 : LED). Die integrierenden ADU haben eine ungewöhnlich hohe Eingangsempfindlichkeit von 1 mV (!) und sehr hochohmige Differenzeingänge, so daß der Anschluß von Sensoren erheblich erleichtert wird; Stromaufnahme < 2 mA, Betriebsspannung 9 V (806) bzw. ± 5 V (807).

Weitere industrielle Beispiele:

CS 5101 (Crystal Semiconductor): 16-bit-CMOS-ADU mit 100 kHz Durchsatzrate, $P_V = 260$ mW, Umsetzzeit 8,1 μs, Sample-and-hold-Schaltung integriert.

CS 5326, 5329: Komplettes CMOS-Stereo-AD-System nach dem Delta-Sigma-Verfahren mit digitalem Anti-Aliasing-Filter, Sample-and-hold-Schaltung, internes 64fach-Oversampling, Abtastrate 30 bis 50 kHz.

MAX 167 (MAXIM): 12-bit-ADU mit interner Track-and-hold-Schaltung, 100 kHz Abtastrate, 100 ps Aperture-Jitter, ± 2,5 V Eingangsspannung.

Analogwerterfassungssysteme (data aquisition systems).

LTC 1290: 12-bit-8-Kanal-Analogwerterfassungssystem, unipolare oder bipolare Eingangsspannung, unsymmetrische oder Differenzeingänge, Sample-and-hold-Schaltung auf dem Chip, Datenausgabe über serielles 4-Draht-Interface, 13 µs Umsetzzeit, 50 kHz Umsetzrate, $U_S = 5$ V oder $\pm$ 5 V, $I_S = 6$ mA.

LTC 1293 (1294, 1296): 12-bit-6-(8-)Kanal-Analogwerterfassungssystem für unipolare oder bipolare Eingangsspannungen, unsymmetrische oder Differenzeingänge, Power-down-Betrieb, serielles 3-Draht-interface (CLK, DOUT, DIN) für einfache Kopplung mit Mikrocontrollern 8051, MC 68HC11 u. a.

LTC 1291: 12-bit-Zweikanalanalogwerterfassungssystem im 8poligen Gehäuse (DIP), unsymmetrischer oder Differenzeingang, Gleichtakteingangsspannungsbereich bis zu den Betriebsspannungspotentialen, Umsetzzeit 12 µs, $U_S = 5$ V, $I_S = 6$ mA, serieller Ausgang über drei Leitungen; automatische Umschaltung in den Shut-down-Betrieb (3 µA Ruhestrom), solange keine Umsetzung läuft.

MAX 180: 12-bit-Analogwerterfassungssystem mit 8 Eingangskanälen und 100 kHz Abtastrate.

MAX 156: 8-bit-8-Kanal-Analogwerterfassungssystem mit 8 Track-and-hold-Schaltungen und nachfolgendem Analogmultiplexer; alle 8 Eingangskanäle können gleichzeitig abgetastet werden, 8-byte-RAM zur Zwischenspeicherung der umgesetzten Werte.

AD 7850: 12-bit-Datenerfassungssystem (monolithisch) mit PGA und Filter.

AD 1341: Monolithisches 16-Kanal-Datenerfassungssystem mit PGA und FIFO-Speicher, 150 ksps (kSamples-per-second).

AD 7850: CMOS-Chip, auf dem folgende Einheiten integriert sind: Instrumentationsverstärker mit Guard-Treiber, für Anti-Aliasing konfigurierbare Filter, eine programmierbare Verstärkerstufe, ein Sampling-ADU mit 66000 Umsetzungen/min, Referenzquelle und serielles Hochgeschwindigkeits-Mikroprozessorinterface; 28poliges PLCC-Gehäuse, 175 mW Leistungsaufnahme, $\pm$ 5 V.

AD 1341: 16 (8)(Differenz-)Kanäle, erweiterbar auf 32 (16) Kanäle mit Durchsetzrate von 150 ksps. Er enthält zwei 8-Kanal-Eingangs-Multiplexer, einen PGA mit dualen Verstärkungsfaktoren bis 128 je Kanal, Sample-and-hold, ADU mit Referenz und Überlaufdetektor, zwei 32-bit-FIFO-Speicher, einen Controller sowie Register für Status und Steuerung. Keramik-Flachpackgehäuse mit 100 Anschlüssen.

ADU mit internem Tack-and-hold-Verstärker werden „Sampling ADU" genannt. Sie sind besonders zur Digitalisierung schnell veränderlicher Eingangssignale in DSP (digital signal processing)-Anwendungen geeignet. Der interne T/H-Verstärker ist „anwendertransparent". Er wird synchron mit dem ADU zeitgesteuert. Die Leistungsfähigkeit der T/H-Schaltung ist mit der des ADU so abgestimmt, daß die Daten des ADU voll ausgenutzt werden können.

22. Stromversorgung [22.1] [22.7] [22.20]

Aufgabe von Stromversorgungseinheiten ist die Bereitstellung der zum Betrieb elektrischer und elektronischer Funktionseinheiten benötigten Hilfsenergie – in der Regel Gleichspannungen – aus dem Wechselstromnetz (bei Leistungen oberhalb etwa 1 kW auch aus dem Drehstromnetz) oder aus Batterien.

Eingangs- und Ausgangsgröße kann eine Wechsel- oder eine Gleichgröße sein (fast immer Spannung). Deshalb ist zwischen vier Gruppen von Stromversorgungsgeräten zu unterscheiden [22.3] (Bild 22.1). Die größte Bedeutung haben Netzteile. Sie wandeln eine mittels Netztransformator heruntertransformierte Wechselspannung (10 ... 30 V) in eine oder mehrere Ausgangsgleichspannungen um.

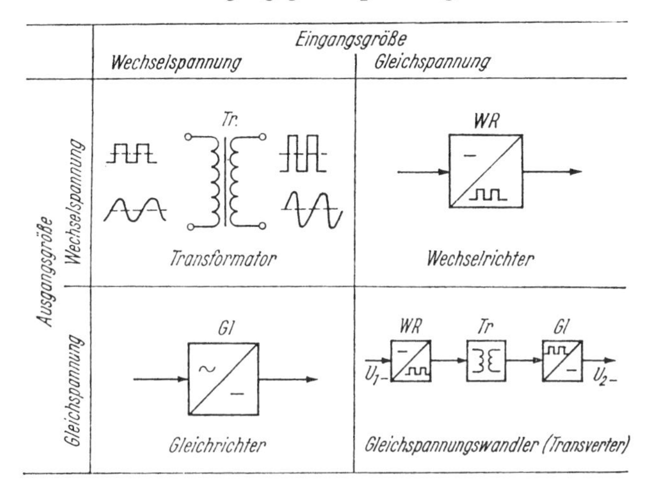

Bild 22.1
Vier Gruppen von Stromversorgungseinheiten
Gl Gleichrichter, WR Wechselrichter, Tr Transformator

Die Ausgangsspannung soll unabhängig von Netzspannungs-, Belastungs- und Temperaturänderungen sein. Deshalb werden häufig elektronische Regelschaltungen verwendet (Abschn. 13.).

In den letzten Jahren nehmen Netzteile in „klassischer" Schaltungstechnik einen immer größeren relativen Anteil des Volumens und der Masse in elektronischen Geräten ein. Deshalb werden in zunehmendem Maße unkonventionelle Verfahren, z. B. Schaltregler und netztransformatorlose Stromversorgungen, verwendet. Bei „klassischen" Stromversorgungen sind Volumen und Masse durch den verhältnismäßig großen Netztransformator bestimmt (abhängig von der Ausgangsleistung).

Häufig werden in einem Gerät mehrere unterschiedliche Betriebsspannungen (teils unstabilisiert, teils stabilisiert) benötigt, z. B. 1. eine kräftige 5-V-Stromversorgung für die Logikschaltungen eines Gerätes (z. B. Rechner), 2. zwei symmetrische Spannungen (z. B. ± 15 V) für die Speisung analoger Schaltungsgruppen (z. B. OV) und der häufig vorhandenen V 24 (RS 232 C)-Schnittstelle [2]) und 3. evtl. eine kräftige 12 ... 24-V-Spannung für die Antriebe von Massenspeichern, für Stellglieder, Bildschirme usw. Bild 22.2 erläutert als Beispiel die Struktur eines Stromversorgungssystems, bei dem zunächst als vereinheitlichte Zwischengröße eine unstabilisierte Spannung von +24 V (bzw. ±24 V) erzeugt wird, aus der weitere stabilisierte Betriebsspannungen gewonnen werden [22.8]. Zur Erzeugung der unstabilisierten Spannung, deren Größe je nach Zweckmäßigkeit gewählt wird, sind mehrere Möglichkeiten angedeutet.

Falls nur Gleichspannungen einer Polarität zur Verfügung stehen, lassen sich Spannungen von entgegengesetzter Polarität unter Verwendung von Gleichspannungswandlern (Gleichstromumrichter) erzeugen.

Die Forderungen an die Konstanz der Betriebsspannungen elektronischer Funktionseinheiten sind sehr unterschiedlich.

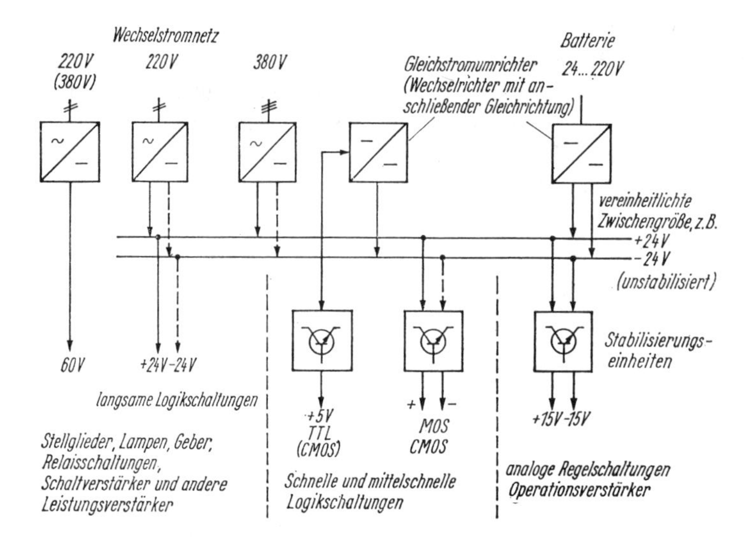

Bild 22.2
Beispiel für die Struktur eines Stromversorgungssystems

Manche Einheiten kommen mit unstabilisierten Betriebsspannungen aus (Lampen, Stellglieder, z. T. CMOS-Schaltkreise). Bei der hochgenauen analogen Signalverarbeitung (Präzisionsverstärker, Rechenschaltungen, Regler) ist häufig nur eine Betriebsspannungsschwankung im ‰-Bereich zulässig.

Auch bei den meisten digitalen Schaltkreisen dürfen die Betriebsspannungsschwankungen wenige % nicht überschreiten. Die zulässigen Netzspannungsschwankungen betragen für Automatisierungsgeräte −15%... +10%. Bei Batteriebetrieb sind die Schwankungen noch größer.

Bei Stromversorgungsgeräten interessieren vor allem folgende Größen: Ausgangsspannungs- und -strombereich, maximale Ausgangsleistung, Stabilität der Ausgangsspannung, Innenwiderstand, TK der Ausgangsspannung, Restwelligkeit am Ausgang, Kurzschlußfestigkeit, Temperaturbereich, Abmessungen und Preis.

22.1. Netztransformator und Gleichrichter

Der Netztransformator bewirkt

- die Transformation der Netzwechselspannung auf die von den Gleichrichterschaltungen benötigten Spannungswerte
- die galvanische Trennung vom Netz (evtl. mit zusätzlicher Schutzwicklung bei eigensicheren Anlagen), d. h. die notwendige Isolation zwischen der Masse der elektronischen Schaltungen und den Netzleitungen.

Der erforderliche Kernquerschnitt von Transformatoren läßt sich bei einer Induktion von 1,2 T und bei einer Stromdichte von 3,5 A/mm² aus folgender Formel berechnen [22.26]

$$A_{Fe} = 9{,}5\sqrt{\frac{P}{f}}$$

A_{Fe} Querschnitt in cm², P Leistung in W, f Frequenz in Hz.

Zur Gleichrichtung werden meist Siliziumgleichrichter, für kleine und mittlere Leistungen auch Selengleichrichter und für hohe Leistungen (z.B. >einige 100 W) Thyristoren verwendet, die gleichzeitig auch als Stellglied für die Regelung der Ausgangsspannung wirken.

Häufig verwendete Gleichrichterschaltungen sind die Einweg- und die Doppelweggleichrichterschaltungen (Bilder 22.3 bis 22.8). Besonders günstige Eigenschaften weist die Brückenschaltung auf. Sie stellt die wirtschaftlichste Form der Gleichrichtung dar. Der höhere Gleichrichteraufwand ist meist ökonomisch vertretbar. Spannungsverdoppler- und Vervielfacherschaltungen werden vorwiegend für Spezialanwendungen eingesetzt, z. B. zur Hochspannungserzeugung bei kleinem Stromverbrauch (μA-Bereich). Mit einer Stufe läßt sich eine Gleichspannung vom nahezu doppelten Scheitelwert der Wechselspannung erzeugen, denn C_1 und C_2 werden über D_1 bzw. D_2 in der im Bild 22.9 angegebenen Polarität auf nahezu die Spitzenspannung der positiven bzw. negativen Halbwelle aufgeladen.

Gleichrichterschaltungen für Stromversorgungen sollen möglichst hohen Wirkungsgrad (Ausgangsgleichstromleistung durch Eingangswirkleistung), geringe Belastungsabhängigkeit und kleine Welligkeit der Ausgangsspannung (Scheitel- bzw. Effektivwert der Welligkeitsspannung durch Ausgangsgleichspannung) aufweisen. Bei der Wahl der Gleichrichterdioden sind der mittlere Durchlaßstrom, die Spitzenströme (periodischer Spitzenstrom $\hat{I}_{D\,max}$ und maximaler Einschaltspitzenstrom $\hat{I}_{max}$) sowie die maximale Diodensperrspannung und die Umgebungstemperatur zu berücksichtigen. Bei genügend großer Aussteuerung (in Netzteilen praktisch immer erfüllt) kann die Diodenkennlinie als Knickkennlinie angenähert werden. Außer Siliziumdioden werden für kleinere Leistungen gelegentlich auch Selengleichrichter, für größere Leistungen (z.B. >einige 100 W) Thyristoren verwendet. Letztere dienen meist gleichzeitig als Stellglied für die Regelung der Ausgangsspannung.

Zur Abschätzung des maximalen Diodenstroms und des Spannungsabfalls im Sekundärkreis benötigt man den auf der Sekundärseite gemessenen Innenwiderstand des Transformators $R_{Tr} = R_{sek} + (R_{prim}/\ddot{u}^2)$ ($\ddot{u} = N_1/N_2$). Dabei ist R_{sek} (R_{prim}) der Wicklungswiderstand der Sekundär(Primär)seite. Bei kleinen Leistungen im Bereich von $P_N = U_{Neff} I_{Neff} \approx 1 \ldots 200$ W läßt sich R_{Tr} für Transformatoren mit nur einer Sekundärwicklung gemäß [3] aus der Faustregel

$$\frac{R_N}{R_{Tr}} \approx 3 + 0{,}8\sqrt{P_N/W}$$

abschätzen. Dabei sind $R_N = U_{N\,eff}/I_{N\,eff}$ die Nennlast der Sekundärseite und $U_{N\,eff}$ bzw. $I_{N\,eff}$ der Effektivwert der Transformatornennspannung bzw. des Nennstroms.

Wenn die gleichzurichtende Wechselspannung nicht mehr groß gegenüber der Diodenschwellspannung U_S[1]) ist, wird der Gleichrichtereffekt sehr gering ($\bar{u}_A \approx 0$ für $\hat{U}_2 \leqq U_S$).

Bei allen folgenden Betrachtungen setzen wir stillschweigend voraus, daß sich die Signale so langsam ändern, daß die Schalt- und Speicherzeiten der Dioden sowie ihre Kapazitäten vernachlässigbar sind. Die Diodenkennlinie nähern wir durch die Knickkennlinie nach Bild 16.1 an. Gelegentlich setzen wir zur Vereinfachung die Diodenschwellspannung U_S Null.

[1]) Wir bezeichnen in diesem Abschnitt vereinfachend die Diodenschwellspannung mit U_S ($U_S \equiv U_{Schw}$).

22.1.1. Einweggleichrichter (Halbwellengleichrichter)

Wirkungsweise. Wir beschreiben die Diode durch eine Knickkennlinie mit dem Durchlaßwiderstand r_f, dem Sperrwiderstand Unendlich und der Schwellspannung U_S. Der Strom durch die Diode beträgt unter diesen Voraussetzungen mit $u_{2l} = \hat{U}_{2l} \sin \omega t$ (Bild 22.3c)

$$i_2 = \frac{\hat{U}_{2l} \sin \omega t - U_S}{R_i + R_L} \quad \text{für} \quad u_{2l} \geqq U_S$$

$$i_2 = 0 \quad \text{für} \quad u_{2l} < U_S$$

$$\hat{I}_2 = \frac{\hat{U}_{2l} - U_S}{R_1 + R_L}; \qquad R_i = R_{Tr} + r_f. \tag{22.1}$$

Der arithmetische Mittelwert des Gleichrichterstroms lautet für $U_S = 0$

$$\bar{i}_2 = \frac{1}{2\pi} \int_0^{2\pi} i_2 \, d(\omega t) = \frac{\hat{I}_2}{\pi}.$$

Die Ausgangsspannung $u_A = i_2 R_L$ hat den gleichen Zeitverlauf wie der Diodenstrom. Ihr arithmetischer Mittelwert beträgt für $U_S = 0$ $\overline{u_A} = \bar{i}_2 R_L = (\hat{I}_2/\pi) R_L$. Die Schwellspannung U_S läßt sich in grober Näherung nachträglich dadurch berücksichtigen, daß wir für $\hat{I}_2$ den Wert aus (22.1) einsetzen. Für den arithmetischen Mittelwert der Ausgangsspannung ergibt sich dann

$$\overline{u_A} = \bar{i}_2 R_L = \frac{\hat{I}_2}{\pi} R_L \approx \frac{(\hat{U}_{2l} - U_S) R_L}{\pi (R_i + R_L)} \approx \frac{\hat{U}_2}{\pi}. \tag{22.2}$$

Die Einweggleichrichterschaltung nach Bild 22.3 stellt also einen *Mittelwertgleichrichter* dar. Die Ausgangsgröße $\overline{u_A}$ bzw. $\bar{i}_2$ hängt linear von der Eingangswechselspannung u_2 ab *(lineare Gleichrichtung)*.

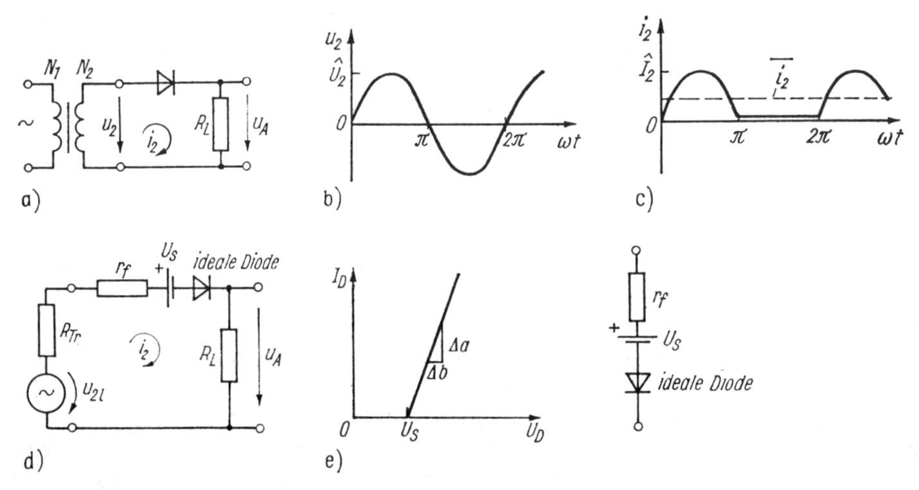

Bild 22.3. Einweggleichrichter

a) Schaltung; b) Wechselspannung am Gleichrichtereingang; c) Gleichrichterstrom für $U_S = 0$; d) Ersatzschaltung des Sekundärkreises; e) Knickkennlinie der Diode, $r_f = (\Delta a/\Delta b)^{-1}$

Lastabhängigkeit. Die Lastabhängigkeit des arithmetischen Mittelwertes $\overline{u_A}$ der Ausgangsspannung läßt sich anschaulich durch das Spannungsersatzschaltbild beschreiben. Aus (22.2) folgt

$$\overline{u_A} = \frac{\hat{U}_{2l} - U_S}{\pi} \frac{R_L}{R_i + R_L} = \frac{\hat{U}_{2l} - U_S}{\pi} - \bar{i}_2 R_i .$$

Diese Beziehung wird durch das Ersatzschaltbild 22.4 beschrieben. Experimentell läßt sich der Innenwiderstand des aktiven Zweipols bequem durch Aufnahme der Strom-Spannungs-Kennlinie $\overline{u_A} = f(\bar{i}_2)$ bestimmen.

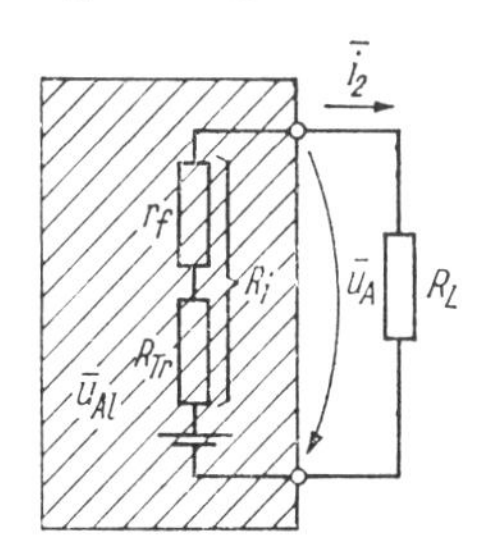

Bild 22.4
Spannungsersatzschaltbild des linearen Gleichrichters für den Zusammenhang der arithmetischen Mittelwerte $\bar{u}_A$ und $\bar{i}_2$

$\bar{u}_{A1} \approx [\hat{U}_{2l} - U_S]/\pi$ für Einweggleichrichter
$\bar{u}_{A1} \approx 2\,[\hat{U}_{2l} - U_S]/\pi$ für Mittelpunktschaltung
$\bar{u}_{A1} \approx 2\,[\hat{U}_{2l} - 2U_S]/\pi$ für Brückengleichrichter
R_i siehe (22.1)

Einfluß des Glättungskondensators. Zum Betrieb elektronischer Schaltungen muß die pulsierende Ausgangsspannung des Gleichrichters in eine möglichst „glatte" Gleichspannung umgeformt werden. Dies bewirkt zum Teil ein Glättungskondensator C (Bild 22.5).

Bei stromführender Diode lädt sich C auf und speichert Energie, die bei gesperrter Diode an den Lastwiderstand R_L abgegeben wird. Auf diese Weise erreicht man, daß kontinuierlich Strom durch R_L fließt. Die Welligkeit der Ausgangsspannung (Differenz zwischen dem Momentanwert der Ausgangsspannung und ihrem arithmetischen Mittelwert) wird stark verringert (Bild 22.5b).

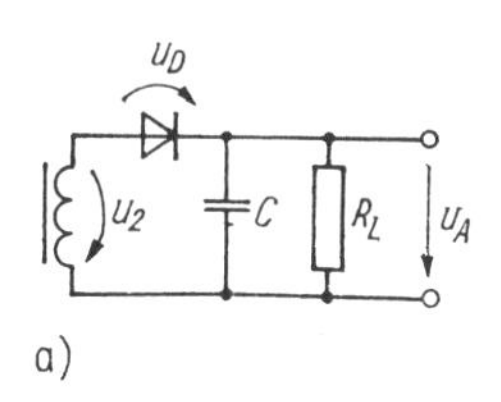

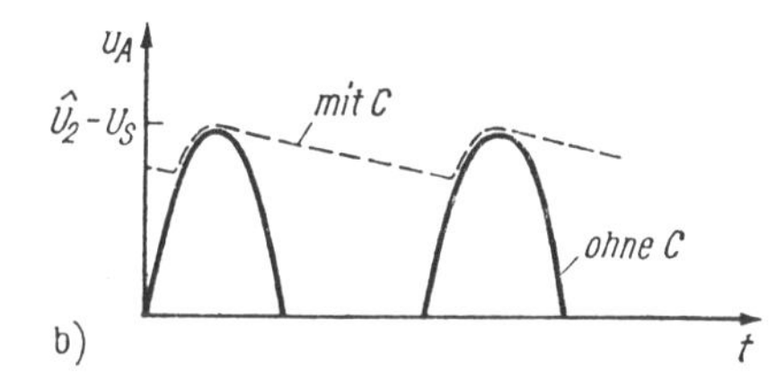

Bild 22.5
Einfluß des Glättungskondensators C
a) Schaltung
b) Ausgangsspannung

Bei sehr großem Lastwiderstand lädt sich C auf nahezu den Spitzenwert $\hat{U}_2$ der Wechselspannung auf: $u_A \approx \hat{U}_2 - U_s$ ($U_s \approx 0{,}7$ V: Schwellspannung der Diode). Die Schaltung stellt bei dieser Dimensionierung mit Ladekondensator einen „Spitzengleichrichter" dar, im Gegensatz zum „Flächengleichrichter", d.h. Mittelwertgleichrichter nach Bild 22.3. Die Diodenspannung beträgt dann bei Vernachlässigung der Schwellspannung U_S $u_D = u_2 - \hat{U}_2$. Sie ist stets negativ und hat einen Spitzenwert $\hat{U}_D \approx -2\hat{U}_2$. Der Glättungskondensator hat zur Folge, daß im Gegensatz zur Schaltung ohne Kondensator die Diode mit der doppelten Sperrspannung beansprucht wird. Das Zufügen des Glättungskondensators bewirkt C-Gleichrichtung.

Wenn der Lastwiderstand nicht mehr vernachlässigbar groß ist, entlädt sich C während jeder Periodendauer T_{per} um etwa $\Delta U_A \approx \Delta Q/C \approx \overline{u_A} T_{per}/R_L C$. Die Diode wirkt als Schalter, der die Sekundärwicklung des Transformators an den Kondensator schaltet, wenn der Momentanwert u_2 größer ist als $u_A + U_S$, und der ihn abschaltet, wenn $u_2 < u_A + U_S$ ist. Die Folge des Einschaltens eines Ladekondensators ist, daß der Gleichrichterstrom aus kurzen Stromspitzen besteht, die den Kondensator aufladen.

Der arithmetische Mittelwert des Diodenstroms ist gleich dem Ausgangsstrom. Das Produkt aus diesem Mittelwert und der Durchlaßspannung ist die in der Diode entstehende Verlustleistung (Sperrstrom und Umschaltverluste vernachlässigt). Damit der maximal zulässige Spitzenstrom der Diode nicht überschritten wird, muß ein kleiner Vorwiderstand in Reihe zur Diode geschaltet werden, falls der Innenwiderstand des Transformators sehr klein ist.

Ein sehr großer Diodenstrom kann unmittelbar nach dem Einschalten auftreten. Wenn der Ladekondensator ungeladen ist, nimmt der Diodenspitzenstrom den Wert

$$\hat{I}_{2\,max} \approx \frac{\hat{U}_{2l} - U_S}{R_{Tr} + r_f}$$

an, falls gerade im Spannungsmaximum von u_2 eingeschaltet wird.

Beim Abschalten des Transformators kann u. U. eine schmale Spannungsspitze auftreten, die die Gleichrichterdiode zerstört, falls deren zulässige Sperrspannung nicht groß genug ist.

Faustregel für die Bemessung der Größe des Ladekondensators: C so groß wählen, daß die Welligkeit (Spitze–Spitze) der Kondensatorspannung zwischen 5 und 20 % der Gleichspannung bei Vollast liegt.

22.1.2. Zweiweggleichrichter (Vollweggleichrichter)

Mit Ausnahme kleiner Lastströme wird in netzgespeisten Stromversorgungen die Zweiweggleichrichtung bevorzugt (Ladekondensator C nur halb so groß erforderlich gegenüber Einweggleichrichtung, geringere Transformatorverluste, beim plötzlichen Abschalten des Transformators evtl. auftretende Spannungsspitze wird über die Gleichrichterdioden und den Ladekondensator begrenzt).

Kennzeichen von Zweiweggleichrichterschaltungen ist, daß nicht nur eine, sondern beide Halbwellen einen Stromfluß durch den Lastwiderstand bzw. durch die Glättungskapazität bewirken. Wir unterscheiden die beiden Varianten *Mittelpunkt-* und *Brückenschaltung*. Obwohl der Transformator zwei Sekundärwicklungen hat, wird er mit der gleichen Leistung belastet wie der Transformator beim Einweggleichrichter. Der mittlere Durchlaßstrom durch jede Diode ist jedoch nur halb so groß wie beim Einweggleichrichter.

Mittelpunktschaltung. Die Schaltung nach Bild 22.6a stellt zwei parallelgeschaltete Einweggleichrichter dar. Analog zur Berechnung des Einweggleichrichters folgt für $U_S = 0$ und $C = 0$

$$\bar{i}_2 = \frac{2}{\pi}\,\hat{I}_2 \quad \text{und} \quad \overline{u_A} = \bar{i}_2 R_L = \frac{2}{\pi}\,\hat{I}_2 R_L\,.$$

Bei der Berechnung von $\hat{I}_2$ aus (22.1) ist zu beachten, daß $\hat{U}_{2l}$ die Leerlaufwechselspannungsamplitude nur *einer* Wicklungshälfte und $r_f(R_{Tr})$ der Innenwiderstand nur *einer* Diode (Transformatorwicklungshälfte) ist.

Der arithmetische Mittelwert der Ausgangsspannung ohne Ladekondensator ist doppelt so groß wie bei der Einweggleichrichterschaltung. Das Ersatzschaltbild 22.4 gilt auch für Zweiweggleichrichter, wenn die Leerlaufspannung verdoppelt wird und r_f und R_i auf eine Wicklungshälfte bzw. eine Diode bezogen werden. Die maximal auftretende Diodensperrspannung beträgt ungefähr $2\hat{U}_2$.

Brückenschaltung (Graetzschaltung). Diese Schaltung hat meist die günstigsten Eigenschaften zur Gleichrichtung größerer Wechselspannungen (Bild 22.6b). Im Vergleich zur Mittelpunktschaltung wird nur die halbe Transformatorspannung benötigt. Die im Betrieb auftretende Diodensperrspannung ist nur halb so groß. Die maximale Ausgangsleerlaufspannung beträgt $\hat{U}_{Al} = \hat{U}_2 - 2U_S$. Sie ist also etwas kleiner als bei der Mittelpunktschaltung, weil stets zwei Dioden in Reihe liegen. Die maximal auftretende Diodensperrspannung ist ungefähr $\hat{U}_2$. Zu beachten ist, daß die effektive Schwellspannung $2U_S$ und der wirksame Durchlaßwiderstand $2r_f$ betragen, weil bei dieser Schaltung zwei Dioden in Reihe liegen.

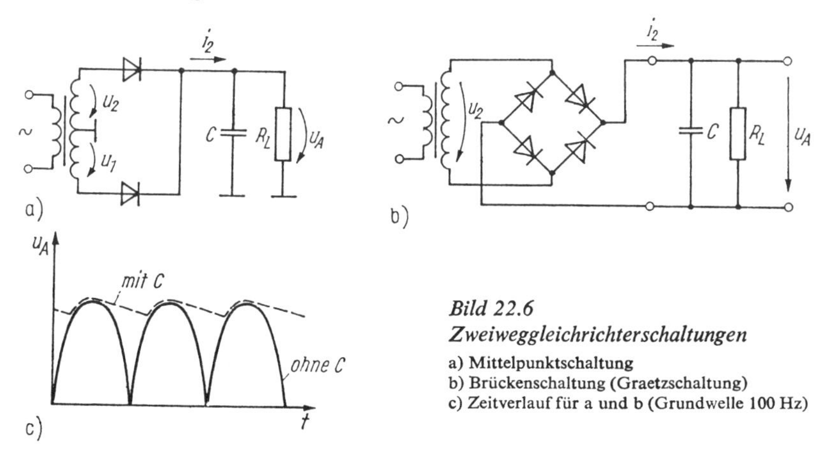

Bild 22.6
Zweiweggleichrichterschaltungen
a) Mittelpunktschaltung
b) Brückenschaltung (Graetzschaltung)
c) Zeitverlauf für a und b (Grundwelle 100 Hz)

Tafel 22.1. Vergleich von Einweg- und Zweiweggleichrichterschaltungen

Werte ohne Berücksichtigung der Siebmittel; Gleichrichterspannungsabfall und -verluste vernachlässigt; $U_{2\sim}(I_{2\sim})$ benötigter Effektivwert der sekundärseitigen Transformatorwechselspannung (bzw. des Transformatorwechselstroms) (bei Gegentaktschaltung je Wicklungshälfte); I_{Gl} Gleichrichterstrom (Effektivwert); U_{Sp} maximal auftretende Gleichrichtersperrspannung (stark vereinfacht); w effektive Welligkeit (Effektivwert der überlagerten Brummspannung/Ausgangsgleichspannung U_-); f Frequenz der Welligkeit (Grundwelle); $U_{w\sim}$ Effektivwert der überlagerten Brummspannung (grobe Näherung)

		Einweggleichrichter	Zweiweggleichrichter	
			Gegentaktschaltung (Mittelpunktschaltung)	Brückenschaltung (Graetzschaltung)
$U_{2\sim}$	$C = 0$	$2{,}22U_-$	$2{,}22U_-$	$1{,}11U_-$
$I_{2\sim}$	$C = 0$	$1{,}57I_-$	$0{,}79I_-$	$1{,}11I_-$
I_{Gl}	$C = 0$	$1{,}57I_-$	$0{,}79I_-$	
U_{Sp}	$C \neq 0$	$2\sqrt{2}U_{2\sim}$	$\sqrt{2}U_{2\sim}$	
w	$C = 0$	1,21	0,49	
f		50 Hz	100 Hz	
U_w/V	$C \neq 0$	$5\,\frac{I_-/\text{mA}}{C/\mu\text{F}}$	$2\ldots2{,}5\,\frac{I_-/\text{mA}}{C/\mu\text{F}}$	
Vorteile		nur eine Diode nötig	bessere Ausnutzung der Transformatortypenleistung, kleinere Amplitude und höhere Frequenz der Brummspannung (weniger Siebmittel)	
			Eignung für zwei Ausgangsspannungen unterschiedlicher Polarität (Bild 22.7)	geringe Sperrspannungsbelastung der Dioden
Nachteile		große Welligkeit große Transformatorleistung	zwei Sekundärwicklungshälften (mehr Wickelraum) 2 Dioden erforderlich	4 Dioden erforderlich
Bemerkungen		nur für geringe Leistungen		günstige Variante

Mittelpunktschaltung für erdsymmetrische Ausgangsspannungen. Eine negative Ausgangsspannung läßt sich mit der Schaltung nach Bild 22.6a durch Umpolen der beiden Dioden erzeugen. Schalten wir die auf diese Weise entstehende Gleichrichterschaltung zur Schaltung im Bild 22.6a parallel, so erhalten wir die Schaltung nach Bild 22.7. Sie ist eine Mittelpunktschaltung für zwei erdsymmetrische Ausgangsspannungen mit gleichen Daten wie die Mittelpunktschaltung für eine Ausgangspolarität.

Tafel 22.1 zeigt eine Gegenüberstellung wesentlicher Kenngrößen von Einweg- und Zweiweggleichrichterschaltungen.

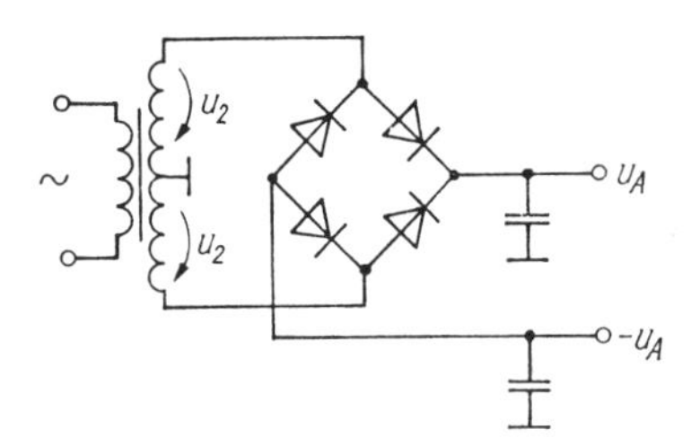

Bild 22.7
Mittelpunktschaltung für erdsymmetrische Ausgangsspannungen

22.1.3. Glättung der gleichgerichteten Spannung

Bei stromführender Diode steigt die Ausgangsspannung. Bei gesperrter Diode fällt sie exponentiell mit der Zeitkonstanten $\tau = CR_L$. In der Praxis wird der Glättungskondensator so groß dimensioniert, daß die „Welligkeit" der Ausgangsspannung höchstens wenige Prozent beträgt. Die Ausgangsspannung fällt dann bei gesperrter Diode näherungsweise linear ab, und die Aufladezeit des Kondensators ist wesentlich kleiner als die Entladezeit. Es gilt deshalb $T_{ent} \approx T_{per} = 1/pf$ mit $p = 1$ bei Einweggleichrichtung und $p = 2$ bei Zweiweggleichrichtung.

Der Glättungskondensator entlädt sich während einer Periodendauer um den Betrag

$$Q_{ent} = I_{ent}T_{ent} \approx \frac{I_{ent}}{pf}.$$

Dabei tritt über C die Spannungsänderung

$$\Delta U_C \equiv U_w = \frac{Q_{ent}}{C} = \frac{I_{ent}}{pfC}$$

auf. Diese Spannungsänderung ist der Spitze-Spitze-Wert der Welligkeitsspannung, die der Ausgangsgleichspannung $\overline{u_A}$ überlagert ist. Sie ist periodisch und hat die Grundwelle pf. Die Welligkeit der Ausgangsspannung ist bei der Zweiweggleichrichtung nur halb so groß. Sie wächst mit der Belastung und fällt mit zunehmender Glättungskapazität. Deshalb werden in Netzteilen bei großen Lastströmen sehr große Glättungskondensatoren von $C > 10^3 \dots 10^4$ µF eingesetzt (Elektrolytkondensatoren).

Die Strombelastung der Gleichrichterdioden (Strom-Zeit-Integral) beim Einschaltvorgang nimmt aber mit wachsendem C zu. Deshalb sind oft für den jeweiligen Gleichrichtertyp Maximalwerte des Ladekondensators und z.T. auch Minimalwerte eines in Reihe zum Gleichrichter zu schaltenden Vorwiderstandes R_{zus} vorgeschrieben (Gleichrichterlebensdauer!).

Die Berechnung der Abhängigkeit der mittleren Gleichspannung $\overline{u_A}$ von der Last und vom Innenwiderstand des Transformators usw. ist etwas umständlich. Wir beschränken uns deshalb auf die grafische Darstellung der in [22.5] berechneten Ergebnisse. Alle

Kurven im Bild 22.8 gelten für $R_L C > (1/pf)$. Aus Bild 22.8a ist für die Einweg- und Zweiweggleichrichtung der Spitzenwert der Transformatorleerlaufspannung $\hat{U}_{2l}$ in Abhängigkeit vom Lastwiderstand $R_L = \overline{u_A}/I_L$ zu entnehmen. Aus Bild 22.8b lesen wir den Spitzenwert des Stroms durch die Gleichrichterdioden ab. Der arithmetische Mittelwert des Diodenstroms I_D ist beim Einweggleichrichter gleich dem Laststrom, beim Zweiweggleichrichter beträgt er die Hälfte. Der Effektivwert I_{eff} des Stroms durch die Gleichrichter läßt sich näherungsweise berechnen, indem wir die kurzen periodischen Stromstöße durch die Dioden als Rechteckimpulse annähern. Man erhält auf diese Weise

$$I_{eff}^2 \approx I_L I_D .$$

Den Wirkungsgrad der Gleichrichterschaltung einschließlich des Transformators in Abhängigkeit vom Lastwiderstand zeigt Bild 22.8c. Typische Werte für das auf der Abszisse aufgetragene Widerstandsverhältnis sind $R_i/R_L \lessapprox 0{,}1$.

Der Innenwiderstand des Gleichrichters beträgt

- beim Einweggleichrichter: $R_i = R_{Tr} + r_f + R_{zus}$
- bei der Mittelpunktschaltung: $R_i = R_{Tr} + r_f + R_{zus}$
- bei der Brückenschaltung: $R_i = R_{Tr} + 2r_f + R_{zus}$.

Bei der Mittelpunktschaltung ist $R_{Tr} = R_{sek} + R_{prim}/\ddot{u}^2$ der an einer Wicklungshälfte der Sekundärwicklung auftretende Widerstand. Beim Übersetzungsverhältnis $\ddot{u} = N_1/N_2$ ist N_2 die Windungszahl einer Hälfte der Sekundärwicklung. Bei der Brückenschaltung ist zusätzlich zu beachten, daß im Bild 22.8a U_S durch $2U_S$ ersetzt werden muß.

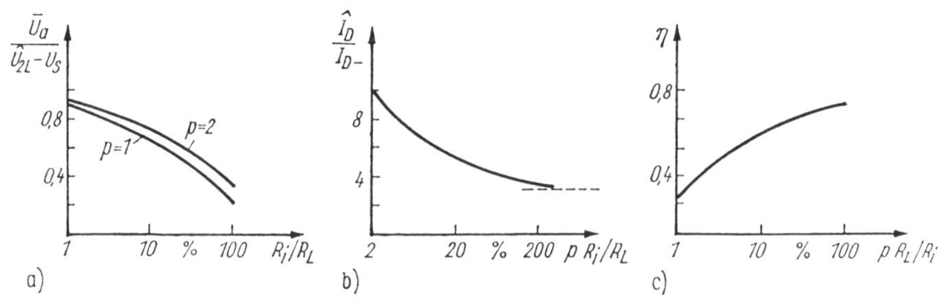

Bild 22.8. Dimensionierung von Gleichrichterschaltungen mit Glättungskondensator (Kurven gelten für $R_L C > 1/pf$ [22.5])
Bei der Graetzschaltung muß auf der Ordinate von Bild a $2U_S$ anstelle von U_S eingesetzt werden.

22.1.4. Spannungsverdoppler- und Spannungsvervielfacherschaltungen

Spannungsverdoppler- und -vervielfacherschaltungen werden vorwiegend für Spezialanwendungen eingesetzt, z.B. zur Hochspannungserzeugung bei kleinem Stromverbrauch (μA-Bereich). Mit einer Stufe läßt sich eine Gleichspannung vom knapp doppelten Scheitelwert der Wechselspannung erzeugen, denn C_1 und C_2 werden über D_1 bzw. D_2 in der im Bild 22.9a angegebenen Polarität auf nahezu die Spitzenspannung der positiven bzw. negativen Halbwelle aufgeladen.

In der Schaltung nach Bild 22.9b wird C_1' über D_1' während der negativen Halbwelle von $u_{2\sim}$ fast auf den Scheitelwert $\hat{U}_2$ aufgeladen. Während der sich daran anschließenden Halbwelle lädt sich C_1 über C_1' und D_1 in der angegebenen Polarität auf, so daß nach einer genügend großen Anzahl von Perioden der Wechselspannung jeder Kondensator in der eingezeichneten Polarität auf etwa den Scheitelwert der Wechselspannung U_2 aufgeladen wurde.

Infolge von Isolationsströmen ist die maximale Stufenzahl häufig auf weniger als zehn begrenzt.

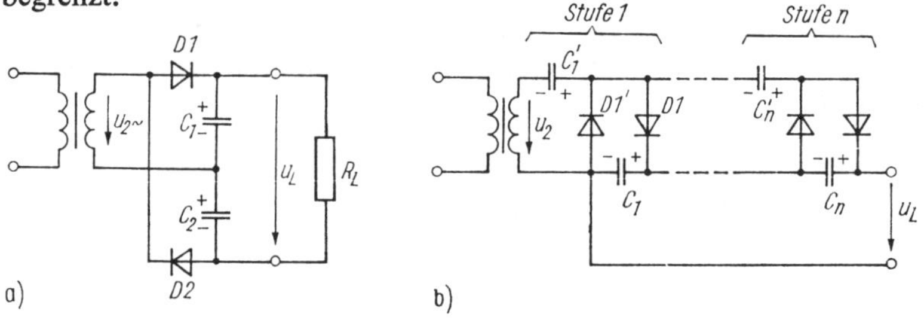

Bild 22.9. Spannungsvervielfacher

a) Spannungsverdopplerschaltung (doppelte Einwegschaltung nach *Delon* und *Greinacher*), $u_L \lessapprox 2\hat{U}_{2\sim}$
b) Spannungsvervielfacherschaltung (Kaskadenschaltung nach *Villard*), $u_L \lessapprox 2n\hat{U}_{2\sim}$

22.1.5. Siebglieder

Zur Siebung der pulsierenden Ausgangsspannung der Gleichrichterschaltung dient zunächst der Ladekondensator. Zusätzlich können noch RC- oder LC-Siebglieder angeschaltet werden (Bild 22.10). Auch die Stabilisierungsschaltungen bewirken eine erhebliche zusätzliche Siebung der Spannung. RC-Siebglieder eignen sich nur für kleine Lastströme, bei denen der Gleichspannungsabfall über dem Siebwiderstand noch vertretbar ist (Verlustleistung verringert Wirkungsgrad).

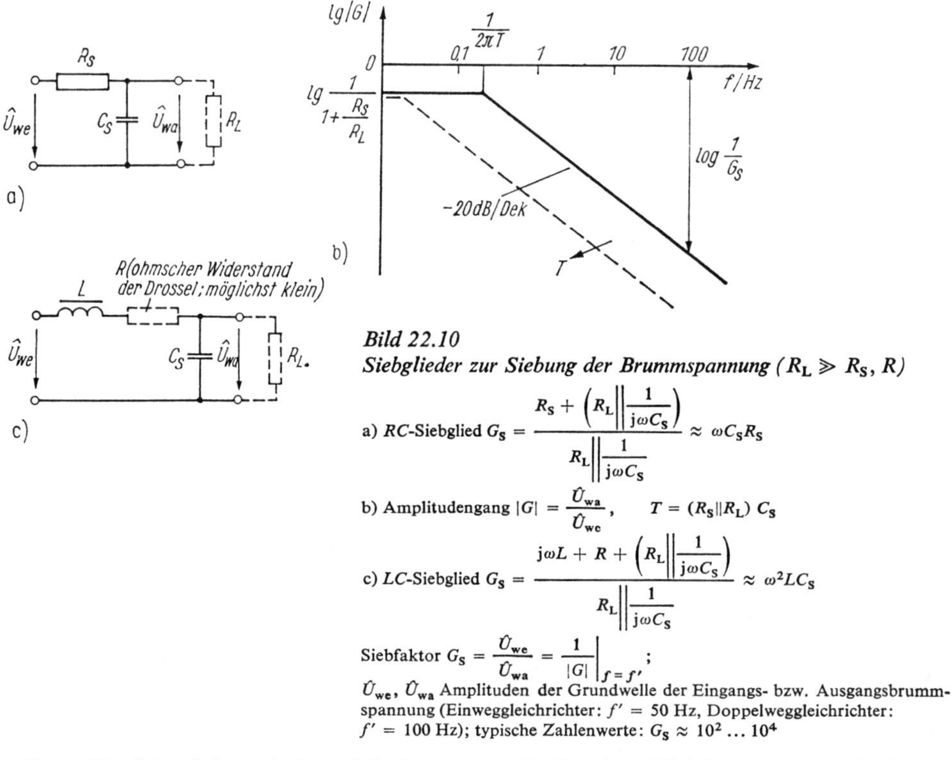

Bild 22.10
Siebglieder zur Siebung der Brummspannung ($R_L \gg R_S$, R)

a) *RC*-Siebglied $G_S = \dfrac{R_S + \left(R_L \middle\| \dfrac{1}{j\omega C_S}\right)}{R_L \middle\| \dfrac{1}{j\omega C_S}} \approx \omega C_S R_S$

b) Amplitudengang $|G| = \dfrac{\hat{U}_{wa}}{\hat{U}_{we}}$, $\quad T = (R_S \| R_L)\, C_S$

c) *LC*-Siebglied $G_S = \dfrac{j\omega L + R + \left(R_L \middle\| \dfrac{1}{j\omega C_S}\right)}{R_L \middle\| \dfrac{1}{j\omega C_S}} \approx \omega^2 L C_S$

Siebfaktor $G_S = \dfrac{\hat{U}_{we}}{\hat{U}_{wa}} = \left.\dfrac{1}{|G|}\right|_{f=f'}$;

$\hat{U}_{we}$, $\hat{U}_{wa}$ Amplituden der Grundwelle der Eingangs- bzw. Ausgangsbrummspannung (Einweggleichrichter: $f' = 50$ Hz, Doppelweggleichrichter: $f' = 100$ Hz); typische Zahlenwerte: $G_S \approx 10^2 \ldots 10^4$

Zum Betrieb elektronischer Schaltungen soll die der Gleichspannung überlagerte Brummspannung bei voller Belastung der Speisespannungsquelle nicht größer sein als $\approx 20\ \text{mV}_{\text{eff}}$.

22.2. Stabilisierungsschaltungen (stetig wirkend)

Stabilisierungsschaltungen[1]) haben die Aufgabe, die Ausgangsspannung bzw. den Ausgangsstrom eines Stromversorgungsgerätes gegenüber Schwankungen der Eingangsspannung sowie hinsichtlich Temperatur- und Laständerungen zu stabilisieren, d.h. konstant zu halten. Meist werden durch die Stabilisierung die überlagerten Brumm- und Störspannungen stark verringert, so daß Aufwand an voluminösen Elektrolytkondensatoren und Siebdrosseln eingespart wird.

22.2.1. Schaltungen ohne Regelung

Die Ausgangsspannung läßt sich stabilisieren, indem ein spannungsstabilisierendes Bauelement parallel zur Last (die über einen Vorwiderstand betrieben wird) geschaltet wird (Beispiel: Spannungsstabilisierung mit Z-Diode im Bild 22.12). Entsprechend läßt sich der Ausgangsstrom durch die Reihenschaltung eines stromstabilisierenden Bauelements stabilisieren (Bild 22.11).

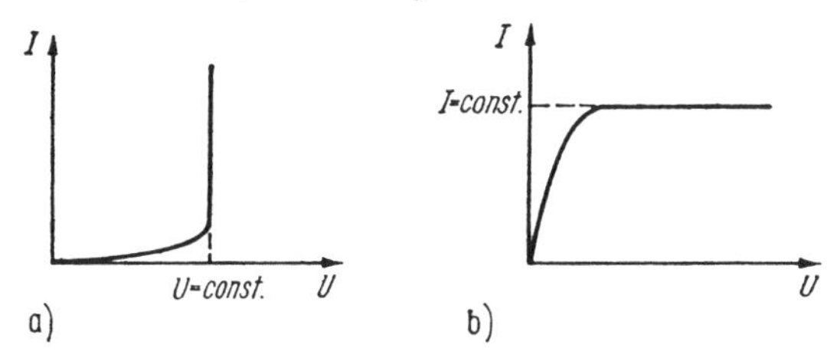

Bild 22.11
Typischer Kennlinienverlauf von spannungsstabilisierenden bzw. stromstabilisierenden Bauelementen

a) „Konstantspannungsquelle“ (Beispiel: Z-Diode, Varistor, Glimmstabilisator)
b) „Konstantstromquelle“ (Beispiel: Transistor, Kaltleiter)

Wegen der relativ großen Verlustleistung im Vorwiderstand und im stabilisierenden Bauelement ist der Wirkungsgrad ungeregelter Stabilisierungsschaltungen oft gering (kleiner 50%). Deshalb werden zur Stabilisierung größerer Leistungen geregelte Stabilisierungsschaltungen eingesetzt. Als Sollwertgeber für diese Regelschaltungen eignen sich Schaltungen nach Bild 22.12. Bei besonders hohen Anforderungen an die Temperaturkonstanz werden die Z-Dioden temperaturkompensiert (Referenzelemente) und erforderlichenfalls in einem Thermostaten betrieben.

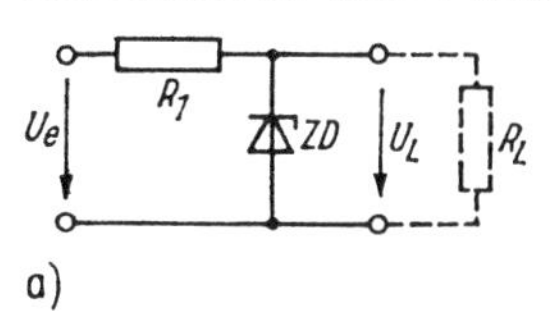

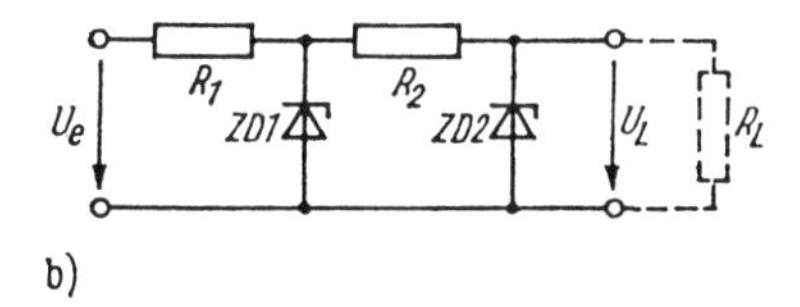

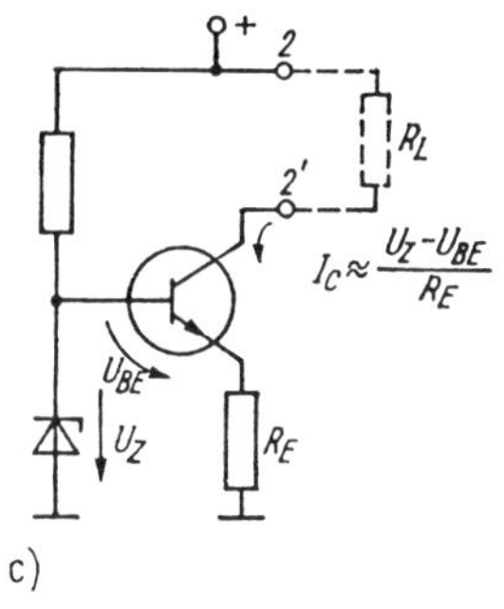

a) einfache Spannungsstabilisierung mit Z-Diode; Glättungsfaktor $\Delta U_e/\Delta U_L = 1 + R_1/r_Z \approx R_1/r_Z$ ($\approx 10 \ldots 100$). Der differentielle Widerstand der Z-Diode im Arbeitspunkt ist in erster Näherung umgekehrt proportional zum fließenden Strom im Arbeitspunkt; daher läßt sich der Glättungsfaktor bei konstanter Eingangsspannung U_e nicht durch R_1 vergrößern. Das Rauschen der Z-Diode nimmt bei kleinen Strömen stark zu.

b) Spannungsstabilisierung mit zwei Z-Dioden (Kaskadenschaltung). Es gilt $\frac{\Delta U_L}{\Delta U_e} \approx \frac{r_{Z2}}{R_2} \cdot \frac{r_{Z1}}{R_1}$ für $R_L, R_2 \gg r_{Z2}$ und $R_1, R_2 \gg r_{Z1}$ (rückwirkungsfreie Glieder), $r_{Z1,2}$ differentieller Innenwiderstand der Z-Dioden im Arbeitspunkt)

c) einfache Stromstabilisierung mit Bipolartransistor; Ausgangswiderstand zwischen 2 und 2'
$r_a \approx r_{ce}\left(1 + \frac{\beta R_E}{r_{be}}\right)$ (MΩ-Bereich), $r_{ce} \approx h_{22e}^{-1}$, $r_{be} \approx h_{11e}$

Bild 22.12. Einfache Spannungs- und Stromstabilisierungsschaltungen

[1]) Hier handelt es sich um Konstanthaltung, nicht aber um dynamische Stabilität nach Abschnitt 10.

Eine einfache Möglichkeit zur Spannungsstabilisierung stellt der Emitterfolger dar (s. Abschn. 13.2.1.).

Z-Dioden lassen sich auch durch gegengekoppelte Bipolartransistoren nachbilden. Das kann in speziellen Fällen vorteilhaft sein [22.24].

22.2.2. Schaltungen mit stetiger Regelung

22.2.2.1. Allgemeines

Hinsichtlich der Signalform lassen sich stetige und unstetige Regler (Schaltregler) unterscheiden, die je nach Anordnung des Stellgliedes als Serien- (Längs-) oder als Parallelregler ausgeführt sein können (Tafel 22.2, Bild 22.13[1])).

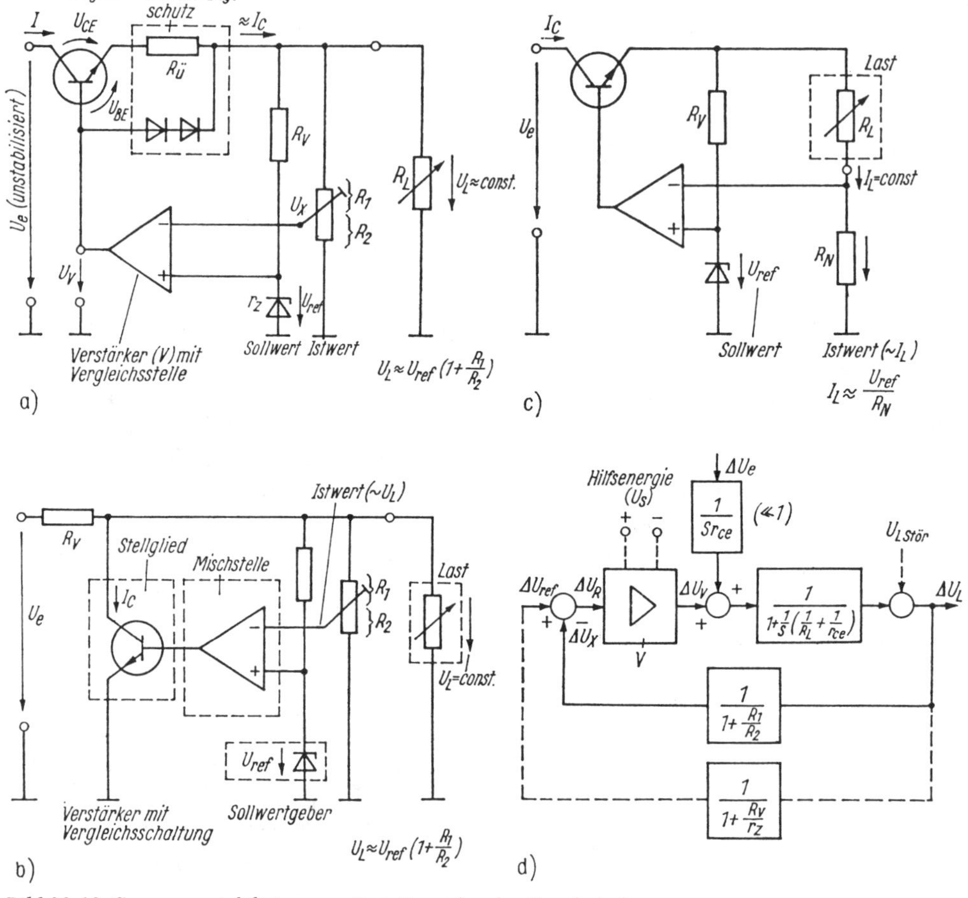

Bild 22.13. Spannungsstabilisierung mit stetig wirkenden Regelschaltungen

a) Spannungsstabilisierung mit Stellglied in Reihe zur Last (vgl. ausführliche Erläuterung im Bild 13.14!)
b) Spannungsstabilisierung mit Stellglied parallel zur Last
c) Stromstabilisierung mit Stellglied in Reihe zur Last
d) Signalflußbild zur Schaltung a)
Hinweis: Der OV kann mit einer einzigen positiven Betriebsspannung versorgt werden (negativer Betriebsspannungsanschluß des OV an Masse)

[1]) Die Bezeichnungen Serien- und Parallelregler werden allgemein verwendet, obwohl sie nicht exakt zutreffen, da zum Regler auch die Mischstelle und der Verstärker gehören, die in beiden Schaltungsvarianten gleich angeordnet sind. Richtig ist die Bezeichnung Serien- bzw. Parallelschaltung des Stellgliedes zur Last (Serien- bzw. Parallelstellglied).

Tafel 22.2. Erzeugung elektrischer Hilfsenergie

a) prinzipieller Aufbau; (1) übliche Stromversorgung aus dem Netz; (2) Hilfsenergieerzeugung aus einer Batterie (Ausgangsspannung U_- größer als Batteriespannung); (3) Hilfsenergieerzeugung aus einer Batterie (Ausgangsspannung U_- kleiner als Batteriespannung); b) Funktionsprinzipien der Stabilisierungseinheit (zu den Begriffen Serien- bzw. Parallelregler vgl. Fußnote auf Seite 547).

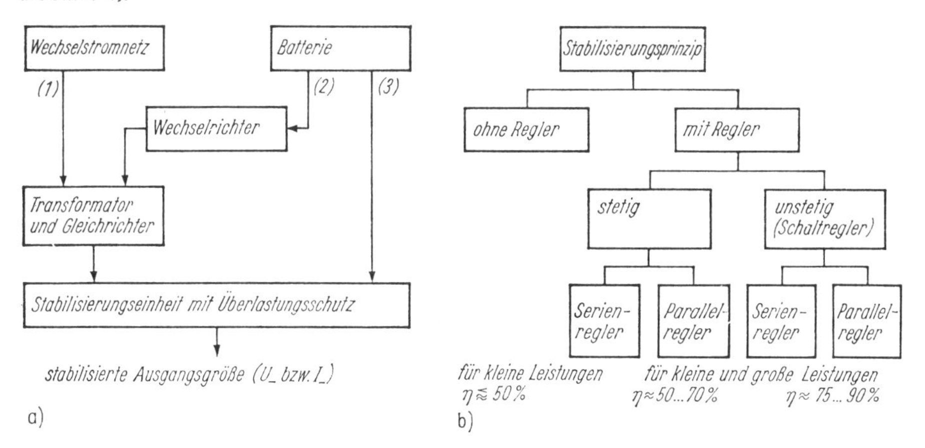

Bis in die 70er Jahre wurden nahezu ohne Ausnahme stetig wirkende Regler mit einem oder mehreren Transistoren als Stellglied in Stromversorgungseinheiten für elektronische Geräte eingesetzt. Sie zeichnen sich durch sehr gute Regeleigenschaften, hohe Brummspannungsunterdrückung und unkritischen Aufbau aus. Neben diesen Schaltungen, die auch in Zukunft große Bedeutung behalten, werden in den letzten Jahren zunehmend Schaltregler angewendet. Sie haben Vorteile gegenüber stetigen Reglern, wenn die Eingangsspannung stark schwankt und wenn aus einer hohen Eingangsspannung eine relativ niedrige Ausgangsspannung erzeugt werden muß. Ihr Hauptvorteil ist der höhere Wirkungsgrad.

Wie wir im Abschnitt 13. sahen, muß zwischen Parallel- und Serienreglern unterschieden werden (Bilder 13.11 und 22.13).

Serienregler werden wesentlich häufiger eingesetzt als Parallelregler, da letztere neben dem Vorteil der Kurzschlußsicherheit einige wesentliche Nachteile aufweisen, z.B.

- Verbraucherleistung darf die zulässige Verlustleistung des Stellgliedes nicht übersteigen
- niedriger Wirkungsgrad (auch im Leerlauf voller Leistungsverbrauch)
- der als Stellglied eingesetzte Transistor muß die volle Ausgangsspannung aufnehmen.

Ihre Anwendung ist deshalb nur für kleine Leistungen und wenig schwankende Last zweckmäßig.

Im Abschnitt 13. haben wir diese Regelschaltungen ausführlich behandelt. Wir erkannten, daß sich Änderungen der Eingangsspannung nur verschwindend wenig auf die Ausgangsspannung auswirken. Laständerungen und auf den Ausgang eingekoppelte Störungen (z.B. Brummspannungen) wirken sich infolge des niedrigen Innenwiderstandes der Regelschaltung (typ. $<0{,}1\ \Omega \ldots 1\ \mathrm{m}\Omega$) praktisch nicht aus.

Zwischen *Spannungs-* und *Stromstabilisierungsschaltungen* gibt es keine prinzipiellen Unterschiede. Die Stromstabilisierung wird dadurch realisiert, daß der vom Laststrom an einem Normalwiderstand erzeugte proportionale Spannungsabfall als Istwert mit der Referenzspannung verglichen wird. Wir betrachten im folgenden nur die Spannungsstabilisierung.

22.2.2.2. Praktisches Beispiel: Elektronisch stabilisierte Spannungsquelle für zwei Ausgangsspannungen unterschiedlicher Polarität

Bild 22.14 zeigt eine Schaltung zur Erzeugung symmetrischer Ausgangsspannungen U_{A+} und U_{A-}, die nur eine Referenzspannung (U_Z) benötigt. Die Beträge beider Ausgangsspannungen unterscheiden sich um weniger als $1^0/_{00}$. Der Verstärker V_2 sorgt dafür, daß Punkt P mit hoher Genauigkeit auf Nullpotential liegt. Dadurch verhalten sich die Beträge beider Ausgangsspannungen wie die Widerstände: $|U_{A+}|/|U_{A-}| = R_1/R_2$. Voraussetzung ist, daß der Eingangsstrom des OV (exakter: der Eingangsoffsetstrom des OV) gegenüber dem durch $R_1 + R_2$ fließenden Querstrom vernachlässigbar ist.

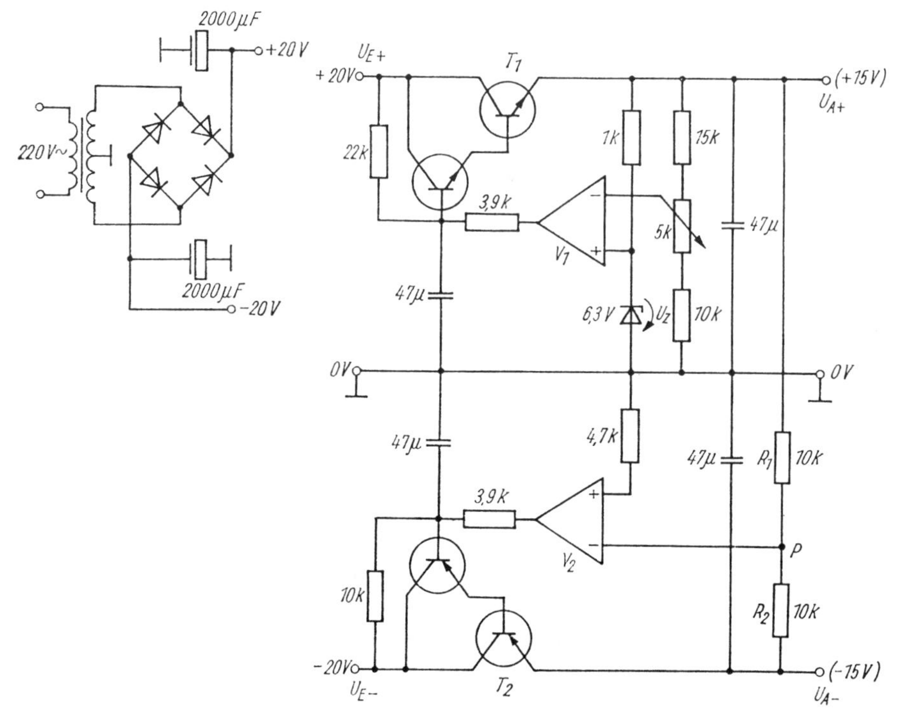

Bild 22.14. Elektronisch geregelte Gleichspannungsquelle für zwei symmetrische Ausgangsspannungen unterschiedlicher Polarität

Die obere Hälfte der Schaltung ist eine übliche Regelschaltung für elektronisch stabilisierte Stromversorgung („Serienregler" mit Darlington-Emitterfolger als Stellglied). Als Betriebsspannung für die beiden Operationsverstärker werden die Ausgangsspannungen U_{A+} und U_{A-} benutzt.

Die hier beschriebene Spannungssymmetrierung läßt sich in einfacher Weise auch unter Verwendung eines integrierten Leistungsoperationsverstärkers bzw. NF-Leistungsverstärkers realisieren (s. Abschn. 7.1.9.).

22.2.2.3. Überlastungsschutz

Da Halbleiterbauelemente sehr überlastungsempfindlich sind, müssen vor allem zum Schutz des Längstransistors in seriengeregelten Stromversorgungsgeräten zusätzliche Schaltungsmaßnahmen zur Strombegrenzung vorgesehen werden. Elektrische Sicherungen sind meist ungeeignet, da ihre Schmelzzeit wesentlich größer ist als die thermische Zeitkonstante von Transistoren, die im Bereich 5 ... 50 ms liegt. Am wirkungsvollsten sind „elektronische Sicherungen“, die bei Überschreiten des zulässigen Laststroms den gefährdeten Transistor sperren bzw. die Last abschalten (evtl. optische oder akustische Anzeige der Überlastung).

An einem einfachen Beispiel wird dies im Bild 22.13a gezeigt. Der Spannungsabfall an $R_{Ü}$ begrenzt den Emitterstrom des Transistors (Prinzip der Konstantstromquelle).

Bei normalem Laststrom ist dieser Spannungsabfall vernachlässigbar.

In einem geregelten Stromversorgungsgerät nach Bild 22.14 entsteht im Längstransistor (T_1 bzw. T_2) die Verlustleistung $P_V \approx I_L\,|U_E - U_A|$. Sie ist bei kurzgeschlossenem Ausgang am größten. Beträgt die zulässige Verlustleistung des Längstransistors $P_{C\,max}$, so muß der Laststrom kleiner bleiben als $I_{L\,max} = P_{C\,max}/|U_{E\,max} - U_{A\,min}|$. Zusätzlich darf natürlich der zulässige maximale Kollektorstrom von T_1 bzw. T_2 nicht überschritten werden. Falls der Lastwiderstand den Grenzwert $R_L = U_A/I_{L\,max} = U_A\,|U_{E\,max} - U_{A\,min}|/P_{C\,max}$ unterschreitet, wird der Längstransistor leistungsmäßig und damit thermisch überlastet. Um ihn vor Zerstörung zu schützen, werden in elektronisch stabilisierten Stromversorgungen häufig „elektronische Sicherungen“ eingebaut.

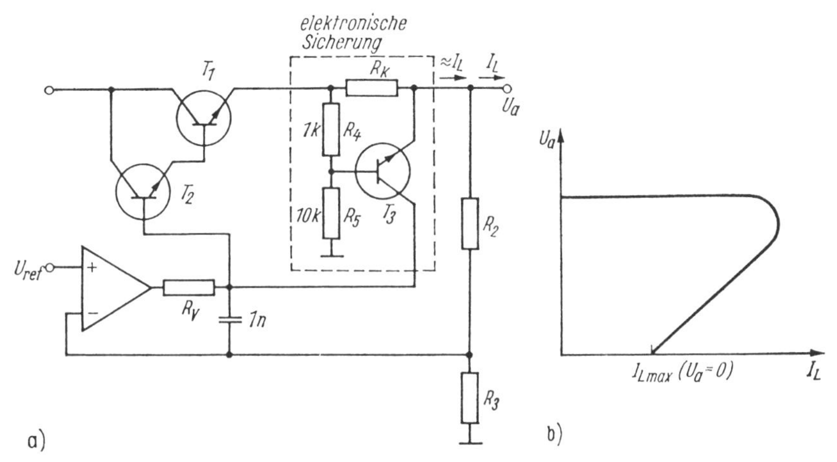

Bild 22.15. Strombegrenzung bei Stabilisierungsschaltungen
a) Schaltung; b) „fold-back“-Kennlinie

Bild 22.15 zeigt eine typische Schaltung, die eine sogenannte „Fold-back“-Kennlinie erzeugt. Die Wirkungsweise ist folgende: Wenn der Laststrom ansteigt, entsteht ein wachsender Spannungsabfall über R_K. T_3 wird leitend, wenn dieser Spannungsabfall die Größe

$$I_{L\,max} R_K \approx U_{BE3} + U_A \frac{R_4}{R_4 + R_5} \tag{22.3}$$

erreicht ($U_{BE3} \approx 0{,}7$ V). Der Kollektorstrom von T_3 erzeugt einen Spannungsabfall an R_v, der die Darlington-Endstufe in Richtung zum Sperrbereich zusteuert und dadurch den Ausgangsstrom verkleinert. Aus (22.3) läßt sich $I_{L\,max}$ berechnen. Interessanterweise kann bei kurzgeschlossenem Ausgang nur ein wesentlich kleinerer Laststrom fließen als bei normalem Betrieb der Schaltung, nämlich nur $I_{L\,max} = U_{BE3}/R_K$. Das ist ein großer Vorteil, denn dadurch kann der Transistor auch bei großen Eingangsspannungen U_E nicht überlastet werden. Die „elektronische Sicherung“ bewirkt eine Strom-Spannungs-Kennlinie nach Bild 22.15b. Diese Kennlinie kommt dadurch zustande, daß die Basis-

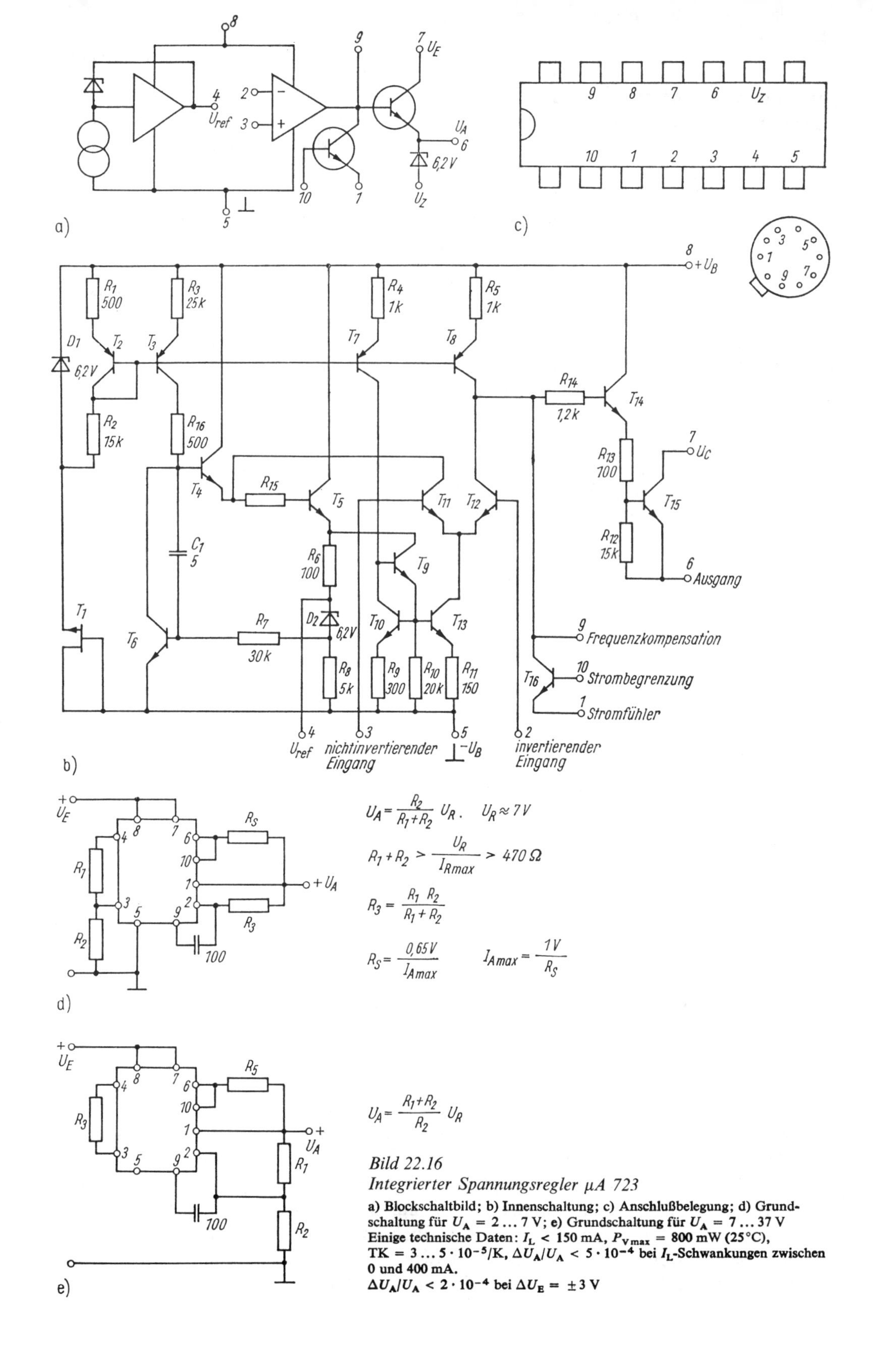

Bild 22.16
Integrierter Spannungsregler μA 723

a) Blockschaltbild; b) Innenschaltung; c) Anschlußbelegung; d) Grundschaltung für $U_A = 2 \dots 7$ V; e) Grundschaltung für $U_A = 7 \dots 37$ V
Einige technische Daten: $I_L < 150$ mA, $P_{V\max} = 800$ mW (25°C), TK $= 3 \dots 5 \cdot 10^{-5}$/K, $\Delta U_A/U_A < 5 \cdot 10^{-4}$ bei I_L-Schwankungen zwischen 0 und 400 mA.
$\Delta U_A/U_A < 2 \cdot 10^{-4}$ bei $\Delta U_E = \pm 3$ V

Emitter-Spannung von T_3 sowohl vom Laststrom I_L als auch von der Ausgangsspannung U_A (über den Spannungsteiler R_4, R_5) abhängt.

Zusammenfassend läßt sich feststellen, daß der maximale Laststrom, die maximale Ausgangsleistung und auch die maximale Eingangsspannung U_E eines „Serienreglers" durch den Längstransistor (Stellglied) begrenzt werden.

Der maximal entnehmbare Laststrom ist abhängig von der Größe des Kühlkörpers des Längstransistors, von den Eingangsspannungsschwankungen, der maximalen Umgebungstemperatur und der Ausgangsspannung.

22.2.2.4. Umwandlung einer unipolaren in eine bipolare Spannung

Die Schaltung im Bild 22.17 erzeugt aus der als Hilfsenergiequelle fungierenden Batterie E (z.B. Autobatterie) zwei Spannungen mit unterschiedlicher Polarität und halber Amplitude. Zu beachten ist, daß das Ausgangsbezugspotential (Common) nicht mit dem Potential eines Batterieanschlusses übereinstimmt. Selbstverständlich kann die Schaltung auch mit $R_1 \neq R_2$ betrieben werden. In diesem Falle gilt dann: $U_{20} = ER_1/(R_1 + R_2)$ und $U_{30} = -ER_2/(R_1 + R_2)$.

Falls durch die Anschlüsse 2 und 3 nahezu gleich große Lastströme fließen (selten!), ist der über die Bezugsleitung (Klemme 0) fließende Strom klein, und der OV kann entfallen (Verbindung zwischen 1 und 0 herstellen).

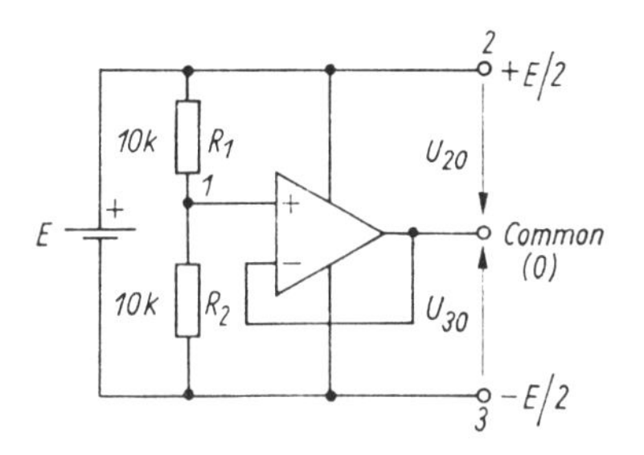

Bild 22.17
Umwandlung einer unipolaren Spannung in eine bipolare Ausgangsspannung
Common: gemeinsamer Bezugspunkt des Ausgangskreises („Masse")

Die im Bild 22.17 gezeigte Umwandlung einer unipolaren Eingangsspannung in eine bipolare Ausgangsspannung kann in einfacher Weise mit dem monolithischen Schaltkreis TLE 2426 (TI) realisiert werden (Ausgangsstrom $\leqq$ 20 mA) [22.30].

22.2.2.5. Integrierte Spannungsstabilisatoren [22.2] [22.4]

Integrierte Spannungsstabilisatoren enthalten in der Regel den vollständigen Regler einschließlich Referenzspannungsquelle, dem Stellglied und dem Überlastungsschutz. Durch Anschalten weniger äußerer Bauelemente läßt sich die Ausgangsspannung in einem weiten Bereich einstellen. Bei großen Lastströmen schaltet man von außen einen Leistungstransistor an. Auf diese Weise werden problemlos Lastströme bis zu 6 ... 15 A erzielt.

Ein international weit verbreiteter und bereits Mitte der 60er Jahre von Fairchild entwickelter Typ ist der Gleichspannungsregler µA 723. Aus seinem Schaltbild (Bild 22.16) ist ersichtlich, daß die Referenz-Z-Diode von einer inneren Konstantstromquelle gespeist wird. Die Schaltung stellt hinsichtlich der Klemme 4 eine temperaturkompensierte Referenzspannungsquelle mit niedrigem Ausgangswiderstand dar ($TK \approx 3 \ldots 15 \cdot 10^{-5}/K$).

Durch Zuschalten von ein bis zwei äußeren Widerständen läßt sich eine „fold-back"-Kennlinie nach Bild 22.15b erzeugen.

Bild 22.16 zeigt, wie der Baustein µA 723 beschaltet werden kann. Je nach Anwendungsfall werden vier Grundschaltungen unterschieden. Für großeAusgangsströme schaltet man außen einen Leistungstransistor zu. Die Dimensionierung der Spannungsteilerwiderstände R_1, R_2 zur Einstellung der Ausgangsspannung ist vom Schaltkreishersteller vorgeschrieben. Der Widerstand R_S begrenzt den Ausgangsstrom. Eine wirksamere Begrenzung mit „fold-back"-Kennlinie ergibt sich durch die beiden zusätzlichen Widerstände R_4 und R_5 im Bild 22.18.

Der Kondensator zwischen den Anschlüssen 9 und 2 bzw. 9 und 5 dient der Frequenzgangkompensation. R_3 symmetriert den Differenzverstärker und verbessert dadurch etwas die Konstanz der Schaltung. Für „normale" Anforderungen kann R_3 durch einen Kurzschluß ersetzt werden.

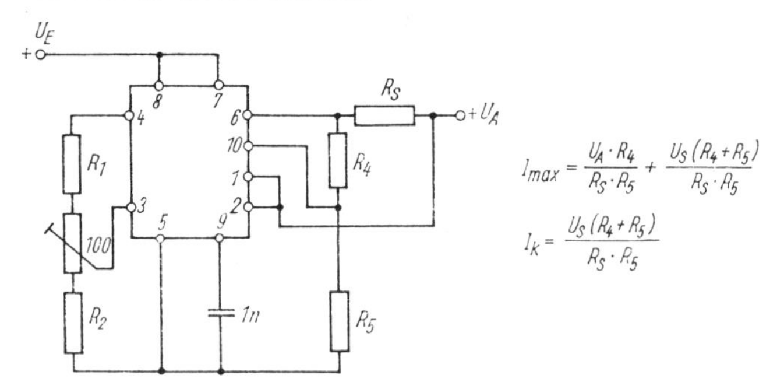

Bild 22.18
Strombegrenzung mit Rückkopplung beim µA 723

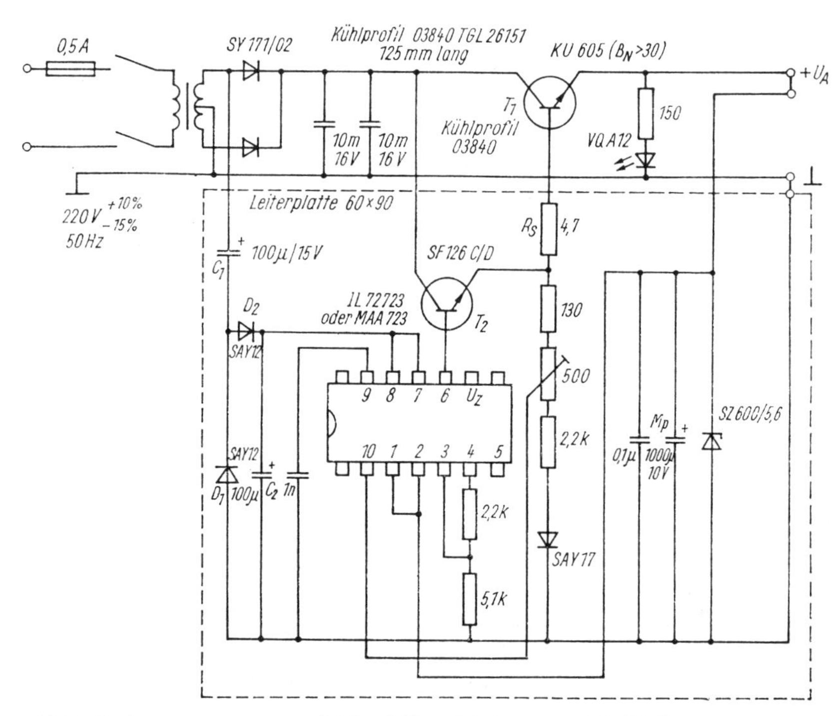

Bild 22.19. Stromversorgungsmodul für 5 V und 7 A mit µA 723 [22.1]
(10 m ≙ 10000 µF)

Bild 22.19 zeigt einen mit dem Schaltkreis μA 723 dimensionierten Stromversorgungsmodul für eine Ausgangsspannung von $U_A = 5$ V und einen Laststrom bis zu $I_L = 7$ A. Die unstabilisierte Eingangsgleichspannung muß mindestens $U_E \approx 8$ V betragen, denn es gilt $U_E \approx U_A + \hat{U}_{Br} + U_{CE\,sat} + 0{,}5$ V ($\hat{U}_{Br}$ Ausgangsbrummspannung ≈ 1 V_{ss}, $U_{CE\,sat}$ des Längstransistors $\approx 0{,}75 \ldots 1$ V). Wählt man U_E höher, entsteht eine größere Verlustleistung im Längstransistor KU 605, und der Wirkungsgrad sinkt (Beispiel: $\Delta U_E = 2$ V, $I_L = 7$ A $\rightarrow \Delta P_V = 14$ W!).

Der Schaltkreis μA 723 benötigt mindestens 9,5 V Betriebsspannung bei einem Strom von 4 ... 6 mA. Im Bild 22.19 wird diese Spannung durch eine Spannungsverdopplerschaltung (D_1, D_2, C_1, C_2) erzeugt. Das ist ökonomischer als eine Erhöhung von U_E um etwa 2 V (Kernquerschnitt des Netztransformators, Verlustleistung des Längstransistors, Wirkungsgrad).

Der zur Kurzschlußstrombegrenzung notwendige Widerstand R_S liegt im Basiskreis des Leistungstransistors. Dadurch ist seine zusätzliche Verlustleistung vernachlässigbar, und es ergeben sich bequem handhabbare Widerstandswerte ($R_S \approx 4{,}7 \ldots 6{,}8\ \Omega$, 0,1 W).

Da der Schaltkreis den beim maximalen Laststrom (7 A) erforderlichen Basisstrom des Längstransistors nicht liefern kann, ist ein Ansteuertransistor (T_2) zwischengeschaltet.

Die „Meßleitung" ist getrennt herausgeführt. Dadurch läßt sich die Ausgangsspannung direkt am Verbraucher kontrollieren, und Spannungsabfälle auf den Zuleitungen werden ausgeregelt. Tafel 22.3 zeigt einige technische Daten der Schaltung.

Netzspannung		185 V	220 V	242 V
Primärstrom	A	0,34	0,36	0,39
Sekundärspannung	V	2 × 7,75	2 × 9,25	2 × 10,5
Eingangsspannung	V	7,7	9,6	10,8
Verlustleistung am Transistor	W	18,9	32,2	40,5
Leistungsaufnahme primär	VA	63	79	94
Wirkungsgrad	%	55,8	44,3	37,3

Tafel 22.3 Technische Daten der Schaltung im Bild 22.19 [22.1]

Weitere Typen. Eine sehr einfache Möglichkeit zur Spannungsstabilisierung stellt die Anwendung der integrierten einstellbaren Spannungsreglerserien 7800 und 317 dar, die im Abschnitt 13.2.2. beschrieben sind.

Einstellbare Spannungsregler mit verbesserten Eigenschaften sind die Typen UC 3834, LM 2940, MAX 663, 666, LT 1020 und LT 1023/1123, bei denen die erforderliche Mindestspannungsdifferenz zwischen Eingangs- und Ausgangsspannung (typ. 2 ... 3 V bei monolithischen Spannungsreglern) nur 0,5 ... 1,2 V beträgt.

Durch die in den letzten Jahren erzielten Fortschritte bei der Anwendung der CMOS-Technologie auch bei analogen Schaltungen konnte der Ruhestrom von Spannungsreglern erheblich verringert werden. Beispielsweise haben die Typen MAX 663 und MAX 666 lediglich 6 μA Ruhestrom. Das ist besonders bei Batteriebetrieb vorteilhaft.

22.3. Schaltregler als Gleichspannungswandler (dc/dc-Konverter)

Der Wirkungsgrad geregelter Stromversorgungseinheiten hängt stark von der im Stellglied (Leistungstransistor) entstehenden Verlustleistung ab. Die Verlustleistung läßt sich reduzieren, indem der Transistor im Schalterbetrieb arbeitet, d.h. periodisch ein- und ausgeschaltet wird (s. Abschn. 7.2.1.). Die Regelung erfolgt hierbei unstetig (Schaltregler, Zweipunktregler). Der Regeleingriff über das Stellglied wird durch Verändern des Tastverhältnisses oder (seltener) der Schaltfrequenz bewirkt. Die Schaltfrequenz liegt oberhalb des Hörbereiches ($\approx 16 \ldots 200$ kHz), damit akustische Geräusche infolge magnetostriktiver oder anderer Effekte nicht stören. In diesem Frequenzbereich eignen sich Drosseln aus Ferritkernmaterial mit linearer Magnetisierungskurve (Schalen- und E-Kerne). Mit steigender Frequenz kann die Drossel bei gleicher zu übertragender Leistung kleiner werden. Allerdings sinkt dadurch der Wirkungsgrad, weil sich die Verluste infolge der endlichen Umschaltzeiten der Leistungstransistoren stärker bemerkbar machen. Im Interesse eines hohen Wirkungsgrades werden kurze Schaltzeiten des Schalttransistors und der Gleichrichterdioden gefordert.

Die Ansteuerschaltungen von Schaltreglern sind relativ aufwendig. Deshalb werden integrierte Ansteuerschaltungen eingesetzt. Einige Typen enthalten zusätzlich den Schalttransistor und die Freilaufdiode.

Je nach Anordnung der drei Elemente T_1, D_1 und L im Bild 22.20 läßt sich eine Ausgangsspannung erzeugen, die kleiner bzw. größer ist als die Eingangsgleichspannung oder die umgekehrte Polarität hat (Abwärts/Aufwärts-Regler, Invertierer).

Vorteile von Schaltreglern sind neben wesentlich höherem Wirkungsgrad die Ausregelung eines sehr großen Eingangsspannungsbereiches (z. B. 1:3 bis 1:5).

Nachteilig sind u. a. das relativ träge Regelverhalten bei schnellen Laständerungen und die Tatsache, daß sie meist nicht leerlauffest sind (ggf. Vorlast erforderlich).

Zur netzgespeisten Stromversorgung elektronischer Einheiten und Geräte lassen sich Schaltregler entweder auf der Sekundärseite des Netztransformators *(Sekundärschaltregler)* oder auf der Primärseite eines Ferritübertragers *(Primärschaltregler)* einsetzen. Die letztgenannte Gruppe hat in Form der netztransformatorlosen Schaltnetzteile die größte Verbreitung gefunden (Abschn. 22.4.). Nachfolgend werden zunächst Schaltregler der ersten Gruppe behandelt. Sie haben als *Gleichspannungswandler* (dc/dc-Konverter) eine große Bedeutung.

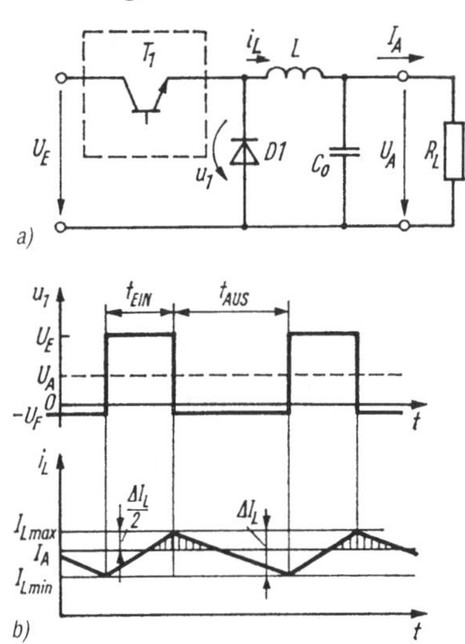

Meist verwenden sie das „Flyback"-Prinzip: Eine Spule speichert und liefert abwechselnd Energie, die – gesteuert durch einen Regelkreis – der Last zugeführt wird. Die Spannung über der Induktivität kehrt bei jedem Abschalten der Spule ihre Polarität um, d. h., sie „fliegt zurück" (klassisches Prinzip der Zündspulen in Kraftfahrzeugen).

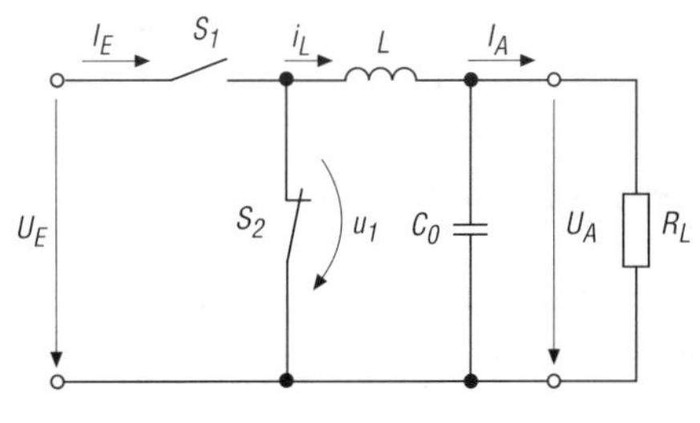

Bild 22.20. Prinzip des Abwärtsreglers

a) Schaltung mit Bipolartransistor als Schalter
Bei negativer Eingangsspannung müssen der Transistor und die Diode umgepolt werden, dann ist auch U_A negativ
b) Zeitverlauf von u_1 und i_L
c) Grundprinzip; beide Schalter öffnen und schließen abwechselnd; S_2 wird in der Regel durch eine Diode realisiert

22.3.1. Abwärtsregler (Buck-converter)

Die stabilisierte Ausgangsgleichspannung ist hierbei stets kleiner als die unstabilisierte Eingangsspannung.

Wirkprinzip. Der Transistor T_1 wird mit einer Schaltfrequenz von typ. 16 ... 100 kHz abwechselnd ein- und ausgeschaltet (Bild 22.20a). Im EIN-Zustand von T_1 liegt die Eingangsspannung U_E bei Vernachlässigung von U_{CEsat} direkt am LC-Filter. Dadurch steigt der Drosselstrom i_L linear an, und in der Drossel wird Energie gespeichert. Nach dem Sperren von T_1 wird diese Energie über die Freilaufdiode D_1 an die Last abgegeben. D_1 bewirkt, daß der Spulenstrom i_L in der vorherigen Richtung weiterfließen kann. Während der Sperrphase von T_1 trägt daher nicht nur der Kondensator C_o, sondern auch die Speicherdrossel L zum Ausgangsstrom bei.

Die nachfolgenden Betrachtungen setzen „nichtlückenden" Drosselstrom voraus, d. h., es gilt $I_A \geqq \Delta I_L/2$ (bei kleineren I_A-Werten fällt der Spulenstrom zeitweilig auf Null, d. h., beide Schalter im Bild 22.20c sind gesperrt; diskontinuierliche Betriebsart). Das ist keine notwendige, aber eine häufig zutreffende Einschränkung.

Solange T_1 eingeschaltet ist, liegt an der Drossel die Spannung $U_L = U_E - U_{CEsat} - U_A$, und es fließt der aus dem Induktionsgesetz $u_L = L\,(di_L/dt)$ berechenbare Drosselstrom (Bild 22.20)

$$i_L = I_{L\,min} + \frac{U_E - U_{CEsat} - U_A}{L}\,t \tag{22.4}$$

$t = 0$: Einschaltzeitpunkt von T_1.

Nach dem Sperren des Transistors kehrt sich die Spannung über der Induktivität um, und die Freilaufdiode D_1 wird stromführend. Über der Drossel liegt die Spannung $U_L = -U_A - U_F$ (U_F: Flußspannung von D_1). Der Drosselstrom kann seinen Wert nicht sprunghaft ändern. Während der AUS-Phase beträgt er

$$i_L = I_{L\,max} - \frac{U_A + U_F}{L}\,t \tag{22.5}$$

$t = 0$: Ausschaltzeitpunkt von T_1.

Zusammenhang zwischen Ausgangs- und Eingangsspannung. Beim periodischen Ein- und Ausschalten von T_1 tritt in der Drossel die Stromänderung

$$\Delta I_L = I_{L\,max} - I_{L\,min} = \frac{U_E - U_{CEsat} - U_A}{L}\,t_{EIN} = \frac{U_A + U_F}{L}\,t_{AUS} \tag{22.6}$$

auf. Aus dieser Beziehung ergibt sich der Zusammenhang zwischen der Ausgangs- und Eingangsspannung zu

$$\frac{U_A + U_F}{U_E + U_F - U_{CEsat}} = \frac{t_{EIN}}{T} \tag{22.7}$$

$T = t_{EIN} + t_{AUS}$.

Die Ausgangsspannung U_A ist der arithmetische Mittelwert von u_1, da wir die Drosselverluste vernachlässigen.

Aus Gl. (22.7) erkennt man, daß die Ausgangsspannung stets kleiner ist als die Eingangsspannung.

Wenn der Ausgangsstrom I_A kleiner wird als $\Delta I_L/2$, fällt der Drosselstrom bei gesperrtem Transistor bis auf Null ab (lückender Drosselstrom). Dieser Betriebsfall wird zweckmäßig vermieden, indem dafür gesorgt wird, daß $I_{A\,min} = (\Delta I_L/2)$ gilt.

Die Ansteuerschaltung muß das Tastverhältnis t_{EIN}/T, d. h. die relative Ladezeit der Drossel während einer Periodendauer T und damit die in L zwischengespeicherte magnetische Energie, so beeinflussen, daß die gewünschte stabile Ausgangsspannung U_A auftritt. Bei der praktischen Schaltungsdimensionierung muß beachtet werden, daß t_{EIN} nicht kürzer werden kann als die minimal realisierbare Einschaltdauer bzw. die Sperrerholzeit des Schalttransistors.

Bezüglich der Steuerung des Stellgliedes T_1 sind folgende Varianten unterscheidbar:

- Impulsbreitensteuerung bei fester Impulsfolgefrequenz (Tastverhältnissteuerung)
- Impulsfrequenzsteuerung bei fester Impulsbreite
- Eigensteuerung (selbstschwingend).

Wegen der einfacheren Entstörmöglichkeit (konstante Störfrequenzen) wird meistens die Impulsbreitensteuerung bei konstanter Schaltfrequenz bevorzugt.

Insgesamt tritt bei Zugrundelegung verlustfreier Bauelemente kein Energieverlust zwischen Primär- und Sekundärenergie auf, wie z. B. aus Bild 22.20c ablesbar ist. Die Eingangs- und Ausgangsleistung muß also in diesem Fall gleich sein: $P_A = P_E$ mit $P_A = U_A I_A$ und $P_E = U_E I_E$. Folglich gilt $I_E = I_A(U_A/U_E)$. In der Praxis ist der Wirkungsgrad wegen der endlichen Bauelementeverluste stets kleiner als 100 %.

Berechnung der Drosselinduktivität. Die erforderliche Mindestinduktivität wählt man zweckmäßigerweise so, daß lückender Drosselstrom gerade vermieden wird. Mit (22.6) gilt in diesem Fall bei Vernachlässigung von $U_{CE\,sat}$ und U_F

$$L_{min} = \frac{U_{E\,max} - U_A}{\Delta I_L} t_{EIN} = \frac{U_{E\,max} - U_A}{2 I_{A\,min}} t_{EIN}.$$

$$\Delta I_L = I_{L\,max} - I_{L\,min}; \quad I_{L\,min} \approx 0$$

Mit (22.7) ergibt sich

$$L_{min} = \frac{U_{E\,max} - U_A}{2 I_{A\,min}} \frac{U_A}{U_{E\,max}} T = \left(1 - \frac{U_A}{U_{E\,max}}\right) T \frac{U_A}{2 I_{A\,min}}. \tag{22.8}$$

Kern. Der Spulenkern darf bei der maximalen Ausgangsleistung nicht in die Sättigung geraten (Abfall von μ_r!). Daher werden meist Ferritkerne mit Luftspalt verwendet (Schalenkerne, EE- oder UI-Schnitte). Für größere Leistungen finden auch sehr dünne Schnittbandkerne (0,01 mm) Anwendung.

Berechnung der Induktion im Kern. Aus dem Induktionsgesetz folgt $u_L = N\,(\mathrm{d}\Phi/\mathrm{d}t)$ (N: Windungszahl). Folglich gilt während der EIN-Phase

$$U_E - U_A - U_{CE\,sat} = N(\mathrm{d}\Phi/\mathrm{d}t) = N A_{Fe}(\mathrm{d}B/\mathrm{d}t)$$

und schließlich

$$\mathrm{d}B = \frac{U_E - U_A - U_{CE\,sat}}{N A_{Fe}} \mathrm{d}t.$$

Die Integration liefert für die Induktion im Kern

$$B = B_0 + \frac{U_E - U_A - U_{CE\,sat}}{N A_{Fe}} t. \tag{22.9}$$

B_0 Induktion im Eisenkern zu Beginn der EIN-Phase; A_{Fe} Kernquerschnitt der Drosselspule.

Die maximale Induktion $\hat{B}$ tritt am Ende der EIN-Phase auf ($t = t_{\text{Ein}}$). Solange der Kern nicht übersteuert wird, kann näherungsweise ein linearer Zusammenhang $B \sim I_L$ zugrunde gelegt werden, und es gilt

$$\frac{\hat{B}}{B_0} = \frac{I_{\text{L max}}}{I_{\text{L min}}} \tag{22.10}$$

$$I_{\text{L max}} = I_A + (\Delta I_L/2); \qquad I_{\text{L min}} = I_A - (\Delta I_L/2).$$

Einsetzen von (22.10) in (22.9) liefert für $t = t_{\text{Ein}}$

$$\hat{B} = \frac{U_E - U_A - U_{\text{CE sat}}}{NA_{\text{Fe}}(1 - I_{\text{L min}}/I_{\text{L max}})}\, t_{\text{Ein}}. \tag{22.11}$$

Aus dieser Beziehung läßt sich die minimal erforderliche Windungszahl N der Drosselspule berechnen, die gewährleistet, daß der Kern nicht in die Sättigung gelangt. Eine zweite Bedingung für die Mindestwindungsanzahl ergibt sich aus der gemäß Gl. (22.8) geforderten Mindestinduktivität L_{min} ($L = N^2/R_m$; R_m magnetischer Widerstand).

Maximaler Strom. Aus Bild 22.20 ist abzulesen, daß der maximale Drosselstrom, der auch durch den Schalttransistor T_1 und die Freilaufdiode D_1 fließt, den Wert $I_{\text{L max}} = I_A + I_{\text{A min}}$ besitzt ($I_{\text{A min}} = \Delta I_L/2$).
Schwingfrequenz. Bei der Wahl der Schwingfrequenz $f = 1/T$ muß ein Kompromiß geschlossen werden: Im Interesse einer kleinen Induktivität soll f möglichst groß sein. Mit steigender Frequenz nehmen jedoch die Transistorschaltverluste zu. Typische Werte sind $f \approx 20 \dots 100$ kHz. f kann nur so hoch gewählt werden, wie es eine ausreichende Variation des Tastverhältnisses unter Berücksichtigung der Transistorschalt- und -speicherzeiten ermöglicht.
Glättungskondensator. Durch C_0 fließt der Strom $i_C = i_L - I_A$. Die während einer Periodendauer auf C_0 auftretende Spannungsänderung beträgt $\Delta U_A = (1/C_0) \int i_C \, dt$, wobei das Integral über das gesamte Zeitintervall zu erstrecken ist, während dessen der Kondensatorstrom die gleiche Polarität hat (schraffiert im Bild 22.20b). Anhand des Bildes 22.20 ergibt sich bei Vernachlässigung von $U_{\text{CE sat}}$ und U_F mit Hilfe von (22.4) und (22.5)

$$\Delta U_A = \frac{1}{C_0} \int_0^{t_{\text{EIN}}/2} \frac{U_E - U_A}{L}\, t \, dt + \frac{1}{C_0} \int_0^{t_{\text{AUS}}/2} \left(I_{\text{L max}} - I_A - \frac{U_A}{L}\, t \right) dt$$

und schließlich unter Verwendung von (22.7)

$$\Delta U_A = \frac{\Delta I_L T}{8C_0} = \frac{I_{\text{A min}} T}{4C_0}. \tag{22.12}$$

Aus dieser Beziehung läßt sich der Mindestwert der erforderlichen Kapazität, für den eine zulässige Brummspannung nicht überschritten wird, berechnen:

$$C_0 = \frac{T I_{\text{A min}}}{4\,\Delta U_A}. \tag{22.13}$$

ΔU_A Spitze-Spitze-Wert der an C_0 auftretenden Brummspannung.

Infolge des unvermeidlichen Serienwiderstandes ($\approx 0{,}3\ \Omega$ bei 10-µF-Tantalkondensator) und der Serieninduktivität der Kondensatoren ist die tatsächlich auftretende Brummspannung größer. Daher werden häufig keramische induktivitätsarme Kondensatoren parallel zum Ausgang geschaltet. Zu beachten ist auch, daß der Elko durch den überlagerten Wechselstrom nicht überlastet wird. Beispielsweise sind Elkos bei einer Nennspannung von 25 V mit einem überlagerten Wechselstrom von 2,7 A je 10^3 µF belastbar.

Ansteuerschaltkreis. Der Ansteuerschaltkreis hat die Aufgabe, das Tastverhältnis der Rechteckimpulsfolge zur Ansteuerung des Transistors entsprechend (22.7) so einzustellen, daß stets die gewünschte Ausgangsspannung auftritt.

Im Bild 22.21 wird der Ansteuerschaltkreis LH 1605 (NS) verwendet. Er enthält u.a. einen Impulsbreitenmodulator, dessen Frequenz durch C_T festgelegt wird. Der Modulator steuert das Tastverhältnis des Darlingtontransistors in Abhängigkeit von der rückgeführten Spannung am Anschluß 3. Die Fehlerspannung wird mit der über C_T auftreten-

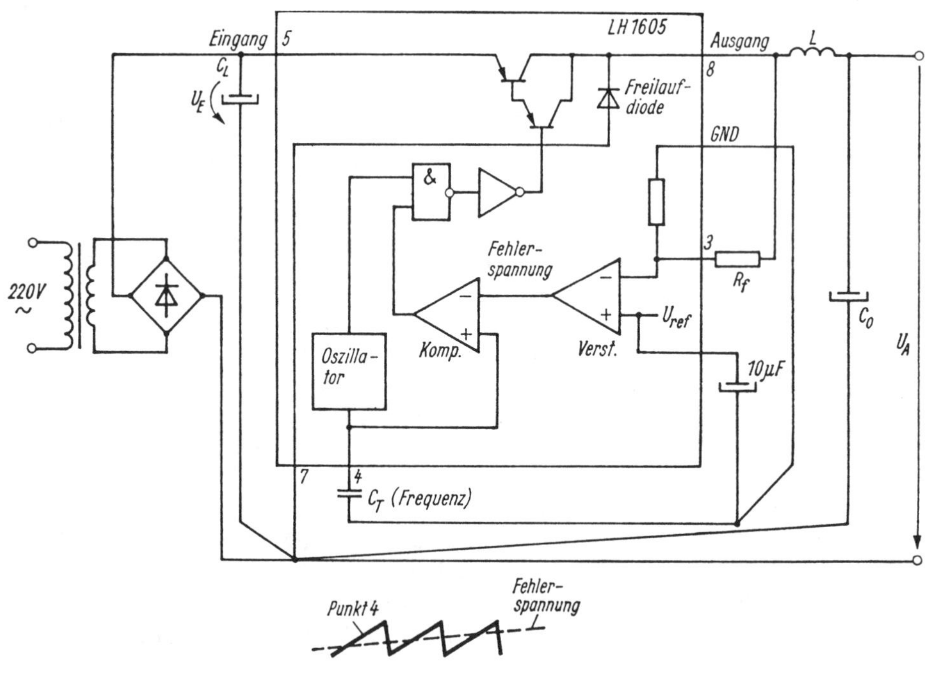

Bild 22.21. Einfacher Schaltregler mit dem Ansteuerschaltkreis LH 1605

f_0 = 25 kHz, $I_{A\,min}$ = 1 bzw. 0,5 A, U_E = 12 V, U_A = 5 V, L_{min} = 59 µH, $C_{p\,min}$ = 334 µF bei $I_{A\,min}$ = 1 A, R_f = 2 kΩ

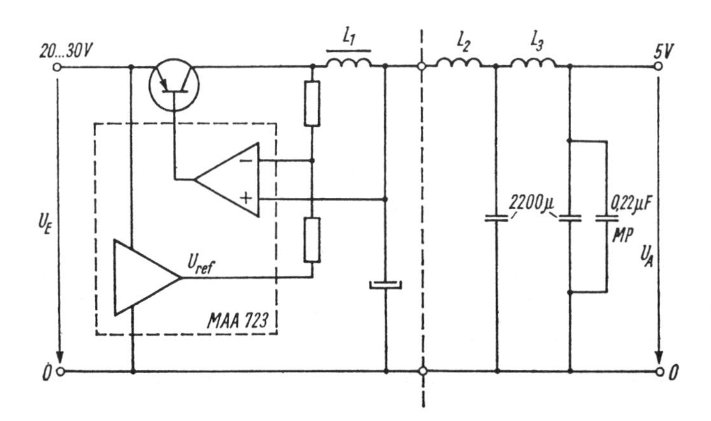

Bild 22.22
Schaltregler mit dem Schaltkreis µA 723

Für eine dimensionierte Schaltung mit U_A = 5 V, I_A = 8 A ergeben sich folgende Induktivitäten für die Drosseln: L_1: 50 Windungen, EE 42, Mf 163; L_1 = L_3 = 6,3 µH, 10 A, TGL 9814 (UKW-Drosseln)

den Sägezahnspannung verglichen. Wenn die Sägezahnspannung die Fehlerspannung überschreitet, wird der Darlingtontransistor ausgeschaltet. Im Bild 22.21 ist auch angedeutet, wie die Wahl der Erdpunkte in einem Schaltregler erfolgen muß.

Bild 22.22 zeigt, wie der Schaltkreis μA 723 (s. Abschn. 22.2.2.4.) in einem Schaltregler **eingesetzt werden kann. Einen komplett dimensionierten Schaltregler für 5 V und 8 A mit diesem Schaltkreis findet man in [22.1].**

Weitere industrielle Beispiele. Weitere Schaltregler sind u. a. die Typen μA 78S40 (Fairchild) und MC 34063 (Motorola) [22.25], sowie die 5poligen Schaltkreise LT 1070, 1071 und 1072. Sie eignen sich für alle gängigen Schaltreglervarianten (buck, boost, fly-back, invertierend). Ihr Schalterwiderstand im eingeschalteten Zustand beträgt nur 0,2 Ω (LT 1070) bis 0,8 Ω (LT 1072). Ihre Anwendung ist ausführlich beschrieben in [22.32], [22.30].

Micropower-Schaltregler-Schaltkreise. Sie zeichnen sich durch extrem geringen Ruhestrom aus, wie nachfolgende Beispiele zeigen: Der Typ *LT 1073* verbraucht nur 95 μA Ruhestrom und kann sowohl im Step-up- als auch im Step-down-Betrieb arbeiten (für $U_E > 3$ V und Step-down-Betrieb wird der Typ LT 1173 empfohlen). Einige Daten: $U_E = 1 \dots 30$ V, Schalterstrom $\leqq 1{,}5$ A, $U_A = 4{,}75 \dots 12{,}6$ V, 8poliges Mini-DIP- oder SO-8-Gehäuse. Er kann z. B. 5 V, 40 mA aus einer Eingangsspannung $U_E = 1{,}25$ V und 5 V, 10 mA aus einer Eingangsspannung $U_E = 1$ V erzeugen. Anwendungen: Kameras, batteriebetriebene Geräte, tragbare Instrumente, Laptops und Palmtops, 4- bis 20-mA-gespeiste Meßgeräte, tragbare Strahlungsmeßgeräte. Eine besonders kleine Ruhestromaufnahme von nur 30 μA (16 μA im Shut-down-Betrieb) hat der Typ *LT 1121-5*. Einige Daten: $U_A = 5$ V, $I_A \leqq 150$ mA, 0,4 V Dropout-Spannungsabfall, stabil mit nur 0,33 μF Ausgangskapazität. Anwendungen: Schaltregler mit sehr kleinem Ruhestrom, batteriegesspeiste Anwendungen, Nachregler in Schaltregler-Spannungsversorgungseinrichtungen.

Der Schaltregler *LT 1173* hat folgende Daten: $U_E = 2 \dots 30$ V (2 ... 12 V im Step-up-, bis 30 V im Step-down-Betrieb), U_A = *5 V bzw. 12 V fest oder einstellbar, Schalterstrom* $\leqq 1{,}5$ A, geringer Ruhestrom ≈ 110 μA, arbeitet im Step-up-, Step-down- oder invertierenden Betrieb. Beispiel: $U_A = 5$ V, 80 mA aus einer U_E = 3-V-Eingangsspannung in Step-up-Betriebsart; $U_A = 5$ V, 200 mA aus $U_E = 12$ V im Step-down-Betrieb. Anwendungen: 3 V → 5 V, 5 V → 12 V, 9 V → 5 V, 12 V → 5-V-Konverter, tragbare Geräte, Laptops, Palmtops, LCD-Bias-Generatoren, Betriebsspannungserzeugung auf Leiterkarten (add-on cards).

Anforderungen an die Bauelemente. Zum Aufbau von Schaltreglern werden *Schalttransistoren* mit kleinen Schaltzeiten und niedriger Sättigungsspannung U_{CEsat} benötigt. Für den Einsatz in Schaltnetzteilen wurden ultraschnelle ETD (easy to drive)-Bipolartransistoren entwickelt, die Schaltzeiten von $t_f = 100$ ns ($t_r = 50$ ns) bei $I_C = 5$ A und dI_C/dt = 100 A/μs erreichen. Die weitere Auswahl richtet sich nach den zulässigen Werten von I_C, U_{CE} und P_v. Zunehmend werden auch Leistungs-MOSFETs eingesetzt. Hohe Anforderungen werden an die *Freilaufdiode* gestellt. Sie muß den vollen Strom führen können und im Interesse kleiner Verluste sehr kurze Sperrerholzeit (typ. < 300 ns) aufweisen. Erwünscht ist ein „weiches" Schaltverhalten (soft recovery), um HF-Schwingungen zu vermeiden. Besonders niedrige Verluste treten beim Einsatz von Schottkydioden auf (sehr kleine Durchlaßspannung, keine Speicherzeit). Sie eignen sich auch für größere Ströme (> 10 A), solange die Spannungen einige hundert Volt nicht übersteigen. Ihr Durchlaßwiderstand ist hierbei 2 ... 4mal kleiner als der einer normalen Si-Diode. Für den *Kondensator* C_0 müssen schaltfeste und induktionsarme Typen verwendet werden, die einen niedrigen ohmschen Widerstand aufweisen. Es gibt für diesen Einsatz speziell entwickelte Typen.

Bei der Auswahl der Spule muß darauf geachtet werden, daß der Spulenspitzenstrom die Spule nicht in die Sättigung steuert, da sonst die Induktivität verringert wird und der Spulenstrom nichtlinear wird. Die Isolation zwischen den Windungen und Wicklungen muß für die maximal auftretenden Spannungen ausgelegt sein. Die Spule darf sich durch zu großen Wicklungswiderstand und evtl. zusätzlich auftretende Spulenverluste nicht unzulässig erwärmen. Die von der Spule abgestrahlte (HF-)Störleistung darf die Funktion benachbarter Schaltungsteile nicht beeinflussen. Die durch Streu- und Parallelkapazitäten bedingte Resonanzfrequenz der Spule muß 5 ... 10 mal größer sein als die Schaltfrequenz [22.31]. Geregelte Spannungswandler lassen sich mit wenigen Bauelementen zuverlässig realisieren, da Bausteine auf dem Markt angeboten werden, die den Oszillator, die Ansteuer- und Regelschaltungen und bei kleinen und mittleren Ausgangsleistungen auch den Schalttransistor und die Schaltdiode enthalten.

Wirkungsgrad. Infolge unvermeidlicher Verluste (Spannungsabfall über pn-Übergängen, ohmsche und magnetische Verluste, Verluste der Treiberschaltung für den Schalttransistor, Umschaltverluste) liegt der Wirkungsgrad von Schaltreglern unter 100 %. Allein durch den Spannungsabfall über einer zwischen Eingang und Ausgang liegenden Gleichrichterdiode ($U_F = 0{,}7$ V oder größer) tritt bei einer Ausgangsspannung von $U_A = 5$ V ein Wirkungsgradabfall von 0,7 V/5 V = 14 % auf. Der schädliche Spannungsabfall läßt sich durch Einsatz einer Schottkydiode etwa halbieren. Noch stärker verkleinern läßt er sich durch Einsatz eines Synchrongleichrichters (geschalteter Transistor anstelle einer Diode) auf Kosten eines höheren Aufwandes. Infolge der genannten und weiterer Verlustursachen ist ein Wirkungsgrad 85 ... 90 % nur unter besonders günstigen Umständen erreichbar.

Hinweise für den praktischen Aufbau. Eine optimale Arbeitsweise von Schaltreglern ist nur erreichbar, wenn die Besonderheiten bei der Auswahl der Bauelemente und beim Aufbau der Schaltung (Anordnung der Bauteile, Erdverbindungen, Leitungsführung) beachtet werden. Zur zweckmäßigen Wahl der Erdpunkte gibt Bild 22.21 Hinweise. Bei der Leitungsführung und beim Schaltungsaufbau ist zu beachten, daß

- möglichst wenig hochfrequente Störstrahlung nach außen abgegeben wird (Leitungen, die HF-Ströme führen, müssen sehr kurz sein)
- Impulsströme sollen nicht über Leitungen fließen, die zum Ausgangskreis gehören, da über der Eigeninduktivität der Leitungen und Leiterbahnen Störspannungen auftreten (wird durch Erdung gemäß Bild 22.21 vermieden)
- Kritisch sind die Leitungen vom Ladekondensator C_L und von der Freilaufdiode D_1 zum Filterkondensator C_0.

Zu beachten ist, daß beim Umschalten von Leistungstransistoren oder Dioden innerhalb von ≈0,1 µs bereits an Leitungen von wenigen cm Leitungslänge Spannungsabfälle von mehreren Zehntel Volt auftreten können.

Dimensionierungsablauf. Bei der Dimensionierung des Abwärtsreglers ist folgende Reihenfolge zweckmäßig: 1. Berechnung von t_{EIN}/t_{AUS} aus (22.7), 2. Berechnung von $T_{max} = t_{EIN\,max} + t_{AUS}$, 3. Abschätzung des maximalen Stromes durch T_1 und D_1, 4. Berechnung von L_{min} aus (22.8), 5. Berechnung von C_0 aus (22.13).

Es gibt auch einen stromverstärkenden Abwärtsregler. Er enthält einen Transformator, durch den der Ausgangsstrom über die Strombelastbarkeit des Schalters hinaus auf Kosten einer höheren Spannungsbelastung des Schalters erhöht wird.

Eine Dimensionierungsrichtlinie für den Aufbau von Gleichspannungswandlern mit Bausteinen der Firma MAXIM findet man in [22.28].

22.3.2. Aufwärtsregler (Boost converter)

Bei dieser Schaltung steigt der Drosselstrom bei eingeschaltetem Transistor T_1 linear an (Bild 22.23). Wenn T_1 sperrt, tritt über der Drossel eine entgegengesetzt gepolte Spannung

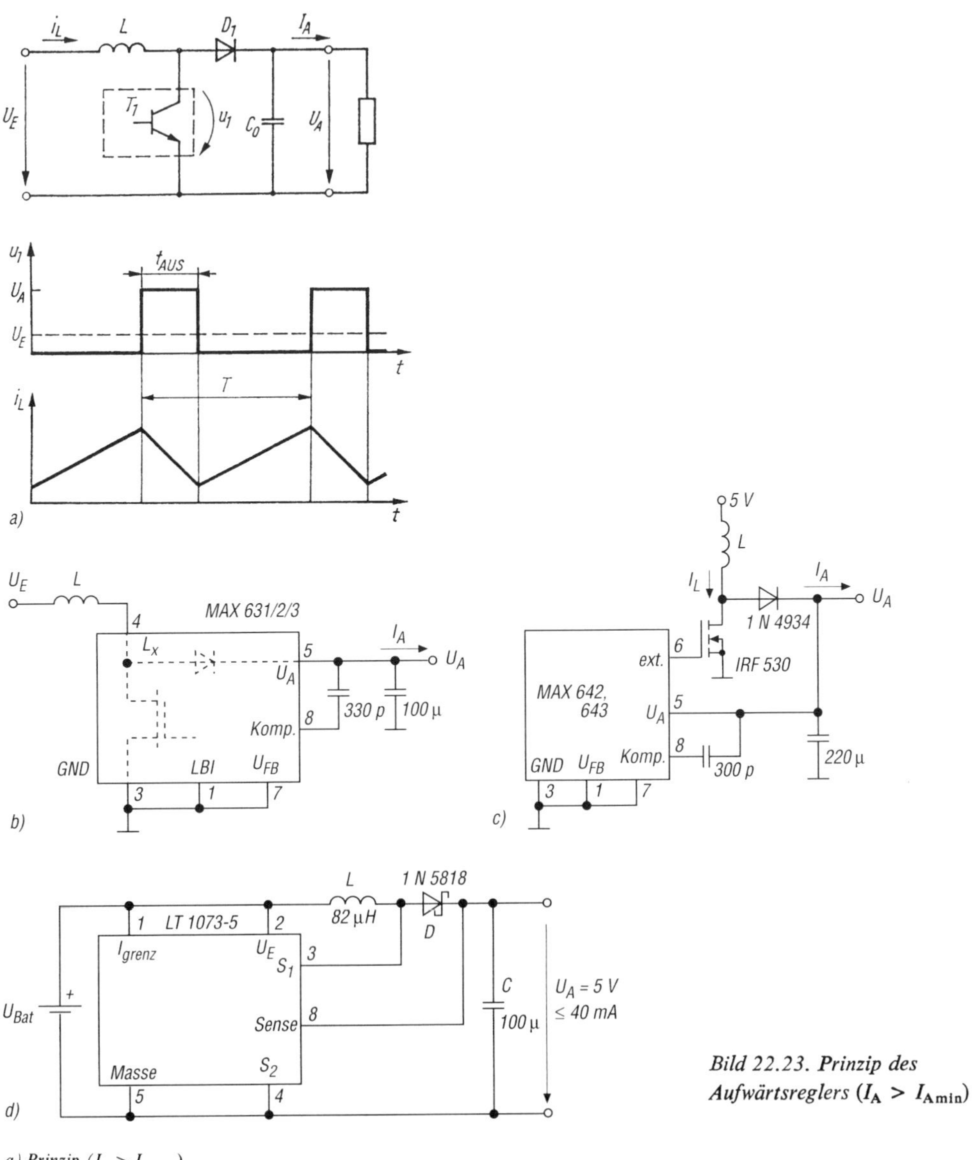

Bild 22.23. Prinzip des Aufwärtsreglers ($I_A > I_{A\,min}$)

a) *Prinzip ($I_A > I_{A\,min}$)*
b) industrielles Applikationsbeispiel: Low-power Step-up-Spannungswandler (MAXIM) [22.28]
Dimensionierungsbeispiel (Klammerwerte gehören zusammen):
MAX 631: $U_E = 2$ V, $U_A = 5$ V, $I_A = 5(15)$ mA, $L = 470(100)$ µH
$U_E = 3$ V, $U_A = 5$ V, $I_A = 25(40)$ mA, $L = 470(220)$ µH
MAX 633: $U_E = 3(8)$ V, $U_A = 15$ V, $I_A = 5(35)$ mA, $L = 220(470)$ µH
c) industrielles Applikationsbeispiel: Medium-power Step-up-Spannungswandler (MAXIM) [22.28]
Dimensionierungsbeispiel (Klammerwerte gehören zusammen):
MAX 642: $U_E = 5$ V, $U_A = 12(15)$ V, $I_A = 200(325)$ mA, $L = 39(12)$ µH, $\hat{I}_L = 1{,}2(3{,}5)$ A
mit dem Baustein MAX 641 lassen sich höhere Ausgangsspannungen erzeugen, z. B. $U_A = 50$ V/50 mA aus $U_E = 12$ V
d) Applikationsschaltung für den Schaltreglerbaustein LT 1073 (8pol. DIP- oder SO-Gehäuse) zur Erzeugung einer 5-V-Spannung aus einer 1,5-V-Batterie. Die Schaltung arbeitet auch mit $U_{Bat} = 1{,}0$ V; der Ruhestrom beträgt $I_S = 95$ µA. In der Applikationsschaltung verwendete Bauelemente: D: Schottkydiode 1N5818 (Motorola), L: CADDELL-BURNS 7300-12 (82 µH), C: SANYO, OS-CON (100 µF)

auf, die D_1 einschaltet. Die Drossel liefert den Strom an die Parallelschaltung des Lastwiderstandes mit dem Glättungskondensator. Bei Beschränkung auf nicht lückenden Drosselstrom lassen sich analog zum Abschnitt 22.3.1. die folgenden Beziehungen ableiten [3]:

$$U_A = \frac{T}{t_{AUS}} U_E \tag{22.14}$$

$$I_{A\,min} = (U_A - U_E) \frac{U_E^2}{U_A^2} \frac{T}{2L} \tag{22.15}$$

$$L_{min} = (U_A - U_E) \frac{U_E^2}{U_A^2} \frac{T}{2I_{A\,min}} \tag{22.16}$$

$$C \approx \frac{TI_{A\,max}}{\Delta U_A}. \tag{22.17}$$

Aus Gl. (22.14) ist sofort ersichtlich, daß die Ausgangsspannung stets größer ist als die Eingangsspannung. Die maximal realisierbare Ausgangsspannung U_A wird durch die Durchbruchspannung des Transistors und durch das maximal erreichbare Tastverhältnis begrenzt. Beim Schaltreglerbaustein LT 1070 beträgt das Tastverhältnis $\leqq 90\,\%$. Daher kann die Ausgangsspannung maximal $U_A = 10\ U_E$ betragen.

Die Induktivität darf beim maximalen Spitzenstrom $I_{L\ max}$ noch nicht gesättigt werden. Die Kapazität muß einen sehr niedrigen ohmschen Reihenwiderstand aufweisen (typ. $< 0{,}5\ \Omega$).

Ein bemerkenswerter Unterschied gegenüber dem Buck-Konverter ist die Eigenschaft, daß die Schaltung nicht sicher gegenüber ausgangsseitigem Kurzschluß ist.

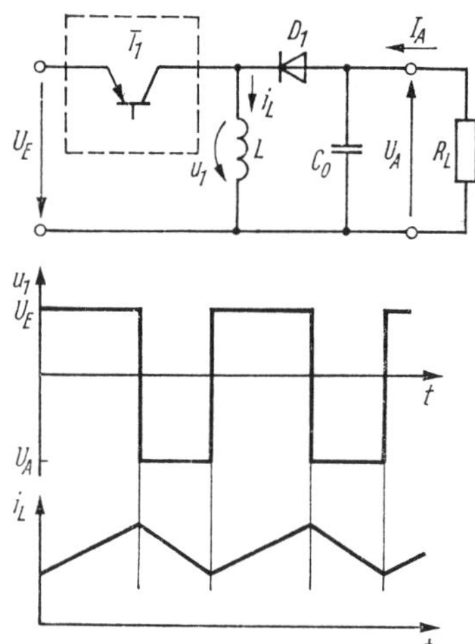

Bild 22.24. Prinzip des Spannungsinverters

Die Bilder 22.23b und c zeigen typische Applikationsschaltungen mit Baugruppen der Firma MAXIM mit ausgewählten Dimensionierungsangaben. Die typische Stromflußzeit durch die Spule beträgt 10 µs, die Oszillatorfrequenz liegt bei 40 ... 50 kHz. Mit den Bausteinen MAX 654, 656 und 659 kann aus einer Eingangsspannung von 1,2 V ... 1,55 V (eine einzige Batteriezelle, z. B. NiCd- oder Alkaline-Zelle mit z. B. 7-Ah-Kapazität und $< 1\ \Omega$ Innenwiderstand) eine 5-V-Ausgangsspannung bei 40 mA (und mehr) Laststrom mit einem Wirkungsgrad von 75 % erzeugt werden.

Eine Erweiterung des normalen Aufwärtsreglers ist dadurch möglich, daß eine Drossel mit Anzapfung verwendet wird. Dadurch verringert sich der Strom durch den Schalter auf Kosten einer höheren Spannung am Schalter.

22.3.3. Spannungsinverter (Flyback converter)

Bei leitendem Transistor T_1 wird Energie in der Drossel gespeichert (Bild 22.24). Bei gesperrtem Transistor wird diese Energie zum Kondensator und zum Lastwiderstand übertragen. Die Arbeitsweise ist ähnlich dem Aufwärtsregler.

Bei Beschränkung auf nicht lückenden Strom erhält man analog zu den Berechnungen im Abschnitt 22.3.1. [3]

$$U_A = \frac{t_{EIN}}{t_{AUS}} U_E \tag{22.18}$$

$$I_{A\,min} = \frac{U_E^2 U_A}{(U_A + U_E)^2} \frac{T}{2L} \tag{22.19}$$

$$L_{min} = \frac{U_E^2 U_A}{(U_A + U_E)^2} \frac{T}{2I_{A\,min}} \tag{22.20}$$

$$C_0 \approx \frac{T I_{A\,max}}{\Delta U_A}. \tag{22.21}$$

Als Spannungsinverter wirkt auch der „Cuk-Converter“. Sein Vorteil ist eine kleine Brummspannung am Eingang und am Ausgang. Dies wird erreicht, indem zwei Spulen mit exakt gleicher Windungsanzahl auf einen gemeinsamen Kern gewickelt werden [22.32].

22.3.4. „Eisenloser“ Spannungswandler („Ladungspumpe“)

Bei geringem Ausgangsstrom besteht die Möglichkeit, mit sehr wenigen Bauelementen einen Spannungswandler bzw. Spannungsinverter ohne Speicherdrossel nach dem Ladungspumpenprinzip zu realisieren. Wie Bild 22.25a zeigt, wird C_1 bei $u_1 = U_{1H}$ in der angegebenen Polarität aufgeladen. In der darauffolgenden Phase $u_1 = U_{1L}$ wird diese Spannung auf C_2 übertragen, so daß die Ausgangsspannung u_A negativ wird. Nach mehreren Zyklen stellt sich am Ausgang die Spannung

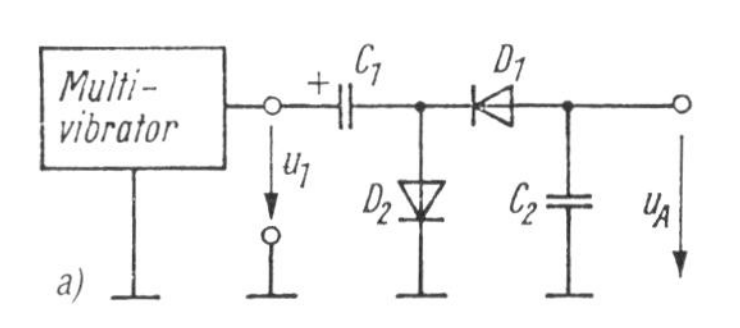

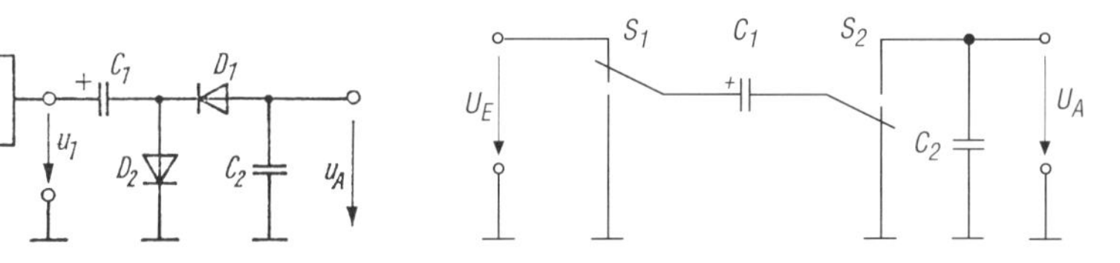

a) Schaltung mit Dioden; $U_A = -(U_{1H} - 2U_F)$ b) Prinzipschaltung ($U_A \approx -U_E$)

Bild 22.25. Spannungsinverter nach dem Ladungspumpenprinzip

ein, wobei U_F die Durchlaßspannung jeder der beiden Dioden ist. Diese Durchlaßspannung läßt sich deutlich verringern, indem anstelle der Dioden gesteuerte Schalter (z. B. CMOS-Schalter) eingesetzt werden. Zur Realisierung dieses Spannungsinverters gibt es spezielle Schaltkreise, z. b. den CMOS-Typ im 8poligen DIP-Gehäuse *ICL (TSC) 7660* (Intersil), bei dem bis zu Strömen von 20 mA die Summe der Spannungsabfälle an den internen Schaltern < 1 V bleibt. Bei typischen Schaltfrequenzen von 10 kHz läßt sich eine Eingangsspannung von 2…10 V in eine betragsmäßig etwa gleich große negative Spannung umwandeln (für Spannungen ≦ 20 V ist der Typ ICL 7662 geeignet). Es werden lediglich zwei externe Kondensatoren benötigt. Der Schaltkreis enthält einen Oszillator, eine Regelschaltung für die Betriebsspannung und zwei Schalterpaare, die abwechselnd schließen (Bild 22.26). Während S_1 und S_2 geschlossen sind, wird der externe Kondensator C_I auf die Eingangsbetriebsspannung U_{CC} aufgeladen. Wenn diese Schalter öffnen, schließen sich S_3 und S_4. Nach mehreren Zyklen ist C_I auf $-U_{CC}$ aufgeladen. Wegen dieser Funktion wird diese Schaltung auch „Ladungspumpe" genannt.

Im ausgangsseitigen Leerlauf benötigt der Schaltkreis einen Eingangsstrom < 500 µA (170 µA typ.) bei 5 V Betriebsspannung. Bei einem Laststrom von 5 mA und $U_E = 5$ V beträgt der Wirkungsgrad > 82 % (typ. 91 %).

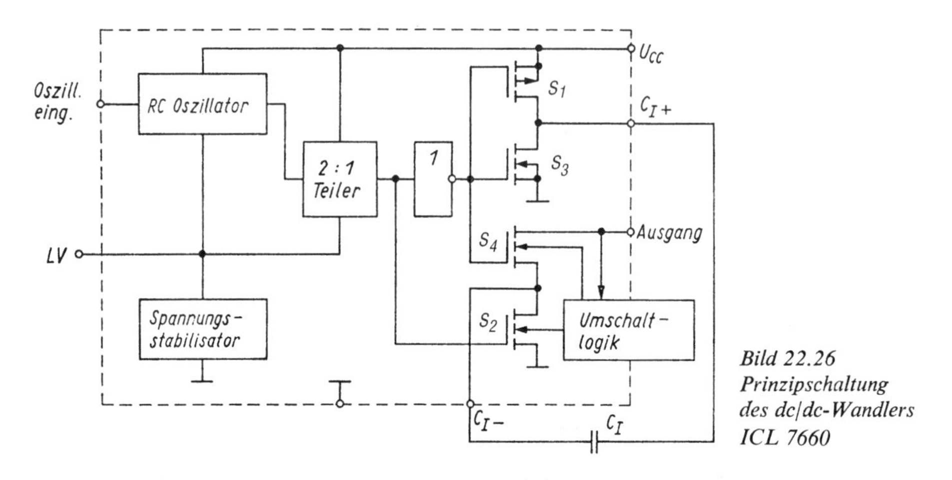

Bild 22.26 Prinzipschaltung des dc/dc-Wandlers ICL 7660

Ein weiteres Beispiel ist der Schalter-Kondensator-Wandler *LTC 1044* (Linear Technology). Er eignet sich beispielsweise zur Spannungsverdopplung mit einem Wirkungsgrad von 90% bei Strömen <1,75 mA (Aufwärtsregler).

Bild 22.27 zeigt zwei einfache Spannungswandler unter Verwendung des integrierten „Timer"-Schaltkreises 555 [2]. Die Schaltung im Bild 22.27a wandelt eine unipolare Ein-

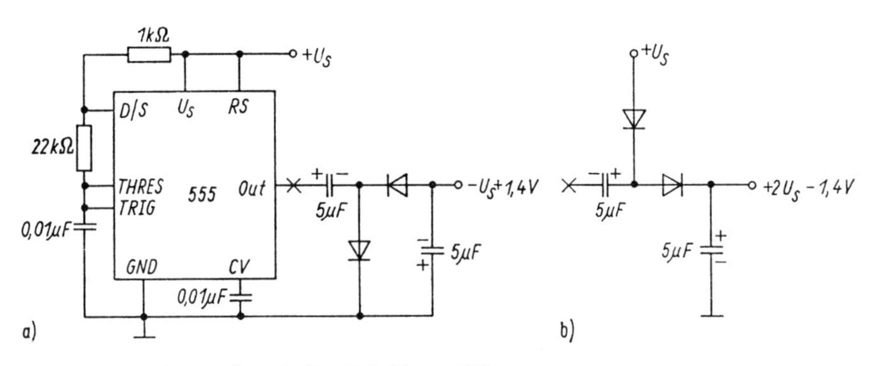

Bild 22.27. dc/dc-Wandler mit dem Schaltkreis 555

a) negative Ausgangsspannung; b) Spannungsverdopplung

gangsspannung ($+U_S$) in eine Ausgangsspannung entgegengesetzter Polarität um (Anwendung: Betriebsspannungserzeugung für OV). In der Variante nach Bild 22.27b wird die einweggleichgerichtete und gefilterte Spannung zur Eingangsspannung $+U_S$ addiert. Dadurch entsteht nahezu eine Spannungsverdopplung (man beachte den Ausgangsspannungsverlust infolge der Diodenspannungsabfälle und der Welligkeit der gleichgerichteten und gefilterten Wechselspannung). Bedingt durch die begrenzte Ausgangsstrombelastbarkeit des Schaltkreises 555 beträgt die max. Ausgangslast der Schaltung ≈ 30 mA.

Spannungswandler nach dem Prinzip der Ladungspumpe werden auch auf monolithischen Schaltkreisen integriert, um bestimmte vom Chip benötigte Hilfsspannungen zu erzeugen.

Für höhere Lastströme bis $I_L = 100$ mA lassen sich u. a. die zum Typ ICL 7660 kompatiblen Schaltkreise LT 1054, MAX 660 und MAX 665 einsetzen. Typische Daten des *MAX 665* sind: $U_E = +1{,}5 \ldots 8$ V, $U_A = -1{,}5 \ldots 8$ V, $\eta \gtrapprox 90\,\%$, Ruhestrom 200 µA (vorteilhaft für Batteriebetrieb), umschaltbare Schwingfrequenz 10 kHz bzw. 45 kHz (Optimierung von C und Ruhestrom), typ. Ausgangswiderstand 6,5 Ω (Ausgangsleerlaufspannung von z. B. -5 V fällt bei $I_L = 100$ mA auf $-4{,}35$ V). Extern müssen lediglich zwei Kondensatoren angeschaltet werden. Falls bei 10 kHz Schwingfrequenz jeder Kondensator 150 µF mit einem Serienwiderstand $< 0{,}2\ \Omega$ beträgt, bleibt die Ausgangsbrummspannung bei $I_L = 100$ mA < 90 mV. Mit einer zusätzlichen Diode kann auch eine (nahezu) Spannungsverdopplung erzielt werden.

Tafel 22.4. Vergleich der drei Typen von Gleichspannungswandlern

Eigenschaft	Linearer (stetiger) Regler	Ladungspumpe	Schaltregler
Regelung der Ausgangsspannung	sehr gut	schlecht	sehr gut
Spannungsaufwärts-transformation	nein	ja, aber nur in ganzzahligen Vielfachen der Eingangsspannung	ja
Spannungsabwärts-transformation	ja	ja, aber nur in ganzzahligen Bruchteilen der Eingangsspannung	ja
Stromaufwärts-transformation	nein	ja, aber nur in ganzzahligen Bruchteilen des Eingangsstromes	ja
Wirkungsgrad	schlecht	sehr gut (kann nahezu 100 % erreichen)	gut (80 %)
geeignet für Regelung hoher Ausgangsspannung	ja	nein	sehr gut
Induktivität benötigt	nein	nein	ja
Ausgangsbrumm-spannung	klein	enthält Taktfrequenz-Harmonische	enthält Taktfrequenz-Harmonische, HF-Störungen
minimale Anzahl externer Bauelemente	0	2 Kapazitäten	1 Induktivität 1 Kapazität

Anschlußkompatibel zum Industriestandard ICL 7660 ist auch der Typ *MAX 1044*. Typische Daten: $U_E = +1{,}5 \ldots 10$ V, $\eta > 95\,\%$ (typ. 98 %). Ruhestrom 200 µA bei 5 V, typ. Ausgangswiderstand 55 ... 65 Ω, typischer Laststrom < 20 mA. Vorteilhafte Anwendungen sind: Erzeugen einer − 5-V-Betriebsspannung aus einer + 5-V-Spannung, Betriebsspannungsversorgung für OV-Schaltungen und Leitungstreiber, Meßinstrumente und Datenerfassungssysteme. Er ist auch als Spannungsverdoppler ohne externe Diode einsetzbar, z. B. zum Erzeugen einer 6-V-(3-V-)Spannung aus einer 3-V-(1,5-V-)Batterie.

22.3.5. Vergleich der Spannungswandlerprinzipien

Die in den vorangegangenen Abschnitten behandelten drei Typen von Gleichspannungswandlern (1. linearer Regler, 2. Schaltregler, 3. Ladungspumpe) haben in Abhängigkeit vom jeweiligen Anwendungsfall Vor- und Nachteile, so daß alle drei Prinzipien ihre Berechtigung haben. Zur Erleichterung der Auswahl zeigt Tafel 22.4 einen Vergleich wichtiger Eigenschaften [22.28].

22.4. Schaltnetzteile (primär getaktete Schaltregler)

Netzteile haben die Aufgabe, aus der 220-V-Netzwechselspannung die Betriebsspannung für elektronische Schaltungen, z. B. eine stabilisierte 5-V-Gleichspannung, zu erzeugen.

Die bis zu den 70er Jahren nahezu ausschließlich verwendete „klassische" Lösung bestand darin, die Netzspannung mit einem 50-Hz-Netztransformator auf eine niedrige 50-Hz-Wechselspannung herunterzutransformieren, diese gleichzurichten und mit einer stetig wirkenden Regelschaltung auf die gewünschte Ausgangsgleichspannung zu stabilisieren.

Durch Einsatz eines Schaltreglers anstelle einer stetig wirkenden Regelschaltung läßt sich u. a. der Wirkungsgrad erheblich verbessern. Hierbei bestehen zwei grundsätzlich unterschiedliche Konzepte:

a) sekundär getaktete Schaltregler
   Die Netzwechselspannung wird wie bei der „klassischen" Lösung in eine niedrige Wechselspannung umgewandelt. Diese wird gleichgerichtet und anschließend mit einem Schaltregler auf die gewünschte stabilisierte Ausgangsgleichspannung gebracht.
b) primär getaktete Schaltregler (Schaltnetzteile, netztransformatorlose Stromversorgung)
   Diese Lösung wurde erst realisierbar, nachdem preiswerte Schalttransistoren mit kurzer Schaltzeit und mit Sperrspannungen bis über 1 kV zur Verfügung standen.

Diese Variante hat gegenüber Variante a) den großen Vorteil, daß der große und schwere Netztransformator durch einen (wegen der hohen Schaltfrequenz von 20 kHz ... 200 kHz einsetzbaren) wesentlich kleineren und leichteren Ferritimpulsübertrager ersetzt wird und der Wirkungsgrad deutlich steigt [21] [22.18] ... [22.23]. Das Wirkprinzip wird nachfolgend erläutert:

22.4.1. Wirkprinzip. Eigenschaften

Wirkprinzip. Schaltnetzteile beruhen auf dem Prinzip des Bildes 22.28. Es wird kein 50-Hz-Netztransformator benötigt. Die Netzspannung wird direkt gleichgerichtet und in einem Ladekondensator geglättet, so daß eine hohe Gleichspannung von 300 bis 350 V zur Verfügung steht. Ein Schalttransistor zerhackt diese Gleichspannung, so daß eine periodische Rechteckimpulsfolge entsteht, die in einem Ferritübertrager entsprechend dem gewünschten Übersetzungsverhältnis transformiert und anschließend wieder gleichgerichtet und gesiebt wird. Das Konstanthalten der Ausgangsspannung U_A erfolgt durch Regelung des Tastverhältnisses der Impulsfolge.

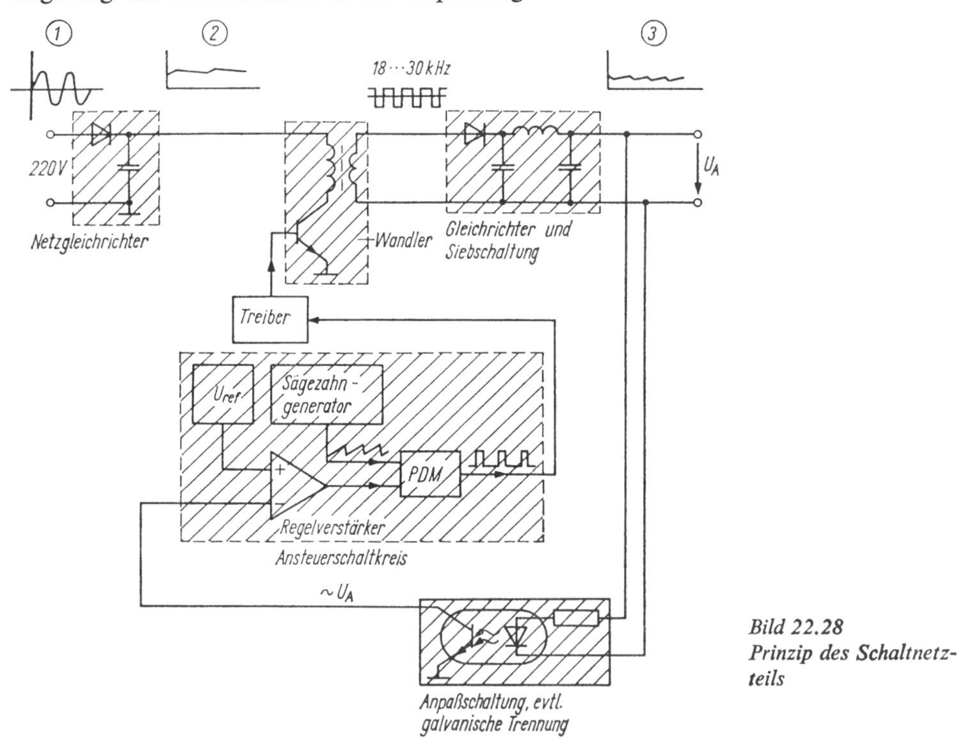

Bild 22.28
Prinzip des Schaltnetzteils

Die Regelung der Ausgangsspannung im Schaltnetzteil kann auf zwei grundsätzlich unterschiedliche Arten erfolgen:

1. konstante Frequenz, variables Tastverhältnis V_T;
2. variable Frequenz, konstantes Tastverhältnis V_T.

Das erstgenannte Prinzip hat sich in letzter Zeit stärker durchgesetzt. Es wird unter Verwendung eines Pulsdauermodulators auch vom Ansteuerschaltkreis TDA 1060 verwendet (s. Abschn. 22.4.3.).

Die Vorteile des Betriebs bei konstanter Frequenz sind u.a. die Möglichkeit des Einsatzes von selektiven Filtern zur Störstrahlungsunterdrückung.

Eigenschaften. Probleme. Vorteile von Schaltnetzteilen sind

- Wegfall des schweren, großen und teueren 50-Hz-Netztransformators, Einsparung von Kupfer und Dynamoblech
- höherer Wirkungsgrad (60...90% bei Schaltnetzteilen gegenüber 30...55% bei konventionellen geregelten Netzteilen), insbesondere durch Wegfall der im Längstransistor von konventionellen Netzteilen entstehenden Verlustleistung
- kleinere Siebmittel, Wegfall großer Kühlkörper
- wesentlich größerer Schwankungsbereich der Eingangswechselspannung zulässig (u. U. Betrieb an 220 V und 110 V ohne Umschaltung).

Diesen Vorteilen stehen einige (meist unbedeutende) Nachteile und hohe Anforderungen an einige Bauelemente gegenüber.

Die Anforderungen an die Bauelemente betreffen vor allem

- hochspannungsfeste Leistungsschalttransistoren hoher Schaltgeschwindigkeit
- schnelle Gleichrichterdioden
- schaltfeste Elkos mit geringem Serienwiderstand und geringer Serieninduktivität
- Ansteuerschaltungen mit Schutzfunktionen
- Spezialferrite
- Schirm- und Siebmaßnahmen zur Vermeidung von HF-Störungen.

Nachteilig sind die etwas kompliziertere Schaltungstechnik, das schlechtere dynamische Verhalten (Ausregelzeit $\approx 0{,}5$ ms ohne Zusatzaufwand), die größere Brummspannung am Ausgang (typ. 30 ... 50 mV gegenüber wenigen mV bei stetigen Reglern) und das Auftreten störender HF-Strahlung, die durch Zusatzmaßnahmen klein gehalten werden muß.

An Bauelemente werden folgende besonderen Forderungen gestellt:

Schalttransistor. Die im Transistor entstehende Verlustleistung wird durch a) den Transistorreststrom (AUS-Zustand), b) die endliche Sättigungsspannung U_{CEsat} (EIN-Zustand) und c) Umschaltverluste hervorgerufen. Üblicherweise sind die Verluste unter a) und c) vernachlässigbar. Die Kollektor-Emitter-Strecke des Transistors wird mit mehr als der doppelten Spitzenspannung der Netzspannung beansprucht (>800 V beim Abschalten). Forderungen an den Transistor sind hohe Sperrspannung, entsprechender Kollektorstrom, hohe Stromverstärkung B_N (begrenzte Ansteuerleistung!) und sehr kurze Schaltzeiten. Die Realisierung von Schaltnetzteilen wurde erst sinnvoll, seitdem geeignete Hochspannungstransistoren zur Verfügung stehen (dreifach diffundierte Transistoren; serienmäßig werden diese Transistoren mit Sperrspannungen $U_{BRCE0} \approx 1500$ V und Kollektorströmen bis zu mehreren Ampere gefertigt). Zur Begrenzung von U_{CE} ist eine Schutzbeschaltung des Schalttransistors erforderlich (sog. SOAR-Beschaltung [22.21]). Schalttransistoren für den Einsatz in Schaltnetzteilen sind beispielsweise die Typen SU 165 (900 V/2,5 A), SU 167 (800 V/10 A) und SU 169 (1000 V/10 A).

Gleichrichterdioden. Benötigt werden schnelle Schaltdioden, evtl. Schottky-Dioden (sehr geringe Flußspannung von <0,5 V; Sperrerholzeiten von wenigen Nanosekunden), damit die Schaltverluste klein bleiben. Auf Grund zu großer Sperrträgheit sind die Netzgleichrichterdioden der Reihen SY 320/360/170/180 für Schaltnetzteile ungeeignet. Speziell geeignet sind dagegen die Typenreihen SY 345 (50 ... 1000 V/1 A; $U_F \leqq 1{,}2$ V; $I_R \leqq 0{,}3$ mA; $t_{rr} < 0{,}5 \ldots 1$ µs soft recovery-Verhalten) und SY 185 (50 ... 600 V/10 A; $U_F \leqq 1{,}5$ V; $I_R < 7$ mA, $t_{rr} < 0{,}3 \ldots 0{,}6$ µs).

Übertrager. Zur galvanischen Trennung und zur Spannungstransformation werden Ferritkernübertrager verwendet. Der Wechselrichter wird mit einer Rechteckimpulsfolgefrequenz von typ. 18 ... 200 kHz betrieben (oberhalb des Hörbereiches).

Ansteuerschaltkreis. Die Ansteuerung des Schalttransistors erfolgt in der Regel mittels eines speziellen Ansteuerschaltkreises, der die amplitudenanaloge Differenzspannung (Differenz zwischen Istwert U_A und Referenzspannung) in ein impulsbreiten- bzw. tastverhältnismoduliertes Signal umwandelt (konstante Frequenz und veränderliches Tastverhältnis). Die Ansteuerung dieses Schaltkreises muß in der Regel galvanisch getrennt erfolgen (Optokoppler), damit alle Ausgangsgleichspannungen galvanisch vom Netz getrennt sind.

Elektrolytkondensator. Da die Grundwelle der Wechselspannung im Bereich >18 kHz liegt, sind spezielle Elkos mit sehr niedriger Eigeninduktivität und niedrigem ohmschem

Widerstand erforderlich. Anderenfalls tritt die beabsichtigte Siebwirkung nicht auf. Die am Elko auftretende Impulsbelastung erfordert geeignete konstruktive Gestaltung der Belaganschlüsse und der Befestigung der Wickel im Becher (u. a. Sicherung gegen Schock und Vibration). Empfohlen wird das Parallelschalten eines MP- oder keramischen Kondensators parallel zum ausgangsseitigen Elko. Seine Kapazität sollte mindestens so groß sein, daß er bei einem kurzzeitigen Spannungsausfall genügend Energie für einen unterbrechungsfreien Betrieb des Reglers liefern kann. Die hierfür erforderliche Kapazität beträgt 2 ... 3 μF je 1 W Ausgangsleistung. Oft muß die Kapazität sehr viel größer sein, weil überlagerte Wechselströme durch den Elko fließen.

Störstrahlung. Bedingt durch die steilen Schaltflanken sind bei Schaltnetzteilen und Transvertern besondere Maßnahmen zur Funkentstörung erforderlich (Abschirmung, Verdrosselung). Solche Maßnahmen sind z. B. (s. a. Abschn. 22.3.1.):

- durch geeignete Beschaltung der Schalttransistoren zu steile Spannungs- und Stromanstiege vermeiden;
- geeignete Leitungsführung, ausgefeiltes Layout der gedruckten Schaltung, sorgfältigen Aufbau des Gerätes zur Vermeidung induktiver Kopplungen (Beispiel: Rückführungsleitungen zur Rückführung der Ausgangsspannung auf den Schaltkreis B 260 sollten verdrillt werden, um Störeinstreuungen zu vermindern);
- Abschirmung der Störquellen und Vermeidung von Koppelkapazitäten, insbesondere zwischen Schalttransistor und Gehäuse;
- Einbau eines LC-Filters zur Blockierung der symmetrischen Störspannungen. Gut eignen sich UKW-Drosseln ($L \approx 10 \dots 40\,\mu H$, Abmessungen 7 mm × 30 mm oder 2 mm × 20 mm).

22.4.2. Gleichspannungswandler

Die verschiedenen Schaltnetzteilvarianten unterscheiden sich hauptsächlich bezüglich des verwendeten Gleichspannungswandlergrundtyps (Sperrwandler, Durchflußwandler, Gegentaktwandler). Beim *Sperrwandler* wird die Energie in der *Sperr*phase des Schalttransistors in den Ausgang übertragen. Die gesamte zu übertragende Energie muß also im Transformator zwischengespeichert werden.

Beim (Eintakt-) *Durchflußwandler* erfolgt die Übertragung der Leistung in den Ausgangskreis bei *leitendem* Schalttransistor. Es fließt gleichzeitig Primärstrom und Sekundärstrom über die Diode und Speicherdrossel (vgl. Bild 22.36a). Während der Sperrphase wird ein Teil der in der Drossel gespeicherten Energie über die Freilaufdiode abgebaut. Zur gleichen Zeit wird die im Transformator während der Leitphase aufgenommene magnetische Energie aus der Entmagnetisierungswicklung in den Ausgangskondensator zurückgespeist. Er benötigt höheren Aufwand; die durch den Schalterbetrieb bedingte Welligkeit der Ausgangsspannung ist jedoch infolge der Induktivität der Speicherdrossel kleiner. Der *Gegentaktwandler* besteht aus zwei Durchflußwandlern, deren Schalttransistoren im Gegentakt angesteuert werden. Die Auswahl der jeweiligen Schaltung wird durch folgende Faktoren beeinflußt [22.21]: erforderliche Leistung, Anforderungen an die Stabilität der Ausgangsspannung, Anforderungen an die Welligkeit der Ausgangsspannung, Verhalten bei Lastsprüngen (Regelgeschwindigkeit), Höhe der Ausgangsspannung, Anzahl der Ausgangsspannungen, Aufwand, zur Verfügung stehende Bauelemente. Bei kleinen Leistungen ($P_a < 10 \dots 200$ W), insbesondere bei wenig schwankender Last, sind meist Sperrwandler überlegen, bei mittleren Leistungen (Größenordnung 100 W) sind Durchflußwandler und bei großen Leistungen Gegentaktwandler vorteilhaft (Bild 22.29).

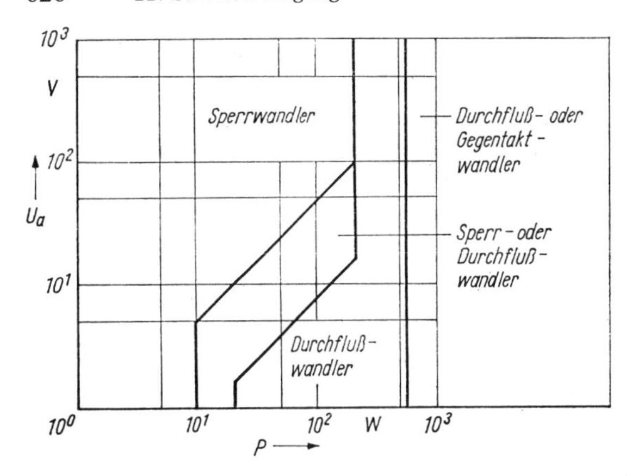

Bild 22.29
Entscheidungshilfe zur Auswahl des Gleichspannungswandlertyps [22.21]

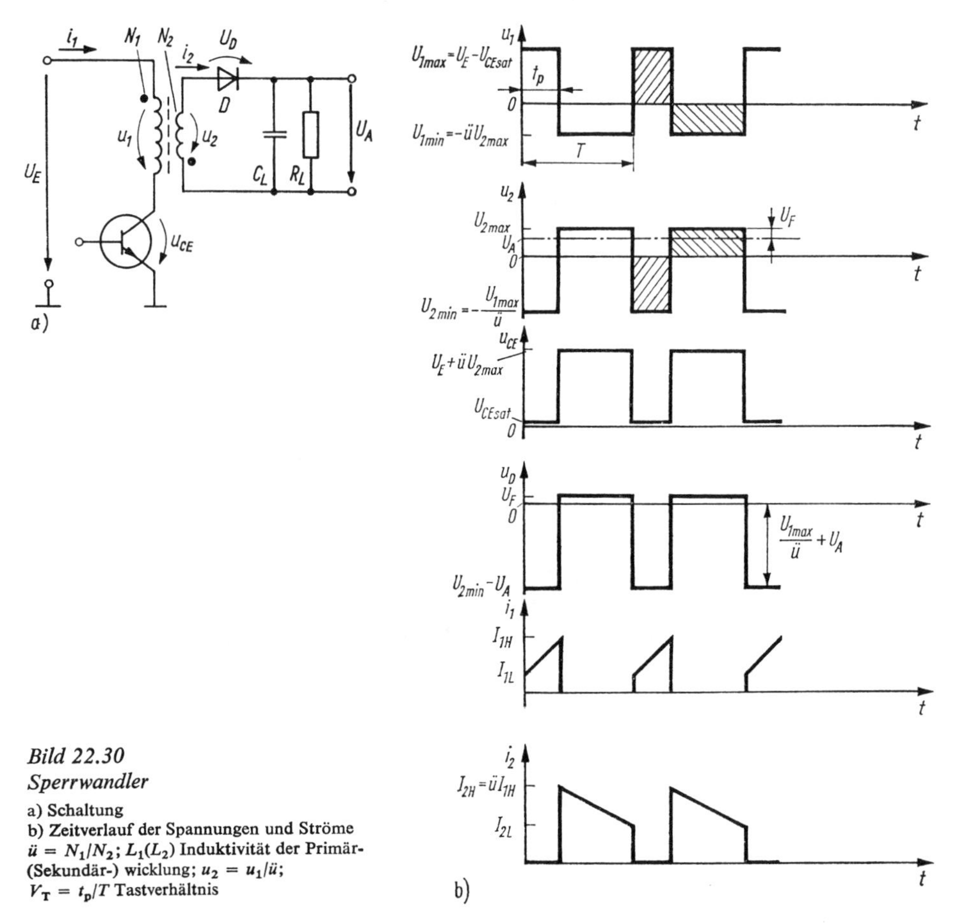

Bild 22.30
Sperrwandler

a) Schaltung
b) Zeitverlauf der Spannungen und Ströme
$ü = N_1/N_2$; $L_1(L_2)$ Induktivität der Primär-(Sekundär-) wicklung; $u_2 = u_1/ü$;
$V_T = t_p/T$ Tastverhältnis

Bei mehreren Ausgangsspannungen kommen fast nur Sperrwandler in Frage (Aufwand)
Wegen seiner Bedeutung behandeln wir den Sperrwandler besonders ausführlich.

22.4.2.1. Sperrwandler

Beim Sperrwandler wird einer Gleichspannungsquelle in der Leitphase des Schalttransistors T_1 Energie entnommen und im Transformator zwischengespeichert. Während der Sperrphase des Schalttransistors wird diese Energie über die Diode D in den Ausgangskreis abgegeben (Bild 22.30).

Der Transformator hat drei Aufgaben: 1. Realisierung der Netztrennung, 2. Transformieren der Netzspannung auf eine wesentlich kleinere (impulsförmige) Wechselspannung, 3. Wirkung als Speicherdrossel zur Zwischenspeicherung der auf den Sekundärkreis zu übertragenden Energie.

22.4.2.1.1. Wirkungsweise

Während der Leitphase t_p des Schalttransistors sperrt die Diode D. An der Primärwicklung des Transformators liegt die Spannung $U_1 = U_E - U_{CE\,sat}$. Daher steigt der Primärstrom linear um den Betrag

$$I_{1H} - I_{1L} = \frac{(U_E - U_{CE\,sat})\, t_p}{L_1}. \tag{22.22}$$

Entsprechend sinkt während der Sperrphase der Sekundärstrom linear um den Betrag

$$I_{2H} - I_{2L} = ü\,(I_{1H} - I_{1L}) = (1 - V_T)\, T\, \frac{U_{2\,max}}{L_2}. \tag{22.23}$$

$V_T = t_p/T$; $\quad ü = N_1/N_2$ (Wicklungsübersetzungsverhältnis des Transformators);

$U_{2\,max} = U_A + U_F$.

Da sich die magnetische Energie im Transformator nicht sprunghaft ändern kann, gilt beim Übergang von der EIN-Phase zur AUS-Phase des Schalttransistors

$$L_1 \frac{I_{1H}^2}{2} = L_2 \frac{I_{2H}^2}{2}. \tag{22.24}$$

Mit dem Zusammenhang $L_1/L_2 = (N_1/N_2)^2$ wird hieraus $I_{2H} = üI_{1H}$. Im Gleichgewichtszustand tritt an der Primärwicklung des Transformators keine Gleichspannung auf ($\bar{u}_1 = \bar{u}_2 = 0$).

Es gilt daher (Bild 22.30b, Kurve u_1) $(U_E - U_{CE\,sat})\, t_p = üU_{2\,max}(T - t_p)$ mit $U_{2\,max} = U_A + U_F$ und mit der Abkürzung $V_T = t_p/T$

$$U_A + U_F = \frac{U_E - U_{CE\,sat}}{ü} \frac{t_p}{T - t_p} = \frac{U_E - U_{CE\,sat}}{ü} \frac{V_T}{1 - V_T}. \tag{22.25}$$

Vernachlässigen wir $U_{CE\,sat}$, so folgt hieraus

$$V_T \approx \frac{üU_{2\,max}}{U_E + üU_{2\,max}}. \tag{22.26}$$

Die der Schaltung zugeführte Eingangsleistung beträgt

$$P_E = U_E \bar{i}_1 = U_E V_T \frac{I_{1H} + I_{1L}}{2}. \tag{22.27}$$

Einsetzen von (22.26) ergibt mit der Abkürzung $U'_A = \ddot{u}U_{2\,max}$ und bei Vernachlässigung von $U_{CE\,sat}$

$$P_E \approx \frac{I_{1H} + I_{1L}}{2} \frac{U_E U'_A}{U_E + U'_A}. \tag{22.28}$$

Der Stromverlauf im Transformator kann dreieck- oder trapezförmig gewählt werden. Bei trapezförmigem Stromverlauf braucht das Tastverhältnis V_T bei Lastschwankungen nicht verändert zu werden. Laständerungen wirken sich in einer proportionalen Amplitudenänderung der Stromimpulse aus, denn bei verlustfreiem Transformator gilt

$$P_a = U_A \frac{I_{1H} + I_{1L}}{2}. \tag{22.29}$$

Die Differenz $I_{1H} - I_{1L}$ ist dagegen von der Ausgangsleistung P_a unabhängig. Die Schaltung wird zweckmäßigerweise so dimensioniert, daß bei der minimalen Ausgangsleistung $P_{a\,min}$ gerade der dreieckförmige Stromverlauf erreicht wird. Dann brauchen über das Tastverhältnis V_T nur die Schwankungen der Eingangsspannung ausgeregelt zu werden.

In diesem Fall gilt die Beziehung

$$p = \frac{P_{a\,max}}{P_{a\,min}} = \frac{I_{1H} + I_{1L}}{I_{1H} - I_{1L}}. \tag{22.30}$$

Trapezförmiger Stromverlauf wird nur bei geringen Laständerungen empfohlen ($P_{a\,max}/P_{a\,min} \lessapprox 2$). Bei großen Laständerungen ist dreieckförmiger Stromverlauf wegen der sich ergebenden kleineren Streuinduktivität günstiger.

22.4.2.1.2. Schalttransistor

Sowohl Bipolartransistoren als auch Leistungs-MOSFETs werden als Schalter eingesetzt.

Bipolartransistoren. Um die Schaltverluste gering zu halten, muß der Schalttransistor möglichst kurze Schaltzeiten und eine geringe Sättigungsspannung U_{CEsat} haben. Von besonderer Wichtigkeit ist seine Spannungsfestigkeit, denn die Kollektor-Emitter-Strecke des Transistors wird mit weit mehr als der doppelten Spitzenspannung der Netzspannung beansprucht (> 800 V beim Abschalten). Aus Bild 22.30b ist ablesbar, daß bei gesperrtem Transistor die Kollektorspannung $U_E + \ddot{u}U_{2max} = U_E + \ddot{u}(U_A + U_F)$ auftritt. Mit etwas Reserve muß daher die Bedingung

$$U_E + \ddot{u}\,(U_A + U_F) \leqq 0{,}8 U_{CB0} \tag{22.31}$$

eingehalten werden. Bei trapezförmigem Stromverlauf muß zusätzlich

$$U_E + \ddot{u}\,(U_A + U_F) \leqq U_{CE0} \tag{22.32}$$

gelten. In der Praxis muß beachtet werden, daß der Kollektorspannung noch eine durch die Streuinduktivität L_s des Transformators bedingte Spannungsspitze überlagert ist. Zur Begrenzung von U_{CE} ist häufig eine Schutzbeschaltung des Schalttransistors erforderlich (sog. SOAR-Beschaltung).

Im Interesse eines guten Schaltverhaltens sollte T_1 beim Einschalten kurzzeitig mit einem Übersteuerungsfaktor $m \approx 2 \dots 3$ übersteuert werden. Zweckmäßig ist hierbei eine Ansteuerung der Basis mit einem „Speed-up"-Kondensator (Bild 22.31a). Hiermit wird sowohl eine kurze Einschalt- als auch eine kurze Ausschaltzeit erzielt. Nähere Hinweise sind in [22.1] [22.18] enthalten. Eine andere Möglichkeit ist die Ansteuerung des Leistungsschalttransistors durch einen komplementären Emitterfolger gemäß Bild 22.31b.

Durch den niedrigen Ausgangswiderstand des komplementären Emitterfolgers in beiden Schaltrichtungen und durch seine hohe obere Grenzfrequenz wird der Basisstrom des Leistungstransistors sehr schnell ein- und ausgeschaltet. Es ist auch möglich, durch eine Schottkydiode zwischen Kollektor und Basis des Schalttransistors oder durch eine Diode zwischen dem Kollektor des Leistungstransistors und der Basis der Treiberstufe zu verhindern, daß der eingeschaltete Transistor in die Sättigung gelangt (Prinzip der digitalen Schottky-TTL-Schaltkreise). Dadurch tritt keine Speicherzeit auf. Jedoch wird der Spannungsabfall U_{CE} etwas größer als U_{CEsat}.

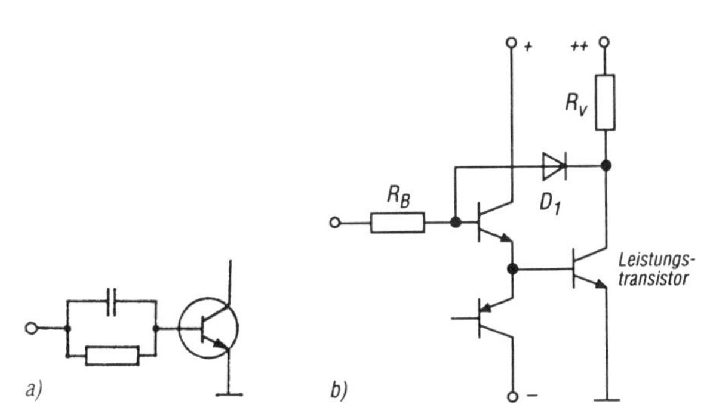

Bild 22.31. Ansteuerung des Schalttransistors

a) mit einem „Speed-up"-Kondensator

b) mit einem komplementären Emitterfolger; industrielles Beispiel: integrierter Treiber UAA 4002/6 (Thomson) für Basisströme bis zu $\pm$ 1,5 A

Zu beachten ist, daß im Primärstrom des Transformators i_1 Schaltspitzen vom mehrfachen Wert des Schaltstromes auftreten können, u.a. auch infolge eines kurzzeitig auftretenden Kurzschlusses im Ausgangskreis infolge des nichtidealen Schaltverhaltens der Gleichrichterdioden.

Schutzbeschaltung (SOAR-Diagramm). Wegen der hohen elektrischen Beanspruchung der Schalttransistoren in Schaltnetzteilen ist eine genaue Betrachtung der zulässigen Grenzwerte unerläßlich. Zu diesem Zweck wird das SOAR-(safe operating area)Diagramm verwendet (Bild 22.32). Hieraus ist u.a. ersichtlich, daß bei Impulsbetrieb eine wesentlich größere Verlustleistung $P_{tot\,max} \equiv P_{max}$ zulässig ist als bei Gleichstrombetrieb und daß der Durchbruch zweiter Art kurzzeitig überschritten werden darf. Für wenige µs können die beiden Grenzwerte $U_{CE\,max}$ und $I_{C\,max}$ gleichzeitig auftreten.

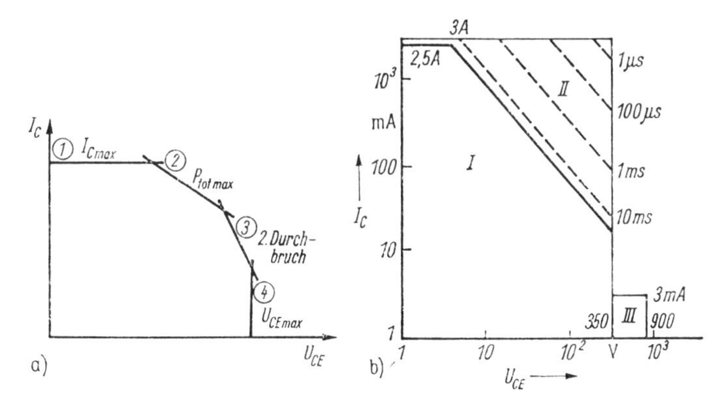

Bild 22.32
SOAR-Diagramm

a) allgemein

b) beim Schalttransistor SU 165;
I: Gleichstrombetrieb, II: periodischer Impulsbetrieb, $V_T = t_e/T = 0{,}01$ ($t_e \leqq 20$ µs)
III: periodischer Impulsbetrieb, $V_T < 0{,}25$; zugrundegelegte Bedingungen: Impulsbreite t_p = Parameter, $t_e \leqq 20$ µs, $R_{BE} < 100\,\Omega$, $\vartheta_C \leqq 90$°C

Im Bild 22.32 beträgt die zulässige Gleichstromleistung $P_{max} = 10$ W; die Impulsleistung für 5 µs Dauer bei $U_{CE} = 350$ V beträgt dagegen $P_{max} = \approx 300$ W! Der sichere Arbeitsbereich wird durch folgende vier Begrenzungen eingeschlossen:

- $I_{C\,max}$ maximaler Kollektorstrom; meist sind zwei Werte angegeben: a) zulässiger arithmetischer Mittelwert, b) zulässige Amplitude bei periodischem Impulsbetrieb;
- $P_{max} \equiv P_{tot\,max}$ maximale Verlustleistung (Kollektor- und Basisverlustleistung); abhängig von der Kristalltemperatur; bei Impulsbetrieb sind größere Werte zulässig, solange Kurve 3 nicht überschritten wird;
- *Zweiter Durchbruch* wird ausgelöst, wenn die Energie im Transistor einen kritischen Wert überschreitet (abhängig von der Betriebsart des Transistors, hier interessiert die gesperrte Emitter-Basis-Diode); bei Impulsbetrieb Verschiebung nach außen möglich;
- $U_{CE\,max}$ maximale Kollektor-Emitter-Spannung (abhängig von der Beschaltung zwischen Basis und Emitter); meist U_{CE0} ($I_B = 0$) angegeben, abgewandelt für $I_B > 0$.

Zur Begrenzung der Kollektorspannung nach dem Sperren des Schalttransistors ist häufig, vor allem bei höheren Eingangsspannungen U_E und falls T_1 nahe seiner Grenzwerte betrieben wird, eine Schutzbeschaltung (Bild 22.33) zur Einhaltung des sicheren Arbeitsbereiches erforderlich. Nur bei kleinen Wandlern, oder wenn T_1 nicht bis in die Nähe seiner Grenzwerte ausgesteuert wird, kann diese entfallen. Die Funktion der Kapazität C im Bild 22.33 übernimmt in diesem Fall die Basis-Kollektor-Kapazität von T_1 in Verbindung mit der Wicklungskapazität des Transformators.

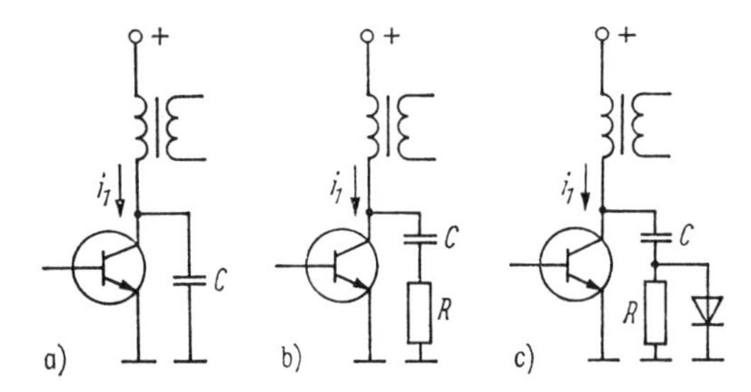

Bild 22.33
SOAR-Schutzschaltungen

Für Schaltung a und c muß gelten $C \geqq I_{1\,max} t_f / 2U_{CE0}$; für Schaltung b gilt $C \geqq I_{1\,max} t_f / 2(U_{CE0} - RI_{1\,max})$; $I_{1\,max}$ = zu Beginn der Sperrphase des Schalttransistors fließender Strom i_1; t_f = Abfallzeit des Schalttransistors; U_{CE0} = max. zulässige Spannung U_{CE} nach Ablauf von t_f; der Kollektorstrom fällt während t_f annähernd linear von $I_{1\,max}$ auf Null

Das Grundprinzip der Schutzschaltungen besteht darin, daß der Anstieg der Kollektorspannung verlangsamt wird. Der Grenzwert für U_{CE0} im SOAR-Diagramm wird erst erreicht, wenn der Kollektorstrom nahezu auf Null abgefallen ist.

Damit der Schalttransistor beim Einschalten nicht durch einen zu großen Ladestrom des Kondensators C überlastet wird, begrenzt bei den Schaltungen b und c im Bild 22.33 der Widerstand R diesen Ladestrom. Die Diode in Schaltung c sorgt dafür, daß sich C bei gesperrtem Transistor schnell umladen kann. Bei dreieckförmigem Stromverlauf sind alle drei Varianten des Bildes 22.33 verwendbar. Bei trapezförmigem Strom ist Variante c vorzuziehen, weil der Schalttransistor beim Einschalten durch den Anfangswert I_{1L} zusätzlich belastet wird. Grobe Anhaltspunkte für die Dimensionierung der Kapazität sind in der Bildunterschrift angegeben. Der Kollektorstrom i_C fällt während der Abfallzeit t_f näherungsweise linear von I_{1H} auf Null. Das entspricht einer Ladungsänderung $\Delta Q = (I_{1H}/2)\, t_f$, die näherungsweise in voller Größe vom Kondensator C übernommen wird: $\Delta Q = C U_{CE}$. Fordert man, daß die Kollektorspannung maximal den Wert U_{CE0} annimmt, folgt aus dem Gleichsetzen der beiden Ladungsänderungen

$$C \geqq \frac{I_{1H}}{2} \frac{t_f}{U_{CE0}}.$$

Es gibt auch die Möglichkeit, die Kollektorspannung des Schalttransistors mit einer Diode direkt zu begrenzen.

Leistungs-MOSFETs. Trotz ihres höheren Preises werden Leistungs-MOSFETs vor allem bei hohen Schaltfrequenzen häufig eingesetzt, weil sie keine Speicherzeit aufweisen und sich etwa 10 mal schneller ein- und ausschalten lassen. Ein weiterer Vorteil ist das Nichtauftreten des Durchbruchs zweiter Art.

Wie aus Abschnitt 7.3.2. (Bild 7.30) hervorgeht, wird ein 100 ns langer Stromstoß von 216 A (!) benötigt, wenn bei einem Drain-(Gate-)Spannungssprung von 300 (12) V eine Einschalt- bzw. Ausschaltzeit des Leistungs-MOSFETs von 100 ns gewünscht wird und der Leistungs-MOSFET die Kapazitätswerte $C_{GD} = 50$ pF, $C_{GS} = 500$ pF aufweist.

22.4.2.1.3. Transformator

Das Kernmaterial sollte eine hohe zulässige Maximalinduktion $\hat{B}$, hohe Permeabilität und einen kleinen Verlustfaktor (u.a. kleine Wirbelstromverluste) haben. Geeignete Kernmaterialien sind Manifer 183, 194 und 195. Durch wickeltechnische Maßnahmen muß auf niedrige Streuinduktivität geachtet werden, damit beim Ausschalten keine unzulässig hohen Spannungsspitzen auftreten. Die einzusetzende Kerngröße richtet sich nach dem benötigten Wickelraum und der zu übertragenden Leistung.

Die im Transformator induzierte Spannung beträgt nach dem Induktionsgesetz

$$U_1 = N_1 (\mathrm{d}\Phi/\mathrm{d}t) = N_1 A_e (\mathrm{d}B/\mathrm{d}t). \tag{22.34}$$

A_e magnetisch wirksamer Querschnitt des Transformators. Wegen des linearen Stromverlaufs gilt $\mathrm{d}\Phi/\mathrm{d}t \approx \Delta\Phi/\Delta t$, und mit dem Durchflutungsgesetz $\Theta = I_1 N_1$ erhalten wir

$$P_1 = U_1 I_1 = N_1 \frac{\Delta\Phi}{\Delta t} \frac{\Theta}{N_1} = \Theta \frac{\Delta\Phi}{\Delta t} = \Theta \frac{A_e \Delta B}{\Delta t}. \tag{22.35}$$

Mit der Beziehung $\Theta = \Delta\Phi/A_L$, $L = \Delta\Phi/\Delta I'$ folgt hieraus mit $T = 1/f$ für $V_T \approx 0{,}5$

$$A_e = \frac{1}{\hat{B}} \sqrt{2 P_{e\,max} A_L T}. \tag{22.36}$$

Primärwindungszahl. Aus (22.34) läßt sich die benötigte Primärwindungszahl berechnen. Integration von (22.34) liefert

$$\hat{B} = B_0 + \frac{U_1 t_p}{N_1 A_e} \tag{22.37}$$

$\hat{B}$ die am Ende der EIN-Phase auftretende Maximalinduktion im Kern.

Wegen der Proportionalität zwischen B und I ($B = \mu H \sim I$) gilt mit (22.30)

$$\frac{\hat{B}}{B_0} = \frac{I_{1H}}{I_{1L}} = \frac{p+1}{p-1}. \tag{22.38}$$

Damit läßt sich aus (22.37) die minimal erforderliche Windungszahl berechnen. Mit (22.27) ergibt sich mit $U_1 \approx U_E$ $U_E V_T = P_E (p+1)/I_{1H} p$ schließlich

$$N_1 = \frac{P_E (p+1)^2}{2 I_{1H} f \hat{B} A_e p} \tag{22.39}$$

$p = 1$: Dreieckstromverlauf $i_1(t)$
$p > 1$: trapezförmiger Stromverlauf $i_1(t)$.

Induktivität L_1. Die Induktivität L_1 darf einen minimalen Wert $L_{1\,min}$ nicht unterschreiten. Da der Wandler so dimensioniert wird, daß bei der minimalen Leistung ($P_{a\,min}$, $P_{E\,min}$) gerade dreieckförmiger Stromverlauf auftritt, folgt aus (22.22) für $I_{1L} = 0$

$$L_1 = \frac{U_E t_p}{I_{1H}} = \frac{U_E V_T}{I_{1H} f} \tag{22.40}$$

mit (22.27) folgt

$$L_1 = \frac{U_E \bar{V}_T}{2 P_E f}. \tag{22.41}$$

Nach Einsetzen der zutreffenden Grenzwerte folgt

$$L_{1\,min} = \frac{(U_{E\,max} V_T)^2}{2 P_{E\,min} f}. \tag{22.42}$$

Mit Hilfe der aus (22.39) berechneten Windungszahl N_1 und dem A_L-Wert des Kerns wird geprüft, ob diese Mindestinduktivität $L_{1\,min}$ erreicht wird. Anderenfalls muß N_1 entsprechend erhöht werden.

Kerngröße. Eine Möglichkeit der Auswahl des Kerns besteht darin, den Erfahrungswert für dreieckförmigen Stromverlauf

$$V/\text{cm}^3 \approx (0{,}1 \ldots 0{,}5)\, P_{E\,max}/\text{W} \tag{22.43}$$

zu wählen. Diese Beziehung gilt für $\hat{B}_{max} = 300$ mT und $f = 20$ kHz. Bei davon abweichenden Werten kann die Abhängigkeit

$$V \sim \frac{1}{\hat{B}_{max} f} \tag{22.44}$$

Verwendung finden. Bei Ausgangsleistungen $P_a \lessapprox 200$ W wird die Kerngröße meist durch den Wickelraumbedarf bestimmt. Für Schaltregler mit Netzanschluß sind aus Berührungsschutzgründen (minimaler Kriechweg 8 mm) nur Kerne ab der Größe EE-42 zugelassen, die bereits zur Übertragung von Ausgangsleistungen $P_a \lessapprox 200$ W geeignet sind.

Drahtdurchmesser. Aus thermischen Gründen darf die Stromdichte $S = 5 \ldots 7$ A/mm² nicht überschreiten. Im Interesse kleiner Kupferverluste sollen jedoch kleinere Werte (3 ... 5 A/mm²) gewählt werden (Kompromiß mit erforderlichem Wickelraum). Da bei hohen Frequenzen infolge des Skineffektes der Strom im wesentlichen an der Drahtoberfläche fließt, ist es nicht sinnvoll, den Drahtdurchmesser größer als die doppelte Eindringtiefe zu wählen. Die Eindringtiefe (Abfall auf 1/e) des Stromes beträgt $\delta = 2{,}2\ \text{mm}/\sqrt{f/\text{kHz}}$. Drahtdurchmesser >0,8 mm werden nicht empfohlen. U.U. ist der Einsatz von HF-Litze, Kupferband, Kupferfolie oder von parallel gewickelten Drähten sinnvoll.

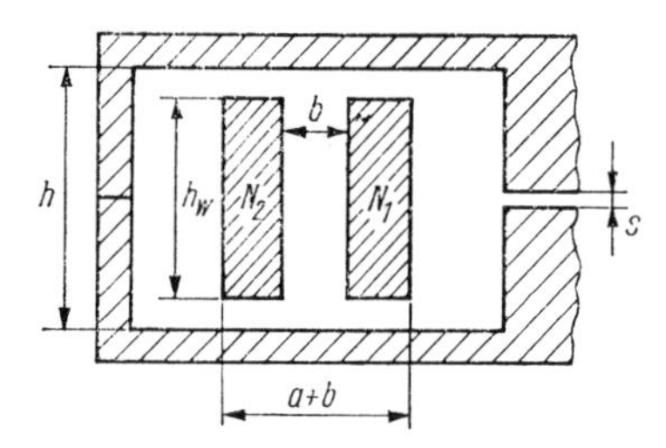

Bild 22.34
Zur Berechnung der Streuinduktivität L_S

Es sollen möglichst wenige und voll bewickelte Lagen verwendet werden. Keine Lage soll über eine andere überstehen. Der anzustrebende Streufaktor bei Dreieckstromverlauf beträgt $L_s/L_1 < 0{,}5\,\%$ (L_s Streuinduktivität).

Bei nicht zu geringer Primärwindungszahl läßt sich die Streuinduktivität näherungsweise berechnen aus (Bild 22.34)

$$L_s \approx \mu_0 N_1^2 \frac{l_m}{h}\left(b + \frac{a}{3}\right). \tag{22.45}$$

Hieraus ist ersichtlich, daß der Kern möglichst lang (h) sein soll, eine möglichst kleine mittlere Windungslänge l_m und eine kleine Wicklungshöhe $a + b$ aufweisen soll. Durch Verschachteln der Wicklungen läßt sich L_s weiter reduzieren.

Luftspalt. Durch einen Luftspalt wird vermieden, daß der Kern in die Sättigung gelangt. Es erfolgt eine „Scherung" der Magnetisierungskennlinie $B = f(H)$ und eine Verkleinerung der Permeabilität μ. Näherungsweise läßt sich nach [22.2] die Luftspaltbreite aus

$$l_l = \mu_0 N_1^2 \frac{A_e}{L_1} = \mu_0 \frac{N_1 I_{CM}}{\hat{B}} \tag{22.46}$$

bestimmen. Oft ist eine experimentelle Ermittlung bzw. Korrektur notwendig.

Kern- und Wicklungsverluste. Die gesamten Kernverluste (Wirbelstrom-, Hysterese-, Nachwirkungsverluste) werden in Datenblättern meist durch den Kernverlustfaktor $\tan \delta_K = R_K/\omega L$ angegeben (R_K = gesamter Kernverlustwiderstandsanteil). Die Verluste in den Wicklungen resultieren aus dem ohmschen Wicklungswiderstand, dem Skineffekt und der Kapazität der Wicklungsanordnung. In Abhängigkeit von der Schaltfrequenz tritt ein Verlustleistungsminimum auf, das allerdings nur sehr ungenau technisch erfaßt werden kann. Für $V_T \approx 0{,}5$ und bei Vernachlässigung von Wirbelstrom- und Nachwirkungsverlusten läßt sich nach [22.27] als grober Richtwert für die optimale Periodendauer

$$T \approx \frac{\pi N_1^2 A_L \tan \delta_K \left(\dfrac{1}{V_T} + \dfrac{1}{1 - V_T}\right)}{R_{Cu1} V_T + R_{Cu2} \ddot{u}^2 (1 - V_T)} \tag{22.47}$$

ableiten.

22.4.2.1.4. Dimensionierung

In groben Zügen sind folgende aufeinanderfolgende Schritte durchzuführen:

- Festlegen des Primärstromverlaufs
- Auswahl des Schalttransistors
- Auswahl der Schaltfrequenz
- Dimensionierung der Schutzbeschaltung des Schalttransistors
- Dimensionierung des Transformators [22.32]
- Optimierung der Schaltfrequenz (evtl. Dimensionierungskorrektur)
- Berechnung des Ausgangskreises.

Sperrwandler können problemlos auch mit mehreren galvanisch getrennten Sekundärwicklungen versehen werden. Wegen der festen magnetischen Kopplung der Wicklungen werden hierbei durch die Tastverhältnisregelung alle Ausgangsspannungen gleichzeitig stabilisiert, falls die Streuung des Transformators nicht zu groß ist.

22.4.2.1.5. Varianten beim Sperrwandler

Bild 22.35 zeigt einige Möglichkeiten zur Steuerung der Ausgangsspannung U_A beim Sperrwandler [22.2]. Bei trapezförmigem Strom sind die Frequenz f und das Tastverhältnis V_T im Idealfall lastunabhängig. Bei dreieckförmigem Stromverlauf müssen dagegen f und V_T lastabhängig gesteuert werden. Der Übergang zwischen den beiden Stromverläufen innerhalb einer Schaltung wird wegen auftretender Schwierigkeiten beim Regelvorgang nicht empfohlen.

Der Betrieb mit konstanter Schaltfrequenz hat den Vorteil, daß selektive Filter zur Störstrahlungsunterdrückung verwendet werden können.

Für Anwendungen, bei denen das Netzteil ständig eingeschaltet ist, aber nur hin und wieder belastet wird, eignet sich die Leistungssteuerung bei konstanter Amplitude des Primärstromes $I_{1\,max}$ sehr gut. Die Regelung erfolgt über die Schaltfrequenz f. Diese Variante ist die einzige Sperrwandlerschaltung, die leerlaufsicher ist. Die Verlustleistung ist etwa proportional zur Ausgangsleistung, bei Leerlauf daher sehr gering.

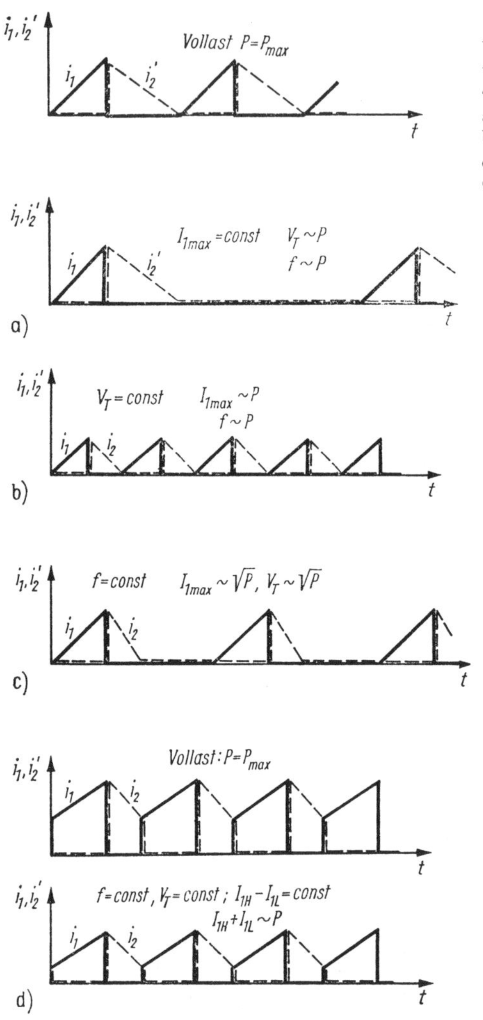

Bild 22.35
Möglichkeiten zur Steuerung der Ausgangsspannung beim Sperrwandler

a) $I_{1\,max}$ = const.; $V_T \sim P$ oder $f \sim P$
b) V_T = const.; $I_{1\,max} \sim P$ oder $f \sim P$
c) f = const.; $I_{1\,max} \sim \sqrt{P}$ oder $V_T \sim \sqrt{P}$
d) f = const. und V_T = const.; $I_{1H} - I_{1L}$ = const., $(I_{1H} + I_{1L}) \sim P$; es gilt $p = P_{E\,max}/P_{E\,min} = (I_{1H} + I_{1L})/(I_{1H} - I_{1L})$

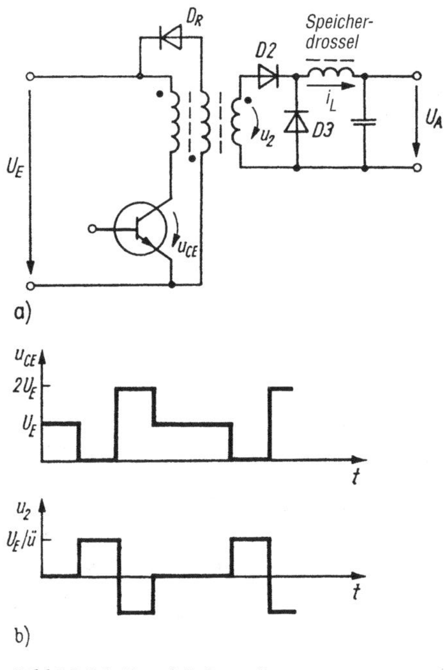

Bild 22.36. Durchflußwandler

a) Schaltung; b) Zeitverlauf von u_{CE} und u_2; $U_A \approx (t_{EIN}/T)(U_E/ü)$ für $I_A > I_{A\,min}$, $U_{CE\,max} = 2U_E$

22.4.2.2. Durchflußwandler

Bei dieser Schaltung (Bild 22.36) dient der Transformator lediglich der galvanischen Trennung und der Spannungsübersetzung. Die Energiespeicherung erfolgt nicht im Transformator, sondern in der Drossel. Das hat den Vorteil, daß kleinere Kerne erforderlich sind als beim Sperrwandler. Es werden jedoch im Vergleich zum Sperrwandler neben der Drossel noch eine zusätzliche Transformatorwicklung und zwei Dioden benötigt. Die Energie wird bei leitendem Schalttransistor übertragen. Während des Zeitintervalls t_p ist $D2$ leitend, $D3$ gesperrt, und der Strom i_L durch die Drossel steigt etwa linear an. Dadurch speichert die Drossel magnetische Energie.

Bei gesperrtem Schalttransistor fließt der Strom durch die Drossel infolge der in ihr gespeicherten Energie weiter (lineares Absinken von i_L). Die Freilaufdiode $D3$ sorgt während dieser Phase dafür, daß der Stromkreis geschlossen ist. Die Zusatzwicklung (Entmagnetisierungswicklung) hat in Verbindung mit der Diode D_R die Aufgabe, dafür zu sorgen, daß die während t_p vom Transformatorkern aufgenommene Magnetisierungsenergie während der Sperrphase in die Spannungsquelle zurückfließen kann. Gleichzeitig erfolgt eine Begrenzung der Kollektor-Emitter-Spannung des Schalttransistors auf etwa $2U_E$ (gleiche Windungszahl und enge Kopplung zwischen Primär- und Entmagnetisierungswicklung vorausgesetzt). Das Tastverhältnis darf hierbei nicht größer sein als $V_T \approx 0{,}5$, damit die gespeicherte Energie des Transformators in der Sperrphase sicher abgebaut wird und der Transformator nicht allmählich in die magnetische Sättigung gelangt (Kurzschluß wegen $L_1 \to 0$).

22.4.2.3. Gegentaktwandler

Der Gegentaktwandler besteht aus zwei Durchflußwandlern, die im Gegentakt auf einen gemeinsamen Transformator und eine gemeinsame Drossel arbeiten. Die Eingangsspannung wird mit einem Wechselrichter (abwechselndes Anschalten der Eingangsgleich-

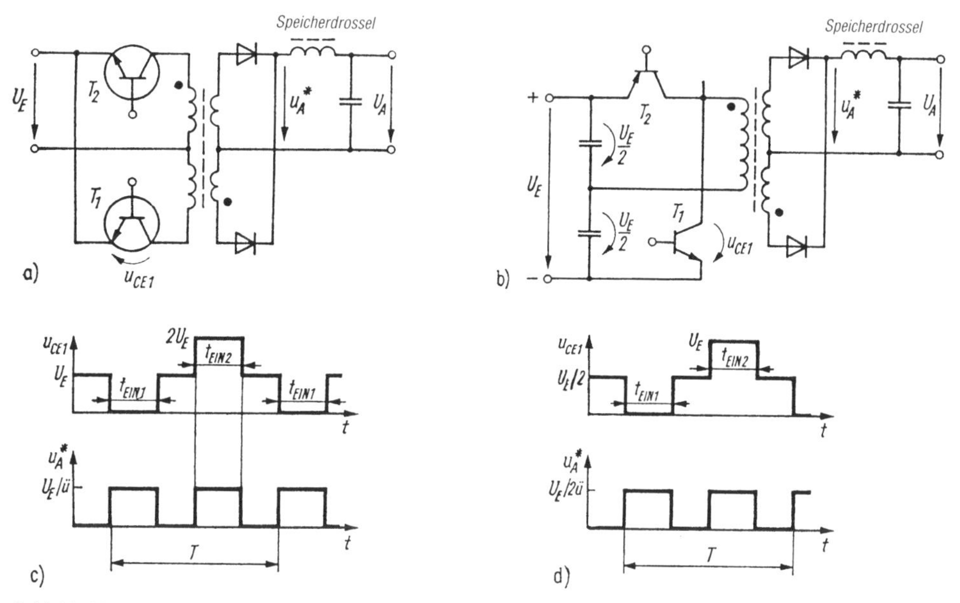

Bild 22.37. Gegentaktwandler

a) Parallelspeisung; $U_A = 2(t_{EIn}/T)(U_E/ü)$ mit $(t_{EIn}/T) < 0{,}5$; $U_{CE\,max} = 2U_E$; b) Halbbrückenschaltung; $U_A = (t_{EIN}/T)(U_E/ü)$ mit $(t_{EIN}/T) < 0{,}5$; $U_{CE\,max} = U_E$; c) Zeitverlauf zu a); d) Zeitverlauf zu b)

spannung U_E an jede der beiden Primärwicklungshälften) in eine Rechteckwechselspannung umgewandelt, die dann nach Transformation auf der Sekundärseite gleichgerichtet wird. Es gibt verschiedene Schaltungsvarianten (Bild 22.37). Bei der Brückenschaltung ist die am Schalttransistor maximal auftretende Spannung gleich der Eingangsspannung.

Der Transformator arbeitet nur gleichstromfrei, wenn die Einschaltdauer der beiden Schalttransistoren im Bild 22.37a exakt gleich ist. Anderenfalls kann der Transformator in die Sättigung geraten.

22.4.3. Regelschaltung. Schaltnetzteil-Ansteuerschaltkreis TDA 1060

Prinzip der Regelung. Wie bereits erwähnt, wird die Ausgangsspannung (bzw. der Ausgangsstrom) in den meisten Fällen mittels einer Tastverhältnisregelung konstant gehalten. Bild 22.38 erläutert dieses Regelprinzip. Ein definierter Teil der Ausgangsspannung (bzw. des Ausgangsstroms, falls dieser konstant gehalten werden soll) wird mittels eines Regelverstärkers mit einer konstanten Referenzspannung U_{ref} verglichen. Das Ausgangssignal des Regelverstärkers (die Regelabweichung) wird in einem Analogkomparator mit einer Sägezahnspannung verglichen. Diese Anordnung wirkt als Pulsdauermodulator (PDM).

Am Ausgang des PDM tritt eine Rechteckimpulsfolge mit der Oszillatorfrequenz auf, deren Tastverhältnis $V_T = t_p/T$ proportional zur Regelabweichung, d.h. zur Differenz zwischen rückgeführter Spannung und Referenzspannung ist. Die Basis des Schalttransistors wird über eine Treiberstufe angesteuert. Zusätzlich sind Schaltungen vorhanden, die den Schalttransistor vor Kurzschluß bzw. Leerlauf am Ausgang schützen.

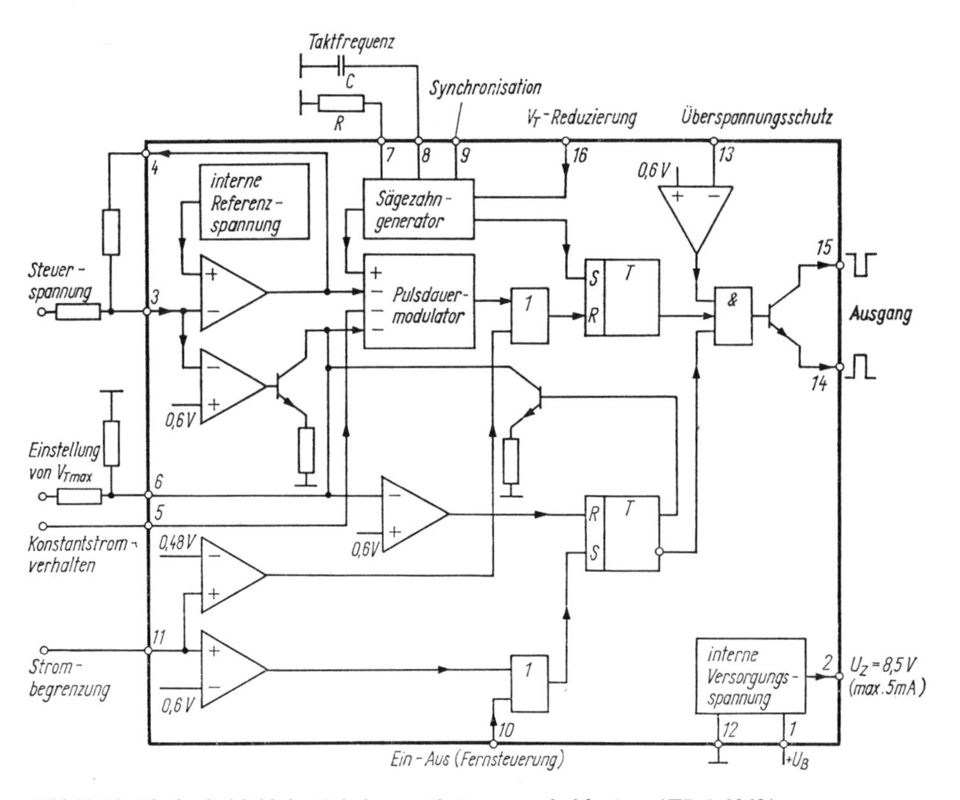

Bild 22.38. Blockschaltbild des Schaltnetzteil-Ansteuerschaltkreises (TDA 1060)

Ansteuerschaltkreis (TDA 1060). Da der Schaltungsaufwand zur Realisierung von Schaltnetzteilen relativ groß ist, werden fast ausschließlich spezielle Ansteuerschaltkreise verwendet, in denen die erforderlichen Steuer- und Regelschaltungen sowie Schaltungen zum Schutz des Schaltnetzteils vor unerlaubten Betriebsbedingungen integriert sind. Als typisches Beispiel eines solchen Ansteuerschaltkreises betrachten wir nachfolgend den Schaltkreis TDA 1060 (Valvo) [22.22] (Bild 22.38).

Dieser Schaltkreis ist für Schaltnetzteile geeignet, die nach dem Sperr- oder Durchflußwandlerprinzip arbeiten. Durch Zusatzbeschaltung mit zwei CMOS-Schaltkreisen eignet er sich auch für Gegentakt- und Doppeldurchflußwandler.

Der in einem 16-poligen DIL-Gehäuse enthaltene Schaltkreis beinhaltet folgende wesentliche Funktionsblöcke:

- interne temperaturkompensierte Referenzspannungsquelle ($\pm 10^{-4}$/K)
- extern beschaltbarer Regelverstärker
- Sägezahngenerator mit Zusatzeingängen für a) externe Synchronisation und b) Eingangsspannungsunterdrückung durch Reduzierung von V_T
- Pulsdauermodulator (Komparator) mit Zusatzeingängen für Tastverhältnisbegrenzung und Anschluß externer Regelverstärker; Tastverhältnisvariation zwischen 0 ... 95%
- Start-Stop-Schaltung
- Ausgangsstufe mit separat herausgeführtem Emitter und Kollektor
- Schutzschaltungen gegen Überspannung, zu niedrige Speisespannung, Regelschleifenstörung.

Der Betriebsspannungsbereich beträgt 10,2 ... 18 V. Die Stromaufnahme ist typisch 7,5 mA und der Betriebstemperaturbereich $\vartheta_a = -25 \ldots +85\,°C$. Wahlweise ist die Speisung aus einer Stromquelle (z. B. über Vorwiderstand aus der gleichgerichteten Netzspannung) möglich. Die Schaltung ist im Frequenzbereich von 100 Hz bis >300 kHz schwingfähig. Sie läßt sich auch als Impulsgenerator im Bereich von 15 Hz ... 150 kHz verwenden.

Weitere ausgewählte Beispiele von Ansteuerschaltkreisen für Schaltnetzteile:

a) für Eintaktwandler: TL 497; TDA 4919
b) für Eintakt- und Gegentaktwandler: TL 594; TDA 4918
c) wie b) und zusätzlich Gegentaktleistungstreiber zur Leistungs-MOSFET-Ansteuerung: MAX 628 (MOS); MC 34153 (Bipolar); SP 600 mit 500 V Potentialtrennung (MOS)

Galvanische Trennung der Regelschleife. Wenn die Ausgangsgleichspannung vom Netz galvanisch getrennt sein muß, muß im Regelkreis an geeigneter Stelle eine galvanische Trennung vorgesehen werden. Dazu gibt es folgende drei Möglichkeiten [21]:

1. Der gesamte Regelkreis liegt auf der Primärseite (Bild 22.39). Der Transformator enthält eine zusätzliche Meßwicklung. Die von dieser Wicklung abgeleitete Gleichspannung wird dem Eingang des Regelverstärkers als Istwert zugeführt. Da die Kopplung zwischen der Ausgangs- und der Meßwicklung nicht ideal ist, gilt keine exakte Proportionalität zwischen Istwert und Ausgangsspannung. Die Variante eignet sich daher nur für mittlere Genauigkeiten, vorzugsweise bei konstanter Last. Höhere Genauigkeit erzielt man mit den beiden folgenden Varianten.

   Die Vorteile der Primärregelung bestehen vor allem im vereinfachten Interface zwischen der Steuerung und dem Leistungsschalter. Für den Einsatz in direkt am Netz betriebenen, primärseitig geregelten Schaltnetzteilen wurden u.a. die Schaltkreise UC 1840 und UC 1842 (Unitrode Electronics) entwickelt, mit denen kostengünstige Lösungen realisierbar sind.

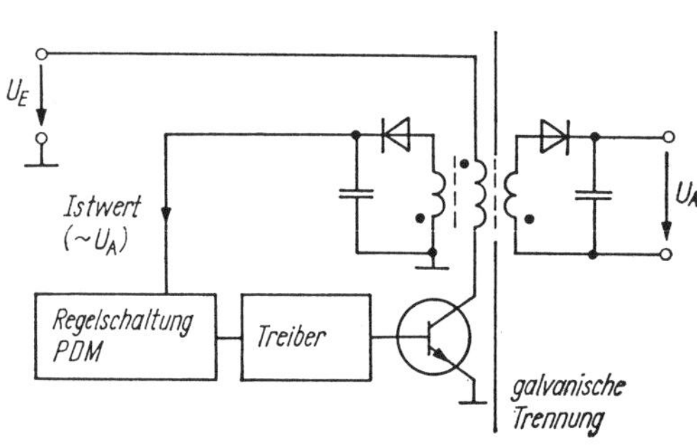
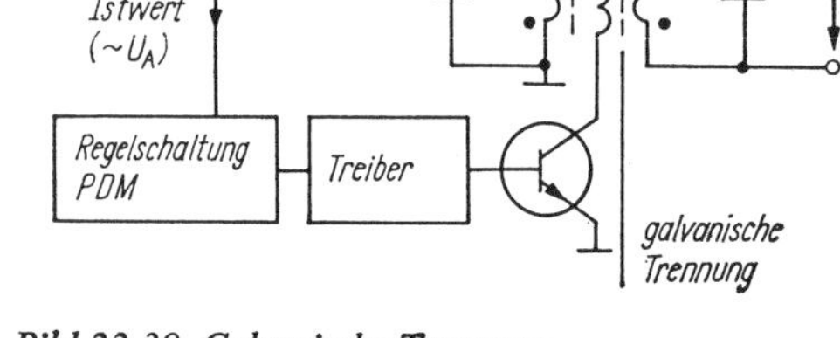

Bild 22.39. Galvanische Trennung durch primärseitige Regelschaltung

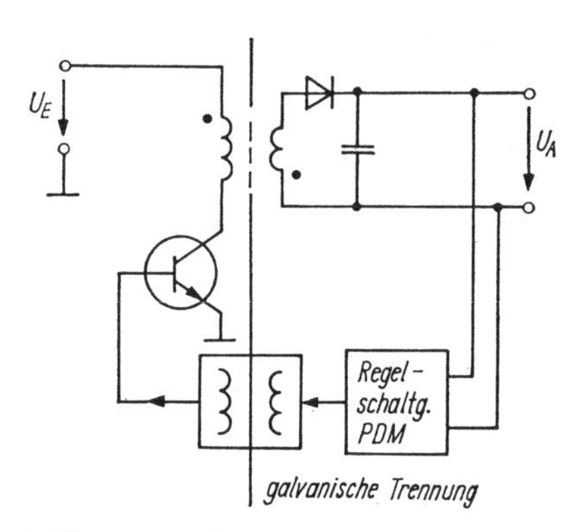

Bild 22.40. Galvanische Trennung durch sekundärseitige Regelschaltung

2. Regelschaltung auf der Sekundärseite (Bild 22.40). Hier erfolgt der Soll-Istwert-Vergleich auf der Sekundärseite. Die galvanische Trennung hat daher praktisch keinen nachteiligen Einfluß auf die Regelgenauigkeit. Allerdings muß die Betriebsspannung der Regelschaltung galvanisch vom Netz getrennt werden, z.B. durch einen zusätzlichen kleinen Netztransformator mit Gleichrichter und Ladekondensator. Falls die Stromversorgung der Regelschaltung aus der Sekundärwicklung entnommen wird, ist eine gesonderte Anlaufschaltung erforderlich, die den Wandler anschwingen läßt und sich danach abschaltet. Bei kleinen Ausgangsleistungen wird die Ansteuerschaltung zweckmäßigerweise einfach aus der gleichgerichteten Netzspannung gespeist (realisierbar z. B. mit dem Typ TDA 1060).

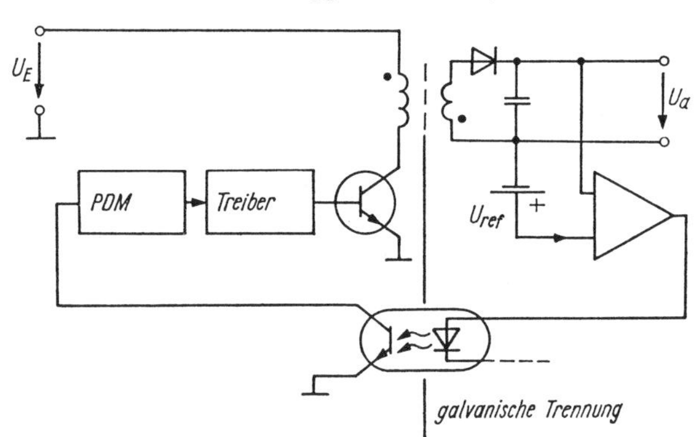

Bild 22.41 Galvanische Trennung innerhalb der Regelstrecke

3. Galvanische Trennung innerhalb der Regelstrecke (Bild 22.41). Häufig wird die galvanische Trennung mittels eines Optokopplers vor dem Pulsdauermodulator vorgenommen. Im Falle des Bildes 22.28 wird die Güte der Stabilisierung durch unvermeidliche Langzeitänderungen des Optokopplers verschlechtert. Günstiger in dieser Hinsicht ist die Variante nach Bild 22.41. Hier wirken sich Änderungen der Übertragungskennlinie des Optokopplers praktisch nicht aus, weil der Soll-Istwert-Vergleich wie bei Variante 2 auf der Sekundärseite erfolgt.

Schaltnetzteil ohne galvanische Trennung. Unter Verwendung von Schaltreglern, die zusätzlich Gleichrichter im Eingangskreis enthalten (Beispiel: MAX 610, 611), läßt sich in einfacher Weise aus der Netzwechselspannung 110 bzw. 220 V eine stabilisierte Gleichspannung von z. B. 5 V bei Ausgangsströmen $\leqq$ 50 mA erzeugen.

Zu beachten ist allerdings, daß die Ausgangsgleichspannung vom Netz nicht isoliert ist! Der Eingang des Bausteins MAX 610, 611 wird über eine Kapazität von 1 ... 2 µF mit parallelgeschaltetem 1-MΩ-Widerstand (zur schnellen Entladung des Kondensators nach dem Abschalten der Netzspannung, Schutz vor zu hohen Spannungen) bzw. bei Ausgangsströmen $\leq$ 10 mA über einen Vorwiderstand von 8 ... 16 kΩ an das Wechselspannungsnetz angeschlossen [22.28].

22.4.4. Beispiel eines Schaltnetzteils [22.2]

Bild 22.42 zeigt die Schaltung eines Schaltnetzteils mit Sperrwandler für eine Ausgangsleistung von 70 W (U_A = 28 V, I_A = 2,5 A). Der Hochspannungsschalttransistor $T2$ (SU 165 mit $U_{CE\,max}$ = 900 V und $I_{C\,max}$ = 2,5 A) wird über den Emitterfolger/Treibertransistor $T1$ angesteuert. Diesem Treibertransistor wird vom Ausgangsanschluß 14 des

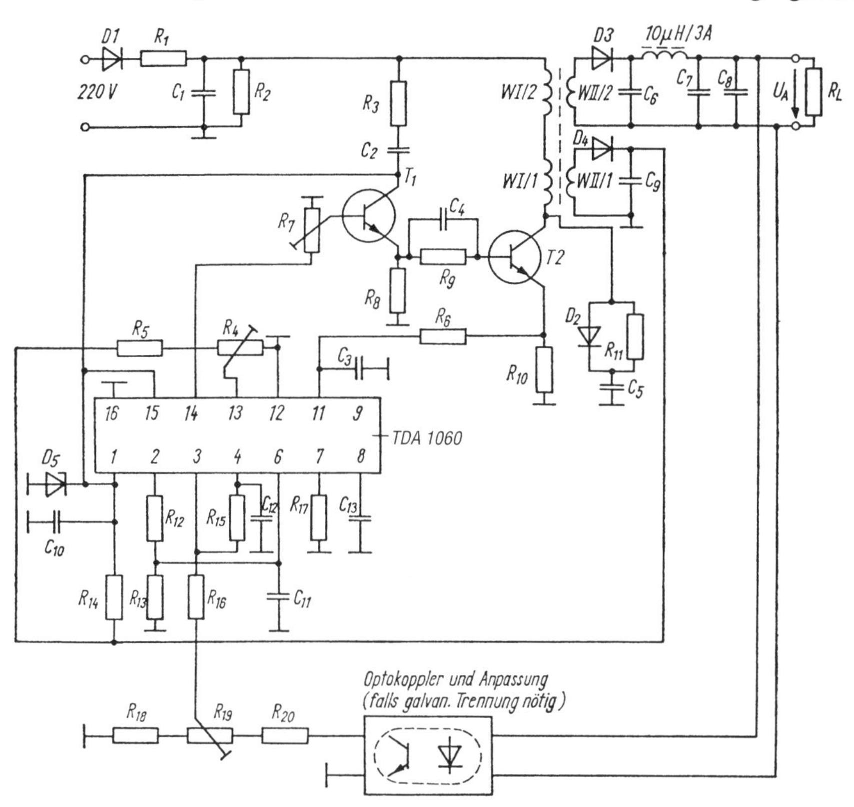

Bild 22.42. Schaltbild eines 70-W-Schaltnetzteils mit Sperrwandler [22.22]

Dimensionierung der Bauelemente:

R_1 = 4,7 Ω/4 W; R_2 = 33 kΩ/12 W; R_3 = 470 Ω/8 W; R_4 = Einstellregler 1 kΩ; R_5 = 12 kΩ; R_6 = 220 Ω;
R_7 = Einstellregler 1 kΩ; R_8 = 470 Ω; R_9 = 100 Ω;
R_{10} = 0,15 Ω; R_{11} = 1,8 kΩ/8 W; R_{12} = 13 kΩ;
R_{13} = 4,7 kΩ; R_{14} = 10 Ω; R_{15} = 100 kΩ; R_{16} = 4,7 kΩ;
R_{17} = 20 kΩ; R_{18} = 470 Ω; R_{19} = 1 kΩ; R_{20} = 8,2 kΩ;
C_1 = 220 µF/350 V; C_2 = 22 µF/350 V; C_3 = 1 nF/63 V;
C_4 = 0,1 µF/63 V; C_5 = 1,5 nF/1,5 kV; C_6 = 2 × 220 µF/80 V;
C_7 = 470 µF/50 V; C_8 = 10 nF/63 V; C_9 = 100 µF/40 V;
C_{10} = 4,7 µF/16 V; C_{11} = 4,7 µF/16 V; C_{12} = 10 nF/63 V;
C_{13} = 3,3 nF/63 V; T 1: SF 126 D; T 2: SU 165; D 1: SY 320/8; D 2: SY 335/8; D 3: SY 185/1; D4: SY 135; D 5: SZ 600/12;
Wandlertransformator: EE 55/Mf 183/AL 6000
W I/1: 74 W/0,4 CuL; W I/2: 48 W/0,4 CuL;
W II/1: 8 W/0,4 CuL; W II/2: 19 W/2 × 0,8 CuL

Schaltkreises B 260 die tastverhältnismodulierte Rechteckimpulsfolge $f \approx 18$ kHz zugeführt. Die Netzwechselspannung von 220 V $\pm$ 20% wird zunächst gleichgerichtet. Am Eingang des Schaltreglers steht daher eine Gleichspannung von maximal $U_{\text{Emax}} = (200\,\text{V} + 20\,\%)\sqrt{2} = 375\,\text{V}$ zur Verfügung. Im Interesse eines großen Wirkungsgrades wird die Betriebsspannung für den Schaltkreis B260 und für den Treibertransistor *T*1 nicht direkt aus der gleichgerichteten Netzspannung gewonnen (z. B. über einem Vorwiderstand), sondern mit Hilfe der Wicklung W II/1 erzeugt. Da diese Spannung unmittelbar nach dem Einschalten des Schaltnetzteils noch nicht zur Verfügung steht, erfolgt während dieser Zeit kurzzeitig die Spannungsversorgung über C_2 und R_3.

Die Kombination R_9, C_4 sorgt in der Sperrphase für das Ausräumen der Basisladung des Schalttransistors *T*2. Die Elemente *D*2, R_{11} und C_5 bilden das SOAR-Schutzglied für *T*2. Die Widerstände R_{12} und R_{13} begrenzen das maximale Tastverhältnis der Rechteckimpulsfolge auf etwa 0,5 und bilden in Verbindung mit C_{11} das Zeitglied für das langsame Anlaufen der Schaltung. Die Ausgangsspannung ist durch R_{19} einstellbar.

Die Diode *D*5 schützt den Schaltkreis vor Spannungsspitzen. Die Überspannungsbegrenzung der Ausgangsspannung ist mittels R_4 einstellbar. Als Überstromschutz wirkt der im Emitterkreis von *T*2 liegende Widerstand R_{10} in Verbindung mit dem Strombegrenzungseingang 11 des Schaltkreises.

Im Bild 22.42 wurden die zum Einhalten der Störstrahlungsbestimmungen erforderlichen Maßnahmen (Netzfilter, Schirmwicklungen am Wandlertransformator, Abschirmung) nicht dargestellt. Diese Maßnahmen sind infolge der steilen Schaltflanken von großer Wichtigkeit, da bereits Oberwellen der Schaltfrequenz ab der 6. Harmonischen im Langwellenbereich liegen. Hinweise zur Lösung dieses Problems findet man z. B. in [21] [22.23]. Die Schaltung im Bild 22.42 hat eine Abweichung der Ausgangsspannung von $<1\,\%$. Die Welligkeit der Ausgangsspannung ist $<0{,}5\,\%$. Falls eine galvanische Trennung zwischen der Ausgangsspannung U_A und der Netzspannung erforderlich ist, muß in den Signalweg des Regelkreises ein Optokoppler eingefügt werden, wie es im Bild 22.42 angedeutet ist. Bei geringeren Anforderungen an die Stabilität der Ausgangsspannung kann der Istwert jedoch auch einfacher wie im Bild 22.39 gewonnen werden.

22.4.5. Weiterer Trend

In Zukunft wird der Einsatz von V-MOS-Leistungs-FET in Schaltreglern eine große Rolle spielen. Diese FET kombinieren die hohe Leistung und die hohe Strom- und Spannungsfestigkeit von Bipolartransistoren mit dem hohen Eingangswiderstand, der hohen Verstärkung sowie einem linearen Übertragungsverhalten und den guten HF-Eigenschaften bisher bekannter MOSFETs. Gegenüber bipolaren Leistungstransistoren weisen sie eine Reihe von Vorteilen auf (vgl. Abschn. 7.3.):

- hohe Stromdichte (z. B. $I_D = 16$ A realisierbar)
- hohe Durchbruchspannung zwischen Drain und Source (400 V)
- kein zweiter Durchbruch; bei Erwärmung sinkt der Drainstrom
- keine Temperaturdrift, negativer Temperaturkoeffizient
- weitgehend lineares Übertragungsverhalten (I_D zu U_{GS})
- hoher Eingangswiderstand
- kleine Gate-Source-Kapazität
- große Steilheit
- niedrige Rückwirkungskapazität.

Wegen der geringen Schaltzeiten können V-MOSFETs mit Schaltfrequenzen von einigen hundert kHz betrieben werden (z.B. 500 kHz). Diese hohe Schaltfrequenz bringt erhebliche Vorteile: Induktivitäten werden räumlich kleiner, die ausgangsseitige Siebung wird weniger aufwendig.

22.5. Pufferbetrieb. Funkentstörung

In bestimmten Fällen müssen elektronische Geräte während eines Netzausfalls ihre Funktion aufrechterhalten. Dabei treten unterschiedliche Forderungen auf:

- völlig unterbrechungsfrei arbeitende Stromversorgung, z.B. bei Prozeßrechnern und Speichern (damit keine gespeicherte Information verlorengeht)
- Kurzzeitunterbrechung (z.B. ms-Bereich bis >100 ms) ist zulässig, z.B. bei Stellmotoren u.dgl.

Diese unterschiedlichen Forderungen lassen sich mit unterschiedlichen Mitteln erfüllen. Völlig unterbrechungsfreie Stromversorgung erhält man durch

- Parallelbetrieb (Pufferbetrieb) des Netzgerätes mit einer Batterie
- Motor-Generator-Einheiten mit Schwungscheibe, bei denen kurzzeitige Netzausfälle bzw. -einbrüche durch die Trägheit der Schwungscheibe unwirksam werden.

Falls eine Kurzzeitunterbrechung zulässig ist, kann

- die Hilfsenergieversorgung bei Netzausfall auf eine Batterie umgeschaltet werden (Bereitschafts- und Umschaltebetrieb),
- ein Dieselaggregat die Hilfsenergieversorgung übernehmen (evtl. Kurzzeitüberbrükkung durch Batterie o.ä. nötig).

Besonders thyristorbestückte Stromversorgungsgeräte erzeugen infolge ihrer steilen Schaltflanken beträchtliche HF-Störspannungen, die vom Netz und von anderen Geräteteilen ferngehalten werden müssen. Je nach erforderlicher Störunterdrückung müssen deshalb einfache oder umfangreichere Funkentstörmittel zwischen den Netzeingang und das Netzteil geschaltet werden (Bild 22.43).

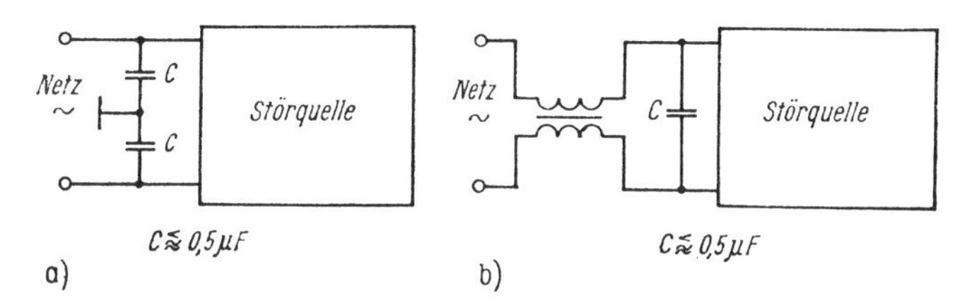

Bild 22.43
Beispiele zur Funkentstörung bei Netzteilen
a) mit Entstörkondensatoren
b) mit Stabkerndoppeldrossel und Entstörkondensator

Bei hohen Anforderungen ist eine gute Abschirmung der Störquellen erforderlich (Leitungsdurchführungen über HF-Filter, Durchführungskondensatoren u.dgl.).

Von entscheidender Bedeutung für die Funktion elektronischer Geräte ist aber auch das Fernhalten auf dem Netz vorhandener Störspannungen von den elektronischen Funktionseinheiten. Auch diese Aufgabe wird in der Regel mit Entstörkondensatoren und Entstördrosseln sowie durch Abschirmungsmaßnahmen gelöst.

22.6. Zukünftige Entwicklung

Die weitere Entwicklung ist gekennzeichnet durch

- zunehmenden Einsatz integrierter Stabilisierungsbausteine (bei großen Leistungen ist Leistungstransistor außen anschaltbar (Wärmeabfuhr)).
  Bereits heute ist ein umfangreiches Typensortiment für praktisch alle Anforderungen auf dem Markt; oft ist die Ausgangsspannung in weitem Bereich durch äußere Widerstände einstellbar.
- Einsatz dieser (im Preis fallenden) Stabilisierungsbausteine direkt auf den Leiterplatten, vor allem bei digitalen Schaltungen (größere Flexibilität bei der Wahl der Betriebsspannungen; Reduzierung von Störspannungen auf Betriebsspannungsleitungen);
- zunehmender Einsatz kompakter und bei kleinen Leistungen von z.B. 1 W (Wärmeabfuhr) vergossener Netzbausteine, Gleichspannungswandler und Wechselrichter;
- weitere Verbilligung vor allem der integrierten Stabilisierungsbausteine;
- zunehmende Verwendung von Schaltreglern und netztransformatorlosen Stromversorgungen.
- Erhöhung der Schaltfrequenz (>100 kHz ... 1 MHz) in Verbindung mit dem Einsatz von Leistungs-MOSFETs (eine Größenordnung höhere Schaltfrequenz als Bipolartransistoren), verlustärmeren Kondensatoren und Ferriten. Größere Bedeutung kommt hierbei den parasitären Kapazitäten und Induktivitäten zu.

Zukünftig werden auch neue Konzepte von Stromversorgungseinheiten eine größere Rolle spielen. Typisches Beispiel: Resonanzkonverter unter Verwendung von Resonanzkreisen. Bei diesen Schaltnetzteilen bzw. Schaltreglern schaltet der Schalttransistor beim Stromnulldurchgang. Er wird zu dem Zeitpunkt eingeschaltet, zu dem die Spannung über dem Transistor durch Null geht. Durch dieses „weiche Schalten" werden die Schaltverluste auf Kosten eines höheren Schaltungsaufwandes erheblich reduziert, und die Übergangszeit beim Schaltvorgang ist weniger kritisch.

Literaturverzeichnis

[1] *Seifart, M.:* Analoge Schaltungen und Schaltkreise. 2. Aufl. Berlin: VEB Verlag Technik 1982.
[2] *Seifart, M.:* Digitale Schaltungen. 4. Aufl. Berlin: Verlag Technik 1990.
[3] *Tietze, U.; Schenk, Ch.:* Halbleiterschaltungstechnik. 10. Aufl. Berlin, Heidelberg, New York: Springer-Verlag 1993.
[4] *Herpy, M.:* Analoge integrierte Schaltungen. Budapest: Akadémiai Kiadó 1976 und 1980.
[5] *Millman, J.; Halkias, Ch.C.:* Integrated Electronics: Analog and digital circuits and systems. Tokyo u.a.: McGraw-Hill Kogakusha, Ltd. 1972.
[6] *Graeme, J.G.; Tobey, G.E.; Huelsman, L.P.:* Operational amplifiers. New York, Toronto, London: McGraw-Hill-Book Company 1971.
[7] *Möschwitzer, A.; Lunze, K.:* Halbleiterelektronik. Lehrbuch. Berlin: VEB Verlag Technik 1988. Heidelberg: Dr. Alfred Hüthig Verlag 1988.
[8] *Rumpf, K.-H.:* Bauelemente der Elektronik. Berlin: VEB Verlag Technik 1988.
[9] *Hillebrand, F.:* Feldeffekttransistoren in analogen und digitalen Schaltungen. München: Franzis-Verlag 1972.
[10] *Lange, F.H.:* Signale und Systeme, Band 2. Berlin: VEB Verlag Technik 1968.
[11] *Unger, H.-G.; Schultz, W.:* Elektronische Bauelemente und Netzwerke I und II. Braunschweig: Dr. Vieweg Verlag 1968/69.
[12] *Connelly, J.A.:* Analog integrated circuits. New York u.a.: John Wiley & Sons 1975.
[13] *Graeme, J.G.:* Applications of operational amplifiers. Third generation techniques. New York u.a.: McGraw-Hill Book Company 1973.
[14] *Schmid, Hermann:* Electronic Analog/Digital Conversions. New York: Van Nostrand Reinhold Company 1970.
[15] *Lukes, J.H.:* Halbleiter-Dioden-Schaltungen. München: Oldenbourg-Verlag 1969.
[16] *DeWitt, G.Ong.:* Modern MOS Technology: Processes, Devices, and Design. New York: McGraw-Hill Book Company 1986.
[17] *Höfflinger, B.; Zimmer, G.* (Hrsg.): Hochintegrierte analoge Schaltungen. München, Wien: R.Oldenbourg Verlag 1987.
[18] *Zander, H.:* Datenwandler. Würzburg: Vogel-Buchverlag 1985.
[19] *Lunze, K.:* Einführung in die Elektrotechnik. Berlin: Verlag Technik 1991.
[20] *Kurz, G.* (Hrsg.): Analoge Schaltungen. Berlin: Militärverlag 1979.
[21] *Wüstehube, J.* (Hrsg.): Schaltnetzteile. Grafenau: expert-Verlag 1979.
[22] *Allen, Ph. E.; Holberg, D. R.:* CMOS Analog Circuit Design. Fort Worth: Holt, Rinehart and Winston 1987.
[23] *Hoefer, E.; Nielinger, H.:* SPICE. Berlin, Heidelberg: Springer-Verlag 1985.
[24] *Tuinenga, P. W.:* SPICE. 2. Aufl. N.J.: Prentice Hall 1992.
[25] *Höfflinger, B.; Zimmer, G.:* Hochintegrierte analoge Schaltungen. München, Wien: Oldenbourg-Verlag 1987.
[26] *Amos, Stanley W.:* Transistorschaltungen. Entwurf und Arbeitsweise. 7. Aufl. Weinheim: VCH 1991.
[27] *Kennedy, E. J.:* Operational Amplifier Circuits. Fort Worth: Holt, Rinehart and Winston 1988.
[28] *Duyan; Hahnloser; Traeger:* PSpice. Eine Einführung, 2. Aufl. Stuttgart: B. G. Teubner Studienskripten, Bd. 143, 1992.
[29] *Kühnel, C.:* Schaltungssimulation mit PSPICE. München: Franzis-Verlag 1993.
[30] *Rosenstiel, W.; Camposano, R.:* Rechnergestützter Entwurf hochintegrierter MOS-Schaltungen. Berlin, Heidelberg: Springer Verlag 1989.

[1.1] *Riedel, F.:* Das Frequenzverhalten integrierter MOS-Verstärkerstufen in Einkanaltechnik. Z. elektr. Inform.- u. Energietechnik. Leipzig 13 (1983) H.3, S.193–224.
[2.1] *Zimmermann, R.:* Kühlvorrichtungen für Transistoren. rfe 25 (1976) H.22, S.717–721.

[2.2] *Reich, S.:* Vorspannungserzeugung bei MOS-Feldeffekttransistoren. Funk-Technik 26 (1971) Nr. 6, S. 201–204.

[3.1] *Helms, W.J.:* Designing class A amplifiers to meet specified tolerances. Electronics 47 (1974), 8. Aug. S. 115–118.

[4.1] *Kupfer, K.:* Temperaturverhalten von SFETs in Differenzverstärkern. rfe 27 (1978) H. 2, S. 80–81.

[4.2] *Kupfer, K.:* Die Differenzkaskodestufe. rfe 26 (1977) H. 9, S. 307–310.

[4.3] *Harms, G.:* Grundlagen und Praxis der Linearverstärker. elektrotechnik 56 H. 11, 6. 6. 1974, S. 25–26.

[4.4] *Jehmlich, W.:* Betrachtungen zum Differenzverstärker aus applikativer Sicht. rfe 26 (1977) H. 23/24, S. 773–776.

[4.5] *Jehmlich, W.:* Betrachtungen zum statischen Verhalten einer Differenzverstärkerstufe mit FET. rfe 26 (1977) H. 19/20, S. 662–665.

[4.6] *Schneider, W.:* Operationsverstärker mit extrem hohem Eingangswiderstand. rfe 25 (1976) H. 14, S. 450–451.

[5.1] *Seifart, M.; Barenthin, K.:* Galvanisch getrennte Übertragung von Analogsignalen mit Optokopplern. NT 27 (1977) H. 6, S. 246–249.

[6.1] *Leidich, A.:* Grundsätzliche Schaltungskonzepte monolithisch integrierter Linearschaltungen. Funk-Technik 30 (1975) Nr. 10, S. 278–284 und Nr. 11, S. 308–311.

[6.2] *Lee, Ch.M.; Szeto, E.W.:* Zipper CMOS. IEEE Circ. a. Devices Magazine, Vol. 2, Nr. 3, Mai 1986, S. 10–17.

[6.3] *Chen, J.Y.:* CMOS-The Emerging VLSI Technology. IEEE Circ. a. Devices Mag., Vol. 2, Nr. 2, März 1986, S. 16–31.

[6.4] *Goerth, J.:* Stromspiegel-Schaltungen. Valvo Berichte Bd.XIX H. 3, S. 107–114.

[6.5] *Friedrich, W.:* Schaltungsaufbau integrierter Operationsverstärker. rfe 26 (1977) H. 23/24, S. 770 bis 773.

[6.6] *Kash, R.:* Building quality analog circuits with CMOS logic arrays. Electronics 54 (1981) 11. Aug., S. 109–112.

[6.7] *Barenthin, K.:* Die Gestaltung integrierender Analogwertumsetzer. Dissertation A Techn. Hochsch. Magdeburg 1985.

[6.8] *Roddy, D.; Coolen, J.:* Electronics: Theory, Circuits and Devices. Reston Publishing Comp., Inc. Reston, Virginia 1982.

[6.9] *Krauß, M.:* Beiträge zur Weiterentwicklung der CMOS-Analog-Schaltkreistechnik. Diss. B, TU Dresden.

[6.10] *Habekotté, E.* u.a.: State of the Art in the Analog CMOS Circuit Design. Proc. of the IEEE, Vol. 75, No. 6, Juni 1987, S. 816–828.

[6.11] *Fichtel, J.* u.a.: Grundlagen der analogen und digitalen Schaltungstechnik mit BiCMOS. me Bd. 2 (1988) H. 3, S. 108–111.

[6.12] Quintessenz, Ausgabe 4, Juni 1993, S. 1 u. 9. Burr Brown.

[6.13] –: HSPICE/SPICE Interface and SPICE 2G.6 Reference Manual Version 4.0, September 1990. Cadence.

[6.14] *Siegl, J.; Eichele, H.:* Hardwareentwicklung mit ASIC. Heidelberg: Hüthig 1990.

[6.15] *Kemper, A.; Meyer, M.:* Entwurf von Semicustom-Schaltungen. Berlin, Heidelberg: Springer Verlag 1989.

[6.16] *Trontelj, J.; Trontelj, L.; Shenton, G.:* Analog Digital ASIC Design. New York; London: Mc Graw-Hill Book 1989.

[6.17] *Giacomo, J. Di:* VLSI Handbook. New York: McGraw-Hill 1989.

[7.1] *Herchner, D.:* NF-Leistungsverstärker in integrierter Technik. Funk-Technik 30 (1975) Nr. 11, S. 304–306 u. Nr. 13, S. 380–381.

[7.2] *Sax, H.:* ICs steuern 200 W-Brückenverstärker. Funk-Technik 38 (1983) H. 5, S. 196–198.

[7.3] *Palara, S.; Cossi, F.:* Monolithische Darlington-Transistorpaare vereinfachen Verstärkertechnik. Elektronik 25 (1976) H. 5, S. 53–56.

[7.4] *Friedenberger, D.:* Schutzmaßnahmen für Leistungsendstufen. rfe 25 (1976) .H. 15, S. 505–506.

[7.5] *Reinarz, K.-E.:* Komplementär-Endstufen kleiner und mittlerer Leistung Funk-Technik 26 (1971) Nr. 18, S. 699–700.

[7.6] *Kunert, M.; Schröder, R.:* Sicherer Arbeitsbereich (SOAR) für Leistungstransistoren. rfe 27 (1978) H. 2, S. 75–79.

[7.7] *Schwager, B.:* Leistungs-Operationsverstärker TCA 365. Funktechnik 37 (1982) H. 4, S. 142 bis 144.

[7.8] *Mende, H.G.:* Die sogenannten D-Verstärker. Funkschau 38 (1966), H. 21, S. 653–655.

[7.9] –: Der PWM-Verstärker. Funkschau 49 (1977) H.2, S.85–86.
[7.10] *Vack, G.-U.*: Schaltungstechnik des D-Verstärkers. rfe 24 (1975) H.24, S.789–793.
[7.11] *Vack, G.-U.*: D-Verstärker. rfe 24 (1975) H.23, S.753–755.
[7.12] *Bitterling, K.*: Der digitale E-Verstärker. Funkschau 46 (1974) H.18, S.703–704.
[7.13] *Meindl, J.D.*: Micropower circuits. New York u.a.: John Wiley & Sons, Inc. 1969.
[7.14] *Jünger, H.*: 25 W-Endstufe mit integriertem Operationsverstärker. rfe 24 (1975) H.18, S.592–593.
[7.15] *Jungnickel, H.*: Leistungs-MOSFETs. rfe 31 (1982) H.10, S.655–658.
[7.16] *Friedrich, W.*: Anwendung von VMOS-Leistungstransistoren. rfe 32 (1983) H.11, S.693–696.
[7.17] Information und Applikation Mikroelektronik Heft 1. VEB Halbleiterwerk Frankfurt 1980.
[7.18] *Stengl, J.P.; Tihanyi, J.*: Leistungs-MOSFET-Praxis. München: R.Pflaum Verlag KG 1985.
[7.19] *Patni, C.K.*: Leistungs-MOSFET in Brückenschaltungen. eee nr. 17, 1.9.1987, S.49–50.
[7.20] *Hebenstreit, E.; Zlabinger, H.*: SIRET – ein superschneller 1000-V-Bipolartransistor. eee Nr.4, 16.2.1988, S.29.
[8.1] *Kuo, B.*: Automatische Steuerungs- und Regelungstechnik. Berlin: VEB Verlag Technik 1971.
[8.2] *Xander, K.; Enders, H.H.*: Regelungstechnik mit elektronischen Bauelementen. 2.Aufl. Düsseldorf: Werner Verlag 1973.
[9.1] *Schilling, D.L.; Belove, Ch.*: Electronic Circuits: Discrete and integrated. New York: McGraw-Hill Book Company 1968.
[9.2] *Steudel, E.; Wunderer, P.*: Gleichstromverstärker kleiner Signale. Frankfurt/Main: Akademische Verlagsgesellschaft 1967.
[9.3] s. [17]
[9.4] *Mennenga, H.*: Operationsverstärker. 2.Aufl. Berlin. VEB Verlag Technik 1984.
[10.1] *Knopke, K.-E.*: Frequenzkompensation des Operationsverstärkers A 109C. rfe 23 (1974) H.18, S.595–598.
[10.2] *Roth, M.; Russ, Th.*: Modifizierte Frequenzkorrektur integrierter Operationsverstärker. rfe 24 (1975) H.13, S.430, 435–437.
[10.3] s. [17]
[10.4] s. [5]
[10.5] *Aigringer, M.; Heymel, G.; Unger, H.; Zietkowski, K.*: Frequenzkompensierter Operationsverstärker μA 709 mit hoher Slew-Rate. rfe 22 (1973) H.24, S.804–806.
[11.1] *Franco, S.*: Current-feedback amplifiers benefit high-speed designs. EDN (1989) H. 1, S. 161–172.
[11.2] *Kühnel, C.*: Verbesserte Operationsverstärkereigenschaften durch neues Schaltungskonzept. rfe36 (1987) H.9, S.563–565.
[11.3] *Harms, G.*: Grundlagen und Praxis der Linearverstärker. elektrotechnik 57 (1975) H.6, S.27–28, H.7, S.37–38 u. H.8, S.31–32.
[11.4] *Adlerstein, Sid:* Focus on Linear-IC Amplifiers. Electronic design 4 (1977) 15.Febr., S.72–80.
[11.5] Der Zerhacker-Verstärker. Arbeitsblatt Nr.89. Elektronik 24 (1975) H.4, S.109–110 u. H.5, S.91–92.
[11.6] *Fischer, B.*: Das Chopperprinzip – eine Möglichkeit zur Verringerung von Drifterscheinungen in Gleichspannungsverstärkern. rfe 24 (1975) H.20, S.671–672.
[11.7] *Seifart, M.*: Spannungsspitzen bei Meßzerhackern mit Feldeffekttransistoren. NT 23 (1973) H.8, S.306–309.
[11.8] *Turban, K.A.*: Konstruktionsgesichtspunkte für Präzisions-Meßverstärker nach dem FET-Chopperprinzip. ATM 429 (Oktober 1971) S. R 121–R 124.
[11.9] *Seifart, M.; Kriesel, W.*: Elektrisch-analoge Funktionseinheiten zur Informationsverarbeitung. In: Töpfer, H.; Kriesel, W. (Herausg.): Funktionseinheiten der Automatisierungstechnik. 5. Aufl., Berlin: VEB Verlag Technik 1988.
[11.10] *Klein, G.; Zaalberg van Zelst, J.J.*: Präzisions-Elektronik. Hamburg: Philips Fachbücher 1972.
[11.11] *Schubert, G.*: Gleichspannungsverstärker. Berlin: VEB Verlag Technik 1971.
[11.12] *Harms, G.*: Grundlagen und Praxis der Linearverstärker, 17.Folge. elektrotechnik 57 (1975) H.11, S.21–22.
[11.13] Electrometer measurements, 2.Aufl. Cleveland, Ohio, USA: Keithley Instruments, Inc. 1977.
[11.14] Chopper-stabilized op amps combines MOS and bipolar elements on one chip. Electronics 46 (1973) H.19, S.110–114.
[11.15] Chopper-stabilized IC op amps achieve precision, speed, economy. Electronics 46 (1973) H.16 S.85–90.
[11.16] *Dostál, J.*: Operationsverstärker. Berlin: Verlag Technik 1989.
[11.17] Linear and conversion IC products. Fa. Precision Monolithics, Inc. USA 1976.

[11.18] *Riedel, F.:* Entwurf von MOS-Komparatoren für A/D-Konverter. Z. elektr. Inform.- und Energietechnik 13 (1983) H.6, S.519–543.

[11.19] Neue Operationsverstärker des HFO. Vortragsbände des 9. bis 11. Halbleiterbauelemente (Mikroelektronik)-Symposiums Frankfurt/O. 1981, 1983, 1985.

[11.20] *Kamenka, D.:* Programmierbare Kleinleistungsoperationsverstärker B 176 D und B 177 D. rfe 32 (1983) H.5, S.281–284.

[11.21] *Hosticka, B.J.; Schumacher, K.:* Vom Transistor zum integrierten Systembauelement, Teil 3. Elektronik 32 (1983) H.5, S.48–52.

[11.22] *Byrne, M.; Cartney, D. Mc:* Kleine Signale – präzise gemessen. Elektronik 24 (1992) H. 4, S. 44 ... 53.

[12.1] *Stitt, M.R.:* Conquer common-mode limits with difference-amp IC. Electronic Design, 3.9.1987, S.105–107.

[12.2] Miller- und Bootstrap-Schaltung, Ladungsverstärker. Elektronik 23 (1974) H.10, S.399–400 (Arbeitsblatt Nr.85, Teil 2).

[12.3] *Bobe, W.:* Applikationen der linearen IS MA 3005/MA 3006. rfe 23 (1974) H.11, S.350–352.

[12.4] *Schürmann, J.:* Sperrschicht- und MOS-FET-Schaltungskonzepte. Funk-Technik 31 (1976) H.22, S.720–723 u. H.23, S.818–820.

[12.5] *Gutsche, B.:* Integrierter Bild-ZF-Verstärker mit Demodulator A 240 D. rfe 26 (1977) H.9, S.287–290.

[12.6] *Mathys, E.:* Moderne ZF-Verstärker-Konzeption für Hi-Fi-FM-UKW-Empfänger. Funk-Technik 26 (1971) H.3, S.89–90.

[12.7] *Edelmann, P.:* A 220 D – ein integrierter FM-ZF-Verstärker mit Demodulator. rfe 24 (1975) H.20, S.653–656.

[12.8] *Jüngling, H.:* Aufbau und Einsatz des integrierten AM-FM-ZF-Verstärkers A 281 D. rfe 24 (1975) H.19, S.619–622.

[12.9] *Brautzsch, W.; Krause, H.:* 10,7-MHz-ZF-Verstärker mit integrierten Schaltungen. rfe 26 (1977) H.21/22, S.699–701.

[12.10] *Schreiber, H.:* Bipolar- oder Feldeffekttransistor im Empfängereingang? Funk-Technik 26 (1971) Nr.23, S.890.

[12.11] *Lampe, L.:* Neues monolithisches 10,7 MHz-Piezofilter. rfe 26 (1977) H.1, S.27–28.

[12.12] *Luber, G.:* Kreuzmodulationsfester Fernseh-Tuner mit FET-VHF-Mischstufe. Funk-Technik 31 (1976) H.3, S.52–54.

[12.13] Integrierter Video- und ZF-Verstärker. Funk-Technik 31 (1976) H.10, S.300–302.

[12.14] *Schürmann, J.:* Multiplikative Mischer im UKW-Bereich. Funk-Technik 31 (1976) H.19, S.622.

[12.15] Analogschaltkreise. Prospektunterlagen der Fa. Precision Monolithics 1984.

[12.16] *Soderquist, D.:* Minimization of noise in operational amplifier applications. Application Note AN-15 der Fa. Precision Monolithics, Inc. USA 1975.

[12.17] *Motchenbaucher, C.D.; Fitchen, F.C.:* Low noise electronic design. New York: John Wiley & Sons 1973.

[12.18] *Köstner, R.:* Grundlagen des Entwurfs integrierter Analogschaltungen. In: Mitteilungen der Sektion „Technische Verkehrskybernetik“ der Hochschule für Verkehrswesen „Friedrich List“ Dresden, Nr.3 („Integration von Analogschaltungen“) Dresden, Januar 1977.

[12.19] *Sheingold, D.H.:* Analog-digital Conversion handbook. Norwood, Mass. USA: Analog Devices, Inc. 1972.

[12.20] *Smith, G.; Friedrich, R.:* Trennverstärker durchbrechen Preis- und Spannungsbarrieren. Der Elektroniker, Heft 10 (1987), S.63–65.

[12.21] *Atwell, B.:* Schaltungstips für Vierfach-Operationsverstärker. Elektronik 20 (1988) 30. Sep., S. 110–116.

[12.22] *Blaesner, W.:* 600 MHz ohne externe Komponenten. Elektronik 20 (1988), 30. Sep., S. 94–96.

[12.23] *Jones, C.; Moore, S.:* Chopperstabilisierte Operationsverstärker – den Offset im Griff. Elektronik 20 (1988) 30. Sep., S. 97–104.

[13.1] *Scheiding, H.; Streitenberger, D.:* Temperaturstabile Konstantstromquellen und Konstantspannungsquellen. rfe 25 (1976) H.8, S.266–268.

[13.2] Systematik der Spannungs- und Stromstabilisierung. Elektronik 23 (1974) H.5, S.183–184 (Arbeitsblatt Nr.82).

[13.3] s. [22.1]

[13.4] *Schulze, M.:* Spannungsstabilisation mit Z-Dioden. rfe 24 (1975) H.22, S.732–734.

[13.5] *Albrecht, H.:* Methoden der Analyse von Halbleiterschaltungen. rfe 22 (1973) H.12, S.381–383 u. H.20, S.674–676.

[13.6] *Albrecht, H.:* Konstantstromquellen (Diskussion). rfe 24 (1975) H.11, S.382, S. US.

[13.7] *Albrecht, H.:* Zur Bestimmung von Quellwiderständen in linearen elektronischen Netzwerken. NT 24 (1974) H.7, S.257–258.

[13.8] *Kühne, H.:* Anwendungsmöglichkeiten einer Konstantstromquelle mit Feldeffekttransistoren. rfe 24 (1975) H.15, S.503–505.

[13.9] *Faust, G.:* Konstantstromquellen. rfe 26 (1977) H.8, S.266–270.

[13.10] *Miller, W.D.; De Freitas, R.E.:* Op amp stabilizes zener diode in reference-voltage source. Electronics Febr. 20, 1975, S.101–105.

[14.1] *Entenmann, W.:* Monolithisch integrierte Filter – ein Überblick. Frequenz 35 (1981), S.54–66.

[14.2] *Rienecker, W.:* Elektrische Filtertechnik. Einführung in die Nachrichtentechnik. München, Wien: Oldenbourg 1981.

[14.3] *Fritzsche, G.:* Filterentwurf. Nachrichtentechnik Elektronik 33 (1983) H.8, S.312–316.

[14.4] *Schenk, Ch.; Tietze, U.:* Aktive Filter. Elektronik 19 (1970) H.10, S.329–334, H.11, S.379–382 u. H.12, S.421–424.

[14.5] *Buttkus, D.:* Abgleichbare aktive Filter und ihre Berechnung. Funkschau 5 (1978), S.183 bis 185.

[14.6] *Ho, C.F.:* Design of active RC filters with minimum ω and Q-sensitivity. The Radio and Electronic Engineer, Vol. 54, No. 1, Jan. 1984, S.41–44.

[14.7] *Hälsig, Ch.:* Mechanische frequenzselektive Bauelemente. rfe 29 (1980) H.2, S.71–74 und H.3, S.160–162.

[14.8] *Hälsig, Ch.:* Mechanische Frequenzfilter. rfe 33 (1984) H.9, S.558–561.

[14.9] *Paddan, P.S.; Polz, R.:* Eimerkettenspeicher in der analogen Signalverarbeitung. Elektronik 34 (1985) H.3, S.53–56.

[14.10] *Fettweis, A.:* Switched-capacitor filters: From early ideas to present possibilities. Proc. IEEE Int. Symp. Circuits and Systems. Chicago, April 1981, S.414–417.

[14.11] *Davis, A.M.; Small, W.T.:* Switched-capacitor ICs simplify filter design. EDN (1984) 14.Juni, S.197–210.

[14.12] *Roermund, A.H.M.; Coppelmans, P.M.C.:* An integrated switched-capacitor filter for viewdata. Philips Technical Review 41 (1983/84) Nr.4, S.105–123.

[14.13] *Ghausi, M.S.; Laker, K.R.:* Modern filter design: active RC and switched capacitor. Englewood Cliffs: Prentice-Hall, 1981.

[14.14] *Pandel, J.:* Entwurf von Schalter-Kondensator-Filtern mit Spannungsumkehrschaltern. Diss. Ruhr-Universität Bochum 1983.

[14.15] *Weinrichter, H.:* Schalter-Kondensator-Filter: Ein neuer Weg zur Filterintegration. Elektrotechnik und Maschinenbau 97 (1984), S.417–422.

[14.16] *Unbehauen, R.:* Systemtheorie. München, Wien: R.Oldenbourg 1983.

[14.17] Digital Signal Processing Handbook. Advanced Micro Devices, Sunnyvale, California USA 1978.

[14.18] *Arnoldt, M.:* Leistungsfähiger Tiefpaß mit Schaltfiltern realisiert. Funktechnik 41 (1986) H.12, S.531–532.

[14.19] *Goodenough, F.:* Voltage Tunable Linear Filters Move onto a Chip. Electronic Design 38 (1990) H. 3, S. 43–54.

[14.20] Prospektunterlagen der Firma Burr Brown 1990.

[15.1] *Sheingold, D.H.:* Nonlinear circuits handbook. 2.Aufl. Norwood, Mass. USA: Analog Devices, Inc. 1976.

[15.2] *Harms, G.:* Grundlagen und Praxis der Linearverstärker. elektrotechnik 58 (1976) H.4, S.25–26 u. H.5, S.23–24.

[15.3] *Gilbert, B.:* Accurate, low-cost, easy-to-use IC multiplier. Analog Dialogue 11–1 (1977) S.6–9 (Analog Devices).

[15.4] *Seifart, M.:* Spannungs- und Stromfrequenzwandler – Überblick und Anwendungen. NT 27 (1977) H.6, S.252–255.

[16.1] Die Abtast- und Halte-Schaltung. Arbeitsblatt Nr.88. Elektronik 24 (1975) H.2, S.85–86 u. H.3, S.105–106.

[16.2] s. [12]

[16.3] s. [18]

[16.4] s. [14.1]

[16.5] *Kühnel, J.:* Schnelle und genaue Abtast- und Halteschaltungen kommen ohne OPV mit FET-Eingängen nicht aus. Der Elektroniker (1990) H. 4, S. 14–20.

[17.1] *Seifart, M.:* Spannungsspitzen bei Meßzerhackern mit Feldeffekttransistoren. NT 23 (1973) H.8, S.306–309.

[17.2] *Trinks, E.:* Der Feldeffekttransistor als Chopper. NT 23 (1973) H. 8, S. 303–306.

[17.3] *Volgers, R.:* HCMOS analog switches and multiplexers/demultiplexers. Electronic Components and applications, Vol. 9, Nr. 1, S. 19–30.

[17.4] *Fewster, A.:* Electronic Engineering (1990), H. 4, S. 47.

[18.1] *Volkholz, G.:* Wobbelbarer Dreieck-, Rechteck- und Sinusgenerator. rfe 25 (1976) H. 6, S. 193 bis 197.

[18.2] Quarzoszillatoren mit TTL-Schaltkreisen. rfe 21 (1972) H. 12, S. 407.

[18.3] Applikationsbuch Band 1. Texas Instruments Deutschland GmbH. Freising.

[18.4] *Williams, J.:* A few proven techniques ease sine-wave-generator design. EDN (1980) 20. Nov. S. 143–152.

[19.1] *Gutsche, B.:* Integrierter Bild-ZF-Verstärker mit Demodulator A 240 D. rfe 26 (1977) H. 9, S. 287 bis 290.

[19.2] *Seifart, M.; Bogk, D.:* Spannungs- und Stromfrequenzwandler mit hoher Linearität und großem Dynamikbereich. NT 27 (1977) H. 6, S. 255–258.

[19.3] *Seifart, M.; Bogk, D.:* Spannungs- und Stromfrequenzwandler nach dem Integrationsverfahren. rfe 26 (1977) H. 15, S. 507–510 u. H. 16, S. 535–537.

[19.4] Kreuzmodulationsfester Fernseh-Tuner mit FET-VHF-Mischstufe. Funk-Technik 31 (1976) Nr. 3, S. 52–54.

[19.5] *Menge, M.:* Prinzip des Phasenregelkreises. rfe 25 (1976) H. 2, S. 61–63.

[19.6] *Menge, M.:* Aufbau von optimalen Phasenregelkreisen. rfe 25 (1976) H. 17, S. 569–572.

[19.7] *Best, R.:* Theorie und Anwendungen des Phase-locked Loop. Der Elektroniker 14 (1975) H. 6, S. EL 9–EL 16ff.

[19.8] Digital, linear, MOS Applications. Signetics Corporation 1974.

[19.9] *Kovacs, G.:* Der Phasenregelkreis und seine Anwendung. XX. Intern. Wiss. Koll. TH Ilmenau 1975; Vortragsreihe „Schaltungs- und Elektronische Meßtechnik".

[19.10] *Siebert, H.-P.:* SL 650 und SL 651 – zwei vielseitige integrierte Schaltungen für Modulation, Demodulation und PLL-Betrieb bis 500 kHz. Funk-Technik 29 (1974) Nr. 23, S. 825–830 u. Nr. 24, S. 856–860.

[19.11] Frequenzsynthese in der Heimelektronik. rfe 26 (1977) H. 18, S. 609.

[19.12] *Siebert, H.-P.:* Programmierbare Frequenzteiler für VHF- und UHF-Signale. Funk-Technik 31 (1976) H. 16, S. 488–493.

[20.1] *Olschewski, W.:* Optokoppler für analoge Signale. Elektronik 27 (1978) H. 9, S. 75–79.

[20.2] *Olschewski, W.:* Optical coupling extends isolation amplifier utility. Electronics 49 (1976) H. 19, S. 81–88.

[20.3] *Hodapp, M.:* Optical isolators yield benefits in many linear circuits. Electronics 49 (1976) H. 19, S. 105–110.

[20.4] *Huba, G.:* Verkürzung der Schaltzeiten von Standard-Optokopplern. Elektronik-Applikation Nr. 6, 17. 3. 1987, S. 45–48.
Haseloff, E.: Verkürzung der Schaltzeiten von Standard-Optokopplern. Elektronik-Applikation Nr. 13, 23. 6. 1987, S. 46.

[20.5] *Turinsky, G.:* Analoge Signalübertragung mit Optokopplern. rfe 29 (1980) H. 2, S. 116–117.

[20.6] Schaltungsbeispiele mit optoelektronischen Kopplern. rfe 22 (1973) H. 22, S. 724–726.

[20.7] Linear applications of optocouplers. Application Note 951-2, Hewlett Packard. Palo Alto. California.

[20.8] 1979 General Catalog. Burr Brown.

[20.9] *Seifart, M.:* WP 128 246.

[20.10] *Sorensen, H.:* Designer's Guide to: Optoisolators – Part 1 EDN 21 (1976) H. 2, S. 66–75.

[20.11] *Schmidt, W.; Feustel, O.:* Opto-Koppler. elektronikpraxis 11 (1976) Nr. 1/2, S. 7–9.

[20.12] Optoelectronics designer's catalog 1979. Hewlett Packard. Palo Alto, California.

[20.13] Schaltungsbeispiele mit Optokopplern. rfe. 26 (1977) H. 4, S. 137–138.

[20.14] Optokoppler für lineare Anwendungen. rfe 25 (1976) H. 22, S. 740–741.

[20.15] Schaltungsbeispiele mit optoelektronischen Bauelementen. rfe 24 (1975) H. 6, S. 201–202.

[20.16] *Krause, G.:* Breitbandige, rauscharme Fotodioden-Schaltungen. Elektronik 25 (1976) H. 1, S. 53–56.

[21.1] *Sheingold, D. H.:* Analog-digital conversion notes. Norwood, Massachusetts: Analog Devices Inc. 1977.

[21.2] *Naus, P. J. A.* u. a.: A CMOS Stereo 16-bit D/A Converter for Digital Audio. IEEE Journ. of Solid-State Circuits, Vol. SC-22, No. 3, Juni 1987, S. 390–395.

[21.3] *Travis, B.:* Data Converters. EDN 29 (1984) 14. Juni, S. 119–144.

[21.4] *Sahner, G.:* Digitale Meßverfahren. 2. Aufl. Berlin: Verlag Technik 1986.

[21.5] *Seifart, M.:* Spannungs- und Stromfrequenzwandler – Überblick und Anwendungen. Nachrichtentechnik Elektronik 27 (1977) H. 6, S. 252–255.
Seifart, M.; Bogk, D.: Spannungs- und Stromfrequenzwandler nach dem Integrationsverfahren rfe 26 (1977) H. 15, S. 507–510 und H. 16, S. 535–537.

[21.6] *Seifart, M.; Barenthin, K.; Streubel, P.:* Integrierender Analog-Digital-Umsetzer mit einstellbarer Auflösung von 8 ... 14 bit. Wiss. Z. Techn. Hochsch. Magdeburg 27 (1983) H. 1/2, S. 99–104.

[21.7] *Heilmayr, E.:* AD-DA-Wandler – Bausteine der Datenerfassung. Haar: Verlag Markt & Technik 1982.

[21.8] *Roth, M.:* Analog-Digital- und Digital-Analog-Wandler in: Philippow (Hrsg.): Taschenbuch Elektrotechnik Band 3. Berlin: VEB Verlag Technik 1984.

[21.9] *Seifart, M.:* Analogwerterfassung und -ausgabe mit Mikrorechnern. Nachrichtentechnik Elektronik 30 (1980) H. 11, S. 452–457.

[21.10] *Tsantes, J.:* Data converters. EDN 27 (1982) 18. Aug. S. 76–93.

[21.11] *Boyacigiller, Z.; Sockolov, S.:* Increase analog-system accuracy with a 14-bit monolithic ADC. EDN 27 (1982) 18. Aug., S. 137–144.

[21.12] *Tannert, R.; Tschuch, G.:* Programmgesteuerter Analog-Digital-Umsetzer. rfe 32 (1983) H. 9, S. 587–589.

[21.13] *Brovkov, W. G.:* Schnelle und genaue Abtast- und Halteschaltung. rfe 32 (1983) H. 7, S. 449–450.

[21.14] *Dance, M.:* Data acquisition ICs – more functions on-chip, µP-compatibility. Electronics Industry (1983) H. 4, S. 32–47.

[21.15] *Siebert, H.-P.:* Hochauflösende DA-Umsetzer. Elektronik 32 (1983) H. 19, S. 47–50.

[21.16] *Curran, T.; Grant, D.:* Combine a V/F converter and µC in data-acquisition designs. EDN 26 (1981) H. 11, S. 221–225.

[21.17] *Murphy, E.-L.:* Sending transducer signals over 100 feet? Instrum. and Control Systems (1976) H. 6, S. 35–39.

[21.18] *Seifart, M.; Hertwig, B.; Hanisch, H.:* Intelligente Analogwerterfassungsplatine für das Mikrorechnersystem K 1520. Wiss. Z. Techn. Hochsch. Magdeburg 29 (1985) H. 7, S. 105–106.

[21.19] *Mercer, D.; Grant, D.:* 8-bit a-d converter mates transducers with µPs. Electronic Design (1984) H. 1.

[21.20] *Seifart, M.:* Mehrkanal-Meßwerterfassungssystem mit seriellem Bus. Wiss. Z. Techn. Hochsch. Magdeburg 27 (1983) H. 1/2, S. 81–85.

[21.21] *Petersen, K.:* AD-Umsetzer für Mikrocontroller. Elektronik 34 (1985) H. 8, S. 105–108.

[21.22] *Seifart, M.:* Analogwerterfassungseinheiten für Mikrorechner. In: Roth, M. (Hrsg.): Beiträge zur Mikrocomputertechnik. Berlin: Verlag Technik 1986.

[21.23] *Croteau, J.; Kerth, D.; Welland, D.:* Autocalibration cements 16-bit performance. Electronic Design, 4. Sept. 1986, S. 101–106.
Giller, H.: Selbstkalibrierende A/D-Wandler. Elektronikschau H. 1, 1987, S. 56–57.

[21.24] *Goodenough, F.:* Grab distributed sensor data with 16-bit delta-sigma ADCs. Electronics Design. 14. April 1988, S. 49–55.
Pfeifer, H.: Analog/Digital-Umsetzung mit einem Pulsdichtemodulator. Elektronik 19./20. 9. 1985, S. 75–77.
Schliffenbacher, J.: Deltamodulation – ein Verfahren zur digitalen Verarbeitung von Analogsignalen. Elektronik (1979) H. 21, S. 81–83.
A Compatible CMOS-JFET Pulse Density Modulator for Interpolative High-Resolution A/D Conversion. IEEE JSSC SC-21 Nr. 3, Juni 1986.
Candy, J. C.; Wooley, B. A.; Benjamin, O. J.: A Voiceband Codec with Digital Filtering. IEEE Trans. on Communications, Vol. COM-29, Nr. 6, Juni 1981, S. 815–830.

[21.25] *Koch, R.; Heise, B.; Eckbauer, F.; Engelhardt, E.; Fisher, J. A.; Parzefall, P.:* A 12-bit Sigma-Delta Analog-to-Digital Converter with a 15-MHz Clock Rate. IEEE Journal of Solid-State Circuits, Vol. SC-21, Nr. 6, Dezember 1986, S. 1003–1010.

[21.26] *Matsuya, Y.* u. a.: A 16-bit Oversampling A-to-D Conversion Technology Using Triple-Integration Noise Shaping. IEEE Journal of Solid-State Circuits, Vol. SC-22, Nr. 6, Dezember 1987, S. 921-929.

[21.27] *Goodenough, F.:* Fast 24-bit ADC converter handles dc-to-410 Hz input signals. Electronic Design 29. Okt. 1987, S. 59–62.

[21.28] *Seifart, M.:* Einfache Analog-Digital-Umsetzer mit hoher Linearität und Genauigkeit. Nachrichtentechnik · Elektronik 28 (1978) H. 10, S. 418–420.

[21.29] *Candy, J. C.; Ching, Y., C.; Alexander, D. S.:* Using Triangularly Weighted Interpolation to Get 13-Bit-PCM from a Sigma-Delta Modulator. IEEE Trans. Commun., Nov. 1976, S. 1268–1275.

Everard, J. D.: A Single-Channel PCM Codec. IEEE Journal of Solid-State Circ., Vol. SC-14, Nr. 1, Febr. 1979, S. 25–37.

[21.30] *Rebeschini, M.,* u. a.: A 16-bit 160 kHz CMOS AD-Converter using sigma-delta modulation. IEEE 1989 Custom Integrated Circuits conference, Tagungsband S. 6.1.1.–6.1.5.

[21.31] *Blaesner, W.:* A-D- und D-A-Wandler von 20 bis 150 MHz. Design & Elektronik H. 20, 27. 9. 1988, S. 36–46.

[21.32] *Kuo-Chiang Hsieh, u. a.:* A 12-bit 1-Gword/s GaAs Digital-to-Analog Converter System. IEEE Journal of Solid-State Circ. Vol. SC-22, Nr. 6, Dec. 1987, S. 1048–1054.

[21.33] *Swager, A. W.:* High Resolution A/D converters. EDN 3. Aug. 1989, S. 103–105.

[21.34] *Keinath, A.; Lauer, H.-U.:* A/D-Wandler mit Gleitkomma-Arithmetik. Elektronik 20 (1988) 30. 9. 1988, S. 81–88.

[21.35] *Daugherty, K.:* Try PWN for low-cost A-D Conversion. Electronic Design (1990) H. 1, S. 51–54.

[21.36] *Kerth, D. A.; Sooch, N. S.; Swanson, E. J.:* A 667 ns, 12-bit, two-step flash ADC. IEEE 1988 Custom Integrated Circuits Conference, Tagungsband S. 18.5.1.–18.5.3.

[21.37] *Yotsuyanagi, M.; Yukawa, A.* u. a.: A 12 bit 5 µs CMOS recursive ADC with 25 mW power consumption. IEEE 1988 Custom Integrated Circuits Conference, Tagungsband S. 6.4.1.–6.4.4.

[21.38] Analog Dialogue 24 (1990) Nr. 1, S. 4 (Firma Analog Devices, USA).

[21.39] Analog Dialogue, Vol. 26, Nr. 1. Analog Devices 1992.

[21.40] Maxim Engineering Journal, Ausgaben 1 ... 7.

[21.41] Analog Devices Data Converter Manual 1992.

[21.42] Maxim 1993 Application and product highlights; Maxim 1993 New Releases Data book, Vol. II.

[21.43] *Häßler, M.; Straub, H.-W.:* Praxis der Digitaltechnik. München: Franzis Verlag 1993.

[22.1] *Jungnickel, H.:* Stromversorgung elektronischer Geräte. Reihe AUTOMATISIERUNGS-TECHNIK Band 167. Berlin: VEB Verlag Technik 1973.

[22.2] *Wüstehube, J.* (Hrsg.): Schaltnetzteile. Grafenau: expert-Verlag 1979.

[22.3] *Schuster, W.:* Stand und Entwicklungstendenzen der Stromversorgungstechnik. rfe 26 (1977) H. 5, S. 151–153.

[22.4] *Schuster, W.:* Gleichspannungsregler mit integrierten Schaltkreisen. rfe 22 (1973) H. 17, S. 552 bis 554.

[22.5] *Reusch, K.; Hoschke, G.; Scholz, J.:* Lehrbuch elektrischer Systeme. Bd. 3. Berlin: VEB Verlag Technik 1972.

[22.6] *Wagner, S. W.* (Hrsg.): Stromversorgung elektronischer Schaltungen und Geräte. Hamburg: Decker 1964.

[22.7] *Schröder, H.:* Elektrische Nachrichtentechnik, Bd. 2. Berlin-Borsigwalde: Verlag für Radio-Foto-Kinotechnik 1963.

[22.8] *Ernst, D.; Ströle, D.:* Industrie-Elektronik. Berlin, Heidelberg, New York: Springerverlag 1973.

[22.9] *Bieneck, K. H. P.:* Funktion und Schaltungstechnik getasteter Gleichspannungsregler. Funk-Technik 29 (1974) Nr. 11, S. 403–404 u. Nr. 12, S. 439–440.

[22.10] *Melcher, D.:* Schaltregler. Der Elektroniker 13 (1974) H. 3, S. EL 18–EL 26.

[22.11] *Michl, H.:* Eisenloser Spannungswandler. Funk-Technik 23 (1968) Nr. 18, S. 701.

[22.12] *Schulze, M.:* Spannungsstabilisation mit Z-Dioden. rfe 24 (1975) H. 22, S. 732–734.

[22.13] *Redl, R.:* Neue Trends beim Entwurf von Stromversorgungseinrichtungen. rfe 24 (1975) H. 7, S. 214–216.

[22.14] *Pabst, D.:* Moderne Dualspannungsnetzteile. rfe 25 (1976) H. 23, S. 770–773.

[22.15] *Schmidt, J.:* Thyristorwechselrichter für die unterbrechungsfreie Stromversorgung. Funk-Technik 26 (1971) Nr. 2, S. 65–68.

[22.16] *Eckhardt, R.:* Regulator for op amps practically powers itself. Electronics 47 (1974) S. 106 .

[22.17] *Bieneck, R. H. P.:* Elektrische Störbeeinflussung und ihre Beseitigung in elektronischen Geräten und Anlagen (2. Teil), Funk-Technik 30 (1975) Nr. 11, S. 312–316.

[22.18] *Jungnickel, H.:* Moderne Stromversorgungstechnik, Teil 8. rfe 29 (1980) H. 8, S. 499–502.

[22.19] *Jungnickel, H.:* Moderne Stromversorgungstechnik, Teil 10. rfe 29 (1980) H. 10, S. 635–638.

[22.20] *Jungnickel, H.:* Moderne Stromversorgungstechnik (Fortsetzungsreihe, Teil 1–12). rfe 29 (1980) H. 1–12.

[22.21] *Jungnickel, H.:* Moderne Stromversorgungstechnik, Teil 9. rfe 29 (1980) H. 9, S. 571–574.

[22.22] *Krüger, H.-H.:* Der Schaltnetzteilansteuer-IS B 260 und seine Einsatzmöglichkeiten. 9. Halbleiter-bauelemente-Symposium Frankfurt/O. 1981. Vortragsband 1, S. 33–49.

[22.23] *Jungnickel, H.:* Moderne Stromversorgungstechnik, Teil 11. rfe 29 (1980) H. 11, S. 707–710.

[22.24] *Graichen, G.:* Steuerbare Z-Dioden. rfe 32 (1983) H. 5, S. 289–295.

[22.25] *Alberkrack, J.:* Switching-regulator subsystems simplify dc/dc-converter design. EDN 25 (1984) 14. Juni, S. 153–162.

[22.26] Schaltungstechnik moderner Netzgeräte, Teil 3. Funk-Technik 37 (1982) H. 11, S. 481–483.
[22.27] *Schmidt, A.:* Schaltnetzteile. Diplomarbeit Techn. Hochsch. Magdeburg 1985.
[22.28] 1990 Applications Handbook der Firma MAXIM (USA).
[22.29] *Allen, Ch.; Lehbrink, W.:* Batteriestromversorgungen kurz gefaßt. Elektronik 20 (1990) H. 20, S. 106–112.
[22.30] Linear Design Seminar Reference Book. Texas Instruments 1993.
[22.31] MAXIM Engineering Journal Vol. 4.
[22.32] 1990 Linear Applications Handbook, 1990 Linear Databook und 1992 Linear Databook Supplement. Linear Technology Corporation, Milpitas.

Register